Elektronik Tabellen Energie- und Gebäudetechnik

Dr. Michael Dzieia, Darmstadt
Heinrich Hübscher, Lüneburg
Dieter Jagla, Neuwied
Jürgen Klaue, Roxheim
Hans-Joachim Petersen, Helmstedt
Harald Wickert, Emmelshausen

Unter Mitarbeit der Verlagsredaktion.

westermann

Diesem Buch wurden die bei Manuskriptabschluss vorliegenden neuesten Ausgaben der DIN-Normen und VDE-Bestimmungen zugrunde gelegt. Verbindlich sind jedoch nur die neuesten Ausgaben der DIN-Normen und VDE-Bestimmungen selbst.

Wiedergegeben mit Erlaubnis des DIN Deutsches Institut für Normung e.V. und des VDE Verband der Elektrotechnik Elektronik Informationstechnik e.V. Maßgebend für das Anwenden der Normen sind deren Fassungen mit dem neuesten Ausgabedatum, die bei der VDE VERLAG GMBH, Bismarckstraße 33, 10 625 Berlin bzw. der Beuth Verlag GmbH, Burggrafenstraße 6, 10 787 Berlin, erhältlich sind.

Auf verschiedenen Seiten dieses Buches befinden sich Verweise (Links) auf Internet-Adressen. Haftungshinweis: Trotz sorgfältiger inhaltlicher Kontrolle wird die Haftung für die Inhalte der externen Seiten ausgeschlossen. Für den Inhalt dieser externen Seiten sind ausschließlich deren Betreiber verantwortlich. Sollten Sie bei dem angegebenen Inhalt des Anbieters dieser Seite auf kostenpflichtige, illegale oder anstößige Inhalte treffen, so bedauern wir dies ausdrücklich und bitten Sie, uns umgehend per e-mail davon in Kenntnis zu setzen, damit beim Nachdruck der Verweis gelöscht wird.

1. Auflage, 2012
Druck 2, Herstellungsjahr 2013

Redaktion: Armin Kreuzburg
Umschlaggestaltung: Boje5 Grafik & Werbung, Braunschweig
Satz und Layout: Fa. Lithos, Dirk Hinrichs, Wolfenbüttel
Druck und Bindung: westermann druck GmbH, Braunschweig

ISBN 978-3-14-**24 5036**-0

- Die Bestimmungen der DIN VDE 0100 behandeln das „Errichten von Niederspannungsanlagen".
- Die Deutschen Normen der Reihe DIN VDE 0100 stehen im Zusammenhang mit den CENELEC Harmonisierungsdokumenten der Reihe HD 384 ... und den internationalen Normen der Reihe IEC 60364-... (Electrical installations of buildings)

Normenübersicht

Gruppe 100	**Anwendungsbereich**
VDE 0100-100	Allgemeine Grundsätze, Bestimmungen allgemeiner Merkmale, Begriffe
Gruppe 200	**Begriffe**
VDE 0100-200	Begriffe
Gruppe 400	Schutzmaßnahmen
VDE 0100-410	Schutz gegen elektrischen Schlag
VDE 0100-420	Schutz gegen thermische Einflüsse
VDE 0100-430	Schutz bei Überstrom
VDE 0100-442	Schutz von Niederspannungsanlagen bei Erdschlüssen in Netzen mit höherer Spannung
VDE 0100-443	Schutz bei Überspannungen infolge atmosphärischer Einflüsse oder von Schaltvorgängen
VDE 0100-444	Schutz bei Störspannungen und elektromagnetischen Störgrößen
VDE 0100-450	Schutz gegen Unterspannung
VDE 0100-460	Trennen und Schalten
VDE 0100-482	Brandschutz bei besonderen Risiken oder Gefahren
Gruppe 500	**Auswahl und Errichtung elektrischer Betriebsmittel**
VDE 0100-510	Allgemeine Bestimmungen
VDE 0100-520	Kabel- und Leitungsanlagen
VDE 0100-530	Schalt- und Steuergeräte
VDE 0100-534	Überspannungs-Schutzeinrichtungen
VDE 0100-537	Geräte zum Trennen und Schalten
VDE 0100-540	Erdungsanlagen, Schutzleiter und Schutzpotenzialausgleichsleiter
VDE 0100-550	Steckvorrichtungen, Schalter und Installationsgeräte
VDE 0100-551	Niederspannungsstromerzeugungseinrichtungen
VDE 0100-557	Hilfsstromkreise
VDE 0100-559	Leuchten und Beleuchtungsanlagen
VDE 0100-560	Einrichtungen für Sicherheitszwecke
Gruppe 600	**Prüfungen**
VDE 0100-600	Prüfungen
Gruppe 700	**Anforderungen für Betriebsstätten, Räume und Anlagen besonderer Art**
VDE 0100-701	Räume mit Badewanne oder Dusche
VDE 0100-702	Becken von Schwimmbädern und anderen Becken
VDE 0100-703	Räume und Kabinen mit Saunaheizungen
VDE 0100-704	Baustellen
VDE 0100-705	Elektrische Anlagen von landwirtschaftlichen und gartenbaulichen Betriebsstätten
VDE 0100-706	Leitfähige Bereiche mit begrenzter Bewegungsfreiheit
VDE 0100-708	Caravanplätze, Campingplätze und ähnliche Bereiche
VDE 0100-709	Marinas und ähnliche Bereiche
VDE 0100-710	Medizinisch genutzte Bereiche
VDE 0100-711	Ausstellungen, Shows und Stände
VDE 0100-712	Solar-Photovoltaik (PV) Stromversorgungssysteme
VDE 0100-714	Beleuchtungsanlagen im Freien
VDE 0100-715	Kleinspannungsbeleuchtungsanlagen
VDE 0100-717	Ortsveränderliche oder transportable Baueinheiten
VDE 0100-718	Bauliche Anlagen für Menschenansammlungen
VDE 0100-721	Elektrische Anlagen von Caravans und Motorcaravans
VDE 0100-723	Unterrichtsräume mit Experimentiereinrichtungen
VDE 0100-724	Elektrische Anlagen in Möbeln und ähnlichen Einrichtungsgegenständen, z. B. Gardinenleisten, Dekorationsverkleidung
VDE 0100-729	Bedienungsgänge und Wartungsgänge
VDE 0100-731	Elektrische Betriebsstätten und abgeschlossene elektrische Betriebsstätten
VDE 0100-732	Hausanschlüsse in öffentlichen Kabelnetzen
VDE 0100-737	Feuchte und nasse Bereiche und Räume und Anlagen im Freien
VDE 0100-739	Zusätzlicher Schutz bei direktem Berühren in Wohnungen durch Schutzeinrichtungen mit $I_{\Delta n}$ = 30 mA in TN- und TT-Netzen
VDE 0100-740	Vorübergehend errichtete elektrische Anlagen für Aufbauten, Vergnügungseinrichtungen und Buden auf Kirmesplätzen, Vergnügungsparks und für Zirkusse
VDE 0100-753	Fußboden- und Decken-Flächenheizungen
VDE 0100-799	Lichtwerbeanlagen mit Leuchtröhren und/oder LED

Stand der Auflistung: September 2011
Änderungen, Ergänzungen und Aktualität sind bei http:/www.beuth.de einzusehen.
Nicht angegeben sind Normenentwürfe und gegebenenfalls Beiblätter.

58.1 Elektroinstallation in Räumen mit Dusch- und /oder Badewanne DIN VDE 0100-701

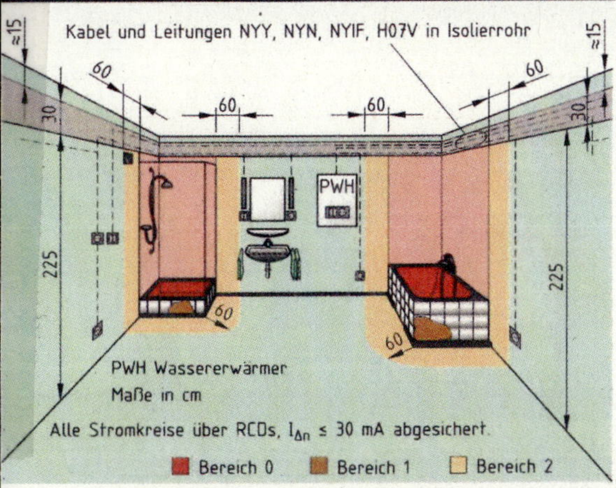

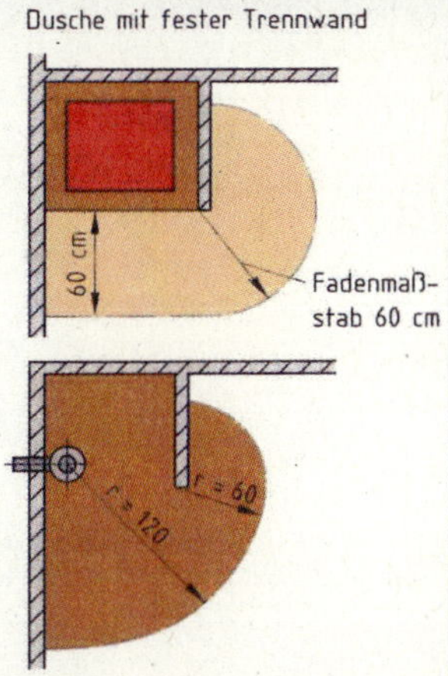

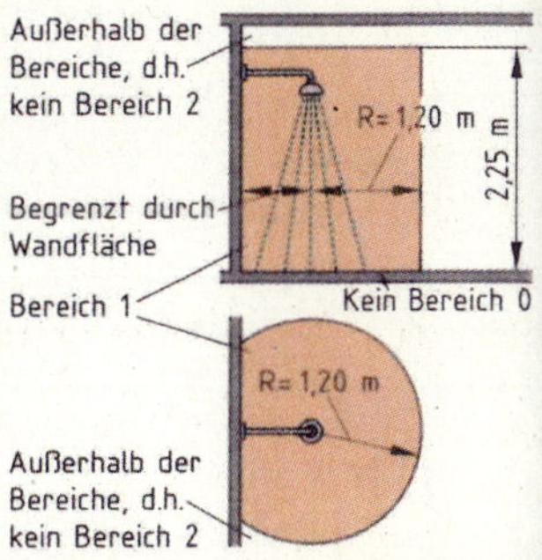

Dusche
ohne Duschwanne

Stromquellen sind im Bereich 0 und 1 nicht zulässig!
Es dürfen keine Stegleitungen in den Bereichen 0, 1 und 2 verlegt werden; zugelassen sind z. B. NYY, NYM. Beim Verlegen der Kabel und Leitungen auf der Rückseite der begrenzenden Wände des Bereichs 1 und 2 müssen Restwanddicken von 6 cm erhalten bleiben, sonst Stromkreise mit RCDs, $I_{\Delta n} \leq 30$ mA schützen.

zulässige Betriebs- und Verbrauchsmittel in den Schutzbereichen	Schutzart
Bereich 0 • Nur Verbrauchsmittel, die ausdrücklich für Bereich 0 zugelassen sind, für Kleinspannung SELV bis AC 12 V oder DC 30 V, die fest angebracht und fest angeschlossen sind. • Es dürfen keine Installationsgeräte oder Leitungen installiert werden.	IP X7
Bereich 1 • Fest angebrachte und fest angeschlossene Geräte und die erforderlichen Anschlussdosen z. B. für Warmwassererwärmer, Whirlpooleinrichtungen, Abwasserpumpen, Installationsgeräte und Leuchten mit Kleinspannung SELV oder PELV bis AC 25 V oder DC 60 V (mit PELV betriebene Geräte müssen Schutzklasse II entsprechen).	IP X4 bei Strahlwasser IP X5
Bereich 2 • Alle im Bereich 1 zulässigen Betriebsmittel, • Rasiersteckdosen, die einzeln hinter einem Trenntransformator angeschlossen sind.	IP X4
Gesamter Raum • Für alle Stromkreise sind RCDs (FI-Schutzeinrichtungen) mit einem Bemessungsdifferenzstrom $I_{\Delta n} \leq 30$ mA vorzusehen. Diese Regelung gilt nicht für Stromkreise mit Schutztrennung, die ein einzelnes Verbrauchsmittel versorgen, Stromkreise mit SELV oder PELV und Stromkreise, die nur Warmwassererwärmer versorgen. • Zusätzlich muss ein örtlicher Potenzialausgleich installiert werden (s. 56.2).	IP X0

58.2 Räume mit elektrischen Sauna-Heizgeräten – Heißluftsauna –

Bereich	Bedingungen
1	Nur Betriebsmittel verwenden, die zu den Sauna-Heizgeräten gehören.
2	Keine Anforderungen an die Betriebsmittel.
3	Betriebsmittel müssen für Temperaturen bis 125 °C geeignet sein.
4	Leuchten und Steuereinrichtungen von Heizgeräten müssen 125 °C standhalten.
1 bis 4	Nicht zugelassen sind Steckdosen, Leitungen mit Metallmänteln, metallene Rohre, „Schutz durch Hindernisse oder durch Abstand", und „Schutz durch erdfreien örtlichen Potenzialausgleich".

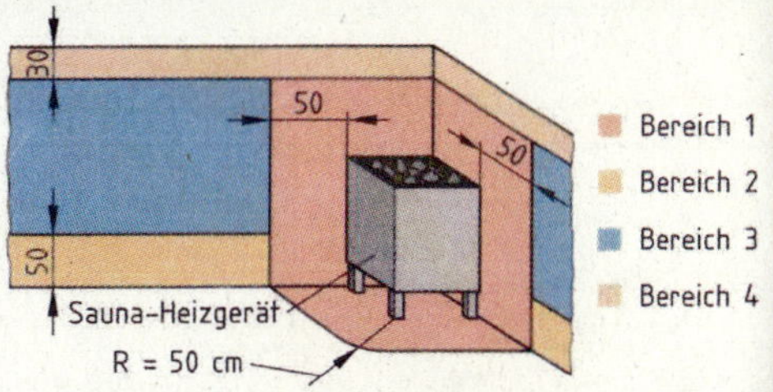

Heißluftsaunen gelten als trockene Räume, wenn sie nicht abgespritzt werden und nicht innerhalb von feuchten oder nassen Räumen aufgestellt sind.

Vorwort
Preface

Das vorliegende Tabellenbuch ist eine umfassende Informationsquelle für die Ausbildung und den beruflichen Alltag. Es kann in besonderer Weise zur Auffrischung bzw. Aktualisierung des technologischen Wissens dienen. Dazu sind die theoretischen und praktischen Inhalte der Elektrotechnik systematisch aufbereitet worden.

Die Einteilung in 12 Kapiteln orientiert sich an den Lernfeldern der Berufe für die **Elektronikerin und den Elektroniker für Energie- und Gebäudetechnik**. Der Zugriff auf entsprechende Informationen zu den jeweiligen Lernfeldern ist somit gegeben.

In jedem Kapitel werden das theoretische Basiswissen sowie aktuelle Technologien übersichtlich dargestellt. Die Informationsdarstellungen werden unterstützt durch aussagekräftige Grafiken, Tabellen und Diagramme in einem neuen Layout und größerem Format als bei dem Vorgängerbuch. Fotos vermitteln an vielen Stellen einen weiteren Bezug zur Praxis. Eine einheitlich durchgängige Farbgebung dient der Verdeutlichung von Sachverhalten und Zusammenhängen.

Im Kapitel 6 **Messen und Prüfen** sind relevante praxisnahe Informationen zu den Themen der elektrischen Messtechnik und der Anlagen- und Geräteprüfung für die gesamte Ausbildung und die weitere Berufstätigkeit konzentriert und zusammenfassend dargestellt.

Auch das Kapitel 12 **Technische Dokumentation und Formeln** beinhaltet übergreifende Informationen auf Berufsfeldbreite zu Schaltplänen, Symbolen und Formeln. Hier zeigt sich der Nachschlagcharakter in besonderer Weise.

Die Seitenüberschriften sowie das Sachwortverzeichnis sind in deutscher und englischer Sprache ausgeführt. Dadurch wird eine Aneignung der englischen Terminologie in englischsprachigen Dokumenten erleichtert.

Für Hinweise und Verbesserungsvorschläge sind Autoren und Verlag jederzeit aufgeschlossen und dankbar.

Autoren und Verlag
Braunschweig 2012

Grundlagen

1

Mathematik

Physik, Chemie, Werkstoffe

Elektrotechnische Grundlagen

Bauelemente

Allgemeine mathematische Zeichen

DIN 1302: 1999-08

Zeichen	Verwendung	Sprechweise (Erläuterung)
Pragmatische Zeichen (nicht mathematisch im engeren Sinne; Bedeutung von Fall zu Fall präzisieren)		
$\approx$	$x \approx y$	x ist ungefähr gleich y
$\ll$	$x \ll y$	x ist wesentlich kleiner gegen y
$\gg$	$x \gg y$	x ist wesentlich größer gegen y
$\triangleq$	$x \triangleq y$	x entspricht y
…		und so weiter bis; und so weiter (unbegrenzt); Punkt, Punkt, Punkt
Allgemeine arithmetische Relationen und Verknüpfungen		
$=$	$x = y$	x gleich y
$\neq$	$x \neq y$	x ungleich y
$<$	$x < y$	x kleiner als y
$\leq$	$x \leq y$	x kleiner oder gleich y, x höchstens gleich y
$>$	$x > y$	x größer als y
$\geq$	$x \geq y$	x größer oder gleich y, x mindestens gleich y
$+$	$x + y$	x plus y, Summe von x und y
$-$	$x - y$	x minus y, Differenz von x und y
$\cdot$	$x \cdot y$ oder xy	x mal y, Produkt von x und y
— oder / oder :	$\frac{x}{y}$ oder x/y oder $x{:}y$	x geteilt durch y, Quotient von x und y
Σ	$\sum_{i=1}^{n} x_i$	Summe über x_i von i gleich 1 bis n
$\sim$	$f \sim g$	f ist proportional zu g

Zeichen und Begriffe der Mengenlehre

Zeichen	Verwendung	Sprechweise (Erläuterungen)
$\in$	$x \in M$	x ist Element von M
$\notin$	$x \notin M$ $x_1, \dots x_n \in A$	x ist nicht Element von M $x_1, \dots, x_n$ sind Elemente von A
{ | }	$\{x \mid \varphi(x)\}$	die Klasse (Menge) aller x mit $\varphi(x)$
{ ,… ,}	$\{x_1, \dots, x_n\}$	die Menge mit den Elementen $x_1, \dots, x_n$
$\subseteq$	$A \subseteq B$	A ist Teilmenge von B, A sub B

Zeichen	Verwendung	Sprechweise (Erläuterungen)	
Ø oder { }		leere Menge	
$\cap$	$A \cap B$	**Schnittmenge,** A geschnitten mit B, Durchschnitt von A und B	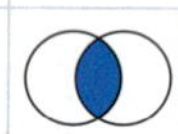
$\cup$	$A \cup B$	**Vereinigungsmenge,** A vereinigt mit B, Vereinigung von A und B	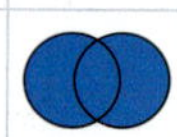
\	$A \setminus B$	Differenz, Komplement	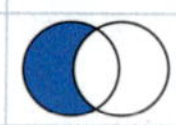

Zeichen	Definition	Sprechweise	Beispiele
ℕ oder **N**	Menge der **nichtnegativen ganzen Zahlen**. Menge der **natürlichen Zahlen**. ℕ enthält die Zahl 0.	Doppelstrich-N	
ℤ oder **Z**	Menge der **ganzen Zahlen**	Doppelstrich-Z	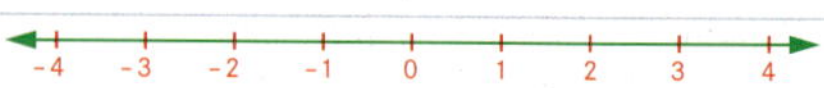
ℚ oder **Q**	Menge der **rationalen Zahlen**	Doppelstrich-Q	
ℝ oder **R**	Menge der **reellen Zahlen**	Doppelstrich-R	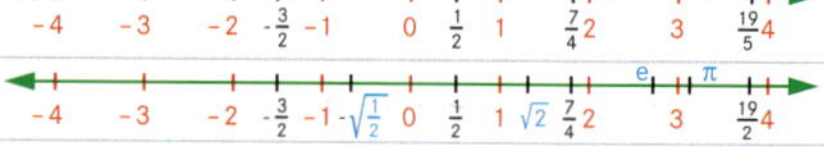
ℂ oder **C**	Menge der **komplexen Zahlen**	Doppelstrich-C	

Römische Zahlen

I = 1	IV = 4	VII = 7	X = 10	XXX = 30	LX = 60	XC = 90	CC = 200	D = 500	DCCC = 800
II = 2	V = 5	VIII = 8	XI = 11	XL = 40	LXX = 70	C = 100	CCC = 300	DC = 600	CM = 900
III = 3	VI = 6	IX = 9	XX = 20	L = 50	LXXX = 80	CX = 110	CD = 400	DCC = 700	M = 1000

Addition und Subtraktion
Addition and Substraction

Addition

Summand + Summand + ... = Summe
a + b + ... = x

$\underbrace{a + b + \dots}_{\text{Term}} = x \quad (a, b, x \in \mathbb{R})$

Ein **Term** ist ein mathematischer Ausdruck, der aus Zahlen, Variablen und Rechenzeichen besteht.

Regeln

- Kommutativgesetz $a + b = b + a$
- Assoziativgesetz $(a + b) + c = a + (b + c)$

Rechenoperation in Klammer zuerst ausführen.

- Klammern auflösen

$a + (+b) = a + b$
$a + (-b) = a - b$

$a - (+b) = a - b$
$a - (-b) = a + b$

$a + (b + c) = a + b + c$
$a + (b - c) = a + b - c$

$a - (b + c) = a - b - c$
$a - (b - c) = a - b + c$

- Mehrere Klammern

$a - [(b - c) - (a + c)] = a - [b - c - a - c]$
$= 2a - b + 2c$

Zuerst innere Klammer auflösen.

- Irrationale Zahlen

z. B.: $\sqrt{2} + 3 \approx 1{,}414 + 3 \approx 4{,}414$

(Rundungsregeln anwenden)

Subtraktion

Minuend – Subtrahend = Differenz
a – b = c (a, b, c ∈ ℝ)

$\underbrace{a - b}_{\text{Term}} = c \quad (a, b, c \in \mathbb{R})$

Wenn der Subtrahend größer als der Minuend ist, wird die Differenz negativ.

Brüche

- Gleichnamige Brüche (Zähler addieren bzw. subtrahieren, Nenner unverändert belassen) $\frac{a}{b} \pm \frac{c}{b} = \frac{a \pm c}{b}$
- Ungleichnamige Brüche (Hauptnenner bilden, kleinste gemeinsame Vielfache) $\frac{a}{b} \pm \frac{c}{d} = \frac{a \cdot d \pm b \cdot c}{b \cdot d}$
- Term als Zähler (Klammer um Zähler)

$\frac{a + b}{c} + \frac{c - d}{c} = \frac{(a + b) + (c - d)}{c}$

Beträge

Soll von einer Zahl nur der Wert ohne Berücksichtigung des Vorzeichens geschrieben werden, setzt man die Zahl zwischen zwei senkrechte Striche (Betrag).

$|-13| = 13 \qquad |1{,}5| = 1{,}5$

Multiplikation und Division
Multiplication and Division

Multiplikation

Faktor · Faktor = Produkt
a · b = c (a, b, c ∈ ℝ)

Kommutativgesetz $a \cdot b = b \cdot a$
Assoziativgesetz $a \cdot (b \cdot c) = (a \cdot b) \cdot c$

Division

$\frac{\textbf{Dividend}}{\textbf{Divisor}}$ **= Quotient** $\quad \frac{a}{b} = c$

(a, b, c ∈ ℝ, b ≠ 0)

Regeln

- Division durch Null ist nicht erlaubt!
- Division durch 1 $\frac{a}{1} = a$
- Vorzeichen $\frac{+a}{+b} = \frac{a}{b} \quad \frac{-a}{+b} = -\frac{a}{b} \quad \frac{+a}{-b} = -\frac{a}{b} \quad \frac{-a}{-b} = \frac{a}{b}$
- Punktrechnung vor Strichrechnung (Rechnung höherer Ordnung geht vor)

$4 \cdot a = 4a \qquad a \cdot b = ab$

Rechenzeichen kann entfallen

$(+a) \cdot (+b) = ab$
$(+a) \cdot (-b) = -ab$

$(-a) \cdot (+b) = -ab$
$(-a) \cdot (-b) = ab$

$a \cdot 0 = 0$
$a \cdot 1 = a$

$3a \cdot 8b = 24ab$
$ab \cdot cd = abcd$

$3 \cdot a + 8 \cdot b = 3a + 8b$
$a \cdot b + c \cdot d = ab + cd$

- Distributivgesetz $a(b + c) = ab + ac$
- Ausklammern

$4a + 9a - 3a = (4 + 9 - 3) \cdot a = 10a$

$ba + ca - da = (b + c - d) \cdot a$

$2a + 3a - 4m + m = a \cdot (2 + 3) + m \cdot (-4 + 1) = 5a - 3m$

$ba + ca + dm + fm = a \cdot (b + c) + m \cdot (d + f)$
$(a + b) \cdot (c + d) = a(c + d) + b(c + d) = ac + ad + bc + bd$

- Irrationale Zahlen werden multipliziert und dividiert, nachdem man gerundet hat.

Brüche (a, b, x ∈ ℝ)

- Multiplikation $\frac{a}{b} \cdot c = \frac{ac}{b} \quad \frac{a}{b} \cdot \frac{c}{d} = \frac{ac}{bd} \quad \frac{a}{b} \cdot \frac{b}{a} = 1$
- Division $\frac{a}{b} : c = \frac{a}{bc} \quad \frac{a}{b} : \frac{c}{d} = \frac{ad}{bc}$ (mit Kehrwert multiplizieren)

Potenzieren

$a^n = c$ — $n \in \mathbb{N}$ — a Basis

$a^n = \underbrace{a \cdot a \cdot \ldots \cdot a}_{n\ \text{Faktoren}} = c$ — $a, c \in \mathbb{R}$ — n Exponent, c Potenz

Regeln

- Positive Basis — $a \geq 0;\ b \geq 0;\ c \geq 0$

  $a^b = c$

- Negative Basis — $a > 0;\ c > 0;\ n \in \mathbb{N}$

  Exponent geradzahlig $(-a)^{2n} = c$

  Exponent ungeradzahlig $(-a)^{2n+1} = -c$

- Addition und Subtraktion von Potenzen mit der gleichen Basis und dem gleichen Exponenten

  Distributivgesetz $a \cdot b^n \pm c \cdot b^n = (a \pm c) \cdot b^n$

- Multiplikation und Division von Potenzen mit der gleichen Basis

  $a^m \cdot a^n = a^{m+n}$ — $a^1 = a$ — $a^{-n} = \frac{1}{a^n}$

  $a^m : a^n = a^{m-n}$ — $a^0 = 1$

- Multiplikation und Division von Potenzen mit dem gleichen Exponenten

  $a^m \cdot b^m = (ab)^m$ — $a^m : b^m = \frac{a^m}{b^m} = \left(\frac{a}{b}\right)^m$

- Potenzieren von Potenzen $(a^b)^c = a^{bc}$

  Binomische Formeln:

  $(a + b)^2 = a^2 + 2ab + b^2$

  $(a - b)^2 = a^2 - 2ab + b^2$

  $(a + b)(a - b) = a^2 - b^2$

Radizieren

$\sqrt[n]{a} = b$ — $a, b \in \mathbb{R}$ — n Wurzelexponent

$a^{\frac{1}{n}} = b$ — $n \in \mathbb{Z}$ — a Radikand

$a \geq 0$ — b Wurzel

Regeln

- Addition und Subtraktion von Wurzeln mit gleichem Exponenten und gleichem Radikanden

  $b \cdot \sqrt[n]{a} \pm c \cdot \sqrt[n]{a} = (b \pm c)\sqrt[n]{a}$ — $a \geq 0$, $n \in \mathbb{N};\ n \neq 0$

- Multiplikation und Division von Wurzeln mit gleichem Exponenten

  $n\sqrt[x]{a} \cdot m\sqrt[x]{b} = nm\sqrt[x]{ab}$

  $m\sqrt[y]{a} : n\sqrt[y]{b} = \frac{m}{n}\sqrt[y]{\frac{a}{b}}$

- Potenzieren und Radizieren — $(m, n \in \mathbb{R})$

  $\left(\sqrt[n]{a}\right)^m = \sqrt[n]{a^m}$

  $\sqrt[n]{a^m} = a^{\frac{m}{n}}$

  $\frac{1}{\sqrt[n]{a^m}} = a^{\frac{-m}{n}}$

  $a^{\frac{m}{n}} \cdot a^{\frac{p}{q}} = a^{\frac{m}{n}+\frac{p}{q}}$

  $a^{\frac{m}{n}} : a^{\frac{p}{q}} = a^{\frac{m}{n}-\frac{p}{q}}$

  $\sqrt[m]{\sqrt[n]{a}} = \sqrt[m \cdot n]{a}$

  $\left(a^{\frac{m}{n}}\right)^{\frac{p}{q}} = a^{\frac{mp}{nq}}$

Zehnerpotenzen

$10^n = c$ — $n \in \mathbb{Z}$

$10^n = \underbrace{10 \cdot 10 \cdot 10 \cdot \ldots \cdot 10}_{n\ \text{Faktoren}}$ — Basis 10

$10^0 = 1$	
$10^1 = 10$	$10^{-1} = \frac{1}{10} = 0{,}1$
$10^2 = 100$	$10^{-2} = \frac{1}{100} = 0{,}01$
$10^3 = 1000$	$10^{-3} = \frac{1}{1000} = 0{,}001$
$10^4 = 10\,000$	$10^{-4} = \frac{1}{10\,000} = 0{,}0001$

Beispiele

Addieren	$4 \cdot 10^2 + 2 \cdot 10^2 = (4 + 2) \cdot 10^2 = 6 \cdot 10^2$		
Subtrahieren	$4 \cdot 10^2 - 2 \cdot 10^2 = (4 - 2) \cdot 10^2 = 2 \cdot 10^2$		
Multiplizieren	$10^4 \cdot 10^3$	$= 10^{(4+3)}$	$= 10^7$
Dividieren	$\frac{10^4}{10^3}$	$= 10^{(4-3)}$	$= 10^1$
Potenzieren	$(10^2)^3$	$= 10^{2 \cdot 3}$	$= 10^6$
Radizieren	$\sqrt{10^6}$	$= 10^{\frac{6}{2}}$	$= 10^3$

Logarithmieren
Take the Logarithm

Definition

$a^n = c$ (sprich: Logarithmus zur Basis a von c ist n)	$\log_a c = n$	a Basis c Numerus n Logarithmus

Der Logarithmus n gibt an, mit welcher Zahl man die Basis a potenzieren muss, um den Numerus c als Potenz zu erhalten.

Sonderfälle und Umrechnungen

$\log_a 0 = -\infty$ $\log_a \infty = \infty$	$\log_a 1 = 0$ $\log_a a = 1$	$\lg 10 = 1$ $\ln e = 1$ $\text{lb}\, 2 = 1$
$\log_a b = \frac{\log_c b}{\log_c a}$	$\ln x = 2{,}30258 \cdot \lg x$ $\text{lb}\, x = 3{,}32193 \cdot \lg x$ $\ln x = 0{,}69314 \cdot \text{lb}\, x$	

Regeln $a > 0;\ c > 0;\ d > 0$

- Multiplizieren
  $\log_a (c \cdot d) = \log_a c + \log_a d$ — Multiplikation wird zur Addition
- Dividieren
  $\log_a \frac{c}{d} = \log_a c - \log_a d$ — Division wird zur Subtraktion
- Potenzieren
  $\log_a c^n = n \cdot \log_a c$ — Potenzieren wird zum Multiplizieren
- Radizieren
  $\log_a \sqrt[m]{c} = \frac{1}{m} \log_a c$ — Radizieren wird zum Dividieren

Gebräuchliche Basen

Basis	Logarithmus-Bezeichnung	Schreibweise	Taschenrechner
10	dekadischer (Zehnerlogarithmus)	$\lg c$ $\log_{10} c$	log
e = 2,71828...	natürlicher	$\ln c$ $\log_e c$	ln
2	binärer	$\text{lb}\, c$ $\log_2 c$	

Logarithmische Teilung (dekadischer Logarithmus)

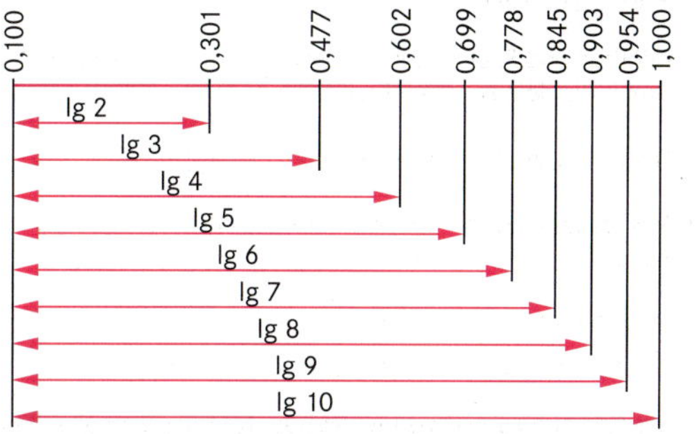

Binäre und hexadezimale Potenzen
Binary and Hexadecimal Powers

Binäre Potenzen

$\mathbf{2^n = c}$ $\quad \mathbf{2^n = 2 \cdot 2 \cdot \ldots \cdot 2}$ $\quad n \in \mathbb{Z}$ Basis 2

$\mathbf{2^{-n} = \frac{1}{2^n}}$ $\quad \mathbf{2^{-n} = \frac{1}{2} \cdot \frac{1}{2} \cdot \ldots \cdot \frac{1}{2}}$

Beispiele

$2^0 = 1$	
$2^1 = 2$	$2^{-1} = \frac{1}{2} = 0{,}5$
$2^2 = 4$	$2^{-2} = \frac{1}{4} = 0{,}25$
$2^3 = 8$	$2^{-3} = \frac{1}{8} = 0{,}125$
$2^4 = 16$	$2^{-4} = \frac{1}{16} = 0{,}0625$
$2^5 = 32$	$2^{-5} = \frac{1}{32} = 0{,}03125$
$2^6 = 64$	$2^{-6} = \frac{1}{64} = 0{,}015625$
$2^7 = 128$	$2^{-7} = \frac{1}{128} = 0{,}0078125$
$2^8 = 256$	$2^{-8} = \frac{1}{256} = 0{,}00390625$

Abkürzungen durch Vorsatzzeichen

1 k (Kilo) $= 2^{10} = 1024$
1 M (Mega) $= 2^{20} = 2^{10} \cdot 2^{10} = 1048576$
1 G (Giga) $= 2^{30} = 2^{10} \cdot 2^{10} \cdot 2^{10} = 1073741824$

Hexadezimale Potenzen

$\mathbf{16^n = c}$ $\quad \mathbf{16^n = 16 \cdot 16 \cdot \ldots \cdot 16}$ $\quad n \in \mathbb{Z}$ Basis 16

$\mathbf{16^{-n} = \frac{1}{16^n}}$ $\quad \mathbf{16^{-n} = \frac{1}{16} \cdot \frac{1}{16} \cdot \ldots \cdot \frac{1}{16}}$

Beispiele

$16^0 = 1$	
$16^1 = 16$	$16^{-1} = \frac{1}{16} = 0{,}0625$
$16^2 = 256$	$16^{-2} = \frac{1}{256} = 0{,}00390625$
$16^3 = 4096$	$16^{-3} = \frac{1}{4096} = 0{,}244140 \cdot 10^{-3}$
$16^4 = 65\,536$	$16^{-4} = \frac{1}{65\,536} = 0{,}015259 \cdot 10^{-3}$

Umrechnungsbeispiele

$2^4 = 16^1 =$	$16 =$	$10\,000_B =$		10_H
$2^8 = 16^2 =$	$256 =$	$100\,000\,000_B =$		100_H
$2^{16} = 16^4 =$	$65\,536 =$		$64\text{ k} =$	$10\,000_H$
$2^{20} = 16^5 =$	$1\,048\,576 =$		$1\text{ M} =$	$100\,000_H$

B: Binär; H: Hexadezimal

Dezimalzahlen-System

- Zeichenvorrat: 0, 1, 2, 3, 4, 5, 6, 7, 8, 9
- Mögliche unterschiedliche Zeichen pro Stelle: 10
- Basis 10 (B = 10)
- Kennzeichnung: Index 10 oder D (dezimal)

Stelle	4.	3.	2.	1.		1.	2.
Wertigkeit	10^3	10^2	10^1	10^0		10^{-1}	10^{-2}
	1000	100	10	1		1/10	1/100
Beispiel:	**5**	**0**	**3**	**2**	,	**1**	**2**

$5 \cdot 10^3 + 0 \cdot 10^2 + 3 \cdot 10^1 + 2 \cdot 10^0 + 1 \cdot 10^{-1} + 2 \cdot 10^{-2}$

Dualzahlen-System

- Zeichenvorrat: 0 und 1
- Mögliche unterschiedliche Zeichen pro Stelle: 2
- Basis 2 (B = 2)
- Kennzeichnung: Index 2 oder B (binär)

Stelle	4.	3.	2.	1.		1.	2.
Wertigkeit	2^3	2^2	2^1	2^0		2^{-1}	2^{-2}
	8	4	2	1		1/2	1/4
Beispiel:	**1**	**0**	**0**	**1**	,	**1**	**1**

$1 \cdot 2^3 + 0 \cdot 2^2 + 0 \cdot 2^1 + 1 \cdot 2^0 + 1 \cdot 2^{-1} + 1 \cdot 2^{-2}$

Hexadezimal-Zahlensystem

- Zeichenvorrat: 0, 1, 2, 3, 4, 5, 6, 7, 8, 9, A, B, C, D, E, F
- Mögliche unterschiedliche Zeichen pro Stelle: 16
- Basis 16 (B = 16)
- Kennzeichnung: Index 16 oder H (hexadezimal)

Stelle	4.	3.	2.	1.		1.	2.
Wertigkeit	16^3	16^2	16^1	16^0		16^{-1}	16^{-2}
	4096	256	16	1		1/16	1/256
Beispiel:	**1**	**3**	**F**	**C**	,	**5**	**A**

$1 \cdot 16^3 + 3 \cdot 16^2 + F \cdot 16^1 + C \cdot 16^0 + 5 \cdot 16^{-1} + A \cdot 16^{-2}$

Vergleich zwischen Zahlensystemen

dual	dezimal	hexadezimal	dual	dezimal	hexadezimal
0	0	0	10000	16	10
1	1	1	10001	17	11
10	2	2	10010	18	12
11	3	3	10011	19	13
100	4	4	10100	20	14
101	5	5	10101	21	15
110	6	6	10110	22	16
111	7	7	10111	23	17
1000	8	8	11000	24	18
1001	9	9	11001	25	19
1010	10	A	11010	26	1A
1011	11	B	11011	27	1B
1100	12	C	11100	28	1C
1101	13	D	11101	29	1D
1110	14	E	11110	30	1E
1111	15	F	11111	31	1F

Komplementbildung

B-Komplement: Ergänzung der gegebenen Zahl zur ganzen Potenz der Basis des gewählten Zahlensystems.

(B-1)-Komplement: B-Komplement minus 1

Beispiele:

Basis	Zahl	B-Komplement	(B-1)-Komplement
		Zehnerkomplement	Neunerkomplement
B = 10	6	4	3
	73	27	26
		Zweierkomplement	Einerkomplement
B = 2	111	001	000
	101	011	010

Umwandlungen von Zahlen

Dezimalzahl in Dualzahl (Divisionsverfahren)

Beispiel: $13{,}3_D$

Ganzzahliger Anteil	Nachkommastelle
13 : 2 = 6 Rest 1	0,3 · 2 = 0,6 + 0
6 : 2 = 3 Rest 0	0,6 · 2 = 0,2 + 1
3 : 2 = 1 Rest 1	0,2 · 2 = 0,4 + 0
1 : 2 = 0 Rest 1	0,4 · 2 = 0,8 + 0
	0,8 · 2 = 0,6 + 1
	0,6 · 2 = 0,2 + 1
	. = .
	. = .
$13_D = 1101_B$	$0{,}3_D = 0{,}010011\ldots_B$

$13{,}3_D = 1101{,}0\overline{1001}\ldots_B$

Dezimalzahl in Hexadezimalzahl (Divisionsverfahren)

Beispiel: $5116{,}33_D$

5116 : 16 = 319 Rest C	0,33 · 16 = 0,28 + 5
319 : 16 = 19 Rest F	0,28 · 16 = 0,48 + 4
19 : 16 = 1 Rest 3	0,48 · 16 = 0,68 + 7
1 : 16 = 0 Rest 1	0,68 · 16 = 0,88 + A
	0,88 · 16 = 0,08 + E
	. = .
	. = .
$5116_D = 13FC_H$	$0{,}33_D = 0{,}547AE\ldots_H$

$5116{,}33_D = 13FC{,}547AE\ldots_H$

Hexadezimalzahl in Dezimalzahl

1. Potenzwert-Verfahren

Beispiel:

$COA{,}E_H = 12 \cdot 16^2 + 0 \cdot 16^1 + 10 \cdot 16^0 + 14 \cdot 16^{-1}$
$= 3072 + 0 + 10 + 0{,}875$
$= 3082{,}875_D$

2. Horner-Schema

Beispiel: $13FC{,}E8_H$

1 3 F C	0, E8
16 · 1 + 3 = 19	8 : 16 = 0,5
16 · 19 + 15 = 319	(14 + 0,5) : 16 = 0,90625
16 · 319 + 12 = 5116	
$13FC_H = 5116_D$	$0{,}E8_H = 0{,}90625$

$13FC{,}E8_H = 5116{,}90625_D$

Dualzahl in Dezimalzahl

1. Potenzwert-Verfahren

Beispiel:

$1001{,}11_B = 1 \cdot 2^3 + 0 \cdot 2^2 + 0 \cdot 2^1 + 1 \cdot 2^0 + 1 \cdot 2^{-1} + 1 \cdot 2^{-2}{}_D$
$= 8 + 0 + 0 + 1 + 0{,}5 + 0{,}25_D$
$= 9{,}75_D$

2. Horner-Schema

Beispiel: $1101{,}0101_B$

1 1 0 1	0,0101
2 · 1 + 1 = 3	1 : 2 = 0,5
2 · 3 + 0 = 6	(0 + 0,5) : 2 = 0,25
2 · 6 + 1 = 13	(1 + 0,25) : 2 = 0,625
	(0 + 0,625) : 2 = 0,3125
$1101_B = 13_D$	$0{,}0101_B = 0{,}3125_D$

$1101{,}0101_B = 13{,}3125_D$

Gleichungen

Term: Sammelname für einzelne Summen, Differenzen, Produkte usw.

Gleichung: Zwei Terme, die durch ein Gleichheitszeichen verknüpft sind.

Beide Terme kann man mit gleichen Zahlen, Größen und Einheiten addieren, subtrahieren, multiplizieren, dividieren (≠ 0), potenzieren, radizieren.

- **Lösen linearer Gleichungen mit einer unbekannten Größe**
  - Brüche beseitigen
  - Klammern auflösen
  - Glieder ordnen und zusammenfassen
  - Unbekannte Größen auf eine Seite bringen
  - Unbekannte Größen berechnen
  - Ergebnis durch Einsetzen der unbekannten Größe in die Ausgangsgleichung überprüfen (keine Reihenfolge)

Es gilt immer: Term 1 = Term 2

Lösen von linearen Gleichungen mit zwei unbekannten Größen

- **Einsetzungsverfahren**
  - Eine Gleichung nach einer der unbekannten Größen umstellen.
  - Umgestellte Gleichung in die zweite Gleichung einsetzen.
- **Gleichsetzungsverfahren**
  - Beide Gleichungen nach derselben unbekannten Größe umstellen.
  - Terme gleichsetzen.
  - Term nach verbleibenden Unbekannten auflösen.
- **Additionsverfahren**
  - Gleichung so umstellen, dass die eine unbekannte Größe in beiden Gleichungen den gleichen Faktor, aber ein umgekehrtes Vorzeichen besitzt.
  - Beide Gleichungen addieren.

Winkelfunktionen (rechtwinklige Dreiecke)

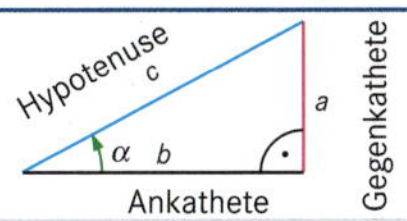	Sinus α	$= \frac{\text{Gegenkathete}}{\text{Hypotenuse}}$	$\sin\alpha = \frac{a}{c}$	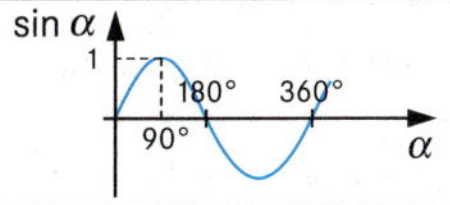
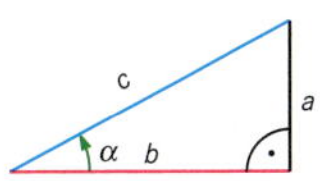	Cosinus α	$= \frac{\text{Ankathete}}{\text{Hypotenuse}}$	$\cos\alpha = \frac{b}{c}$	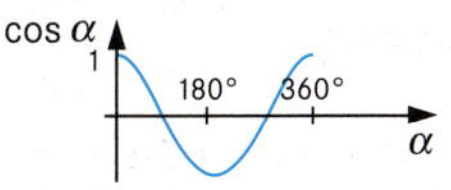
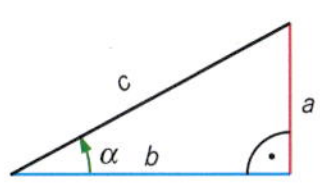	Tangens α	$= \frac{\text{Gegenkathete}}{\text{Ankathete}}$	$\tan\alpha = \frac{a}{b}$	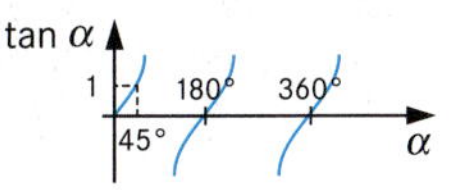
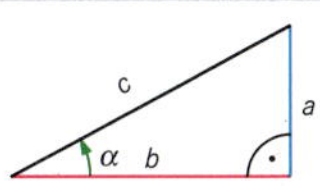	Cotangens α	$= \frac{\text{Ankathete}}{\text{Gegenkathete}}$	$\cot\alpha = \frac{b}{a}$	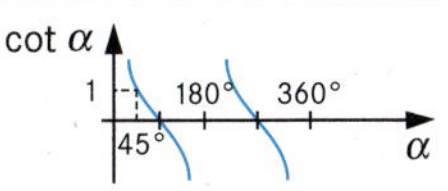

Vorzeichen der Winkelfunktionen in den vier Quadranten

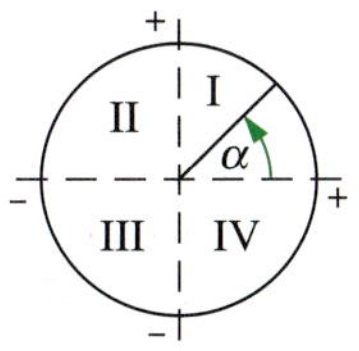

Quadrant	Winkel	sin	cos	tan	cot
I	0° ... 90°	+	+	+	+
II	90° ... 180°	+	–	–	–
III	180° ... 270°	–	–	+	+
IV	270° ... 360°	–	+	–	–

Prozentrechnung

$$P = \frac{G \cdot p}{100\ \%}$$

G: Grundwert
P: Prozentwert
p: Prozentsatz

Prozent (%) bedeutet: $1\ \% = \frac{1}{100}$

Promile (‰) bedeutet: $1\ ‰ = \frac{1}{1000}$

Zinsrechnung

$$Z = \frac{K \cdot p \cdot t}{100\ \%}$$

Z: Zinsen in €

K: Kapital in €

p: Zinssatz in % pro Jahr (a)

t: Zeit in Jahren (a)

Quadrat

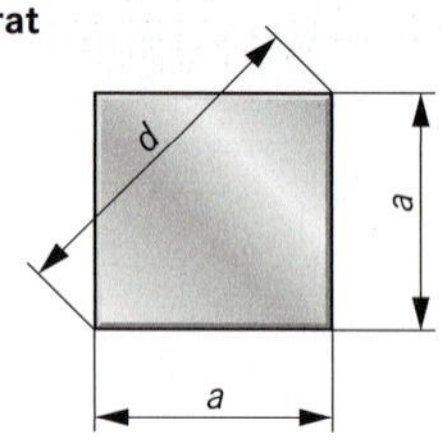

$A = a^2$

$U = 4 \cdot a$

$d = \sqrt{2} \cdot a$

Kreis

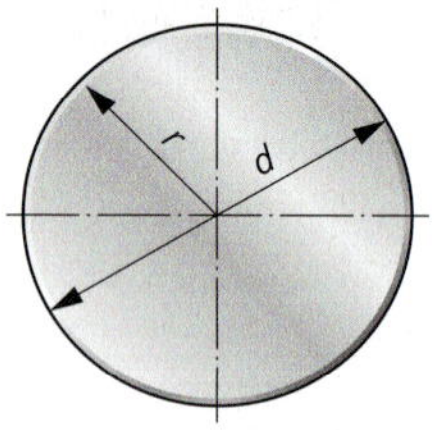

$A = \pi \cdot r^2$

$A = \frac{\pi \cdot d^2}{4}$

$U = \pi \cdot d$

$U = 2\pi \cdot r$

Rechteck

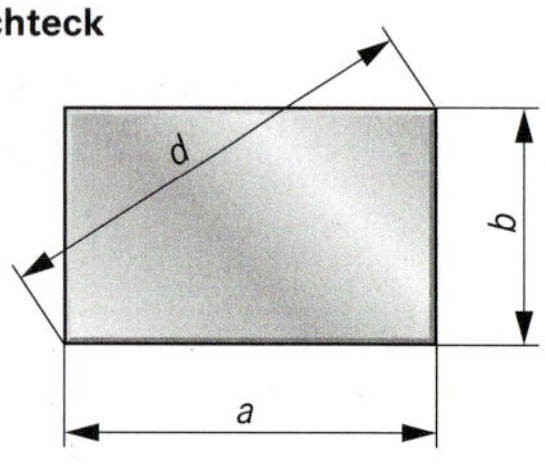

$A = a \cdot b$

$U = 2 \cdot (a + b)$

$d = \sqrt{a^2 + b^2}$

Kreisring

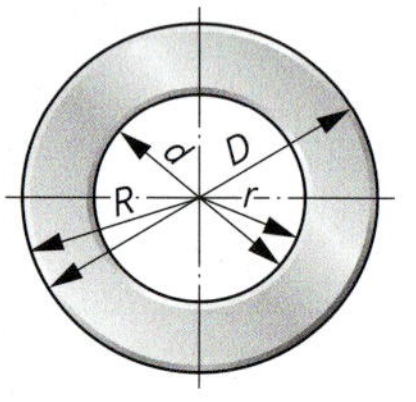

$A = \pi \, (R^2 - r^2)$

$A = \frac{\pi}{4} \, (D^2 - d^2)$

Raute (Rhombus)

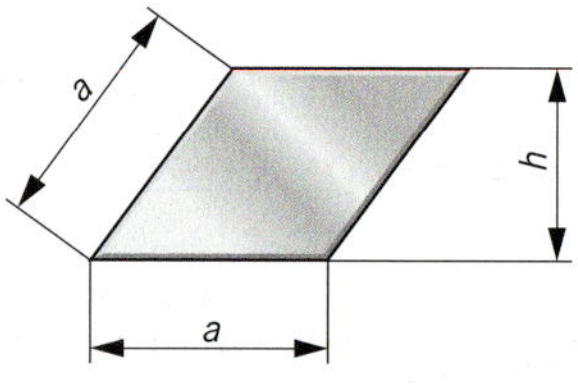

$A = a \cdot h$

$U = 4 \cdot a$

Trapez

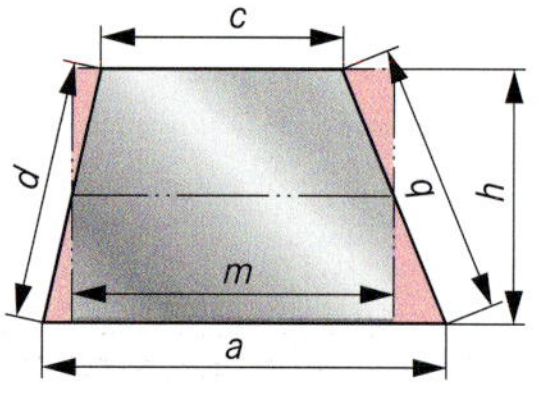

$A = m \cdot h$

$m = \frac{a + c}{2}$

$U = a + b + c + d$

Parallelogramm

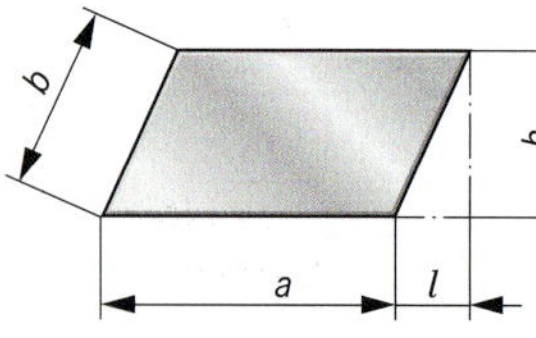

$A = a \cdot h$

$U = 2 \, (a + \sqrt{l^2 + h^2})$

$U = 2 \, (a + b)$

Dreieck

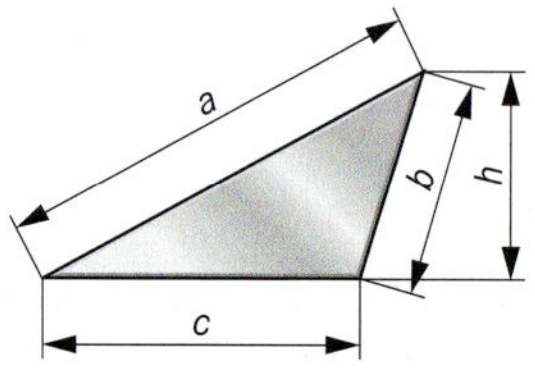

$A = \frac{c \cdot h}{2}$

$U = a + b + c$

Würfel

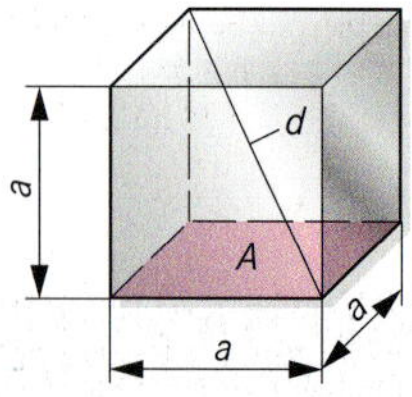

$V = a^3$

$d = a\sqrt{3}$

$A_0 = 6 \cdot a^2$

A_0: Oberfläche

Prisma

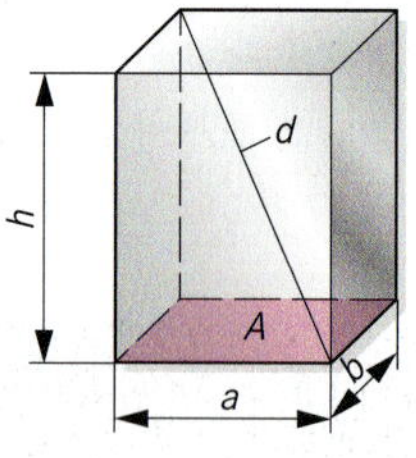

allgemein: $V = A \cdot h$

$V = a \cdot b \cdot h$

$d = \sqrt{a^2 + b^2 + h^2}$

$A_0 = 2(a \cdot b + a \cdot h + b \cdot h)$

A_0: Oberfläche

Zylinder

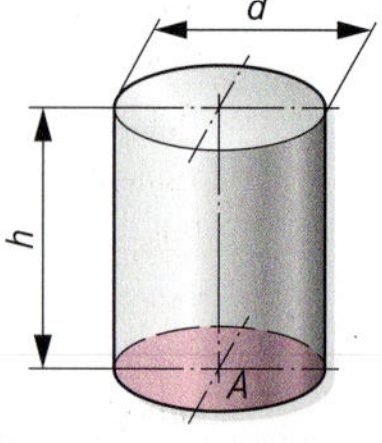

$V = \frac{\pi \cdot d^2}{4} \cdot h$

$A_M = \pi \cdot d \cdot h$

$A_0 = \pi \cdot d \cdot h + \frac{\pi \cdot d^2}{2}$

A_M: Mantelfläche

Pyramide

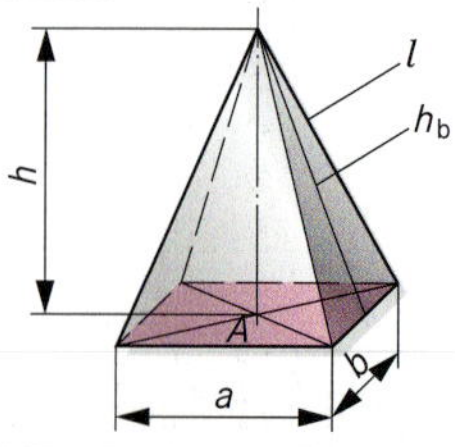

$V = \frac{a \cdot b \cdot h}{3}$

$h_b = \sqrt{h^2 + \frac{a^2}{4}}$

$l = \sqrt{h_b^2 + \frac{b^2}{4}}$

Physikalische Größen und Einheiten
Physical Quantities and Units of Measure

SI-Basiseinheiten[1]
DIN 1301-1: 2010-10

Größe	Formelzeichen	Einheitenname	Einheitenzeichen
Länge	l	Meter	m
Masse	m	Kilogramm	kg
Zeit	t	Sekunde	s
Elektrische Stromstärke	I	Ampere	A
Thermodynamische Temperatur	T	Kelvin	K
Stoffmenge	n	Mol	mol
Lichtstärke	I_v	Candela	cd

[1] **S**ystème **I**nternational d'Unités (Internationales Einheitensystem)

Vorsätze und Vorsatzzeichen für dezimale Teile und Vielfache von Einheiten
DIN 1301-1: 2010-10

Faktor	Vorsätze	Vorsatzzeichen	Faktor	Vorsätze	Vorsatzzeichen	Faktor	Vorsätze	Vorsatzzeichen
10^{-24}	Yocto	y	10^{-3}	Milli	m	10^{6}	Mega	M
10^{-21}	Zepto	z	10^{-2}	Zenti	c	10^{9}	Giga	G
10^{-18}	Atto	a	10^{-1}	Dezi	d	10^{12}	Tera	T
10^{-15}	Femto	f	10^{1}	Deka	da	10^{15}	Peta	P
10^{-12}	Piko	p	10^{2}	Hekto	h	10^{18}	Exa	E
10^{-9}	Nano	n	10^{3}	Kilo	k	10^{21}	Zetta	Z
10^{-6}	Mikro	µ				10^{24}	Yotta	Y

Schreibweise
DIN 1313: 1998-12

Beispiel: Größenwert = Zahlenwert · Einheit

$l = \{l\} \cdot [l]$ Länge = Zahlenwert der Länge · Einheit der Länge

$l = 3 \cdot \mathrm{m}$

Physikalische Gleichungen
DIN 1313: 1998-12

Größengleichungen	Einheitengleichungen	Zahlenwertgleichungen
z. B. $v = \frac{s}{t}$ $m = 8\ \mathrm{kg}$	z. B. 1 m = 100 cm 1 h = 3600 s 1 kWh = $3{,}6 \cdot 10^6$ Ws	z. B. $\{v\} = 3{,}6\ \frac{\{s\}}{\{t\}}$ v in m/s s in m t in s
Zugeschnittene Größengleichung z. B. $\frac{v}{\mathrm{km/h}} = 3{,}6 \cdot \frac{s/\mathrm{m}}{t/\mathrm{s}}$		

Größen	Erklärungen	Beispiele
Skalar	Zur eindeutigen Festlegung genügt die Angabe des ■ Zahlenwertes und der ■ Einheit.	Masse m Zeit t Arbeit W
Vektor	Zur eindeutigen Festlegung sind erforderlich: ■ Zahlenwert ■ Einheit ■ Richtung im Raum oder in der Ebene ■ Richtungssinn (Drehsinn) 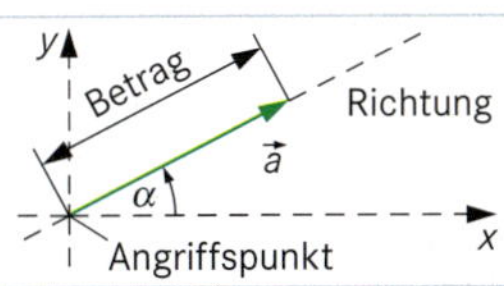	Kraft $\vec{F}$ Geschwindigkeit $\vec{v}$ Elektrische Feldstärke $\vec{E}$

Griechisches Alphabet
Greek Alphabet

Α α	Alpha	Ι ι	Iota	Ρ ϱ	Rho
Β β	Beta	Κ ϰ	Kappa	Σ σ	Sigma
Γ γ	Gamma	Λ λ	Lambda	Τ τ	Tau
Δ δ	Delta	Μ μ	My	Υ υ	Ypsilon
Ε ε	Epsilon	Ν ν	Ny	Φ φ	Phi
Ζ ζ	Zeta	Ξ ξ	Xi	Χ χ	Chi
Η η	Eta	Ο ο	Omikron	Ψ ψ	Psi
Θ ϑ	Theta	Π π	Pi	Ω ω	Omega

Formelzeichen	Bedeutung	SI-Einheit	Einheitenname, Bemerkungen
Längen und ihre Potenzen, Winkel			
x, y, z	Kartesische Koordinaten	m	Meter
α, β, γ	ebener Winkel, Drehwinkel	rad	Radiant: 1 rad = 1 m/m
ϑ, φ	Winkel bei Drehbewegungen		1 Vollwinkel = 2 π rad Grad: 1° = (π/180) rad
Ω, ω	Raumwinkel	sr	Steradiant: 1 sr = 1 m^2/m^2
l, b, h	Länge, Breite, Höhe, Tiefe	m	Meter, 1 int. Seemeile = 1852 m
δ, d	Dicke, Schichtdicke	m	
r	Radius, Halbmesser, Abstand	m	
f	Durchbiegung, Durchhang	m	
d, D	Durchmesser	m	
s	Weglänge, Kurvenlänge	m	
A, S	Flächeninhalt, Fläche, Oberfläche	m^2	Quadratmeter 1 a = 10^2 m^2
S, q	Querschnittsfläche, Querschnitt	m^2	1 ha = 10^4 m^2
V	Volumen, Rauminhalt	m^3	Kubikmeter, 1 l (Liter) = 1 dm^3
Zeit und Raum			
t	Zeit, Zeitspanne, Dauer	s	Sekunde, min, h (Stunde), d (Tag), a (Jahr)
T	Periodendauer, Schwingungsdauer	s	
τ, T	Zeitkonstante	s	
f, ν	Frequenz, Periodenfrequenz	Hz	Hertz, 1 Hz = 1 s^{-1}, $f = 1/T$
f_0	Kennfrequenz, Eigenfrequenz im ungedämpften Zustand	Hz	
ω	Kreisfrequenz, Pulsatanz (Winkelfrequenz)	s^{-1}	$\omega = 2\pi f$
n, f_r	Umdrehungsfrequenz (Drehzahl)	s^{-1}	1 min^{-1} = (1/60) s^{-1}
ω, Ω	Winkelgeschwindigkeit, Drehgeschwindigkeit	rad/s	
α	Winkelbeschleunigung, Drehbeschleunigung	rad/s^2	
λ	Wellenlänge	m	
v, u, w, c	Geschwindigkeit	m/s	1 km/h = (1/3,6) m/s
c	Ausbreitungsgeschwindigkeit einer Welle	m/s	
a	Beschleunigung	m/s^2	
g	örtliche Fallbeschleunigung	m/s^2	g_n = 9,80665 m/s^2 (Normfallbeschl.)
Mechanik			
m	Masse, Gewicht als Wägeergebnis	kg	Kilogramm, 1 t (Tonne) = 1 Mg
ϱ, ϱ_m	Dichte, volumenbezogene Masse	kg/m^3	1 g/cm^3 = 1 kg/dm^3 = 1 Mg/m^3
F	Kraft	N	Newton, 1 N = 1 kg · m/s^2 = 1 J/m
F_G, G	Gewichtskraft	N	
M	Drehmoment, Kraftmoment	N · m	
p	Druck	Pa	Pascal, 1 Pa = 1N/m^2, 1 bar = 10^5 Pa
μ, f	Reibungszahl	1	$\mu = F_R/F_N$, F_R: Reibungskraft
W, A	Arbeit	J	Joule, 1 J = 1 N · m = 1 W · s
E, W	Energie	J	1 Wh = 3,6 kJ; eV (Elektronenvolt)
E_p, W_p	potenzielle Energie	J	
E_k, W_k	kinetische Energie	J	
P	Leistung	W	Watt, 1 W = 1 J/s
η	Wirkungsgrad	1	
Thermodynamik und Wärmeübertragung			
T, Θ	Temperatur, thermodynamische Temperatur	K	Kelvin
$\Delta T, \Delta t, \Delta\vartheta$	Temperaturdifferenz	K	
t, ϑ	Celsius-Temperatur	°C	Grad Celsius, $t = T - T_0$; T_0 = 273,15 K
α_l	(thermisch) Längenausdehnungskoeffizient	K^{-1}	
α_V, γ	(thermisch) Volumenausdehnungskoeffizient	K^{-1}	
Q	Wärme, Wärmemenge	J	Joule
R_{th}	thermischer Widerstand, Wärmewiderstand	K/W	$R_{th} = \Delta\vartheta/\Phi_{th}$
λ	Wärmeleitfähigkeit	W/(m · K)	
k	Wärmedurchgangskoeffizient	W/(m^2 · K)	
C_{th}	Wärmekapazität	J/K	
c	spezifische Wärmekapazität	J/(kg · K)	auch: massenbezogene Wärmekapazität

Formelzeichen	Bedeutung	SI-Einheit	Einheitenname, Bemerkungen
Elektrizität und Magnetismus			
Q	elektrische Ladung	C	Coulomb, 1C = 1A · s; 1A · h = 3,6 kC
e	Elementarladung	C	Coulomb
D	elektrische Flussdichte	C/m^2	
P	elektrische Polarisation	C/m^2	
φ, φ_e	elektrisches Potenzial	V	Volt, 1 V = 1 J/C
U	elektrische Spannung, Potenzialdifferenz	V	Volt
E	elektrische Feldstärke	V/m	1 V/mm = 1 kV/m
C	elektrische Kapazität	F	Farad, 1 F = 1 C/V, $C = Q/U$
ε	Permittivität	F/m	früher: Dielektrizitätskonstante
ε_0	elektrische Feldkonstante	F/m	Permittivität des leeren Raumes
ε_r	relative Permittivität, Permittivitätszahl	1	früher: Dielektrizitätszahl
I	elektrische Stromstärke	A	Ampere
J	elektrische Stromdichte	A/m^2	$1\ A/mm^2 = 1\ MA/m^2$, $J = I/A$
Θ	Durchflutung (magnetische Spannung)	A	Ampere
H	magnetische Feldstärke	A/m	1 A/mm = 1 kA/m
Φ	magnetischer Fluss	Wb	Weber, 1 Wb = 1 V · s
B	magnetische Flussdichte	T	Tesla, $1\ T = 1\ Wb/m^2$, $B = \Phi/S$
L	Induktivität, Selbstinduktivität	H	Henry, 1 H = 1 Wb/A
μ	Permeabilität	H/m	$\mu = B/H$
μ_0	magnetische Feldkonstante	H/m	Permeabilität des leeren Raumes
μ_r	relative Permeabilität, Permeabilitätszahl	1	$\mu_r = \mu/\mu_0$
R_m	magnetischer Widerstand, Reluktanz	H^{-1}	
Λ	magnetischer Leitwert, Permeanz	H	Henry
R	elektrischer Widerstand, Wirkwiderstand, Resistanz	Ω	Ohm, 1 Ω = 1 V/A
G	elektrischer Leitwert, Wirkleitwert, Konduktanz	S	Siemens, $1\ S = 1\ \Omega^{-1}$, $G = 1/R$
ϱ	spezifischer elektrischer Widerstand, Resistivität	Ω · m	$1\ \mu\Omega \cdot cm = 10^{-8}\ \Omega \cdot m$ $1\ \Omega \cdot mm^2/m = 10^{-6}\ \Omega \cdot m = 1\ \mu\Omega \cdot m$
γ, σ, $\varkappa$	elektrische Leitfähigkeit, Konduktivität	S/m	$\gamma = 1/\varrho$
X	Blindwiderstand, Reaktanz	Ω	Ohm
B	Blindleitwert, Suszeptanz	S	$B = 1/X$
Z, $\|Z\|$	Scheinwiderstand, Betrag der Impedanz	Ω	$\underline{Z}$: Impedanz (komplexe Impedanz)
Y, $\|Y\|$	Scheinleitwert, Betrag der Admittanz	S	$\underline{Y}$: Admittanz (komplexe Admittanz)
Z_w, Γ	Wellenwiderstand	Ω	Ohm
W	Energie, Arbeit	J	Joule
P, P_p	Wirkleistung	W	Watt
Q, P_q	Blindleistung	W	Energietechnik: var (Var), 1 var = 1 W
S, P_s	Scheinleistung	W	Energietechnik: VA (Voltampere)
φ	Phasenverschiebungswinkel	rad	auch Winkel der Impedanz
δ_ε, δ_μ	Verlustwinkel (Permittivität, Permeabilität)	rad	Radiant
λ	Leistungsfaktor	1	$\lambda = P/S$, Elektrotechnik: $\lambda = \cos\varphi$
d	Verlustfaktor	1	
N	Windungszahl	1	
Akustik			
p	Schalldruck	Pa	Pascal
c, c_a	Schallgeschwindigkeit	m/s	
L_p, L	Schalldruckpegel		wird in dB angegeben
L_N	Lautstärkepegel		wird in phon angegeben
Licht, elektromagnetische Strahlung			
I_v	Lichtstärke	cd	Candela
Φ_v	Lichtstrom	lm	Lumen, 1 lm = 1 cd · sr
L_v	Leuchtdichte	cd/m^2	
E_v	Beleuchtungsstärke	lx	Lux, $1\ lx = 1\ lm/m^2 = 1\ cd \cdot sr/m^2$
η	Lichtausbeute	lm/W	
c_0	Lichtgeschwindigkeit im leeren Raum	m/s	$c_0 = 2{,}99792485 \cdot 10^8\ m/s$
f	Brennweite	m	Meter

Masse *m*

Kilogramm kg

Eigenschaften:
- Trägheitswirkung gegenüber einer Änderung des Bewegungszustandes und
- Anziehung auf andere Körper (Gravitation)

Die Masse ist ortsunabhängig.

Kraft *F*

Newton N $1\ N = 1\ kg \cdot m/s^2$

Produkt aus der
- Masse m eines Körpers und
- Beschleunigung a.

$$F = m \cdot a$$

Gewichtskraft F_G, *G*

Newton N $1\ N = 1\ kg \cdot m/s^2$

Produkt aus der
- Masse m eines Körpers und
- (örtlichen) Fallbeschleunigung g.

$$F_G = m \cdot g$$

Die Gewichtskraft ist ortsabhängig.

Arbeit *W*

Joule J, Newtonmeter N · m,
Wattsekunde W · s   1 Nm = 1 Ws

Eine mechanische Arbeit wird verrichtet, wenn an einem Körper längs eines Weges s eine Kraft F wirkt.

$$W = F \cdot s$$

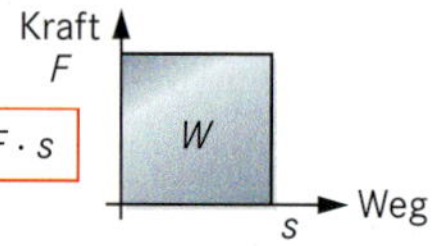

Hub-, Reibungs-, Federspann-, Beschleunigungsarbeit

Leistung *P*

Watt W
$1\ W = 1\ N \cdot m/s$

Wenn in einer bestimmten Zeit Arbeit verrichtet wird, nennt man dies Leistung (Arbeit pro Zeit).

$$P = \frac{W}{t}$$

Mit $W = F \cdot s$ und $v = \frac{s}{t}$ ergibt sich

$$P = F \cdot v$$

Drehmoment *M*

Newtonmeter N · m

Ein Drehmoment entsteht, wenn eine Kraft außerhalb eines Drehpunktes angreift (z. B. Motorachse).

$$M = F \cdot r$$

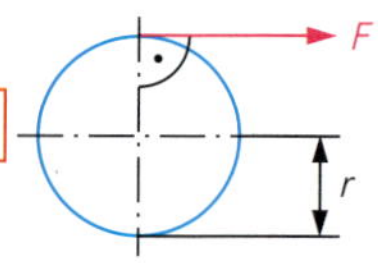

r: Abstand vom Drehpunkt

Energie *E*

Newtonmeter N · m, Joule J
Wattsekunde W · s
$1\ N \cdot m = 1\ W \cdot s = 1\ J$

Umwandlung:
Wenn Arbeit verrichtet wird, entsteht Energie. Mit dieser Energie kann wieder Arbeit verrichtet werden.

Arbeit	→ Energie; $W = E$
Hubarbeit	→ Energie der Lage (potenzielle Energie)
Beschleunigungsarbeit	→ Bewegungsenergie (kinetische Energie)

$$E_k = \frac{m \cdot v^2}{2}$$

Energieerhaltung:
Die Summe der Energien ist konstant ($E_p + E_k$ = konstant).

Wirkungsgrad η

Der Wirkungsgrad ist gleich dem Quotienten aus der abgegebenen Arbeit W_{ab} (bzw. Leistung) und der zugeführten Arbeit W_{zu} (bzw. Leistung).

$$\eta = \frac{W_{ab}}{W_{zu}} \qquad \eta = \frac{P_{ab}}{P_{zu}}$$

$$W_v = W_{zu} - W_{ab}$$

$$P_v = P_{zu} - P_{ab}$$

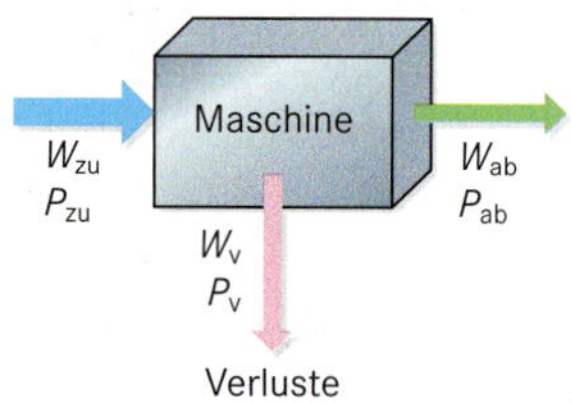

Geschwindigkeit *v*

Meter/Sekunde m/s; km/h; m/min

Beschleunigung *a*

Meter/Sekundenquadrat m/s^2

Geradlinig gleichförmige Bewegung

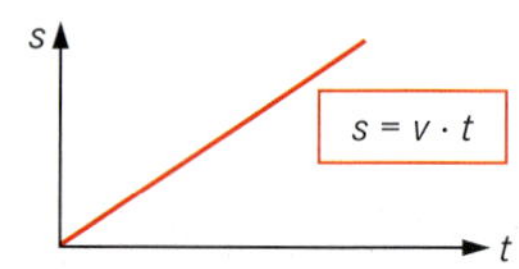

$$s = v \cdot t$$

Gleichmäßig beschleunigte Bewegung

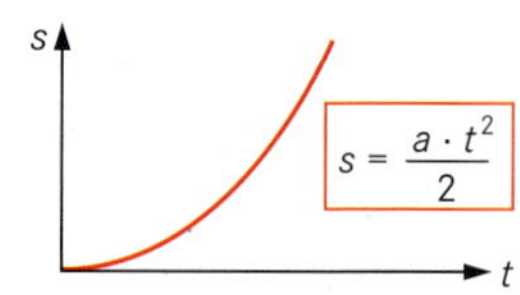

$$s = \frac{a \cdot t^2}{2}$$

Druck *p*

Newton/Quadratmeter N/m^2
$1\ N/m^2 = 1$ Pa (Pascal)
$1\ N/m^2 = 10^{-5}$ bar
$1\ bar = 10^5\ N/m^2$

Druck entsteht, wenn eine Kraft auf eine Fläche einwirkt.

$$p = \frac{F}{A}$$

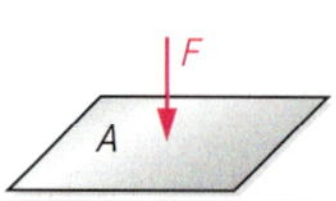

Dichte ϱ

Gramm/Kubikzentimeter g/cm^3
kg/dm^3
Mg/m^3

Die Dichte eines Stoffes ist der Quotient aus der Masse m und dem Volumen V.

$$\varrho = \frac{m}{V}$$

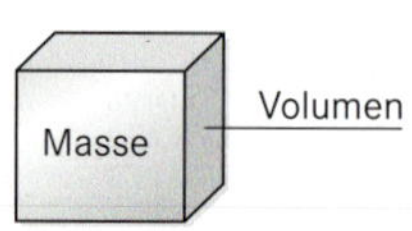

Gleichförmige Kreisbewegung

Der Betrag der Geschwindigkeit ist stets gleich.

T:	Zeit für eine Umdrehung
$2 \cdot \pi \cdot r$:	Wegstrecke bei einer Umdrehung
a_r:	Radialbeschleunigung

$$v = \frac{s}{T}$$

$$v = \frac{2 \cdot \pi \cdot r}{T}$$

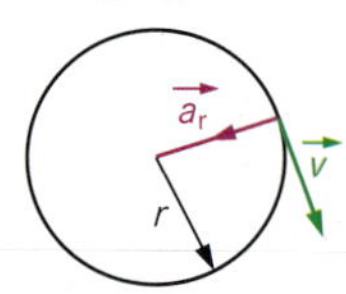

Zusammensetzung von Kräften

Winkel zwischen den Kräften	Wirkungslinie	Zeichnerische Darstellung	Resultierende Kraft F_R
$\alpha = 0°$	gleich	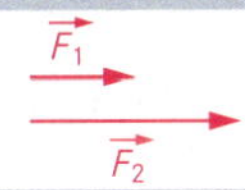	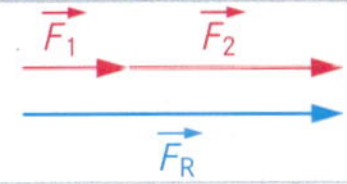 $F_R = F_1 + F_2$
$\alpha = 180°$	gleich	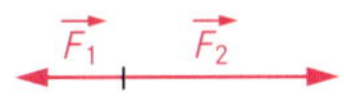	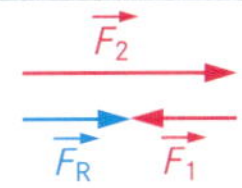 $F_R = F_2 - F_1$
$\alpha = 90°$	senkrecht zueinander	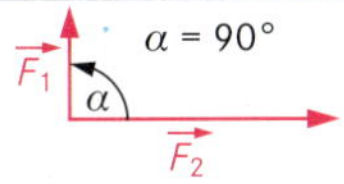	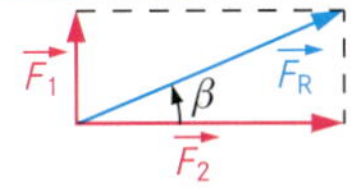 $F_R = \sqrt{F_1^2 + F_2^2}$; $\tan\beta = \frac{F_1}{F_2}$
α beliebig	beliebig	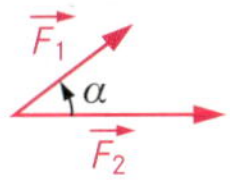	$F_R = \sqrt{F_1^2 + F_2^2 - 2\,F_1 \cdot F_2 \cdot \cos(180° - \alpha)}$ 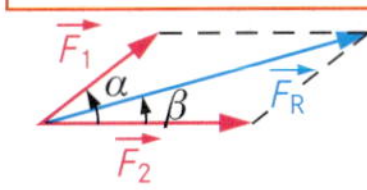 $\tan\beta = \frac{F_1 \cdot \sin\alpha}{F_2 + F_1 \cos\alpha}$

Zerlegung von Kräften

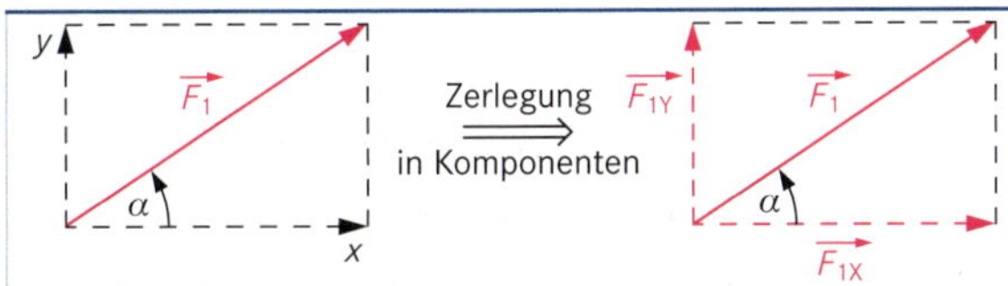

$\vec{F}_{1x}$ und $\vec{F}_{1y}$ sind die Komponenten von $\vec{F}_1$ in Richtung des vorgegebenen Koordinatensystems.

$$F_{1x} = F_1 \cdot \cos\alpha$$
$$F_{1y} = F_1 \cdot \sin\alpha$$

Zusammenhang zwischen Masse und Kraft

Ort	Masse in kg	Fallbeschleunigung in $\frac{m}{s^2}$	Gewichtskraft in N
Äquator (Erde)	100	9,87	978
Pol (Erde)	100	9,84	984
Mond	100	1,62	162

Reibung
Friction

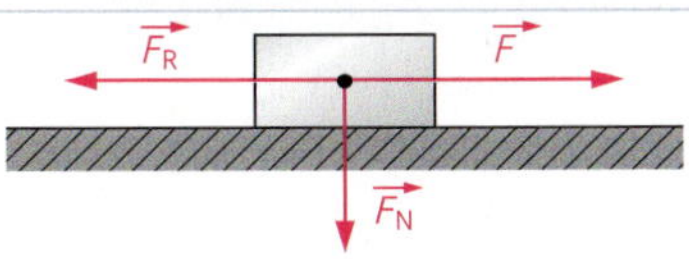

$$F_R = \mu \cdot F_N$$

F_R: Reibungskraft
μ: Reibungszahl
F_N: Normalkraft (senkrecht zur Bewegungsrichtung)

Die Reibungskraft hängt nicht von der Größe der Berührungsfläche ab.

Haftreibung	Gleitreibung	Rollreibung
■ Haftreibung tritt auf, bevor sich ein Körper bewegt.	■ Wenn Köper aufeinander gleiten, tritt Gleitreibung auf.	■ Wenn ein Körper auf einem anderen Körper rollt, tritt Rollreibung auf.

Beispiele für Reibungszahlen

Stoffe	Haftreibungszahl	Gleitreibungszahl		Rollreibungszahl
		trocken	flüssig	
Gleitlager	0,1	–	0,03	
Stahl auf Stahl	0,3	0,2	0,04	0,001
Stahl auf Holz	0,5	0,3	0,05	
Lederriemen auf Stahl	0,6	0,3	–	
Gummireifen auf Asphalt	0,8	0,7	0,3	0,02 ... 0,03
Mauerwerk auf Beton	1,0	0,8	–	

Temperatur (tiefste Temperatur ϑ_0 = −273,15 °C = 0 K, absoluter Nullpunkt)

Temperatur	Kelvin-Temperatur	Celsius-Temperatur	Fahrenheit-Temperatur
Formelzeichen	T	t, ϑ	t, ϑ
Einheitenzeichen	K (Kelvin)	°C (Grad Celsius)	°F (Grad Fahrenheit)
Einheit der Temperaturdifferenz	1 K (Kelvin)	1 K (Kelvin)	–
Zusammenhang	0 K = −273 °C 273 K = 0 °C 373 K = 100 °C	$\vartheta_c = \vartheta_K - 273\ \text{K}$	$\vartheta_F = \frac{9}{5}\vartheta_c + 32°$ $\vartheta_c = (\vartheta_F - 32°)\frac{5}{9}$

Temperaturmessung

Flüssigkeitsthermometer mit Quecksilber	−30 °C ... 280 °C	Segerkegel	220 °C ... 2000 °C
Flüssigkeitsthermometer mit Quecksilber und Gasfüllung	−30 °C ... 750 °C	Metallausdehnungsthermometer	−20 °C ... 500 °C
Flüssigkeitsthermometer mit Alkohol	−110 °C ... 50 °C	Elektrische Widerstandsthermometer	−250 °C ... 1000 °C
		Glühfarben	500 °C ... 3000 °C
Thermocolore	150 °C ... 600 °C	Gasthermometer	−272 °C ... 2800 °C

Ausdehnung durch Wärme

lineare Ausdehnung

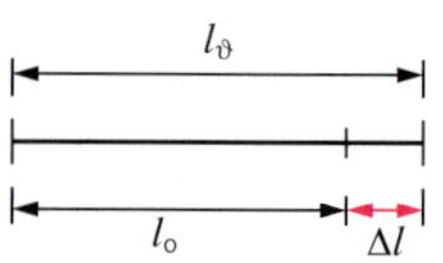

l_o: Anfangslänge
Δl: Längenänderung
l_ϑ: Endlänge
$\Delta\vartheta$: Temperaturänderung
α: Längenausdehnungskoeffizient

$$\Delta l = l_o \cdot \alpha \cdot \Delta\vartheta$$
$$l_\vartheta = l_o + \Delta l$$
$$l_\vartheta = l_o(1 + \alpha \cdot \Delta\vartheta)$$

$[\alpha] = \frac{1}{\text{K}}$

kubische Ausdehnung

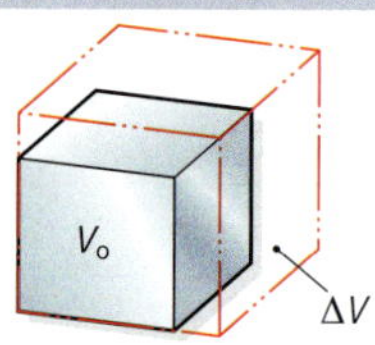

V_o: Anfangsvolumen
ΔV: Volumenänderung
V_ϑ: Endvolumen
$\Delta\vartheta$: Temperaturänderung
γ: Volumenausdehnungskoeffizient

$$\Delta V = V_o \cdot \gamma \cdot \Delta\vartheta$$
$$V_\vartheta = V_o + \Delta V$$
$$V_\vartheta = V_o(1 + \gamma \cdot \Delta\vartheta)$$

Es gilt angenähert:

$\gamma \approx 3\alpha$ $\quad [\gamma] = \frac{1}{\text{K}}$

Wärmemenge Q

$$Q = m \cdot c \cdot \Delta\vartheta$$

Q: Wärmemenge $[Q]$ = J (Joule)
m: Masse
$\Delta\vartheta$: Temperaturänderung
c: spezifische Wärmekapazität

$$[c] = \frac{\text{kJ}}{\text{kg} \cdot \text{K}}$$

Die einem Körper zugeführte oder von ihm abgegebene Wärmemenge ist abhängig vom Produkt aus der Masse, der spezifischen Wärmekapazität und der Temperaturänderung.

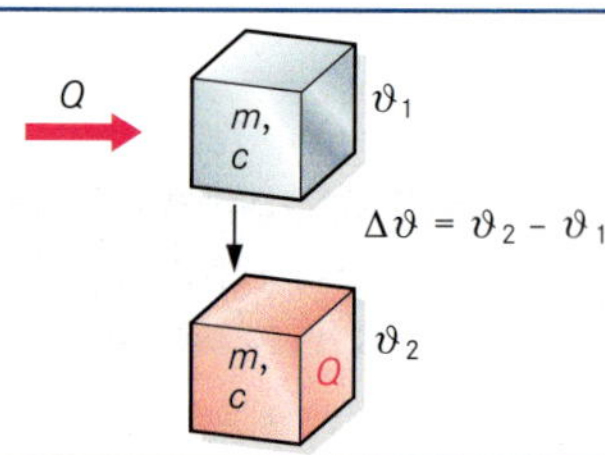

Mischungsvorgänge

abgegebene Wärmemenge = aufgenommener Wärmemenge

$$Q_{ab} = Q_{auf}$$
$$m_1 \cdot c_1(\vartheta_1 - \vartheta_m) = m_2 \cdot c_2(\vartheta_m - \vartheta_2)$$
$$\vartheta_m = \frac{m_1 \cdot c_1 \cdot \vartheta_1 + m_2 \cdot c_2 \cdot \vartheta_2}{m_1 \cdot c_1 + m_2 \cdot c_2}$$

ϑ_m: Mischungstemperatur

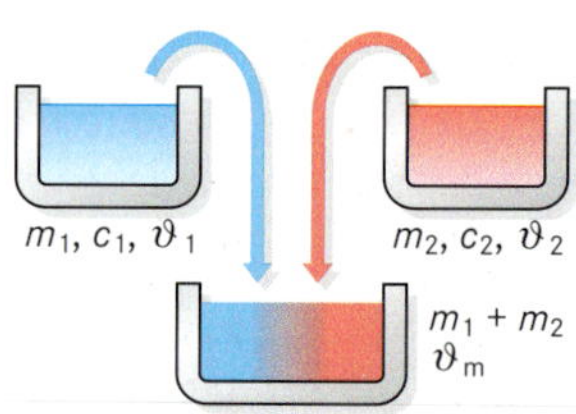

Periodensystem
Periodic System

Gruppe* / Periode (Schale)	1 (Ia)	2 (IIa)	3 (IIIb)	4 (IVb)	5 (Vb)	6 (VIb)	7 (VIIb)	8 (VIII)	9 (VIII)	10 (VIII)	11 (Ib)	12 (IIb)	13 (IIIa)	14 (IVa)	15 (Va)	16 (VIa)	17 (VIIa)	18 (VIIIa)
1 (K)	1 H −252,9 0,0899																	2 He −268,9 0,1785
2 (L)	3 Li 180,5 0,534	4 Be 1278 1,848											5 B 2300 2,46	6 C 3550 3,51	7 N −195,8 1,2506	8 O −182,96 1,429	9 F −188,1 1,696	10 Ne −246,1 0,899
3 (M)	11 Na 97,8 0,971	12 Mg 648,8 1,738											13 Al 660,5 2,699	14 Si 1410 2,33	15 P 44 1,82	16 S 113 2,07	17 Cl −34,6 3,214	18 Ar −189,4 1,784
4 (N)	19 K 63,7 0,862	20 Ca 839 1,55	21 Sc 1539 2,989	22 Ti 1660 4,51	23 V 1890 6,09	24 Cr 1857 7,19	25 Mn 1246 7,21	26 Fe 1535 7,86	27 Co 1495 8,89	28 Ni 1453 8,902	29 Cu 1083,5 8,96	30 Zn 419,6 7,14	31 Ga 29,8 5,904	32 Ge 937,4 5,323	33 As 613 5,72	34 Se 217 4,82	35 Br 58,8 3,14	36 Kr −152,3 3,749
5 (O)	37 Rb 39 1,532	38 Sr 769 2,63	39 Y 1523 4,469	40 Zr 1855 6,506	41 Nb 2468 8,57	42 Mo 2617 10,28	43 Tc 2172 11,5	44 Ru 2310 12,45	45 Rh 1966 12,41	46 Pd 1552 12,02	47 Ag 961,9 10,5	48 Cd 321 8,642	49 In 156,6 7,31	50 Sn 232 7,29	51 Sb 630,7 6,691	52 Te 449,6 6,24	53 I 113,5 4,93	54 Xe −107 5,897
6 (P)	55 Cs 28,4 1,873	56 Ba 725 3,65	57…71	72 Hf 2150 13,31	73 Ta 2996 16,654	74 W 3407 19,26	75 Re 3180 21,20	76 Os 3045 22,61	77 Ir 2410 22,65	78 Pt 1772 21,45	79 Au 1064,4 19,32	80 Hg 356,6 13,546	81 Tl 1457 11,85	82 Pb 327,5 11,34	83 Bi 271,4 9,80	84 Po 254 9,20	85 At 302 k. A.	86 Rn −61,8 9,73
7 (Q)	87 Fr 27 k. A.	88 Ra 700 5,50	89…103	104 Rf 261,109 k. A.	105 Db 262,114 k. A.	106 Sg 263,118 k. A.	107 Bh 262,123 k. A.	108 Hs 265 k. A.	109 Mt 266 k. A.	110 Ds 269 k. A.	111 Rg 272 k. A.	112 Uub* 285 k. A.	113 Uut* 284 k. A.	114 Uuq* 289 k. A.	115 Uup* 288 k. A.	116 Uuh* 292 k. A.	117 Uus* k. A. k. A.	118 Uuo* k. A. k. A.
6 (P)	Lanthanoide		57 La 920 6,145	58 Ce 798 6,77	59 Pr 931 6,773	60 Nd 1010 7,008	61 Pm 1080 7,264	62 Sm 1072 7,52	63 Eu 822 5,26	64 Gd 1311 7,89	65 Tb 1360 8,23	66 Dy 1409 8,56	67 Ho 1470 8,795	68 Er 1522 9,066	69 Tm 1545 9,321	70 Yb 824 6,966	71 Lu 1656 9,841	
7 (Q)	Actinoide		89 Ac 1047 10,07	90 Th 1750 11,72	91 Pa 1554 15,37	92 U 1132,4 18,95	93 Np 640 20,45	94 Pu 641 19,84	95 Am 994 13,67	96 Cm 1340 13,51	97 Bk 986 13,25	98 Cf 900 15,10	99 Es 860 k. A.	100 Fm 1526 k. A.	101 Md 827 k. A.	102 No 827 k. A.	103 Lr 1627 k. A.	

Legende (Beispiel 26 Fe, 1535, 7,86):
- Ordnungszahl
- Elementsymbol
- Kristallstruktur
- Schmelzpunkt (feste Elemente)
- Siedepunkt (flüssige/gasförmige Elemente)
- Dichte: feste/flüssige Elemente in kg/dm³; gasförmige Elemente in kg/m³
- Gruppierung

Fe festes Element
Hg flüssiges Element
O gasförmiges Element
U natürliches, radioaktives Element
Rf künstliches, radioaktives Element
Uub* vorläufiges Symbol

* IUPAC-Empfehlung
herkömmliche Gruppenbezeichn.
k. A.: keine Angabe

Nichtmetall, Leichtmetall, Edelmetall, Halbmetall, Schwermetall, Edelgas

amorph, kubisch-flächenzentriert, monoklin, rhomboedrisch, hexagonal, kubisch-raumzentriert, orthorhombisch, tetragonal

Stoffwerte von Werkstoffen
Physical Characteristics

Name	Kurzzeichen	Dichte ϱ ϱ in $\frac{kg}{dm^3}$	Schmelzpunkt ϑ_{Fl} in °C	Siedepunkt ϑ_G in °C	Spez. Schmelzwärme q in $\frac{kJ}{kg}$	Spez. Wärmekapazität c in $\frac{kJ}{kg \cdot K}$	Längen-/Volumen-Ausdehnungskoeffizient α in $\frac{10^{-6}}{K}$
Glas	–	2,4 … 2,7	≈ 700	–		0,850	5
Polyvinylchlorid	PVC	1,35	–	–	165	1,500	8,0
Quarz	SiO_2	2,1 … 2,6	1480	2230		0,745	8
Cu-Legierung	CuAl10Fe5Ni5	7,4 … 7,7	≈ 1040	≈ 2300		440	0,000016
	CuSn 6	7,4 … 8,9	≈ 900	≈ 2300		380	0,0000175
	CuZn 28	8,4 … 8,7	≈ 950	≈ 2300	167	390	0,0000185
Stahl, unlegiert	C 22	7,85	1510	≈ 2500	205	490	0,000011
Wasser (destilliert)	H_2O	1,00 (4 °C)	0	100		4,182	207
Luft	–	1,29 (mg/cm³)	−220	−191,4		0,716 (V = Konst.)	

Stoffwerte von chemisch reinen Elementen (20 °C und 1,013 · 10^5 Pa)
Physical Characteristics of Pure Chemical Elements

Name	Kurzzeichen	Ordnungszahl	Elektrische Leitfähigkeit $\varkappa$ in $\frac{MS}{m}$	Temperaturkoeffizient α_{20} in $\frac{10^{-3}}{K}$	Spez. Wärmekapazität c in $\frac{kJ}{kg \cdot K}$	Dichte ϱ in $\frac{kg}{dm^3}$ Gas: $\frac{mg}{cm^3}$	Schmelzpunkt ϑ_{Fl} in °C	Siedepunkt ϑ_G in °C	Spez. Schmelzwärme q in $\frac{kJ}{kg}$	Längenausdehnungskoeffizient α in $\frac{10^{-6}}{K}$
Aluminium	Al	13	37,8 [1)]	4,7 [1)]	0,899	2,7	660	2270	398	23,9
Antimon	Sb	51	2,59	6,4	0,210	6,69	630,5	1640	163	10,8
Argon	Ar	18	–	–	–	1,78	-189	-186	–	–
Arsen	As	33	–	4,7	0,350	5,73	618	sublimiert	–	10,8
Barium	Ba	56	2,78	6,5	0,277	3,8	710	1696	–	19
Beryllium	Be	4	31,2	9,0	1,885	1,85	12,83	1870	–	12,3
Bismut	Vi	83	0,91	4,5	0,126	9,8	271	1560	54	13,5
Blei	Pb	82	4,77	4,2	0,130	11,34	327	1750	25	29
Bor (bei 0°C)	B	5	0,91	–	0,960	1,7 ... 2,3	2300	2500	–	8
Brom (bei 18°C)	Br	35	–	–	–	3,19	-7,3	59	–	1150
Cadmium	Cd	48	13,7	4,2	0,230	8,64	321	767	54	29,4
Calcium	Ca	20	–	–	0,630	1,55	850	1439	329	–
Chlor	Cl	17	–	–	–	3,214	–	-34,1	–	–
Chrom	Cr	24	6,76	5,9	0,460	7,1	1900	2300	314	8,5
Cobalt	Co	27	17,8	5,9	0,437	8,9	1490	3200	243	15
Eisen	Fe	26	10	4,6	0,466	7,87	1535	2880	268	11
Fluor	F	9	–	–	–	1,69	-218	-188	–	–
Gallium	Ga	31	2,5	4,0	–	5,91	29,75	2400	–	18
Germanium	Ge	32	0,0011	1,4	0,310	5,32	938	2700	409	6
Gold	Au	79	47,6	4,0	0,130	19,3	1063	2700	63	14,3
Helium	He	2	–	–	5,230	0,18	-272	-268,9	–	–
Indium	In	49	–	–	–	7,3	155	2000	238	44
Iridium	Ir	77	20,4	4,1	–	22,65	2454	>4800	–	–
Jod	J	53	–	–	0,220	4,94	113,7	184,5	62	–
Kalium	K	19	15,9	5,7	0,750	0,86	63,5	776	58	84
Kohlenstoff	C	6	–	–	0,500	3,51	–	–	–	–
Krypton	Kr	36	–	–	–	3,74	-157,2	-152,9	–	–
Kupfer	Cu	29	58 [2)]	4,3 [2)]	0,390	8,93	1083	2390	205	16,8
Lithium	Li	3	11,7	4,9	–	0,53	180	1340	669,9	58
Magnesium	Mg	12	23,3	4,1	0,924	1,74	650	1097	373	26
Mangan	Mn	25	2,56	5,3	0,504	7,43	1244	2152	264	15
Molybdän	Mo	42	20	4,7	0,270	10,2	2620	5550	273	5
Natrium	Na	11	23,3	5,4	1,260	0,97	97,7	883	113	72
Neon	Ne	10	–	–	–	0,899	-248	-246	–	–
Nickel	Ni	28	14,5	6,7	0,441	8,9	1452	3075	301	13
Osmium	Os	76	10,5	4,2	–	22,7	2500	4400	–	5
Palladium	Pd	46	10,2	3,7	–	12	1554	3387	–	10,6
Phosphor (bei 0°C)	P	15	–	–	0,755	1,83	44,1	280	21	–
Platin	Pt	78	10,2	3,9	0,134	21,4	1769	3800	100	9
Quecksilber	Hg	80	1,063	0,99	0,138	13,96	-38,9	357	11,3	182
Radium	Ra	88	–	–	–	5	700	1140	–	–
Radon	Rn	86	–	–	–	–	-71	-61,9	–	–
Sauerstoff	O	8	–	–	0,920	1,43	-219	-183	13	–
Schwefel (bei 0°C)	S	16	–	–	0,710	2,07	112,8	444,6	38	90
Selen	Se	34	–	–	0,330	4,8	220	688	83	–
Silber	Ag	47	67,1	4,1	0,230	10,5	960,8	1980	105	19,7
Silicium	Si	14	0,001	–	0,075	2,35	141,4	2630	142	7
Stickstoff	N	7	–	–	1,050	1,25	-210	-196	–	–
Strontium	Sr	38	3,25	3,8	0,075	2,54	757	1366	136	–
Tantal	Ta	73	7,14	3,5	0,138	16,6	2990	4100	172	6,5
Tellur	Te	52	0,0016	–	0,200	6,24	453	1390	140	17,2
Thallium	Tl	81	6,25	5,2	0,134	11,85	303	1457	–	2,9
Titan	Ti	22	2,38	5,4	0,630	4,5	1660	3535	88	8,2
Uran	U	92	4,76	2,8	0,120	18,7	1130	3500	365	
Vanadium	V	23	–	3,9	0,504	6,1	1900	3000	343	8,3
Wasserstoff	H	1	–	–	14,240	0,09	-257	-252	–	–
Wolfram	W	74	18,2	4,8	0,143	19,3	3380	4727	193	4,5
Xenon	Xe	54	–	–	–	–	-112	-108	–	–
Zink	Zn	30	17,6	4,2	0,395	7,13	419,5	906	100	29
Zinn	Sn	50	8,7	4,6	0,228	7,29	232	2360	59	27

Leitungsmaterial: 1) Aluminium $\varkappa > \frac{36\ MS}{m}$ $\varrho < 0{,}02778\ \mu\Omega m$ $\alpha_{20} = 0{,}0036\ K^{-1}$ 2) Kupfer $\varkappa > 56\ \frac{MS}{m}$ $\varrho < 0{,}01786\ \mu\Omega m$ $\alpha_{20} = 0{,}0039\ K^{-1}$

Stoffeinteilung

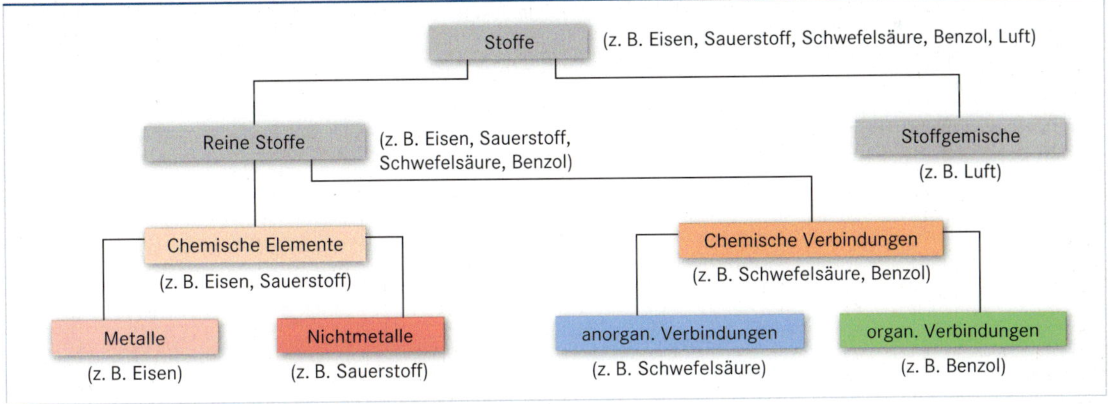

Atomaufbau

Atomkern		Atomhülle
Protonen	Neutronen	Elektronen
▪ Elektrisch positive Masseteilchen ▪ Die Protonen bestimmen den Charakter des Elements. ▪ Protonenzahl = Kernladungszahl = Ordnungszahl	▪ Elektrisch neutrale Masseteilchen ▪ Die Neutronenzahl kann für die Atomkerne des gleichen Elements unterschiedlich sein (Isotope).	▪ Elektrisch negative Masseteilchen ▪ Bei einem neutralen Atom ist die Protonenzahl gleich der Elektronenzahl.

Atomteilchen

Name	Ladung e in As	Masse m in g
Elektron	$-1{,}602 \cdot 10^{-19}$	$9{,}1089 \cdot 10^{-28}$
Neutron	0	$1{,}6748 \cdot 10^{-24}$
Proton	$+1{,}602 \cdot 10^{-19}$	$1{,}6725 \cdot 10^{-24}$
Schalen	**Elektronen**	**Bezeichnung**
K	2	1 s
L	2, 6	2 s, 2 p
M	2, 6, 10	3 s, 3 p, 3 d
N	2, 6, 10, 14	4 s, 4 p, 4 d, 4 f

Atommodell

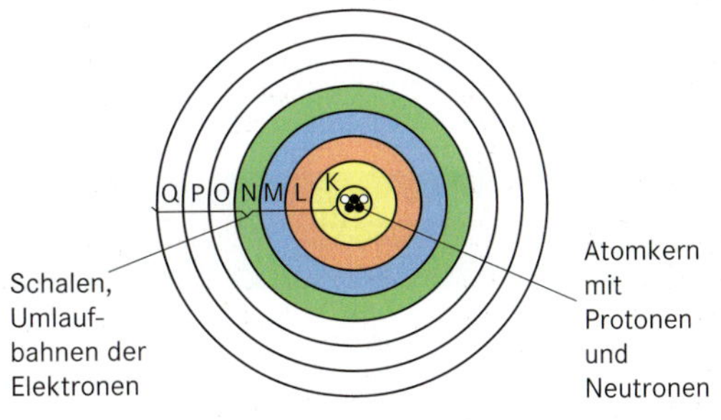

Relative Atommasse *A*

$$A = \frac{\text{Masse des neutralen Atoms}}{\frac{1}{12}\text{ der Masse des Kohlenstoffsatoms } ^{12}C}$$

Die relative Masseneinheit beträgt $1{,}6605 \cdot 10^{-27}$ kg.

Atomsymbole und ihre Schreibweise

	Chlormolekül	Chlorid-Ion	Wasserstoffmolekül	Natriumchloridmolekül
ohne Angabe der Ionenladung	Cl_2		H_2	NaCl
mit Angabe der Ionenladung		2 Cl^-	$2H^-$	$(Na^+ Cl^-)$

Beispiel:

A = Z + N
(N: Neutronenzahl)

Nukleonenzahl A — $^{12}_{6}C$ — Protonenzahl Z (Ordnungszahl)

Ca^{2+} — Ionenladung

O_2 — Stöchiometrischer Index

Oxidationszahlen: $C^{IV}(Cl^{-I})_4$; $Na_2[\overset{6+}{S}\overset{2-}{O}_4]$

Stoffabscheidung durch Elektrolyse (Galvanisieren)
Material Separation by Electrolysis (Electroplating)

Stoffabscheidung durch Elektrolyse

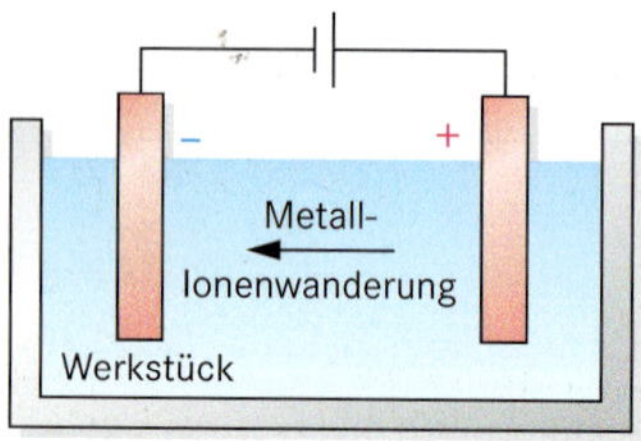

Wirkungsgrad (Stromausbeute)

Katodischer Wirkungsgrad

$$\eta = \frac{m^*}{c \cdot I \cdot t}$$

m^*: verfügbare Masse

Der Wirkungsgrad ist stark von der Anlage abhängig.

Die Verluste entstehen durch:

- Nebenreaktionen (z. B. Wasserstoffabscheidung)
- Zusammensetzung der Flüssigkeit
- Erwärmung der Flüssigkeit

Massenberechnung (Faradaysches Gesetz)

$m = c \cdot I \cdot t$

m: Masse

c: elektrochemisches Äquivalent

I: Stromstärke

t: Zeit

$[c] = \frac{\text{mg}}{\text{As}}; \frac{\text{g}}{\text{Ah}}$ $\qquad 1\,\frac{\text{mg}}{\text{As}} = \frac{3{,}6\ \text{g}}{\text{Ah}}$

Schichtdicke s

$$s = \frac{m}{A \cdot \varrho} \qquad s = \frac{c \cdot I \cdot t}{A \cdot \varrho} \qquad s = \frac{c \cdot J \cdot t}{\varrho}$$

ϱ: Dichte

Stromdichte J

$$J = \frac{I}{q}$$

q: Fläche

$$[J] = \frac{\text{A}}{\text{dm}^2}$$

Metall	Wertigkeit	elektrochem. Äquivalent c in $\frac{\text{g}}{\text{A} \cdot \text{h}}$	Metall	Wertigkeit	elektrochem. Äquivalent c in $\frac{\text{g}}{\text{A} \cdot \text{h}}$	Metall	Wertigkeit	elektrochem. Äquivalent c in $\frac{\text{g}}{\text{A} \cdot \text{h}}$
Al Aluminium	III	0,3356	Au Gold	I	7,3490	Mn Mangan	II	1,0249
Pb Blei	II	3,8654	Au Gold	III	2,4497	Ni Nickel	II	1,0954
Cd Cadmium	II	2,0969	Co Kobalt	II	1,0994	Pt Platin	IV	1,8195
Cr Chrom	III	0,6467	Cu Kupfer	I	2,3707	Ag Silber	I	4,0247
Cr Chrom	VI	0,3233	Cu Kupfer	II	1,1854	Zn Zink	II	1,2197
Fe Eisen	II	1,0419	Mg Magnesium	II	0,4535	Sn Zinn	II	2,2142

Korrosionsschutzmaßnahmen
Corrosion Protection Measures

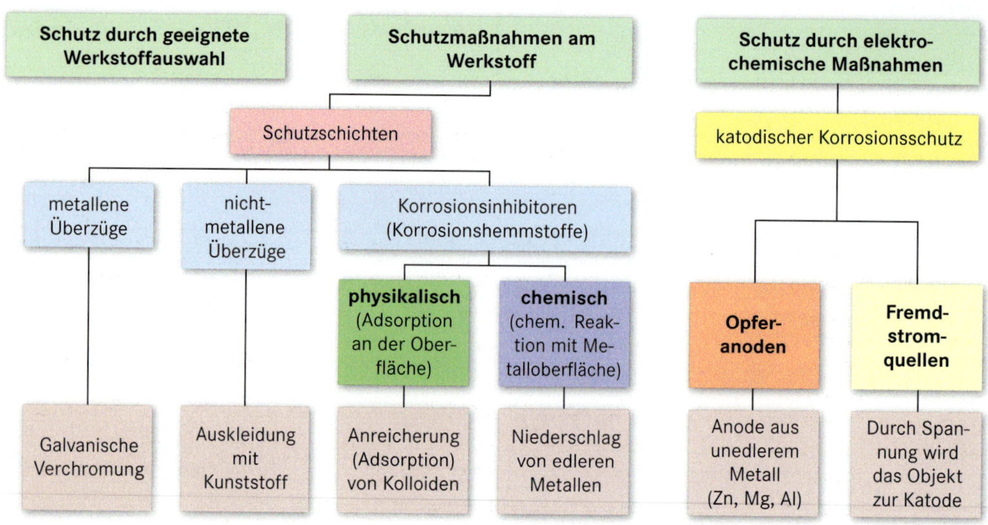

Einteilung der Werkstoffe
Classification of Materials

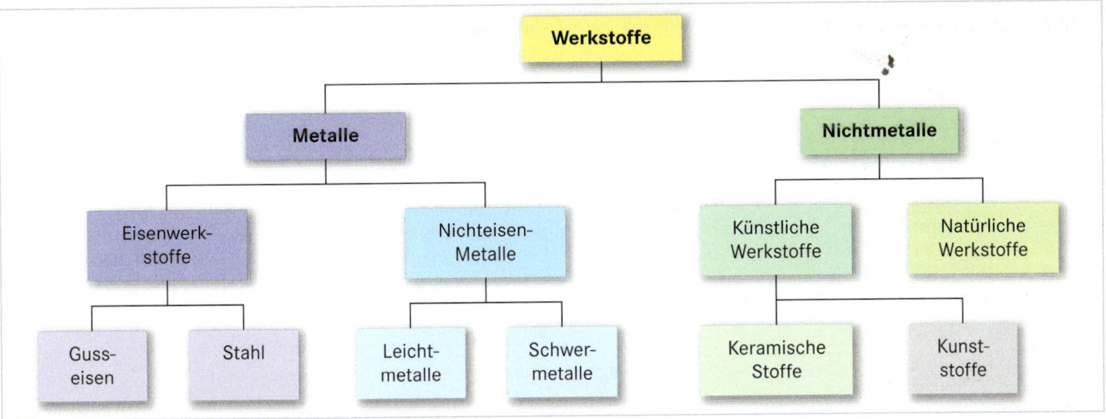

Werkstoffverwendung in der Elektrotechnik

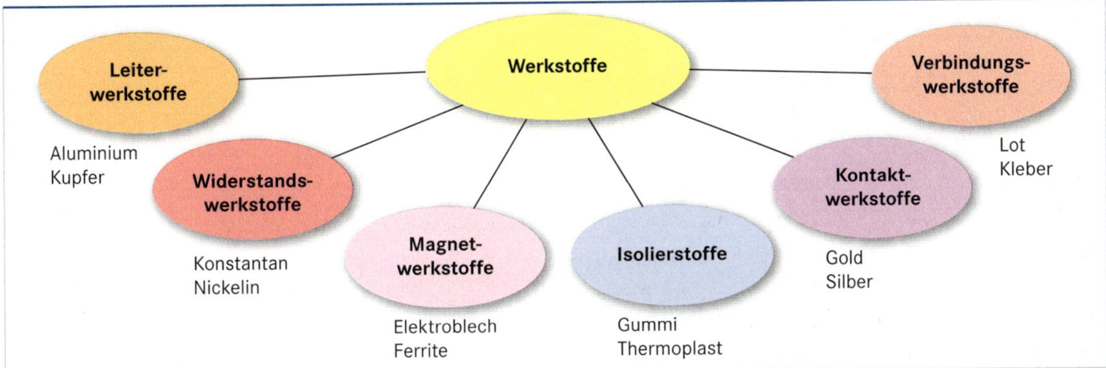

Werkstoffnummern
Material Numbers

Beispiel: Stahl 1 . 01 12 . 6 1

- 1: Werkstoff-Hauptgruppe
- 01: Stahlgruppennummer
- 12: Zählnummer
- 6: Gewinnungsverfahren
- 1: Behandlungszustand

Werkstoff-Hauptgruppen						
Kennzahl	0	1	2	3	4 ... 8	9
Bedeutung	Roheisen Gusseisen	Stahl Stahlguss	Schwer-metalle	Leicht-metalle	Nicht-metalle	Interne Benutzung

Stahl-Gruppen	
00 ... 90 bis 07 ... 97	Unlegierter Qualitätsstahl
08 ... 98 09 ... 99	Legierter Qualitätsstahl
10 ... 18	Unlegierter Edelstahl
22 ... 89	Legierter Edelstahl

Schwermetalle	
2.00 ... 2.17	Kupfer
2.20 ... 2.24	Zink, Cadmium
2.30 ... 2.34	Blei
2.35 ... 2.39	Zinn
2.40 ... 2.49	Nickel, Kobalt
2.50 ... 2.59	Edelmetalle

Leichtmetalle	
3.00 ... 3.49	Aluminium
3.50 ... 3.59	Magnesium
3.70 ... 3.79	Titan

Bezeichnung	Formelzeichen	Einheit	Erklärung	Formel
Dichte	ϱ	$\frac{kg}{dm^3}$	Masse bezogen auf Volumen	$\varrho = \frac{m}{V}$
Härte	*HB* *HV* *HRC*	– – –	Widerstand gegen Eindringen in ein Material Prüfverfahren: ■ **Brinell** (Stahlkugel in Material gedrückt) ■ **Vickers** (Diamantpyramide in Material gedrückt) ■ **Rockwell** (Diamantkugel in zwei Stufen in Material gedrückt)	$H = \frac{F_B}{A} \cdot 0{,}102$ $HRC = 100 - \frac{t_b}{0{,}002}$ F_B: Belastungskraft A: Eindruckoberfläche t_b: bleibende Eindringtiefe
Festigkeit			Widerstand gegen Bruch 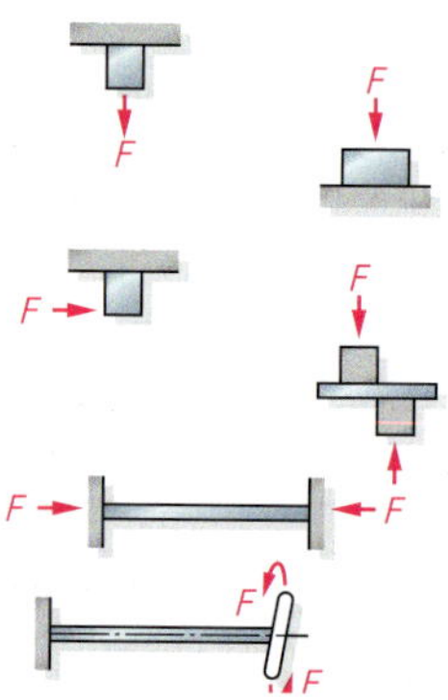	$R_m = \frac{F_m}{S_o}$ F_m: Kraft bei Bruch S_o: ursprünglicher Querschnitt
	R_m	$\frac{N}{mm^2}$	**Zugfestigkeit**	
	σ_{dB}	$\frac{N}{mm^2}$	**Druckfestigkeit**	
	σ_{bB}	$\frac{N}{mm^2}$	**Biegefestigkeit**	
	τ_B	$\frac{N}{mm^2}$	**Scherfestigkeit** (Schubfestigkeit)	
	σ_{kB}	$\frac{N}{mm^2}$	**Knickfestigkeit**	
	τ_{tB}	$\frac{N}{mm^2}$	**Verdrehfestigkeit**	
Elastizität	–	–	Verformung durch Krafteinwirkung und Rückgang der Verformung nach Kraftzurücknahme.	–
Plastizität	–	–	Verformung durch Krafteinwirkung ohne Rückgang der Verformung nach Kraftzurücknahme.	–
Streckgrenze	R_e	$\frac{N}{mm^2}$	Zugfestigkeits-Grenze (auch: Fließgrenze), bei der die elastische Verformung in eine plastische Verformung übergeht. 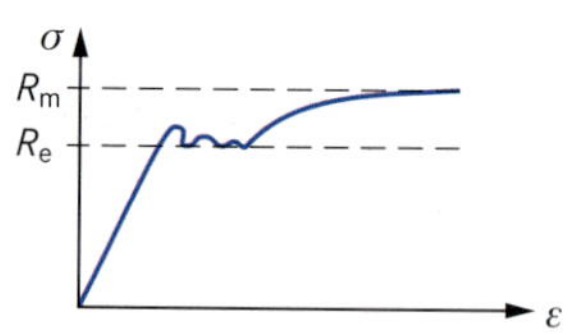 Spannungs-Dehnungs-Diagramm für weichen Stahl	
Dehnung Bruchdehnung	ε A	1 1	Längenveränderung bei Krafteinwirkung 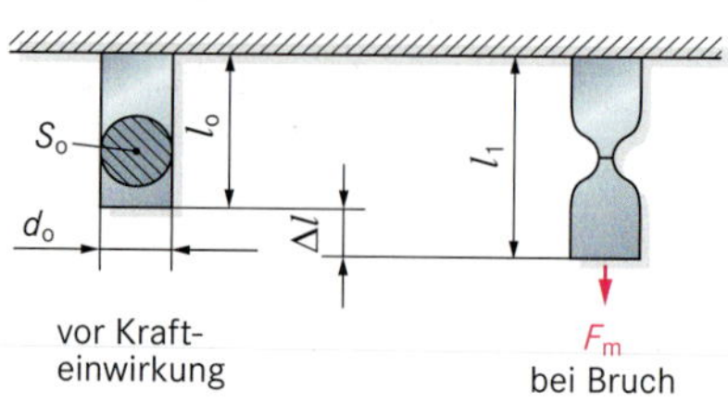	$A = \frac{\Delta l_B}{l_o} \cdot 100\,\%$ A_5: Zugstablänge $l_o = 5 \cdot d_o$ A_{10}: Zugstablänge $l_o = 10 \cdot d_o$ Δl_B: Längenänderung bei Bruch l_o: ursprüngliche Länge

Bezeichnung	Formelzeichen	Einheit	Erklärung	Formel
Wärme-leitfähigkeit	λ	$\frac{W}{m \cdot K}$	**Wärmeleitung:** Durchdringen von Wärmemengen durch ein Werkstück. **Wärmeleitfähigkeit:** Wärmeleitung bezogen auf Werkstückmaße und Temperaturunterschied. Werte sind bei Gasen und Flüssigkeiten stark temperaturabhängig!	$\lambda = \frac{Q \cdot s}{\Delta\vartheta \cdot A \cdot t}$ s: Dicke A: Fläche Q: Wärmemenge $\Delta\vartheta$: Temperatur-unterschied t: Zeit
Spezifische Wärmekapazität	c	$\frac{kJ}{kg \cdot K}$	Zum Erwärmen notwendige Wärmemenge bezogen auf Masse und Temperaturunterschied	$c = \frac{Q}{m \cdot \Delta\vartheta}$ m: Masse
Spezifische Schmelzwärme	q	$\frac{kJ}{kg}$	Wärmemenge zum Schmelzen von 1 kg eines Stoffes bei Schmelztemperatur	–
Spezifische Verdampfungs-wärme	r	$\frac{kJ}{kg}$	Wärmemenge zum Verdampfen von 1 kg eines Stoffes bei Siedetemperatur	–
Volumen-ausdehnungs-Koeffizient	γ	$\frac{1}{K}$ K^{-1}	**Wärmeausdehnung:** Volumenveränderung eines Körpers bei Temperaturänderung. **Volumenausdehnungs-Koeffizient:** Volumenänderung bezogen auf ursprüngliches Volumen und Temperaturänderung	$\gamma = \frac{\Delta V}{V_0 \cdot \Delta\vartheta}$ Gase: $\gamma = \frac{1}{273\ K}$
Längen-ausdehnungs-koeffizient	α	$\frac{1}{K}$ K^{-1}	Längenänderung bezogen auf ursprüngliche Länge und Temperaturänderung Feste Körper: $\gamma \approx 3 \cdot \alpha$	$\alpha = \frac{\Delta l}{l_0 \cdot \Delta\vartheta}$
Spezifischer elektrischer Widerstand	ϱ	$\mu\Omega \cdot m$ $\frac{\Omega \cdot mm^2}{m}$	Elektrischer Widerstand eines Stoffes von 1 m Länge und 1 mm^2 Querschnitt	$\varrho = \frac{R \cdot q}{l}$
Elektrische Leitfähigkeit	$\varkappa$	$\frac{MS}{m}$ $\frac{m}{\Omega \cdot mm^2}$	Kehrwert des spezifischen elektrischen Widerstandes	$\varkappa = \frac{l}{R \cdot q}$
Temperatur-koeffizient	α β	$\frac{1}{K}$; K^{-1} $\frac{1}{K^2}$; K^{-2}	Änderung des elektrischen Widerstandes bei Temperaturänderung < 200 °C: α_{20} Temperaturkoeffizient bei 20 °C > 200 °C: β	$\alpha = \frac{\Delta R}{R_{20} \cdot \Delta\vartheta}$ $\beta = \frac{\alpha^2}{2}$ $\Delta R \approx R_{20} \cdot (\alpha \cdot \Delta\vartheta + \beta \cdot \Delta\vartheta^2)$

Thermoplaste

Kunststoff	Kurzzeichen	Eigenschaften	Verwendungen	Handelsnamen (Beispiele)
Polyv**inyl-** **c**hlorid	**PVC** hart	beständig gegen viele Chemikalien, alterungsbeständig	Apparatebau, Bauindustrie, Folien, Rohre, Flaschen	Hostalit Vinoflex Trividur
Polyv**inyl-** **c**hlorid	**PVC** weich	geringere chemische Beständigkeit	Drahtisolation, Fußbodenbelag, Tapeten, Kunstleder	Mipolam Acella Vestolit
Poly**s**tyrol	**PS**	hart, spröde, Oberflächenglanz, sehr gute elektrische Eigenschaften	Verpackung, Spulenkörper	Styroflex Trolitul Hostyren
Styrol-**B**utadien	**SB**	höhere Zähigkeit als PS, empfindlich gegen UV-Licht	Gehäuse, Installationsmaterial	Styron Hostyren
Styrol- **A**cryl**n**itril	**SAN**	beständig gegen Küchenflüssigkeiten, kratzfest	Haushaltsgeräte	Vestoran Tyril
Acrylmitril- **B**utadien-**S**tyrol	**ABS**	Oberflächenglanz, Schlagzähigkeit, kratzfest	Gehäuse, Geräteteile, Batteriekästen	Novodur Perluran
Poly**e**thylen Weich-PE Hart-PE	**PE** LDPE HDPE	wenig witterungsbeständig. Steigende Dichte ergibt steigende Härte und Wärmeformbeständigkeit, aber sinkende Transparenz.	Kabelisolierung, Folien, Flaschen	Hostalen Lupolen Corothene
Poly**p**ropylen	**PP**	chemische Beständigkeit, harte Oberfläche	Batteriekästen, Haushaltsgeräte	Novolen Trolen P
Poly**a**mid 12	**PA 12**	geringe Wasseraufnahme, sehr gute chemische Beständigkeit	Lebensmittelfolien, Präzisionsteile der Elektrotechnik	Rilsan A Durethan Ultramid
Poly**o**xy- **m**ethylen (Acetalharz)	**POM**	zäh, wärmeformbeständig, maßhaltig, abriebfest, nicht säurefest	Zahnräder, Gleitlager, Armaturen, Schaltrelais, Beschläge	Hostaform Delrin Sustain
Poly**m**ethyl- **m**eth**a**crylat	**PMMA**	glasklar, spröde, chemisch beständig, alterungs- und witterungsbeständig	Lichtkuppeln, Leuchtenabdeckung, optische Linsen	Plexiglas Degalan Vedril
Cellulose**a**cetat **C**ellulose- **A**ceto**b**utyrat	**CA** **CAB**	zäh, transparent, nicht lebensmittelecht, kraftstoffbeständig	Brillengestelle, Filme, Gehäuse für elektrische Geräte	Cellidor Tenite Cellon
Poly**e**thylen **P**oly**b**utylen- en**t**ere**p**hthalat	**PETP** **PBTP**	hart, kristallin, abriebfest, geringe Wasseraufnahme, niedrige Ausdehnung	Zahnräder, Aderisolierung, Gehäuse, Rohre	Vestodur A, B Ultradur Crastin
Poly**c**arbonat	**PC**	hart, steif, zäh, maßhaltig, alterungsbeständig	Gehäuse, Steckerleisten, Helme	Makrolon Lexan

Duroplaste

Kunststoff	Kurzzeichen	Eigenschaften	Verwendungen	Handelsnamen (Beispiele)
Polyester **u**ngesättigt	**UP**	maßhaltig, licht- und farbecht, sehr fest	Sturzhelme, Schalter, Karosserieteile	Hostaphan Vestopal
Epoxid	**EP**	chemisch beständig, sehr leicht fließend, geringe Steifigkeit bei Wärme	Präzisionsteile, Zwei-Komponenten-Kleber, Metalleinbettungen	Araldit Terokal Skotch-Weld
Phenol- **F**ormaldehyd	**PF**	bräunlich, dunkelt nach, spröde, nicht lebensmittelecht, chemisch beständig	Topfgriffe, Spulenträger, Sockelplatten, Gleitlager	Bakelite Resinol Trolitan

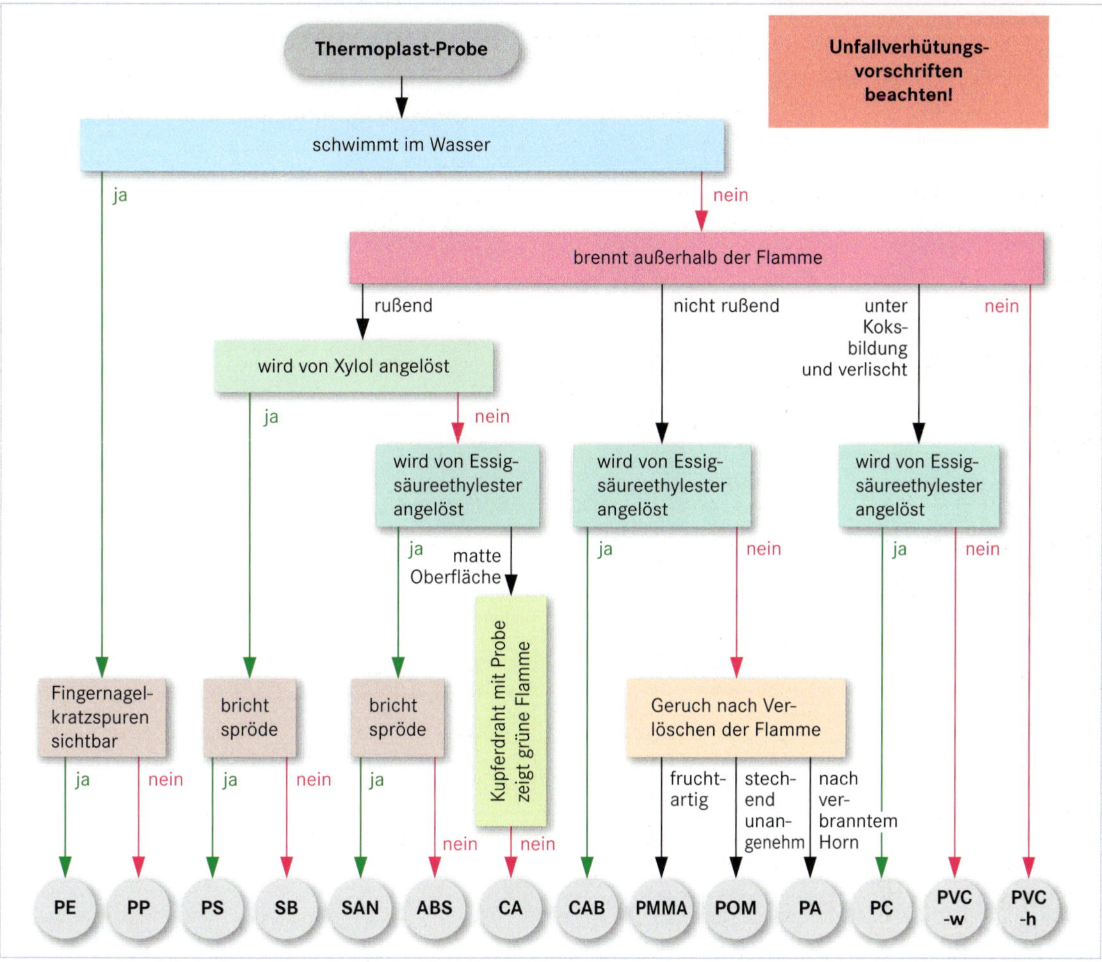

Merkmale

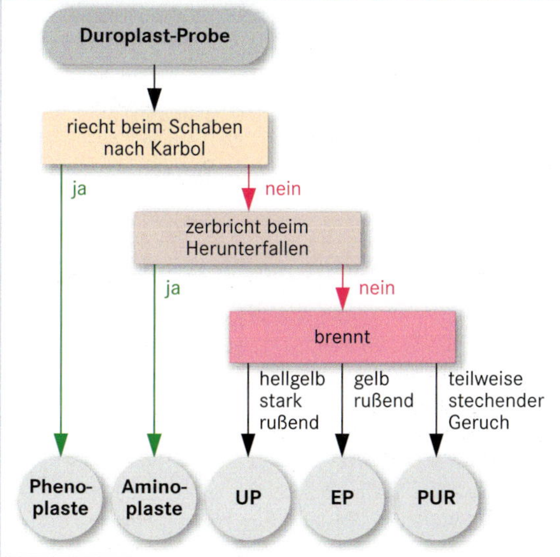

Weitere typische Merkmale	
Kunststoff	Merkmal
Aminoplast	brennt nicht
Phenoplast, Phenolharz	brennt nicht, nur Füllstoffe brennen
PE-w, PVC-w, PP, PUR	elastisch, unzerbrechlich
ABS	Achtung! Entwickelt **Blausäure** beim Verbrennen. Hinterlässt harte, schwarze Asche
PMMA, Acrylglas, Acrylharz	verbrennt vollständig
PUR, vernetzt (Duroplast)	brauner Rückstand nach Verbrennung
PUR, linear (Thermoplast)	kein brauner Rückstand nach Verbrennung
PVC	Achtung! Entwickelt **Salzsäure** beim Verbrennen.

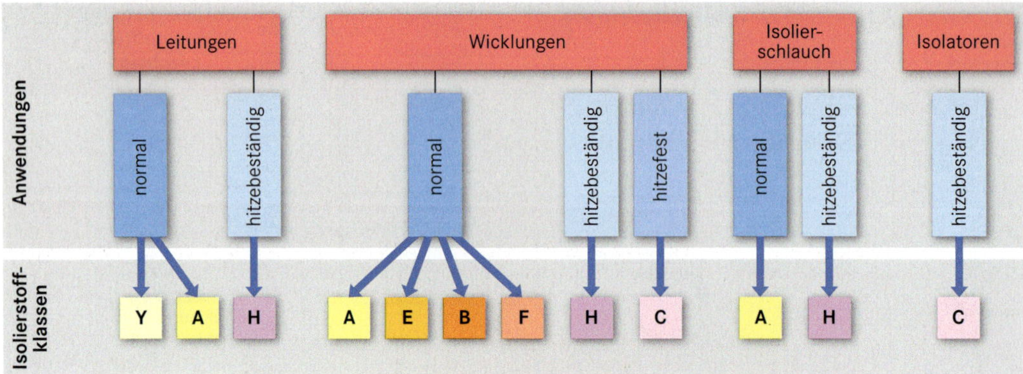

Klasse	Y	A	E	B	F	H	C
Grenz-temperatur	90 °C	105 °C	120 °C	130 °C	155 °C	180 °C	> 180 °C
Beispiele für Werkstoffe	Holz, Baumwolle, Seide, Papier PA, PE, PVC, PS, Anilin-, Formaldehyd-Kunstharz, Harnstoff	Holz, Baumwolle, Seide, PA Textilien, Papier geschichtetes Holz CA, vernetzte PE-Harze	PC-, PTA-Folie, vernetzte PE-Harze, Drahtlacke Verbundstoffe, Pressteile mit Cellulose-Füllkörper Ethylen-Vinylacetat-Copolymer	Glasfaser, Asbest Glimmer Drahtlacke, Gewebe und Folien auf PE-Glykolterephthalat-Basis mineralische Füllstoffe	Glasfaser, Asbest, Glimmer, cellulosefreie Verbundstoffe Drahtlacke, (Basis: IPE, EI, Polyterephthalat) Folien auf Polymonochlortrifluorethylen-Basis	Glasfaser, Asbest Glasfasertextilien Glimmer Fasern (PA-Basis) Folien (PI-Basis), Drahtlacke (PI-Basis)	Glimmer, Porzellan, Glas, Quarz Glasfasertextilien, Polytetrafluorethylen

Isolierstoffe aus Keramik bzw. Glas
Ceramic or Glass Insulating Materials

DIN VDE 0336-1: 2002-12

Keramische Isolierstoffe

- C 100 Alkalialuminiumsilicate
- C 200 Magnesiumsilicate
- C 300 Titanate
- C 400 Erdalkalialuminiumsilicate
- C 500 Aluminiumsilicate, porös
- C 600 Multikeramik (niedriger Alkaligehalt)
- C 700 Hoch Al_2O_3-haltige Keramik
- C 800 Oxidkeramikwerkstoffe
- C 900 Nichtoxidische Keramikisolierstoffe

Glasisolierstoffe

- G 100 Alkalikalksilicate
- G 200 Borosilicate
- G 400 Aluminiumkalksilicate
- G 500 Bleialkalisilicate
- G 600 Bariumalkalisilicate
- G 700 Kieselgläser

Glaskeramische Werkstoffe

- GC 100

Isolierstoffe aus glasgebundenen Glimmern

- GM 100

Größe	Darstellung	Größen und Formelzeichen	Einheit und Einheitenzeichen	Formel
Spannung	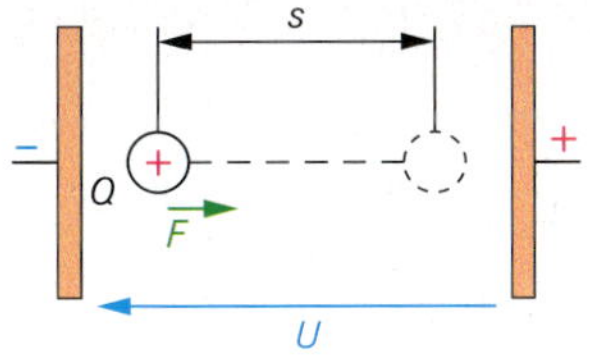	Spannung *U*	Volt V	$U = \frac{W}{Q}$
		Ladung *Q*	Coulomb C Amperesekunde As	
		Arbeit *W*	Wattsekunde Ws, VAs	
	Die **elektrische Spannung** zwischen zwei Punkten eines elektrischen Feldes ist gleich dem Quotienten aus der verrichteten Verschiebungsarbeit und der bewegten Ladung.			
Stromstärke	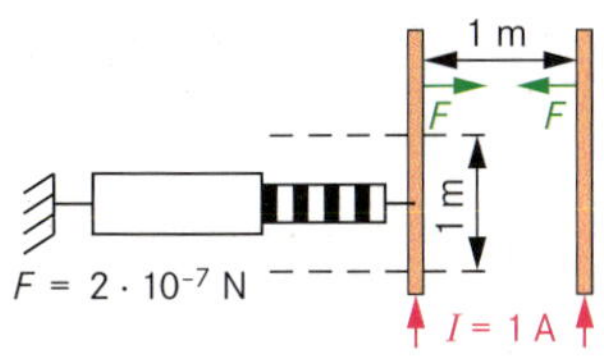	Stromstärke *I*	Ampere A	$I = \frac{Q}{t}$
		Ladung *Q*	Coulomb C 1 C = 1 As	
		Zeit *t*	Sekunde s	
	Ein Ampere ist die Stärke eines zeitlich unveränderlichen elektrischen Stromes durch zwei geradlinige, parallele, unendlich lange Leiter, die einen Abstand von 1 m haben und zwischen denen im leeren Raum je 1 m Doppelleitung eine Kraft von $2 \cdot 10^{-7}$ N wirkt.			
Stromdichte	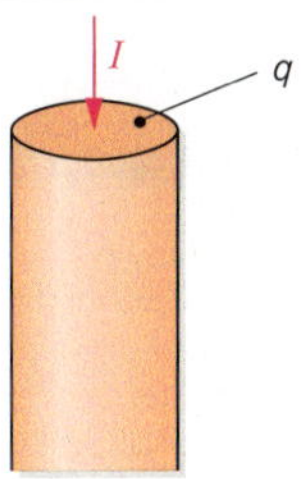	Stromdichte *J*	Ampere durch Quadratmeter $\frac{A}{m^2}$	$J = \frac{I}{q}$
		Querschnittsfläche *q*	Quadratmeter m^2 $1\ m^2 = 10^4\ cm^2$ $= 10^6\ mm^2$	
Stromstärke, Spannung, Widerstand und Leitwert	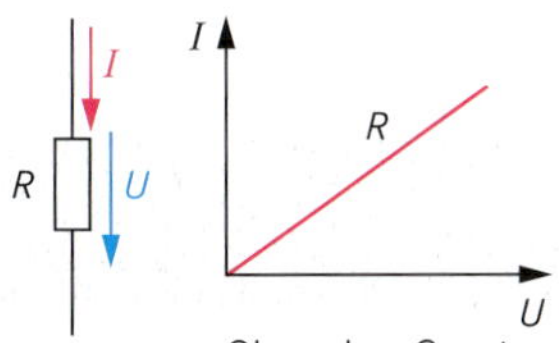Ohmsches Gesetz	Widerstand *R*	Ohm Ω $1\ \Omega = 1\ \frac{V}{A}$	$I = \frac{U}{R}$
		Leitwert *G*	Siemens S $1\ S = 1\ \frac{A}{V}$	$G = \frac{1}{R}$ $I = G \cdot U$
Elektrische Arbeit	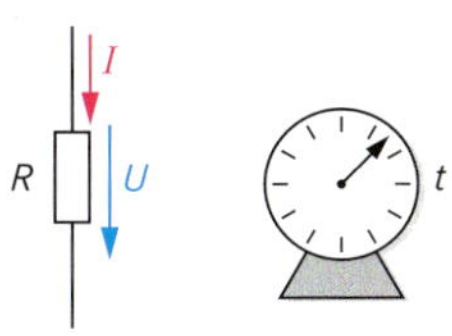	Elektrische Arbeit *W*	Wattsekunde Ws, VAs 1 kWh = $3{,}6 \cdot 10^6$ Ws 1 Nm = 1 Ws = 1 J	$W = U \cdot I \cdot t$ $W = P \cdot t$
Elektrische Leistung	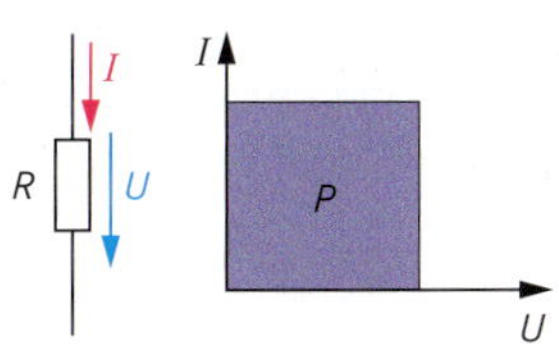	Elektrische Leistung *P*	Watt W, VA	$P = \frac{W}{t}$ $P = U \cdot I$ $P = I^2 \cdot R$ $P = \frac{U^2}{R}$

Elektrischer Widerstand
Electrical Resistance

Bezeichnung	Darstellung	Größen und Formelzeichen	Einheitenzeichen	Formel
Widerstand von Leitern	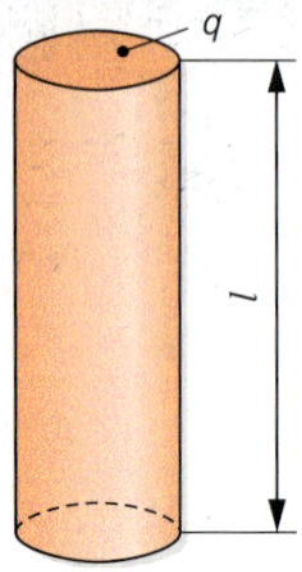	R : Widerstand l : Leiterlänge q : Querschnittsfläche	Ω m m^2, mm^2	$R = \frac{\varrho \cdot l}{q}$
		ϱ : Spezifischer Widerstand	$\Omega \cdot m$, $\Omega \cdot \frac{mm^2}{m}$ $1\,\Omega \cdot \frac{mm^2}{m} =$ $1\,\mu\Omega \cdot m$	$\varkappa = \frac{1}{\varrho}$
		$\gamma, \varkappa$: Elektrische Leitfähigkeit	$\frac{S}{m}$, $\frac{S \cdot m}{mm^2}$ $1\,\frac{S \cdot m}{mm^2} = 1\,\frac{MS}{m}$	$R = \frac{l}{\varkappa \cdot q}$
Widerstand und Temperatur	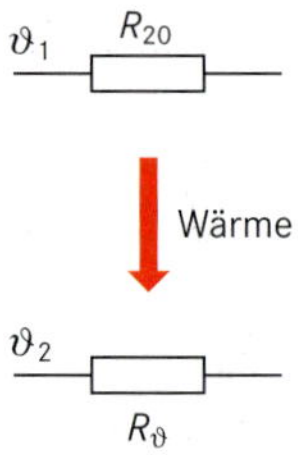	ΔR : Widerstandsänderung	Ω	$\vartheta < 200\,°C$ $\Delta R = R_{20} \cdot \alpha \cdot \Delta\vartheta$
		R_{20} : Widerstand bei 20 °C	Ω	
		$\alpha; \beta$: Temperaturkoeffizient	$\frac{1}{K}$; K^{-1}; $\frac{1}{K^2}$; K^{-2}	$R_\vartheta = R_{20} + \Delta R$ $R_\vartheta = R_{20}(1 + \alpha \cdot \Delta\vartheta)$
		$\Delta\vartheta$: Temperaturänderung	K	$\vartheta > 200\,°C$
		R_ϑ : Widerstand nach Erwärmung	Ω	$R_\vartheta = R_{20}(1 + \alpha \cdot \Delta\vartheta + \beta \cdot \Delta\vartheta^2)$

Bemessungsgrößen
Rated Quantities

Wechselspannungen unter 120 V (für Betriebsmittel)

bevorzugt		6	12		24		42		60		110
ergänzend	5			15		36		48		100	

Gleichspannungen unter 750 V (für Betriebsmittel)

bevorzugt						6			12		24		36		48	60	72		96	110		220		440	
ergänzend	2,4	3	4	4,5	5		7,5	9		15		30		40				80			125		250		600

Drehstrom-Vierleiter- oder Dreileiternetz

230 V/400 V	277 V/480 V	400 V/690 V	1000 V

Einphasen-Dreileiternetz

120 V/240 V

Gleichstrom-Bahnnetze

Bemessungsspannung (bevorzugt)	Bereich
750	500 ... 900
1500	1000 ... 1800
3 000	2000 ... 3600

Wechselstrom-Einphasen-Bahnnetze

Bemessungsspannung (bevorzugt)	Bereich	Frequenz in Hz
15 000	12 000 ... 17 250	16 $^2/_3$
25 000	19 000 ... 27 500	50 oder 60

Drehstromnetze über 1 kV bis 230 kV (Bemessungsspannung)

bevorzugt in Deutschland	3	6	**10**	15	**20**		35	45	**66**	**110**	**132**	150	**230**
andere Länder	3,3	6,6	11		22	33			69	115	138		230

Fettgedruckte Werte sind Vorzugswerte für öffentliche Verteilernetze.

Drehstromnetze über 245 kV (Höchstspannung)

300	363	**420**	525	765	1200	Vorzugswert fett gedruckt

Bemessungsstromstärken in A

1	1,25	1,6	2	2,5	3,15	4	5	6,3	8
10	12,5	16	20	25	31,5	40	50	63	80
100	125	160	200	250	315	400	500	630	800
1000	1250	1600	2000	2500	3150	4000	5000	6300	8000
10 000									

Es können, falls erforderlich, anstatt 1,6 A; 3,15 A; 6,3 A und 8 A auch die Werte 1,5 A; 3 A; 6 A und 7,5 A bzw. das 10-, 100- und 1000-fache dieser Werte vorgesehen werden.

Vorzeichen und Richtungssinne von Strom und Spannung

Gleicher Bezugssinn	Ungleicher Bezugssinn		Verbraucher-Pfeilsystem	Erzeuger-Pfeilsystem
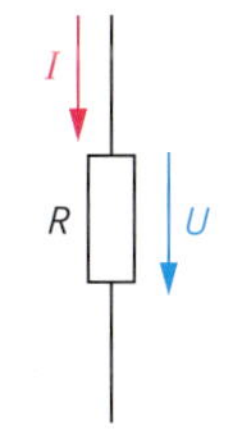 $U = I \cdot R$	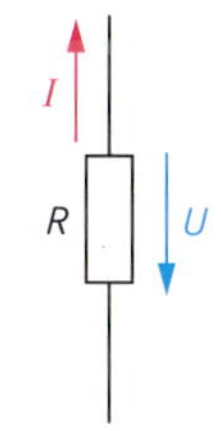 $U = -I \cdot R$	**Spannungsquelle**	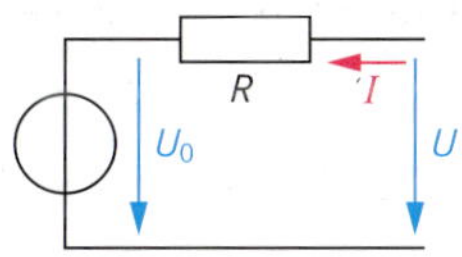 $U = U_0 + I \cdot R$	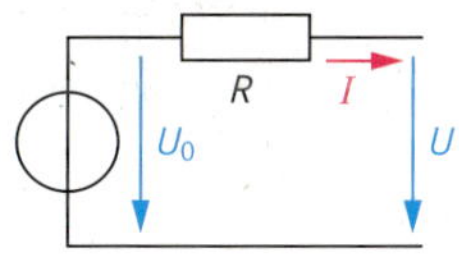 $U = U_0 - I \cdot R$
		Stromquelle	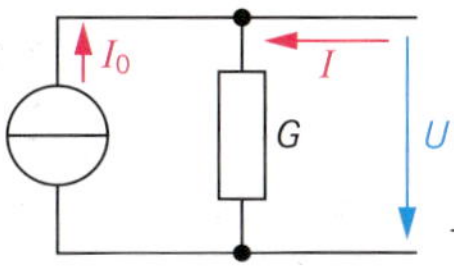 $I = -I_0 + G \cdot U$	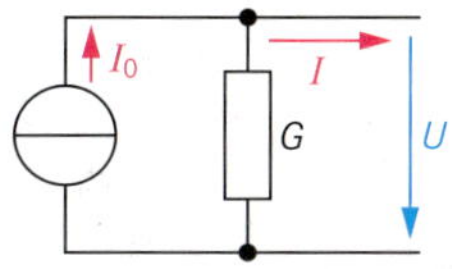 $I = I_0 - G \cdot U$

Erstes Kirchhoffsches Gesetz (Knotenregel)

In jedem Knotenpunkt ist die Summe aller Ströme Null.

$$\Sigma I = 0\ \text{A}$$

$$I_1 - I_2 - I_3 + I_4 + I_5 = 0\ \text{A}$$

Beispiel:

Zweites Kirchhoffsches Gesetz (Maschenregel)

Die Summe aller Teilspannungen entlang eines geschlossenen Weges (willkürlich gewählter Umlaufsinn) ist Null.

$$\Sigma U = 0\ \text{V}$$

$$-U_1 + U_{R1} + U_{R2} - U_2 + U_{R3} = 0\ \text{V}$$

$$-U_1 + I \cdot R_1 + I \cdot R_2 - U_2 + I \cdot R_3 = 0\ \text{V}$$

Beispiel:

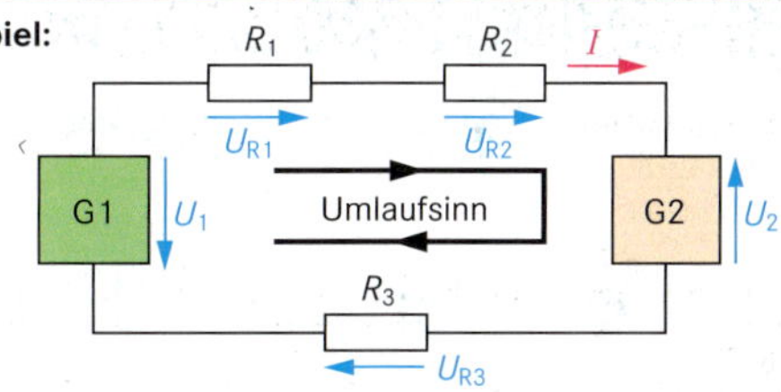

	Reihenschaltung	Parallelschaltung
Schaltung	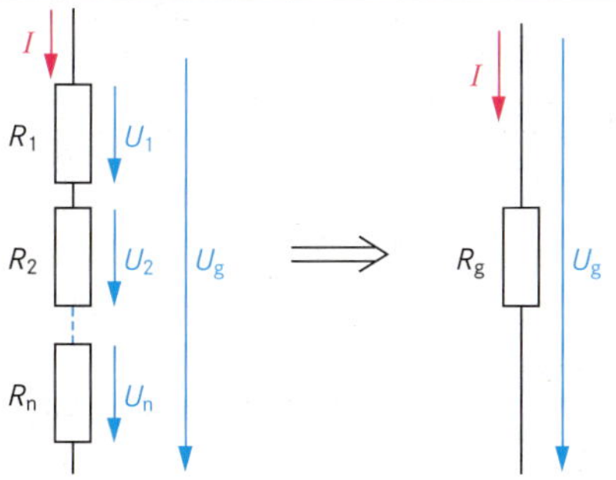	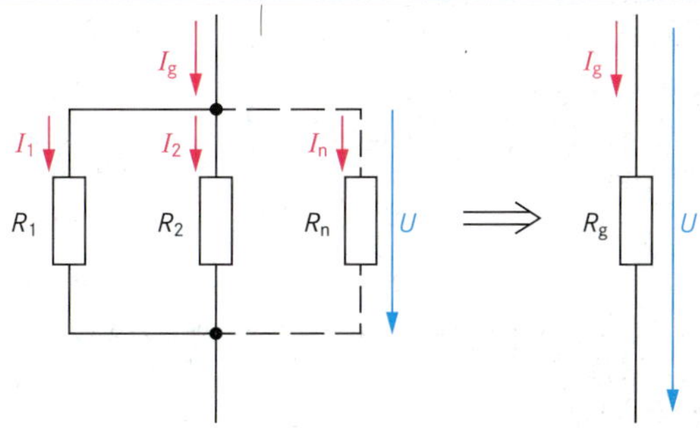
Spannung	$U_g = U_1 + U_2 + ... + U_n$	Alle Widerstände liegen an derselben Spannung U.
Stromstärke	Durch alle Widerstände fließt derselbe Strom I.	$I_g = I_1 + I_2 + ... + I_n$
Widerstände und Leitwerte	$R_g = R_1 + R_2 + ... + R_n$	$\frac{1}{R_g} = \frac{1}{R_1} + \frac{1}{R_2} + ... + \frac{1}{R_n}$ $G_g = G_1 + G_2 + ... + G_n$
Verhältnisse	$\frac{U_1}{U_2} = \frac{R_1}{R_2}$; $\frac{U_1}{U_n} = \frac{R_1}{R_n}$; $\frac{U_1}{U_g} = \frac{R_1}{R_g}$; ...	$\frac{I_1}{I_2} = \frac{R_2}{R_1}$; $\frac{I_1}{I_n} = \frac{R_n}{R_1}$; $\frac{I_1}{I_g} = \frac{R_g}{R_1}$; ...

Unbelasteter Spannungsteiler

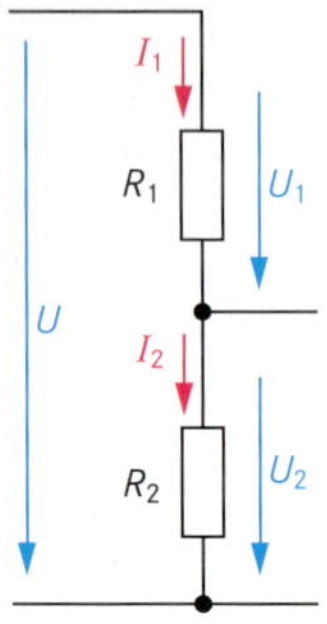

$$\frac{U_2}{U} = \frac{R_2}{R_1 + R_2}$$

Belasteter Spannungsteiler

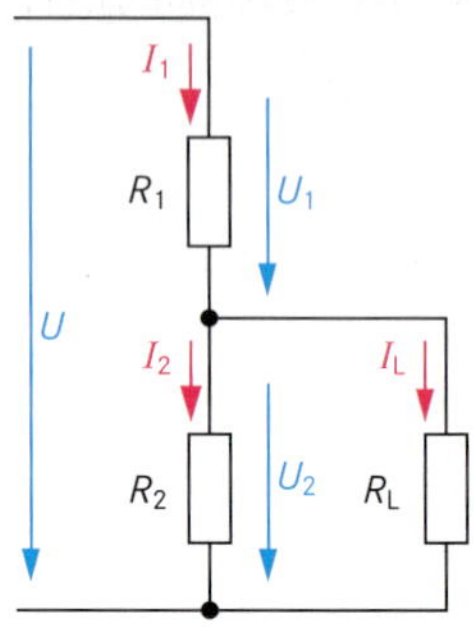

$$\frac{U_2}{U} = \frac{R_2 \cdot R_L}{R_1\,(R_2 + R_L) + R_2 \cdot R_L}$$

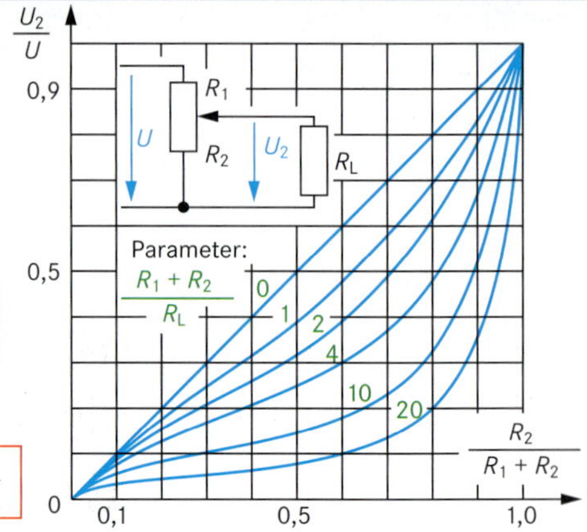

Messbereichserweiterung

Spannungsmessung

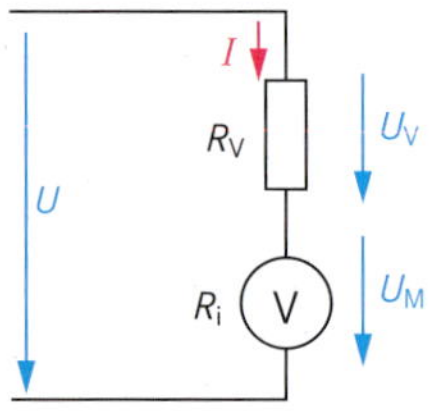

n : Faktor der Messbereichserweiterung

R_v : Vorwiderstand

R_i : Innenwiderstand

U_M: Spannung am Messwerk bei Vollausschlag

I : Stromstärke durch das Messwerk bei Vollausschlag

$$n = \frac{U}{U_M}$$

$$R_v = \frac{U - U_M}{I}$$

$$R_v = (n - 1)\,R_i$$

Strommessung

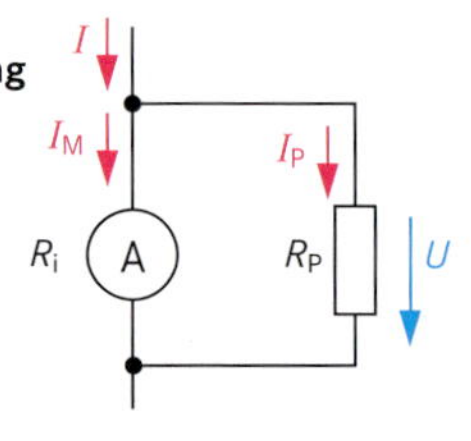

n : Faktor der Messbereichserweiterung

R_p : Parallelwiderstand

R_i : Innenwiderstand

U : Spannung am Messwerk bei Vollausschlag

I_M : Stromstärke durch das Messwerk bei Vollausschlag

$$n = \frac{I}{I_M}$$

$$R_p = \frac{U}{I - I_M}$$

$$R_p = \frac{R_i}{(n - 1)}$$

Gruppenschaltung

Beispiel:

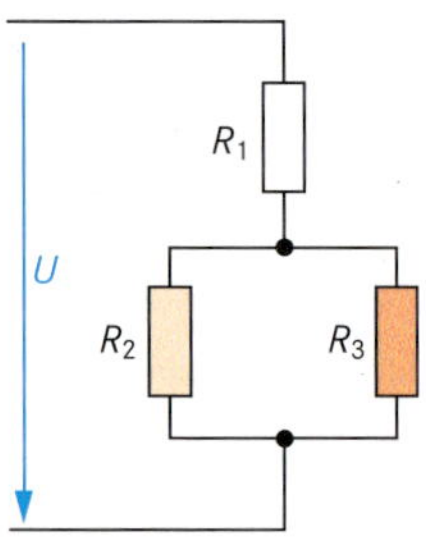

- Die Schaltung muss so verändert werden, dass eine Grundschaltung entsteht.
- Zum Widerstand R_1 liegt in Reihe die Parallelschaltung aus den zwei Widerständen R_2 und R_3.

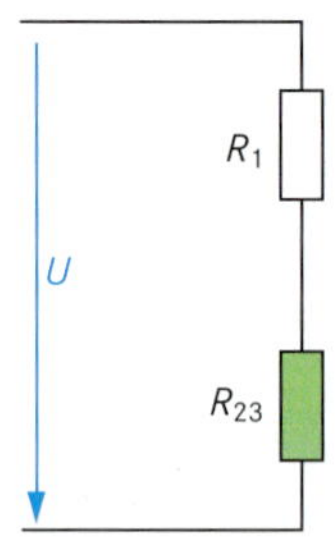

- Die Parallelschaltung aus R_2 und R_3 kann zu einem Widerstand R_{23} zusammengefasst werden.

$R_{23} = R_2 \parallel R_3$
(II bedeutet: parallel)

$R_{23} = (R_2 \cdot R_3) : (R_2 + R_3)$

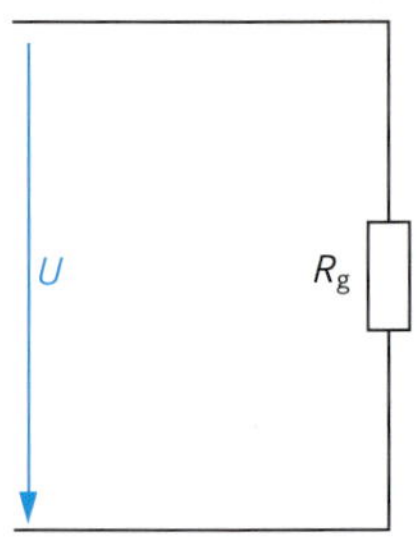

- Der Gesamtwiderstand lässt sich jetzt durch Addition ermitteln.

$R_g = R_1 + R_{23}$

Spannungsquelle mit Innenwiderstand

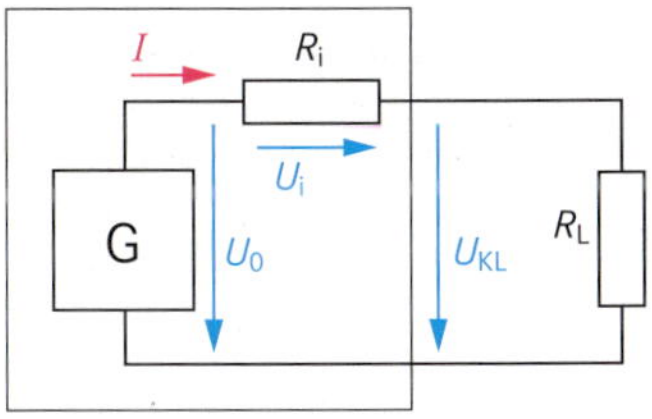

U_0 : Leerlaufspannung (Quellenspannung)
U_{KL} : Klemmenspannung
ΔU : Spannungsänderung
R_i : Innenwiderstand
R_L : Belastungswiderstand
I_k : Kurzschlussstromstärke
ΔI : Stromänderung
P_L : Ausgangsleistung
P_i : Verlustleistung der Spannungsquelle

$U_0 = U_i + U_{KL}$

$I = \frac{U_0}{R_i + R_L}$ $\quad I_k = \frac{U_0}{R_i}$

$R_i = \frac{U_i}{I}$ $\quad R_i = \frac{\Delta U_{KL}}{\Delta I}$

$U_{KL} = U_0 - I \cdot R_i$

Anpassung

Stromanpassung, $R_L \ll R_i$

LED/Akku laden

Maximale Stromstärke

$I \approx \frac{U_0}{R_i}$

$U_{KL} \approx \frac{U_0 \cdot R_L}{R_i}$

$P_L \approx 0$

Spannungsanpassung, $R_L \gg R_i$

Normal 230V Netz

Maximale Spannung

$I \approx \frac{U_0}{R_L}$

$U_{KL} \approx U_0$

$P_L \approx 0$

Leistungsanpassung, $R_L = R_i$

Maximale Leistung

$I = \frac{U_0}{2R_i}$ $\quad I = \frac{U_0}{2R_L}$

$U_{KL} = \frac{U_0}{2}$

$P_L = \frac{U_0^2}{4R_i}$ $\quad P_i = \frac{U_0^2}{4R_L}$

Telekommunikation

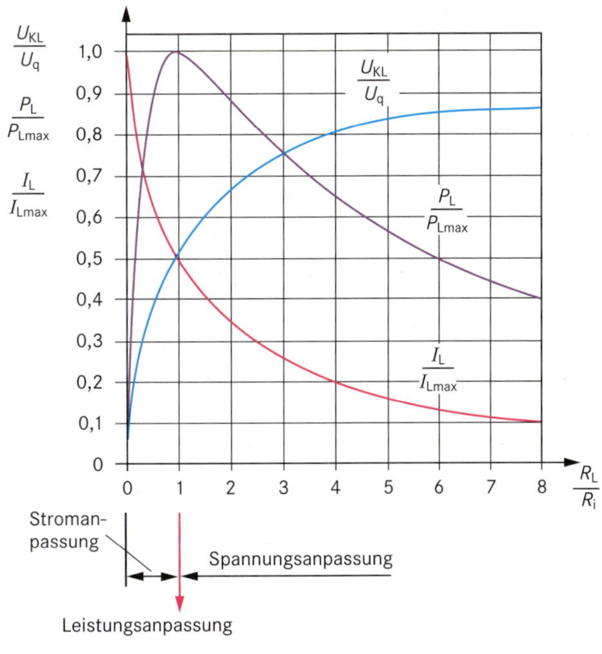

Reihenschaltung

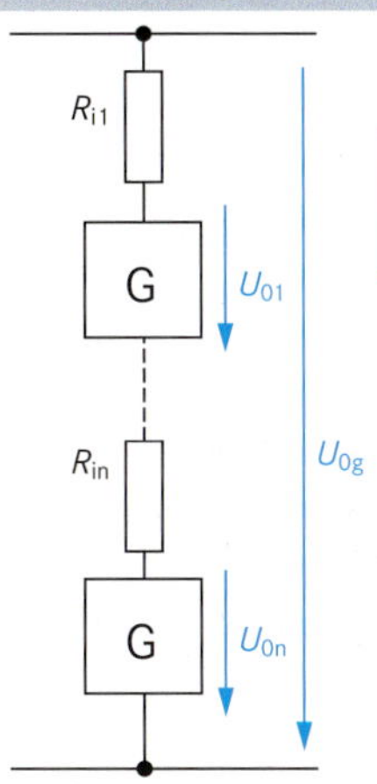

$U_{0g} = U_{01} + ... + U_{0n}$

$R_{ig} = R_{i1} + ... + R_{in}$

Parallelschaltung

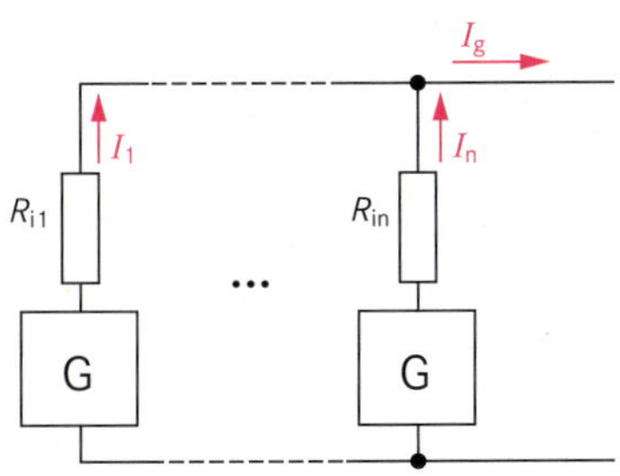

$I_g = I_1 + ... + I_n$

$\frac{1}{R_{ig}} = \frac{1}{R_{i1}} + ... + \frac{1}{R_{in}}$

Bei unterschiedlichen Leerlaufspannungen fließen zwischen den Spannungsquellen Ausgleichsströme.

Elektrisches Feld, Kondensator
Electric Field, Capacitor

Kraft zwischen Ladungen (Coulombsches Gesetz)

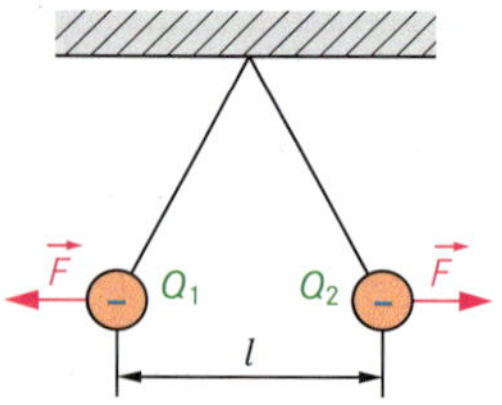

F : Kraft zwischen den Ladungen
Q_1, Q_2: Ladungen
ε : Permittivität
ε_o : Elektrische Feldkonstante
ε_r : Relative Permittivität
l : Abstand der Ladungen

$$F = \frac{Q_1 \cdot Q_2}{4\pi\varepsilon \cdot l^2}$$

$$\varepsilon = \varepsilon_o \cdot \varepsilon_r \qquad [\varepsilon_r] = 1$$

$$\varepsilon_o = 8{,}86 \cdot 10^{-12}\,\frac{\text{As}}{\text{Vm}}$$

Elektrische Feldstärke

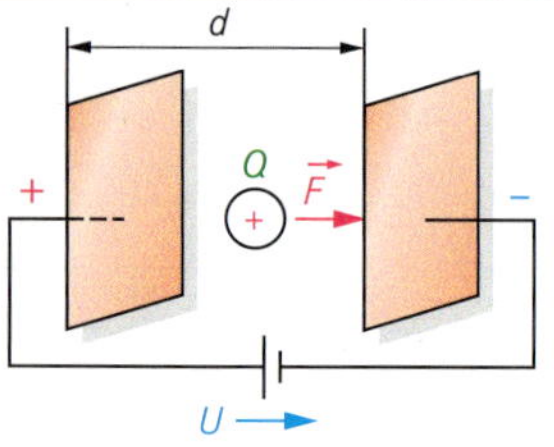

E : Elektrische Feldstärke
F : Kraft auf die Ladung im Feld
Q: Ladung im Feld
U: Spannung zwischen den Platten
d : Abstand der Platten

$$E = \frac{F}{Q} \qquad [E] = \frac{\text{N}}{\text{C}}$$

1 C = 1 As

$$E = \frac{U}{d} \qquad [E] = \frac{\text{V}}{\text{m}}$$

Kondensator und Kapazität

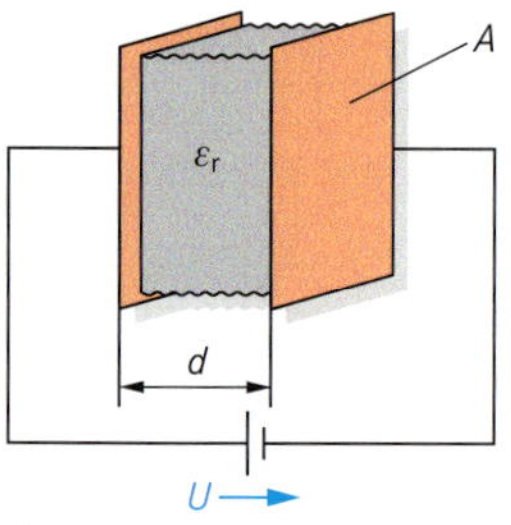

C : Kapazität des Kondensators
Q : Ladung des Kondensators
U : Spannung zwischen den Kondensatorplatten
ε : Permittivität
ε_o: Elektrische Feldkonstante
ε_r : Relative Permittivität
A : Plattenfläche
d : Plattenabstand
W: Gespeicherte Energie des Kondensators

$$C = \frac{Q}{U} \qquad [C] = \frac{\text{As}}{\text{V}}$$

$$C = \frac{\varepsilon \cdot A}{d} \qquad 1\,\frac{\text{As}}{\text{V}} = 1\text{ F (Farad)}$$

$$\varepsilon = \varepsilon_o \cdot \varepsilon_r \qquad [\varepsilon_r] = 1$$

$$\varepsilon_o = 8{,}86 \cdot 10^{-12}\,\frac{\text{As}}{\text{Vm}}$$

$$W = \frac{C \cdot U^2}{2} \qquad [W] = \text{V As}$$

Parallelschaltung von Kondensatoren

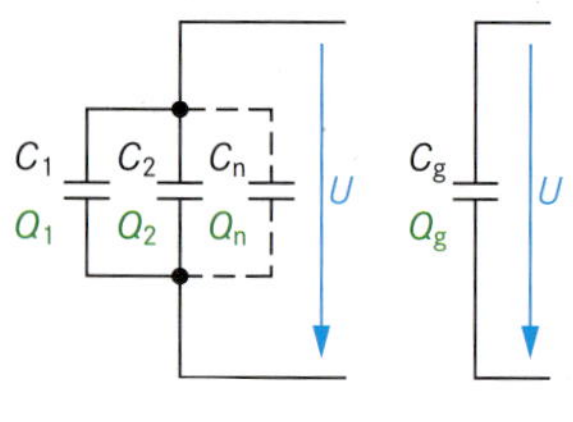

$Q_1 \ldots Q_n$: Ladungen der Einzelkondensatoren
$C_1 \ldots C_n$: Kapazitäten der Einzelkondensatoren

Q_g: Ladung der Gesamtkapazität
C_g: Gesamtkapazität

$$Q = C \cdot U$$

$$Q_g = Q_1 + Q_2 + \ldots + Q_n$$

$$C_g = C_1 + C_2 + \ldots + C_n$$

Reihenschaltung von Kondensatoren

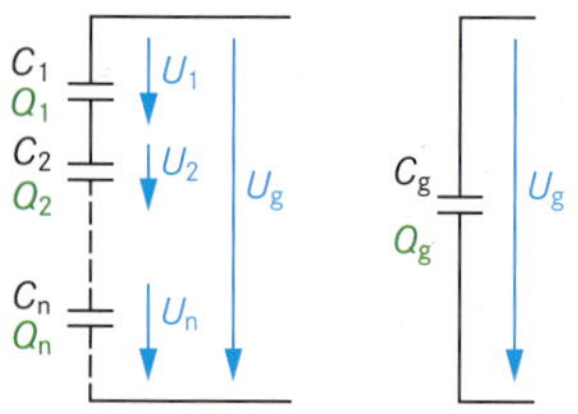

$Q_1 \ldots Q_n$: Ladungen der Einzelkondensatoren
$C_1 \ldots C_n$: Kapazitäten der Einzelkondensatoren

Q_g: Ladung der Gesamtkapazität
C_g: Gesamtkapazität

$U_1 \ldots U_n$: Einzelspannungen
U_g: Gesamtspannung

$$Q = C \cdot U$$

$$Q_g = Q_1 = Q_2 = \ldots = Q_n$$

$$U_g = U_1 + U_2 + \ldots + U_n$$

$$\frac{1}{C_g} = \frac{1}{C_1} + \frac{1}{C_2} + \ldots + \frac{1}{C_n}$$

Magnetische Feldstärke

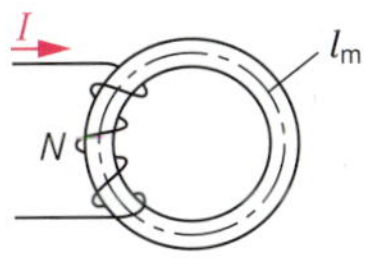

H : Magnetische Feldstärke
I : Stromstärke
N : Windungszahl
l_m : Mittlere Feldlinienlänge
Θ : Durchflutung (magn. Spannung)

$$H = \frac{I \cdot N}{l_m} \qquad [H] = \frac{A}{m}$$

$$\Theta = I \cdot N \qquad [\Theta] = A$$

Magnetische Flussdichte (Induktion)

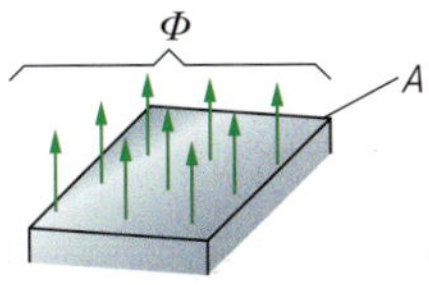

B : Magnetische Flussdichte
Φ : Magnetischer Fluss
A : Fläche

$$B = \frac{\Phi}{A}$$

$[\Phi] = V\,s$
$1\ V\,s = 1\ Wb$ (Weber)

$[B] = \frac{V\,s}{m^2}$

$\frac{1\ V\,s}{m^2} = 1\ T$ (Tesla)

Zusammenhang zwischen magnetischer Feldstärke und Flussdichte

Vakuum (Luft)

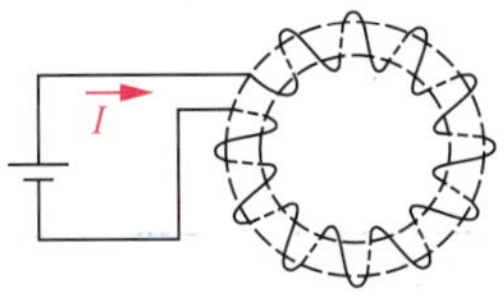

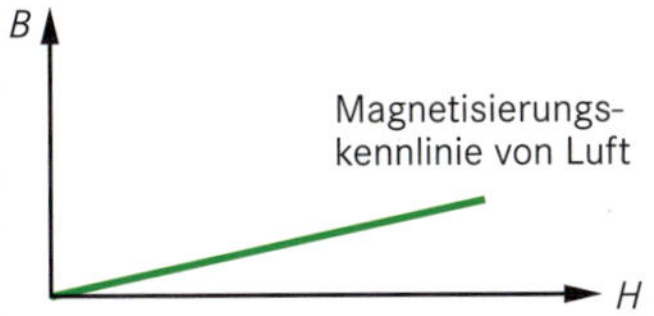

μ_o : Magnetische Feldkonstante

$$B = \mu_o \cdot H$$

$$\mu_o = 1{,}257 \cdot 10^{-6}\ \frac{V\,s}{A\,m}$$

Eisenkern

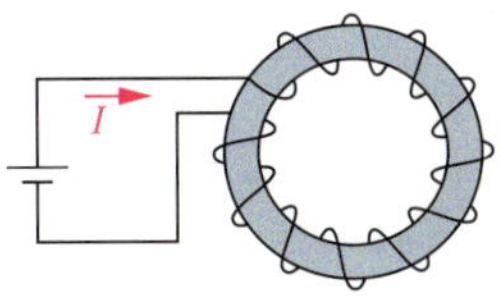

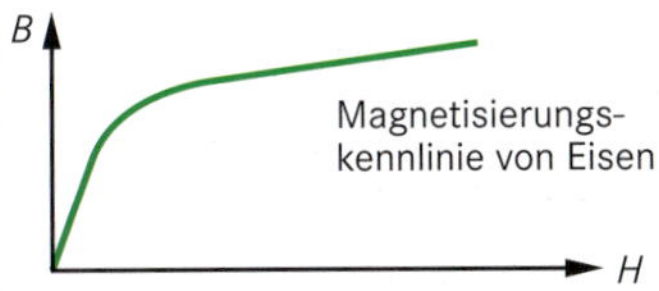

μ_r : Relative Permeabilität
μ : Permeabilität

$$B = \mu \cdot H$$

$$\mu = \mu_o \cdot \mu_r \qquad [\mu_r] = 1$$

Magnetischer Kreis mit Luftspalt

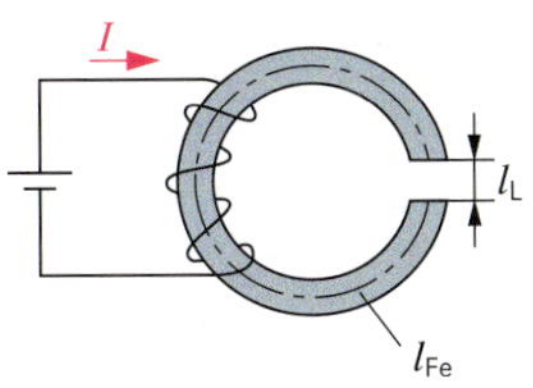

R_m : Magnetischer Widerstand
Λ : Magnetischer Leitwert
R_{mg} : Gesamter magnetischer Widerstand
R_{mFe} : Magnetischer Widerstand des Eisens
R_{mL} : Magnetischer Widerstand des Luftspalts
Θ_g : Gesamtdurchflutung
H_{Fe} : Magnetische Feldstärke im Eisen
H_L : Magnetische Feldstärke im Luftspalt
l_{Fe} : Feldlinienlänge im Eisen
l_L : Feldlinienlänge im Luftspalt

$$R_m = \frac{\Theta}{\Phi} \qquad [R_m] = \frac{A}{V\,s}$$

$1\ \frac{A}{V\,s} = \frac{1}{H}$ (H: Henry)

$$\Lambda = \frac{1}{R_m} \qquad [\Lambda] = \frac{V\,s}{A}$$

$$R_{mg} = R_{mFe} + R_{mL}$$

$$\Theta_g = H_{Fe} \cdot l_{Fe} + H_L \cdot l_L$$

Tragkraft von Magneten

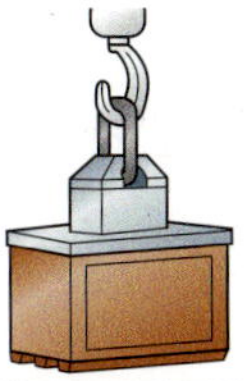

F : Kraft
B : Magnetische Flussdichte
A : Fläche
μ_o : Magnetische Feldkonstante

$$F = \frac{B^2 \cdot A}{2\mu_o}$$

$$\mu_o = 1{,}257 \cdot 10^{-6}\ \frac{V\,s}{A\,m}$$

Stromdurchflossener Leiter im Magnetfeld

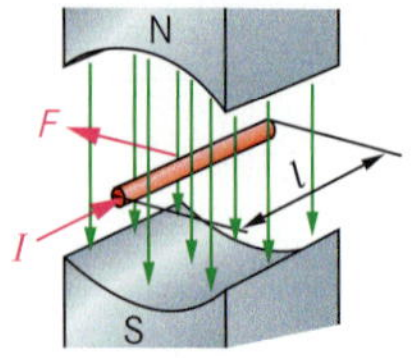

- F : Kraft auf den Leiter
- I : Stromstärke
- l : Leiterlänge im Magnetfeld
- z : Anzahl der Leiter

$$F = B \cdot I \cdot l \cdot z$$

$[F] = \text{N}$

Spule im Magnetfeld

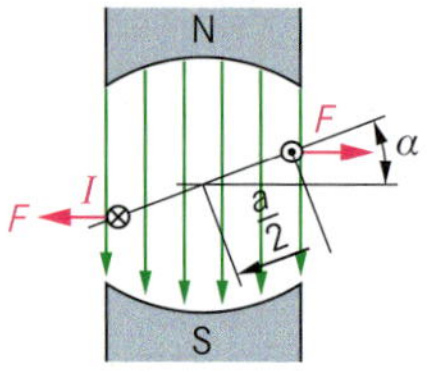

- M : Drehmoment
- a : Spulenlänge
- N : Windungszahl

$$M = \frac{F \cdot a \cdot \sin\alpha}{2}$$

$$F = 2 \cdot N \cdot B \cdot l \cdot I$$

Kraft zwischen stromdurchflossenen Leitern

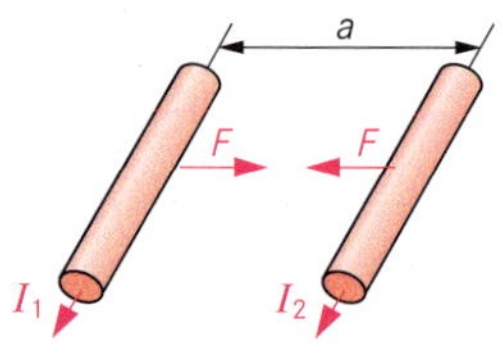

- F : Kraft zwischen den Leitern
- l : Leiterlänge
- a : Abstand der Leiter
- I_1, I_2 : Stromstärken
- μ_0 : Magnetische Feldkonstante

$$F = \frac{\mu_0 I_1 \cdot I_2 \cdot l}{2\pi \cdot a}$$

$\mu_0 = 1{,}257 \cdot 10^{-6}\,\frac{\text{V s}}{\text{A m}}$

Induktivität der Spule

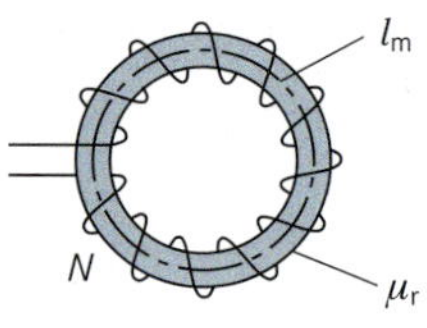

- L : Induktivität
- N : Windungszahl
- A : Fläche (Querschnitt der Spule)
- μ_0 : Magnetische Feldkonstante
- μ_r : Relative Permeabilität
- μ : Permeabilität
- l_m : Feldlinienlänge (mittlere)
- W : Energie der Spule

$$L = \frac{\mu \cdot N^2 \cdot A}{l_m}$$

$$\mu = \mu_0 \cdot \mu_r$$

$$W = \frac{L \cdot I^2}{2}$$

$[L] = \frac{\text{V s}}{\text{A}}$

$1\,\frac{\text{V s}}{\text{A}} = 1\,\text{H (Henry)}$

$[\mu_r] = 1$

Reihenschaltung von Spulen

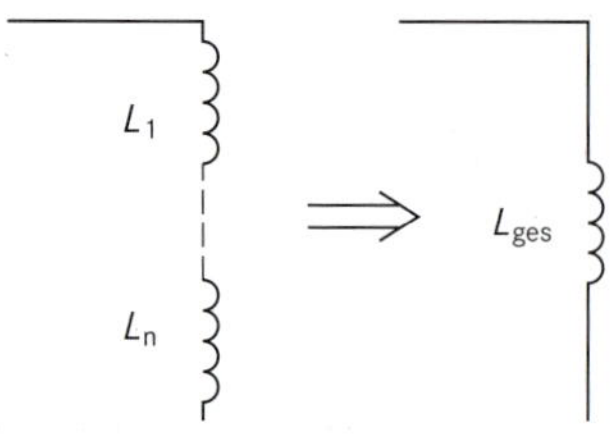

- $L_1 \dots L_n$: Einzelinduktivitäten
- L_g : Gesamtinduktivität

$$L_g = L_1 + \dots + L_n$$

Parallelschaltung von Spulen

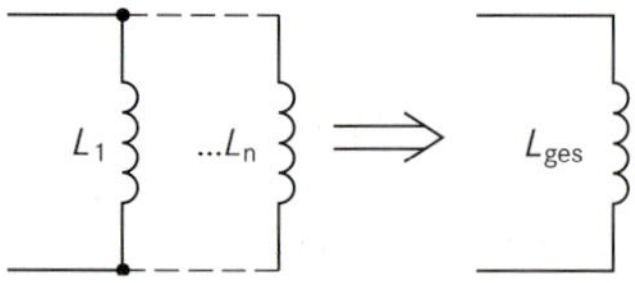

- $L_1 \dots L_n$: Einzelinduktivitäten
- L_g : Gesamtinduktivität

$$\frac{1}{L_g} = \frac{1}{L_1} + \dots + \frac{1}{L_n}$$

Induktion der Bewegung

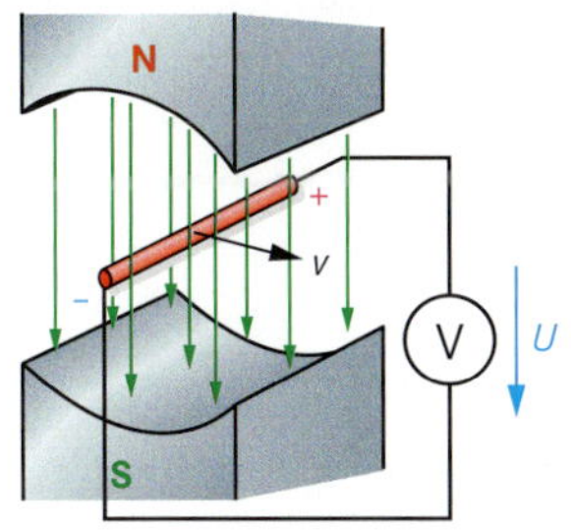

U : Induktionsspannung
B : Magnetische Flussdichte
l : Leiterlänge im Magnetfeld
v : Geschwindigkeit des Leiters
z : Anzahl der Leiter

$$U = B \cdot l \cdot v \cdot z$$

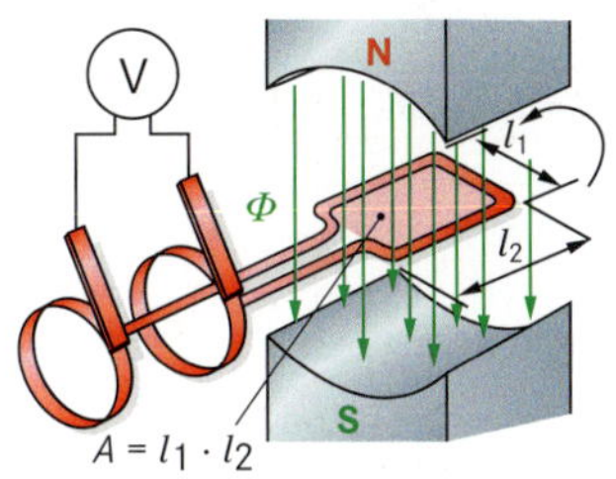

U : Induktionsspannung
N : Windungszahl
$\Delta\Phi$: Flussänderung
Δt : Zeitänderung

$$U = N \cdot \frac{\Delta\Phi}{\Delta t}$$

$$U = -N \cdot \frac{\Delta\Phi}{\Delta t}$$

Das Vorzeichen hängt vom gewählten Richtungssinn ab.

Induktion der Ruhe

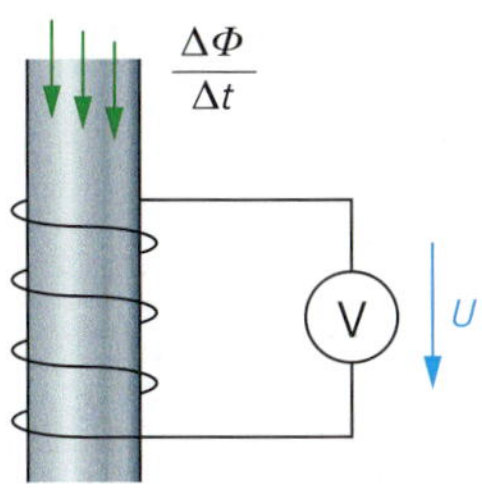

U : Induktionsspannung
N : Windungszahl
$\Delta\Phi$: Flussänderung
Δt : Zeitänderung

$$U = N \cdot \frac{\Delta\Phi}{\Delta t}$$

$$U = -N \cdot \frac{\Delta\Phi}{\Delta t}$$

Das Vorzeichen hängt vom gewählten Richtungssinn ab.

Einphasentransformator, Übertrager

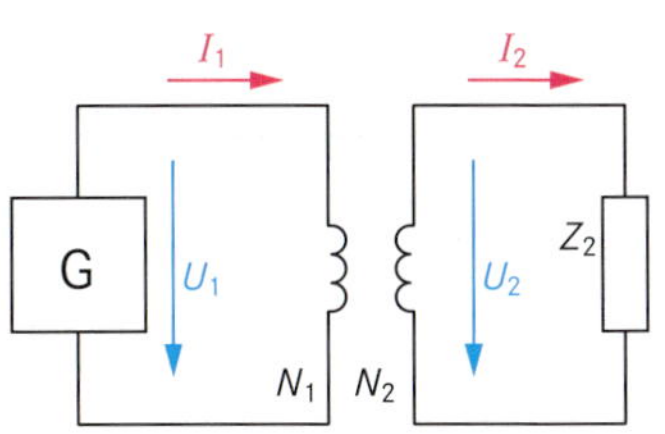

U_1 : Primärspannung
U_2 : Sekundärspannung
I_1 : Primärstromstärke
I_2 : Sekundärstromstärke
N_1 : Primärwindungszahl
N_2 : Sekundärwindungszahl
Z_1 : Primärer Scheinwiderstand
Z_2 : Sekundärer Scheinwiderstand
$ü$: Übersetzungsverhältnis

$$\frac{U_1}{U_2} \approx \frac{N_1}{N_2} \qquad ü = \frac{N_1}{N_2}$$

$$\frac{I_1}{I_2} \approx \frac{N_2}{N_1}$$

$$\frac{Z_1}{Z_2} \approx \left(\frac{N_1}{N_2}\right)^2$$

Schaltungen mit Spulen

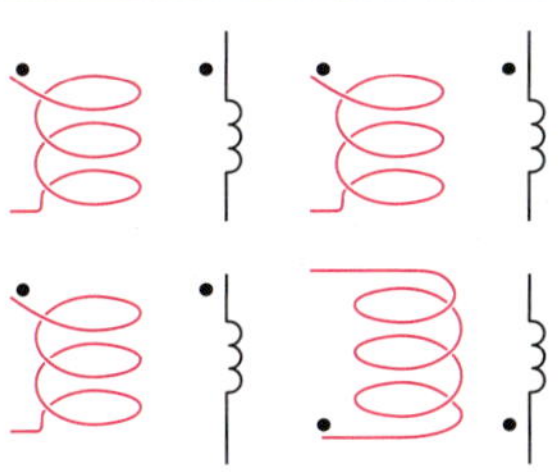

L : gesamte Selbstinduktivität
L_1, L_2 : Einzelinduktivitäten
L_{12} : Gegeninduktivität
• : Wicklungsanfang

$$L = L_1 + L_2 + 2\,L_{12}$$

$$L = L_1 + L_2 - 2\,L_{12}$$

Kondensator (Kapazität)

Aufladung

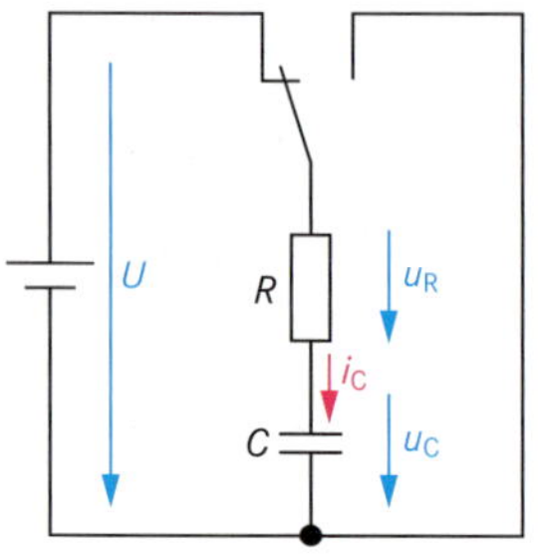

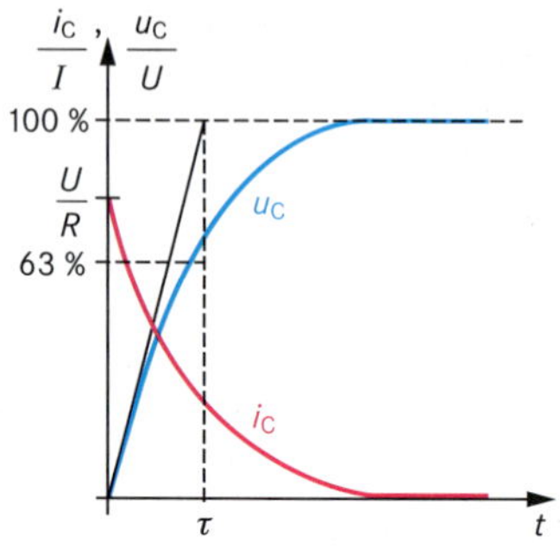

$$\tau = R \cdot C \qquad [\tau] = \mathrm{s}$$

$$u_C = U\left(1 - e^{-\frac{t}{\tau}}\right) \qquad e = 2{,}718\ldots$$

$$i_C = \frac{U}{R} \cdot e^{-\frac{t}{\tau}}$$

τ : Zeitkonstante
u_C: Spannung am Kondensator
i_C : Stromstärke in der Reihenschaltung

bei $t \approx 5\,\tau$:
Kondensator geladen
(99,33 % von U)

Entladung

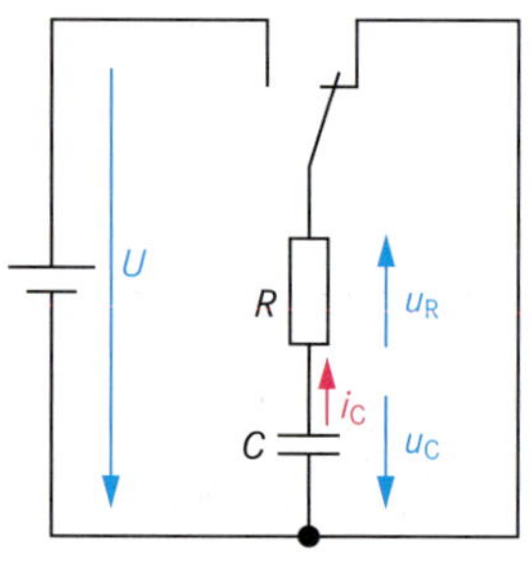

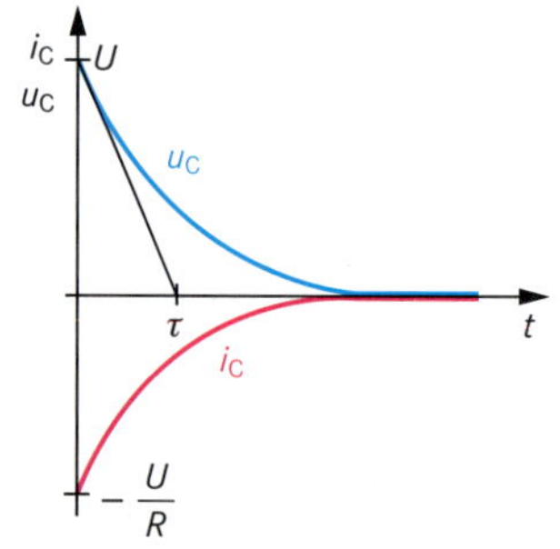

$$\tau = R \cdot C \qquad [\tau] = \mathrm{s}$$

$$u_C = U \cdot e^{-\frac{t}{\tau}} \qquad e = 2{,}718\ldots$$

$$i_C = -\frac{U}{R} \cdot e^{-\frac{t}{\tau}}$$

τ : Zeitkonstante
u_C: Spannung am Kondensator
i_C : Stromstärke in der Reihenschaltung

bei $t \approx 5\,\tau$:
Kondensator entladen

Induktivität

Einschaltvorgang

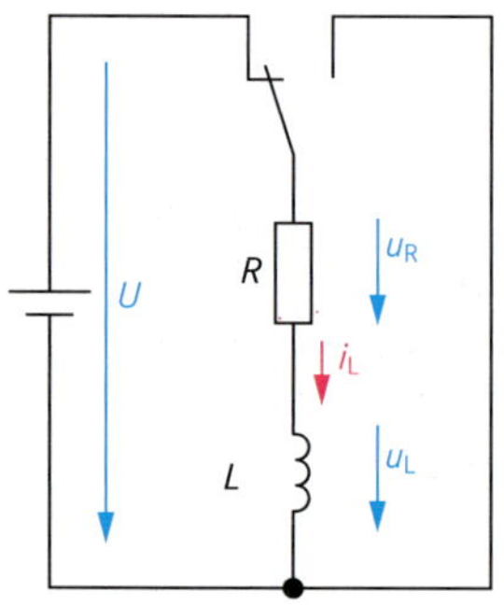

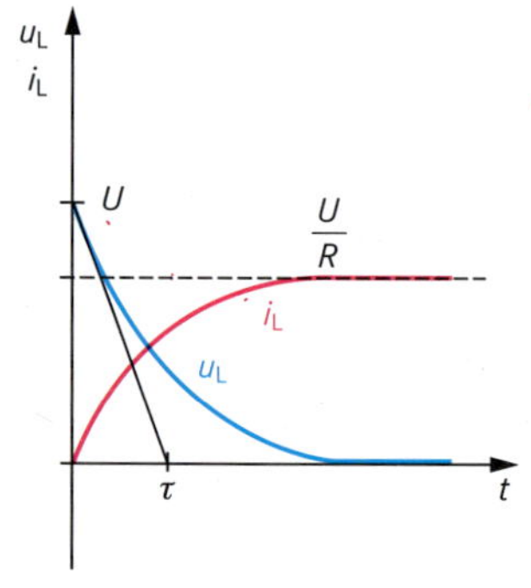

$$\tau = \frac{L}{R} \qquad [\tau] = \mathrm{s}$$

$$u_L = U \cdot e^{-\frac{t}{\tau}} \qquad e = 2{,}718\ldots$$

$$i_L = \frac{U}{R}\left(1 - e^{-\frac{t}{\tau}}\right)$$

τ : Zeitkonstante
u_L: Spannung an der Induktivität
i_L : Stromstärke in der Reihenschaltung

Ausschaltvorgang

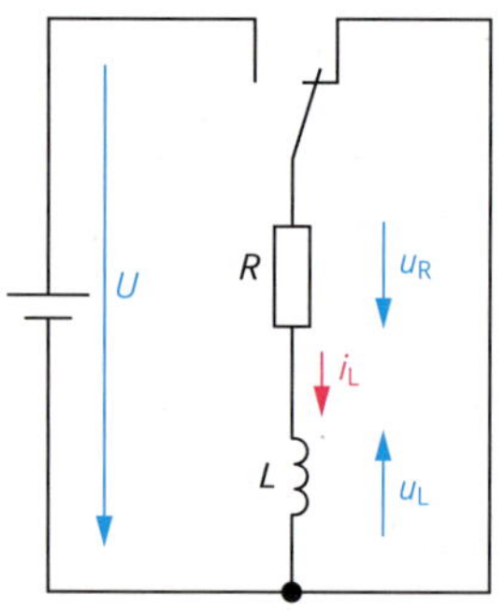

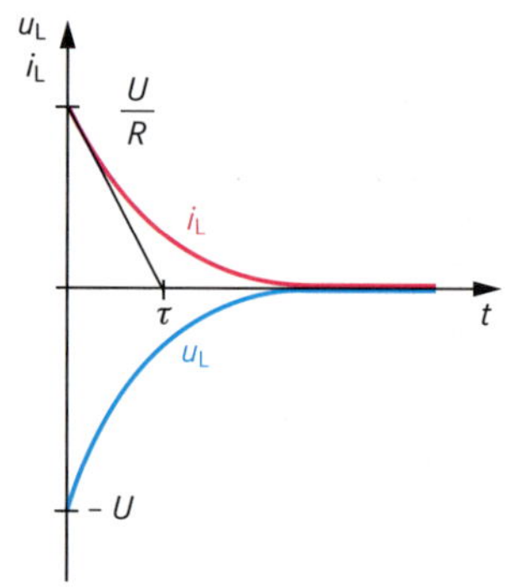

$$\tau = \frac{L}{R} \qquad [\tau] = \mathrm{s}$$

$$u_L = -U \cdot e^{-\frac{t}{\tau}} \qquad e = 2{,}718\ldots$$

$$i_L = \frac{U}{R} \cdot e^{-\frac{t}{\tau}}$$

τ : Zeitkonstante
u_L: Spannung an der Induktivität
i_L : Stromstärke in der Reihenschaltung

Sinusförmige Wechselspannung

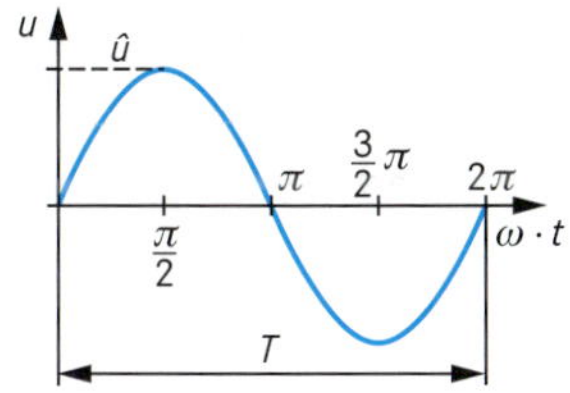

u, i : Momentanwerte (Augenblickswerte)
$\hat{u}, \hat{\imath}$: Maximalwerte, Spitzenwerte, Amplitude
f : Frequenz
T : Periodendauer
ω : Kreisfrequenz
p : Polpaarzahl
n : Drehzahl

$$u = \hat{u} \sin \omega \cdot t$$
$$\omega = 2\pi \cdot f \qquad [\omega] = \frac{1}{s}$$

$$f = \frac{1}{T} \qquad [f] = \text{Hz}$$
$$f = p \cdot n \qquad [n] = \frac{1}{s}$$

Spitzen- und Effektivwerte

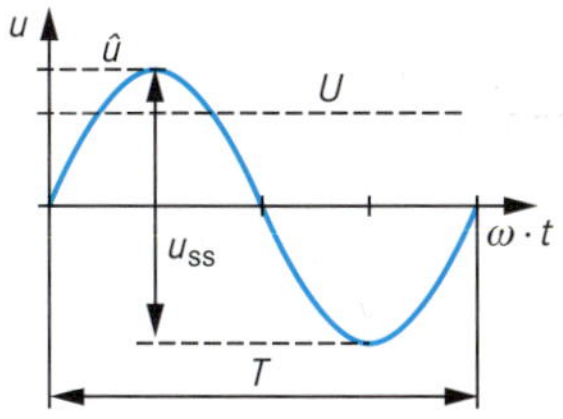

$\hat{u}, \hat{\imath}$: Maximalwerte, Spitzenwerte, Amplituden
U, I : Effektivwerte auch: U_{eff} und I_{eff}

u_{ss}, i_{ss}: Spitze-Spitze-Wert

$$U = \frac{\hat{u}}{\sqrt{2}}$$
$$I = \frac{\hat{\imath}}{\sqrt{2}}$$

$$u_{ss} = 2 \cdot \hat{u}$$
$$i_{ss} = 2 \cdot \hat{\imath}$$

Addition phasenverschobener Spannungen und Ströme

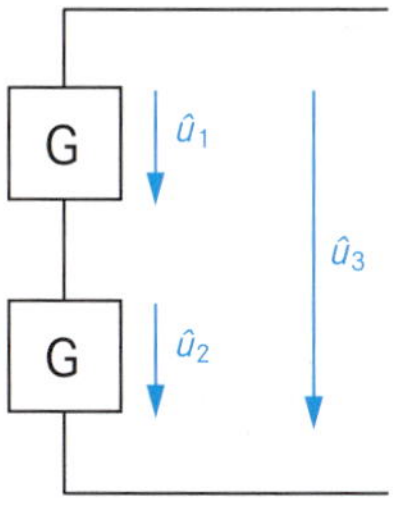

$\varphi_{12}, \varphi_{13}, \varphi_{32}$: Phasenverschiebungswinkel

$\hat{u}_1, \hat{u}_2$: Spitzenwerte der Einzelspannungen

$\hat{u}_3$: Spitzenwert der Gesamtspannung

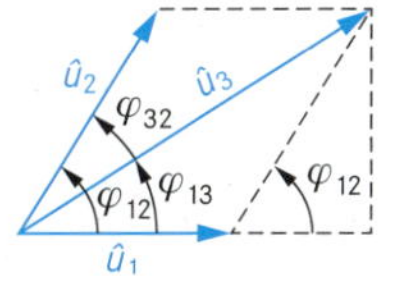

$$\hat{u}_3^2 = \hat{u}_1^2 + \hat{u}_2^2 - 2 \cdot \hat{u}_1 \cdot \hat{u}_2 \cdot \cos(180° - \varphi_{12})$$

$$\tan \varphi_{13} = \frac{\hat{u}_2 \cdot \sin \varphi_{12}}{\hat{u}_1 + \hat{u}_2 \cdot \cos \varphi_{12}}$$

Leistungen im Wechselstromkreis

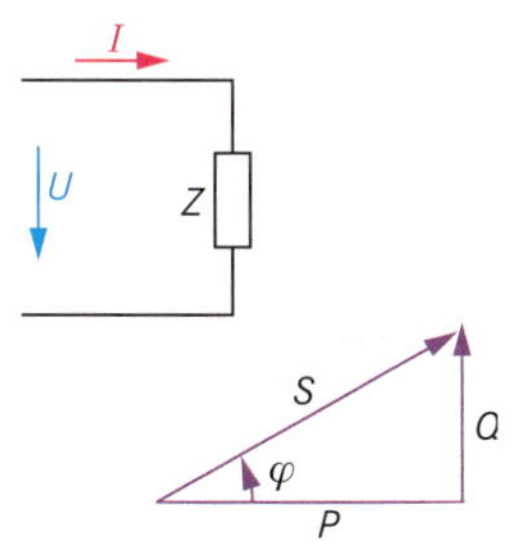

S : Scheinleistung
P : Wirkleistung
Q : Blindleistung
$\cos\varphi$: Leistungsfaktor
λ : Wirkleistungsfaktor

$\sin\varphi$: Blindleistungsfaktor

$$S = U \cdot I \qquad [S] = \text{V} \cdot \text{A}$$
$$S = \sqrt{P^2 + Q^2}$$
$$P = U \cdot I \cdot \cos\varphi \qquad [P] = \text{W}$$

$$\cos\varphi = \frac{P}{S}$$
$$\lambda = \frac{P}{S}$$

$$Q = U \cdot I \cdot \sin\varphi \qquad [Q] = \text{var}$$

Rechtecksignale

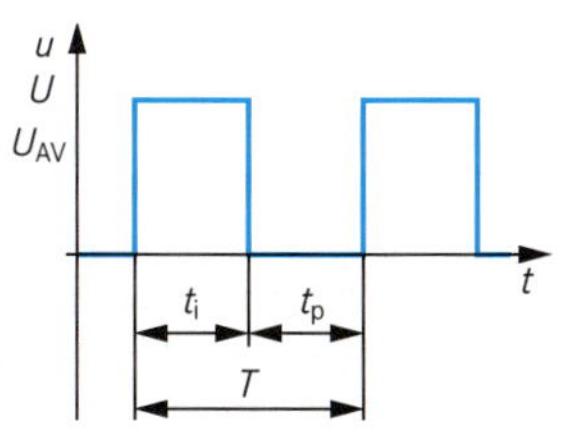

t_i : Impulsdauer
t_p : Pausendauer
T : Periodendauer
f : Frequenz
g : Tastgrad
U_{AV} : Mittelwert
V : Tastverhältnis

$$T = t_i + t_p$$

$$f = \frac{1}{T}$$
$$g = \frac{t_i}{T}$$

$$V = \frac{1}{g}$$

$$U_{AV} = \frac{U \cdot t_i}{T}$$

Kennzeichnung von Systempunkten und Leitern

Stromsystem	Teil	Außenpunkte, Außenleiter	Mittelpunkt, Mittelleiter, Sternpunkt, Neutralleiter	Bezugserde	Schutzleiter geerdet	Neutralleiter, PEN-Leiter[3]
Gleichstrom	Netz	Polarität: positiv: L+; negativ: L–	M	E	PE	–
m-Phasensystem	Netz	vorzugsweise: L1, L2, L3 … Lm	N			
		zulässig auch: 1, 2, 3, … m [1) 2)]				
Drehstrom	Netz	vorzugsweise: L1, L2, L3				PEN
		zulässig auch: 1, 2, 3, [1) 2)]				
		zulässig auch: R, S, T [2)]				–
	Betriebsmittel	allgemein: U, V, W				

[1)] wenn keine Verwechslung möglich
[2)] Nummerierung oder Reihenfolge der Buchstaben im Sinne der Phasenfolge
[3)] auch noch Nullleiter üblich

Beispiele von Formelzeichen für Spannungen

Art der Spannungen	Stromsystem		Formelzeichen
Außenleiterspannungen	Gleichstromsystem		U, U_{L+}, U_{L-}
	m-Phasensystem		U_{12}, U_{23}, U_{34} … U_m
	Drehstromsystem		U_{12}, U_{23}, U_{31}
	Drehstrom-Generatoren, -Motoren, -Transformatoren		U_{UV}, U_{VW}, U_{WU}
Außenleiter-Mittelspannung	Gleichstromsystem		U, U_{L+M}, U_{M-L}
Sternspannungen	Sternschaltung	m-Phasensystem	U_{1N}, U_{2N}, U_{3N} … U_{mN}
		Drehstromsystem	U_{1N}, U_{2N}, U_{3N}
	Drehstrom: Generatoren, Motoren, Transformatoren		U_{UN}, U_{VN}, U_{WN}
Mittelpunktspannung	Gleichstromsystem		U_{ME}
Sternpunktspannung	Sternschaltung: m-Phasensystem, Drehstromsystem		U_{NE}

Drehstromübertragung
Three-phase Current Transmission

Verteilung

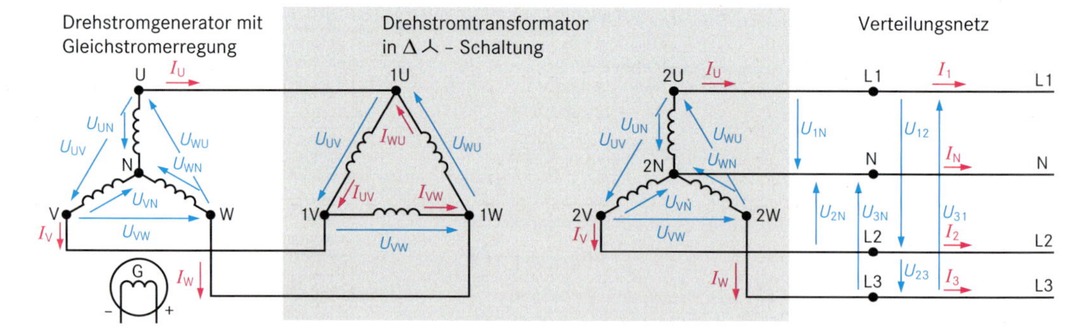

Liniendiagramm

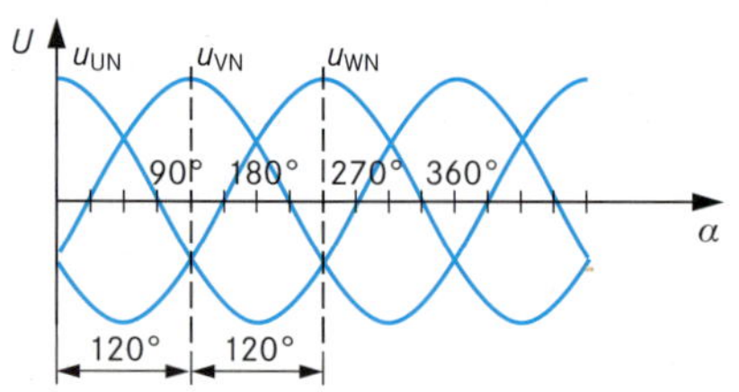

Zeigerdiagramm

Spannungen

$U_{WU} = \sqrt{3} \cdot U_{UN}$

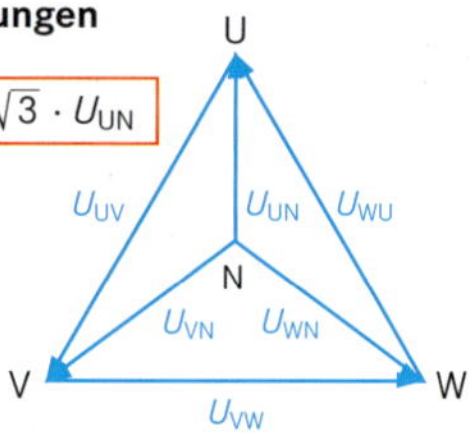

Stromstärken

$I_{WU} = \sqrt{3} \cdot I_U$

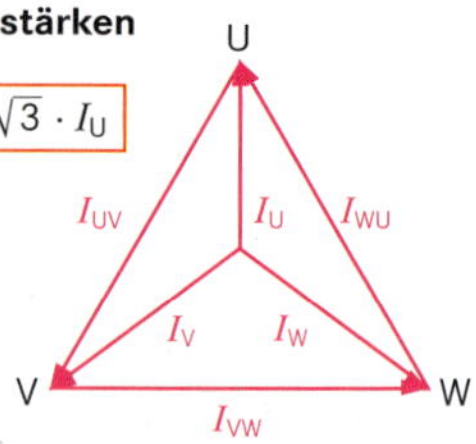

U_S: Strangspannung	I_S: Strangstromstärke	S: Gesamt-Scheinleistung	Q: Gesamt-Blindleistung
U: Leiterspannung	I: Leiterstromstärke	P: Gesamt-Wirkleistung	$\cos\varphi$: Leistungsfaktor

Symmetrische Belastung (I_N = 0 A)

$S = \sqrt{3} \cdot U \cdot I$ [S] = VA $P = \sqrt{3} \cdot U \cdot I \cdot \cos\varphi$ [P] = W $Q = \sqrt{3} \cdot U \cdot I \cdot \sin\varphi$ [Q] = var

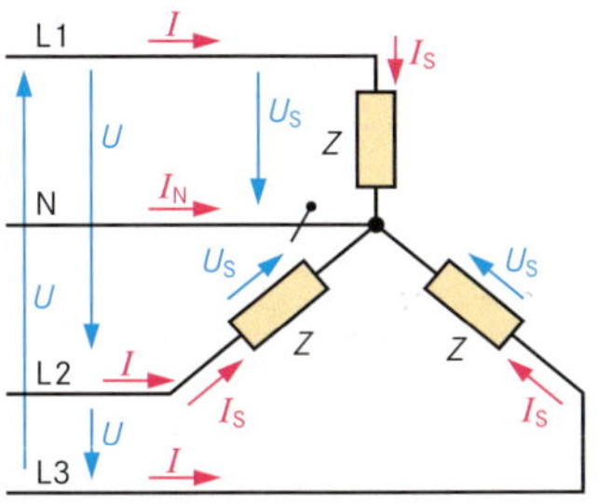

S_Y: Gesamt-Scheinleistung bei Sternschaltung

$$S_Y = \frac{1}{3} \cdot S_\Delta$$

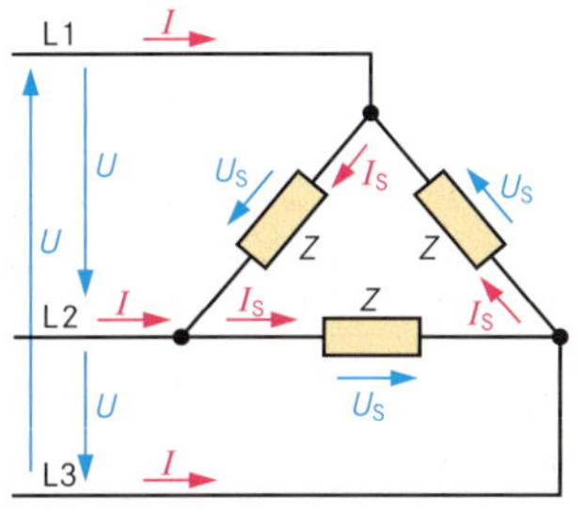

S_Δ: Gesamt-Scheinleistung bei Dreieckschaltung

Unsymmetrische gleichartige Belastung

Sternschaltung

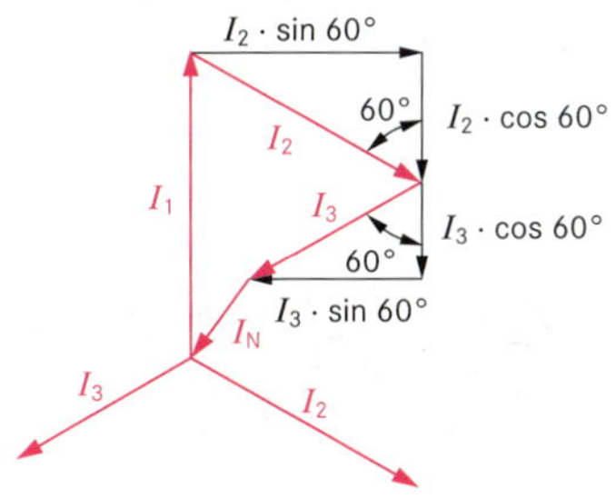

$$I_N = \sqrt{0{,}75 \cdot (I_2 - I_3)^2 + (I_1 - 0{,}5 \cdot I_2 - 0{,}5 \cdot I_3)^2}$$

Dreieckschaltung

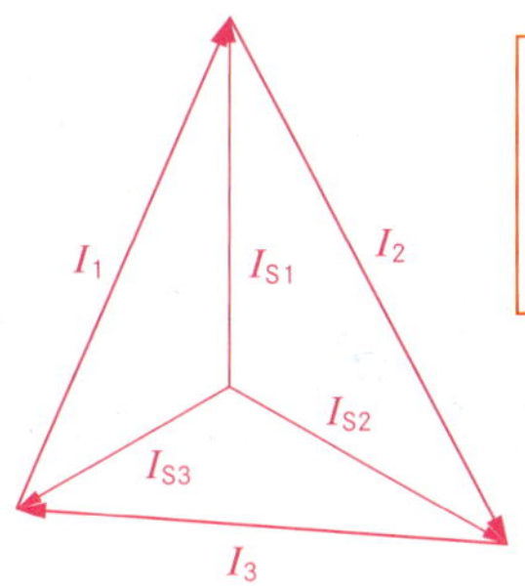

$$I_1 = \sqrt{I_{S1}^2 + I_{S3}^2 + I_{S1} \cdot I_{S3}}$$

$$I_2 = \sqrt{I_{S1}^2 + I_{S2}^2 + I_{S1} \cdot I_{S2}}$$

$$I_3 = \sqrt{I_{S2}^2 + I_{S3}^2 + I_{S2} \cdot I_{S3}}$$

Gestörte Belastungen (Ausfall von Außenleitern und/oder Strängen)

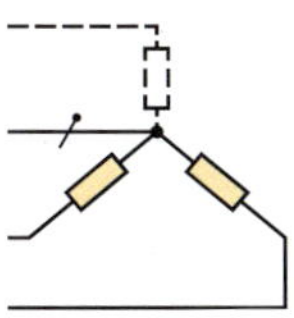

$S = \frac{2}{3} S_{or}$

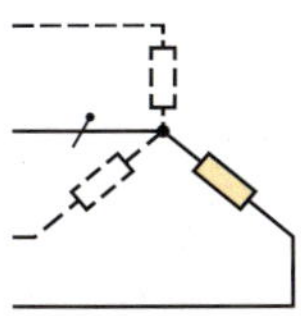

$S = \frac{1}{3} S_{or}$

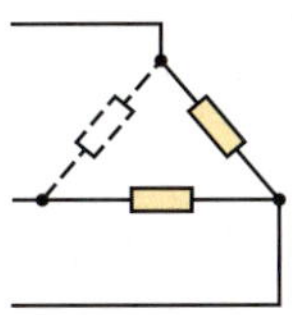

$S = \frac{2}{3} S_{or}$

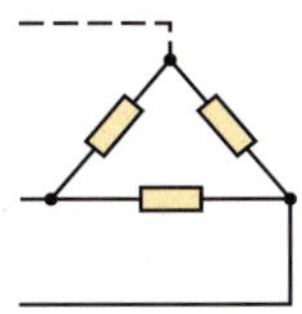

$S = \frac{1}{2} S_{or}$

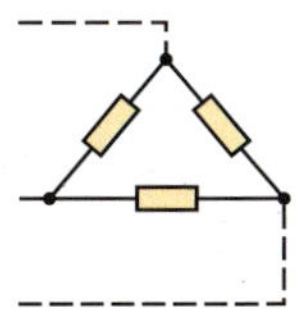

$S = 0$

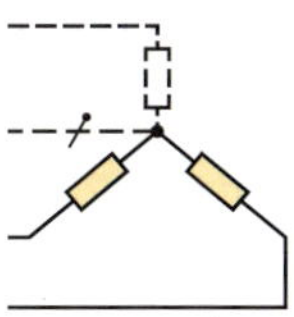

$S = \frac{1}{2} S_{or}$

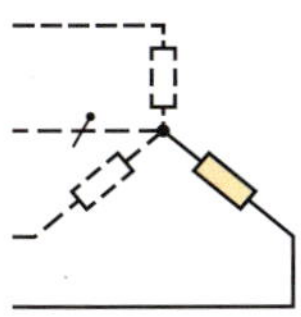

$S = 0$

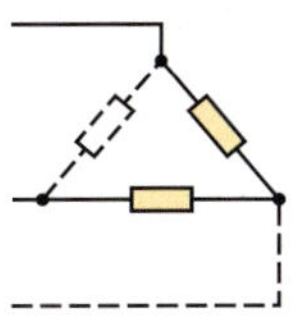

$S = \frac{1}{6} S_{or}$

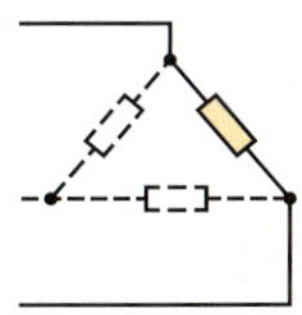

$S = \frac{1}{3} S_{or}$

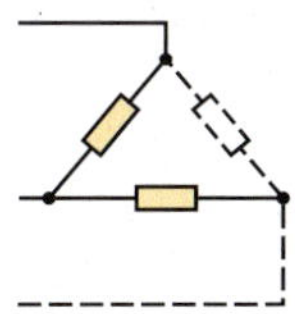

$S = \frac{1}{3} S_{or}$

S: Leistung bei Störung S_{or}: ursprüngliche Leistung

Schaltung	Stromstärke und Spannung	Widerstand und Leitwert	Leistung
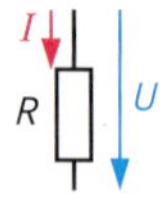	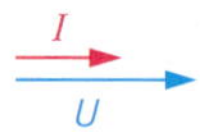 $I = \frac{U}{R}$ $\varphi = 0°$	$R = \frac{U}{I}$	$P = U \cdot I$ $P = I^2 \cdot R$ $P = \frac{U^2}{R}$
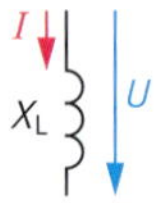	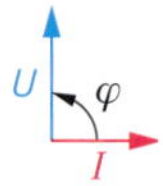 $I = \frac{U}{X_L}$ $\varphi = 90°$ induktiv	$X_L = 2\pi \cdot f \cdot L$ $X_L = \omega \cdot L$ $L = \frac{X_L}{2\pi f}$	$Q_L = U \cdot I$
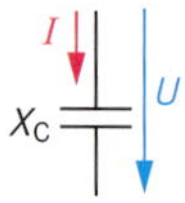	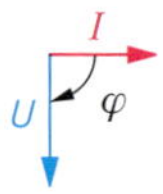 $I = \frac{U}{X_C}$ $\varphi = -90°$ kapazitiv	$X_C = \frac{1}{2\pi \cdot f \cdot C}$ $X_C = \frac{1}{\omega \cdot C}$ $C = \frac{1}{2\pi f X_C}$	$Q_C = U \cdot I$
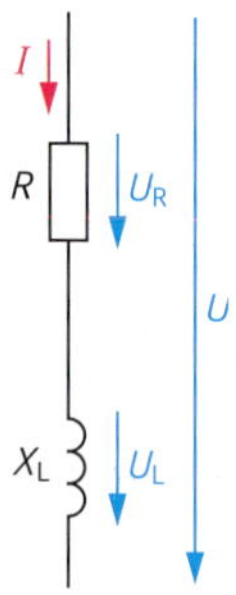	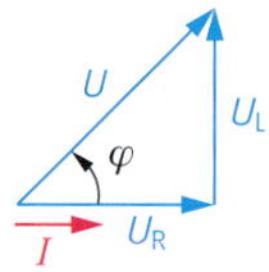 $I = \frac{U_R}{R}$ $I = \frac{U_L}{X_L}$ $I = \frac{U}{Z}$ $U^2 = U_R^2 + U_L^2$ $\tan\varphi = \frac{U_L}{U_R}$ $\sin\varphi = \frac{U_L}{U}$ $\cos\varphi = \frac{U_R}{U}$	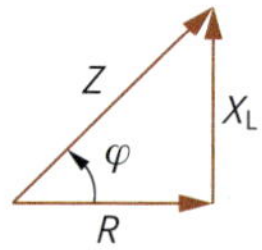 $Z^2 = R^2 + X_L^2$ $\tan\varphi = \frac{X_L}{R}$ $\sin\varphi = \frac{X_L}{Z}$ $\cos\varphi = \frac{R}{Z}$	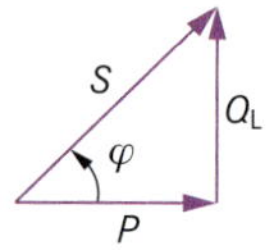 $P = U_R \cdot I$ $Q_L = U_L \cdot I$ $S = U \cdot I$ $S^2 = P^2 + Q_L^2$ $\tan\varphi = \frac{Q_L}{P}$ $\sin\varphi = \frac{Q_L}{S}$ $\cos\varphi = \frac{P}{S}$
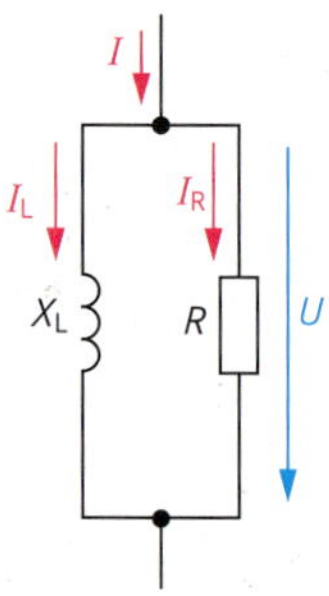	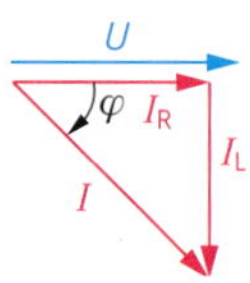 $U = I_R \cdot R$ $U = I_L \cdot X_L$ $U = I \cdot Z$ $I^2 = I_R^2 + I_L^2$ $\tan\varphi = \frac{I_L}{I_R}$ $\sin\varphi = \frac{I_L}{I}$ $\cos\varphi = \frac{I_R}{I}$	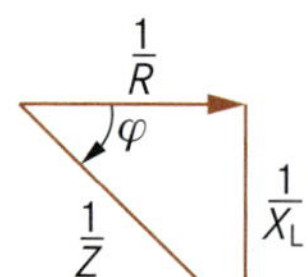 $Y^2 = G^2 + B_L^2$ $\left(\frac{1}{Z}\right)^2 = \left(\frac{1}{R}\right)^2 + \left(\frac{1}{X_L}\right)^2$ $\tan\varphi = \frac{R}{X_L}$ $\sin\varphi = \frac{Z}{X_L}$ $\cos\varphi = \frac{Z}{R}$	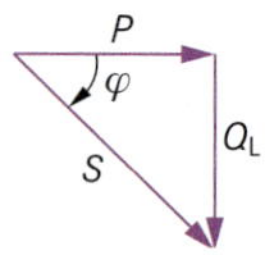 $P = U \cdot I_R$ $Q_L = U \cdot I_L$ $S = U \cdot I$ $S^2 = P^2 + Q_L^2$ $\tan\varphi = \frac{Q_L}{P}$ $\sin\varphi = \frac{Q_L}{S}$ $\cos\varphi = \frac{P}{S}$
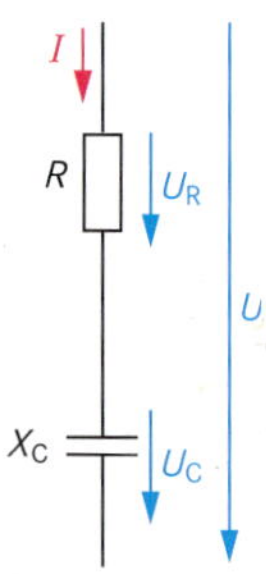	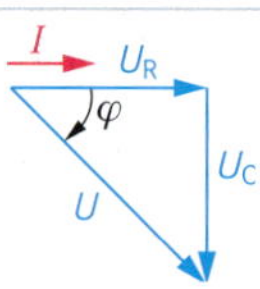 $I = \frac{U_R}{R}$ $I = \frac{U_C}{X_C}$ $I = \frac{U}{Z}$ $U^2 = U_R^2 + U_C^2$ $\tan\varphi = \frac{U_C}{U_R}$ $\sin\varphi = \frac{U_C}{U}$ $\cos\varphi = \frac{U_R}{U}$	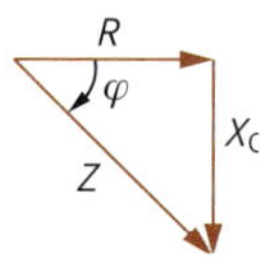 $Z^2 = R^2 + X_C^2$ $\tan\varphi = \frac{X_C}{R}$ $\sin\varphi = \frac{X_C}{Z}$ $\cos\varphi = \frac{R}{Z}$	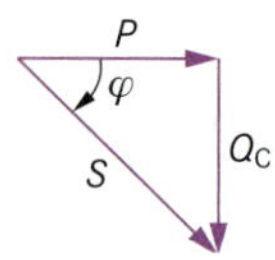 $P = U_R \cdot I$ $Q_C = U_C \cdot I$ $S = U \cdot I$ $S^2 = P^2 + Q_C^2$ $\tan\varphi = \frac{Q_C}{P}$ $\sin\varphi = \frac{Q_C}{S}$ $\cos\varphi = \frac{P}{S}$

Schaltung	Stromstärke und Spannung	Widerstand und Leitwert	Leistung
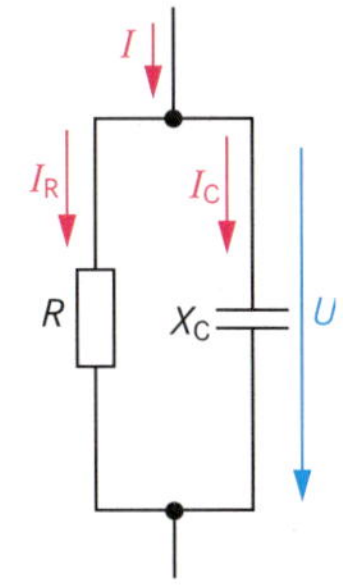	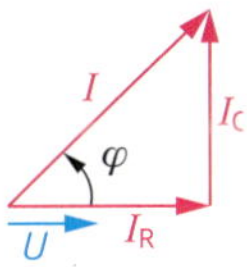 $I_R = \frac{U}{R}$ $I_C = \frac{U}{X_C}$ $I = \frac{U}{Z}$ $I^2 = I_R^2 + I_C^2$ $\tan\varphi = \frac{I_C}{I_R}$ $\cos\varphi = \frac{I_R}{I}$ $\sin\varphi = \frac{I_C}{I}$	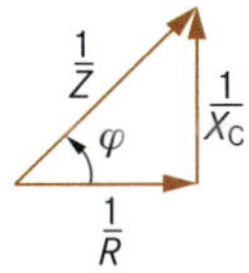 $Y^2 = G^2 + B_C^2$ $\left(\frac{1}{Z}\right)^2 = \left(\frac{1}{R}\right)^2 + \left(\frac{1}{X_C}\right)^2$ $\tan\varphi = \frac{R}{X_C}$ $\cos\varphi = \frac{Z}{R}$ $\sin\varphi = \frac{Z}{X_C}$	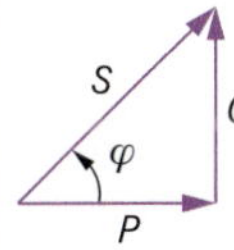 $P = I_R \cdot U$ $Q_C = I_C \cdot U$ $S = I \cdot U$ $S^2 = P^2 + Q_C^2$ $\tan\varphi = \frac{Q_C}{P}$ $\cos\varphi = \frac{P}{S}$ $\sin\varphi = \frac{Q_C}{S}$
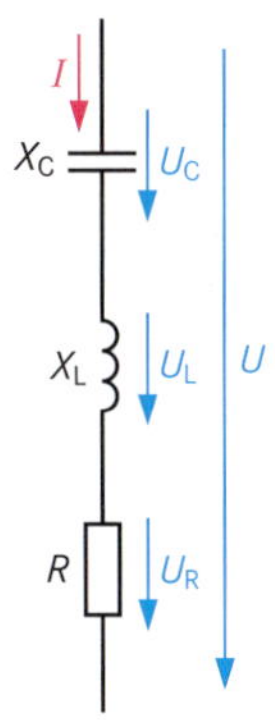	$U_L > U_C$ | $U_L < U_C$ 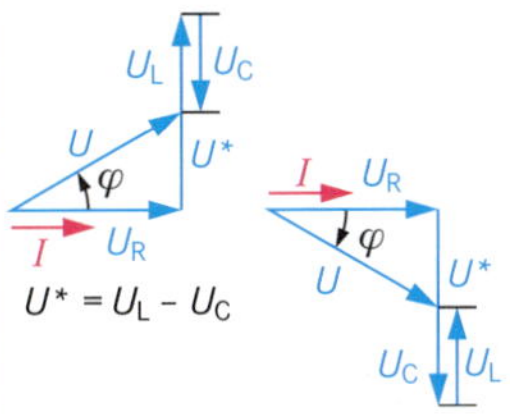 $U^* = U_L - U_C$ $U^* = U_C - U_L$ $U^2 = U_R^2 + U^{*2}$ $\tan\varphi = \frac{U^*}{U_R}$ $\sin\varphi = \frac{U^*}{U}$ $\cos\varphi = \frac{U_R}{U}$	$X_L > X_C$ | $X_L < X_C$ 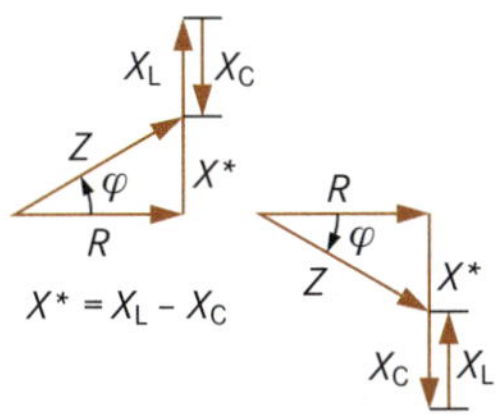 $X^* = X_L - X_C$ $X^* = X_C - X_L$ $Z^2 = R^2 + X^{*2}$ $\tan\varphi = \frac{X^*}{R}$ $\sin\varphi = \frac{X^*}{Z}$ $\cos\varphi = \frac{R}{Z}$	$Q_L > Q_C$ | $Q_L < Q_C$ 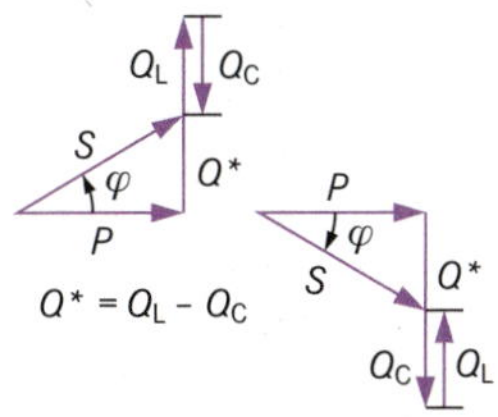 $Q^* = Q_L - Q_C$ $Q^* = Q_C - Q_L$ $S^2 = P^2 + Q^{*2}$ $\tan\varphi = \frac{Q^*}{P}$ $\sin\varphi = \frac{Q^*}{S}$ $\cos\varphi = \frac{P}{S}$
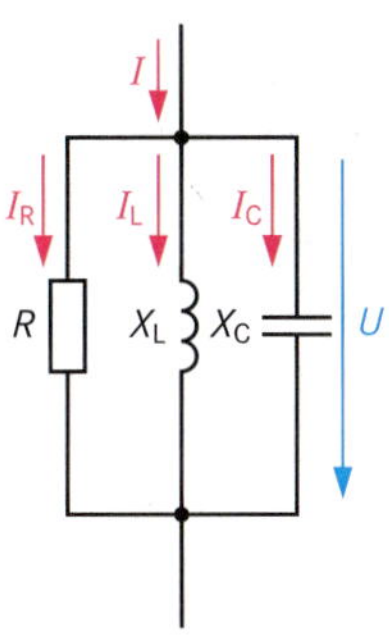	$I_C > I_L$ | $I_C < I_L$ 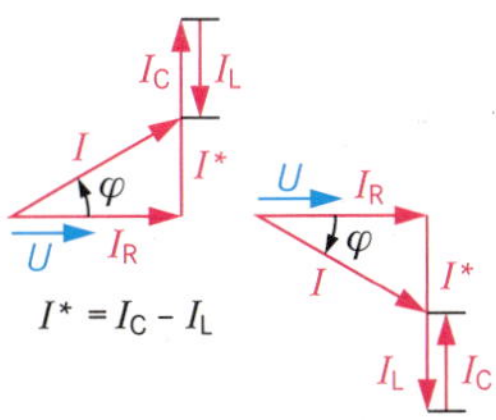 $I^* = I_C - I_L$ $I^* = I_L - I_C$ $I^2 = I_R^2 + I^{*2}$ $\tan\varphi = \frac{I^*}{I_R}$ $\sin\varphi = \frac{I^*}{I}$ $\cos\varphi \frac{I_R}{I}$	$X_C < X_L$ | $X_C > X_L$ 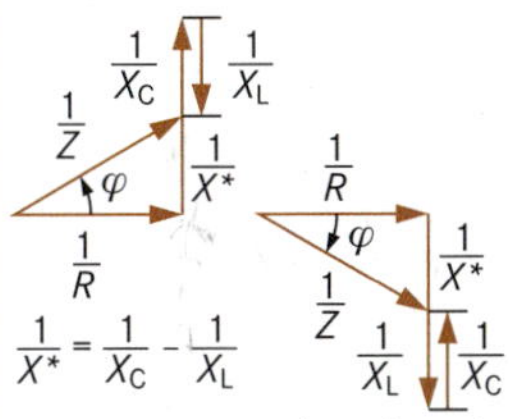 $\frac{1}{X^*} = \frac{1}{X_C} - \frac{1}{X_L}$ $\frac{1}{X^*} = \frac{1}{X_L} - \frac{1}{X_C}$ $Y^2 = G^2 + B^{*2}$ $\left(\frac{1}{Z}\right)^2 = \left(\frac{1}{R}\right)^2 + \left(\frac{1}{X^*}\right)^2$ $\tan\varphi = \frac{R}{X^*}$ $\sin\varphi = \frac{Z}{X^*}$ $\cos\varphi = \frac{Z}{R}$	$Q_C > Q_L$ | $Q_C < Q_L$ 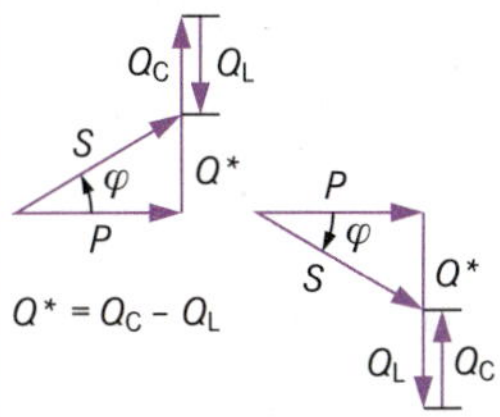 $Q^* = Q_C - Q_L$ $Q^* = Q_L - Q_C$ $S^2 = P^2 + Q^{*2}$ $\tan\varphi = \frac{Q^*}{P}$ $\sin\varphi = \frac{Q^*}{S}$ $\cos\varphi = \frac{P}{S}$

Farbkennzeichnung von Bauelementen
Colour Marking of Components

Kondensatoren

Beispiele: 27 nF, 10 % Toleranz, 400 V

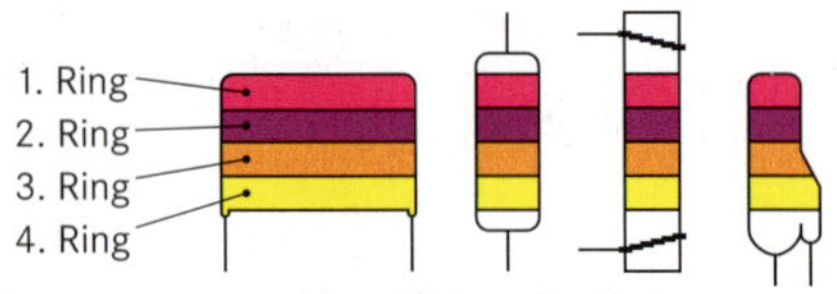

Verschiedene Bauformen

Farbe	Ring 1. Ziffer 1.	Ring 2. Ziffer 2.	Ring 3. Multiplikator	Ring 4. Toleranz C < 10pF	Ring 4. Toleranz C > 10pF	Ring 5. Betriebsspannung in V
schwarz	0	0	x1pF		20 %	
braun	1	1	x10pF	0,1pF	1 %	100
rot	2	2	x100pF	0,25pF	2 %	200
orange	3	3	x1nF			300
gelb	4	4	x10nF			400
grün	5	5	x100nF	0,5 %	5 %	
blau	6	6				600
violett	7	7				700
grau	8	8	x0,01pF			800
weiß	9	9	x0,1pF	1pF	10 %	
gold						1000
silber						2000
keine				20 %		500

Tantalkondensatoren

Beispiele: 5,6 µF; 6,3 V

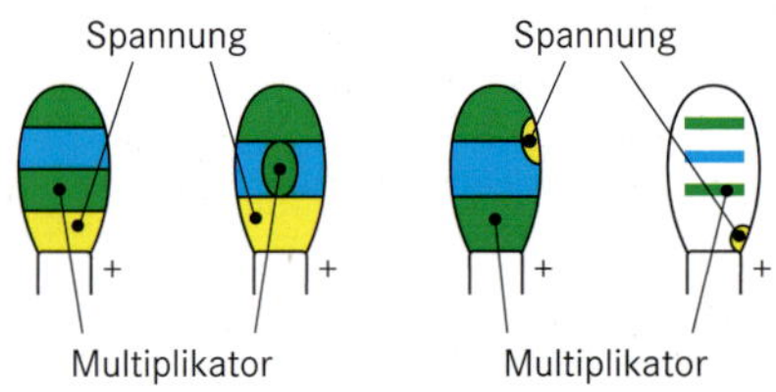

Farbe	Ring 1. Ziffer 1.	Ring 2. Ziffer 2.	Ring 3. Multiplikator	Ring 4. Betriebsspannung in V
schwarz	0	0	x 1	10
braun	1	1	x 10	1,5
rot	2	2	x 100	35
orange	3	3		35
gelb	4	4		6,3
grün	5	5		16
blau	6	6		20
violett	7	7	x 0,001	
grau	8	8	x 0,01	5
weiß	9	9	x 0,1	3

Induktivitäten

Farbe	Ring 1. Ziffer 1.	Ring 2. Ziffer 2.	Ring 3. Multiplikator	Ring 4. Toleranz
schwarz		0	1 µH	
braun	1	1	10 µH	
rot	2	2	100 µH	
orange	3	3		
gelb	4	4		
grün	5	5		
blau	6	6		
violett	7	7		
grau	8	8		
weiß	9	9		
gold			0,1 µH	5 %
silber			0,01 µH	10 %
keine				20 %

Dioden

Pro Electron

Farbe	Ring 1. breit (Katode) Buchstabe 1. und 2.	Ring 2. Buchstabe 3.	Ring 3. Ziffer 1.	Ring 4. Ziffer 2.
schwarz		X	0	0
braun	AA		1	1
rot	BA		2	2
orange		S	3	3
gelb		T	4	4
grün		V	5	5
blau		W	6	6
violett			7	7
grau		Y	8	8
weiß		Z	9	9

Beispiele (Pro Electron): BAX 35

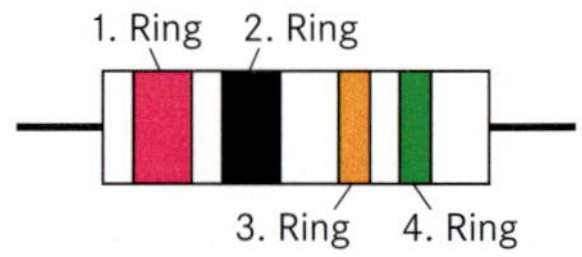

JEDEC (Joint Electronic Devices Engineering Council)

Farbe	Ring 1. breit (Katode) Ziffer 1.	Ring 2. Ziffer 2.	Ring 3. Ziffer 3.	Ring 4. Ziffer 4.
schwarz	0	0	0	0
braun	1	1	1	1
rot	2	2	2	2
orange	3	3	3	3
gelb	4	4	4	4
grün	5	5	5	5
blau	6	6	6	6
violett	7	7	7	7
grau	8	8	8	8
weiß	9	9	9	9

Farbkennzeichnung von Widerständen

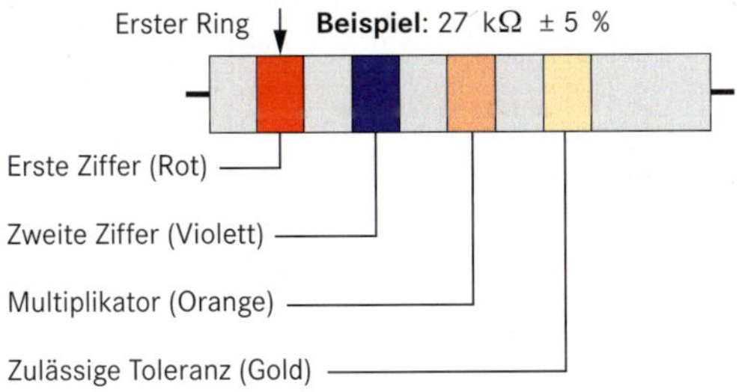

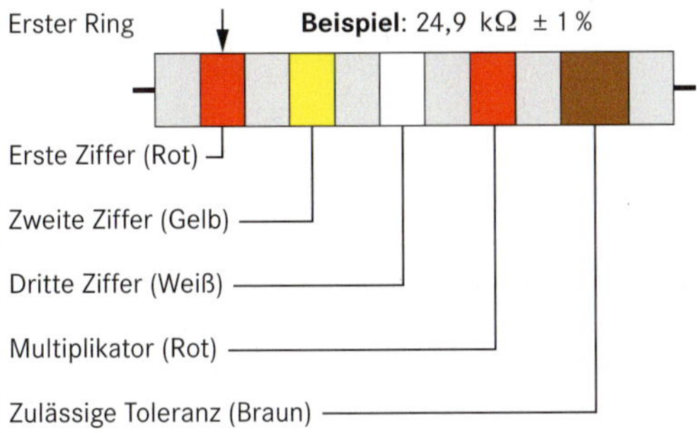

Temperaturkoeffizient:

- sechster und breiter Farbring, evtl. unterbrochen
- Schraubenlinie

Vorzugsreihen für Bemessungswerte bis ±5 % zulässige Abweichung

E3 (> ±20 %)	E6 (±20 %)	E12 (±10 %)	E24 (±5 %)
1,0	1,0	1,0	1,0
			1,1
		1,2	1,2
			1,3
2,2	1,5	1,5	1,5
			1,6
		1,8	1,8
			2,0
	2,2	2,2	2,2
			2,4
		2,7	2,7
			3,0
4,7	3,3	3,3	3,3
			3,6
		3,9	3,9
			4,3
	4,7	4,7	4,7
			5,1
		5,6	5,6
			6,2
	6,8	6,8	6,8
			7,5
		8,2	8,2
			9,1

Farbschlüssel

Kennfarbe	Widerstandswert in Ω		Zulässige relative Abweichung des Widerstandswertes	Temperatur-Koeffizient (10^{-6}/K)
	zählende Ziffern	Multiplikator		
silber	–	10^{-2}	±10 %	–
gold	–	10^{-1}	± 5 %	–
schwarz	0	10^{0}	–	±250
braun	1	10^{1}	± 1 %	± 100
rot	2	10^{2}	± 2 %	± 50
orange	3	10^{3}	–	± 15
gelb	4	10^{4}	–	± 25
grün	5	10^{5}	± 0,5 %	± 20
blau	6	10^{6}	± 0,25 %	± 10
violett	7	10^{7}	± 0,1 %	± 5
grau	8	10^{8}	–	± 1
weiß	9	10^{9}	–	–
keine	–	–	± 20 %	–

Wertkennzeichnung durch Buchstaben

DIN EN 60062: 2005-11

Kennbuchstabe	Multiplikator		Beispiele
p	Pico	10^{-12}	3µ3 = 3,3 µF
n	Nano	10^{-9}	m33 = 330 µF
µ	Mikro	10^{-6}	33m = 33 000 µF
m	Milli	10^{-3}	R33 = 0,33 Ω
R, F		10^{0}	3R3 = 3,3 Ω
K	Kilo	10^{3}	33K = 33 kΩ
M	Mega	10^{6}	330K = 330 kΩ
G	Giga	10^{9}	M33 = 0,33 MΩ
T	Tera	10^{12}	3M3 = 3,3 MΩ

Buchstabenkennzeichnung der zulässigen Abweichungen

zulässige Abweichung	Kennzeichen
Symmetrische Abweichung in %	
± 0,1	B
± 0,25	C
± 0,5	D
± 1	F
± 2	G
± 5	J
±10	K
±20	M
±30	N
Unsymmetrische Abweichung in %	
–10 ... +30	Q
–10 ... +50	T
–20 ... +50	S
–20 ... +80	Z
Symmetrische Abweichung in absoluten Werten (Kapazitätswerte unter 10 pF)	
± 0,1	B
± 0,25	C
± 0,5	D
± 1	F

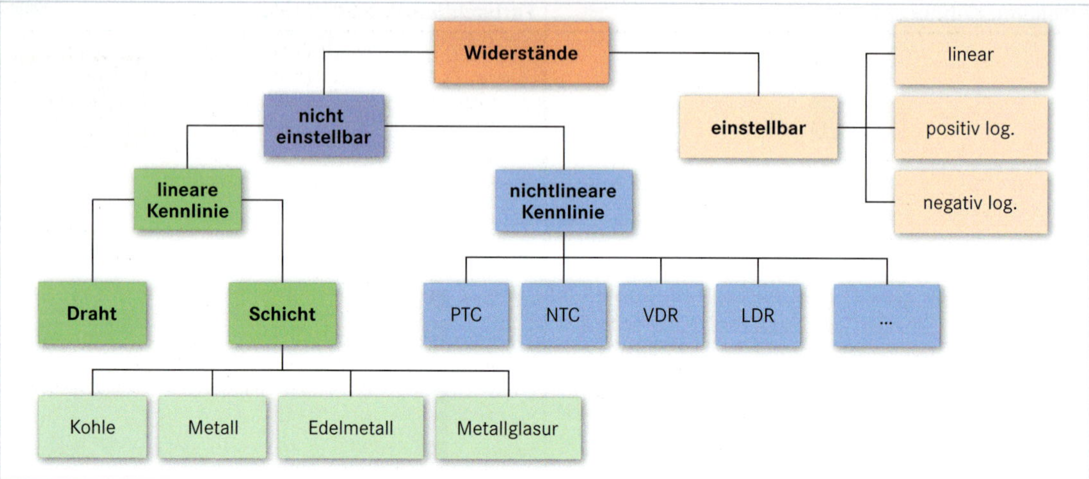

Drahtwiderstände

Anforderungen

- Hoher spezifischer Widerstand
- Große spezifische Wärmekapazität
- Schlechte Wärmeleitfähigkeit
- Gute Korrosionsbeständigkeit
- Gute Zunderbeständigkeit
- Kleiner Ausdehnungskoeffizient
- Kleiner Temperaturkoeffizient (gewünscht bei Messwiderständen)
- Gute mechanische Eigenschaften (z. B. elastisch, stoßfest)
- Gute technologische Eigenschaften (lötbar, warmfest, u. U. schweißbar)

Wertebereich	Toleranz	Werkstoffe	Temperaturbereich	Belastbarkeit bei 70 °C	Temperaturkoeffizient
0,1 Ω bis 300 kΩ	± 0,01 % bis ± 20 %	Chrom-Nickel Kupfer-Nickel Kupfer-Mangan	-50 °C bis +500 °C	0,25 W bis 100 W	$\pm 1 \cdot 10^{-6}\ K^{-1}$ bis $\pm 200 \cdot 10^{-6}\ K^{-1}$

Lineare Schichtwiderstände

Merkmale	**Kohle**, C	**Metall**, Cr/Ni	**Edelmetall**, Au/Pt
Herstellverfahren	Thermischer Zerfall von Kohlenwasserstoffen	Aufdampfen im Hochvakuum	Reduktion von Edelmetallsalzen durch Einbrennen
Spezifischer Widerstand	$3000 \cdot 10^{-6}\ \Omega \cdot cm$	$\approx 100 \cdot 10^{-6}\ \Omega \cdot cm$	$\approx 40 \cdot 10^{-6}\ \Omega \cdot cm$
Schichtdicke	$10 \ldots 30\,000 \cdot 10^{-9}$ m	$10 \ldots 100 \cdot 10^{-9}$ m	$10 \ldots 1000 \cdot 10^{-9}$ m
Widerstand	1 ... 5000 Ω	20 ... 1000 Ω	0,5 ... 100 Ω
Temperaturkoeffizient	$(-200 \ldots -800) \cdot 10^{-6} \cdot K^{-1}$	$\pm 100 \cdot 10^{-6} \cdot K^{-1}$	$(250 \ldots 350) \cdot 10^{-6} \cdot K^{-1}$
maximale Schichttemperatur	125 °C	175 °C	155 °C
Drift nach 10^4 h Lagerung bzw. bei Belastung auf 125 °C in %	-0,5 ... +1,5	-0,6 ... +1	-0,5
Stromrauschen	klein	sehr klein	sehr klein
Nichtlinearität	klein	sehr klein	sehr klein
Anwendungen	Vermittlungstechnik, Datentechnik, Weitverkehrstechnik, Elektronik	Für extreme klimatische und elektrische Beanspruchungen, Luft- und Raumfahrt, Messgeräte	Kompensation in Transistorschaltungen, Hochlastwiderstände mit Sicherungswirkung

Arten von Kondensatoren

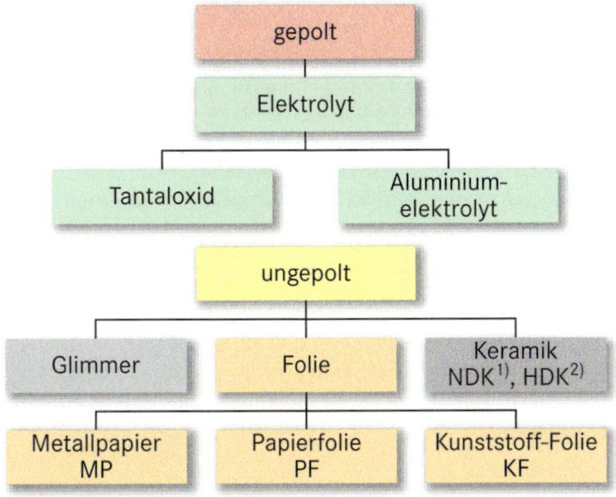

[1] NDK: Niedrige Permittivitätszahl (13 ... 470)
[2] HDK: Hohe Permittivitätszahl (> 470 ... 50.000)

Unterscheidung bei Spulen

Wicklung	Montage	Luftspalt
- Windungs-/Wicklungszahl - Wickelschema - Material - Isolierung	- SMD - Draht-anschluss - ...	- ohne - mit (fest/variabel)

- **Ferromagnetische Kernmaterialien** werden vorzugsweise bei Spulen im niedrigen Frequenzbereich eingesetzt.
  - Hohe Permeabilitäten
  - Betrieb bis zur Sättigungsmagnetisierung
- **Oxidkeramische Ferrite** finden bei Spulen im höheren Frequenzbereich ihren Einsatz.
  - Ein hoher spezifischer Widerstand verringert Wirbelstromverluste.
  - Mn-Zn-Ferrite bis 1,5 MHz
  - Ni-Zn-Ferrite bis 600 MHz

Bauformen von Kondensatoren

- **Papierkondensatoren**
  Elektroden aus Aluminiumfolie, Dielektrikum aus imprägniertem Papier
- **Kunststofffolien-Kondensatoren** ①
  Aufgedampftes Aluminium auf Kunststofffolien
- **Keramik-Kondensatoren** ②
  Metallplatte oder Metallschichten durch ein keramisches Dielektrikum getrennt
- **Aluminium-Elektrolyt-Kondensatoren**
  Elektroden aus Aluminiumfolie, Dielektrikum ist elektrolytisch erzeugtes Aluminiumoxid
- **Tantal-Elektrolyt-Kondensatoren** ③
  Elektroden aus Tantal, Oxidschichten als Dielektrikum

Beispiele: 22n = 22 nF   1n2 = 1,2 nF   33µ = 33 µF

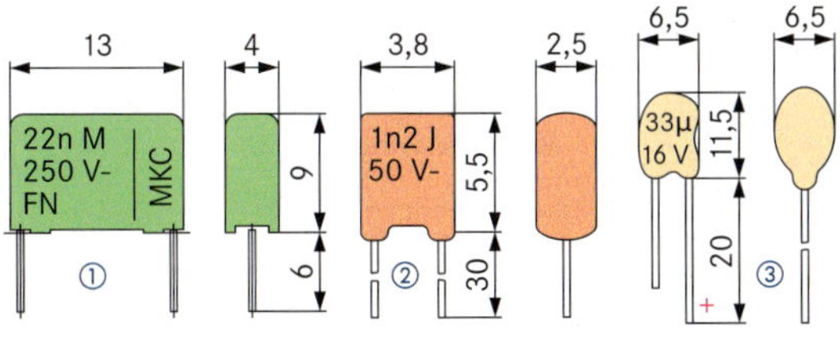

Maßangaben in mm

Kernformen von Spulen

P (**P**ot/Schalenkern)

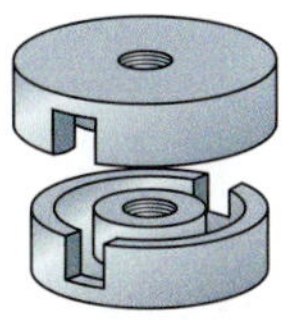

- magnetisch geschlossen und daher streufeldarm
- präzise Abstimmung möglich (durch Abgleichschraube)
- Schwingkreisspulen
- klirrarme, breitbandige Kleinsignalübertrager

E

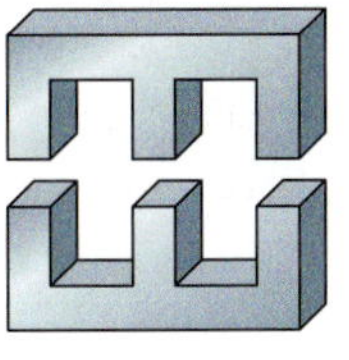

- mehrere E-Kerne zu einem größeren aneinanderreihbar
- für verbesserte Wicklung auch mit rundem Schenkel verfügbar (ER)
- je nach Werkstoff für Frequenzen von 10 kHz bis > 500 kHz

U/UI

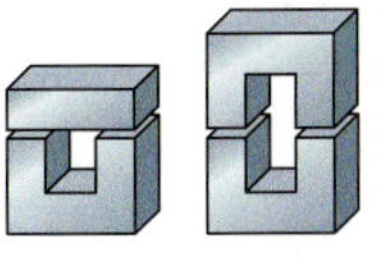

- leicht kombinierbar
- große Sättigungsinduktivität
- geringe Verlustleistung
- Leistungsübertragung >1 kW

Blindwiderstand X_C

- Im Wechselstromkreis verhält sich der ideale Kondensator wie ein kapazitiver Blindwiderstand.
- Zwischen Spannung und Stromstärke besteht eine Phasenverschiebung von 90°.
- Der **Strom** eilt der Spannung **voraus**.

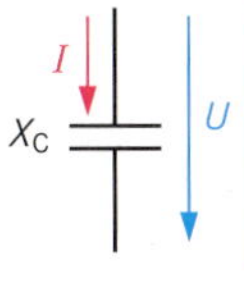

$$X_C = \frac{1}{2\pi \cdot f \cdot C}$$

$$X_C = \frac{1}{\omega \cdot C}$$

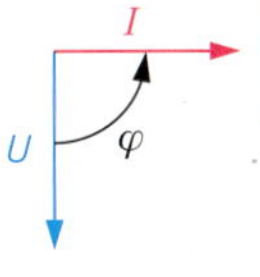

$$I = \frac{U}{X_C}$$

$\varphi = -90°$ (kapazitiv)

Blindwiderstand X_L

- Im Wechselstromkreis verhält sich die ideale Spule wie ein induktiver Blindwiderstand.
- Zwischen Spannung und Stromstärke besteht eine Phasenverschiebung von 90°.
- Die **Spannung** eilt dem Strom **voraus**.

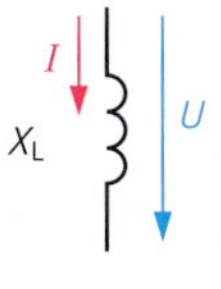

$$X_L = 2\pi \cdot f \cdot L$$

$$X_L = \omega \cdot L$$

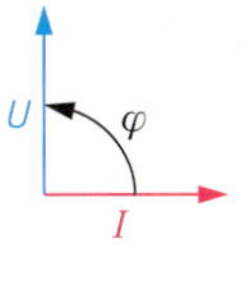

$$I = \frac{U}{X_L}$$

$\varphi = 90°$ (induktiv)

Kondensatorart	Temperaturbereich in °C [1]	Verlustfaktor tan δ in 10^{-3}	Bevorzugte Anwendung
Papierkondensatoren			
Papierkondensator	-55 ... +125	50 Hz: 2 ... 2,7	Glättungs- und Hochspannungskondensator, Stoß- und Stützkondensatoren, besonders für 50 Hz, bis 10 kHz möglich
Metallpapier-Gleichspannungskondensatoren			
MP	-55 ... +85	50 Hz: 7 ... 8 1 kHz: 12	Nachrichtentechnik: Koppel-, Glättungs-, Hochspannungs-, Stoß- und Stützkondensatoren
Metallisierte Kunststoffkondensatoren			
MKU	-55 ... +70/+85	1 kHz: 12 ... 15	Für Gleichspannung, aber auch für reduzierte Wechselspannung, Miniaturtechnik, Hochtemperatur, Glättung, Kopplung, Ablenkstufen von CRT-Fernsehgeräten, besonders verlustarmer Kondensator, viele Bauformen (auch in Schichtausführung mit Rastermaß)
MKT	-55/-40 ... +100	1 kHz: 5 ... 7	
MKC	-55/-40 ... +85/+100	1 kHz: 1 ... 3	
MKP	-40 ... +85	1 kHz: 0,25	
Verlustarme Kondensatoren			
KS	-55/-10 ... +70	1 MHz: 0,4 ... 1	Schwingkreiskondensatoren in frequenzbestimmenden Kreisen, Filter, hochisolierte Kopplung und Entkopplung, Miniaturtechnik, Hochtemperatur (Glimmer- und Glaskondensatoren), Blockkondensatoren, Messkondensatoren, Glas: sehr hohe Konstanz und Strahlungsfestigkeit
MKS	-55 ... +70	1 kHz: 0,5 ... 1	
KP	-55/-25 ... +85	1 MHz: 0,3 ... 1	
MK	-55 ... +85	1 kHz: ca. 1	
Keramik-Kondensatoren			
NDK-Kondensator (ε_r = 13 ... 470)	-55/- 25 ... +85/+125	1 MHz: 0,4 ... 1	In frequenzstabilisierten Schwingkreisen zur Temperaturkompensation, Filter-, Hochspannungs-, Impuls-Kondensatoren
HDK-Kondensator (ε_r = 700 ... 50 000)	-55/+10 ... +70/+125	1 kHz: 10 ... 20	Kopplung, Siebung, Hochspannungs-, Impulskondensator
Elektrolytkondensatoren			
Aluminium-Elektrolytkondensator	-55/-25 ... +70/+125	50 Hz: 80 ... 300 (bis 1000 µF)	Sieb-, Koppel-, Glättungs-, Block-, Motorkondensator, Energiespeicher
Tantal-Elektrolytkondensator	-55 ... +85 (+125)	120 Hz: ≤ 40 ... 350	Nachrichtentechnik, Mess- und Regelungstechnik, Chip-Kondensator für Hybridschaltung, Glättung und Kopplung

[1] je nach Anwendungsklasse ergeben sich unterschiedliche Temperaturbereiche

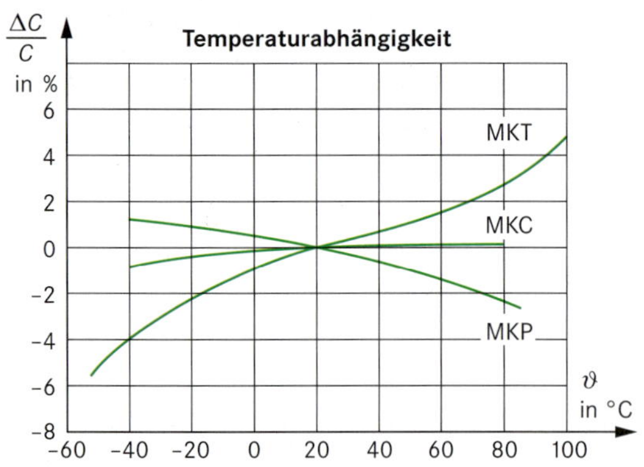

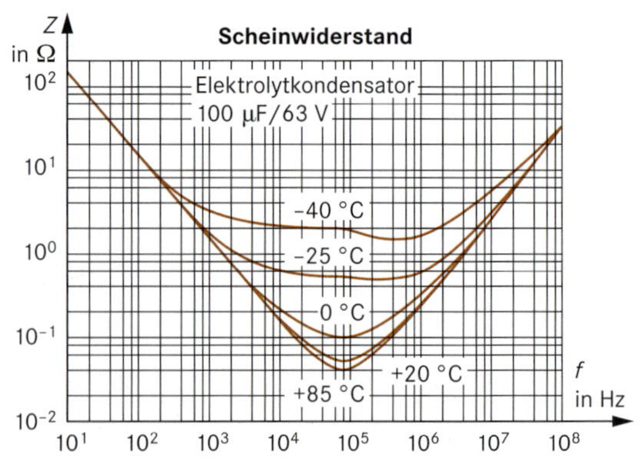

Relative Permittivität einzelner Stoffe

(auch Permittivitätszahl oder Dielektrizitätskonstante)

$$\varepsilon_r = \frac{\varepsilon}{\varepsilon_0}$$

Die Werte in der Tabelle beziehen sich auf 20 °C und 50 Hz.

Stoff	ε_r	Stoff	ε_r
Aluminiumoxid	9	Polyethylen	2,4
Glas	6 ... 8	Porzellan	2 ... 6
Glimmer	6 ... 8	Tantalpentoxid	27
Kautschuk	2 ... 3	Vakuum (Luft)	1
Papier	1 ... 4	Wasser	80,1

Bemessungsspannungen und Toleranzen von Kondensatoren
Rated Voltages and Tolerances of Capacitors

Bemessungsgleichspannungen für Kondensatoren bis 1000 V

Kondensator	Papierkondensator	MP-Kondensator	Kunststoff-Folienkondensator	Glimmerkondensator	Keramik-Kondensator	Aluminium-Elektrolytkondensator	Tantal-Elektrolytkondensator
Bemessungsspannung in V	40; 63; 100; 160; 250; 400; 630; 1000	63; 100; 160; 250; 400; 630; 1000	63; 100; 160; 250; 400; 630; 1000	250; 1000	40; 63; 100; 160; 250; 630; 1000	10; 25; 100; 250; 1000	6,3; 10; 16; 25
Zulässige Abweichung in %	±5; ±10; ±20;	±10; ±20	±0,3; ±0,5; ±1; ±2; ±2,5; ±5; ±10; ±20;	ab 10 pF ±0,1; ±0,5; ±1; ±2; ±5; ±10; ±20	ab 10 pF ±1; ±2; ±5; ±10; ±20; +50 ... −20; +80 ... −20; +100 ... −20	+20 ... −0; +30 ... −10; +30 ... −20; +5 ... −0; +50 ... −10; +5 ... −20; +80 ... −10; +100 ... −10; +100 ... −20	±5; ±10; ±20; +50 ... −10; +50 ... −20

Werte der R 5-Reihe: 6,3; 10; 16; 25; 40; 63; 100; 160; 250; 400; 630; 1000

Zulässige Abweichungen in %							
B: ±0,1	**C:** ±0,3	**D:** ±0,5	**F:** ±1	**G:** ±2	**H:** ±2,5	**J:** ±5	**K:** ±10
M: ±20	**W:** +20 ... 0	**Q:** +30 ... −10	**R:** +30 ... −20	**Y:** +50 ... 0	**T:** +50 ... −10	**S:** +50 ... −20	**U:** +80 ... 0
Z: +80 ... −20	**V:** +100 ... −10	**ohne:** +100 ... −20					

Kurzform der Benennung von Kunststoff-Folienkondensatoren

M K C

- C — Art des Dielektrikums
- K — Dielektrikum: Kunststoff
- M — Metallisierte Beläge (falls Metallfolienbeläge: kein Zeichen)

Kennbuchstabe und Art des Dielektrikums	
C: Poly**c**arbonat	**T:** Poly**t**erephthalat
P: Poly**p**ropylen	**U:** Cell**u**loseacetat
S: Poly**s**tyrol	

Kondensatoren zum Betrieb von Entladungslampen
Capacitors for Operation of Discharge Lamps

Beispielhafter Aufbau

B: Papierkondensator, rund
C: MP-Kondensator, rund

Maße in mm

l_1: 102 mm ... 210 mm
d_1: 30 ... 50 mm
d_2: M8- oder M12-Gewinde
l_2: 8 mm

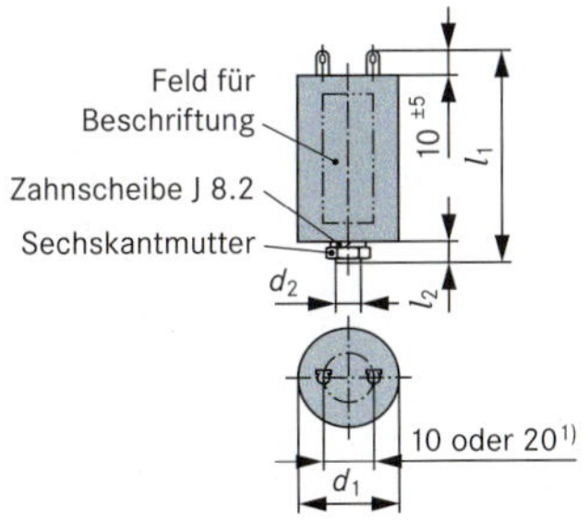

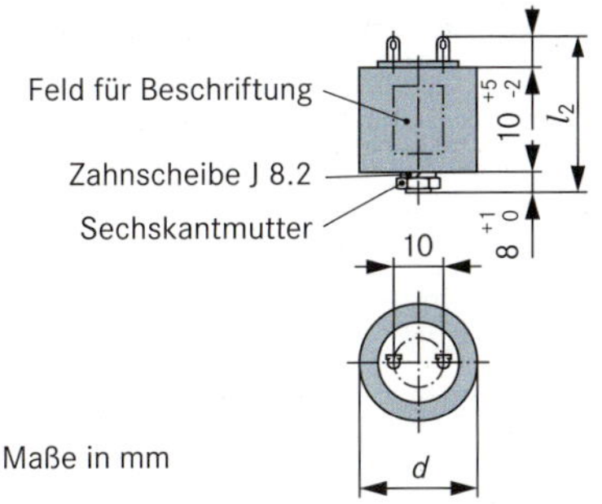

[1] vorzugsweise 10 mm

Blindleistungen von Kondensatoren zur Kompensation

Berechnung	$\cos\varphi_1$	$\cos\varphi_2 = 0{,}7$	$\cos\varphi_2 = 0{,}8$	$\cos\varphi_2 = 0{,}9$	$\cos\varphi_2 = 0{,}96$	$\cos\varphi_2 = 1{,}0$
$Q_C = P \cdot (\tan\varphi_1 - \tan\varphi_2)$	0,3	2,16	2,43	2,70	2,89	3,18
Q_C: Kapazitive Bindleistung in var	0,4	1,27	1,54	1,81	2,00	2,29
P: Wirkleistung in W	0,5	0,71	0,98	1,25	1,44	1,73
φ_1: Phasenverschiebungswinkel vor der Kompensation	0,6	0,31	0,58	0,85	1,04	1,33
φ_2: Phasenverschiebungswinkel nach der Kompensation	0,7		0,27	0,54	0,73	1,02
	0,8			0,27	0,46	0,75

Kennzeichnungen

Beispiel: B C X 70

- Ausgangsmaterial — B
- Hauptfunktion — C
- X — Hinweis auf kommerziellen Einsatz (X, Y, Z)
- 70 — Registriernummer (2 oder 3 Ziffern)

1. Kennbuchstabe	Ausgangsmaterial	2. Kennbuchstabe	Bedeutung	2. Kennbuchstabe	Bedeutung
A	Germanium	A	Diode, allgemein	N	Optokoppler
B	Silizium	B	Kapazitätsdiode	P	z. B. Fotodiode, Fotoelement
C	z. B. Gallium-Arsenid [1] (Energieabstand ≥ 1,3 eV)	C	NF-Transistor	Q	z. B. Leuchtdiode
D	z. B. Indium-Antimonid [1] (Energieabstand ≥ 0,6 eV)	D	NF-Leistungstransistor	R	Thyristor
R	Fotohalbleiter- und Hallgeneratoren-Ausgangsmaterial	E	Tunneldiode	S	Schalttransistor
		F	HF-Transistor	T	z. B. steuerbare Gleichrichter
		G	z. B. Oszillatordiode	U	Leistungsschalttransistor
		H	Hall-Feldsonde	X	Vervielfacher-Diode
		K (M)	Hallgenerator	Y	Leistungsdiode
		L	HF-Leistungstransistor	Z	Z-Diode

[1] 1 eV = $1{,}6 \cdot 10^{-19}$ J

Dioden

Bauformen

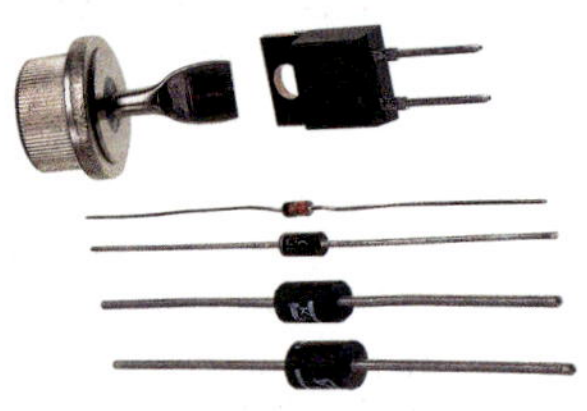

Glasgehäuse D0-7

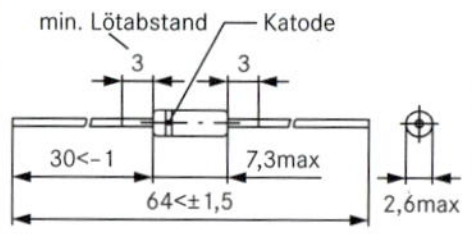

Beispiel:
Germanium-Universal-Diode AA 118

Glasgehäuse D0-35

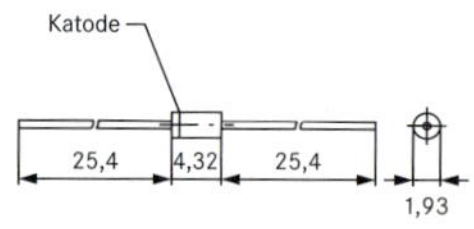

Beispiel:
Silizium-Universal-Diode BAY 61

Metallgehäuse D0-13

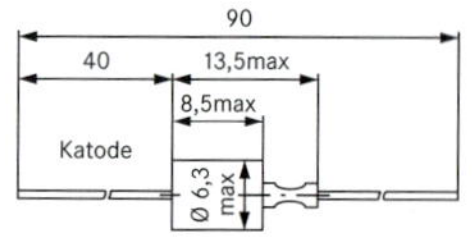

Beispiel:
Z-Diode 1,3 Watt
BZ 10 C 9 V 1

Schaltzeichen und Anschlüsse

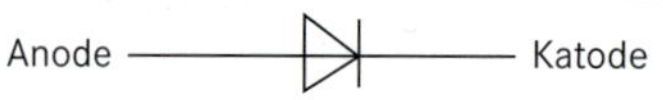

Die Diode wirkt wie ein Ventil. Wenn an der Anode der Pluspol liegt, fließt Strom. Wenn an der Anode der Minuspol liegt, ist die Diode gesperrt.

Anwendungen

- Begrenzung von Spannungen
- Gleichrichtung von Wechselspannung
- Stabilisierung von Spannungen

Transistoren

Bauformen

Metallgehäuse T0-39

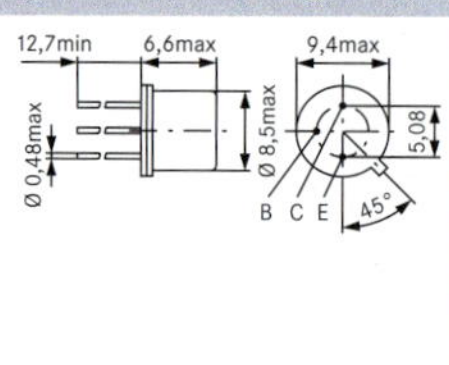

Beispiel:
Silizium-NPN-Transistor
BC 140

Kunststoffgehäuse T0-220 mit Metallflansch

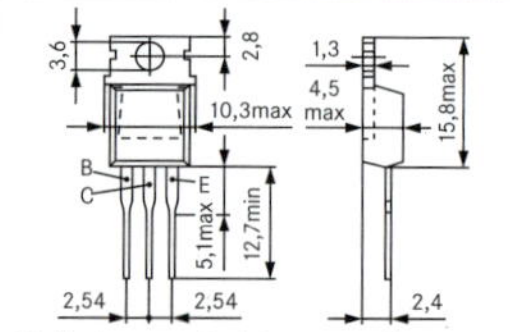

Kollektor mit Montageflansch verbunden

Beispiel:
Silizium-NPN-Darlington-transistor BD 649

Metallgehäuse T0-3

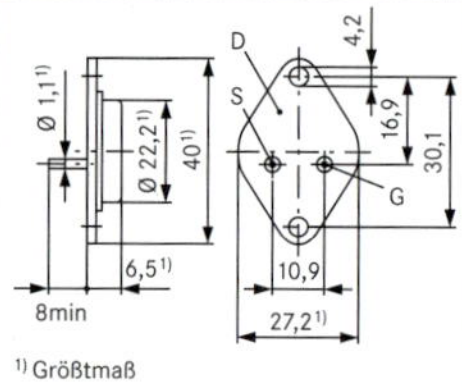

[1] Größtmaß

Beispiel:
MOS-Leistungstransistor
BUZ 32

Schaltzeichen und Anschlüsse

Bipolare Transistoren

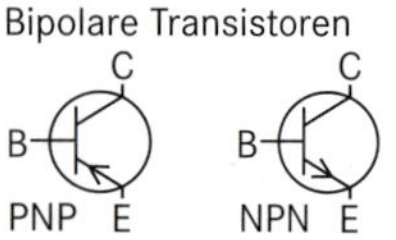

B: Basis (Eingangselektrode)
E: Emitter (gemeinsame Elektrode)
C: Kollektor (Ausgangselektrode)

Anwendungen

- Prinzip: Mit kleinen elektrischen Größen erfolgt eine Steuerung des Kollektorstromes
- Verstärkung kleiner Wechselspannungen
- Schalten von Spannungen und Stromstärken (elektronischer Schalter)

Aufbau

Begriffe	N-Dotierung	P-Dotierung
Dotierung: ■ Sehr reinen Halbleitermaterialien (z. B. Silizium, Germanium) werden Fremdatome zugeführt (Dotierung). N-Dotierung: ■ Fremdatom mit mehr freien Elektronen als der Halbleiter (z. B. Arsen, As) P-Dotierung: ■ Fremdatom mit weniger freien Elektronen als der Halbleiter (z. B. Aluminium, Al)	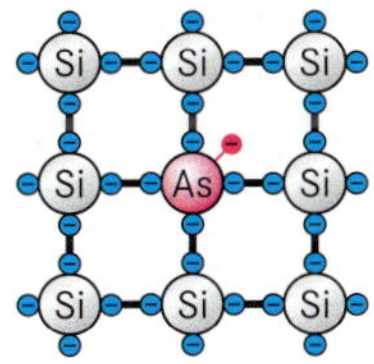 Freie Elektronen können wandern und machen den Kristall leitfähig.	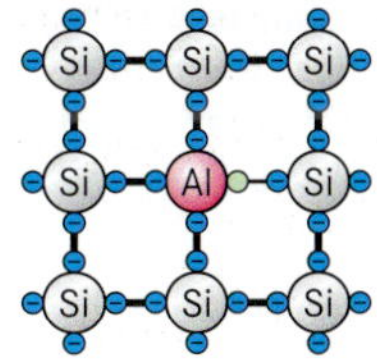 Elektronen wandern zwischen freien Plätzen (Löchern ●) und machen den Kristall leitfähig.

PN-Übergang

- Ein P-Kristall und ein N-Kristall werden zusammengeführt.
- An der Berührungsfläche wandern freie Elektronen in Fehlstellen (Rekombination).
- In der Übergangsfläche gibt es keine freien Elektronen (Sperrzone); der Kristall wirkt isolierend ①.
- Angelegte Spannungen können die Sperrzone je nach Polarität vergrößern ② oder verkleinern ③.
- Den Anschluss am N-Kristall nennt man Katode.
- Der Anschluss am P-Kristall heißt Anode.

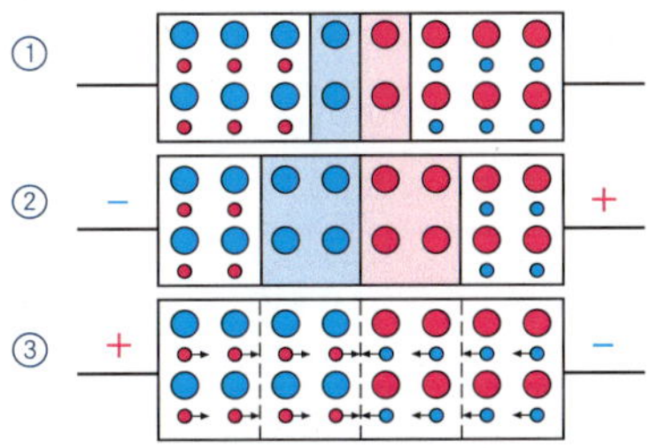

- ● feste positive Ladungen
- • bewegliche negative Ladungen
- ● feste negative Ladungen
- • bewegliche positive Ladungen

Bauelemente

Schaltzeichen	Kennlinien	Kennwerte	Anwendungen
Diode 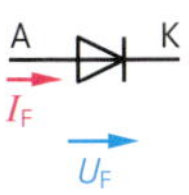	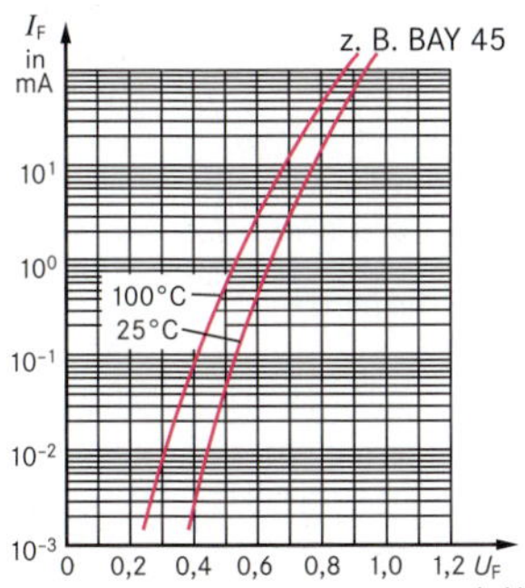 Durchlasskennlinie bei ϑ_u = 25 °C bzw. 100 °C	**Germanium-Dioden:** U_{TO} = 200 mV ... 400 mV U_{RM} ≤ 100 V I_F ≤ 150 mA I_R ≤ 300 µA $R_{th\,JU} \leq 400\ \frac{K}{W}$ ϑ_u = –55 °C ... +75 °C **Silizium-Dioden:** U_{TO} = 0,6 V ... 0,8 V U_{RM} = 30 V ... 3,5 kV I_F = 150 mA ... 750 A I_R = 0,5 mA ... 50 mA ϑ_u = –40 °C ... +150 °C	**Germanium-Dioden:** ■ Universaldiode im HF-Bereich, bedingt durch die geringe Sperrschichtkapazität ■ Schaltdiode **Silizium-Dioden:** ■ Gleichrichterdioden bis Höchstleistungsbereich ■ Diodenschalter, z. B. Schutz vor Falschpolung ■ Begrenzerdiode für kleine Spannungen
Z-Diode 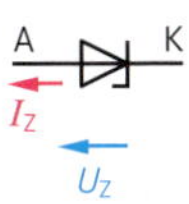	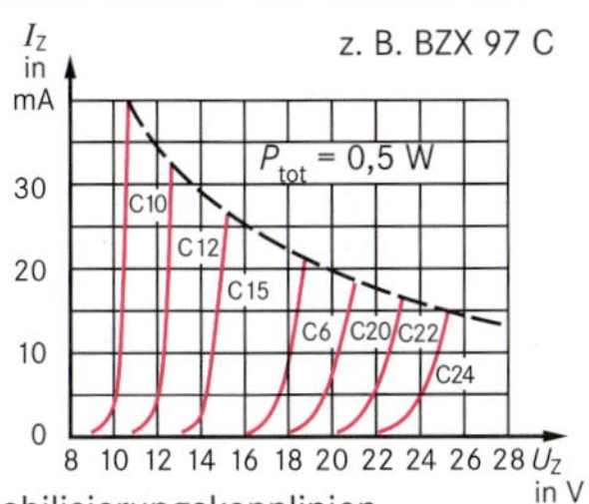 Stabilisierungskennlinien	Stabilisierungseffekt bei Sperrrichtungsbetrieb U_Z = 1,8 V ... 200 V P_{tot} ≤ 50 W ϑ_u ≤ 150 °C Bei $U_Z \leq 5{,}1$ V negativer und bei $U_Z \geq 5{,}1$ V positiver Temperaturkoeffizient.	■ Stabilisierung bzw. Begrenzung von Gleichspannungen ■ Gegenreihenschaltung von Z- und normalen Dioden zu Referenzdioden mit besonders kleiner Temperaturabhängigkeit ■ TAZ-Dioden (Transient Absorption Zener) zum Schutz vor zu hohen Spannungsspitzen

U_{TO}: Schleusenspannung
I_F: Durchlassstrom
ϑ_u: Umgebungstemperatur
U_Z: Z-Spannung
U_{RM}: maximale Sperrspannung
U_F: Durchlassspannung
I_R: Sperrstrom
U_{RM}: maximale Sperrspannung
$R_{th\,JU}$: thermischer Widerstand zwischen Sperrschicht und Umgebung

Triggerdioden, UJT

Schaltzeichen	Kennlinie	Eigenschaften	Anwendung, Kennwerte
Zweirichtungsdiode (**Diac**: **Di**ode **a**lternating **c**urrent) 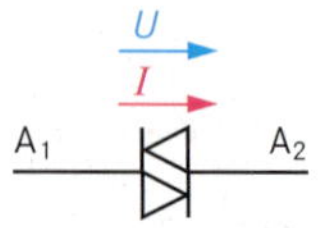	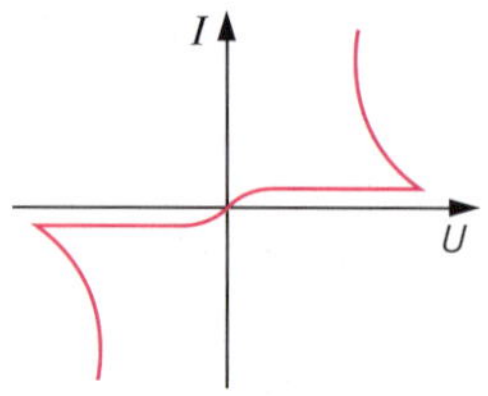	■ Stetiger Übergang im Durchbruchbereich; hohe Durchlassspannung ■ Durchlassstromstärke stark von Impulslänge abhängig ■ Maximale Verlustleistung ca. 300 mW	■ Triggern von Zündströmen für Triacs Kippspannung ca. 35 V
Unijunktion-Transistor UJT, (auch Doppelbasisdiode) 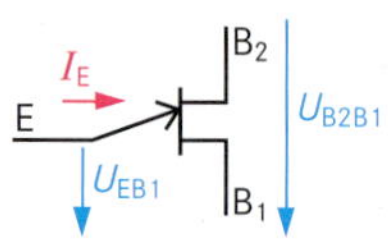	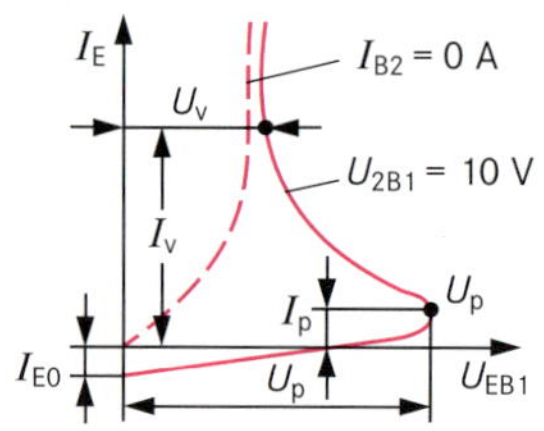	■ Mit steigender Spannung U_{EB1} kehrt sich der Sperrstrom um. ■ Ab Höckerspannung U_p wird die Emitter-B1-Strecke leitend. ■ Spannung: max. 30 V ■ Stromstärke: max. 50 mA	■ Ansteuern von Triacs und Thyristoren ■ RC-Generatoren

Thyristoren, Triac

Schaltzeichen	Kennlinie	Eigenschaften	Anwendung, Kennwerte
P-Gate-Thyristor 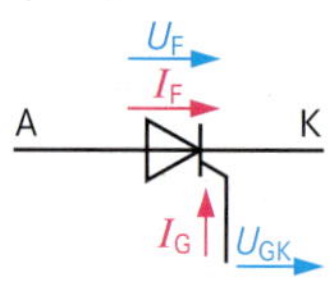	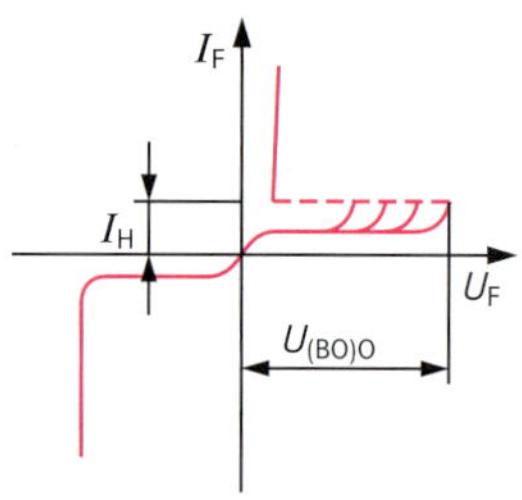	Thyristortriode ■ katodenseitig steuerbar ■ rückwärtssperrend	Stromrichter bis zu größten Leistungen Von 100 V ... 4000 V, Stromstärken je nach Bauart bis max. 1000 A bei Scheibenthyristoren, wassergekühlt
N-Gate-Thyristor 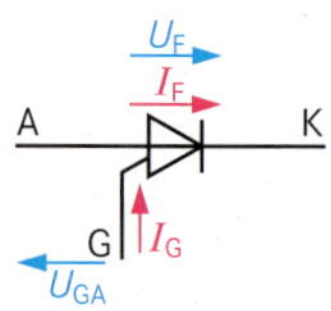		Thyristortriode ■ anodenseitig steuerbar ■ rückwärtssperrend	Kleinleistungsbereich Bei Beschaltung mit Spannungsteiler auch als PUT (Programmable Unijunction Transistor)
Abschaltbarer Thyristor (**GTO**, **G**ate-**t**urn-**o**ff) 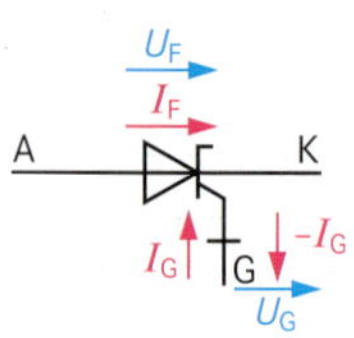	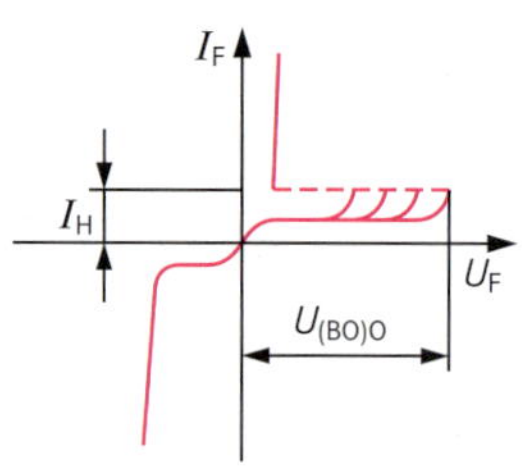	Thyristortriode ■ katodenseitig steuerbar ■ Sperren von I_F mit negativem Gatestrom ■ rückwärtssperrend	Gleichstromsteller bis zum mittleren Leistungsbereich Spannung ≤ 1200 V Stromstärken ≤ 400 A
Zweirichtungsthyristor, Triac (**Tri**ode **a**lternating **c**urrent) 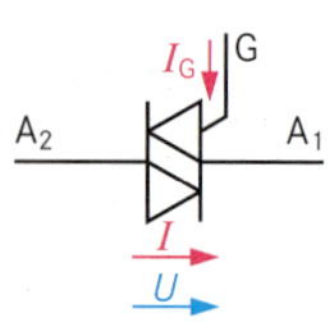	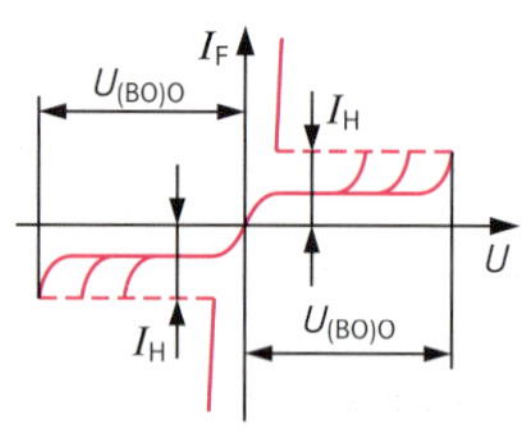	■ Verhalten ähnlich antiparallel geschalteter Thyristoren ■ Zündung mit positivem oder negativem Gatestrom unabhängig von Polung der Anoden	Phasenanschnittsteuerungen, elektronische Relais und Schütze im Klein- und im Mittelleistungsbereich. Spannungen bis 1200 V, Stromstärken bis ca. 300 A

	Bipolartransistor	Unipolartransistor (Feldeffekttransistor)	
		Sperrschicht FET	Isolierschicht FET
Aufbau	**Beispiel:** NPN-Transistor 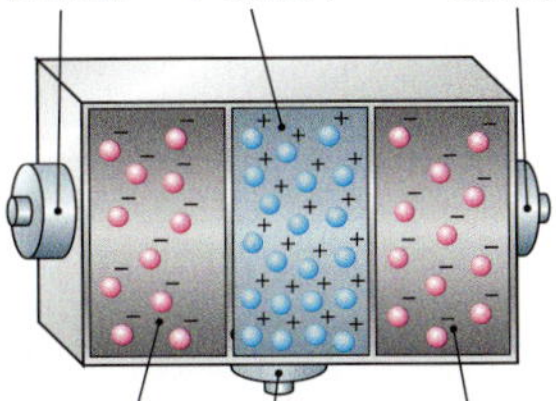 	**Beispiel:** N-Kanal FET 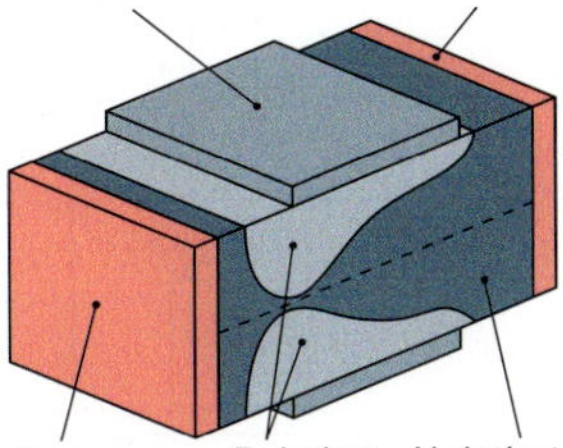 	**Beispiel: MOS-FET** (**M**etal **O**xid **S**emi-conductor-**F**ield **E**ffect **T**ransistor) 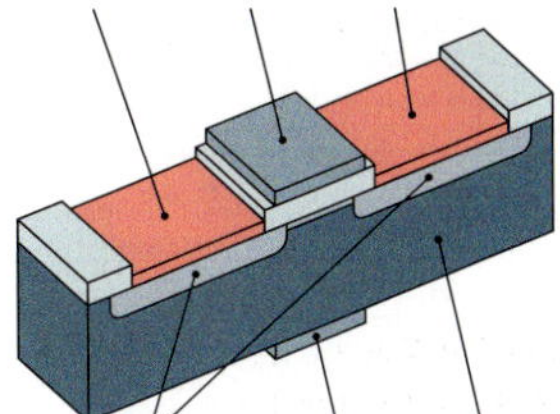
Symbole	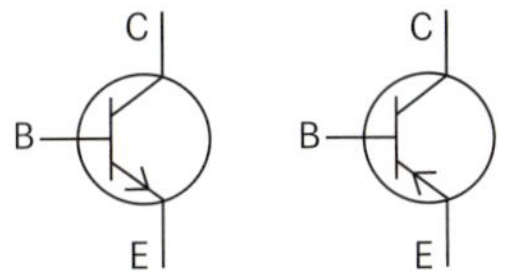 	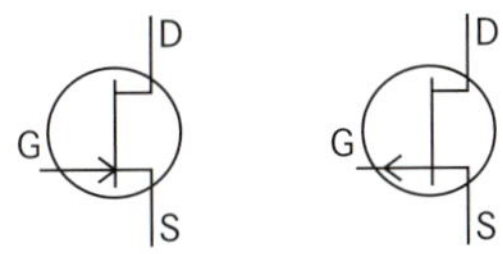 	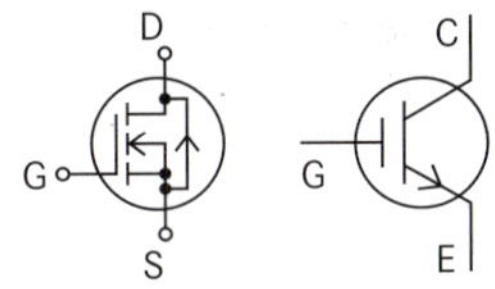 (**IGBT**: **I**nsulated **G**ate **B**ipolar **T**ransistor)
Kennlinien (Beispiele)	NPN 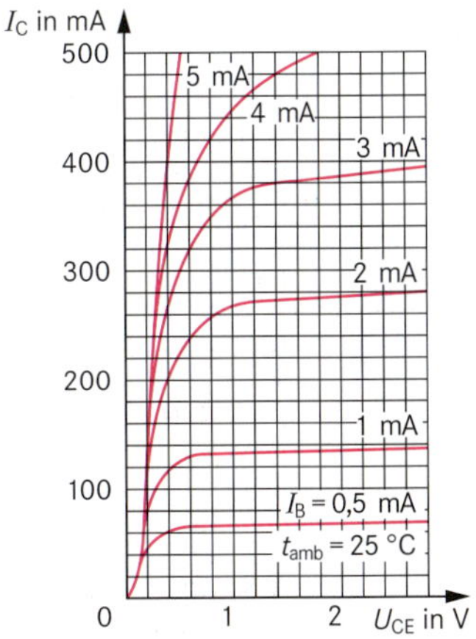 Ausgangskennlinie mit I_B als Parameter	N-Kanal 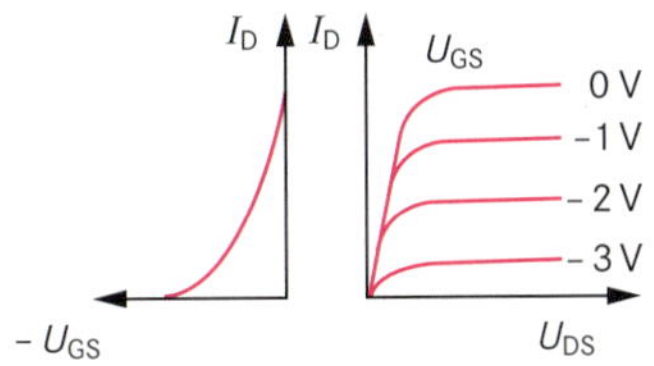 P-Kanal 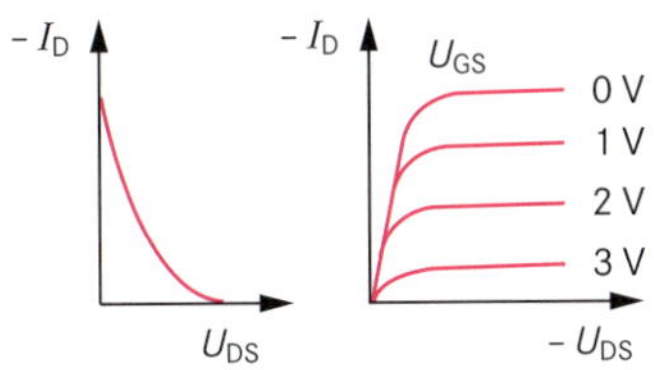 	MOS-FET 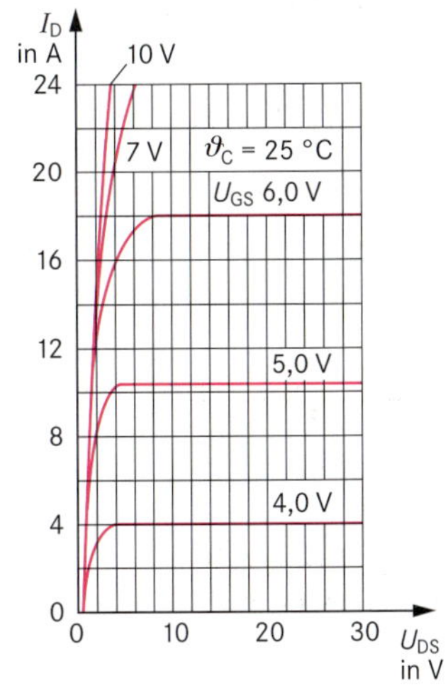
Eigenschaften	▪ hohe Stromverstärkung β = 20...1000 ▪ geringer Eingangswiderstand	▪ mit geringer Leistung ansteuerbar ▪ empfindlich gegen elektrostatische Aufladung ▪ Verhalten wie steuerbarer Widerstand	▪ U_{DS} < 1 kV U_{CE} < 6,5 kV ▪ I_D < 1 kA I_D < 2,5 kA ▪ geringe Schaltverluste (gegenüber Bipolartransistor) ▪ empfindlich gegen elektrostatische Aufladung
Anwendungen	▪ NF-Verstärker ▪ Impedanzwandler ▪ Oszillatorschaltungen ▪ Schalten kleiner Leistungen (z. B. Relais, Lampe, Leistungsverstärker bei digitalen Schaltungen)	▪ HF-Verstärker ▪ Grundelement für Operationsverstärker ▪ digitale Verknüpfungen ▪ Hochvoltinverter ▪ Konstantspannungsquellen	▪ Schalter in leistungselektronischen Anwendungen ▪ Stellglied für lineare Leistungsstellung (z. B. linearer Spannungsregler)

Funktion

Prinzip

- Betrieb in Emitterschaltung:
  - Gemeinsames Potenzial von Eingang, Ausgang und Transistor (Emitteranschluss)
- Transistor wird nur in zwei Arbeitspunkten betrieben:
  - AUS: A1 ($I_B = 0$ A; $I_C = I_{Cmin}$)
  - EIN: A2 ($I_B = I_{Bmax}$; $I_C = I_{Cmax}$)
- I_C ist zugleich der Laststrom und wird durch die
  - Last- und
  - Betriebsspannung

  bestimmt.

Emitterschaltung

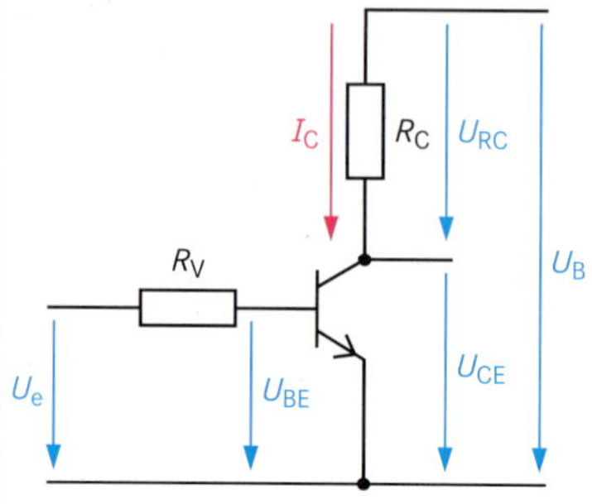

Kennlinie/Arbeitsgerade

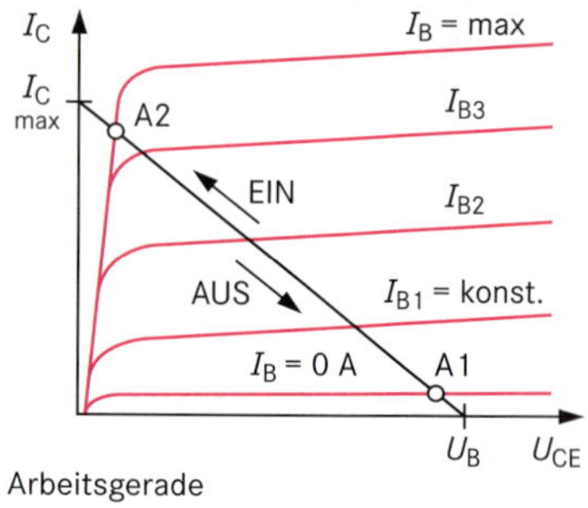

Arbeitsgerade

Schaltvorgänge

Ohmsche Last

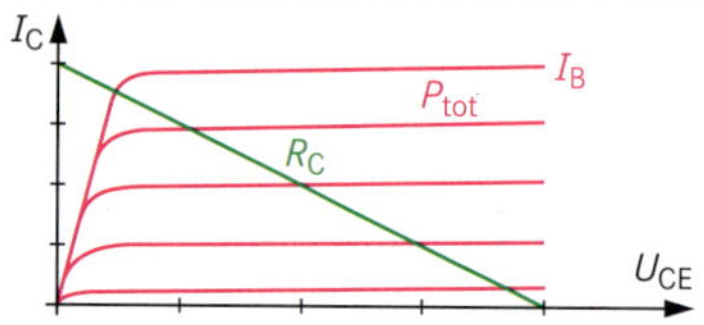

- Schnelles Schalten erforderlich.
- P_{tot} wird nur kurz überschritten.

Kapazitive Last

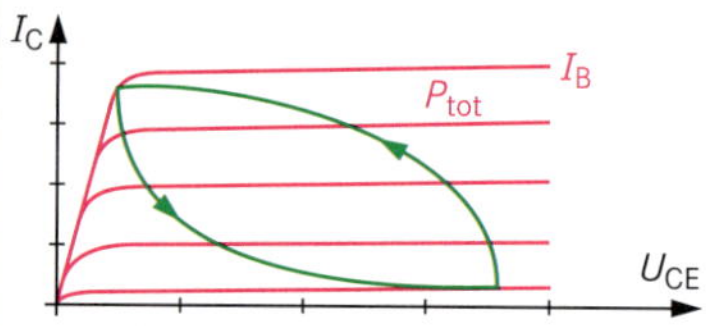

- Beim Einschalten sind große Ladeströme möglich, die den Transistor zerstören können.
- P_{tot} wird nur beim Einschalten überschritten.

Induktive Last

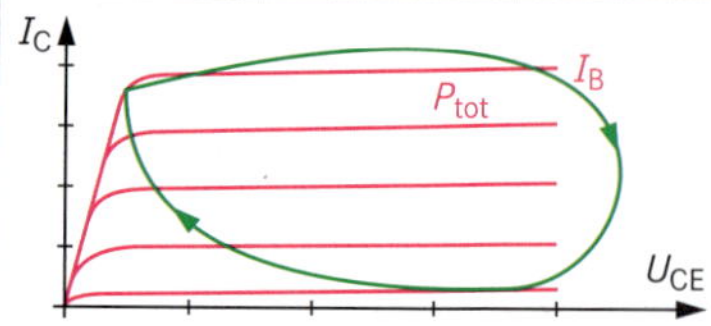

- Beim Ausschalten entstehen hohe Spannungen, die den Transistor zerstören können.
- P_{tot} wird nur beim Ausschalten überschritten

- Schnell schaltende Diode (Shottky) begrenzt Sättigung des Transistors.
- Abschalten wird beschleunigt.

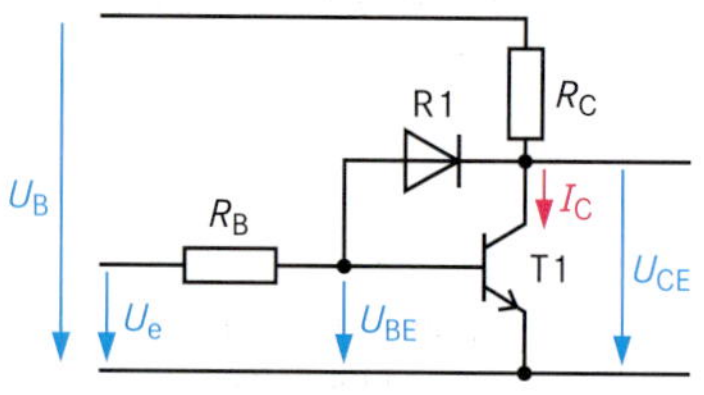

- Ein Widerstand in Reihe zum Kondensator begrenzt Einschaltstrom.

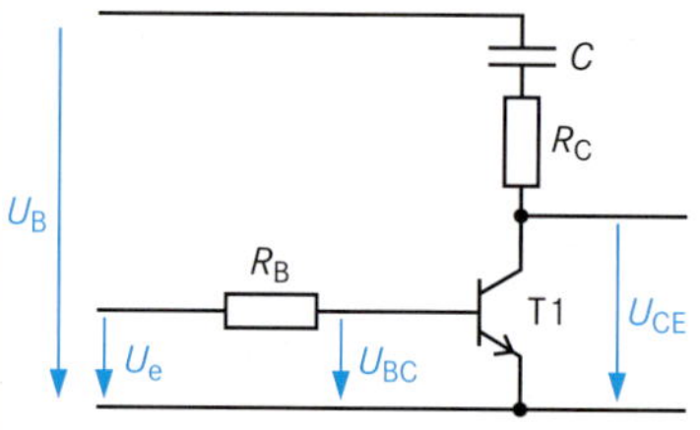

- Diode schließt Spule im Abschaltvorgang kurz.
- Spulenspannung wird auf die Durchlassspannung der Diode begrenzt.

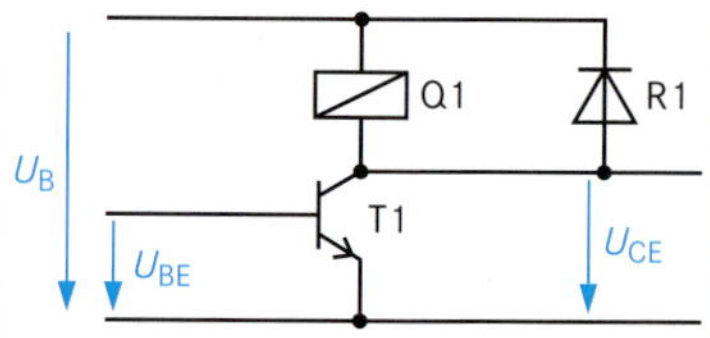

- P_{tot}: Maximale Verlustleistung des Transistors
- P_{tot} darf nur kurzzeitig überschritten werden.

Anwendung (Beispiel)

Elektronisches Relais

- Schalten von DC-Lasten kleiner bis mittlerer Leistung (Leuchten, DC-Motor, ...)
- Bei höheren Leistungen werden Feldeffekttransistoren oder IGBTs angewendet.
- Verschleißfreies Schalten, da keine beweglichen Teile vorhanden sind.

NOR-Verknüpfung

- Integrierte Schaltungen mit Open Collector Ausgang führen den Kollektor direkt als Anschluss heraus.
- Mehrere Kollektorausgänge können parallel eine Last schalten.

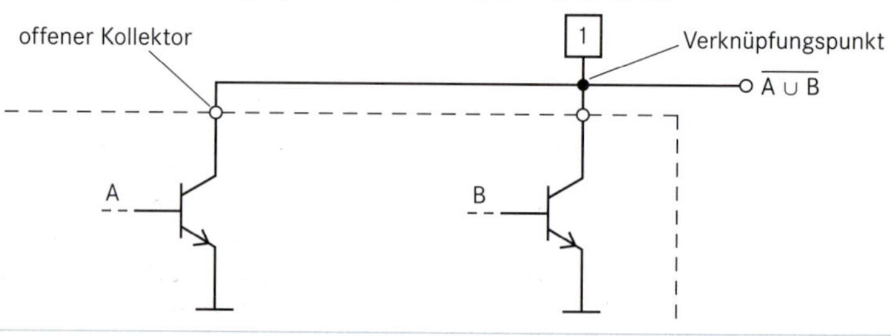

Optoelektronische Bauelemente
Optoelectronic Components

Schaltzeichen	Typische Kennlinien	Eigenschaften	Anwendungen
Fotowiderstand (**LDR**, **L**ight-**D**ependant-**R**esistor) 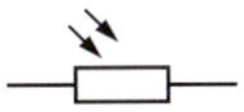	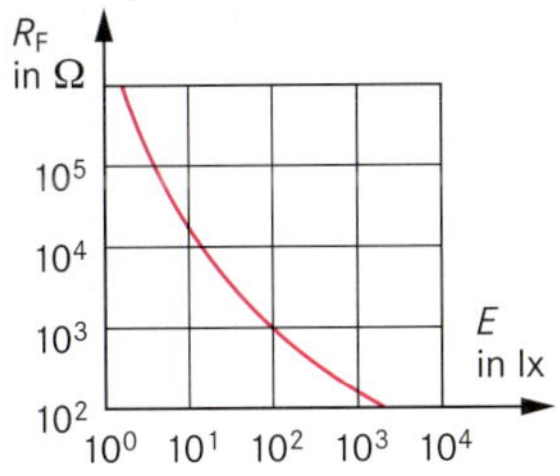	Passives Bauelement: ■ Je nach Basismaterial empfindlich von λ = 0,5 ... 8 µm (UV- bis IR-Bereich) ■ Höchste Lichtempfindlichkeit ■ Träge bei Helligkeitsänderung ■ Betriebsspannung bis zu mehreren 100 V ■ Belastbarkeit bis 500 mW	■ Einsatz im Gleich- und Wechselstromkreis ■ Beleuchtungsstärkemessung, Dämmerungsschalter
Fotodiode 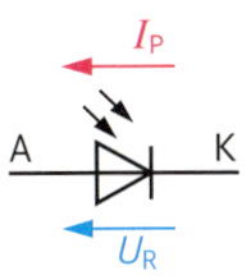	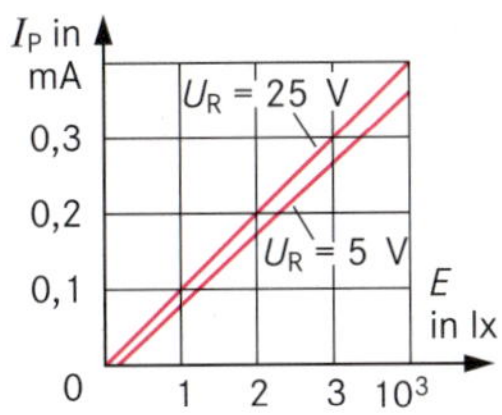	■ Betrieb in Sperrrichtung ■ Geringe Lichtempfindlichkeit ■ Sehr kurze Ansprechzeit ■ Stromstärke annähernd proportional zur Beleuchtungsstärke ■ Verlustleistung bis max. 150 mW ■ Grenzfrequenz bei ca. 500 MHz	■ Messaufgaben ■ Spannungen bis 25 V
Fototransistor 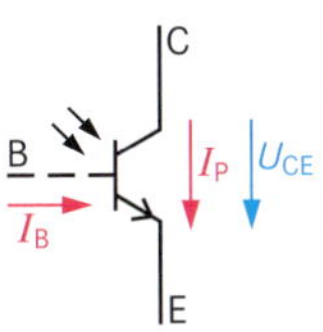	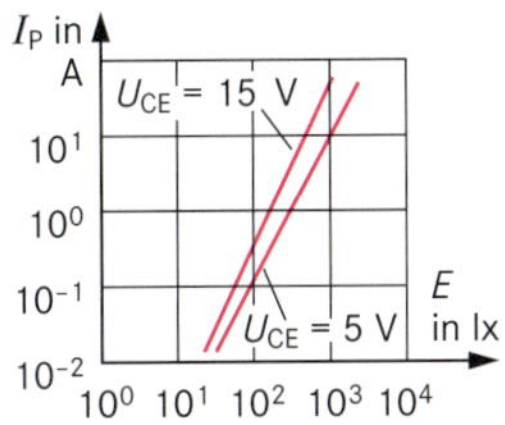	■ Wirkungsweise wie Fotodiode mit Verstärker, daher 100- bis 500fach höhere Empfindlichkeit ■ Einstellung des Arbeitspunktes mit dem Basisanschluss (nicht immer vorhanden) ■ Grenzfrequenz bei ca. 0,5 MHz	■ Fotoelektronische Empfänger in Überwachungs- und Regelkreisen
Solarzelle (Fotoelement) 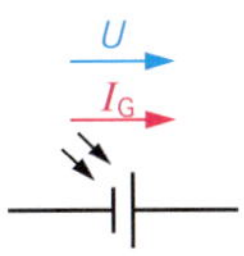	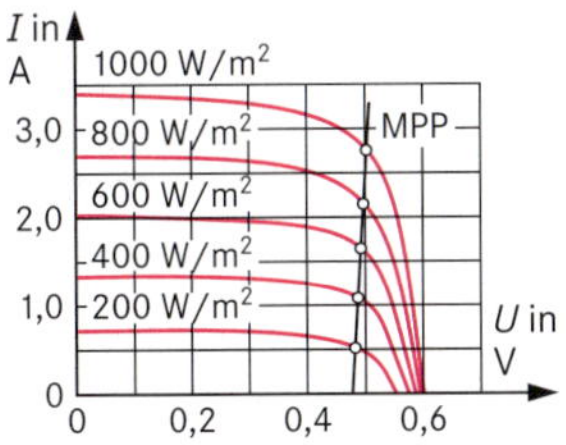	■ Aktives Bauelement Entnehmbare Leistung ist abhängig von – Lichtintensität (W/m²), – Zellentemperatur und – Größe der aktiven Fläche ■ **MPP**: **M**aximum **P**ower **P**oint Betriebspunkt mit max. elektrischer Leistung	■ Energiegewinnung aus Sonnenlicht ■ Parallel- und Reihenschaltung ermöglicht Leistungen im kW-Bereich
Lumineszenzdiode (**LED**, **L**ight-**E**mitting-**D**iode) 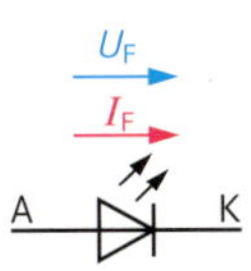	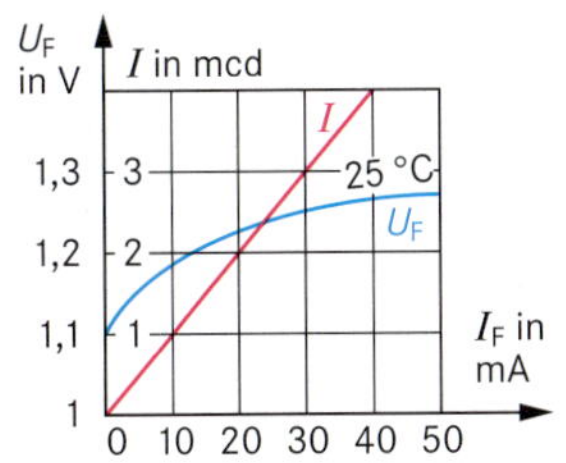 *I*: Lichtstärke in Achsenrichtung	■ Lichtaussendung im Durchlassbereich ■ Robust, hohe Lebensdauer, klein ■ Geringe Sperrspannung ■ Modulierbar bis 20 MHz ■ Konstantstrom erforderlich ■ Rot, gelb, grün, blau, infrarot, weiß ■ Durchlassstromstärke bis 1 A	■ Anzeigen, Zeichen- und Zifferndarstellung ■ Sender in Optokopplern, Lichtwellenstrecken, Infrarotsteuerungen ■ Energiesparende Allgemeinbeleuchtung
Optokoppler 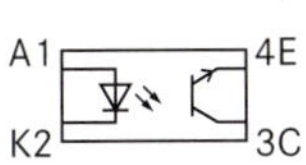	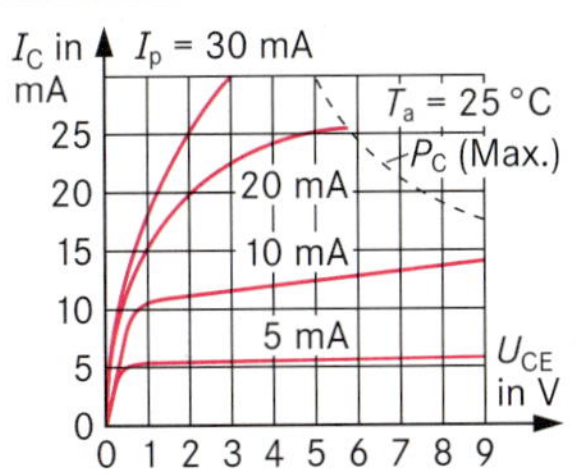	■ ***CTR*** (**C**urrent-**T**ransfer-**R**atio) Gleichstromübertragungsverhältnis $CTR = \frac{I_C}{I_F}$ (in %) ■ *CTR* = 30 % ... 100 % ■ Grenzfrequenz 50 kHz bis 10 MHz je nach Sende-/Empfangsbauteil	■ Verschleißfreies Schalten ■ Galvanische Trennung bei Signalübertragung ■ Übertragung digitaler und analoger Signale ■ Leistungselektronik: Trennung von Signal- und Leistungsteil

Aufbau

Operationsverstärker enthalten einen Differenzverstärker und einen nachgeschalteten, meist mehrstufigen Verstärker.

Blockschaltbild

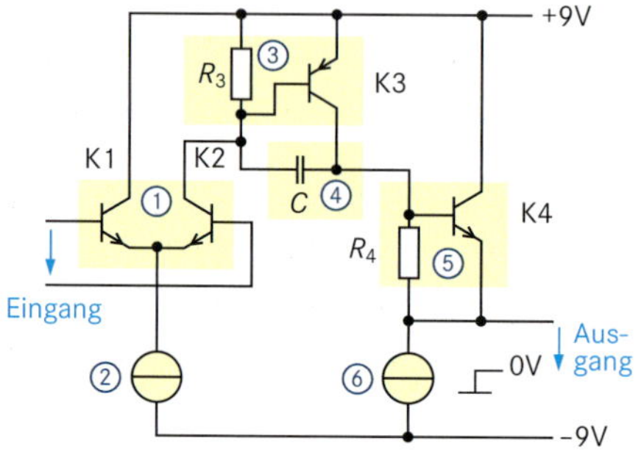

①: Differenzverstärker
②, ⑥: Konstantstromquellen
③: Verstärkerstufe
④: Kompensations-Kapazität
⑤: Ausgangsstufe

Frequenzverhalten

Infolge interner Phasendrehung bei hohen Frequenzen besteht Schwingneigung.
Daher ist eine Reduzierung der Verstärkung um 20 dB/Dekade mittels C_K und R notwendig (häufig bereits intern vorhanden).

Frequenzkompensation

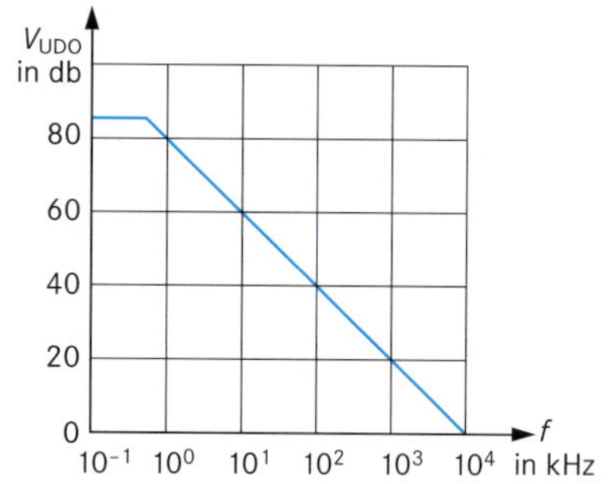

Schaltzeichen

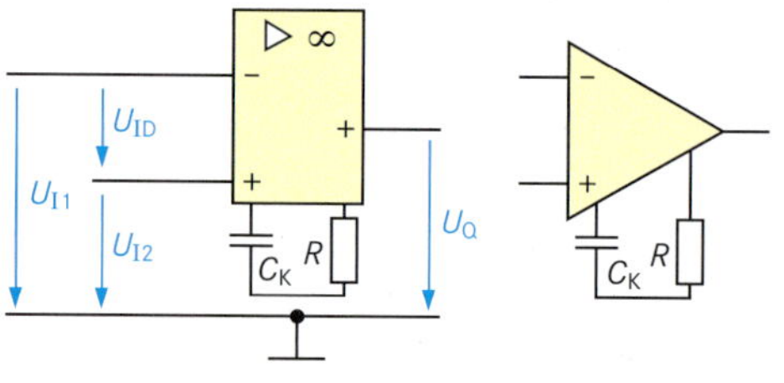

$U_{ID} = U_{I1} - U_{I2}$
Darstellung: einpolig, ohne Speisespannungsanschlüsse
−: Invertierender Eingang
+: Nichtinvertierender Eingang
C_K, R: Frequenzkompensationsbauteile
U_{ID}: Differenz-Eingangsspannung

Übertragungskennlinie

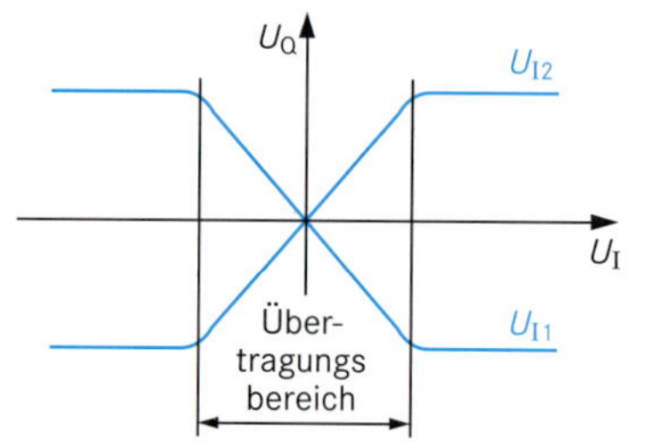

Anwendungsbereiche

Industrielle Elektronik, Regelungstechnik, NF-Technik

Begriff, Formelzeichen	Definition	Beziehung	Typ. Werte
Eingangs-Null-Spannung (input-offset-voltage) U_{I0}	Spannungsdifferenz, die an den Eingängen angelegt werden muss, damit die Ausgangsspannung Null ist.	$U_{I0} = U_{I1} - U_{I2}$ bei $U_Q = 0$ V und Generatorwiderstand $R_G = 50\ \Omega$	maximal ± 6 mV
Gleichtakt-Eingangsspannung (common mode input voltage) U_{IC}	Arithmetischer Mittelwert der Eingangsspannungen, wenn die Ausgangsspannung Null ist.	$U_{IC} = \frac{U_{I1} + U_{I2}}{2}$	
Eingangs-Null-Stromstärke (input-offset-current) I_{IOS}	Differenz der Eingangsströme im Arbeitsbereich, wenn die Ausgangsspannung Null ist.	$I_{IOS} = I_{I1} - I_{I2}$	80 nA
Eingangs-Ruhestromstärke (input-bias-current) I_I	Mittlerer statischer Eingangsstrom, der für die Funktion des OP notwendig ist.	$I_I = \frac{I_{I1} + I_{I2}}{2}$	80 nA
Differenz-Leerlaufspannungs-Verstärkung (open-loop-voltage-gain) v_{UD0}	Verstärkung einer Differenz-Eingangsspannung ohne Gegenkopplung	$v_{UDO} = \frac{U_Q}{U_{ID}}$ $= 20 \log \frac{U_Q}{U_{ID}}$ in dB	80 dB
Gleichtakt-Leerlaufspannungs-Verstärkung (common-mode-voltage gain) v_{UC0}	Verhältnis der Ausgangsspannung zur Gleichtakt-Eingangsspannung	$v_{UCO} = \frac{U_Q}{U_{IC}}$	

Elektrische Installationen

2

Einflussgrößen zur Auswahl einer Leitung

- **Leitungsart**
  - Aderart und -aufbau
    - flexible Leiter
    - feste Leiter
  - Isoliermaterial — DIN VDE 0281-1, DIN VDE 0282-1
- **Leitungsverlegung** — DIN 18015-3, DIN VDE 0100-520
  - Leitungsweg
  - zulässige Verlegeart — DIN VDE 0298-4
  - Leitungsverbindung — DIN VDE 0606, DIN VDE 0609, DIN VDE 0611
  - Biegeradius — DIN VDE 0298-3, DIN VDE 0891-5
- **Leiterquerschnitt**
  - Strombelastbarkeit — DIN VDE 0298-4
    - Verlegeart
    - belastete Adern
    - Leitungshäufung
    - Umgebungstemperatur
    - Oberschwingungen
  - Spannungsfall — DIN VDE 0100-520, DIN VDE 18015-1, TAB 2007
  - Abschaltbedingungen — DIN VDE 0100-410

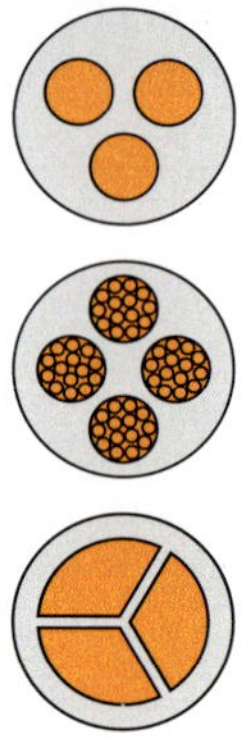

NYM 3 x 1,5 mm^2

NYM 4 x 16 mm^2

NAYY–J 3 x 120 mm^2

Installationszonen:

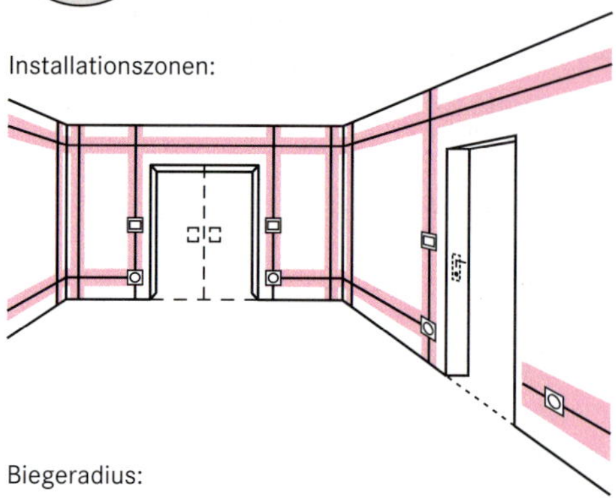

Biegeradius:

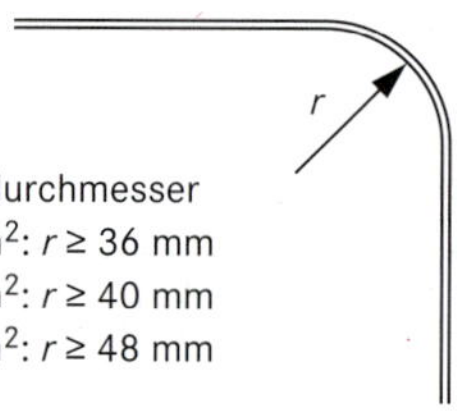

Beispiel:
NYM
$r \geq 4$ x Leitungsdurchmesser
NYM 3 x 1,5 mm^2: $r \geq 36$ mm
NYM 5 x 1,5 mm^2: $r \geq 40$ mm
NYM 5 x 2,5 mm^2: $r \geq 48$ mm

Verlegearten (Beispiele):

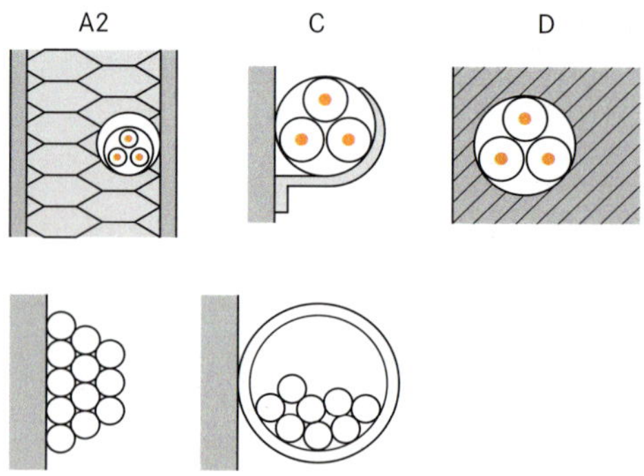

$\Delta U \leq 3\,\%$

1. $I_b \leq I_n \leq I_Z$
2. $I_2 \leq 1{,}45 \cdot I_Z$

Kennfarben von Leitern
Core Colour Codes

DIN VDE 0293-308: 2003-01

Isolierte und blanke Leiter

Leiterbezeichnung		Zeichen	Farbe
Wechselstrom	Außenleiter	L1, L2, L3	1)
	Neutralleiter	N	bl
Gleichstrom	positiv	L+	1)
	negativ	L–	1)
	Mittelleiter	M	bl

Leiterbezeichnung	Zeichen	Bildzeichen	Farbe
Schutzleiter	PE	⏚ (im Kreis)	gnge
PEN-Leiter (Neutrall. mit Schutzfunktion)	PEN	⏚ (im Kreis)	gnge
Erde	E	⏚	1)

1) Farbe nicht festgelegt

Adern bei isolierten Leitungen und Kabeln

für feste Verlegung											für ortsveränderliche Verbraucher									
Aderzahl	Leitungen mit Schutzleiter					Leitungen ohne Schutzleiter					Leitungen mit Schutzleiter					Leitungen ohne Schutzleiter				
2	–	–				bl	br				–	–				bl	br			
3	gnge	bl	br			–	br	sw	gr		gnge	bl	br			–	br	sw	gr	
4	gnge	–	br	sw	gr	bl	br	sw	gr		gnge	–	br	sw	gr	bl	br	sw	gr	
5	gnge	bl	br	sw	gr	bl	br	sw	gr	sw	gnge	bl	br	sw	gr	bl	br	sw	gr	sw

Farbkurzzeichen:
schwarz (sw) black (BK), braun (br) brown (BN), blau (bl) blue (BU), grau (gr) grey (GR), gelb (ge) yellow (YE), grün (gn) green (GN)

Anwendungen
Aderkennzeichnung bei Leitungen und Kabeln für feste Verlegung und flexible Leitungen in

- Installationen elektrischer Anlagen,
- Verteilungssystemen,
- Energieversorgung von fest installierten und ortsveränderlichen Betriebsmitteln und
- Anschlussleitungen bei transportierbaren Betriebsmitteln.

Keine Gültigkeit der DIN VDE 0293-308 für

- Leitungen, Kabel und isolierte Leiter zur inneren Verdrahtung elektrischer Betriebsmittel und fabrikfertiger Schaltkombinationen,
- Leitungen und Kabel in Gleichstromanlagen,
- Leitungen und Kabel, die mehr Adern besitzen als in der Tabelle aufgeführt und
- umhüllte Freileitungen und isolierte Freileitungsseile.

Leitungskennzeichnung
Cable Designation Code

Typenkurzzeichen
Beispiel: H 03 VV – F 3 G 0,5

Kennzeichnung der Bestimmung
H: Harmonisierter Typ
A: Anerkannter nationaler Typ

Bemessungsspannung in V
03: 300/300 V;
05: 300/500 V;
07: 450/750 V

Isolier- und Mantelwerkstoff
B: Etylen-Propylen-Kautschuk
V: PVC
R: Natur- oder synthetischer Kautschuk
N: Chloropren-Kautschuk
S: Silikon-Kautschuk
J: Glasfasergeflecht
T: Textilgewebe
Q: Polyurethan
V2: PVC, wärmebeständig

Aufbauart
H: flache, aufteilbare Leitung
H2: flache, nicht aufteilbare Leitung

Leiterart
U: eindrähtig
R: mehrdrähtig
K: feindrähtig Leitungen fest verlegt
F: feindrähtig Leitungen flexibel
H: feinstdrähtig
Y: Lahnlitzenleiter

Aderzahl

Schutzleiter
X: ohne gnge Schutzleiter
G: mit gnge Schutzleiter

Leiterquerschnitt in mm²

Isolierte Leitungen für feste Verlegung

Bezeichnung	Abbildungen	Kurzzeichen	Aderzahl	Verwendung
PVC-Einzeladern		H05V-U/K H07V-U/K	1 1	■ Leitung für innere Verdrahtung von Geräten ■ Geschützte Verlegung in und an Leuchten
Wärmebeständige PVC-Einzeladern	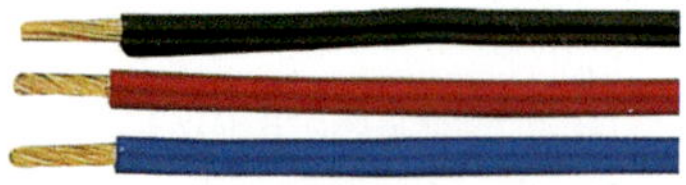	H05V2-K	1	■ Verbindungsleitung für Energieanlagen, Schaltschränke ■ Bei höheren Leiter- oder Umgebungstemperaturen bis +105 °C
Schadstofffreie Mantelleitung		NHMH-J	3 ... 7	■ Feste Verlegung in Wohnbauten, öffentlichen Gebäuden und Industrieanlagen ■ Schutz vor direkter Sonneneinstrahlung erforderlich
PVC-Mantelleitung		NYM	1 ... 7	■ Industrie- und Hausinstallationen im Innen- und Außenbereich ■ Schutz vor direkter Sonneneinstrahlung erforderlich
Halogenfreie Mantelleitung		NHXMH	1 ... 7	■ Industrie; Hotels; Flughäfen, U-Bahnen u. a. ■ Bei erhöhtem Schutz für Menschen und Sachwerte
PVC-Mantelleitung mit Tragseil, Zugentlastung		NYMT	3 ... 4	■ Leitung mit selbsttragender Aufhängung ■ Straßenbeleuchtung ■ Hausanschluss über Dachständer
Spezial-PVC-Steuerleitung (geschirmt)		NSY	3 ... 7	■ Steuer- und Signalleitung in Krankenhäusern und Labors ■ Baubiologische Energieleitung im Wohnungsbau

Isolierte, flexible Leitungen

Bezeichnung	Abbildungen	Kurzzeichen	Aderzahl	Verwendung
Spiralleitung		H05BQ-F	2 ... 3	■ Elektrowerkzeuge ■ Handlinggeräte ■ Unterhaltungselektronik
PVC-Schlauchleitung		H03VV-F	2 ... 7	■ Anschlussleitung bei geringer mechanischer Beanspruchung für Tisch- und Stehleuchten u. a.
Gummi-Schlauchleitung (schwere Ausführung)		H07RN-F	1 ... 7	■ Anschlussleitung bei mittlerer mechanischer Beanspruchung für Elektrogeräte wie Heizplatten, Bohrmaschinen, Kreissägen u. a.
Gummi-Schlauchleitung (schwere Ausführung)		NSSHöU	1 ... 7	■ Anschlussleitung bei großer mechanischer Beanspruchung im Bergbau und in Steinbrüchen ■ Auf Baustellen für schwere Geräte und Werkzeuge

Isolierte, flexible Leitungen

Bezeichnung	Abbildungen	Kurzzeichen	Aderzahl	Verwendung
PVC-Schleppkettenleitung		JZ-HF-CY	2 … 50	■ Verlegung in trockenen und feuchten Räumen; nicht im Freien ■ Bei freier Bewegung ohne Zugbeanspruchung im Schleppketteneinsatz, an Handhabungsautomaten, Robotern und dauernd bewegten Maschinenteilen ■ Störungsfreie Signalübertragung
Flexible Photovoltaikleitung	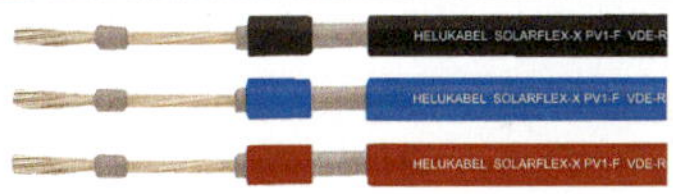	SOLAR-X NAT/SW	1	■ Verlegung im Freien, da UV-, ozon-, witterungs- und hydrolysebeständig ■ Verkabelung von Solarmodulen

Leitungen und Kabel für Klingel-, Signal- und Telekommunikationsanlagen

Bezeichnung	Abbildungen	Kurzzeichen	Verwendung
Schaltdraht		YV	■ Anlagen zur Signalübertragung und in Kommunikationsanlagen ■ Informationsverarbeitungsgeräte
PVC-Schaltlitze (verzinnt)		LiY	■ Verdrahtung von Kleinspannungsanlagen, Fernmeldegeräten, elektronischen Baugruppen in Geräten
PVC-Datenleitung		LiY-CY	■ Steuer- und Signalleitung für Rechneranlagen, Steuer- und Regelgeräte bei erhöhter elektrischer Beeinflussung
PVC-Steuerleitung		Y-CY-JB	■ Flexible Anwendung bei freier Bewegung ohne Zugbeanspruchung; nicht im Freien ■ Steuerleitung im Werkzeug- und Maschinenbau, Förderanlagen und Fertigungsanlagen
Brandmelde-Innenkabel		J-Y(St)Y	■ Anwendung in trockenen und feuchten Räumen, auch im Freien bei fester Verlegung für Signal- und Messdatenübertragung ■ Schutz gegen äußere Störfelder durch statischen Schirm
Sicherheitskabel		NHXCH-FE 180/E90	■ Anwendung in Wasserdruckerhöhungsanlagen ■ Funktionserhalt bei direkter Flammeinwirkung (90 min.); Löschwasserversorgung; Lüftungsanlagen
Telekommunikations-Innenkabel		J-YY	■ Installationskabel als Kommunikationskabel im Sprechstellen- und Nebenstellenbau
Telekommunikations-Außenkabel		A-2Y(L)2Y	■ Ortsteilnehmerkabel ■ Anschlusskabel zur Verbindung von Sprechstellen mit Vermittlungsstellen

Kenngrößen

- **Auswahl**
  - Netzspannung
  - Schutzvorkehrungen
  - Verlegeart
  - Häufung
- **Äußere Einflüsse**
  - Umgebungstemperatur
  - Luftfeuchtigkeit
  - Ansammlung von Wasser
  - Mechanische Beanspruchung
  - Strahlung (z. B. Sonnenlicht)
- **Bemessungsspannung**
  - $U_0 = U_{eff}$ zwischen Außenleiter und Erde
  - $U = U_{eff}$ zwischen zwei Außenleitern
- **Biegeradien**
  - Kleinstzulässige Radien für Energieleitungen nach DIN VDE 0298-3 bei 0,6 V/1 kV
  - Feste Verlegung: 4 x Außendurchmesser (D)
  - Flexible Leitungen: 3 x Außendurchmesser bis D = 8 mm
- **Zugbeanspruchung**
  - Montage für feste Verlegung z. B. 50 N/mm²
  - Statische Zugbeanspruchung bei flexiblen Leitungen z. B. 15 N/mm²
  - Zugentlastungselemente verwenden
- **Druckbeanspruchung**
  - bei Leitungen vermeiden
- **Torsionsbeanspruchung**
  - bei Leitungen vermeiden (s. Herstellerangaben)
- **Strombelastbarkeit**
  - Wahl des Bemessungsquerschnitts nach maximaler Dauerstromstärke unter normalen Bedingungen
- **Thermische Belastung**
  - Wahl der Verlegung ohne die Stromwärmeabgabe zu behindern
- **Aderfarben**
  - für mehradrige Kabel und Leitungen ($U \leq 1$ kV) nach DIN VDE 0298-308

Hinweis der Hersteller:
Kabel und Leitungen mit schwarzer Umhüllung gewährleisten einen hohen Schutz vor äußeren Umwelteinflüssen.

Kabelfarbe der Außenhülle

- Anwendungen:
  - Mantelleitungen: hellgrau
  - bis 1 kV: schwarz
  - über 1 kV: rot
  - Sicherheitskabel: orange
  - Brandmeldekabel: rot
  - Leuchtröhrenleitung: gelb
  - in Bergwerken unter Tage: gelb

Kabelarten

- Papierisolierte Kabel für Niederspannung mit Aderisolierung aus Papier mit Massetränkung (Massekabel)
- Kunststoffisolierte Kabel für Nieder- und Mittelspannung mit Aderisolierung aus
  - PVC, PE oder VPE oder
  - Gummi mit Gummimantel

Bezeichnungen

Kurzzeichen	Erklärung
N	Genormte Ausführung
	Leiterart:
A	Aluminium, für Kupferleiter kein Kennzeichen
	Isolierwerkstoff:
Y	PVC
2X	vernetztes PE (VPE)
	Konzentrischer Leiter, Schirm:
C	Kupfer
CW	Kupfer, wellenförmig
S	Kupferschirm
(F)	längswasserdichter Schirm

Kurzzeichen	Erklärung
	Bewehrung:
B	Stahlband
F	Flachdraht verzinkt
G	Gegenwendel aus verzinktem Stahlband
R	Runddraht verzinkt
	Mantel:
A	Faserstoffe
K	Bleimantel
KL	Aluminiummantel
Y	PVC-Isolierung
2Y	PE-Isolierung
	Schutzleiter:
-J	mit Schutzleiter
-O	ohne Schutzleiter

Beispiel:
Mehradriges Kabel NA2XY-J

Ader: **N**: Genormte Ausführung
A: Leiter aus Al
2X: Isolierhülle aus vernetztem Polyethylen (VPE)

Mantel: **Y**: Mantel aus PVC
J: Schutzleiter

Arten

Niederspannungskabel bis $\frac{U_0}{U} = \frac{0{,}6\ \text{kV}}{1\ \text{kV}}$

Bezeichnung	Abbildung	Erklärung/Verwendung
NYCY Rundleiter		Erdkabel mit PVC-Isolierung/Ortsnetze, Hausanschlüsse, Straßenbeleuchtung
NYY Rund- oder Sektorleiter		Erdkabel mit PVC-Isolierung/Kraftwerke, Industrie und Schaltanlagen, Kabelkanäle
NA2XY Sektorleiter, eindrähtig		Erd-/Kunststoffkabel mit VPE-Isolierung/Ortsnetze, bei Kabelhäufungen
NYCWY Sektorleiter		Erdkabel mit PVC-Isolierung/Ortsnetze, Industrie, konzentrischer Leiter auch als N- und PE-Leiter
NAY2Y Sektorleiter, eindrähtig		Erdkabel für Ortsnetze/in Beton, in Wasser, in Innenräumen und Kabelkanälen, bei erhöhter mechanischer Beanspruchung

Mittelspannungskabel $\frac{U_0}{U} = \frac{0{,}6\ \text{kV}}{1\ \text{kV}}$ $\frac{U_0}{U} = \frac{12\ \text{kV}}{20\ \text{kV}}$ $\frac{U_0}{U} = \frac{18\ \text{kV}}{30\ \text{kV}}$

Bezeichnung	Abbildung	Erklärung/Verwendung
NA2XS2Y mehrdrähtig		Kabel mit VPE-Aderisolierung und PE-Mantel/Industrie, Schaltanlagen, bei starker mechanischer Beanspruchung
N2XSY mehrdrähtig		Kabel mit VPE-Isolierung/Industrie- und Schaltanlagen, Kraftwerke, bei schwieriger Trassenführung

Leiterform und Kabelaufbau

Abbildung	Kurzzeichen	Erklärung
	SM	sektorförmiger Leiter, mehrdrähtig
	SE	sektorförmiger Leiter, eindrähtig
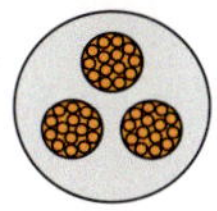	RM	runder Leiter, mehrdrähtig
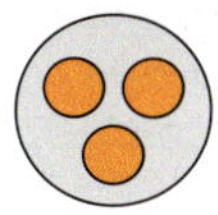	RE	runder Leiter, eindrähtig bei 0,5 mm² bis 10 mm²

Zuordnung[1] des Schutz- oder PEN-Leiters (S) zum Außenleiter (A)

Querschnitt in mm²			
A	S	A	S
1,5	1,5	35	16
2,5	2,5	50	25
4	4	70	35
6	6	95	50
10	10	120	70
16	16	150	70
25	16	185	95

[1] Zuordnung gilt für isolierte Energieleitungen und 0,6 kV/1 kV-Kabel mit 4 Leitern.

NFA2X
mehrdrähtig
$\frac{U_0}{U} = \frac{0{,}6\ \text{kV}}{1\ \text{kV}}$

Isoliertes Freileitungsseil für Drehstromsysteme im Viererbündel;
Kennzeichnung der Außenleiter durch Noppen auf Isolierung

Kenngrößen

Bemessungsquerschnitt q in mm²	Strombelastbarkeit I in A	Drahtanzahl je Leiter	Zugfestigkeit in kN
25	107	7	4,17
35	132	7	5,78
50	165	19	8,45
70	205	19	11,32

Werte gelten für
- Umgebungstemp.: 35 °C
- Zulässige Leitertemp.: 80 °C
- Windgeschwindigkeit: 0,6 m/s
- Betriebsfrequenz: ≤ 60 Hz

- **Verlegung**
  - Einphasen-Wechselstrom: einadrig (L- und N-Leiter)
  - Drehstromsystem: Vierbündel (L1-, L2-, L3-, N-Leiter)
  - Aufhängung und Abspannung an Holzmasten und Betonmasten
  - Aufhängung u. Abspannung am Dachständer (DIN VDE 0211) und Hausanschlüssen (DIN VDE 0100-732)
  - ohne Zugbeanspruchung, z. B. an Wänden, Schellenabstand waagerecht 0,6 m, senkrecht 1 m
  - unter Zugbeanspruchung, z. B. zwischen zwei Masten, Befestigungsklammern verwenden

Anforderungen

- **Verlegung**
  - Unmittelbar in der Erde
  - In unterirdischen Kabelschutzrohren
- **Grabensohle**
  Fest, glatt und steinlos; vorzugsweise Sandbettung (feinkörnig)
- **Mindestüberdeckung bei Niederspannungskabeln**
  - Freies Gelände ≥ 0,6 m
  - Fahrwege (Straßen) ≥ 0,8 m
- **Bei Unterschreitung der Überdeckung**:
  - Kabelschutzrohre (z. B. Typ 4322, vor innerer Verschmutzung schützen)
  - Besondere Schutzmaßnahmen (z. B. Betonabdeckung)
- **Kabelauslegung**
  - Mindestverlegetemperatur beachten (z. B. - 5 °C)
  - Zulässige Zugbeanspruchung beachten
  - Rohreinzug mit entsprechenden Zugeinrichtungen

Hinweis:
Energieleitungen und Telekommunikationsleitungen in separaten Schutzrohren verlegen

- Mindestabstände bei **Kreuzungen** und **Näherungen** mit anderen Leitungen (z. B Wasser-, Gas-, Fernwärmeleitungen) einhalten.
- Nach Kabelauslegung (Kabelschutzrohr) den Kabelgraben
  - oberhalb und seitlich vom Kabel mit einer Sandschicht und
  - lagenweise (ca. 30 cm je Lage) mit steinlosem Bodenaushub (manuell verdichtet) bis zur Erdgleiche auffüllen.
- **Kennzeichnung**: Trassenwarnband in einer Tiefe von 0,3 m unter Erdgleiche.

Hinweis:
- Die Verlegung von **NYM-Leitungen** im Erdreich (z. B Anschluss einer Garage) ist **zulässig**
  - im **Kabelschutzrohr**, in das keine Feuchtigkeit eindringen kann,
  - die **Belüftung** der Leitung gegeben ist,
  - die Leitung stets **auswechselbar** bleibt und
  - die **Verlegelänge** 5 m nicht überschreitet (DIN VDE 0100-520).

Hausanschluss

- Versorgungsunternehmen geben Art und Abmessungen des Kabelgrabens und der Montagegrube vor
- Ausschachtungsarbeiten:
  Vor Beginn Leitungserhebung über **Fremdleitungen** (z. B. Gas, Wasser) durchführen
- **Kabelgraben**:
  Rechtwinklig vom Gebäude zur Grundstücksgrenze
- Gleichzeitige Verlegung unterschiedlicher Gewerke (Gas, Wasser, Telekommunikation):
  Spezifische Anforderungen der Gewerke berücksichtigen und koordinieren
- Gemeinsame Einführung unterschiedlicher Gewerke:
  z. B. **MSH**-Einführung (**M**ehr**s**parten**h**auseinführung) verwenden
- Hauseinführungen dürfen nicht überbaut werden.

Beispiele

Kabelgraben für Energiekabel
Maße in m

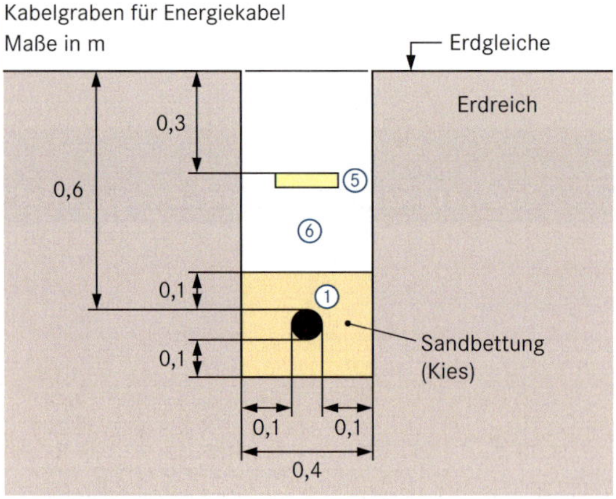

① Energiekabel
② Telekommunikationsleitung
③ Gasleitung
④ Wasserleitung
⑤ Trassenwarnband
⑥ Aufgefüllt mit Bodenaushub

Kabelgraben für mehrere Gewerke
Maße in m

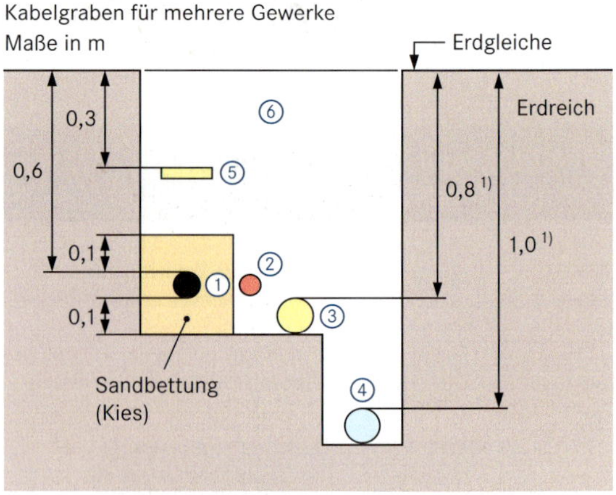

Lichte, waagerechte Leitungsabstände
zwischen Energiekabel und anderen Leitungen[2)]

Gasleitung	0,20 m
Fernwärmeleitung - Vorlauf - Rücklauf	 0,30 m 0,30 m
Wasserleitung	0,30 m

[1)] Mindestwerte
[2)] Werte vom lokalen Energieversorger abhängig

Eigenschaften

- Spannung
  - Niederspannung
  - Mittelspannung
  - Hochspannung
- Verbindungsart
  - Schraubverbindung
  - Crimpverbindung
- Isolierung
  - Gießharz
  - Schrumpfschlauch
- Einsatzart
  - Endverschluss
  - Verbindungsmuffe
- Sonstige
  - Schirmung (ja/nein)
  - innen/außen

Verwendung	Beispiel	Beschreibung
Kabel-Endverschluss	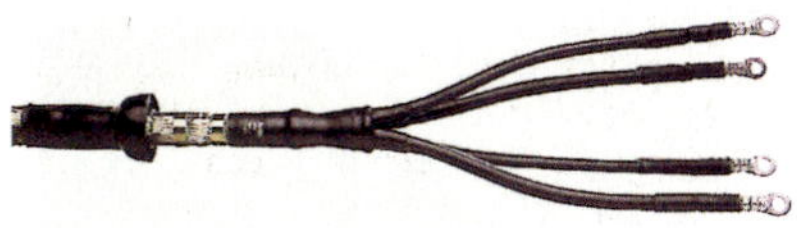	■ Schutz des abgeschnittenen Kabels vor eindringender Feuchtigkeit ■ Anschluss der Schirmung mit gleichmäßiger Feldsteuerung zwischen Schirm und Anschlusspunkt
Verbindungsmuffe		■ Verbindung zwischen gleichartigen Kabeln ■ Leiterverbindung gecrimpt oder geschraubt ■ Isolierung durch Schrumpfschlauch oder Vergussmasse
Übergangsmuffe		■ Verbindung von papier- mit kunststoffisolierten Kabeln ■ Papierisoliertes Kabel wird mit Aufteilkappe abgedichtet. ■ Potenzialausgleich zwischen Bleimantel und Stahlbandbewehrung
Abzweigmuffe	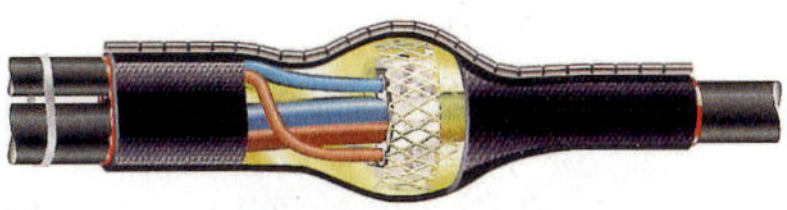	■ Abzweig von durchgehendem Kabel ■ Anbindung gleichartiger oder unterschiedlicher Kabeltypen (je nach Muffentyp)
Endmuffe		■ Spannungsfester Abschluss an kunststoff- oder papierisolierten Kabeln ■ Schutz des Kabelendes vor eindringender Feuchtigkeit

Schrumpfmuffenmontage

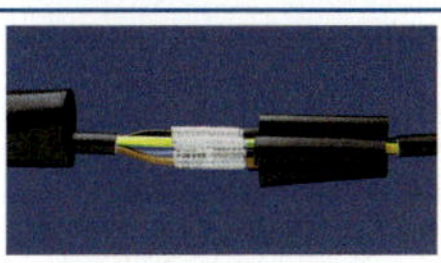 → 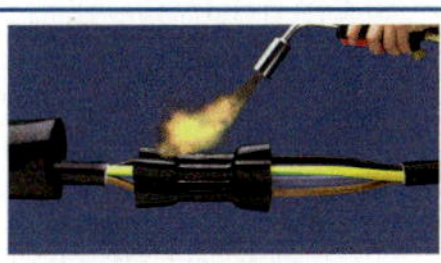 → 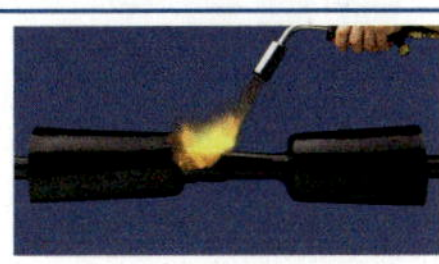 → 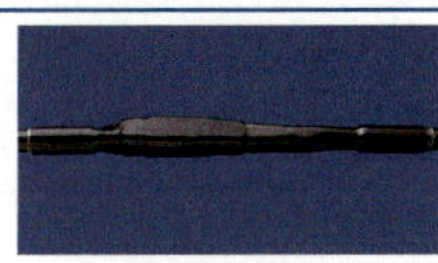

1. Kabelenden absetzen.
2. Innenmuffe über Adern und Außenmuffe über Kabel ziehen.
3. Crimpverbindung herstellen.
4. Innenmuffe über Verbindungsstelle schieben.
5. Durch Wärmeeinwirkung Muffe aufschrumpfen.
6. Außenmuffe positionieren.
7. Durch Wärmeeinwirkung Muffe aufschrumpfen.
8. Überprüfung der Spannungsfestigkeit.
9. Muffe ist einsatzbereit.

Dacheinführung

Eigenschaften

■ Freileitung – isoliert – blank	■ Schutz vor – Regenwasser – Kondenswasser ■ Luftdichtigkeit	■ Dachform: – Satteldach – Flachdach	■ Mast als – Durchgangsmast – Abspannmast (einseitige Zugbeanspruchung)

Beispiele

Flachdacheinführung

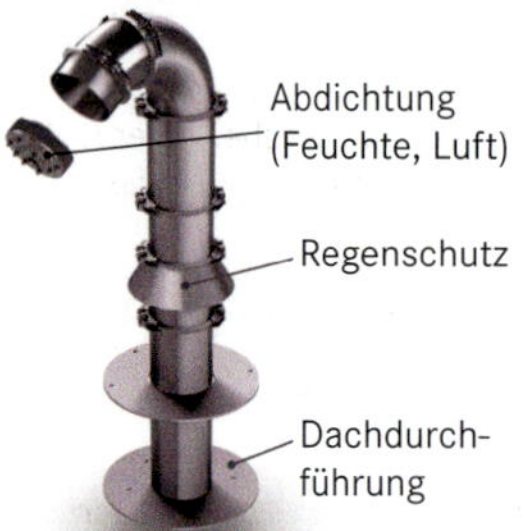

Satteldacheinführung

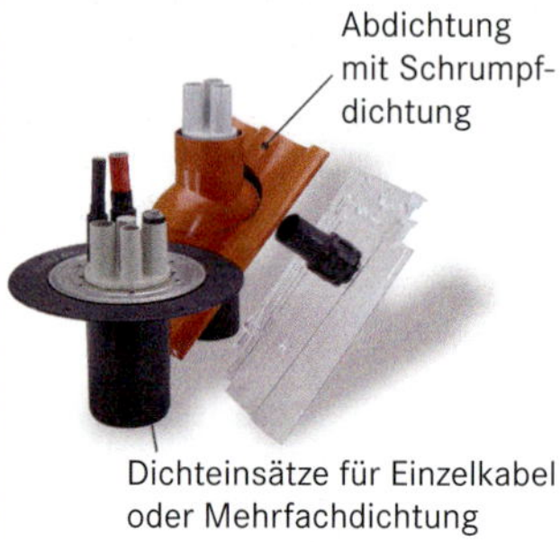

Masteinführung

Erdeinführung

Anforderungen

- Montageort:
  - Wandeinführung
  - Bodeneinführung (ohne Keller)
- Wasserdichtigkeit:
  - drückendes Wasser
  - nichtdrückendes Wasser
- Montagezeitpunkt:
  - Betonierung
  - Kernbohrung in vorhandene Wand
- Montageart:
  - werkzeuglos
  - Werkzeug erforderlich
- Kabel und Leitungen:
  - Anzahl
  - Durchmesser
- Einzeleinführung/Mehrsparteneinführung (Strom, Gas, Wasser, Telekommunikation)

Beispiele

Einführung durch Kellerwand/Modulbauform

- Durchführungsmodule können nachträglich mit unterschiedlichen Dichtsätzen bestückt werden
- Wandeinbauteil in Beton eingießen
- Systemdeckel mit Kabeldurchführung einsetzen
- Kabel einziehen
- Einführungen kalt- oder warmschrumpfen
- Gegebenenfalls Blindstopfen einsetzen
- Kabelgraben verfüllen

Einführung über Bodenplatte

- Rohbauteil mit Erdspieß senkrecht in Bodenfundament einbringen
- Installationsteil für Ein- (Mehrsparteninstallation einsetzen und abdichten
- Versorgungsleitungen einziehen und abdichten

Ringraumdichtung

- Abdichtung von Leitungen zum nachträglichen Einbau in vorhandene Wände
- Kernbohrung erstellen
- Leitungen einziehen
- Passende Dichtung auswählen bzw. modulare Dichtung anpassen
- Verschraubung anziehen → Abdichten der Leitungen und Bohrung
- druckwasserdicht

Mehrsparteneinführung

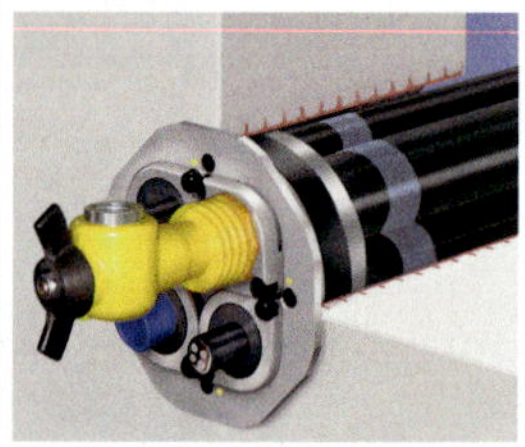

- Kombination mehrerer Sparten (Strom, Gas, Telekommunikation) in einer Durchführung
- Kernbohrung erstellen
- Einführung von innen einschieben
- Einführung ausrichten
- Schrauben der Innenabdichtung anziehen
- Außenabdichtung und Schutzrohre aufsetzen, ggf. Gleitmittel verwenden, anschließend Schrauben anziehen
- Drehmomente beachten
- Leitungen einziehen

Anwendung

- Gebäude/Grundstücke mit eigener Hausnummer benötigen eigene Hausanschlüsse.
- Gemeinsame Versorgung mehrerer Häuser, nur wenn ein gemeinsamer Hausanschlussraum besteht.
- Hausanschluss verbindet die Hausinstallation mit dem Verteilungs-/Versorgungsnetz.
- Anschluss- und Betriebseinrichtungen müssen regelkonform installiert, gewartet und betrieben werden.

Anforderungen

- Maße:
  - Tiefe für Betriebseinrichtungen: 30 cm
  - Arbeits-/Bedieneinrichtungen
    Tiefe: 120 cm, seitlicher Abstand: 30 cm, Durchgangshöhe: 180 cm
- Fundamenterder-Anschlussfahne am Hausanschluss herausführen
- Wände mit ausreichender Tragfähigkeit
  Mindestdicke: 60 mm
- Für elektrischen Netzanschluss gelten auch
  - Niederspannungsanschlussverordnung (NAV) und
  - Technische Anschlussbedingungen der Netzbetreiber (TAB).
- Für Gas-, Wasser-, Fernwärmeversorgung gelten weitere Verordnungen und Anschlussbedingungen.

	Hausanschlussraum	Hausanschlusswand	Hausanschlussnische
Anwendung	▪ Bei mehr als fünf Nutzungseinheiten erforderlich	▪ Gebäude mit bis zu fünf Nutzungseinheiten	▪ Nicht unterkellerte Einfamilienhäuser
Anordnung	▪ Allgemein zugänglicher Raum ▪ Kein Durchgangsraum ▪ An Außenwand angrenzend ▪ Fest installierte Beleuchtung ▪ Schutzkontaktsteckdose	▪ In allgemein zugänglichem Raum ▪ An Außenwand angrenzend ▪ Fest installierte Beleuchtung ▪ Schutzkontaktsteckdose	▪ Einführung durch Schutzrohre (inkl. Nachrüstreserve) ▪ Einführung senkrecht ▪ Kabel gegen mechanische Beschädigung schützen ▪ Tür mit Lüftungsöffnung (bei Gasversorgung oben/unten je min. 5 cm²)
Mindestmaße	▪ Länge: 2 m ▪ Breite: 1,5 m bzw. 1,8 m (bei zwei belegten Wänden) ▪ Höhe: 2 m	▪ Durchgangsgröße: 1,8 m	▪ Breite: nur Strom: 87,5 cm Strom und Fernwärme: 105 cm ▪ Höhe: 2 m ▪ Tiefe: 25 cm

Beispiele

Hausanschlussraum

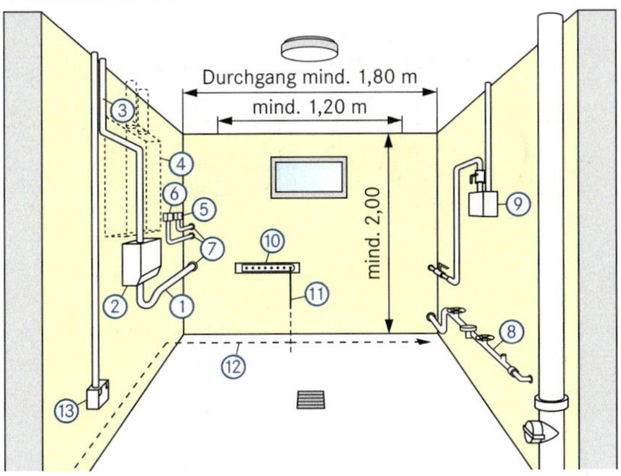

① Hauseinführungsleitung für Strom
② Strom-Hausanschlusskasten mit Hausanschlusssicherungen
③ Strom-Hauptleitung
④ gegebenenfalls Zählerplätze
⑤ APL – Abschlusspunkt für Telekommunikationsanlagen
⑥ HÜP – Hausübergabepunkt für Breitbandkommunikationsanlagen
⑦ Hauseinführung
⑧ Anschlussleitung für Trinkwasser mit Wasserzähler
⑨ Vor- und Rücklaufleitung Heizung
⑩ Haupterdungsschiene (Potenzialausgleichsschiene)
⑪ Erdungsleiter
⑫ Fundamenterder
⑬ Schutzkontaktsteckdose

Hausanschlusskasten

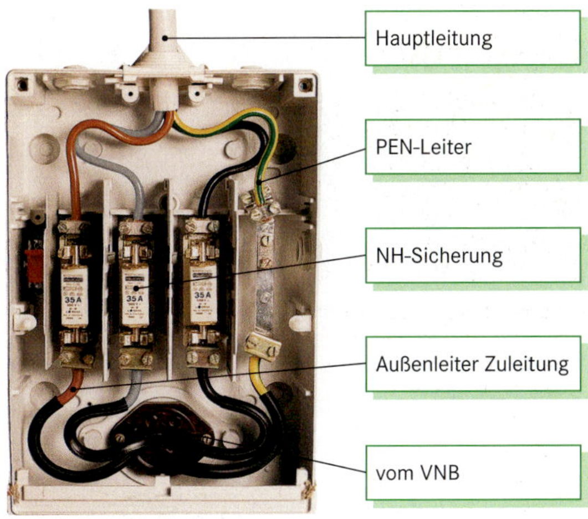

- Übergabestelle zwischen VNB und Hausinstallation
- Anforderungen nach DIN VDE 0530-600
- Plombierbar
- IP54
- NH00 bis NH1 mit frei geführten Sicherungen oder Sicherungslasttrennschalter

Hinweise

- Planung des Leitungsweges unter Berücksichtigung anderer Installationen (z. B. Wasser, Heizung).
- Waagerechte und senkrechte Leitungsführung bei verdeckter Verlegung z. B. im oder unter Putz (Installationszonen beachten).
- Damit verdeckt liegende Leitungen nicht beschädigt werden, muss vor Nachinstallationen die Montagefläche mit einem Leitungssuchgerät geprüft werden.
- Schutz vor mechanischen Beschädigungen bei Leitungsverlegung unter Putz durch Installationsrohre.

Verlegung

Wandmontage – Flexible Isolierrohre

- Ausführungen als leichtes Wellrohr und Panzer-Wellrohr
- Verlegung des Installationsrohres bei beliebigen Biegeradien
- Leitungsverlegung und Kabelführung auf örtliche Bedingungen anpassbar
- Wellrohre für Verlegung im und unter Putz, in Hohlwänden, in Zwischendecken, im Estrich und in Schüttbeton geeignet
- Kabelschutz hinsichtlich Stabilität, Kälte und Hitze
- Beständig gegen Wasser, Salze, Laugen und Säuren
- Rohre sind flammwidrig und selbstverlöschend.

Wandmontage – Starre Isolierrohre

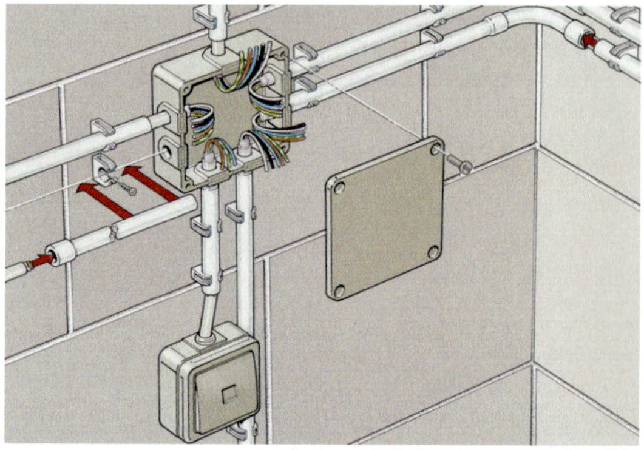

- Geschützte Leitungsverlegung in starren Installationsrohren, an freien Wänden, in Hohlwänden und in Zwischendecken
- Rohrteile sind gemufft und dadurch steckbar.
- Befestigung der Isolierrohre in größeren Abständen mit Klemmschellen möglich
- Material ist flammwidrig, selbstverlöschend und korrosionsbeständig.
- Separate Muffen und 90°-Bögen ermöglichen die gewünschte Leitungsführung.

Decken-/Wandmontage – Nagelschelle

- Befestigung von Installationsleitungen auf verschiedenen Untergründen, z. B. Holz, Beton, Stein
- Nagelschellen für unterschiedliche Spannbereiche je nach Leitungsdurchmesser
- Nagellängen je nach Art des Untergrundes auswählen
- Fixierung von Installationsleitungen in Mauerschlitzen oder auf Mauerwerk, die dann verputzt werden
- Kennzeichnung des Leitungsweges mit Hilfe von Wasserwaage und Schnur (Schnurschlag)

Auf Putz im Rohr

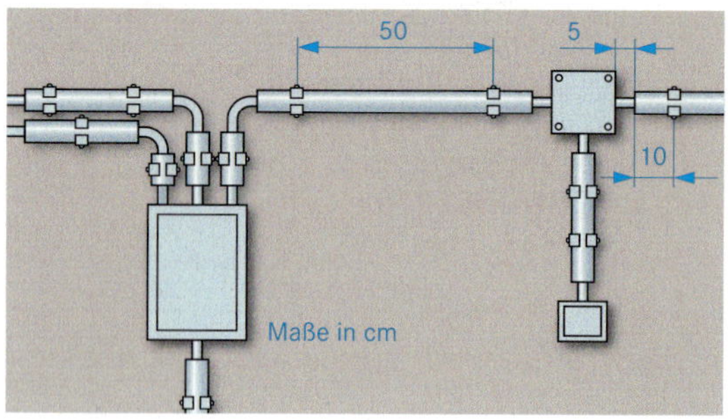

- Montage in feuchten und nassen Räumen, z. B. in Kellerräumen und Garagen
- Empfohlene Verlegung in waagerechter und senkrechter Montage
- Kennzeichnung des Leitungsweges mit Hilfe von Wasserwaage und Schnur (Schnurschlag)
- Einhalten des Mindestbiegeradius (4facher Leitungsdurchmesser)

Verlegung

Im Kanal

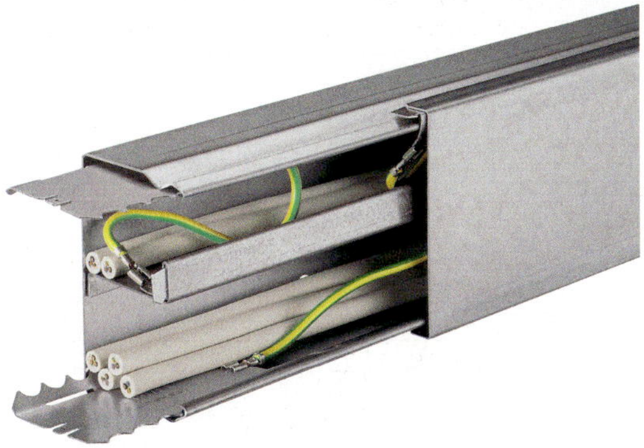

- Verlegung in Installationskanälen aus Kunststoff oder Metall, z.B. NYM
- Kanäle aus verzinktem Stahlblech:
  - Leitende Verbindung der metallenen Kanäle mit Schutzleiteranschluss,
  - Verbindungsstellen und Steckvorrichtungen im Metallkanal in Schutzmaßnahmen einbeziehen (Anschluss an PE-Leiter),
  - Trennung der Daten- und Energieleitungen durch Abstand oder Trennsteg.

Auf Gitterrinne

- Verlegung in Kabelschutzrohren oder direkt auf Kabelpritschen
- Kabelschutzrohre in Steck- und Gewindeausführung, z. B. aus Aluminiumlegierung (AlMgSi 0,5)
- Anwendung bei aggressiven Umgebungsbedingungen (Nässe, Gase oder Dämpfe), z. B. in chemischen Betrieben, Betrieben in Meeresnähe, Kläranlagen und in Müllverbrennungsanlagen

Im Fußboden

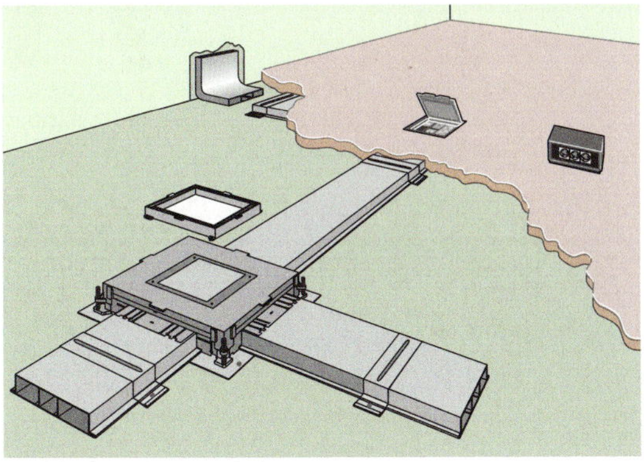

- Leitungskanäle im Fußboden (z. B. Großraumbüros)
- Erforderliche Anschlüsse über Montageöffnungen im Fußboden
- Für Ausstellungsräume und Messestände, die je nach Bedarf umgebaut werden können
- Verteilung und Aufsplittung der Leitungen über Sammelpunkte
- Verlegung von Datenleitungen: Abstand zu Energieleitungen beachten

Auf Kabelrinne

- Ausreichende Leitfähigkeit der Systeme zur Durchführung des Schutzpotenzialausgleichs vorhanden, besonders an den Stoßstellen
- Korrosionsbeständig, durch verzinkte Ausführung
- Farbliche Beschichtung der Sichtflächen mit RAL-Farben zur Anpassung an die Umgebung bei offener Verlegung
- Trennung der verschiedenen Leitungen für Kommunikations- und Energieleitungen möglich
- Tragfähigkeit (Belastbarkeit) berücksichtigen

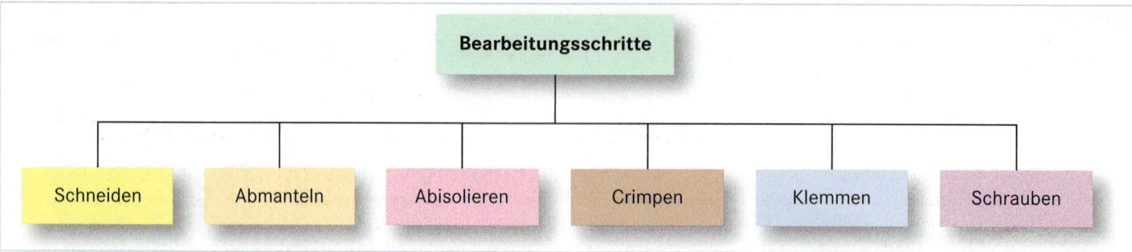

Schneiden

Anwendung	Einadrige Leitungen mit Cu- oder Al-Leiter	Ein- und mehradrige Leitungen bzw. Kabel mit Cu- oder Al-Leiter		
Werkzeuge	Seitenschneider	Kabelscheren	Kabelschneider	Schneider
Eigenschaften	▪ Hohe Schneidenhärte ▪ Ergonomisch gebaute Griffe ①, großes Übersetzungsverhältnis ⇓ geringer Kraftaufwand	▪ Klemmschutz, ▪ Doppelschneide ② ⇓ Vor- und Nachschnitt ⇓ kein Verformen der Leiter ▪ Große Schneidkraft durch Hebelübersetzung, z. B. Drahtseile, Rundstahl	▪ Spezielle Bauweise ③ ⇓ Einhandbetätigung ▪ Ratschenprinzip ⇓ kein Verformen der Leiter	▪ Gratfreies Schneiden, z. B. Kunststoffrohre für Elektroinstallation ④ ▪ Anschlagwinkel zum rechtwinkligen Schneiden, z. B. Flachbandkabel
Beispiele	 ①	 ②	 ③	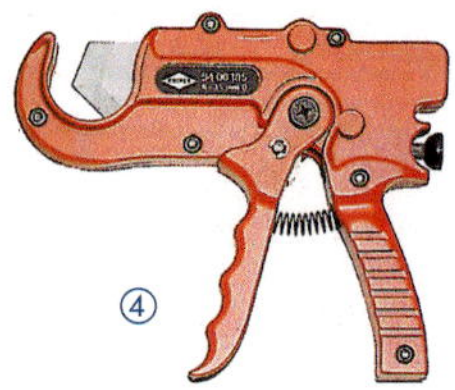 ④
Hinweise	▪ Bearbeitung verschiedener Leitermaterialien möglich		▪ Maximale Durchmesser- und Querschnittsangaben nach Herstellerangaben	

Abmanteln

Anwendung	Rund- und Feuchtraumleitungen bis d = 13 mm	Leitungen mit Isolierungen aus PVC, Gummi oder Silikon
Werkzeuge	Universal-Abmantelungswerkzeuge	Abmantelungswerkzeuge
Eigenschaften	▪ Hakenklinge, Schutzkappe und Sicherheitsgriff ⑤ ▪ Zweischaliges, aufklappbares Werkzeug mit Öffnungsfeder und Sperrklinke ⑥ ▪ Einsatz in Abzweig- und Verteilerdosen	▪ Selbstspannender Festhaltebügel ▪ Selbstdrehendes Messer (Jokarimesser) für Umfangs- und Längsschnitt, variable Schnitttiefeneinstellung ⑦ ▪ Spiralschnitt für längere Abmantelungen ▪ Rundkabel ▪ Einstellbare Schnitttiefe von 0 bis 5 mm ▪ Werkzeug für Längs- und Kreisschnitt ⑧
Beispiele	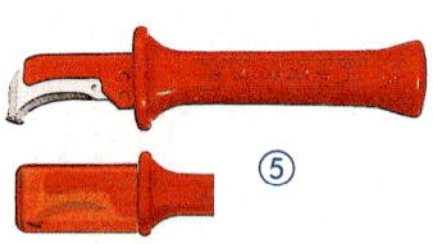 ⑤  ⑥	 Stellrad ⑦ 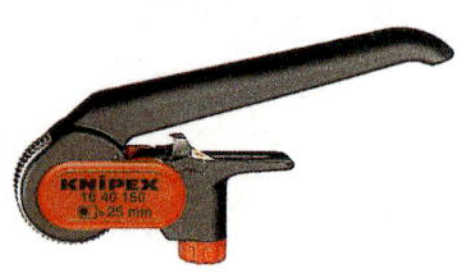 ⑧

Abisolieren

Anwendung	Ein-, mehr- und feindrähtige Leitungen			
Werkzeuge	Abisolier-Seitenschneider	Abisolierzangen		
		mit Stellschraube	automatisch	selbsteinstellend
Eigenschaften	■ Abisolierlöcher für ein- und mehrdrähtige Leiter (1,5 mm² und 2,5 mm²)	■ Einstellen des Leiterdurchmessers mit Rändelschraube (Hinweis: Ader nicht einschneiden!)	■ Festhalten des Drahtes durch Klemmbacken ■ Gleiche Abisolierlängen durch Längenanschlag ■ Automatische Rückstellung in Ausgangsposition	■ Selbsttätiges Anpassen an verschiedene Isolationsdicken
Beispiele	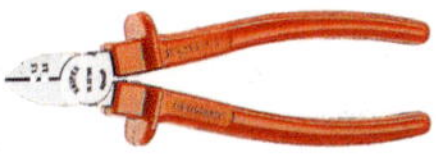		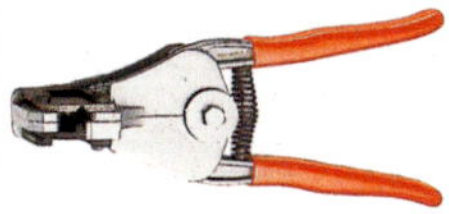	Verletzungsgefahr 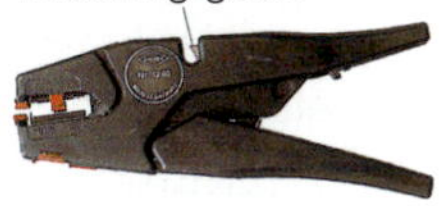
Hinweise	■ Maximale Durchmesser- und Querschnittsangaben des Herstellers beachten. ■ Mantelstärke der Leitung einstellen.			

Crimpen

- **Arbeitsvorgang**
  - Handzangen mit Crimpprofilen je nach Leiterquerschnitt
  - Mechanisches Zusammendrücken einer Hülse um einen Leiter
  - Herstellen einer elektrischen und mechanischen Verbindung zwischen Verbinder und Leiter

Beispiel: Handcrimpzange

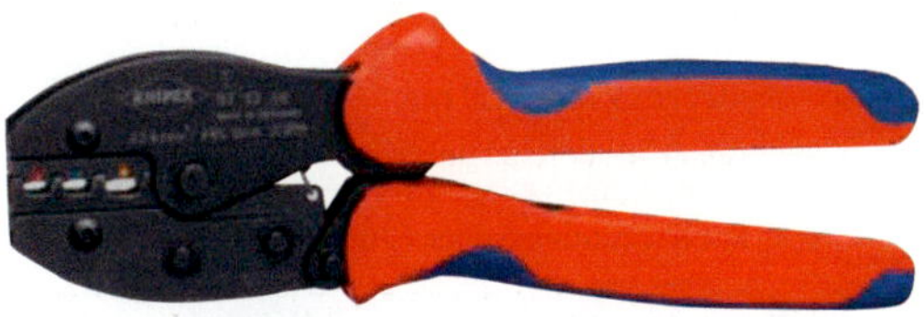

Crimpprofil  Crimpquerschnitt: 0,5 mm² bis 10 mm²

- **Gasdichtheit der Verbindung**
  - **Nicht ausreichende** Verpressung führt zur Oxidation und somit zur Erhöhung des Übergangswiderstandes.
  - **Korrekte Verpressung** wird erreicht durch ausreichenden Druck beim Crimp-Vorgang.

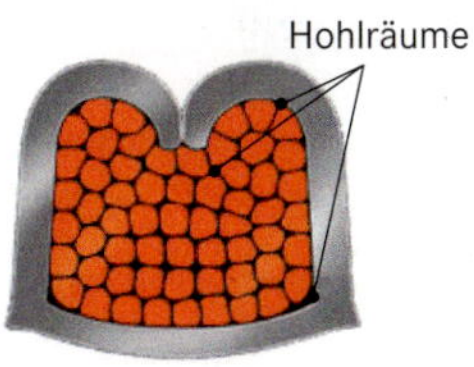

Schliffbild

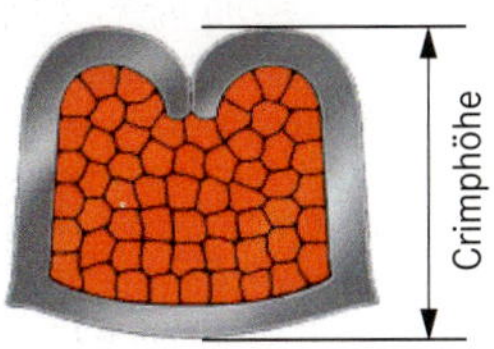

Schliffbild

- **Anforderungen an Crimpverbindungen**
  - Gleiche Abmessungen von Leiter und Verbinder
  - Abstimmung von Abisolierlänge und Positionierung des Leiters im Verbinder
  - Crimpzangen sind auf definierten Crimpdruck eingestellt, um Crimpdruck gleichmäßig auszuüben.
  - Prüfen des Crimpkontaktes (DIN 60352-5)
- **Crimpverbindung**

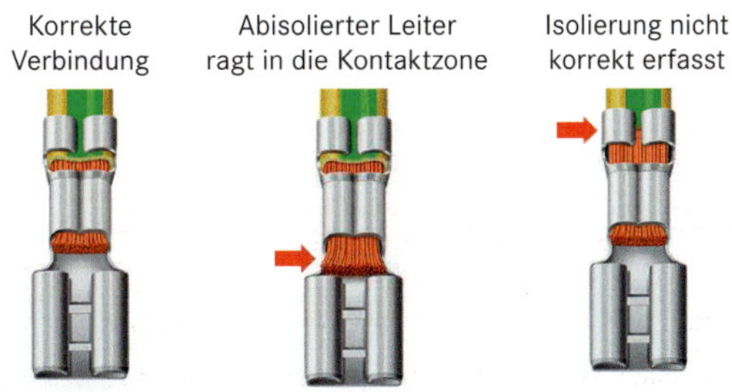

- **Crimphöhe**
  - Elektrischer Leitwert (G) und Auszugskraft (F) sind durch die Crimphöhe definiert.
  - Optimaler Bereich zwischen G_{max} und F_{max}
  - Kontrollmessung z. B. mit Crimphöhen-Messschieber

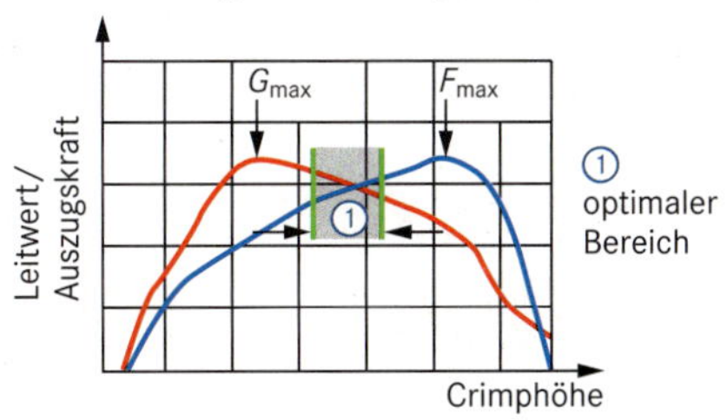

Leitungsverbindungen

- **Vorgaben** (DIN VDE 0100-520)
  - Anschlussklemmen:
    Anschluss nur eines Leiters
  - Verbindungsklemmen:
    Anschluss mehrerer Leiter
  - Anschlussstellen mit mechanischen Erschütterungen:
    Keine Löt- oder Schweißverbindungen
  - Verbindungen bei Ein- und Mehraderleitungen in Installationsrohren:
    Kästen, Dosen, Muffen
  - Mehr- und feindrähtige Leitungen:
    Schutz vor Abspleißen und Abquetschen durch Aderendhülsen oder Kabelschuhe
  - Anschluss- und Verbindungsstellen:
    Auswahl nach Anzahl und Querschnitt der Leiter

- **Installationsdosen** (DIN VDE 0606)
  - Gerätedosen:
    Einbau von Steckdosen und Schaltern
  - Geräteanschlussdosen:
    Fester Anschluss eines Gerätes über eine flexible Leitung
  - Deckenleuchten-Verbindungsdosen:
    Anschluss von Leuchten und Einbau von Verbindungsklemmen
  - Deckenleuchten-Anschlussdosen:
    Anschluss von Leuchten
  - Verbindungsdosen:
    Verbindung und Abzweigung von Leitern
  - Verbindungsmuffen:
    Verbindung von zwei Leitungen

Beispiele

- **Leuchtenklemme**

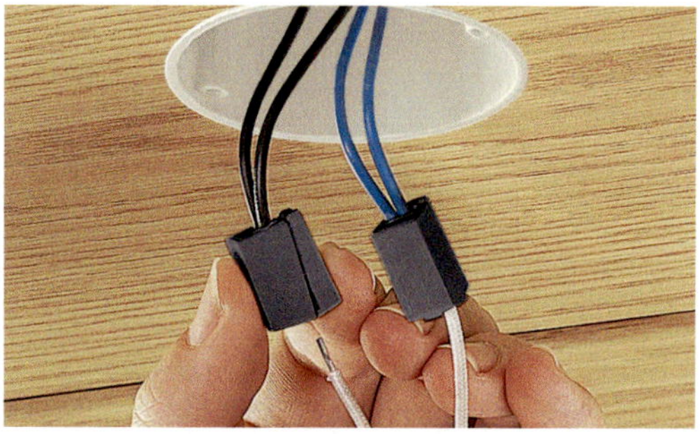

- Anschluss für ein-, mehr- und feindrähtige Leiter
- Querschnitt: 0,5 mm^2 ... 2,5 mm^2
- Abisolierlänge: 9 mm ... 11 mm
- Anschluss: Eckige Öffnung zusammendrücken und Leiter einstecken.
- Lösen: Öffnung zusammendrücken und Leiter herausziehen.

- **Verbindungsklemme**

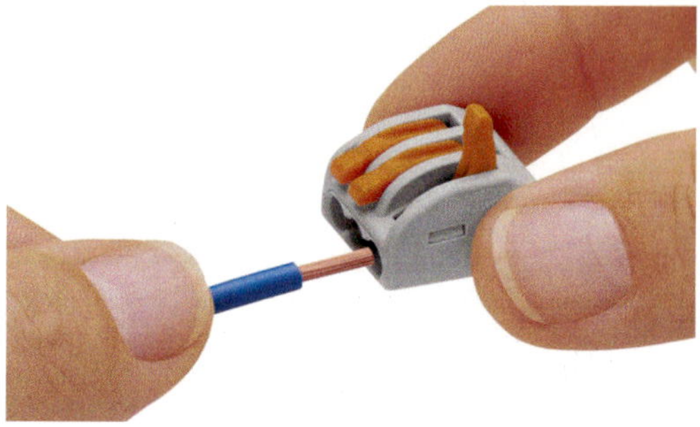

- Anschluss für bis zu fünf abisolierte feindrähtige Leiter bzw. ein- oder mehrdrähtige Leiter
- Querschnitt: 0,08 mm^2 ... 2,5 mm^2 bzw. bis 4 mm^2
- Abisolierlänge: 9 mm ... 10 mm
- Anschluss: Betätigungshebel öffnen, Leiter einstecken und Hebel in Ausgangslage zurückführen.
- Lösen: Mit Schraubendreher Feder runterdrücken.

- **Dosenklemme**

- Anschluss für eindrähtige Leiter
- Querschnitt: 1,5 mm^2 ... 2,5 mm^2
- Abisolierlänge: 5 mm ... 6 mm
- Anschluss: Leiter bis zum Anschlag einstecken.
- Lösen: Leiter festhalten und Klemme durch Drehen vom Leiter lösen

- **Reihenklemme**

- Anschluss für eindrähtige Leiter, Käfigzugfederanschluss
- Querschnitt: Massiv- und Litzenleiter bis 1,5 mm^2, je nach Hersteller auch bis 16 mm^2
- Anschluss: Mit Schraubendreher Feder eindrücken und abisolierten Leiter (4 mm ... 7 mm) in Kontaktelement einstecken ①, Schraubendreher herausziehen.
- Lösen: Schraubendreher einstecken u. Leiter herausziehen.

Anforderungen

- Die **Standfestigkeit** von Wänden darf nicht beeinträchtigt werden.
- Bei **Einhaltung** von vorgegebenen Werten für
  - Schlitztiefen,
  - Schlitzbreiten und
  - Schlitzlängen

  ist kein zusätzlicher statischer Nachweis der Standfestigkeit erforderlich.
- Zu berücksichtigende Werte sind abhängig von der **Wandart**.
- Zusätzlich beachten:
  Brandschutz (DIN 4102), Wärmeschutz (DIN 4108), Schallschutz (DIN 4109)

Wandarten und Vorgaben

Tragende Wand	Nichttragende Wand	Sonderbauteile
Werte siehe ① und ②	Schlitze - Horizontal und schräg ab Wanddicke ≥ 175 mm - Vertikal ab Wanddicke ≥ 115 mm Werte siehe ① und ②	Z. B. Schornstein - Keine Schwächung zulässig - Nachinstallation nur innerhalb der Putzauflage - Betriebstemperatur berücksichtigen

Tragende Wand

Horizontale und schräge Schlitze

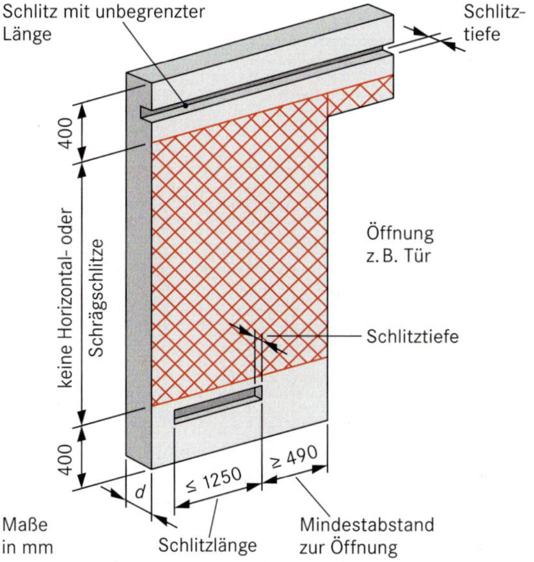

Vertikale Schlitze (Einzelschlitz)

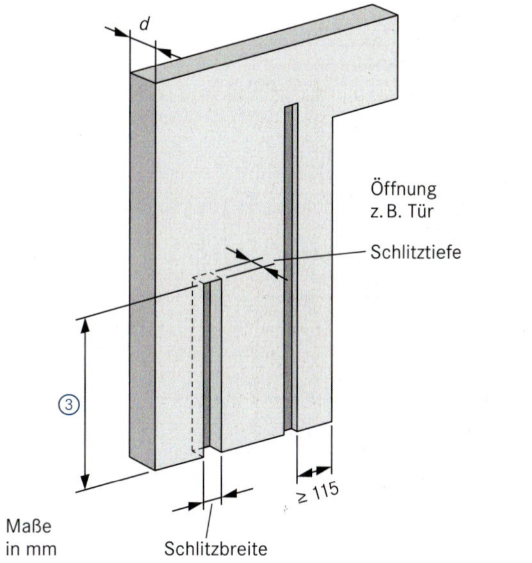

Schlitztiefen (horizontal und schräg) ①

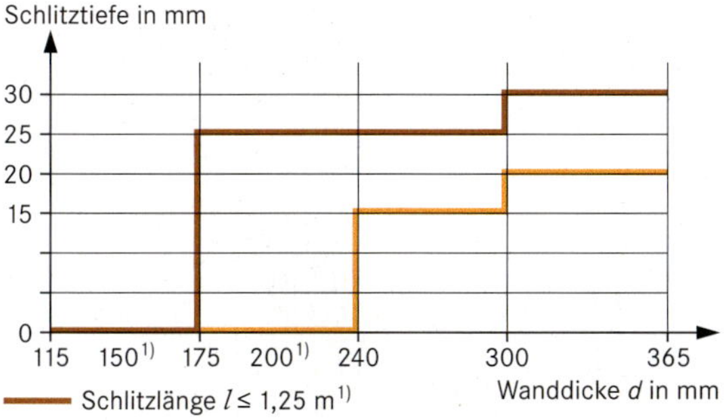

[1] Mindestabstand in Längsrichtung von Öffnungen ≥ 490 mm, vom nächsten Horizontalschlitz zweifache Schlitzlänge

[2] Die Tiefe darf um 10 mm erhöht werden, wenn die Tiefe genau eingehalten werden kann. Dann auch in Wänden ≥ 240 mm bei gegenüberliegenden Schlitzen mit jeweils 10 mm Tiefe.

Einzelschlitzbreiten (vertikal) ②

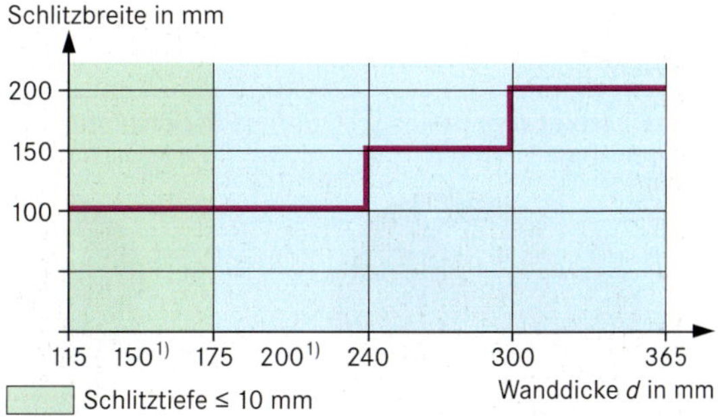

③ Schlitze bei Wanddicken ≥ 240 mm:
Bis maximal 1 m über der Fußbodenoberkante 80 mm Tiefe und 120 mm Breite

Vorgaben

- **Hohlwanddosen** (Geräte- und Verbindungsdosen) müssen nach DIN EN 60670 zugelassen und gekennzeichnet sein (Symbol siehe unten).
- Für Betriebsmittel, die diese Norm nicht erfüllen, sind spezielle Maßnahmen erforderlich (z. B. Umhüllung mit nicht brennbaren Materialien).
- **Leitungen**:
  - Keine Stegleitungen
  - Übliche PVC-Kabel oder PVC-Leitungen (NYM, NYY), offen, lose oder festverlegt
  - Anschlussstellen erfordern Leitungsrückhaltung
  - Kabelbündelungen vermeiden
  - **Empfohlene Brandlast**: $\leq$ 7 kWh/m^2, entspricht 16 Einzelleitungen NYM 3 x 1,5 mm^2 (0,44 kWh/m pro Leitung)
  - Horizontale Leitungsführung durch die Ausstanzungen in den Ständerprofilen
- Leitungsbündel in Metallständerwänden, die **Rettungswege** begrenzen:
  - Maximal 5 Einzelleitungen NYM 3 x 1,5 mm^2
  - Größere Anzahl im Installationskanal mit Feuerwiderstandsklasse I 30, I 60 oder I 90
- **Installationsrohre**:
  - Keine flammausbreitende Eigenschaften
  - Mindestdruckfestigkeit Klasse 2 (z. B. Typ 2221)
- **Befestigung** der Installationsgeräte:
  - Mit Schrauben
  - Nicht mit Krallen (Zerstörung der Dose)
- Anforderungen im **Holzbau** (Brennbare Hohlwände):
  - Gegenüberliegende Hohlwanddosen versetzt anordnen
  - Abstand von Hohlwanddose zu Holzständern $\geq$ 150 mm
  - Hohlwanddosen innerhalb des Hohlwandraumes vollständig mit Mineralwolle umgeben

Hohlwandarten

Nicht brennbare Hohlwände (DIN 4102-4)

- Trockenbauwände mit Metallrahmen und Gipskartonplatten
- Dämmstoff: Mineralfaser (Schmelzpunkt $\geq$ 1000 °C)

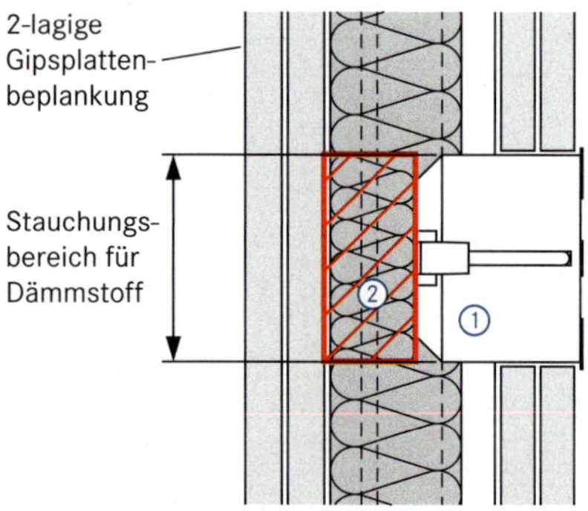

① Installationsdose
② Mineralfaser: Stauchung auf $\geq$ 30 mm zulässig

Brennbare Hohlwände

- Trockenbauwände in Holzständerbauweise
- Hohlwände mit brennbaren Dämmstoffen (Glaswolle, Kunststoff) oder ohne Dämmstoff

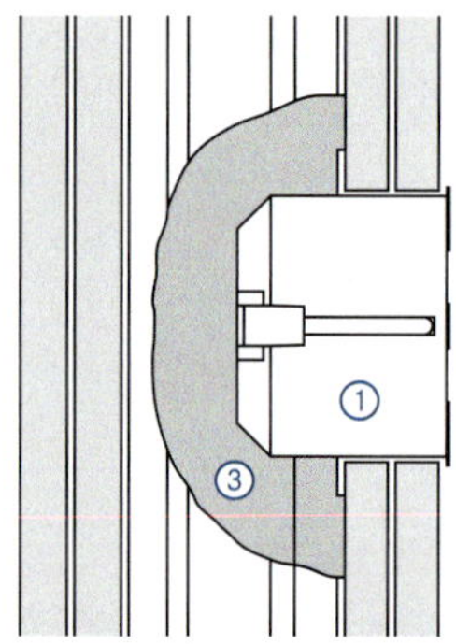

③ Gipsmörtel in Beplankungsdicke

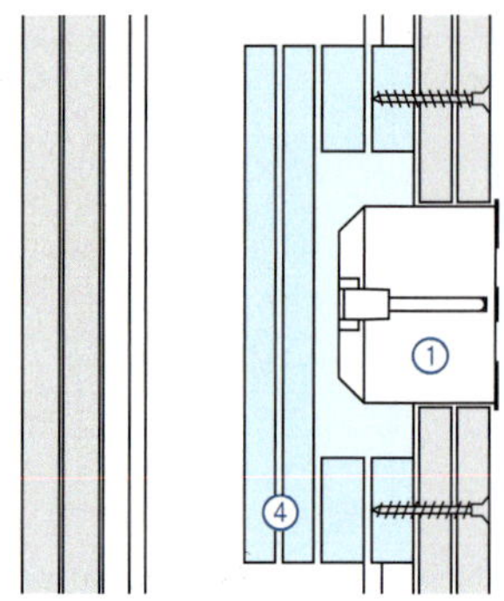

④ - Gipsplatten
- Fibersilikat (12 mm)
- Steinwolle (allseits 100 mm)

Hohlwanddosen

Kennzeichnungssymbol H
Standarddose (luftdicht)

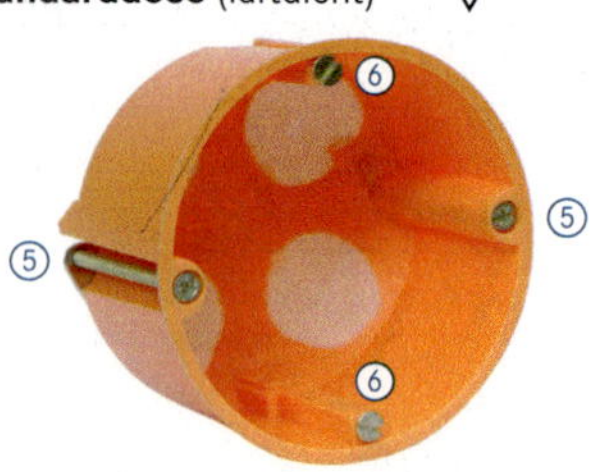

⑤ Befestigungskrallen
⑥ Schraubbefestigung für Installationsgeräte
Fräslochdurchmesser: 68 mm

Abgeschirmte Geräteverbindungsdose (medizinisch genutzte Räume)

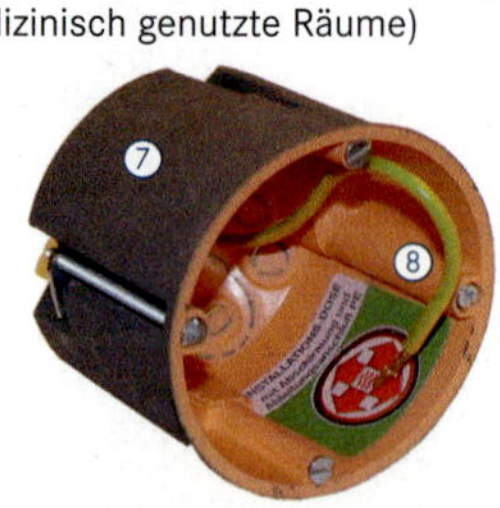

⑦ Leitfähige Beschichtung
⑧ Potenzialableitung (Anschluss nur am Kabelschirm, nicht am PE)
Fräslochdurchmesser: 68 mm

Hohlwanddose mit Dämmschichtbildner (Feuerwiderstandsklasse bis F90)

⑨ Dämmschichtbildner schäumt bei Brandeinwirkung selbsttätig auf; **keine** Umhüllung erforderlich
Fräslochdurchmesser: 74 mm

Kombinationsabstand für alle Dosenarten: 71 mm

Anforderungen

Luftdichtheit	Wärmebrückenfreiheit
Vermeiden von ungewollten Luftströmungen im Gebäude z. B. von - Luftzug durch Installationsrohr und Deckeneinbauten und - Luftaustausch durch Dampfsperrfolie.	Vermeiden von Wärmebrücken in der Außenfassade durch Einsatz geeigneter Geräteträger für - Steckdosen bzw. Schaltereinbau und - Einbau von Türsprechanlagen.
▪ Die Luftdichtheit bedeutet nicht **Winddichtheit**. ▪ Winddichtheit ist die Durchströmung der Außendämmung durch den Wind.	▪ **Wärmebrücken** an einem Gebäude leiten mehr Wärme nach außen ab als benachbarte Flächen oder Bauteile.

Maßnahmen

Installationsbereich	Gebäudehülle (Innen- und Außenseite)	Installationsrohrsysteme	Folienartige luftdichte Schichten (z. B. Dampfsperre)	Gedämmte Außenfassaden
Maßnahme	Luftdichte Geräte- und Verteilerdosen	Rohr mit Verschlussstopfen luftdicht schließen	Durchdringungsöffnung mit Luftdichtungsmanschette abdichten	Isolierende Gerätedosen und Geräteträger installieren

Beispiele

Luftdichte Unterputz- bzw. Hohlwanddose
- Mit Dichtungsmembran
- Für werkzeuglose Leitungs- bzw. Rohreinführung
- Luftdichter Abschluss für Rohr bzw. Leitung

① Hohlwanddose ② Dichtungsmembran

Rohreinführung mit Verschlussstopfen

③ Rohreinführung ④ Verschlussstopfen

Dichtungseinsatz
- Ermöglicht Nachrüstung konventioneller Dosen

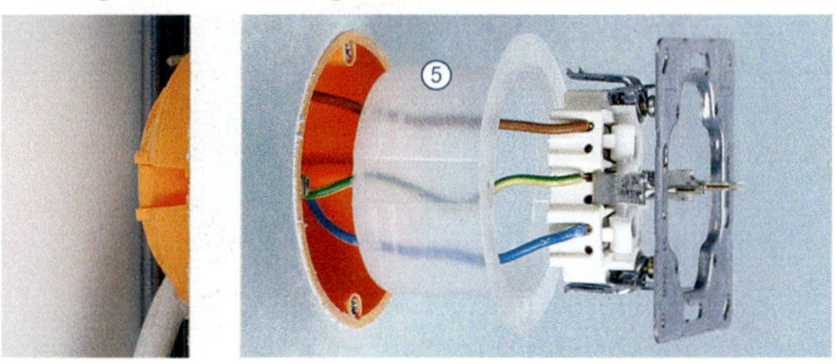

⑤ Dichtungseinsatz

Luftdichtungsmanschette
- Für Leitungs- oder Rohrdurchführung durch Dampfsperrfolie

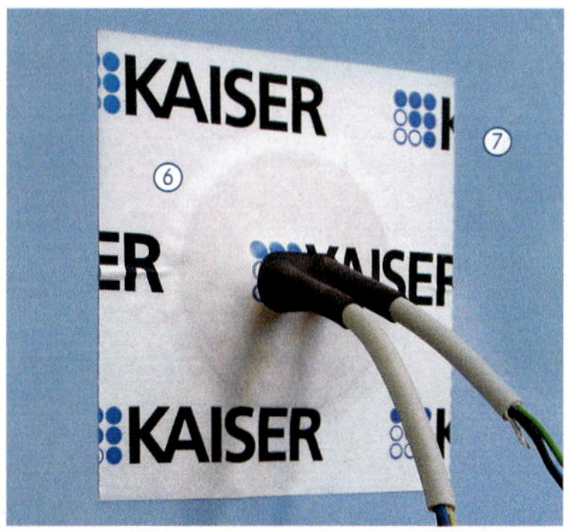

⑥ Luftdichtungsmanschette ⑦ Dampfsperrfolie

Geräteträger
- Zum Geräteeinbau (z. B. Türsprechanlage, Steckdosen) in gedämmter Außenfassade (wärmebrückenfrei)

⑧ Geräteträger ⑨ Gedämmte Außenfassade

Klassifizierungscode

- Klassifizierungscode mit 13 Stellen
- Gültig für nichtmetallene und metallene Rohrsysteme mit oder ohne Gewinde.
- Jedes Rohr mit dem Namen des Herstellers und einer Produktkennung gekennzeichnet.
- Mindestens die ersten **vier Ziffern** des Codes angegeben
- Diesen Code bei der Auswahl von Elektroinstallationsrohren (z. B. nach DIN VDE 0100-520) beachten

3 3 5 3 0 0 0 0 0 0 0 0

① ② ③ ④ ⑤ ⑥ ⑦ ⑧ ⑨

Kennziffer	Druckfestigkeit	Schlagfestigkeit	Minimale Gebrauchstemperatur in °C	Maximale Gebrauchstemperatur in °C
1	sehr leicht (125 N / 50 mm)	sehr leicht (0,5 kg / 100 mm)	+ 5	+ 60
2	leicht (320 N / 50 mm)	leicht (1,0 kg / 100 mm)	– 5	+ 90
3	mittel (750 N / 50 mm)	mittel (2,0 kg / 100 mm)	– 15	+ 105
4	schwer (1250 N / 50 mm)	schwer (2,0 kg / 300 mm)	– 25	+ 120
5	sehr schwer (4000 N / 50 mm)	sehr schwer (6,8 kg / 300 mm)	– 45	+ 150
6	nicht festgelegt	nicht festgelegt	nicht festgelegt	+ 250
7	nicht festgelegt	nicht festgelegt	nicht festgelegt	+ 400

① Widerstand gegen Biegung
② Elektrische Eigenschaften
③ Widerstand gegen Eindringen von Festkörpern
④ Widerstand gegen Eindringen von Wasser
⑤ Widerstand gegen Korrosion
⑥ Zugfestigkeit
⑦ Widerstand gegen Flammenausbreitung
⑧ Hängelast Aufnahmefähigkeit
⑨ Brandfolgeerscheinungen

Auswahl

- **Farben** für flammwidrige Installationsrohre
  - Standard: Alle Farben außer Gelb, Orange und Rot
  - Ausnahme: Die Farben Gelb, Orange und Rot dann, wenn eindeutig Flammwidrigkeit angegeben ist.
- **Halogenfreie** Elektroinstallationsrohre für Aufputzinstallation, z. B. in öffentlichen Gebäuden und Industrieanlagen

Anwendungsbereiche

Installationsform	Klassifizierungscode		
	2221 ⑩	3341 ⑪	5557 ⑫
Aufputz	ja	ja	ja
Im-/Unterputz	ja	ja	ja
Auf Holz	ja	ja	ja
Im Erdreich	nein	ja	ja
Im Beton	nein	ja	ja
Bei Maschinen und Anlagen	ja	ja	ja
Unterflur (Heißasphalt, Bitumen)	nein	nein	ja
Unter Estrich	ja	ja	ja
Fertigbauweise	ja	ja	ja
Im Freien	nein	nein	ja

Beispiele

2221 ⑩

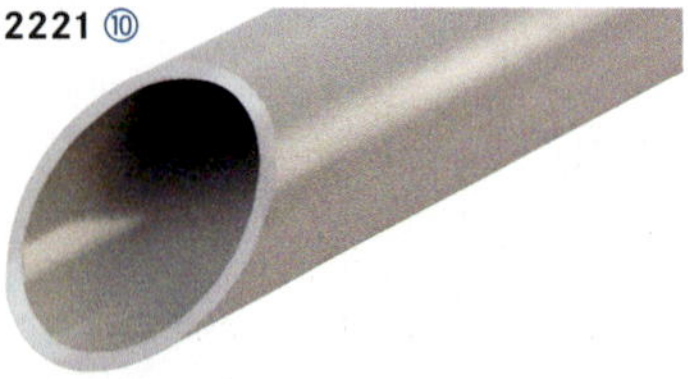

- Material PVC-U
- Leichte Druckfestigkeit
- Leichte Schlagfestigkeit
- Temperaturbeständigkeit von – 5 °C bis + 60 °C
- Starr
- Nicht flammenausbreitend
- Korrosionsfest

3341 ⑪

- Material PVC-U/PVC-P
- Mittlere Druckfestigkeit
- Mittlere Schlagfestigkeit
- Temperaturbeständigkeit von – 25 °C bis + 60 °C
- Biegsam
- Nicht flammenausbreitend
- Korrosionsfest

5557 ⑫

- Material rostfreier Stahl (V4A)
- Sehr schwere Druckfestigkeit
- Sehr schwere Schlagfestigkeit
- Temperaturbeständigkeit von – 45 °C bis + 400 °C
- Nicht flammenausbreitend
- Korrosionsfest

Einteilung

Anwendung
- Wand/Decke
- Sockelleiste
- Freistehend (Säule)
- Unterboden, Aufboden, bodenbündig

Werkstoff
- Kunststoff (PVC)
- Aluminium
- Aluminium mit Edelstahlaufdoppelung
- Stahl

Klassifizierung

- Merkmale des jeweiligen Kanaltyps:
  - Angabe durch Hersteller (z. B. Schlagfestigkeit, Temperaturbereich, Widerstand gegen Flammenausbreitung, Schutzarten)
  - Erkennbar durch Markierung (z. B. Produktnummer)

Spezifische Anforderungen

- Festgelegt für:
  - Anbau an Wand und Decke (DIN EN 50085-2-1)
  - Unterboden, Aufboden, bodenbündig (DIN EN 50085-2-2)
  - Freistehende Installationseinheiten (DIN EN 50085-2-4)

Brandschutz

- Brandschutzkanäle:
  - Halten bei Kabelbrand Flucht- und Rettungswege frei von Rauch (Feuerwiderstandsklasse I 30, I 60, I 90)
  - Schützen die Leitungsanalge gegen Brandeinwirkung von außen (Funktionserhalt; Feuerwiderstandsklasse E 30, E 60, E 90)
  - Bestehen aus speziellen Gipsplatten oder zementgebundenen Silikatplatten

Längenausdehnung

Werkstoff	Ausdehnungs-koeffizient	Längenänderung pro 2 m Kanallänge pro 20 K
Kunststoff	$\alpha = 71 \cdot 10^{-6}\ K^{-1}$	2,84 mm
Aluminium	$\alpha = 24 \cdot 10^{-6}\ K^{-1}$	0,96 mm
Stahlblech	$\alpha = 14 \cdot 10^{-6}\ K^{-1}$	0,56 mm

Metallene Kanäle

- Elektrische Schutzmaßnahmen:
  - Alle metallenen Komponenten einbeziehen
  - Unterbrechung an Wanddurchführung: Leitende Verbindung zum weiterführenden Kanal herstellen
  - Prüfen der Wirksamkeit nach Fertigstellung durch Errichter (DIN VDE 0100-600)
- Überprüfen durch Errichter:
  - Anzugsmomente der Kontaktschrauben an den Erdungsklemmen
  - Ordnungsgemäße Montage der Kupplungen

Bearbeitung

- Zuschneiden:
  - Feingezahnte Handsäge (Sägeblätter für Metall, Kunststoff, NE-Metalle)
  - Kreissäge (Sägeblattart und Schnittgeschwindigkeiten beachten, z. B. Aluminium, Hartmetallsägeblatt, 40 m/s)
- Bohren:
  - HSS Bohrer für alle Materialien; Bohrung bei Kunststoff **nicht** ankörnen; Ränder entgraten

Leitungsverlegung

- Leitungsarten:
  - NYM, Koaxialkabel, Telekommunikationsleitung
  - Einaderleitungen (z. B. H07V/U/R/K) nur, wenn das Kanaloberteil ausschließlich mit Werkzeug zu öffnen ist und nur die Adern eines Hauptstromkreises einschließlich der Adern des zugehörigen Hilfsstromkreises verlegt sind
    Ausnahme: Elektrisch abgeschlossene Betriebsstätte
- Gemeinsame Verlegung

  Energie- und Telekommunikationsleitungen:
  - Mindestabstand: 10 mm oder mit Trennsteg
  - Kombinierte Klemmeinrichtungen getrennt abgedeckt
  - Bei gemeinsamer Abdeckung: Berührungsschutz für Energieteil

  Verschiedene Telekommunikationsstromkreise:
  - Spannungsfestigkeit der Stromkreise gegeneinander erforderlich
  - Maßnahmen zur Vermeidung gegenseitiger elektrischer Beeinflussungen

  Energie- und Datenleitungen:
  - Verlegevorgaben nach DIN EN 50172-2 beachten

Kanalquerschnitt

- Abhängig von
  - Anzahl zu verlegender Leitungen
  - Geräteeinbauten im Kanal
- Kabelhäufung: Temperaturerhöhung berücksichtigen

Beispiel:
Getrennte Kammern für Datenleitungen ①, Energieleitungen ② und Einbaugeräte ③

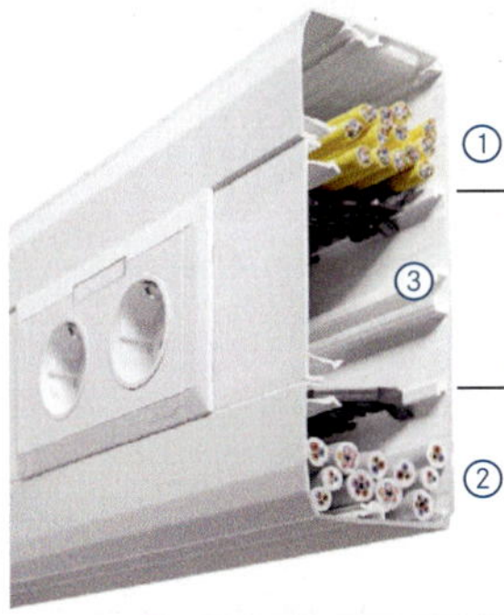

Trennabstand > 50 mm zwischen Daten- und Energieleitungen ohne zusätzliche elektromagnetische Barriere (DIN EN 50174-2)

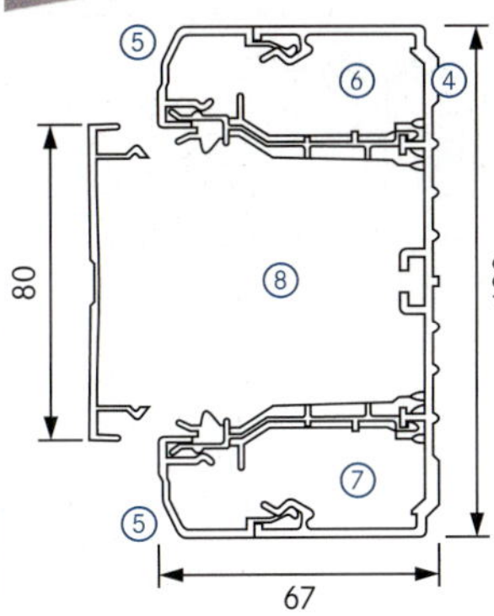

Leitungsanzahl
Füllgrad 50 %

NYM-J 3x1,5 mm²
⑥ 10 Leitungen
⑦ 8 Leitungen

Netzwerkleitung
⑥ 15 Leitungen
⑦ 12 Leitungen

Maße in mm

④ Grundträger ⑤ Abnehmbare Eckteile ⑧ Einbaugeräte

Unterscheidung

Ortbeton	Werksfertigung
Schalung auf der Baustelle errichtet und mit Beton verfüllt	Wand- und Deckenelemente hergestellt als Großtafelelemente im Werk und montiert auf der Baustelle

Anforderungen

- Dosen und Installationsrohre mit
  - mechanischer Festigkeit (Rütteln, Betongewicht),
  - Dichtheit (Volllaufen mit Betonmilch) und
  - erhöhter Umgebungstemperatur (Abbindetemperatur des Betons bzw. beheizte Schalung).
- Dosenarten und Kästen müssen für die Installation in Beton zugelassen sein (DIN VDE 0606-1).
- **Kennzeichen** B

Installationsrohre und Leitungen

- **Installationsrohre**
  - Standardmäßig Druckfestigkeitsklasse 3 (empfohlen Klasse 4)
  - Druckfestigkeitsklasse 2, wenn das Rohr in einer Aussparung verlegt und mit Beton bedeckt wird
  - Temperaturstabilität berücksichtigen

  Hinweis: Auf mechanische Unversehrtheit der Rohrinstallation vor der Einbringung des Betons achten
- **Aderleitungen**
  - Typ H07V... zulässig in Installationsrohr (Druckfestigkeitsklasse 3, wenn keine extremen Stampf- und Rüttelprozesse zu erwarten sind; empfohlen wird Druckfestigkeitsklasse 4)
- **Mantelleitungen**
  - Typ NYM nur direkt in Beton, wenn keine Schüttel-, Rüttel- und Stampfprozesse zu erwarten sind; anderenfalls Verlegung in Installationsrohr (Druckfestigkeitsklasse min. 3, besser 4)
  - Typ NYY (NAYY, NI2XY) ohne zusätzliche Bewehrung

Beispiele

Wandgerätedose beidseitig

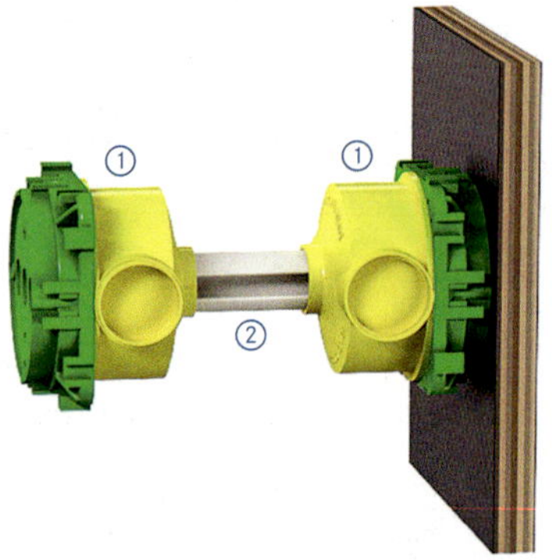

- Die Befestigung der Dosen ① erfolgt auf der Arbeitsschalung (annageln, dübeln, kleben).
- Einbauten für die gegenüberliegende Seite werden ebenfalls auf der Arbeitsschalung mit Hilfe von Stützelementen (Abstandshalter) ② befestigt.

Geräteverbindungsdose

- Die Befestigung der Dosen ③ erfolgt an der Bewehrung ④ (einklemmen und mit Draht gegen Verschieben sichern).

Gehäuse für Einbauleuchte (Halogen)

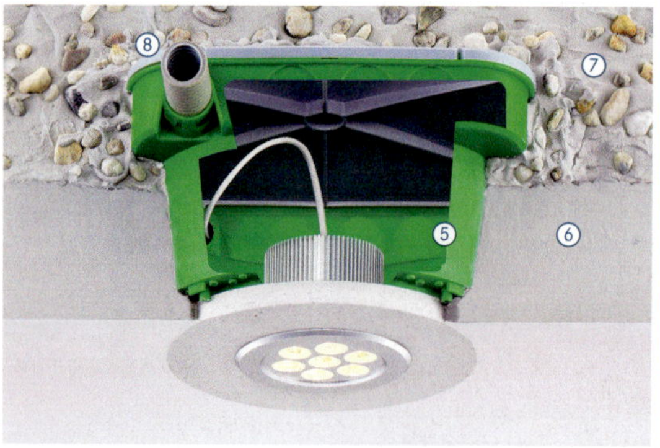

⑤ Einbaugehäuse ⑦ Ortbeton
⑥ Plattendecke ⑧ Leerrohr

Wand-/Deckenübergang

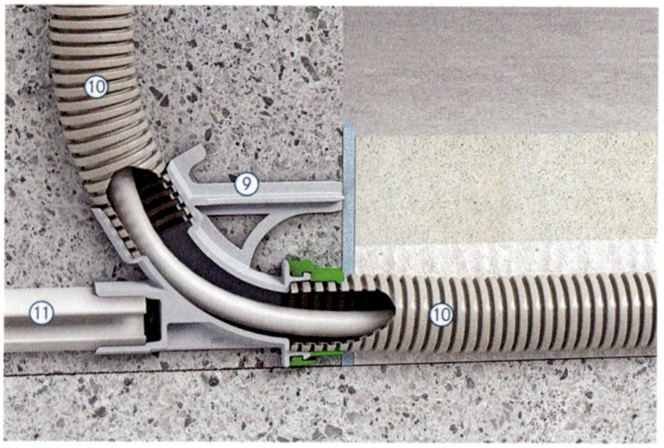

⑨ Formstück für Bogenübergang ⑩ Leerrohre
⑪ Stützelement

Mauerwerk

Vorbohren

- Mit einer **Bohrmaschine** ein Loch vorbohren.
- Für Mehrfachdosen in senkrechter oder waagerechter Position **Bohrschablone** verwenden.
- Kombinationsabstand vorher zentriert bohren.

Bohren

- **Bohrkrone** mit einer **Vorrichtung zur Staubabsaugung** auf Bohrmaschinen-Spindel aufschrauben.
- Löcher mit Durchmesser von z. B. 68 mm oder 82 mm bohren.

Meißeln

- Mit einem **Meißel** beide Bohrkerne aus der Mauer ausmeißeln.
- Öffnungen zur Kabeleinführung für die Kombinationsdosen sorgfältig ausarbeiten.

Eingipsen

- Wand anfeuchten.
- Öffnungen in der Mauer im hinteren Teil mit Gips oder anderem **schnell aushärtendem Material** vorbereiten.

Positionieren

- Genaue Positionierung von z. B. Gerätedosen in der Mauer mittels **Libellendeckel**
- Kombination in die Öffnungen einsetzen und ausrichten.

Ausrichten

- Die **Wasserwaage** im Libellendeckel ermöglicht eine genaue waagerechte bzw. senkrechte Ausrichtung der Gerätedosen in der Mauer.
- Nach Aushärten die Leitungen einführen und die Adern verklemmen.

Hohlwand

Bohren

- Fräsloch mit **Bohrmaschine** vorbohren und mit montierter **Fräskrone** ausarbeiten.
- Bei Nachinstallation auf verlegte Leitungen achten (Frästiefe).
- Auf exakten Durchmesser der Fräskrone achten.

Fräsen

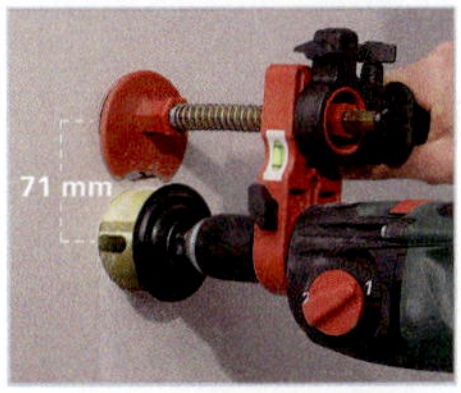

- Bohrmaschine mit montiertem Aufsatz als **Abstandfräser**
- Erste Öffnung fräsen, **Zentrierteller** dort einsetzen und zweite Öffnung fräsen.
- Umstellung auf verschiedene Öffnungsgrößen ist möglich.

Fräsen mit Staubabsaugung

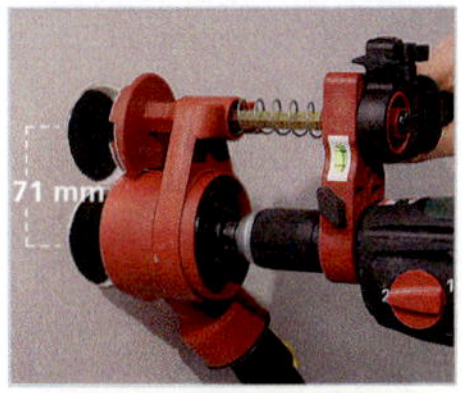

- Umstellung von z. B. 71 mm auf 91 mm Durchmesser ist möglich.
- **Vorrichtung zur Staubabsaugung** unterhalb anschließen.

Locherstellung

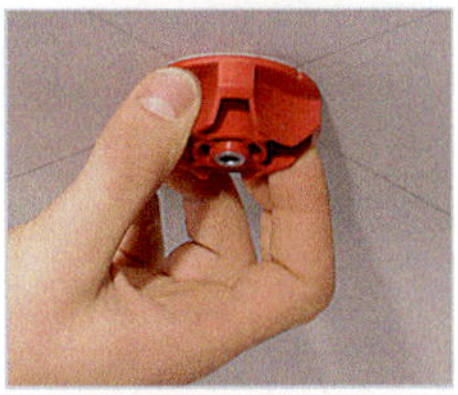

- Bohrmittelpunkt markieren.
- **Schneidzentrierer** am Ausschnitt ansetzen.
- Vorgeschriebene Drehzahl an der Bohrmaschine einstellen.
- Metallbleche vor dem Fräsen vorbohren (z. B. 6 mm).

Loch schneiden

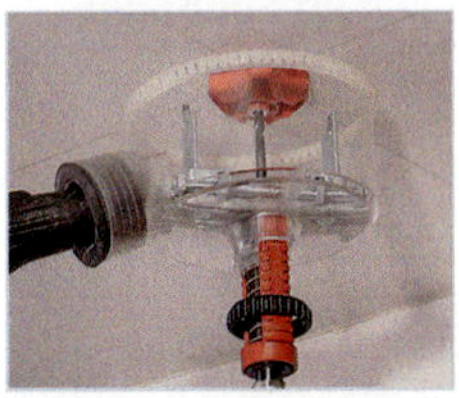

- **Lochschneider** für Kreisausschnitte in Hohlwänden, z. B. zum Leuchteneinbau, verwenden.
- Lochdurchmesser und Schnitttiefe bis 45 mm einstellen.
- Nach Anbohren Schutzgehäuse ansetzen u. Öffnung schneiden.

Bohren

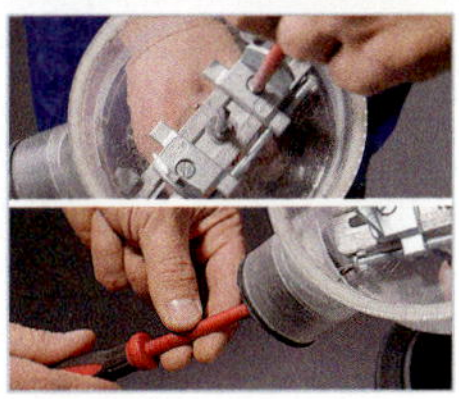

- **Zentrierbohrer** am Schneidzentrierer ansetzen und die Öffnung anbohren.
- Bohrmaschine sofort ausschalten, wenn das Material durchtrennt ist.
- Erst bei Stillstand den Lochschneider entfernen.

Hinweis zur Arbeitssicherheit: Schutzbrille tragen und für Staubabsaugung sorgen.

Leitungsführung in Wohnräumen

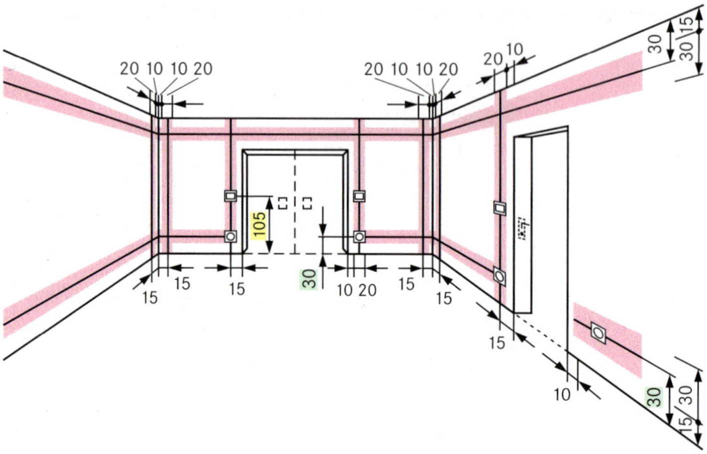

- Senkrechte Installationszonen bei zweiflügeligen Türen, Fenstern und Wandecken beidseitig
- Installationszonen in Räumen mit schrägen Wänden, z. B. ausgebautes Dachgeschoss, parallel zu Bezugskanten

Vorzugsmaße in cm

Installationszonen

Vorzugshöhen für Schalter

Vorzugshöhen für Steckdosen

Leitungsführung in Räumen mit Arbeitsplatten

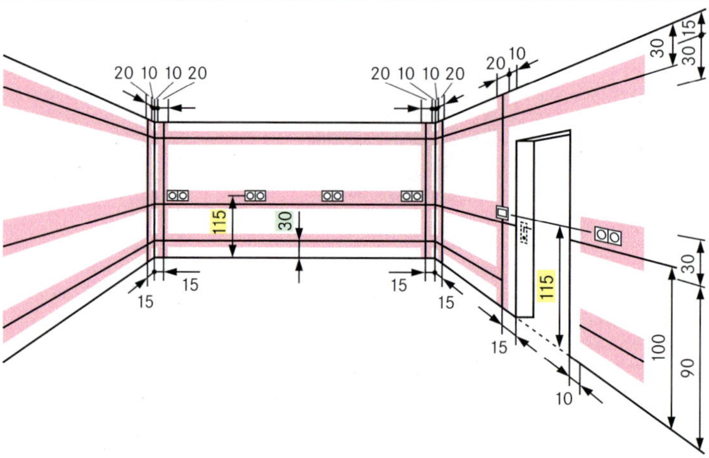

- Mittlere waagerechte Installationszone nur in Räumen mit Arbeitsflächen, z. B. Küchen
- Senkrechte Installationszone bei einflügeligen Türen nur einseitig auf der Schlossseite

Vorzugsmaße in cm

Installationszonen

Vorzugshöhen für Schalter

Vorzugshöhen für Steckdosen

Leitungsführung auf der Rohdecke im Fußboden

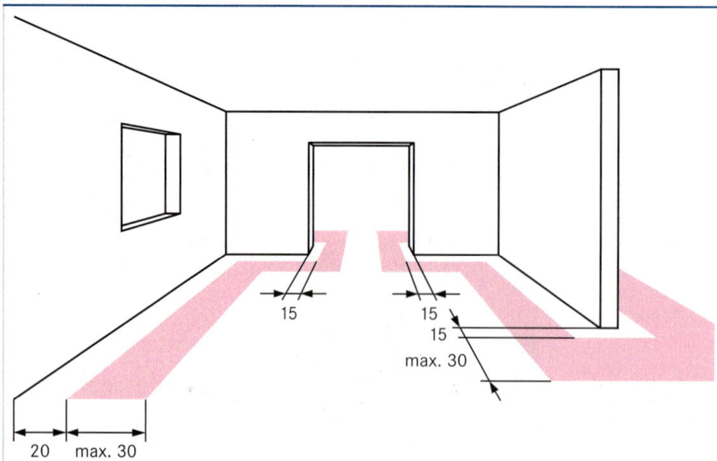

- Leitungen direkt auf der Rohdecke, darüber z. B. Schallschutz, Estrich und Bodenbelag
- Leitungsverlegung bei Fußbodenheizung nach DIN 18560-2
- Mindestabstand von Installationszonen verschiedener Gewerke zur Wand 20 cm
- Breite der Installationszonen für Elektroleitungen, Heizungs- und Wasserrohre 30 cm (vgl. DIN 18015-3)

Vorzugsmaße in cm

Installationszonen

Hausanschluss bis zu den Zählerplätzen

Leiterbemessung zwischen Messeinrichtung und Stromkreisverteilern bei folgenden Abständen bis

- 42 m: 10 mm²
- 68 m: 16 mm²
- 104 m: 16 mm²

Leitung z. B. NYM

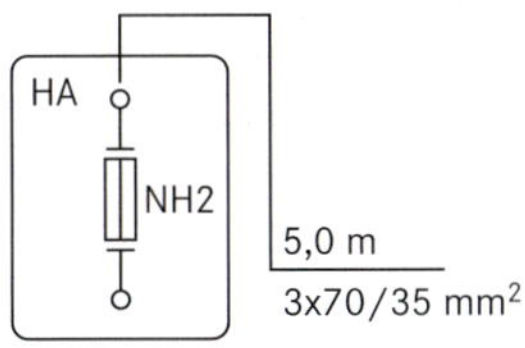

HA 400/250 A

Abgänge 1 bis 6 von Messeinrichtungen zu den Stromkreisverteilern z. B. NYM 5 x 16 mm²

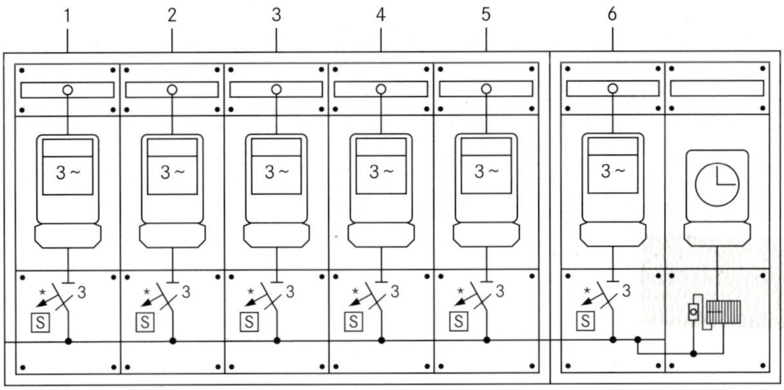

S: Selektiver Hauptleitungs-Schutzschalter (SH-Schalter)

Rastersystem

Zählerplatzflächen nach DIN 43870

Angaben zur jeweiligen Höhe in mm

Gesamthöhe	Oberer Anschlussraum 1) ①	Zählerfeld ②	TSG-Feld 2)	Unterer Anschlussraum 4) ③
900	450	–	300	150
900	150	450	–	300
1050	300	450	–	300
1200	150	750 3)	–	300
1350	300	750 3)	–	300

1) Installation von Betriebsmitteln, z. B. Überstrom-Schutzorgane (≤ 63 A), für die Zuleitung zum Stromkreisverteiler, nicht zulässig für Installation als Stromkreisverteiler laut DIN 18015-1 und -2

2) **T**arif**s**chalt**g**eräte-Feld bei dreireihigem Verteiler

3) Zählerfeld für zwei Zähler

4) Installation von Trennvorrichtungen, z. B. SH-Schalter

Beispiel:

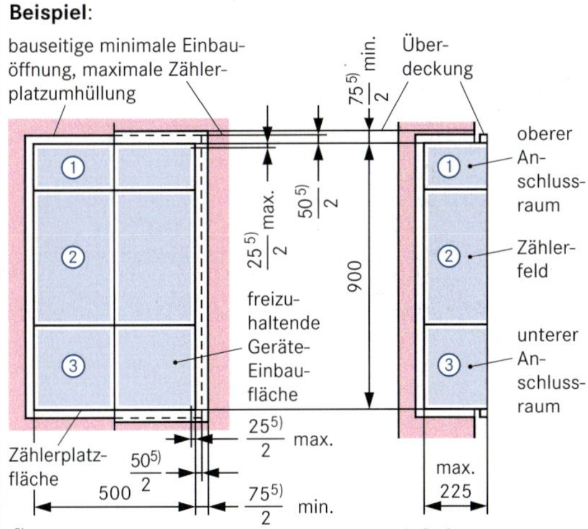

5) Gesamtmaß für beide Seiten

Frontansicht

Maße in mm

Seitenansicht

Sammelschieneneinspeisung

Installation:

- Universalschrank geeignet für Montage
  - auf Putz und Einbau in die Wand bis zur Bündigkeit mit dem Putz und
  - mit stufenlosem Tiefenausgleich, Einbau z. B. bei Unebenheiten an der Wand
- Möglichkeit der Leitungseinführung z. B. im unteren Anschlussraum von unten oder von der Seite
- Leitungseinführung über Zugentlastungsschelle
- Flexible Verbindungsleitungen (z. B. Sonder-Gummiaderleitung NSGAFÖU 50, 70 oder 95 mm²) zwischen Anschlussklemmen ⑤ und Sammelschienen ⑥
- Anschluss an 4-polige Sammelschiene oder 5-polige Sammelschiene (z. B. 12 x 5 mm Cu) mit Sammelschienenverbindern ⑥

Beispiel:

Seitliche Durchführung der Anschlussleitung ④

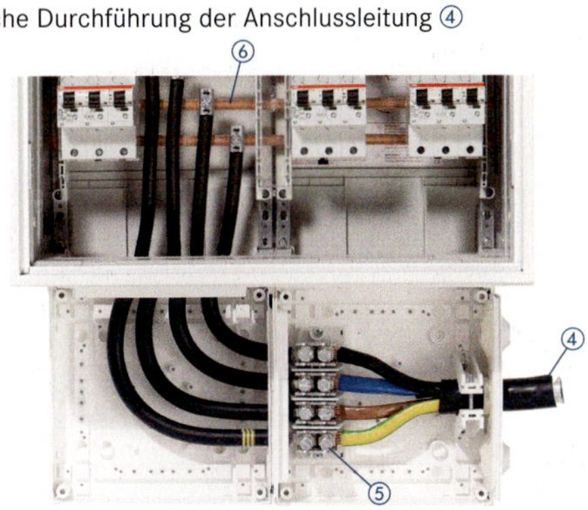

Arten

Kleinverteiler
- Unterputz
- Aufputz
- Hohlwand

Wandverteiler
- Doppelt isoliert oder geerdet
- Flachverteiler

Standverteiler
- Schränke mit doppelter Isolierung oder geerdet

Baustromverteiler
- Anschlussschränke
- Verteilerschränke
- Hauptverteilerschränke
- Kleinbaustromverteiler
- Steckdosenverteiler

Installation von Kleinverteilern

- **Ort**
  - Einfamilienhäuser:
    Stromkreisverteiler zum Einbau in der Wand
  - Mehrfamilienhäuser:
    Stromkreisverteiler in jeder Wohnung (in oder auf der Wand)
- **Ablauf**
  - Mauerkasten für den Verteiler montieren.
  - Verteiler auf Traggerüst setzen, Geräte montieren und in den Mauerkasten einbauen.
  - Abdeckung aufsetzen und mit Schnellverschluss befestigen.
  - Stromlaufplan und Visitenkarte in der Tür ablegen.
- **Leitungsanschluss**
  - Anschlussklemmen für Fehlerstrom-Schutzeinrichtungen (RCDs) ①
  - Schalterverdrahtung für 1-, 2-, 3- und 4-reihige Verteiler
  - Seitlicher Verdrahtungskanal ②
  - Schnellmontage durch einrastbare Leitungsschutz-Schalter
  - Platz für 12 Teilungseinheiten je Reihe ③
  - Zubehör wie Anbaustutzen, Abdeckstreifen, Beschriftungsleisten und Kabelblenden
  - Leitungsöffnungen wegen der Schutzart (IP30) verschließen ④

Beispiel:
Unterputz-Kleinverteiler, 4-reihig

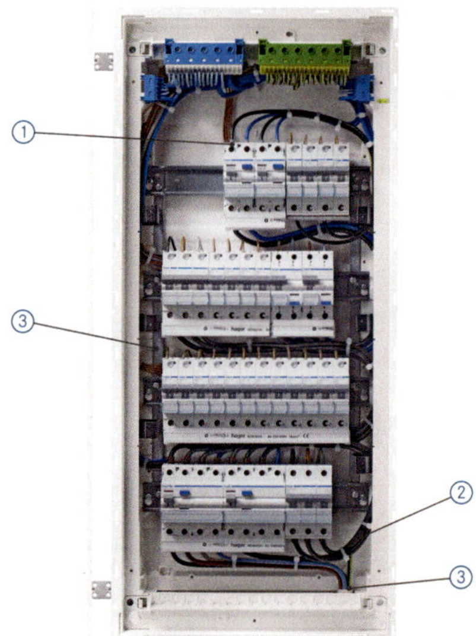

Kombinierte Verteiler

- **Energietechnik**
  - 3-reihig in Einraumwohnungen
  - 4-reihig in Mehrraumwohnungen

Einbaustellplätze für:

- **Gebäudesystemtechnik**
  - Installationsrohr (Durchmesser M25) zur Aufnahme von Steuerleitungen für Verbrauchsmittel zum Steuern und Regeln
- **Kommunikationstechnik**
  - Wohnungsübergabepunkt für die Verteilung der Informationstechnik (z. B. PC) ⑤ und Telekommunikation (z. B. Radio, Fernsehen) ⑥
- Überspannungsschutz
  - Überspannungsschutzgeräte, Typ 2 ⑦

Hinweis:
Die Verkabelung des Verteilers für Energie- und Datenverteilung erfolgt nach DIN EN 50173-4.

Beispiel:
Verteiler für Energie und Daten

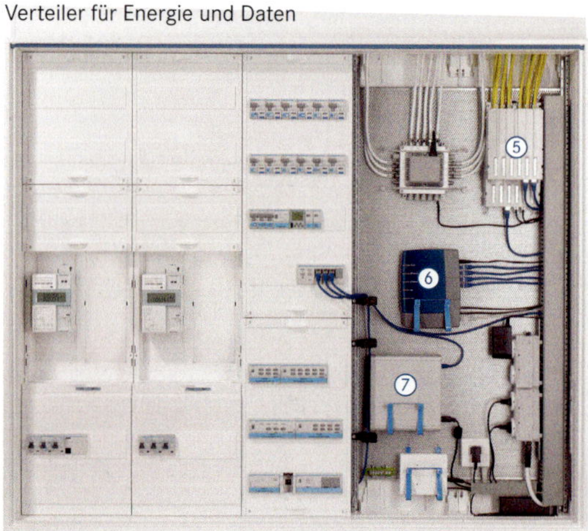

Merkmale

- Sie dienen zur Verteilung und Absicherung der elektrischen Energie für die eingesetzten elektrischen Betriebsmittel auf Bau- und Montagestellen.
- Die Art des **Bau**strom**v**erteilers (**BSV**) ist abhängig von der jeweiligen Funktion (z. B. Anschlussschrank).
- Für jede Art ist festgelegt
  - Art des Anschlusses (festangeschlossene Leitung oder Steckvorrichtung),
  - maximale oder minimale Bemessungsstromstärke,
  - Abschalteinrichtung (Trenner, Lastschalter),
  - notwendige Schutzeinrichtungen (Überstromschutzeinrichtung, RCDs),
  - Art des Abganges (Klemmen oder Steckvorrichtung) und
  - Verschließbarkeit.
- Die **Übergabeschnittstelle** zwischen Verteilnetzbetreiber und der Baustellenanlage (**Speisepunkt**) liegt im Anschlussschrank (ggf. mit zusätzlichen Verteileinrichtungen).
- Die **zulässigen Netzsysteme** sind festgelegt
  - vor dem Speisepunkt mit TN-C-, TN-S-, TT- und IT-System und
  - hinter dem Speisepunkt mit TN-S-, TT- und IT-System.
- **Erdungsmaßnahmen** hinter dem Speisepunkt sind erforderlich bei TT- und IT-Systemen und bei Kleinbaustromverteilern.
- Bei Anwendung von elektrischen Betriebsmitteln, die mit Frequenzumrichtern gesteuert werden (z. B. Kränen), sind RCDs vom Typ B (allstromsensitiv) einzusetzen.
- **Prüfung:** RCD arbeitstäglich auf Funktion, BSV monatlich (Prüffristen sind Unternehmerverantwortung)
- Kleine Baustelle: Einsatz von Steckdosenverteilern, Schutzverteiler in Form von **PRCD-S** (**P**ortable **R**esidual **C**urrent **D**evice - **S**afety)
- Normen und Bestimmungen: u. a. DIN VDE 0100-704, BGI 608, Technische Anschlussbedingungen des Verteilnetzbetreibers (VNB).

Schrankarten

- **Anschlussschrank**
  - Anschluss der Baustellenanlage an das örtliche Verteilnetz (enthält Zähler, kann weitere Betriebsmittel enthalten)
  - Anschluss-Verteilerschrank: Kombination von Anschluss- und Verteilerschrank für kleine Baustellen
- **Hauptverteilerschrank**
  Verbindet Anschlussschrank mit weiteren Verteilerschränken; enthält keine Steckdosen; Anschlüsse nur über Klemmen; üblich auf großen Baustellen
- **Verteilerschrank**
  Ähnlich Hauptverteilerschrank; Bemessungsstromstärke bis 630 A; Abgänge über Klemmen/Steckdosen
- **Endverteiler**
  Ähnlich Verteilerschrank; Bemessungsstromstärke bis 125 A; Abgänge über Klemmen/Steckdosen
- **Steckdosenverteiler**
  Enthält nur Steckdosen als Abgänge

Anschluss-Verteilerschrank

Beispiel: Anschlussleistung 44 kVA

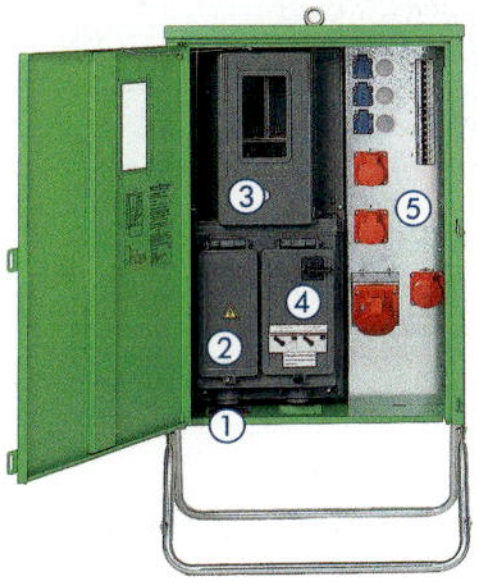

① VNB-Anschlussleitung
② Anschlussklemmen/Anschlusssicherungen
③ Zählerplatz
④ Hauptschalteinrichtung/Hauptsicherung/RCD
⑤ Leitungsschutz-Schalter/Steckdosenabgänge

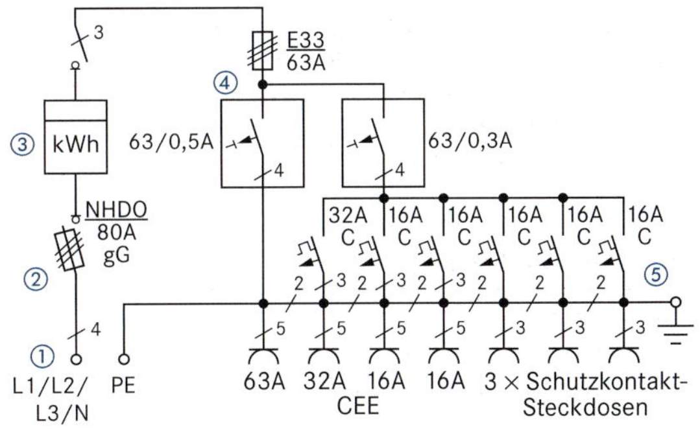

Anschluss

Beispiel:

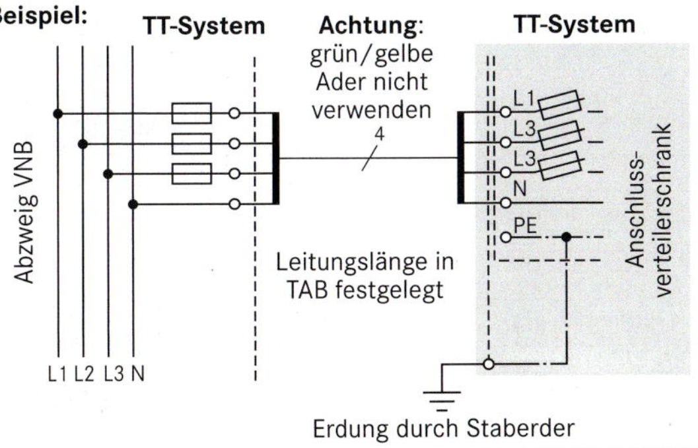

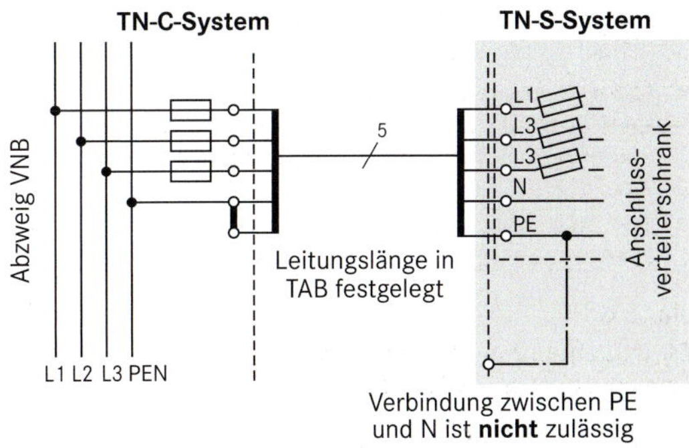

Funktionen

- Schutz gegen elektrischen Schlag
- Blitz- und Überspannungsschutz
- Schutz für Kommunikationsanlagen

Arten

- Stab- oder Ringerder
- Band- oder Seilerder
- Fundamenterder
- Plattenerder
- Metallbewehrung von Beton in der Erde
- Unterirdische metallene Konstruktionsteile

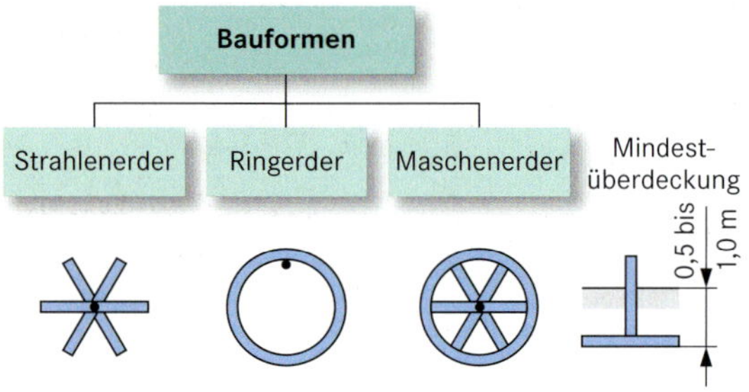

Verlegung

Oberflächenerder:
- Verlegung bis zu einer Tiefe von ca. 1 m
- Fundamenterder aus Rund- oder Bandstahl

Tiefenerder:
- Senkrechte Verlegung in mindestens 2,50 m Tiefe
- Verlegung als Staberder, z. B. feuerverzinkter Stahl, mit besonderem Korrosionsschutz an der Anschlussstelle über dem Erdboden
- Einbringen mit Hilfe eines Vibrationshammers

Ausführung

in unbewehrtem Fundament

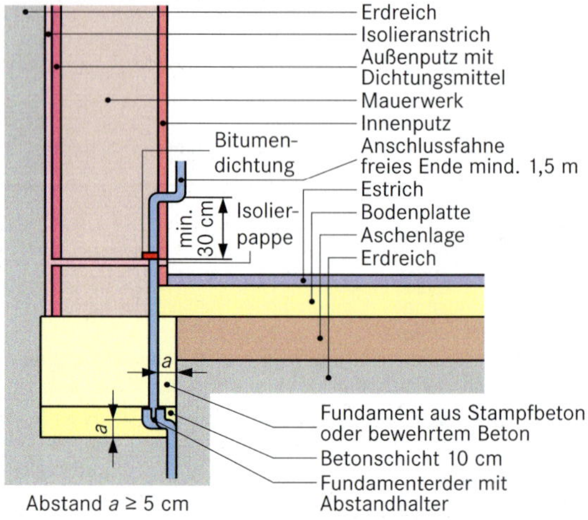

Erderverlegung und Maschenbildung

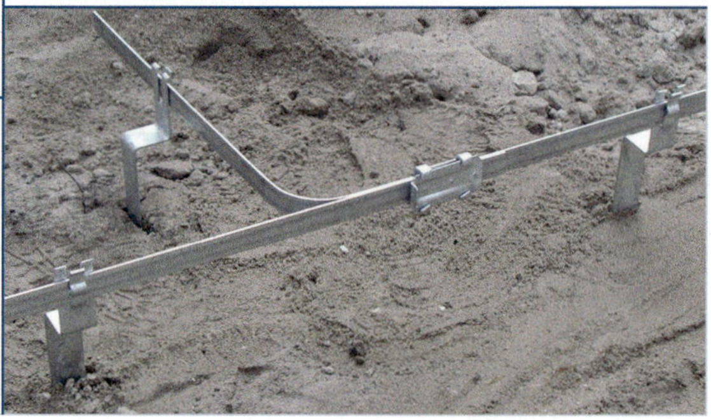

Mindestabmessungen und einzuhaltende Bedingungen für Erder

Erderform	Werkstoff	Mindestquerschnitt in mm²	Mindestdicke in mm	Anwendungen, Mindestabmessungen
Band	Stahl, feuerverzinkt	90	3	
Runddraht		78	10 mm Ø	- Oberflächenerder
Runddraht		201	16 mm Ø	- Tiefenerder, mit mindestens 70 µm Zinkauflage
Rohr		491	25 mm Ø	Mindestwandstärke 2 mm, 55 µm Zinkauflage
Profilstäbe		90	3	
Rundstab:	Stahl mit Kupferauflage			Beschichtung:
- mit Kupfermantel		177	15 mm Ø	- Tiefenerder mit 2000 µm Kupferauflage
- verkupfert		154	14 mm Ø	- Tiefenerder mit 90 µm Kupferauflage
Band	Kupfer	50	2	
Seil		25		Mindestdrahtdurchmesser 1,8 mm
Runddraht		25		Oberflächenerder
Rohr		314	20 mm Ø	Mindestwandstärke: 2 mm

Bei ausgedehnten Erdern aus blankem Kupfer oder Stahl mit Kupferauflage ist darauf zu achten, dass sie von unterirdischen Anlagen aus Stahl, z. B. Rohrleitungen und Behältern, getrennt gehalten werden. Andernfalls sind die Stahlteile einer erhöhten Korrosionsgefahr ausgesetzt.

Gebäudeanschlussraum mit Schutzpotenzialausgleich

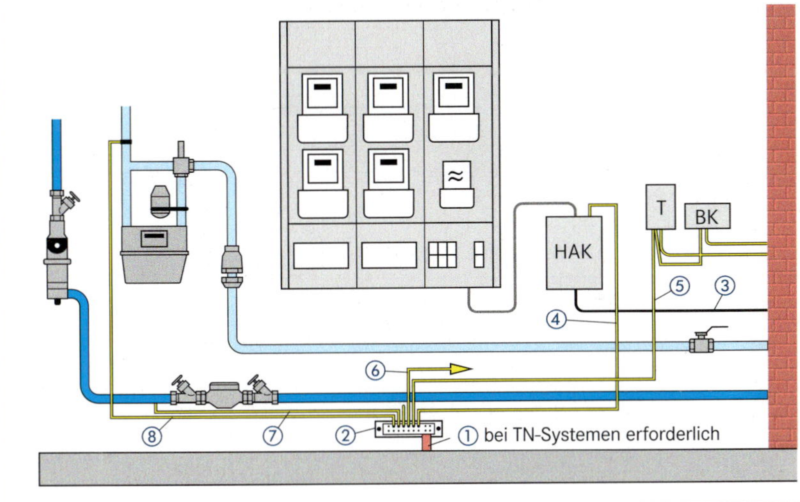

① Anschlussfahne des Fundamenterders
② Haupterdungsschiene (früher Potenzialausgleichsschiene, PAS)
③ Hauseinführungsleitung des VNB

Potenzialausgleichsleiter (PA-Leiter):
④ zum Hausanschlusskasten (HAK)
⑤ zur Telekommunikations- und BK-Anlage
⑥ zur Blitzschutzanlage
⑦ zur Wasserversorgungs- und Wasserentsorgungsanlage
⑧ zur Gasversorgungsanlage

Schutzpotenzialausgleich an der Haupterdungsschiene

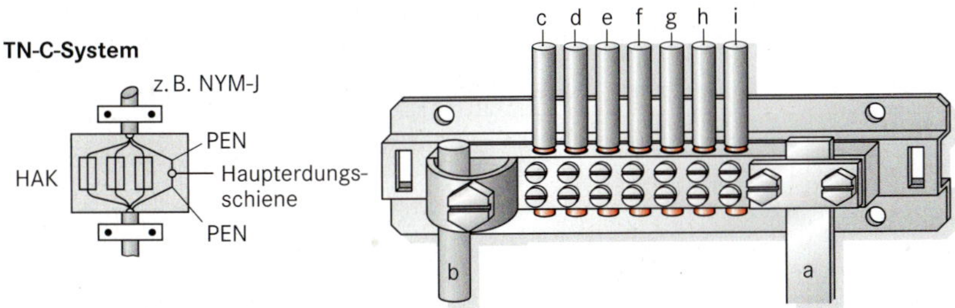

a Fundamenterder
b Blitzschutzanlage
c Heizungsanlage
d PE-Leiter zum HAK
e PE-Leiter zur Verteilung
f TK-Anlage
g Antennenanlage
h Gasversorgungsanlage
i Wasserversorgungsanlage

Zusätzlicher Schutzpotenzialausgleich bei leitender Standfläche

Darstellung	Erklärung	Anwendung (DIN VDE 0100...)
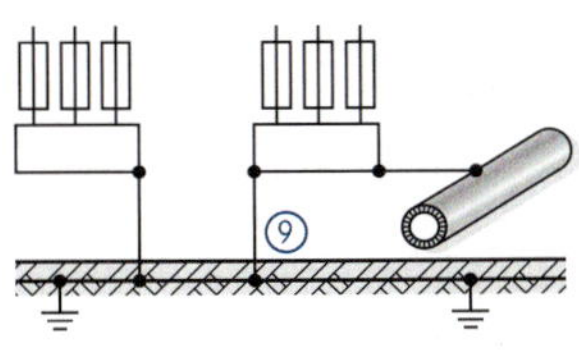	Schutzpotenzialausgleichsleiter ⑨ zwischen Körpern und leitfähigen Teilen, die innerhalb des Handbereichs liegen	▪ Schutzleitermaßnahmen (-410) ▪ Baderäume (-701) ▪ Schwimmbäder (-702) ▪ landwirtschaftliche Betriebe (-705) ▪ feuergefährdete Betriebe (-482) ▪ mobile Ersatzstromversorgungsanlagen (-551)

Leiterquerschnitte für Schutzpotenzialausgleichsleiter

Verbindung mit der Haupterdungsschiene		Verbindung für zusätzlichen Schutzpotenzialausgleich
Material	Mindestquerschnitt in mm²	Zwischen zwei Körpern von elektrischen Betriebsmitteln: $q_{PE1} \leq q_{PE2} \rightarrow q_P \geq q_{PE1}$ q_{PE}: Querschnitt des jeweiligen Schutzleiters q_P: Querschnitt des Schutzpotenzialausgleichsleiters
Kupfer	6	
Aluminium	16	Zwischen Körpern eines elektrischen Betriebsmittels und einem metallenen Konstruktionsteil: $q_P \geq 2{,}5\ mm^2$ bei mechanischem Schutz des Leiters, z. B. durch Elektroinstallationsrohr $q_P \geq 4\ mm^2$ bei Leitern ohne mechanischen Schutz
Stahl	50	

Eigenschaften

- Hauptschalter zum Trennen und Freischalten von elektrischen Anlagen
- Mögliche Montage an Sammelschienen mit rechteckiger Klemmenausführung
- Anschluss von Leitern mit Querschnitten von z. B. 0,75 mm² $\leq q \leq$ 32 mm²
- Bemessungsstromstärken z. B. 0,3 A $\leq I_n \leq$ 63 A
- Farbige Schaltstellungsanzeige z. B. im Betätigungsgriff

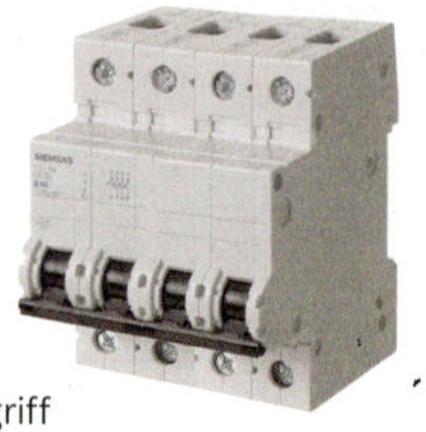

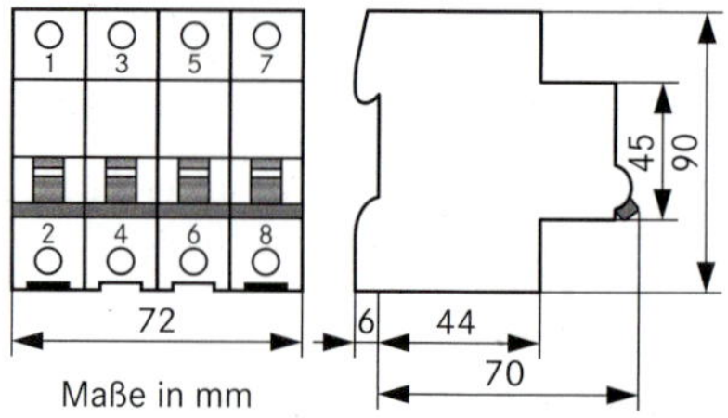

Maße in mm

Anschlüsse

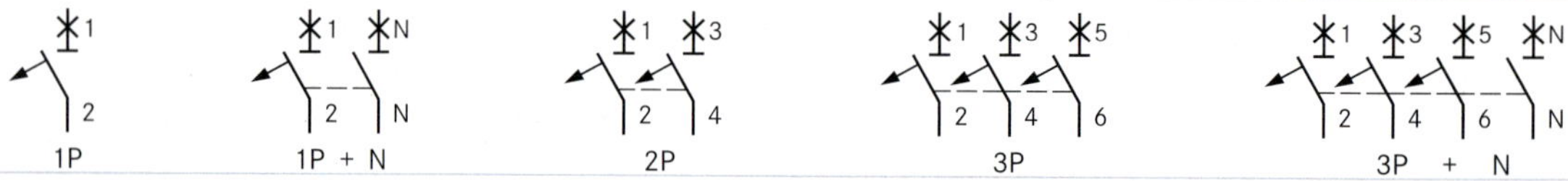

Auslösebedingungen

DIN VDE 0100-430

Bedingungen:

1. $I_b \leq I_n \leq I_z$

2. $I_2 \leq 1{,}45 \cdot I_z$

Nach der 2. Bedingung ist I_2 die Stromstärke, bei der spätestens nach einer Stunde der LS-Schalter abschalten muss. Sie darf maximal das 1,45-fache der maximalen Strombelastbarkeit der Leitung bzw. des Kabels betragen.

I_b: Betriebsstromstärke des Stromkreises
I_z: Zulässige Belastbarkeit der Leitung
I_n: Bemessungsstromstärke der Überstrom-Schutzeinrichtung
I_2: Ansprechstromstärke der Überstrom-Schutzeinrichtung (großer Prüfstrom)

Kennlinien

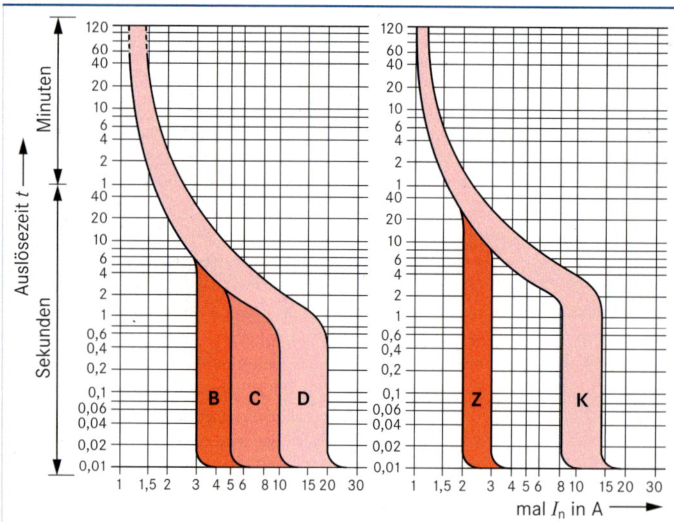

Auslöseverhalten

- **Thermische Auslösung** (Überstromschutz):
  - B, C, D: 1,13 · I_n bis 1,45 · I_n → $t_a \leq$ 1 h
  - Z, K: 1,05 · I_n bis 1,2 · I_n → $t_a \leq$ 1 h
- **Magnetische Auslösung** (Kurzschlussschutz):
  - B: 3 · I_n bis 5 · I_n → $t_a \leq$ 0,1 s
  - C: 5 · I_n bis 10 · I_n → $t_a \leq$ 0,1 s
  - D: 10 · I_n bis 20 · I_n → $t_a \leq$ 0,1 s
  - K: 8 · I_n bis 14 · I_n → $t_a \leq$ 0,2 s
  - Z: 2 · I_n bis 3 · I_n → $t_a \leq$ 0,2 s

Maximale Abschaltzeiten

- **Endstromkreise**
  - TN-System: $t_a \leq$ 0,4 s
  - TT-System: $t_a \leq$ 0,2 s
- **Verteilungsstromkreise:**
  - TN-System: $t_a \leq$ 5 s
  - TT-System: $t_a \leq$ 1 s

Diese maximal zulässigen Abschaltzeiten gelten für alle im Stromkreis eingesetzten Überstrom-Schutzeinrichtungen.

Auslösecharakteristiken

- Auslösecharakteristik **B**:
  - Leitungsschutz in Hausinstallationen für Licht- und Steckdosenstromkreise
- Auslösecharakteristik **C**:
  - Leitungsschutz für Geräte mit höheren Einschaltströmen, z. B. Lampengruppen und Motoren
- Auslösecharakteristik **D**:
  - Leitungsschutz für Geräte mit sehr hohen Einschaltströmen, z. B. Schweißtransformatoren und Motoren
- Auslösecharakteristik **Z**:
  - Überstromschutz von Leitungen
  - Steuerstromkreise ohne Stromspitzen
  - Messstromkreise mit Wandlern
  - Halbleiterschutz
- Auslösecharakteristik **K**:
  - Stromkreise mit hohen Stromspitzen durch Motoren, Transformatoren, Kondensatoren (Elektromagnetischer Auslöser hält hohe Einschaltstromspitzen aus.)

Begriffe und Größen

- RCD: Fehlerstrom-Schutzeinrichtung (FI-Schutzschalter) löst aus, wenn ein Fehlerstrom als Differenzstrom zwischen zufließendem und abfließendem Strom zum Versorgungsnetz auftritt.
- I_n: Bemessungsstromstärke, maximal zulässige Stromstärke für die Fehlerstrom-Schutzeinrichtung
- $I_{\Delta N}$: Bemessungsdifferenzstromstärke, Fehlerstromstärke, z. B. 30 mA, mit Auslösung spätestens nach 300 ms (meistens schon bei 200 ms).

  Bei größeren Fehlerstromstärken erfolgt die Auslösung der Schutzeinrichtung bei $t < 300$ ms.

Fehlerströme

Typ/Verlauf	AC  Wechselstrom sensitiv	A 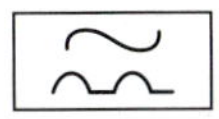 Pulsstrom sensitiv	B  Allstrom sensitiv
Stromart	Sinusförmiger Wechselstrom	Sinusförmiger Wechselstrom und pulsierender Gleichstrom	Wechselströme und Gleichströme
Verwendung	In Deutschland nicht zugelassen	Hausinstallationen	Frequenzumrichter und Photovoltaikanlagen
Kennzeichen (für alle Typen)	K — **K**urzzeitverzögerte Abschaltung: niedrige Ausschaltverzögerung von ca. 10 ms	S — **S**elektive Abschaltung: zeitverzögerte Abschaltung in Kombination mit weiteren RCDs möglich	

Arten

- **RCDs** (Typ A), netzspannungsunabhängig, zum Auslösen bei Wechsel- und pulsierenden Gleichfehlerströmen
  Ohne eingebaute Überstrom-Schutzeinrichtung:
  - **RCCB** (**R**esidual **C**urrent operated **C**ircuit-**B**reaker) nach DIN EN 61008-1 und DIN EN 61008-2-1

  Mit eingebauter Überstrom-Schutzeinrichtung:
  - **RCBO** (**R**esidual **C**urrent operated **C**ircuit-**B**reaker with **O**vercurrent Protection) nach DIN EN 61009-1 und DIN EN 61009-2-1
- **RCDs** – Typ B+ [1] – netzspannungsunabhängig zum Auslösen bei Wechsel- und pulsierenden Gleichfehlerströmen, netzspannungsabhängig bei glatten Gleichfehlerströmen
  Ohne eingebaute Überstrom-Schutzeinrichtung:
  - **RCCB** nach DIN VDE 0664-400

  Mit eingebauter Überstrom-Schutzeinrichtung:
  - **RCBO** nach DIN VDE 0664-401
- **PRCD** (**P**ortable **R**esidual **C**urrent **D**evice) ortsveränderlich, **ohne Überstromschutz** nach DIN VDE 0661-10

[1] Typ B+ für vorbeugenden Brandschutz

- **Fehlerstrom-Schutzschalter mit LS-Schalter (FI/LS-Schaltern, RCBOs)**
  - Schutzauslösung in Einphasen-Wechselstromkreisen
  - gleichzeitig Schutz gegen Kurzschluss und Überlast
  - Fehlerschutz zum Schutz gegen elektrischen Schlag
  - vorbeugender Brandschutz
  - Ausführung: 1-polig und 2-polig
  - LS-Auslösecharakteristik: B und C
  - Bemessungsstromstärken: 6 A bis 32 A
  - Auslöse-Empfindlichkeit: 10 mA oder 30 mA bei den 16 A-Schaltern bzw. 30 mA bei allen übrigen
  - Kombination (FI/LS) → Unerwünschtes Abschalten aufgrund betriebsbedingter Ableitströme wird vermieden.

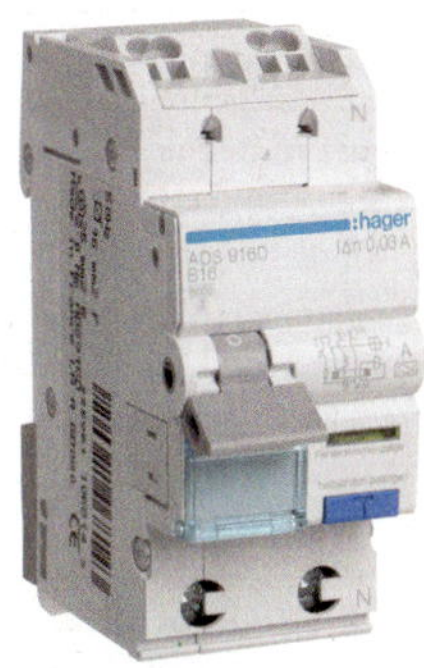

Abmessungen

Beispiel:
RCD, 2-polig

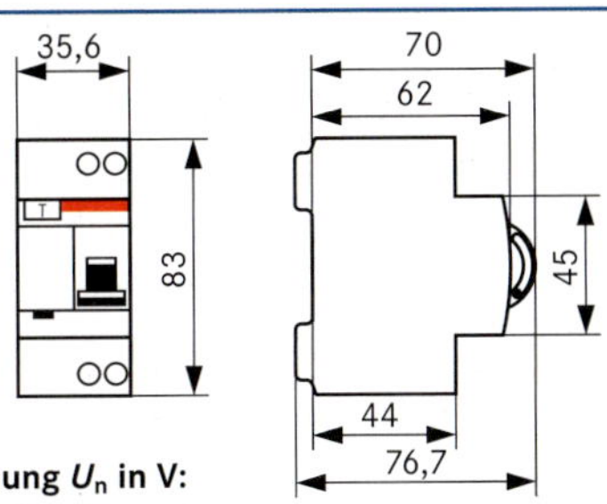

Maße in mm

Bemessungsspannung U_n in V:

230	400	500	660	690

Bemessungsstromstärke I_n in A:

10	13	16	20	25	32	40	63
80	100	125	160	200	225	250	

Maximaler Erdungswiderstand

$I_{\Delta N}$	R_A in Ω bei maximale Berührungsspannung	
	50 V AC	25 V AC
10 mA	5 000	2 500
30 mA	1 666	833
100 mA	500	250
300 mA	166	83
500 mA	100	50

RCD mit Kurzschlussvorsicherung								
I_n in A	16	25	40	63	100	125	160	225
I_k in kA	1,5	1,5	1,5	2	3,5	2	4	4
Maximale Kurzschlussvorsicherung in A								
NH (gG)	63	80	80	100	125	125	160	224
Neozed	63	80	80	100	–	–	–	–
Diazed (gG)	50	63	63	80	100	–	–	–

Installationsanforderung

- Aufteilung von Stromkreisen auf mehrere RCDs für
  - Endstromkreise mit Steckdosen
  - Endstromkreise im Außenbereich
- Alternativlösung:
  - FI/LS-Schalter für Endstromkreise mit Steckdosen und für Endstromkreise im Außenbereich
- Steckdosen mit eingebauter RCD, z. B. bei Erweiterung von Anlagen
- Empfehlung:
  - Getrennte RCDs für Steckdosen- und Lichtstromkreise
- Mögliche Lösung je nach örtlichen Bedingungen:
  - Gleichzeitiger Einsatz von RCDs, FI/LS-Schaltern und RCD-Steckdosen
- Empfehlung:
  Möglichst RCDs für einzelne Stromkreise installieren.

Kurzzeitverzögerte Abschaltung

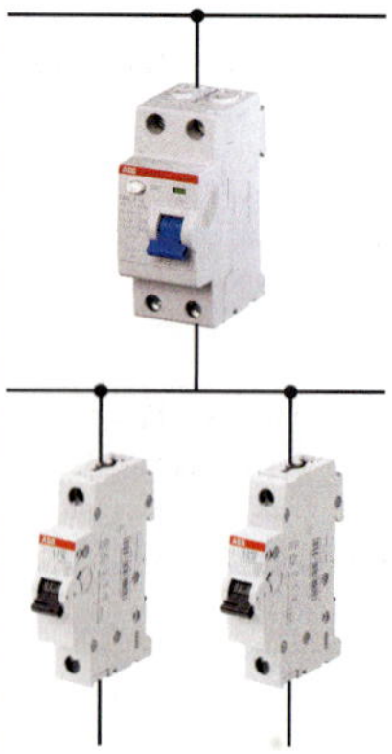

Auslösung wird verhindert bei
- geringen Ableitströmen,
- stoßartigen Strömen,
- Überspannungen und stoßartigen Strömen in Verbindung mit ständig fließenden Ableitströmen, verursacht durch elektronische Geräte.

- Für elektronische Geräte, z. B. PC, FAX, TK-Anlage
  - RCD: $I_{\Delta N} \leq 30$ mA
    d. h. bei $\Delta I \approx 25$ mA in der Auslösezeit $t_a \approx 100$ ms bis 120 ms

Verzögerte Abschaltung

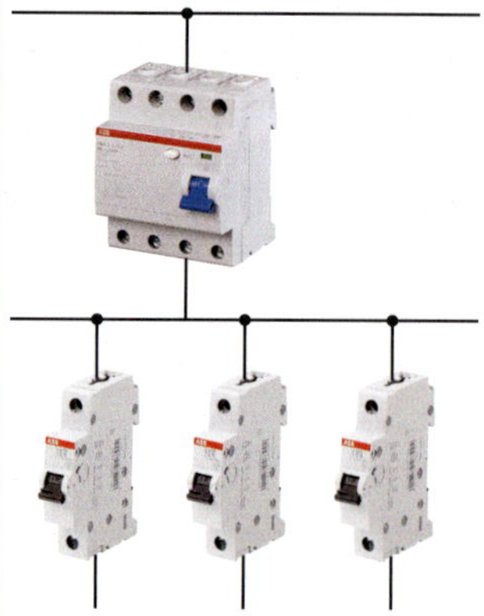

Auslösung gewährt im Fehlerfall
- Schutz gegen direktes Berühren, also Basisschutz

- Für Steckdosen- und Endstromkreise, z. B. Wohnungen
  - RCD: $I_{\Delta N} \leq 30$ mA
    d. h. bei $\Delta I \approx 22$ mA in der Auslösezeit $t_a \approx 35$ ms

Schutz durch RCD bei pulsierenden Gleichfehlerströmen

Schutz in Drehstromnetzen mit auftretenden Gleichstromkomponenten

- Bei pulsierenden Gleichfehlerströmen und Anwendung von
  - Einpuls-Mittelpunktschaltung
  - Zweipuls-Mittelpunktschaltung mit Glättung
  - Phasenanschnittsteuerung symmetrisch
  - Schwingungspaketsteuerung
- Auslösung durch RCD bei pulsierenden Gleichfehlerströmen, die innerhalb einer Periode der Netzfrequenz Null oder nahezu Null werden.

RCD-Anschluss

- **1-phasiger Anschluss**
  - 1 Außenleiter und Neutralleiter

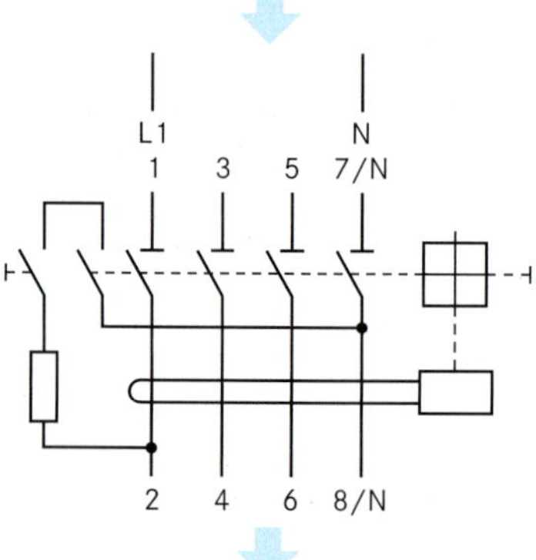

- **3-phasiger Anschluss**
  - 3 Außenleiter, Neutralleiter rechts

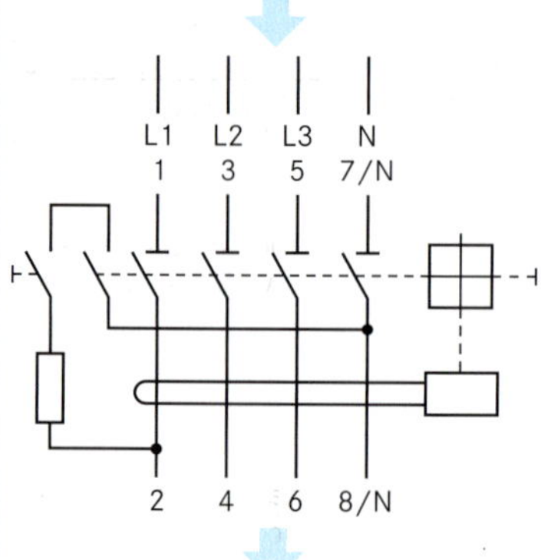

- **3-phasiger Anschluss**
  - 3 Außenleiter, Neutralleiter links

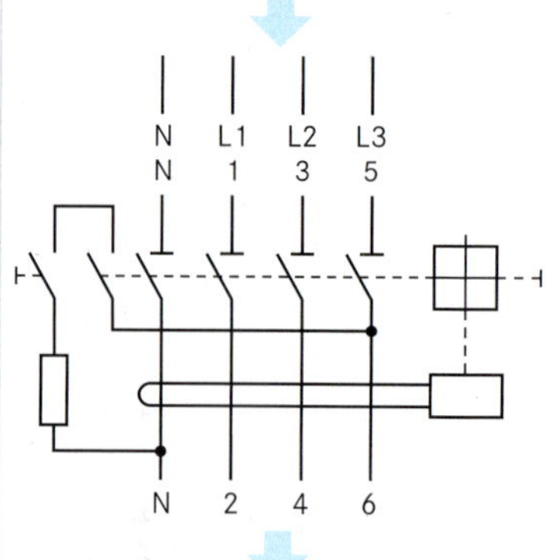

Hinweis:
Bei einem 4-poligen Gerät auf die beschalteten Klemmen achten.

Hinweis:
Bei Anschluss im Drehstromnetz auf die zu beschaltenden Klemmen achten.

Bezeichnung	Verlegung	Leitungstyp	Anwendungen
In wärmegedämmten Wänden und im Elektro-Installationsrohr/-kanal			
A1		H07-U/-R/-K H07V3-U/-R/-K	▪ Aderleitungen im Elektro-Installationsrohr oder in Formleisten oder Formteilen ▪ Ein- oder mehradrige Kabel oder Mantelleitungen in Türfüllungen oder Fensterrahmen
A2		NYM, NYMT, NYBUY, NYY, N05VV-U/-R	▪ Mehradrige Kabel oder mehradrige Mantelleitung im Elektro-Installationsrohr
Auf Wänden im Elektro-Installationsrohr/-kanal			
B1	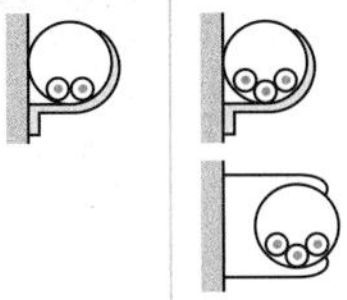	H07V-U/-R/-K H07V3-U/-R/-K	▪ Aderleitungen im Elektro-Installationsrohr im belüfteten Kabelkanal im Fußboden ▪ Ein- oder mehradrige Kabel oder Mantelleitung im offenen oder belüfteten Kabelkanal ▪ Aderleitungen, einadrige Kabel oder Mantelleitungen
B2	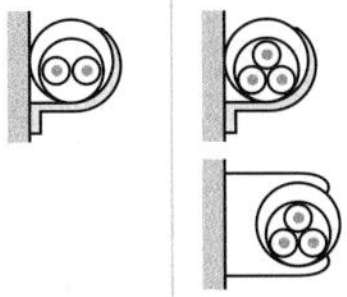	NYM, NYMT, NYBUY, NYY, N05VV-U/-R	▪ Mehradrige Kabel oder Mantelleitung: Verlegung für beide Arten: Direkt auf einer Wand oder im Abstand < 0,3 · *d* (*d*: Außendurchmesser des Elektro-Installationsrohres); in abgehängtem Elektro-Installationskanal; im Fußbodenleistenkanal; Unterflurverlegung im Kanal; im Elektro-Installationsrohr im Mauerwerk/Beton bei spez. Wärmewiderstand 2 K · m/W
Auf einer Wand			
C	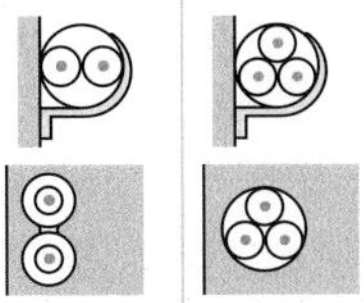	NYM, NYMT, NYIF, NYBUY, NYDY, N05VV-U/-R	▪ Ein- oder mehradrige Kabel oder Mantelleitung: Auf einer Wand oder im Abstand < 0,3 · *d* (*d*: Außendurchmesser des Kabels/der Leitung); unter der Decke oder mit Abstand von der Decke; auf nicht gelochter Kabelwanne; direkt im Mauerwerk oder Beton bei spez. Wärmewiderstand 2 K · m/W ohne/mit zusätzlichem mechanischen Schutz; Stegleitung im und unter Putz
In der Erde			
D	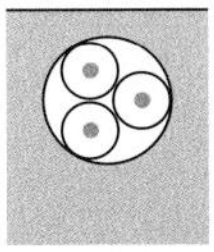	NYCY, NYY, NA2XY	▪ Ein- oder mehradrige Kabel oder Mantelleitung im Elektro-Installationsrohr oder Kabelschacht im Erdboden ▪ Ein- oder mehradrige Kabel ohne/mit zusätzlichem mechanischen Schutz direkt im Erdboden: Höhere Strombelastbarkeit möglich (Stromwerte aus Tabelle mal Faktor 1,17)
Frei in der Luft			
E	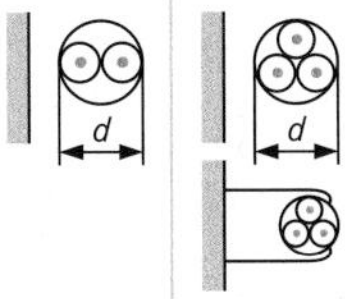	NYM, NYMT, NYIF, NYBUY, NYDY, N05VV-U/-R	▪ Ein- oder mehradrige Kabel oder Mantelleitung: Auf einer Wand oder im Abstand > 0,3 · *d* (*d*: Außendurchmesser des Kabels/der Leitung); auf gelochter Kabelwanne, Kabelkonsolen, Kabelpritschen oder abgehängt an einem Tragseil
F	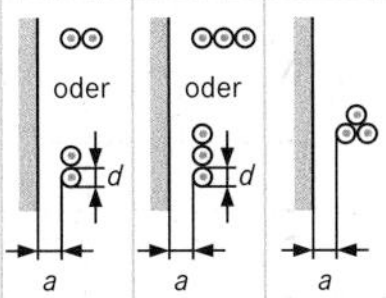	NYY	▪ Einadrige Kabel mit Berührung im Abstand *a* zur Wand ≥ *d* (*d*: Außendurchmesser des Kabels)
G	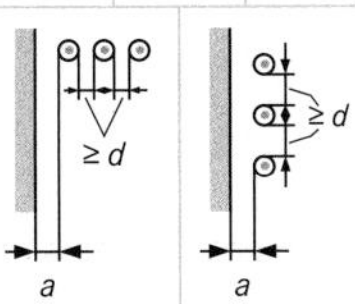	NYY blanke Leiter	▪ Einadrige Kabel ohne Berührung im Abstand zueinander und zur Wand ≥ *d*

Verlegearten und Strombelastbarkeit von Leitungen für feste Verlegung in Gebäuden

- **Zulässige Betriebstemperatur am Leiter 70 °C bei der Umgebungstemperatur von 25 °C[1)]**

I_r[2)]: Zulässige Strombelastbarkeit der Leitung
I_n: Bemessungsstromstärke der zugehörigen Überstrom-Schutzorgane in A
A1 bis G: Referenzverlegearten

q_n in mm²	A1				A2				B1				B2			
	Belastete Adern															
	2		3		2		3		2		3		2		3	
	I_r	I_n	I_r	I_n	I_r	I_n	I_r	I_n	I_r	I_n	I_r	I_n	I_r	I_n	I_r	I_n
	Kupfer															
1,5	16,5	16	14,5	13	16,5	16	14,0	13	18,5	16	16,5	16	17,5	16	16	16
2,5	21	20	19,0	16	19,5	16	18,5	16	25	25	22	20	24	20	21	20
4	28	25	25	25	27	25	24	20	34	32	30	25	32	32	29	25
4	–	–	–	–	–	–	–	–	–	–	–	–	–	–	–	–
6	36	35	33	32	34	32	31	25	43	40	38	35	40	40	36	35
10	49	40	45	40	46	40	41	40	60	50	53	50	55	50	49	40
10	–	–	–	–	–	–	–	–	–	–	–	–	–	–	50[3)]	50
16	65	63	59	50	60	50	55	50	81	80	72	63	73	63	66	63
25	85	80	77	63	80	80	72	63	107	100	94	80	95	80	85	80
35	105	100	94	80	98	80	88	80	133	125	117	100	118	100	105	100
50	126	125	114	100	117	100	105	100	160	160	142	125	141	125	125	125
70	160	160	144	125	147	125	133	125	204	200	181	160	178	160	158	125
95	193	160	174	160	177	160	159	125	246	200	219	200	213	200	190	160
120	223	200	199	160	204	200	182	160	285	250	253	250	246	200	218	200
	Aluminium															
25	66	63	60	50	61	50	56	50	83	63	74	63	75	63	65	63
35	81	63	74	63	75	63	68	63	102	80	91	80	91	80	81	80
50	98	80	89	80	91	80	82	63	125	100	110	100	110	100	97	80
70	125	125	113	100	114	100	103	100	159	125	140	125	138	125	122	100
95	150	125	136	125	137	125	125	125	191	160	170	160	166	160	147	125
120	173	160	157	125	159	125	143	125	222	200	197	160	191	160	169	160

q_n in mm²	C				E				F						G			
	Belastete Adern																	
	2		3		2		3		2		3		3		3		3	
	I_r	I_n	I_r	I_n	I_r	I_n	I_r	I_n	I_r	I_n	I_r	I_n	I_r	I_n	I_r	I_n	I_r	I_n
	Kupfer																	
1,5	21	20	18,5	16	23	20	19,5	16	–	–	–	–	–	–	–	–	–	–
2,5	29	25	25	25	32	32	27	25	–	–	–	–	–	–	–	–	–	–
4	38	32	34	32	42	40	36	35	–	–	–	–	–	–	–	–	–	–
4	–	–	35[3)]	35	–	–	–	–	–	–	–	–	–	–	–	–	–	–
6	49	40	43	40	54	50	46	40	–	–	–	–	–	–	–	–	–	–
10	67	63	60	50	74	63	64	63	–	–	–	–	–	–	–	–	–	–
10	–	–	63[3)]	63	–	–	–	–	–	–	–	–	–	–	–	–	–	–
16	90	80	81	80	100	100	85	80	–	–	–	–	–	–	–	–	–	–
25	119	100	102	100	126	125	107	100	139	125	121	100	117	100	155	125	138	125
35	146	125	126	125	157	125	134	125	172	160	152	125	145	125	192	160	172	160
50	178	160	153	125	191	160	162	160	208	200	184	160	177	160	232	200	209	200
70	226	200	195	160	246	200	208	200	266	250	239	200	229	200	298	250	269	250
95	273	250	236	200	299	250	252	250	322	315	292	250	280	250	361	315	330	315
120	317	315	275	250	348	315	293	250	373	315	340	315	326	315	420	400	384	315
	Aluminium																	
25	87	80	77	63	94	80	82	63	103	100	92	80	89	80	118	100	104	100
35	109	100	95	80	117	100	101	100	129	125	115	100	111	100	147	125	131	125
50	125	125	116	100	143	125	124	100	157	125	140	125	135	125	179	160	161	160
70	160	160	148	125	183	160	159	125	203	200	183	160	175	160	230	200	207	200
95	206	200	180	160	222	200	193	160	249	200	224	200	215	200	280	250	255	250
120	239	200	280	250	258	250	224	200	289	250	261	225	251	250	326	315	298	250

1) Diese Temperatur wird bei Verlegungen in Deutschland angenommen.
2) Anstatt I_r wird I_Z gesetzt, wenn weitere Einflussfaktoren berücksichtigt werden müssen.
3) Gilt nicht für die Verlegung auf einer Holzwand.

Verlegearten und Strombelastbarkeit von Leitungen für feste Verlegung in Gebäuden

- **Zulässige Betriebstemperatur am Leiter 70 °C bei der Umgebungstemperatur von 30 °C**

I_r[1]: Zulässige Strombelastbarkeit der Leitung
I_n: Bemessungsstromstärke der zugehörigen Überstrom-Schutzorgane in A
A1 bis G: Referenzverlegearten

q_n in mm²	A1				A2				B1				B2			
	Belastete Adern															
	2		3		2		3		2		3		2		3	
	I_r	I_n	I_r	I_n	I_r	I_n	I_r	I_n	I_r	I_n	I_r	I_n	I_r	I_n	I_r	I_n
Kupfer																
1,5	15,5	13	13,5	13	15,5	13	13	13	17,5	16	15,5	13	16,5	16	15	13
2,5	19,5	16	18	16	18,5	16	17,5	16	24	20	21	20	23	20	20	20
4	26	25	24	20	25	25	23	20	32	32	28	25	30	25	27	25
6	34	32	31	25	32	32	29	25	41	40	36	35	38	35	34	32
10	46	40	42	40	43	40	39	35	57	50	50	50	52	50	46	40
16	61	50	56	50	57	50	52	50	76	63	68	63	69	63	62	50
25	80	80	73	63	75	63	68	63	101	100	89	80	90	80	80	80
35	99	80	89	80	92	80	83	80	125	125	110	100	111	100	99	80
50	119	100	108	100	110	100	99	80	151	125	134	125	133	125	118	100
70	151	125	136	125	139	125	125	125	192	160	171	160	168	160	149	125
95	182	160	164	160	167	160	150	125	232	200	207	200	201	200	179	160
120	210	200	188	160	192	160	172	160	269	250	239	200	232	200	206	200
Aluminium																
25	63	63	57	50	58	50	53	50	79	63	70	63	71	63	62	50
35	77	63	70	63	71	63	65	63	97	80	86	80	86	80	77	63
50	93	80	84	80	86	80	78	63	118	100	104	100	104	100	92	80
70	118	100	107	100	108	100	98	80	150	125	133	125	131	125	116	100
95	142	125	129	125	130	125	118	100	181	160	161	160	157	126	139	125
120	164	160	149	125	150	125	135	125	210	200	186	160	181	160	160	160

q_n in mm²	C				E				F						G			
	Belastete Adern																	
	2		3		2		3		2		3		3		3		3	
	I_r	I_n	I_r	I_n	I_r	I_n	I_r	I_n	I_r	I_n	I_r	I_n	I_r	I_n	I_r	I_n	I_r	I_n
Kupfer																		
1,5	19,5	16	17,5	16	22	20	18,5	16	-	-	-	-	-	-	-	-	-	-
2,5	27	25	24	20	30	25	25	25	-	-	-	-	-	-	-	-	-	-
4	36	35	32	32	40	40	34	32	-	-	-	-	-	-	-	-	-	-
6	46	40	41	40	51	50	43	40	-	-	-	-	-	-	-	-	-	-
10	63	63	57	50	70	63	60	50	-	-	-	-	-	-	-	-	-	-
16	85	80	76	63	94	80	80	80	-	-	-	-	-	-	-	-	-	-
25	112	100	96	80	119	100	101	100	131	125	114	100	110	100	146	125	130	125
35	138	125	119	100	148	125	126	125	162	160	143	125	137	125	181	160	162	160
50	168	160	144	125	180	160	153	125	196	160	174	160	167	160	219	200	197	160
70	213	200	184	160	232	200	196	160	251	250	225	200	216	200	281	250	254	250
95	258	250	223	200	282	250	238	200	304	250	275	250	264	250	341	315	311	250
120	299	250	259	250	328	315	276	250	352	315	321	315	308	250	396	315	362	315
Aluminium																		
25	83	80	73	63	89	80	78	63	98	80	87	80	84	80	112	100	99	80
35	103	100	90	80	111	100	96	80	122	100	109	100	105	100	139	125	124	100
50	125	125	110	100	135	125	117	100	149	125	133	125	128	125	169	160	152	125
70	160	160	140	125	173	160	150	125	192	160	173	160	166	160	217	200	196	160
95	195	160	170	160	210	200	183	160	235	200	212	200	203	200	265	250	241	200
120	226	200	197	160	244	200	212	200	273	250	247	200	237	200	308	250	282	250

[1] Anstatt I_r wird I_Z gesetzt, wenn weitere Einflussfaktoren berücksichtigt werden müssen.

Prinzip

- Durch den Stromfluss und den Leitungswiderstand ist die Spannung U am Verbraucher stets geringer als an der Quelle U_0.
- Die Differenz ist der Spannungsfall ΔU. Er wird oft in % angegeben (Δu).
- Der Spannungsfall ist abhängig von der Stromstärke, der Leitungslänge, der Leitfähigkeit und dem Leiterquerschnitt.

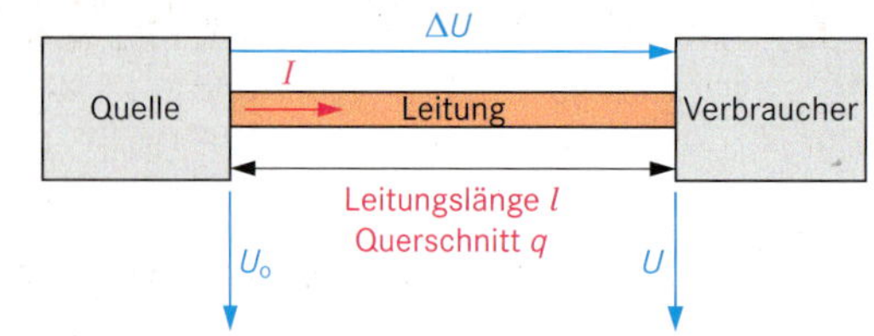

ΔU: Spannungsfall

q_n: Normquerschnitt $\quad \varkappa_{Cu} = 56 \cdot \frac{m}{\Omega \cdot mm^2}$

$\varkappa$: Elektrische Leitfähigkeit

- Normquerschnitte in mm^2

1,5	2,5	4	6	10
16	25	35	50	70

Ermittlung des Leiterquerschnitts

I_b: Stromstärke im Betriebszustand

Wechselstrom:

$I_b = \frac{S}{U}$

Drehstrom:

$I_b = \frac{S}{\sqrt{3} \cdot U}$

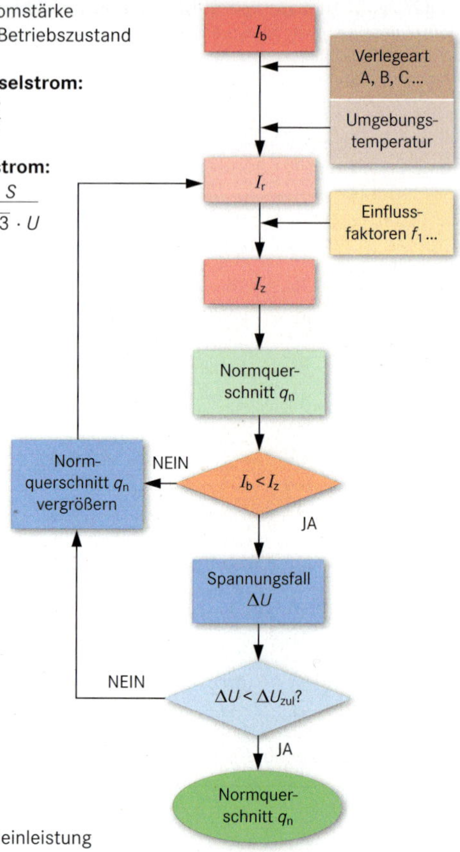

S: Scheinleistung
U: Bemessungsspannung

- Umgebungstemperatur 25 °C
- Zulässige Bemessungstemperatur am Leiter 70 °C

I_r: Stromstärke unter idealen Bedingungen
I_Z: Stromstärke bei realen Bedingungen

q_n: Normquerschnitt
ΔU: Spannungsfall
ΔU_{zul}: Zulässiger Spannungsfall

Einflussfaktoren *f*

f_1: Erhöhte Umgebungstemperatur

f_2: Gehäufte Leitungsverlegung

f_3: Vieladrig belastete Leitungen (Zahl belasteter Adern)

f_4: Auswirkung von Oberschwingungen

$q_{min} = \frac{2 \cdot I \cdot l \cdot \cos\varphi}{\varkappa \cdot U_{\Delta max}}$ / $l : q : \varkappa$

Berechnungsformeln

Kenngröße	Art des Netzes		
	Gleichstrom	Wechselstrom	Drehstrom
Spannungsfall in V, unverzweigtes Netz	$\Delta U = \frac{2 \cdot l \cdot I}{\varkappa \cdot q}$	$\Delta U = \frac{2 \cdot l \cdot I \cdot \cos\varphi}{\varkappa \cdot q}$	$\Delta U = \frac{\sqrt{3} \cdot l \cdot I \cdot \cos\varphi}{\varkappa \cdot q}$
Spannungsfall in V, verzweigtes Netz	$\Delta U = \frac{2}{\varkappa \cdot q} \cdot \Sigma (I \cdot l)$	$\Delta U = \frac{2 \cdot \cos\varphi_m}{\varkappa \cdot q} \cdot \Sigma (I \cdot l)$	$\Delta U = \frac{\sqrt{3} \cdot \cos\varphi_m}{\varkappa \cdot q} \cdot \Sigma (I \cdot l)$
Verlustleistung in W	$P_v = \frac{2 \cdot l \cdot I^2}{\varkappa \cdot q}$	$P_v = \frac{2 \cdot l \cdot I^2}{\varkappa \cdot q}$	$P_v = \frac{3 \cdot l \cdot I^2}{\varkappa \cdot q}$
maximale Leitungslänge in m	$l = \frac{\Delta u \cdot U_N \cdot q \cdot \varkappa}{2 \cdot 100\,\% \cdot I}$	$l = \frac{\Delta u \cdot U_N \cdot q \cdot \varkappa}{2 \cdot 100\,\% \cdot I \cdot \cos\varphi}$	$l = \frac{\Delta u \cdot U_N \cdot q \cdot \varkappa}{\sqrt{3} \cdot 100\,\% \cdot I \cdot \cos\varphi}$

Spannungsfall in % $\quad \Delta u = \frac{\Delta U}{U_N} \cdot 100\,\%$ $\qquad$ Verlustleistung in % $\quad P_{V\%} = \frac{P_V}{P} \cdot 100\,\%$

Einflussfaktoren

Die Bemessungsstromstärke I_n eines Überstrom-Schutzorgans einer Leitung hängt neben der Verlegeart noch von folgenden **Faktoren** (f) ab:

- Erhöhte Umgebungstemperatur f_1
- Gehäufte Leitungsverlegung f_2
- Zahl der belasteten Adern f_3
- Auswirkung von Oberschwingungen f_4

Die Faktoren f_1 bis f_4 sind aus Tabellen der DIN VDE 0298-4: 2003-08 zu entnehmen.

Berechnungsformel: $I_z = f_1 \cdot f_2 \cdot f_3 \cdot f_4 \cdot I_r$

I_Z: Zulässige Strombelastbarkeit unter realen Bedingungen
I_r: Bemessungsstromstärke ohne Berücksichtigung der Einflussfaktoren (ideale Bedingungen)

Ablaufschema

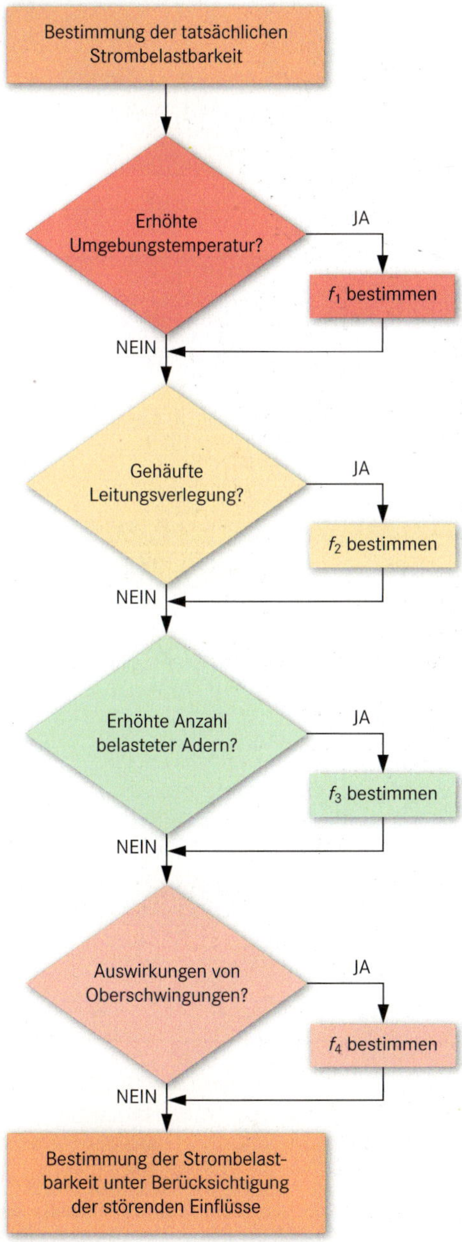

Werte der Einflussfaktoren[1)]

25°C

Erhöhte Umgebungstemperatur (Faktor f_1)						
ϑ in °C	10	15	20	25	30	35
f_1	1,15	1,1	1,06	1,0	0,94	0,89
ϑ in °C	40	45	50	55	60	65
f_1	0,82	0,75	0,67	0,58	0,47	0,33

1) Für die im Europäischen Raum gültige Referenztemperatur von 30 °C gelten für f_1 veränderte Korrekturfaktoren.

$P = \sqrt{3} \cdot U \cdot I \cdot \cos\varphi$

Gehäufte Leitungsverlegung (Faktor f_2)						
Verlegung	Anzahl der mehradrigen Leitungen					
	1	2	3	4	6	9
gebündelt im Elektroinstallationsrohr/-kanal	1,0	0,8	0,7	0,65	0,57	0,5
Einlagig direkt auf der Wand oder dem Fußboden	1,0	0,85	0,79	0,75	0,72	0,7
in gelochter Kabelwanne	1,0	0,88	0,82	0,79	0,76	0,73
auf einer Kabelpritsche	1,0	0,87	0,82	0,8	0,79	0,78

$I = \frac{P \cdot g}{\sqrt{3} \cdot U \cdot \cos\varphi}$ g = Gleichzeitig

Verlegung vieladrig belasteter Leitungen (Faktor f_3)								
belastete Adern	2	3	5	7	10	14	19	24
f_3	1,0	1,0	0,75	0,65	0,55	0,5	0,45	0,4

Auswirkung von Oberschwingungen (Faktor f_4)						
Wirkleistungsanteil der Geräte mit Oberschwingungen zur Gesamtwirkleistung in Prozent	0 % ... 10 %	11 % ... 22 %	23 % ... 30 %	31 % ... 34 %	35 % ... 38 %	39 % ... 41 %
f_4	1,00	0,86	0,70	0,67	0,61	0,56

Installationen

Trockene Räume	Feuchte und nasse Räume, im Freien	Feuergefährdete Betriebsstätten	Explosionsgefährdete Betriebsstätten
Ab q = 1,5 mm² auch in nichtmetallenem Rohr auf und unter Putz	Nicht zulässig in Räumen mit Badewanne oder Dusche außerhalb der Bereiche 0, 1 und 2	In Kunststoffrohren auf und unter Putz	Nur in Schalt- und Verteileranlagen
– Über, auf, im und unter Putz – Im Mauerwerk		– Im Freien bei geschützter Verlegung – In Kabelkanälen	Unter Berücksichtigung der chemischen und thermischen Bedingungen
wie vorher: In Innenräumen, in Beton Im Erdreich gelten andere Belastungswerte			

Kenngrößen

Leitung	Maße[1]			max. Belastung		maximale Leitungslänge in m bei Δu (U_v)		
	q in mm²	Aderzahl	$d_{Außen}$ in mm	I in A	P in kW	Wechselstrom 4,0 %	Drehstrom 0,5 %	Drehstrom 4,0 %
H07V-U	1,5	1	3,3	16[2]	3,68	24,1	–	–
(NYA)	1,5	1	3,3	16[2]	11,07	–	–	48,5
	2,5	1	3,9	25[2]	5,75	25,7	–	–
	2,5	1	3,9	20[2]	13,84	–	–	64,8
	4	1	4,4	25[2]	17,3	–	–	82,9
	6	1	4,9	35[2]	24,22	–	–	88,8
	10	1	6,4	50[2]	34,6	–	12,9	103,6
H07V-R	16	1	7,3	63[2]	43,6	–	16,4	131,6
(NYA)	25	1	9,8	80[2]	55,36	–	20,2	161,9
NYM	1,5	3	10,5	16	3,68	24,1	–	–
	1,5	4	11,0	3 · 16	11,07	–	–	48,5
	2,5	3	11,5	25	5,75	25,7	–	–
	2,5	4	12,5	3 · 25	17,3	–	–	51,7
	4	4	14,5	3 · 35	24,22	–	–	59,2
	6	4	16,5	3 · 40	27,68	–	–	77,7
	10	4	19,5	3 · 63	43,6	–	10,3	82,3
	16	4	23,5	3 · 80	55,36	–	12,9	103,6
NYY	1,5	3	14,0	16	3,68	24,1	–	–
	1,5	4	16,0	3 · 16	11,07	–	–	48,5
	2,5	3	15,0	25	5,75	25,7	–	–
	2,5	4	17,0	3 · 25	17,3	–	–	51,7
	4	4	19,0	3 · 35	24,22	–	–	59,2
	6	4	20,0	3 · 40	27,68	–	–	77,7
	10	4	22,0	3 · 63	43,6	–	10,3	82,3
	16	4	25,0	3 · 80	55,36	–	12,9	103,6

[1] Wertangaben in den Spalten nur für gebräuchliche Leiterquerschnitte [2] Zuordnung der Überstrom-Schutzeinrichtungen nach Verlegeart B1, alle anderen Werte nach Verlegeart C bei Umgebungstemperatur 25 °C

Schmelzsicherungen
Fuses

DIN VDE 0636-2: 2011-09; -3: 2011-09

Niederspannungs-Sicherungen

Diazed-Sicherungssystem (D-System)	**Neozed-Sicherungssystem** (DO-System)	**NH-Sicherungssystem**
AC und DC: bis 100 A und 500 V	**AC:** bis 100 A und 400 V **DC:** bis 100 A und 250 V	**AC:** bis 1250 A und 400 V, 500 V bzw. 690 V **DC:** bis 1250 A und 250 V bzw. 440 V
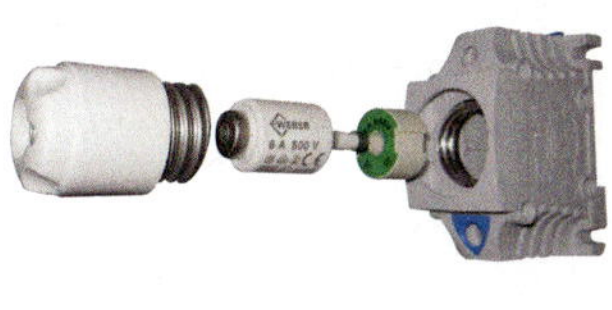		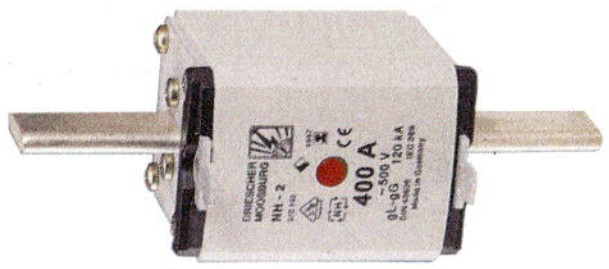

D- und D0-Sicherungssystem

Sicherung und Passeinsatz		Sockel	Gewindegröße der Schraubkappe	
Bemessungsstromstärke in A	Kennfarbe	Bemessungsstromstärke in A	Diazed	Neozed
2	rosa	25	D II (E 27)	D0 1 (E 14)
4	braun			
6	grün			
10	rot			
13	schwarz			
16	grau			
20	blau			D0 2 (E 18)
25	gelb			
32/35/40	schwarz	63	D III (E 33)	
50	weiß			
63	kupfer			
80	silber	100	D IV (R ¼")	D0 3 (M 30 x 2)
100	rot			

Anwendungsbereiche von Sicherungen

Funktionsklassen

g: Ganzbereichssicherungen können
- Bemessungsstromstärke dauernd führen,
- Bemessungsstromstärke von kleinster Schmelzstromstärke bis zur Bemessungsausschaltstromstärke schalten.

a: Teilbereichssicherungen können
- Bemessungsstromstärke dauernd führen,
- Ströme oberhalb eines bestimmten Vielfachen ihrer Bemessungsstromstärke bis zur Bemessungsausschaltstromstärke schalten.

Schutzobjekte

B: Bergbau- und Anlagenschutz
G: Schutz für allgemeine Zwecke
M: Motorenschutz
R: Halbleiterschutz
Tr: Transformatorenschutz

Betriebsklassen

gG: Ganzbereichs-Kabel- und Leitungsschutz[1)]
aM: Teilbereichs-Schaltgeräteschutz in Motorenstromkreisen
aR: Teilbereichs-Halbleiterschutz
gR: Ganzbereichs-Halbleiterschutz
gB: Ganzbereichs-Bergbauanlagenschutz

[1)] gL: Frühere Bezeichnung für Leitungsschutz

NH-Sicherungen

Baugröße	Unterteile	Einsätze	Gesamtlänge in mm	maximale Bemessungsleistungsabgabe P_n in W				
	Bemessungsstromstärke in A			gG			aM	
				400 V AC	500 V AC	690 V AC	500 V AC	690 V AC
00	160	6 ... 160	78	12	12	12	7,5/12	12
0	160	6 ... 160	125	12	16	25	16	25
1	250	80 ... 250	135	18	23	32	23	32
2	400	125 ... 400	150	28	34	45	34	45
3	630	315 ... 630	150	40	48	60	48	60
4	1000	500 ... 1000	200	–	90	90	90	90
4a	1250	500 ... 1250	200	90	110	110	110	110

Zeit-Strom-Bereiche für Leitungsschutz-Sicherungen der Betriebsklasse gG

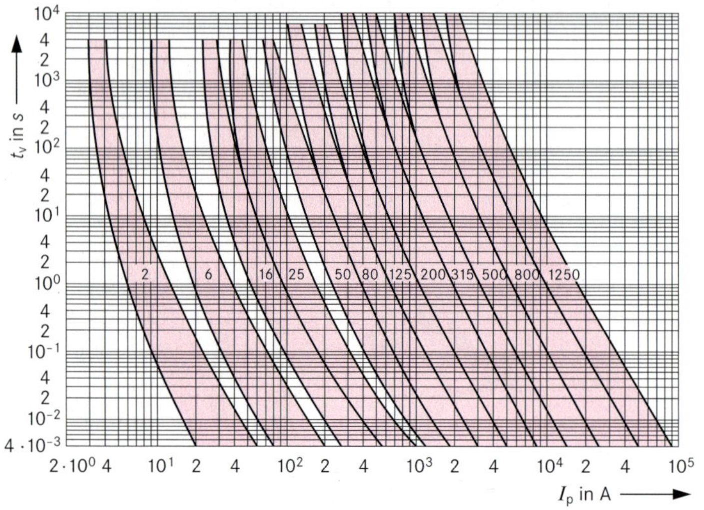

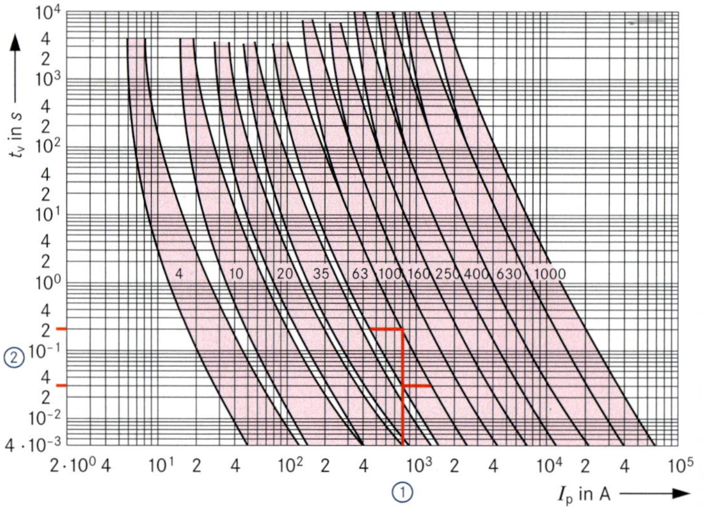

Begriffe:

- **Zeiten**
  - t_v[1]: Schmelzzeit
  - t_{vs}: kleinste Zeit
  - t_{va}: größte Zeit (Auslösezeit)
- I_p Stromstärke im Fehlerfall (unbeeinflusste – prospektive – Kurzschlussstromstärke)

[1] dem Schaltvermögen nach mögliche (virtuelle) Zeiten

Beispiel:
Zeit-Stromstärke-Bereich einer 63 A-Sicherung

- Kurzschlussstromstärke
  $I_p \approx 750$ A ①
- Schmelzzeit
  $t_{vs} \approx 0{,}03$ s
- Auslösezeit
  $t_{va} \approx 0{,}2$ s ②

Abstimmung der Zeit-Strom-Bereiche für Leitungsschutz-Sicherungen:

- Sicherungen mit Bemessungsstromstärke (≥ 16 A) müssen im Verhältnis 1:1,6 stehen.
- Bei selektiver Abschaltung löst im Fehlerfall nur die der Fehlerquelle unmittelbar vorgeschaltete Überstrom-Schutzeinrichtung aus.
- Zwischen zwei Schmelzsicherungen liegt Selektivität vor, wenn sich die Streubänder (s. Diagramm) der Ausschaltzeit-Kennlinien nicht schneiden oder berühren.

Geräteschutzsicherungen (Feinsicherungen)

DIN VDE 0820-5: 1992-11

G-Schmelzeinsatz 250 V AC, 125 V DC, **verwechselbar**		G-Schmelzeinsatz 250 V AC, 125 V DC, **unverwechselbar**	
	I_n: 0,032 ... 10 A (M) I_n: 0,08 ... 10 A (T) Größe: 5 × 20 mm		I_n: 0,035 ... 0,06 A Größe: 5 × 30 mm
		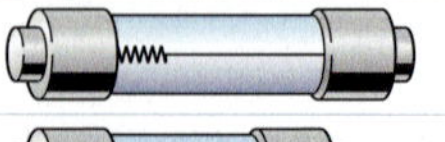	I_n: 0,08 ... 0,6 A Größe: 5 × 25 mm
		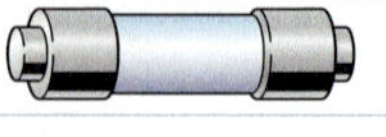	I_n: 0,8 ... 4 A Größe: 5 × 20 mm

Kennbuchstaben/Auslöseverhalten/Auslösezeiten

Arten	FF: superflink	F: flink	M: mittelträge	T: träge	TT: superträge
t_a [2]	≤ 2 ms	≤ 8 ms	5 ms ... 90 ms	10 ms ... 100 ms	100 ms ... 3 s

[2] Angaben gelten bei $10 \cdot I_n$

Übersicht

Anforderungen lt. DIN und HEA gelten u. a. für - Wohnungen in Ein- und Mehrfamilienhäusern - Bereiche in Gebäuden, die nicht nur zu Wohnzwecken dienen	**Anforderung**	Mindestausstattung	Standardausstattung	Komfortausstattung
	Kennzeichen	1 bzw. ✶	2 bzw. ✶✶	3 bzw. ✶✶✶
	Anforderung	Mindestausstattung + Vorbereitung zur Gebäudesystemtechnik	Standardausstattung + Mindestens **ein** Funktionsbereich zur Gebäudesystemtechnik vorbereiten	Komfortausstattung + Mindestens **zwei** Funktionsbereiche zur Gebäudesystemtechnik vorbereiten
	Kennzeichen	1 *plus* bzw. ✶ ***plus***	2 *plus* bzw. ✶✶ ***plus***	3 *plus* bzw. ✶✶✶ ***plus***

Ausstattungswerte nach HEA

Anschlüsse für Steckdosen, Beleuchtung und Kommunikation	Küche	Kochnische	Bad	WC-Raum	Hausarbeitsraum	Wohnzimmer bis 20 m^2	Wohnzimmer über 20 m^2	Esszimmer	je Schlaf-, Kinder-, Gäste-, Arbeitszimmer, Büro bis 20 m^2	je Schlaf-, Kinder-, Gäste-, Arbeitszimmer, Büro über 20 m^2	Flur bis 3 m	Flur über 3 m	Freisitz	Abstellraum	Hobbyraum
Mindestausstattung	Zahl der Anschlüsse														
Steckdosen allgemein	5	3	2	1	3	4	5	3	4	5	1	1	1	1	3
Beleuchtungsanschlüsse	2	1	2	1	1	2	3	1	1	2	1	2	1	1	1
Telefon-/Datenanschluss						1		1	1		1				
Steckdosen für Telefon/Daten						1		1	1		1				
Radio-/TV-Datenanschluss	1					2		1	1						
Steckdosen für Radio/TV/Daten	3					6		3	3						
Kühlgerät, Gefriergerät	2	1													
Dunstabzug	1														
Anschluss für Lüfter			1	1											
Rollladenantriebe	Anschluss je nach Anzahl der Antriebe														
Standardausstattung	Zahl der Anschlüsse														
Steckdosen allgemein	10	4	4	2	8	8	11	5	8	11	2	3	2	2	6
Beleuchtungsanschlüsse	3	2	3	1	2	2	3	1	2	3	2	2	2	1	2
Telefon-/Datenanschluss	1				1	1	2	1	1	2	1		1		1
Steckdosen für Telefon/Daten	2				2	2	4	2	2	4	2		2		2
Radio-/TV-Datenanschluss	1				1	2	3	1	1				1		1
Steckdosen für Radio/TV/Daten	3				3	6	9	3	3				3		3
Kühlgerät, Gefriergerät	2														
Dunstabzug	1														
Anschluss für Lüfter			1	1											
Rollladenantriebe	Anschluss je nach Anzahl der Antriebe														
Komfortausstattung	Zahl der Anschlüsse														
Steckdosen allgemein	12	4	5	2	10	10	13	7	10	13	3	4	3	2	8
Beleuchtungsanschlüsse	3	2	3	2	3	3	4	2	3	4	2	2	2	1	2
Telefon-/Datenanschluss	1		1		1	1	2	1	1	2	1		1		1
Steckdosen für Telefon/Daten	2		2		2	2	4	2	2	4	2		2		2
Radio-/TV-Datenanschluss	1		1		1	2	3	1	2				1		1
Steckdosen für Radio/TV/Daten	3		3		3	6	9	3	6				3		3
Kühlgerät, Gefriergerät	2														
Dunstabzug	1														
Anschluss für Lüfter			1	1											
Rollladenantriebe	Anschluss je nach Anzahl der Antriebe														

Bezeichnung	Erklärungen
Elektrische Betriebsstätten: Räume bzw. Orte mit elektrischen Anlagen DIN VDE 0105-100: 2009-10	Anforderungen für das Arbeiten, Bedienen und Instandhalten an elektrischen Anlagen. Anwendungsbereiche: ▪ elektrische Anlagen mit Kleinspannung bis Hochspannung ▪ ortsfeste Anlagen, z. B. in Industriebetrieben und Bürogebäuden ▪ ortsveränderliche Anlagen, z. B. an Baustellen und im Bergbau ▪ abgeschlossene elektrische Betriebsstätten mit Zugang für unterwiesene Personen
Trockene Räume: Räume ohne hohe Luftfeuchtigkeit und Kondenswasser DIN VDE 0100-731: 1986-02	Wohnräume, Büros, Geschäftsräume ▪ Leitungsart: NYIF, NYM, H07V-U, H07V-K
Feuchte und nasse Räume: Räume mit Kondenswasser DIN VDE 0100-737: 2002-01	Backräume, Kühlräume, Großküchen, unbeheizte und unbelüftete Kellerräume, Nasswerkstätten, Weinkeller, Duschecken usw. Schutz in feuchten und nassen Bereichen und Räumen: ▪ Betriebsmittel mindestens nach Schutzart IPX1 ▪ nicht direkt mit Strahlwasser angestrahlte Betriebsmittel IPX4 ▪ Schutzanstrich oder korrosionsfeste Werkstoffe bei ätzenden Dämpfen ▪ RCD: $I_{\Delta N} \leq 10$ mA bzw. 30 mA ▪ Leitungsart: NYM, NYY
Anlagen im Freien: Orte mit und ohne Überdachungen DIN VDE 0100-737: 2002-01	Geschützte Anlagen im Freien: ▪ Betriebsmittel mindestens nach Schutzart IPX1 Ungeschützte Anlagen im Freien: ▪ Betriebsmittel mindestens nach Schutzart IPX3 RCD: $I_{\Delta N} \leq 10$ mA bzw. 30 mA ▪ Leitungsart: NYM, NYY
Feuergefährdete Betriebsstätten: Orte in Räumen oder im Freien mit leicht entzündlichen Stoffen DIN VDE 0100-482: 2003-06	Auswahl von elektrischen Betriebsmitteln bei besonderem Brandrisiko: ▪ bei möglicher Staub- und Faseransammlung IP5X ▪ bei anderen leicht entzündlichen Stoffen IP4X ▪ für Wärmegeräte IP2X Kabel- und Leitungssysteme: ▪ bei nicht vollständiger Verlegung in nicht brennbaren Stoffen (z. B. Putz, Beton) Kabel- und Leitungsauswahl nach DIN EN 50265-2 ▪ Schutz gegen Überlast und Kurzschluss ▪ Installation der Schutzeinrichtungen außerhalb der Betriebsstätten Schutz bei Isolationsfehlern, außer bei mineralisolierten Leitungen und Stromschienensystemen, durch: ▪ RCD in TN- und TT-Systemen (RCD: $I_{\Delta N} \leq 0{,}3$ A) ▪ bei Brandgefahr durch Fehler an Widerständen (z. B. Widerstandsheizung mit Flächenheizelementen) mit RCD: $I_{\Delta N} \leq 30$ mA ▪ Abschaltzeit der Überstrom-Schutzeinrichtung ($t_a \leq 5$ s) in IT-Systemen. PEN-Leiter in feuergefährdeten Betriebsstätten ist nicht zugelassen.
Batterieladeräume: BGI 5017: 2009-01 Sicherheit beim Einrichten und Betreiben von Batterieanlagen	▪ Laderaum: - Gangbreite: 0,6 m, Raumhöhe: 2,0 m ▪ Batterieabstand: - zum Ladegerät mindestens 1,0 m - zu Schaltern und Steckdosen 0,5 m - zu brennbaren Materialien mindestens 2,5 m - zu explosions- und feuergefährdeten Bereichen mindestens 5,0 m ▪ Frostfreier Bereich, natürliche Luftbewegung, Abgrenzung zu anderen Betriebsbereichen durch dauerhafte Kennzeichnung, z. B. Fußbodenanstrich ▪ Ausreichende Belüftung zum Entweichen von Wasserstoff: Zuluft- und Ablufteinrichtungen gegenüberliegend nach außen ▪ Elektrische Installation: - Feuchtrauminstallation nach DIN VDE 0100-737 und Schutzart IP54 - Leuchten mindestens nach IPX2 - Stromkreise für Ladegeräte mit RCD: $I_{\Delta N} \leq 30$ mA - bewegliche Ladeleitungen in kurz- und erdschlusssicherer Verlegung

<table>
<tr><th>Bezeichnung</th><th>Erklärungen</th></tr>
<tr><td>Unterrichtsräume mit Experimentiereinrichtungen:
DIN VDE 0100-723: 2005-06
Räume in Ausbildungsstätten</td><td>Eine Not-Aus-Schaltung ist für alle Stromkreise an Experimentiereinrichtungen erforderlich. Das Schaltgerät muss gegen unbefugtes Wiedereinschalten gesichert sein.
▪ Schutz durch Sicherheitskleinspannung (SELV oder PELV) an Experimentiereinrichtungen
▪ RCD: $I_{\Delta N} \leq 30$ mA, wenn Wechselspannungen erforderlich
▪ Einpolige Anschlusstellen: Berührungssichere Steckbuchsen</td></tr>
<tr><td>Anlagen in Möbeln:
DIN VDE 0100-724: 1980-06
Orte in Möbeln und ähnlichen Einrichtungsgegenständen</td><td>Leiterquerschnitt 1,5 mm² oder 0,75 mm² Cu, wenn Leitungslänge $l \leq 10$ m ist und keine Steckvorrichtungen vorhanden sind.

Leitungsverlegung fest oder lose durch Hohlräume nur mit Zugentlastung
▪ bei fester Verlegung: NYM, H07V-U
▪ bei fester und beweglicher Verlegung: H05RR-F, H05VV-F</td></tr>
<tr><td>Elektrische Anlagen von landwirtschaftlichen und gartenbaulichen Betriebsstätten:
DIN VDE 0100-705: 2007-10
Räume und Orte in landwirtschaftlichen Betrieben, Stallungen, Brut- und Aufzuchträumen</td><td>Abdeckungen und Umhüllungen mindestens nach IP2X.
▪ RCD: $I_{\Delta N} \leq 300$ mA für andere Stromkreise
▪ Zusätzlicher Schutzpotenzialausgleich für fremde leitfähige Teile im Fußboden des Standbereichs der Tiere, z. B. Liege- und Melkbereich sowie Spaltenböden.
▪ SELV- und PELV-Stromkreise mit Basisschutz, z. B. durch Abdeckung oder Umhüllung.

Thermische Einflüsse
▪ Brandschutz durch RCD: $I_{\Delta N} \leq 300$ mA
▪ Heizgeräte im Abstand zu Tieren und brennbarem Material: $a \geq 0{,}5$ m.
Feste Verlegung bei Leitungen wie NYM.
Mantelleitungen für selbsttragende Aufhängung wie NYMT mit einer Verlegehöhe von $h \geq 5$ m.</td></tr>
<tr><td>Medizinisch genutzte Bereiche:
Anlagen in Krankenhäusern und medizinisch genutzten Räumen außerhalb von Krankenhäusern
DIN VDE 0100-710: 2012-10</td><td>Schutz gegen elektrischen Schlag
▪ Basisschutz (Schutz gegen direktes Berühren) in Räumen der Anwendungsgruppen 0, 1 und 2 laut DIN VDE 0100-410 (in Räumen der Gruppen 1 und 2 auch bei Betriebsspannungen $U \leq 25$ V AC und $U \leq 60$ V DC)
▪ Fehlerschutz (Schutz bei indirektem Berühren) mit bevorzugten Schutzmaßnahmen wie
– Schutz durch Meldung mit Isolations-Überwachungseinrichtung im IT-Netz beim 1. Fehler
– Doppelte oder verstärkte Isolierung (Schutzisolierung)
– Sicherheitskleinspannung, Funktionskleinspannung, Schutztrennung
– Schutz durch Abschaltung einzelner Verbraucher mit RCD beim 2. Fehler $I_{\Delta N} \leq 30$ mA in Stromkreisen mit Überstrom-Schutzeinrichtungen bis 63 A
▪ Zusätzlicher Schutzpotenzialausgleich in Räumen der Gruppen 1 und 2
▪ Sicherheitsstromversorgung, Umschaltzeit $t \leq 15$ s für Sicherheitsbeleuchtung von Rettungswegen und Räumen der Gruppen 1 und 2; bei Operationsleuchten $t \leq 0{,}5$ s

<table>
<tr><th colspan="3">Raumarten (Auswahl) und Anwendungsgruppen</th></tr>
<tr><th>Anwendungsgruppe</th><th>Raumart</th><th>Art der medizinischen Nutzung</th></tr>
<tr><td>0</td><td>Bettenräume
OP-Sterilisationsräume
OP-Waschräume
Praxisräume</td><td>Keine Anwendung elektromedizinischer Geräte</td></tr>
<tr><td>1</td><td>Bettenräume
Therapieräume
Untersuchungsräume</td><td>Anwendung elektromedizinischer Geräte am oder im Körper (kleine, ambulante Chirurgie)</td></tr>
<tr><td>2</td><td>OP-Vorbereitungsräume
OP-Räume
Intensiv-Untersuchungs- und Überwachungsräume</td><td>Organoperationen jeder Art, chirurgisches Einbringen von Geräteteilen</td></tr>
</table></td></tr>
</table>

Bezeichnung	Erklärungen
Becken von Schwimmbädern, begehbare Wasserbecken und Springbrunnen DIN VDE 0100-702: 2012-03 Feuchte Bereiche mit Spritz- und Strahlwasser	Schutzbereiche am Schwimmbecken:

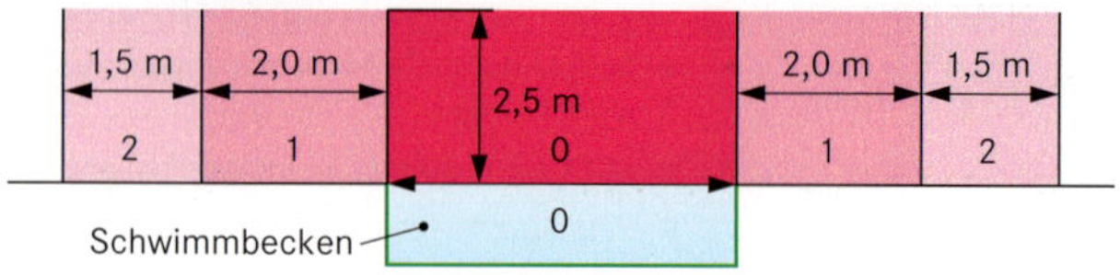

- Sicherheitskleinspannung (SELV) $U \leq 12$ V in Bereichen 0 und 1 mit Spannungsquelle außerhalb der Bereiche 0, 1 bzw. 2
- Zusätzlicher Schutzpotenzialausgleich in allen Bereichen
- Heißluftsaunen gehören zu trockenen Räumen, da Luftfeuchtigkeit nur kurz ansteigt (Wasseraufguss).
- Dampfsaunen gehören zu feuchten und nassen Räumen.
- RCD: $I_{\Delta N} \leq 30$ mA;
  Ausnahme: Versorgung mit Saunaheizungen

[1] Bei Reinigung mit Hochdruckreinigern IPX5 erforderlich.

Bereich	0	1	2
Schutzart	mind. IPX8 [1]	mind. IPX5	mind. IPX2

Bezeichnung	Erklärungen
Räume mit Badewanne und Dusche DIN VDE 0100-701: 2008-10 Bereiche mit fest installierten Bade- und Duscheinrichtungen	Zusätzlicher Schutzpotenzialausgleich zwischen Metallteilen bzw. -rohren: ▪ Erforderlich in Gebäuden, in denen kein Schutzpotenzialausgleich über die Haupterdungsschiene vorliegt ▪ Schutzleiterquerschnitt: – bei geschützter Verlegung ≥ 2,5 mm² Cu – bei ungeschützter Verlegung ≥ 4 mm² Cu ▪ Restwandstärke mindestens 6 cm, wenn auf der Rückseite elektrische Installationen vorhanden sind, die an die Bereiche 1 und 2 grenzen Leitungsart: NYY, NYM, H07V-U

Bereiche:

über Dusche bis 2,25 m Bereich 1

- mit Dusche (Duschecke) ohne Duschwanne

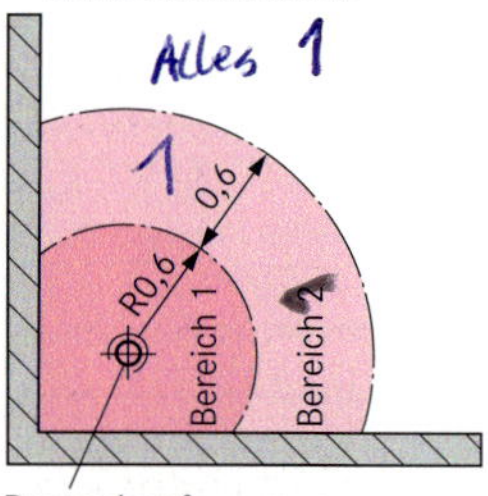

Brausekopf

- mit Duschwanne und fester Trennwand

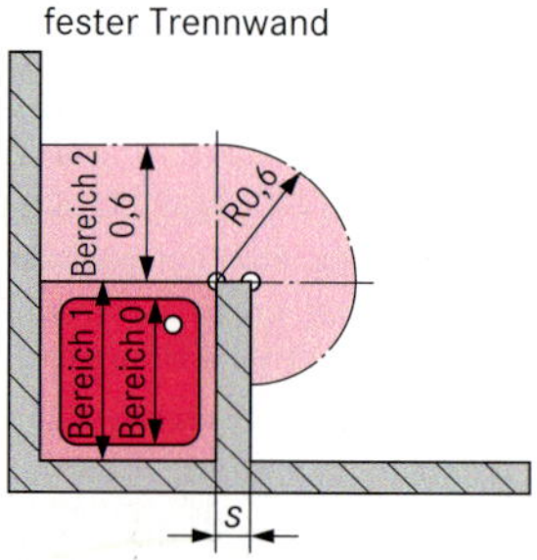

- mit Badewanne

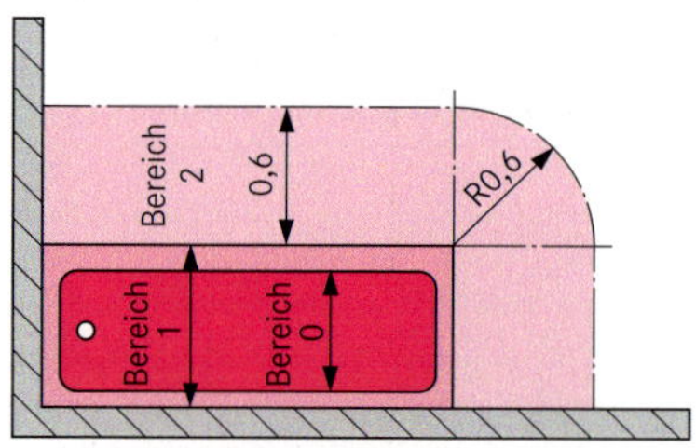

Maße in m

Bereich	Kabel und Leitungen (bis 6 cm unter Putz)	Schalter und Steckdosen	Elektrische Betriebsmittel
0	nein	nein	ja [4]
1	ja [1]	ja [3]	ja [4]
2	ja [1]	ja [2] [3]	ja [4]

Unter folgenden Bedingungen:

[1] Senkrechte und waagerechte Leitungsführung zu den Betriebsmitteln, Leitungseinführung für die Energieversorgung von der Rückseite der Betriebsmittel

[2] Alle Installationsgeräte, nur Steckdosen für Betriebsmittel der Signal- und Kommunikationstechnik (SELV, PELV)

[3] Schalter in Verbrauchern, Steckdosen für die Energieversorgung außerhalb der Bereiche mit Schutz durch RCD: $I_{\Delta N} \leq 30$ mA

[4] **Bereich 0:**
- Schutzart IPX7, Kleinspannung (≤ 12 V AC, ≤ 25 V DC), ortsfester Anschluss

Bereich 1:
- Schutzart IPX4, Kleinspannung (≤ 25 V AC, ≤ 60 V DC), ortsfester Anschluss, Whirlpooleinrichtungen, Duschpumpen, Geräte zur Lüftung, Handtuchtrockner und Wassererwärmer

Bereich 2:
- Schutzart IPX4, Geräte der Signal- und Kommunikationstechnik (SELV, PELV)

Anwendung

- Messung/Überwachung des Isolationswiderstandes in isolierten Netzen (IT)
- Isolationsüberwachung einzelner Betriebsmittel (z. B. Generator)
- Meldung bei unterschrittenem Grenzwert

Grenzwerte

$R_{iso} < 250\ \Omega/\ \mathrm{V} \cdot U_r$ und $R_{iso} < 15\ \mathrm{k}\Omega$	minimaler Isolationswiderstand R_{iso} des Netzes (zwischen aktivem Leiter und Erde)
$I_m < 10$ mA	max. Messstromstärke I_m (bei $R_F = 0\ \Omega$)
$U_m < 120$ V	maximale Messspannung U_m (bei $1{,}1 \times U_n$ und $R_F = \infty$)

U_m: Messspannung, die während der Messung an den Messanschlüssen liegt.
I_m: Messstrom, der aus dem Überwachungsgerät zwischen Netz und Erde fließt.
R_F: Isolationswiderstand im überwachten Netz, einschließlich aller angeschlossenen Objekte gegen Erde
R_{an}: Wert des Isolationswiderstandes, dessen Unterschreitung überwacht wird.

Standardfunktionen

- Prüfeinrichtung zur Sicherstellung einwandfreier Funktion; Isolationswiderstand wird kurzzeitig künstlich verringert.
- Bei Grenzwertverletzung optische Meldung im Gerät oder extern verschaltet
- Akustische Meldung rücksetzbar (quittierbar), aber nicht abschaltbar

Optionale Zusatzfunktionen

- Ansprechwert (R_{an}) fest oder einstellbar
- Hystereseverhalten (Meldung bei steigendem R_{iso}) oder Speicherverhalten (Meldung wird erst durch Quittierung zurückgesetzt)
- Vorwarnung bei Schwellwert größer als R_{an}
- interne/externe Anzeige von R_{iso}

Funktionsweise

- Der Netzspannung wird zwischen L und PE/N eine Gleichspannung überlagert.
- Bei sinkendem R_{iso} steigt der Gleichstrom.
- Ab voreingestelltem Grenzwert erfolgt die Auslösung der Störmeldung.

Anschluss/Schaltung

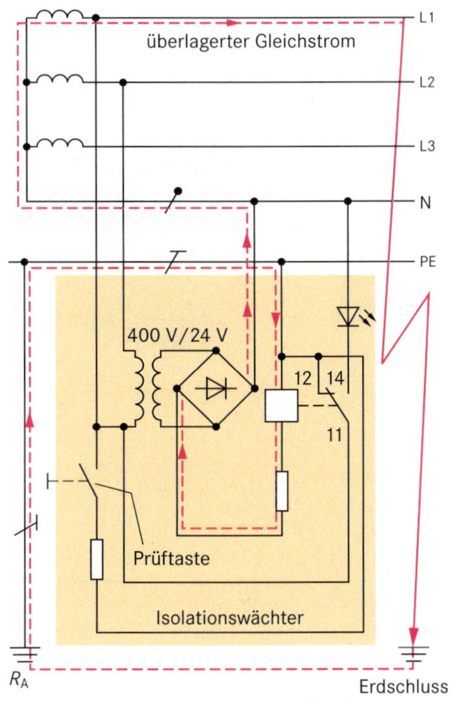

Funktionsdiagramm

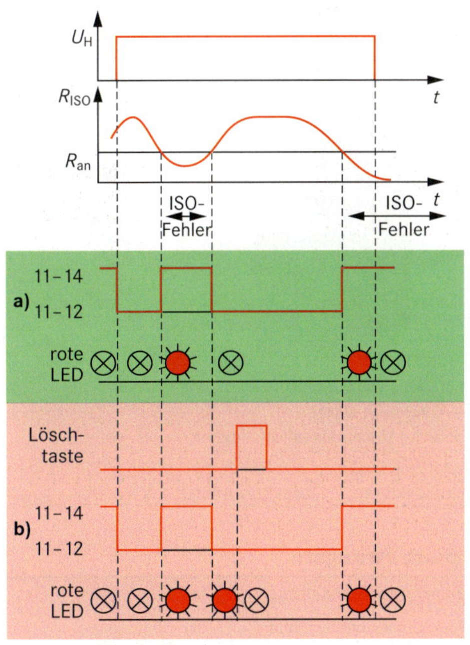

a) ohne Speicher
b) mit Speicher

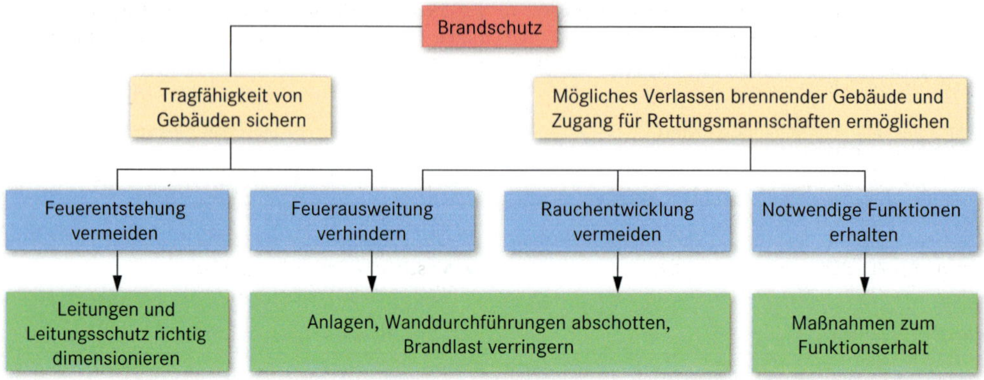

Begriffe

Brandabschnitt	Abschnitt eines Gebäudekomplexes, der durch Brandwände abgegrenzt ist.	Feuerwiderstandsklasse	Mindestdauer, die ein Bauteil genormter Anforderungen bei definiertem Brandversuch widersteht.
Brandwand	Wand zwischen Brandabschnitten mit dem Ziel, die Ausbreitung von Feuer und Rauch zu verhindern.	Kurzzeichen	**Beispiel:** F90 — Dauer in Min. F: Brandwände T: Türen, Tore, Klappen S: Kabelabschottungen E: Funktionserhalt elektrische Leitungen I: Installationsschächte/-kanäle
Brandlast	Energiemenge von Baustoffen, die bei Verbrennung freigesetzt wird.		

Durchführung durch Brandwände

Brandschutzrahmen	Brandschutzmörtel/-spachtel	Brandschutzkissen
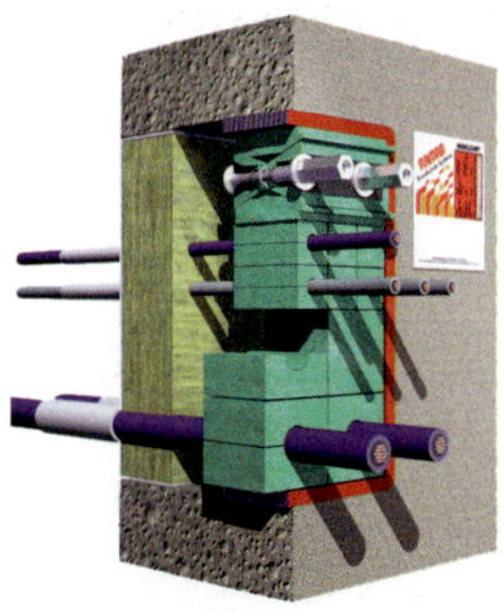		
▪ Rahmen kann geöffnet und wieder verschlossen werden. ▪ Einfache Nachinstallation möglich.	▪ Dauerhafte Schottungen, nur durch Zerstören zu öffnen.	▪ Einzelne Kissen werden um die Kabel gelegt. ▪ Einfache Nachinstallation möglich. ▪ Kissen quellen im Brandfall auf und verschließen die Durchführung.
Installationen müssen von Fachfirmen durchgeführt und mit Firmenname, Funktionserhaltungsklasse, Prüfzeugnisnummer und Herstellungsjahr gekennzeichnet sein.		

Brandlast verringern

Kabel geringer Brandlast	Abschottung
▪ sind schwer entflammbar, ▪ setzen wenig toxische und korrosive Gase frei und ▪ hemmen Brandfortleitung.	▪ Anlage wird durch schwer entflammbare Materialien umbaut. ▪ Brände können Leitungen nicht entflammen. ▪ Unterbau (Wand, Decke) muss massiver Beton sein.

- Aufrechterhaltung der Stromversorgung im Brandfall
- Funktion muss bei Brand für definierte Zeit erhalten bleiben.
- Forderung für Gebäude mit erhöhtem Sicherheitsrisiko (Versammlungsstätten, Krankenhäuser, Hotels, Industrieanlagen, Rechenzentren)

- **MLAR** (**M**uster **L**eitungs **A**nlagen **R**ichtlinie) durch deutsches Institut für Baurecht veröffentlicht.
- MLAR ist Basis für die Umsetzung in bundeslandspezifisches Baurecht.

Dauer des Funktionserhalts

E30 (30 Minuten für Evakuierung)	E90 (90 Minuten für Brandbekämpfung)
▪ Sicherheitsbeleuchtungsanlagen ▪ Brandmeldeanlagen ▪ Alarmierungs-/Lautsprecheranlagen (ELA) ▪ Lüftungs-, Rauchabzugsanlagen	▪ Feuerwehraufzüge ▪ Bettenaufzüge in Krankenhäusern ▪ Maschinelle Rauchabzugsanlagen ▪ Wasserdruckerhöhungsanlagen ▪ Sprinkleranlagen

Installationsanforderungen

- Leitungsanlagen inkl. Verteiler, zentrale Notlicht-/ELA-Anlagen in Funktionserhalt installieren.
- Sicherheitsbeleuchtungsanlagen, die ausschließlich zur Versorgung des betroffenen Brandabschnittes dienen, sind von den Anforderungen ausgenommen.
- Bei Leitungsdimensionierung ist für die längste Brandabschnittsdurchquerung eine erhöhte Leitertemperatur/-widerstand zu berücksichtigen (im Beispiel Leitung durch Brandabschnitt 2).

Beispiel:

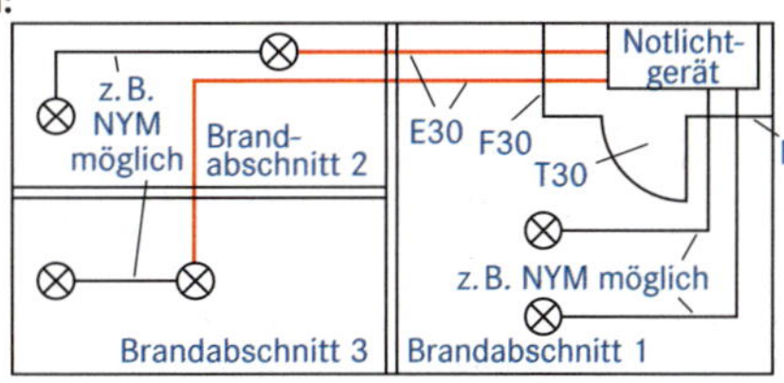

Installation

Integrierter Funktionserhalt	Abschottung

Integrierter Funktionserhalt

- Leitungsanlage kann direkt einem Brand ausgesetzt werden.
- Verwendung feuerbeständiger, geprüfter Leitungen

Beispiele:

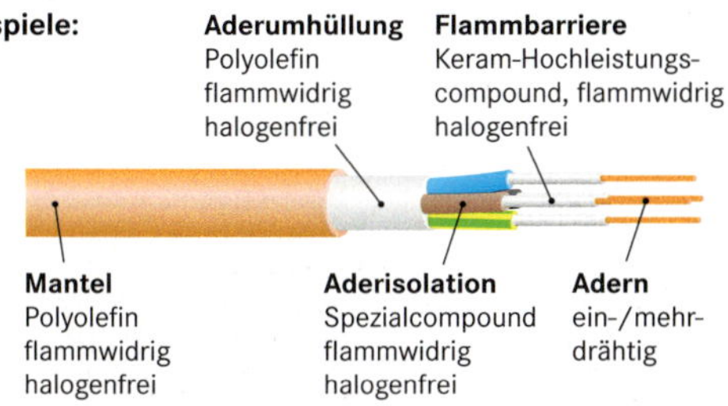

- Installation nur mit geprüften und zugelassenen Trage- und Befestigungseinheiten

Beispiele:

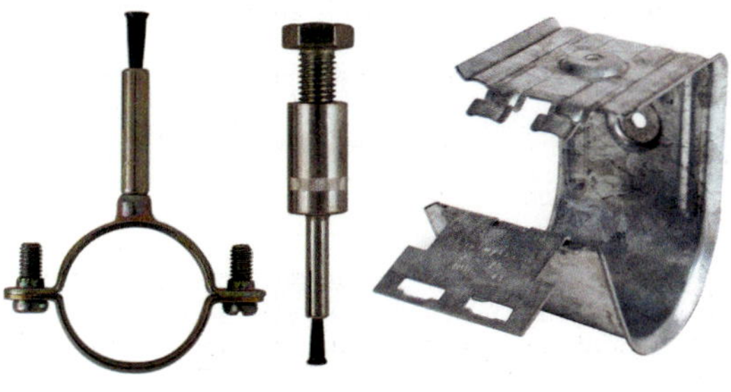

zugelassene Metalldübel und Metallschellen

Abschottung

- Leitungsanlage wird durch feuerwiderstandsfähiges Material umbaut.
- Installation nur mit geprüften und zugelassenen Trageeinheiten ausführen.
- Es können Standardleitungen verwendet werden.

Beispiel:

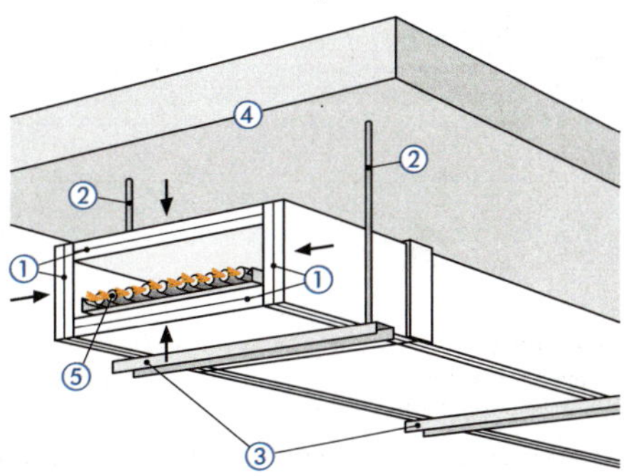

① feuerbeständige Platten
② Gewindestab
③ U-Profil
④ Decke
⑤ konventionelle Leitungen

Kennzeichnung

IP 2 3 C H

- Kennbuchstaben (**I**nternational **P**rotection) — IP
- 1. Kennziffer (Schutz gegen Eindringen von Fremdkörpern und Staub) — 2
- 2. Kennziffer (Schutz gegen Eindringen von Wasser) — 3
- Zusätzlicher Buchstabe — C
- Ergänzender Buchstabe (Schutz gegen Zugang zu gefährlichen Teilen) — H

Wird eine Kennziffer nicht angegeben, so ist sie durch ein X zu ersetzen.

Ergänzender/zusätzlicher Buchstabe kann entfallen. Mehrere Buchstaben sind in alphabetischer Reihenfolge zu nennen.

1. Kennziffer	Bildzeichen[1]	Beschreibung	2. Kennziffer	Bildzeichen[1]	Beschreibung
0		Kein Schutz	0		Kein Schutz
1		Schutz gegen Eindringen großer Fremdkörper ($d \geq 50$ mm)	1		Schutz gegen senkrecht fallendes Wasser (Tropfwasser)
2		Schutz gegen Eindringen mittelgroßer Fremdkörper ($d \geq 12$ mm)	2		Schutz gegen schräg fallendes Wasser (Tropfwasser) bis zu 15° Neigung
3		Schutz gegen Eindringen kleiner Fremdkörper ($d \geq 2{,}5$ mm)	3		Schutz gegen Sprühwasser mit maximal 60° zur Senkrechten
4		Schutz gegen Eindringen kornförmiger Fremdkörper ($d \geq 1$ mm)	4		Schutz gegen Spritzwasser aus allen Richtungen
5		Schutz gegen Staubablagerungen (staubgeschützt) und vollständiger Berührungsschutz	5		Schutz gegen Wasserstrahl aus allen Richtungen
6	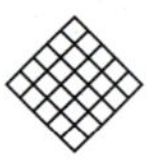	Schutz gegen Eindringen von Staub (staubdicht), vollständiger Berührungsschutz	6		Schutz gegen starken Wasserstrahl aus allen Richtungen
			7		Schutz bei zeitweiligem Untertauchen
			8		Schutz bei dauerndem Untertauchen
			-		Schutz gegen Eindringen von Wasser unter Druck (druckwasserdicht)

zusätzlicher Buchstabe	Beschreibung	ergänzender Buchstabe	Beschreibung
A	Schutz gegen Zugang mit Handrücken	H	Hochspannungs-Betriebsmittel
B	Schutz gegen Zugang mit Finger	M	Schutz gegen Wasser geprüft bei bewegten Teilen
C	Schutz gegen Zugang mit Werkzeug	S	Schutz gegen Wasser geprüft bei stillstehenden, beweglichen Teilen
D	Schutz gegen Zugang mit Draht	W	Schutz vor festgelegten Wetterbedingungen, mit zusätzlichen Schutzmaßnahmen

[1] Übliche Kennzeichnung bei Leuchten; sie geben ungefähr den Schutz der 2. Kennziffer wieder.

Funktionen

Abdichtung	Mechanischer Schutz	Zugentlastung
Gegen Eindringen von - Feuchtigkeit - Staub - Fremdkörpern	Gegen - Beschädigung durch die Gehäusewände - unzulässige Biegeradien des Kabels (z. B. Abknicken) - Torsion, Vibration	Gegen - Herausziehen des Kabels aus dem Anschlussgehäuse (nicht von allen Kabeleinführungen erfüllt)

Einfache Kabeleinführungen

- Kabeleinführung an Abzweigkästen und Verteilern (Aufputz und Unterputz)
- Verschließen von vorhandenen Öffnungen (Schutz u. a. gegen Feuchtigkeit, Staubablagerungen)
- Winddichtes Verschließen von
  - Elektroinstallationsrohren
  - Unterputz Gerätedosen
- Vorteile: Preisgünstig; einfache Montage; geringer Einbauplatzbedarf
- Nachteile: Geringe Zugentlastung; Schutzklasse nicht höher als IP67

Beispiele:

Durchführungstülle mit Klemmbefestigung

IP67

Würgenippel mit Schraubbefestigung

IP54

Kabel ohne Werkzeug einführbar

Kabelverschraubungen

Festlegungen

- Konstruktionen und Prüfungen genormt nach DIN EN 50262
- Für den **Einsatz** u. a. berücksichtigen:
  - Schutzklasse (IP)
  - Dauergebrauchstemperatur
  - Zugentlastung
  - Knickschutz
  - Elektromagnetische Verträglichkeit
  - Explosionsschutz
- Verwendung von **M-Verschraubungen** (metrisch)
- Frühere Bezeichnungsform **Pg + Kennzahl** (Pg: Panzergewinde) abgelöst
- Verschraubungen mit Pg-Kennzeichnung im Einsatz

Klassifikationsmerkmale

- Material
  - Metall (Edelstahl, Messing, Zinkdruckguss, Aluminium)
  - Kunststoff (z. B Polyamid, EDPM)
  - Kombination aus den genannten Kunststoffen
- Mechanische Eigenschaften
  - Schlagfestigkeit (IK 01 ... IK 08)
  - Zugentlastung (Typ A Schnellmontage, Typ B für extreme Beanspruchung und Länge)
  - Installationsdrehmoment (Einführungsstutzen und Druckmutter)
  - Gewindetyp (z. B. M 12, M 16, M 20 ... M 63)
- Elektrische Eigenschaften
  - Leitende Verbindung zum Gehäuse oder zu Kabellagen (Kabelschirmverbindung)
  - Leitende Erdungsverbindung
- Konstruktion
  - Dichtungssystem mit einfacher oder mehrfacher Öffnungsdichtung
- Umgebungseinflüsse
  - IP-Schutzklasse
  - Temperaturbereich

Beispiel: Kunststoffverschraubung

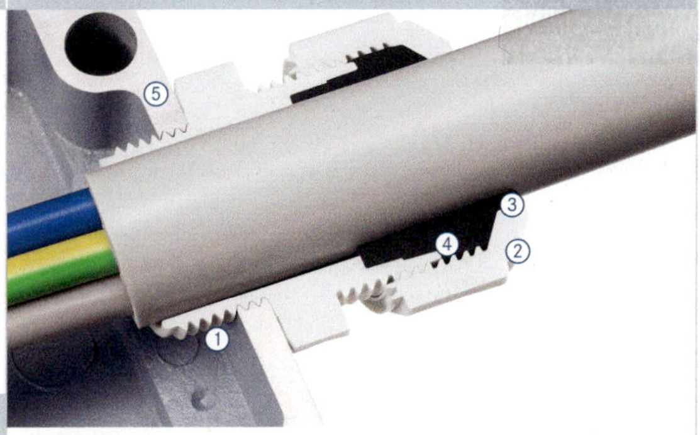

① Gewinde
② Überdrehsichere Druckmutter
③ Elastische, umweltbeständige Dichtringe
④ Zugentlastung, Verdrehschutz
⑤ Gerätegehäuse mit Schraubanschluss

Material:	Polyamid PA 6
Dichtring:	TPE (Thermoplastisches Elastomer) oder CR (Chloropen Kautschuk)
Einsatztemperatur:	– 30 °C ... + 100 °C
Anschlussgewinde:	M 16 x 1,5
Kabeldurchmesser:	4,5 mm ... 10 mm
Schlüsselweite:	SW 19
Anzugsdrehmoment der Druckmutter:	2,5 Nm
Schutzart:	IP68

Hinweis:

In **dichten Gehäusen** (kein Luftaustausch) bildet sich Kondenswasser durch Temperaturschwankungen.

Einsatz von **Druckausgleichselementen** mit Spezialmembran für Luftaustausch erforderlich

Definitionen

- **EMV** ist die Fähigkeit eines Betriebsmittels,
  - in seiner elektromagnetischen Umgebung funktionsgerecht zu arbeiten und
  - selbst keine elektromagnetischen Störungen zu verursachen, die andere Betriebsmittel in der Nähe stören.
- **Störfestigkeit** beschreibt die Unempfindlichkeit des Gerätes gegen äußere elektromagnetische Beeinflussungen.
- **Störaussendung** beschreibt die elektromagnetische Ausstrahlung des Gerätes in die Umwelt.

Merkmale

- Die **EMV-Richtlinie 2004/108/EG** berücksichtigt ein breites Spektrum an elektrischen Apparaten, Geräten und Systemen (Betriebsmittel).
- Im Einzelfall ist zu klären, ob für das Betriebsmittel diese Richtlinie zur Anwendung kommt.

Störungen

- **Störquelle und Störsenke**
  - Einflüsse elektromagnetischer Größen in elektrischen Anlagen mit einem unerwünschten Effekt, z. B. Flimmern auf dem Monitor

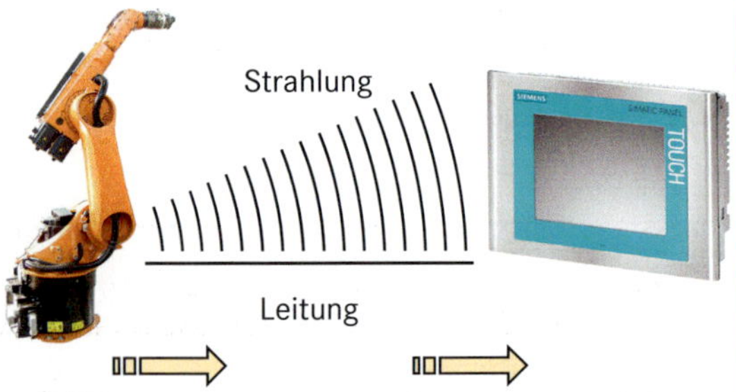

Störquelle	Kopplung	Störsenke
Ursprung von elektromagnetischen Störungen	Übertragung von Energie zwischen Stromkreisen	Elektrische Einrichtung, die von einer Störgröße beeinflusst werden kann

- **Technische Störursachen**
  - Spannungsschwankungen, z. B. durch Schweißgeräte
  - Spannungseinbrüche, z. B. beim Anlaufen leistungsstarker Motoren
  - Spannungsunterbrechungen, z. B. durch Zuschalten von Leistungstransformatoren
  - Überspannungen, z. B. durch Schalthandlungen im Mittelspannungsnetz
- **Systemfremde Störquellen**
  - Blitzentladungen mit Direkt-, Nah- oder Ferneinschlägen
  - Elektrostatische Entladungen in Form von Gleit-, Büschel-, Funken- oder blitzähnlichen Entladungen
  - Schalten von Sammelschienen mittels Kontakten
  - Kurz-, Erd- und Doppelerdschlüsse
  - Abschalten leerlaufender Hochspannungsleitungen
  - Prellvorgänge an mechanischen Kontakten (Bursts)
  - Ein- und Ausschalten von Leuchtstofflampen
  - Betrieb von Lichtbogenschmelzöfen
  - Zuschalten leerlaufender Kabel
- **EMV-gerechter Anschluss in elektrischen Anlagen**
  - Geschirmte Leitungen:
    Metallschirm in den Schutzpotenzialausgleich einbeziehen und mit Haupterdungsschiene verbinden
  - Räumliche Trennung von Energie- und Signalleitungen, Verlegung der Leitungen in getrennten Kabelkanälen, Verwendung von Kanälen mit metallener Trennwand
  - Masseverbindungen zum Schutzpotenzialausgleich, Verbindung von unterbrochenen Metallkanälen mit Masseband und Kontaktlack, damit Einbeziehung in die Erdung

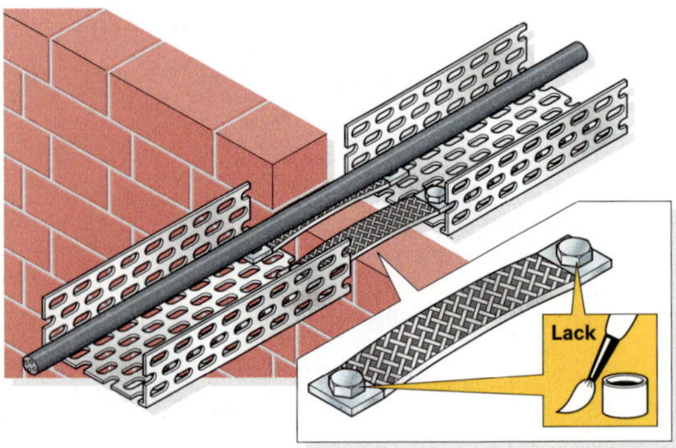

Elektromagnetische Umgebungsklassen

Festlegung der Umgebungsklassen (IEC 61000-2-5)

Klassen	Gültigkeitsbereiche
1	Ländliches Wohngebiet
2	Städtisches Wohngebiet
3	Geschäftsviertel, dicht besiedeltes Wohngebiet
4	Gewerbe- und Industriegebiet
5	Schwerindustriegebiet
6	Verkehrsbereiche
7	Telekommunikationszentren
8	Medizinische Bereiche, Krankenhäuser

Oberschwingungen durch nichtlineare Belastungen

- **Problem**
  Energiesparlampen, Schaltnetzteile, Drucker, PCs usw. beziehen nicht kontinuierlich, sondern impulsartig Energie aus dem Netz. Deshalb verursachen sie Oberschwingungen.

- **Folge**
  Im N-Leiter addieren sich die Ströme der Oberschwingungen ① (im Beispiel 3. Oberschwingung), so dass die Stromstärke im N-Leiter erheblich größer werden kann als die Stromstärken in L1 ②, L2 ③ und L3 ④ (Überlastung ⇒ Brandgefahr).

- **Abhilfen**
  - **Passive Filter**:
    Sperre bzw. Ableiter der Oberschwingungen.
    Im einfachsten Fall wird eine Drossel (**PFC**-Drossel: **P**ower **F**actor **C**orrection) in den Stromweg des störenden Gerätes geschaltet.
  - **Aktive Filter**:
    Sie speisen zur Kompensation der Oberschwingungen Ströme mit verschiedenen Frequenzen und Phasenlagen in das Netz ein, die die Oberschwingungen aufheben.

Beispiel: 3. Oberschwingung 150 Hz

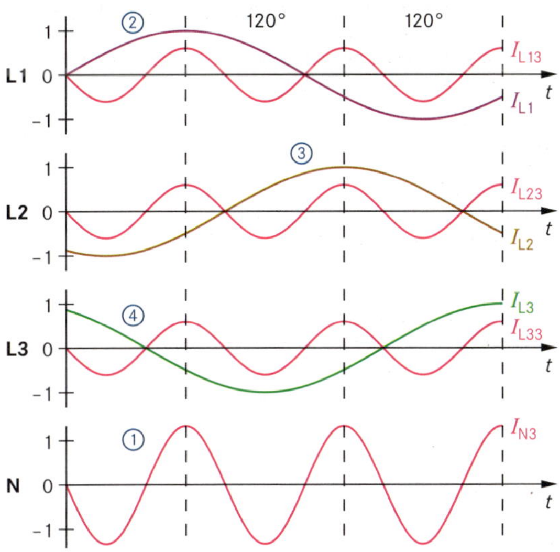

Ausgleichsströme im TN-C-System

- Bei **vernetzten** Kommunikationssystemen ① ②, z. B. über mehrere Stockwerke in TN-C- bzw. TN-C-S-Systemen, kann es zu Ausgleichsströmen ③ über die Abschirmungen der Datenleitungen kommen. Durch die Verbindungspunkte P1 und P2 entsteht parallel zum N-Leiter ein Strompfad über den PE-Leiter ④ und geerdete Anlagen bzw. Gebäudeteile.
- **Folgen**
  - Induktive Einspeisung von Störimpulsen in die Datenleitung (Störungen, Datenverlust)
  - Brandgefahr (große Stromstärke über die Abschirmung)
  - Gegebenenfalls Zerstörung elektronischer Bauteile

- **Abhilfen**
  - Aufbau eines TN-S-Systems ⑤ mit getrennten PE- und N-Leitern. Für das Netz gibt es **nur einen zentralen Erdungspunkt**.
  - Verwendung von „EMV-freundlichen“ IT- und TT-Systemen.
- In Gebäuden mit umfangreichen informationstechnischen Einrichtungen sind TN-C-Systeme nicht mehr zulässig. Zwingend vorgeschrieben sind TN-S-Systeme (**DIN VDE 0100-444**).

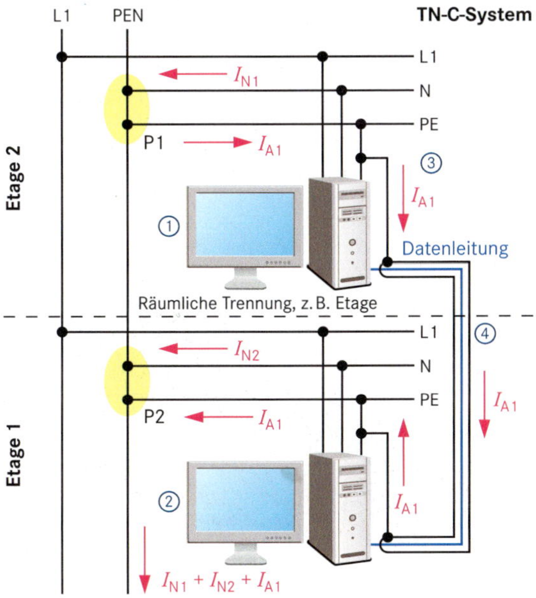

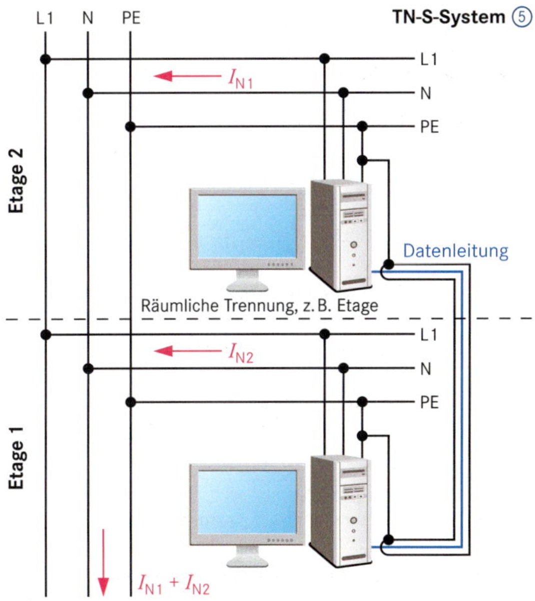

	Holz	Kunststoff		Metall				Stein	
	Holz	**Thermoplast**	**Duroplast**	**Stahl ...900 N/mm^2**	**Gusseisen**	**Aluminium**	**Kupfer**	**Ziegel u.ä.**	**Beton Fliesen**
Bohrer-Material	HSS	HSS	HSS HM	HSS HM	HSS HM	HSS HM	HSS	HM	HM
Spitzenwinkel	180°	80° ... 110°	100° ... 120°	130°	118°	140°	140°	140°	140°
Spiralwinkel	ca. 20°	10° ... 13°	16° ... 30°	16° ... 30°	16° ... 30°	35° ... 40°	20° ... 40°	16° ... 30°	16° ... 30°
Schnittgeschwindigkeit in m/min	ca. 100	30 ... 80	30 ... 40 / 100 ... 120	15 ... 20 / 40 ... 70	12 ... 40 / 25 ... 80	50 ... 200 / 2000 ... 400	35 ... 70	25 ... 50	20 ... 40
Vorschub in mm/Umdrehung	1	0,1 ... 0,5	0,04 ... 0,6	0,03 ... 0,35 / 0,02 ... 0,12	0,05 ... 1,3 / 0,1 ... 0,3	0,15 ... 0,6 / 0,05 ... 0,25	0,15 ... 0,5	0,1 ... 0,4	0,1 ... 0,3
Hinweise	Bohrer haben Zentrierspitze				Kühlmittelbenutzer				

HSS: Bohrer aus **H**ochleistungs-**S**chnellschnitt**s**tahl **HM**: Bohrer mit **H**art**m**etallschneide

Bezeichnungen am Wendelbohrer

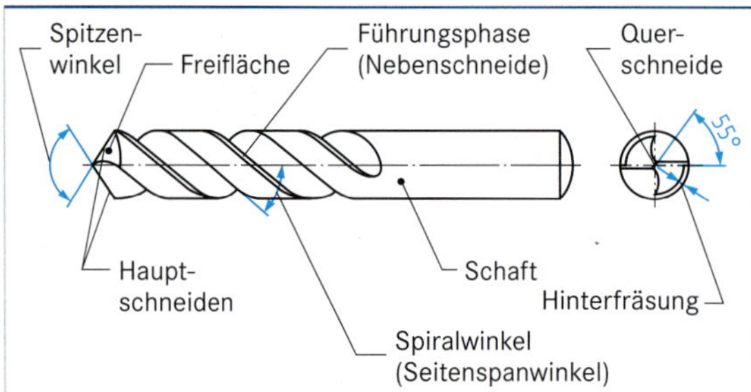

Drehzahl

Ermittlung der ungefähren Drehzahl n in Abhängigkeit von der Schnittgeschwindigkeit v

v: Schnittgeschwindigkeit in m/min

x: Faktor in m^{-1}

$$n = v \cdot \frac{1000}{d \cdot \pi} \Rightarrow \boldsymbol{n = v \cdot x}$$

d in mm	1	5	10	15	20	25
x in m^{-1}	≈ 300	≈ 60	≈ 30	≈ 20	≈ 15	≈ 13

Bohrerarten

Holz

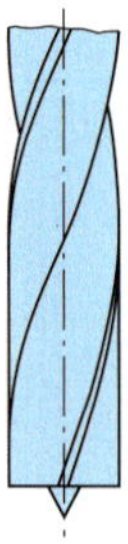

Kunststoffe Typ H

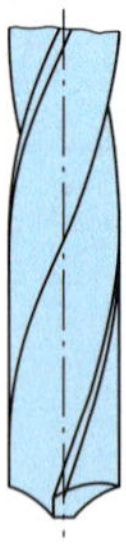

Aluminium und Kupfer Typ W

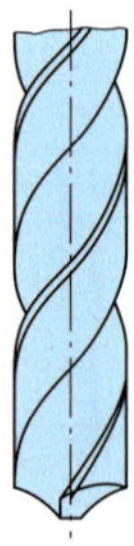

Stahl und Stein Typ N

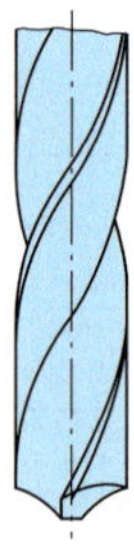

Arten

Gewinde

Metrische Gewinde	**Whitworth-Rohrgewinde**	**Elektrogewinde**
Außendurchmesser in mm	Außendurchmesser in Zoll	Außendurchmesser in mm
z. B. **M10**	z. B. **R1/2**	z. B. **E27**
Schrauben	**Rohre**	**Lampenfassungen**

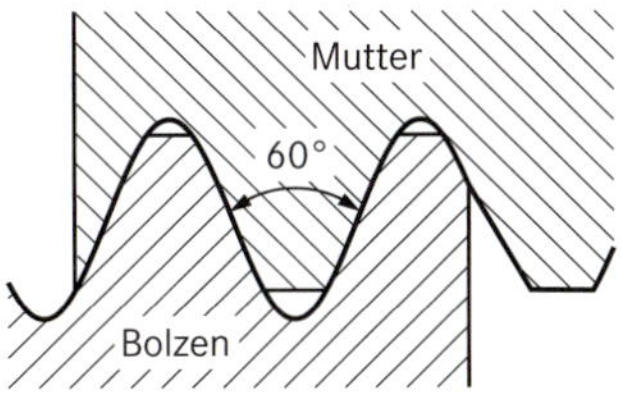

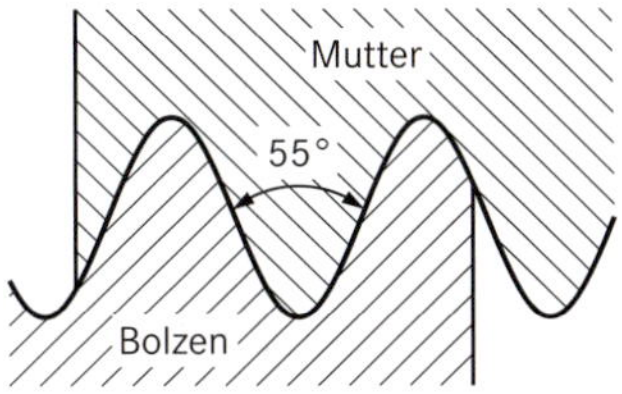

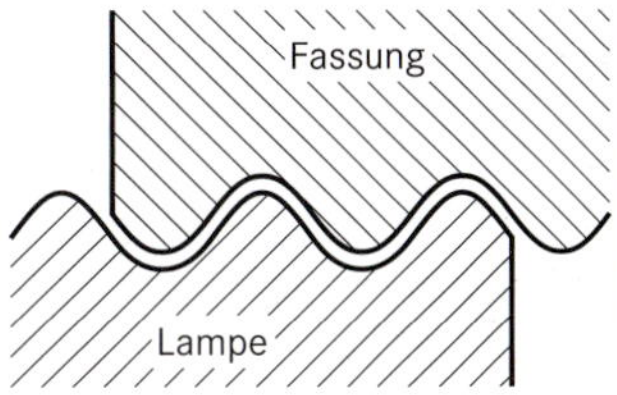

Gewindeschneiden

Innengewinde

Bohren ⇒ **Ansetzen** ⇒ **Vorschneiden** ⇒ **Schneiden** ⇒ **Fertigschneiden**

Bohren: $d_B = 0{,}8 \cdot d_G$ oder nach folgender Tabelle

d_B: Bohrerdurchmesser
d_G: Gewindedurchmesser

Ansetzen: Gewindeschneider setzt besser an

Vorschneiden: 1 Ring

Schneiden: 2 Ringe

Fertigschneiden: 3 Ringe oder keine

Gewindeschneider ganz durchdrehen

Gewindedurchmesser in mm	Werkstoff	1	2	3	4	5	6	7	8	9	10	11	12	14	16	18	20
Bohrerdurchmesser in mm	weich	0,7	1,55	2,45	3,2	4,1	4,9	5,9	6,6	7,6	8,2	9,2	9,9	11,5	13,5	15	17
	hart, zäh	0,75	1,6	2,5	3,3	4,2	5	6	6,7	7,7	8,4	9,4	10	11,75	13,75	15,25	17,25

Außengewinde

Anfasen ⇒ **Aufsetzen** ⇒ **Schneiden**

Anfasen: Sorgt für guten Anschnitt

Aufsetzen: Auf geraden Sitz achten

Schneiden: Nur leichten Druck ausüben

Schneideisenhalter

Schneideisen

Hinweise:

- Auf geraden Sitz achten
- Nur mit leichtem Druck schneiden
- Schmiermittel (Schneidöl) verwenden
- Gewindeschneider mehrfach zurückdrehen (Brechen der Späne)
- Nach Schneiden Gewinde reinigen

Arten

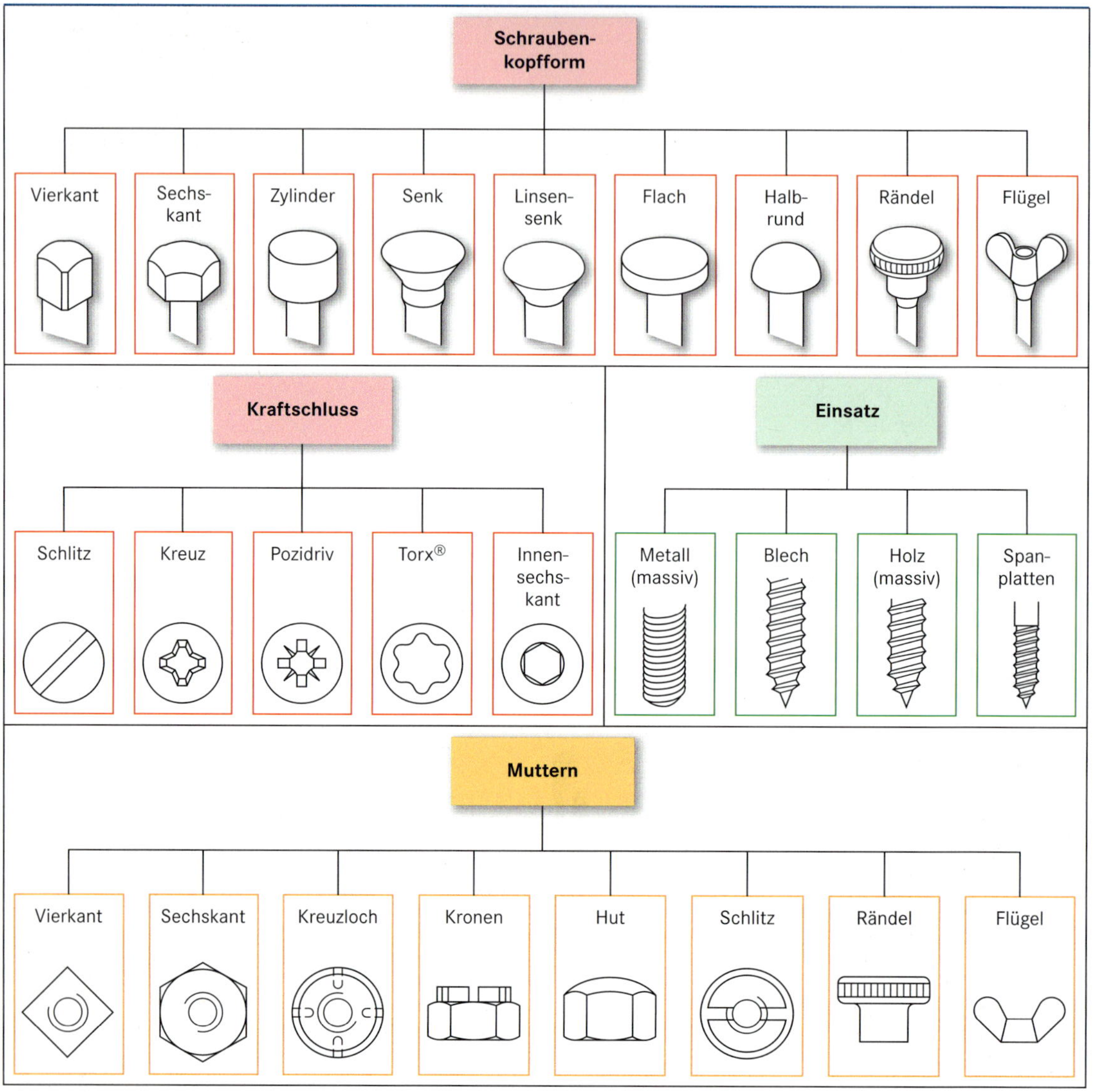

Bezeichnungen

Beispiele:

Sechskantschraube ISO 4016-M 16x60-4.6 C

- M: Gewindeart
- 16: Außendurchmesser in mm
- 60: Schraubenlänge ohne Kopf in mm
- 4.6: Streckgrenze (4x6x100 N/mm^2); 4: Zugfestigkeit (4x100 N/mm^2)
- C: Produktklasse

Sechskantmutter DIN 555-M16-4 C

- 4: Zugfestigkeit (4x100 N/mm^2)
- C: Produktklasse

Hinweise:

- Produktklasse gibt Oberflächengüte und Toleranz an.
- Schrauben und Muttern sollen die gleiche Mindest-Zugfestigkeit haben.

Befestigungsarten

- direkte Montage → Schubbolzen werden mit Hilfe von Bolzenschubgeräten in den Verankerungsgrund getrieben.
- indirekte Montage → Schrauben werden mit Hilfe von Dübeln im Verankerungsgrund befestigt.

Direkte Montage

Untergrund:
- Beton C12/15 ... C40/50 (Festigkeitsklassen)
- Stahl H < 450 N/mm² (Festigkeit)
- Kalksandvollstein

Schubbolzentypen:

Nagel

Gewindebolzen

Bolzenschubgerät:
Treibladung (Kartusche oder Druckluft) treibt Kolben schlagartig gegen Schubbolzen, dadurch wird dieser in den Untergrund getrieben.

- Sicherheitsvorschriften:
  - Schubbereitschaft darf erst nach Anpressen der Mündung vorhanden sein.
  - Anpressen darf kein Schieben bewirken.
  - Beim Herunterfallen des Gerätes darf kein Auslösen erfolgen.
  - Schieben nur bei geschlossenem Gerät.
- Notwendige Angaben:
  - Zulassungszeichen der PTB ①
  - Wiederholungsprüfungszeichen ②
  - Warenzeichen des Herstellers
  - Typenbezeichnung
  - Seriennummer
  - Vorgeschriebene Kartusche

①

②

- Hinweis:
  Vorbohren mit geringer Tiefe erhöht die mögliche Tragkraft und vermeidet bei Beton eventuelle Setzausfälle durch Sandkörner.
- Anwender:
  - Mindestalter 18 Jahre oder unter Aufsicht
  - Vertrautheit mit Handhabung und Einsatz des Gerätes
  - Kenntnis der Gefahren

Indirekte Montage

Untergrund:
- Beton
- Porenbeton
- Mauerwerk
- Naturstein

Merkmale für Dübelauswahl:
- Untergrund-Material
- Untergrund-Geometrie, z. B. Randnähe
- Umgebung, z. B. Feuchtigkeit
- Montageart, z. B. Einzeln, Gruppen
- Tragkraft
- Belastung, z. B. Schrägbelastung
- Sicherheit, z. B. Gefahr für Menschen
- Verhalten bei Brand

Dübelarten:
- Kunststoffdübel
  für leichte und mittlere Belastung

z. B. Spreizdübel

- Metalldübel
  für leichte bis schwere Belastung
  Beim Anziehen der Schraube auf richtiges Drehmoment achten

z. B. Schwerlastanker

- Injektionsdübel
  für schwere Belastung
  und bei kleinen Randabständen

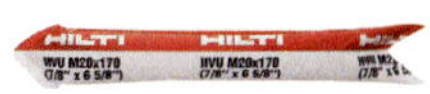

z. B. Patronensystem

1. Verbundmasse wird entweder als Patrone oder mit einer Kartusche in das Bohrloch eingeführt.
2. Anschließend wird das Metallteil eingeschraubt.
3. Die Verbundmasse härtet dann aus.

Hinweise:
- Bohrloch-Durchmesser muss mit Dübel-Durchmesser übereinstimmen.
- Bohrloch vor dem Setzen des Dübels unbedingt reinigen.

Befestigungsmerkmale

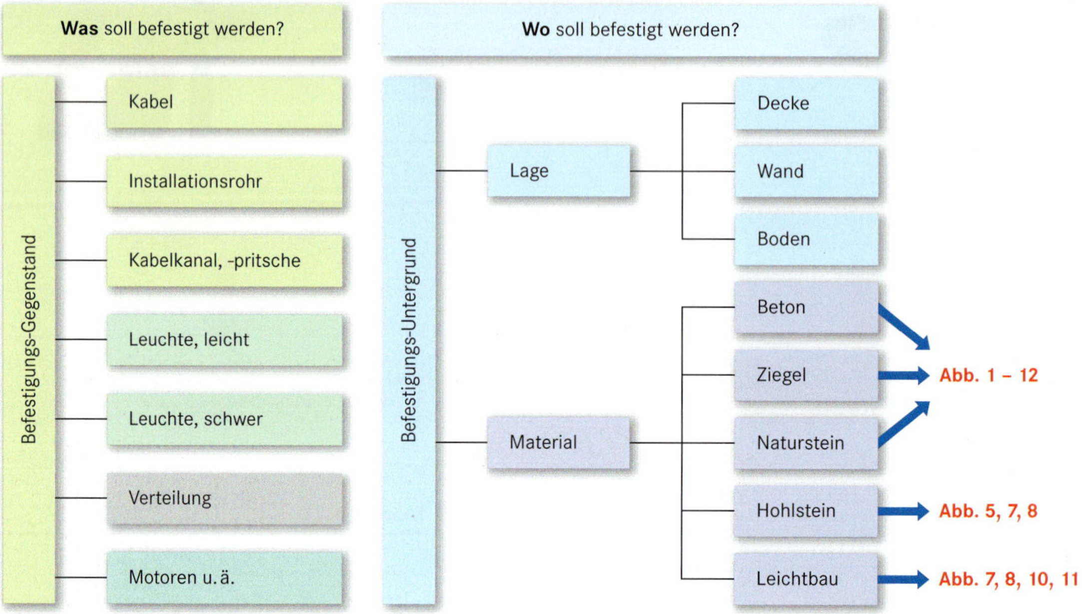

Dübel-Auswahl
- Nach dieser Übersicht kann auf bestimmte Dübelart geschlossen werden.
- Unter Umständen müssen Datenblätter verwendet werden.

Datenblätter-Angaben
Einsatzbereich, Umgebung, Lage, Material, Drucklast, Zuglast, Querlast, Biegemoment, gegebenenfalls Feuerwiderstandsklasse, bauaufsichtliche Zulassung

Leitungsbefestigung

Material:
- flammwidriger Kunststoff (DIN VDE 0471; DIN IEC 695-2-1)
- beständig von – 20 °C bis + 80 °C

Steckdübel	Steckschelle	Klemmschlaufe	Steckbügel
Abb. 1 	Abb. 2 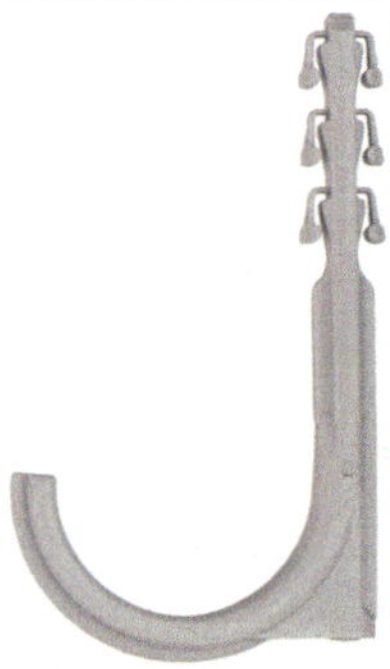	Abb. 3 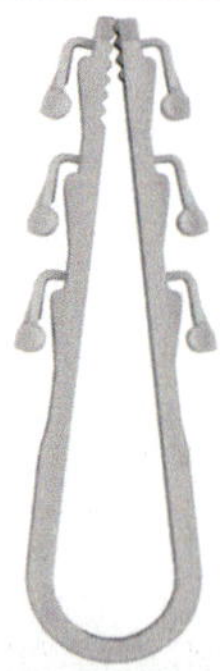	Abb. 4 
	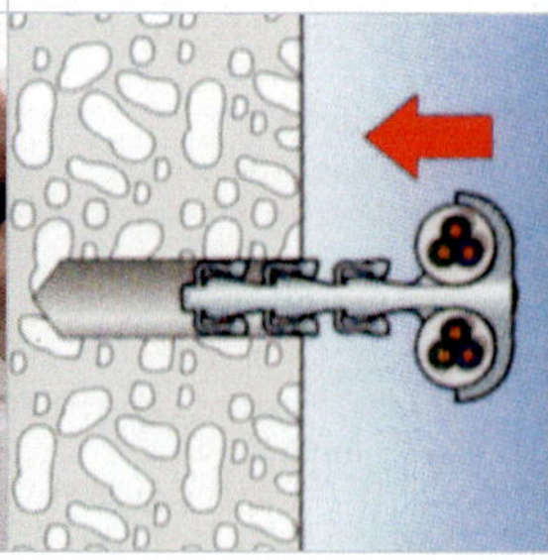	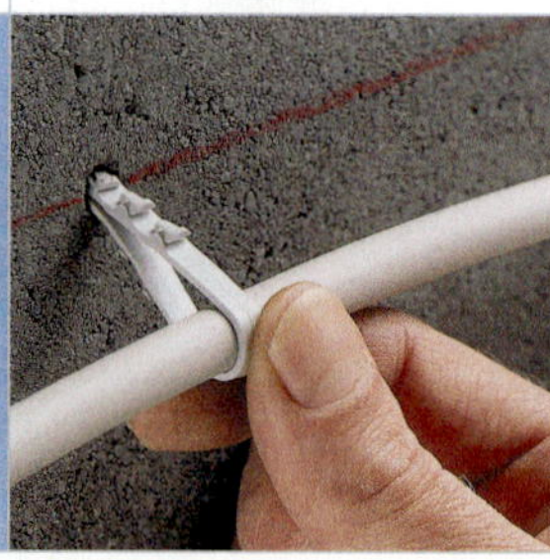	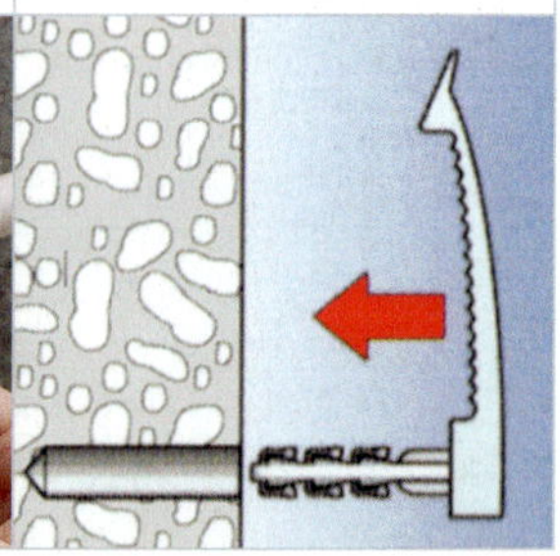

Spreizdübel

Abb. 5

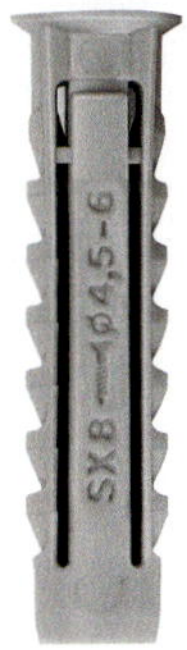

Bei Hohlkammerwerkstoff nicht schlagbohren.

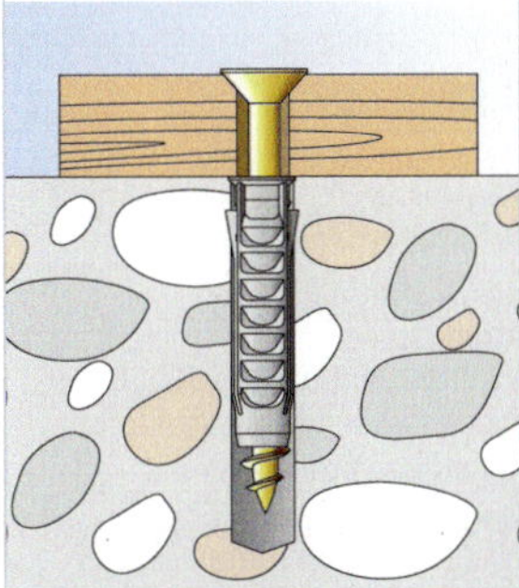

Spreizdübel (geteilt)

Abb. 6

Spreizrichtung parallel zum Werkstückrand.

Knotendübel

Abb. 7

Bei weichen Werkstoffen nicht schlagbohren.

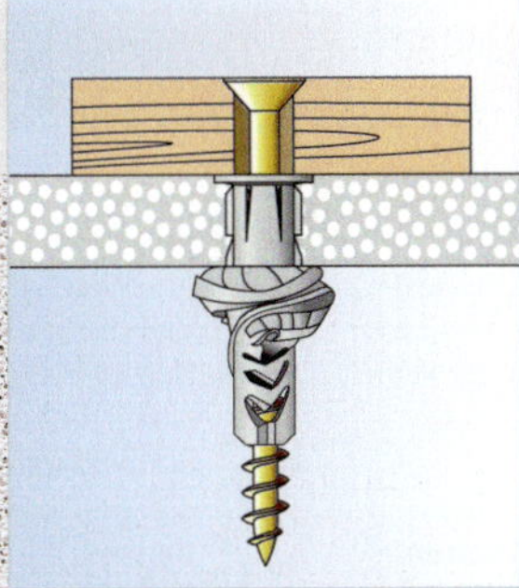

Knickdübel

Abb. 8

Für Knickung müssen Haken u. ä. einen Bund haben.

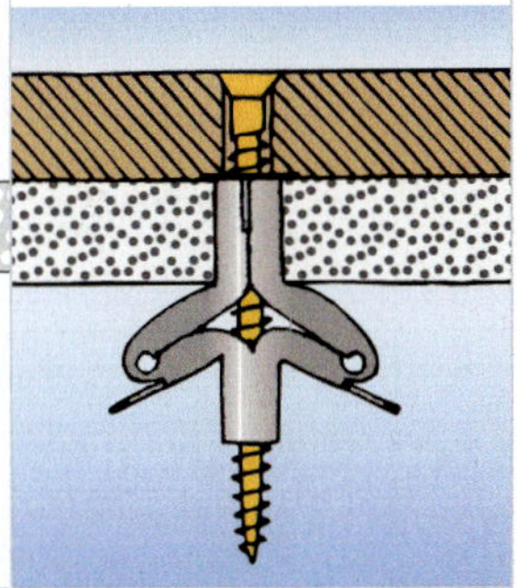

Nageldübel

Abb. 9

Nagel mit Gewinde ist im Dübel und wird mit Hammer eingeschlagen.

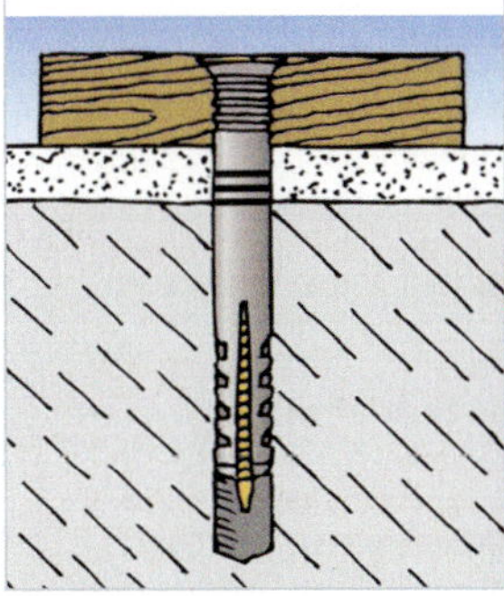

Kippdübel (Polyamid)

Abb. 10

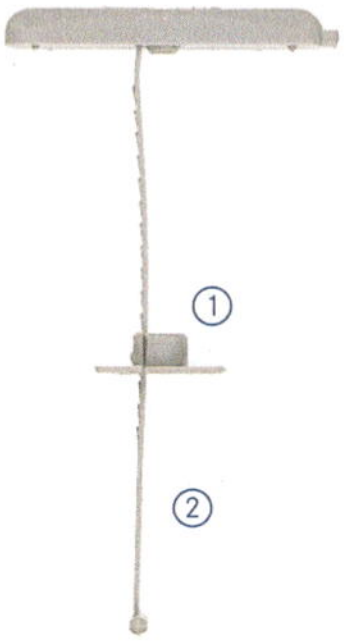

Nach Schieben der Hülse ① wird der Nylonfaden ② abgeschnitten.

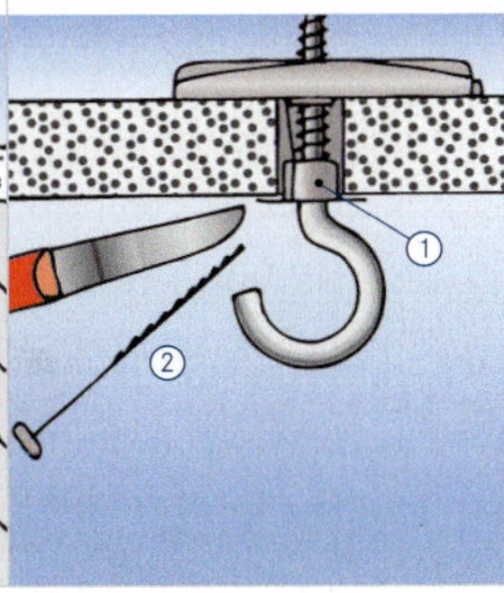

Klappdübel

Abb. 11

Die Spreizteile klappen durch Federkraft selbstständig auf.

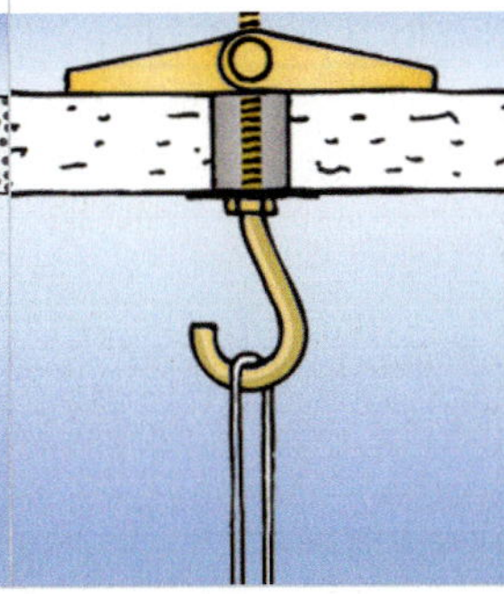

Ankerbolzen

Abb. 12

Beim Anziehen der Schraube spreizt der Clip am Bolzenkopf auf.

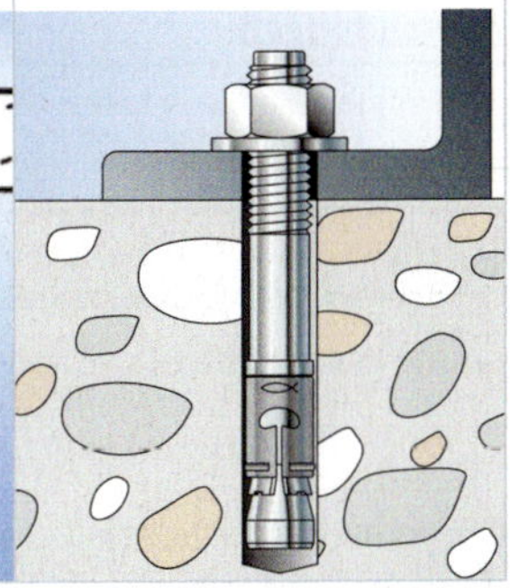

Anforderungen

- Übergangswiderstand gering halten
  - Steckverbindungen: Oxidation erhöht den Widerstand
- Korrosion vermeiden
  - Keine Feuchtigkeit in der Verbindungsstelle zulassen.
- Schwingungen vermeiden
  - Kann zu Brüchen führen.
  - Kann Klammern lockern.
- Verschleiß vermeiden
  - Bei Steckverbindungen sind die Oberflächen entsprechend zu behandeln.
- Elektrochemische Elemente vermeiden
  - Nach Möglichkeit nur gleiche Metalle verbinden.
- Temperaturwechsel vermeiden
  - Feste Verbindungen können sich lockern.

Arten

Verbindungen

- unlösbar
  - **Schweißen**
  - **Bonden**
    Verbinden von Mikroleitern mit Chipflächen durch Kaltpressschweißen mit Hilfe von Ultraschall und Druck
  - **Kleben**
    Verbinden mit Leitkleber
  - **Crimpen** bzw. **Quetschen**
    Verbinder wird mit mehrdrähtigem Leiter verpresst.
- bedingt lösbar
  - **Löten**
  - **Wrappen**
    Abisolierter Leiter wird auf Vierkantstift gewickelt.
  - **Schneidklemmen**
    Isolierter Leiter wird auf Schneidklemme gepresst, die die Isolation durchtrennt ①.
  - **Spleißen**
    Abisolierte Leiter werden auf etwa 3 cm verwürgt ②.
- lösbar
  - **Stecken**
    Stecker werden in Buchsen mit Federn gesteckt.
  - **Klemmen**
    Leiter werden unter Federn gesteckt und können nicht durch Ziehen gelöst werden ③.
  - **Einpressen**
    Einpressstift wird in metallisiertes Loch einer Leiterplatte gepresst ④.
  - **Schrauben**
    Abisolierte Leiter werden unter Schrauben direkt oder mit Laschen geklemmt ⑤.

① Schneidklemme

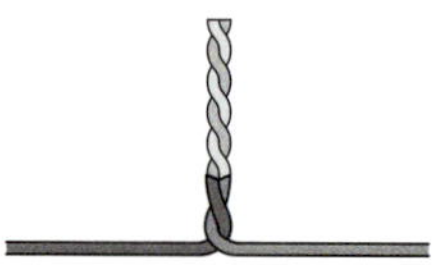

② Verwürgte Kabeladern

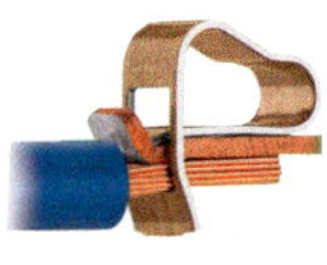

③ Schraubenlose Klemmstelle

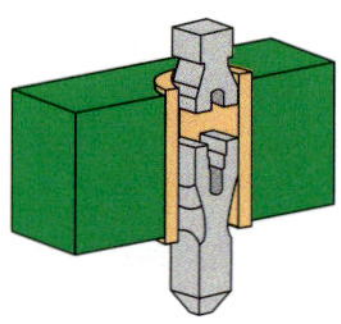

④ Einpressklemmstelle

⑤ Leuchtenklemmen

Anwendungen

- Für **starre** (r: rigid) **Leiter** können alle Verbindungsarten verwendet werden.
- Für **flexible** (f: flexible) **Leiter** können nur die Verbindungsarten Kleben, Crimpen, Löten, Spleißen, Klemmen[1] und Schrauben eingesetzt werden.
- Für **mehrdrähtige** (s: stranded) **Leiter** können nur die Verbindungsarten Kleben, Crimpen, Löten, Klemmen[1] und Schrauben benutzt werden.

[1] Hierbei sind häufig Aderendhülsen erforderlich

Hinweise für Klemmstellen

- Klemmstellen können außer dem Bemessungsquerschnitt (**Bemessungs-Anschlussvermögen**) auch die beiden nächstniedrigen Leiterquerschnitte aufnehmen.
- Länge der **Abisolierung** genau nach Herstellerangaben vornehmen.
- Auf Klemmstellen dürfen **keine Zugkräfte** wirken.
- Klemmstellen, die mit dem Buchstaben **r** gekennzeichnet sind, dürfen nur für **starre Leiter** verwendet werden.

Metall

Lichtbogenschweißen

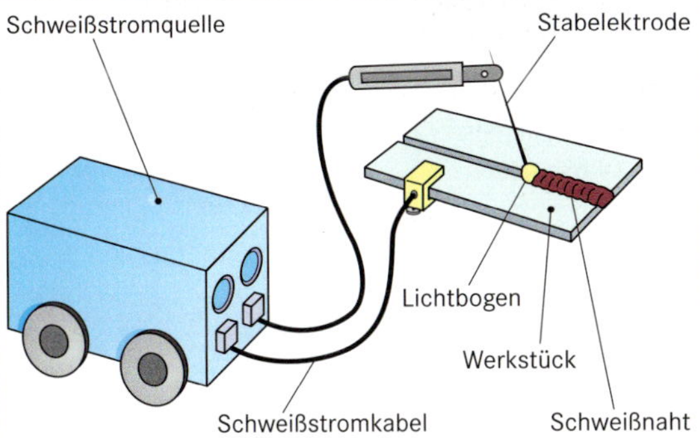

U = 15 bis 80 V/I = bis 1 kA
Lichtbogen-Temperatur ≈ 4000 °C

Arbeitsschritte:

1. Werkstück mit Masse verbinden
2. Elektrode auf Werkstück ⇒ Antippen (Kurzschließen)
3. Elektrode etwas anheben ⇒ Zünden
4. Elektrode entlang ziehen ⇒ Schmelzen
5. Elektrode weit abheben ⇒ Beenden
6. Schlacke entfernen

Autogenschweißen

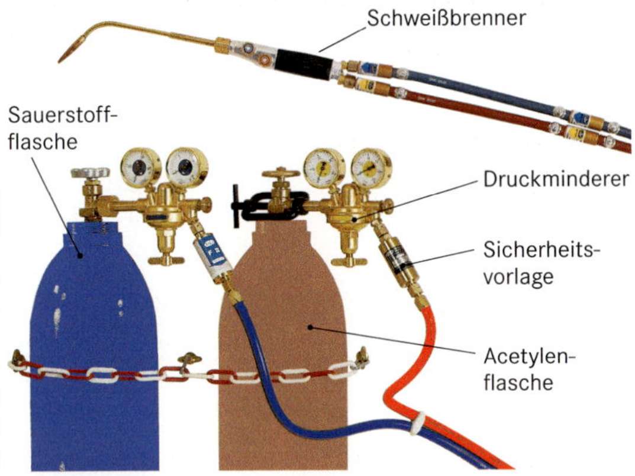

Arbeitsschritte:

1. Sauerstoffflasche: erst Hauptventil dann Druckminderventil öffnen
2. Acetylenflasche: wie bei 1., dann Sauerstoff am Brenner
3. Gemisch zünden
4. Flamme einstellen
5. Mit Flamme und Schweißdraht auf Werkstoff entlang gleiten
6. Erst Acetylen- und dann Sauerstoffventile schließen

Kunststoff

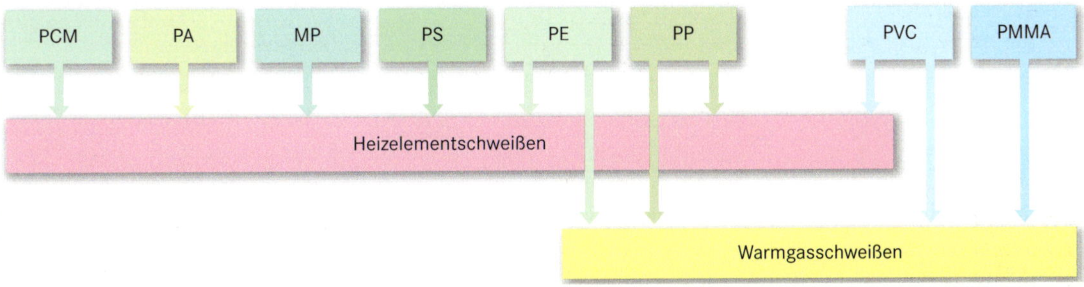

Heizelementschweißen

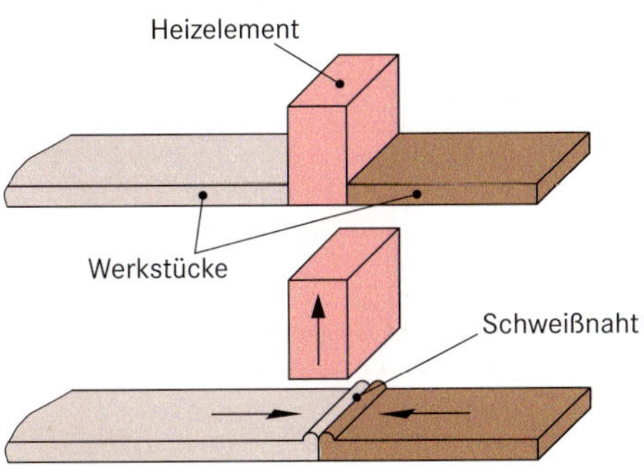

Arbeitsschritte:

1. Schweißflächen mit Heizelement erwärmen
2. Heizelement entfernen
3. Schweißflächen zusammen pressen

$\vartheta_{Schmelz}$ = 190 °C bis 250 °C

Warmgasschweißen

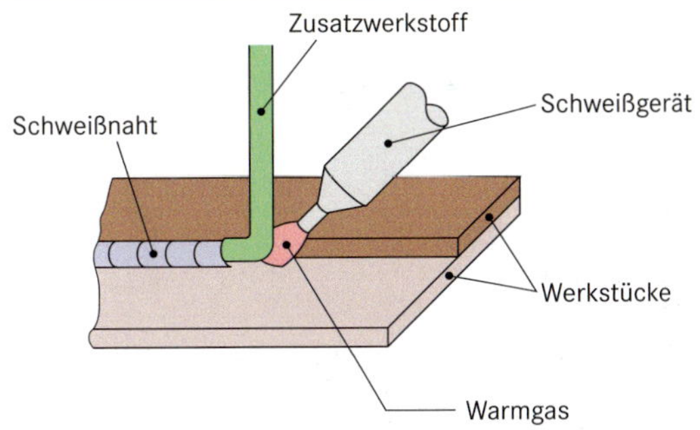

Arbeitsschritte:

1. Schweißgerät in Position bringen
2. Erhitztes Gas einschalten
3. Schweißflächen und Zusatzwerkstoffe gleichzeitig erwärmen

$\vartheta_{Schmelz}$ = 310 °C bis 380 °C

Weichlöten

Anwen-dungen	**Leitungsdraht**	**Motorwicklung**	**Bleimantel**	**Aluminium**
Weichlot	L-Sn 90 L-Sn 60 L-Sn 50 L-Sn 40 L-Sn50PbSb	L-SnAg5 L-PbAg3 L-SnPbCd18	L-PbSn35(Sb) L-PbSn33(Sb)	L-ZnAl15 L-ZnSn L-Zn60Zn
Fluss-mittel	F-SW21 … 24	F-SW26	F-SW23	F-LW1

Hartlöten

Anwen-dungen	**Kupfer und Legierungen**	**Neusilber**	**Edelmetalle**	**Aluminium**
Weichlot	L-Ms48, 54, 85 L-CuSn46 L-CuP8 L-Ag15P L-Ag12Cd L-Ag25Cd L-Ag30Cd12 L-Ag40Cd L-Ag72	L-CuSn42	L-Ag50Cd L-Ag60Cd L-Ag67Cd L-Ag45 L-Ag60 L-Ag67 L-Ag75	L-AlSi7,5 L-AlSi10 L-AlSi12
Fluss-mittel	F-SH1	F-SH1,2	F-SH4	F-SH2

Lötkolben-Arten

Drähte	**Elektronik**	**Gedruckte Schaltungen**	**Mikroelektronik**
Standard-Lötkolben	**Lötpistole**	**Schnell-Lötgerät**	**Lötnadel**
	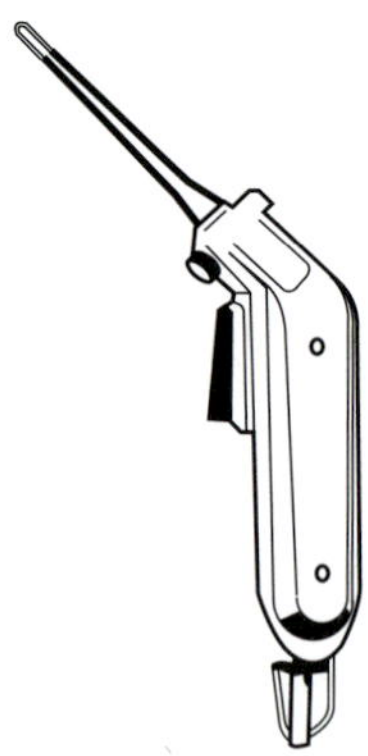	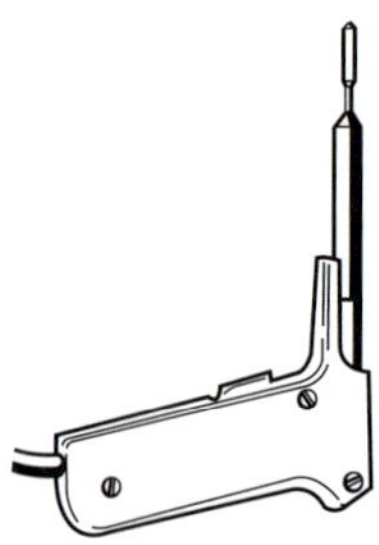	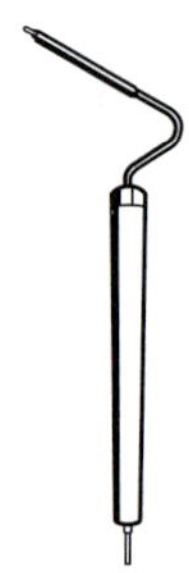
bis 150 W $t_{Aufheiz} < 3$ min	bis 100 W $t_{Aufheiz} < 10$ s	bis 20 W $t_{Aufheiz} < 10$ s **Kein** Dauerbetrieb!	≈ 5 W $t_{Aufheiz} \approx 15$ min

Steuerungstechnik

3

Prinzipien

- Die **Steuerkette** besteht aus einer **Steuereinrichtung**, einem **Stellglied** und der **Steuerstrecke**.
- Die Eingangsgrößen wirken über die Steuereinrichtung auf die Steuerstrecke. Die Ausgangsgröße ist eine beeinflusste Eingangsgröße.
- Die Art der Beeinflussung der Ausgangsgröße ist von der Steuerstrecke abhängig.
- Im Gegensatz zur Regelungstechnik besitzt die Steuerkette keinen **geschlossenen Wirkungskreis**.

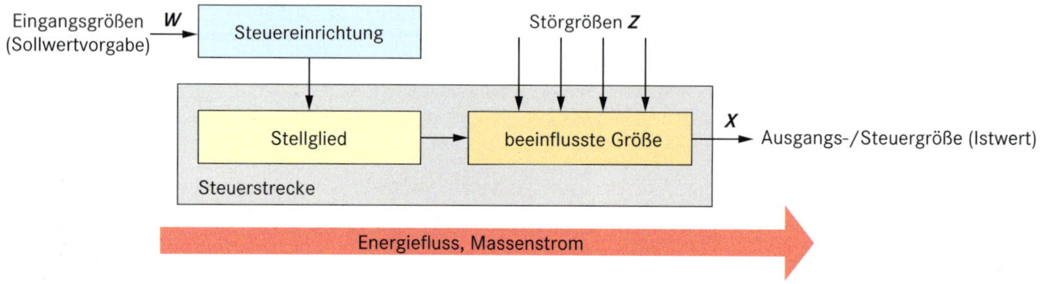

Bezeichnung	Erklärung	Beispiele
Steuereinrichtung	Die Steuereinrichtung bildet in Abhängigkeit von den Sollwertvorgaben am Eingang die Stellgröße.	Taster, logische Schaltung, Zeitglied
Stellglied	Das Stellglied wird von der Stellgröße beeinflusst und steuert so den Energiefluss der Steuerstrecke. Es ist ein Teil der Steuerstrecke.	Relais, Transistor, Triac
Steuerstrecke	Die Steuerstrecke ist ein Anlagenteil, der das Stellglied und die aufgabenmäßig beeinflussten Größen enthält.	elektrischer Antrieb

Steuerungsarten

Unterscheidung	Erklärung	Unterscheidung	Erklärung
Signalverarbeitung		**Programmierung**	
Synchrone Steuerung	Die Signalverarbeitung erfolgt taktsynchron.	Verbindungsprogrammierte Steuerung (**VPS**)	Die Funktion der Steuerung wird durch die Verdrahtung der Elemente realisiert.
Asynchrone Steuerung	Die Signaländerungen werden nur von der Änderung der Eingangssignale ausgelöst. Es gibt kein Taktsignal.	Speicherprogrammierbare Steuerung (**SPS**)	Die Steuerungsfunktion wird durch die Ausführung eines Steuerungsprogramms ausgelöst. Das Steuerungsprogramm ist in einem Speicher abgelegt.
Verknüpfungssteuerung	Den Zuständen der Eingangsgrößen werden über Boolsche Verknüpfungen definierte Zustände der Ausgangssignale zugeordnet.	Steuerungen mit Mikrocontroller	Die Steuerfunktion wird durch die Befehlsfolge des Mikrocontrollers realisiert.
Steuerungsablauf		**Hierarchische Zuordnung**	
Ablaufsteuerung	Steuerungen, die einen schrittweisen Ablauf voraussetzen. Die Übergangsbedingungen steuern die Abfolge von einem Schritt zum Nachfolgenden.	Einzelsteuerung	Es handelt sich um **eine** Funktionseinheit zur Steuerung eines einzelnen Stellgliedes.
Zeitgeführte Ablaufsteuerung	Ablaufsteuerung, deren Übergangsbedingung nur von der Zeit abhängt	Gruppensteuerung	Funktionseinheit zur Steuerung eines Teilprozesses, der aus mehreren Einzelsteuerungen besteht.
Prozessabhängige Ablaufsteuerung	Ablaufsteuerungen, deren Übergangsbedingungen von den zu steuernden Prozesssignalen abhängen	Prozesssteuerung	Eine Funktionseinheit zur Steuerung eines Prozesses, die den Gruppensteuerungen übergeordnet ist.

Farben für Drucktaster und Signalleuchten
Colours for Push-Buttons and Signal Lamps

DIN EN 60204-1: 2007-06

Farbe	Bedeutung	Anwendungen		Beispiele
		Drucktaster	Signalleuchten	
ROT	Gefahr	NOT-AUS	Gefahrbringender Zustand, sofort ausschalten (Störung)	
GELB	Achtung Anormal	Beseitigung von anormalen Bedingungen bzw. unerwünschten Änderungen	Beseitigung von anormalen Bedingungen bzw. unerwünschten Änderungen	
GRÜN	Normal	Vorbereiten/Bestätigen/ START/EIN Verboten bei STOPP/AUS	Die physikalische Größe liegt im normalen Bereich.	
BLAU	Zwingend	Vorbestimmte Maßnahme wird durchgeführt, z. B. Rückstellen	Vorbestimmte Maßnahmen durchführen, z. B. Werte eingeben.	
WEISS	Keine bestimmte Bedeutung	Bevorzugt anwenden für **START/EIN** **STOPP/AUS**	Kontrolle, ob Umschaltung notwendig	
GRAU				
SCHWARZ				

Anschlussbezeichnungen von Schützen und Relais
Terminal Markings of Contactors and Relays

DIN EN 50011: 1978-05

	Ziffern	Bedeutung	Beispiele
Hauptschaltglieder, Schutzeinrichtungen	1 2	Schaltglied 1	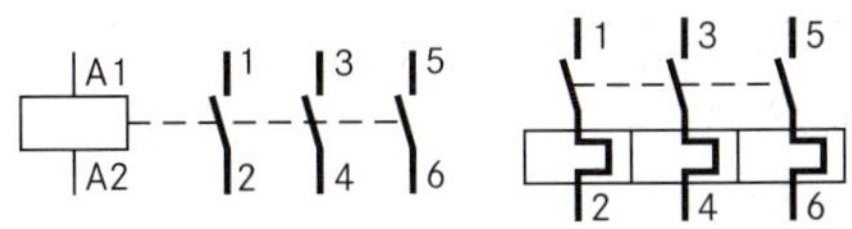
	3 4	Schaltglied 2	
	5 6	Schaltglied 3	
	7 8	Schaltglied 4	
	9 0	Schaltglied 5	
Hilfsschaltglieder	Funktionsziffer	Kontaktart	Beispiele
	1 2 5 6	Öffner ① Öffner mit besonderer Funktion, z. B. verzögert	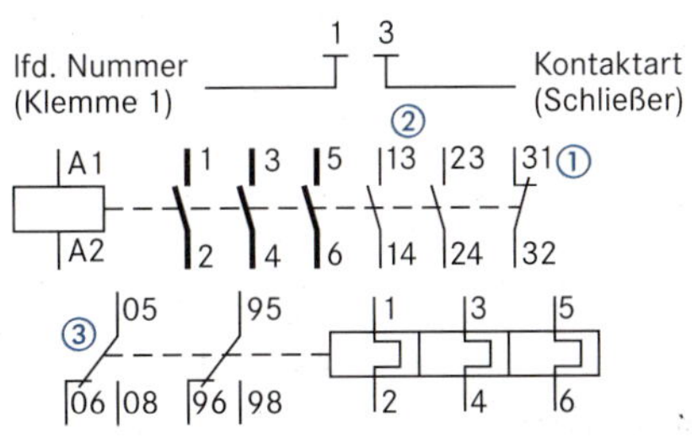
	3 4 7 8	Schließer ② Schließer mit besonderer Funktion, z. B. blinkend	
	1 2 4 5 6 8	Wechsler Wechsler ③ mit besonderer Funktion, z. B. Schutz	
Antriebe und Auslöser	Antrieb	Anschlussart	Beispiele
	A 1. Spule B 2. Spule ④	Spulenanfang: 1 Spulenende: 2 Anzapfungen: 3, 4, ...	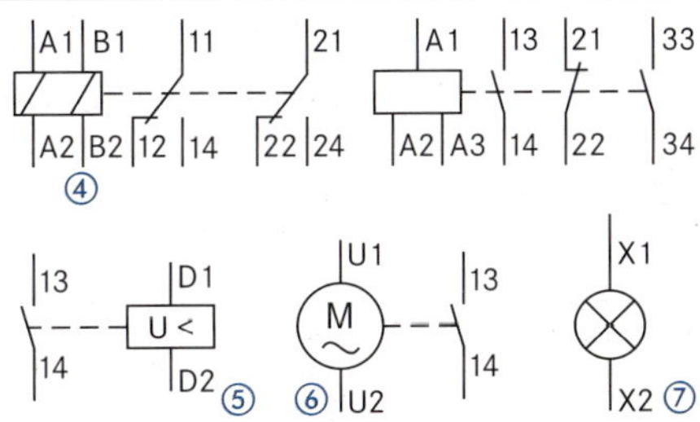
	C Arbeitsstromauslöser D Unterspannungsauslöser ⑤ E Verriegelungsauslöser		
	U Motoren ⑥ X Leuchtmelder ⑦		

Aufbau und Funktion

- Schütze sind Schalter, die durch einen Elektromagneten betätigt werden. Bei Stromfluss (Gleich- oder Wechselstrom) durch eine Spule wird ein Eisenanker angezogen, Kontakte (**Schaltglieder**) werden geschlossen oder geöffnet.
- Bevorzugte Betriebsspannungen: 24 V, 48 V, 110 V, 230 V
- **Hauptschütze (Lastschütze, Leistungsschütze)** werden für das direkte Schalten von elektrischen Maschinen oder elektrischen Geräten in Stromkreisen eingesetzt und besitzen dafür vorhandene bzw. nachrüstbare Hauptschaltglieder. Zusätzlich sind Hilfsschaltglieder (in der Regel bis 10 A belastbar) vorhanden bzw. nachrüstbar.
- **Hilfsschütze (Steuerschütze)** sind im Prinzip wie Hauptschütze aufgebaut. Mit den Schaltgliedern können Stromstärken bis 10 A bzw. 16 A geschaltet werden. Mit ihnen werden im Wesentlichen Steuerungsaufgaben realisiert.

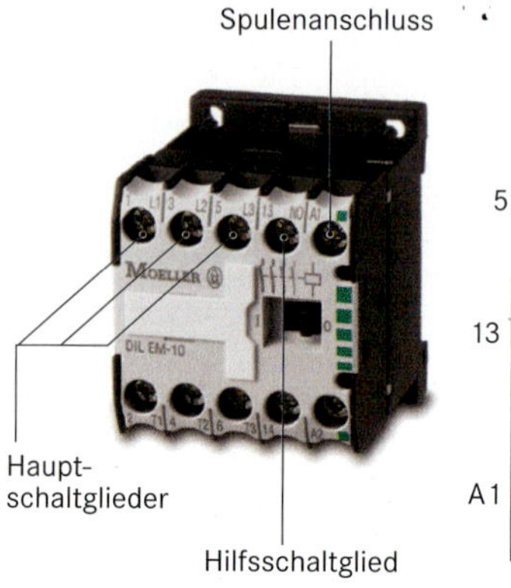

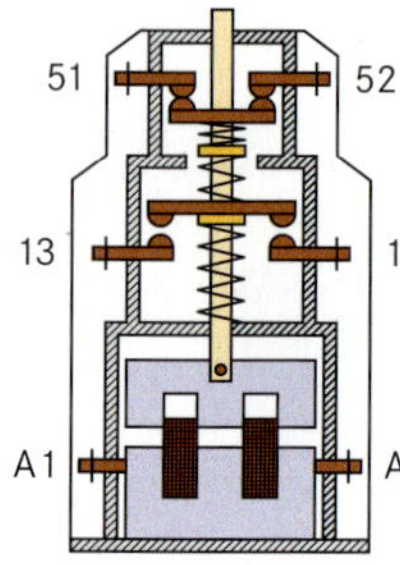

Anschlussbezeichnungen

- **Spule:**
  A1 und A2
- **Hauptschaltglieder:**
  eine Ziffer, z. B. 1 und 2, 3 und 4, ...
- **Hilfsschaltglieder:**
  zwei Ziffern, z. B. für Öffner 21 und 22, für Schließer 13 und 14
  1. Ziffer: Ordnungsziffer (Klemmenreihenfolge von links nach rechts)
  2. Ziffer: Funktionsziffer (1 und 2 für Öffner, 3 und 4 für Schließer)

Beispiel:
Hauptschütz mit 3 Hauptschaltgliedern und 4 Hilfsschaltgliedern (2 Schließer und 2 Öffner)

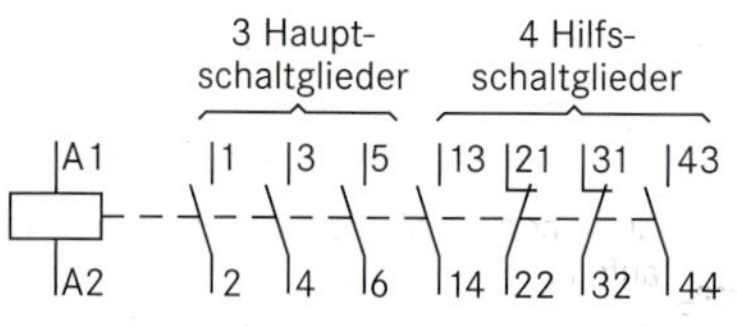

Kennzahl des Schützes 22 (2 Schließer und 2 Öffner)

Beispiel:
Hilfsschütz mit zwei Etagen
Untere Etage: 2 Schließer und ein Öffner
Obere Etage: 4 Schließer und ein Öffner

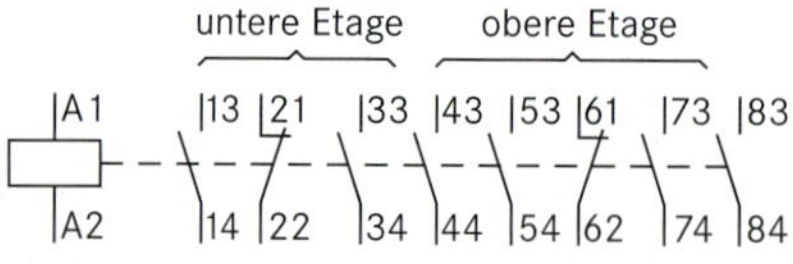

Kennzahl des Schützes 62 (6 Schließer und 2 Öffner)

Schütze mit Zeitverhalten (Zeitrelais)

Ansprechverzögerung

- Der Steuerbefehl wird erst nach Ablauf der voreingestellten Zeit *t* wirksam.
- Die Umschaltung bleibt bis zum Abschalten des Spulenstroms bestehen.

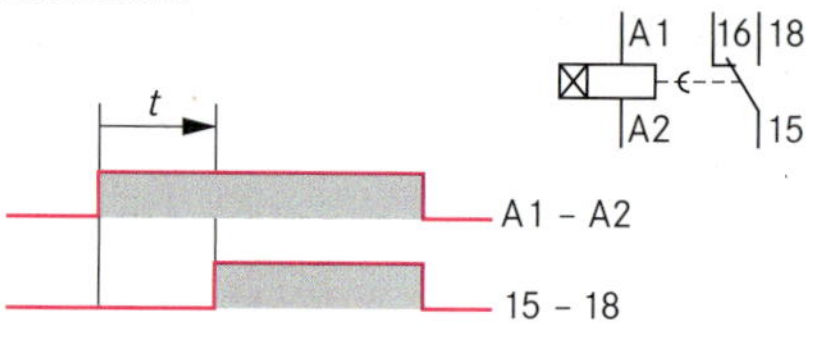

Abfallverzögerung

- Das Zeitrelais wird ständig mit Spannung versorgt.
- Durch den potenzialfreien Schließer erfolgt die Umschaltung.
  Sie bleibt bis zum Ablauf der Zeit *t* bestehen.

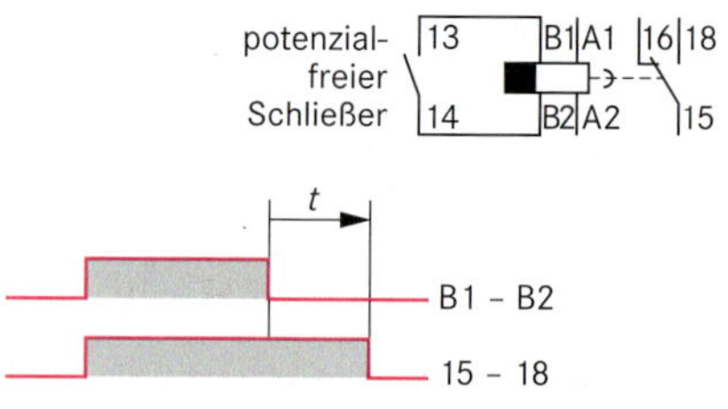

Blinkverhalten (Blinkrelais)

- Nach Ablauf der eingestellten Blinkzeit *t* erfolgt das ständige Umschalten.

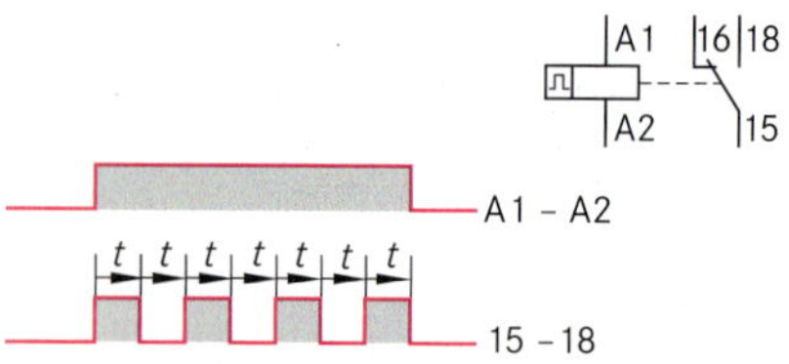

Schaltzeichen

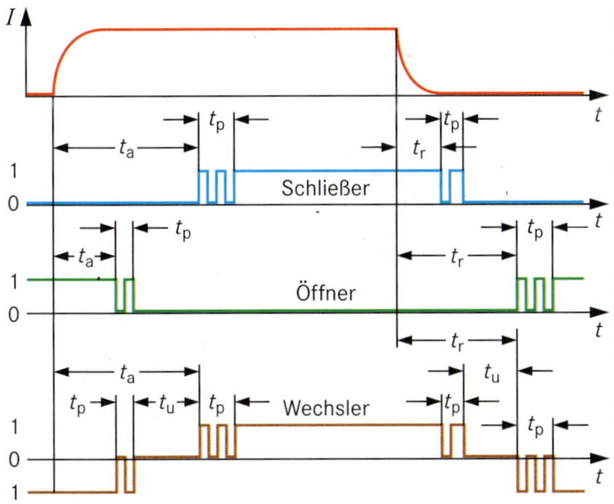

- **Ansprechzeit t_a**
  Zeit vom Einschalten der Spule bis zum ersten Öffnen/Schließen des Kontaktes.
- **Prellzeit t_p**
  Zeit von erster Zustandsänderung bis Eintritt des stationären Zustands.
- **Rückfallzeit t_r**
  Zeit vom Ausschalten der Spule bis zur ersten Änderung des Kontaktzustands.
- **Umschaltzeit t_u**
  Bei Wechselkontakt die Zeit zwischen Ende des Prellens (Öffner) bis zum ersten Schließen des Schließers.

Schaltbelastung

- Die Lebensdauer von Schaltkontakten hängt von der elektrischen Belastung beim Schalten ab.
- Beim Ein-/Ausschalten entstehen Funken/Lichtbögen zwischen den Schaltkontakten.

Besondere Schaltbelastungen:
- Überströme beim Einschalten (z. B. Motoranlauf)
- Phasenverschiebung beim Ausschalten (kapazitive/induktive Last)
- Hohe Schalthäufigkeit
- Je nach Anwendung sind Gebrauchskategorien für Schütze festgelegt.

Beispiel:
Abschaltung induktiver Last. Lichtbogen erlöscht erst bei „natürlichem" Stromnulldurchgang.
⇒ Längere Lichtbogenbrenndauer und stärkere Kontaktabnutzung als bei reiner Wirkleistung.

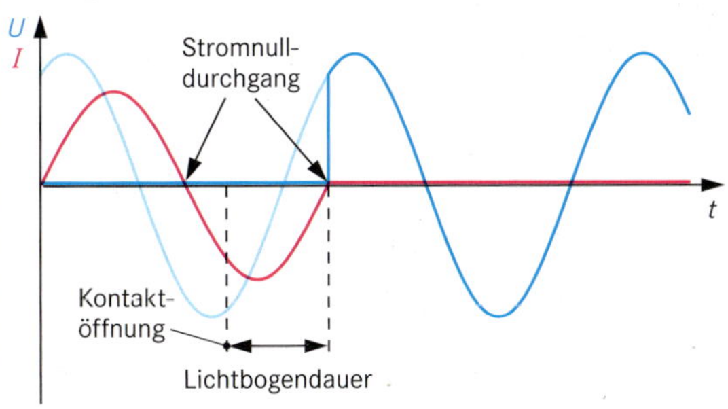

Schaltspannungen

- **Arbeitsbereich** (Betriebsspannungsbereich)
  Zulässige Toleranz der Betriebsspannung (abhängig von der Temperatur)
- **Ansprechspannung**
  Kleinster Wert an der Wicklung, bei dem ein Schütz sicher anspricht.
- **Haltespannung**
  Spannung an der Schützspule, bei der ein Relais noch im Arbeitszustand bleibt.
- **Rückfallspannung**
  Höchste zulässige Spannung an der Wicklung, bei der ein Schütz sicher zurückfällt.

Gebrauchskategorien

DC	
DC-1	Nicht induktive oder schwach induktive Last, Widerstandsöfen
DC-2	Nebenschlussmotor: Anlassen, Ausschalten
DC-3	Nebenschlussmotor: Anlassen, Gegenstrombremsen, Widerstandsbremsen, Reversieren, Tippbetrieb
DC-4	Reihenschlussmotor: Anlassen, Ausschalten
DC-5	Reihenschlussmotor: Anlassen, Gegenstrombremsen, Widerstandsbremsen, Reversieren, Tippbetrieb
DC-6	Schalten von Glühlampen
DC-12	Steuerung von Widerstands- und Halbleiterlast mit Trennung durch Optokoppler
DC-13	Steuerung von Elektromagneten
DC-20	Schalten ohne Last
DC-21	Ohmsche Last (einschließlich geringer Überlast)
DC-22	Ohmsch-induktive Last (einschließlich geringer Überlast)
DC-23	Große induktive Lasten (z. B. Reihenschlussmotor)
AC	
AC-1	Nicht induktive oder schwach induktive Last, Widerstandsöfen
AC-2	Schleifringmotor: Anlassen, Ausschalten
AC-3	Käfigläufermotor: Anlassen, Ausschalten während des Laufens
AC-4	Käfigläufermotor: Gegenstrombremsen, Widerstandsbremsen, Reversieren, Tippbetrieb
AC-5a/b	Schalten von Gasentladungslampen (a) oder Glühlampen (b)
AC-6a/b	Schalten von Transformatoren (a), Kondensatorbänken (b)
AC-7a/b	Haushaltsgeräte mit schwach induktiver Last (a), mit Motorlast (b)
AC-15	Elektromagnetische Lasten
AC-20	Schalten ohne Last
AC-21	Ohmsche Last (einschließlich geringer Überlast)
AC-22	Ohmsch-induktive Last (einschließlich geringer Überlast)
AC-23	Motorlasten und andere große induktive Lasten

Ungepoltes Relais

Grundsätzlicher Aufbau

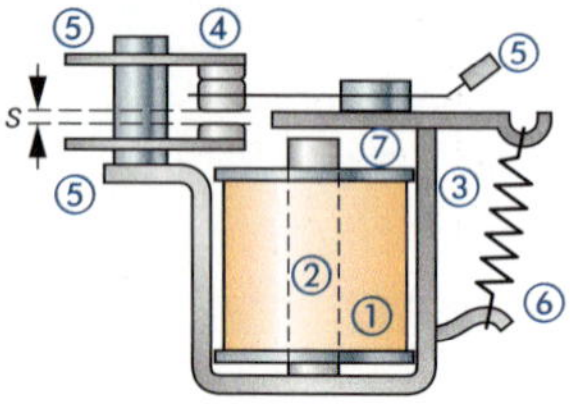

- Spule ①
- Ferromagnetischer Kern ②
- Joch ③
- Kontakte ④
- Zuführungen ⑤
- Rückstellfeder ⑥
- Beweglicher Anker ⑦

Relais in Kompaktbauweise

- Der Ankerluftspalt liegt in der Mitte der Spule.
- Das Innere der Spule ist die schutzgasgefüllte Kontaktkammer.

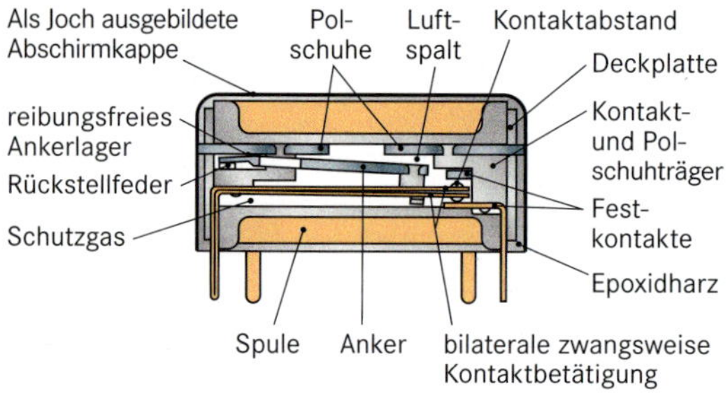

Reed-Relais

Grundsätzlicher Aufbau

- Verschlossenes Glasröhrchen mit zwei eingeschmolzenen ferromagnetischen Kontaktzungen (engl.: reed)
- Erregerspule umschließt das Glasröhrchen

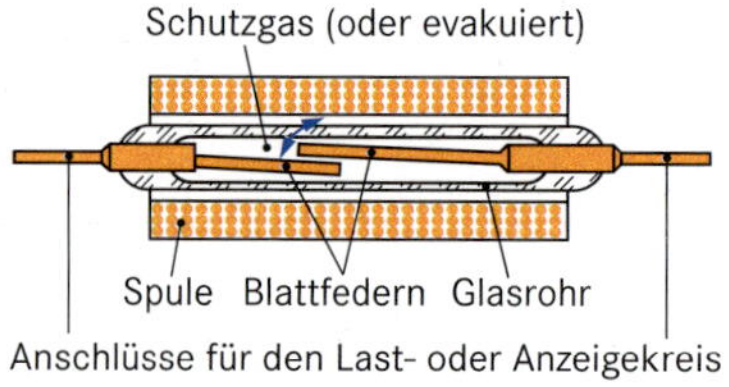

Sicherheitsrelais

- Mindestens zwei voneinander unabhängige in Serie geschaltete Kontakte ①. Wenn einer der Kontakte verschweißt, muss der in Serie liegende zweite Kontakt die Abschaltung übernehmen.
- Die Kontakte im Kontaktsatz sind miteinander mechanisch zwangsgeführt ②.

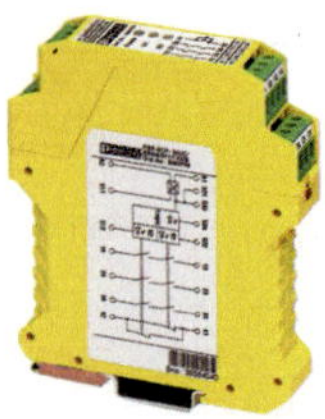

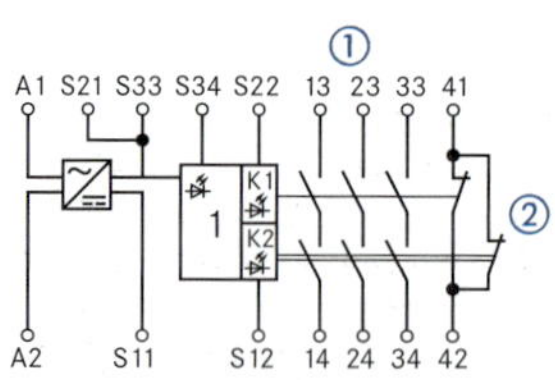

Schutzarten

- **RT 0** (Unenclosed relay)
  Offenes und somit ungeschütztes Relais
- **RT I** (Dust protected relay)
  Staubgeschützt mit Kapselung, bewegliche Teile sind geschützt
- **RT II** (Flux proof relay)
  Gegen Flussmittel geschützt (bei Lötarbeiten)
- **RT III** (Wash tight relay)
  Waschdicht, geeignet für Lötbadverarbeitung mit anschließendem Waschverfahren
- **RT IV** (Sealed relay)
  Das Relais ist so gekapselt, dass keine Umgebungsatmosphäre eindringen kann.
- **RT V** (Hermetically sealed relay)
  Hermetisch dichtes Relais, höchste Qualitätsstufe (EN 116000-3: 1996-10, IEC 61810-7: 2007-02)

Schutzbeschaltungen

Funktion:

- Belastung der Kontakte beim Abschalten reduzieren
- Schutz der elektronischen Bauelemente vor hohen Induktionsspannungen (Stromänderung in der Spule)
- Gleichstromschutzbeschaltung einsetzen

Gleichstromschutzbeschaltung

- **Freilaufdiode**

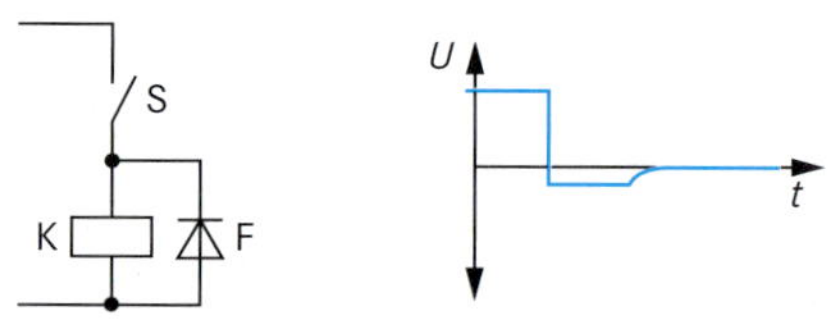

Abschaltspannung 0,7 V (Silizium-Diode), geringe Kosten, geringer Platzbedarf

Wechselstrom- und Gleichstromschutzbeschaltung

- **RC**

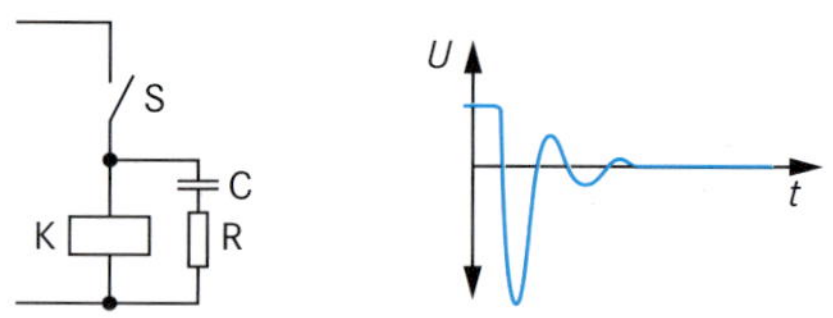

Hohe Stromspitze, großer Platzbedarf

- **Varistor**

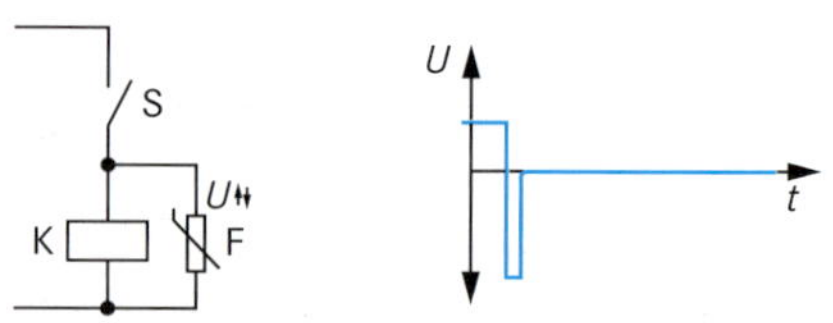

Hohe Überspannung, großer Platzbedarf

Aufbau und Bezeichnungen

- **ELR**: (**E**lektronisches **L**ast**r**elais)
- Halbleiterrelais
- Halbleiterlastrelais
- Halbleiterschütz
- **SSR** (**S**olid **S**tate **R**elay)

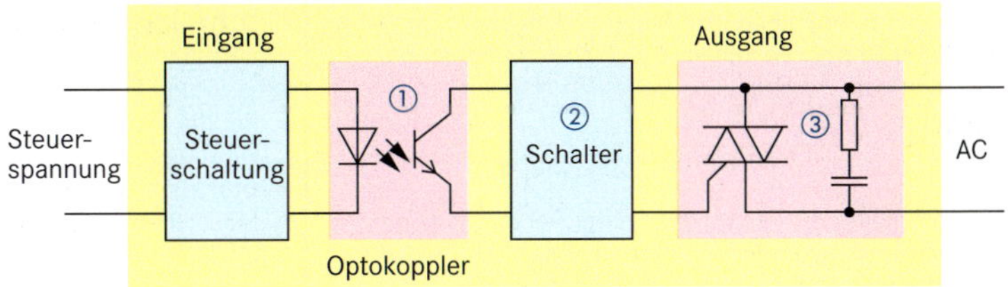

Funktion und Schaltverhalten

- Eingangsschaltung mit Optokoppler ①
  (galvanische Trennung zwischen Ein- und Ausgang)
- Schalter ② (bei Wechselspannung in der Regel Nullspannungsschalter)

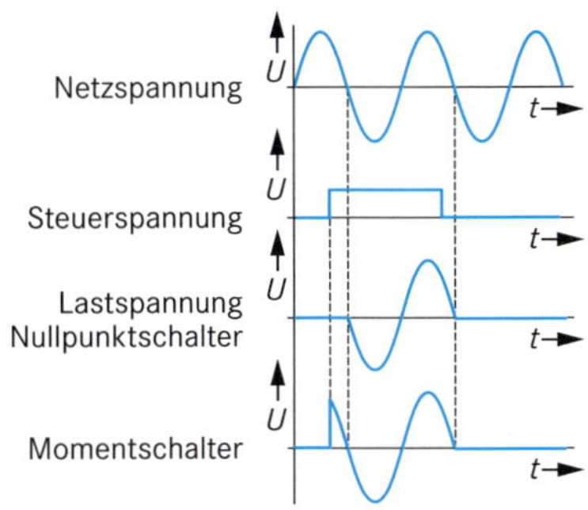

- Ausgangsschaltung mit Leistungshalbleiter ③ bei
  - Gleichspannung: Bipolarer Transistor, MOSFET, Thyristor
  - Wechselspannung: Triac, antiparallele Thyristoren

Vor- und Nachteile von Schaltgeräten

Eigenschaft	mechanisch	elektronisch
Steuerleistung	–	+
Lebensdauer	–	+
Prellverhalten	–	+
Schaltzeiten	–	+
Schalthäufigkeit	–	+
Kontaktzahl und -art	+	–
Galvanische Trennung, Leckstrom	+	–
Lebensdauer	–	+
Schaltgeräusch	–	+
Korrosionsfestigkeit	–	+
Verlustleistung	+	–
Nullpunktschaltend	–	+

Eingangsschaltungen (Prinzip)

Gleichspannung	Wechselspannung
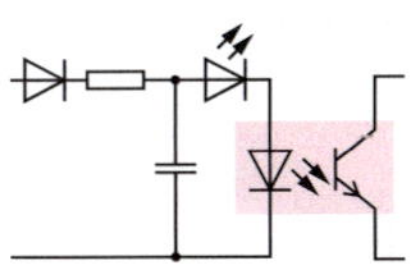	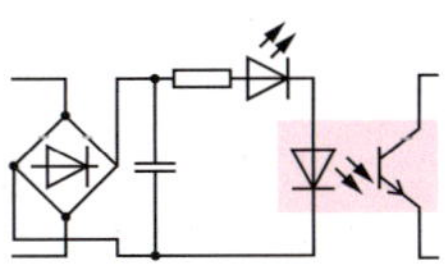

Ausgangsschaltungen Gleichspannung

- Zweileiterausgang

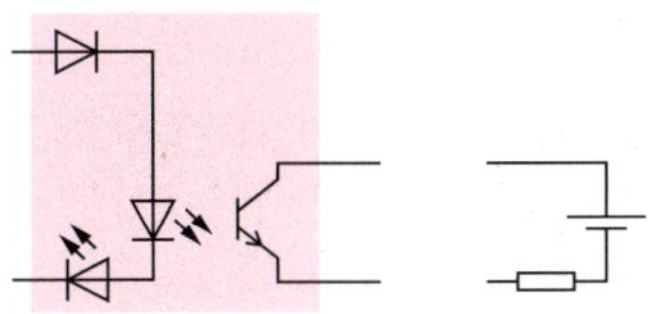

- Dreileiterausgang

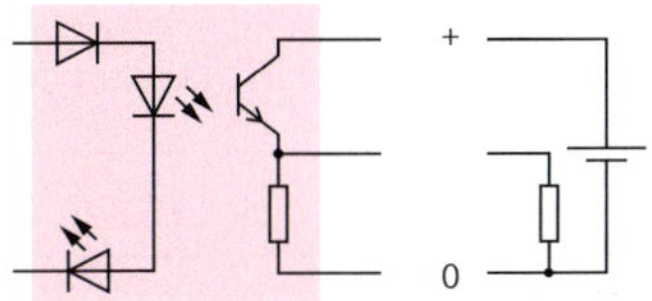

Schutzbeschaltungen bei induktiver Last

Gleichspannung	Wechselspannung
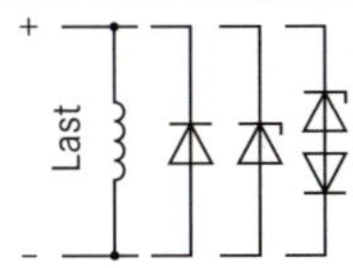	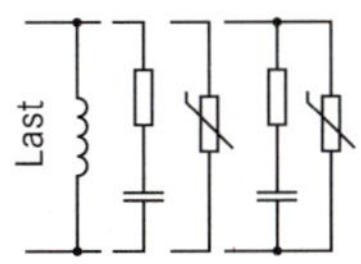

Elektronisches Relais für 3 Phasen

Beispiel:

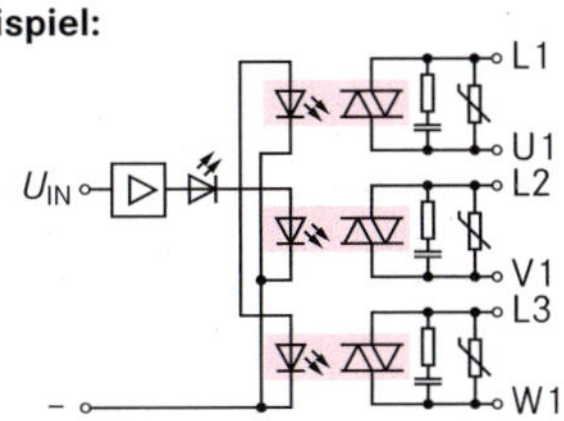

Eingangsdaten

Steuerspannung:	24 V DC ± 20 %
Eingangsstromstärke:	ca. 8 mA

Ausgangsdaten

Betriebsspannung:	400 V AC, 50/60 Hz
Betriebsspannungsbereich:	110 ... 440 V AC
Max. Dauerlaststromstärke:	3 × 9 A
Sperrspannung:	800 V
Prüfspannung Ein-/Ausgang:	2,5 kV_{eff}

Aufgaben und Ziele

- Gefahren entstehen z. B. durch Fehlfunktion einer Anlage, fehlerhaftes zu bearbeitendes Material, Fehlbedienung usw.
- Aufkommende bzw. bestehende Gefahren für Personen, Maschinen oder Arbeitsgut abwenden bzw. mindern
- Nach Betätigen der Not-Aus-Einrichtung muss die Gefahr automatisch und in bestmöglicher Weise abgewendet werden.
- Not-Aus schaltet die elektrische Energieversorgung ab, um elektrische Gefährdungen abzuwenden.
- Not-Halt stoppt eine gefahrbringende Bewegung

Anwendungen

- Pumpeinrichtungen für brennbare Flüssigkeiten (z. B. Tankstellen, Tanklager)
- Lüftungsanlagen
- Prüf- und Forschungseinrichtungen
- Räume für Ausbildungszwecke, Laboratorien
- Heizungs-, Kesselanlagen
- Großküchen
- Maschinen

Elektrische Maschinen

- Bei elektrischen Maschinen werden Handlungen für den Notfall unterschieden. Diese sollen eine bestehende Gefährdung abwenden.
- Sollen Maschinen stillgesetzt werden, sind unterschiedliche Stopp-Kategorien zu unterscheiden.

Handlungen im Notfall

- Stillsetzen im Notfall[1] (Risiko durch einen Prozessablauf oder eine Bewegung), Stopp-Kategorie auswählen
- Ausschalten im Notfall[1] (Risiko durch elektrische Gefährdung)
- Einschalten im Notfall (Warneinrichtungen, Schutzeinrichtungen)
- Ingangsetzen im Notfall (Gefahrenabwendung durch Starten einer Bewegung, z. B. Abheben eines Werkstücks)

[1] Wird umgangssprachlich als Not-Aus bezeichnet.

Stopp-Kategorie	Bedeutung
0	▪ Unverzögertes Ausschalten der Versorgungsspannung ▪ Stillsetzung durch natürliches Gegenmoment, Auslösen ungesteuerter Bremsen
1	▪ Einsatz bei Gefahr: Anlage wird ungesteuert stillgesetzt. ▪ Anlage bleibt unter Spannung bis Stillstand eingetreten ist. ▪ Mit Energieeinsatz Gefährdung abwenden (aktives Bremsen, Abheben von Walzen, ...)
2	▪ Die Anlage wird gesteuert stillgesetzt. ▪ Die Energiezufuhr wird nicht abgeschaltet. ▪ Nur für betriebsmäßiges Stillsetzen, nicht für Handlung im Notfall zugelassen.

Anforderungen

- Die Not-Aus-Einrichtung muss jederzeit verfügbar sein.
- Einmalige Betätigung muss zu unverzögertem, nicht verhinderbarem Abschalten bzw. Stillsetzen führen.
- Rückstellung der Not-Aus-Betätigung darf keinen Wiederanlauf verursachen.
- Stromkreise ausschließen, deren Abschaltung eine zusätzliche Gefährdung verursacht (z. B. Licht).
- Eine einzige Handlung durch eine Person muss Not-Aus ermöglichen.
- Not-Aus-Einrichtung darf ausreichende Schutzmaßnahmen sowie automatische Sicherheitseinrichtungen nicht ersetzen.
- Bedienelemente sind Taster (Pilz- oder Palmenkopf), Zugschalter, Trittschalter.
- Eindeutige Kennzeichnung (vorzugsweise rot); bei Maschinen rot mit gelbem Hintergrund.
- Schaltgerät muss nach Betätigung verklinken oder verrasten. Ausnahme: Geräte für Not-Aus-Betätigung und Wiedereinschaltung unter Aufsicht einer Person.
- Bedienelemente an den Gefahrenstellen und leicht zugänglich anordnen; ggf. auch an entfernten Stellen (z. B. Ausgang).

Beispiel

Anordnung in einer Kfz-Werkstatt:

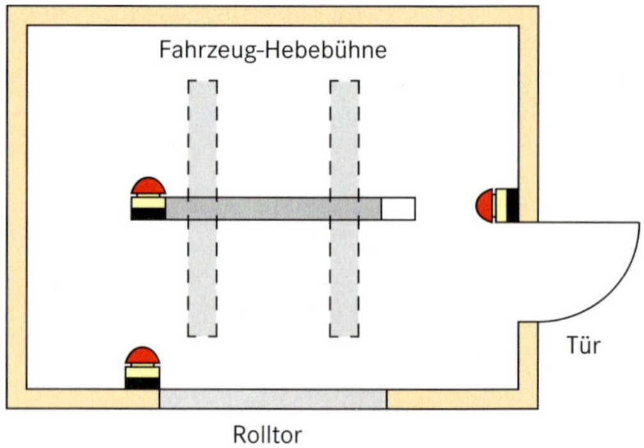

Bedienelement:

Digitale Logik
Digital Logic

DIN EN 60617-12: 1999-04; DIN 66000: 1985-11

Verknüpfungsbausteine

Schaltzeichen	Schaltfunktion, Benennung	a	b	x
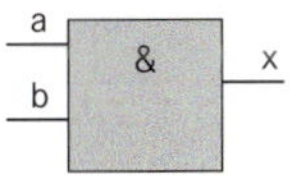	**UND-Verknüpfung** (Konjunktion) $x = a \wedge b$ $x = a \cdot b$ (a und b)[1]	0	0	0
		0	1	0
		1	0	0
		1	1	1
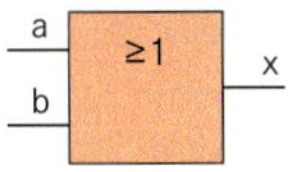	**ODER-Verknüpfung** (Disjunktion) $x = a \vee b$ $x = a + b$ (a oder b)[1]	0	0	0
		0	1	1
		1	0	1
		1	1	1
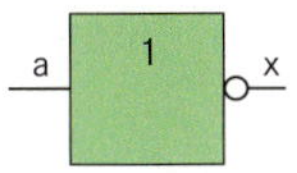	**NICHT** (Negation) $x = \bar{a}$ $\neg$ a (nicht a)[1]	0	–	1
		1	–	0
		–	–	–
		–	–	–
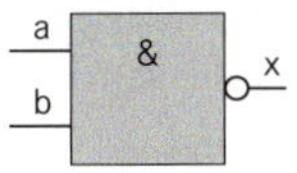	**NAND-Verknüpfung** $x = \overline{a \wedge b}$ $x = a \barwedge b$ (a nand b)[1]	0	0	1
		0	1	1
		1	0	1
		1	1	0
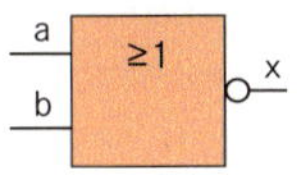	**NOR-Verknüpfung** $x = \overline{a \vee b}$ $x = a \overline{\vee} b$ (a nor b)[1]	0	0	1
		0	1	0
		1	0	0
		1	1	0
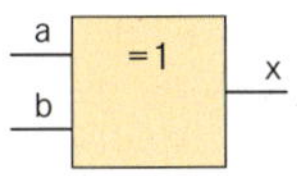	**Exklusiv-ODER** (Antivalenz) $x = (a \wedge \bar{b}) \vee (\bar{a} \wedge b)$ $x = a \nleftrightarrow b$ (a xor b)[1]	0	0	0
		0	1	1
		1	0	1
		1	1	0
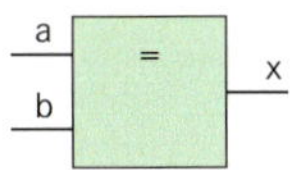	**Exklusiv-NOR** (Äquivalenz) $x = (a \wedge b) \vee (\bar{a} \wedge \bar{b})$ $x = a \leftrightarrow b$ (a Doppelpfeil b)[1]	0	0	1
		0	1	0
		1	0	0
		1	1	1
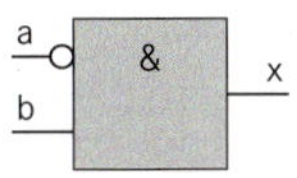	**Sperrgatter** (Inhibition) $x = \bar{a} \wedge b$	0	0	0
		0	1	1
		1	0	0
		1	1	0
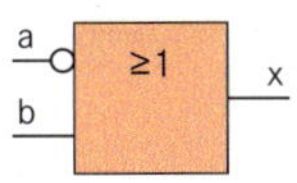	**Subjunktion** (Implikation) $x = \bar{a} \vee b$ $x = a \rightarrow b$ (a Pfeil b)[1]	0	0	1
		0	1	1
		1	0	0
		1	1	1

[1] Benennung nach DIN 66000

Schaltalgebra

Konjunktion (UND-Funktion)	**Disjunktion** (ODER-Funktion)	**Negation** (NICHT-Funktion)
$x = a \wedge 0 = 0$	$x = a \vee 0 = a$	$x = \bar{a}$
$x = a \wedge 1 = a$	$x = a \vee 1 = 1$	$x = \bar{\bar{a}} = a$
$x = a \wedge a = a$	$x = a \vee a = a$	$x = \bar{\bar{\bar{a}}} = \bar{a}$
$x = a \wedge \bar{a} = 0$	$x = a \vee \bar{a} = 1$	

Rechenregeln

Vertauschungsregel (Kommutatives Gesetz)

$x = a \wedge b = b \wedge a$

$x = a \vee b = b \vee a$

Beispiel:

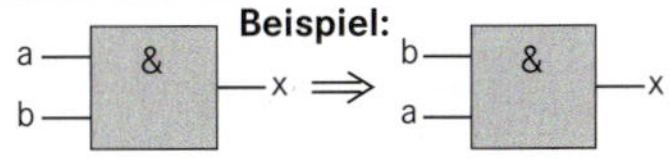

Verbindungsregel (Assoziatives Gesetz)

$x = a \wedge b \wedge c = a \wedge (b \wedge c)$
$= b \wedge (a \wedge c) = c \wedge (a \wedge b)$

$x = a \vee b \vee c = a \vee (b \vee c)$
$= b \vee (a \vee c) = c \vee (a \vee b)$

Beispiel:

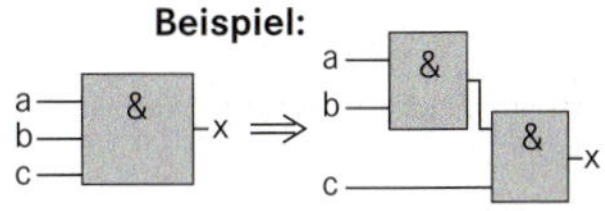

Verteilungsregel (Distributives Gesetz)

$x = a \wedge b \vee a \wedge c = a \wedge (b \vee c)$

UND-Funktion geht vor ODER-Funktion

$x = (a \vee b) \wedge (a \vee c) = a \vee (b \wedge c)$

Beispiel:

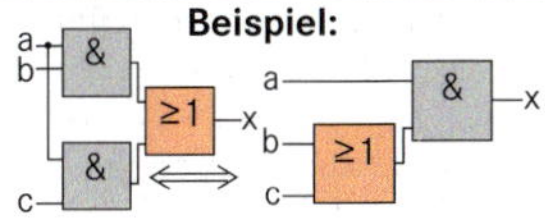

De Morgansches Gesetz

$x = a \wedge b = \overline{\bar{a} \vee \bar{b}}$

Beispiel:

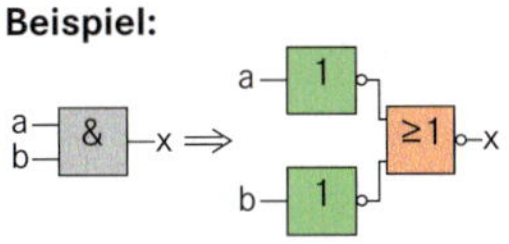

$x = \overline{a \wedge b} = \bar{a} \vee \bar{b}$

$x = a \vee b = \overline{\bar{a} \wedge \bar{b}}$

Beispiel:

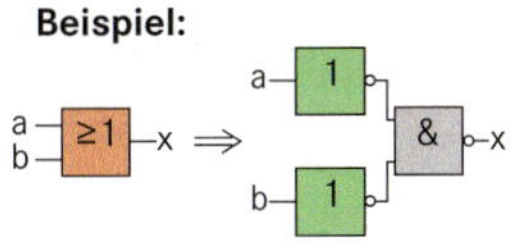

$x = \overline{a \vee b} = \bar{a} \wedge \bar{b}$

Vereinfachungen

Beispiel:

$x = a \wedge (a \vee b) = a$

$x = a \vee a \wedge b = a$

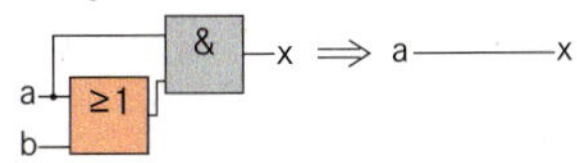

$x = a \wedge (\bar{a} \vee b) = a \wedge b$

$x = a \vee (\bar{a} \wedge b) = a \vee b$

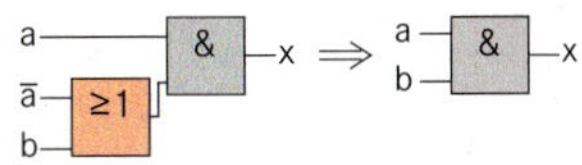

$x = a \vee \bar{a} \wedge \bar{b} = a \vee \bar{b}$

$x = \bar{a} \vee a \wedge b = \bar{a} \vee b$

$x = \bar{a} \vee a \wedge \bar{b} = \bar{a} \vee \bar{b}$

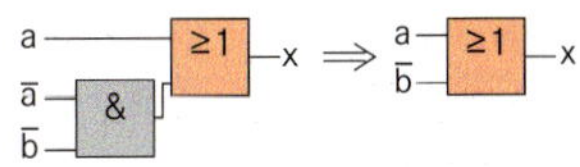

Ersetzen

UND durch ODER

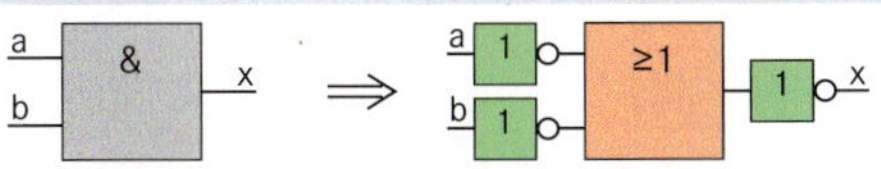

ODER durch UND

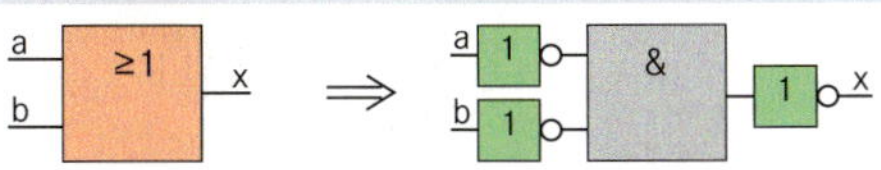

Ersetzen von Verknüpfungsgliedern

Man erhält gleichwertige Verknüpfungsglieder, wenn

1. alle UND durch ODER,
2. alle ODER durch UND ersetzt und
3. alle Anschlüsse gegenüber dem Ausgangszustand invertiert werden. (Ausnahme: NICHT-Glied)

Schmitt-Trigger

- Digitale Schnittstellen, insbesondere Eingangsinterfaces, verlangen Signale mit bestimmten maximalen Anstiegs- bzw. Abfallzeiten.
- Zur Erfüllung dieser Forderung werden in der Regel Impulsformerstufen eingebaut.
- Diese Impulsformerstufen werden mit Schmitt-Trigger-Schaltungen realisiert und erzeugen aus langsam ansteigenden Eingangssignalen schlagartig umschaltende Signale.

Sechsfach invertierend (74LS14)

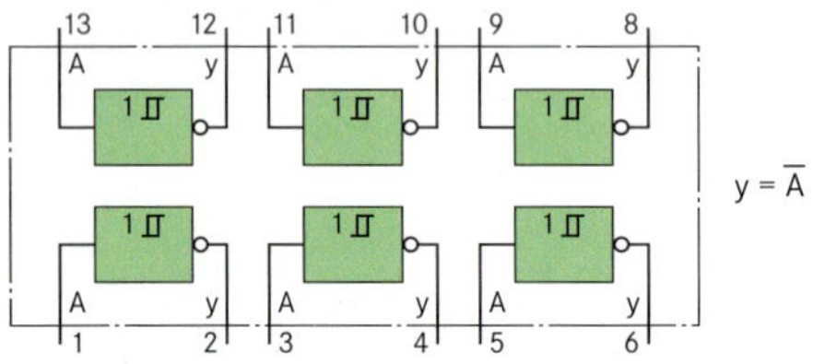

Schaltverhalten (Abhängigkeiten)

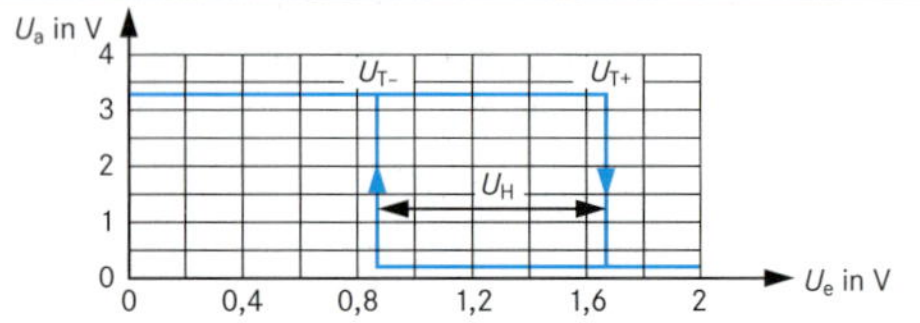

U_H: Hystereseschaltspannung
U_a: Ausgangsspannung
U_{T+}: obere Schaltschwelle
U_{T-}: untere Schaltschwelle

Kipp-Schaltungen

RS-NOR-Flipflop

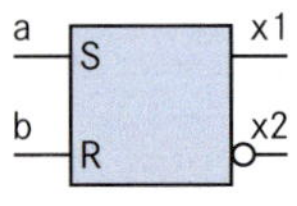

a	b	x_1	x_2	
1	0	1	0	Setzen
0	1	0	1	Rücksetzen
0	0	x_{1n}	x_{2n}	Speichern
1	1	(0)	(0)	unbestimmt

RS-NAND-Flipflop

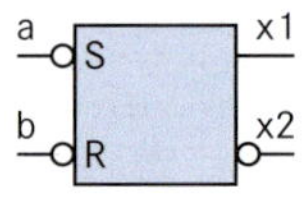

a	b	x_1	x_2	
0	1	1	0	Setzen
1	0	0	1	Rücksetzen
1	1	x_{1n}	x_{2n}	Speichern
0	0	(1)	(1)	unbestimmt

RS-FF, taktzustandsgesteuert

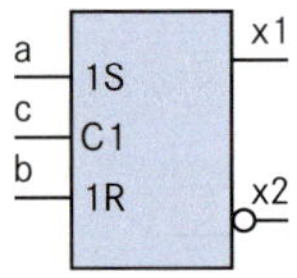

a	b	$x_{1\,(n+1)}$	$x_{2\,(n+1)}$
1	0	1	0
0	1	0	1
0	0	x_{1n}	x_{2n}
1	1	(1)	(1)

unbestimmt

Master-Slave-FF, zweiflankengesteuert

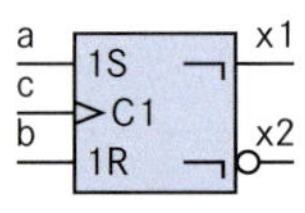

a	b	c	x_1	x_2
x	x	0	x_{1n}	x_{2n}
1	0	⎍	1	0
0	1	⎍	0	1
0	0	⎍	x_{1n}	x_{2n}
1	1	⎍	(0)	(0)

x: beliebiger Zustand unbestimmt

Delay-(D) Flipflop

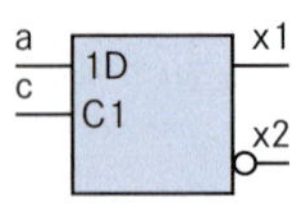

a	b	$x_{1\,(n+1)}$	$x_{2\,(n+1)}$
0	0	x_{1n}	x_{2n}
1	0	x_{1n}	x_{2n}
0	⎍	0	1
1	⎍	1	0

J-K-Master-Slave-FF, zweiflankengesteuert

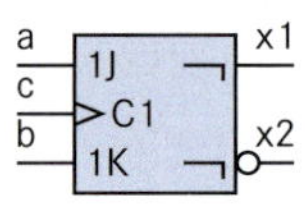

a	b	c	x_1	x_2
x	x	0	x_{1n}	x_{2n}
1	0	⎍	1	0
0	1	⎍	0	1
0	0	⎍	x_{1n}	x_{2n}
1	1	⎍	x_{2n}	x_{1n}

x: beliebiger Zustand Wechseln

Frequenzteiler

Teilerarten

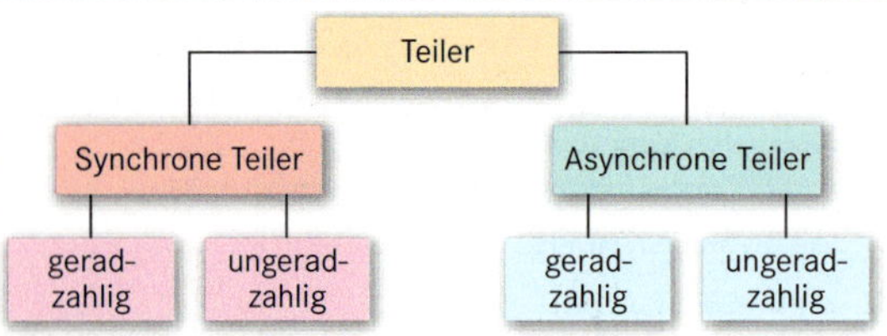

Asynchrone Teiler sind in der Zählfrequenz eingeschränkt (Aufsummierung der Schaltzeiten).

Synchrone Teiler: Jedes Flipflop wird vom Takt direkt angesteuert. Höchste Betriebsfrequenzen sind möglich.

Beispiel: Geradzahliger Teiler

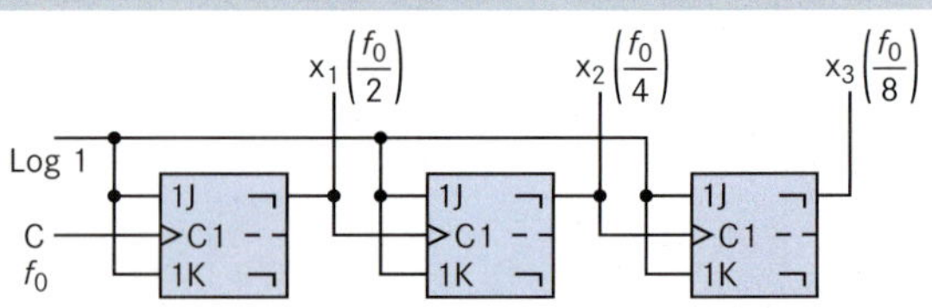

Teilungsverhältnis ergibt sich aus der Anzahl n der Flipflops.
$N = 2^n$

$f_T = \frac{f_0}{2^n}$

f_0: Eingangsfrequenz
f_T: geteilte Frequenz
n: Zahl der FF

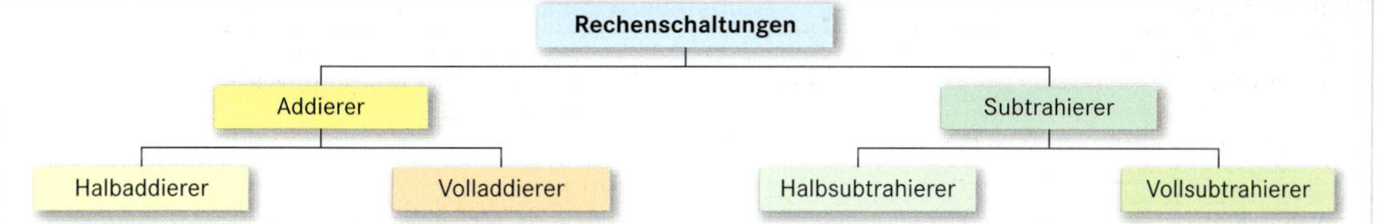

- Ein Halbaddierer/-subtrahierer bewirkt die Addition/Subtraktion einer einzigen Binärstelle ohne Berücksichtigungen von vorausgehenden Überträgen.
- Volladdierer/-subtrahierer berücksichtigen Übertragsbit $Ü_E$.

Halbaddierer

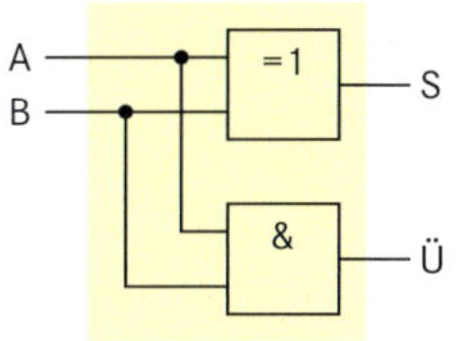

1-Bit-Volladdierer

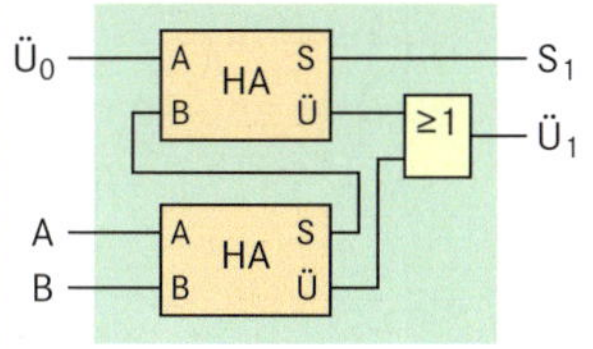

4-Bit-Volladdierer

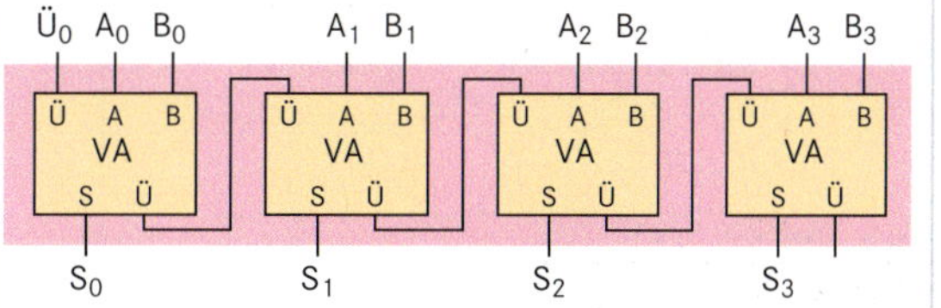

Multiplexer

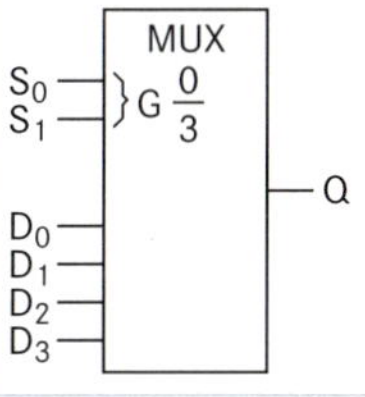

- S wählt binär codiert einen Eingang an.
- Je nach S wird Eingang $D_0 \dots D_3$ auf Ausgang Q geschaltet.
- Multiplexer sind für analoge und digitale Signale verfügbar.

Demultiplexer

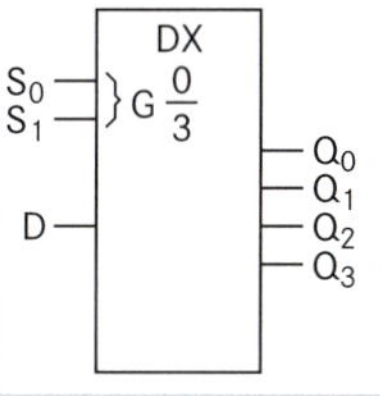

- S wählt binär codiert einen Ausgang an.
- Je nach S wird Eingang D auf Ausgang $Q_0 \dots Q_3$ geschaltet.
- Demultiplexer sind für analoge und digitale Signale verfügbar.

Zähler

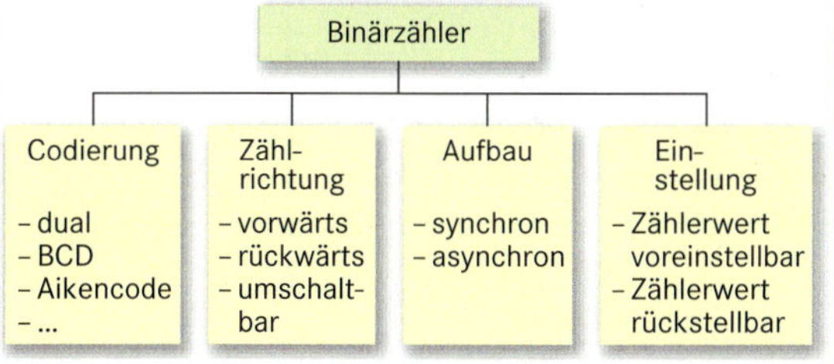

4-Bit-Binärzähler

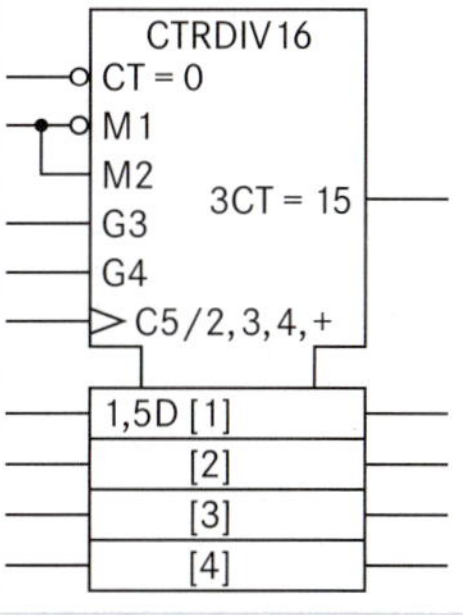

CT = 0	Zähler löschen
M1 = 0	Zähler mit Eingangsdaten laden
C5 ...	Takteingang
3CT ...	Übertragsbit
G3, G4	Zählerfreigabe, wenn G3 = 1 und G4 = 1

Schieberegister

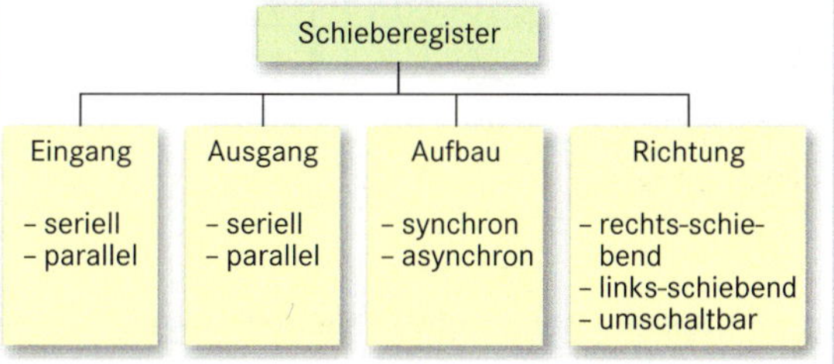

Anwendung: z. B. als Seriell-Parallel-Wandler bzw. als Parallel-Seriell-Wandler

8-Bit-Schieberegister

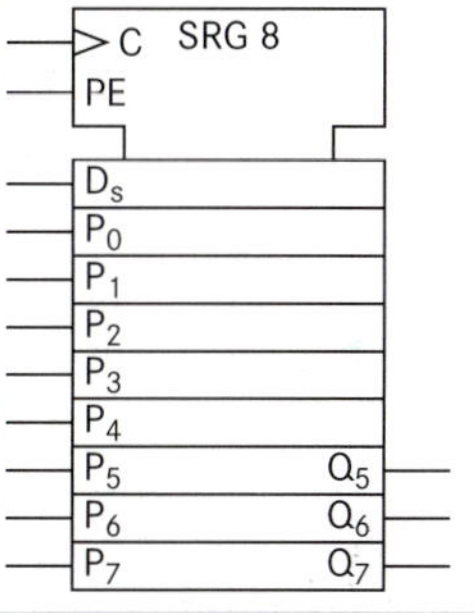

C:	Takteingang
PE:	Daten von parallelem Eingang laden
D_s:	Serieller Dateneingang
$P_0 \dots P_7$:	Paralleler Dateneingang
$Q_5 \dots Q_7$:	Paralleler Ausgang der letzten drei Bits

- Schaltungen in synchronem oder asynchronem Aufbau
- **asynchron**: Erstes Bit ändert sich mit Taktimpuls, Folgebits ändern sich nacheinander (begrenzte Taktfrequenz).
- **synchron**: Alle Ausgangsbits werden gleichzeitig durch einen Takt geändert.

Direktes Schalten von Drehstrommotoren

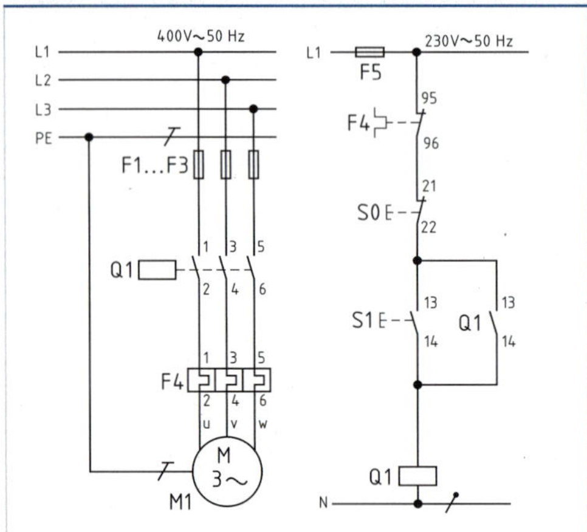

Umsteuern der Drehrichtung von Drehstrommotoren

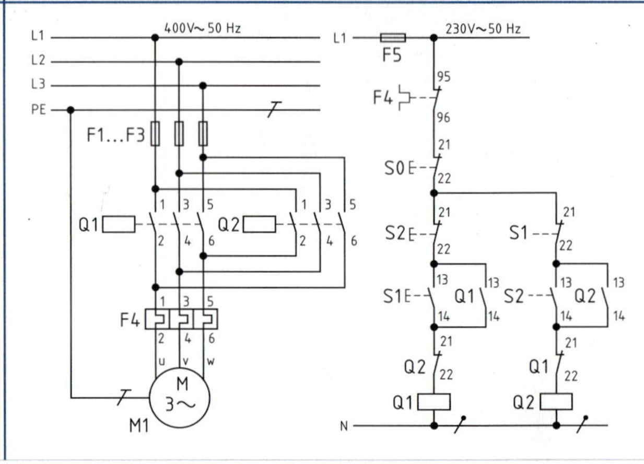

Stern-Dreieck-Anlassen

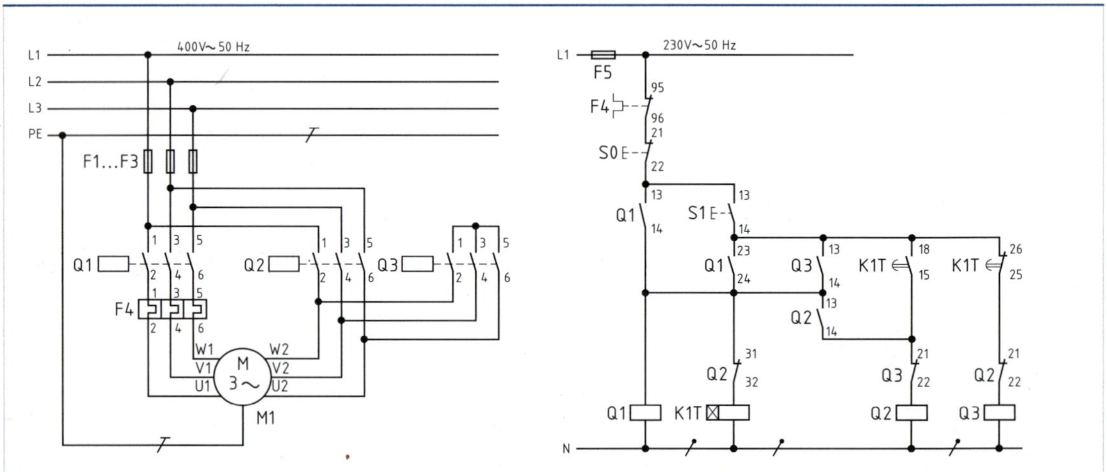

Stern-Dreieck-Anlassen in 2 Drehrichtungen

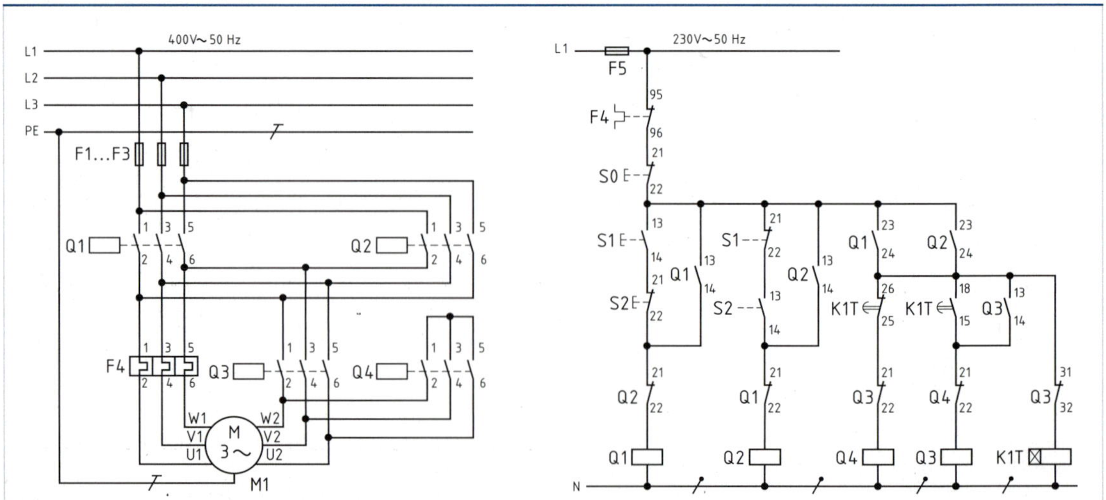

Polumschaltbarer Drehstrommotor in Dahlander-Schaltung mit 2 Drehzahlen, 1 Drehrichtung

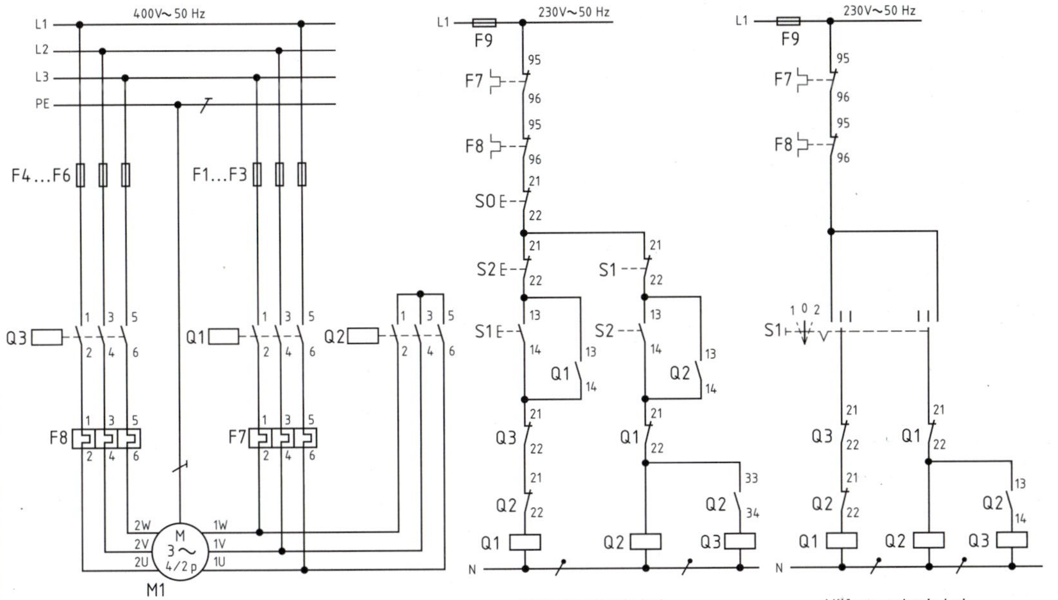

Hilfsstromkreis bei Tasterbetätigung

Hilfsstromkreis bei Dauerkontaktgabe

Polumschaltbarer Drehstrommotor mit getrennten Wicklungen, 2 Drehzahlen, 2 Drehrichtungen

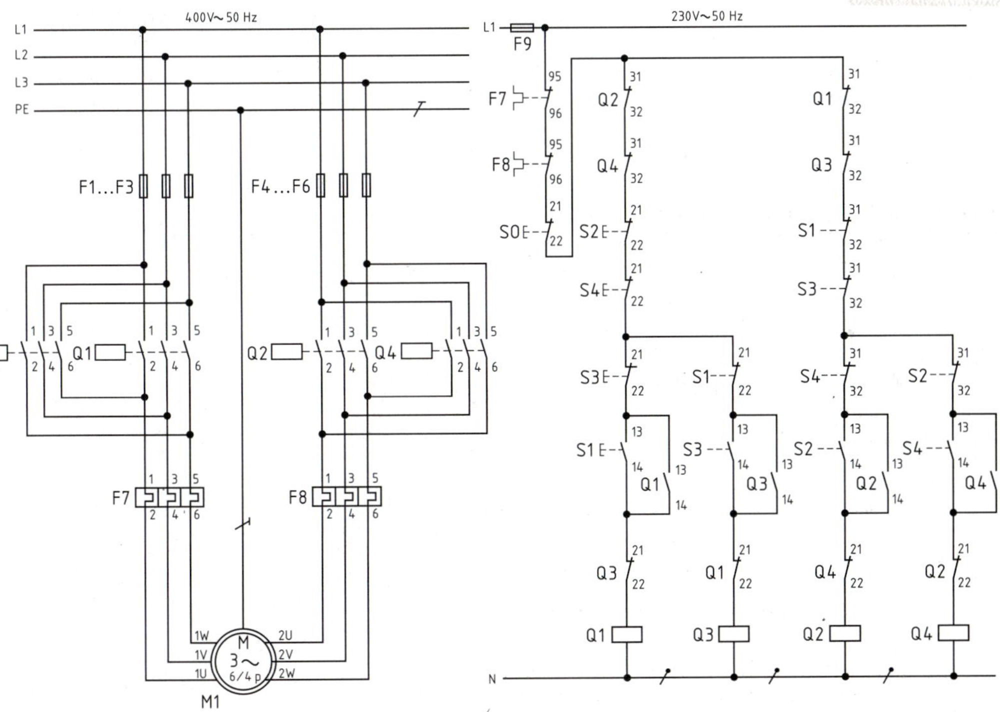

Käfigläufer-Motor mit handbetätigtem Anlasser

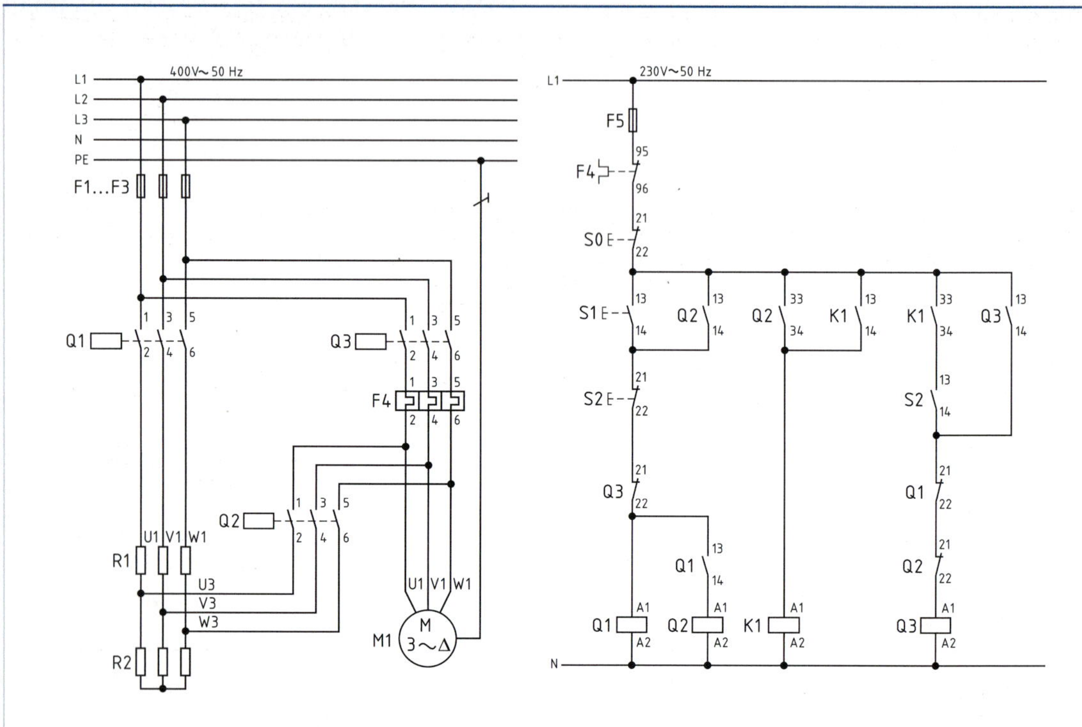

Schleifringläufer-Motor mit selbsttätigem Anlasser

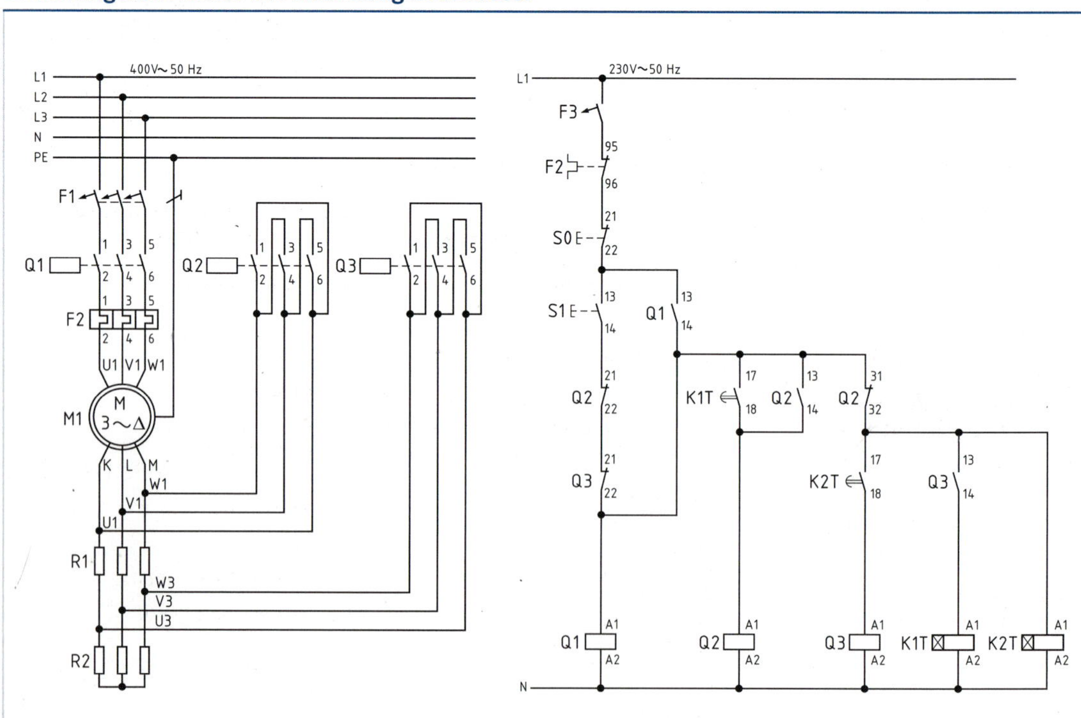

Heißleiter
NTC-Widerstand
(**N**egative **T**emperature **C**oefficient)

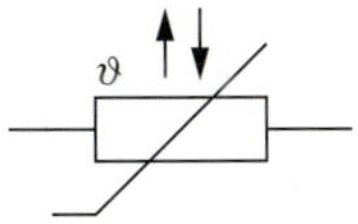

Heißleiter sind temperaturabhängige Halbleiterwiderstände, deren Widerstandswerte sich mit steigender Temperatur verringern.

Material:
polykristalline Mischoxidkeramik

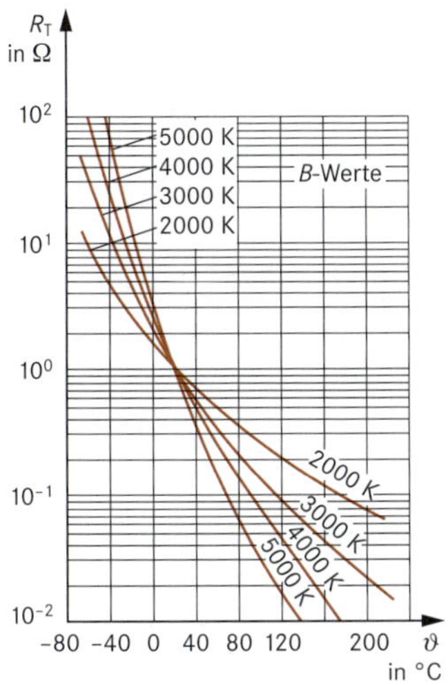

Temperatur-Koeffizient α_R

$\alpha_R = \frac{-B \cdot 100}{T_2}$ $[\alpha_R] = \%$ $[T] = K$

T: Temperatur in Kelvin

***B*-Wert**

B: *B*-Wert als Maß für die Temperaturabhängigkeit des Heißleiters in K (Kelvin), Materialkonstante

$$B = \frac{T_1 \cdot T_2}{T_2 - T_1} \ln \frac{R_1}{R_2}$$

R_1: Widerstandswert in Ω bei T_1 in K (Kelvin)

R_2: Widerstand in Ω bei T_2 in K (Kelvin)

Kaltleiter
PTC-Widerstand
(**P**ositive **T**emperature **C**oefficient)

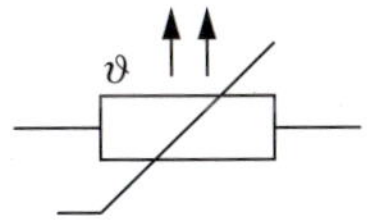

Kaltleiter sind temperaturabhängige Widerstände, deren Widerstandswerte bei ansteigender Temperatur annähernd sprungförmig ansteigen, sobald eine bestimmte Temperatur überschritten wird.

Material:
ferroelektrische Keramik, z. B. TiO_3

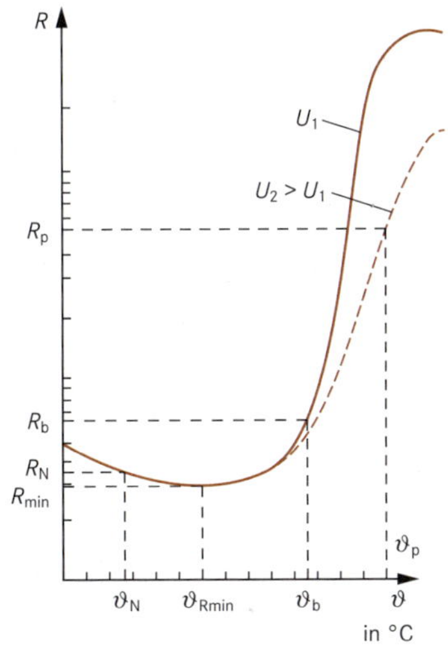

R_N: Bemessungswiderstandswert bei $\vartheta_N = 25$ °C

R_{min}: Kleinster Widerstandswert

R_p: Widerstandswert bei der höchstzulässigen Spannung

α_R: Temperaturkoeffizient

β: Spannungsabhängigkeit (der Widerstandswert des Kaltleiters ist spannungsabhängig)

Beispiele:
R_{min} = 50 Ω
ϑ_{Rmin} = 20 °C
R_b = 100 Ω
ϑ_b = 60 °C
R_p ≥ 50 kΩ
ϑ_p = 110 °C

U_{max} = 30 V
α_R = 20 %/K

Varistoren
VDR-Widerstand
(**V**oltage **D**ependent **R**esistor)

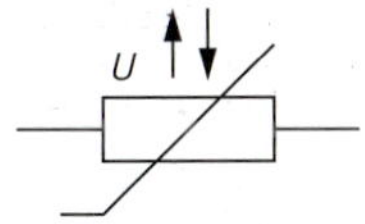

Varistoren sind Widerstände, deren Widerstandswerte sich bei ansteigender Spannung verringern.

Material:
Siliciumkarbid, $\alpha < 5$, Zinkoxid, $\alpha < 30$

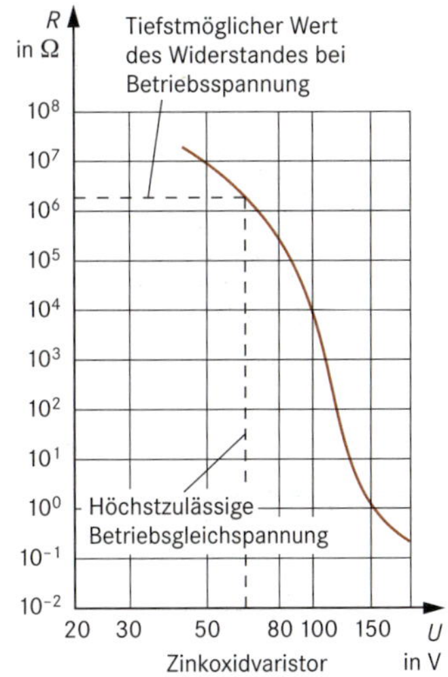

$$R = \frac{U^{(1-\alpha)}}{K}$$

K: Elementarkonstante in Ampere, von der Geometrie abhängig

α: Nichtlinearitätsexponent

Kennwerte

Beispiele:

$\alpha > 30$ bei ZnO (Zinkoxidvaristoren)
Betriebstemperatur: -40 °C ... +85 °C

Betriebsspannung: 14 ... 1500 V

Ansprechzeit: < 50 ns

Stoßstromstärke: bis 4000 A

Dauerbelastbarkeit: 0,8 W

Heißleiter

Heißleiter in Scheibenform

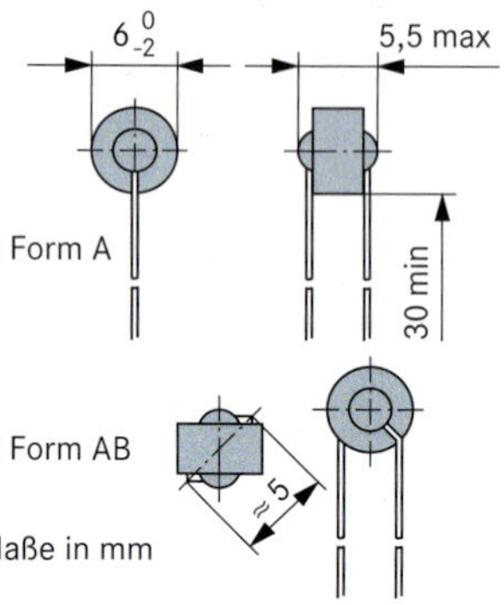

- Form A
- Form AB

Maße in mm

Betriebs-bedingungen	Klimatische Anwendungsklasse		
	FKF	HKF	HHH
untere Grenz-temperatur	-55 °C	-25 °C	-25 °C
obere Grenz-temperatur	125 °C	125 °C	155 °C

Bemessungswiderstandswert
10 Ω bis 100 kΩ
R_N bei 25 °C (R_{25})

zulässige Abweichung vom Bemessungswiderstand ±10 %; ±20 %

Belastbarkeit P_{max} bei 25 °C: 0,6 W

Kaltleiter

- ohne Umhüllung, metallisierte Stirnseiten

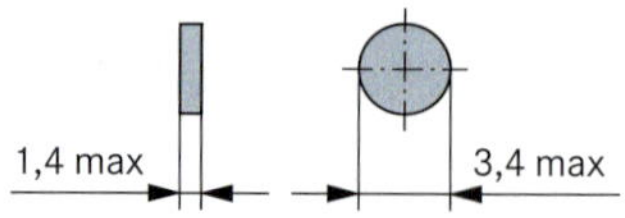

- ohne Umhüllung, radiale Anschlussdrähte

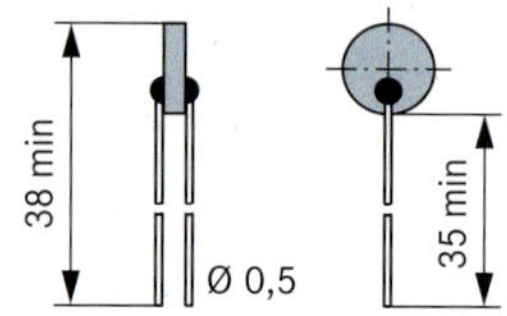

- mit Kunststoffumhüllung

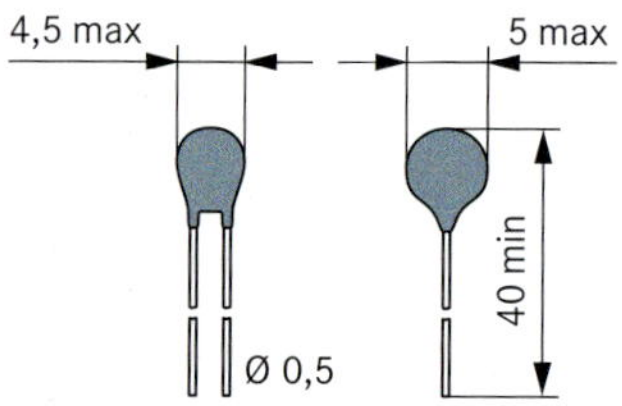

Bezugstemperatur:
-30 °C ... +180 °C
Endtemperatur:
+40 °C ... +220 °C

Maße in mm

Varistoren

Scheibenform

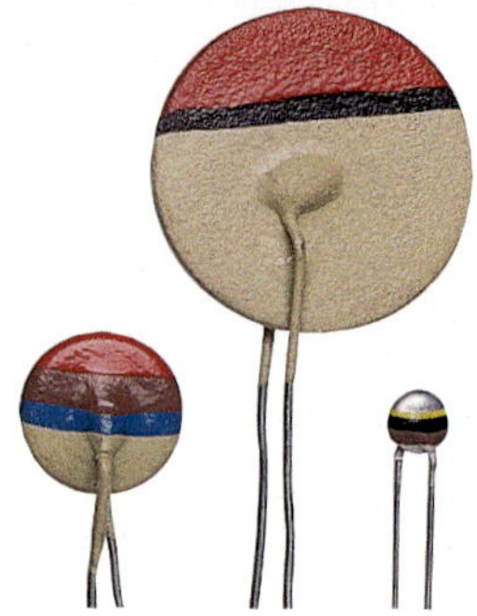

Blockform

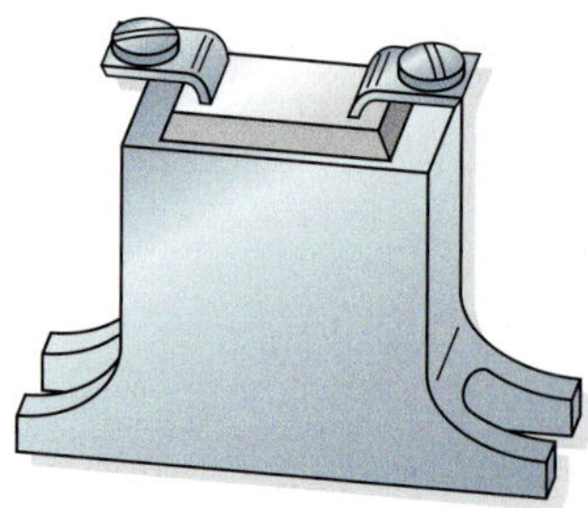

Anwendungen

Arbeitspunkt-stabilisierung

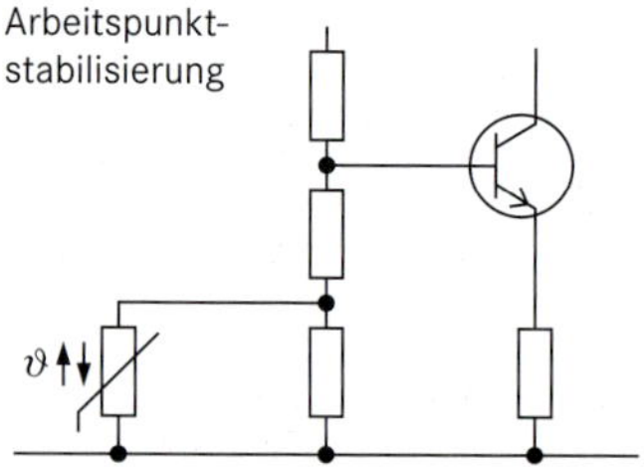

Flüssigkeitsniveaufühler

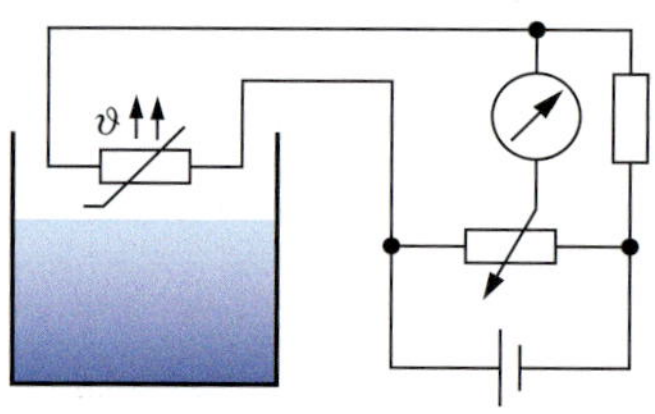

Überspannungsschutz von Halbleiterschaltungen

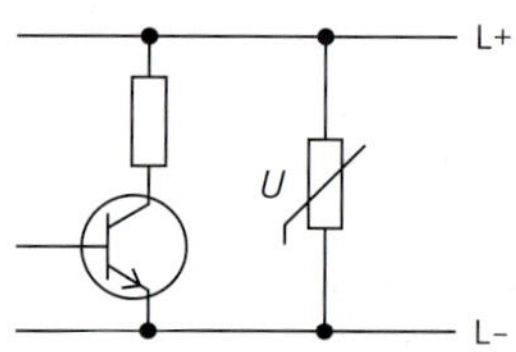

Temperaturmessung

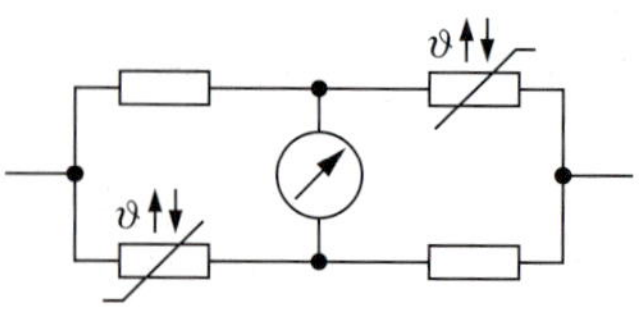

Temperaturregelung für eine Heizung

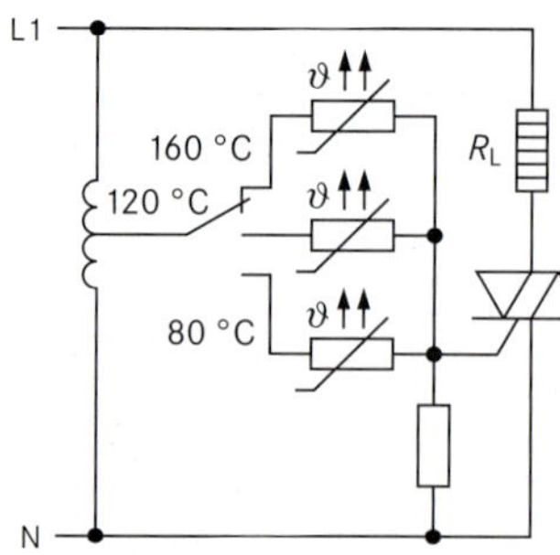

Spannungsstabilisierung

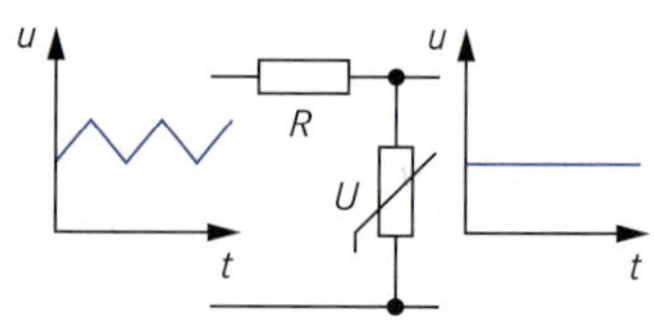

Anzugs-verzögerung

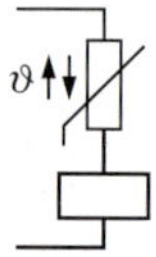

Abfallverzögerung

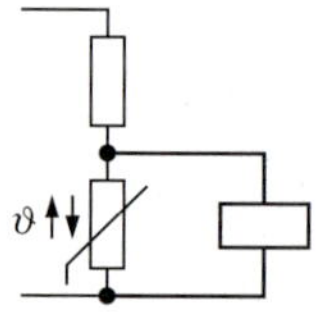

Absorption von Schaltenergie (Überspannungsableiter)

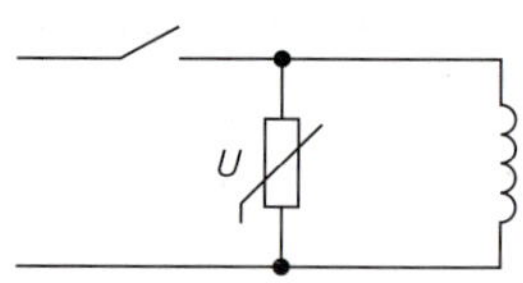

Sensorprinzip

- Sensoren nehmen
  - physikalische Größen (z. B. Temperatur, Druck, Kraft),
  - chemische (z. B. Gas, Flüssigkeit) oder
  - stoffliche Eigenschaften (z. B. Metall, Glas) als Messgröße auf.
- Die Messgrößen werden in der Regel in eine elektrische Größe umgewandelt.

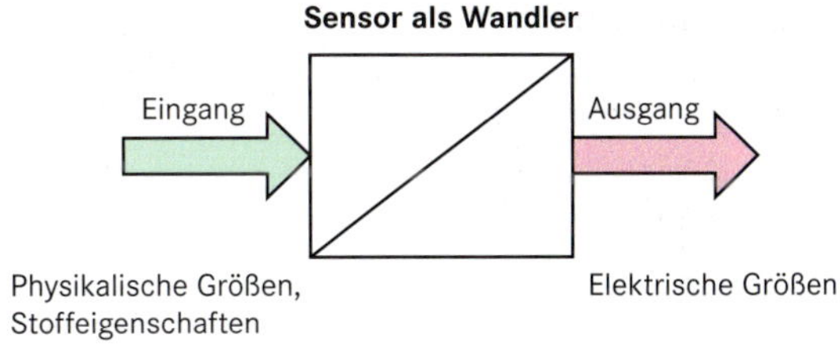

Aktive Sensoren

Die mit dem Sensor zu messende Größe wird **direkt** in eine elektrische Größe umgewandelt (bevorzugt elektrische Spannung).

Beispiele:

- Temperatur → Spannung (Thermoelement)
- Magnetische Flussdichte → Spannung (Hallsonde)
- Kraft → Ladung (Piezokristall)
- Beleuchtungsstärke → Stromstärke (Fotodiode)

Passive Sensoren

Zur Umwandlung der zu messenden Größe benötigt der passive Sensor elektrische Energie (**indirekte Umwandlung**). Die elektrische Energie (Stromstärke, Spannung) wird durch die Sensorgröße beeinflusst.

Beispiele:

Resistive Änderung bei
- Dehnmessstreifen
- Temperaturabhängigen Widerständen
- Feldplatten
- Fotowiderständen
- Leitfähigkeitsmesszellen

Kapazitive Beeinflussung durch
- Abstandsänderung der Platten
- Flächenänderung
- Veränderung der Permittivität
- Veränderung des elektrischen Feldes

Induktive Beeinflussung durch
- Änderung der geometrischen Abmessungen von Spulen
- Änderung ferromagnetischer Materialien
- Veränderung der Permeabilität
- Veränderung des magnetischen Feldes

Lichtstrombeeinflussung durch Änderung der
- Intensität
- Wellenlänge bzw. Frequenz
- Polarisation

Einteilung nach Art des Ausgangssignals

- **Analogausgang**
  Das Messsignal wird in ein stetiges Ausgangssignal umgewandelt.

  Beispiele:
  - Spannung 0 V ... 10 V; 2 V ... 10 V
  - Stromstärke 0 mA ... 20 mA; 4 mA ... 20 mA

- **Binärausgang (schaltende Sensoren)**
  Am Ausgang sind nur zwei Zustände möglich, zwischen denen bei Über- bzw. Unterschreiten eines Schwellwertes gewechselt wird. Wenn die beiden Schwellwerte verschieden sind, ergibt sich im Schaltverhalten eine **Hysterese**.

  Beispiele:
  - Näherungsschalter durch kapazitive, induktive oder optische Beeinflussung (Lichtschranken)
  - Ultraschall-Näherungsschalter
  - Mechanische Endschalter (Schnappschalter)

- **Digitalausgang**
  Das Ausgangssignal ist ein digital codiertes Signal, das über diese Schnittstelle direkt in Bus-Systeme eingekoppelt werden kann.

Einteilung nach der Art der Messgröße

Geometrisch	Bewegung	Kraft
Länge Volumen Winkel Füllstand Anwesenheit Kontur Position	Weg Geschwindigkeit Drehzahl Beschleunigung Vibration Phasenlage Frequenz	Masse Kraft Druck Drehmoment Dehnung Härte Elastizität
Hydrostatisch, hydrodynamisch	**Thermisch, kalorisch**	**Chemisch, biologisch**
Druck Durchfluss Strömungs-geschwindigkeit Teilchendichte Viskosität	Temperatur Wärmemenge Wärmeströmung Leitfähigkeit Spezifische Wärmekapazität	Leitfähigkeit pH-Wert Feuchtigkeit Substanzart Anwesenheit von Substanzen
Optisch	**Elektrisch**	**Strahlung**
Beleuchtungs-stärke Absorption und Emission Brechung Farbart Polarisation	Ladung Spannung Stromstärke Leistung Leitfähigkeit Feldstärke Potenzial	Strahlungsart Aktivität Dosis Energiedichte

Resistive Temperatursensoren

- Normierte Platin-Temperatursensoren (temperaturabhängiger Widerstand) entsprechend DIN EN 60751: 2009-06
- Der Bemessungswert wird bei 0 °C angegeben.
- Widerstandsänderungen bis ca. 100 °C:
  Pt100: 0,4 Ω/K; Pt500: 2,0 Ω/K; Pt1000: 4,0 Ω/K
- Kennlinien

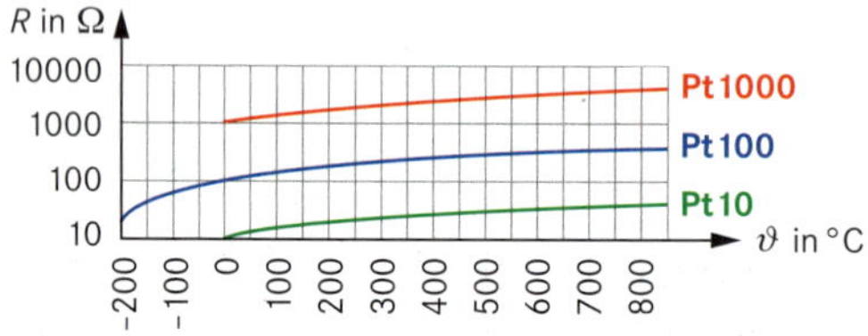

Aufbau

In DIN 43764 bis 43769 sind verschiedene Schutzrohr-Bauformen für unterschiedliche Aufgabenstellungen festgelegt.

Beispiel: Form B

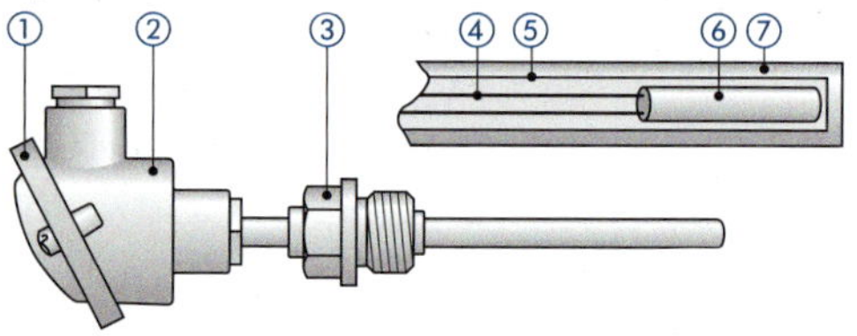

① Anschlusskopf ② Anschlusssockel ③ Verschraubung
④ Anschlussleiter ⑤ Einsatzrohr ⑥ Temperatursensor
⑦ Schutzrohr

Form	Ausführung und Anwendung
A	Emailliertes Rohr, Befestigung mit verschiedenen Anschlagflanschen, Rauchgas-Messung
B	Rohr mit angeschweißtem Gewinde G 1/2A
C	Rohr mit angeschweißtem Gewinde G 1A
D	Druckfestes, dickwandiges Rohr zum Einschweißen
E	Am Ende verjüngtes Rohr für schnell ansprechendes Verhalten, Befestigung durch verschiebbaren Anschlagflansch
F	Rohr wie Form E, jedoch angeschweißter Flansch
G	Rohr wie Form E, jedoch mit angeschweißtem Gewinde G 1A

Anschlussmöglichkeiten

- **Zweileitertechnik**
  Sensor und Auswerteschaltung sind gemeinsam mit einer zweiadrigen Leitung verbunden. Da der Leitungswiderstand und der Sensor in Reihe liegen, kommt es zu einer Mess–wertverfälschung (Kompensation erforderlich).
- **Dreileitertechnik**
  Ein zusätzlicher Leiter wird zum Sensor geführt, so dass zwei Stromkreise entstehen. Der Leitungswiderstand sowie seine Temperaturabhängigkeit lassen sich kompensieren.
- **Vierleitertechnik**
  Durch den Sensor fließt ein Konstantstrom. Der Spannungsfall am Sensor wird abgegriffen und an den Eingang einer hochohmigen Auswerteschaltung geführt. Leitungswiderstände und deren Temperaturabhängigkeit sind weitgehend ohne Einfluss.

Induktive Sensoren

Messprinzip

- Die Erkennung von metallenen Leitern erfolgt durch Dämpfung des elektromagnetischen Wechselfeldes einer Spule ① (offener Schalenkern).
- In den metallenen Leitern werden Wirbelströme induziert, die dem Feld Energie entziehen. Die Schwingungsamplitude des Oszillators ② verringert sich.
- Das Signal wird demoduliert ③, in ein Schaltsignal umgeformt ④ und entsprechend verstärkt ⑤.

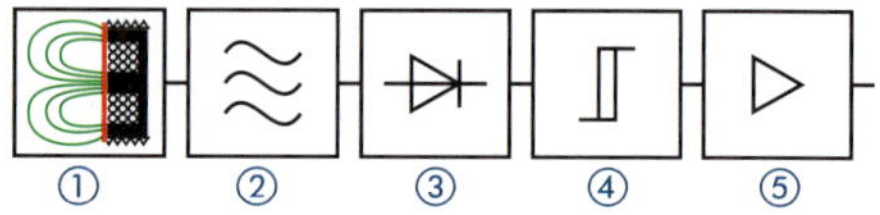

Bauformen

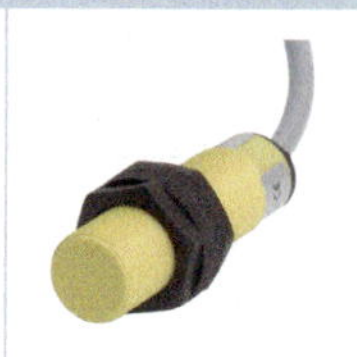

Kapazitive Sensoren

Messprinzip

- Die Erkennung erfolgt durch Änderung des elektrischen Feldes eines Kondensators ① durch
  - metallene oder
  - nichtmetallene Objekte (fest oder flüssig).
- Durch das externe Material ändert sich die relative Permittivität ε_r bzw. die Kapazität.
- Durch die Kapazitätsänderung verändert sich die Schwingkreisfrequenz des Oszillators ②. Sie wird durch nachgeschaltete Stufen ③ ausgewertet.

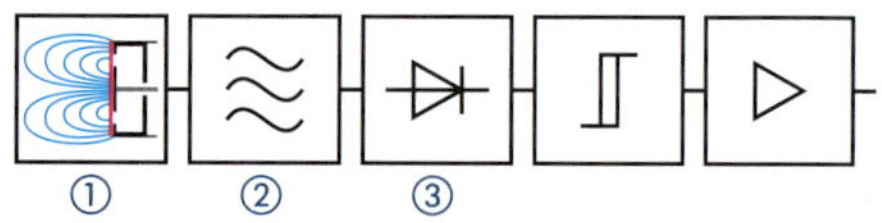

Anwendungen

Verpackung

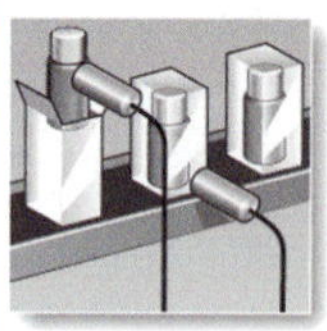

Füllstand

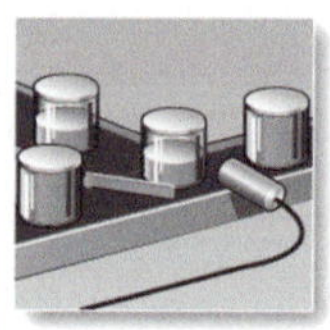

Qualität

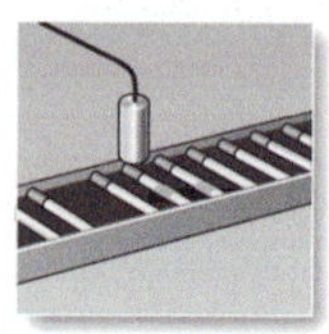

Füllstand

Fehler

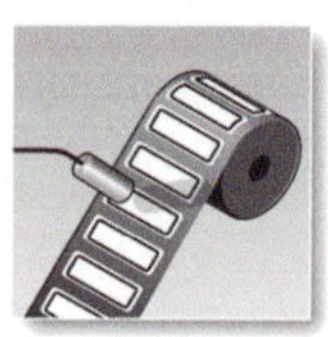

Messführung

Merkmale

Zeitschaltuhr

- Anzahl der Kanäle
  - 1 Kanal
  - 2 Kanäle
  - 4 Kanäle
- Programmarten
  - Tages-,
  - Wochen bzw.
  - Jahresfunktion
  - Zufallsprogramm
- Anzahl der Schaltzeitpunkte (Ein-/Ausschaltzeiten)
- Einbauart
  - Verteiler
  - Wandmontage
  - Steckdose
- Sonderfunktion
  - Astrofunktion
  - Funkuhr
  - Busfähig
  - Fernzugriff

Beispiel:

- Digitale Schaltuhr mit Jahres- und Astrofunktion (Steuerung in Abhängigkeit vom Sonnenstand)
- 4 Kanäle ①
- Zeitsynchronisation über DCF- oder GPS-Antenne ②
- Speicherkarte zur Datensicherung
- Externe Schalteingänge ③
- Textorientiertes Display ④
- Gangreserve 8 Jahre
- Optionale Erweiterungsmodule:
  - Kommunikationsmodul zur Fernabfrage und Programmierung über LAN/DSL
  - Erweiterungsmodul für zusätzliche Kanäle

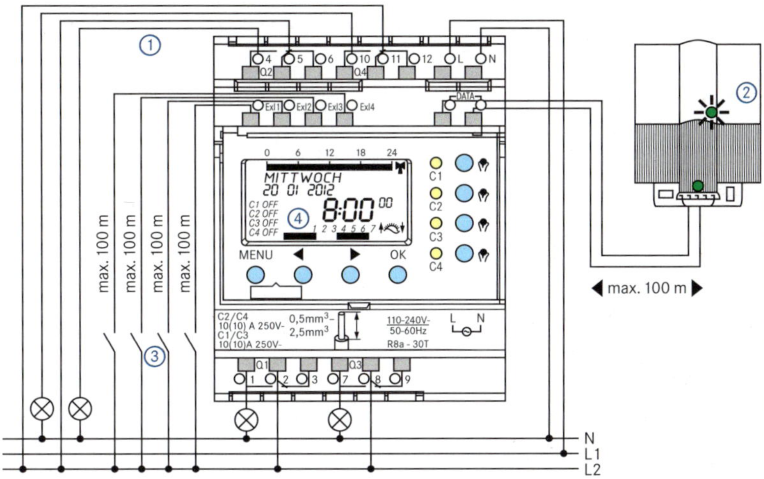

Technische Daten (Beispiele)

Betriebsspannung	110 ... 240 V AC
Kanäle	1, 2, 4
Montagearten	DIN-Schiene Wandmontage Steckdose
Gerätebreite (REG[1])	1 bis 6 TE[2]
Kontaktarten	Schließer Wechsler
Anschlussart	Schraubklemmen Federklemmen
Programmarten	Jahresprogramm Wochenprogramm Tagesprogramm Astroprogramm
Bemessungsschaltstromstärke $\cos\varphi = 1$ $\cos\varphi = 0{,}6$	 z. B. 16 A z. B. 10 A
Bemessungsschaltleistung Glüh-/Halogenlampen Energiesparlampen	 z. B. 2300 W z. B. 26 x 20 W
Kürzeste Schaltzeit	typ. 1 s
Stand-by-Leistung	< 3 W
Ganggenauigkeit	≤ ± 0,5 s/Tag
Schutzart	IP 20
Umgebungstemperatur	- 30 °C ... + 45 °C

[1] REG: Reiheneinbaugerät [2] TE: Teilungseinheiten

Inbetriebnahme

Reset durchführen
Löschen der Werkseinstellungen und Programme

↓

Grundkonfiguration
- Datum und Uhrzeit einstellen
- Gegebenenfalls Längen-/Breitengrad und Zeitzone für die Astrofunktion einstellen

↓

Schaltzeitpunkte programmieren
- Programm wählen (z. B. Standard-/Prioritätsprogramm)
- Kanal wählen
- Ein-/Ausschaltzeitpunkt programmieren
- Schaltzeitpunkt speichern

↓

Programm kanalbezogen abfragen und prüfen
Schaltzeitpunkte für jeden Kanal überprüfen

↓

Programm speichern
- Schaltzeiten auf der Speicherkarte sichern
- Informationen über die Schaltzeitpunkte dokumentieren (z. B. als Tabelle) und archivieren

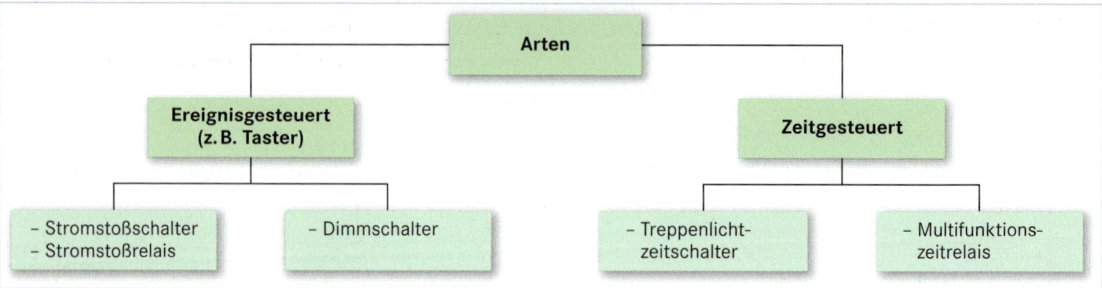

Merkmale

- Verschiedene Schalt-, Dimm- und Zeitfunktionen in einem Gerät
- Niedrige Verlustleistung
- Universelle Steuerspannung (z. B. 8 V ... 253 V)
- Geräuscharm
- Verschleißreduktion durch Schalten im Nulldurchgang
- Stromstoßschalter und Stromstoßrelais in einem Schaltgerät
- Montage im Verteiler oder Schalterdose
- Geringe Wärmeentwicklung im eingeschalteten Zustand

Multifunktion-Stromstoßschalter bzw. -relais

- **Funktionseinstellungen**
  - Dauer EIN/AUS
  - Wahlweise als Stromstoßschalter bzw. -relais mit 2 Schließern oder 1 Schließer und 1 Öffner
  - Wahlweise 2fach-Stromstoßschalter bzw. -relais mit je 1 Schließer
  - Serienschalter mit unterschiedlichen Schaltfolgen
  - Gruppenschalter bzw. -relais
- **Technische Daten**
  - Bemessungsschaltleistung:
    - Glüh-/Halogenlampen: 2000 W
    - Leuchtstofflampen (EVG): 500 VA
    - Kompaktleuchtstofflampen (EVG) bzw. Energiesparlampen: 15 x 7 W bzw. 10 x 20 W
  - Maximale Schaltstromstärke: 8 A
  - Schalthäufigkeit: 1000 pro h

Anschlussplan:

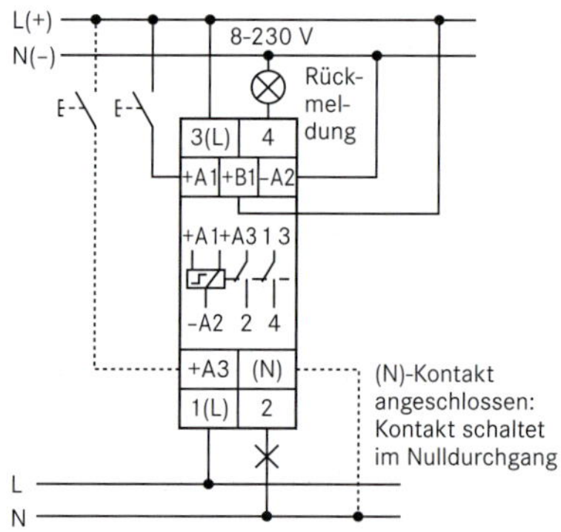

Multifunktions-Zeitrelais

Funktion	Beschreibung	Funktion	Beschreibung
Rückfallverzögerung		Ausschaltwischer	
Ansprechverzögerung	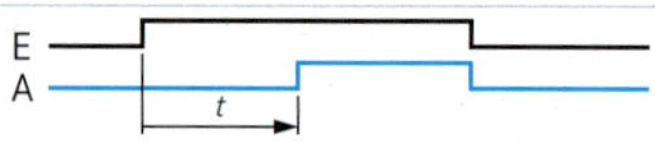	Einschalt- und Ausschaltwischer	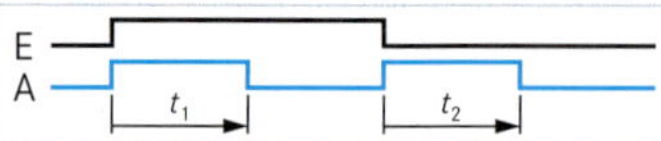
Taktgeber mit Impuls	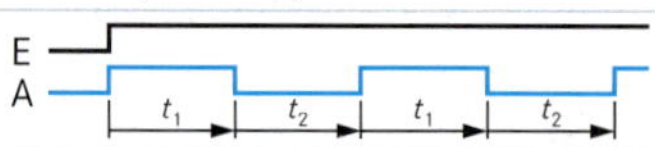	Ansprech- und Rückfallverzögerung	
Taktgeber mit Pause	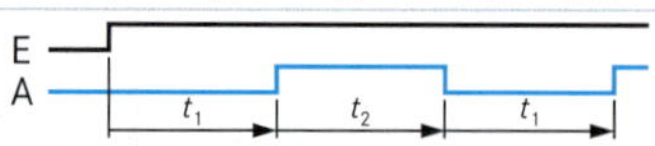	Stromstoßschalter	Jeder Impuls $t > 50$ ms am Eingang schaltet den Ausgang hin und her.
Impulsgesteuerte Ansprechverzögerung	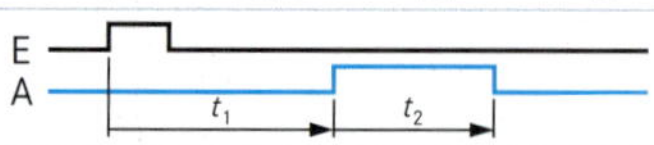	Relais	Der Ausgangsimpuls entspricht dem Eingangsimpuls
Impulsformer	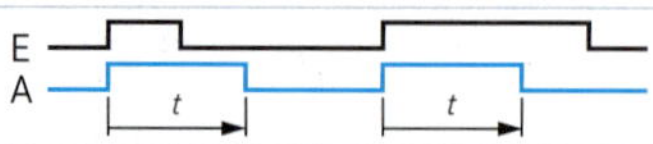	Dauer EIN	Ausgang permanent EIN
Einschaltwischer	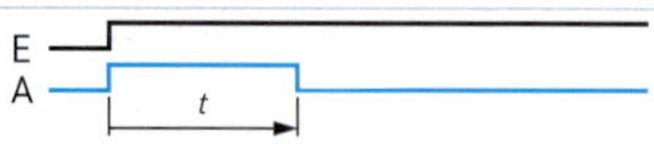	Dauer AUS	Ausgang permanent AUS

Die Belastung der Ausgangskontakte ist abhängig von der eingestellten Zeit (z. B. 15 % von P_{max} bei $t \leq 2$ s).

Funktion und Einteilung

- Feststellanlagen (FSA) sind Geräte und Einrichtungen, die bewegliche, selbstschließende **Feuerschutz-/Rauchschutzabschlüsse** (Türen, Tore)
  - betriebsmäßig geöffnet (festgestellt) halten und
  - im Brandfall die automatische Schließung freigeben.
- Unterscheidung nach
  - **FSA Typ 1** (Auslöseeinrichtung ausschließlich Bestandteil der FSA) und
  - **FSA Typ 2** (Auslösevorrichtung ist physikalisch ein Bestandteil einer Brandmeldeanlage).
- Beide Typen bestehen aus mindestens
  - einem Rauchmelder,
  - einem Handauslösetaster,
  - einer Stromversorgung und
  - der Feststellvorrichtung (Haftmagnet, Türankerplatte).

Systemkomponenten (Beispiele)

Türhaftmagnet (Wandanbau)	**Handauslösetaster**
Einschaltdauer: dauerhaft Bemessungs-haftkraft: 1568 N Stromstärke bei 24 V: 125 mA	Kontaktart: Öffner Schaltspannung: 30 V Schaltstrom-stärke: 1 A

Systemübersicht

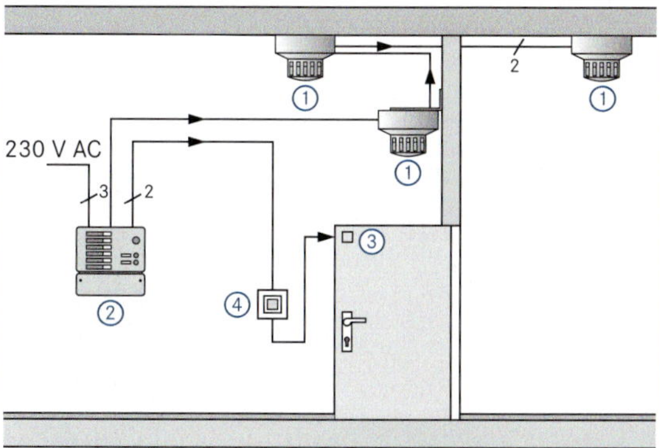

① Rauchmelder
② Rauchschutzschalter
③ Haftmagnet
④ Handauslösetaster

- Installationsleitung:
  - Handelsübliche Telekommunikationsleitung (z.B. IY(St)Y 2 x 2 x 0,6)
  - Querschnitt abhängig von der Stromstärke der Geräte und der Leitungslänge
- Im Handbereich: Grundsätzlich Schutzrohre (Kunststoff oder Stahl, je nach örtlichen Vorschriften)
- Steuerleitung getrennt von Energieleitungen führen

Rauchmelderanordnung

- Anzahl und Anordnung der Rauchmelder ist nach **DIBT**-Richtlinien (**D**eutsches **I**nstitut für **Bau**technik) festgelegt und u.a. abhängig von der
  - Größe und Art der zu überwachenden Tür und
  - Deckenhöhe.

Beispiele:

- Drehflügeltür bis 3 m lichte Breite, Abstand Oberkante Türöffnung bis Deckenunterkante ≤ 1 m: 1 Rauchmelder (Sturzmelder auf beliebiger Raumseite)

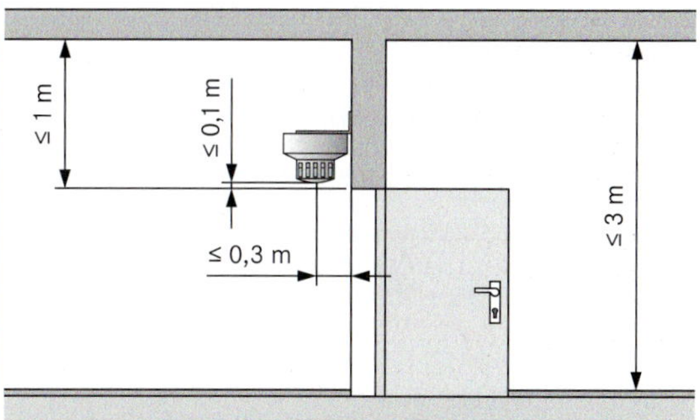

- Abstand Türoberkante bis Deckenunterkante ≥1 m bis ≤ 5 m (ohne Abbildung): 3 Rauchmelder (1 Deckenmelder pro Raumseite und 1 Sturzmelder auf beliebiger Raumseite)
- Alle Tür-/Torabschlüsse mit Abstand der Oberkante bis Deckenunterkante ≥ 5 m: Mindestens 3 Rauchmelder

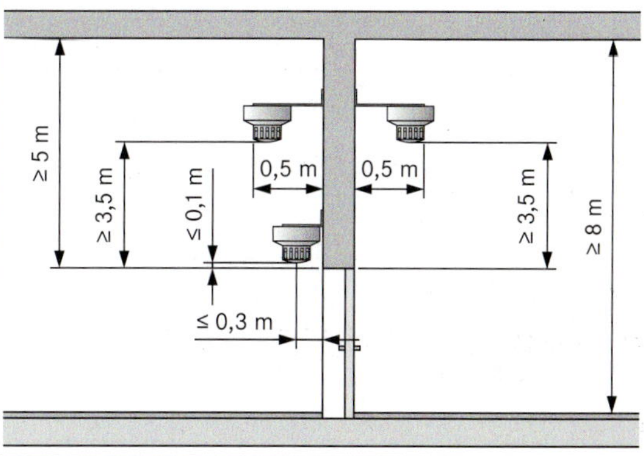

Wartung und Instandhaltung

- Vorgaben für Instandhaltungsmaßnahmen, Inspektions- und Wartungsintervalle und die Mindestqualifikation für Personen nach DIN 14677
- **Instandhaltungsdokumentation**:
  - Ist vom Betreiber (Unternehmen) zu archivieren
  - Beinhaltet u.a. die räumliche Lage der Feststellanlage, Prüfungsdaten, Prüfungsumfang, Prüfungsergebnis
- **Inspektion**: Alle 3 Monate durch eingewiesene Person oder Fachkraft für FSA (Typ 1 u. Typ 2); u.a. Handauslösung, Auslösung durch Prüfung der Rauchschalter
- **Wartungsintervall**: Jährlich
  - Typ 1: Fachkraft FSA; u.a. reinigen funktionsrelevanter Bestandteile, vorbeugender Ausstausch von Batterien
  - Typ 2: Fachkraft FSA oder Instandhalter BMA; u.a. prüfen Funktionseinhaltung bei alleinigem Ausfall der Energieversorgung

Eigenschaften

- Sie enthalten alle Komponenten zur Ausführung von Aufgaben aus dem Bereich der Steuerungs- und Automatisierungstechnik in einem kompakten Gehäuse.
- Das System ist modular aufgebaut und lässt sich durch eine Vielzahl von Komponenten (z. B. Display, Kommunikationsmodule, usw.) erweitern.

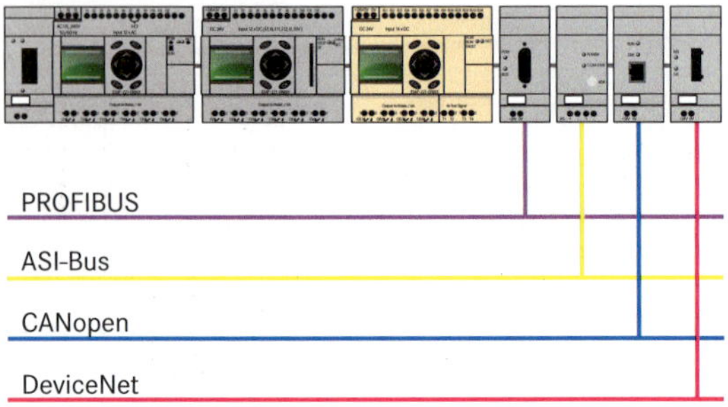

- Die Programmierung erfolgt direkt am Gerät, über eine Software in den Programmiersprachen AWL, KOP, FBS, ST, AS oder mit einem grafischen Funktionsplaneditor.
- Über ein externes grafisch orientiertes Display lassen sich Texte, Grafiken usw. visualisieren und zusätzlich notwendige Steuer- und Regelfunktionen anzeigen bzw. bedienen.
- Vorteile: Kompakten Bauform, günstiger Preis und einfache Programmierung und Parametrierung.

Beispiel

Typ easyControl EC4P-221-MTXD1

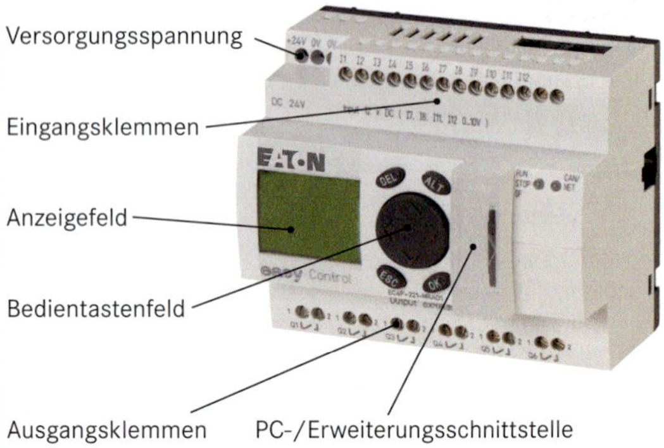

Technische Daten

- Versorgungsspannung: 24 V DC
- Leistungsaufnahme: 7 W
- Eingänge: 12 digitale, davon 4 auch als analog nutzbar
- Ausgänge (wahlweise):
  - 6 Relaisausgänge bzw.
  - 8 Transistorausgänge
  - 1 Analogausgang optional
- Ausgangsstromstärke:
  - 8 A (Relais)
  - 0,5 A (Transistor)
- Weitere Optionen: z. B. CANopen, Ethernet

Sicherheitsgerichtete Kleinsteuerungen

- Spezielle Kleinsteuerungen realisieren sicherheitsgerichtete Funktionen.
- Sicherheitsapplikationen bis
  - Kategorie 4 nach DIN EN 954-1
  - PL e nach DIN EN IEC 13849-1
  - SILCL 3 nach DIN EN 62061
  - SIL 2 nach DIN EN 61508
- Programmierung durch Zuweisung von vorprogrammierten Sicherheitsbausteinen, die vorab geprüft und zugelassen werden, z. B.:
  - Stillsetzen im Notfall
  - Bedienung durch Zweihandschaltung
  - Sicheres Starten
  - Zustimmschalter
  - Überwachung von Sicherheitseinrichtungen (Schutztür, Lichtvorhang)
  - Betriebsartenwahl
  - Stillstandsüberwachung
  - Höchstdrehzahlüberwachung
  - Sichere Zeitrelais
- Erweiterungen und Kommunikation mit Kleinsteuerungen ohne Sicherheitsfunktionen sind möglich.

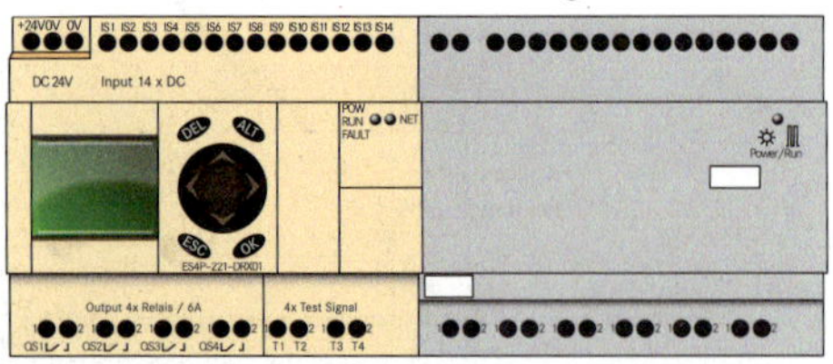

Beispiel

Typ easyControl ES4P-221-DRXD1

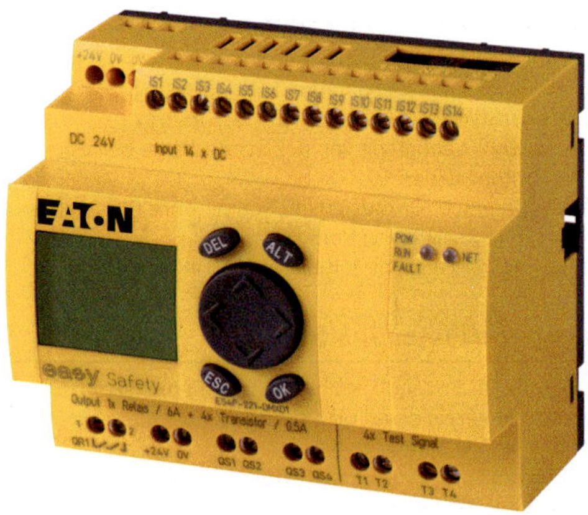

Technische Daten

- Versorgungsspannung: 24 V DC
- Leistungsaufnahme: < 6 W
- Eingänge: 14 sichere Eingänge
- Ausgänge (wahlweise):
  - 4 Relaisausgänge bzw.
  - 4 Testsignale (24 V DC)
- Ausgangsstromstärke:
  - Thermischer Strom 6 A (Relais)

Merkmale

Montage
- auf einer Hutschiene
- mit Hilfe von Gerätefüßen

- Baugröße bei Reiheneinbaugeräten in Teileinheiten (TE) z. B. 4 TE
- Schutzart IP20

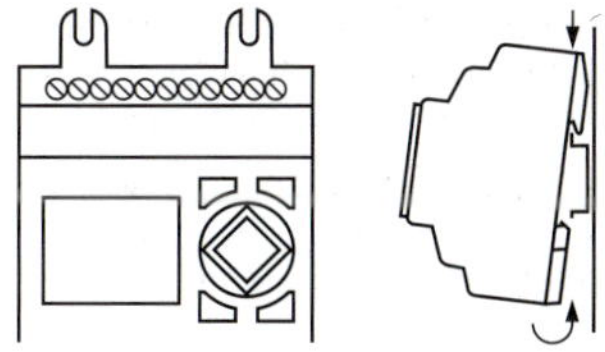

Verdrahten der Eingänge
- Sensoren an gleichen Außenleiter anschließen wie die Spannungsversorgung des Gerätes.
- Auf die Spannungsart (DC bzw. AC) und Spannungswerte achten.
- I_{max} am Eingang nicht überschreiten

- Digitale Eingänge
  „0"-Zustand: < 40 V (AC)
  „1"-Zustand: > 79 V (AC)
  „0"-Zustand: < 30 V (DC)
  „1"-Zustand: > 79 V (DC)
- Nicht potenzialfrei

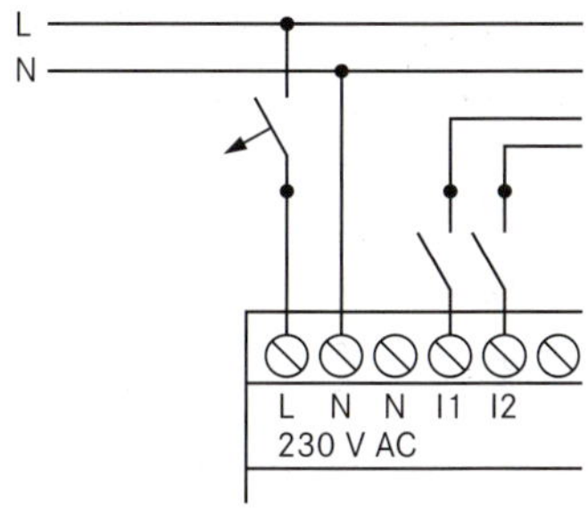

Verdrahten der Ausgänge
- I_{max} und maximale Schaltspannung beachten.
- Kontakte sind potenzialfrei und können mit unterschiedlichen Außenleitern beschaltet werden.

- Relais- oder Transistorausgänge
- Absicherung der Relaisausgänge mit LS-Schalter B 16 A
- Schaltfrequenz max. 10 Hz
- Potenzialfreie Kontakte

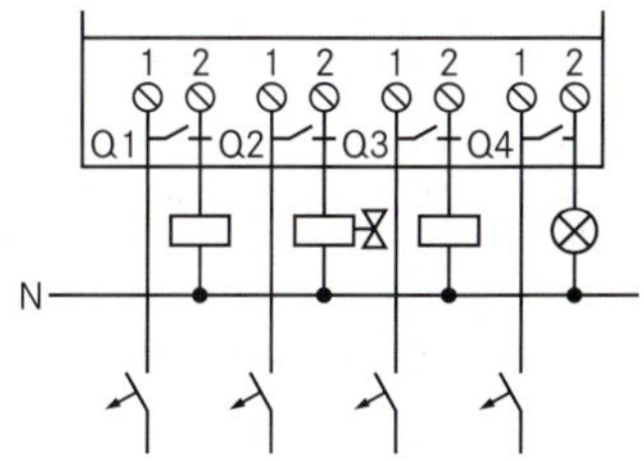

Spannungsversorgung anschließen
- Spannungswert und Polarität beachten. DC: L+ bzw. L– AC: L bzw. N
- Zuleitung mit einer Überstrom-Schutzeinrichtung installieren.

- Versorgungsspannungen: z. B. 230 V AC, 24 V AC, 12 V DC
- Verlustleistung < 6 W (bei 230 V AC)

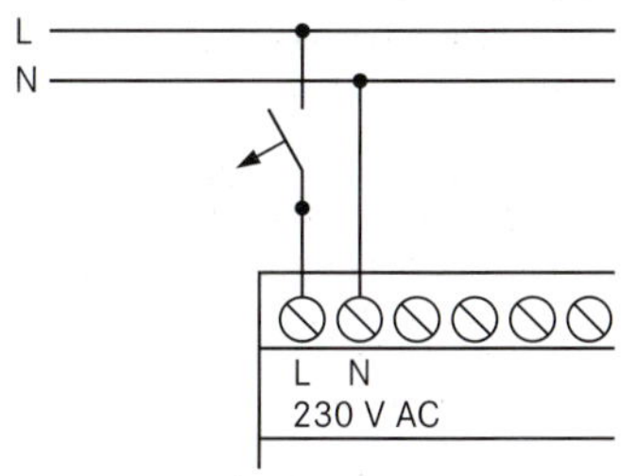

Projektierung der Steuerfunktionen
- Programmierung der Funktionen mit Hilfe einer Software am Computer
- Übertragung des Programms vom Computer zur Kleinsteuerung

- Gerätetyp auswählen und konfigurieren
- Programmfunktionen mit Hilfe des **Editors** unter Verwendung unterschiedlicher Programmiersprachen (z. B. FUP, KOP) erstellen
- Projekt **speichern**
- Programm **testen**
- Programm zum Steuerrelais **übertragen**

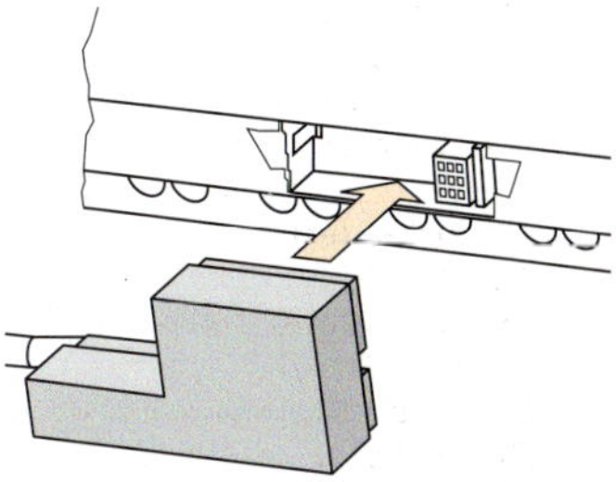

Konfiguration
- Datum und Uhrzeit aktualisieren
- Gegebenenfalls ein Passwort definieren

- Betriebsart (Parametrieren) wählen
- Eingabe der Daten (Parameter) über Cursortasten

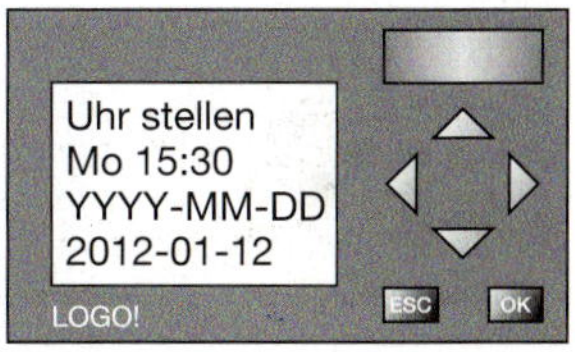

Anwendung

- Anforderung an sichere Maschinensteuerung ermitteln
- Validierung (Nachweis über erfüllte Anforderungen), ob Maschinensteuerung die Sicherheitsanforderungen erfüllt
- Sicherheit wird durch mehrere Einflussgrößen beeinflusst.
- DIN EN ISO 13849-1 ist eine harmonisierte Norm und anerkannt zur Erfüllung der Maschinenrichtlinie.

Einflussgrößen

- Ziel-Performance Level:
  - Mögliche Schwere von Verletzungen
  - Häufigkeit und Dauer der Gefährdungen
  - Möglichkeiten der Gefahrenvermeidung
- Ist-Performance Level:
  - Ausführung der Steuerung (Steuerungskategorie)
  - Zuverlässigkeit $MTTF_d$ (**M**ean **T**ime to **D**angerours **F**ailure)
  - Diagnosedeckungsgrad *DC* (**D**iagnostic **C**overage)
  - Fehler mit gemeinsamer Ursache *CCF* (**C**ommon **C**ause **F**ailure)

Bewertungsablauf

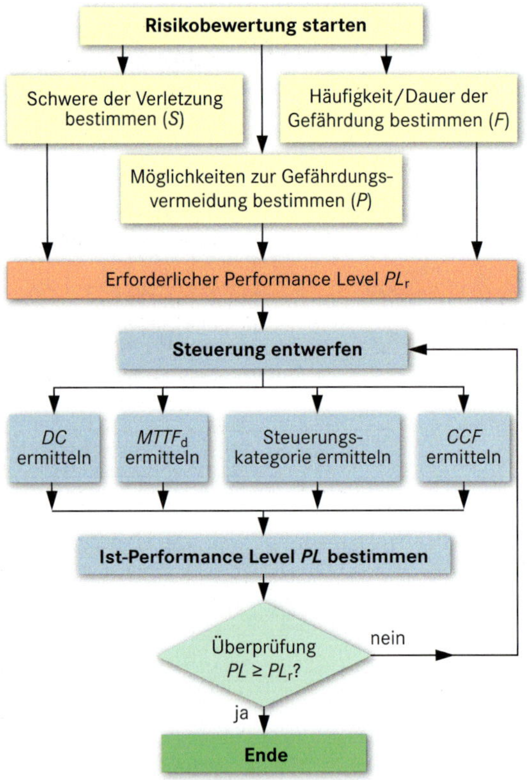

Erforderlicher Performance Level (PL_r)

Risikograph

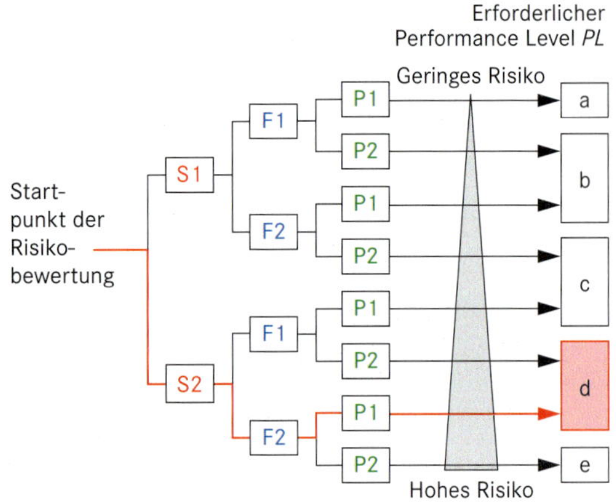

S Schwere der Verletzung
S1: Leicht (z. B. Prellung, Schnittverletzung)
S2: Schwer (z. B. Amputation, Tod)

F Häufigkeit und/oder Dauer der Gefährdung
F1: Selten bis öfter bzw. von kurzer Dauer
F2: Häufig bis dauernd bzw. von langer Dauer

P Möglichkeit zur Vermeidung der Gefährdung
P1: Möglich unter bestimmten Bedingungen
P2: Kaum möglich

Ausfälle aufgrund gemeinsamer Ursache (*CCF*)

Bewertung

Ziel:
- Vermeidung systematischer Einflüsse und systematischer Fehler
- Vermeidung von Ausfällen mehrerer Komponenten aufgrund einer Ursache

Ablauf:
- Bewertung von Einzelanforderungen
- Summierung der Einzelbewertungen
- *CCF* ist ab Steuerungskategorie 2 zu berücksichtigen, Ziel: *CCF* > 65 %

Einzel-Anforderung	Bewertung
physikalische Trennung zwischen den Sicherheitskreisen und zu anderen Kreisen	15 %
Diversität (Anwendung unterschiedlicher Technologien)	20 %
Erfahrung mit Entwurf/Applikation	20 %
Beurteilung/Analyse	5 %
Kompetenz/Ausbildung	5 %
Umwelteinflüsse (EMV, Temperatur, ...)	35 %
CCF: Summe erfüllter Anforderungen	Σ

Diagnose-Deckungsgrad (*DC*)

- Steuerungen können einzelne, gefährliche Ausfälle selbsttätig erkennen.
- Bewertung wie viel der gefährlichen Ausfälle erkannt werden = Diagnose-Deckungsgrad *DC*.

Einfache Systeme:

$$DC = \Sigma\lambda_{DD}/\Sigma\lambda_{Dtotal}$$

Komplexe Systeme (durchschnittliche *DC*, DC_{avg}):

$$DC_{avg} = \frac{\frac{DC_1}{MTTF_{d1}} + \frac{DC_2}{MTTF_{d2}} + \ldots + \frac{DC_N}{MTTF_{dn}}}{\frac{1}{MTTF_{d1}} + \frac{1}{MTTF_{d2}} + \ldots + \frac{1}{MTTF_{dn}}}$$

λ_{DD}: Fehlerrate der erkannten gefährlichen Ausfälle
λ_{Dtotal}: Fehlerrate aller gefährlichen Ausfälle

DC_{avg}	Deckungsgrad
< 60 %	ohne
60 % … < 90 %	niedrig
90 % … < 99 %	mittel
≥ 99 %	hoch

Steuerungskategorien

Kat.	Anforderungen an die Steuerungskategorien eines SRP	Vorgesehen Architektur
B	■ nach Norm gebaut ■ müssen den zu erwartenden Einflüssen standhalten	Einkanalig ohne Test oder Überwachung der Sicherheitsfunktion
1	Zusätzlich zu Kategorie B: ■ Anwendung bewährter Bauteile und Sicherheitsprinzipien	
2	Zusätzlich zu Kategorie B und Sicherheitsprinzipien (Kat. 1): ■ Prüfung der Sicherheitsfunktion durch die Maschinensteuerung in regelmäßigen Abständen	Einkanalig mit Testeinrichtung für die Sicherheitsfunktion
3	Zusätzlich zu Kategorie B und Sicherheitsprinzipien (Kat. 1): ■ Kein Verlust der Sicherheitsfunktion durch einen einzelnen Fehler ■ Erkennung einzelner, aber nicht aller Fehler	Mehrkanalig mit Überwachung der Sicherheitsfunktion
4	Zusätzlich zu Kategorie B und Sicherheitsprinzipien (Kat. 1): ■ Kein Verlust der Sicherheitsfunktion durch einen einzelnen Fehler ■ Kein Verlust der Sicherheitsfunktion durch eine Fehleranhäufung	Mehrkanalig mit höherer Überwachung der Sicherheitsfunktion

Erreichter Performance Level (*PL*)

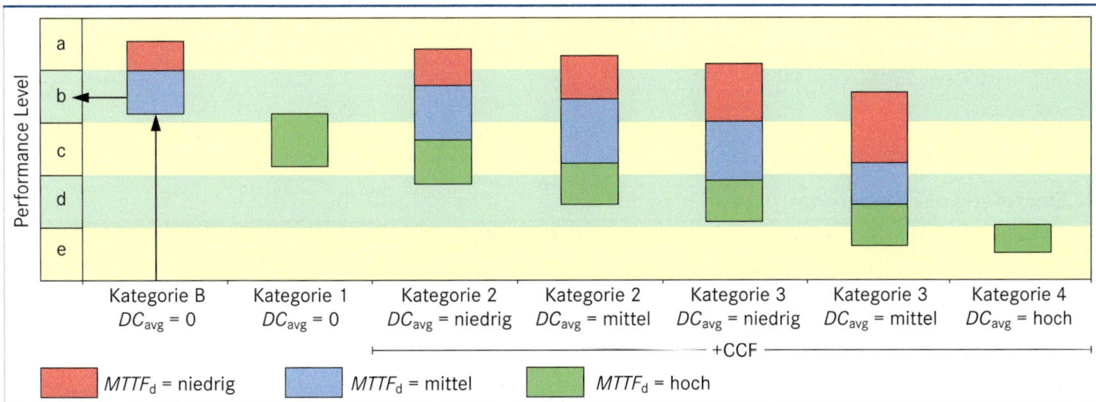

Begriffe

Abk.	Bedeutung	Abk.	Bedeutung
CCF	**C**ommon **C**ause **F**ailure: Anteil der Fehler mit gemeinsamer Ursache	$MTTF_d$	**M**ean **T**ime **t**o Dangerous **F**ailure: Mittlere Zeit bis zu einem gefährlichen Fehler
DC	**D**iagnostic **C**overage: Diagnose-Deckungsgrad	*PL*	**P**erformance **L**evel: Leistungsniveau
DC_{avg}	Average Diagnostic Coverage: Durchschnittlicher Diagnose-Deckungsgrad	PFH_D	**P**robability of dangerous **f**ailure per **h**our: Wahrscheinlichkeit gefährlicher Ausfälle pro Stunde
HFT	**H**ardware **F**ehler**t**oleranz	*SFF*	**S**afe **F**ailure **F**raction: Anteil Ausfälle mit sicherem Zustand
SRP	**S**afety **R**elated **P**arts		

Anwendung

- DIN EN 62061 ist eine harmonisierte Norm, die bei Einhaltung als anerkannte Maßnahme zur Erfüllung der Maschinenrichtlinie gilt.
- Risikoabschätzung und Validierung (Nachweis über erfüllte Anforderungen) von sicherheitsbezogenen elektrischen, elektronischen oder programmierbaren Steuerungssystemen
- Davon abweichend wird in der Prozessindustrie (Chemie, Verfahrenstechnik) häufig DIN EN 61508 angewendet, um SIL zu realisieren. Diese ist jedoch keine harmonisierte Norm.

Einflussgrößen

Verschiedene Einflussgrößen können die durchschnittliche Zeit bis zum nächsten Fehler (*MTBF*: Mean Time Between Failure) reduzieren:

- Ausfälle aufgrund gemeinsamer Ursache *CCF* (Common Cause Failure); eine störende Einflussgröße soll sich auf möglichst wenige Funktionen auswirken.
- Anteil der Ausfälle, die zu einem sicheren Zustand führen (*SFF*: Safe Failure Fraction)
- Hardware Fehlertoleranz: Fähigkeit des Systems auch bei Auftreten eines oder mehrerer Fehler, die geforderte Funktion auszuführen

Risikoabschätzung

- Aus der Addition von drei Größen (*F, W, P*) wird die Risikoklasse bestimmt.
- Aus der Risikoklasse und möglichen Auswirkungen der Gefahren ergibt sich der SIL.

Häufigkeit und/oder Aufenthaltsdauer ***F***		Eintrittswahrscheinlichkeit des Gefährdungsereignisses ***W***		Möglichkeit zur Vermeidung ***P***	
≤ 1 Stunde	5	sehr hoch	5	unmöglich	5
> 1 Stunde bis ≤ 1 Tag	5	wahrscheinlich	4	selten	3
> 1 Tag bis ≤ 2 Wochen	4	möglich	3	wahrscheinlich	1
> 2 Wochen bis ≤ 1 Jahr	3	selten	2		
> 1 Jahr	2	vernachlässigbar	1		

Auswirkung	Tod, Verlust von Auge oder Arm	Permanent, Verlust von Fingern	Reversibel, medizinische Behandlung	Reversibel, Erste Hilfe
Schadensausmaß	4	3	2	1
Klasse $K = F + W + P$				
4	SIL 2	–[1]	–[1]	–[1]
5 ... 7	SIL 2	–[1]	–[1]	–[1]
8 ... 10	SIL 2	SIL 1	–[1]	–[1]
11 ... 13	SIL 3	SIL 2	SIL 1	–[1]
14 ... 15	SIL 3	SIL 3	SIL 2	SIL 1

SIL Einstufung der Steuerung

Zuverlässigkeitsanforderung

SIL	Wahrscheinlichkeit eines gefahrbringenden Ausfalls pro Stunde (PFH_D)
3	$\geq 10^{-8} \ldots 10^{-7}$
2	$\geq 10^{-7} \ldots 10^{-6}$
1	$\geq 10^{-6} \ldots 10^{-5}$

Validierung

- Kombinationen von *SFF* und Hardware-Fehlertoleranz begrenzt SIL-Einstufung der Steuerung.
- Die Zuordnung von Hardwarefehlertoleranz, Steuerungskategorie, *DC*, PFH_D und *SFF* ergibt den erreichten SIL.
- Häufig erfolgt die Validierung mit Softwareunterstützung.

Begrenzung der SIL-Einstufung

	Hardware Fehlertoleranz (HFT)		
SFF	0	1	2
< 60 %	–[1]	SIL 1	SIL 2
60 % ... < 90 %	SIL 1	SIL 2	SIL 3
90 % ... < 99 %	SIL 2	SIL 3	SIL 3[2]
99 %	SIL 2	SIL 3[2]	SIL 3[2]

[1] nicht zulässig [2] zu SiL4 siehe IEC 61508-1

SIL Einstufung

PFH_D	Kat	*SFF*	HFT	*DC*	SIL
$\geq 10^{-6}$	≥ 2	≥ 60 %	≥ 0	≥ 60 %	1
$\geq 2 \cdot 10^{-7}$	≥ 3	≥ 0 %	≥ 1	≥ 60 %	1
$\geq 2 \cdot 10^{-7}$	≥ 3	≥ 60 %	≥ 1	≥ 60 %	2
$\geq 3 \cdot 10^{-8}$	≥ 4	≥ 60 %	≥ 2	≥ 60 %	3
$\geq 3 \cdot 10^{-8}$	≥ 4	≥ 90 %	≥ 1	≥ 90 %	3

Kategorie, *DC*: vgl. Performance Level

Informationstechnik

4

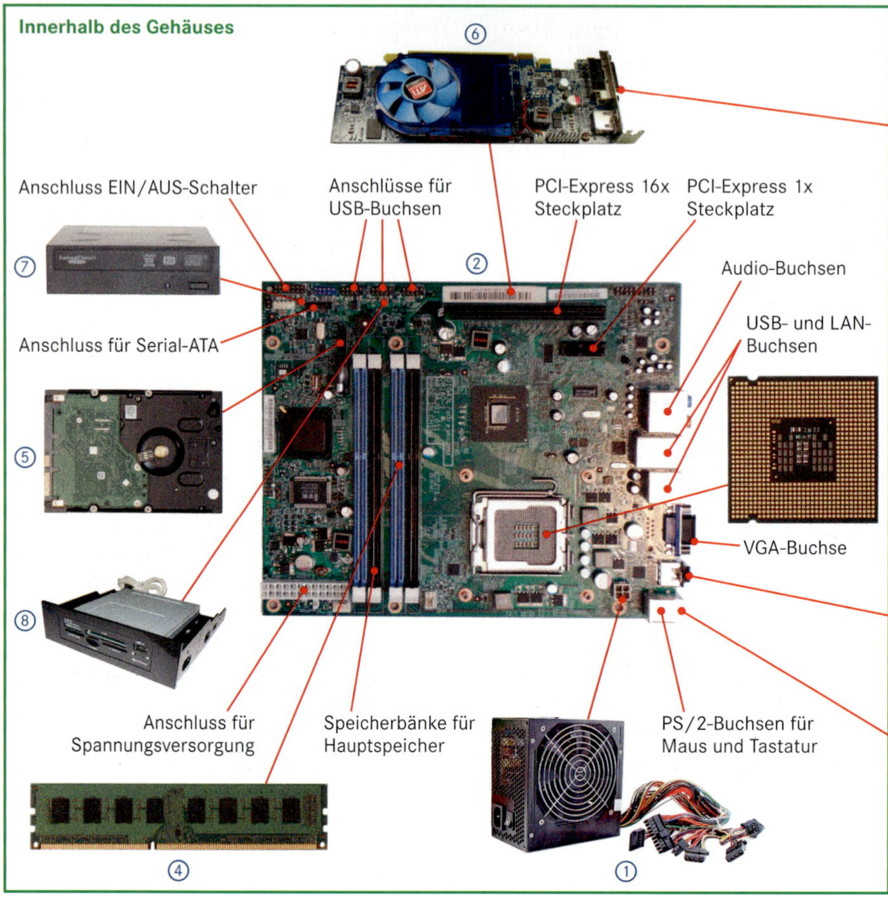

① **Netzteil**: Energieversorgung aller PC-Komponenten

② **Hauptplatine** (Mainboard, Motherboard): Grundleiterplatte eines PC; u.a. mit Prozessor, Chipsatz, Arbeitsspeicher und Steckverbinder zum Anschluss weiterer Komponenten

③ **Prozessor**: Zentrale Verarbeitungseinheit, die die Programme ausführt

④ **Hauptspeicher** (Arbeitsspeicher): Beinhaltet die aktuell aufgerufenen Programme und die dazugehörigen Daten

⑤ **Festplatte**: Festwertspeicher für Daten und Programme

⑥ **Grafikkarte**: Steuereinheit für die Bildschirmanzeige

⑦ **Optische Speicher**: Wiedergeben und Brennen von CDs, DVDs bzw. Blu-ray Discs

⑧ **Kartenleser**: Auslesen und Beschreiben von Daten der externen Speicherkarten

⑨ **Tastatur**: Eingabegerät von Buchstaben, Zahlen, Symbolen und Tastenkombinationen als Befehle

⑩ **Maus**: Zeigegerät zum Bedienen grafischer Benutzeroberflächen

⑪ **Monitor**: Anzeigegerät zur Wiedergabe von Texten, Bildern oder Videos

Rückseitige Anschlüsse

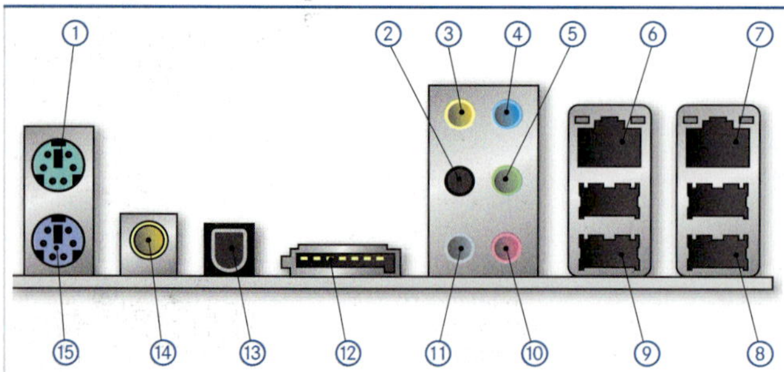

① PS/2 Maus	⑧ USB
② Seitenlautsprecher	⑨ USB
③ Lautsprecher Mitte/ Subwoofer	⑩ Mic-in
	⑪ Lautsprecher hinten
④ Line-in	⑫ SATA
⑤ Line-out	⑬ Optisch S/P-DIF
⑥ LAN 1	⑭ Koaxial S/P-DIF
⑦ LAN 2	⑮ PS/2 Tastatur

Bildwiedergabe

Passive LCD-Technik
(**L**iquid-**C**rystal-**D**isplay)

Bild wird durch Flüssigkristallsegmente erzeugt.
Sie beeinflussen die Durchlässigkeit und Polarisation des Lichtes.
Hintergrundbeleuchtung: Leuchtstoffröhren

Aktive LCD-Technik

Die Ansteuerung der Pixel erfolgt über **TFT** (**T**hin-**F**ilm-**T**ransistor). Zur Hintergrundbeleuchtung werden Leuchtstoffröhren oder LED's eingesetzt.

Kenngrößen

Merkmal	Beschreibung	Beispiel
Bildschirmdiagonale	Maß für die Größe des Monitors in Zoll: Abstand zwischen zwei diagonal gegenüberliegenden sichtbaren Eckpunkten	21", 22", 23", 24", 26", 27", 32" (1" = 2,54 cm)
Bildformat	Bildseitenverhältnis zwischen der Breite und der Höhe der Bildfläche eines Monitors	4:3 / 5:4 (Standard), 16:9 / 16:10 (Widescreen)
Anschlussleistung	Leistung des Monitors im Normalbetrieb, im Energiesparbetrieb, im Stand-by Betrieb und OFF-Betrieb	50 W (Normalbetrieb), 0,3 W (Stand-by Betrieb)
Paneltechnologie	Verfahren zur Bildwiedergabe	LED-Technologie
Auflösung	Vorgegebenes Bildwiedergaberaster des Bildschirms in horizontaler und vertikaler Richtung	1920 x 1080 Bildpunkte
Schnittstelle	Steckverbinder zum Anschluss an die Grafikkarte des PC	DVI-I, HDMI
Kontrast	Leuchtverhältnis zwischen weißen und schwarzen Pixeln zum selben Zeitpunkt	1000:1
Dynamischer Kontrast	Leuchtverhältnis zwischen hellsten und dunkelsten Pixeln zu verschiedenen Zeitpunkten	2.000.000:1
Reaktionszeit	Dauer für den Wechsel eines Bildpunktes von weiß nach schwarz (Achtung: Manchmal wird auch der Wechsel zwischen zwei Grauwerten angegeben.)	5 ms ... 10 ms

Schnittstellen

Bezeichnung	Merkmale	PIN	Abbildung
VGA (**V**ideo **G**raphic **A**rray)	- Analoge Bilddatenübertragung - 15poliger D-Sub-Steckverbinder - Bildqualität abhängig von der Leitungsqualität	1: Rot 2: Grün 3: Blau 6, 7, 8: Masse (Rot, Grün, Blau) 13, 14: H/V-Synchronisation	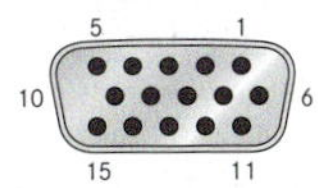
DVI-I (**D**igital **V**isual **I**nterface **I**ntegrated)	- Analoge und digitale Bilddatenübertragung - Leitungslänge maximal 10 m	1 ... 24: digitale Signale C1 ... C4: analoge Signale C5: Masse	
DVI-D (**D**igital **V**isual **I**nterface **D**igital)	- Digitale Bildübertragung - Leitungslänge maximal 10 m - Hohe Auflösungen möglich	1 ... 24: digitale Signale	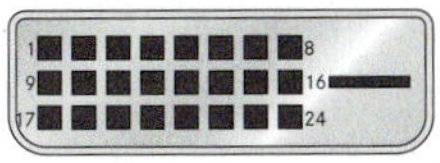
HDMI (**H**igh **D**efinition **M**ultimedia **I**nterface)	- Volldigitale Audio- u. Videoübertragung - Hohe Datenübertragungsrate 8 GB/s (HDMI 1.4) - Leitungslänge maximal 15 m	1 ... 9: 3 Signalbündel (jeweils +/GND/-) 10 ... 12: Taktsignale 13 ... 19: CEC, DDC und +5 V	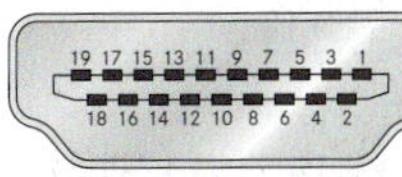
DisplayPort	- Digitale Video- und Audioübertragung - Leitungslänge wird durch die Bandbreite begrenzt	1 ... 12: 4 Signalbündel (jeweils +/GND/-) 15 ... 17: Audiokanal (+/GND/-)	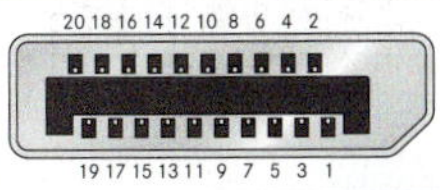

Von-Neumann-Architektur

- John v. Neumann: US-amerikanischer Mathematiker, 1903–1957
- Zeitlich nacheinander (sequenziell) werden die aus dem Speicher stammenden Befehle und Daten innerhalb einer bestimmten Zeit (**Taktzyklus**) verarbeitet. Die wichtigsten Phasen sind:
  - Laden des Befehls (FETCH)
  - Decodierung (DECODE)
  - Ausführen des Befehls (EXECUTE)
- Daten und der Programmcode (Befehle) befinden sich in einem **gemeinsamen** Speicher.

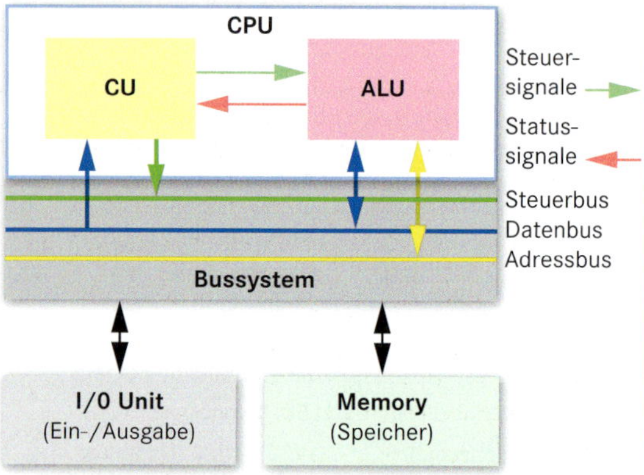

- **Funktionseinheiten:**
  - **CPU: C**entral **P**rocessing **U**nit, Prozessor
    Diese Einheit wird oft auch als Prozessorkern (Core) bezeichnet.
    Ein Mikroprozessor kann aus mehreren Kernen bestehen (Multi-Core-Prozessor).
  - **CU: C**ontrol **U**nit, Steuerwerk (Leitwerk)
    Steuerung von Prozessen und Abläufen im Innern und Kommunikation mit der „Außenwelt"; verantwortlich für die Zusammenarbeit der einzelnen Teile des Prozessors
  - **ALU: A**rithmetic **L**ogic **U**nit, Arithmetisch Logische Einheit (Rechenwerk)
    Durchführung arithmetischer und logischer Operationen
  - **I/O Unit:** Ein- und Ausgabeeinheit für Daten
  - **Memory**: Speicher für Daten und Befehle
  - **Bussystem**: Leitungen, über die der Austausch der Adressen und Daten erfolgt.

Harvard-Architektur

- Daten und das Programm (Befehle) sind in voneinander **getrennten** Speicher- und Adressräumen abgelegt und werden über getrennte Busse gesteuert (Einsatz im Bereich der Mikrocontroller).
- Daten und Befehle können dadurch gleichzeitig (unabhängig) geladen bzw. geschrieben werden (schnellere Verarbeitung als bei der Von-Neumann-Architektur).

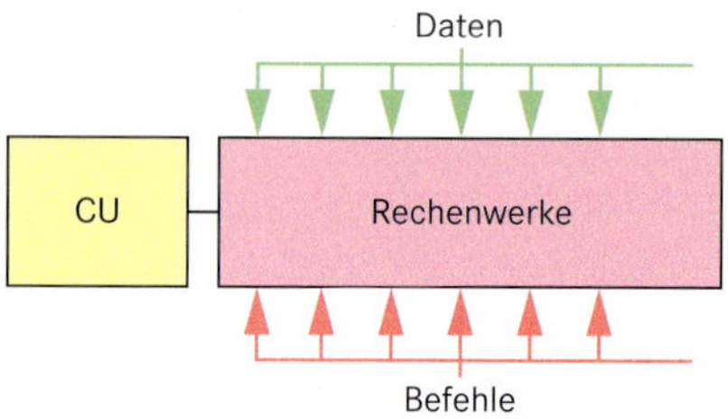

Cache

Damit der Prozessor bei der Verarbeitung bestimmter Prozesse nicht auf die „langsamen" Arbeitsspeicher und die Festplatte zugreifen muss, sind dem Prozessor Zwischenspeicher (Cache) zugeordnet.

- **L1-Cache (First-Level-Cache)**
  Er ist ein kleiner Zwischenspeicher (16 kB bis 64 kB zwischen Prozessor und Arbeitsspeicher) für die am häufigsten benötigten Daten (Data-Cache) und Befehle (Code-Cache) und ist in der Regel auf dem Prozessorchip untergebracht. Durch ihn lässt sich die Anzahl der Zugriffe auf den langsamen Arbeitsspeicher reduzieren.
- **L2-Cache (Second-Level-Cache)**
  In ihm werden die Daten des Arbeitsspeichers (RAM) zwischengespeichert. Er ist entweder auf dem CPU-Chip integriert oder befindet sich als externer Baustein auf der Hauptplatine (z. B. 512 MB, Pentium III ... 3072 MB, Core 2 Duo).
- **L3-Cache (Third-Level-Cache)**
  Er ist in der Regel auf dem Prozessorchip integriert und unterstützt durch entsprechende Protokolle die Zusammenarbeit zwischen den Kernen.

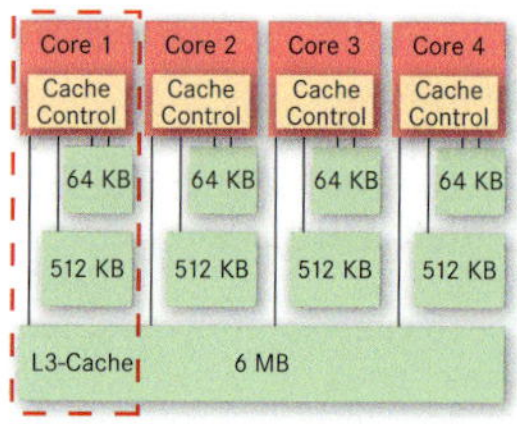

Bussysteme

- **BUS: B**idirectional **U**niversal **S**witch
- **Adressbus**
  Über ihn werden die Daten der Speicheradressen übertragen. Durch die Anzahl der Verbindungsleitungen wird festgelegt, wie viele Speicherplätze direkt adressiert werden können.
- **Datenbus**
  Über ihn werden Daten gesendet und empfangen. Je mehr Leitungen, desto mehr Daten können pro Taktzyklus verarbeitet werden.
- **Steuerbus**
  Mit ihm wird die Steuerung des Bussystems bewerkstelligt (z. B. Lese-/Schreib-Steuerung, Unterbrechungssteuerung (Interrupt), Buszugriffssteuerung, Reset, ...).

Leistungsmerkmale

- Die **Wortbreite** der Arbeits- oder Datenregister bestimmt die maximale Größe der verarbeitbaren Ganz- und Gleitkommazahlen.
- Der **Datenbus** bestimmt, wie viele Bits (4 Bit ... 64 Bit) gleichzeitig aus dem Arbeitsspeicher gelesen werden können.
- Der **Adressbus** legt die maximale Größe einer Speicheradresse fest.
- Die Anzahl der Operationen pro Sekunde ist von der **Taktfrequenz** (clock rate, z. B. 3 GHz) und der Datenwortbreite abhängig (Vielfaches des Motherboard-Grundtaktes).
- Die **Verarbeitungsgeschwindigkeit** des ganzen Systems ist auch von der Größe der Caches und der Kapazität des Arbeitsspeichers abhängig.

Begriffe

- **RAM: R**andom **A**ccess **M**emory
  Ein Speicher mit wahlfreiem Zugriff, der beliebig gelesen und beschrieben werden kann.
- **SRAM: S**tatic **RAM**
  - Bistabile Kippstufen in Form eines Flipflops pro Bit
  - Aufbau: 6-Transistor-Zelle in CMOS-Technologie
  - Der Speicherinhalt geht erst bei Abschaltung der Betriebsspannung verloren (flüchtiger Speicher).
- **DRAM: D**ynamic **RAM**
  Der Speicherinhalt muss nach kurzer Zeit wieder aufgefrischt werden (Refresh).
- **SDRAM: S**ynchronous **DRAM**
  - Der Speicher verfügt über einen Taktgeber, der mit dem Systemtakt synchronisiert ist (Taktfrequenzen z. B. 66 MHz, 100 MHz, 133 MHz).
  - Geringe Zugriffszeiten
  - Betriebsspannung 2,5 V
- **DDR-RAM: D**ouble **D**ata **R**ate **RAM (DDR-SDRAM)**
  - Daten werden auf der ansteigenden und abfallenden Flanke gelesen (doppelte Datenrate).
  - Betriebsspannung 1,8 V; 2,5 V
  - Varianten: DDR1 (Bezeichnung auch ohne Ziffer), DDR2, DDR3; 184 und 240 Kontakte
- **RDRAM: R**ambus **DRAM**
  - Speicher der Fa. Rambus mit hoher Datenrate, 10mal schneller als bei SDRAM.
  - Daten werden auf der ansteigenden und abfallenden Flanke gelesen.
  - Taktfrequenz bis 400 MHz
  - Betriebsspannung 2,5 V

Modulkennzeichnungen

- **Angaben**
  - Speicherkapazität (z. B. 256 MB, 512 MB, 1 GB, 2 GB, 4 GB)
  - Taktfrequenz (z. B. 100, 133, 400, 800 MHz)
  - Maximale Datenübertragungsrate (z. B. 1,6 GB/s)
- **Module mit SDRAM**
  Beispiele:
  - PC 100 (100 MHz Taktfrequenz)
  - PC 133 (133 MHz Taktfrequenz)
- **Module mit DDR-RAM**
  Beispiele:
  - PC 1600 (1600 MB/s max. Datenübertragungsrate)
  - PC 2100, PC 2700, PC 3200 oder höher
    Berechnung des Zahlenwertes für 2100:
    133 MHz Takt x 2 Flanken x 8 Byte = 2128

Beispiele für Kenndaten

	DDR-RAM	DDR2-RAM	DDR3-RAM
Chip	DDR-400	DDR2-800	DDR3-800
Modul	PC 3200	PC2 6400	PC3 6400
Taktfrequenz Speicher	200 MHz	200 MHz	100 MHz
I/O-Takt	200 MHz	400 MHz	400 MHz
Taktfrequenz Modul	400 MHz	800 MHz	800 MHz
Datenübertragungsrate pro Modul	3,2 GB/s	6,4 GB/s	6,4 GB/s

SIMM

- **SIMM: S**ingle **I**nline **M**emory **M**odule
  - Verbundene Kontakte auf beiden Seiten des Moduls
  - Seitliche Einbuchtung
  - 8 Bit Datenbusbreite: 30 Kontakte, in der Regel auf zwei Speicherbänke aufgeteilt (einreihig)
  - 32 Bit Datenbusbreite: 72 Kontakte
  - Bestückung mit **DRAM** bzw. **EDO-RAM** (**E**xtended **D**ata **O**utput **RAM**, erweiterte Datenausgabe)
- **PS/2 SIMM: P**ersonal **S**ystem/**2 SIMM**
  (IBM-Bezeichnung, PC-Nachfolger)
  - Kerbe in der Mitte (einreihig)
  - 32 Bit Datenbusbreite: 72 Kontakte

DIMM

- **DIMM: D**ual **I**nline **M**emory **M**odule
  - Doppelreihiger Speicherbaustein, Kontakte auf beiden Seiten sind unabhängig voneinander
  - 64 Bit Datenbusbreite: 168 Kontakte
  - Betriebsspannungen 3,3 V (Kerbe mittig), 5 V (Kerbe links)
- **SO-DIMM**: **S**mall **O**utline **DIMM**
  - Kleine kompakte Module, z. B. für Notebooks
  - 32 Bit Datenbusbreite: 72 Kontakte
  - 64 Bit Datenbusbreite: 144 Kontakte
- **DIMM** mit **SD-RAM** (PC 100, PC 133)
  - 168 Kontakte auf beiden Seiten der Platine
  - zwei Kerben

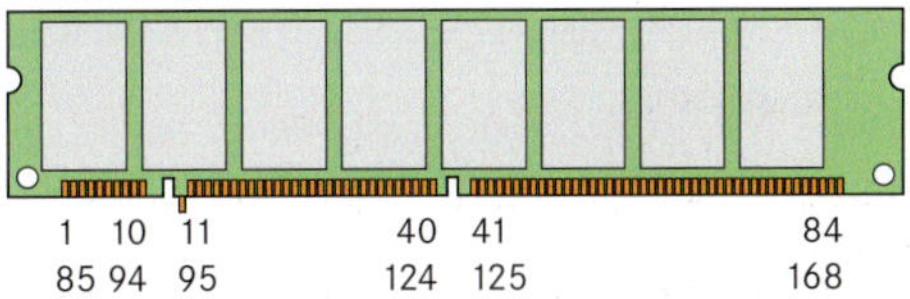

- **DIMM** mit **DDR-RAM** (PC 1600, PC 2100, ...)
  - 184 Kontakte auf beiden Seiten der Platine
  - eine Kerbe
  - Betriebsspannung 2,5 V bis 2,7 V

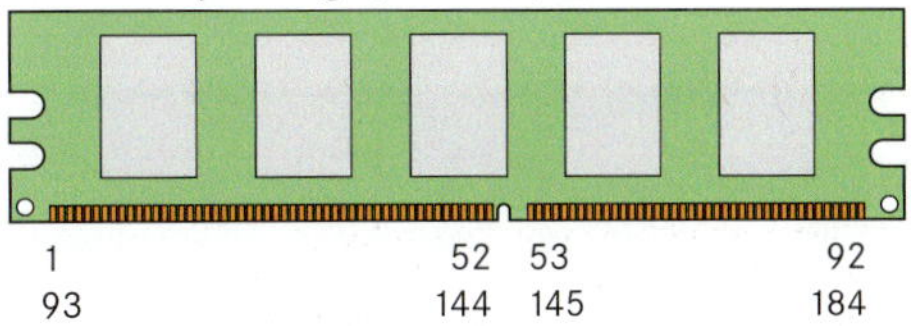

RIMM

- **RIMM: R**ambus **I**nline **M**emory **M**odule
  - 184 Kontakte auf beiden Seiten der Platine
  - 64 Bit Datenbusbreite, hohe Taktfrequenz bis 800 MHz
  - Betriebsspannung 2,5 V
- **RIMM** mit **RDRAM** (PC 800, PC 1600)

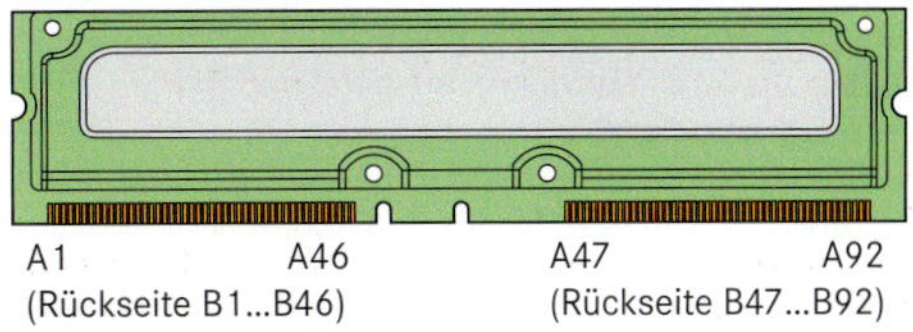

- **SO-RIMM: S**mall **O**utline **RIMM**
  - 160 Kontakte
  - Kleine kompakte Module mit geringem Platzbedarf, z. B. für Notebooks

Festplatte
Hard Disk Drive

Aufbau und Arbeitsweise

- Festplatten (**HDD: H**ard **D**isc **D**rive) sind Magnetplattenspeicher.
- Die Träger der **Speicherschicht** (dünn aufgedampftes Eisenoxid) sind runde Aluminiumplatten ①, die übereinander gelagert und in geringem Abstand starr miteinander verbunden sind.
- Zum Lesen oder Schreiben der Daten greifen pro Platte seitlich zwei Schreib-Lese-Köpfe ② zwischen die Platten ein.
- Alle Schreib-Lese-Köpfe sitzen auf einem Kamm ③, so dass sich die Köpfe stets gleichzeitig durch einen Linearmotor ④ über die Oberflächen bewegen.

Partitionen

- Der Speicherbereich einer Festplatte kann in einzelne, in sich zusammenhängende Bereiche (**Partitionen**), aufgeteilt werden. Die Partitionen wirken wie separate Laufwerke und werden unter Windows durch fortlaufende eigene Buchstaben gekennzeichnet.
- In der **Primärpartition** (Buchstabe C, Windows) sind Betriebssystem, Anwendungsprogramme usw. gespeichert.
- Der PC wird von einer Primärpartition aus gebootet. Auf der Festplatte können mehrere Primärpartitionen für verschiedene Betriebssysteme eingerichtet sein. Es kann allerdings nur eine aktiv sein.
- **Erweiterte Partitionen** sind weitere Unterteilungen der Festplatte, für die eine logische Formatierung (logische Laufwerke) vorgenommen wird.

Physikalische Formatierung

- Die Datenträgerorganisation wird vom Hersteller durchgeführt. Grundbausteine sind Spuren, Sektoren und Zylinder.
- **Spuren:** Konzentrische Kreispfade auf jeder Scheibenseite; jede Spur erhält eine Nummer; die Spur 0 liegt am äußeren Rand.
- **Zylinder:** Der Spurensatz, der auf allen Seiten der Platten im gleichen Abstand von der Mitte angelegt wird, sind die Zylinder. Hardware und Software arbeiten häufig mit diesen Zylindern.
- **Sektoren:** Die Ausschnitte der Spuren werden als Sektoren bezeichnet. In ihnen kann eine bestimmte Datenmenge gespeichert werden.

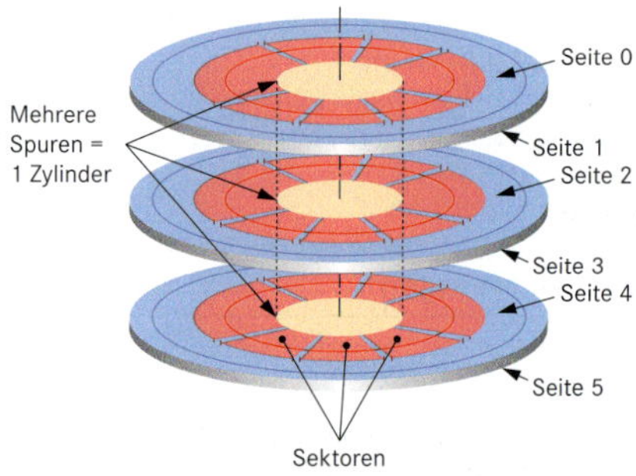

Serial ATA (SATA)

Merkmale

- **SATA** (**S**erial **A**dvanced **T**echnology **A**ttachment) ist eine Weiterentwicklung der parallelen ATA-Schnittstelle für Festplatten zu einer seriellen Schnittstelle.
- Vorteile gegenüber ATA:
  - vereinfachte Leitungsführung
  - Luftzirkulation im PC wird durch dünnere Leitungen weniger behindert
  - höhere Datenübertragungsraten
  - Austausch von Datenträgern im laufenden Betrieb (Hot-Plug) ist möglich
- Serial ATA ist nicht auf Festplatten beschränkt (Bandlaufwerke, DVD-Laufwerke, DVD-Brenner).

Versionen	Datenrate in MB/s	Geräteanzahl	Einführungsjahr
Serial ATA I	150	4	2002
Serial ATA II (2)	300	16	2005
Serial ATA III (3)	600	16	2007

Datenleitung und Steckverbinder

- 8 mm breit (¼ Zoll), flexibel, 7 Adern, maximal 6 m lang
- Punkt-zu-Punkt-Verbindung
- Terminierung ist nicht erforderlich
- Signalspannung 250 mV (**LVDS**: **L**ow **V**oltage **D**ifferential **S**ignaling), +250 mV und −250 mV
- Steckverbinder:
  - 15 Pins
  - 3 Spannungen: 3,3 V; 5 V; 12 V
  - Stecker für 2½-Zoll-Notebook- und für 3½-Zoll-Festplatte

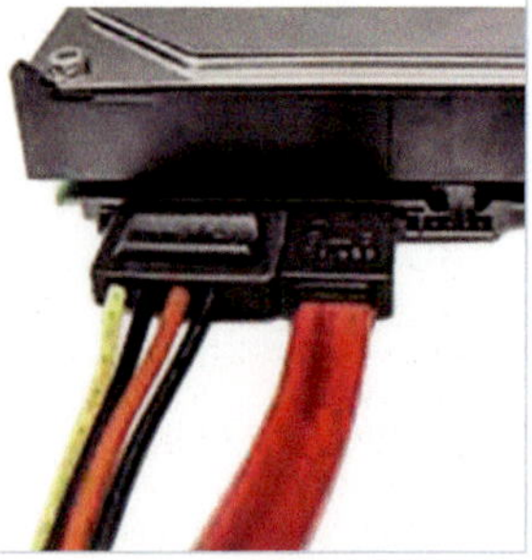

CD

- **CD: C**ompact **D**isc
- Die spiralförmige Datenspur beginnt mit dem Einlaufbereich (lead-in) ①, der die Basisdaten (Inhaltsverzeichnis, Gesamtlänge, Tracks usw.) aufnimmt. Die Datenspur ② endet im Außenbereich mit dem Spurauslauf (lead-out) ③.
- Die Datenspur wird von einem Laser abgetastet. Die Reflexionen des Laserstrahls durch die Lands ④ werden am Übergang zu den Pits ⑤ gestört. Jeder Übergang zwischen Lands und Pits und umgekehrt entspricht der logischen „1".
- Arten:
  - CD-ROM (CD-**R**ead-**O**nly-**M**emory), industriell, gepresste „klassische" CD
  - CD-R (**R**ecordable), einmal beschreibbar
  - CD-RW (**R**ewritable), mehrfach löschbar und wieder beschreibbar
- Speicherkapazität:
  650 MB (74 Minuten Musik bei Audio-CD) bis 879 MB

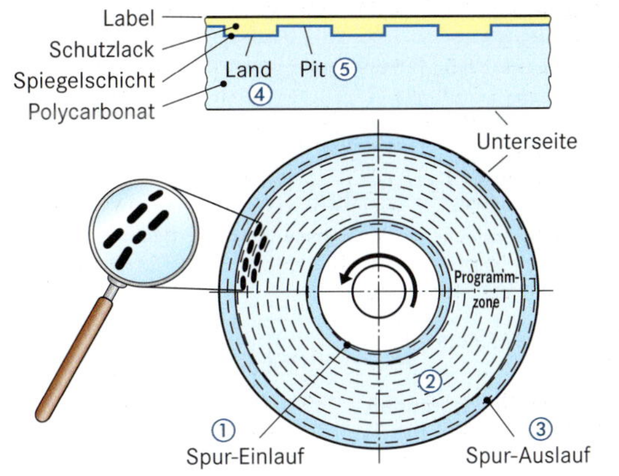

DVD

- **DVD: D**igital **V**ersatile **D**isc (digitale vielseitige Scheibe)
- Datenspuren wie bei der CD mit deutlich größerer Speicherkapazität
- Scheibendurchmesser: 12 cm, 18 cm
- Je nach Verwendungszweck werden DVD-Formate für spezielle Datenstrukturen eingesetzt:
  - **DVD-Video**
    Wiedergabe von bewegten Bildern und Ton, Datenkompression mit MPEG-2
  - **DVD-Audio**
    Wiedergabe von Standbildern und Ton hoher Qualität, unkomprimiert: PCM (lineare Pulscodemodulation), komprimiert: z. B. MP2 (MPEG-1 Audio) mit 192-256 kbit/s, DTS mit 448 kbit/s
  - **DVD-ROM**
    Lesen von Daten (Computerdaten), Speicherung der Dateien in beliebigen Ordnern
  - **Hybrid-DVD**
    Kombination aus DVD-Video, DVD-Audio und DVD-ROM
- Beschreibbare DVDs:
  - DVD-RAM (einmal beschreibbar)
  - Minus-Standard: DVD-R, DVD-RW, DVD-R DL
  - Plus-Standard: DVD+R, DVD+RW, DVD+R DL
    DL: Double (Dual) **L**ayer, zwei Datenschichten pro Seite
  - Wie bei CDs können DVDs in mehreren Sitzungen (Sessions) beschrieben werden.

- **DVD-5**, einseitig und einschichtig (4,7 GB)
  - Eine Aufzeichnungsebene
  - Etwa 2,2 Stunden Videoaufzeichnung möglich

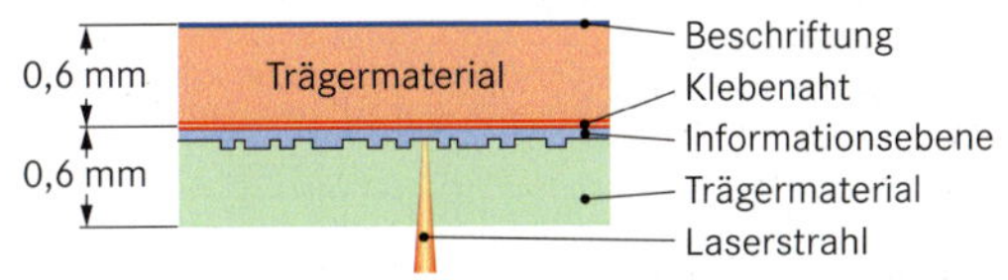

- **DVD-10**, beidseitig und einschichtig (9,4 GB)
  - Im Prinzip zwei zusammengeklebte einschichtige DVDs
  - Etwa 4,4 Stunden Videoaufzeichnung möglich
- **DVD-9**, einseitig und zweischichtig (8,5 GB)
  - Zwei Aufzeichnungsebenen
  - Etwa 4 Stunden Videoaufzeichnung möglich

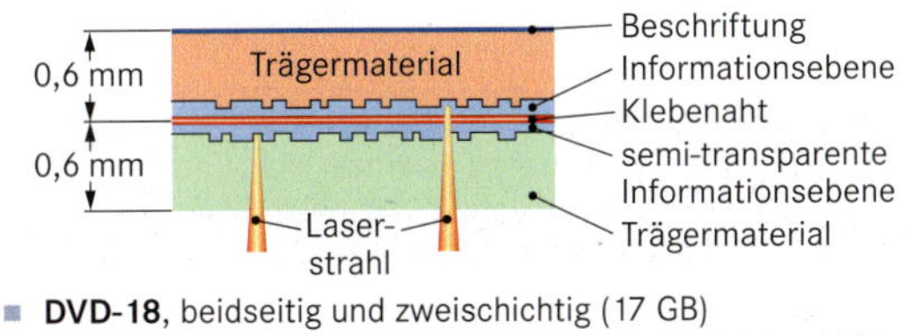

- **DVD-18**, beidseitig und zweischichtig (17 GB)
  - Im Prinzip zwei zusammengeklebte zweischichtige DVDs
  - Etwa 8 Stunden Videoaufzeichnung möglich

BD

- **BD: B**lu-ray **D**isc
- Verkürzter Name: Blauer Lichtstrahl (Blue ray)
- Nicht kompatibel zu CD und DVD
- 12 cm Durchmesser wie bei CD und DVD
- Im Vergleich zur DVD ist der Abstand des Lasers zum Datenträger verkleinert.
- Die Schutzschicht ist im Vergleich zur DVD verkleinert (0,1 mm). Sie ist empfindlicher gegen Schmutz.
- Die BD ist als Nachfolger gedacht für die DVD mit erhöhter Speicherkapazität zur Aufnahme von Videos im HDTV-Format.
- Speicherkapazitäten:
  - Eine Lage bis 27 GB
  - Zwei Lagen bis 54 GB

Vergleich optischer Datenspeicher

CD	DVD	Blu-ray Disc
Abstände der Pits		
1,6 µm	0,74 µm	0,32 µm
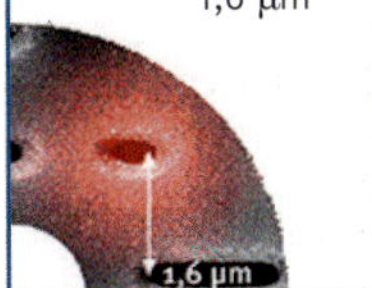	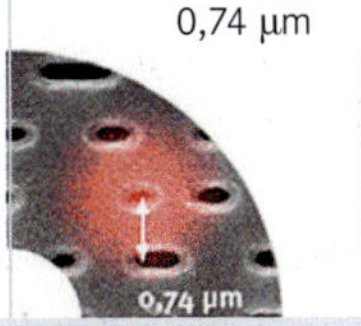	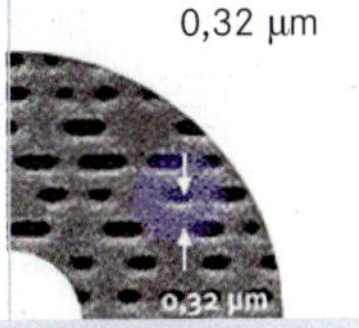
Speicherkapazität in GB, SL: Single Layer, DL: Double Layer		
0,65–0,8	SL: 4,7; DL: 8,5	SL: 27; DL: 54
Wellenlänge des Lasers, Laserspot-Durchmesser		
780 nm, Infrarot 2,1 µm	650 nm, Rot 1,3 µm	405 nm, Violett 0,6 µm

Aufgaben

Grundsätzlich
Verwaltung der technischen Komponenten eines Computers sowie Steuerung und Überwachung des Einsatzes der Software (Programme).

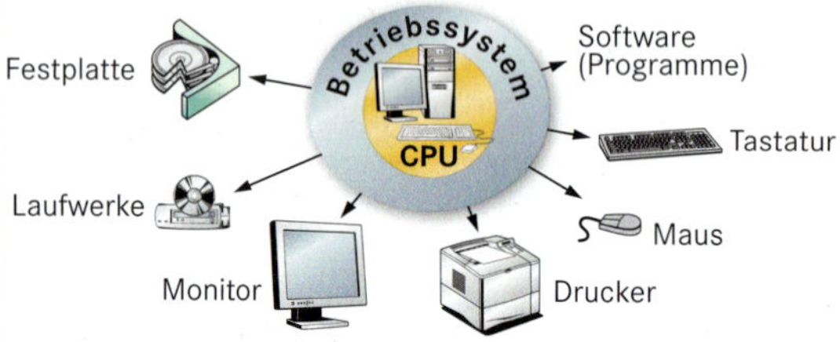

Wichtige Einzelaufgaben
- Starten und Beenden des Computerbetriebs
- Organisation und Verwalten der Arbeitsspeicher
- Verwalten der Dateien in den Verzeichnissen
- Steuern der Hardwarekomponenten (Soundkarte, Drucker, usw.)
- Organisieren und Verwalten der verschiedenen Speicher (z. B. Festplatten, CD-ROM)
- Laden und Kontrollieren der Anwenderprogramme (z. B. Weitergabe von Benutzereingaben, Verwalten von Benutzerrechten)
- Verwaltung und Bedienung mehrerer Nutzer (z. B. Zugriffsrechte, Nutzungsprofil)
- Bereitstellen von Dienstprogrammen (z. B. Datensicherung, Datenfernübertragung)
- **Präemptives Multitasking (Mehrprozessbetrieb)**
  Wenn mehrere Programme benutzt werden, aktiviert das System diese in so kurzen Abständen abwechselnd, so dass für den Benutzer der Eindruck der gleichzeitigen (parallelen) Abarbeitung entsteht.
- **Multithreading (Mehrprozessfähigkeit)**
  Mehrere Ausführungsstränge innerhalb eines Prozesses (Threads) werden ähnlich dem präemptiven Multitasking gleichzeitig abgearbeitet (parallel).
- **Multiusing (Mehrbenutzung)**
  Auf einem PC können sich unterschiedliche Nutzer eine individuelle Arbeitsumgebung schaffen, auf die nur sie passwortgeschützt zugreifen können.

Startvorgang (BOOT-Vorgang)

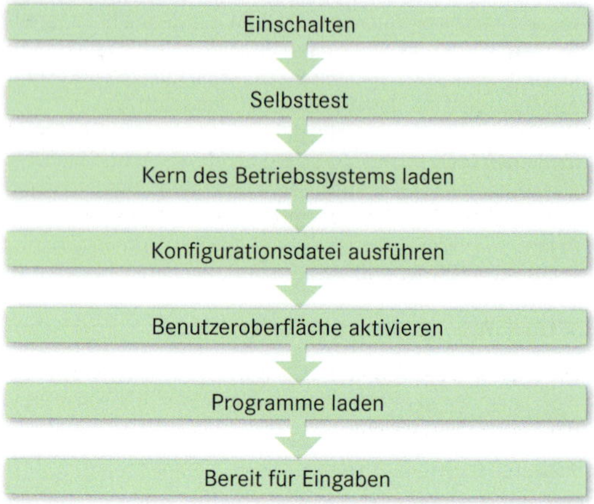

BIOS

BIOS: **B**asic **I**nput **O**utput **S**ystem
(Grundlegendes Eingabe-Ausgabe-System)

- Das BIOS ist ein grundlegendes Systemprogramm im PC, das nach dem Einschalten zur Verfügung steht.
- Es ist im Festwertspeicher (ROM) vom Hersteller abgelegt und dem Betriebssystem vorgelagert.

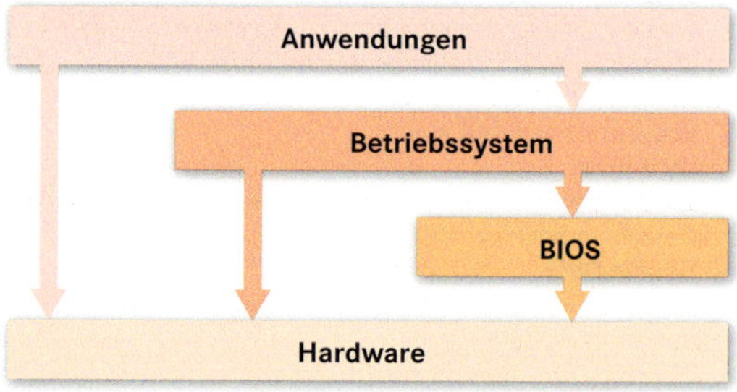

POST: **P**ower **O**n **S**elf **T**est
- Beim Booten führt das BIOS einen Selbsttest durch.
- Es sucht ein Betriebssystem und ruft dieses auf.
- Es lädt grundlegende Treiber (Laufwerk, Grafikkarte und Schnittstellen).

Betriebssysteme

Bei Personal Computern sind folgende Betriebssysteme verbreitet:

- **Windows** (Microsoft), am weitesten verbreitet
  Windows XP (**Exp**erience), Vista, 7
- **MacOS** (Apple Macintosh)
  MAC OS X 10.6 Snow Leopard
- **Linux** (**Linu**s Torwalds UNI**X**, Finnischer Software-Entwickler)
  Debian, RedHat, SUSE

Sie verfügen über eine grafische Benutzeroberfläche und sind als 32 Bit- bzw. 64 Bit-Versionen erhältlich.

Hardwareanforderungen für Betriebssysteme

Betriebssystem	Empfohlene Systemvoraussetzungen
Windows XP Professional Service Pack 3	▪ Pentium oder kompatibler Prozessor > 300 MHz Taktfrequenz ▪ Arbeitsspeicher mindestens 128 MB ▪ Festplattenspeicher mind. 1,5 GB
Windows Vista Ultimate Service Pack 2	▪ Prozessor mit mindestens 1 GHz ▪ Arbeitsspeicher mindestens 1 GB ▪ Festplattenspeicher mind. 15 GB
Windows 7	▪ Prozessor mit mindestens 1 GHz ▪ Arbeitsspeicher mindestens 1 GB ▪ Festplattenspeicher mind. 16 GB

Arten

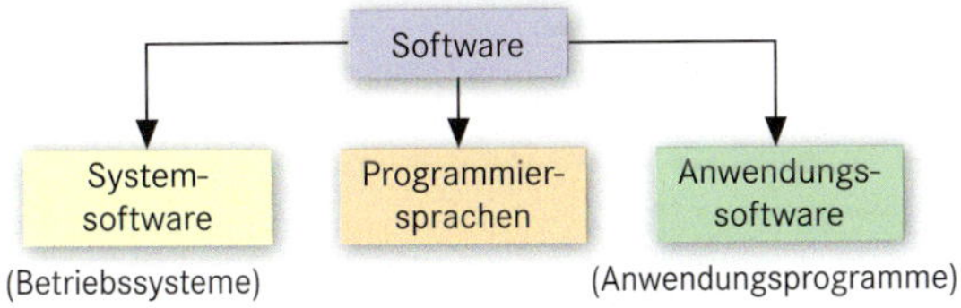

- Unter Software versteht man Programme (Anweisungen in Form von Daten), die den Computer zur Ausführung von Aktionen veranlassen.

Dateiformate

- Die innerhalb der Anwendersoftware erstellten Dateien werden am Ende des Dateinamens durch einen Punkt und das Dateiformat gekennzeichnet:

  Beispiel: Dateiname.Dateiformat Brief.doc

Anwendungssoftware zur Bürokommunikation

- **Textverarbeitungsprogramme:**
  z. B. Word (.doc, **Doc**ument: Dokument)
- **Kalkulationsprogramme:**
  z. B. Excel (.xls, E**x**cel **S**heet: Arbeitsblatt in Excel)
- **Datenbankprogramme:**
  Erstellung relationaler Datenbanken, z. B. Access (Zugang). Dateiformate: .mdb; .adp; .ade
- **Organisationsprogramme:**
  z. B. Outlook (Ausblick) besteht aus Terminplaner, Adressverwaltung, Aufgabenliste (zu erledigende Aufgaben, Termine usw.), Journal (Dokumentation von Aktivitäten und Ereignissen), E-Mail-Programm
- **Präsentationsprogramme:**
  Programm zur Erstellung von Folien- und Bildschirmpräsentationen, z. B. PowerPoint.
  .ppt für PowerPoint-Präsentationen;
  .pot für Präsentationsvorlagen;
  .pps für Pack-and-go-Präsentationen (selbstlaufend);
  .ppa für Zusatzmodule
- **Office-Programme (Office Pakete):**
  Zusammenfassung verschiedener Programme zur Bürokommunikation, z. B. Microsoft Office, Open Office

Desktop-Publishing-Programme

DTP: Desk**t**op-**P**ublishing (Publizieren vom Schreibtisch)
Software zur Herstellung von Druckvorlagen. Eingebunden sind Texte, Grafiken, Formeln und Tabellen zu einem gemeinsamen Layout, z. B. Publisher, Quark Xpress, Corel Ventura, Adobe Indesign.

CAD

CAD: Computer-**A**ided **D**esign (Computergestütztes Zeichnen bzw. Konstruieren)

- Grafikprogramm (Vektorgrafik) für die Erstellung technischer Zeichnungen in professioneller Qualität
- Mit Layertechnik (Schichten) können verschiedene Zeichnungsebenen unabhängig voneinander erstellt und kombiniert werden.
- Umfangreiche Programmbibliotheken (Zeichenvorlagen) erleichtern die Erstellung der Zeichnungen.

Grafiksoftware

Rastergrafiken, Pixel-Grafiken

- Bilder in Pixel-Formaten werden auch als Bitmaps bezeichnet.
- Die Speicherung erfolgt wie bei einem Mosaik. Jedes Pixel (Bildpunkt) wird mit Informationen über Lage (x-y-Achse) und Farbe gespeichert.
- Pixel-Grafiken verlieren beim Skalieren (vergrößern) stark an Qualität, da die Pixel vergrößert werden. Stufungen sind mitunter erkennbar.
- Anwendung: Wiedergabe von Fotos mit feinen Abstufungen, z. B. Photoshop, Photodraw

Beispiele für Dateiformate:
.BMP (**B**it**m**a**p**); **.JPEG** (**J**oint **P**hotographic **E**xperts **G**roup); **.PDF** (**P**ortable **D**ocument **F**ormat); **.TIF** (**T**aged **I**mage **F**ormat)

Vektor-Grafiken

- Bei Vektor-Grafiken werden geometrische Formen (z. B. Kreise, Rechtecke) gespeichert. Ein Rechteck besitzt z. B. einen Ursprungspunkt und eine Ausdehnung in Form von Längen- und Breitenangaben.
- Vektorgrafiken können deshalb ohne Qualitätsverlust frei gedreht und vergrößert werden (Skalierbarkeit).
- Anwendung im Konstruktionsbereich (CAD), z. B. CorelDraw, Adobe Illustrator

Beispiele für Dateiformate:
.AI (**A**dobe **I**llustrator); **.CDR** (Corel Draw); **.EPS** (**E**ncapsulated **P**ost**s**cript)

Programmiersprachen

- **Algol** (**Algo**rithmic **L**anguage)
  Algorithmische Formelsprache zur strukturierten Programmierung
- **Basic** (**B**eginners **A**ll Purpose **S**ymbolic **I**nstruction **C**ode)
  Leicht erlernbare problemorientierte Programmiersprache in naturwissenschaftlichen und technischen Bereichen.
- **C** (entwickelt aus Basic Combined Programming Language)
  Maschinennahe Programmierung mit kompaktem Code für strukturierte Programmierung.
- **C++**
  Objektorientierte Variante von C
- **Cobol** (**Co**mmon **B**usiness **O**riented **L**anguage)
  Problemorientierte Programmiersprache für kaufmännische und administrative Bereiche, Programmcode ist lesbar wie ein englischer Text.
- **Fortran** (**For**mula **Tran**slation)
  Geeignet für die Programmierung mathematischer Formeln.
- **JAVA**
  Plattformunabhängige Programmiersprache; lässt sich mit Browsern ausführen, Anwendung im Internet.
- **Pascal** (benannt nach Blaise Pascal)
  Ursprünglich als Universalsprache gedacht; gute Strukturierung möglich, leichte Dokumentation, wenige Grundbefehle.
- **PL/1** (**P**rogramming **L**anguage No. **1**)
  Problemorientierte Programmiersprache von IBM. Anwendung auf Großrechnern, enthält Elemente von Fortran und Cobol.

Topologien

- Die Struktur von PC-Netzen bezeichnet man als Topologie.
- Die Komponenten sind PCs und verschiedene Kopplungselemente. Die Verbindung erfolgt über Funk oder Leitungen (Kupfer- bzw. Lichtwellenleiter).
- Je nach Aufbau gibt es unterschiedliche Bezeichnungen. Die grünen Kreise in den nachfolgenden Abbildungen werden als Knoten bezeichnet und sind Endgeräte bzw. Kopplungselemente.

Bus (Linie)

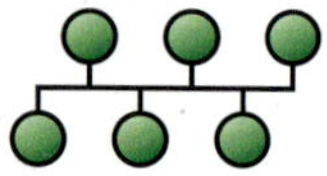

- Alle Teilnehmer sind direkt über dasselbe Übertragungsmedium (Bus) miteinander verbunden.
- Die Übertragung ist auch gewährleistet, wenn ein Teilnehmer ausfällt (nicht bei Koaxialleitung).

Stern

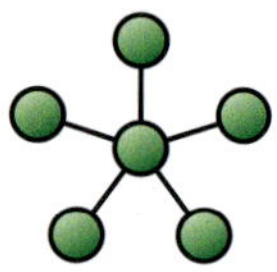

- Im Zentrum befindet sich ein Teilnehmer oder ein Kopplungselement (z. B. Hub, Switch), der die Datensteuerung übernimmt.
- Wenn ein Endgerät ausfällt, hat dieses keine Auswirkung auf die übrigen Teilnehmer.

Baum

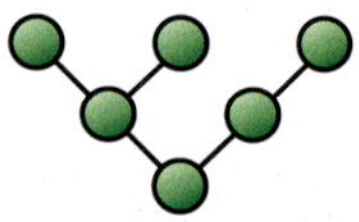

- Das Netz besitzt einen zentralen Ausgangspunkt (Wurzel).
- Alle Teilnehmer sind über Zweige (Sterntopologie) mit der „Wurzel" verbunden.
- Wenn die Wurzel ausfällt, ist keine Kommunikation möglich.

Ring

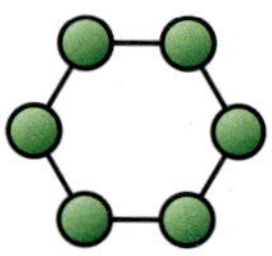

- Jeweils zwei Teilnehmer sind miteinander verbunden. Es entsteht ein Ring.
- Die Informationen werden von Teilnehmer zu Teilnehmer weitergeleitet.
- Bei Ausfall eines Teilnehmers ist die Kreisstruktur unterbrochen.

Masche

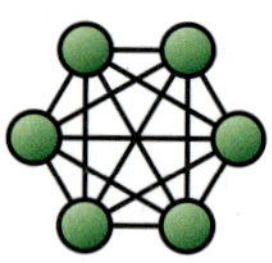

- Jeder Teilnehmer ist mit einem oder mehreren Teilnehmern verbunden.
- Wenn jeder Teilnehmer mit jedem anderen Teilnehmer verbunden ist, handelt es sich um ein vollständig vermaschtes Netz.
- Bei Ausfall eines Teilnehmers ist durch Umleitung eine Kommunikation noch möglich.

Kopplungselemente

- **Repeater (Wiederholer)**
  - dient zur Signalverstärkung aufgrund der Dämpfung durch Übertragungsmedien und
  - Korrektur von Störungen (Signalregeneration).
- **Medienkonverter**
  - wandelt Signale um, z. B. zur Anpassung zwischen Kupfer- und Lichtwellenleitern.
- **Bridge (Brücke)**
  - überbrückt zwei Netzwerkabschnitte mit unterschiedlichen/gleichen Übertragungsmedien und/oder verschiedenen/gleichen Topologien.
  - wertet die Ziel-MAC-Adresse ankommender Daten aus und leitet fehlerfreie Daten entsprechend weiter.
- **Switch (Schalter, Weiche)**
  - schaltet die Verbindung zwischen zwei Teilnehmern temporär innerhalb eines LAN
  - Für sehr große Netzwerke werden mehrere Switches miteinander gekoppelt.

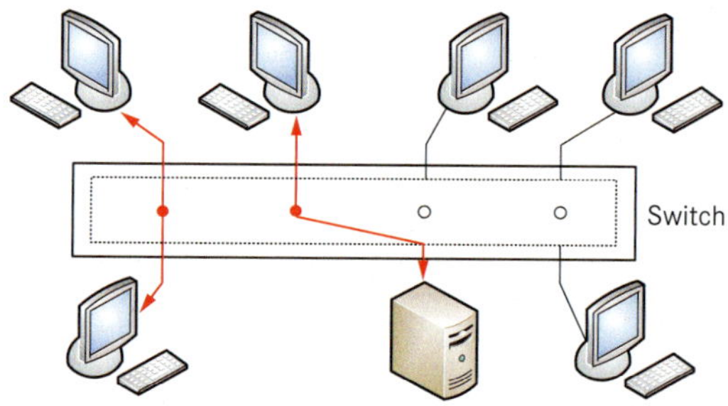

- **Router**
  - Er ermittelt eine Route („Reiseweg") für die Daten (z. B. durch das Internet).
  - Sie sind Schnittstellen zwischen zwei Netzen (z. B. LAN und TK-Netz, Routingtabellen).
  - LANs und WANs werden dabei gekoppelt.
  - Das Routen wird in einer Routingtabelle verwaltet.
- **Gateway**
  - verbindet unterschiedliche Netzwerke miteinander, indem Netzwerkprotokolle umgewandelt werden.
  - Die in Protokolldaten enthaltenen Nutzdaten werden vollständig herausgelöst und in das neue Übertragungsprotokoll eingefügt.

Netzbezeichnungen

- **LAN** (**L**ocal **A**rea **N**etwork)
  - Lokales, eng begrenztes und oft nur auf einen Gebäudekomplex beschränktes Netz
  - LANs haben immer eindeutig zuzuordnende Eigentümer und Betreiber.
- **MAN** (**M**etropolitan **A**rea **N**etwork)
  - Stadtnetz oder ein Netz in einer Region
  - Kommunale oder kommerzielle Betreiber unterhalten diese Netze z. B. als Hochgeschwindigkeitsnetze zur Verbindung von Großrechenanlagen.
  - Verbindungen von LANs über MANs sind möglich.
- **WAN** (**W**ide **A**rea **N**etwork)
  - Großflächig angelegtes Netz, dessen Aufgabe die Verbindung von kleineren Netzen ist.
  - Betreiber können öffentliche Einrichtungen (z. B. Universitäten) oder kommerzielle Unternehmen (z. B. Telekom) sein.
- **GAN** (**G**lobal **A**rea **N**etwork)
  - Grenzen überschreitendes, oft sogar weltumspannendes Netz (z. B. Internet)
  - Da das GAN alle verbundenen WANs, MANs und LANs umfasst, gehört es niemandem. Es besteht aus vielen einzelnen Betreibern und Eigentümern.

U/UTP Cat.5

U: **U**nshielded (ungeschirmt)
UTP: **U**nshielded **T**wisted **P**air (ungeschirmtes Aderpaar)

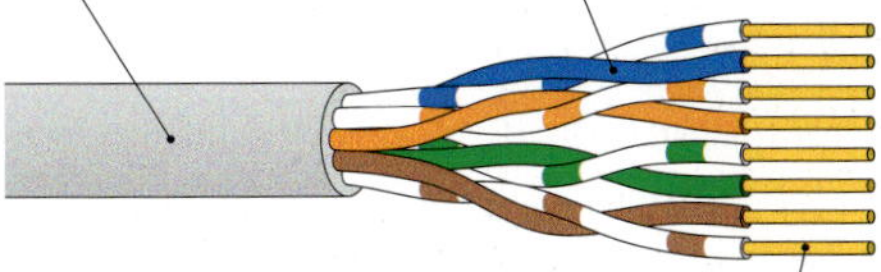

PE: **P**oly**e**thylen
AWG: **A**merican **W**ire **G**auge

F/UTP Cat.5/Cat.5e

F: **F**oiled (Gesamtschirm-Folie)
UTP: **U**nshielded **T**wisted **P**air (ungeschirmtes Aderpaar)

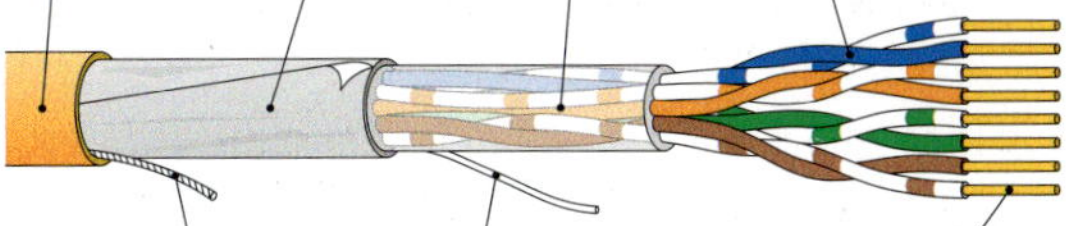

AWG: **A**merican **W**ire **G**auge

U/FTP Cat.6

U: **U**nshielded (ungeschirmt)
FTP: **F**oiled **T**wisted **P**air (Folienschirm je Aderpaar)

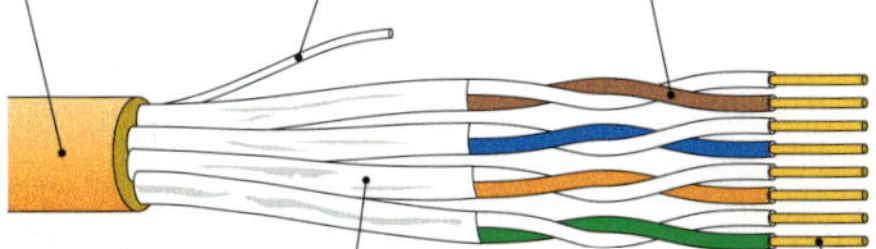

AWG: **A**merican **W**ire **G**auge

S/FTP Cat.7_A

S: **S**hielded (Gesamtschirm-Schirmgeflecht)
FTP: **F**oiled **T**wisted **P**air (Folienschirm je Aderpaar)

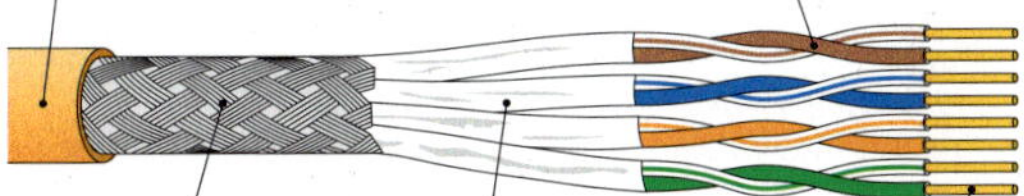

AWG: **A**merican **W**ire **G**auge

[1)] **FR**/PVC: **F**lame **R**etardant/Polyvinylchlorid (flammwidrig/Polyvinylchlorid)
[2)] **PETP**: **P**oly**e**thylen**te**re**p**hthalat
[3)] **FRNC**/LSOH: **F**lame **R**etardant **N**on **C**orrosive/Low Smoke Zero Halogen (flammwidrig, nicht korrosiv/raucharm, halogenfrei)

Anschlussbelegung

Stecker	EIA/TIA 568A	EIA/TIA 568B
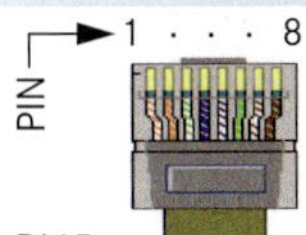 RJ45	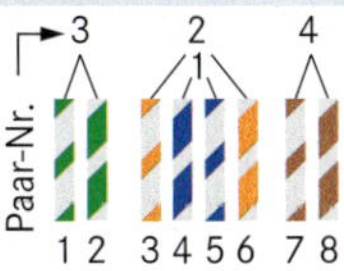	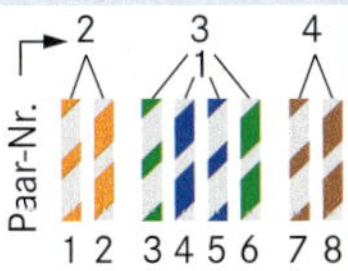

EIA/TIA: Electr.-/Telecomm. Ind. Association

1 zu 1-Kabel

HUB 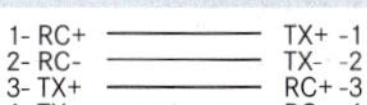 TRANSCEIVER

Crossover-Kabel

TRANSCEIVER 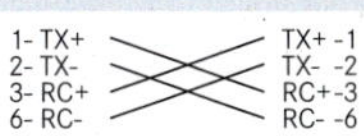 TRANSCEIVER

HUB 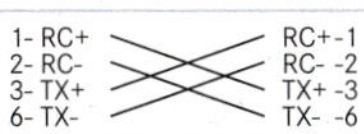 HUB

Kontaktbelegung Endgerät

Dienst	Steckeranschluss-Nr.			
	1 und 2	3 und 6	4 und 5	7 und 8
Analoges Telefon	n	T/R	n	n
ISDN, Token Ring	n	T	R	n
10Base-T (802.3)	T	R	n	n
100Base-TX (802.u)	T	R	n	n
100Base VG (812.12)	B	B	B	B
100Base-T4 (802.3u)	T	R	B	B
FDDI 100 Mbit/s (TP)	T	O	O	R
ATM User Device	T	O	O	R
ATM Network Equipm.	R	O	O	T
1000Base-T (802.3ab)	B	B	B	B

T: Transmit; R: Receive; B: Bidirectional; O: Optional
n: nicht verwendet

Kabeleinteilung

Daten-Kabelarten
- Kupferdatenkabel
- Lichtwellenleiterdatenkabel

Verlegung

In Gebäuden | Im Freien | In der Erde

- Offene Verlegung, wenn Beschädigungen ausgeschlossen
- Direkt Unterputz, im Rohr Unterputz, auf Kabeltragsystemen, in Elektroinstallationskanälen
- Kupferdatenkabel:
  EMV-Beeinflussung berücksichtigen (Mindestabstände z. B. zu Hochleistungslampen, Hochfrequenzinduktionsheizungen, Funksendeanlagen)

Verlegeanforderungen

- **Kabellagerung**
  - Kabel bis zum Einbau in Originalverpackung belassen
  - An geschütztem Ort lagern (Schutz gegen mechanische und klimatische Einflüsse)
- **Kabelauslegung**
  - **Verlegevorgaben** der Hersteller beachten
  - Kabel nicht über Trommelrand abziehen
  - **Biegeradien** einhalten (während des Einziehens mindestens 8 x Kabelaußendurchmesser)
  - **Keinen Druck** auf die Kabel durch Befestigungsmaterial ausüben (Kabelbinder, Kabelschnellverleger; veränderte Übertragungseigenschaften)
  - **Kabeleinzug** immer mit Ziehstrumpf
  - Offene Kabelenden mit Isolierband zwischen Einziehwerkzeug und Kabelmantel bandagieren
  - Nur **zugelassene Schmiermittel** einsetzen
  - **Trennungsabstände** bei Kupferdatenkabeln zu Energiekabeln einhalten
  - **Kabelschirme** mindestens im Etagenverteilerschrank an die Erdung anschließen
  - Bei lokaler Montage von Steckverbindern gleichartige Belegung der Stecker und Buchsen einhalten (z. B. TIA 568 A)
  - **Kabelenden** beschriften
  - **Abnahmemessungen** zur Qualitätssicherung durchführen (DIN EN 50346)
  - Bei **LWL-Fasern**:
    Vorsichtsmaßnahmen für die Bearbeitung, Entsorgung von Reststücken und gegebenenfalls gegen Laserstrahlung einhalten

Beispiel:
Kabelführung in Etagenverteilerschrank

Bei Parallelführung von Datenleitungen (Kupfer) und Energieleitungen berechnet nach

$$A = S \cdot P$$

A: Mindesttrennanforderung in mm
S: Mindesttrennabstand in mm
P: Faktor der Stromversorgungsverkabelung

Beispiel:

Mit Lagefixierung der Leitungen

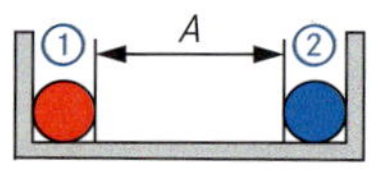

① Stromversorgungsleitung
② Datenleitung

Mindesttrennabstand *S*

Trennklasse/ Datenkabelkategorie	Trennung ohne elektromagnetische Barrieren	Für informationstechnische Verkabelung oder Stromversorgungsverkabelung verwendete Kabelkanäle		
		Offener metallener Kabelkanal	Lochblech-Kabelkanal	Massiver metallener Kabelkanal
a [1]	300 mm	225 mm	150 mm	0 mm
b/5, 6, 6_E [2]	100 mm	75 mm	50 mm	0 mm
c/5, 6, 6_E [3]	50 mm	38 mm	25 mm	0 mm
d/7, 7_E [3]	10 mm	8 mm	5 mm	0 mm

[1] z. B. Koaxialkabel
[2] Ungeschirmte Datenkabel
[3] Geschirmte Datenkabel

Faktor *P* (für einphasigen Stromkreis 20 A, 230 V)

Anzahl einphasige Stromkreise	Faktor *P*
1 bis 3	0,2
4 bis 6	0,4
7 bis 9	0,6
10 bis 12	0,8
13 bis 15	1,0
16 bis 30	2
31 bis 45	3
46 bis 60	4
61 bis 75	5
> 75	6

- Dreiphasige Leitungen als 3 einphasige Leitungen
- Stromstärke > 20 A: Vielfache von 20 A rechnen
- Geringere Wechsel- oder Gleichspannung nach Bemessungsstromstärke (z. B. 30 V DC mit 100 A: $5 \cdot 20$ A ergibt $P = 0{,}4$)

Verkabelungsstruktur

Dreistufige strukturierte Gebäudeverkabelung

- Primärbereich
- Sekundärbereich
- Tertiärbereich

Endgerät TA

Etagenverteiler EV

Gebäudeverteiler GV

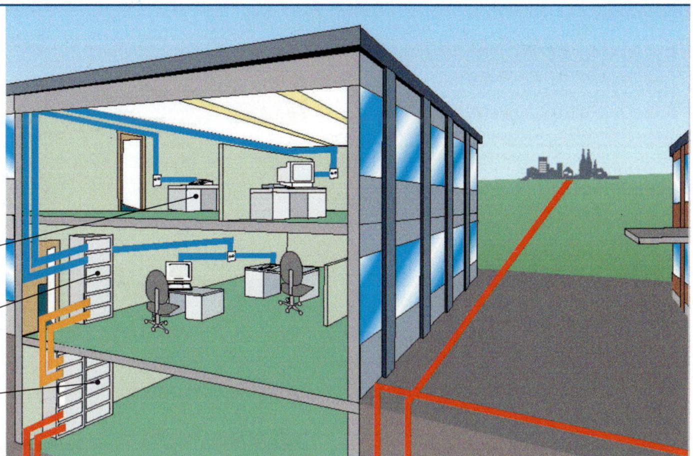

Bereich	Kabelverbindung	max. Kabellänge	Kabeltypen
Primär	Zwischen einzelnen Gebäudebereichen	1500 m	LWL
Sekundär	Vom Gebäudeverteiler (GV) zu den Etagenverteilern (EV)	500 m	LWL, bestehend aus mindestens zwölf Fasern
Tertiär	Vom Etagenverteiler zur Anschlussdose des Endgerätes (TA). Die Verbindung zwischen TA und Endgerät beträgt maximal 5 m.	90 m	LWL, Kupferkabel oder Hybrid-Kabelsystem (LWL mit integriertem Kupferkabel)

Normung

- Informationstechnische Infrastrukturnetze in Gebäuden sind durch die Normenreihe **Informationstechnik – Anwendungsneutrale Kommunikationskabelanlagen** festgelegt.

Norm	Bezeichnung
DIN EN 50173-1	Allgemeine Anforderungen
DIN EN 50173-2	Bürogebäude
DIN EN 50173-3	Industriell genutzte Standorte
DIN EN 50173-4	Wohnungen
DIN EN 50173-5	Rechenzentren

- Sie beschreiben die einheitliche Topologie, die Klassifizierung der Übertragungsstrecken sowie die einheitliche Schnittstelle.

Kategorien

Kategorie	Klasse	Frequenz	Übertragungsraten
Cat.5	D	100 MHz	100 Mbit/s Ethernet
Cat.6	E	250 MHz	1 Gbit/s
Cat.6_A	E_A	500 MHz	10 Gbit/s Gigabit-Ethernet
Cat.7	F	600 MHz	10 Gbit/s Gigabit-Ethernet
Cat.7_A	F_A	1000 MHz	10 Gbit/s Sonderanwendung/ Multimedia

Leiterquerschnitt (angegeben in AWG)
AWG = **A**merican **W**ire **G**auge
Massiver Leiter: 24/1 bis 23/1 (0,5 mm^2 bis 0,6 mm^2)
7drähtiger Leiter: 27/7 bis 24/7 (0,08 mm^2 bis 0,22 mm^2)

Steckverbinder

Installation einer RJ45 Anschlussdose:
1. Leitung ablängen und abisolieren.
2. Adernpaare in die Richtung der Anschlussklemmen biegen.
3. Einzeladern in die farbig markierten Schneidklemmen legen und mit Anlegewerkzeug anschließen. Darauf achten, dass der Twist der Paare so wenig wie möglich aufgedrillt wird.
4. Optische Kontrolle der Adernenden auf Kontaktstellen zwischen den Leitern und/oder dem Gehäuse.

Belegung RJ45:

EIA/TIA-568A:

Pin 1: weiß grün	Pin 2: grün
Pin 3: weiß orange	Pin 4: blau
Pin 5: weiß blau	Pin 6: orange
Pin 7: weiß braun	Pin 8: braun

Tera

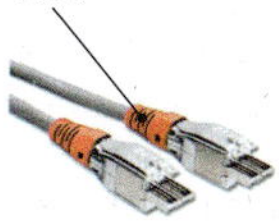

Weitere Steckersysteme:

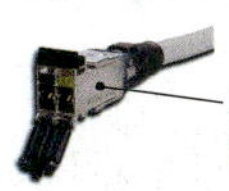

GG45/GP45
(abwärtskompatibel zu RJ45)

Aufbau

Anwendungen	Beispiel	Aufbau
■ Verbindung zwischen Endverteilern und/oder Endgeräten ■ kurze Übertragungswege ■ direkte Steckermontage möglich (häufig vorkonfektioniert)	Duplex-Patchkabel (innen) 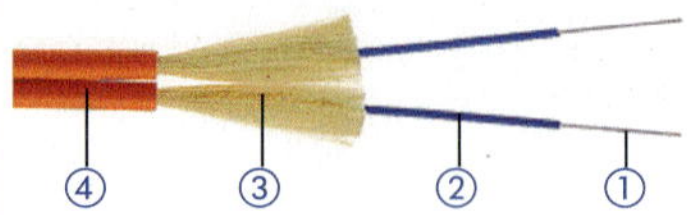	① LWL-Faser mit Primärcoating (Primärbeschichtung) ② Sekundärcoating ③ Zugentlastung (Aramid oder Glasfaser) ④ Außenmantel (ggf. mit Nagetierschutz) ⑤ nummerierter Mantel ⑥ Polyesterfolie ⑦ LWL-Faserbündel mit Primärcoating ⑧ mit Gel gefüllte Zentralbündelader
■ Verbindung zwischen Haupt- und Nebenverteiler ■ direkte Steckermontage je Faser möglich ■ aufspleißbar für Kabelendverteiler	Breakout-Innenkabel mit Kompaktadern 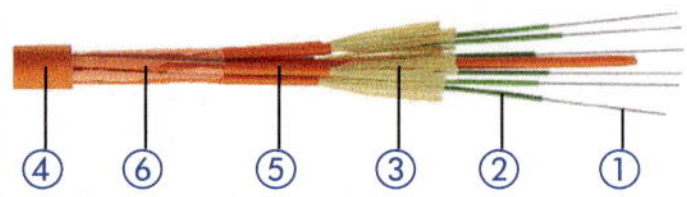	
■ Telekommunikations-/Kabelfernsehanwendung ■ Computernetzwerke ■ große Entfernungen/Datenmengen	Zentral-Bündeladerkabel (außen) 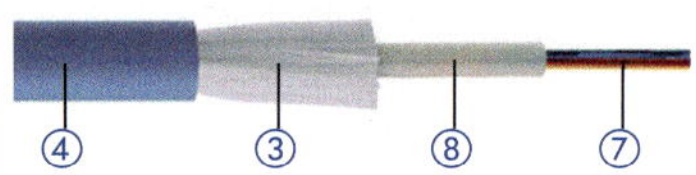	

Kurzbezeichnung

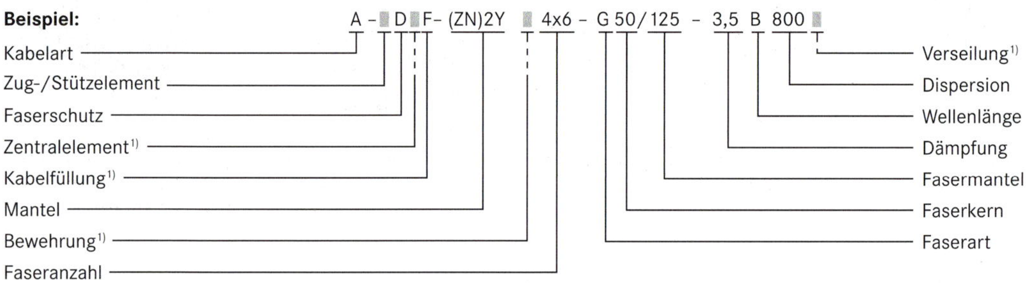

[1] kann je nach Kabeltyp entfallen ▯ Platzhalter

Kabelart	
A	Außenkabel
AT	Breakoutkabel
I	Innenkabel
Zug-/Stützelement	
(ZS)	metallene Zug-/Stützelement in der Kabelseele
Faserschutz	
B	Bündelfaser (trocken)
D	Bündelfaser (Gelfüllung)
F	Faser
H	Hohlader (trocken)
V	Vollader
W	Hohlader (Gelfüllung)
Zentralelement	
S	Seele aus Metall
Kabelfüllung	
F	Hohlräume der Verseilung mit Gelfüllung

Mantel	
(ZN)	nichtmetallene Zugentlastung
H	halogenfrei
Y	PVC
2Y	PE
11Y	PU
(D)2Y	Foam-Skin-PE
(L) 2Y	Schichtenmantel AL-Band/PE
Bewehrung	
B	allgemein Bewehrung
BY	zusätzliche PVC-Hülle
B2Y	zusätzliche PE-Hülle
V	PVC-Mantel
11Y	PU
H	halogenfrei
Faseranzahl	
a	Anzahl der Volladern
a x b	Anzahl der Bündeladern (a) x Faserzahl (b)

Faserart	
E	Singlemode
G	Gradientenindex
K	Stufenindex (Glas/Plastik)
P	Plastikfaser
S	Stufenindex (Glas/Glas)
Faserkern	
Faserdurchmesser in µm	
Fasermantel	
Manteldurchmesser in µm	
Dämpfungskoeffizient	
in dB/km	
Wellenlänge	
B	850 nm
F	1300 nm (Monomode), 1310 nm (Singlemode)
H	1550 nm (Singlemode)
Dispersion – Sonderarten	
LG	Lagenverseilung
SZ	SZ-Verseilung

Spleißen

Herstellen einer nicht lösbaren Verbindung von Lichtwellenleitern durch Schmelzspleiß

Vorbereitung des LWL → **Faser schneiden** → **Schmelzspleiß erstellen** → **Spleiß schützen**

Vorbereitung des LWL

1. Ablängen mit Spezialschere für Kevlarfasern
2. Bewehrung/Mantel entfernen ①
3. Füllelemente z. B. Röhrchen entfernen

Faser schneiden

1. Faserbeschichtung (Coating) mit Spezialwerkzeug ② entfernen
2. Faser mit Alkohol reinigen
3. Faser in Cleaver (Schneidgerät) einlegen
4. Faser einritzen und brechen

Schmelzspleiß erstellen

1. Spleißmaschine verwenden ③
2. Fasern einlegen und ausrichten
3. Fasern erhitzen und fügen
4. automatischer Schweißablauf

Spleiß schützen

- erhitzte Fasern sind spröde
- Sicherung z. B. durch
  - Klebemasse in Aluprofil
  - Schrumpfschlauch mit Draht und Kleber
  - Spleißkassette für mehrere Fasern ④

Werkzeuge

①
einstellbares Abmantelungswerkzeug für Simplex und Duplex LWL

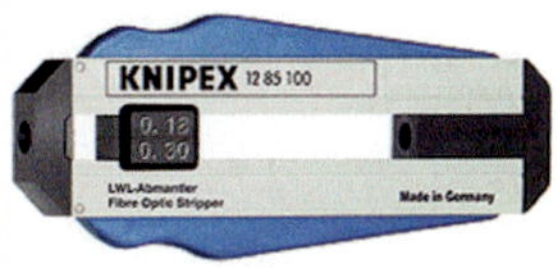

②
Absetzwerkzeug zum Entfernen des Primärcoating

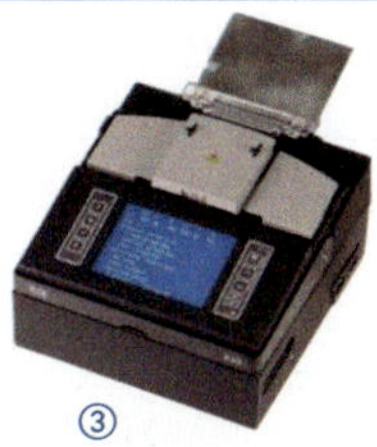

③
automatisches Spleißgerät

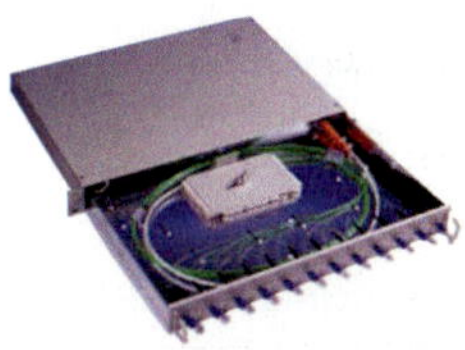

④
Spleißkassette zum Schutz der Spleißstelle vor mechanischer Beschädigung

Steckverbinder montieren

Vorbereitung des LWL → **Vorbereitung der Stecker** → **Steckermontage** → **Faserbehandlung**

Vorbereitung des LWL

1. Ablängen mit Spezialschere für Kevlarfasern
2. Mantel entfernen ①
3. Primärcoating entfernen ②
4. Faser reinigen

Vorbereitung der Stecker

1. Knickschutz ⑤ über LWL ziehen
2. Crimphülse ⑥ über LWL ziehen

Steckermontage

1. Faser einführen
2. Zweikomponenten-Kleber mischen und Faser fixieren
3. Knickschutz und Crimphülse überziehen
4. Crimpen

Faserbehandlung

1. überstehende Faser anritzen und abbrechen
- Körnung 9 μ, 3 μ, 0, 3 μ
- zwischen Körnungswechsel reinigen

Steckverbinder

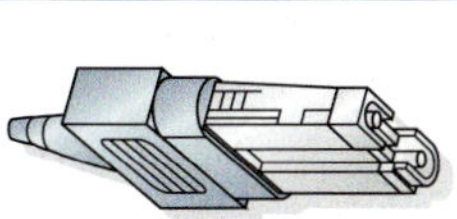

FDDI-Steckverbinder für Duplexverbindung (zwei Fasern/Übertragungsrichtung je Steckverbinder)

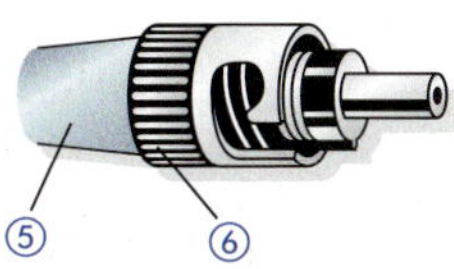

ST-Steckverbinder für Simplexverbindung (eine Faser je Steckverbinder)

Datenschutz
Data Protection

Allgemeine Prinzipien des Datenschutzes

Vertraulichkeit
Daten nur für Befugte!

Integrität
Keine Verfälschungen!

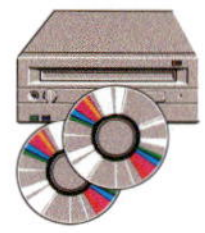

Revisionsfähigkeit
Wer hat wann welche Daten in welcher Weise verändert?

Verfügbarkeit
Zeitgerecht für eine ordnungsgemäße Verarbeitung!

Authentizität
Jederzeit ist eine Zuordnung zum Ursprung möglich!

Transparenz
Verfahrensweisen vollständig und aktuell dokumentiert (nachvollziehbar)!

Rechtsgrundlage: Bundesdatenschutzgesetz (Anlage zu § 9 BDSG)

Recht der Betroffenen auf ...

Benachrichtigung **§ 33**

des Betroffenen über Speicherung, Datenart, Zweckbestimmung der Erhebung, Verarbeitung, Nutzung; Identität der verantwortlichen Stelle.
Ausnahme:
Wenn Rechtsvorschriften bzw. Gesetze dafür bestehen.

Auskunft **§ 34**

über
- gespeicherte Daten,
- ihre Herkunft und
- Zweck der Speicherung.

Berichtigung, **§ 35**

wenn die
- Daten unrichtig sind.

Löschung, **§ 35**

wenn die
- Speicherung unzulässig ist,
- Richtigkeit von der verantwortlichen Stelle nicht bewiesen werden kann oder
- Speicherung nicht mehr erforderlich ist.

Sperrung, **§ 35**

wenn die
- Daten unrichtig sind,
- schutzwürdige Interessen beeinträchtigt würden,
- Richtigkeit von dem Betroffenen bestritten wird oder
- Löschung zu aufwändig wäre.

Technisch-organisatorischer Datenschutz (Anlage zu § 9 BDSG)

Kontrollmaßnahmen	Technische Realisierung
Zutritt Unbefugten wird der Zutritt zur Datenverarbeitungsanlage verwehrt.	Gebäude- bzw. Raumsicherung, Zutrittsvermerk, Schlüsselregelung, ...
Zugang Es wird verhindert, dass Unbefugte Daten nutzen.	Identifikation durch Passwort, Protokollierung der Zugänge, ...
Zugriff Es wird gewährleistet, dass nur auf die der Zugriffsberechtigung unterliegenden Daten zugegriffen werden kann.	Festlegung und Prüfung der Zugriffsberechtigten, Protokollierung von Zugriffen, zeitliche Verschlüsselung, ...
Weitergabe Es wird gewährleistet, dass bei der Weitergabe Daten nicht unbefugt gelesen, kopiert oder verändert werden können.	Festlegung der Transportwege, Quittierung, Verschlüsselung, ...

Kontrollmaßnahmen	Technische Realisierung
Eingabe Es muss nachträglich feststellbar sein, ob und von wem Daten eingegeben, verändert oder entfernt worden sind.	Dokumentation: Bevollmächtigter, Zeit, Änderungen, ...
Auftrag Es ist zu gewährleisten, dass die Daten nur entsprechend den Weisungen des Auftraggebers bearbeitet werden.	Auftragsbeschreibung, Lasten- und Pflichtenheft, ...
Verfügbarkeit Die Daten sind gegen zufällige Zerstörung oder Verlust zu schützen.	Gebäudeschutz, Diebstahlschutz, Datensicherung, ...
Organisation Die zu unterschiedlichen Zwecken erhobenen Daten müssen getrennt verarbeitet werden können.	Aufgabenteilung, Funktionstrennung, Richtlinien für Verfahren und Dokumentation, ...

Datensicherheit
Data Security

Prinzip

Ordnungsgemäßer Betrieb einer Datenverarbeitung durch Sicherung der

- **Hardware**
- **Software**
- **Daten**

gegen

- **Verlust**
- **Beschädigung**
- **Missbrauch**

Schädigende Einflüsse

- **Wanzen:**
  Fehler in der Software (auch ohne Absicht), keine selbstständige Ausbreitung
- **Manipulationen:**
  Absichtliche Verfälschungen in der Software
- **Hacker:**
  Personen, die in spielerischer, amateurhafter Weise Schwachstellen aufdecken
- **Cracker:**
  Personen, die professionell Schwachstellen aufdecken, um Schäden anzurichten
- **Würmer:**
  Übertragen sich selbstständig von Rechner zu Rechner über Netze, z. B. als Anlage einer E-Mail
- **Trojaner:**
  Programme (z. B. als Bildschirmschoner oder Tools) zum Einschmuggeln von getarnten Viren. Der Virus wird gesondert aktiviert.
- **Viren:**
  Eigenständiges Programmelement in einem Wirtsprogramm. Ein Virus besitzt die Fähigkeit, sich selbst zu kopieren und dadurch in ein zuvor nicht infiziertes Programm einzudringen.
  - Bootsektorviren setzen sich im Bootbereich fest und nehmen damit einen festen Platz in der Konfiguration des Betriebssystems ein.
  - Makroviren sind direkt im Dokument gespeichert.
- **Backdoor:**
  „Hintertür" in einem Anwenderprogramm für eine später erfolgende Manipulation

Sicherheitsmaßnahmen

Virenschutz durch
- Virenscanner (im Server bzw. Client)
- Laufwerke sperren
- Organisatorische Maßnahmen

Kryptographie durch
- Verschlüsselung
- Asymmetrische Verfahren (Public key: Öffentlicher Schlüssel, Private key: Privater Schlüssel)
- Signatur (Authentizität, Integrität)

Datensicherung
- Kontinuierlich (Spiegelfestplatten (RAID), Backupserver)
- Periodisch (Voll-/Komplettsicherung, Differenzsicherung)

Schutz vor Computerviren aus dem Internet

Einstellungen am PC
- Sicherheitsfunktionen aktivieren
- Aktuelles Virenschutz-Programm einsetzen
- Anzeige aller Dateitypen aktivieren
- Makro-Virenschutz von Anwenderprogrammen aktivieren
- Sicherheitseinstellungen am Browser auf gewünschte Stufe einstellen (z. B. Deaktivieren von aktiven Inhalten (ActiveX, Java, JavaScript) und Skriptsprachen (z. B. **VBA**: **V**isual **B**asic for **A**pplications).

Verhalten beim Empfang von E-Mails
- Nicht sinnvolle E-Mails von unbekannten Absendern nicht öffnen und löschen (SPAM).
- Prüfen, ob der Text der Nachricht auch zum Absender passt.
- E-Mails mit gleichlautendem „Betreff" prüfen.
- Ausführbare Programme (*.COM, *.EXE), Skript-Sprachen (*.VBS, *.BAT) oder Bildschirmschonern (*.SCR) nicht durch „Doppelklick" öffnen.
- Vorsicht bei Dateien im HTML-Format.
- Datei-Anhänge nur von vertrauenswürdigen Absendern öffnen.

Verhalten beim Versenden von E-Mails
- Öfter prüfen, ob sich E-Mails im Postausgang befinden, die nicht vom Benutzer verfasst sind.
- Der Aufforderung zur Weiterleitung von Warnungen, Mails oder Anhänge an Freunde usw. nicht nachkommen.

Verhalten bei Downloads aus dem Internet
- Programme nur von vertrauenswürdigen Seiten laden.
- Angabe über die Größe der Datei mit der tatsächlichen Größe der Datei nach dem Download überprüfen.
- Vor der Installation Dateien mit aktuellem Viren-Schutzprogramm überprüfen.
- Gepackte Dateien erst entpacken und dann auf Viren überprüfen.

Firewall

Schutzmaßnahme (Filter), die einen unerlaubten Zugriff von außen auf ein privates Netzwerk verhindert.
- **Paketfilterung** (Packet Filter):
  Inhalte der Datenpakete werden nach festgelegten Regeln überprüft.
- **Application Gateway** (in Verbindung auch mit Proxy-Servern):
  PC oder Software, die die Verbindung zwischen zwei Netzen herstellt und Sicherheitsüberprüfungen vornimmt.

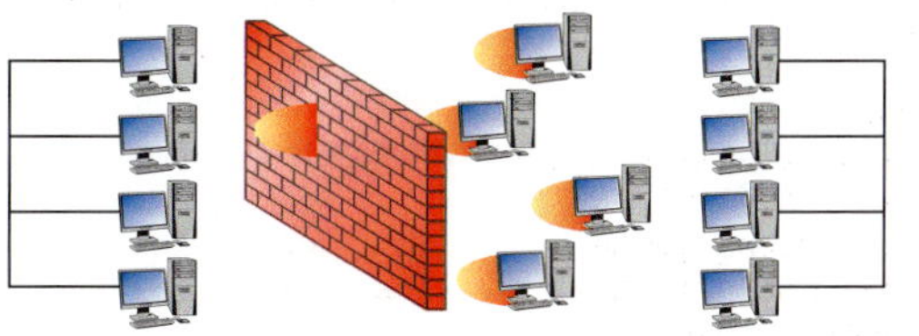

RAID-Systeme

- **RAID: R**edundant **A**rray of **I**nexpensive **D**isks
- Prinzip:
  Festplatten sind über Controller bzw. Software zu Organisationseinheiten zusammengefasst.
- Funktion:
  - Erhöhung der Lesegeschwindigkeit
  - Datensicherung
- Verschiedene Variationen von RAID-Systemen werden als **Raid-Level** bezeichnet (0 bis 5 und Kombinationen).

RAID 0

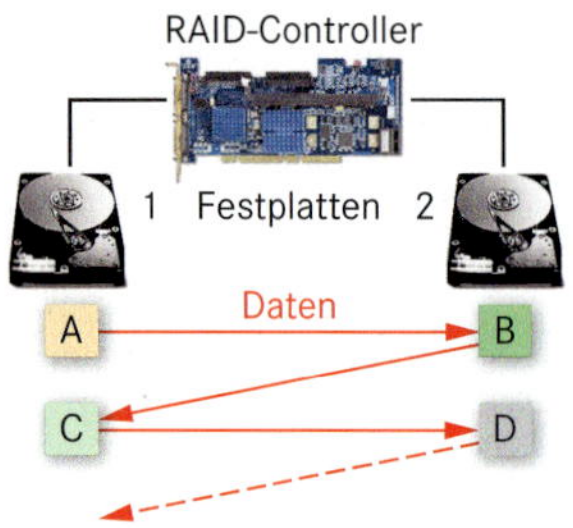

- Mindestens zwei gleichgroße Festplatten
- Daten werden in Datenblöcke (Stripes A, B, ...) aufgeteilt und wechselseitig geschrieben
- Lesegeschwindigkeit größer
- Datensicherheit ist geringer

RAID 1

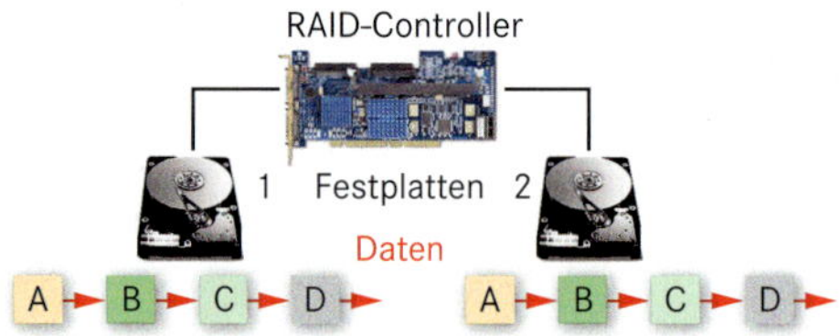

- Mindestens zwei Festplatten sind erforderlich.
- Unterschiedlich große Festplatten sind möglich, die Festplatte mit der kleineren Kapazität bestimmt die Gesamtspeicherkapazität.
- Daten der Festplatte 1 werden auf Festplatte 2 kopiert.
- Datensicherheit ist gewährleistet. Fällt eine Festplatte aus, können die Daten von der gespiegelten Festplatte gelesen werden.

RAID 5

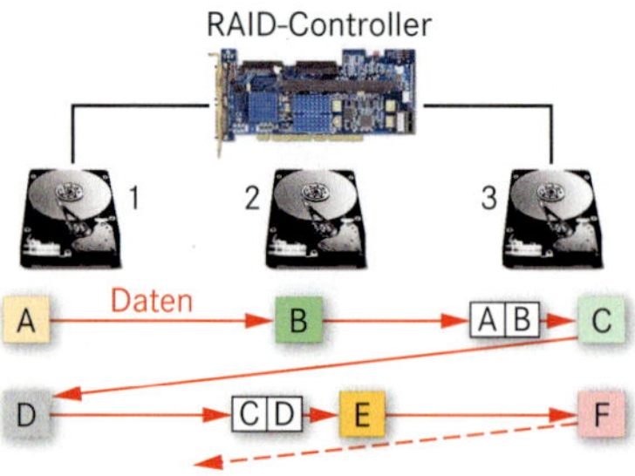

- Mindestens 3 Festplatten werden zu einem Laufwerk zusammengefasst.
- Neben den Daten (z. B. A und B) werden auf der Festplatte 3 aus den Daten A und B Parity-Daten (AB) gespeichert, die das Wiederherstellen verlorener Daten ermöglichen.

RAID 10 (RAID 0 + 1)

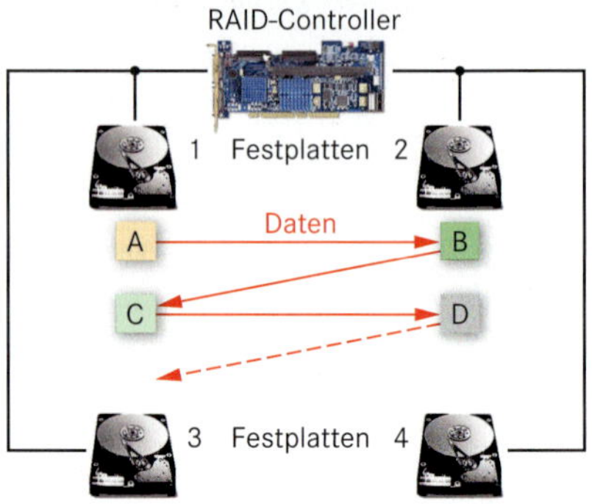

- Kombination aus RAID 0 und 1 mit mindestens 4 Festplatten
- Daten der Festplatten 1 und 2 werden auf Festplatten 3 und 4 gespiegelt
- Erhöhte Lesegeschwindigkeit und Datensicherheit

RAID 1.5

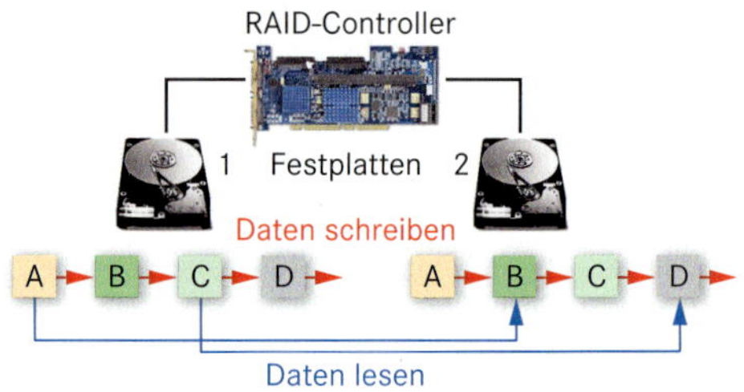

- Zwei identische Festplatten, die wie RAID 1 untereinander gespiegelt werden
- Beim Lesen wird auf beide Festplatten gleichzeitig zugegriffen (erhöhte Lesegeschwindigkeit).

Sicherheit durch Verschlüsselung (Encryption)

Symmetrisch

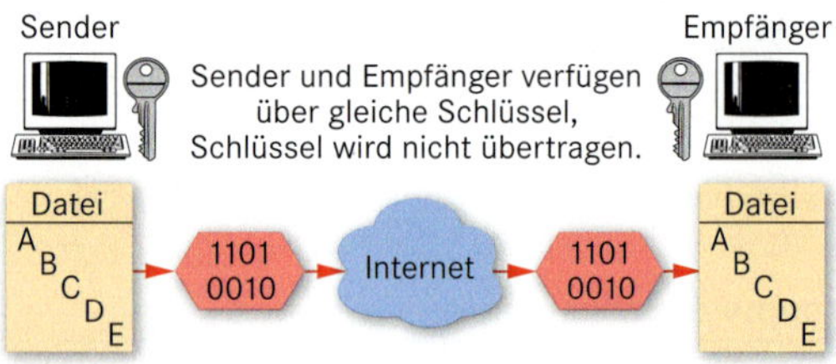

Asymmetrisch

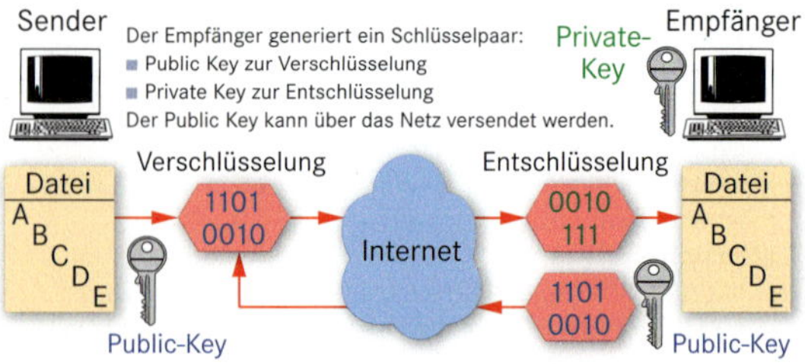

Elektrische Energieversorgung

5

Arten

Wärmekraftwerke	Wasserkraftwerke	Windkraftanlagen	Photovoltaikanlagen
Energieträger: ↓	↓	↓	↓
Steinkohle, Heizöl, Braunkohle, Müll, Kernenergie, Biomasse, Erdgas	Laufwasser, Speicherwasser, Pumpspeicher, Gezeiten	Luftströmung	Licht

Einsatz von Kraftwerken

Grundlast

Gleichbleibender Energiebedarf während eines Tages
↓
Laufwasser-, Kernkraft- und Braunkohlekraftwerke

Mittellast

Wechselnder Energiebedarf zu verschiedenen Tageszeiten
↓
Steinkohlekraftwerke

Spitzenlast

Zusätzlicher Energiebedarf bei Belastungsspitzen z. B. mittags
↓
Pumpspeicher-, Gas- und Ölkraftwerke

Beispiele:

- Braunkohlekraftwerk Niederaußem
  P_{Ges} = 2700 MW
  U_{Gen} = 10,5 kV und 21 kV
  U_{Tr} = 230 kV und 400 kV
- Kernkraftwerk Grohnde
  P_{Ges} = 1430 MW
  U_{Gen} = 27 kV
  U_{Tr} = 420 kV

- Steinkohlekraftwerk Ibbenbühren
  P_{Ges} = 770 MW
  U_{Gen} = 21 kV
  U_{Tr} = 110 kV und 230 kV

Teillast

Unregelmäßige Energieerzeugung
↓
Windenergieanlage

- Baltic 1 Ostseee
  P_{Ges} = 48,3 MW/150 kV Drehstrom
  Tiefseekabel: l = 61 km/0,3 m Ø

- Pumpspeicherkraftwerk Herdecke
  P_{Ges} = 160 MW
  U_{Gen} = 11,25 kV
  U_{Tr} = 110 kV und 230 kV
- Gersteinwerk/Emsland (Gaskombiblöcke)
  P_{Ges} = 427 MW
  U_{Gen} = 21 kV/10 kV
  U_{Tr} = 230 kV/110 kV

Prozessablauf im Wärmekraftwerk

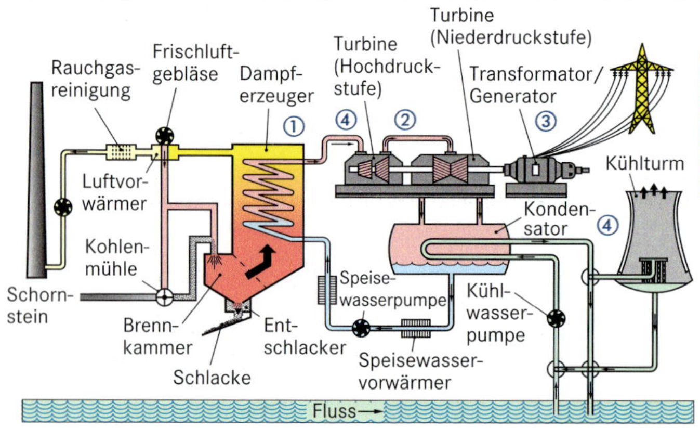

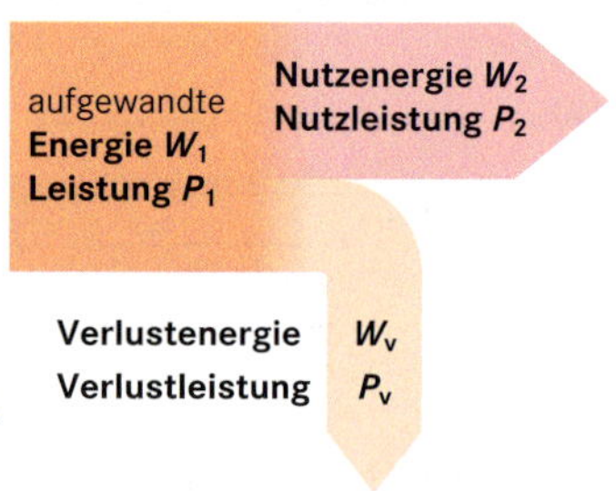

$W_v = W_1 - W_2$
$P_v = P_1 - P_2$

①
Fossile Energie
→ Wärme, Dampf

②
Dampfenergie (Dampfdruck)
→ Bewegungsenergie

③
Bewegungsenergie (Rotationsenergie)
→ elektrische Energie

④
z. B. Prozessablauf zwischen Kessel und Turbine
→ Verlustenergie

Wirkungsgrad

$$\eta = \frac{W_2}{W_1} \qquad \eta = \frac{P_2}{P_1} \qquad \eta_{ges} = \eta_K \cdot \eta_T \cdot \eta_G$$

η_{ges}: Gesamtwirkungsgrad
η_K, η_T, η_G: Teilwirkungsgrade von Kessel, Transformator und Generator

Prinzip

Bei der Kraft-Wärme-Kopplung können gleichzeitig elektrische Energie, Wärme, Druckluft und Kälte erzeugt werden.

Vorteile:
Nutzung der Abwärme der Verbrennungskraftmaschine
→ hoher Wirkungsgrad und Umweltfreundlichkeit

- **Energieaufteilung**

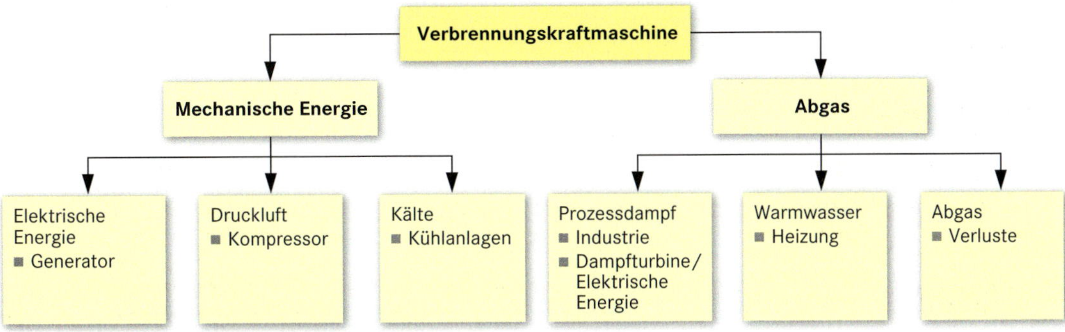

Zugeführte Energien durch
- Kohle, Öl, Gas, Biomasse, Müll

↓

Zielenergien
- mechan. Energie → elektrische Energie ① und Kühlung ②
- Wärme → Dampf für Industrieanlagen ③
- Warmwasser → Raumheizung ④

Gasturbine (Beispiel)

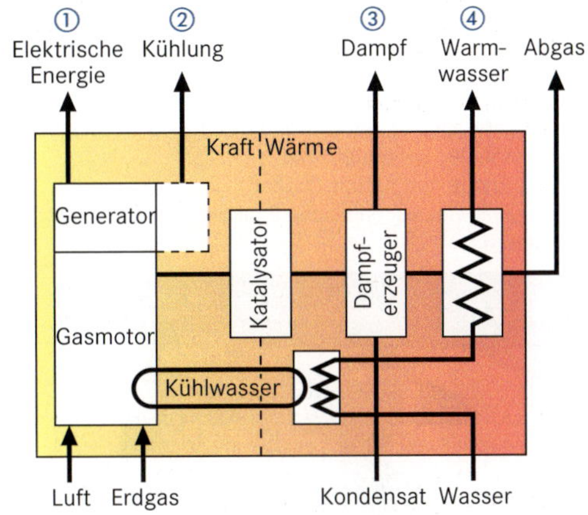

Funktion:
Strom- und Dampf-/Wärmeversorgung aus Systemen mit Verbrennungskraftmaschinen, wo der größte Teil der zugeführten Energie als Abwärme anfällt.

Kraftwerke im Vergleich

- **Kondensationskraftwerk** ⑤
  - In diesem wird nur elektrische Energie erzeugt.
  - Verluste durch Kühlung und Abgase
  - Wirkungsgrad ca. 38 %
- **Blockheizkraftwerk** (BHKW) mit Kraft-Wärme-Kopplung ⑥
  - Elektrische Energie und Wärme werden erzeugt.
  - Geringe Verluste durch Kühlung und Abgase
  - Wirkungsgrad ca. 80 %
  - Einsatz zur Fernwärmeversorgung

Beispiel:
- **Anlage der BEWAG Berlin**
  - Wärmeversorgung durch Heizkraftwerke und BHKW
  - Wärmeanschlussleistung ca. 5.200 MW
  - Wärme pro Jahr ca. 9.000 GWh bis 10.000 GWh
  - Heizölersparnis ca. 500.000 t pro Jahr
  - CO_2-Reduzierung ca. 2.000.000 t pro Jahr
  - Streckenlänge der gesamten Anlage ca. 1.250 km

Energieumsatz und Brennstoffausnutzung

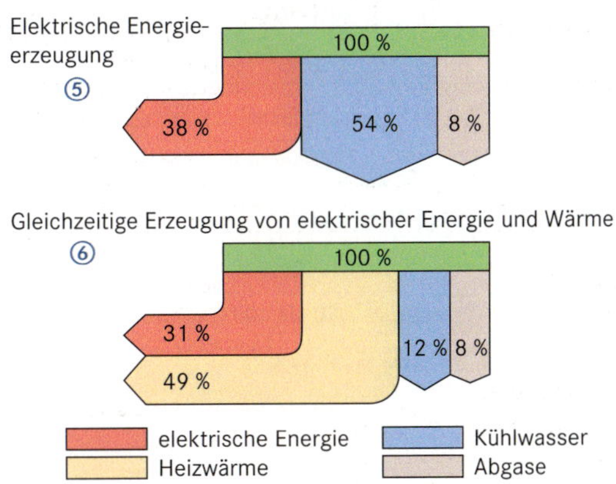

Brennstoffzellen

Niedertemperaturzellen Betriebstemperatur bis 200 °C

- **AFC** (**A**lkaline **F**uel **C**ell)
  - alkalische Brennstoffzelle
- **PAFC** (**P**hosphoric **A**cid **F**uel **C**ell)
  - phosphorsaure Brennstoffzelle
- **PEMFC** (**P**roton **E**xchange **M**embrane **F**uel **C**ell)
  - polymerelektrolyte-Membran-Brennstoffzelle
- **DMFC** (**D**irect **M**ethanol **F**uel **C**ell)
  - Methanol-Brennstoffzelle
  Bauweise als **SFC** (**S**mart **F**uel **C**ell)

Hochtemperaturzellen Betriebstemperatur von 650 °C bis 1000 °C

- **MCFC** (**M**olton **C**arbonate **F**uel **C**ell)
  - Schmelzkarbonat-Brennstoffzelle
- **SOFC** (**S**olid **O**xide **F**uel **C**ell)
  - festoxidkeramische Brennstoffzelle

Hinweis:
Die verwendeten Elektrolyte ergeben sich aus den jeweiligen Bezeichnungen.

SFC-Brennstoffzelle

Funktion

- Direkte Energieumwandlung beim Zusammentreffen von Sauerstoff der Luft mit Methanol, wobei positiv geladene Wasserstoffionen zur Katode wandern.
  ⇓
  Ladungstrennung, d. h. Aufbau einer elektrischen Spannung.
- Flüssiges Methanol in Tankpatrone ist der Energiespeicher ①.
- Elektrolyt in der Brennstoffzelle
  - trennt Anode und Katode ② und
  - ermöglicht elektrochemische Reaktion von Sauerstoff und Wasserstoff

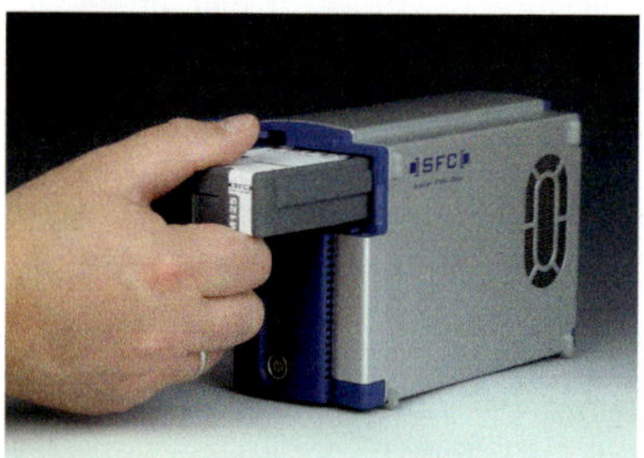

③

Prinzip

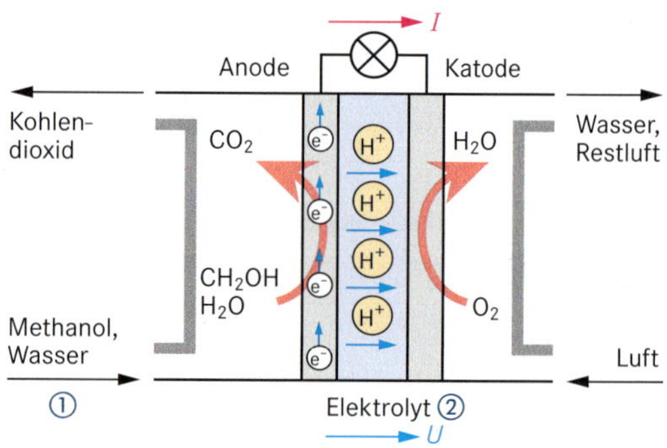

Beispiel:
P_{max} = 80 W; P_n = 25 W; U = 12 V
$t_{Betrieb}$ = 100 h bei 25 W
V_{Tank} = 2,5 l ; m = 10 kg

Anwendungen:
- Spannungsquelle ③ für mobile Geräte wie z. B. Laptops, Mobiltelefone und elektronische Geräte
- keine Ersatzakkus und Ladegeräte erforderlich

Systemvergleich verschiedener Spannungsquellen

Kenngrößen / Art	AFC	PAFC	PEMFC	DMFC	MCFC	SOFC
Elektrolyt	Kalilauge	Phosphorsäure	Polymermembran	Kalilauge	Calziumcarbonat	Zirkonoxid
Brennstoff	Wasserstoff	Wasserstoff/ Erdgas	Wasserstoff/ Methanol	Methanol	Erdgas/ Kohlegas	Erdgas/ Kohlegas
Zellenspannung (Leerlaufspannung) in V	1,16	1,14	1,17	1,21	1,03	0,91
Betriebstemperatur in °C	90 bis 100	150 bis 200	50 bis 100	50 bis 100	600 bis 700	650 bis 1000
Wirkungsgrad in %	60	40	55	25	45	40
Systemleistung in kW	10 bis 100	50 bis 1000	<1 bis 250	<1,5	<1 bis 1000	<1 bis 3000
Anwendungsbereich	Transport	Kraftwerke	Fahrzeuge	Mobile Stromversorgung	Blockheizkraftwerk	Kraftwerk

Aufbau

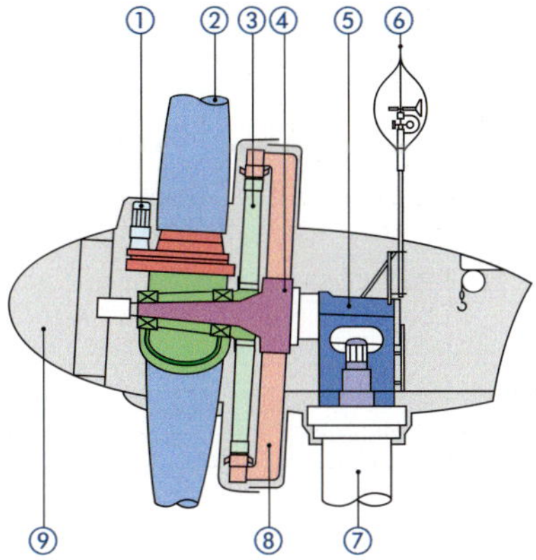

① Blattverstellmotor
② Rotorblatt
③ Generator/Rotor
④ Achszapfen
⑤ Maschinenträger
⑥ Windsensor
⑦ Turm
⑧ Generator/Stator
⑨ Spinner

Merkmale

Beispiel

- Einschaltgeschwindigkeit: 2,5 m/s
- Bemessungswindgeschwindigkeit: 13,0 m/s
- Drehzahl: 18 min^{-1} bis 38 min^{-1} durch Rotorverstellung
- Bemessungsleistung: 600 kW
- Wirkungsgrad im gesamten Arbeitsbereich: 94 %
- Leistungsfaktor:
  cos φ = 1; Verstellung auf 0,95 (Induktiv) oder 0,9 (kapazitiv) möglich
- Blitzschutz:
  Blitzableitung über durchgängige Verbindung von Rotorblattspitze bis zur Fundamentgründung
- Steuerung:
  Überwachung der Anlagenkomponenten u. a. der Windrichtung und Windgeschwindigkeit durch ein Mikroprozessorsystem („Windnachführung")
- Energieverteilung über
  - direktgetriebenen Ringkerngenerator
  - Gleichspannungs-Zwischenkreis
  - Wechselrichter
  - Drehstromtransformator
  - VNB-Netz

Arten

Bemessungsleistung in kW	30	280	1000	1800
Rotordurchmesser in m	12	26	58	60
Nabenhöhe in m	24–30	36–50	ab 70	65–98
Blattlänge in m	5,75	12	27	32
Drehzahl in min^{-1}	30–90	16–48	10–23	10–22
Einschaltgeschwindigkeit in m/s	3,0	2,5	2,5	2,0
Bemessungswindgeschwindigkeit in m/s	11,0	12,0	12	13,0

Regelung

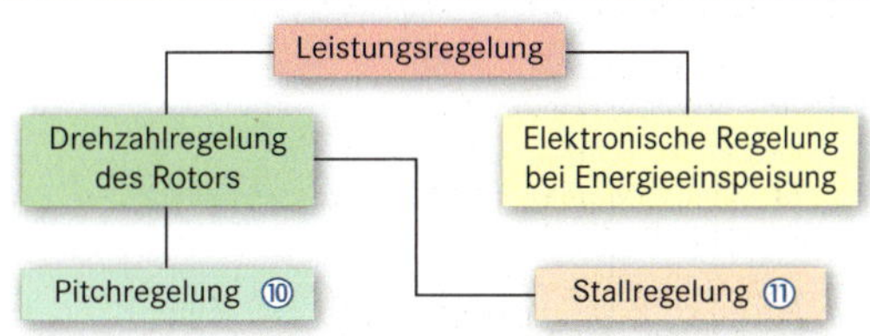

- Rotorblätter drehen sich je nach Windgeschwindigkeit aus der Windrichtung.
  ↓
- Reduzierung der auf die Windenergieanlage wirkende Last
  ↓
- Konstante Leistungsabgabe des Rotors bei Bemessungswindgeschwindigkeit

- Starre Verbindung der Rotorblätter mit der Rotornabe
  ↓
- Bei hoher Windgeschwindigkeit Abriss der Strömung am Blattprofil oberhalb der Bemessungsleistung
  ↓
- Starke Leistungsschwankungen und große Schubbelastungen

Leistungskennlinien

Pitchgeregelte WEA ⑩

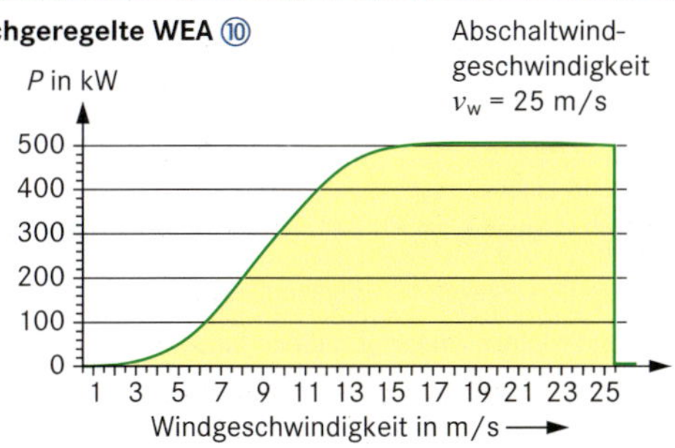

Stallgeregelte WEA ⑫

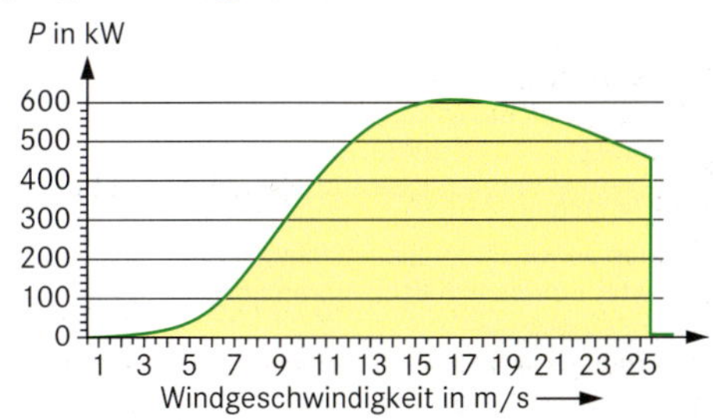

Prinzip – Solarzelle

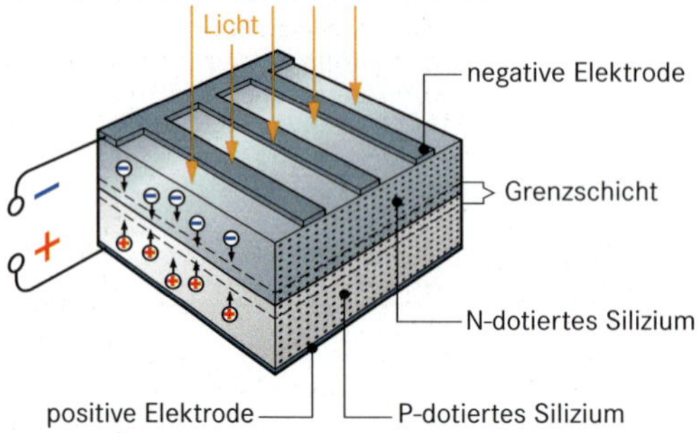

Spannungserzeugung

1. Lichtstrahlen dringen in die Grenzschicht ein.
2. Ladungstrennung erfolgt in der Grenzschicht.

Kennwerte:

- Leerlaufspannung von ca. 550 mV je Zelle
- Kurzschlussstromstärke ca. 60 mA je Zelle
- Höhe der Stromstärke hängt von der Einstrahlungsenergie ab.
- Wirkungsgrad (bei direktem Sonnenlicht) ca. 11 % bis 15 %

Netzunabhängige Energieversorgung mit Modulen

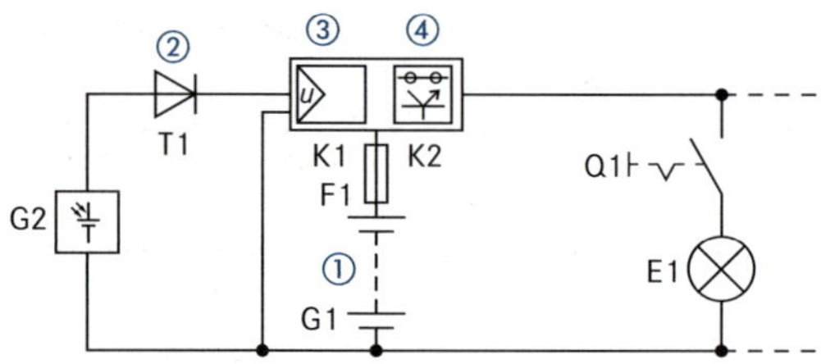

Akkumulator (Batterie) ①:

- Energiespeicherung für Dunkelphasen

Sperrdiode ②:

- Batterieentladung über Solarzelle wird während der Dunkelphase verhindert (Entladeschutz).

Spannungsregler ③:

- Spannungsbegrenzung, wenn Maximalspannung an der Batterie erreicht ist.

Regler zum Tiefentladeschutz ④:

- Zeitbegrenzte Ladespannung über die Batteriegasungsspannung hinaus
  ↓
- Automatische Zurückschaltung bis niedrigere Erhaltungsladespannung erreicht wird
  ↓
- Erreichen der niedrigeren Spannung durch Entladen (Tiefentladung)
  ↓
- Erneute Ladung bis zur maximalen Ladespannung

Anwendungen

- Betrieb auf Dächern und Freiflächen
- Direkter Betrieb von Ventilatoren und Bewässerungspumpen durch PV-Module
- Betrieb von 12 V-Netzen in Wohnmobilen und Segeljachten über Akkumulatoren

Kennlinien – Solarzellen

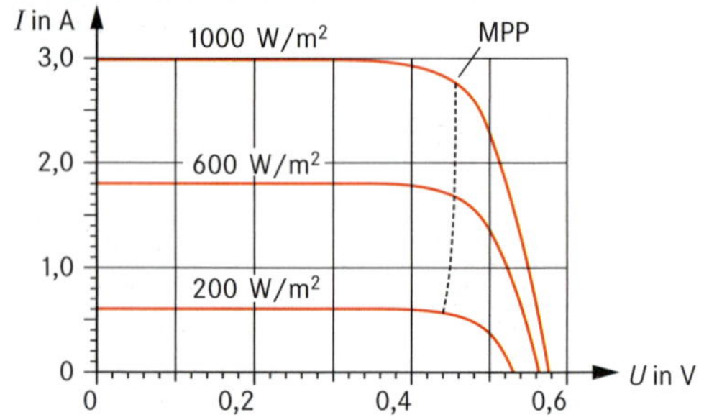

Außentemperatur:
ϑ = 25 °C (konstant)

MPP: **M**aximum **P**ower **P**oint
Arbeitspunkt bei maximaler Leistung

Kombinierte Energieversorgung mit Anschluss an VNB

Schaltungen der Module:

- **in Reihe**, um eine höhere Spannung zu erreichen, z. B. U_0 = 80 Zellen x 0,55 V/Zelle = 44 V.
- **Parallel**, um eine höhere Stromstärke zu erreichen, z. B. I_k = 80 Zellen x 0,06 A/Zelle = 4,8 A.

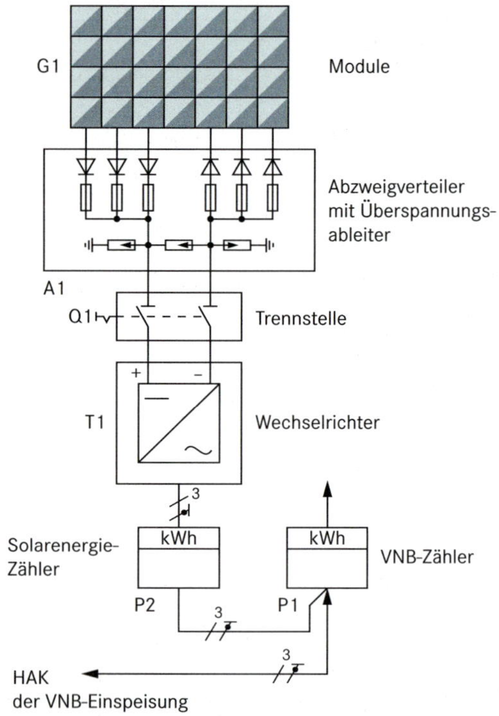

Errichten

- Photovoltaikanlagen sind Eigenerzeugungsanlagen.
- Planer, Errichter, Anschlussnehmer und Betreiber müssen die Ausführung des Anschlusses und den Betrieb mit dem VNB abstimmen (TAB 2007).

Montage von Photovoltaik-Modulen

- Aufdachmomtage

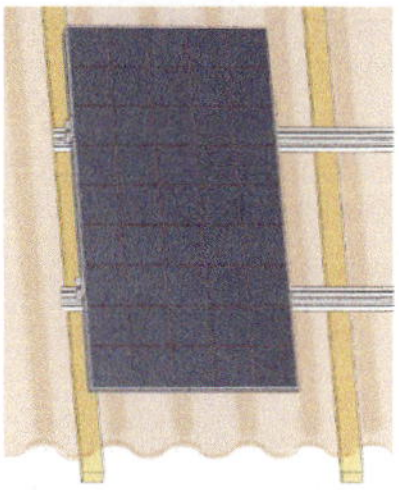

- Montage von Querträgern auf der Unterkonstruktion bzw. Dachhaut, z. B. mit Dachhaken
- Befestigung der PV-Module mit Mittel- und Endklemmen auf zwei Querträgern

- Indachmontage

- Befestigung der PV-Module auf Schienen, die mit der Dachschaltung (z. B. Holzwerkstoffplatte) verschraubt sind
- Schraublöcher mit Gummiformteilen abdichten (Feuchtigkeitsschutz)

- Flachdachmontage

- Befestigung der PV-Module auf Gestellen aus Aluminium
- Berücksichtigung zusätzlicher Belastung des Daches

Überspannungsschutz

① SPD[1] Typ 1 im Hauptverteiler
② SPD Typ 2 für AC-Seite Wechselrichter
③ SPD Typ 2 für DC-Seite Wechselrichter
④ SPD Typ 2 für PV-Anwendungen (DC)
[1]**SPD**: **S**urge **P**rotective **D**evice (Überspannungsschutzgerät)

- **Installation**
  - Anordnung der Solarmodule bei vorhandener Blitzschutzanlage, so dass ein direkter Blitzeinschlag nicht möglich ist.
  - Trennungsabstand *s* der Fangeinrichtungen zum Solarmodul beachten.
  - Zusätzlicher Blitzstromableiter am Hausanschluss und Überspannungsableiter am Photovoltaiksystem erforderlich.
- **Trennungsabstand *s*** (Sicherheitsabstand) zwischen Fangeinrichtung und Metallrahmen des Solarmoduls ⑤.

$s > 0{,}5$ m	$s < 0{,}5$ m
⇩	⇩
kein Schutzpotenzialausgleich erforderlich	Schutzpotenzialausgleich erforderlich
	⇩
	Verlegung einer leitenden Verbindung zwischen Fangeinrichtung und Metallrahmen

Beispiel: TN-System

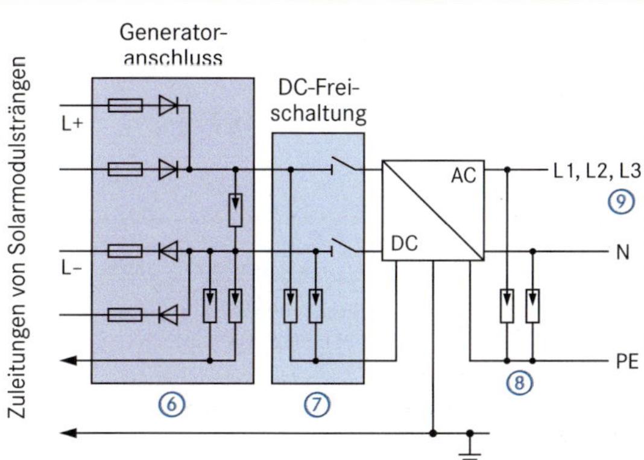

- **Auswahl des Überspannungsableiters**:
  - Höhe der Generator-Leerlaufspannung, das ist die Gesamtspannung, die in den Solarmodulen erzeugt wird.

  ⇩

  Bemessungsspannung des Überspannungsableiters nach Herstellerangaben
- **Installation der Überspannungsableiter**:
  - im Anschlusskasten der Solarmodule ⑥
  - an der DC-Freischaltstelle ⑦
  - am Ausgang des Wechselrichters ⑧ bei:
    TN-Systemen zwischen L und PE sowie N und PE
    TT-Systemen zwischen L und N sowie N und PE
- Installation von Kuppelschalter und Schutzeinrichtung nach dem Überspannungsschutz ⑨ vor dem VNB-Zähler laut VDE-AR-N 4105 bei Netzeinspeisung

Merkmale

- **Einmalige Entladung**
- **Geringe Selbstentladung** (ca. 2 %/Jahr)
- **Energiedichte** (gespeicherte Energie in Wh/Masse oder Wh/Volumen) höher als in Sekundärbatterien
- **Belastbarkeit** niedriger als bei Sekundärbatterien
- **Lagertemperatur** 0 °C bis 10 °C in wasserdampfdichter Verpackung im Kühlschrank, vor Gebrauch auf Raumtemperatur angleichen
- **Bemessungskapazität** C_n in mAh oder Ah gibt an, welche Stromstärke möglich ist, z. B. bei einer zehnstündigen Entladung. **Beispiel:** C_{10} = 800 mAh ⟶ I_E = 80 mA in 10 h

Kennbuchstaben nach IEC

Kurzzeichen	Bedeutung
A	Zink-Luft-Element, saurer Elektrolyt
M, N	Quecksilberoxid-Element
L	Alkali-Mangan-Element
P	Zink-Luft-Element, KOH-Elektrolyt
S	Silberoxid-Element

Beispiel: Entladekurve des Elements R 14

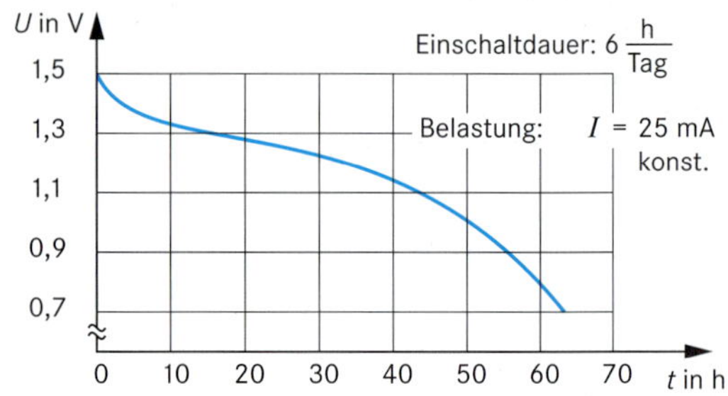

Zink-Kohle-Element

U_n in V	IEC-Bez.	C_n in mAh	Maße (max.) in mm *d*	*h*	*l*	*b*
1,5	R 6	1200	14,5	50,5	–	–
4,5	3 R 12	2700	–	67	62	22
1,5	R 14	3200	26,2	50	–	–
1,5	R 20	8000	34,2	61,5	–	–
9	6 F 22	400	–	48,5	26,5	17,5
6	4 R 22X	8500	–	115	67	67

Alkali-Mangan-Rundzellen und -Batterien

U_n in V	IEC-Bez.	C_n in mAh	Maße (max.) in mm *d*	*h*	*l*	*b*
1,5	LR 1	800	12	30,2	–	–
4,5	3 LR 12	6300	–	67	62	22
1,5	LR 41	30	79	3,6	Fotogeräte; Uhren; elektronische Geräte; Fernbedienungen	
1,5	LR 55	25	11,6	2,1		
1,5	LR 54	50	11,6	3,1		
1,5	LR 43	80	11,6	4,2		
1,5	LR 44	115	11,6	5,4		
1,5	LR 9	185	16	6,2		

Umweltverträglich, keine spezielle Entsorgung

Silberoxid-Knopfzellen und -Batterien

U_n in V	IEC-Bez.	C_n in mAh	Maße in mm *d*	*h*	Verwendung
1,55	SR 62	9	5,8	1,7	Fotogeräte; Uhren; Taschenrechner
1,55	SR 64	16	5,8	2,7	
1,55	SR 43	115	11,6	4,2	
1,55	SR 44	170	11,6	5,4	
6,2	4 SR 44	145	13	25,2	
1,55	–	3400	26	50	Einsatz: $\vartheta \leq$ 165 °C

Nicht umweltverträglich, spezielle Entsorgung

Zink-Luft-Knopfzellen und -Batterien

U_n in V	IEC-Bez.	C_n in mAh	Maße in mm *d*	*h*	Verwendung
1,4	PR 70	70	5,8	3,6	Hörgeräte; Personenrufgeräte
1,4	PR 48	240	7,9	5,4	
1,4	PR 44	570	11,6	5,4	
1,4	AR 40	75	67	172	universal
7	5 AR 40	90	181	180	Weidezaun

In spezieller Ausführung geeignet für Normal- und Spitzenlast- (Push Pull) Betrieb, d. h. mit konstanter Stromstärke I_1 und zusätzlicher Pulsstromstärke I_2. Schadstoffe: 0 % Hg und 0 % Cd

Eigenschaften von Lithium-Zellen

Typ	Rundzelle	Knopfzelle
System	Li-MnO_2	Li-MnO_2
Energiedichte	400 bis 800 Wh/dm³	360 bis 660 Wh/dm³
U_0/U_n	3,2 V/3 V	3,2 V/3 V
C_n in mAh	400 bis 2000	25 bis 500

Begriffe/Erklärungen

Ruhespannung, Leerlaufspannung U_0	Klemmenspannung des unbelasteten Elements	Lecksicherheit	Schutz gegen Elektrolytaustritt durch konstruktive Maßnahmen
Arbeitsspannung, Bemessungsspannung U_n	Klemmenspannung bei Belastung	Entladeschlussspannung	Klemmenspannung, bei der das Element als entladen gilt
Entladeendspannung U	minimal zulässige Betriebsspannung (halbe Bemessungsspannung)	Selbstentladung	Innerer Vorgang vermindert bei Lagerung die Betriebsdauer.
Innenwiderstand	innerer Widerstand der Zelle	Dauerentladung	ununterbrochene Stromentnahme

Akkumulatoren
Rechargeable Batteries

Merkmale

- Akkumulatoren (Sammler)
  - sind Speicher für elektrische Energie und
  - werden auch als **sekundäre Elemente** bezeichnet.
- Das Wirkprinzip basiert auf chemischen Reaktionen zwischen zwei Elektroden aus unterschiedlichen Materialien in Verbindung mit einem Elektrolyten.
- Beim **Aufladen** eines Akkus wird die von außen zugeführte elektrische Energie in chemische Energie umgewandelt und gespeichert.
- Beim **Entladen** wird die gespeicherte chemische Energie wieder in elektrische Energie umgewandelt und steht an den Elektroden (Polen) als Gleichspannung/-strom zur Verfügung
- Als Elektrodenmaterialien kommen unterschiedliche Materialkombinationen zum Einsatz, z. B. Blei (Minuselektrode) und Bleioxid (Pluselektrode) beim Bleiakkumulator.
- Daraus ergeben sich unterschiedliche **Leistungsmerkmale** der Akkumulatoren, wie z. B.:
  - Höhe der Zellen-Bemessungsspannung
  - Spezifische Energie (Wattstunden pro kg: Wh/kg)
  - Bemessungskapazität (Ladungsmenge in Ah)
  - Lade- und Entladestromstärke (-zeiten)
  - Lagerfähigkeit (Selbstentladung)
  - Wirkungsgrad
- Die Lebensdauer von Akkumulatoren ist abhängig von der Einhaltung der vom Hersteller vorgegebenen Behandlungsanweisungen (u. a. Ladetechnik).

Materialien und Anwendung

Bezeichnungen		Verwendung
Pb	Blei	Starterbatterien
NiCd[1]	Nickel Cadmium	Elektrowerkzeuge
NiH_2	Nickel Wasserstoff	Satelliten/Raumsonden
NiMH	Nickel Metallhydrid	elektronische Geräte
NiFe	Nickel Eisen	dezentrale Stromversorgung
Li-Ion	Lithium Ionen	Mobiltelefone
LiFe	Lithium Eisen	Modellbau/Elektrowerkzeuge
LiPo	Lithium Polymer	Modellbau

Bezeichnungen		Verwendung
LiMn	Lithium Mangan	Elektrowerkzeuge
$LiFePO_4$	Lithium Eisen Phosphat	Fahrzeuge
LiS	Lithium Schwefel	Solarflugzeuge
RAM	Rechargeable Alkaline Manganese	begrenzt wiederaufladbare Alkali-Mangan Zelle
$Na/NiCl_2$	Natrium Nickel Chlorid	Fahrzeuge, Waffensysteme

Lade-/Entladecharakteristik

Beispiel: Lithium Ionen Akkumulator

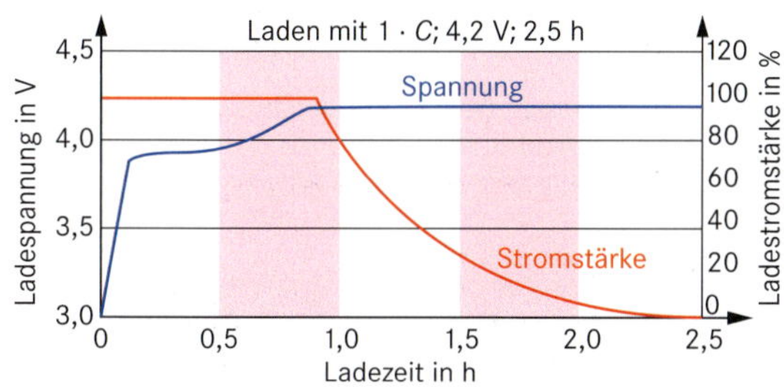

Ladeprinzip: **CCCV** (**C**onstant **C**urrent **C**onstant **V**oltage: konstanter Strom konstante Spannung)

C (Capacity): Kenngröße für die Bemessungskapazität des Akkumulators in Amperestunden (Ah)

Entladekurven: 0,2 · *C* bis 3,0 V bei verschiedenen Temperaturen

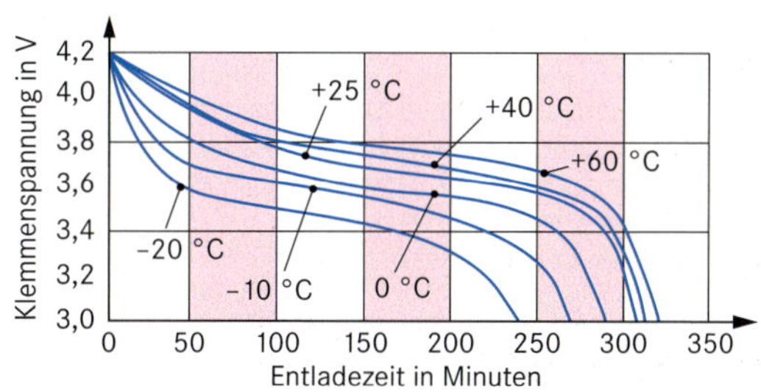

Die Entladedauer ist festgelegt auf 5 h. Kürzere Entladungszeiten ergeben, bedingt durch innere Verluste, eine geringere Kapazitätsentnahme.

Entladestromstärke: $I_n = \frac{C}{5\ h} = 0{,}2\ \frac{C}{h}$ *C* in Ah

Kenndaten

Technologie / Parameter	NiCd[1]	Pb	NiMH	Li-Ion	LiPo	$LiFePO_4$
Zellen-Spannung in V	1,25	2,0	1,25	3,6	3,6	2,0
Ladestromstärke (optimal) in % der Kapazität	100	20	50	100	100	100
Spezifische Energie in Wh/kg[2]	45 ... 80	30 ... 50	60 ... 120	110 ... 160	100 ... 130	110
Betriebstemperatur Entladung in °C[2]	-40 ... +60	-20 ... +60	-20 ... +60	-20 ... +60	0 ... +60	-20 ... +60
Entladeschlussspannung in V	0	1,7	0,8	2,5	2,5	2
Selbstentladung pro Monat in %[2]	20	<10	30	10	10	3
Anzahl der Lade-/Entladezyklen[2]	800	300	500	1000	800	>1000
Schnellladezeit in Stunden[2]	1	8 ... 16	2 ... 4	2 ... 4	2 ... 4	2
Lagerzustand (empfohlen)	entladen	geladen	geladen	geladen	geladen	geladen

[1] Eingeschränkter Einsatz nach Batteriegesetz (BattG/Juni 2009) [2] Maßgebend sind die Herstellerangaben

Merkmale

- Stationäre Batterien und Batterieanlagen dienen zur **Energiespeicherung** und werden eingesetzt in
  - Telekommunikationsanlagen,
  - Kraftwerksanlagen,
  - Sicherheitsbeleuchtungen und Alarmsystemen,
  - unterbrechungsfreien Stromversorgungen,
  - ortsfesten Dieselstartanlagen und
  - photovoltaischen Anlagen.
- Die verwendeten Batterien sind wiederaufladbar und werden deshalb als Batterien mit **sekundären Zellen** bezeichnet.
- Die Zellen werden nach Bauart unterschieden in
  - **geschlossene Zelle** (mit Gehäusedeckel und Öffnung im Deckel zur Gasentweichung),
  - **verschlossene Zelle** (vollständig verschlossen, mit Überdruckventil zur Gasentweichung bei zu hohem Innendruck; Elektrolyt kann nicht nachgefüllt werden),
  - **gasdichte Zelle** (verschlossene Zelle, die im Betrieb weder Gas noch Elektrolyt freisetzt; eine Sicherheitsvorrichtung ermöglicht im Gefahrenfall Druckausgleich; kein Nachfüllen des Elektrolyten möglich; Zelle wird während der gesamten Lebensdauer im verschlossenen Zustand betrieben).
- Bei Batterien oder Batterieanlagen entstehen **Gefahren** durch
  - elektrischen Strom,
  - austretende Gase und
  - Elektrolytflüssigkeiten.
- Zur **Vermeidung dieser Gefahren** sind Batterieanlagen mit entsprechenden Schutzmaßnahmen auszurüsten.

Schutzmaßnahmen

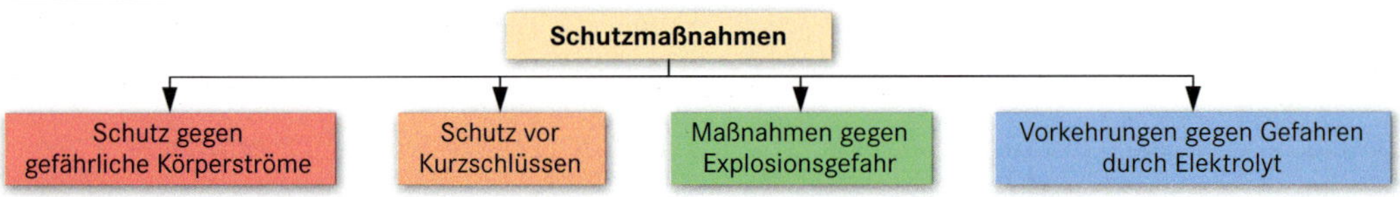

Basisschutz

- Schutz gegen **direktes Berühren aktiver Teile** ist durch folgende **Schutzmaßnahmen** realisierbar:
  - Isolierung aktiver Teile
  - Abdecken oder Umhüllen aktiver Teile
  - Einbau von Hindernissen
  - Einhalten des Schutzabstandes
- Schutz durch Abdeckung oder Umhüllung muss nach Schutzart IEC 60529 P2X ausgeführt sein.
- Schutz durch **Hindernisse** oder durch **Abstand** ist z. B. bei Batterien mit 60 V bis 120 V zwischen den Polen bzw. gegen Erde die Unterbringung in **elektrischen Betriebsstätten**. Bei höheren Spannungen Unterbringung in **abgeschlossenen, elektrischen Betriebsstätten**.
- Batterien mit **Bemessungsspannungen bis zu 60 V DC** erfordern keinen Schutz gegen direktes Berühren, sofern die gesamte Anlage den Bedingungen für **SELV** (**S**afety **E**xtra **L**ow **V**oltage) oder **PELV** (**P**rotective **E**xtra **L**ow **V**oltage) entspricht.

Fehlerschutz

- **Schutz bei indirektem Berühren** (IEC 60364-4-41) kann wie folgt realisiert werden:
  - Automatische Abschaltung
  - Verwenden von Geräten der Schutzklasse II oder gleichwertiger Isolierung
  - Nichtleitende Umgebung (in besonderen Anwendungsgebieten)
  - Örtlicher, erdfreier Schutzpotenzialausgleich
  - Schutztrennung
- **Dauernd zulässige Berührungsspannung** ist festgelegt auf 120 V (Grenzwert, IEC 60449).
- **Batteriegestelle oder -schränke** aus Metall müssen an den Schutzleiter angeschlossen oder gegen die Batterie und den Aufstellungsort isoliert sein.
- **Kriechstrecken** und **Sicherheitsabstände** nach IEC 60664; **Hochspannungsprüfung** ist mit 4000 V AC, 50 Hz, 1 Minute auszuführen.

Explosionsgefahr

- Während der Ladung, Erhaltungsladung und bei Überladung treten Gase aus allen Zellen aus.
- Eine **explosive Mischung** entsteht, wenn die Wasserstoffkonzentration in der Luft 4 % übersteigt.
- **Batterieräume** und **Schränke** sind durch natürliche oder technische **Lüftung** unter dem oben genannten Grenzwert zu halten.

Elektrolyt

- **Bleibatterien:** Wässrige Lösung aus **Schwefelsäure**
- **NiCd-Batterien:** Wässrige Lösung aus **Kaliumhydroxid**
- Gefahr: **Starke Verätzungen** auf der Haut und in den Augen
- Schutz: Schutzbrille (Schutzschild), Schutzhandschuhe, Schürze zum Schutz der Haut
- **Ausgetretener Elektrolyt** ist umgehend mit saugfähigen Materialien (neutralisierend) aufzunehmen.

Kurzschluss

- Gespeicherte Energie wird freigesetzt und kann zum Schmelzen von Metallen, zu Funkenbildung, zu Explosionen oder zum Verdampfen des Elektrolyten führen.
- Der **Isolationswiderstand** zwischen dem Batteriekreis und anderen leitfähigen örtlichen Teilen muss größer als 100 Ω/V der Batteriespannung sein (Leckstromstärke < 10 mA).

Wartungsarbeiten

- Bei **Arbeiten in der Anlage** darf nur isoliertes Werkzeug verwendet werden.
- Für **ungefährliche Wartungsarbeiten** sind Batterieanlagen wie folgt auszurüsten:
  - **Abdeckungen** für die Batteriepole
  - **Mindestabstand** von 1,5 m zwischen berührbaren, aktiven Leitern der Batterien, die ein Potenzial von mehr als 1500 V führen
  - **Vorrichtung zur Auftrennung** von Zellengruppen

USV – Unterbrechungsfreie Stromversorgung

UPS – Uninterruptable Power Supply

DIN VDE 0558-530: 2011-12

Anwendungen:

- Verbesserung der Spannungsqualität für ausgewählte Verbraucher (z. B. Computer, sicherheitsrelevante Anlagen)
- Versorgung der Verbraucher auch bei Netz-Spannungsausfall für eine definierte, maximale Zeit

Beispiel: VFI SS 111
Stufe: 1 2 3

Stufe	Bedeutung
1	Abhängigkeit der Ausgangsspannung von der Eingangsspannung
2	Kurvenform der Ausgangsspannung
3	Ausgangsverhalten bei Lastsprüngen

Stufe 1

Bezeichnung	Eigenschaften	Beispiel	Beherrschbare Störungen
VFD (**V**oltage and **F**requency **D**ependent)	Alle Eingangsgrößen sind gleich den Ausgangsgrößen.	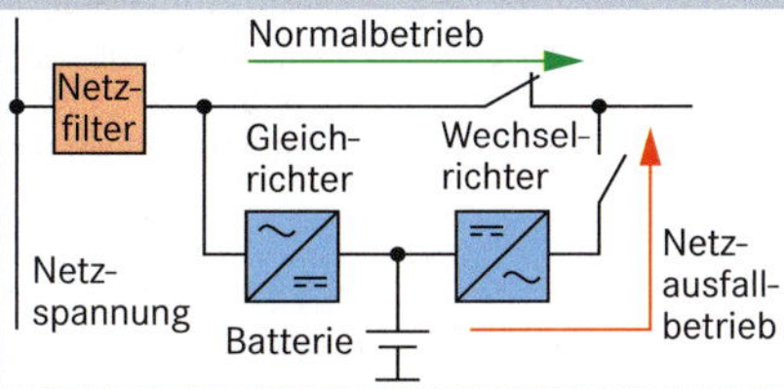	1. Netzausfall 2. Spannungsschwankung 3. Spannungsspitzen 4. Unterspannungen 5. Überspannungen[1)] 6. Blitzeinwirkungen[1)] Spannungsgröße 7. Frequenzschwankungen 8. Spannungsverzerrung (Burst) 9. Spannungsoberschwingung
VI (**V**oltage **I**ndependent)	Ausgangsspannung ist synchron zur Eingangsspannung (Kurvenform und Frequenz).	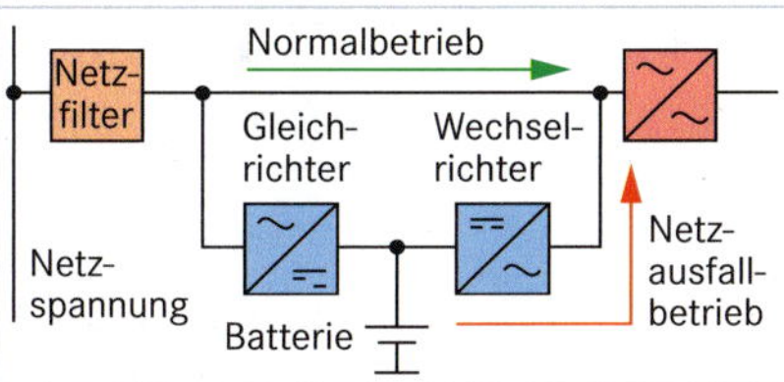	
VFI (**V**oltage and **F**requency **I**ndependent)	Ausgangsspannung/-frequenz sind unabhängig von Schwankungen der Spannung/Frequenz am Eingang.	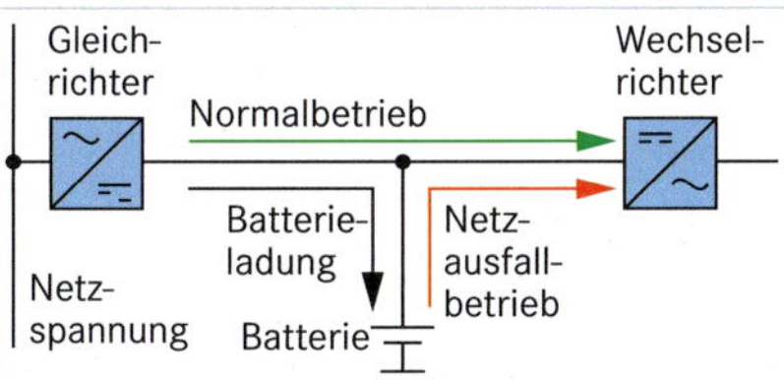	

[1)] zusätzlicher Überspannungsschutz erforderlich

Stufe 2

1. Kennbuchstabe: Netzbetrieb
2. Kennbuchstabe: Batteriebetrieb

S	Sinusform mit Verzerrung *D* < 8 % bei Referenzlast
X	Bei linearer Last Güte nach Form „S“, sonst ist *D* > 8 % zulässig
Y	Form der Ausgangsspannung weicht von Vorgaben ab.

D: Verzerrung als Maß für Abweichung von der Sinusform.

Stufe 3

1. Ziffer: Netz-/Batterie-/Bypassbetrieb
2. Ziffer: Lastsprung (lineare Last)
3. Ziffer: Lastsprung (nichtlineare Last)

1	sehr gute Eigenschaften, Ausgangsspannungsabweichung ≤ ± 30 %; nach 0,1 s ≤ ± 10 %
2	nach 1 ms maximal +100 %; nach 10 ms ≤ +20 %/ −100 %; nach 0,1 s ≤ ±10 %
3	nach 1 ms maximal +100 %; nach 10 ms ≤ +20 %/ −100 %; nach 0,1 s ≤ ±10 %/− 20 %
4	Genaue Eigenschaften sind vom Hersteller definiert.

Auswahlkriterien für USV-Anlagen

- Maximal benötigte Leistung (mögliche zukünftige Lasterhöhung berücksichtigen)
- Überlastfähigkeit/-dauer (Motoranläufe, Auslöseenergie für Sicherungen/Sicherungsautomaten, ...)
- Klassifizierung
- Netzwerkanbindung für automatischen Shutdown angeschlossener Computer bei Ende der Autonomiezeit
- Rückwirkungen auf das speisende Netz (Stromoberschwingungen)
- Redundanz mehrerer Systeme
- Autonomiezeit (Batteriekapazität)
- Ein-/Ausgangsspannung (1- oder 3-phasig)
- 19"-Einbauvariante/Standgerät
- Umgebungstemperatur (Lebensdauer der Batterien)

Anwendung	Zusatzanforderungen
■ Bei Ausfall der öffentlichen Stromversorgung sollen ausgewählte Verbraucher weiter mit elektrischer Energie versorgt werden. ■ Die Spannung soll - innerhalb einer definierten Zeit wieder anliegen und - für eine definierte Zeit bestehen bleiben. ■ Anwendung z. B. bei Krankenhäusern, Rechenzentren, Veranstaltungsstätten, empfindlichen Produktionsanlagen ■ Je nach Anforderung kann eine unterbrechungsfreie Stromversorgung gefordert werden. Diese erfolgt in Sonderbauformen oder in Kombination mit Standard-USV-Anlagen.	■ Sicherheitsstromversorgung - Brandschutz - Trennung von Aggregat und Verteilung - Maximal Zeit bis zur Verfügbarkeit (15 s bei maximal 3 Startversuchen) ■ Bundesimmissions-Schutz-Gesetz (BimSchG): - Anforderungen aus TA-Luft und TA-Lärm beachten ■ Lagerung großer Treibstoffmengen: - Anforderungen aus dem Wasserrecht (spezifisch nach Bundesländern) beachten. - Gegebenenfalls Prüfung durch VAwS-Sachverständigen bzw. WHG-Sachkundenachweis der Errichter erforderlich. **VAwS**: **V**erordnung über **A**nlagen mit **w**assergefährdenden **S**toffen **WHG**: **W**asser-**H**aushalts**g**esetz

Projektierungshinweise	Prüfanforderungen
■ **Lastzuschaltung** Je nach Motorart sind nur begrenzte Lastzuschaltungen möglich, z. B. 50 % → 30 % → 20 %. ■ **Generatordimensionierung** - Bei nichtlinearen Lasten (Oberschwingungen) ist die Generator-Bemessungsleistung zu erhöhen (je nach Belastung auf bis zu 280 %). - Kurzschlussstromstärke auf Selektivität auslegen, ggf. Generatorleistung erhöhen. ■ **Synchronisiereinrichtung** Sie ermöglicht - ein unterbrechungsfreies Rückschalten nach Spannungswiederkehr und - Funktionstest mit voller Belastung der Netzersatzanlage	■ Es gilt allgemein: Prüfungen nach BetrSichV und DIN VDE 0105 ■ Bei Sicherheitsstromversorgungen gelten spezielle Prüfvorschriften (DIN 6280-13: 1994-12) ■ Monatliche Prüfungen: - Sichtprüfung (Aggregat, Batterie, Aufstellraum, Kraftstoffsystem) - Funktionsprüfung (Start-/Anlaufverhalten, Leistungsübernahme, Schalt-, Regel- und Hilfseinrichtungen, Leckagesonden, Jalousieklappen) - Lastverhalten bei min. 50 % der Bemessungsleistung für 60 Min. - Funktion der Umschalteinrichtungen ■ Jährliche Prüfung - Vergleich der Leistung des Stromerzeugungsaggregates mit der erforderlichen Verbraucherleistung

Dieselgenerator

Kraftstoffversorgung	Umschalteinrichtung
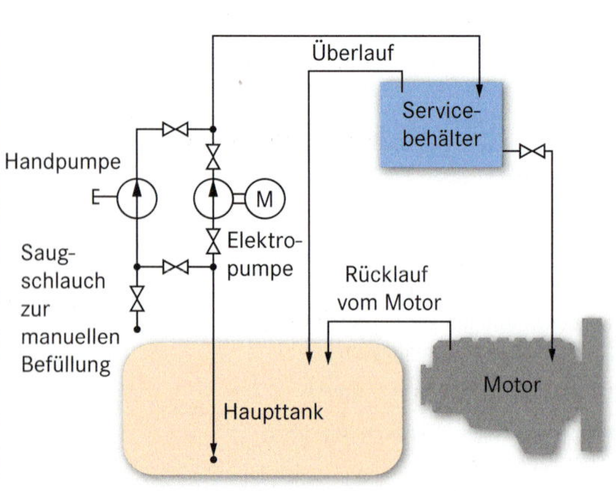	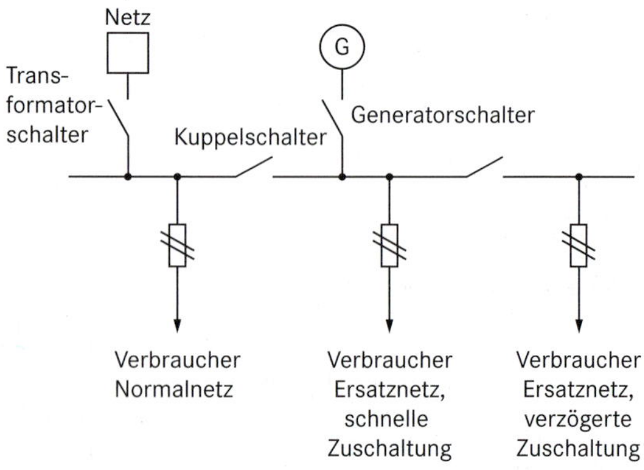 Die schnelle und langsame Schiene kann auch zusammengefasst werden, wenn keine zu hohen Lastsprünge beim Einschalten zu erwarten sind.

Schaltnetzteile
Switch Mode Power Supplies

Funktionsgruppen

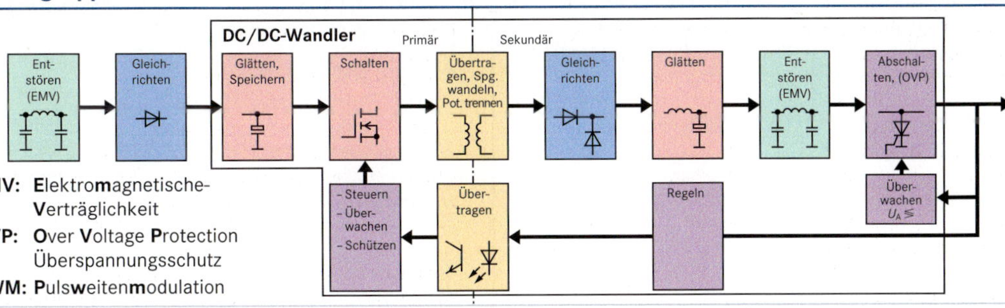

EMV: **E**lektro**m**agnetische-**V**erträglichkeit
OVP: **O**ver **V**oltage **P**rotection Überspannungsschutz
PWM: **P**uls**w**eiten**m**odulation

Sperrwandler

Schaltbild	Spannungen, Ströme	Formeln
Hochsetzsteller (Boost-converter) 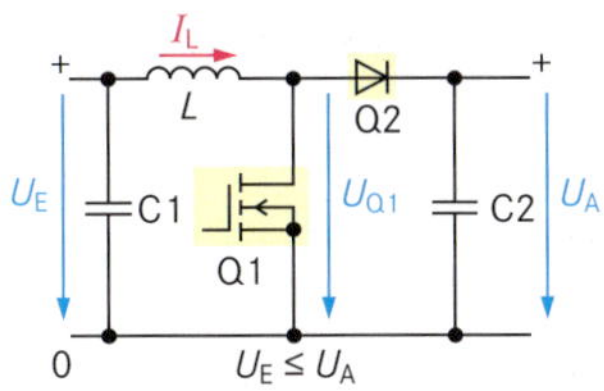	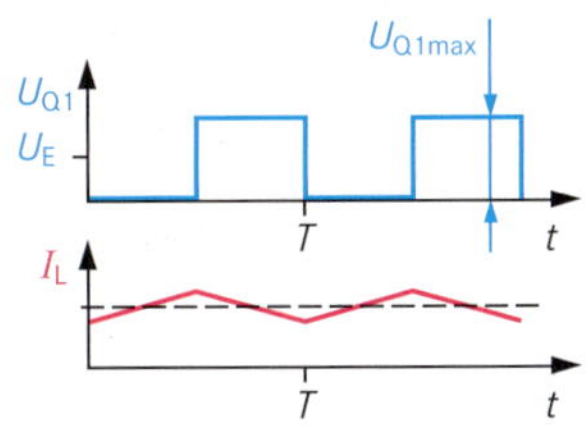	$U_A = \frac{1}{1-g} \cdot U_E$; $L = \frac{(U_A - U_E) \cdot U_E}{\Delta I_L \cdot f \cdot U_A}$; $I_L = \frac{1}{1-g} \cdot I_A$; $U_{Q1max} = 2 \cdot U_E$; g: Tastgrad $g = \frac{\text{Einschaltdauer}}{\text{Periodendauer}} = \frac{t_{ein}}{T}$
Inverter mit galvanischer Trennung (Sperrwandler (fly-back-converter) 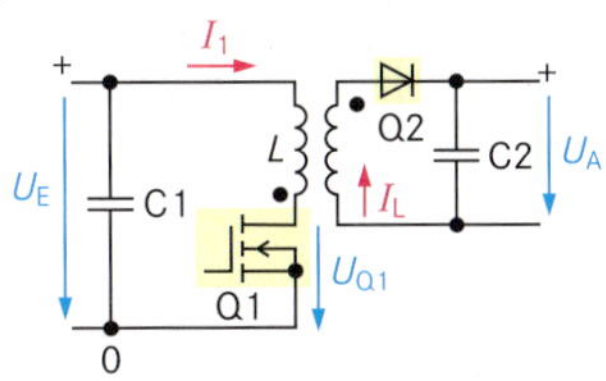	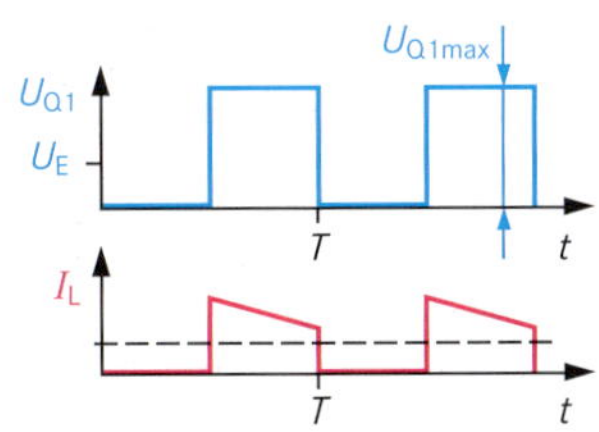	$U_A = \frac{N_2 \cdot g \cdot U_E}{N_1 \cdot (1-g)}$; $L_{Primar} = \frac{U_E \cdot t_{ein}}{f_1}$; $f_1 = \frac{U_E^2 \cdot \eta}{8 \cdot P_A \cdot L}$; $U_{Q1max} = 2 \cdot U_E$; f_1: Schaltfrequenz ; N_1, N_2: Wicklungszahl

Flusswandler

Schaltbild	Spannungen, Ströme	Formeln
Eintakt-Durchflusswandler (Forwardconverter) 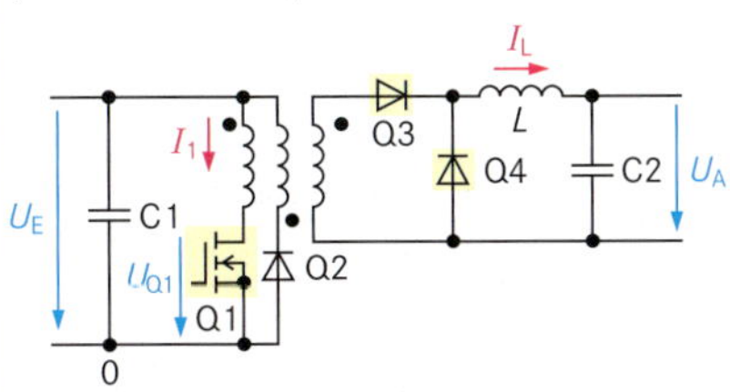	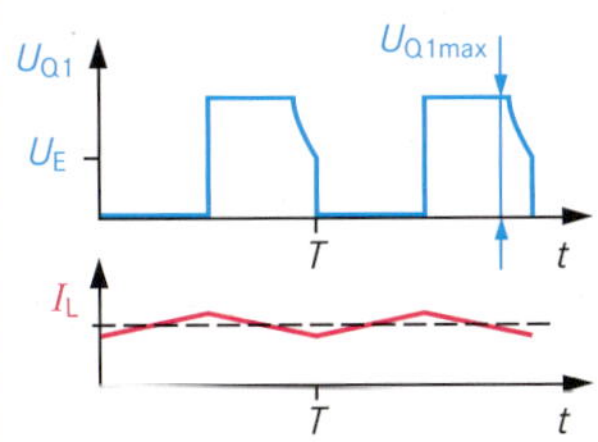	$U_A = \frac{N_2}{N_1} \cdot g \cdot U_E = \frac{g \cdot U_E}{ü}$; $I_1 = \frac{I_L}{ü} + \frac{ü \cdot U_A}{f \cdot L} \approx \frac{I_L}{ü}$; Übersetzungsverhältnis: $ü = \frac{N_1}{N_2}$; $U_{Q1max} = 2 \cdot U_E$
Gegentakt-Durchflusswandler (Push-Pullconverter) 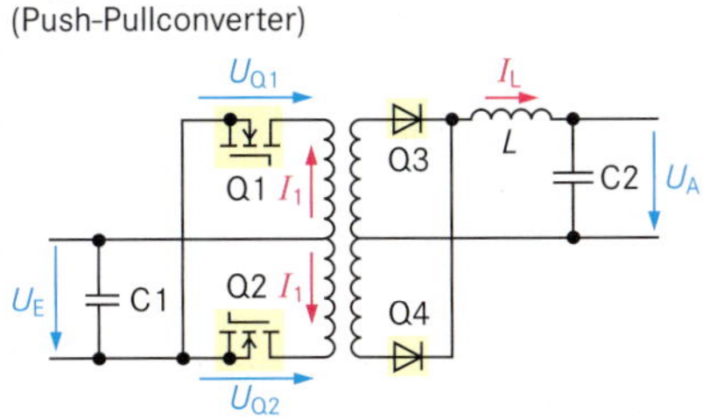	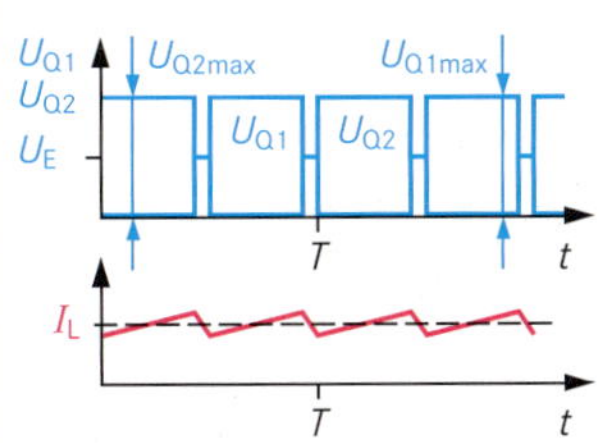	$U_A = \frac{2 \cdot g}{ü} \cdot U_E$; $I_1 = \frac{I_L}{ü} + \frac{ü \cdot U_A}{4 \cdot L \cdot f} \approx \frac{I_L}{ü}$; $U_{Q1max} = 2 \cdot U_E$

Hochspannungs-Gleichstromübertragung (HGÜ)

HGÜ (**HVDC**: **H**igh-**V**oltage **D**irect **C**urrent) wird eingesetzt für

- Energieaustausch über große Kabelstrecken (z. B. Meer) zwischen zwei Ländern (z. B. Deutschland und Schweden),
- Energieübertragung von Offshore-Windenergie-Anlagen zum Festland und
- Verbindung zweier Netze mit unterschiedlicher Frequenz.

System der Übertragung:

Verbundnetz 50 Hz → HGÜ-Strecke 0 Hz → Verbundnetz 50 Hz

Beispiel: Windpark Offshore (WEA)

1. 180 Windenergieanlagen mit je 5 MW, Offshore vernetzt im 36 kV-Drehstromkabel-Netz (50 Hz)
2. Transformation von 36 kV auf 155 kV AC
3. Umwandlung in Gleichrichterstation auf 150 kV DC
4. Energietransport über Seekabel zur Wechselrichterstation (z. B. Leistung 400 MW) am Festland
5. Umwandlung von 150 kV DC in 400 kV AC, 50 Hz
6. Energieeinspeisung ins Verbundnetz 400 kV/50 Hz

Dreh- und Wechselstromübertragung

Anwendungen	Bezeichnung	Bemessungs-spannung in kV
Überregionaler und internationaler Bereich (Verbund-netz)	Höchst-spannungsnetz	230 ... 400
Großindustrien, Großstädte	Hoch-spannungsnetz	60 ... 110
Industriebetriebe, Hochhäuser, Ortsnetzstationen	Mittel-spannungsnetz	10 ... 30
Wohnhäuser, Gewerbebetrieb, landw. Betriebe	Nieder-spannungsnetz	0,4

Bemessungsgrößen von Netzen

Bezeichnungen		Bemessungsgrößen			
Gleichstrom-Bahnnetze	U in kV	0,75	1,5	3	–
Einphasen-Wechselstrom-Bahnnetze	U in kV	15	25	–	–
	f in Hz	$16\frac{2}{3}$	50, 60	–	–
Vierleiter- oder Dreileiter-Drehstromnetze	U in V	230/400	277/480	400/690	1000
	f in Hz	$16\frac{2}{3}$	50		

Masttypen

- **Nieder- und Mittelspannungsleitung**

mit Stütz- und Hängeisolatoren

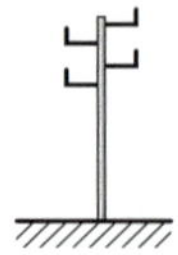

Holzmast: 0,4 kV, $h \approx 12$ m, Eingrabtiefe 1/6 der Mastlänge min. 1,60 m

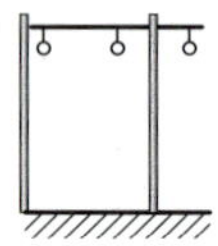

Betonmast: 20 kV, $h \approx 14$ m, Fundament aus Beton

- **Hochspannungsleitung**

mit Stütz- und Hängeisolatoren

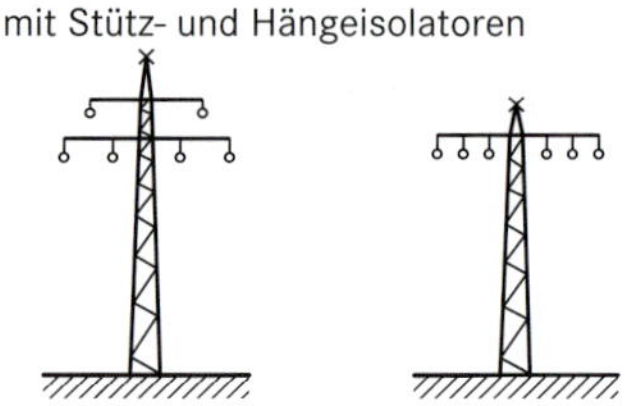

Stahlgittermasten: 110 kV, 2 Systeme, $h \approx 27$ m

- **Höchstspannungsleitung**

mit Hängeisolatoren und Erdseilen

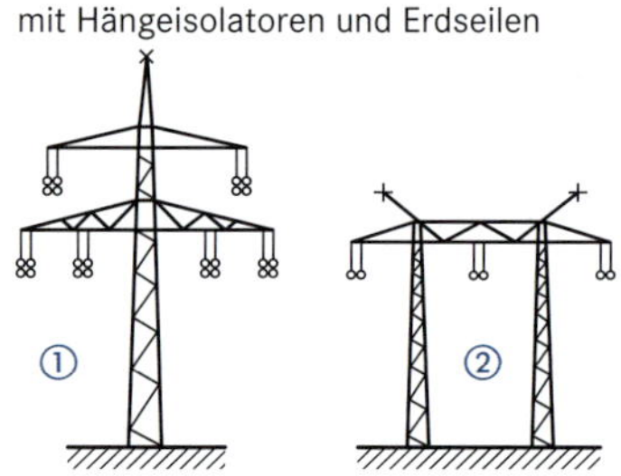

Stahlgittermasten: 400 kV, 2 Systeme ①, $h \approx 47$ m bzw. 1 System ②, $h \approx 36$ m

Hochspannungsübertragung

Stahlgittermast

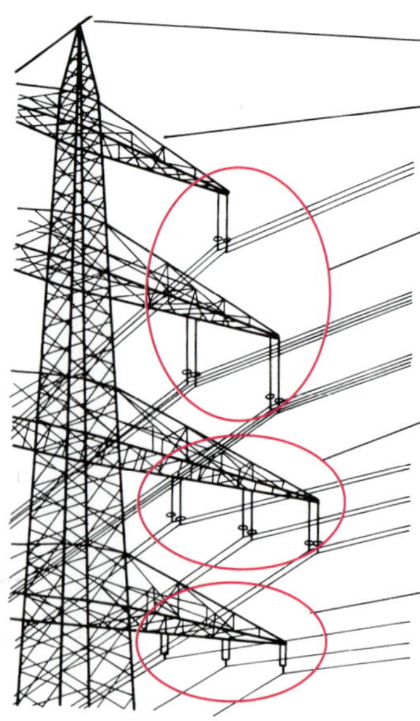

Energiefluss und Energieverteilung

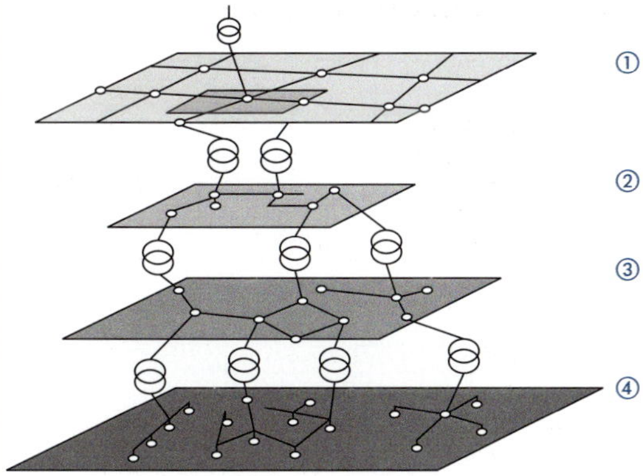

Verbundnetz → Transportnetz → Verteilnetz → Ortsnetz
⑤ ⑥ ⑦ ⑧

Spannungsebenen und Energieumwandlung

① **Höchstspannungsebene (400 kV, 230 kV)**
- Sehr hohe Übertragungsleistung
- Maschinentransformator im Kraftwerk und Kuppeltransformator zwischen ① und ②

② **Hochspannungsebene (110 kV)**
- Transport hoher Leistungen über weite Strecken ⑥
- Netztransformator zwischen ② und ③

③ **Mittelspannungsebene (10 kV, 20 kV)**
- Regionaler Energietransport ⑦
- Verteiltransformator zwischen ③ und ④

④ **Niederspannungsebene (230 V/400 V)**
- Lokaler Energietransport zum Verbraucher ⑧

Ortsnetzstation

- **Übersichtsschaltplan**

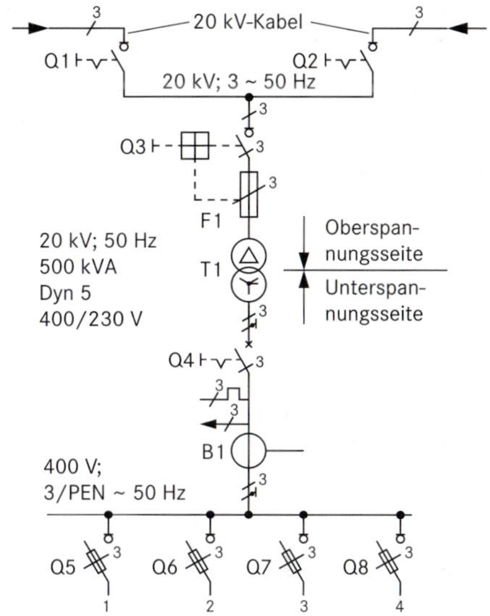

- **Lasttrennschalter Q1 und Q2**
  trennen unter Last
- **Lasttrennschalter Q3**
  mit Hochspannungs-Hochleistungssicherung (HH)
- **Ortsnetztransformator T1**
  wandelt Mittelspannung in Niederspannung um
- **Leistungsschalter Q4**
  schalten bei Überlast und Kurzschluss
- **Stromwandler B1**
  wandeln hohe Stromstärken in niedrigere Messstromstärken um
- **Sicherungs-Lasttrennschalter Q5 ... Q8**
  schalten unter Last, z. B. bei Überlast und Kurzschluss

Netzformen

Energieversorgung

Strahlennetz | Ringnetz | Maschennetz

- Strahlenförmig von einer Ortsnetzstation
  - einfacher, kostengünstiger Netzaufbau
  - Abschaltung eines ganzen Leitungsstranges bei einem Fehler
  - keine Versorgung im Fehlerfall

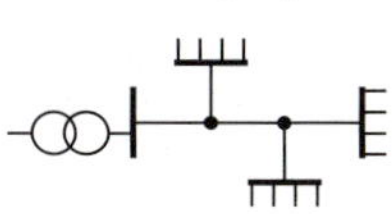

- Ringförmig von zwei Ortsnetzstationen
  - Abschaltung nur des fehlerhaften Leitungsstranges
  - weitere Energieeinspeisung bei einem Fehler möglich, z. B. bei Leitungsbruch

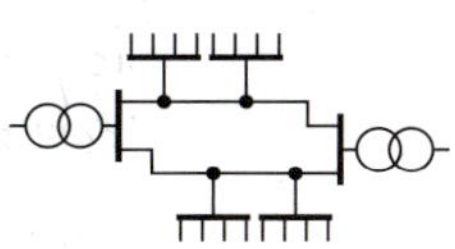

- Maschenförmige Verknüpfung mehrerer Netzknotenpunkte
  - Versorgung bei einer Störung durch Heraustrennen des fehlerhaften Leitungsstückes
  - hohe Kurzschlussstromstärken wegen paralleler Leitungswege

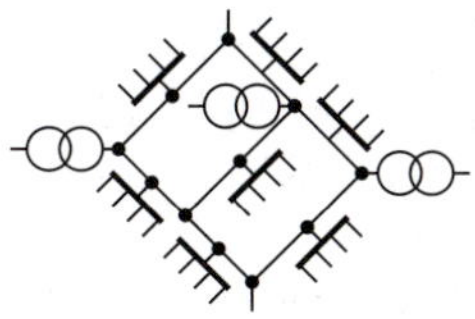

Beispiel:

T	N	– C	– S	– System
Beschreibung der Erdungen an der Einspeisung	Beschreibung der Erdungen in der Verbraucheranlage	Beschreibung der N- und PE-Leiter-Führung in der VNB-Anlage	Beschreibung der N- und PE-Leiter-Führung in der Verbraucheranlage	

Systemarten

TN-C-System	TN-S-System	TN-C-S-System	TT-System	IT-System
↓ Neutral- und Schutzleiter	↓ Neutral- und Schutzleiter	↓ Kombination des TN-C- und TN-S-System	↓ Gehäuse in der Anlage geerdet	↓ Aktive Leiter gegen Erde isoliert
↓ N- und PE-Leiter zusammen als PEN-Leiter	↓ Vollständig getrennte Führung von N- und PE-Leiter	↓ Getrennte Führung von N- und PE-Leiter ab Hauptverteilung	↓ Keine Leiterverbindung vom Anlagen- zum Betriebserder	↓ Erdung aller Gehäuse nur in der Anlage

Kurzzeichen:

- **I:** Trennung aller aktiven Teile von Erde; Sternpunkt isoliert (oder) über Impedanz mit der Erde verbunden.
- **T:** Direkte Erdung des Netz-Sternpunktes ① bzw. der Gerätegehäuse ②.
- **N:** Komponenten sind direkt mit dem Sternpunkt des Versorgungssystems verbunden.
- **C:** PEN-Leiter hat Neutralleiter (N)- und Schutzleiter (PE)-Funktion.
- **S:** PE-Leiter ist vom N-Leiter getrennt.

Bedeutung: I: Isolation (isoliert); **T:** Terre (Erde); **N:** Neutre (neutral); **C:** Combiné (kombiniert); **S:** Separé (getrennt)

TN-C-S-System

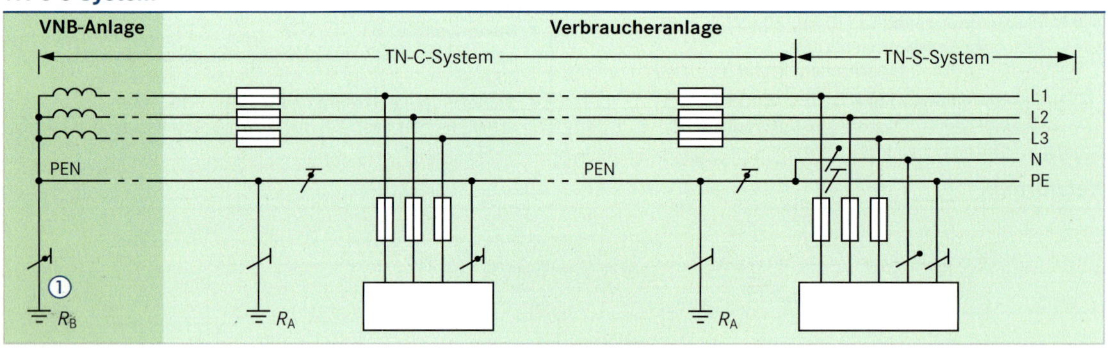

TT-System

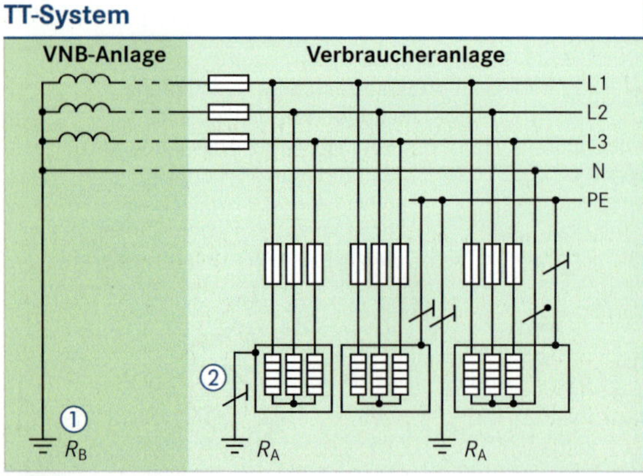

IT-System

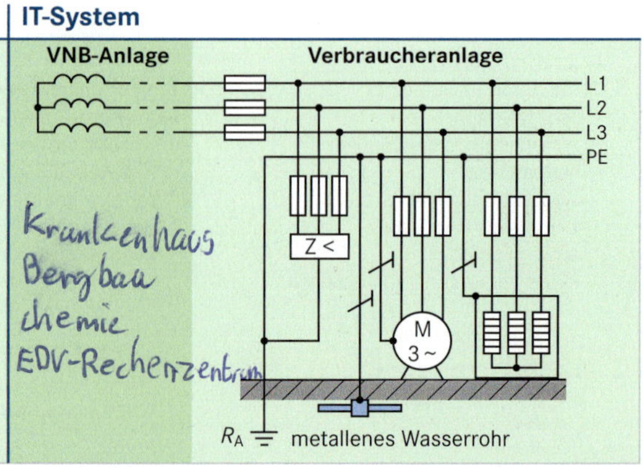

 S. 192

Arten

- **Transformatoren**
  - **Einphasentransformatoren**
    - Kleintransformatoren
      - Sicherheitstransformatoren
        - Klingeltransformatoren
        - Handleuchtentransformatoren
        - Transformatoren für medizinische Geräte
        - Trenntransformatoren
        - Steuertransformatoren
        - Spielzeugtransformatoren
      - Netzanschlusstransformatoren
        Verwendung: Verstärkeranlagen, Gleichrichteranlagen, Elektrozaun-Geräte
      - Zündtransformatoren
        Verwendung: Zünden von Gas- und Ölfeuerungsanlagen
    - Schweißtransformatoren
    - Messwandler
    - Stelltransformatoren
  - **Drehstromtransformatoren**
    - Block- oder Maschinentransformatoren
    - Netztransformatoren
    - Verteilungs- oder Ortsnetztransformatoren

Wirkungsgrad

$$\eta = \frac{P_{ab}}{P_{ab} + P_{vFe} + P_{vCu}}$$

P_{vFe}: Eisenverlustleistung
P_{vCu}: Kupferverlustleistung

Jahreswirkungsgrad

$$\eta_a = \frac{W_{ab}}{W_{ab} + W_{vFe} + W_{vCu}}$$

Betriebszustände

Unbelastet

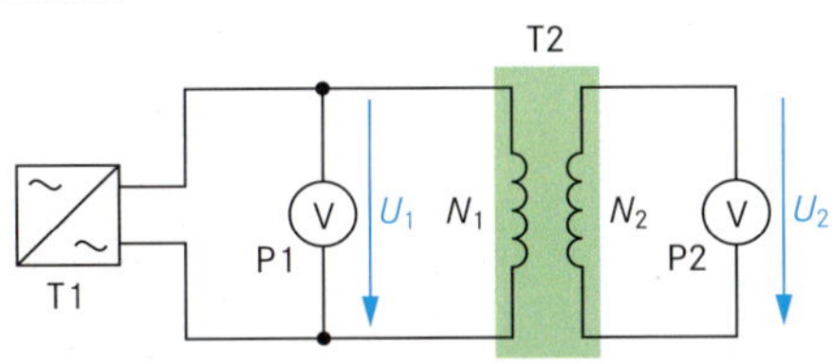

Belastet

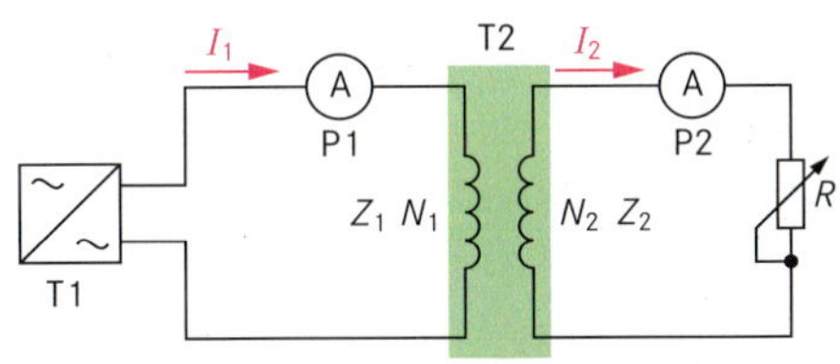

Spannungsübersetzung	Übersetzungsverhältnis	Stromübersetzung	Widerstandsübersetzung
$\frac{U_1}{U_2} = \frac{N_1}{N_2}$	$ü = \frac{U_1}{U_2}$; $ü = \frac{N_1}{N_2}$; $ü = \frac{I_2}{I_1}$	$\frac{I_2}{I_1} = \frac{N_1}{N_2}$	$ü^2 = \frac{Z_1}{Z_2}$

Energieumwandlung

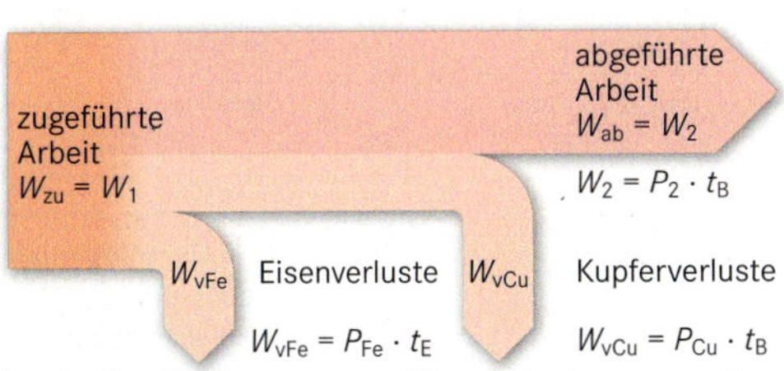

Leerlauf und Belastung ⇒ Eisenverluste
Belastung ⇒ Kupferverluste
t_E: Einschaltdauer
t_B: Betriebsdauer

Ströme

Leerlaufstrom I_0

- **Wirkstrom I_w**
  verursacht die Wirbelströme im Eisenkern (Eisenverluste) und Kupferverluste
- **Blindstrom I_m**
  bewirkt die Ummagnetisierung des Eisenkerns (Magnetisierungsstrom)

Verteiltransformator

Gießharz-Verteiltransformator

Begriffe

- **Oberspannungswicklung** (OS-Wicklung) hat die höhere Bemessungsspannung.
- **Unterspannungswicklung** (US-Wicklung) hat die niedrigere Bemessungsspannung.
- **Leerlaufverluste** (Eisenverluste P_{vFe}) Wirkleistung bei Leerlauf
- **Kurzschlussverluste** (Bemessungswicklungsverluste P_{vCu}) werden beim Kurzschlussversuch gemessen.
- **Kennzahl** x 30° gleich Phasenverschiebungswinkel zwischen Ober- und Unterspannung
- Die **Schaltgruppe** gibt die Schaltung der OS-Wicklung (großer Buchstabe), die Schaltung der US-Wicklung (kleiner Buchstabe) und die Phasenverschiebung zwischen Ober- und Unterspannung an.
- **Bemessungsübersetzung:**

$$ü = \frac{U_{OS}}{U_{US}}$$

- **Bemessungsleistung:**

$$S_n = U \cdot I \cdot \sqrt{3}$$

Kennzahlen

Schaltgruppe Dy**5**
Oberspannungsseite: **Dreieckschaltung D**
Unterspannungsseite: **Sternschaltung y**

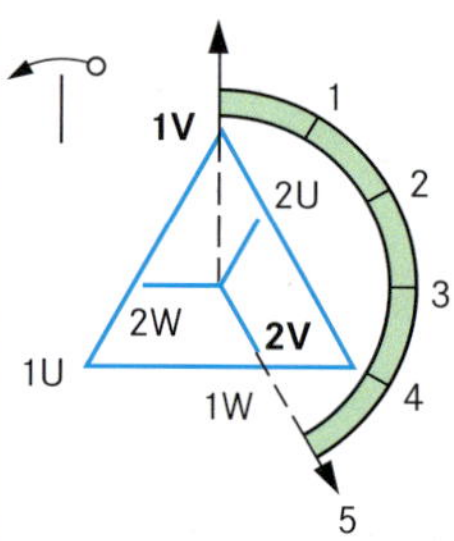

$\varphi = 5 \cdot 30° = 150°$

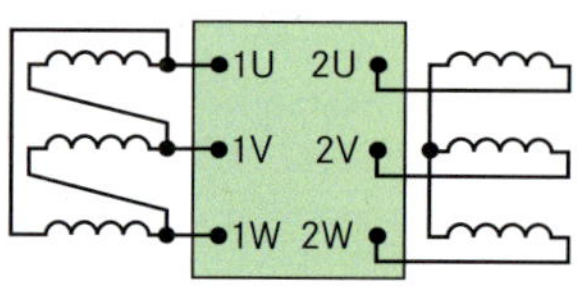

Schaltgruppe Yz**11**
Oberspannungsseite: **Sternschaltung Y**
Unterspannungsseite: **Zick-Zack-Schaltung z**

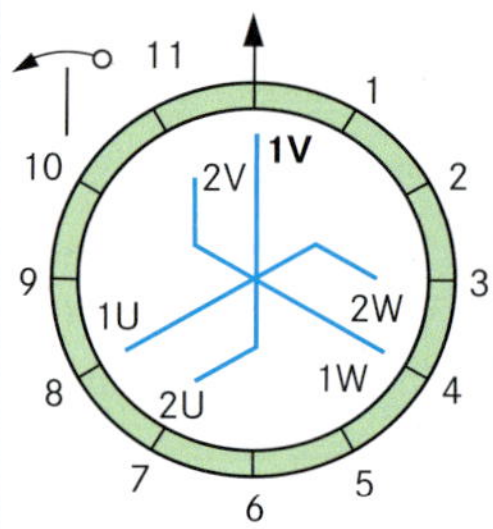

$\varphi = 11 \cdot 30° = 330°$

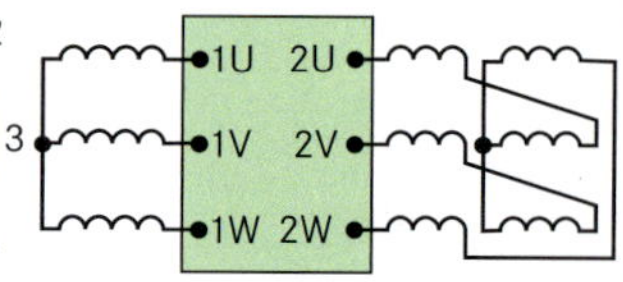

Schaltgruppen für unsymmetrische Belastung (Beispiele)

Schaltgruppe	Zeigerbild		Schaltungsbild		Übersetzung $ü = \frac{U_1}{U_2}$	Einsatz
	Primär	Sekundär	Primär	Sekundär		
Yyn[1]	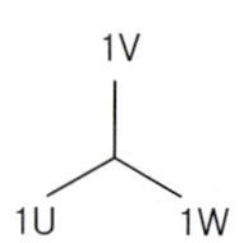	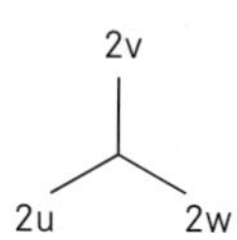	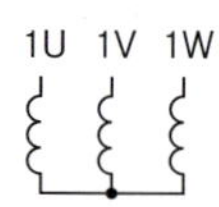	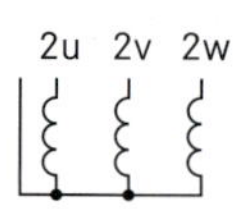	$\frac{N_1}{N_2}$	Verteilungstransformator mit geringerer Leistung, Sternpunkt bis 10 % belastbar
Dyn 5	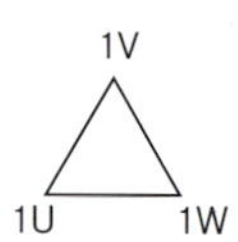	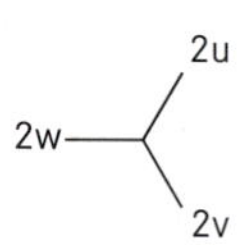	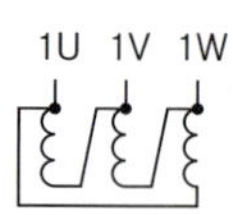	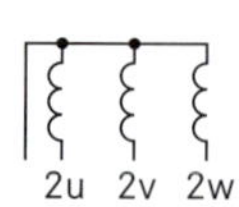	$\frac{N_1}{\sqrt{3} \cdot N_2}$	Verteilungstransformator mit voll belastbarem Sternpunkt
Yzn 5	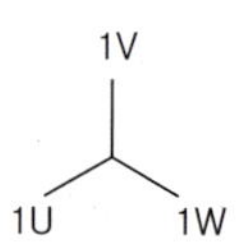	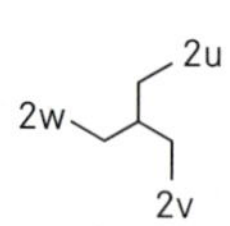	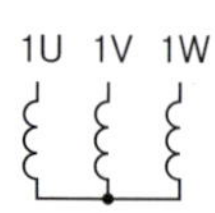	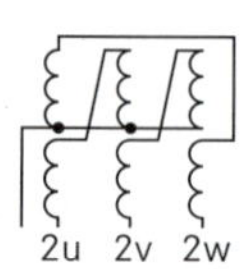	$\frac{2 \cdot N_1}{\sqrt{3} \cdot N_2}$	Verteilungstransformator mit geringerer Leistung und voll belastbarem Sternpunkt

[1] n: Sternpunkt ist belastbar

Anwendungen	Bezeichnung/ Bildzeichen	Verwendung/ Kennzeichnung	Eigenschaften
Schutzmaßnahme Schutztrennung	**Trenntransformator**[1] 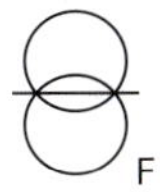	allgemein	$U_{1n} \leq 1000$ V $S_n \leq 25$ kVA (einphasig) $U_{2n} \leq 500$ V $S_n \leq 40$ kVA (mehrphasig) $U_{2n} \leq 708$ V (gleichgerichtet) $f_n \leq 500$ Hz Galvanische Trennung auch bei Defekt
Bade- und Duschräume		für Rasiersteckdose 	$U_{1n} \leq 250$ V $20 \text{ VA} < S_n \leq 50$ VA $U_{2n} \leq 250$ V Schutzart mindestens IPX1 Bedingt oder unbedingt kurzschlussfest
Schutzmaßnahme Sicherheitsklein-spannung	**Sicherheits-transformator** 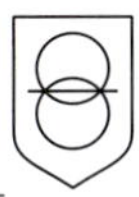	allgemein	$U_{1n} \leq 1000$ V $S_n \leq 10$ kVA (einphasig) $U_{2n} \leq 50$ V $S_n \leq 16$ kVA (mehrphasig) $U_{2n} \leq 120$ V (gleichgerichtet) $f_n \leq 500$ Hz Galvanische Trennung auch bei Defekt
Kinderspielzeug	Fail-Safe-Sicherheits-transformator[2] 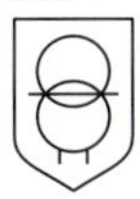	für Spielzeug 	$U_{1n} \leq 250$ V $S_n \leq 200$ VA $I_{2n} \leq 10$ A $U_{2n} \leq 24$ V $f_n = 50/60$ Hz $U_{2n} \leq 33$ V (gleichgerichtet) Schutzklasse II Selbsttätig zurückstellender Überlastauslöser
Haussignalanlagen	nicht kurzschlussfest	für Klingelanlagen 	$U_{1n} \leq 250$ V $S_n \leq 100$ VA $U_{2n} \leq 33$ V (8 V; 10 V; 12 V; 16 V; 24 V) $U_{2n} \leq 46$ V (gleichgerichtet)
Beleuchtung in besonderen Räumen	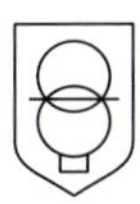 kurzschlussfest[3]	für Handleuchten 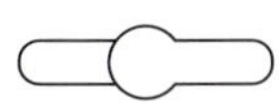	$U_{2n} \leq 50$ V (6 V, 12 V, 24 V) Schutzklasse III
Elektronische Geräte	**Geräte- oder Netztransformator**[1]	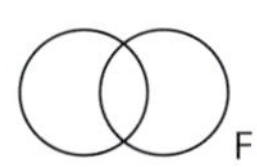	$U_{1n} \leq 1000$ V $S_n \leq 10$ kVA (einphasig) $U_{2n} \leq 1000$ V $S_n \leq 16$ kVA (mehrphasig) $U_{2n} \leq 1415$ V (gleichgerichtet) $f_n \leq 1$ MHz
Meldung Steuerungen Verriegelung	**Steuertransformator**[1]	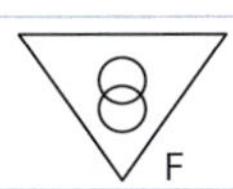	$U_{1n} \leq 1000$ V $f_n \leq 500$ Hz $U_{2n} \leq 1000$ V $U_{2n} \leq 1415$ V (gleichgerichtet)
Medizinische Geräte	**Transformator für medizinische Zwecke**		$U_{2n} \leq 24$ V, in Sonderfällen 6 V Schutzklasse II
Gas- und Ölfeuerungsanlagen	**Zündtransformator**		$U_2 = 5$ kV; 7 kV; 10 kV; 14 kV Primär- und Sekundärwicklung galvanisch getrennt
Elektroschweißen	**Schweißtransformator**		$U_2 \leq 70$ V, $U_2 \leq 42$ V in engen Metallbehältern I_2 steuerbar
Betrieb bei abweichen-den Netzspannungen	**Spartransformator**	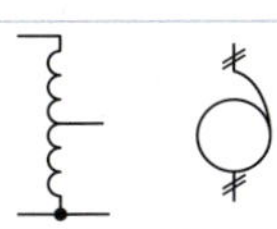	Keine galvanische Trennung $S_D = U_2 \cdot I_2$ $S_B = S_D\left(1 - \frac{U_2}{U_1}\right)$ $S_B = S_D\left(1 - \frac{U_1}{U_2}\right)$ $U_1 > U_2$ $U_2 > U_1$ S_B: Bauleistung S_D: Durchgangsleistung
Anlassen von Drehstrommotoren		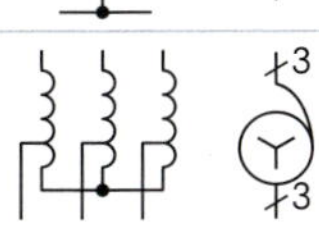	

[1] Können als Fail-Safe-Transformator, nicht kurzschlussfeste oder kurzschlussfeste (bedingt oder unbedingt kurzschlussfest) Transformatoren gebaut sein.

[2] Fail-Safe-Transformatoren fallen im Fehlerfall dauerhaft aus und stellen dabei keine Gefahr für Anwender und Umgebung dar.

[3] Bedingt kurzschlussfeste Transformatoren schalten den Eingangs- oder den Ausgangs-stromkreis des Transformators bei Überlast oder Kurzschluss mit eigener Schutzeinrichtung aus.

Kompensation

Einzelkompensation

Beispiel: Leuchtstofflampen (Duo-Schaltung)

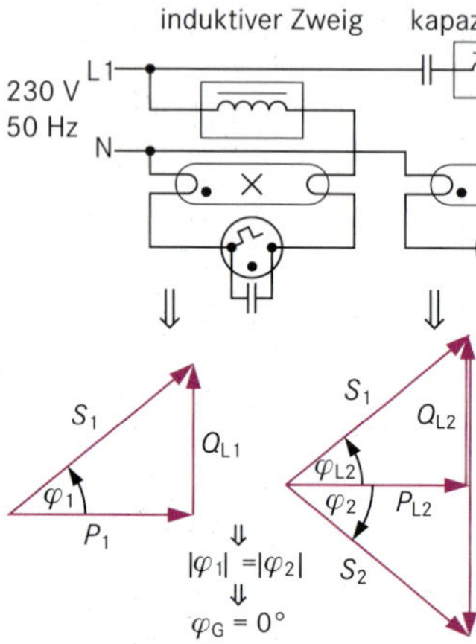

Q_{L1}, Q_{L2}: induktive Blindleistungen
Q_C: kapazitive Blindleistung

$Q_C = Q_{L1} + Q_{L2}$

Beispiel: Drehstrommotor

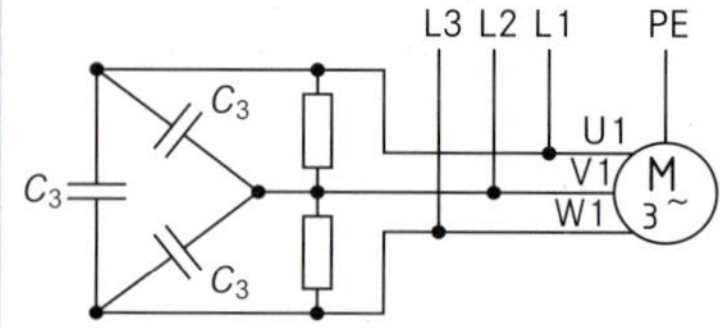

Phasenverschiebung:
φ_1: ohne Kompensation
φ_2: mit Kompensation

Laut TAB 2007 § 10.2.1; cos φ = 0,8 ind ... 0,9 kap

Blindleistung

$Q_C = P \cdot (\tan \varphi_1 - \tan \varphi_2)$ $\qquad C = \frac{Q_C}{\omega \cdot U^2}$

$Q_C = C \cdot U^2 \cdot \omega$ $\qquad \omega = 2 \cdot \pi \cdot f$

Näherungsformeln für 50 Hz:

C in µF **230 V** $C = 60 \cdot \frac{Q_C}{\text{kvar}}$

Kondensator S.252 Motor **400 V** $C = 20 \cdot \frac{Q_C}{\text{kvar}}$ S.406

Gruppenkompensation

3/N/PE~50 Hz/TN-S

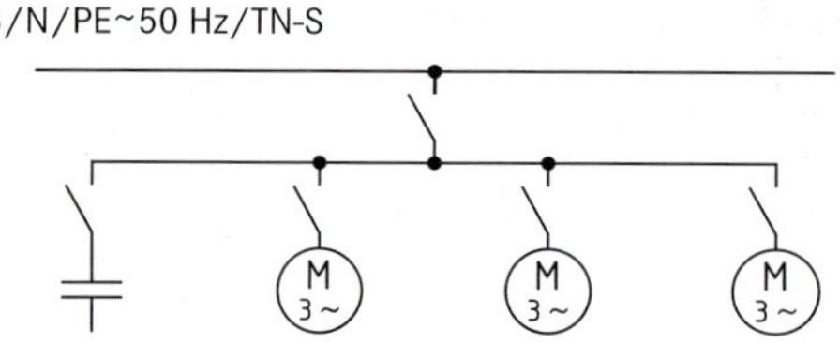

- Blindleistungsverbraucher mit einer parallel geschalteten Kondensatoreinheit
- Installation in kleineren elektrischen Anlagen mit Motoren und Leuchtstofflampen

Zentralkompensation

3/N/PE~50 Hz/TN-S

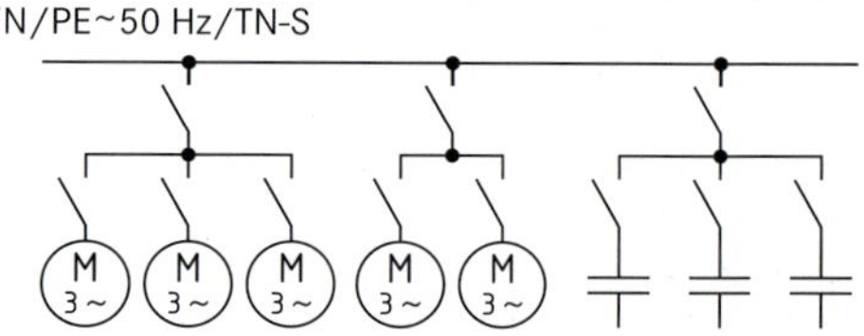

- Blindleistungsverbraucher mit zentraler Blindleistungsregelanlage (Herstellerangaben beachten)
- Installation in Gewerbe- und Produktionsbetrieben, Bürohäusern und Werkstätten

Einzelkompensation von Motoren

Bemessungsleistung P des Motors in kW	Bemessungsleistung Q_C des Kondensators in kvar
1,0 ... 3,9	ca. 55 % von P
4,0 ... 4,9	2
5,0 ... 5,9	3
6,0 ... 7,9	3
8,0 ... 10,9	4
11,0 ... 13,9	5
14,0 ... 17,9	6
18,0 ... 21,9	7,5
22,0 ... 29,9	10
ab 30,0	ca. 40 % von P

Zuordnung der Kondensatoren zu Transformatoren

Transformator-Bemessungsleistung S in kVA	Kondensatorleistung Q_C in kvar bei Trafo-Primärspannungen 5 ... 10 kV	15 ... 20 kV	25 ... 30 kV
25	2	3	3
50	4	5	6
75	5	6	7,5
100	6	7,5	10
160	10	10	15
250	15	15	20
315	15	20	25
400	20	20	30
630	30	30	40

Berechnung der Blindarbeit

Rechnung des VNB für einen Großverbraucher weist aus:
- Verbrauch für Wirkarbeit in kWh
- Verbrauch für Blindarbeit in kvarh

Ist der Betrag für Blindarbeit größer als die kostenlose Freimenge von 50 % der Wirkarbeit, dann muss die darüber hinaus genutzte Blindarbeit bezahlt werden.

Beispiel:
- Verbrauch an Wirkarbeit: 9.200 kWh/Monat
- Verbrauch an Blindarbeit: 11.200 kvarh/Monat
- 50 % der Wirkarbeit: 4.600 kvarh/Monat
- Blindarbeit: 6.600 kvarh/Monat

Blindleistungs-Regelanlagen

Aufbau

- Sie werden bei stark schwankendem Blindleistungsbedarf und häufig auch als Zentralkompensation eingesetzt.
- Über Strom- und Spannungswandler ermittelt der Regler den Blindleistungsbezug am Netzanschlusspunkt.

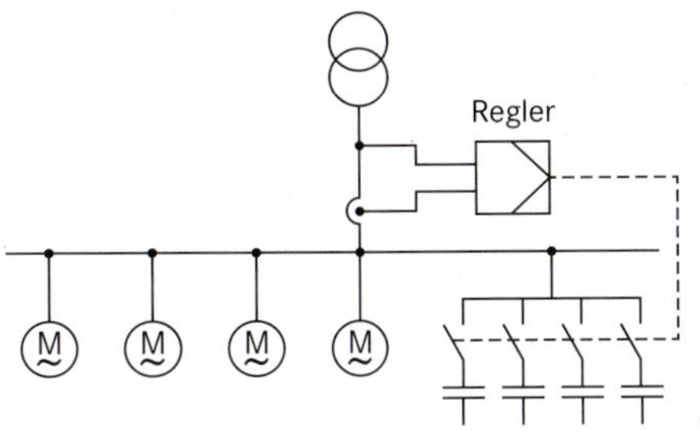

- Am Regler wird der gewünschte Leistungsfaktor ($\cos \varphi$) eingestellt.
- Der Regler ermittelt die erforderliche Kompensations-Blindleistung und schaltet stufenweise die benötigten Kondensatoren zu.

Unverdrosselte Anlagen

- Sie schalten nur Kondensatoren zu.
- Kondensatoren werden bei Oberschwingungen im Netz stark belastet, da die Impedanz bei hohen Frequenzen abnimmt. Es besteht die Gefahr der Zerstörung.

Verdrosselte Anlagen

- Sie enthalten Filterkreisdrosseln in Reihe zum Kondensator.
- Bei 50 Hz dominiert die Kapazität zur Blindleistungskompensation.
- Bei hohen Frequenzen dominiert die Impedanz der Drossel und schützt die Kondensatoren vor einem Überstrom.
- Diese Filterkreise können auch zum Kurzschließen einzelner Oberschwingungen genutzt werden, wenn die Resonanzfrequenz richtig gewählt ist.
- Absichtlich eingespeiste Signale (z. B. Rundsteuersignale des VNB) dürfen nicht kurzgeschlossen werden. Der VNB definiert daher bestimmte Verdrosselungsgrade.

Aufbau

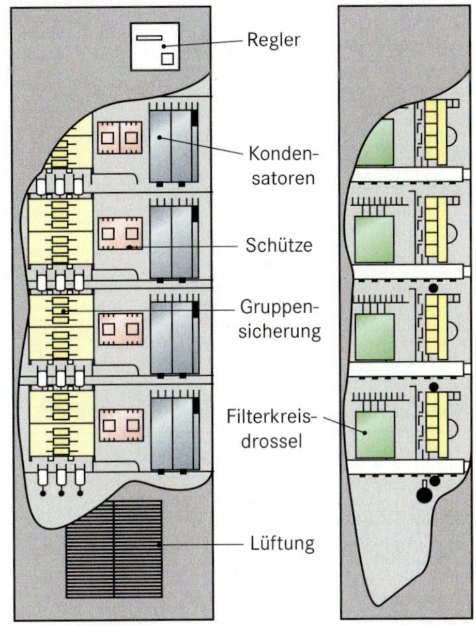

Berechnungsformeln

Kondensatorleistung $Q_{C,1\sim}$	$Q_{C,1\sim} = C \cdot U^2 \cdot 2\pi \cdot f_n$
$Q_{C,3\sim}$	$Q_{C,3\sim} = 3 \cdot C \cdot U^2 \cdot 2\pi \cdot f_n$
Reihenresonanzfrequenz f_r	$f_r = f_n \cdot \sqrt{\frac{1}{p}}$
Verdrosselungsfaktor p	$p = \left(\frac{f_n}{f_r}\right)^2$
Kompensations-Blindleistung $Q_{C,v}$ bei Verdrosselung	$Q_{C,v} = \frac{3 \cdot C \cdot U^2 \cdot 2\pi \cdot f_n}{\pi \cdot p}$

Aktive Filter

- Aktive Filter kompensieren die Oberschwingungsströme.
- Sie sollten möglichst dicht an der Störquelle eingesetzt werden.
- Bei hohen Oberschwingungsbelastungen, aber geringem Blindleistungsbedarf (z. B. hoher Anteil frequenzgeregelter Antriebe), sind Filter-/Saugkreise unwirtschaftlich.

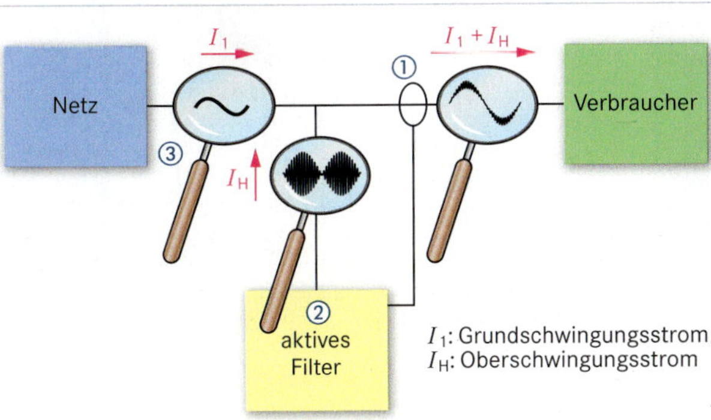

- Stromwandler ① misst den mit Oberschwingungen belasteten Netz- oder Verbraucherstrom.
- Aktives Filter ② ermittelt vorhandene Oberschwingungsströme.
- Aktives Filter speist die ermittelten Oberschwingungsströme mit umgekehrter Polarität ins Netz ein.
- Stromeinkopplung erfolgt direkt oder über Stromwandler.
- Die Summe aus Verbraucherstrom und Strom des aktiven Filters ergibt eine reine Sinusform ③.

Bauformen

Schaltgerätekombinationen

Äußere Bauform
- offen
- Tafelbauform
- geschlossen
  - Schrank
  - Pult
  - Kasten
  - Schienenverteiler

Aufstellung
- **Ort**
  - innen
  - außen
- **Art**
  - fest
  - beweglich

Schutzmaßnahme gegen
- Direktes Berühren
  - Isolieren
  - Abdecken
  - Hindernisse
- Indirektes Berühren
  - Abschaltung
  - Schutzisolieren

Schutzart
- IP00
- IP2X
- IP3X
- IP4X
- IP5X

Umhüllung
- Metall
- Isolierstoff

Prüfung
- TSK
- PTSK

Einbauten
- fest
- herausnehmbar

Bauartnachweis Schaltgerätekombination (TSK)

- Höchstbelastete Kombination wird geprüft (Kurzschlussfestigkeit, Erwärmung, Schutzmaßnahmen, Schutzart)
- Modulare Bauform
- Standardisierte Module
- Nach Montage von Einzelkomponenten erfolgt eine Stückprüfung.

Stücknachweis Schaltgerätekombination (PTSK)

- Aus der Typprüfung aller Einzelkomponenten wird **rechnerisch** eine Gesamtprüfung **abgeleitet**.
- Anwendung bei kleinen Stückzahlen/Einzelfertigung
- Kurzschlussfestigkeit wird aus der Sammelschienen-Typprüfung abgeleitet.
- Erwärmungsbetrachtung erfolgt durch Summierung aller Verlustleistungen.

Baugruppen und Komponenten

- Sammelschienen
- Verteilschienen
- Elektrische, mechanische Verbindungen
- Schaltgeräte für Einspeisung, Verteilung, Kupplung und Verbraucherabgänge
- Einbauräume, Einschübe und Tragbleche
- Kapselungen je nach Schutzart

Bemessungsgrößen

- Betriebsspannung, Isolationsspannung, Stoßspannung
- Betriebsstromstärke
- Kurzzeitstromstärke (I_{CW}) mit Einwirkungsdauer
- Stoßstromfestigkeit
- Frequenz

Beispiele

Wand-/Standschrankverteilung

- Kleine Leistungen, z. B. Haus-/Lichtverteilung in Bürogebäuden

Isolierstoffkastensystem

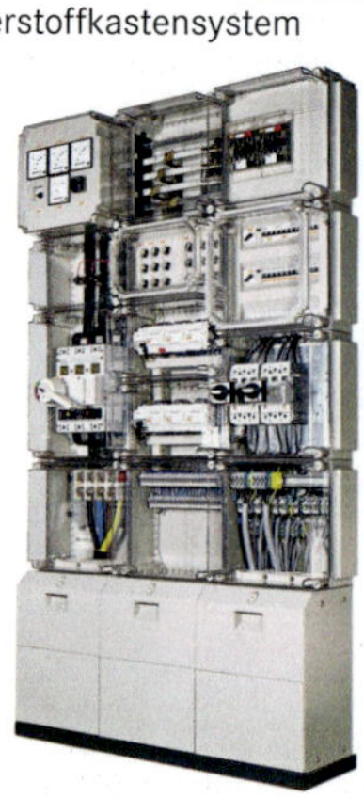

- Mittlere Leistungen z. B. Industrieanlagen

Schrank-Anreihsystem

- Hohe Leistungen, z. B. Industrieanlagen
- Modularer Aufbau ermöglicht Umbauarbeiten im Betrieb.

Bezeichnung	Schaltzeichen	Erklärung	Anwendung
Trennschalter (Trenner) Leerschalter		■ Ein- und Ausschalten von Stromkreisen bei vernachlässigbaren kleinen Strömen ■ sichtbare Trennstrecke beim Ausschalten	■ Freischalten von Geräten und Anlagenteilen
Erdungstrennschalter		■ Erden und Kurzschließen ausgeschalteter Betriebsmittel und Anlagenteile	■ Anbau an andere Schalter ■ Erden und Kurzschließen ■ Mittelspannungsanlagen
Sicherungs-trennschalter		■ Sicherungsschalter mit Sicherungseinsatz ■ bewegbares Schaltstück in der Strombahn	■ Sonderausführung von Trennschaltern ■ Niederspannungsanlagen
Lastschalter		■ schaltet Lastströme unter normalen Bedingungen ■ festgelegte Überlastbedingungen ■ kein Kurzschluss-Ausschaltvermögen	■ Ein- und Ausschalten von Betriebsmitteln (nicht Motoren) und Anlagenteilen ■ Kombination mit Schmelzsicherungen ■ Niederspannungsanlagen
Lasttrennschalter		■ schalten im belasteten Zustand ■ sichtbare Trennstrecke	■ Schalten von Freileitungen, Kabelstrecken, Transformatoren, Ringleitungen ■ Mittelspannungsanlagen
Lasttrennschalter mit selbsttätiger Auslösung		■ allpoliges Ausschalten bei Kurzschluss (z. B. bei Ausfall einer Sicherung)	■ HH-Sicherungen mit Kurzschlussschutz ■ Mittelspannungsanlagen
Sicherungs-Lasttrennschalter		■ Sicherungen im Schalter als Teile der Strombahn ■ gefahrloses Schalten unter Belastung	■ Sonderausführung von Lasttrennschaltern ■ Niederspannungsanlagen
Leistungsschalter		■ mit Strombegrenzung und kurzem Öffnungsverzug ■ Kurzverzögerung bei Auslösung ■ Schaltung unter allen Betriebsbedingungen	■ Schalten von Motoren, Transformatoren ■ Schalter für Betriebsmittel und Anlagen
Leistungsselbst-schalter	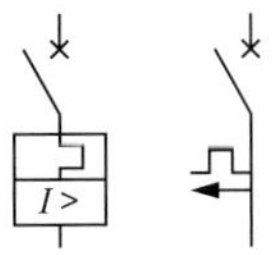	■ mit Strombegrenzung einstellbarer thermischer Überstromauslöser ■ magnetischer Kurzschlussschnellauslöser	■ Vorschaltgerät für Schütze ■ Hauptschalter mit Überlast- und Kurzschlussschutz ■ Leitungsschutz in Niederspannungsanlagen
Leistungstrenn-schalter		■ sichtbare Trennstrecke beim Ausschalten ■ allpoliges Ausschalten bei Kurzschluss (z. B. bei Ausfall einer Sicherung)	■ Anlagen mit höheren Kurzschlussleistungen in Verbindung mit Sicherungen ■ Mittelspannungsanlagen
Selektiver Hauptleitungs-Schutzschalter (SH-Schalter)	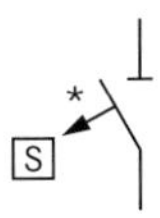	■ Trennvorrichtung vor Zähl-, Mess- und Steuereinrichtungen (TAB 2007) zum einfacheren Abschalten bei Reparaturen	■ SH-Schalter zum Einbau im unteren Anschlussbereich eines jeden Zählerfeldes mit Bemessungsstromstärke mindestens 63 A

Oberschwingungsströme

- Sie entstehen durch **nichtlineare Lasten** (nichtsinusförmige Stromaufnahme bzw. periodisch ein- und ausschaltendem Stromfluss) z. B. durch Netzteile mit Spitzenwertgleichrichtern, Frequenzumrichtern.
- Sie verursachen u. a. **Funktionsstörungen** (z. B. bei Steuerungen) und erhöhte Ströme im N-, PE- oder PEN-Leiter.
- Diese **nichtsinusförmigen Größen** sind durch die Fourier-Analyse auf sinusförmige Größen zurückzuführen.
- Der Gesamtstromverlauf wird dargestellt in Form einer **Grundschwingung** (Sinusschwingung mit 50 Hz) und den **harmonischen Schwingungen** (Harmonische: **ganzzahlige Vielfache** der Grundschwingung).
- **Zwischenharmonische:** Oberschwingungen mit einer Frequenz, die **kein ganzzahliges Vielfaches** der Grundfrequenz ist.
- Der **Gesamtverzerrungsfaktor** *THD* ist der Effektivwert aller Oberschwingungen I_2, I_3 ... I_n bezogen auf die Grundschwingung.

THD: **T**otal **H**armonic **D**istortion

$$THD_I = \frac{\sqrt{I_2^2 + I_3^3 + I_4^2 + ... + I_{40}{}^2}}{I_1}$$

Grenzwerte

Geräteklassen			
A	Symmetrische dreiphasige Geräte, Haushaltsgeräte, Elektrowerkzeuge, Beleuchtungsregler (Dimmer) für Glühlampen, Audio-Einrichtungen (außer Geräte, die in Klasse D genannt sind)	B	Tragbare Elektrowerkzeuge, Lichtbogenschweißeinrichtungen
		C	Beleuchtungseinrichtungen inkl. Beleuchtungsregler
		D	Geräte mit einer Leistung $P \leq 600$ W

Ordnungszahl *n*		maximale Oberschwingungsstromstärke				
		Klasse A in A	Klasse B in A	Klasse C I_N/I_1 in %	Klasse D[2] in mA/W	Klasse D[2] in A
geradzahlig	2	1,08	1,62	2	kein Grenzwert	
	4	0,43	0,65	kein Grenzwert	kein Grenzwert	
	6	0,30	0,45	kein Grenzwert	kein Grenzwert	
	8...40	0,23 · 8/n	0,35 · 8/n	kein Grenzwert	kein Grenzwert	
ungeradzahlig	3	2,3	3,45	30 λ[1]	3,4	2,3
	5	1,14	1,71	10	1,9	1,14
	7	0,77	1,16	7	1,0	0,7
	9	0,4	0,6	5	0,5	0,4
	11	0,33	0,5	kein Grenzwert	0,35	0,33
	13	0,21	0,32	kein Grenzwert	0,3	0,21
	15...39	0,15 · 15/n	0,23 · 15/n	3	3,85/n	0,15 · 15/n

[1] λ: Leistungsfaktor der Schaltung [2] kleinerer der beiden Grenzwerte ist gültig; Grenzwert auf Eingangsleistung bezogen.

Oberschwingungsspannungen

- Sie entstehen durch
  - Oberschwingungsströme (eingeprägte Ströme) an Netzimpedanzen,
  - erzeugen Spannungsfälle,
  - verzerren die Netzspannungsform und
  - beeinflussen somit die Netzspannung anderer Verbraucher.
- Die Grenzwerte (Beeinflussungspegel) sind festgelegt für
  - Öffentliche Netze (DIN EN 61000-2-2) und
  - Industrieanlagen (DIN EN 61000-2-4).

  Klasse 1: Empfindliche Geräte (z. B. Labor)
  Klasse 2: Anlageninterne Verknüpfungspunkte, Verknüpfungspunkt mit öffentlichem Netz
  Klasse 3: Anlageninterner Anschlusspunkt mit industrieller Umgebung
- Gesamtverzerrungsfaktor

$$THD_U = \frac{\sqrt{U_2^2 + U_3^2 + U_4^2 + ... + U_{40}{}^2}}{U_1}$$

Grenzwerte für THD_U in Industrienetzen		
Klasse 1	5 %	Berücksichtigt werden Oberschwingungen der Ordnungszahl 2 bis 40.
Klasse 2	8 %	
Klasse 3	10 %	

Grenzwerte			U_h in %			
			Netztyp			
		Ordnungszahl *n*	Öffentliche Netze	Industrienetze der Klasse 1	Industrienetze der Klasse 2	Industrienetze der Klasse 3
geradzahlig		2	2	3	2	3
		4	1	2	1	1,5
		6	0,5	0,5	0,5	1
		8	0,5	0,5	0,5	1
		10	0,5	0,5	0,5	1
ungeradzahlig	Vielfache von 3	3	5	3	5	6
		9	1,5	1,5	1,5	2,5
		15	0,4	0,3	0,4	2
		21	0,3	0,2	0,3	1,75
		> 21 < 45	0,2	0,2	0,2	1
	keine Vielfachen von 3	5	6	3	6	8
		7	5	3	5	7
		11	3,5	3	3,5	5
		13	3	3	3	3,5
		17	–	2	2	4

Merkmale

- Die Netzüberwachung dient zur **Ermittlung** und **Dokumentation** von Unregelmäßigkeiten (Abweichung von Normwerten) in elektrischen Versorgungsnetzen.
- Bestandteile der Netzüberwachung sind die Komponenten
  - **Messwerterfassung** (Spannung, Stromstärke),
  - **Messwertanalyse** (Berechnung, Historienvergleich) und
  - **Messwertdarstellung** und ggf. -übertragung zu einer Leitstelle mittels geeigneter Kommunikationseinrichtungen.
- Die drei genannten Funktionen sind in der Regel in entsprechenden Geräten zusammengefasst und bieten durch die eingebaute Software umfangreiche Auswerte- und Darstellungsmöglichkeiten.
- Die Analysegeräte sind als Einbaugeräte oder transportable Handmessgeräte verfügbar.
- **Achtung!** Bei Anwendung von tragbaren Geräten kann **Arbeiten unter Spannung** bzw. Arbeit in der Nähe unter Spannung stehender Teile vorkommen.

Geräteanschluss

Niederspannungsnetz mit 3 Außenleitern und N-Leiter

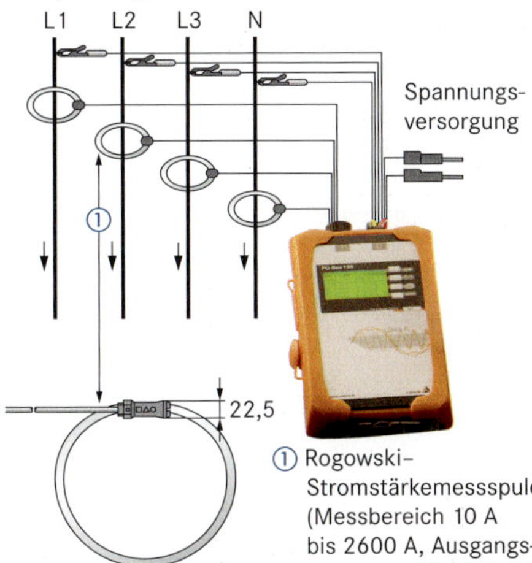

Maße in mm

① Rogowski-Stromstärkemessspule (Messbereich 10 A bis 2600 A, Ausgangsspannung 85 mV bei 1000 A)

Mittel- und Hochspannungsnetz über Spannungs- und Stromwandler

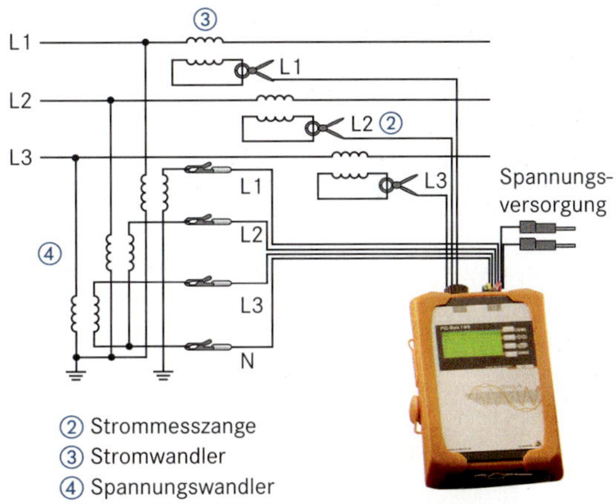

② Strommesszange
③ Stromwandler
④ Spannungswandler

Grafische Auswertung

Normauswertungsdiagramm (Gesamtübersicht)

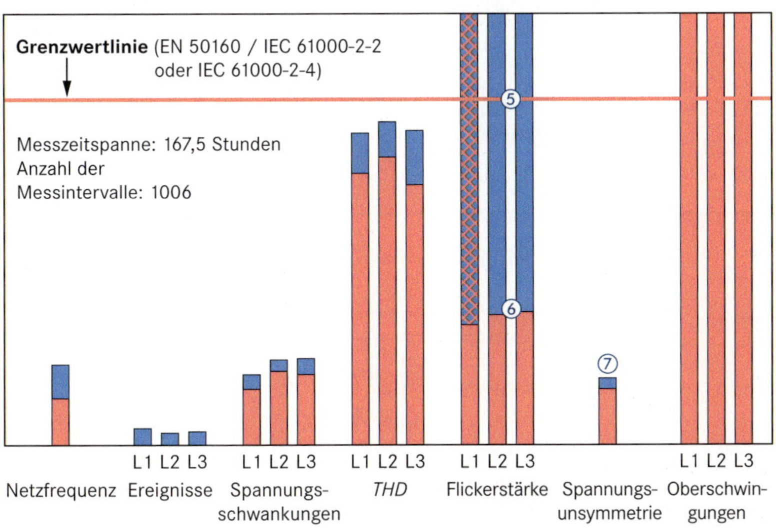

Legende:

Rot:
95 % der Messwerte

Blau:
Höchster aufgetretener Messwert (100 %-Wert) ⑤

Maximalwert des Langzeitflickers (P_{lt}: long term flicker) überschreitet den Verträglichkeitspegel auf L2 und L3 (Farbe blau). ⑥

Der 95 %-Wert liegt weit unter dem erlaubten Grenzwert.

Spannungsunsymmetrie ⑦ wird mittels Software aus bestimmten Messwerten errechnet.

Störursachen

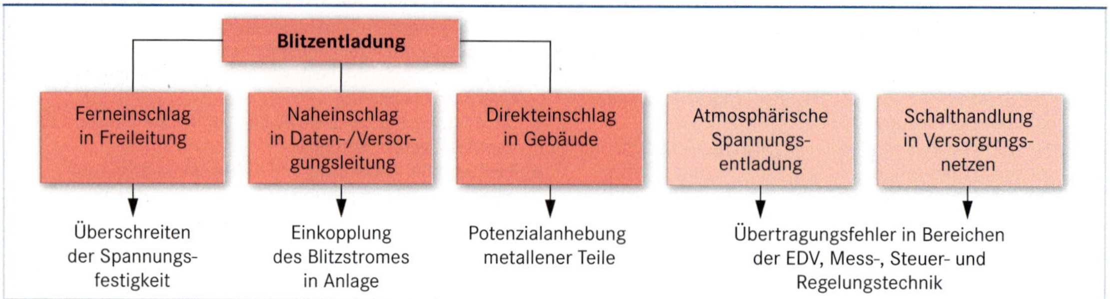

Schutzgeräte

Installationsort	Schutzmaßnahme	Funktion der Schutzmaßnahme	Schutzgerät/ Anforderungsklasse	Überspannungsbegrenzung	Abb.
Hauptverteilung zwischen HAK und Zähler	Blitzschutz, Schutzpotenzialausgleich	Schutz gegen Eindringen von Blitzströmen	Blitzstromableiter, Typ 1 (Grobschutz)	$U \leq 6$ kV	①
Unterverteilung vor RCD	Überspannungsschutz in Verteileranlage	Schutz gegen Überspannung zwischen L und PE sowie N und PE	Überspannungsschutzgerät, Typ 2 (Mittelschutz)	$U \leq 4$ kV	②
Steckdose, Geräteanschluss	Überspannungsschutz am Endgerät	Geräteschutz	Überspannungsschutzgerät, Typ 3 (Feinschutz)	$U \leq 1{,}5$ kV	③

Blitzstromableiter ①

- Blitzstromableiter in separatem Gehäuse
- Einbau in Schaltanlage nicht möglich

Überspannungsschutzgerät ②

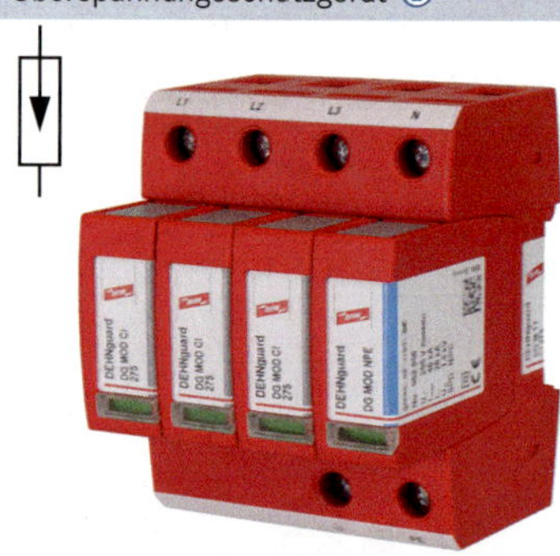

- Montage am Verteiler
- Signal bei Auslösung der Vorsicherung
- Überspannungsschutzgerät mit Meldekontakten (Wechsler) einsetzen

Geräteschutzadapter ③

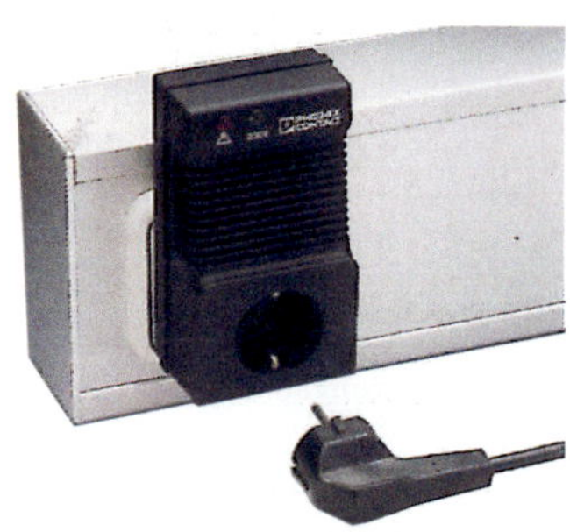

- Montage im Endgerät
- Schutz gegen Überspannungen
- Adapter mit Schutzschaltung einbauen

Schutzgeräte vor Endgeräten

- Einbau z. B. im TN-System
  - bei Kabelkanälen mit sichtbarer Kontrollanzeige

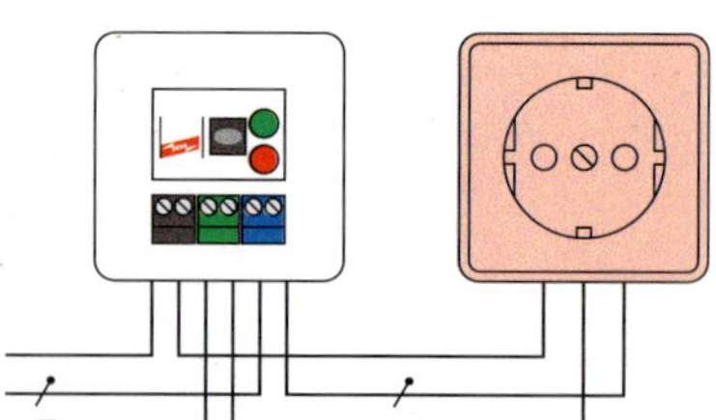

  - bei Einbau in Installationsdosen

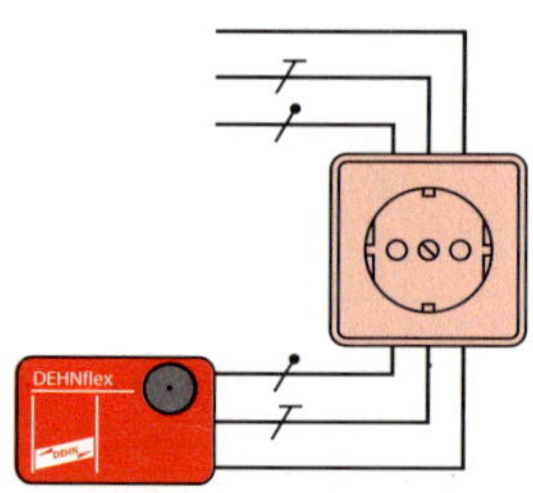

  - als Steckdoseneinsatz

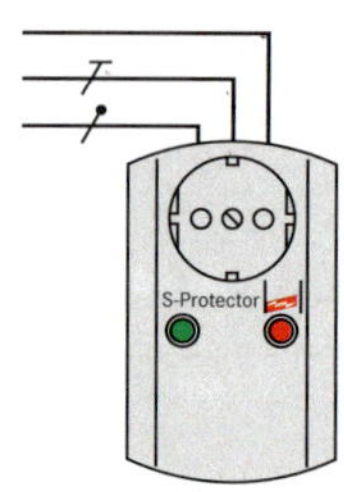

Übersicht

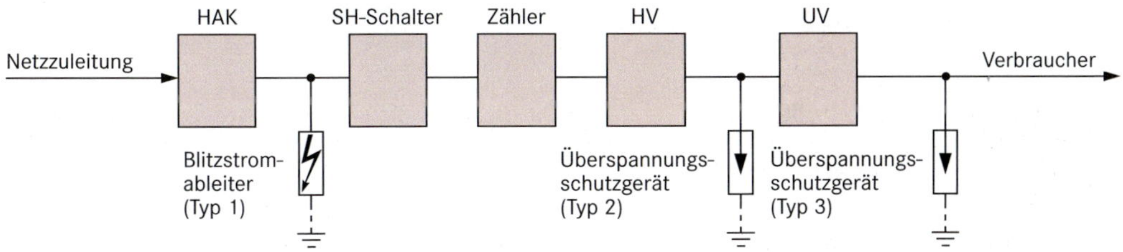

- **Mehrpoliger Kombi-Ableiter**
  - Schutz von Niederspannungs-Verbraucheranlagen bei direkten Blitzeinschlägen und vor Überspannungen
  - einsetzbar an den Schnittstellen 0 bis 2 des Blitz-Schutzzonen-Konzepts
  - kombiniert die Schutzgeräte des Typs 1 und 2 zu einem Gerät
  - 3-polig für TN-C-Systeme
  - 4-polig für TT-Systeme und TN-S-Systeme
  - ohne Werkzeug auf das Sammelschienensystem aufrastbar

Blitzstromableiter in Verbindung mit dem HAK

TN-C-S-System
Schaltbild

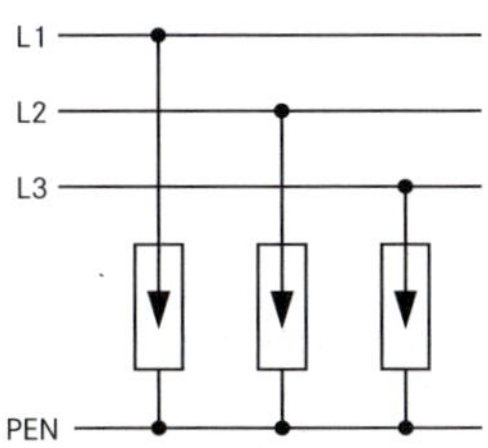

Verdrahtungsplan

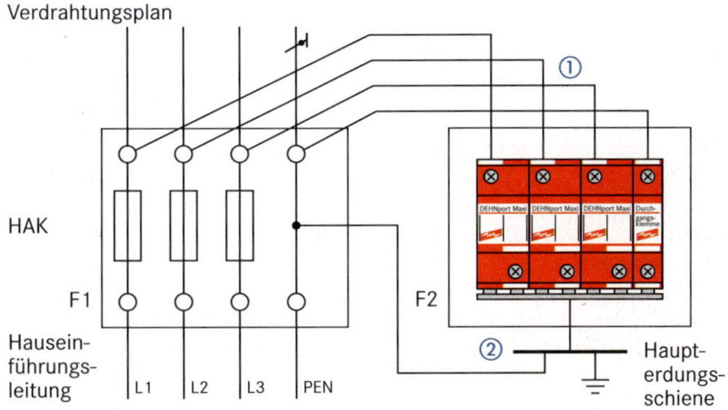

TT-System
Schaltbild

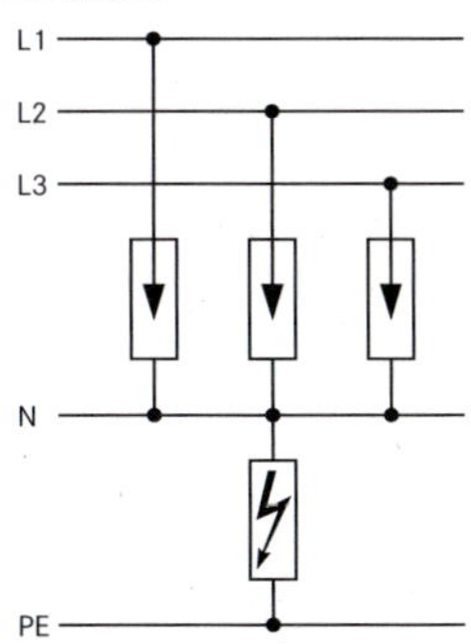

Verdrahtungsplan

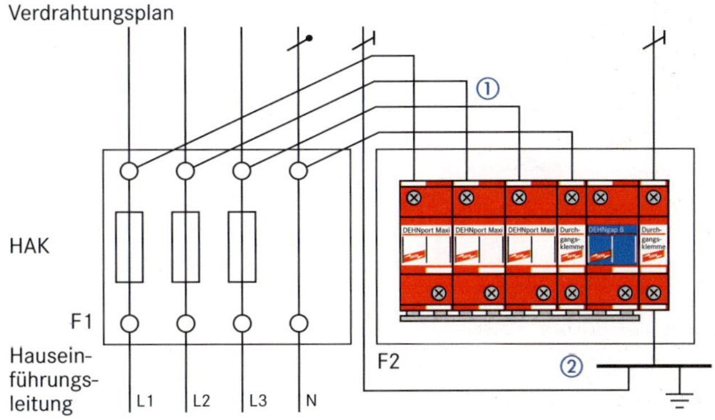

Verbindungsleitungen

Bemessungsstromstärke der Hausanschlusssicherung I_n in A	25	35	40	50	63	80	100	125	160	200	250	315
Leiterquerschnitt der Versorgungsleitungen ① q_1 in mm²	6				10		16		25	35		50
Leiterquerschnitt der Schutzpotenzialausgleichsleitungen ② q_2 in mm²	16								25	35		50

Hinweis: Möglichst kurze Anschlussleitungen zu den Blitzstromableitern und den Überspannungsschutzgeräten

Merkmale

- **Blitzschutzanlagen** sind stets erforderlich, z. B. bei
  - Krankenhäusern,
  - Hochhäusern,
  - Schulen,
  - Bahnhöfen und
  - Ex-Anlagen.
- Im Rahmen einer **Risikoabschätzung** werden die Notwendigkeit und die spezifische Ausprägung der zu errichtenden Blitzschutzanlage ermittelt.
- Die **Risikoberechnung** setzt sich aus einer Vielzahl von einzelnen Parametern zusammen, die aus vorliegenden Tabellen bzw. durch Anwendung von Berechnungsformeln gewonnen werden.
- **Grundsatz:**
  Falls das ermittelte Schadensrisiko höher ist als das akzeptierte Schadensrisiko, sind geeignete Schutzmaßnahmen zu installieren.

Hinweis: Für die Durchführung der umfangreichen Berechnungen ist im Anhang J der Norm DIN EN 62 305-2 ein Berechnungsprogramm enthalten (IEC-Blitz-Risiko-Rechner SIRAC).

Arten

- Der **Überspannungsschutz** ist eine Ergänzung des inneren Blitzschutzes und wird im **Blitz-Schutzzonen-Konzept** berücksichtigt.

Äußerer Blitzschutz	Innerer Blitzschutz
Fangeinrichtungen Ableiteinrichtungen Erdungsanlage	Schutzpotenzialausgleich Geschirmte Räume Blitzstrom-/Überspannungsableiter

Gefährdungspegel

- Blitzschutzsysteme sind in vier **Gefährdungspegel** (**LPL: L**ightning **P**rotection **L**evel; frühere Bezeichnung Blitzschutzklasse) eingeteilt.

Gefährdungspegel	Scheitelwert der Blitzstromstärke max./min. in kA	Radius der Blitzkugel in m
I	200/3	20
II	150/5	30
III	100/10	45
IV	100/16	60

Äußerer Blitzschutz

- **Fangeinrichtungen**
  - Stangen, gespannte Seile/Drähte und vermaschte Leiter
  - Sie werden dimensioniert nach dem **Blitzkugelverfahren** (universell anwendbare Planungsmethode), dem **Maschen-** oder dem **Schutzwinkelverfahren**.
- **Ableiteinrichtungen**
  - Massive Leiter bilden **parallele Strompfade** vom Einschlagpunkt zur Erdungslage (**Stromaufteilung**) mit möglichst **kurzen Stromwegen** (gerade, senkrechte Anordnung).

Beispiel: Gebäude mit Flachdach und aufgesetztem Aufbau

- Die **Erdungsanlage** ist abhängig von der Bodenleitfähigkeit und wird unterschieden in
  - **Oberflächen-** bzw. **Tiefenerder** (Typ A) und
  - **Ring-** bzw. **Fundamenterder** (Typ B).
- Empfohlener **Erdwiderstand** < 10 Ω (bei Messung mit Niederfrequenz)
- **Wiederholungsprüfung**

Gefährdungspegel	Sichtprüfung	Umfassende Prüfung
I und II	1 Jahr	2 Jahre
III und IV	2 Jahre	4 Jahre

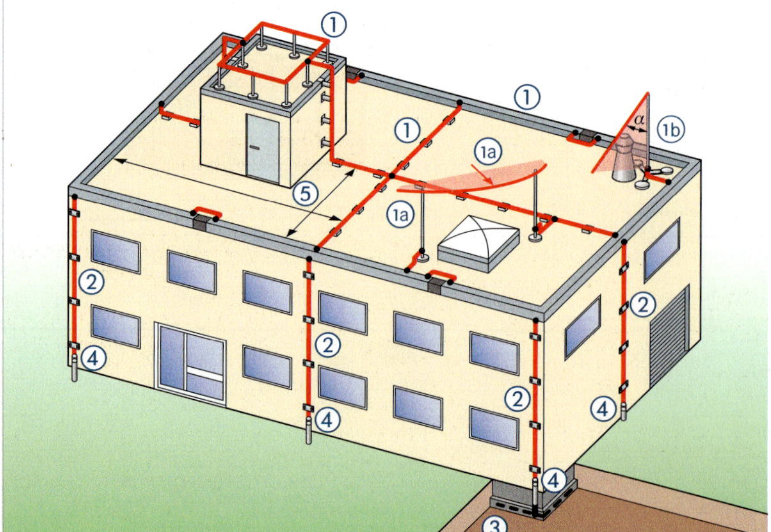

① Fangeinrichtung

Gefährdungspegel	Maschenweite in m
I	5 x 5
II	10 x 10
III	15 x 15
IV	20 x 20

(1a) Fangeinrichtung; Standort ermittelt nach Blitzkugelverfahren

(1b) Fangstangenhöhe abhängig von Schutzwinkel α (z. B. α = 70° bei Gefährdungspegel I ergibt Höhe von 2 m)

② Ableiteinrichtung

③ Erdungsanlage

④ Verbindungspunkt Ableiteinrichtung mit Erdungsanlage (Messstelle, mit Werkzeug trennbar, zur Überprüfung z. B. des Erdausbreitungswiderstandes)

⑤ Maschenweite (z. B. 20 m x 20 m bei Gefärdungspegel IV)

Konzept

- Dieses **EMV-gerechte** Blitzschutzkonzept umfasst den
  - äußeren Blitzschutz,
  - inneren Blitzschutz und
  - Überspannungsschutz

  für energie- und informationstechnische Geräte bzw. Einrichtungen.
- Es werden unterschiedliche **Schutzzonen** (Schutzbereiche) mit abgestimmten Schutzmaßnahmen für den insgesamt zu schützenden Bereich definiert. Grundlage sind die zu erwartenden Gefährdungen bei Blitz- und Überspannungseinflüssen.
- Die erforderlichen **Schutzmaßnahmen** für die jeweiligen Zonen können somit unter **wirtschaftlichen Gesichtspunkten** entsprechend geplant, ausgeführt und überwacht werden.

Zoneneinteilung

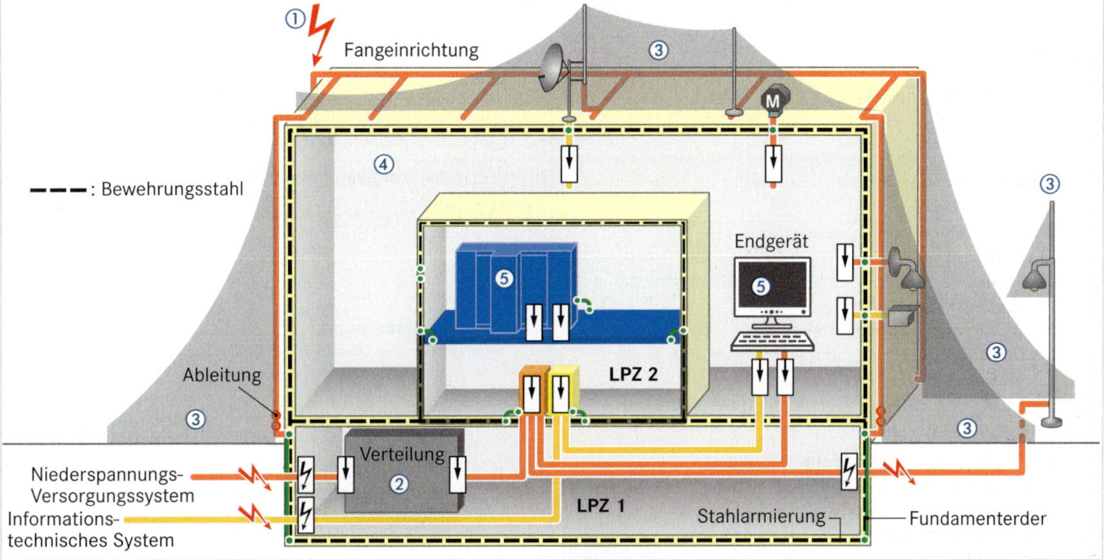

LEMP: ①	**L**ightning **E**lectromagnetic **P**ulse (elektromagnetischer Blitzimpuls)	**LPZ 0_B** ③	Geschützt gegen ■ direkten Blitzeinschlag.
SEMP: ②	**S**witching **E**lectro**m**agnetic **P**ulse (elektromagnetischer Schaltimpuls)	**LPZ 1** ④	Impulsströme begrenzt durch ■ Stromaufteilung und ■ **SPD**s (**S**urge **P**rotective **D**evice: Überspannungsschutzgeräte) an den Zonengrenzen. Das Feld des Blitzes kann durch räumliche Schirmung gedämpft sein.
LPZ: Lightning **P**rotection **Z**one (Blitzschutzzone)			
LPZ 0_A	Gefährdet durch ■ direkte Blitzeinschläge ■ Impulsströme bis zum vollen Blitzstrom und ■ das volle magnetische Feld des Blitzstromes.		
LPZ 0_B ③	Gefährdet durch ■ Impulsströme bis zu anteiligen Blitzströmen und ■ das volle magnetische Feld des Blitzstromes.	**LPZ 2...n** ⑤	Impulsströme weiter begrenzt durch ■ Stromaufteilung und ■ SPDs an den Zonengrenzen.

Anordnung der Überspannungsschutzgeräte

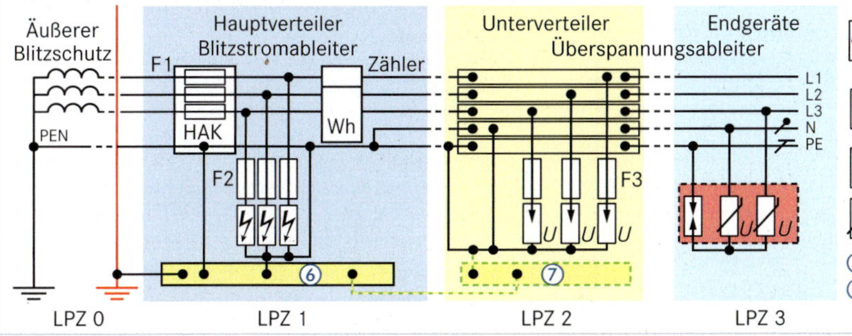

- Blitzschutz Schutzpotenzialausgleich Blitzstromableiter (SPD Typ 1)
- Örtlicher Schutzpotenzialausgleich Überspannungsableiter (SPD Typ 2, SPD Typ 3)
- Trennfunkenstrecke
- Varistor
- ⑥ Haupterdungsschiene
- ⑦ Örtlicher Schutzpotenzialausgleich

Wirkung des elektrischen Stromes auf den menschlichen Körper (VDE V 0140-479-1)

Wechselstrom (50/60 Hz)

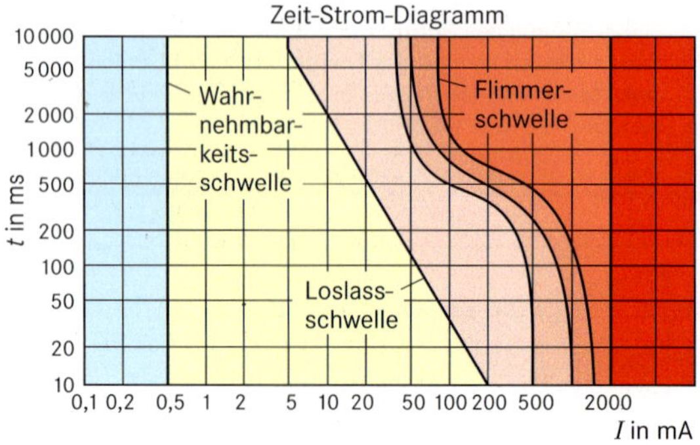

Gefährdungsbereiche für erwachsene Personen und Stromweg „Hand zu Hand“ und „linke Hand zum Fuß“

- Keine Auswirkungen
- Keine schädigenden Auswirkungen
- Keine Beschädigung der Organe, Muskelverkrampfungen, der Spannung führende Leiter kann unter Umständen nicht mehr losgelassen werden.
- Mögliches Herzkammerflimmern
- Wahrscheinliches Herzkammerflimmern
- Herzkammerflimmern
- Herzstillstand und Atemstillstand, schwere Verbrennungen

Gleichstrom

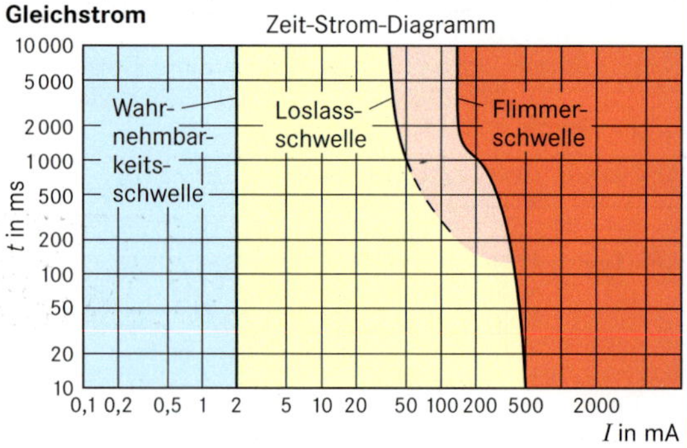

Gefährdungsbereiche für erwachsene Personen und Stromweg „linke Hand zu beiden Füßen“

- Keine Wahrnehmung
- Keine physiologisch gefährliche Wirkung
- Mögliche Störungen durch Impulse im Herzen
- Herkammerflimmern, Verbrennungen

Elektrischer Widerstand des menschlichen Körpers

Ersatzschaltbild	Erklärung
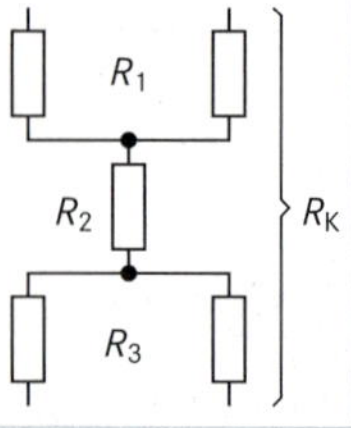 	Teilwiderstände R_1: Hände/Arme R_2: Körperrumpf R_3: Beine/Füße R_K: innerer Körperwiderstand mit Durchschnittswerten ▪ bei 25 V ca. 3250 Ω ▪ bei 50 V ca. 2625 Ω ▪ bei 230 V ca. 1350 Ω

Begriffe

L1 L2 L3	**Außenleiter:** Leiter, die Spannungsquellen mit Betriebsmitteln verbinden.
N	**Neutralleiter:** Leiter, der mit dem Mittel- oder Sternpunkt verbunden ist.
PE	**Schutzleiter:** Leiter, der Körper von Betriebsmitteln, leitfähige Teile, Haupterdungsklemme und Erde verbindet.
PEN	**PEN-Leiter:** Leiter, der die Funktionen von Neutral- und Schutzleiter vereinigt.
U_0	**Wechselspannung** (Effektivwert) z. B. zwischen Außenleiter und N-Leiter bzw. Erde
U_B	**Berührungsspannung**
U_L	**höchstzulässige Berührungsspannung** Menschen: 50 V AC, 120 V DC Nutztiere: 25 V AC, 60 V DC
U_F	**Fehlerspannung:** Spannung, die im Fehlerfall zwischen Körpern oder zwischen Körpern und der Bezugserde auftritt.
I_F	**Fehlerstromstärke:** Stromstärke, die aufgrund eines Isolationsfehlers entsteht.
I_K	**Kurzschlussstromstärke:** Stromstärke, die bei direkter Verbindung von zwei Außenleitern oder zwischen Außenleiter und Neutralleiter entsteht. **Erdschluss:** Leitende Verbindung eines Außenleiters mit der Erde (auch einpoliger Kurzschluss).
I_b	**Betriebsstromstärke** eines Stromkreises
I_n	**Bemessungsstromstärke** (Nennstromstärke) eines Verbrauchsmittels oder Überstrom-Schutzorgans
$I_{\Delta N}$	**Bemessungsfehlerstromstärke** der RCD
t_a	Abschaltzeiten der Überstrom-Schutzorgane in **Endstromkreisen** bei **Betriebsstromstärke** $I_b \leq 32$ A **TN-Systeme:** ▪ $t_a \leq 0{,}4$ s für 120 V < $U_0 \leq$ 230 V ▪ $t_a \leq 0{,}2$ s für 230 V < $U_0 \leq$ 400 V ▪ $t_a \leq 0{,}1$ s für U_0 > 400 V **TT-Systeme:** ▪ $t_a \leq 0{,}2$ s für 120 V < $U_0 \leq$ 230 V ▪ $t_a \leq 0{,}07$ s für 230 V < $U_0 \leq$ 400 V ▪ $t_a \leq 0{,}04$ s für U_0 > 400 V **IT-Systeme:** ▪ Körper mit PE-Leiter verbunden und gemeinsame Erdungsanlage → Abschaltzeiten wie im TN-System ▪ Körper in Gruppen oder einzeln geerdet → Abschaltzeiten wie im TT-System

Basisschutz und Fehlerschutz

Sicherheitskleinspannung SELV[1)]

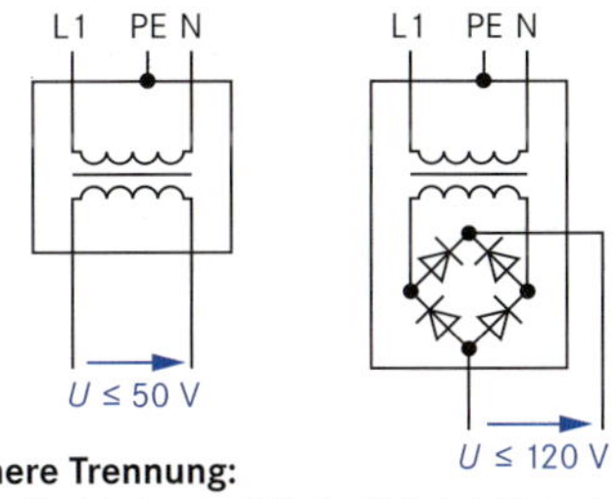

Sichere Trennung:
Keine Verbindung mit Erde, Schutzleiter oder aktiven Teilen anderer Stromkreise

Funktionskleinspannung PELV[2)] bzw. **FELV[3)]**

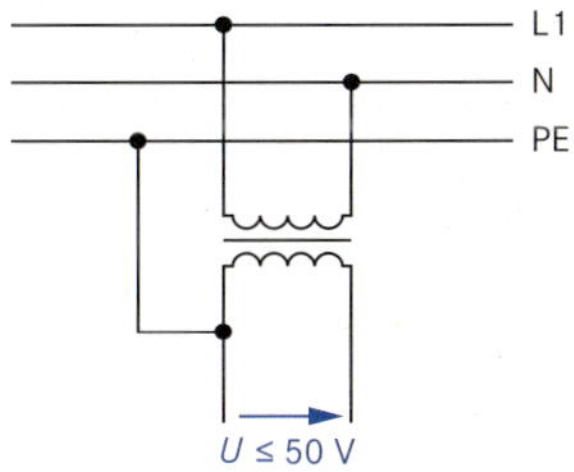

Hinweis:
- Bei FELV ist wie bei PELV aus Funktionsgründen Kleinspannung erforderlich, jedoch werden im Unterschied zu PELV nicht alle Bedingungen bei der Isolierung angeschlossener Betriebsmittel erfüllt.
- Erdung und Verbindung mit Schutzleiter anderer Stromkreise ist zulässig.

PELV: **sichere Trennung**; FELV: **ohne sichere Trennung**,
FELV als eigenständige Schutzmaßnahme nicht anerkannt (DIN VDE 0100-470).

[1)] **S**afety **E**xtra **L**ow **V**oltage [2)] **P**rotective **E**xtra **L**ow **V**oltage [3)] **F**unctional **E**xtra **L**ow **V**oltage

Basisschutz

Isolierung aktiver Teile

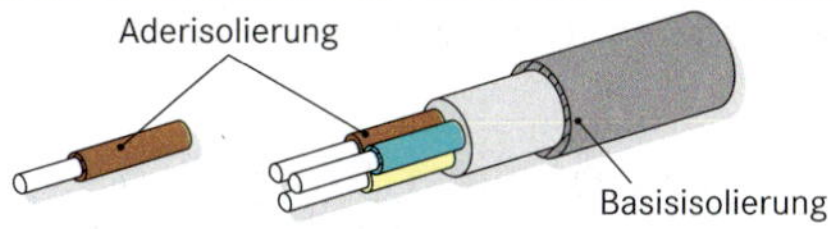

Abdeckungen und Umhüllungen

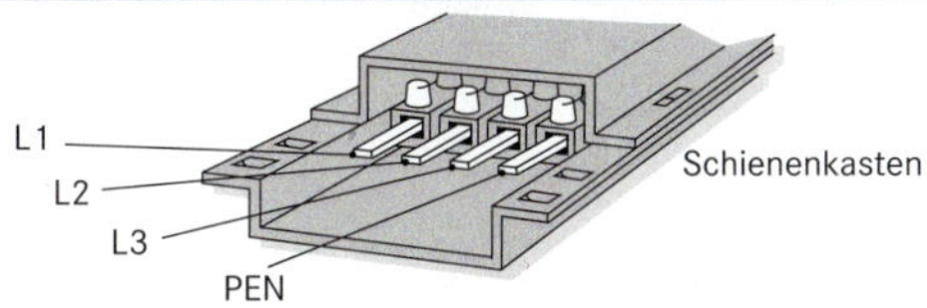

Hindernisse

z. B. Barrieren, Schranken

Anordnung außerhalb des Handbereichs

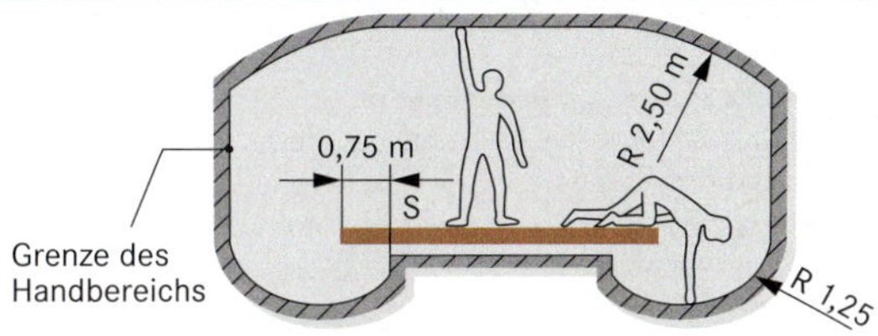

Zusätzlicher Schutz durch RCD ($I_{\Delta N} \leq 30$ mA) erforderlich

Fehlerschutz

Schutzpotenzialausgleich

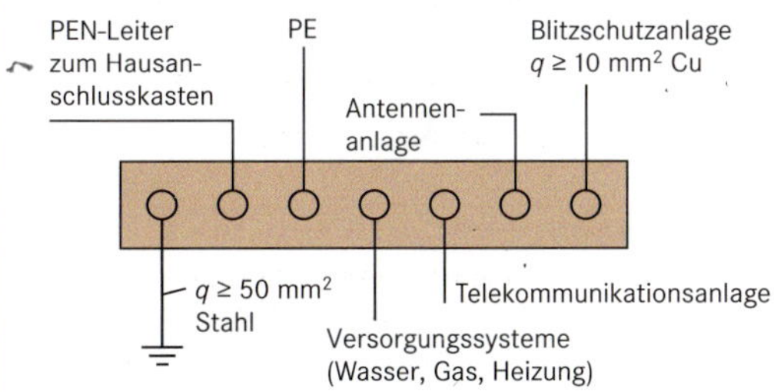

Doppelte oder verstärkte Isolierung

- Vollisolierung
- Isolierungsumkleidung
- Isolierauskleidung
- Zwischenisolierung

Nicht leitende Umgebung

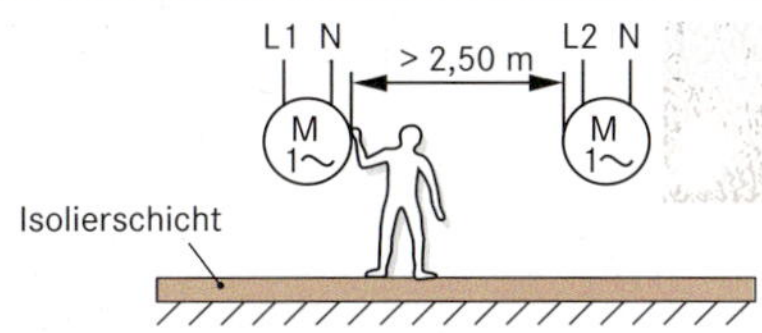

Schutztrennung

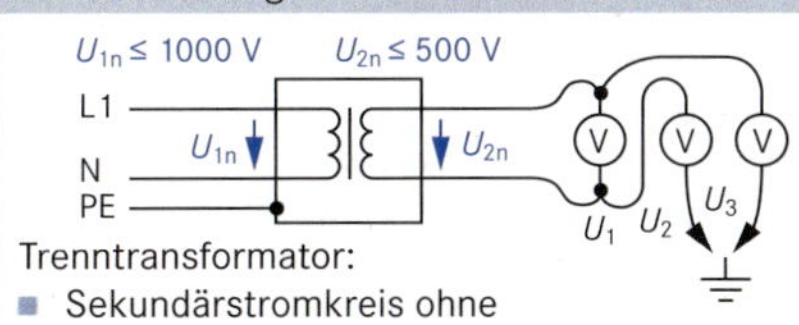

Spannungsmessungen:
U_1 = 250 V
U_2 = 0 V
U_3 = 0 V

Trenntransformator:
- Sekundärstromkreis ohne Verbindung zu anderem Stromkreis oder Erde
- $l_{2max} \leq 500$ m; $U_{2n} \cdot l_2 \leq 100\,000$ Vm

Schutz elektrischer Betriebsmittel

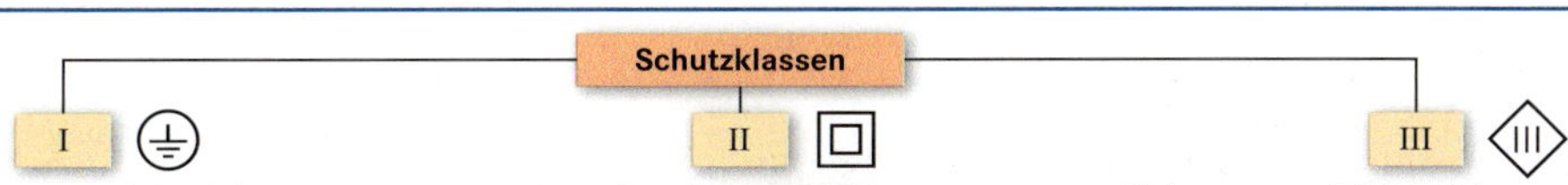

I – Schutzmaßnahme mit Schutzleiter
- Gerät mit Metallgehäuse z. B. Motor

II – Doppelte oder verstärkte Isolierung (Schutzisolierung)
- Geräte mit Kunststoffgehäuse z. B. Handbohrmaschine

III – Kleinspannung (SELV, PELV)
- Geräte mit Bemessungsspannungen bis 25 V AC bzw. 50 V AC und 60 V DC bzw. 120 V DC z. B. Elektrische Handleuchten

Fehlerschutz (Schutz bei indirektem Berühren)

- **TN-C-System**

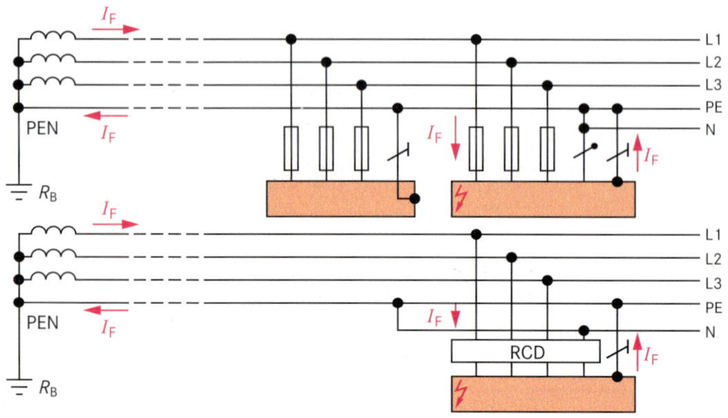

Schutzeinrichtungen:
- Schmelzsicherungen
- Leitungsschutz-Schalter
- RCD

Prinzip:
Fehlerstrom I_F wird zum Kurzschlussstrom und fließt über PE- und PEN-Leiter zur Quelle.

Abschaltung
innerhalb der für I_a angegebenen Zeiten.

Abschaltbedingung:
$Z_S \cdot I_a \leq U_o$

RCD:
$I_a = I_{\Delta N}$, Abschaltzeit $t_a \leq 0{,}2$ s;
bei selektivem RCD-Schutz
$t_a \leq 0{,}5$ s

- **TT-System**

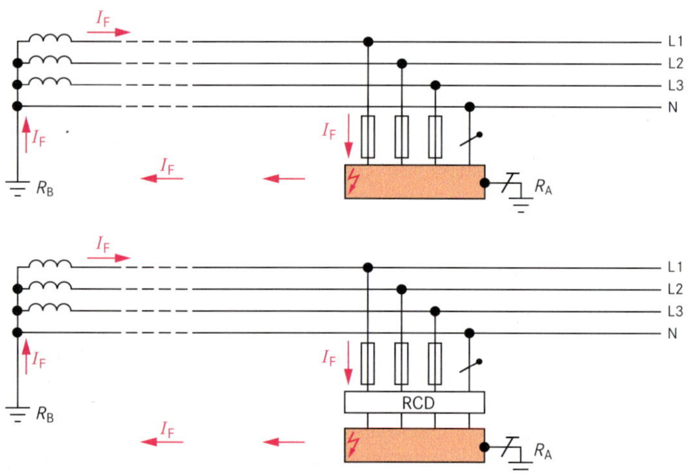

Schutzeinrichtungen:
- Schmelzsicherungen
- Leitungsschutz-Schalter
- RCD (Erforderlich, wenn bei einem Fehler der Erdschlussstrom zu niedrig ist, um das Überstrom-Schutzorgan in der geforderten Zeit abzuschalten.)

Prinzip:
Fehlerstrom I_F wird zum Erdschlussstrom und fließt über Erder (Erde) zur Quelle.

Abschaltung
ist gewährleistet bei RCD, da Fehlerstrom niedrig.

Abschaltbedingung:
$R_A \cdot I_a \leq U_L$

RCD:
$I_a = I_{\Delta N}$ wie im TN-C-System

- **IT-System**

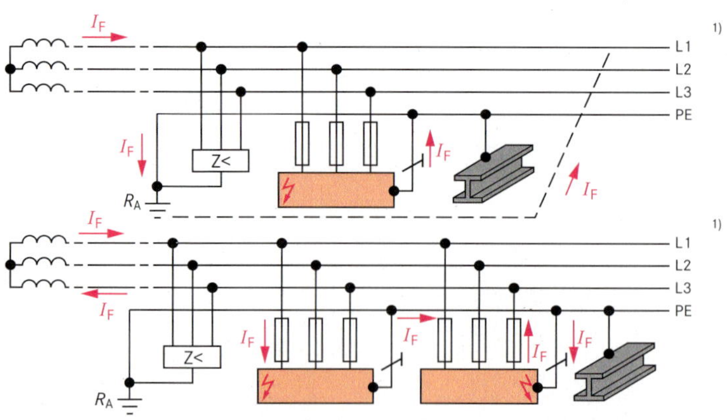

Schutzeinrichtungen:
- Schmelzsicherungen
- Leitungsschutz-Schalter
- Isolationsüberwachungseinrichtung
- RCD

Prinzip der Isolationsüberwachung:
- Einfachfehler: Fehleranzeige durch Meldung, I_d ($\triangleq I_F$) ist Fehlerstrom (Ableitstrom).
- Doppelfehler: Abschaltung durch Überstrom-Schutzorgane innerhalb 0,2 bzw. 5 s

Abschaltbedingung:
$R_A \cdot I_d \leq U_L$

[1] Auch mit Neutralleiter möglich

S176

Isolationswiderstand

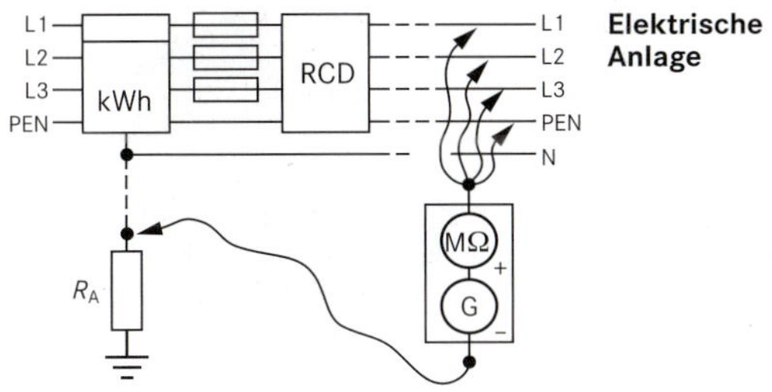

Messung des Isolationswiderstandes:

- Anlage vom Netz trennen und Außenleiter überbrücken.
- Messung von R_{iso} zwischen Außenleiter und Neutralleiter sowie Neutralleiter und PE-Leiter
- Messung zwischen 2 Außenleitern ist nicht erforderlich.
- Werte für R_{iso} ohne angeschlossene Verbraucher bei folgenden Bemessungs- und Messspannungen:
  - SELV, PELV ⟶ $R_{iso} \geq 0{,}5$ MΩ, $U_{Mess} = 250$ V
  - $U_0 \leq 500$ V ⟶ $R_{iso} \geq 1{,}0$ MΩ, $U_{Mess} = 500$ V
  - $U_0 > 500$ V ⟶ $R_{iso} \geq 1{,}0$ MΩ, $U_{Mess} = 1000$ V

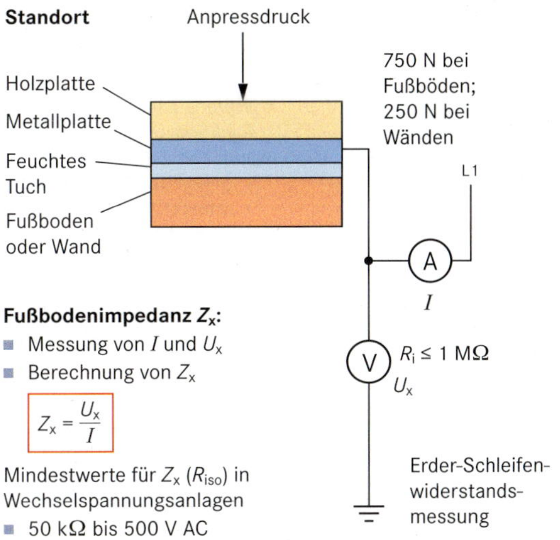

Fußbodenimpedanz Z_x:

- Messung von I und U_x
- Berechnung von Z_x

$$Z_x = \frac{U_x}{I}$$

Mindestwerte für Z_x (R_{iso}) in Wechselspannungsanlagen

- 50 kΩ bis 500 V AC
- 100 kΩ ab 500 V AC

Erdungswiderstand

Messarten

- **Zweileitermessung:** Der Widerstand zwischen dem zu messenden Erder R_E und einem bekannten Erder R_{PEN} des TN-Systems wird gemessen und vom bekannten Widerstand R_{PEN} subtrahiert.
  Anwendung: In dicht bebauten Gebieten, wo keine Sonden oder Hilfserder gesetzt werden können.
- **Dreileitermessung:** Aus Messstrom und Spannungsfall zwischen Hilfserder und Sonde (Verwendung von Erdspießen) ergibt sich der Erdungswiderstand. Direkte Anzeige erfolgt auf dem Display.
  Anwendung: Fundamenterder, Baustellenerder, Blitzschutzerder
- **Messung mit zwei Stromzangen:** Mit einer Stromzange wird ein Messstrom in die Erdschleife induziert. Mit einer zweiten Zange wird in einem Abstand von $a > 0{,}25$ m die Stromstärke durch den Erder gemessen.
  Anwendung: Praxisgerechte Messung in Erdungsanlagen mit untereinander verbundenen Erdern, z. B. der Blitzschutzanlage (Aufbau der Schaltungen nach Angaben der Messgerätehersteller).

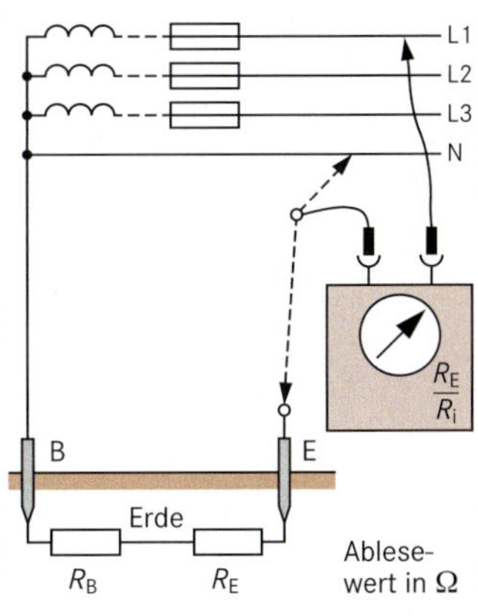

Schleifenimpedanz („Schleifenwiderstand")

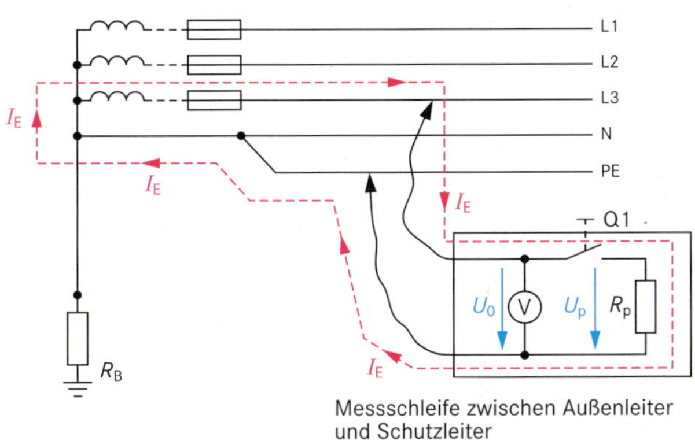

Messschleife zwischen Außenleiter und Schutzleiter

Messung der Schleifenimpedanz:

- Anzeige von Z_s mit Messgerät nach DIN EN 61557-3
- Messung der Netzspannung U_0 bei geöffnetem Schalter Q1
- Messung der Spannung U_p bei eingeschaltetem Lastwiderstand R_p
  Bestimmung von Z_s nach:
  $\Delta U = U_0 - U_p$ und $\Delta U = Z_s \cdot I_E$

$$I_E = \frac{U_0}{R_p + Z_s} \qquad (Z_s << R_p)$$

$$I_E \approx \frac{U_0}{R_p} \rightarrow Z_s \approx \frac{\Delta U \cdot R_p}{U_0}$$

Prüfung der Fehlerstrom-Schutzeinrichtung

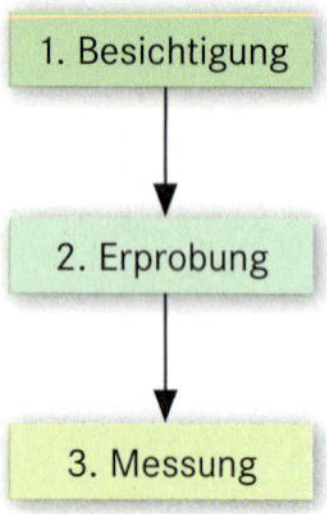

- Kontrolle der leichten Zugänglichkeit zur Bedienung und Wartung
- Prüfung der korrekt gewählten Auswahlkriterien der eingebauten RCD
- Prüfung der elektromechanischen Funktionsfähigkeit der RCD mit Hilfe der Prüftaste
  - 6 Monate (stationäre RCD)
  - arbeitstäglich (nicht stationäre RCD)
- Messung, ob die RCD bei der Bemessungsfehlerstromstärke innerhalb von 400 ms auslöst ($I_\Delta \leq I_{\Delta N}$).
- Die für die Anlage dauernd gültige und zulässige Berührungsspannung U_L (25 V bzw. 50 V) darf nicht überschritten werden.

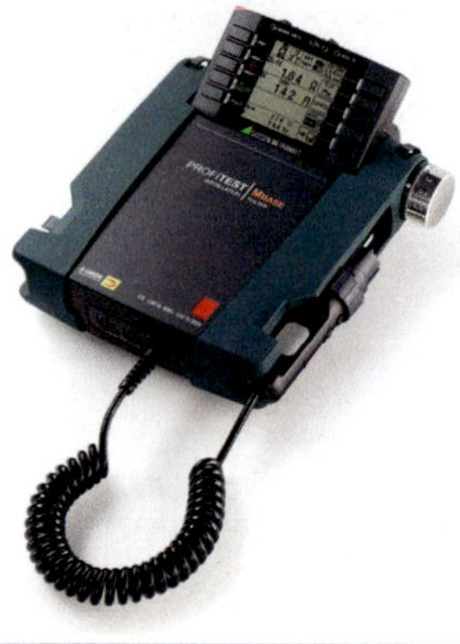

Messverfahren

- Folgende Messungen sind erforderlich:
  1. **Messung der Berührungsspannung ohne Auslösen der RCD**
     Da nur 1/3 des Bemessungsfehlerstromes als Fehlerstrom fließt, löst die RCD nicht aus. Somit kann die Prüfung an jeder Steckdose durchgeführt werden.
  2. **Auslöseprüfung**
     Messung der Auslösestromstärke mit ansteigendem Fehlerstrom. Die RCD muss zwischen 50 % und 100 % von $I_{\Delta N}$ auslösen.
  3. **N-PE-Vertauschung**
     Prüfung einer Vertauschung zwischen N und PE
- Alle Prüfungen können mit und ohne Sonde durchgeführt werden. Bei der Messung mit Sonde ist darauf zu achten, dass die Erdsonde **außerhalb** des Spannungstrichters von R_E gesetzt wird (ca. 20 m).

Messschaltung

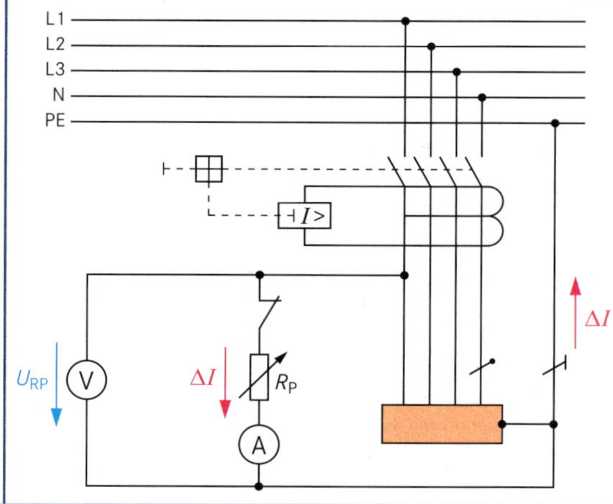

Fehlerursache bei der Prüfung

Fehler	Ursache
RCD löst bei der Prüfung nicht aus.	▪ Berührungsspannung $U_B > U_L$ → Erdungswiderstand R_A zu hoch → niedrigere Bemessungsfehlerstromstärke der RCD wählen. ▪ Fehlerstrom $I_F > I_{\Delta N}$ → Schluss zwischen Neutral- und Schutzleiter → RCD defekt
RCD löst ungewollt bei der Prüfung aus.	▪ Falsche Messbereichseinstellung am Messgerät ($I_{\Delta N}$ zu groß gewählt) ▪ Vorbelastung des Schutzleiters durch Ableitströme bereits vor der Prüfung

Elektrischer Anschluss

Beispiel:

3-phasiger Anschluss (L1 – L3, N) | 1-phasiger Anschluss (L1, N)

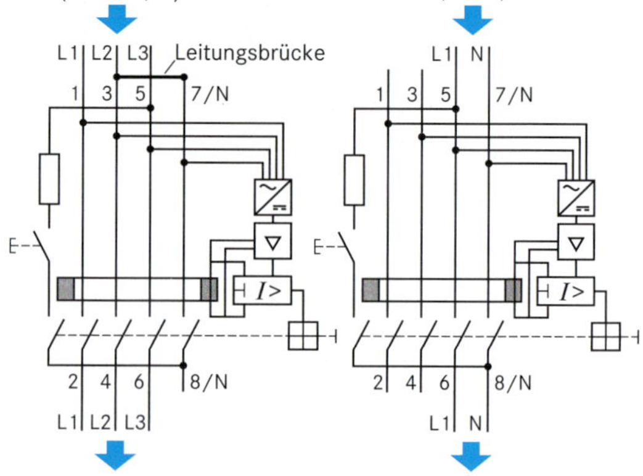

- Beim 3-phasigen Anschluss muss die Energieflussrichtung beachtet werden.
- Bei einphasigem Anschluss eines 4-poligen Gerätes ist auf die zu beschaltenden Klemmen zu achten.

Explosionsschutz
Explosion Protection

BetrSichV, TRBS 2152

Voraussetzungen

- Zündwillige Gemische aus Sauerstoff und brennbaren Stoffen (Gase, Dämpfe, Stäube) und
- Zündquelle mit ausreichender Zündenergie

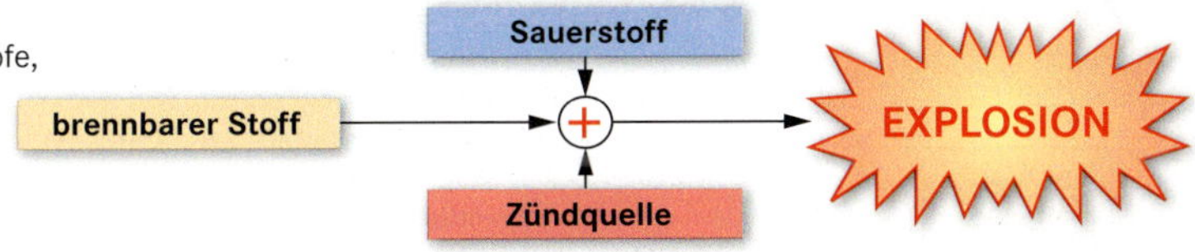

Schutzkonzepte

Primär	Sekundär	Tertiär
▪ Bildung einer explosionsfähigen Atmosphäre vermeiden durch: - Substitution brennbarer Stoffe - Inertisierung (Sauerstoff verdrängen durch z. B. Stickstoff oder Kohlendioxid) - Konzentration des brennbaren Stoffes begrenzen - natürliche oder technische Lüftung	▪ Zündung der explosionsfähigen Atmosphäre verhindern. ▪ Beispielmaßnahmen: - EX-Zonen geben Wahrscheinlichkeit und Dauer des Auftretens von EX-Atmosphäre an. - Explosionsgeschütze Geräte vermeiden die Bildung einer wirksamen Zündquelle.	▪ Anlagen halten einer Explosion stand und stellen keine Gefahr dar. ▪ Beispielmaßnahmen: - explosionsdruckstoßfeste Geräte halten einmalig Explosionsdruck aus - explosionsfeste Anlagen halten Explosionsdruck mehrmals ohne Beschädigung stand.

Explosionskenngrößen (Auswahl)

- Stoffe unterscheiden sich bezüglich ihrer Explosionseigenschaften.
- Für die Beurteilung der Explosionsgefahr sind die Explosionskenngrößen erforderlich.
- Sie werden für Stäube und Gase/Dämpfe unterschieden und sind aus Stoffdatenblättern oder Datenbanken zu entnehmen.

Gase und Dämpfe	Stäube
▪ **Zündtemperatur** gibt an, ab welcher Temperatur ein zündfähiges Gemisch explodiert. Die Zündtemperaturen sind in Temperaturklassen (T1 ... T6) eingeteilt. ▪ **Explosionsgruppen** geben an, welche Zündenergie (z. B. bei Funken) nötig ist, um das Gemisch zu zünden. Sie sagt auch aus, welche Zündspaltweiten vor Ausbreitung der Explosion schützt.	▪ **Glimmtemperatur** gibt an, ab welcher Temperatur sich eine 5 mm dicke Staubschicht entzünden kann. Sie reduziert sich mit zunehmender Staubdicke. Geräte müssen mindestens 75 K kühler als die Glimmtemperatur sein. ▪ **Mindestzündtemperatur** gibt an, bei welcher Temperatur das Staub-Luftgemisch zündet. Gerätetemperatur darf maximal $^2/_3$ der Mindestzündtemperatur sein.

Kenngrößen von Gasen und Dämpfen

Temperaturklasse	Explosionsgruppen				Zündtemperatur der Stoffe
	I	II A	II B	II C	
T1	Methan	Aceton, Aethan, Ethylacetat, Ammoniak, Benzol (rein), Essigsäure, Kohlenoxyd, Methanol, Propan, Toluol	Stadtgas (Leuchtgas)	Wasserstoff	> 450 °C
T2	-	Ethylalkohol, i-Amylacetat, n-Butan, n-Butylalkohol	Ethylen	Acetylen	300 °C ... 450 °C
T3	-	Benzin, Dieselkraftstoff, Flugzeugkraftstoff, Heizöl, n-Hexan	-	-	100 °C ... 300 °C
T4	-	Acetaldehyd, Ethylether	-	-	135 °C ... 200 °C
T5	-	-	-	-	100 °C ... 135 °C
T6	-	-	-	Schwefelkohlenstoff	85 °C ... 100 °C

Zoneneinteilung

Gerätegruppe I		Gerätegruppe II				
für den Einsatz unter Tage		Häufigkeit vorhandener explosionsfähiger Atmosphäre	brennbare Gase, Dämpfe und Nebel	Gerätekategorie	brennbare Stäube	Gerätekategorie
M1	Betrieb bei EX-Atmosphäre	ständig, langzeitig	Zone 0	II 1G	Zone 20	II 1D
M2	Abschaltung beim Auftreten explosionsfähiger Atmosphäre	gelegentlich	Zone 1	II 2G	Zone 21	II 2D
		selten, kurzzeitig	Zone 2	II 3G	Zone 22	II 3D

Zündschutzarten

	Schutzart, Kurzzeichen		Zone	Funktionsprinzip, Anwendung
Gase/Dämpfe	erhöhte Sicherheit 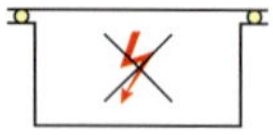	e eb[1]	1	■ Nur bei Geräten einsetzbar, die im Normalbetrieb keine Funken bilden. Funkenbildung bei Fehlern wird durch verstärkte Konstruktion vermieden. ■ Verstärkte Ausführung von Querschnitten, mechanischer Beständigkeit, elektrostatischer Ableitfähigkeit, ... ■ Anwendung bei Geräten mit nichtfunkenden Komponenten z. B. Kurzschlussläufer-Motoren, Klemmendosen, ...
	druckfeste Kapselung 	d db[1]	1	■ Gehäuse hält möglichen Explosionen stand. ■ Über definierte Spalte baut sich der Explosionsdruck nach außen ab und begrenzt bei der Explosionsausbreitung die Energie. So wird die Zündung der EX-Atmosphäre außerhalb des Gerätes vermieden. ■ Anwendung bei funkenden Geräten, z. B: Stecker, Schalter, Leuchten
	Überdruck-Kapselung 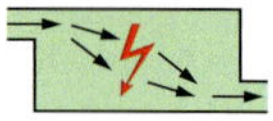	px pxb[1] py pyb[1] pz pzb[1]	1 1 2	■ Gehäuse wird mit Luft oder inertem Gas gespült, so dass innerhalb keine EX-Atmosphäre besteht. ■ Elektrische Komponenten werden erst nach vorgegebener Spülzeit zugeschaltet. Bei Ausfall der Spülung oder Öffnen des Gehäuses erfolgt eine Abschaltung. ■ Anwendung z. B. von Standardgeräten (Schütze, Drucker, Regler, große Motoren ...) in explosionsgefährdeten Bereichen.
	Eigensicherheit 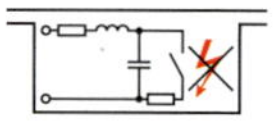	ia ib ic	0 1 2	■ Die Energie im eigensicheren Stromkreis ist so gering, dass die Zündenergie der Gase/Dämpfe nicht erreicht wird. ■ Mögliche Funken bei Kurzschluss oder Leiterunterbrechung führen nicht zur Explosion. ■ Anwendung bei Mess-, Steuer- und Regelungsanwendungen
	Ölkapselung 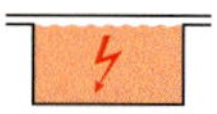	o ob[1]	1	■ Zündfähige Komponenten werden in einem Ölbad gehalten. ■ Der Zündfunke ist damit von der EX-Atmosphäre entkoppelt und wird bei seiner Ausbreitung vom Ölbad gekühlt. ■ Anwendung z. B. bei Transformatoren, Anlasswiderständen
	Sandkapselung 	q qb[1]	1	■ Zündfähige Komponenten werden in einem Gehäuse von Sand oder Glaskörnern umgeben. ■ Zündfunke muss durch die Zwischenräume und verliert Energie. ■ Anwendung bei elektronischen Schaltungen, Kondensatoren, ...
	Vergusskapselung 	ma mb mc	0 1 2	■ Zündfähige Komponenten werden vergossen. ■ Die EX-Atmosphäre wird so von der Zündquelle entkoppelt. ■ Anwendung, z. B. bei elektronischen Schaltungen
	„n"	nA nC nR	2 2 2	■ Reduzierte Anforderungen für Zone 2 ■ Ausschließlich für nichtfunkende Betriebsmittel ■ Anwendung z. B. bei Leuchten, Klemmdosen, ...
	optische Strahlung 	op opA[1] opB[1] opB[1]	0 1 2	■ Optische Strahlung wird entweder in der Energie begrenzt (Vergleichbar mit Eigensicherheit), gegen Beschädigung geschützt oder so abgesperrt, dass sie nicht zündwirksam wird. ■ Anwendung z. B. bei Laserübertragungen, LWL-Anbindungen, ...
Staub	Schutz durch Gehäuse	ta tb tc	20 21 22	■ Gehäuse wird vor Eindringen explosionsfähiger Atmosphäre geschützt. ■ Oberflächentemperatur wird begrenzt. ■ Anwendung bei Klemmkästen, Leuchten, Motoren

■ Zündschutzarten werden einzeln oder kombiniert angewendet.

[1] Alternatives Kurzzeichen der Zündschutzart

Kennzeichnung explosionsgeschützter Betriebsmittel

Beispiel:

① **CEAG** **eLLK 98766/36**
CEAG Sicherheitstechnik GmbH. Senator-Schwartz-Ring 26, 59494 Soest
② S. Nr.: D 123456 ③ 2009 ④ Ex ⑤ II 2 G ⑥ CE 0102

PTB 12 ATEX 1243 ⑦	⑩ 110-254 V 50-60 Hz
Ex ed IIC T4 Gb ⑧	⑩ 110-230 V DC
⑨ Lampe: G13 81-IEC-1305-2	⑩ Ta ≤ 50 °C

Typenschild nach ATEX-Richtlinie 94/9/EG und Norm

① Herstellername, -anschrift (ggf. Internetadresse) und Logo
② Seriennummer
③ Baujahr
④ Kennzeichnung für explosionsgeschützte Geräte in Verbindung mit ⑤
⑤ Gerätegruppe
⑥ CE-Zeichen mit Nr. der Prüfstelle für Fertigungsüberwachung
⑦ Prüfnummer
⑧ Zündschutzart, Temperaturklasse, **EPL** (**E**quipment **P**rotection **L**evel)
⑨ Betriebsmittelkennzeichnung
⑩ Betriebsparameter

Messen und Prüfen

6

Messgeräteklassifizierung
Classification of Measuring Instruments

DIN EN 61010-1: 2011-07

- Elektrische Mess-, Steuer-, Regel- und Laborgeräte (z. B. Multimeter, Spannungsprüfer, Prüfgeräte für Schutzmaßnahmen, ...) bis 1000 V werden klassifiziert.
- Schutz vor Gefahren durch elektrischen Schlag, Feuer, Explosion oder Funkenbildung
- Umsetzung der Sicherheitsanforderungen durch erhöhte
  - mechanische Festigkeit (Knickschutz, Gehäuse, Zugentlastung, ...),
  - Luft- und Kriechstrecken und
  - Leiterquerschnitte.

Überspannungen

Anforderungen

- Messgeräte dürfen bei Anschluss an die angegebenen Eingangsspannungen keine Gefährdung verursachen.
- Der Arbeitgeber muss die Anforderungen an die Messgeräte definieren und geeignete Geräte für den jeweiligen Einsatzbereich bereitstellen.
- Hierzu werden Spannungsbereiche angegeben.
- Um zu erwartende Überspannungen zu beherrschen, werden unterschiedliche Spannungsbereiche definiert, in denen mit unterschiedlichen Überspannungen gerechnet werden muss.
- Die Anforderungen gelten für Messgeräte und Messleitungen.

Einsatzbereiche

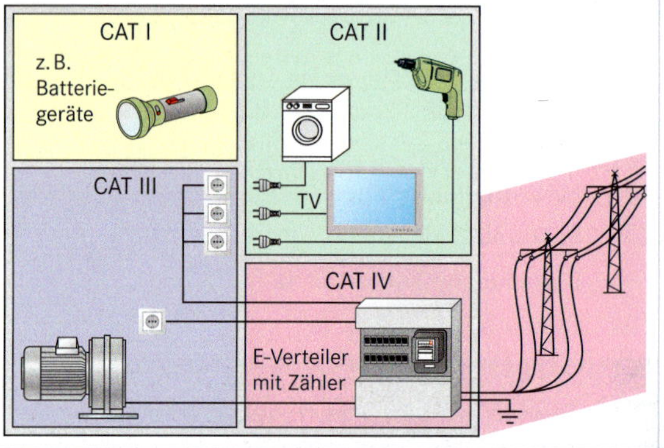

Messkreiskategorie

Kategorie	Anwendung	Max. Betriebsspannung (Außenleiter-Erde)		
		300 V	600 V	1000 V
		$U_{p,\,max}$ in V		
CAT I	Stromkreise, die nicht direkt mit dem Versorgungsnetz verbunden sind (z. B. Batterien)	1500	2500	4000
CAT II	Stromkreise, die über Steckkontakte mit dem Versorgungsnetz verbunden sind (z. B. Haushaltsgeräte)	2500	4000	6000
CAT III	Stromkreise der Gebäudeinstallation (Unterverteilung, Geräte mit Festanschluss, ...)	4000	6000	8000
CAT IV	Stromkreise der Niederspannungsquelle und des Versorgungsnetzes (z. B. Zählerabgang, Ortsnetzstation, Kabelverteiler, ...)	6000	8000	12000

$U_{p,\,max}$: Spitzenwert der Stoßspannungsprüfung (Basisisolierung)

Effektivwertermittlung
Root Mean Square Determination

	Digitale Messverfahren	Analoge Messverfahren	
Messverfahren	D/A-Wandler	Drehspulmesstechnik	Dreheisenmesswerk
Anzeige	Momentanwert oder Mittelwert, je nach D/A-Wandler	Arithmetischer Mittelwert	Quadratischer Mittelwert (Effektivwert)
Effektivwertermittlung	Umrechnung mit Formfaktor		Direkte Effektivwertanzeige
Einschränkung	Nur für DC und AC in Sinusform		-
	AC: Messfehler bei von Sinusform abweichender Spannungsform und Oberschwingungsüberlagerung		

- **Echt-Effektivwert** (True RMS)
  - Geräte mit True RMS-Messung bewerten auch die einzelnen Oberschwingungen.
  - Einzelne Oberschwingungen werden als quadratischer Mittelwert zur Grundschwingung addiert.
  - Messgenauigkeit bis zu angegebener Grenzfrequenz

- **Messen**
  Experimenteller Vorgang zur Ermittlung eines speziellen Wertes einer physikalischen Größe als Vielfaches einer Einheit oder eines Bezugswertes
- **Messgröße**
  Durch Messung erfasste physikalische Größe, z. B. Spannung
- **Messwert**
  Speziell zu ermittelnder Wert der Messgröße in Zahlenwert und Einheit, z. B. 12 kWh
- **Messprinzip**
  Nutzung einer charakteristischen physikalischen Erscheinung zur Messung, z. B. Drehmomentbildung beim elektrodynamischen Motorzähler zur Messung der elektrischen Arbeit
- **Messverfahren**
  Praktische Anwendung und Auswertung eines Messprinzips
- **Direktes Messverfahren**
  Messwertlieferung durch unmittelbaren Vergleich mit einem Bezugswert derselben Messgröße, z. B. Massenvergleich mit Gewichten
- **Indirektes Messverfahren**
  Rückführung des gesuchten Messwertes auf andere physikalische Größen, z. B. drehzahlproportionale Arbeit beim Motorzähler
- **Messeinrichtung** (Messanordnung)
  Besteht aus einem oder mehreren zusammenhängenden Messgeräten mit Zusatzeinrichtungen und Zubehör
- **Analoges Messverfahren**
  Eindeutige punktweise stetige Darstellung der Messgröße, z. B. stetig veränderbare Zeigerstellung
- **Digitales Messverfahren**
  Zahlenmäßige Darstellung der Messgröße bei gegebenem kleinsten Messschritt
- **Zählen**
  Ermittlung der Anzahl von gleichartigen Elementen oder Ereignissen, die bei der Untersuchung eines Vorganges auftreten
- **Prüfen**
  Feststellung, ob Prüfgegenstand eine oder mehrere vereinbarte oder vorgeschriebene Bedingungen erfüllt

Skalensymbole
Scale Symbols

Beispiel:

Messwerke			
	Drehspulmesswerk mit Dauermagnet, allgemein		Dreheisenmesswerk
	Eingebauter Zusatz:		Dreheisen-Quotientenmesswerk
	Gleichrichter		
	nicht isolierter Thermoumformer		Induktionsmesswerk
	isolierter Thermoumformer		
	Drehspul-Quotientenmesswerk		Hitzdrahtmesswerk
	Drehmagnetmesswerk		Bimetallmesswerk
	Drehmagnet-Quotientenmesswerk		Elektrostatisches Messwerk
	Elektrodynamisches Messwerk, eisenlos		
	Elektrodynamisches Messwerk, eisengeschlossen		Vibrationsmesswerk
	Elektrodynamisches Quotientenmesswerk, eisenlos		Magnetische Schirmung

Stromarten	
	Gleichstrom
	Wechselstrom
	Gleich- und Wechselstrom
	Drehstrominstrument mit einem Messwerk
	mit zwei Messwerken
	mit drei Messwerken
Prüfspannungen	
	Prüfspannung 500 V
2	Prüfspannung höher als 500 V, z. B. 2000 V
0	Keine Spannungsprüfung
Genauigkeitsklasse[1]	
1,5	Klassenzeichen für Anzeigefehler, z. B. ±1,5 %, bezogen auf den Messbereich-Endwert

Gebrauchslagen	
60°	Schräge Gebrauchslage Neigungswinkel, z. B. 60°
	Waagerechte Gebrauchslage
	Senkrechte Gebrauchslage
Hinweise	
	Getrennter Nebenwiderstand
	Getrennter Vorwiderstand
	Getrennter Scheinwiderstand
Besonderer Hinweis	
	Achtung! Gebrauchsanweisung beachten
Nennbedingungen	
z. B. Nenntemperatur 25 °C,	
25°C	Einflussbereich 15 bis 25 °C und 25 bis 35 °C

[1] Feinmessgeräte: Klassen 0,1; 0,2; 0,5 Betriebsmessgeräte: Klassen 1; 1,5; 2,5

Definitionen

Begriff	Bedeutung
Wahrer Wert x_w	Es handelt sich um den Wert, der physikalisch vorliegt. Dieser kann aufgrund von Messfehlern in der Praxis nicht exakt ermittelt werden.
Angezeigter Messwert x_a	Wert der Messgröße und die Ausgabe eines Messgerätes
Absoluter Fehler F	$F = x_a - x_w$
Relativer Fehler f	$f = \frac{F}{x_w}$
Echteffektivwert/True RMS	Einfache Messgeräte sind auf vorgegebene Strom-/Spannungsformen (DC oder Sinusform) geeicht. Abweichende Kurvenformen wie bei Oberschwingungsbelastung führen zu Messfehlern. Geräte mit True RMS berücksichtigen unterschiedliche Kurvenformen.

Fehlerursachen

Systematische Fehler	Zufällige Fehler	Grobe Fehler
▪ Sie ergeben bei Wiederholung der Messung gleiche Abweichungen (Größe und Vorzeichen). ▪ Sie entstehen z. B. durch unvollkommene Messgeräte oder Messverfahren. ▪ Beispiel: 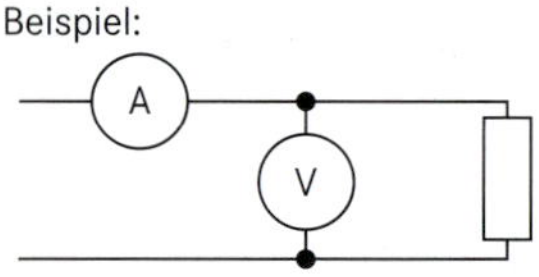 Spannungsrichtige Messung führt zu systematischem Messfehler bei Strommessung.	▪ Bei wiederholenden Messungen ergeben sich auch bei konstanten Bedingungen unterschiedliche Abweichungen. ▪ Ursachen sind nicht erfassbare Änderungen bei Messgeräten, Messobjekt oder Beobachter. ▪ Die Messwerte streuen und die Fehler unterscheiden sich in Betrag und Vorzeichen. ▪ Beispiel: – letztes Bit bei Digitalanzeigen – Ableseungenauigkeit bei Zeigerinstrumenten	▪ Sind im allgmeinen vermeidbare Fehler ▪ Sie sind von Vorzeichen und Betrag nicht zu bestimmen. ▪ Beispiele: – Irrtümer – Fehlüberlegungen – Missverständnisse – Schreibfehler bei der Dokumentation – Programmierfehler bei der Auswertung

Messgenauigkeit (Beispiele)

Digitales Multimeter	Anzeige	Fehlerrechnung
 	▪ 4stellige Anzeige ▪ Messbereich: 2000 V (größtmögliche Anzeige = 1 999,9 V) ▪ Anzeigenumfang: 19 999 Digits (20 000 Messschritte á 0,1 V)	▪ Fehler: +/− 0,5 %, +/− 4 Digits[1] (0,1 V) ▪ Anzeige: 600,0 V ▪ minimaler Messwert: $600\ \text{V} - 600\ \text{V}\ \frac{0{,}5}{100} - 0{,}4\ \text{V} = 596{,}6\ \text{V}$ ▪ maximaler Messwert: $600\ \text{V} + 600\ \text{V}\ \frac{0{,}5}{100} + 0{,}4\ \text{V} = 603{,}4\ \text{V}$
	[1] Digit: kleinster anzuzeigender Messschritt	
Analoges Multimeter	**Anzeige**	**Fehlerrechnung**
 	▪ Maximalwert je nach Messbereichseinstellung ▪ Ablesefehler minimieren, durch senkrechten Blick auf den Zeiger (Zeiger und Zeigerspiegelbild in Deckung) ▪ Je nach Messaufgabe lineare/logarithmische Skala benutzen. ▪ Absoluter Fehler ist im ganzen Messbereich gleich. ▪ Relativer Fehler wird umso kleiner, je weiter die Skala ausgenutzt wird.	▪ Güteklasse F gibt den absoluten Fehler an. $F = \frac{\text{Güteklasse}}{100} \cdot MBEW$ *MBEW*: Messbereichsendwert Beispiel: ▪ Güteklasse 2,5 ▪ Messbereichsendwert = 1,5 A $F = \frac{2{,}5}{100} \cdot 1{,}5\ \text{A}$ $F = 0{,}0375\ \text{A}$ ▪ Anzeige: 0,9 A Minimaler Messwert 0,9 A − 0,0375 A = 0,8625 A Maximaler Messwert 0,9 A + 0,0375 A = 0,9375 A

Gleichspannung

Messschaltung

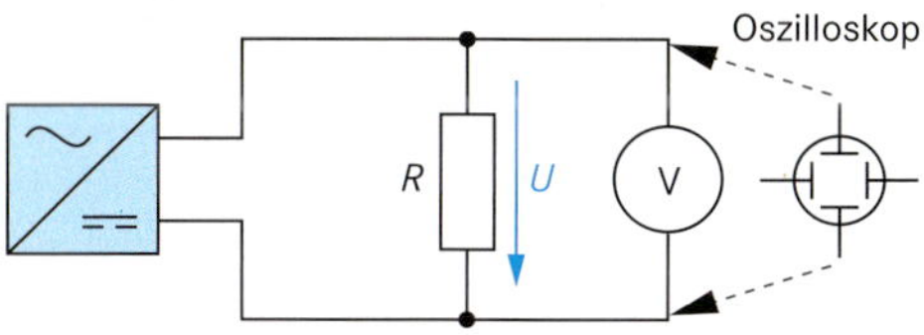

Form der Messspannung:

Messergebnisse:
Drehspulmessinstrument

Gleichspannungsbereich  $U = 8$ V

Oszilloskop:

Stellung DC
$A_Y = 2$ V/cm $U = 8$ V

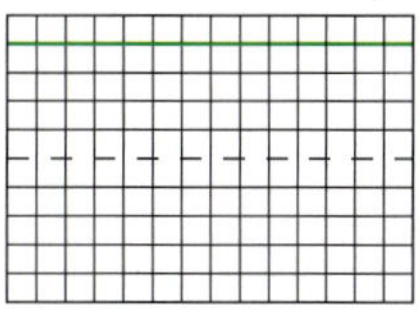

Stellung AC
$A_Y = 2$ V/cm $U = 0$ V

Wechselspannung

Messschaltung

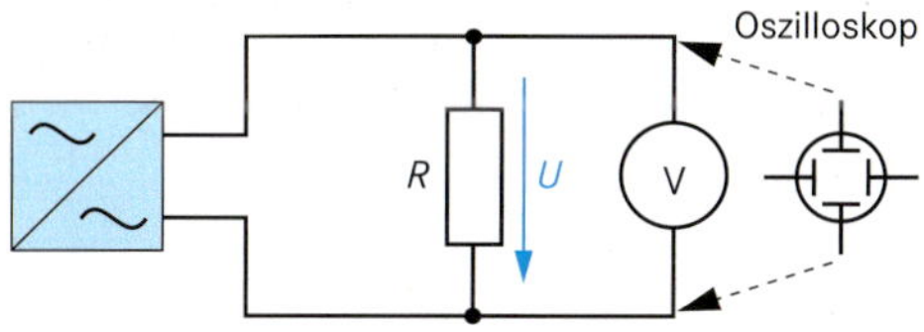

Form der Messspannung:

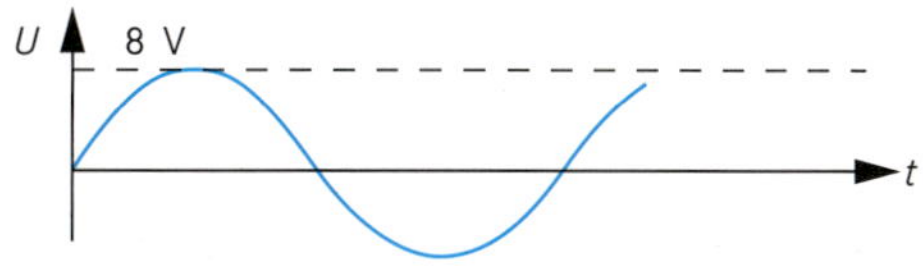

Messergebnisse:
Drehspulmessinstrument

Gleichspannungsbereich  $U = 0$ V

Wechselspannungsbereich  $U = 5{,}7$ V Effektivwert

Oszilloskop:

Stellung AC bzw. DC
$A_Y = 2$ V/cm $\hat{u} = 8$ V

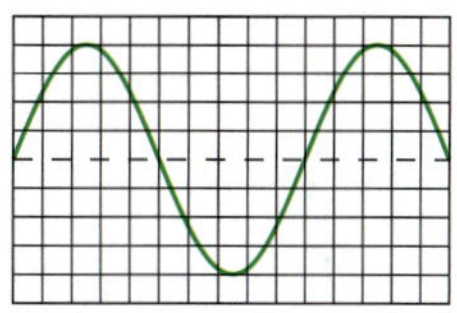

Stromstärke und Spannung

- Das Stromstärkemessgerät wird in Reihe direkt in den Stromkreis geschaltet.

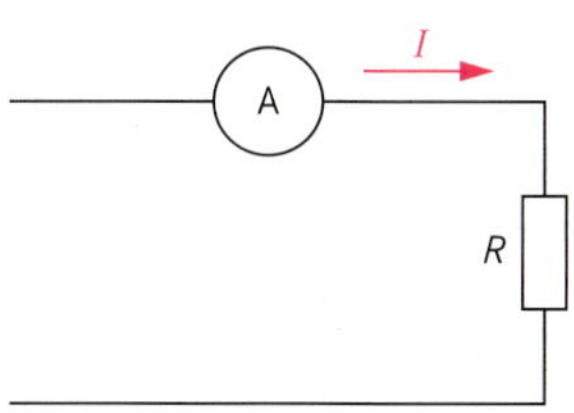

- Das Spannungsmessgerät wird parallel geschaltet.

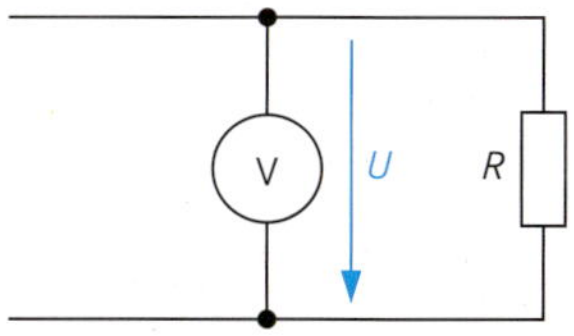

Leistung (Wirkleistung)

- Im Leistungsmessgerät werden Spannung und Stromstärke gleichzeitig gemessen, das Produkt gebildet und als Leistung angezeigt.
  Es sind drei bzw. vier Anschlüsse vorhanden.

Beispiel:
Messung einer Geräteleistung (z. B. Monitor) im Wechselstromkreis.

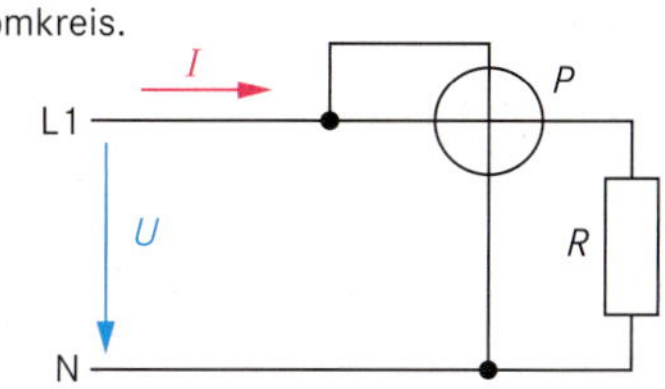

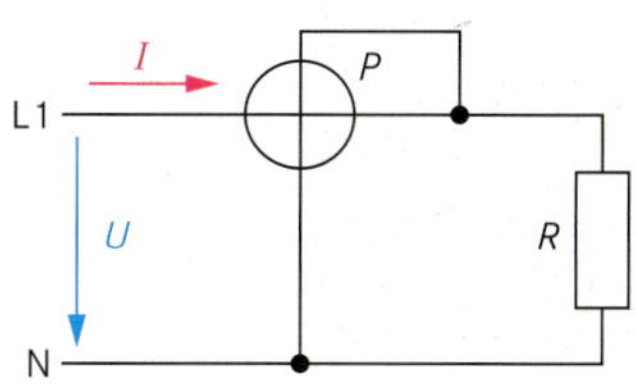

Messen elektrischer Widerstände
Measuring of Electrical Resistors

Stromstärke- und Spannungsmessung

Messschaltung	Messgrößen	Einheit	Auswerteformel
Spannungsfehlerschaltung (für große Widerstände) 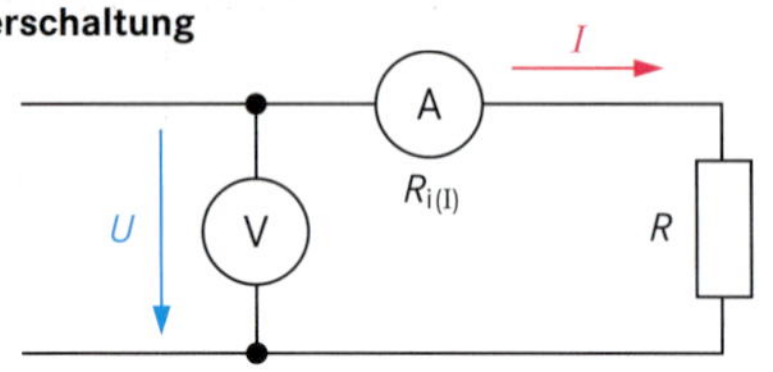	U: gemessene Spannung I: gemessene Stromstärke $R_{i(I)}$: Widerstand des Stromstärkemessgerätes	V A Ω	$R = \frac{U - I \cdot R_{i(I)}}{I}$
Stromfehlerschaltung (für kleine Widerstände) 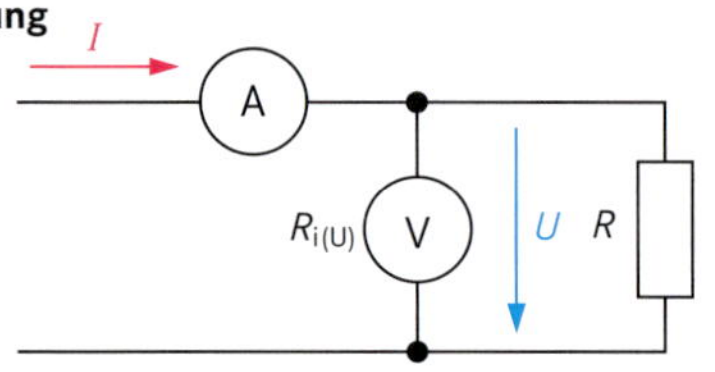	U: gemessene Spannung I: gemessene Stromstärke $R_{i(U)}$: Widerstand des Spannungsmessgerätes	V A Ω	$R = \frac{U}{I - \frac{U}{R_{i(U)}}}$

Direkte Widerstandsmessung

Arbeitsweise	Prinzipschaltung
■ Die Stromstärke wird gemessen und angezeigt. ■ Auf der Skala sind entsprechend der Stromstärke die dazugehörigen Widerstände angegeben. ■ Die Anzeige 0 Ω erhält man bei Vollausschlag. ■ Aufgrund der Alterung der Spannungsquelle muss der Nullpunkt nachgestellt werden. 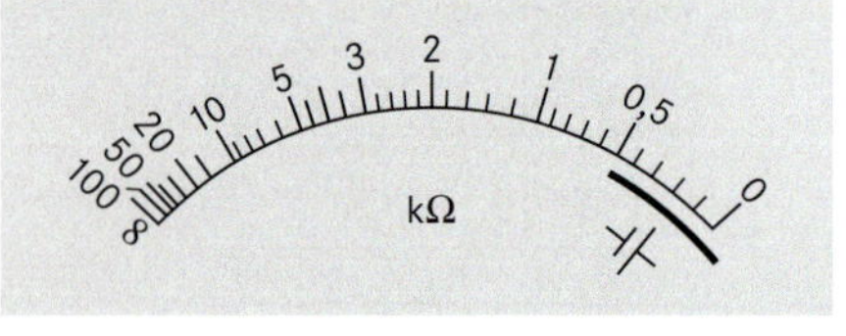	Widerstandsmessgerät 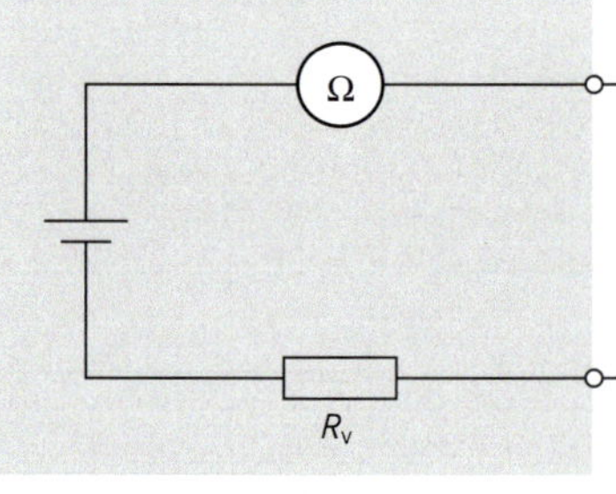

Messbrücken

Wheatstone-Messbrücke	Eigenschaften	Anwendungen
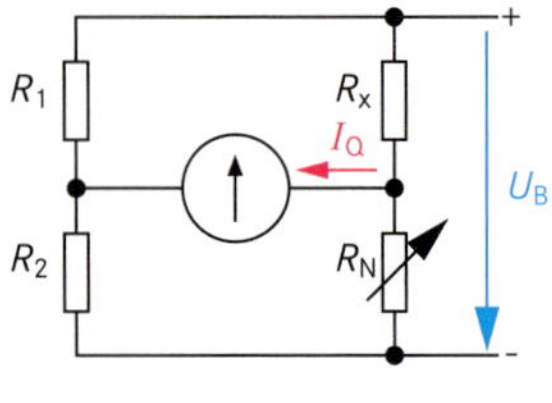	■ Messbedingung $I_Q = 0$ A (abgeglichene Brücke): $R_X = R_N \cdot \frac{R_1}{R_2}$ ■ Messgenauigkeit hängt u. a. von der Messgeräteempfindlichkeit und Genauigkeit der Vergleichswiderstände ab.	■ Einsatz zur Widerstandsmessung für R_X = 1 Ω ... 1 MΩ bis zu einer Messgenauigkeiten von 0,02 %. ■ Ausschlagmessbrücken ($I_Q \neq 0$ A) für Gleich- oder Wechselstrom zur Messung anderer physikalischer Größen
Wien-Messbrücke 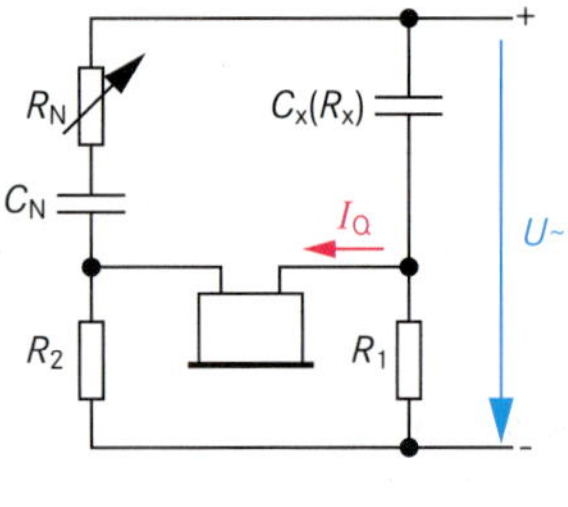	■ Messbedingung $I_Q = 0$ A (Tonlosigkeit): $\tan \varphi_x = \tan \varphi_N$ $C_x = C_N \cdot \frac{R_1}{R_2}$ $\tan \delta_x = \omega \cdot C_N \cdot R_N$ $R_x = R_N \cdot \frac{R_2}{R_1}$ ■ Brückenabgleich durch R_N, der auch parallel zu C_N geschaltet werden kann.	■ Kapazitätsmessungen für C_X = 1 nF...100 µF bei NF und bei HF $C_X \geq$ 100 pF mit Fehlergrenzen bis 0,1 % ■ Verlustfaktor ($\tan \delta$)-Messungen bis 1 % Messgenauigkeit ■ Wien-Maxwell-Messbrücke zur Messung größerer Kapazitäten bei kleiner Spannung

Vorbereitung

- Informationen sammeln
  - vom Kunden,
  - aus Unterlagen.
- Arbeitsplatz zur Fehlersuche einrichten.

Zielsetzung

- Zeitaufwand gering halten.
- Möglichst wenig Prüf- und Messgeräte einsetzen.

Beginn

- Besichtigung im spannungslosen Zustand (Gesamteindruck über Zustand).
- Inbetriebnahme, Baugruppen genau beobachten.
- Bei Gefahr sofort Stromkreis unterbrechen.

Besichtigung

Optisch

- Verschmorte Baugruppen oder Bauelemente
- Verschmorte Leitungen
- Rauchentwicklung
- Funken oder Überschläge
- Zerstörte/beschädigte Baugruppen oder Bauelemente
- Lageverschiebung von mechanischen oder elektrischen Baugruppen bzw. Bauelementen oder Leitungen
- Zerstörte/beschädigte Bedienelemente (Taster, Schalter, usw.)

Akustisch

- Geräusche bei mechanisch bewegten Teilen,
- Vibrationen bzw. Brummen (Netzfrequenz),
- Knistern bei Entladungen bzw. Überschläge.

Geruch

- Chemische Zersetzung durch Wärme von Isolationen,
- Öl (heißgelaufene Lager, Transformatoren).

Berührung

- Unzulässig hohes Spiel bei mechanischen Übertragungsgliedern (z. B. Kupplungen)
- Fehlerhafte Befestigung (z. B. Schraubverbindung)

Eingrenzung

- Gezieltes Prüfen bzw. Messen.
- Schrittweise vorgehen:

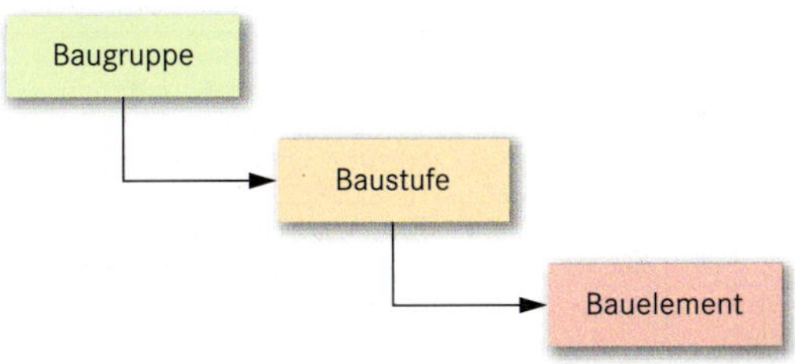

Vorgehensweise

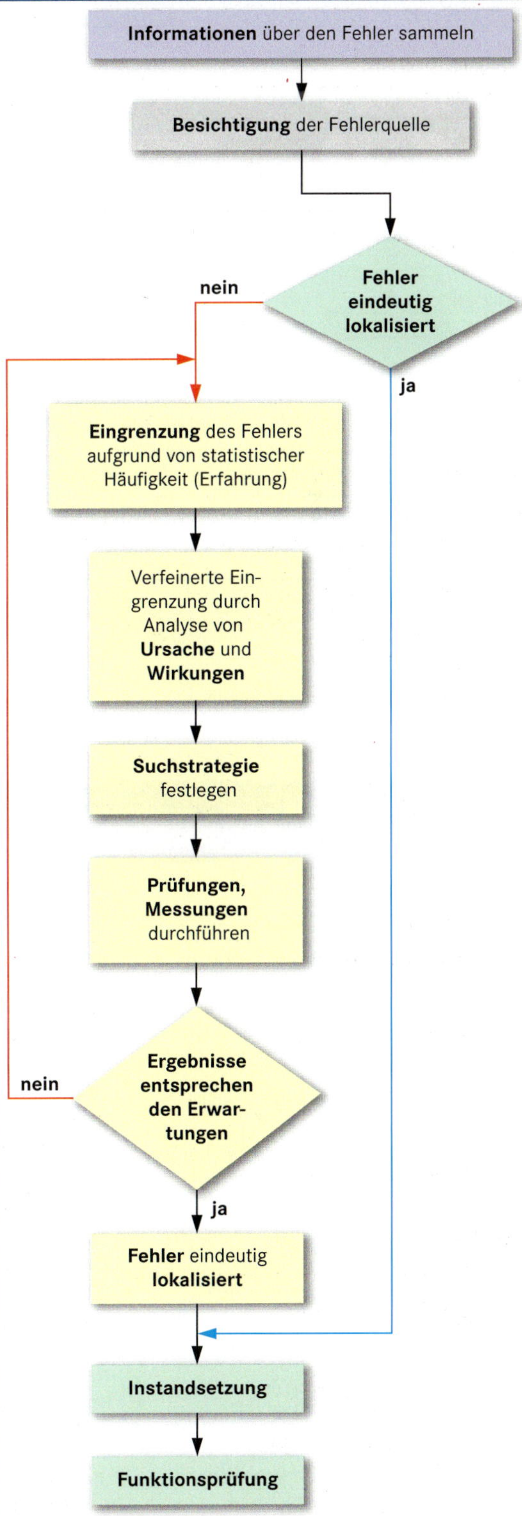

Dynamische Fehlersuche
Dynamic Fault Locating

Prinzip

Stufenweise Signalzuführung

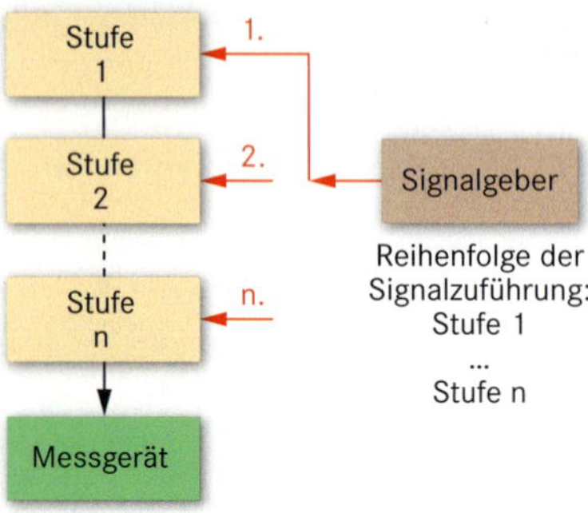

- Ziel: Überprüfung der Funktion einzelner Stufen
- Das Messgerät befindet sich am Ende einer Signalkette.
- Signale werden den einzelnen Stufen zugeführt.
- Signalgeber darf keine unzulässige Belastung für die Stufen verursachen.

Stufenweise Signalmessung

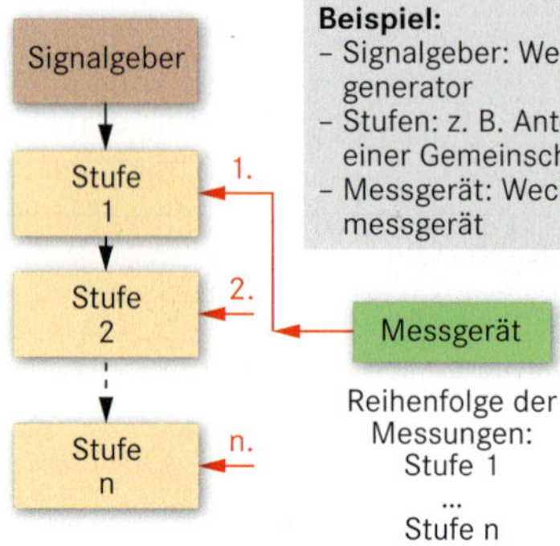

Beispiel:
- Signalgeber: Wechselspannungsgenerator
- Stufen: z. B. Antennensteckdosen einer Gemeinschaftsantennenanlage
- Messgerät: Wechselspannungsmessgerät

- Ziel: Überprüfung der Funktion einzelner Stufen
- Das Signal wird der Eingangsstufe zugeführt.
- Der Signalgeber muss so an die Eingangsstufe angepasst sein, dass keine Verfälschungen auftreten.
- Das Signal wird nach den einzelnen Stufen gemessen.

Merkmale

- Voraussetzungen:
  Gerät, Baugruppe, Stufe müssen sich im Betriebszustand befinden.
- Anwendung:
  Signale durchlaufen mehrere Stufen.
- Signalgeber:
  Generatoren für Spannungen, Impulse, Logikpegelgeber, ...
- Messgeräte:
  Spannungsmessgerät, Oszilloskop, Logikanalysator, ...

Statische Fehlersuche
Static Fault Locating

Durchgangsprüfung

- Anwendung:
  Reihenschaltung von Widerständen, Leitungen usw.
- Messgeräte:
  Einfaches Widerstandsmessgerät oder Durchgangsprüfer
- Auswertung:
  Durchgang ①...② vorhanden, ja/nein

Fehlerfall: R_3 hat Unterbrechung
①...⑥: Messpunkte

Fälle	Reihenfolge der Durchgangsmessung →			
A	① nein	② nein	③ nein	④ ja
B	⑥ ja	⑤ ja	④ ja	③ nein
C	③ ja	④ nein		

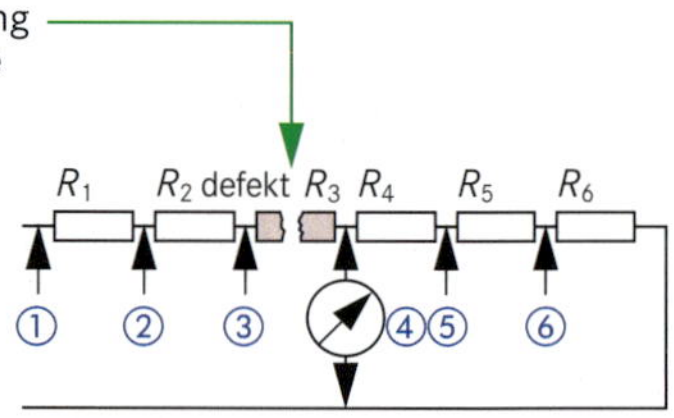

Fehler gefunden

Schlussprüfung

- Anwendung:
  Parallelschaltung von Widerständen, Geräten, Anlagen usw.
- Messgeräte:
  Einfaches Widerstandsgerät, Durchgangsprüfer
- Unterbrechungen ①... vornehmen, Messgerät beobachten.
  Auswertung: Schluss vorhanden, ja/nein; Ausschlag ändert sich, wenn defektes Element abgetrennt wird.

Fehlerfall: R_3 hat Schluss
①...⑥: Unterbrechungen herstellen

Fälle	Reihenfolge der Schlussmessung →			
A	① ja	② ja	③ nein	
B	⑥ ja	⑤ ja	④ ja	③ nein
C	② ja	③ nein		

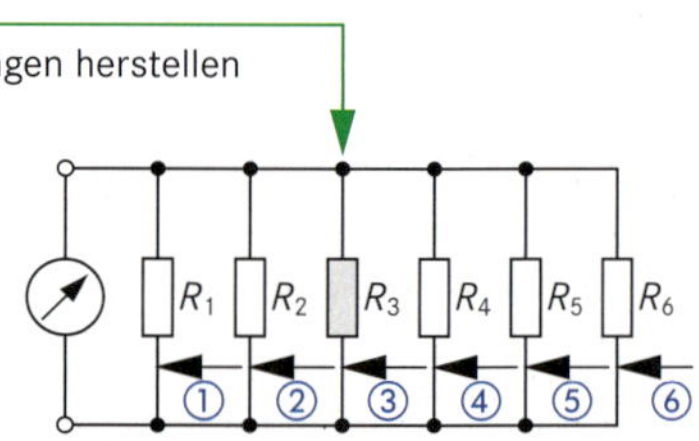

Fehler gefunden

- Messgerät zur Darstellung zeitlicher Spannungsverläufe
- Kennliniendarstellung (je eine Spannung wirkt auf die x-/y-Ablenkung)
- Mit Wandlervorsätzen können auch andere physikalische Größen erfasst werden.

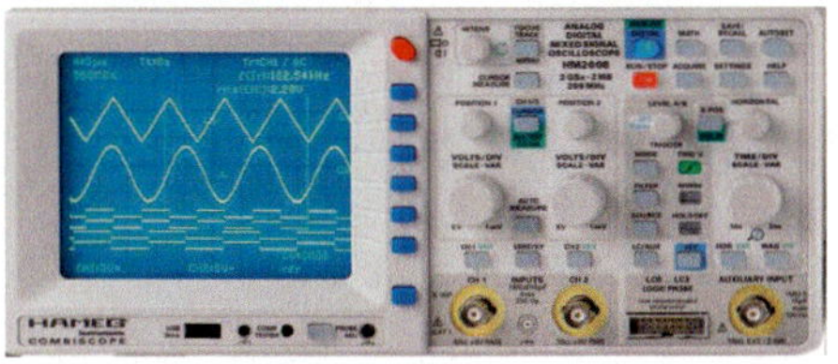

digital
- Darstellung einzelner Messpunkte (begrenzte Auflösung)
- Bei hohen Frequenzen können durch Aliasing (zu geringe Abtastrate) nicht vorhandene überlagerte Signale angezeigt werden.
- Möglichkeit von mehrfarbiger Darstellung, Rechen-, Speicherfunktionen, ...

analog
- kontinuierliche Darstellung
- nur periodisch wiederkehrende Signale darstellbar (keine einmaligen Verläufe)
- einfarbige Bildschirmdarstellung

Bedienelemente

Beschriftung	Bedeutung
POWER	Netzschalter, Ein-Aus, Rasterbeleuchtung
INTENS HELLIGK	Helligkeitssteuerung des Oszillogrammes
FOCUS	Schärfeeinstellung des Oszillogrammes
INPUT A (B)	Eingangsbuchse für Kanal A (Kanal B), oft Kanal 1 und 2
AC-DC-GND	Eingang: über Kondensator - direkt - auf Masse geschaltet
CHOP	Strahlumschaltung mit Festfrequenz von einem Vertikalkanal zum anderen
ALT	Strahlumschaltung am Ende des Zeitablenkzykluses von einem Vertikalkanal zum anderen
INVERT CH.B	Messsignal auf Kanal B wird invertiert
ADD	Addition der Signale von Kanal A und B
POSITION ↕	Vertikale Bildverschiebung
↔	Horizontale Bildverschiebung
X-MAGN	Dehnung der Zeitablenkung
Triggerung: A; B EXT TRIG Line	Zeitablenkung wird getriggert durch - Signal von Kanal A (B) - externes Triggersignal - Signal von der Netzspannung
LEVEL NIVEAU	Einstellung des Triggersignalpegels
AUTO	Endstellung der LEVEL-Einstellungen; Automatische Triggerung der Zeitablenkung beim Spitzenpegel. Ohne Triggersignal ist die Zeitablenkung frei laufend.
+ / -	Triggerung auf positiver bzw. negativer Flanke
TIME/DIV ZEIT/SkT	Zeitmaßstab in µs/DIV, ms/SkT oder ms/cm
VOLTS/DIV V/SkT; V/cm	Vertikalabschwächer für Kanal A und B in mV/DIV oder mV/SkT oder V/cm
CAL	Eichpunkt für Maßstabsfaktoren bei Rechtsanschlag

Funktionen eines Digitaloszilloskops

- **Pre-Trigger**
  Durch fortlaufende Messwertspeicherung können Signale vor dem Triggerzeitpunkt dargestellt werden.
- **Speicher**
  Die Speicherung der Messwerte ermöglicht die Darstellung von einmaligen Signalverläufen.
- **Mathematische Funktion**
  Die Eingangsgrößen können z. B. addiert oder subtrahiert werden.
- **Zoom**
  Nach der Messung können Signalverläufe vergrößert werden.
- **Cursormessung**
  Mit Hilfe eines Cursors können die Messwerte eines Punktes genau ermittelt werden (kein Ablesefehler).
- **Externe Schnittstellen**
  z. B. für Fernbedienung, externe Datenspeicherung/-übertragung

Auswahlkriterien

Allgemein
- Eingangsempfindlichkeit
- Eingangsimpedanz
- Eingangskopplung
- Anstiegzeit
- Bandbreite
- Anzahl der Kanäle
- Triggermöglichkeiten
- Baugröße

Digitaloszilloskop
- Abtastrate
- Speichertiefe
- Binäre Wortlänge
- Schnittstellen
- Displayauflösung

Spannungs- und Strommessung mit dem Zweikanaloszilloskop

Beispiel:
Da beide Y-Ablenksysteme eine gemeinsame Masse besitzen, müssen die Messleitungen einen gemeinsamen Bezugspunkt haben (z. B. Ⓒ).

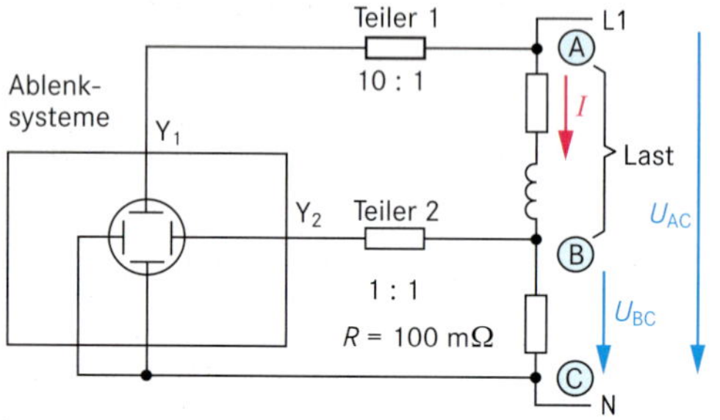

In der Praxis gilt:

$u_{AC} \gg u_{BC}$ und damit $u_{AB} \approx u_{AC}$

Die Spannung u_{AB} kann mit einem Zweikanaloszilloskop auch als Differenzspannung gemessen werden.

Dabei ist
- für beide Kanäle der gleiche Vertikal-Maßstab einzustellen ($k_{Y1} = k_{Y2}$),
- ein Y-Eingangssignal zu invertieren und
- die Addition beider Y-Signale (Add) zu veranlassen.

$k_x = 2\,\frac{\text{ms}}{\text{SkT}}$; $k_{Y1} = 10\,\frac{\text{V}}{\text{SkT}}$; $k_{Y2} = 0{,}2\,\frac{\text{V}}{\text{SkT}}$ [1)]

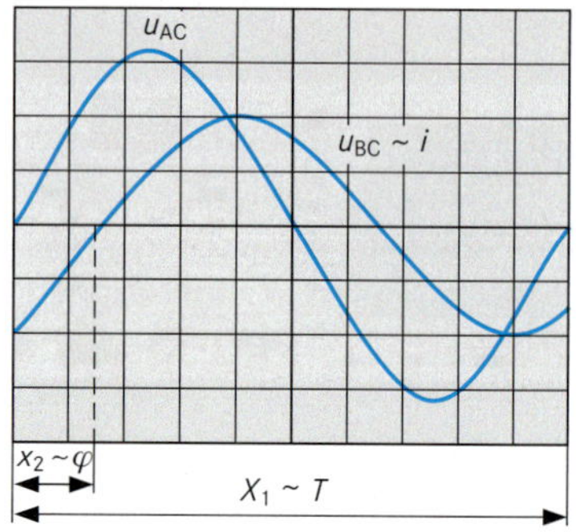

Auswertung: $T = X_1 \cdot k_x = 10\,\text{SkT} \cdot 2\,\frac{\text{ms}}{\text{SkT}} = 20\,\text{ms}$

$f = \frac{1}{T} = \frac{1}{20\,\text{ms}} = 50\,\text{Hz}$

$\hat{u}_{AC} = Y_1 \cdot k_{Y1} \cdot k_{T1} = 3{,}1\,\text{SkT} \cdot 10\,\frac{\text{V}}{\text{SkT}} \cdot \frac{10}{1} = 310\,\text{V}$

$\hat{u}_{BC} = Y_1 \cdot k_{Y2} \cdot k_{T2} = 2\,\text{SkT} \cdot 0{,}2\,\frac{\text{V}}{\text{SkT}} \cdot \frac{1}{1} = 400\,\text{mV}$

$\hat{\imath} = \frac{\hat{u}_{BC}}{R_{Mess}} = \frac{400\,\text{mV}}{100\,\text{m}\Omega} = 4\,\text{A}$

$\varphi = X_2 \cdot k_X \cdot \frac{360°}{20\,\text{ms}} = 1{,}5\,\text{SkT} \cdot 2\,\frac{\text{ms}}{\text{SkT}} \cdot \frac{360°}{20\,\text{ms}} = 54°$

[1)] k_X Ablenkfaktor in X-Richtung; k_{Y1}; k_{Y2} Ablenkfaktor in Y-Richtung für Kanal 1; 2

Messung im Niederspannungsnetz

- Bei Geräten mit Anschluss an das Niederspannungsnetz werden Oszilloskope vorzugsweise über Trenntransformatoren versorgt. So kann jeder Punkt des geerdeten Niederspannungsnetzes mit der Masse des Oszilloskops verbunden werden.
- Die Abbildung zeigt, wie gefährlich die Messung ist. Die Massebuchsen der Frontplatte und ein metallenes Gehäuse nehmen Netzpotenzial an. ①
- Um die Berührungsgefahr zu beseitigen, ist das Oszilloskop mit isolierenden Materialien abzudecken oder die Messspannung über einen Trennverstärker (z. B. mit Optokoppler) zu führen.

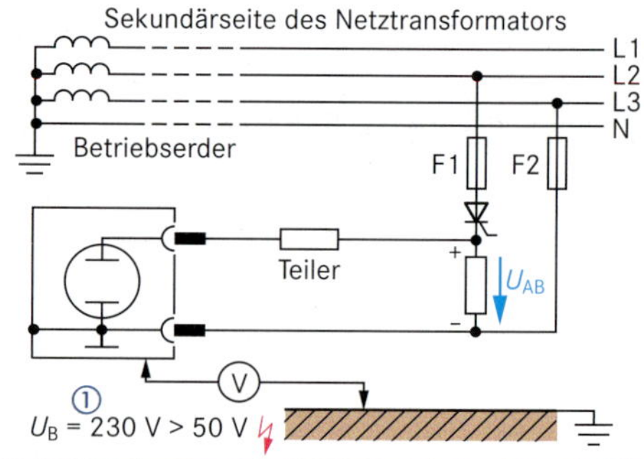

Kennliniendarstellung einer Diode

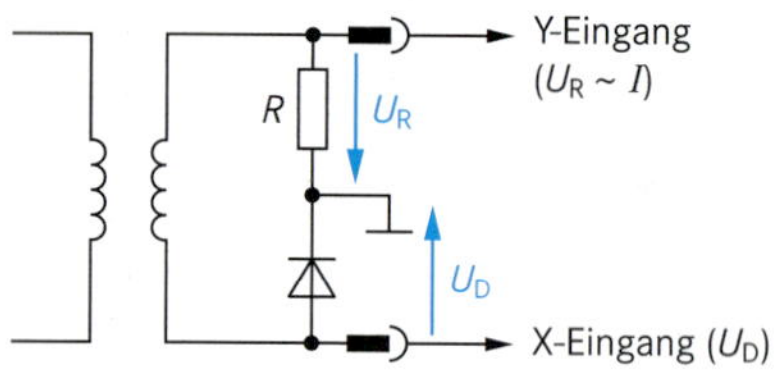

Beispiel:
Diodenkennlinie

$k_x = 0{,}5\,\frac{\text{V}}{\text{SkT}}$ $k_y = 5\,\frac{\text{mA}}{\text{SkT}}$

- Einstellung „X über Y" wählen.

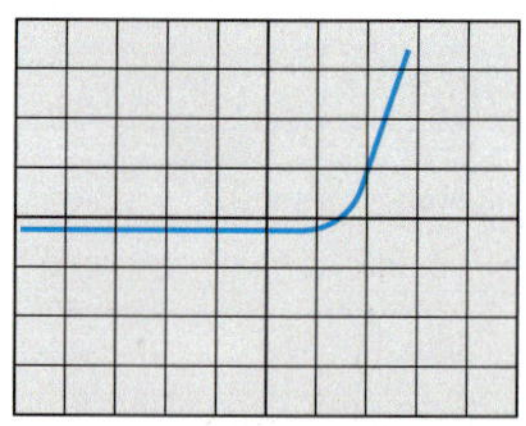

Messwandler
Instrument Transformer

Messwandler: Transformator zur Speisung von Messgeräten, Elektrizitätszählern, Schutzrelais u.ä.

Begriffe	Stromwandler	Spannungswandler
U-/*I*-Wandler	Wandler, bei dem der Sekundärstrom dem Primärstrom proportional ist.	Wandler, bei dem die Sekundärspannung der Primärspannung proportional ist.
Bürde	Admittanz *Y* des Sekundärkreises in S	Impedanz *Z* des Sekundärkreises in Ω
Bemessungsgrößen, Normwerte (primär)	Bemessungsstromstärken in A **10** 12,5 **15** **20** 25 **30** 40 **50** 60 **75** sowie dezimale Teile oder Vielfache	▪ Bemessungsspannungen bis 1 kV in V 230/400 277/480 400/690 1000 (gegen Neutralleiter/zwischen Außenleiter) ▪ Bemessungsspannungen über 1 kV in kV 3,6 7,2 12 (17,5) 24 36 40,5 (Spannung zwischen Außenleitern)
(sekundär)	1 2 **5** Bei im Dreieck geschalteten Sekundärwicklungen sind auch die durch 3 geteilten Werte genormt.	Europa: **100** 110 200 (bei erweiterten Sekundärkreisen) USA/Kanada: 120 (Verteilungsnetze) 115 (Übertragungsnetze) 230 (bei erweiterten Sekundärkreisen)
Bemessungsleistung	Wert der Scheinleistung in VA bei festem Leistungsfaktor, Bemessungsbürde und sekundärer Bemessungsstromstärke.	Der Wert der Scheinleistung in VA ist festgelegt bei festem Leistungsfaktor, Bemessungsbürde und sekundärer Bemessungsspannung.
	Normwerte bei Leistungsfaktor 0,8 induktiv: **10** 15 **25** 30 **50** 75 **100** 150 **200** 300 400 **500**	
Anschluss-bezeichnungen (primär) (sekundär)	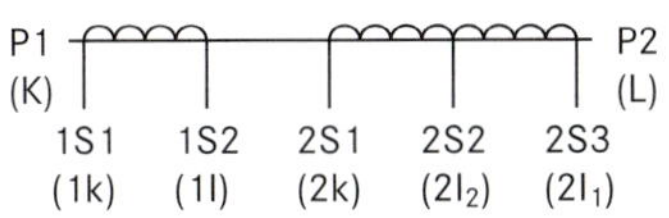 2S1: Nr. der Anschlüsse (1 hat an allen Wicklungen gleiche Polarität); P (primär), S (sekundär); Nr. bei mehreren Wicklungen	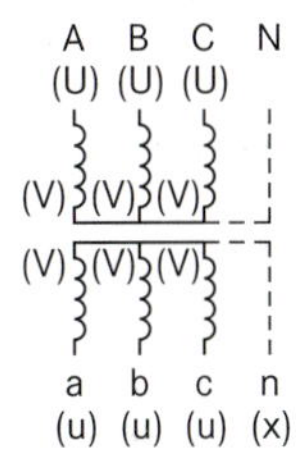 mehrere Sekundärwicklungen 1a, 2a, ..., 1b, 2b, ... Sekundärwicklung mit Anzapfungen a1, a2, ..., b1, b2, ... Anschluss zur Erdschlusserfassung (Dreieckschaltung) da, dn

Messen von Mischspannungen und Mischströmen
Measuring of Pulsating Voltages and Pulsating Currents

- Elektrische Spannungen und Ströme werden je nach Messwerk durch den arithmetischen **Mittelwert** (AV) oder durch den **Effektivwert** (RMS) charakterisiert.

Formfaktor: $F = \frac{I_{RMS}}{I_{AV}}$ $F = \frac{U_{RMS}}{U_{AV}}$

- Der **Formfaktor** gibt das Verhältnis von Effektivwert zu arithmetischem Mittelwert an. Als **Crest-Faktor** (Scheitelfaktor) gilt das Verhältnis von Spitzenwert zu Effektivwert.

Scheitelfaktor: $F_{Crest} = \frac{\hat{\imath}}{I_{RMS}}$ $F_{Crest} = \frac{\hat{u}}{U_{RMS}}$

Spannungsform	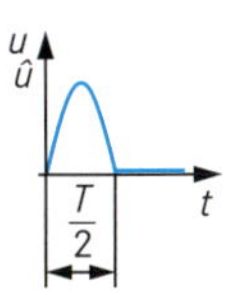	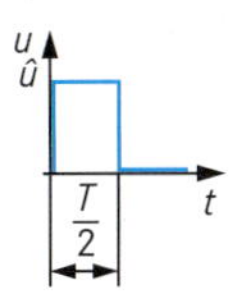	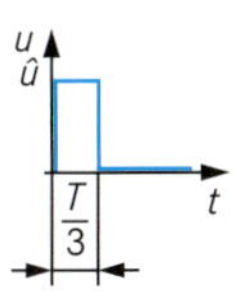	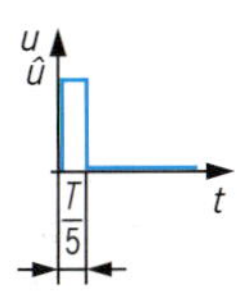	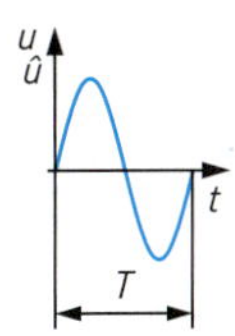	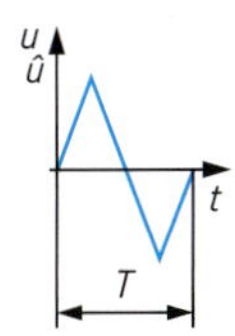	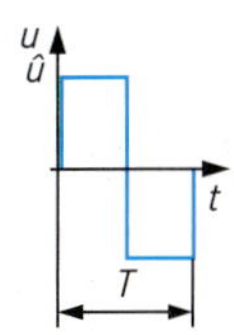
U_{AV}	$0{,}318 \cdot \hat{u}$	$0{,}5 \cdot \hat{u}$	$0{,}333 \cdot \hat{u}$	$0{,}167 \cdot \hat{u}$	[1] $0{,}636 \cdot \hat{u}$	[1] $0{,}5 \cdot \hat{u}$	[1] $1{,}0 \cdot \hat{u}$
U_{RMS}	$0{,}5 \cdot \hat{u}$	$0{,}707 \cdot \hat{u}$	$0{,}578 \cdot \hat{u}$	$0{,}408 \cdot \hat{u}$	$0{,}707 \cdot \hat{u}$	$0{,}578 \cdot \hat{u}$	$1{,}0 \cdot \hat{u}$
F	1,57	1,41	1,73	2,45	1,11	1,16	1,0
F_{Crest}	2,0	1,41	1,73	2,45	1,41	1,73	1,0

[1] Nach Gleichrichtung

Schaltungsnummern für Leistungs- und Leistungsfaktormessgeräte

Kennzeichnungsbeispiel: 6 2 0 1

- 6 – Stromart
- 2 – Messgröße
- 0 – Messart
- 1 – Anschlussart

Ziffer	Stromart	Messgröße	Messart	Anschlussart
0		Stromstärke	alle Fälle, außer 1 … 6.	unmittelbar
1	Gleichstrom-Zweileiter	Spannung	L+ Leiter in Stromspule	an Stromwandler
2	Gleichstrom-Dreileiter	Wirkleistung	L– Leiter in Stromspule	an Strom- und Sp.-Wandl.
3	Einphasen-Wechselstrom	Blindleistung	ohne angeschl. N-Leiter	an Nebenwiderstände
4	Dreileiter-Drehstrom symmetrische Belastung	Leistungsfaktor	mit angeschlossenem N-Leiter	
5	Dreileiter-Drehstrom beliebige Belastung		eingebauter Nullpunkt-Widerstand	
6	Vierleiter-Drehstrom beliebige Belastung		eingebaute Kunstschaltung	

Messschaltungen

Wirkleistungsmessgerät für Wechselstrom bzw. Gleichstrom

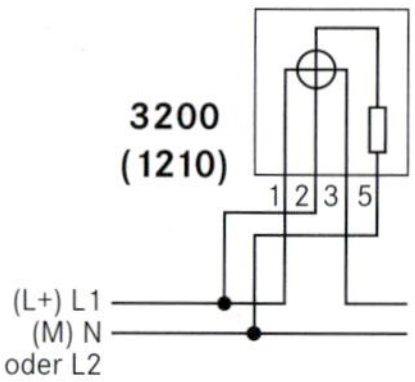

Wirkleistungsmessgerät für Dreileiter-Drehstrom
beliebige Belastung, unmittelbarer Anschluss

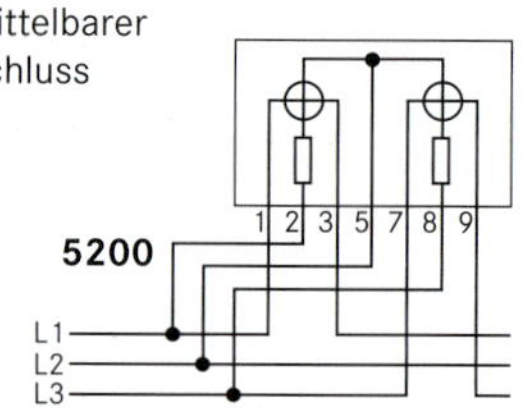

Wirkleistungsmessgerät für Vierleiter-Drehstrom
unmittelbarer Anschluss

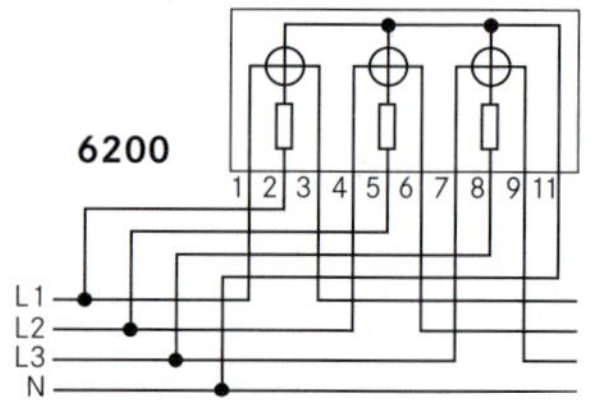

Blindleistungsmessgerät für Wechselstrom
unmittelbarer Anschluss

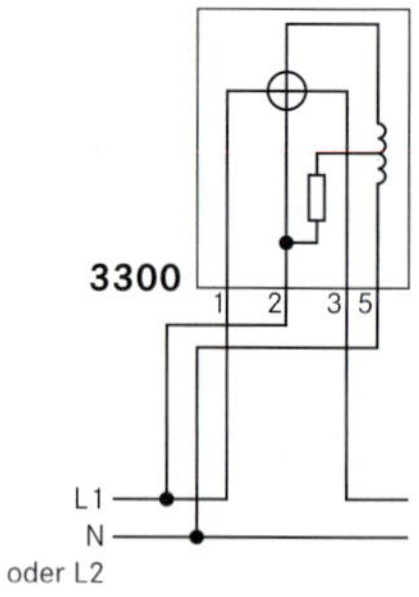

Blindleistungsmessgerät für Dreileiter-Drehstrom
beliebiger Belastung mit Stromwandler

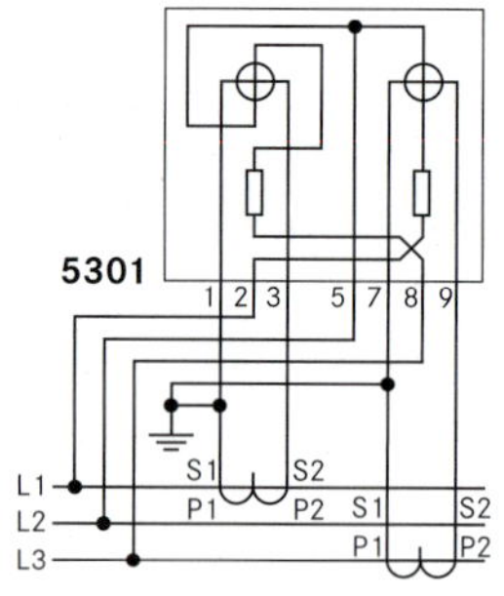

Wirkleistungsmessgerät für Vierleiter-Drehstrom
mit Strom- und Spannungswandler[1)]

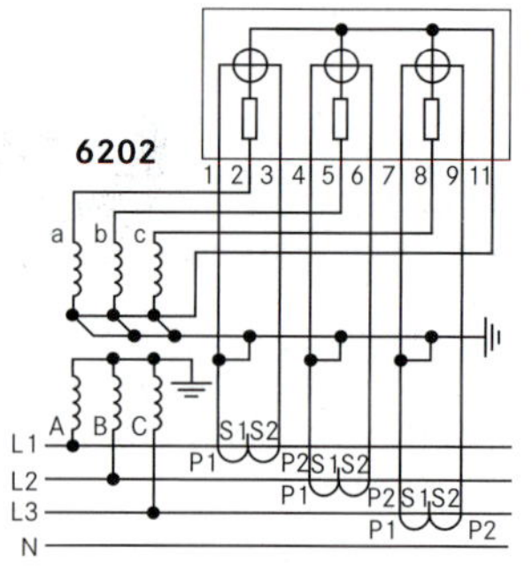

Leistungsfaktor-Messgerät für Wechselstrom
unmittelbarer Anschluss

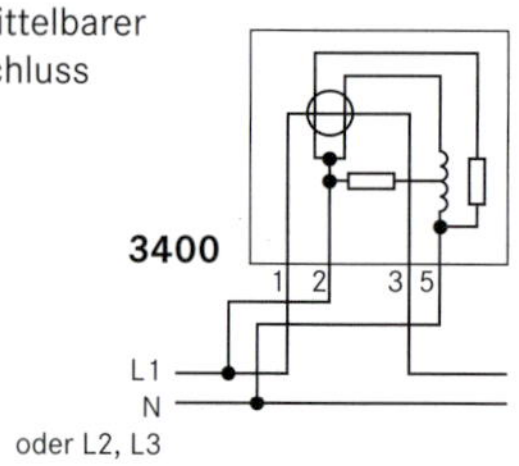

Leistungsfaktor-Messgerät für Dreileiter-Drehstrom

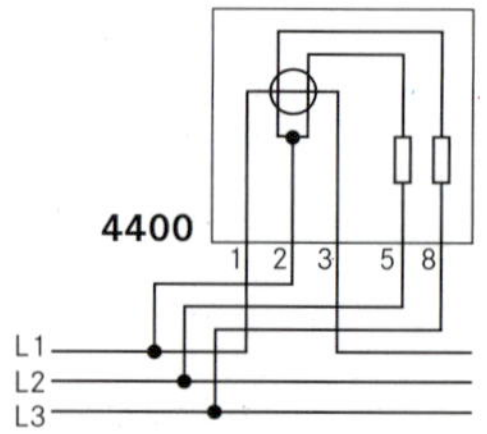

Blindleistungsmessgerät für Vierleiter-Drehstrom
unmittelbarer Anschluss

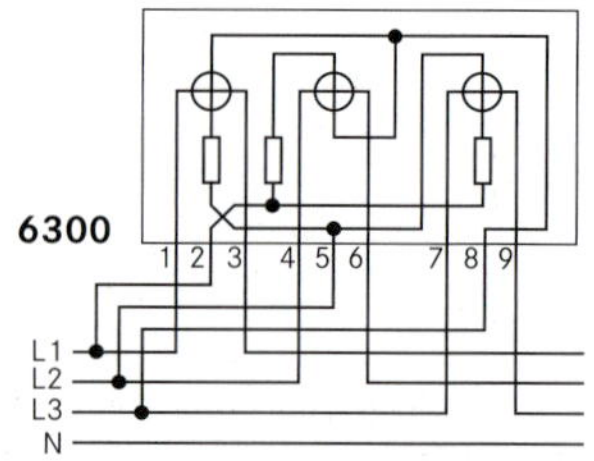

[1)] Stromwandler in Niederspannungsnetzen müssen nicht geerdet sein.

Induktionszähler

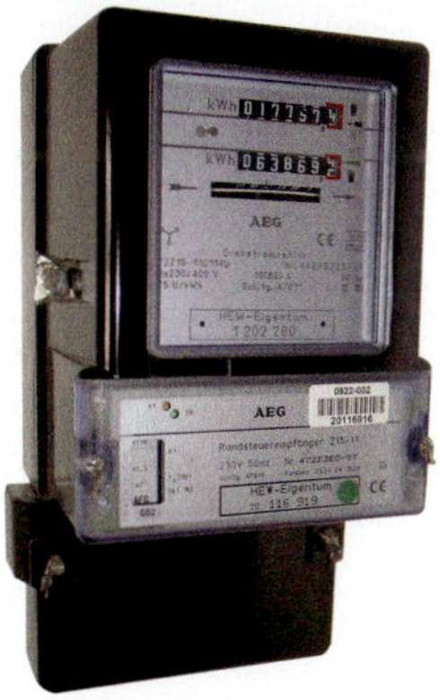

Wirkungsweise:

- Lastströme erzeugen Magnetfelder und Wirbelströme in einer Aluminiumscheibe. Daraus entstehende Drehfelder treiben diese an.
- Das mechanische Zählwerk wird durch die Aluminiumscheibe bewegt.
- Die Drehzahl ist proportional zur Leistung.
- Wirk- und Blindarbeit sind messbar.
- Ein-/Mehrtarifmessung sind möglich.

Elektronische Zähler

- Neben Energiemessung sind zahlreiche Zusatzfunktionen möglich.
- **Beispiele:**
  - 1 bis 4 Tarifmessung
  - Fernauslesung durch Kunden und/oder VNB
  - Busankopplung (optischer Bus, M-Bus, LAN, GSM, ...)
  - Lastgangermittlung
  - Unterbrechungsfreier Zählertausch (bei geeignetem Zählerplatz)

Auswahlkriterien

Montage	Funktionsprinzip	Eichung	Zusatzfunktionen	Genauigkeit
▪ Zählerplatz ▪ Schalttafeleinbau ▪ Hutschiene/Reiheneinbaugerät	▪ Elektromechanisch ▪ Elektronisch	▪ Vorhanden ▪ Möglich ▪ Nicht möglich ▪ Eichfrist	▪ Kommunikation (Bus, ...) ▪ Mehrtarifbetrieb ▪ Leistungs-, Stromstärke-, Spannungsanzeige ▪ Messdatenspeicher ▪ Spannungsqualitätsüberwachung	▪ 2 % Haushalt ▪ 1 %, 0,5 %, 0,2 % bei großen Energiemengen (z. B. VNB, Kraftwerk, ...)

Anforderungen

EnWG

- VNBs betreiben selbst Messstellen oder beauftragen spezialisierte Firmen (Messstellenbetreiber).
- Seit 1.1.2010 müssen die Messstellenbetreiber (z. B. VNBs) bei Neubauten, nach größeren Renovierungen oder auf Wunsch des Kunden Zähler einzubauen, die
  - den tatsächlichen Energieverbrauch und
  - die tatsächliche Nutzungszeit

  anzeigen.
- Seit 1.1.2010 müssen die Messstellenbetreiber elektronische Zähler mit o. g. Funktionen anbieten.
- Der Kunde kann den nachträglichen Einbau von Zählern mit diesen Funktionen ablehnen und statt dessen einen konventionellen Zähler erhalten.
- Energieversorger müssen seit 30.12.2010 lastvariable und tageszeitabhängige Stromtarife anbieten.

Eichung

- Neue Zähler werden vom Hersteller nach Messgeräte-Richtlinie (2004/22/EG) in Verkehr gebracht. Hersteller unterliegen der Überwachung durch benannte Stellen (z. B. PTB). Eine Ersteichung ist daher nicht erforderlich.
- Kennzeichnung der Zähler gemäß EG-Richtlinie:
  - CE-Zeichen
  - Meteorologiezeichen M + - Jahreszahl der Konformitätsbewertung, schwarz eingerahmt
  - Nummer der benannten Stelle
- Die Festlegung der Frist bis zur Nacheichung ist in nationalem Recht geregelt (Eichgesetz).
- Eichfrist für
  - Induktionszähler: 12 Jahre
  - Elektronische Zähler: 8 Jahre
  - Durch Stichprobenprüfung ist eine Fristverlängerungen um 5 Jahre möglich.

Leistungsmessung mit Induktionszähler

Beispiel: Zählerschild

Hersteller — nationales Zulassungszeichen

☐ (Hersteller)	Drehstromzähler Fabriknummer	212 333
Typ	3 x 230/400 V	10 (60) A
	50 Hz	75 U/kWh
	Schaltung 4000	2011

$$P = \frac{n}{c_Z}$$

$$P = \frac{\text{Umdrehungen in Messzeit}}{t_M \cdot c_Z}$$

P: Wirkleistung in kW

c_Z: Zählerkonstante in $\frac{1}{\text{kWh}}$

n: Umdrehungen der Zählerscheibe pro Stunde

$$n = \frac{\text{Umdrehungen in Messzeit}}{t_M}$$

t_M: Messzeit in h

Schaltungsnummern für Elektrizitätszähler, Tarifschaltuhren und Rundsteuerempfänger

Kennzeichnungsbeispiel: 4 1 2 2

① Zähler-Grundart — 4
② Zusatzeinrichtung — 1
Anschluss ④ — 2
Schaltung der Zusatzeinrichtung ③ — 2

Ziffer	Grundart ①		Zusatzeinrichtung ②	Schaltung der Zusatzeinrichtung ③	
0	...		keine	kein äußerer Anschluss	
1	Wirkverbrauchszähler	L/N (Klemmen: 1 ... 6)	Zweitarif (Klemmen: 13, 15)	einpoliger innerer Anschluss (Klemmen: 13 oder 14)	
2	Wirkverbrauchszähler	L1/L2 (Klemmen: 1 ... 6)	Maximum (Klemmen: 14, 16)	äußerer Anschluss (Klemmen: 13, 15 oder 14, 16)	
3	Wirkverbrauchszähler	L1/L2/L3 (Klemmen: 1 ... 9)	Zweitarif und Maximum (Klemmen: 13 ... 16)	innerer Anschluss	Maximum-Auslöser in Öffnungsschaltung
4	Wirkverbrauchszähler	L1/L2/L3/N (Klemmen: 1 ... 12)	Maximum mit elektrischer Rückstellung (Klemmen: 13 ... 16)	innerer Anschluss	Maximum-Auslöser in Kurzschließschaltung
5	Blindverbrauchszähler	L1/L2/L3 60° Abgleich (Klemmen: 1 ... 9)	Zweitarif und Maximum mit elektrischer Rückstellung (Klemmen: 13 ... 15, 18, 19)	äußerer Anschluss	Maximum-Auslöser in Öffnungsschaltung
6	Blindverbrauchszähler	L1/L2/L3 90° Abgleich (Klemmen: 1 ... 9)		äußerer Anschluss	Maximum-Auslöser in Kurzschließschaltung
7	Blindverbrauchszähler	L1/L2/L3/N 90° Abgleich (Klemmen: 1 ... 12)			

Ziffer	0	1	2
Anschluss ④	direkt	Stromwandler	Strom- und Spannungswandler

Schaltungsnummer	Bedeutung
Tarifschaltuhr mit	
01	Tagesschalter
02	Maximumschalter
03	Tages- und Maximumschalter
04	Tages- und Wochenschalter
05	Maximum- und Wochenschalter
06	Tages- und Maximumschalter
07	Wochenschalter
Rundsteuerempfänger mit	
11	einem Umschalter
12	zwei Umschaltern
13	drei Umschaltern
14	vier Umschaltern

Zusätzliche Kennzeichen

Symbol	Bedeutung
Z	Zweitarif-Auslöser für Zählwerke
d	Tagesschalter für Zweitarifauslöser
w	Wochenschalter
M	Maximum-Auslöser für Maximum-Mitnehmer
ML	Maximum-Laufwerk
mo	Maximum-Schalter zum Betätigen der Maximum-Auslöser in Öffnungsschaltung
mk	Maximum-Schalter zum Betätigen der Maximum-Auslöser in Kurzschließschaltung
(M)	Antriebsmotor
[E]	Empfangsteil des Rundsteuerempfängers

Beispiele:

Vierleiter-Drehstrom-Wirkverbrauchszähler		Vierleiter-Drehstrom-Blindverbrauchszähler
Direkter Anschluss	Mit Stromwandler	Mit Strom- und Spannungswandler

4000

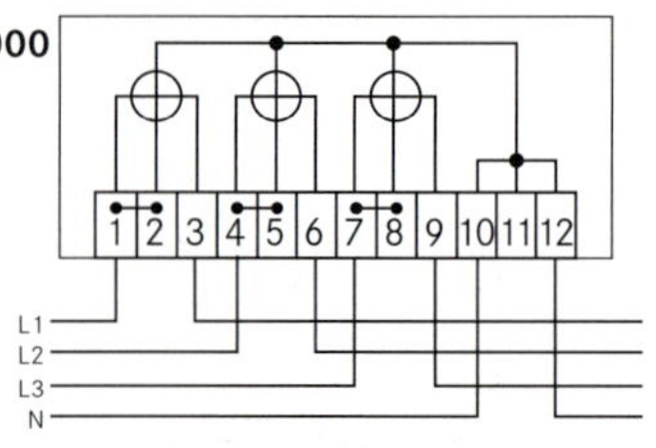

4010

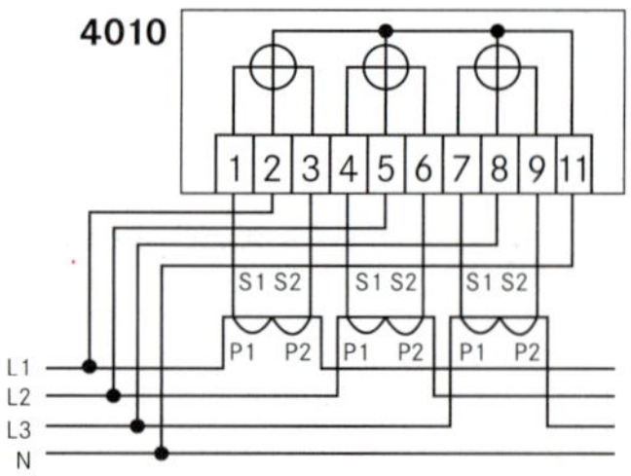

7020

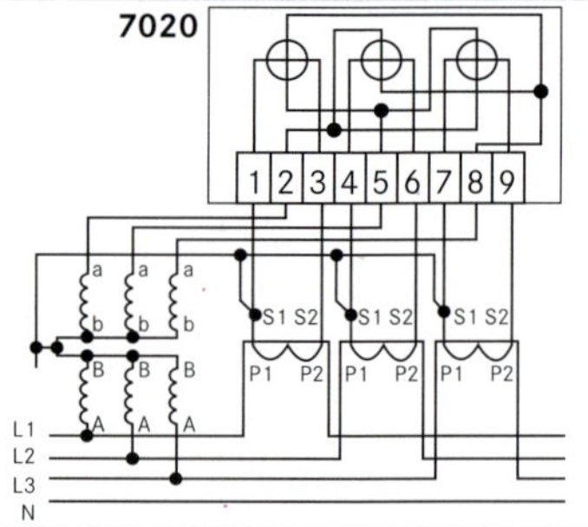

Gesetzliche Bestimmungen

- **Klimaschutzprogramm**:
  - Einbau von eHZ in Neubauten und
  - bei Grundsanierung
- **Energiewirtschaftsgesetz**:
  - Einbau von eHZ, wenn technisch machbar und wirtschaftlich vertretbar (EnWG § 21b)
  - Unterschiedliche zeit- bzw. lastabhängige Tarife (§ 40 EnWG)
  - Abrechnung: monatlich, vierteljährlich oder halbjährlich (§ 40 EnWG)

Merkmale

- Elektronische, kommunikationsfähige und lageunabhängige Messeinrichtung
- **Zeitnahe Information** über Höhe und zeitlichen Verlauf der Energielieferung
- **Vollintegrierter Zähler**: Messen, Speichern, Kommunizieren und Steuern
- Zusätzliche **separate Gerätemodule** zur Kommunikation
- **Fernabfrage** durch Netzbetreiber möglich

Zählerdaten

- Abmessungen: 90 x 135 x 80 mm (B x H x T)
- **Befestigung**: 4 Haltekrallen ①
- Elektrischer Anschluss: **7 Messerkontakte** ②, kein Klemmblock erforderlich
- Anzeige: mindestens **6-stelliges Display** ③
  - Zählerstand wird angezeigt bei mindestens einphasiger Versorgung.
  - Keine Anzeige im spannungslosen Zustand
  - Im spannungslosen Zustand bleibt der Zählerstand mindestens 8 Jahre erhalten.
  - Nach Spannungswiederkehr wird ein Displaytest durchgeführt.
  - Anzeige „FF“ im Display: Funktionsfehler
- Plombierung erfolgt mittels herkömmlicher Drahtplombe ④.
- Schutzart: IP3X auch während des Steckvorgangs
- Optische Datenschnittstelle ⑤ (DIN EN 62056-21) an der Voderseite dient zur Ausgabe der Datensätze und zur Prüfung.
- Rückseitige optische Datenschnittstelle ⑥ zum Datenaustausch mit dem Netzbetreiber über ein zusätzliches Kommunikationsmodul, z. B. Multi-Utility-Communication Controller (MUC) über DSL.

Vorderseite

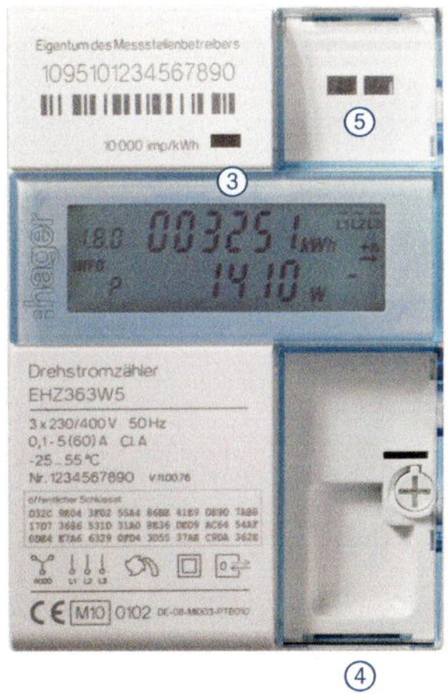

Rückseite

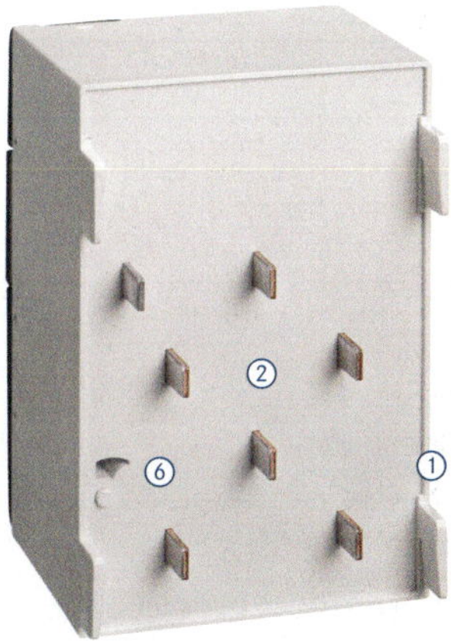

Zählerplatz

- Im Zählerfeld wird zur Montage eine **Befestigungs- und Kontakteinrichtung** (**BKE**) montiert:
  - BKE-I: integriert in den Zählerplatz
  - BKE-A: adaptiert von Zählerplatz mit Drei-Punkt-Befestigung auf eHZ
- **Unterbrechungsfreier Zählerwechsel**:
  - Federnde Kontaktstücke zur elektrischen Verbindung
  - Bewegliche Kontaktbrücken öffnen bzw. schließen beim Zählerwechsel (keine Lasttrennschalter).
- **Bauhöhe des Zählerfeldes** sowie des oberen und unteren Anschlussraumes bleiben unverändert.
- 450 mm hoher **Zählerplatz** wird geteilt:
  - 300 mm zur Montage des BKE-I
  - 150 mm zur Montage von Erweiterungsmodulen
- Bei Anlagen mit mehr als zwei Zählern sind zwei BKE-I in einem Zählerfeld zulässig (Feldhöhe 1050 mm). Der obere und untere Anschlussraum werden dann gemeinsam genutzt.

Aufbau BKE

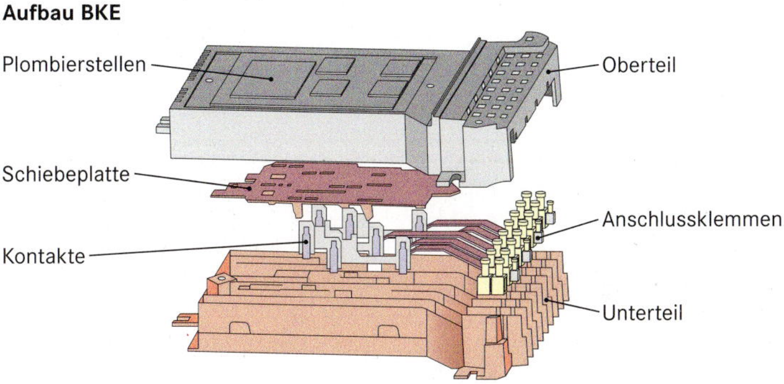

BKE-I

Prüfgrundlage		Dokumentation

Energiewirtschaftsgesetz (EnWG)
- Es fordert, Energieanlagen so zu errichten und zu betreiben, dass die technische Sicherheit gewährleistet ist.
- Die Einhaltung der anerkannten Regeln der Technik wird durch Anwendung des VDE-Regelwerkes erreicht.
	Berufsgenossenschaften
	- Sie fordern in der BGV A3, dass elektrische Anlagen auf ordnungsgemäßen Zustand geprüft werden.
	- Prüfanlass:
	  - vor der ersten Inbetriebnahme,
	  - nach einer Änderung,
	  - vor Wiederinbetriebnahme und
	  - in bestimmten Zeitabständen.
		- Name, Anschrift und Auftraggeber und Auftragnehmer
		- Bezeichnung des Prüfobjekts
		- Verwendete Mess-/Prüfgeräte
		- Prüfergebnisse einschließlich relevanter Messwerte
		- Prüfstelle, Prüfer, Prüfdatum
		- Unterschrift des Prüfers

Prüfablauf	Anforderungen	Grundregel
1. Besichtigen 2. Erproben 3. Messen	- Prüfer muss Elektrofachkraft sein. - Prüfer muss Berufserfahrung haben. - Prüfgeräte müssen DIN EN 61557 (VDE 0413) entsprechen.	Durch Vorkehrungen bei den Prüfungen sind Gefahren für Personen oder Nutztiere auszuschließen sowie Beschädigungen an fremdem Eigentum sowie Betriebsmitteln zu vermeiden. Dies gilt auch, falls im Stromkreis ein Fehler vorliegt.

Prüfinhalte

Allgemeine Hinweise

Erstprüfung	Wiederholungsprüfung
▪ Anlagen während der Errichtung und nach Fertigstellung prüfen, bevor sie dem Nutzer übergeben werden. ▪ Es ist zu prüfen, ob Anforderungen aus der Normreihe DIN VDE 0100 eingehalten werden.	▪ Bestätigung, dass keine Beschädigungen oder Zustandsverschlechterungen vorliegen, welche die Sicherheit beeinträchtigen. ▪ Beurteilen, ob sich Umgebungsbedingungen verändert haben und die Anlage noch geeignet ist. ▪ Die Prüfungen dürfen stichprobenartig sein, wenn der Anlagenzustand dadurch zu beurteilen ist.

Besichtigen und Bewerten (Auswahl)	Erproben

▪ Prüfen, ob die Anlage
  - den Sicherheitsanforderungen für Betriebsmittel entspricht,
  - gemäß DIN VDE 0100 ausgewählt und errichtet wurde und
  - ohne sichtbare Mängel und Beschädigung ist.
▪ Ordnungsgemäße Dokumentation
▪ Schutzmaßnahmen eingehalten
▪ Eignung von Kabeln, Leitungen und Stromschienen[1]
▪ Eignung und Einstellung von Schutz-/Überwachungsgeräten[1]
▪ Vorhandensein und Anordnung von Trenn-/Schaltgeräten[1]
▪ Eignung elektrischer Betriebsmittel und Schutzmaßnahme bezüglich äußerer Einflüsse
▪ Ordnungsgemäße Kennzeichnung von Neutral- und Schutzleiter
▪ Anordnung einpoliger Schaltgeräte in Außenleitern
▪ Vorhandensein von Schaltungsunterlagen, Warnhinweisen und ähnlichen Informationen
▪ Zuordnung Überstromschutz zu Leiterquerschnitt
▪ Brandschotts bezüglich Ausführung, Belegung
▪ Schaltpläne, Beschriftung, Kennzeichnung vorhanden und aktuell
	▪ Isolationsüberwachung
	▪ RCD durch Prüftaste[2]
	▪ Not-Abschaltung
	▪ Verriegelungen
	▪ Anzeige-/Meldeleuchten
	▪ Allgemeine Funktions- und Betriebsprüfungen
	
	Messen
	▪ Durchgängigkeit der Leiter[1]
	▪ Isolationswiderstand der Anlage
	▪ Schutz durch SELV, PELV oder Schutztrennung
	▪ Widerstand von isolierenden Fußböden/Wänden
	▪ Schutz durch automatische Abschaltung
	▪ Zusätzlicher Schutz
	▪ Spannungspolarität
	▪ Phasenfolge der Außenleiter
	▪ Spannungsfall[1]
	▪ Abschaltbedingungen prüfen durch Messung von
	  - Schleifenwiderstand,
	  - Schutzleiterwiderstand, Erdungswiderstand (TT-System) und
	  - Auslöse-Fehlerstromstärke und Abschaltzeit der RCD.

[1] vorzugsweise Erstprüfung [2] vorzugsweise Wiederholungsprüfung

Prüffristen

- Prüffristen sind individuell vom Betreiber zu ermitteln.
- Auftretende Fehler müssen rechtzeitig erkannt werden.
- BGV A3 ist Richtlinie, muss jedoch an betriebliche Anforderungen angepasst werden.

Anlagen	Max. Frist (BGV A3)
Elektrische Anlagen und ortsfeste Betriebsmittel	4 Jahre
Räume, Anlagen besonderer Art	1 Jahr
RCD in nichtstationären Anlagen (z. B. Baustelle) auf Wirksamkeit	1 Monat
RCD, Differenzstrom-, Fehlerspannungs-Schutzschalter auf Funktion - stationäre Anlagen - nichtstationäre Anlagen	 - 6 Monate - arbeitstäglich

Was ist zu prüfen?

- Elektrische Geräte mit Bemessungsspannung bis 1000 V (Wechselspannung) und 1500 V (Gleichspannung)
- Z. B. Laborgeräte, Mess-/Steuer-/Regelgeräte, Haushaltsgeräte, Elektrowerkzeuge, Verlängerungsleitung, ...

Wann ist zu prüfen?

- Nach Instandsetzung
- Nach Änderung
- Wiederkehrend nach festgelegten Prüffristen
- Der Arbeitgeber muss eine Gefährdungsbeurteilung durchführen und Prüffristen festlegen.
- Prüffristen aus der BGV A3 dienen nur noch als Erfahrungswert und ersetzen die Prüffristermittlung nicht!

Sichtprüfung

Prüfen auf sichtbare Mängel und Eignung für den Einsatzort:
- Schäden an Anschlussleitung
- Schäden an Isolierung
- Mängel an Knick-, Biegeschutz
- Bestimmungsgemäße Verwendung von Stecker und Leitungen
- Mängel an Zugentlastung
- Gehäuse/Schutzabdeckung unbeschädigt
- Anzeichen von Überlastung
- Unzulässige Eingriffe
- Verschmutzung
- Zustand von Luftfiltern
- Dichtigkeit von Behältern für Wasser, Luft, ...
- ...

Messungen

Schutzleiterwiderstand

- Ordnungsgemäßer Zustand der elektrischen Verbindung zwischen Geräteanschluss und allen mit dem Schutzleiter verbundenen berührbaren leitfähigen Teilen.
- Bei Messung Anschlussleitungen bewegen.

Betriebsstromstärke	Grenzwert
> 16 A	berechneter Widerstand des Schutzleiters
< 16 A	abhängig von Leitungslänge

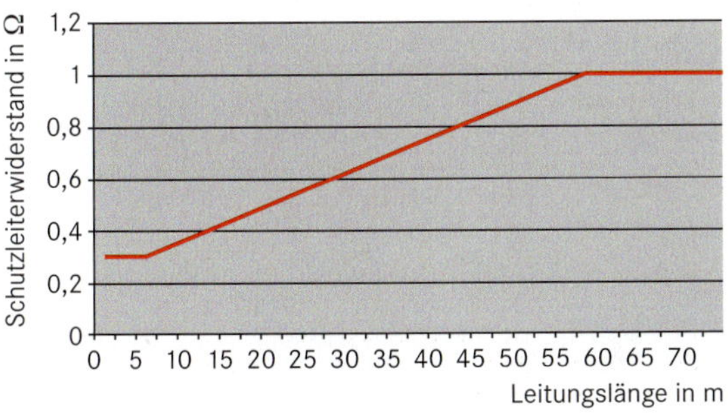

Isolationswiderstand

- Messung zwischen aktiven Teilen und jedem berührbaren leitfähigem Teil
- Grenzwerte für Prüfobjekte:

Prüfobjekt		Grenzwert
Aktive Teile, die nicht zu SELV- oder PELV-Stromkreisen gehören, gegen den Schutzleiter und die mit dem Schutzleiter verbundenen berührbaren leitfähigen Teile.	allgemein	1,0 MΩ
	Geräte mit Heizelementen	0,3 MΩ
	Geräte mit Heizelementen und $P > 3{,}5$ kW	0,3 MΩ [1)]
Aktive Teile gegen die nicht mit dem Schutzleiter verbundenen berührbaren leitfähigen Teile (hauptsächlich bei Schutzklasse II, aber auch bei Schutzklasse I möglich)		2,0 MΩ
Aktive Teile, die nicht zu SELV- oder PELV-Stromkreisen gehören, gegen berührbare leitfähige Teile mit der Schutzmaßnahme SELV/PELV (außer Geräte der Schutzklasse III)		
Bei der Instandsetzung/Änderung zwischen den aktiven Teilen eines SELV-/PELV-Stromkreises und den aktiven Teilen des Primärstromkreises		
Aktive Teile mit der Schutzmaßnahme SELV/PELV		0,25 MΩ

1) Wird der Grenzwert verletzt, ist die Prüfung dennoch bestanden, falls der Schutzleiterstrom den Grenzwert einhält.

Schutzleiterstrom

- Messung mit direktem Verfahren oder Differenzstromverfahren.
- Ersatzableitstromverfahren nur in Sonderfällen
- Grenzwerte:
  - allgemein: ≤ 3,5 mA
  - Geräte mit eingeschaltetem Heizelement > 3,5 kW: 1 mA/kW; maximal 10 mA
  - Bei Überschreitung prüfen, ob gegebenenfalls Produktnormen andere Werte vorgeben.

Berührungsstrom

- Messung an jedem berührbaren leitfähigen Teil, das nicht mit dem Schutzleiter verbunden ist.
- Messung mit direktem oder Differenzstromverfahren
- Ersatzableitstromverfahren nur in Sonderfällen
- Grenzwerte
  - allgemein 0,5 mA
  - Geräte mit Schutzklasse III: Messung nicht erforderlich

weitere Prüfschritte

- Nachweis der sicheren Trennung (SELV und PELV)
- Wirksamkeit weiterer Schutzeinrichtungen
- Funktionsprüfung
- Aufschriften (Typenschild, Sicherheitshinweise)

Auswertung und Dokumentation

- Die Prüfung ist bestanden, wenn alle Einzelprüfungen bestanden sind.
- Durchgefallene Prüflinge kennzeichnen und Betreiber informieren.
- Dokumentation mit Prüfplakette oder elektronische Systeme inkl. Messwerte und Prüfgerät

Schutzleiterwiderstand

Direkte Messung

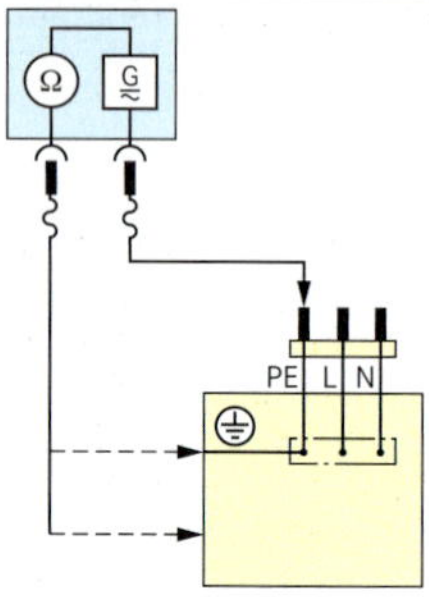

- Prüfling muss außer Betrieb genommen und vom Netzanschluss getrennt werden.

Externer Messpunkt

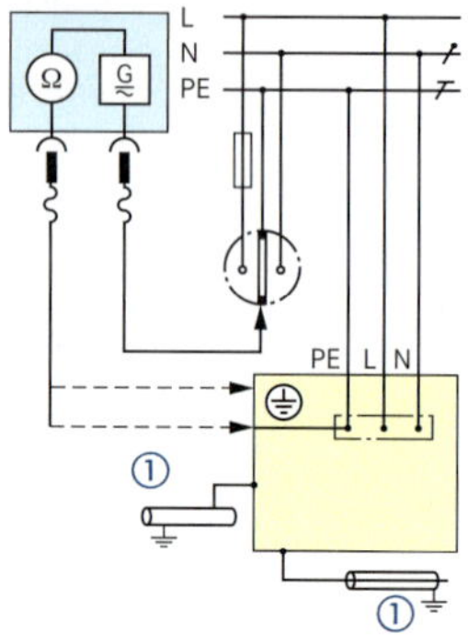

- Prüfling ist fest angeschlossen oder kann nicht außer Betrieb genommen werden.
- Als Zugang zum Schutzleiter ist ein Messpunkt zu suchen, z. B. benachbarte Steckdose.
- Achtung!
  Parallele Erdverbindungen können das Messergebnis beeinflussen (z. B. Schirm von Datenleitungen, Wasserrohre) ①
- Im Extremfall können parallele Erdverbindungen einen Schutzleiter vortäuschen, obwohl dieser fehlt bzw. defekt ist.

Messspannung: AC oder DC, U_0 = 4 V... 24 V; Messstromstärke: maximal 0,2 A

Isolationswiderstand

Mit Schutzleiter

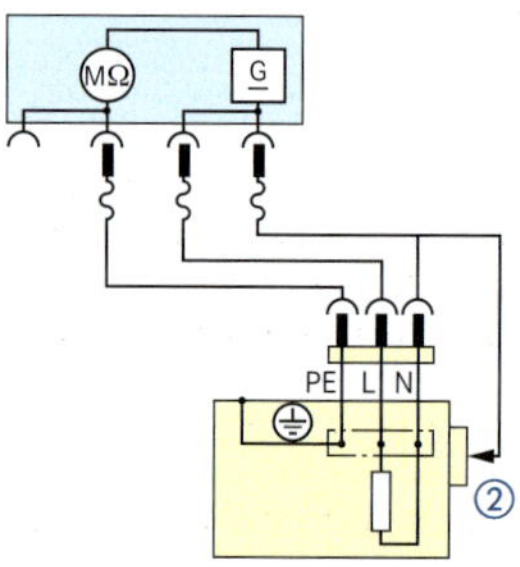

- Messung zwischen PE und aktiven Leitern.
- Zusätzlich leitfähige Teile abtasten, die nicht mit dem Schutzleiter verbunden sind ②.

Ohne Schutzleiter

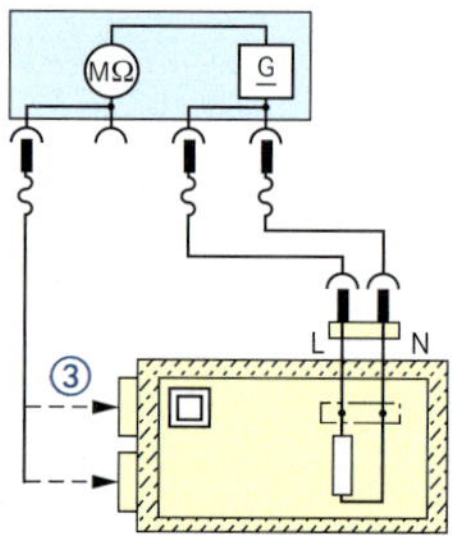

- Berührbare, leitfähige Teile werden mit Prüfsonde abgetastet ③.

Nachweis sicherer Trennung

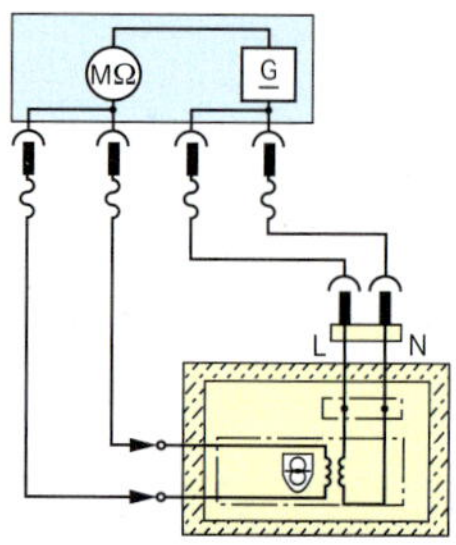

- Isolationswiderstand zwischen Primär-/Sekundärseite gewährleistet die sichere Trennung (Sicherheitskleinspannung).

Schutzleiter-/Berührungsstrom

Schutzleiterstrom

Direktes Messverfahren

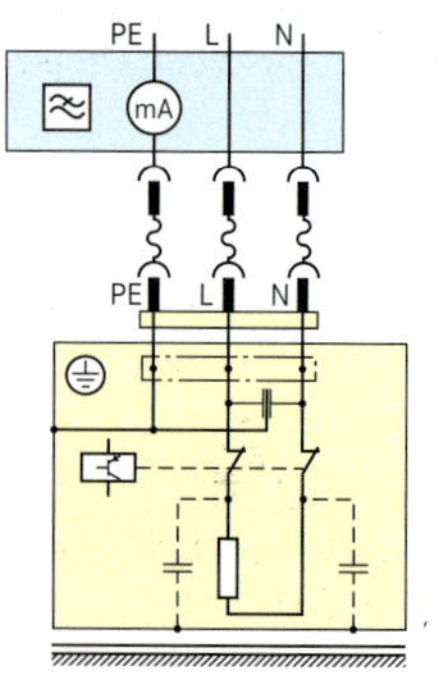

- Gerät muss isoliert zum Erdpotenzial stehen.

Differenzstromverfahren

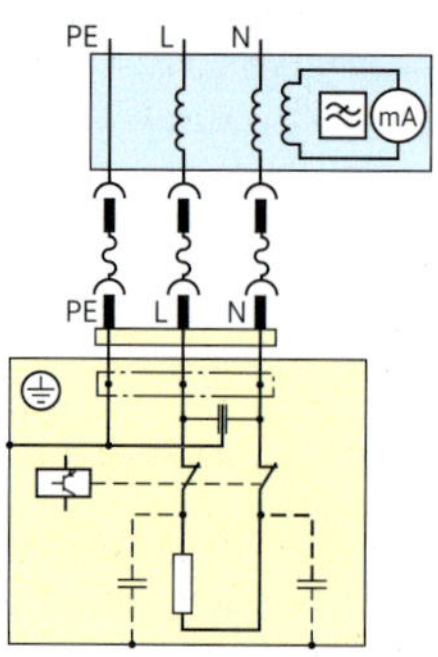

- Bei Festanschluss kann die Messung auch mit Strommesszange erfolgen.

Berührungsstrom

Direktes Messverfahren

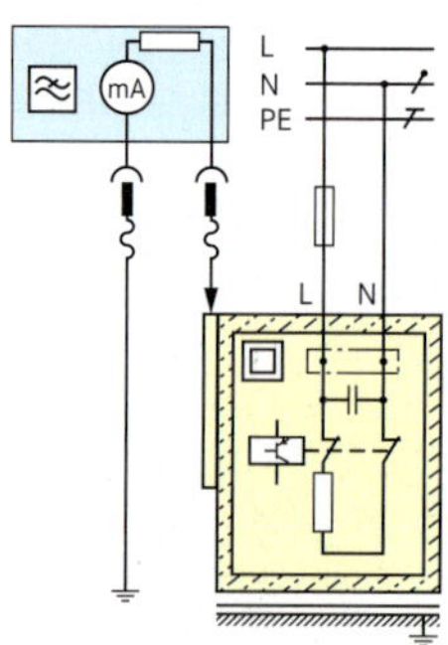

- Gerät muss isoliert zum Erdpotenzial stehen.

Differenzstromverfahren

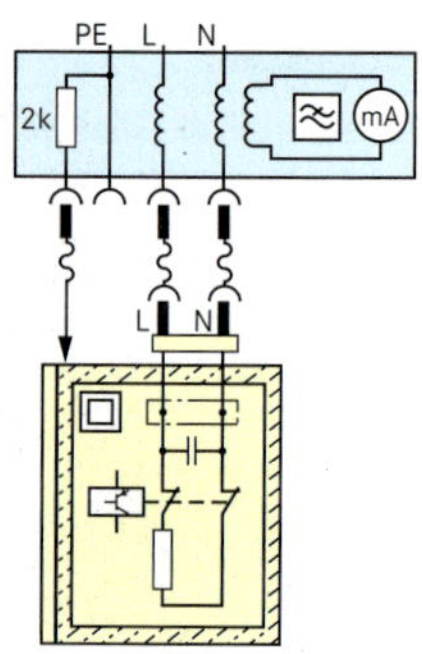

Anforderungen

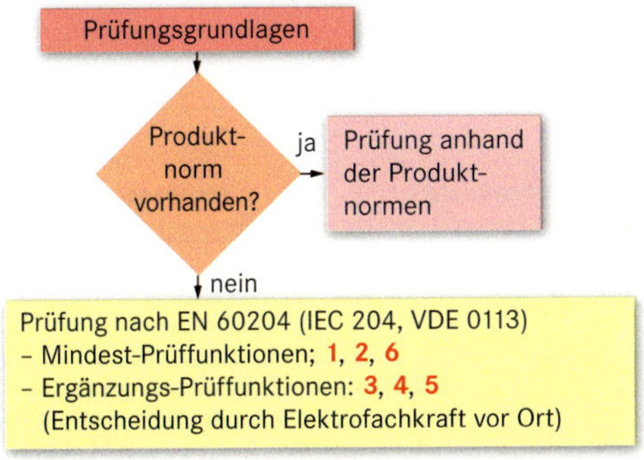

- Prüfung z. B. für
  - Metallbearbeitungs- und -Metallverarbeitungsmachinen
  - Druck-, Papier- und Kartonmaschinen
  - Montagemaschinen, Förder- und Handhabungstechnik (Roboter, Regalbedienungsgeräte)
  - Kompressoren, Pumpen, Kräne
- **Prüffristen:** Wiederholungsprüfung maximal 4 Jahre (BGV A3) bzw. verkürzt oder verlängert in Abhängigkeit vom Ergebnis einer Gefährdungsbeurteilung (BetrSichV).
- Weitere Normen (z. B. DIN EN 1037): Sicherheit von Maschinen, Vermeidung von unerwartetem Anlauf.
- **Checkliste** beim Berufsgenossenschaftlichen Institut für Arbeitsschutz (BGIA Handbuch 02/2007).

Prüfgeräte

- Die Geräte sind mit einer Anzeige-, Eingabe- und Messeinheit ausgerüstet.
- Über die **Eingabeeinheit** erfolgt die
  - Auswahl der jeweiligen Messaufgabe,
  - Konfiguration an die jeweilige Messaufgabe und
  - Messbereichsauswahl.
- In einem **Messwertspeicher** können die erfassten Messwerte von mehreren Maschinen aufgezeichnet und über eine Datenschnittstelle zwecks **Protokollerstellung** ausgegeben werden.
- Die ordnungsgemäße Funktionsfähigkeit der Prüfgeräte ist zu überprüfen.

Gerätebeispiel:

Prüfschritte

1. Besichtigung und Überprüfung der elektrischen Ausrüstung auf Übereinstimmung mit der Dokumentation

- Feststellen des ordnungsgemäßen Zustandes
- Überprüfen der
  - Übereinstimmung der elektrischen Ausrüstung mit der vorhandenen Dokumentation (z. B. Bedienungsanleitung in Landessprache, Wartungs-, Einstell-, Instandhaltungsanleitung, Installations-/Stromlaufpläne, Schnittstellenverbindungen [für Fachpersonal verständlich]).
  - Daten zur Auswahl von Art, Kennwerten, Bemessungsstromstärke der Überstrom-Schutzeinrichtungen.

2. Überprüfung der Bedingungen für den Schutz durch automatische Abschaltung

- Durchgängigkeit des Schutzleitersystems (bevorzugt mit Prüfstromstärke 10 A aus SELV-Versorgung mit 24 V Wechsel- oder Gleichspannung)
- Impedanz der Fehlerschleife nach DIN EN 60204-1 durch Messung oder Berechnung

3. Isolationswiderstandsprüfung

- Der Isolationswiderstand zwischen den Leitern aller Stromkreise und dem Schutzleitersystem muss bei einer Messspannung von 500 V DC ≥ 1 MΩ sein.
  (Bei Sammelschienen und Schleifringsystemen ≥ 50 kΩ)

4. Hochspannungsprüfung (Isolationsfestigkeit)

- Maximale Prüfspannung: zweifacher Wert der Bemessungsspannung (oder 1000 V, 50 Hz oder 60 Hz, 1 s)

  Hinweis: Baugruppen oder Geräte, die nicht dafür bemessen sind oder anhand der zugehörigen Produktnorm bereits geprüft sind, werden vor der Prüfung abgetrennt.

5. Schutz gegen Restspannung

- Berührbare aktive Teile einer Maschine mit einer Spannung von mehr als 60 V während des Betriebes.
- Nach dem Abschalten der Versorgungsspannung muss die Restspannung auf einen Wert von max. 60 V innerhalb von 5 s abgesunken sein.

6. Funktionsprüfungen

- Alle elektrischen Stromkreise, die eine Sicherheitsfunktion gewährleisten, wie z. B
  - Erdschlussüberwachung und
  - Stopp-/Steuerungsfunktionen.

Hinweis: Durch Steckverbinder abgetrennte Komponenten sind vor der Durchführung der Funktionsprüfung wieder zu verbinden!

Nachprüfungen sind erforderlich, wenn ein Teil der Maschine und der zugehörigen Ausrüstung ausgewechselt, geändert oder instandgesetzt wurde.

Instandhaltungselemente

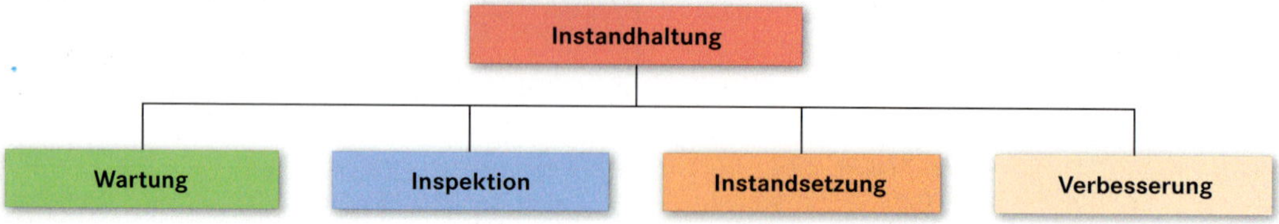

Begriffe

Instandhaltung	Kombination aller Maßnahmen (technisch, administrativ, Management) zur Erhaltung oder Wiederherstellung des funktionsfähigen Zustandes	Abnutzung	Abbau des Abnutzungsvorrates durch physikalische/chemische Einwirkungen (z. B. Verschleiß, Alterung, Rost, ...)
		Abnutzungsvorrat	Vorrat möglicher Abnutzung bei gleichzeitiger Funktionserfüllung
Wartung	Maßnahmen zur Verzögerung des Abbaus eines vorhandenen Abnutzungsvorrates	Funktion	Durch den Verwendungszweck bedingte Aufgabe (z. B. Pumpen von mind. 50 l/min)
Inspektion	Feststellung und Beurteilung des Ist-Zustandes einschließlich Ursachenbestimmung der Abnutzung und Ableitung notwendiger Konsequenzen	Fehler	Zustand, in dem das System unfähig ist, die geforderte Funktion zu erfüllen
		Fehleranalyse	Nach Fehlerdiagnose (Erkennung, Ortung, Ursachenermittlung) erfolgt eine Prüfung, ob eine Verbesserung machbar und wirtschaftlich ist.
Instandsetzung	Wiederherstellung des funktionsfähigen Zustandes (außer Verbesserungen)		
Verbesserung	Kombination aller Maßnahmen zur Steigerung der Funktionsfähigkeit, ohne die geforderte Funktion zu ändern	Schwachstelle	System, bei dem ein Ausfall häufiger auftritt, als dies nach der geforderten Verfügbarkeit zu erwarten ist

Einfluss der Instandhaltung

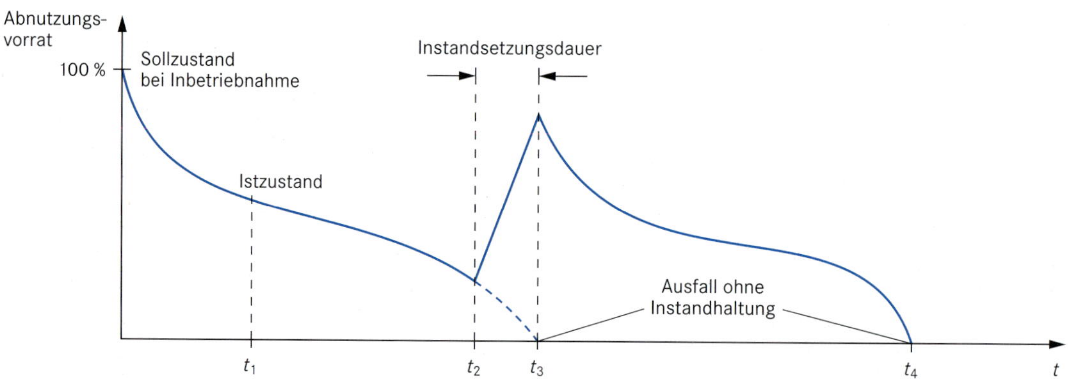

Instandhaltungsstrategien

vorbeugend		störungsbedingt
▪ **zeitorientiert** Instandhaltungsmaßnahmen in festen Zeitabständen (z. B. durch Hersteller vorgegeben)	▪ **zustandsorientiert** Instandhaltungsmaßnahmen sind abhängig vom technischen Zustand des Systems; erfordert Überwachung, Inspektionen oder Abnutzungsmodelle.	▪ **ereignisorientiert** Instandhaltungsmaßnahmen bei Störungen des Systems

RCM (**R**eliability **C**entered **M**aintenance): zuverlässigkeitsorientierte oder auch vorausschauende Instandhaltung kombiniert die o. g. Strategien zu einem wirtschaftlichen Optimum.

Anwendung

- Vermeidung von Leitungs-/Kabelschäden durch
  - Bohrungen
  - Wand-/Deckendurchbrüche
  - Tiefbauarbeiten (Bagger)
  - Rohbautätigkeiten (Wandabriss)
- Zuordnung von Überstrom-Schutzorganen zur Leitung, bei fehlender Kennzeichnung
- Orten von Schäden an Kabeln und Leitungen, um Öffnungen am Gebäude bzw. Erdreich gering zu halten.

Passives Verfahren

- Keine elektrische Verbindung zur gesuchten Leitung erforderlich.
- Gerät erzeugt elektrische und/oder magnetische Wechselfelder. Je nach Material werden die Felder beeinflusst.
- Vorhandene Spannung und Stromfluss beeinflussen die Felder.
- Erfassungstiefe variiert je nach Material.
  - Eisenmetalle: 120 mm
  - Nichteisenmetalle (Kupfer): 80 mm
  - Stromführende Leitung: 50 mm
  - Holz: 38 mm
- Anwendung: z.B. Suche nach Leitungen vor Bohrtätigkeiten

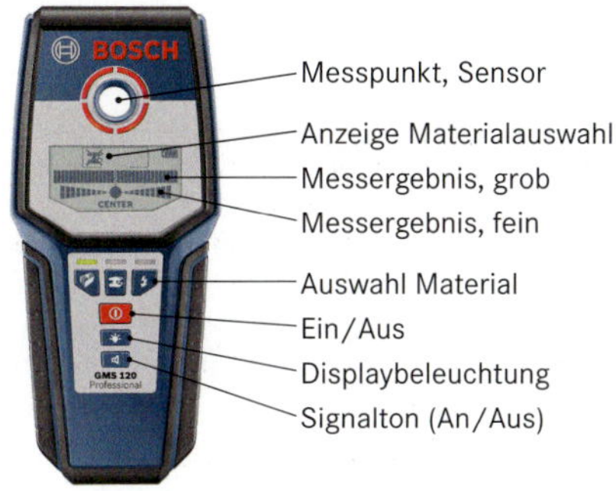

Aktives Verfahren

- Geber sendet Signale bestimmter Frequenzen auf die Leitung.
- Frequenz und Pegelhöhe sind wählbar.
- Je nach Messverfahren kann die betroffene Leitung in Betrieb oder abgeschaltet sein.
- Empfänger lokalisiert die Signale.
- Messsignal mit $f \gg 50$ Hz
- Benachbarte, unter Spannung stehende Leitungen ($f = 50$ Hz), stören die Suche nicht.

Einpoliges Verfahren

- Geeignet für Leitungssuche und Leiterunterbrechungen

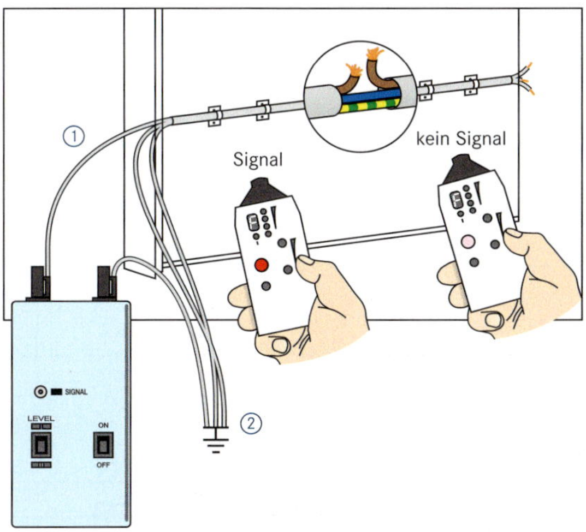

- Leiter muss vom Netz getrennt sein.
- Einen Leiter mit Geber verbinden. ①
- Geber und verbleibende Leiter mit Erde verbinden. ②
- Einspeisung eines hochfrequenten Signals
- Abgestrahltes Signal wird vom Empfänger lokalisiert.

Zweipoliges Verfahren

- Geeignet für Leitungssuche, Sicherungszuordnung und Kurzschlusssuche

- Leitung ist in Betrieb
- Geber prägt hochfrequenten Strom ein über (L-Leiter, Transformator, N-Leiter)
- Eingeprägter Strom wird mit Empfänger detektiert.

Fehlerarten

Einteilung nach Art der Leiterberührung und Fehlerwiderständen:

- Kurzschluss (niederohmige Verbindung)
- Widerstandsfehler
- Hochohmige Fehler
- Leiter-Erde (Erdschluss, Erdkurzschluss)
- Leiter-Leiter (Kurzschluss)
- Unterbrechung

Fehlersuche

Ablauf:

1. Fehlerklassifizierung (Fehlerart ermitteln)
2. Vorortung (grobe Positionsbestimmung)
3. Trassenortung (Kabellage im Gelände ermitteln)
4. Nachortung (genaue Positionsbestimmung)
5. Kabelauslese (Kabelauswahl bei Bündeln)

Fehlerklassifizierung

- Mit der Isolationsmessung werden betroffene Leiter ermittelt.
- Zeitlich verändernde Isolationswerte geben weitere Hinweise (z. B. feuchte Fehler).

Vorortungen

Laufzeiten von Wanderwellen werden genutzt z. B. durch

- Einprägung eines Impulses (Impuls-Reflexionsverfahren)
- DC-Aufladung bis Überschlag eine Welle auslöst.

Beispiel: Impuls-Reflexionsverfahren

- Einspeisung eines Impulses
- Wanderwelle läuft über Kabel und wird von Fehlerstellen und Kabelende refelktiert.
- Aus Laufzeiten kann auf Entfernung zum Fehler geschlossen werden.
- Laufzeit ist abhängig von Kabeltyp, Zustand, Alter, Temperatur und Feuchtigkeit.

- Fehlerentfernung:

$$l_x = t\frac{v}{2} \qquad \frac{v}{2} = \frac{l_g}{t}$$

t: Signallaufzeit (hin und zurück)
l_x: Entfernung zum Fehler
v: Ausbreitungsgeschwindigkeit

- v ist sehr klein (70 m/µs ... 140 m/µs)
- Zeitmessfehler und Veränderungen von v ergeben Ungenauigkeit.

Beispiel: Kabelfehler (Leiter-Leiter-Kurzschluss)

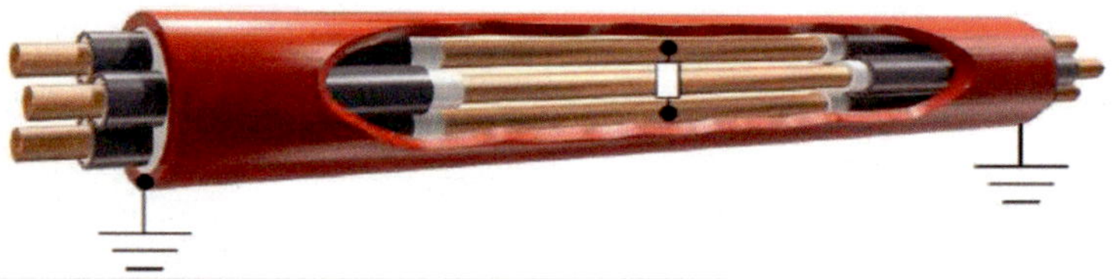

Grafische Darstellung des Messergebnisses:

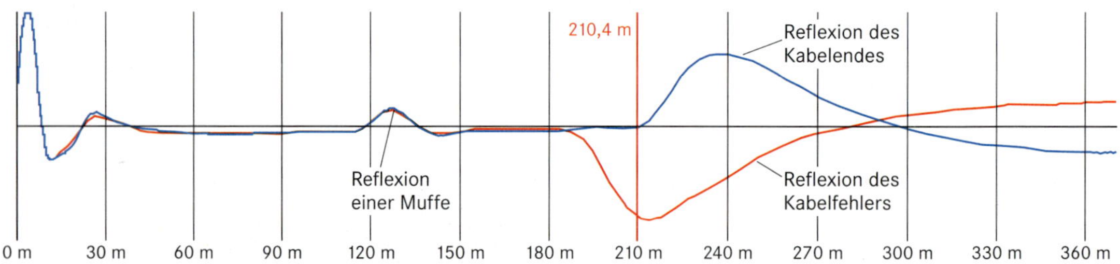

Trassenortung

- Impulsgenerator speist Stromimpulse ein ①.
- Sonde ② ermittelt die Stromimpulse und gibt Lage und Richtung des Kabels an.

Nachortung

- Einspeisung von Impulsen ③, die zu Überschlägen in der Fehlerstelle führen.
- Mit Mikrofon ④ wird die genaue Fehlerstelle lokalisiert.

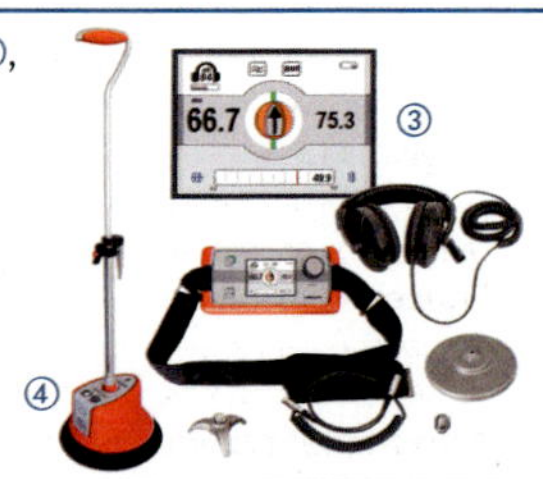

Endoskop

- Die Endoskopie dient zur **visuellen Inspektion** von Anlagenteilen, die nicht direkt in Augenschein genommen werden können.
- Endoskop-Bauformen

starr | flexibel | Videoskop

- **Starre Endoskope (Boreskope):**
  Die Bildübertragung erfolgt mit einem
  - Stablinsen-System (Länge der Linse größer als deren Durchmesser) oder einem
  - Achromaten-Linsensystem (Linsensystem mit verschieden starker Dispersion).
- **Flexible Endoskope:**
  Die Bildübertragung wird mittels Lichtleiterbündeln (z. B. 12 000 Einzelfasern, jede Einzelfaser ein Objektpunkt) realisiert. Die Bildpunkte werden am Okular wieder zu einem Gesamtbild zusammengesetzt.
- **Videoskop:**
  Die Bilderfassung erfolgt direkt an einem in der Endoskopspitze integrierten Bildsensor (**CCD** Chip: **C**harge **C**oupled **D**evice). Die Übertragung erfolgt elektrisch zu der Auswerteeinrichtung (z. B. LCD-Display oder Kamera).
- Lichtquellen für den Betrachtungsbereich:
  - Kaltlichtquellen
  - Miniaturlampen (direkt an Endoskopspitze)

Beispiel: Flexibles Endoskop

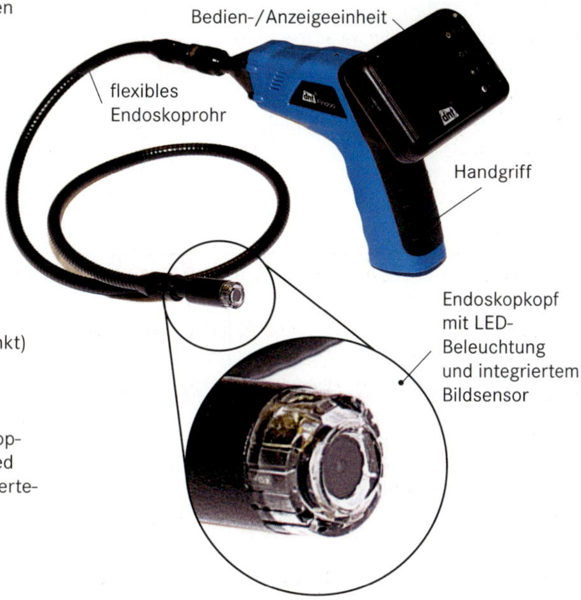

Strahlungsthermometer

- Bei der **kontaktlosen Temperaturmessung** wird die **infrarote Strahlung** (Wellenlänge 0,78 µm bis 1000 µm) verwendet (Strahlungsthermometrie).
- **Infrarotdetektoren** (**Pyroelektrische Detektoren, Thermosäulen**) absorbieren die auftreffende elektromagnetische Strahlung.
- Die **Pyrometerbauarten** sind unterteilt in **Spektral-, Bandstrahlungs-, Gesamtstrahlungs-** und **Quotientenpyrometer.**
- Der **Emissionsgrad**
  - definiert die Fähigkeit eines Körpers infrarote Strahlung abzugeben,
  - ist vom jeweiligen Werkstoff und seiner Oberflächenbeschaffenheit abhängig und
  - ist entsprechend einzustellen.

Beispiele:

Handmessgerät

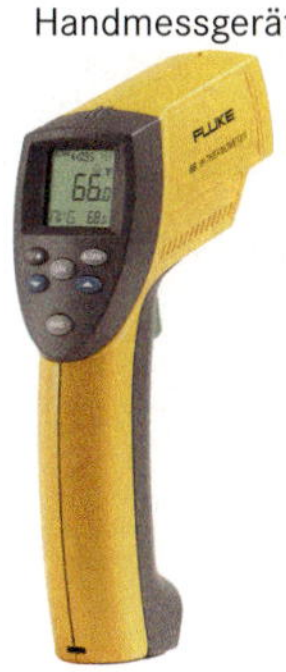

Stationäre Messeinrichtung mit Datenanschluss

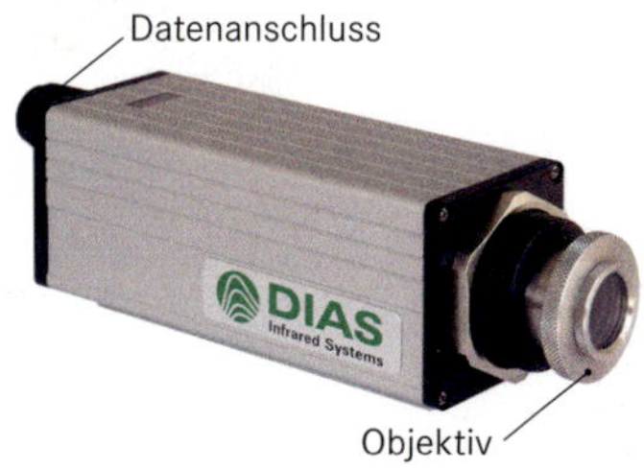

Infrarotkamera

- Sie zeigt die Temperaturverteilung an einem Objekt in **bildgebender Darstellung** an.
- Der zur Messung genutzte Spektralbereich liegt zwischen 3,5 µm und 14 µm (mittleres Infrarot).
- Die gemessenen Temperaturen (Grauwerte) werden in einer **Falschfarbendarstellung** in
  - weiß (hohe Temperaturen, warm),
  - gelb bzw. rot (mittlere Temperaturen) und
  - blau (niedrige Temperaturen)

  dargestellt.
- Unterschiedliche **Reflexionseigenschaften** von Materialoberflächen erfolgen durch Korrektur des **Emissionsgrades**.
- Transparente Abdeckungen (z. B. **Sichtfenster**) müssen für Infrarotstrahlung durchlässig sein.
- Anwendung: präventive Instandhaltung, Zustandserfassung

Beispiel: Elektromotor mit Antriebswelle

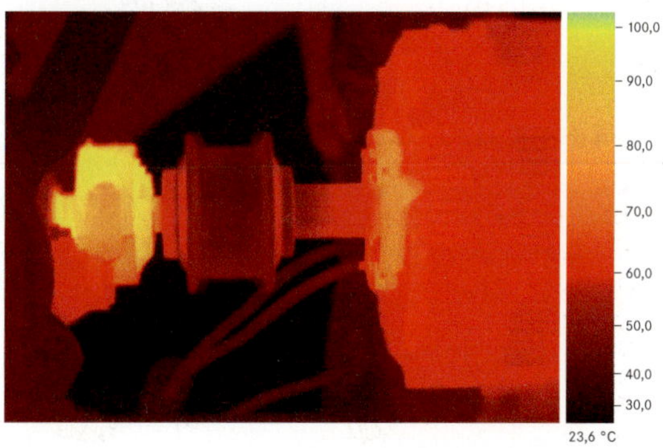

Nationale Prüfzeichen

Zeichen	Erklärung	Zeichen	Erklärung	Zeichen	Erklärung
D V E	VDE-Zeichen Verband der Elektrotechnik, Elektronik Informationstechnik e.V.	GS	Sicherheitszeichen Prüfzeichen Geprüfte Sicherheit		Prüfzeichen für Bauelemente der Elektronik
◁VDE▷ ◁HAR▷	VDE-Harmonisierungszeichen für Kabel und Leitungen	GS	Sicherheitszeichen Prüfstelle: VDE	DIN AGI	Qualitätszeichen für geräuscharme Ausführung elektrischer Geräte
	Funktionszeichen Im freien Ausschnitt Funkstörgrad: G, N, K oder O	TÜV GS	Sicherheitszeichen Prüfstelle: TÜV (Technischer Überwachungsverein)		Qualitätssicherheit für gasdichte, wiederaufladbare Knopfzellen (DIN ISO 9001)
B Z T A999 999N	Bundesamt für Zulassungen in der Telekommunikation	DIN-DVGW GS	Sicherheitszeichen Prüfstelle: DIN	DIN ISO 9001	Qualitätssicherheit für Schutzbauelemente (DIN ISO 9001)
ENEC 10	ENEC-VDE Prüfzeichen	GS	Sicherheitszeichen Prüfstelle: Berufsgenossenschaft	Elektr. geprüft	Prüfzeichen Sicherheitsprüfung z. B. bei elektrischen Geräten
VDE EMV	Prüfsiegel der VDE-Elektromagnetische Verträglichkeit		Kennzeichen, Vereinigung der Hersteller und Verarbeiter von Kunststoffen		Recyclingzeichen Wiederaufbereitung nach Verwendung

Internationale Prüfzeichen

CEBEC Belgien	Kanada	Schweiz	MSZ Ungarn
Dänemark	KEMA KEUR Niederlande	Spanien	UL USA (Einzelgeräte)
FI Finnland	N Norwegen	Tschechien & Slowakei	China
Frankreich	ÖVE Österreich		
Großbritannien	B Polen		
Italien	Schweden		

Zeichen	Erklärung
E 1	ECE: Kommission der UN für Europa mit Kennzahl des Landes, das Genehmigung erteilt hat, z. B. 1 für Deutschland
	CCE: Internationale Kommission für Regeln zur Begutachtung elektromagnetischer Erzeugnisse
CE	Kennzeichnung durch Hersteller zeigt die Einhaltung aller relevanten europäischen Sicherheitsrichtlinien auf allen elektrischen und elektronischen Geräten.
	IEC (CEI): International Electrotechnical Commission Internationale Elektrotechnische Kommission

Entstörung durch

Geräteauswahl	Zusatzschaltungen	Abschirmung
Funkenbildung vermeiden	Spannungsspitzen vom Gerät fernhalten und abbauen	Elektromagnetische Fremdfelder vom Gerät fernhalten

Maßnahmen

- Kurzschlussläufer statt Kommutatorläufermotoren einsetzen.
- Elektrische Geräte mit Drosselspulen, Siebgliedern, Widerständen und Funkenlöscheinrichtungen beschalten.
- Leitungen, Geräte und Räume mit Metallfolien umgeben.

Beispiel: Starter für Leuchtstofflampen mit eingebautem Entstörkondensator (Folienwickelkondensator)

Begriffe

- **Funkstörung** ist eine hochfrequente Störung (0,15 MHz ... 300 MHz) des Funkempfanges.
- Eine **Dauerstörung** ist eine Funkstörung, die länger als 200 ms andauert.
- **Grenzwertpegel** L (s. Diagramm)
- Die **Knackrate** N ist die Anzahl der Funkstörungen pro Minute.
- Die **Knackstörung** ist eine Funkstörung, die weniger als 200 ms dauert (s. Richtlinie). Der Grenzwertpegel L_Q ist wie folgt zu berechnen:

  $L_Q = L + 44$ für $N < 0{,}2$
  $L_Q = L + 20 \lg \frac{30}{N}$ für $0{,}2 < N < 30$
  $L_Q = L$ für $30 < N$

  Einheit für L_Q:
  - dB (µV) für 0,15 MHz < 1 < 30 MHz
  - dB (pW) für30 MHz < 1 < 300 MHz

- Der **Funkstörgrad** ist eine frequenzabhängige Grenze für Funkstörungen.
  0 funkstörfrei
  N funkentstört (Normalstörgrad)
  K funkentstört (Kleinststörgrad)
  G grobentstört (Einsatz beschränkt)

Funkschutzzeichen mit Angabe des Störgrades

Grenzwertpegel

a: **Haushaltsgeräte**
b: **Halbleiterstellglieder**
1: am Netz
2: am Verbraucher
c: **Elektrowerkzeuge**
1: bis 700 W
2: 700 W ... 1 000 W
3: 1000 W ... 2 000 W

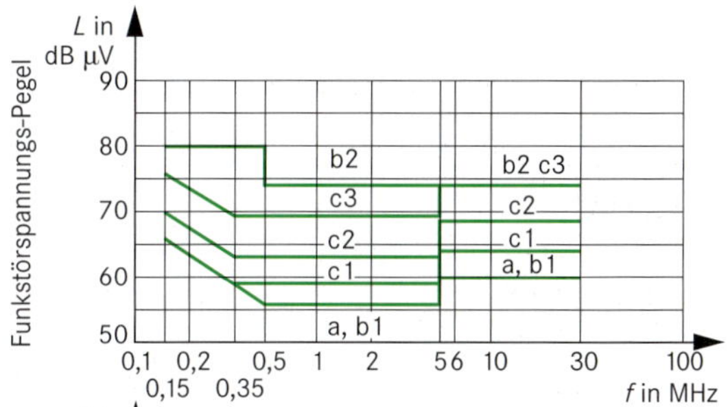

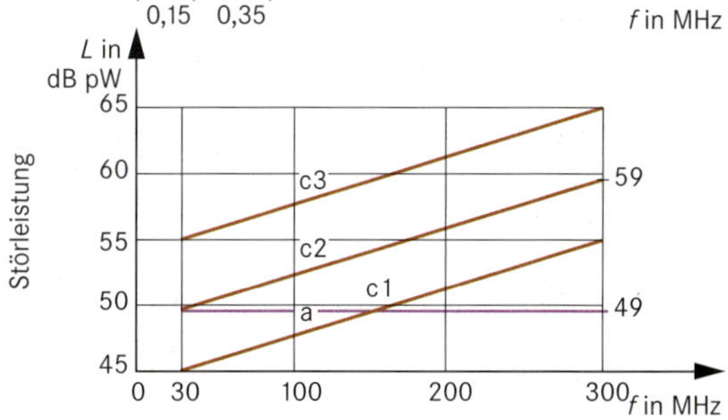

Schaltungen

Beispiel: Funkentstörung am Wechselstrommotor

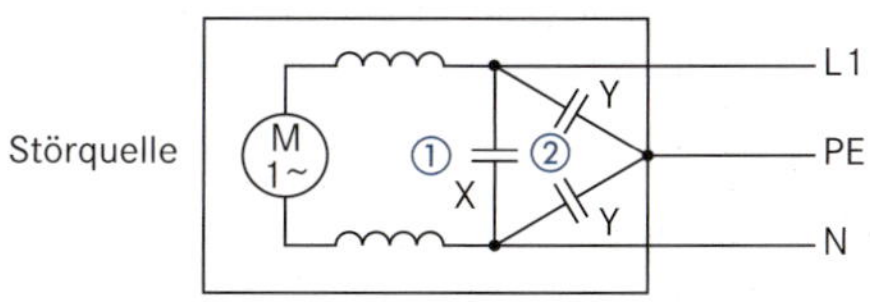

Beispiel: Funkenlöschung bei Schaltern

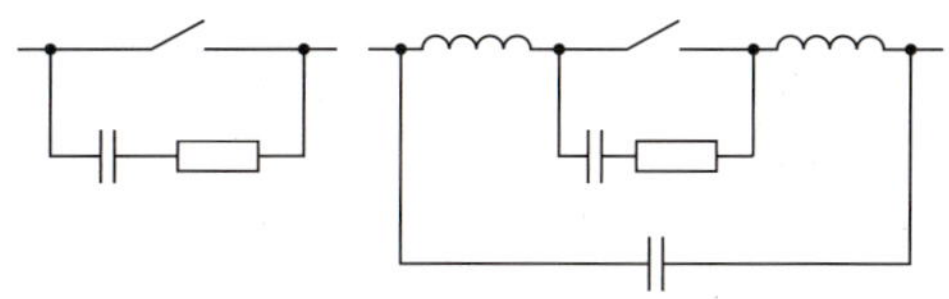

Es ist nur die Verwendung spezieller Funkentstörkondensatoren nach DIN VDE 0565 zulässig:

- **Klasse X**, parallel zum Netz ①
  - X1 für Spitzenspannung $u_{max} \geq 1200$ V
  - X2 für $u_{max} < 1200$ V
- **Klasse Y**, Schaltung zwischen Außenleiter und Neutralleiter sowie Außenleiter und Schutzleiter ②

Arten		Anwendung
Prüfprotokoll	– Erst- und Wiederholungsprüfung – Enthält die geprüften technischen Werte einer Anlage	▪ Protokolle und Berichte – sind Bestandteil einer durchgeführten Prüfung, – beinhalten schriftliche Aufzeichnungen von Prüfungsabläufen und Prüfungsergebnissen, – dienen u. a. zum Nachweis der Einhaltung geforderter Prüfvorgaben (z. B. Betriebssicherheitsverordnung), – sind entsprechend der Vorgaben vollständig auszufüllen, – sind aufbewahrungspflichtig und – auf Verlangen den Aufsichtsbehörden zugänglich zu machen.
Übergabebericht	– Neuanlage – Beschreibt die ausgeführten Arbeiten ohne Bewertung der Prüfergebnisse	
Zustandsbericht	– Bestehende elektrische Anlage – Beinhaltet Bewertung des Zustandes anhand von Kennziffern	

Beispiel

Prüfung elektrischer Anlagen

Prüfprotokoll

Nr. *02* Blatt *01* von *05* Kunden Nr.: *030/2011*

Auftraggeber: Auftrag Nr.:	Auftragnehmer:
Bildungshaus Schulbuchverlage GmbH *Georg-Westermann-Allee 66* *38104 Braunschweig* *Betriebsunterhaltung / Herr S. Müller*	*Firma Elektrotechnik Volta* *Ackerstr. 10* *38100 Braunschweig*

Anlage: *Rechenzentrum, Gebäude 02 / Raum 0203*

Prüfung nach: DIN VDE 0100 Teil 600 ☒ DIN VDE 0105 ☐ BGV ☐ .... / .... ☐

Neuanlage ☐ Erweiterung ☒ Änderung ☐ Instandsetzung ☐ Wiederholungsprüfung ☐ E-CHECK ☐

Beginn der Prüfung: *01.02.2011*	Beauftragter des Auftraggebers:	Prüfer
Ende der Prüfung: *05.02.2011*	*Herr S. Meier*	*Walter Ohmstede*

Netz *400* / *230* V Netzfrom: TN-C ☐ TN-S ☒ TN-C-S ☐ TT ☐ IT ☐

Neuanlage *BS I Energy*

Besichtigen	i.O.	n.i.O.		i.O.	n.i.O.		i.O.	n.i.O.
Auswahl der Betriebsmittel	☒	☐	Kennzeichnung Stromkreis, Betriebsmittel	☒	☐	Zugänglichkeit	☒	☐
Trenn- und Schaltgeräte	☒	☐	Kennzeichnung N- und PE-Leiter	☒	☐	Schutzpotenzialausgleich	☒	☐
Brandabschottungen	☒	☐	Leiterverbindungen	☒	☐	Zus. örtl. Schutzpotenzialausgleich	☒	☐
Gebäudesystemtechnik	☒	☐	Schutz- und Überwachungseinrichtungen	☒	☐	Dokumentation	☒	☐
Kabel, Leitungen, Stromschienen	☒	☐	Schutz gegen direktes Berühren	☒	☐	siehe Ergänzungsblätter ☒		
Erproben								
Funktionsprüfung der Anlage	☒	☐	Funktion der Schutz-, Sicherheits- und Überwachungseinrichtungen	☒	☐	Rechtsdrehfeld der Drehstromsteckdose	☒	☐
FI-Schutzschalter (RCD)	☒	☐	Drehrichtung der Motoren	☒	☐	Gebäudesystemtechnik	☒	☐

Messen Stromkreisverteiler Nr.: *0203/01*

Stromkreis		Leitung/Kabel			Überstrom-Schutzeinrichtung			R_{iso} (MΩ)	Fehlerstrom-Schutzeinrichtung (RCD)					Fehlercode
Nr	Zielbezeichnung	Typ	Leiter Anzahl	Quers. (mm^2)	Art Charakteristik	I_n (A)	Z_s (Ω) ☐ I_k (A) ☐	ohne ☐ mit ☐ Verbraucher	I_n/Art (A)	$I_{\Delta N}$ (mA)	I_{mess} (mA) (≤ $I_{\Delta N}$)	Ausl.-Zeit t_A (ms)	U_L ≤ ...V U_{mess} (V)	
Messwerte siehe Anlagen Seite 2 und 3														

Durchgängigkeit Potenzialausgleich (≤ 1 Ω nachgewiesen) Erdungswiderstand R_E *1,8* Ω

Fundamenterder	☒	Hauptwasserleitung	☐	Heizungsanlage	☒	EDV-Anlage	☒	Antennenanlage/BK	☐
Haupterdungsschiene	☒	Hauptschutzleiter	☒	Klimaanlage	☒	Telefonanlage	☒	Gebäudekonstruktion	☒
Wasserzwischenzähler	☐	Gasinnenleitung	☐	Augzugsanlage	☐	Blitzschutzanlage	☒		☐

Verwendete Messgeräte nach DIN VDE *0413*	Fabrikat: *GMC* Typ: *Profitest 5000*	Fabrikat: Typ:	Fabrikat: Typ:

Prüfergebnis: keine Mängel festgestellt ☒ Mängel festgestellt ☐ Prüf-Plakette angebracht: ja ☒ nein ☐ Nächster Prüftermin: *02/2015*

Auftraggeber:	**Prüfer:**
Gemäß Übergabebericht elektrische Anlage vollständig übernommen ☒	Die elektrische Anlage entspricht den anerkannten Regeln der Elektrotechnik ☒
Zustandsbericht erhalten ☐	Die elektrische Anlage entspricht nicht den anerkannten Regeln der Elektrotechnik ☐
Braunschweig, 06.02.2012 *S. Meier*	*Braunschweig, 06.02.2012* *W. Ohmstede*
Ort Datum Unterschrift	Ort Datum Unterschrift

Automatisierungstechnik

7

Kennzeichen des Regelns

- Fortlaufende Erfassung der zu regelnden Größe
- Vergleichen der Regelgröße mit der Führungsgröße
- Angleichen der Regelgröße an die Führungsgröße
- Geschlossener Wirkungsablauf (Regelkreis)

Elemente der Regelungstechnik

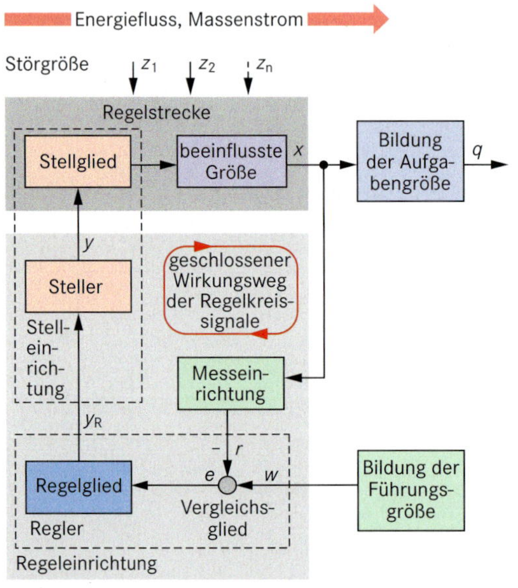

Beispiel: Drehzahlregelung

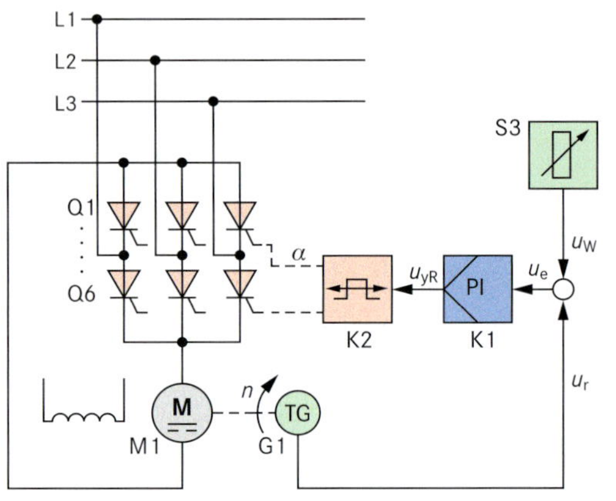

Bezeichnung	Erklärung	Beispiel
Regelstrecke	Sie ist Teil des Systems oder Wirkungsplans, der beeinflusst werden soll.	Q1 ... Q6, M1
Regler	Er besteht aus Vergleichsglied und Regelglied.	K1
Regeleinrichtung	Teil des Regelkreises, der die Regelstrecke über das Stellglied beeinflusst.	Vergleichsglied, K1
Steller	Er ist eine Funktionseinheit, in der aus der Reglerausgangsgröße die zur Aussteuerung des Stellgliedes erforderliche Stellgröße gebildet wird.	K2
Stellglied	Es ist eine Funktionseinheit am Eingang der Regelstrecke, die in den Massenstrom oder Energiefluss eingreift. Das Stellglied gehört zur Strecke.	Q1 ... Q6

Größen der Steuerungs- und Regelungstechnik

Regelgröße	x	Größe der Regelstrecke, die zum Regeln erfasst und der Messeinrichtung zugeführt wird.	Störgröße	z	Von außen wirkende Größe, die die beabsichtigte Beeinflussung in der Steuerung oder Regelung beeinträchtigt.
Aufgabengröße	q	Von der Steuerung oder Regelung zu beeinflussende Größe, die mit der Regelgröße verknüpft sein muss, aber nicht unbedingt zum Regelkreis gehört.	Führungsgröße	w	Von der Steuerung oder Regelung unbeeinflusste Größe, der die Steuerung oder Regelung folgen soll. Sie wird dem Regelkreis von außen zugeführt.
Stellgröße	y	Ausgangsgröße der Steuer- oder Regeleinrichtung, zugleich Eingangsgröße der Strecke. Sie überträgt die steuernde Wirkung der Einrichtung auf die Strecke.	Rückführgröße	r	Aus der Messung der Regelgröße hervorgegangene und dem Vergleichsglied zugeführte Größe.
			Regeldifferenz	e	Differenz zwischen der Führungsgröße w und der Rückführgröße r $e = w - r$

Führungsgrößen

Bezeichnung	Erklärung	Beispiel
Folgeregelung	Die Regelgröße folgt der von außen vorgegebenen, zeitlich veränderlichen Führungsgröße.	Witterungsgeführte Heizungsregelung
Zeitplanregelung	Die Führungsgröße wird nach einem Zeitplan vorgegeben.	Heizungsregelung mit tage- oder wochenweiser Programmierung
Festwertregelung	Die Führungsgröße ist auf einen festen Wert eingestellt bzw. innerhalb des Führungsbereiches einstellbar.	Drehzahlregelung, Spannungsstabilisierung

Regelkreisglieder

Um optimales Zusammenwirken von Regelstrecke und Regeleinrichtung zu erreichen, ist die Kenntnis des zeitlichen Verhaltens der einzelnen Glieder notwendig. Zur Untersuchung wird vorzugsweise die Regelstrecke mit verschiedenartigen Änderungen der Eingangsgröße beaufschlagt und die Ausgangsgröße im zeitlichen Verlauf beobachtet.

Verfahren	Erklärung	Zeitlicher Verlauf
Sprungantwort	Zeitlicher Verlauf der Ausgangsgröße ① nach einer sprungartigen Änderung der Eingangsgröße ②.	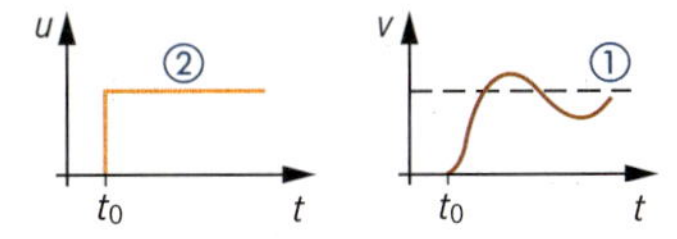
Impulsantwort	Zeitlicher Verlauf der Ausgangsgröße ③ bei einem Nadelimpuls ④ der Eingangsgröße.	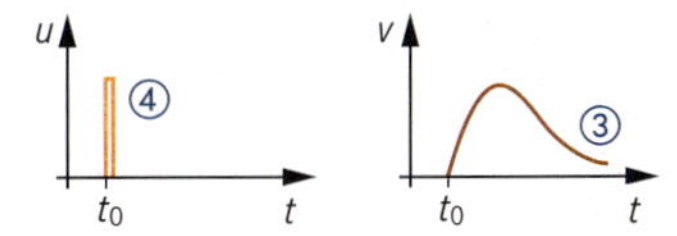
Anstiegsantwort	Zeitlicher Verlauf der Ausgangsgröße ⑤ bei einer Anstiegsfunktion mit definierter Änderungsgeschwindigkeit ⑥ als Eingangsgröße.	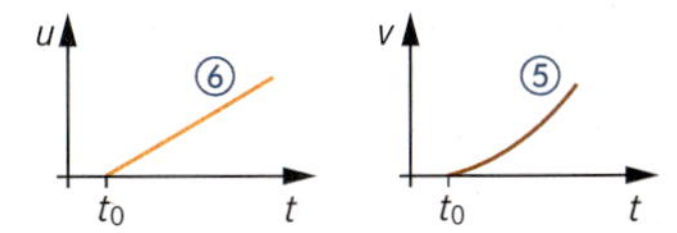
Sinusantwort	Zeitlicher Verlauf der Ausgangsgröße ⑦ bei sinusförmigem Verlauf ⑧ und Durchfahren der Frequenzen $\omega = 0$ bis $\omega = \infty$, ($\omega = 2\pi f$, Kreisfrequenz) der Eingangsgröße. Der Frequenzgang ($\lvert G(\omega)\rvert = \lvert x/y \rvert$) und der Phasengang (Phasenwinkelverlauf $\varphi = f(\omega)$) werden im Bode-Diagramm zur Beurteilung der Stabilität des Regelkreises dargestellt.	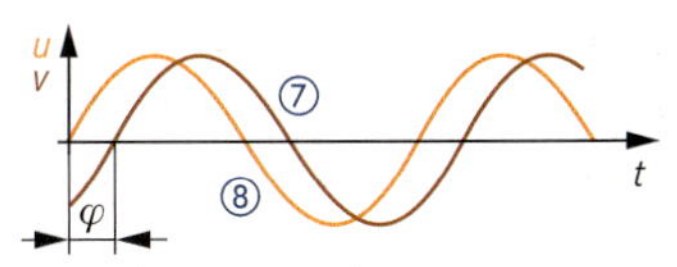

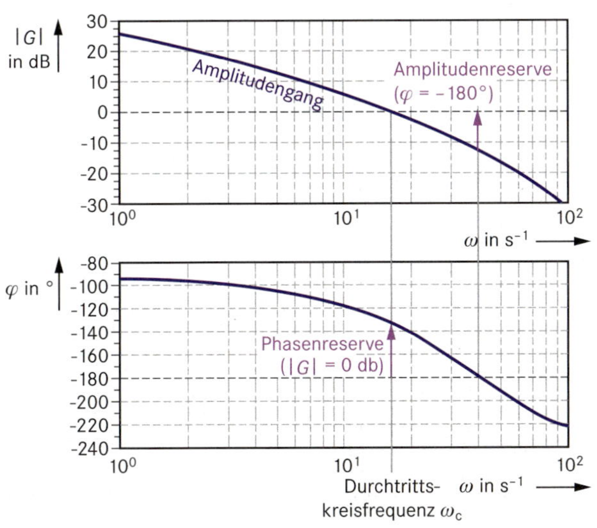

Regelkreisverhalten:

- Es werden der Betrag der Übertragungsfunktion (Amplitudengang) und der Phasenwinkel (Phasengang) bei verschiedenen Frequenzen der Sinusanregung dargestellt.

Reglerauslegung/Stabilitätsbetrachtung:

- **Reihenschaltung** mehrerer Strecken und Regler können durch Addition der Einzelkurven dargestellt werden.
- Größen zur Reglerauslegung
  - Durchtrittskreisfrequenz: ω_c bei $\lvert G\rvert = 0$
  - Phasenreserve: bei Durchtrittsfrequenz
- Bei **positiver Phasenreserve** ist der Regler stabil.
- **Höhere Phasenreserve** ergibt Stabilitätsreserven.
  20 % ... 50 %: gutes Störungsverhalten
  40 % ... 70 %: gutes Führungsverhalten
- **Durchtrittskreisfrequenz ω_c** ist Maß für die Reglerschnelligkeit.

Sprungantwort-Verfahren
Dem Sprungantwort-Verfahren kommt in der Praxis die größte Bedeutung zu, da sich damit die Übergangsfunktion meist mit geringem Aufwand experimentell ermitteln lässt.

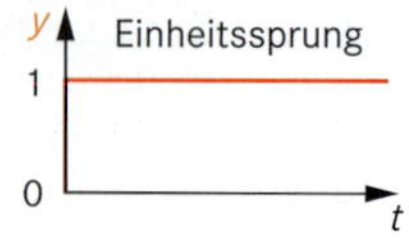

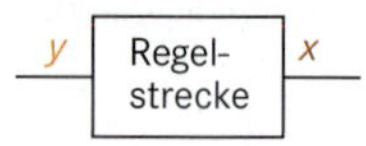

	Bezeichnung, Kenngrößen	Sprungantwort	Beispiel	Übergangsverhalten
P-Strecken (Strecken mit Ausgleich)	**P_0-Strecke** Proportional-Beiwert $K_P = x/y$	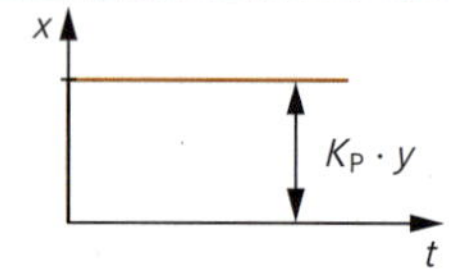	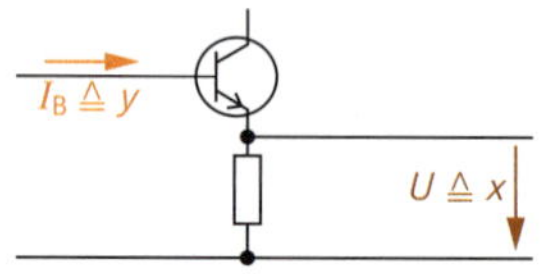	x folgt proportional unverzögert der Eingangsgröße y.
	PT_1-Strecke Proportional-Beiwert $K_P = x_\infty/y$ T_S: Zeitkonstante	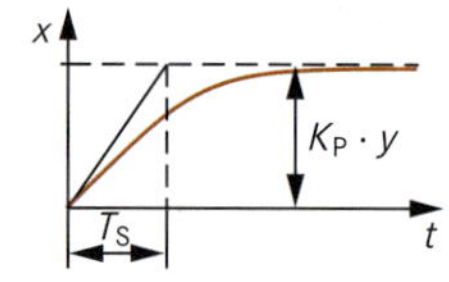	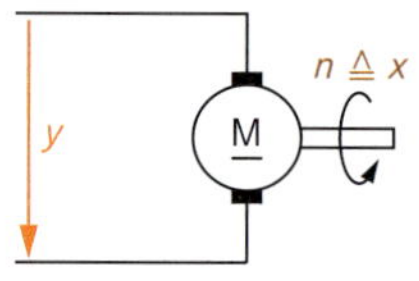	x folgt proportional, nach einer e-Funktion verzögert, der Eingangsgröße y.
	PT_2-Strecke Proportional-Beiwert $K_P = x_\infty/y$ T_u: Verzugszeit T_g: Ausgleichszeit	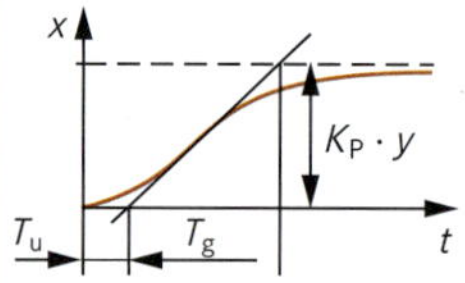	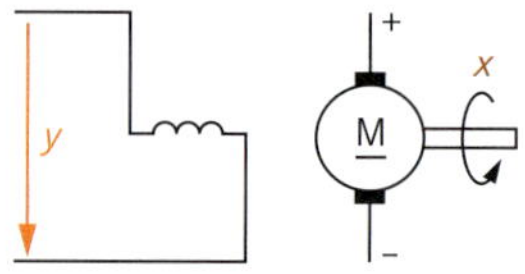	x folgt proportional, mit zwei Zeitkonstanten verzögert, der Eingangsgröße y.
	PT_t-Strecke Proportional-Beiwert $K_P = x/y$ T_t: Totzeit	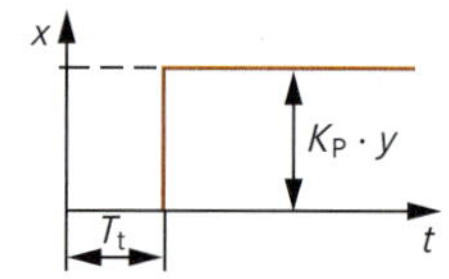	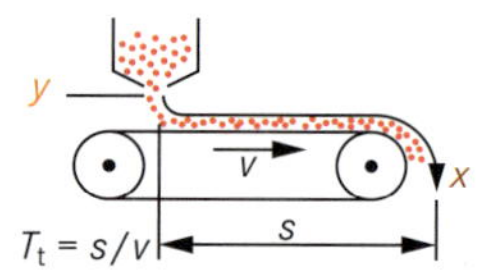	x folgt proportional, um die Zeit T_t verzögert, der Eingangsgröße y.
	PT_t-T_1-Strecke Proportional-Beiwert $K_P = x_\infty/y$ T_t: Totzeit T_S: Zeitkonstante	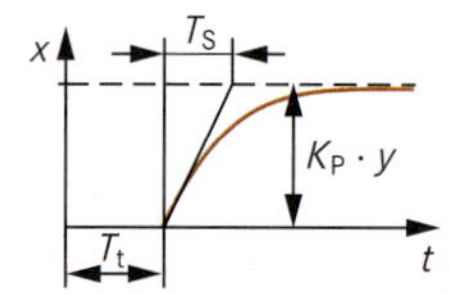		x folgt proportional, mit einer e-Funktion und einer Totzeit verzögert, der Eingangsgröße y.
I-Strecken (Strecken ohne Ausgleich)	**I_0-Strecke** Integrierzeit T_I Integrierbeiwert $K_I = v_x \cdot \frac{1}{y}$ $v_x = \frac{\Delta x}{\Delta t}$	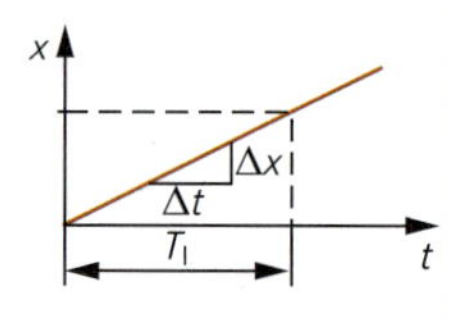	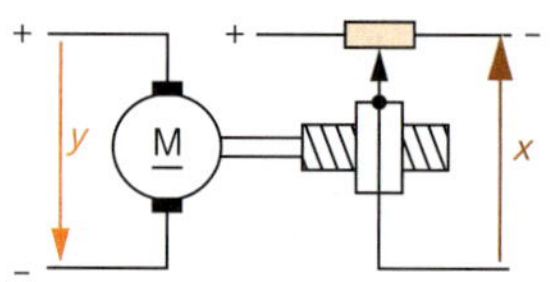	x ist das Zeitintegral der Eingangsgröße y.
	IT_1-Strecke T_I: Integrierzeit T_S: Verzögerungszeitkonstante	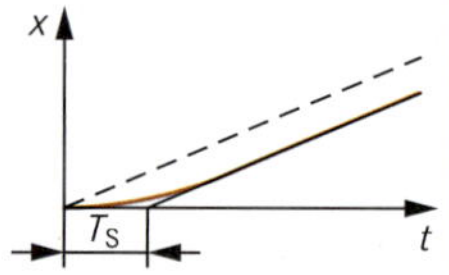	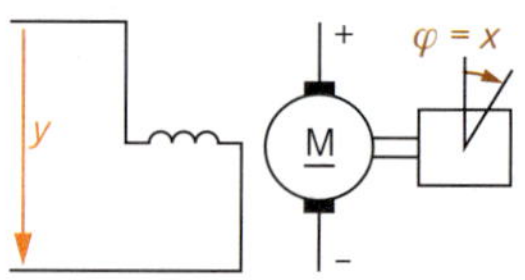	x ist das Zeitintegral, verzögert mit einer Zeitkonstanten, der Eingangsgröße y.
	IT_t-Strecke T_I: Integrierzeit T_t: Totzeit	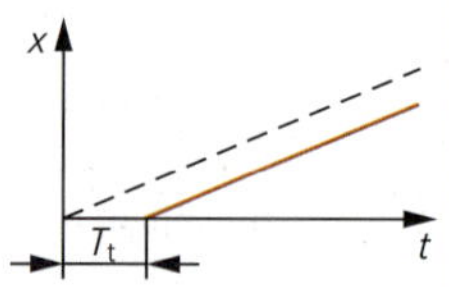	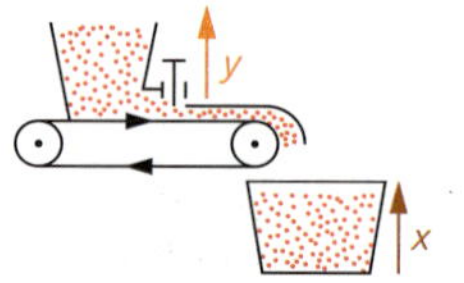	x ist das Zeitintegral, verzögert mit der Totzeit T_t, der Eingangsgröße y.

Bei stetig wirkenden Regeleinrichtungen kann die Stellgröße y innerhalb des Stellbereiches Y_h jeden Wert annehmen.
Die mit elektronischen Reglern relativ einfach realisierbaren gewünschten Eigenschaften werden hier stellvertretend auch für nicht elektronisch (mechanisch, pneumatisch, hydraulisch) arbeitende Regeleinrichtungen behandelt.

Regler: Typ	Regler: Kenngrößen	Reglerantwort	Erklärung
P	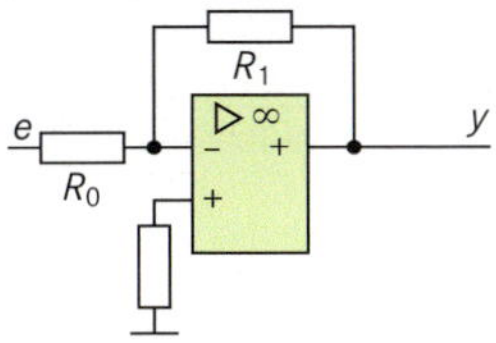 $K_p = \frac{R_1}{R_0} = \frac{y - y_0}{e}$	**Sprungantwort** 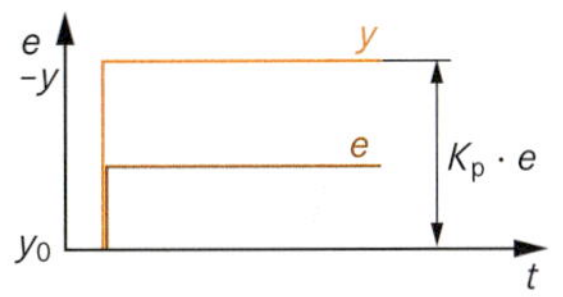	Die Regeldifferenz bewirkt eine proportionale Stellgröße. K_p: Proportionalbeiwert
D	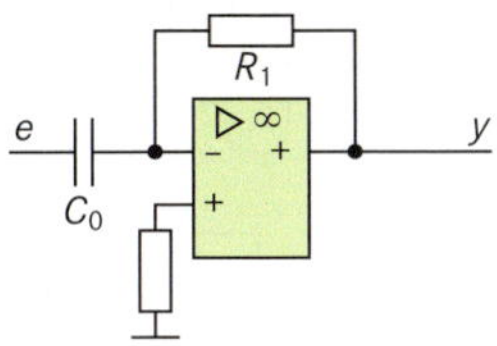 $K_D = (y - y_0)\frac{\Delta t}{\Delta e}$ $K_D = R_1 \cdot C_0 = T_D$	**Anstiegsantwort** 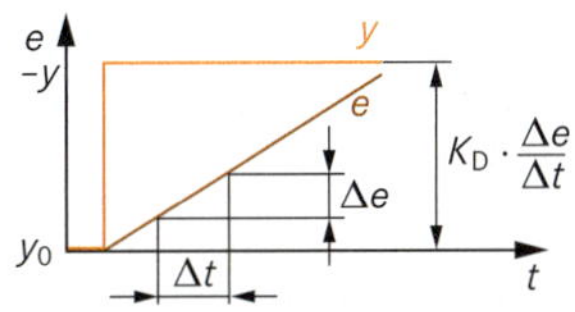	Die Änderungsgeschwindigkeit der Regeldifferenz bewirkt einen bestimmten Wert der Stellgröße. K_D: Differenzierbeiwert T_D: Differenzierzeit
I	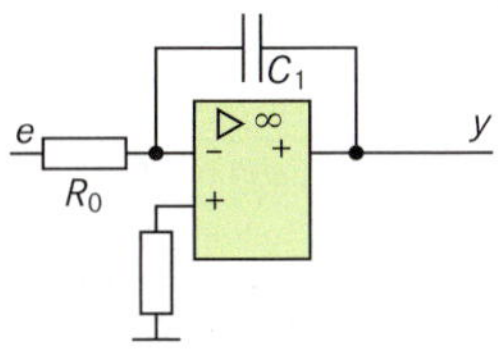 $K_I = \frac{1}{e} \cdot \frac{\Delta y}{\Delta t}$ $K_I = \frac{1}{R_0 \cdot C_1} = \frac{1}{T_I}$	**Sprungantwort** 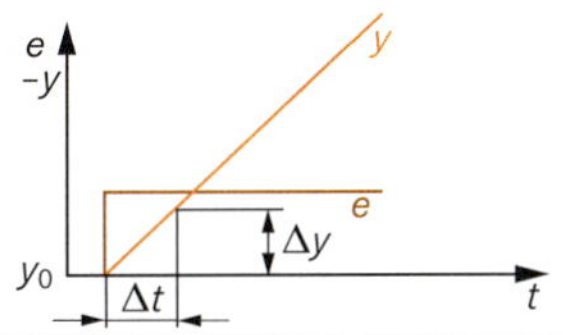	Die Regeldifferenz bewirkt eine bestimmte Änderungsgeschwindigkeit der Stellgröße. K_I: Integrierbeiwert T_I: Integrierzeit
PD	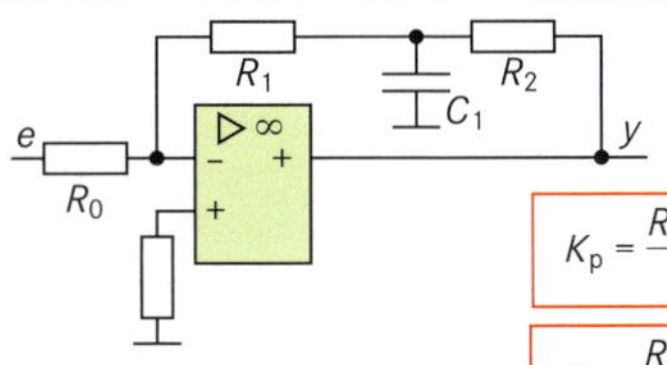 $K_p = \frac{R_1 + R_2}{R_0} = \frac{K_D}{T_v}$ $T_v = \frac{R_1 \cdot R_2}{R_1 + R_2} \cdot C_1$	**Anstiegsantwort** 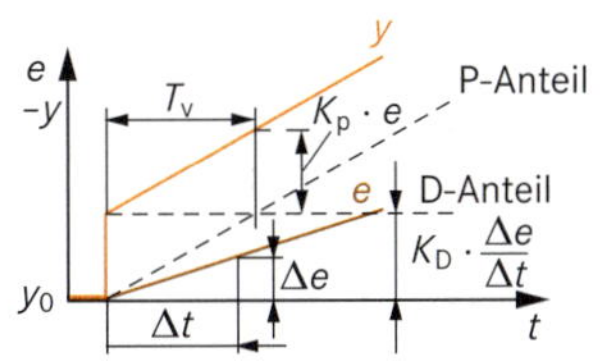	Die Regeldifferenz bewirkt eine Stellgrößenänderung mit P- und D-Anteil. K_p: Proportionalbeiwert T_v: Vorhaltezeit
PI	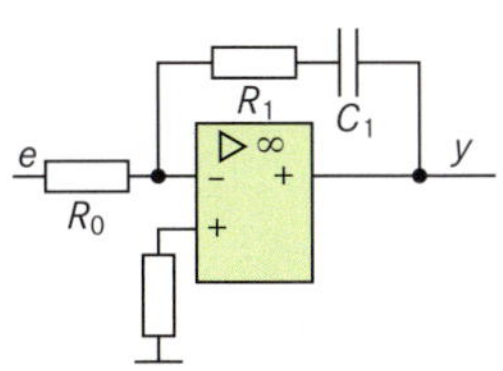 $T_n = R_1 \cdot C_1$ $T_I = R_0 \cdot C_1$ $K_p = \frac{y_p}{e} = \frac{R_1}{R_0}$ $K_I = \frac{K_p}{T_n} = \frac{1}{R_0 \cdot C_1}$	**Sprungantwort** 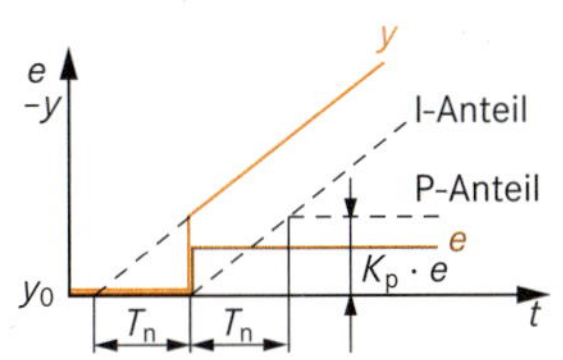	Die Regeldifferenz bewirkt eine Stellgrößenänderung mit P- und I-Anteil. T_n: Nachstellzeit
PID	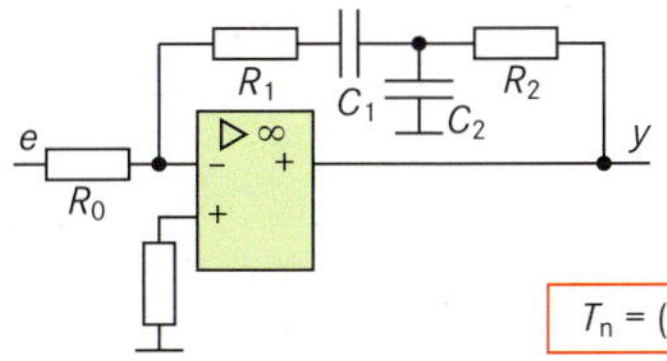 $T_n = (R_1 + R_2)\,C_1$ $K_p = \frac{R_1 + R_2}{R_0}$ $T_v = \frac{R_1 \cdot R_2}{R_1 + R_2} \cdot C_2$	**Sprungantwort** 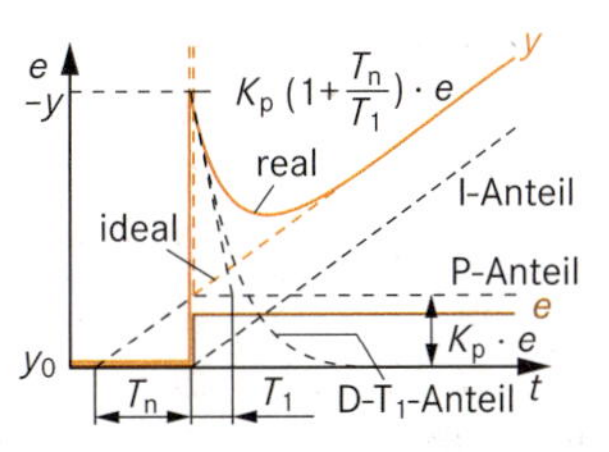	Die Regeldifferenz bewirkt eine Stellgrößenänderung mit P-, I- und D-Anteil (idealer Regler). Ein realer Regler besitzt die Zeitkonstante T_1, die mit zusätzlichem R (in Reihe zu C_2, nicht dargestellt) gezielt eingestellt werden kann. PI(D – T_1) -Verhalten

- **Zweipunkt-Regeleinrichtung**
  - Die Stellgröße kann beim Zweipunktregler nur zwei Zustände annehmen: EIN und AUS.
  - Zweipunktregler eignen sich aufgrund des unstetigen Verhaltens nur zum Betrieb an solchen Regelstrecken, deren Veränderung der Regelgröße zeitbehaftet (verzögert) erfolgt.
- **Dreipunkt-Regeleinrichtung**
  - Dreipunktregeleinrichtungen verfügen über drei Schaltzustände: Zustand I – AUS – Zustand II.
  - Auch diese Reglerart kann nur an verzögerten Regelstrecken und Regelstrecken mit I-Verhalten betrieben werden.

Zweipunktregler

Kennlinie, Kenngrößen

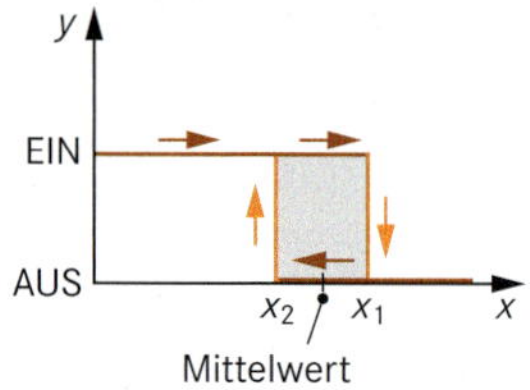

T_t: Totzeit
T_s: Zeitkonstante der Regelstrecke

Zeitverhalten

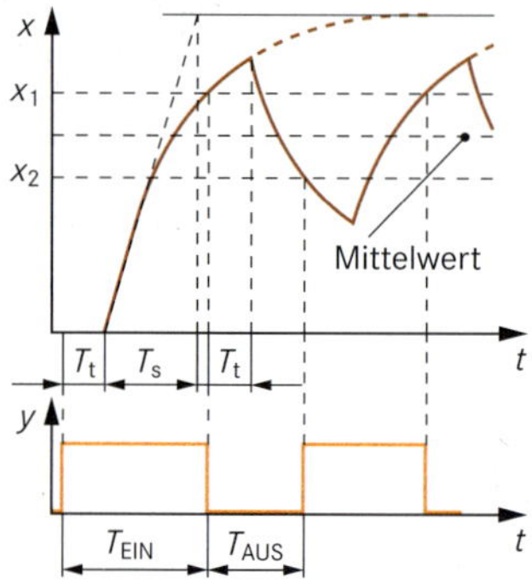

Elektronische Ausführung

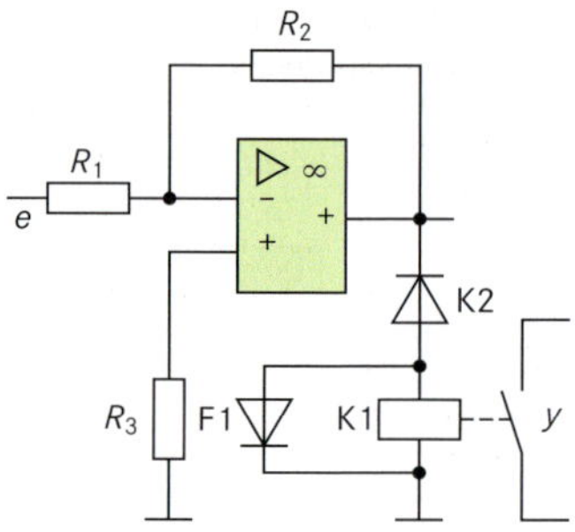

Dreipunktregler

Kennlinie, Kenngrößen

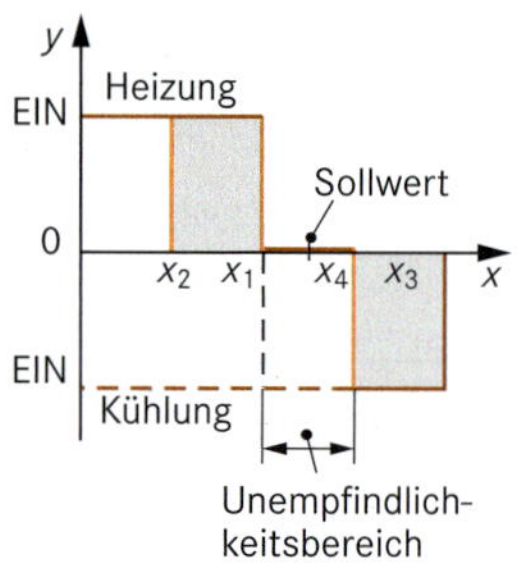

T_t: Totzeit
T_s: Zeitkonstante der Regelstrecke

Zeitverhalten

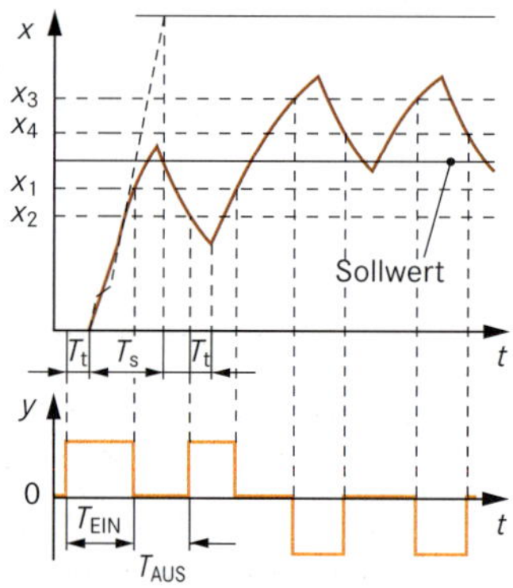

Elektronische Ausführung

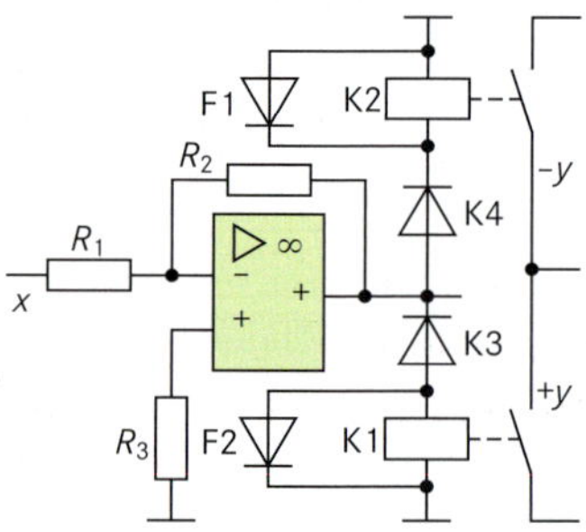

Eignung von Reglern bei gegebener Strecke

	Strecke		Regler: P	I	PI	PD	PID	2-Punkt-regler
P-Strecken	P_0		ungeeignet	geeignet	besonders geeignet	ungeeignet	ungeeignet	ungeeignet
	PT_1		geeignet	geeignet	geeignet	ungeeignet	ungeeignet	geeignet
	PT_2		ungeeignet	ungeeignet	geeignet	ungeeignet	besonders geeignet	geeignet
	PT_T		ungeeignet	geeignet	besonders geeignet	ungeeignet	ungeeignet	ungeeignet
	PT_tT_1	$\tau \gg T_t$	geeignet	ungeeignet	besonders geeignet	geeignet	geeignet	geeignet
		$\tau > T_t$	ungeeignet	ungeeignet	geeignet	ungeeignet	geeignet	ungeeignet
I-Strecken	I_0		geeignet	ungeeignet	geeignet	ungeeignet	ungeeignet	geeignet
	IT_1		ungeeignet	ungeeignet	geeignet	geeignet	besonders geeignet	geeignet
	IT_t		ungeeignet	ungeeignet	ungeeignet	geeignet	geeignet	ungeeignet

■ besonders geeignet ■ geeignet ■ ungeeignet

Aufbau

- Eine einfache Form einer speicherprogrammierbaren Steuerung (z. B. SIMATIC S7-300) besteht aus den Baugruppen
  - **PS** ① (**P**ower **S**upply: Stromversorgung),
  - **CPU** ② (**C**entral **P**rocessing **U**nit: Zentraleinheit) und
  - **SM** ③ (**S**ignal **M**odule: Signalbaugruppe).

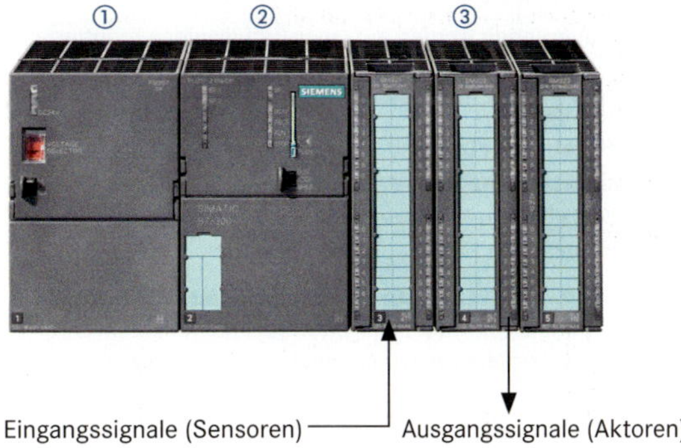

- Die Eingangssignale der Sensoren werden von der SPS erfasst, im Steuerungsprogramm verarbeitet und die Ausgänge gesteuert.

- Die Zentralbaugruppe beinhaltet folgende Bereiche:
  - **Funktionsbereiche**
    PAE: Prozess**a**bbild der **E**ingänge
    PAA: Prozess**a**bbild der **A**usgänge
    Interner Bus: Informationsaustausch in der Zentralbaugruppe
    Steuerwerk: Verarbeitung des Steuerprogramms
  - **Speicherbereiche**
    Programmspeicher: Enthält das Anwenderprogramm
    Merker: Speicherung der programmspezifischen Zwischenergebnisse
    Zähler: Speicherung der Ergebnisse aus Zähloperationen
    Zeitglieder: Speicherung der Ergebnisse aus Zeitoperationen

Zentralbaugruppe

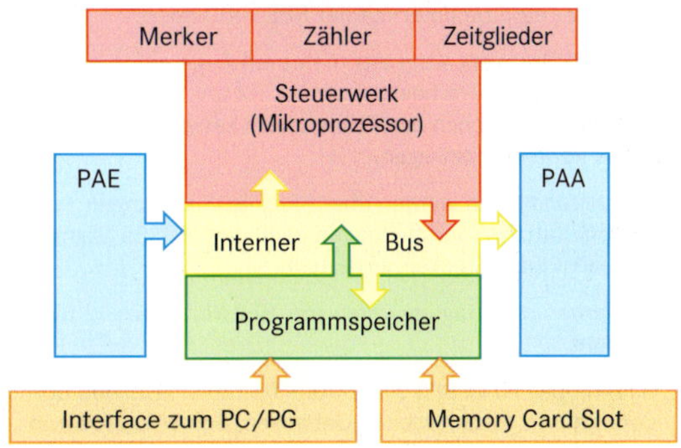

- Übertragung des Programms vom PC zur SPS erfolgt über eine direkte Verbindung (z. B. RS232, USB)
- Einsatz von Bussystemen (PROFIBUS, ASI-Bus, Industrial Ethernet) zur Ankopplung der externen Prozessperipherie an die SPS

Programmiersprachen für SPS

Bezeichnung	Abk.	Eigenschaften	Beispiel

An**w**eisungs**l**iste	**AWL**	Die Anweisungen werden als Text formuliert und in der Reihenfolge notiert, in der sie von der CPU abgearbeitet werden. Die Beispielanweisungen entsprechen der Step7-Syntax, die sich von der Norm IEC 61131-3 unterscheiden.	`U E 0.1`
			`U E 0.2`
			`O E 0.3`
			`= A 0.1`

Strukturierter **T**ext	**ST**	Textorientierte Hochsprache zur Realisierung komplexer Funktionen und mathematischer Algorithmen.	`A0.1 := E0.1 & E0.2` `OR E0.3`
Funktions**b**au**s**teinsprache	**FBS**	Grafisch orientierte Programmiersprache, die die aus der boolschen Algebra bekannten Logiksymbole verwendet. Sie ist besonders für Verknüpfungssteuerungen geeignet.	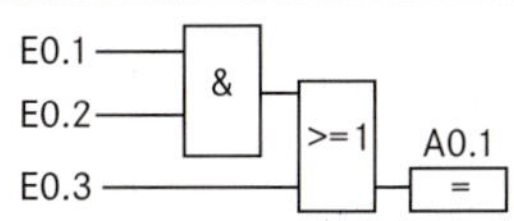
Kontakt**p**lan	**KOP**	Grafisch orientierte Programmiersprache, die der Darstellung in Stromlaufplänen nachempfunden ist. Sie ist besonders für Verknüpfungssteuerungen geeignet.	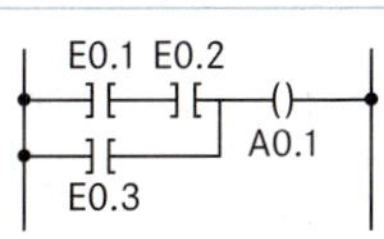
Ablauf**s**prache	**AS**	Grafisch orientierte Darstellung zur Realisierung von Ablaufsteuerungen. Die Einzelschritte (Aktionen) werden in einer Schrittkette aufgelistet, die durch Weiterschaltbedingungen (Transitionen) miteinander verbunden sind.	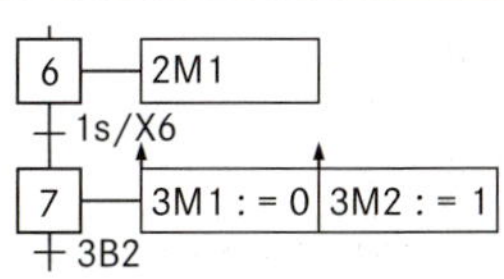

Baugruppen

Beispiel: Simatic S7

- Die Baugruppen werden auf einer Profilschiene montiert.
- Die Anordnung der Baugruppen auf der Profilschiene ist fest vorgegeben:
  Steckplatz 1: Netzteil ①
  Steckplatz 2: Zentralbaugruppe ②
  Steckplatz 3: Anschaltbaugruppe (optional) ③
  Steckplatz 4-11 bzw. 3-10: weitere Baugruppen
- Über ein PROFIBUS-Verbindungskabel oder eine **MPI**-Schnittstelle ④ (**M**ulti **P**oint **I**nterface) können mehrere SIMATIC S7-Steuerungen miteinander kommunizieren.
- MPI-Schnittstelle:
  Herstellerspezifische Schnittstelle zur Kommunikation zwischen SIMATIC-Geräten, z. B. CPUs.
- Zur Programmierung der SPS wird ein Programmiergerät (PG) oder ein Computer mit der SPS verbunden.
- Das MPI-Netzwerk kann aus mehreren Segmenten mit bis zu 127 Teilnehmern bestehen (max. 32 pro Segment). Die Entfernung zwischen den Teilnehmern kann max. 50 m (ohne Repeater) betragen.
- Die Verbindungen werden über PROFIBUS-Leitungen (geschirmte Zweidrahtleitungen nach dem RS485 Standard) und PROFIBUS-Stecker hergestellt.
- Es werden Übertragungsraten von 19,2 kbit/s bis 12 Mbit/s erreicht.
- Baugruppen einer SPS sind offene Betriebsmittel und dürfen daher nur in geschlossenen Gehäusen, Schränken oder in elektrischen Betriebsräumen montiert werden.
- Werden zum Aufbau mehrere Profilschienen erforderlich (max. 4 Schienen), leitet die Anschaltbaugruppe den Rückwandbus der SPS zur nächsten Baugruppe weiter.

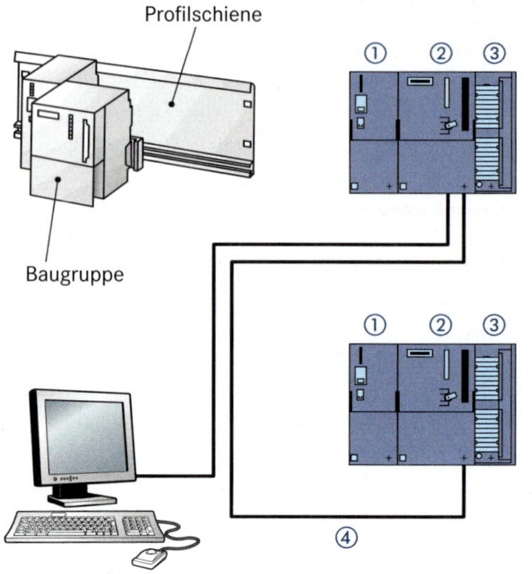

MPI-Stecker:

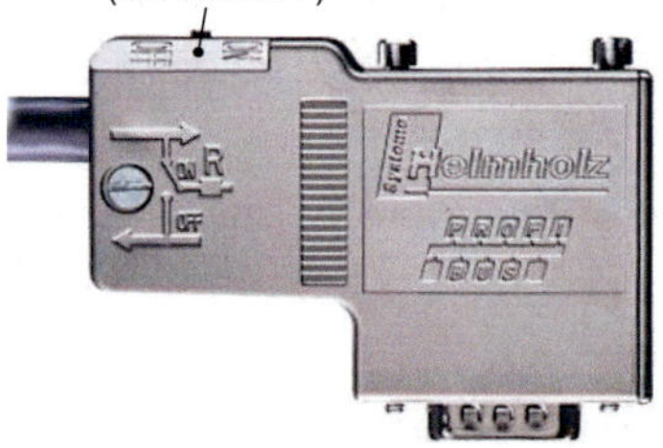

Beispiele

Komponente	Funktion	Abbildung	Komponente	Funktion	Abbildung
PS (**P**ower **S**upply)	Stellt die Betriebsspannung von 24 V DC zur Verfügung und versorgt die Laststromkreise	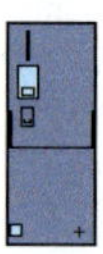	**IM** (**I**nterface **M**odule)	Verbindung des Rückwandbusses bei Anwendung mehrerer Baugruppenträger (Profilschienen)	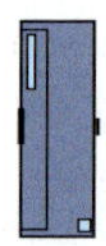
CPU (**C**entral **P**rocessing **U**nit)	Führt das Anwendungsprogramm aus; Spannungsversorgung des Rückwandbusses	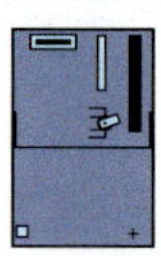	**CP** (**C**ommunication **P**rocessor)	Entlastung der CPU von Kommunikationsaufgaben, z. B. zur Anschaltung vom PROFIBUS-DP	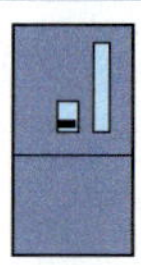
SM (**S**ignal **Mo**dule)	Anpassung unterschiedlicher Prozesssignalpegel (Ein-/Ausgabebaugruppe)	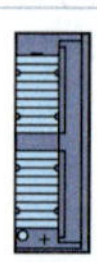	RS485 Repeater	Verstärkung der Signale in einem MPI bzw. PROFIBUS Netzwerk	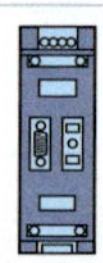
FM (**F**unction **M**odule)	Realisierung zeitkritischer und speicherintensiver Aufgaben (z. B. Regler)	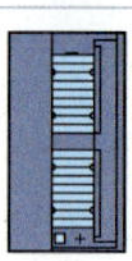	Profilschiene	Baugruppenträger zur Aufnahme der Module	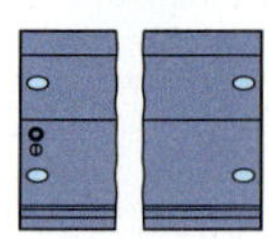

Programmstrukturen

- Die **strukturierte Programmierung** dient zur Effizienzsteigerung bei der Programmerstellung, da die Teilaufgaben des Projektes in wiederverwendbare Bestandteile gegliedert werden.
- Das Anwenderprogramm ist in Form von **Code-** und **Datenbausteinen** im Speicher der SPS abgelegt.
- In einem **Programmzyklus** werden jeweils das Prozessabbild der Eingänge (PAE) eingelesen, schrittweise verarbeitet und das Ergebnis des Prozessabbildes der Ausgänge (PAA) an der Ausgabebaugruppe ausgegeben.
- Beim **linearen Programm** ① befinden sich alle Anweisungen im **Organisationsbaustein** OB1. Die verwendeten Operanden sind überall im Programm gültig (Globale Variablen).
- Die **Organisationsbausteine** werden ereignisgesteuert vom Betriebssystem gestartet.
- Bei der strukturierten Programmierung ② wird zwischen der Programmierung mit bzw. ohne wiederverwendbaren Bausteinen unterschieden.
- Die Programmfunktionen werden dazu in **Funktionen (FC)** und **Funktionsbausteine (FB)** programmiert und auch als bibliotheksfähige Bausteine bezeichnet.
- Wiederverwendbare FCs bzw. FBs verwenden lokale anstatt globale Variablen. Dadurch kann der gleiche Programmcode in verschiedenen SPS-Programmen verwendet werden.
- **Lokale Variable** sind durch ein Rautezeichen (z. B. #EIN) vor dem Variablennamen gekennzeichnet und erfordern eine Zuordnung der Variablen zu den Ein- und Ausgängen der Anlage.

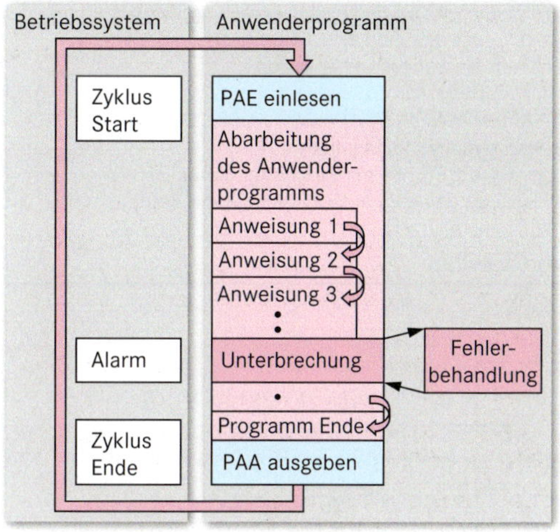

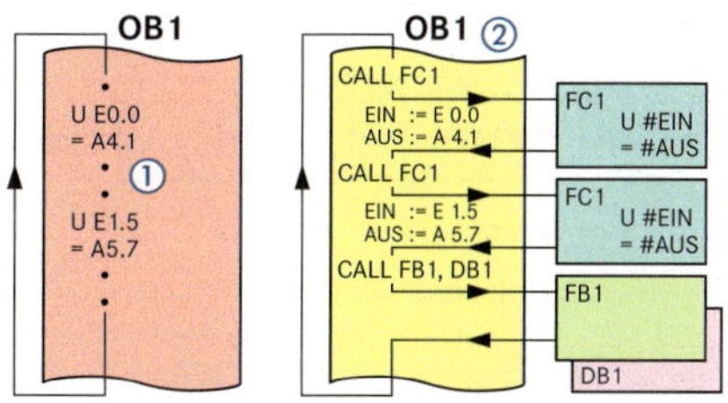

Codebausteine	
OB (**O**rganisations**b**austein)	Software-Schnittstelle zwischen dem Betriebssystem der CPU und dem Anwenderprogramm
FC (**F**unktionen)	Abgeschlossener Programmteil z. B. für Berechnungen oder Verknüpfungen. Kann mehrfach aufgerufen werden. Alle internen Daten werden nach Verlassen des Bausteins gelöscht.
FB (**F**unktions**b**austein)	Enthält, wie ein FC, einen abgeschlossenen Programmteil, allerdings werden die Signalzustände, Zählerstände usw. in einem Datenbaustein (Instanz-DB) gespeichert.
SFC und **SFB** (**S**ystem**f**unktionen)	Vom Hersteller vordefinierte Codebausteine (z. B. Regler, Wandler).
Datenbausteine	
Instanz-DB (Instanz-Datenbaustein)	Dieser Baustein speichert die Daten der zugehörigen Instanz (z. B. FB).
Global-DB (Global-Datenbaustein)	Der Global-DB ist ein gemeinsamer Datenspeicher für OBs, FBs und FCs.

Organisationsbausteine (Auswahl)

Anlauf-OBs	
OB 100	Neustart (Warmstart)
OB 101	Wiederanlauf
OB 102	Kaltstart
Zyklischer Programmlauf	
OB 1	Hauptprogramm
Periodische Programmunterbrechung	
OB 10-17	Uhrzeitalarme
OB 30-38	Weckalarme

Ereignisgesteuerte Programmunterbrechung	
OB 20-23	Verzögerungsalarme
OB 40-47	Prozessalarme
OB 80	Zeitfehler
OB 81	Stromversorgungsfehler
OB 82	Drahtbruch am Eingang einer diagnosefähigen Baugruppe
OB 83	Ziehen/Stecken einer Baugruppe
OB 84	CPU Hardware-Fehler
OB 85	Programmablauffehler
OB 87	Kommunikationsfehler

Merkmale

- GRAFCET (**GRA**phe **F**onctionnel de **C**ommande **E**tape **T**ransition) ist für den Planer ein rein grafisches und technologieunabhängiges System zur Darstellung von Ablaufsteuerungen mit Hilfe von
  - Schritten,
  - Aktionen und
  - Weiterschaltbedingungen.
- Der GRAFCET-Plan berücksichtigt die Betriebsarten, gibt allerdings keinerlei Aufschluss über die Betriebsmittel.

GRAFCET-Plan

Beispiel:

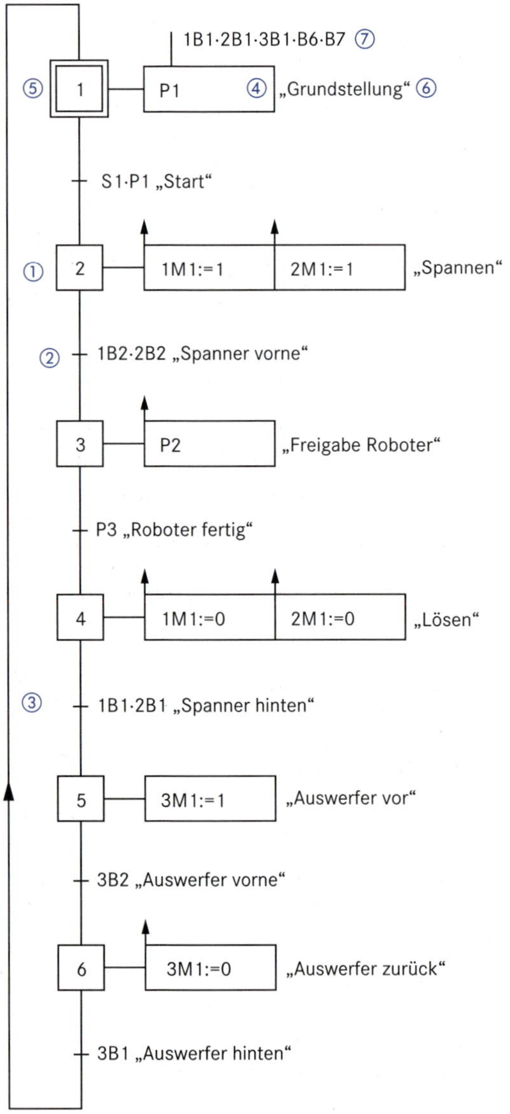

Regeln

- Der Plan besteht aus Schritten ① und Transitionen ②.
- Die Schritte und Transitionen (Weiterschaltbedingungen) sind durch Wirkungslinien ③ miteinander verbunden.
- Den Schritten sind Aktionen ④ zugeordnet, die ausgeführt werden, wenn der zugehörige Schritt aktiv wird.
- Die Schritte werden mit einer alphanumerischen Bezeichnung versehen.
- Schritte sind entweder aktiv oder inaktiv und werden von oben nach unten durchlaufen.
- Jede Ablaufsteuerung besitzt einen Initialschritt ⑤, der beim Start aktiviert wird.
- Kommentare ⑥ werden in Anführungszeichen geschrieben.

Transition

- Die Transition (Weiterschaltbedingung) kann umgangssprachlich oder mit Hilfe von Symbolen erfolgen.
  Eine Weiterschaltung von einem zum nächsten Schritt erfolgt, wenn der davorliegende Schritt aktiv ist und die Transitionsbedingung erfüllt ist
  (z. B. 1B1 · 2B1 · 3B1 · B6 · B7 ⑦).
- Zwischen zwei Schritten muss stets eine Transition eingefügt werden.
- Ein- bzw. Ausschaltverzögerungen werden durch die Angabe der Zeitverzögerung vor oder nach der Bedingung angegeben, z. B. 4s/1B1.
- Steigende und fallende Flanken eines Signals werden durch Pfeile gekennzeichnet. ↑ ↓
- Wird eine Schrittnummer als Variable in einer Bedingung gewünscht, wird vor die Schrittnummer ein X gestellt, z. B. 5s/X2 (Bedeutung: Es wird 5 Sekunden nach Aktivierung von Schritt 2 in Schritt 3 weitergeschaltet.)

Aktion

- Die Zuweisung steht in einem Rechteck neben der Aktion:

nicht speichernde Wirkung   speichernde Wirkung

- Pfeile zeigen an, ob die Aktion zu Beginn oder am Ende des Schrittes erfolgt:

Beginn   Ende

- Durch einen senkrechten Strich kann zusätzlich eine Bedingung definiert werden:

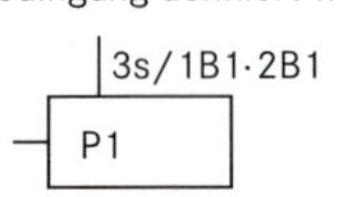

Bedeutung:
3 Sekunden Einschaltverzögerung, nachdem die Bedingung erfüllt ist.

- Mehrere Schritte in einer Aktion werden in getrennten Rechtecken dargestellt:

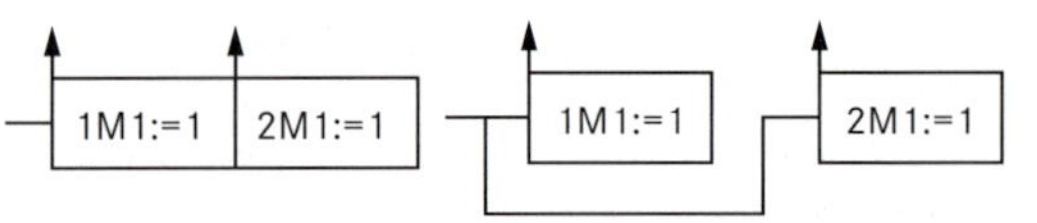

Merkmale

- Ein Aktor (Aktuator) ist ein System (Stellglied), mit dem eine physikalische Größe beeinflusst wird.
- Die Steuerung (Stellsignal, Eingangsinformation) erfolgt in der Regel mit elektrischen Signalen.
- Die Eingangsinformation wird verarbeitet.
- Zur Funktion muss in der Regel Energie separat zugeführt werden (Hilfsenergie). Die Hilfsenergie wird in eine andere Energie umgewandelt.

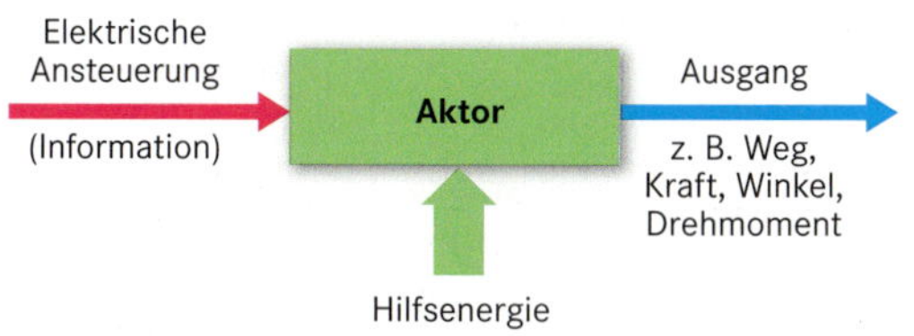

Einteilung nach der Hilfsenergie

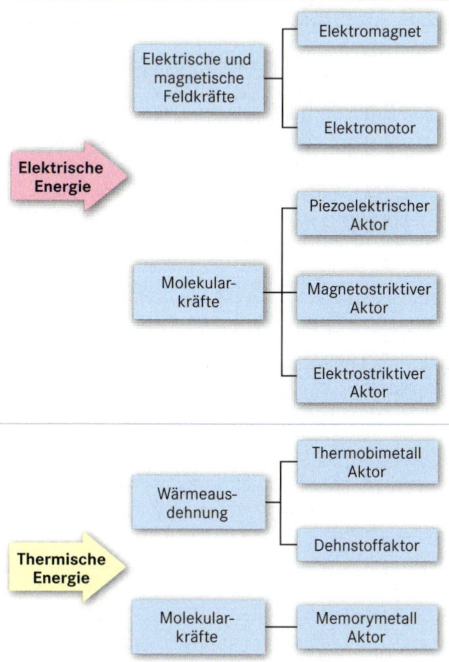

Funktionen von Aktoren

- Bewegen
  - Translation
  - Rotation
  - Schwingung
  - Bremsen
  - Bewegung in Bahnen
- Halten
- Positionieren
- Bearbeiten
- Fördern
  - Gase
  - Flüssigkeiten
  - feste Körper, Partikel
- Heizen und Kühlen
- Beschallen
- Beleuchten
- Ionisieren, Bestrahlen

Thermobimetalle

- Thermobimetalle sind Verbundstoffe aus mindestens zwei Metallen mit unterschiedlichen Wärmeausdehnungskoeffizienten α.
- Bei Temperaturänderung kommt es zu einer Verformung. Diese Verformung kann je nach Aufbau zu einer Hub- oder Drehbewegung führen.

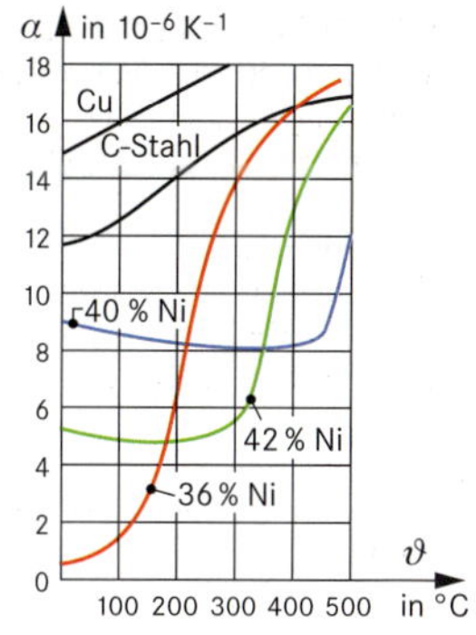

Material:
Nickel-Eisen-Legierungen
- FeNi36 (Handelsname Invar)
- FeNi42, FeNi48 (für höhere Temperaturen)

Merkmale:
Große Stabilität, geringer Preis, geringe Stellkraft

Ausführungsformen:

Streifen

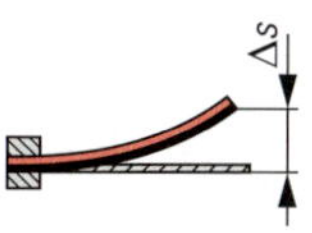

Streifen in U-Form

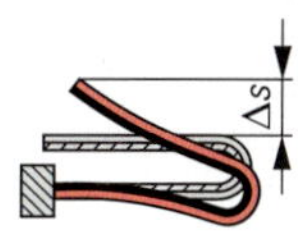

Spirale

Piezoelektrische Aktoren

- Piezo (griechisch): Druck

  Piezoelektrischer Effekt: Ionenverschiebung (Ladungstrennung) im Innern von Kristallen bei Krafteinwirkung.
- Wenn Ladungen (elektrisches Feld) auf die Oberfläche bestimmter Kristalle (z. B. Quarz) gebracht werden, deformieren sich diese (Umkehrung des piezoelektrischen Effekts). Unter Einfluss des elektrischen Feldes verändern sich die Abmessungen. Wenn die Verformung verhindert wird, treten entsprechende Kräfte auf.
- Werkstoffe:
  - Natürliche Kristalle: Quarz, Turmalin, Seignettesalz
  - Synthetische Keramiken: z. B. PZT (Blei-Zirkonat-Titanat)

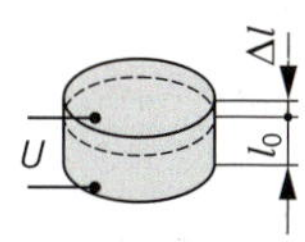

- Bei großen Kräften können geringe Stellwege realisiert werden (z. B. Stapelbauweise).
- Bei relativ großen Stellwegen können nur geringe Kräfte realisiert werden (Biegewandler).
- Längenänderung: $\frac{\Delta l}{l_0} = 10^{-3}$
  - Hochvolt-Aktoren (... 1500 V):
    Anfangslänge 1 mm $\Rightarrow \Delta l = 1\ \mu m$
  - Niedervolt-Aktoren (ab 60 V):
    Anfangslänge 0,1 mm $\Rightarrow \Delta l = 0{,}1\ \mu m$
- Nichtlineares Verhalten

Systemarten

- KNX ist die Abkürzung für Konnex und ist der Nachfolgestandard (ISO/IEC 14543-3) des Europäischen Installationsbus (EIB).
- Powernet KNX/Powerline KNX
- Funk-KNX

Merkmale des KNX

- Vereinfachte Planung und geringere Montagezeiten
- Reduzierung des Verdrahtungsaufwandes
- Einfaches Nachrüsten und Erweitern des Systems
- Flexible Funktionserweiterung
- Senkung des Energiebedarfs durch Energiemanagement
- Hoher Bedienkomfort

KNX

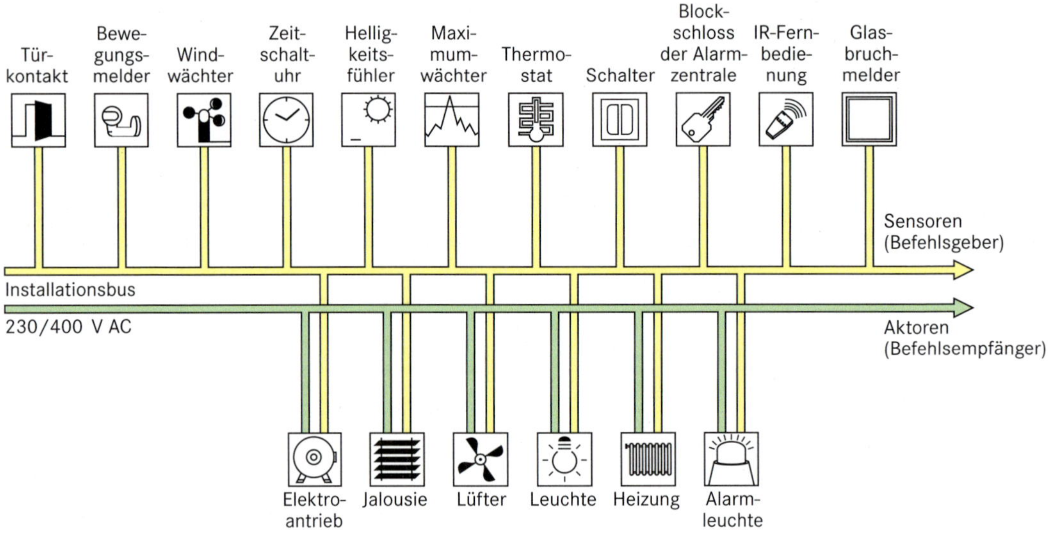

- Getrennte Leitungsnetze (Energienetz und Busnetz)
- Getrennte Übertragung von **Energie** und **Information**
- Alle Busteilnehmer sind über die Busleitung parallel miteinander verbunden.
- Die Aktoren sind an das Energienetz (230/400 V AC) angeschlossen.
- Keine fest verdrahteten Zuordnungen zwischen den Sensoren und Aktoren.
- Die Zuordnung der Schaltfunktion zwischen den Busteilnehmern wird über ein Programm gesteuert.

Unterteilung der Busteilnehmer

Betriebsmittelarten	Funktion	**Beispiel**
Systemgeräte	Geräte zur Spannungsversorgung der Busteilnehmer und Programmierung bzw. Inbetriebnahme des KNX-Systems	Spannungsversorgung; Linien- und Bereichskoppler; PC-Schnittstelle; Drossel
Sensoren (Befehlsgeber)	Erfassung von Informationen (Binäre Meldungen und analoge Messwerte) und Senden des Datentelegramms	Taster; Schalter; Temperatur-, Helligkeits- und Bewegungsfühler; Binäreingang
Aktoren (Befehlsempfänger)	Empfangen die Datentelegramme und führen in Abhängigkeit der Aufgabe eine Aktion aus.	Schaltaktor; Dimmaktor; Jalousieaktor; Heizkörperstellventil
Controller	Bearbeitung von komplexen Steuer- und Regelungsfunktionen	Zeitschaltuhr
Anzeige- und Bediengeräte	Anzeigegeräte dienen der Visualisierung des aktuellen Systemzustandes; Bediengeräte vereinfachen die Eingabe der Schaltbefehle in das KNX-System.	Bedien- und Meldetableaus; Displays; Touch-Screen

Merkmale

- **Spannungsversorgung SV** mit eingebauter **Drossel** in jeder Linie (Linien, Hauptlinien und Bereichslinien)
- Busteilnehmer werden mit Sicherheitskleinspannung (SELV) von maximal 32 V DC versorgt.
- Minimale Versorgungsspannung am Busteilnehmer 21 V DC
- **Linien- und Bereichskoppler** (LK und BK) sorgen für galvanische Trennung, um Störungen zu vermeiden.
- **Koppler** verhindern die Übertragung der Schaltbefehle über die jeweilige Linie hinaus.
- **Sensoren** erstellen ein Datentelegramm.
- **Aktoren** werten die Telegramme aus und erzeugen den entsprechenden Befehl (z. B. Schalten, Dimmen).
- Schaltbefehle werden am Computer programmiert und über die Datenschnittstelle zu den Busteilnehmern übertragen.
- In jeder Linie sind Reserven für spätere Erweiterungen einzuplanen.

Beispiel

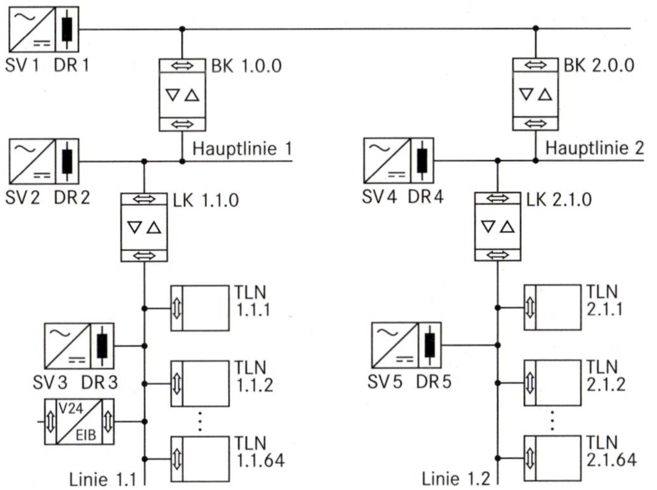

BK : Bereichskoppler
LK : Linienkoppler
TLN : Busteilnehmer
SV : Spannungsversorgung
DR : Drossel

Physikalische Adresse

- Die physikalische Adresse kennzeichnet jeden Busteilnehmer im System eindeutig.
- Die Adresse besteht aus drei Zahlen:

Beispiel: 1 . 1 . 12

- 12 — Teilnehmer innerhalb der Linie
- 1 (zweite Zahl) — Liniennummer
- 1 (erste Zahl) — Bereichsnummer

- Die physikalische Adresse wird von der Programmier-Software erzeugt.
- Bei Inbetriebnahme werden die physikalischen Adressen an den jeweiligen Busteilnehmer gesendet und dort per Hand quittiert.

Leitungsverlegung

- EMV-Störungen werden vermieden, wenn Energie- und Busleitungen möglichst dicht nebeneinander verlegt werden.
- Nur Leitungen mit geeigneter Prüfspannung verlegen.
- Klemmdosen dürfen nur Busleitungen oder Energieleitungen enthalten (Ausnahme: spezielle Kombidosen).
- Schirmungen der Busleitung werden nicht miteinander bzw. mit dem Schutzpotenzialausgleichsleiter verbunden.
- Überspannungsschutz der Busleitung mit Hilfe von Überspannungsableiterklemmen ① ist dringend erforderlich.

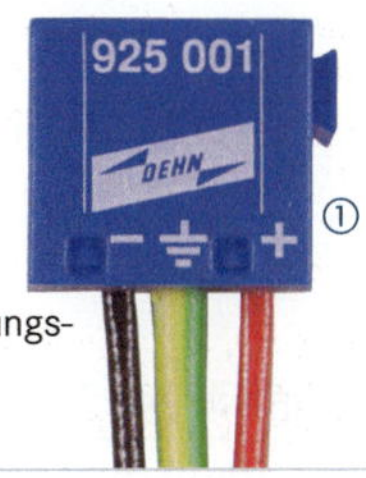

Gruppenadresse

- Die Zuordnung der Steuerfunktionen zwischen Sensor und Aktor wird über die Gruppenadresse getroffen, z. B. 2 / 1 / 2.
- Die Gruppenadresse kennzeichnet dabei eine Funktion, z. B. Licht Hausflur EIN / AUS.
- Die Gruppenadresse ist in drei Bereiche untergliedert:

Beispiel: 2 / 1 / 2

- 2 (dritte Zahl) — Untergruppe (Licht EIN / AUS)
- 1 — Mittelgruppe (Hausflur)
- 2 (erste Zahl) — Hauptgruppe (Beleuchtung)

Programmierumgebung (ETS4)

- Die Programmierung erfolgt mit Hilfe der Software ETS4.
- Die Software erfüllt folgende Grundfunktionen:
  - **Projektverwaltung**
  - **Produktdatenbankverwaltung**
  - **Projektierung** und Programmierung des Systems (Erstellen der verschiedenen Ansichten, Einfügen der EIB-Betriebsmittel, Programmierung der Funktionen)
  - **Inbetriebnahme**
    Übertragung der physikalischen Adressen, Funktionstest
  - **Fehlersuche**

Netzstruktur

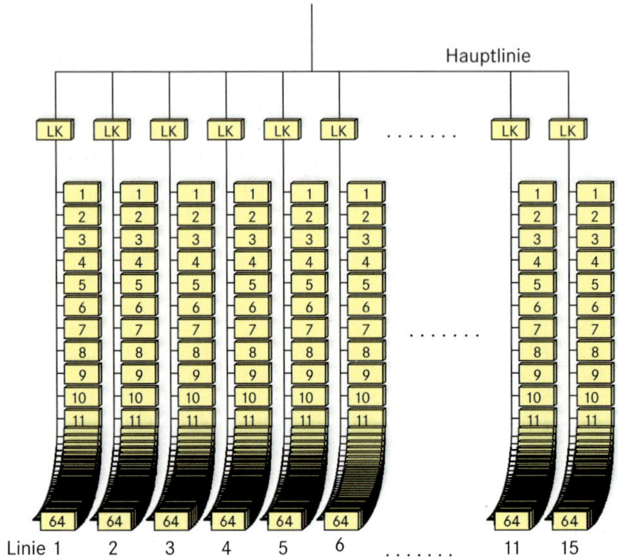

Geräteanzahl

- In jeder **Linie** können 64 Busteilnehmer angeschlossen werden.
- Jeweils 15 Linien werden zu einem **Bereich** zusammengefasst.
- Die einzelnen Linien in einem Bereich werden über **Linienkoppler** (**LK**) zu einer **Hauptlinie** verbunden.
- In dieser Hauptlinie können ebenfalls 64 Busteilnehmer angeschlossen werden.
- Mit Hilfe von **Bereichskopplern** (**BK**) können maximal 15 Bereiche miteinander verbunden werden.
- Die Linie oberhalb der Bereichskoppler wird als **Bereichslinie** (Backbone) bezeichnet.
- Die Bereichslinie kann wiederum 64 Busteilnehmer aufnehmen.
- Maximale Anzahl n der Busteilnehmer:
  $n = (((64 \cdot 15) + 64) \cdot 15) + 64$
  $n = 15\,424$

Busleitungen und -klemmen

Funktionen der Busleitung:
- Einwandfreie Kommunikation
- Sichere Trennung zum Energienetz

Leitungsart	Verlegung
YCYM 2x2x0,8	Feste Verlegung: Trockene, feuchte und nasse Räume; auf, in und unter Putz; Im Freien, wenn vor Sonneneinstrahlung geschützt
J-Y(St)Y 2x2x0,8 (KNX-Ausführung)	Feste Verlegung: Trockene und feuchte Räume; auf bzw. unter Putz und in Rohren Im Freien: in und unter Putz

Die Busleitung ist nach DIN VDE 0100-510 mit einer dauerhaften Kennzeichnung zu versehen.

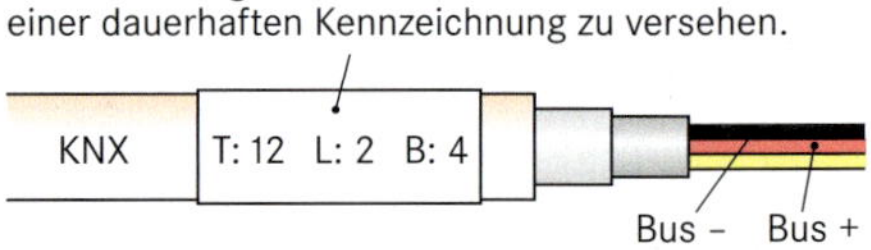

Notwendige Kennzeichnung:
- Bereich (B : 4)
- Linie (L : 2)
- Teilnehmer (T : 12)

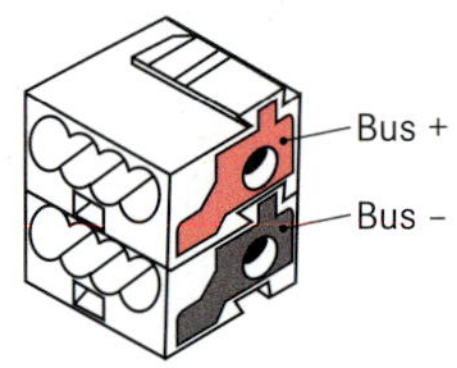

Busanschlussklemme:
Bus + auf „Rot“
Bus – auf „Schwarz“

Leitungslängen

Gesamte Leitungslänge einer Linie (1) + (2) + (3) + (4) + ... + (14)	≤ 1000 m
Maximale Leitungslänge zwischen zwei Busteilnehmern	≤ 700 m
Maximale Leitungslänge zwischen der Spannungsversorgung und jedem Busteilnehmer	≤ 350 m
Minimale Leitungslänge zwischen zwei Spannungsversorgungen	≥ 200 m

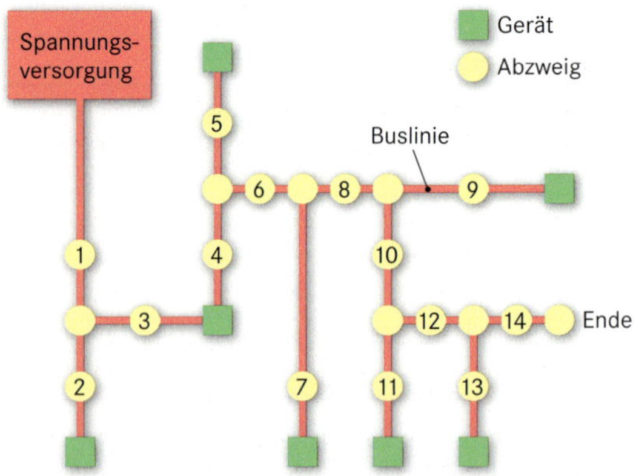

Aufbau

- Die Übertragung der Daten erfolgt über das Energienetz.
- Keine getrennte Busleitung zur Übertragung der Informationen erforderlich
- Die Telegramme werden mit 1200 bit/s übertragen.
- Übertragungsstörungen werden korrigiert.
- Die Netzstruktur ist mit KNX vergleichbar (Aufteilung in Linien und Bereiche).
- In einer Linie sind maximal 256 Busteilnehmer enthalten.
- 16 Linien bilden einen Powernet-Bereich.
- Die Daten werden in Telegrammform der Netzspannung von 230 V überlagert.

Einschränkungen

- Der Betrieb von Powernet KNX über eine Trafostation hinaus ist nicht möglich.
- Alle Geräte müssen vorschriftsmäßig entstört sein.
- Es sind maximal 4096 KNX-Betriebsmittel pro Bereich möglich.
- Die Leitungslänge zwischen zwei Busteilnehmern darf nicht länger als 500 m sein.
- Zur Datenübertragung ist erforderlich, dass Neutral- und Außenleiter in jeder Abzweigdose vorhanden sind.
- Um Störungen zu vermeiden, müssen die Netzschwankungen innerhalb eines Toleranzbereiches bleiben:
  Netzspannung: $U = 230\ \text{V} \pm 10\ \%$
  Netzfrequenz: $f = 50\ \text{Hz} \pm 0{,}5\ \%$

Systemübersicht

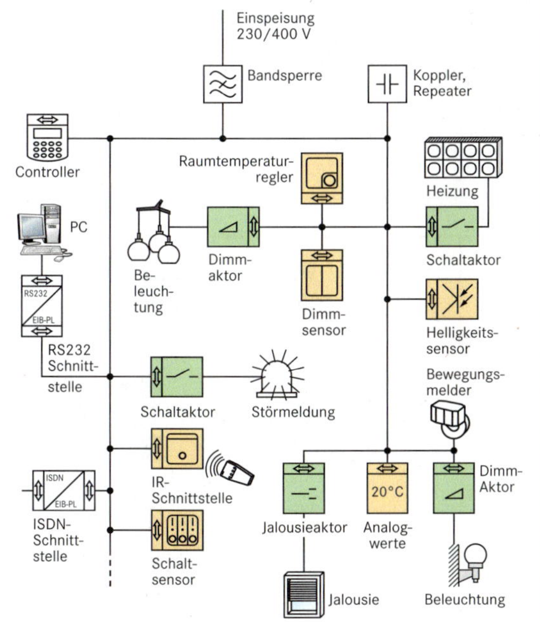

Übertragungsverfahren

- Datenübertragung: **SFSK**-Verfahren (**S**pread **F**requency **S**hift **K**eying)
- Übertragung in zwei getrennten Frequenzen 105,6 kHz und 115,2 kHz

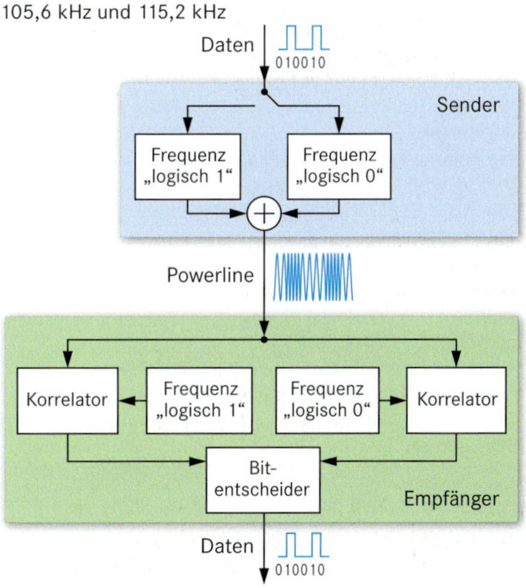

Funk KNX

- Datenübertragung per Funksignal (868 MHz ... 870 MHz)
- Flexibler Einsatz auch bei schwierigen Installationssituationen.
- Kompatibel zu den bestehenden KNX-Systemen
- Die Komponenten werden über das 230 V-Netz oder Batterie versorgt.
- 15 Bereiche mit jeweils 6 Linien und maximal 64 Teilnehmern in jeder Linie möglich
- Die Reichweite beträgt bis zu 300 m (im Freiraum).
- Jeder Teilnehmer empfängt das Funksignal und sendet es wieder aus. Durch diese Retransmitter-Technik erhöht sich die Reichweite innerhalb eines Gebäudes.
- Adressierung der Geräte über die physikalische Adresse bzw. Gruppenadresse

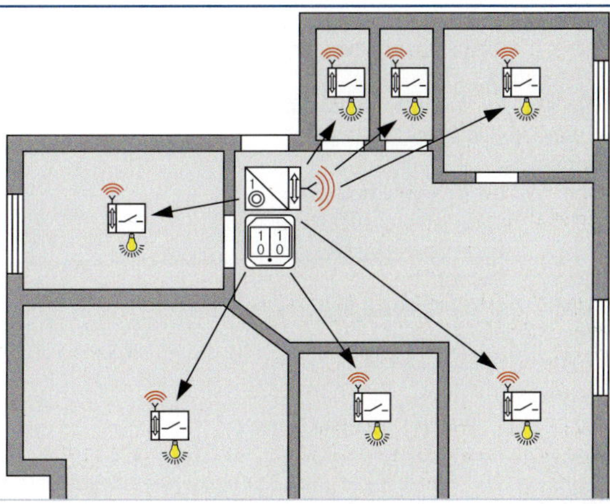

Herkömmliche Automatisierungs-Struktur

- Feldgeräte ① sind z. B. Sensoren, Aktoren, Ein- und Ausgabegeräte, die in einem Automatisierungsprozess eingesetzt werden.
- Sie sind über Schnittstellen (z. B. 4 ... 20 mA) an Rangierverteiler ② angeschlossen (parallele Verdrahtung).
- Regler ③ übertragen die Ein- bzw. Ausgangssignale an die Rechner ④ (**DCS:** **D**ata **C**ollecting **S**ystem).
- Nachteile:
  - Aufwändige Verdrahtung
  - Eingeschränkte Kommunikation, sie erfolgt vorwiegend nur in eine Richtung (unidirektional)
    z. B.: Sensor → Steuerung, Steuerung → Aktor

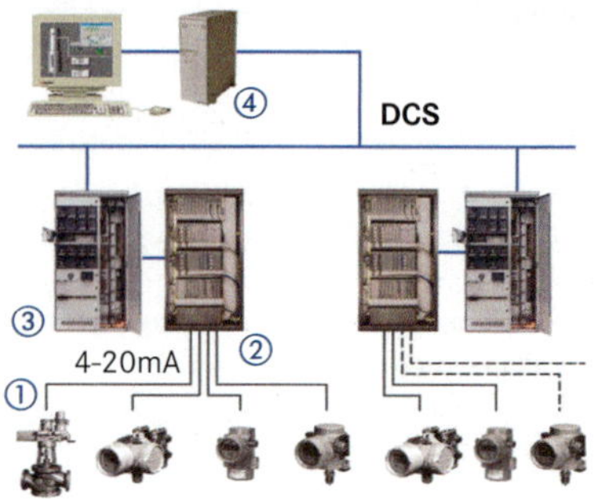

Feldbus

- Es gibt zahlreiche Feldbusausführungen. Deshalb ist „Feldbus" ein Gattungsbegriff.
- Für die Feldgeräte wird ein Bus ⑤ zur Datenübertragung verwendet (Busleitung).
  → geringer Verdrahtungsaufwand
- Busse mit unterschiedlichen Datenraten können über ein Verbindungsmodul ⑥ vernetzt werden.
- Die Daten werden digital in Form von Telegrammen übertragen.
- Die Kommunikation erfolgt bidirektional.
- Die Gesamtheit aller Vorgänge kann erfasst und beeinflusst werden (z. B. Prozessdaten, Zustandsdaten, Wartungs- und Störungssignale).
- Je nach Feldbus werden 2, 4 oder 5-adrige Leitungen verwendet.
- Vorteile:
  - Geringere Installationskosten
  - Flexible Handhabung (z. B. Konfiguration im Offline-Betrieb, Erweiterung)

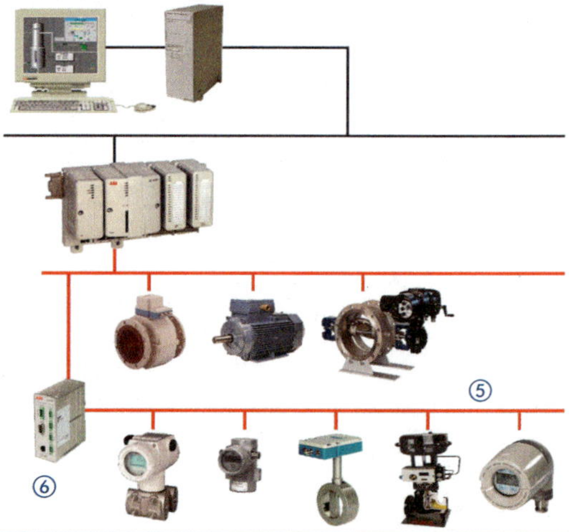

Feldbusarten

Bezeichnung		Anwendungsbereiche
ARCNET:	**A**ttached **R**esources **C**omputer **Net**work	Automotive-Bereich[1], Industrieautomatisierung, Medizintechnik
ASI, AS-i:	**A**ctuator-**S**ensor-**I**nterface	Anschluss von Sensoren und Aktoren, Produktionsmaschinen
BACnet:	**B**uilding **A**utomation and **C**ontrol **Net**work	Gebäudeautomation
BITBUS		Automatisierungstechnik
ByteFlight		Sicherheitskritische Anwendungen im Automotive-Bereich[1]
CAN:	**C**ontroller **A**rea **N**etwork	Vernetzung von Steuergeräten im Automotive-Bereich[1]
CANopen		Basiert auf CAN, Automotive-Bereich[1], Embedded Systems
DALI:	**D**igital **A**ddressable **L**ighting **I**nterface	Beleuchtungstechnik in der Gebäudeautomatisierung
DIN-Messbus		Fertigungstechnik, Qualitätssicherung, Prozesskontrolle
EIB (KNX):	**E**uropean **I**nstallation **B**us	Hausinstallation
Foundation Fieldbus		Prozessautomatisierung
Interbus		Maschinenbau, Anlagenbau
LCN:	**L**ocal **C**ontrol **N**etwork	Universelles Gebäudeleitsystem
LIN:	**L**ocal **I**nterconnect **N**etwork	Kommunikation von intelligenten Sensoren und Aktoren im KFZ
LON:	**L**ocal **O**perating **N**etwork	Gebäudeautomation
M-Bus:	**M**eter-**Bus**	Verbrauchserfassung (Wärme, Wasser, Strom, Gas)
MOST:	**M**edia **O**riented **S**ystems **T**ransport	Multimedia im Automotive-Bereich[1]
P-NET:	**P**rocess **Net**	Prozessautomation, Vernetzung verteilter Prozesskomponenten
PROFIBUS:	**Pro**cess **Fi**eld **Bus**	Maschinen- und Anlagenbau, Prozessautomation
SafetyBUS		Sicherheitsrelevante Anwendungen in der Steuerungstechnik
TCN:	**T**rain **C**ommuncation **N**etwork	Fernsteuerung, Eisenbahnfahrzeuge
Z-Bus		Gebäudeautomation

[1] Oberbegriff für Fahrzeuge, die von Kraftmaschinen angetrieben werden, spurgebunden oder nicht spurgebunden

Arbeitsweise

- **Bezeichnungen**
  - **AS-i**: **A**ctuator-**S**ensor-**I**nterface (Aktuator-Sensor-Schnittstelle oder
  - ASI, ASI-Bus (alternative Bezeichnungen)
- **Single-Master-System**
  - Über den Master wird jedem Slave durch ein Adressiergerät eine eindeutige Adresse zugewiesen.
  - Der Master ① erfasst zyklisch alle projektierten Slaves (Sensoren ②, Aktoren ③) und tauscht mit ihnen die Ein- und Ausgangsdaten aus.
  - Nutzdaten im Telegramm: 4 Bit
  - Maximale Zykluszeit: 10 ms (Version 2.11)
  - Serielles Übertragungsprotokoll
  - Version 2.0: Maximal 31 Teilnehmer mit je 4 Ein- und Ausgängen
  - Version 2.11: Maximal 62 Teilnehmer mit je 4 Ein- und Ausgängen

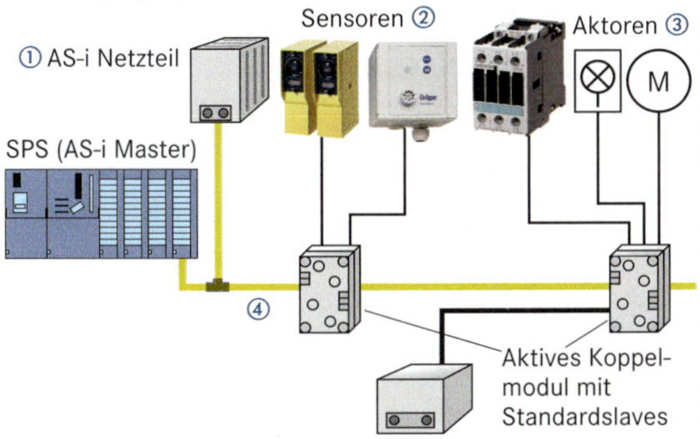

Übertragungsmedium

- Zweiadrige Leitung, keine Abschirmung und keine Verdrillung erforderlich
- Die Leitung dient neben der Datenübertragung gleichzeitig der Spannungsversorgung (24 V DC bis 30 V DC).
- Stromstärke bis 8 A
- Leitungslänge:
  - ohne Repeater bis 100 m
  - mit Repeater bis 300 m
- Keine Abschlusswiderstände erforderlich
- Einfache Montage für den Feldeinsatz:
  - Zweiadrige gelbe Profilleitung ④ (2 x 1,5 mm²)
  - Sie wird ohne Vorbereitung über zwei Durchdringungsdorne ⑤ angeschlossen.
- Anstatt der Profilleitung kann auch jede andere 2-Draht-Leitung verwendet werden.

Maße in mm

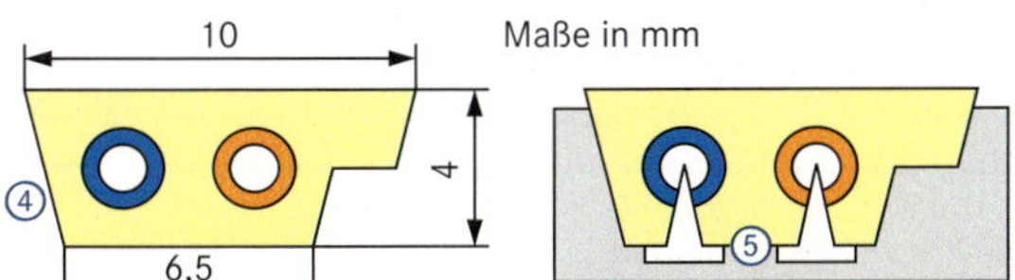

- Für den Einsatz in Schaltschränken kann eine weitere Profilleitung verwendet werden; Querschnitt 2 x 0,8 mm².

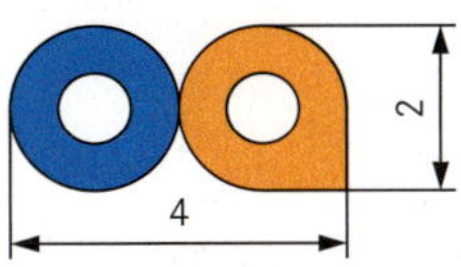

AS-i Module

- AS-i Module (**Koppelmodule**) arbeiten im Prinzip wie Ein- oder Ausgabegruppen und verbinden die Sensoren und Aktoren mit dem AS-i Master.
- Der Anschluss der Sensoren und Aktoren erfolgt über M12 Stecker.
- **Aktive AS-i Module**: Anschluss konventioneller Aktoren und Sensoren.
- **Passive AS-i Module**: Nur Sensoren und Aktoren mit entsprechender Hardware sind anschließbar.

Montage eines AS-i Moduls

- Koppelmodul aufschrauben.
- AS-i Leitung ⑥ einlegen. Sie wird durch eine Führung mechanisch fixiert.
- Dichtungsstücke einlegen.
- Durch Zuschrauben des Moduls wird die Leitung auf die Kontaktschwerter gedrückt und dadurch eine sichere elektrische Verbindung hergestellt.
- Schutzart IP67

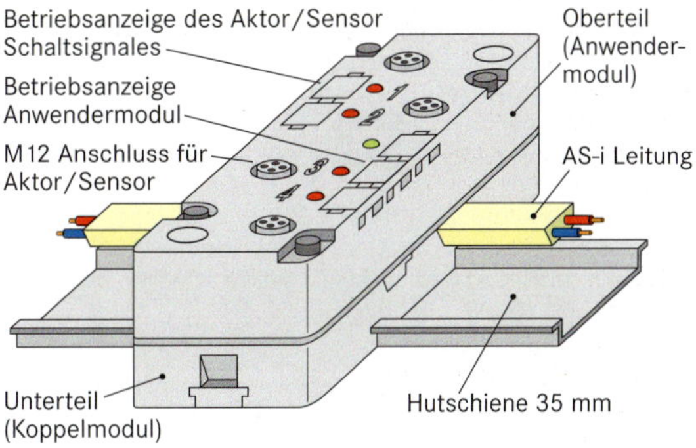

AS-i Master

- Master kann ein externes Gerät, ein Bestandteil der SPS oder in einem PC integriert ⑦ sein.
- Am Master sind keine Einstellungen (z. B. Zugangsberechtigungen, Datenraten, Telegrammtyp) erforderlich. Sie werden automatisch ausgeführt.
- Organisation des Datenverkehrs mit den AS-i Slaves ⑧ über die AS-i Leitung ⑨ u. a. durch
  - Abfrage der Signale,
  - Übertragung von Parametereinstellungen an die Teilnehmer,
  - Netzüberwachung und
  - kontinuierliche Diagnosen.
- Schnittstellen zu anderen Bussystemen (z. B. PROFIBUS, PROFINET) lassen sich mit dem Master realisieren.

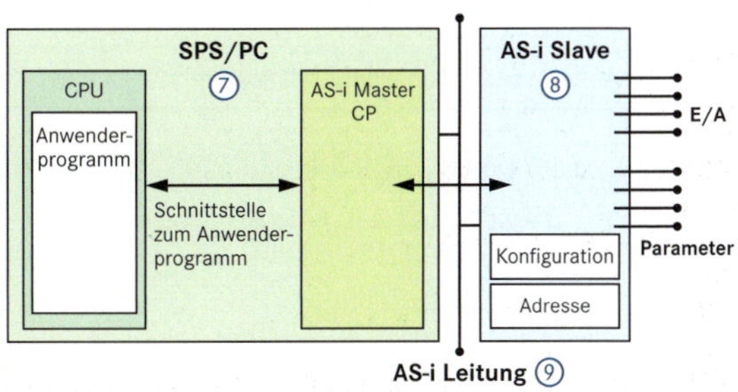

Arbeitsweise und technische Daten

- **PROFIBUS** (**Pro**cess **Fi**eld **Bus**) wird für die Prozess- und Feldkommunikation im Nah- und Fernbereich eingesetzt.
- Automatisierungsgeräte, wie z. B. SPS, PCs ① als aktive Busteilnehmer, können mit den passiven Teilnehmern wie z. B. Bedien- und Beobachtungsgeräten, Sensoren oder Aktoren ② über den Bus kommunizieren.
- Es handelt sich um einen **Multi-Master-Bus** (mehrere Master), deren aktive Teilnehmer (z. B. SPS, PC) über einen Token-Ring (IEEE 802.5) miteinander verbunden sind.
  - Token (Zeichen, Marke): Hilfsmittel, um Prozesse (Kommunikation, usw.) zu synchronisieren. Wer das Token besitzt, kann einen Prozess einleiten. Wenn das Token freigegeben wird, darf ein anderer aktiver Teilnehmer einen weiteren Prozess einleiten usw.
  - Dauer der Kommunikation: Abhängig von der Token-Soll-Umlaufzeit
  - Wenn die Token-Soll-Umlaufzeit noch nicht überschritten ist, darf jeder aktive Teilnehmer mindestens eine Nachricht höchster Priorität und weitere normale Nachrichten senden.

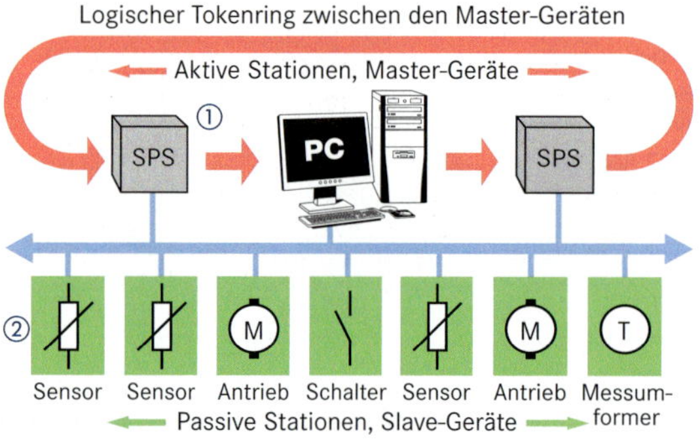

- Die An- und Abkopplung der Slaves ist im laufenden Betrieb möglich (nicht bei LWL).
- Konfiguration und Parametrieren der Peripheriegeräte erfolgt mit entsprechender Software.
- Die Peripheriegeräte und Anwenderprogramme werden auf den PROFIBUS-Takt synchronisiert.
- Reaktionszeit: 1,9 ms bis 10 ms
- Datenübertragungsraten: 9,6 kbit/s bis 12 Mbit/s (einstellbar)
- Leitungslänge abhängig vom verwendeten Kabeltyp und von der Datenübertragungsrate
- Maximale Teilnehmerzahl: 126 (Bussegmente mit je 32 Teilnehmern)

Adressen

- Jeder Teilnehmer erhält eine eindeutige Adresse im Bereich 0 ... 127.
- Die Slave-Adresse wird an einem DIL-Schalterblock binär kodiert eingestellt.

Adresse	Teilnehmer
0	Diagnosegerät (z. B. Programmiergerät)
1 ... n	Master
n ... 125	Slaves
126, 127	Reservierte Adressen

Varianten

- IEC 61784-1; Industrial communication networks – Profiles – Part 1: Fieldbus profiles
  Die einzelnen Feldbusse werden dort als „**C**ommunication **P**rofile **F**amilies" (**CPF**) geführt.
- **PROFIBUS-DP**
  - **DP**: **D**ezentrale **P**eripherie
  - Anschluss von dezentraler Peripherie an eine zentrale Steuerung
  - Schnelle Reaktionszeiten
  - Datenraten: Maximal 12 Mbit/s auf verdrillten Zweidrahtleitungen und/oder Lichtwellenleitern
  - Maximale Busausdehnung: Cu-Leiter 9,6 km; LWL 90 km
- **PROFIBUS-PA**
  - **PA**: **P**rozess **A**utomation
  - IEC 61158-2: 2011-09
    Industrielle Kommunikationsnetze – Feldbusse
    Teil 2: Spezifikation und Dienstfestlegungen des Physical Layer
  - Erweiterung von PROFIBUS-DP
  - Für explosionsgefährdete Bereiche (Ex-Zonen 0 und 1) geeignet
  - Datenübertragungsrate bis zu 31,25 kbit/s
- **PROFIBUS-FMS**
  - **FMS**: **F**ieldbus **M**essage **S**pecification
  - Datenkommunikation zwischen Automatisierungssystemen unterschiedlicher Hersteller
- **PROFIsafe**
  - Sicherheitsgerichtete Kommunikation auf ein und derselben Busleitung

Übertragungstechnik

- RS485 Schnittstelle, 9-polige SUB-D-Steckverbindung
- Übertragungsleitung:
  - Zweidrahtleitung (geschirmt und verdrillt)
  - Lichtwellenleiter
  - Kurze Stichleitungen
- **Abschlusswiderstände**:
  - Bei Kupferleitern an beiden Leitungsenden
  - Sie sind oft im PROFIBUS-Stecker integriert.
  - Können an den Segmentenden zugeschaltet und dazwischen abgeschaltet werden
- **Leiterkennzeichnung**: A und B

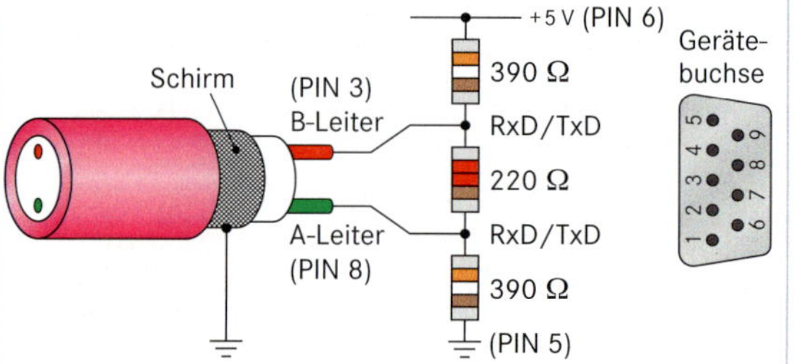

- Aus den Spannungen der Leiter A und B gegen Masse wird die Differenz gebildet. Mit dieser Spannungsdifferenz werden die Daten störsicher übertragen.
  - TxD: Senden (Transmit Data)
  - RxD: Empfangen (Receive Data)
- Erster und letzter Busteilnehmer muss terminiert sein.

Merkmale

- Er dient zum Aufbau weitverzweigter dezentraler Netze in der Gebäudeautomation.
- Die LONWORKS-Technologie wird von einem Standardisierungsgremium (LONMARK) überwacht.
- Integration unterschiedlicher Gewerke in einem Netz
- Anbindung an das Internet/Intranet möglich
- Die Datenübertragung zwischen den Sensoren und Aktoren kann wie folgt erfolgen:
  - Twisted Pair Kabel
  - Lichtwellenleiter
  - Funkverbindung
  - Powerline (230 V)
  - Koaxialleitungen
  - LAN-Netzwerke

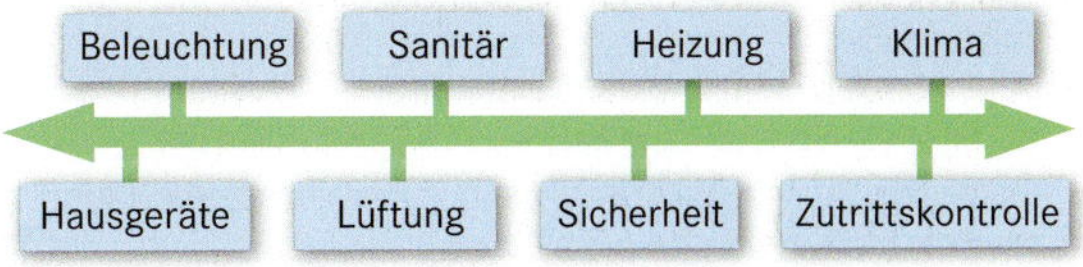

Anwendungsbeispiele:
- Produktionsdaten und Betriebsstörungen erfassen
- Klimadaten überwachen
- Fernwirken und Energieüberwachung

Aufbau der Netzwerkknoten

- Die Knoten bilden die zentrale Funktionseinheit mit eigener „Intelligenz".
- Die Anbindung des Knoten an die Busverbindung erfolgt über den **Neuron-Chip**. Jeder Chip wird über eine weltweit eindeutige ID (Kennung) angesprochen.
- Die Schnittstelle zum Netzwerk wird als **Transceiver** bezeichnet.
- Für die unterschiedlichen Anschlussmöglichkeiten sind verschiedene Transceiverschnittstellen mit entsprechenden Übertragungsraten definiert (z. B. **TP/FT** (**T**wisted **P**air/**F**ree **To**pology).
- Über die Anwendungsschnittstelle werden die entsprechenden Eingangs- (z. B. Taster) und Ausgangsbausteine (z. B. Relais) angeschlossen.

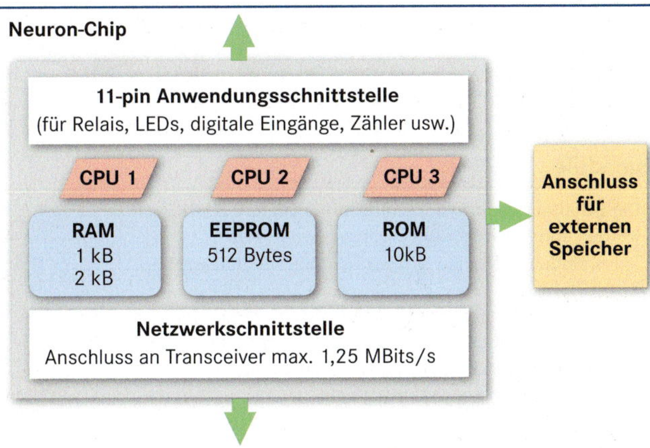

Physikalische Netzwerkauslegung

- Ausführung der Kommunikationsverbindungen als Linien-, Ring- bzw. Sternnetz oder einer Mischform
- Maximal 127 Knoten bilden ein **Teilnetz** (Subnet).
- Maximal 255 Teilnetze bilden einen **Bereich** (Domain).
- Die Leitungslänge der einzelnen Teilnetze ist von den jeweils verwendeten Transceivern und dem Kabeltyp abhängig.
- Durch **Repeater** kann die maximale Leitungslänge bzw. die maximale Anzahl der Knoten erhöht werden.
- Zur Terminierung der Bussegmente sind jeweils Abschlusswiderstände notwendig (52,3 Ω oder 105 Ω).
- Die Daten werden über das Protokoll **LONTalk** übertragen.
- Der Datenaustausch zwischen Sensor und Aktor erfolgt über standardisierte **Netzwerkvariablen** (**SNVT** **S**tandard **N**etwork **V**ariable **T**ypes).
- Die Projektierung und Programmierung des Systems erfolgt über eine spezielle Software, z. B. LON-Maker.

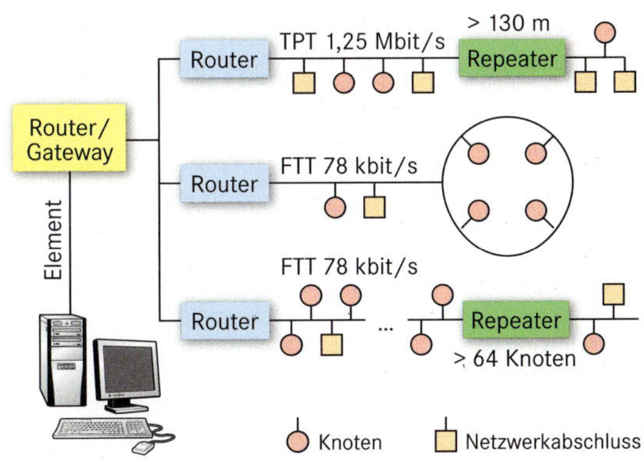

Transceiver und Netzausdehnung

Netztyp	Transceiver	Übertragungsrate in kbit/s	Kabeltyp	Topologie	max. Netzausdehnung	max. Geräteabstand
TP/FT	FTT10 LPT11	78	J-Y(St)Y 2 x 2 x 0,8	frei	500 m	320 m
				Linie	900 m	900 m
			Cat 5	frei	450 m	250 m
				Linie	900 m	900 m
			Belden[1)] 8471/85102	frei	500 m	400 m
				Linie	2700 m	2700 m
TP/XF	XF-1250	1250	Cat 5	Linie	130 m	130 m

[1)] Herstellerbezeichnung

Merkmale

- Flexibles Installationsbussystem für Wohn- und Zweckbauten.
- Es ist kein getrenntes Busnetz erforderlich.
- Die Kommunikation erfolgt über einen zusätzlichen Leiter (Datenleiter), der mit der 230 V-Versorgungsleitung geführt wird.
- Alle LCN-Module werden an 230 V angeschlossen.
- Das System ist modular aufgebaut und kompatibel mit konventionellen Installationen.
- Anwendungsbeispiele:
  - Lichtsteuerung
  - Fernsteuerung und Visualisierung
  - Rollladensteuerung
  - Energiemanagement
  - Heizungs-, Lüftungs- und Klimasteuerung
  - Überwachungsfunktionen

Installationsbeispiel:

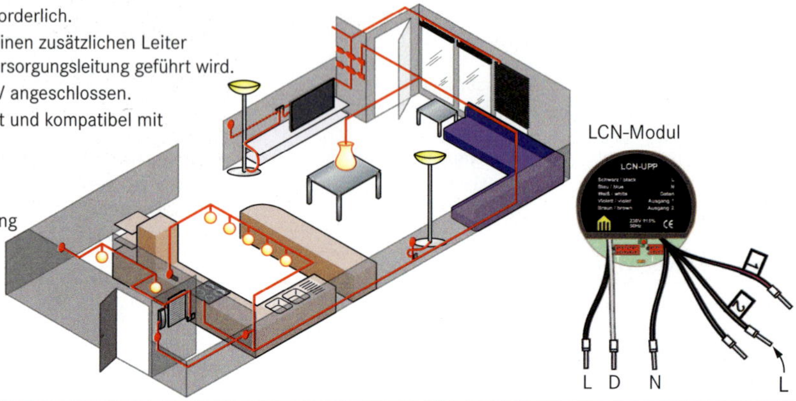

Busmodule

- Die Schalter, Taster usw. der konventionellen Installation werden durch **Busmodule** ergänzt bzw. ersetzt.
- Jedes Modul erhält eine eindeutige Adresse, die zwischen 5 und 254 liegt.
- Das Modul wird direkt mit dem 230 V-Netz verbunden und kann sowohl als Sensor ① und Aktor ② eingesetzt werden.
- Die Module sind zur Installation in einer Unterputzdose und als Reiheneinbaugerät erhältlich.
- Der Datenanschluss D ③ ist mit einem Überspannungsschutz bis 2 kV versehen.
- Die Verbraucher werden direkt an den Ausgängen angeschlossen. Dazu verfügen die Module über zusätzliche Buchsen zum Anschluss externer Peripheriegeräte:
  - 2 dimmbare 230 V-Ausgänge
  - Impulseingang zum Anschluss von Sensoren (I-Port)
  - je 8 binäre Ein- und Ausgänge gleichzeitig (P-Port nur bei Reiheneinbaugeräten)
  - Eingang für maximal 10 Taster (T-Port)

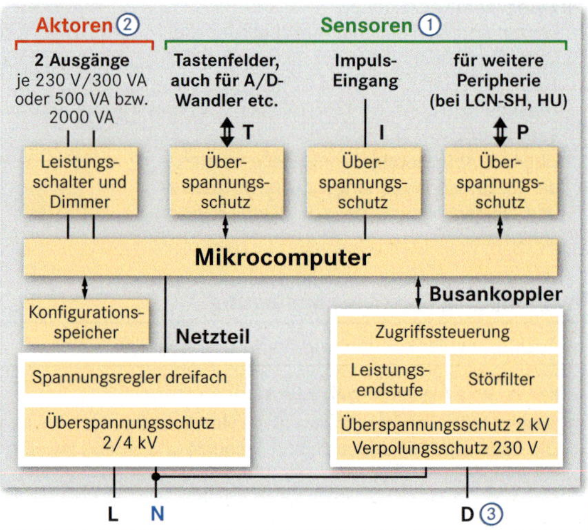

Installation

- 250 Module werden zu einem Segment (untere Busebene) zusammengefasst.
- In größeren Projekten können 120 Segmente durch Segmentkoppler ④ miteinander verbunden werden. Dies ermöglicht einen maximalen Ausbau auf 30000 Busmodule.
- Die Struktur, mit der die einzelnen Module über den Datenleiter miteinander verbunden werden, ist beliebig (linien-, stern- oder baumförmig).
- Die maximale Leitungslänge pro Segment liegt bei 1000 m (ohne zusätzliche Verstärker bei einem Leiterquerschnitt von 1,5 mm²).
- Die Übertragung der Daten erfolgt über den Datenleiter in Verbindung mit dem Neutralleiter mit einer maximalen Spitzenspannung von ± 30 V.
- Die Datenleitung muss in der Verteilung über einen Hilfskontakt mit dem Außenleiter gemeinsam abgesichert werden und darf nicht an der Sicherung bzw. RCD vorbeigeführt werden.
- Die Programmierung des Systems erfolgt mit Hilfe der speziellen Software **LCN-PRO**.

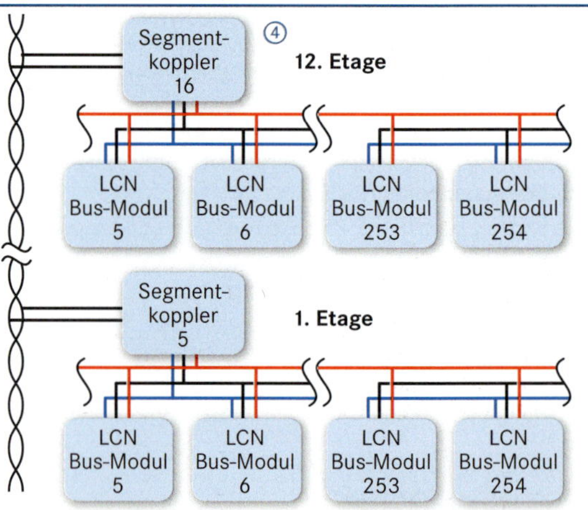

Merkmale

- Verwendung handelsüblicher Betriebsmittel (z. B. Schalter, Taster, Leuchten usw.)
- Anwendung bei kleinen bis zu komfortablen Lösungen in der Gebäudeautomation in den Bereichen
  - Lichtsteuerung
  - Rollladensteuerung
  - Einzelraumregelung der Heizung
  - Zentralfunktionen in einem Gebäude (z. B. Licht)
  - Zeitsteuer- und Automatikfunktionen
- Zur Funktionsfähigkeit werden in der einfachsten Form lediglich ein **Sender**- und ein **Empfängermodul** ① benötigt.
- Jedes Modul verfügt über ein eigenes Netzteil und kann an jeder beliebigen Stelle eingebaut werden.
- Datenaustausch erfolgt über eine einzige Datenader.
- 243 mögliche Adressen werden am Teilnehmer über einen **Codierer** ② eingestellt (Trinäre Codierung: +, 0, -).
  Beispiel: 86: **0 - - 0 +**
- Drei aufeinander folgende Adressen bilden einen Block.

Leitungsnetz

- Transport der Energie und Daten auf einer Leitung durch Verwendung einer Installationsleitung NYM-J 4 x 1,5 mm^2
- Beliebige **Verlegung** der Leitung (Bus-, Ring- oder Sternstuktur)
- Die **gesamte Leitungslänge** ist auf 500 m begrenzt. Zur Gesamtlänge tragen nur die mit dem Bus verbundenen Einzellängen bei.
- Räumliche Ausdehnungen > 500 m lassen sich durch den Einsatz von Linienkopplern realisieren.
- Bei der **Leitungsführung** muss nicht darauf geachtet werden, dass die Teilnehmer im selben Stromkreis bzw. an verschiedene Außenleiter angeschlossen sind.
- Zur Vermeidung von Störungen wird zwischen N- und Bus-Leiter im Stromkreisverteiler in jedem Bereich ein **Buswiderstand** ③ (220 Ω) montiert.
- Anzahl der Klemmstellen in einem Busstrang ist wegen der Übergangswiderstände auf 25 zu begrenzen.

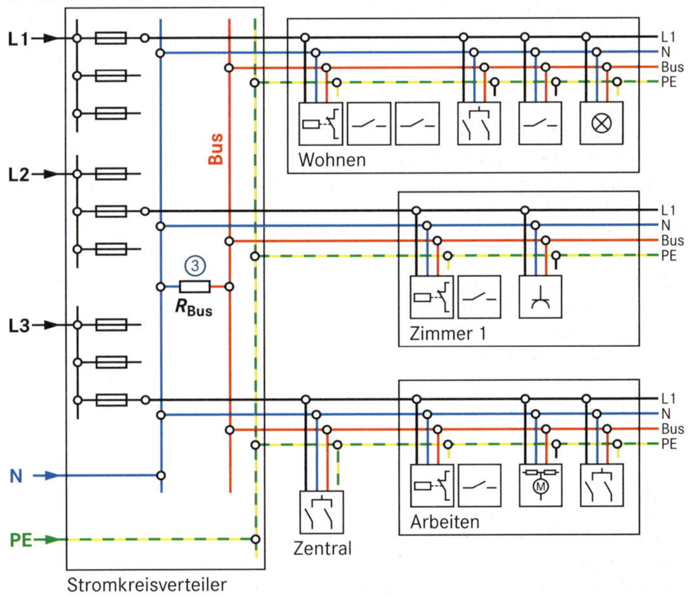

Montage

- **Busteilnehmer**:
  - Tiefe Geräteeinbaudose bzw. separate Verteilerdose (bei großen Modulen)
  - Busteilnehmer nur im spannungsfreien Zustand montieren
- **Leitungen**:
  - Maximal zwei Leitungen pro Dose vorsehen
  - Leitungen direkt am Dosenboden einführen
- **Vor Inbetriebnahme**:
  Installation mit einem Widerstandsmessgerät prüfen zwischen:
  - N- und Bus-Leiter: $R = 220\ \Omega$
  - L- und N-, L- und Bus-Leiter: $R = \infty\ \Omega$

Vorteile

- Kein gesondertes Busnetz erforderlich
- Verwendung einer Ader einer herkömmlichen Installationsleitung als Datenleitung
- Reduzierung des Installationsaufwandes durch Verkürzung der Leitungslängen
- Keine Software zur Parametrierung erforderlich
- Leichte Erweiterbarkeit
- Verwendung herkömmlicher Materialien zur Installation (Leitungen und Schaltgeräte)

Merkmale

- **BACnet** (**B**uilding **A**utomation and **C**ontrol **Net**work):
  - Standardisiertes technologieunabhängiges **Kommunikationsprotokoll** für die Gebäudeautomation in Zweckbauten
- Stellt Kommunikationsmöglichkeiten zwischen unterschiedlichen Geräten der Gebäudeautomation bereit, z. B. für
  - Heizung, Klima, Lüftung
  - Lichttechnik,
  - Energieversorgung und
  - Sicherheitstechnik.

Übertragungstechnik

- Übertragung der Nachrichten (z. B. Schaltbefehl Pumpe ein/auf, Fenster auf/zu) über unterschiedliche Medien und Transportwege
  - Ethernet
  - BACnet/IP
  - BACnet über LonTalk
  - ARCnet
  - PTP (Point to Point) über RS232
  - MS/TP (Master-Slave/Token-Passing) über RS485
- Protokollstruktur

<table>
<tr><td>Interpretation</td><td>Anwendung</td><td colspan="5">BACnet Application Layer</td></tr>
<tr><td rowspan="4">Transport</td><td>Vermittlung</td><td colspan="5">BACnet Network Layer</td></tr>
<tr><td>Datensicherung</td><td>BACnet/IP</td><td>ISO 8802-2 Type 1</td><td rowspan="2">MS/TP</td><td rowspan="2">PTP</td><td rowspan="3">LonTalk</td></tr>
<tr><td>Medienzugriff</td><td rowspan="2">ISO8802-3 „Ethernet"</td><td rowspan="2">ARCNET</td></tr>
<tr><td>Bitübertragung</td><td>R5485</td><td>RS232</td></tr>
</table>

BACnet-Objekte

- **Objekte**:
  Zusammengehörende Informationen zu einem Gerät. Standardisierte Objekte ermöglichen einen herstellerunabhängigen Zugriff.
- **Objekteigenschaften**:
  - z. B. Name, Objekttyp, aktueller Wert, Status können gelesen und beschrieben werden
- **Dienste**:
  - Ermöglichen die Kommunikation mit den Objekten, z. B. Abfrage eines Temperaturwertes.
  - Sind in Klassen eingeteilt, z. B.:
    - Alarm und Ereignis
    - Objektzugriff
    - Geräteverwaltung
    - Netzwerkmanagement
    - Dateizugriff
    - Virtuelles Terminal (Fernzugriff)
- **Gerätekonfiguration**:
  - Erfolgt über herstellerspezifische Software

Anwendung

- Durchgängige Kommunikation auf allen Ebenen der Gebäudetechnik, z. B. für
  - Managementebene,
  - Automationsebene und
  - Feldebene

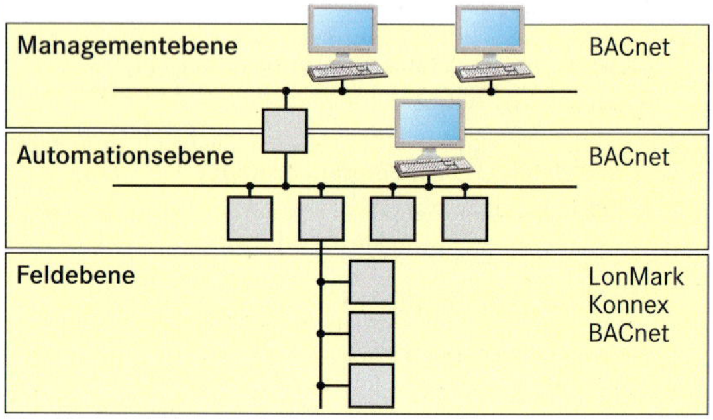

BACnet-Gerät

Beispiel : Automationsstation BACnet auf LONTalk

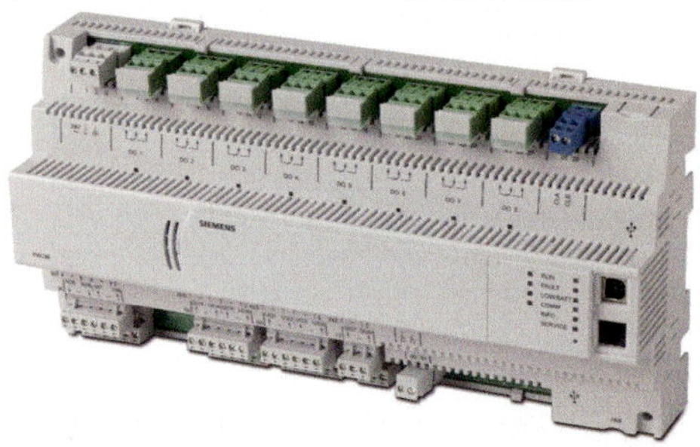

Technische Daten	
Betriebsspannung	24 V AC
Bemessungsleistung	< 20 VA
Universaleingänge	12
Messwerteingänge	0 V ... 11,0 V
Eingangswiderstand	100 kΩ
Meldeeingänge	20 V ... 25 V DC
Kontaktstromstärke	7 mA
Temperatursensoreingänge	-50 °C ... 150 °C
Binäre Eingänge	12
Kontaktspannung	20 V ... 25 V DC
Kontaktstromstärke	7 mA
Analoge Ausgänge	6
Ausgangsspannung	0 V ... 11,0 V
Stromstärke	< 4 mA
Digitale Ausgänge	6
Ausgangsspannung	10 V < U_a < 250 V AC
Stromstärke (ohm. last)	5 A AC
Stromstärke (ind. Last)	2 A AC
LON-Schnittstelle	TP/FT-10
Baudrate	78 kBit/s
Protokoll	BACnet

Antriebssysteme

8

- Die Maschinenrichtlinie dient zur Angleichung der Rechts- und Verwaltungsvorschriften zwischen EU-Mitgliedsstaaten für den Bereich Maschinen.
- Die Richtline ist durch die nationale **Maschinenverordnung** (9. GPSGV) in nationales Recht umgesetzt und muss durch den Maschinenhersteller mit Wirkung vom 29. Dezember 2009 angewendet werden.
- Ziel der Richtlinie/Verordnung ist die Realisierung grundlegender Sicherheits- und Gesundheitsschutzanforderungen beim Einsatz von Maschinen.
- Grundlegender Bestandteil im Rahmen der Entwicklung einer Maschine ist die Durchführung einer Risikoermittlung und Risikobeurteilung für die Maschine.
- Bei der Konstruktion sind die Ergebnisse dieser Risikoermittlung/-beurteilung zu berücksichtigen und entsprechend der Richtlinie/Verordnung zu reduzieren.
- In der Maschinenrichtlinie sind u. a. Definitionen enthalten
  - zur Maschine,
  - zur unvollständigen Maschine,
  - zu Sicherheitsbauteilen (Bauteil mit Sicherheitsfunktion),
  - zum Anwendungsbereich der Richtlinie und
  - zu Ausnahmen (Maschinen oder Einrichtungen, die nicht unter die Maschinenrichtlinie fallen).

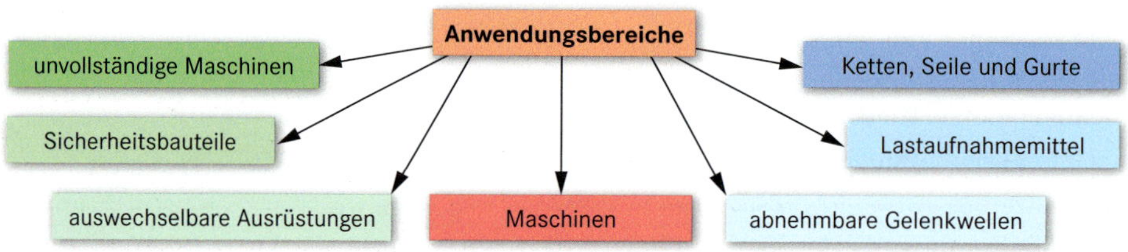

Richtlinienstruktur

- Die Maschinenrichtlinie ist in die drei Teile gegliedert:
  - Erwägungsgründe,
  - Rechtstexte und
  - Anhänge.
- Der **erste Teil** (Erwägungsgründe) ist **nicht rechtsverbindlich.**
- Der **zweite Teil** (Rechtstext) und der **dritte Teil** (Anhänge) sind **rechtsverbindliche** Ausführungen, die im Fall der Anwendung der Maschinenrichtlinie zu berücksichtigen sind.

Teil 1 (Erwägungsgründe)

Beinhaltet Erläuterungen zum Zweck der Richtlinie.

Teil 2 (Rechtstexte)

Definiert die rechtlichen Anforderungen für das Inverkehrbringen von Maschinen im europäischen Binnenmarkt.

Teil 3 (Anhänge)

Dient zur Verdeutlichung und Klarstellung der Aussagen, die in den Artikeln zum Rechtstext gemacht werden.

Rechtstexte (Auszüge)

Artikel	Inhalt
1	Anwendungsbereich
2	Begriffsbestimmungen
3	Spezielle Richtlinien
5	Inverkehrbringen und Inbetriebnahme
7	Konformitätsvermutung und harmonisierte Normen
9	Besondere Maßnahmen für Maschinen mit besonderem Gefahrenpotenzial
12	Konformitätsbewertungsverfahren für Maschinen
13	Verfahren für unvollständige Maschinen
15	Installation und Verwendung der Maschinen
16	CE-Kennzeichnung
17	Nicht vorschriftsmäßige Kennzeichnung
23	Sanktionen
25	Aufgehobene Rechtsvorschriften
27	Ausnahmen
28	Inkrafttreten

Anhänge (Auszüge)

Anhang	Inhalt
I	Grundlegende Sicherheits- und Gesundheitsschutzanforderungen für die **Konstruktion** und den **Bau** von Maschinen
V	Liste der Sicherheitsbauteile
VI	Montageanleitung für eine unvollständige Maschine
VII	Technische Unterlagen für Maschinen
IX	EG-Baumusterprüfung

Ausnahmen

- Sicherheitsbauteile, die als Ersatzteile zum Ersetzen identischer Bauteile bestimmt sind
- Hochspannungsausrüstungen
- Maschinen zu Forschungszwecken
- Elektrische und elektronische Erzeugnisse (z. B. Haushaltsgeräte, informationstechnische Geräte, Transformatoren)

Übersicht

IP-Code	IM-Code	IC-Code	IK-Code
▪ DIN EN 60034-5: 2007-09 ▪ Schutzarten aufgrund der Gesamtkonstruktion von drehenden elektrischen Maschinen ▪ **IP:** **I**nternational **P**rotection	▪ DIN EN 60034-7: 2001-12 ▪ Klassifizierung der Bauarten, der Aufstellungsarten und der Klemmkasten-Lage ▪ **IM:** **I**nternational **M**ounting	▪ DIN EN 60034-6: 1996-08 ▪ Einteilung der Kühlverfahren ▪ **IC:** **I**nternational **C**ooling	▪ DIN EN 50102: 1997-09 ▪ Schutzarten durch Gehäuse für elektrische Betriebsmittel gegen äußere mechanische Beanspruchungen ▪ **IK:** K ist die phonetische Ableitung von „CA" (casser = zerbrechen)

Einteilung der Kühlverfahren (IC-Code)

- Bezeichnungssystem (Beispiel)

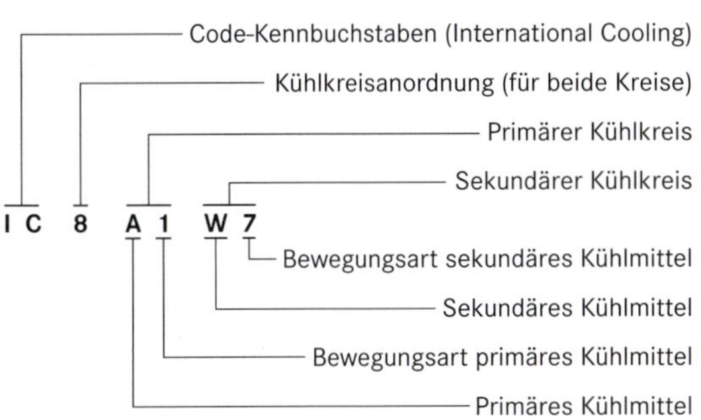

- **Beispiel:** IC 6 (Fremdinnenkühlung)
  Die Kühlluft wird durch ein Fremdluftgebläse durch den Motor geblasen.

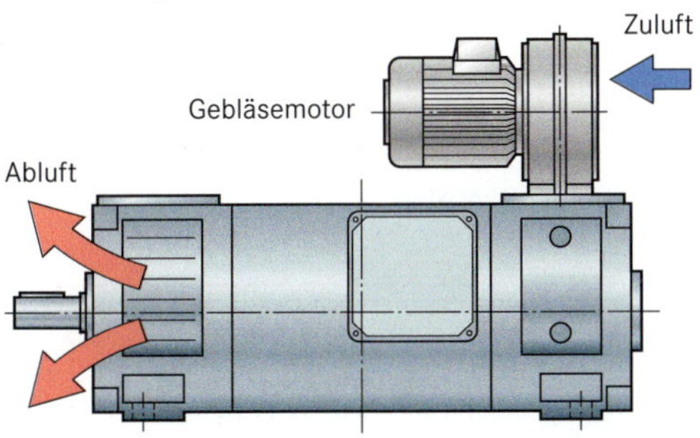

Kennziffern für Kühlkreisanordnung	
0	Freier Kühlkreis
1	Kühlkreis mit Zuführung über Rohr oder Kanal
2	Kühlkreis mit Abführung über Rohr oder Kanal
3	Kühlkreis mit Zu- und Abführung über Rohre oder Kanäle
4	Oberflächenkühlung
5	Eingebauter Wärmetauscher (umgebendes Kühlmittel)
6	Angebauter Wärmetauscher (umgebendes Kühlmittel)
7	Eingebauter Wärmetauscher (zugeführtes Kühlmittel)
8	Angebauter Wärmetauscher (zugeführtes Kühlmittel)
9	Getrennter Wärmetauscher (umgebendes oder nicht umgebendes Kühlmittel)

Kennbuchstaben für das Kühlmittel	
A	Luft
F	Frigen
H	Wasserstoff
N	Stickstoff
C	Kohlendioxid
W	Wasser
U	Öl
S	Alles andere

Kennziffern für Bewegungsart des Kühlmittels	
0	Freie Kühlung
1	Eigenkühlung
2, 3, 4	Nicht festgelegt
5	Eingebaute, unabhängige Baugruppe
6	Angebaute, unabhängige Baugruppe
7	Getrennte, unabhängige Baugruppe oder Kühlmittel-Betriebsdruck
8	Antrieb durch relative Bewegung
9	Antrieb durch sonstige Bewegungsarten

Schutz gegen äußere mechanische Beanspruchung (IK-Code)

- Bezeichnungssystem (Beispiel)

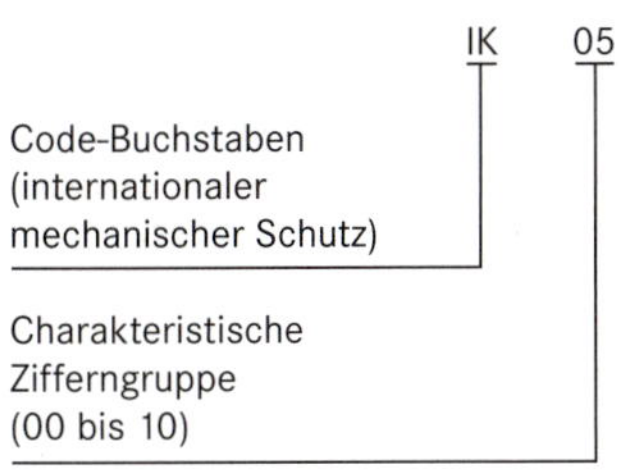

[1] 1 J (Joule) = 1 Nm

IK	Energie in Joule[1]
IK 00	0
IK 01	0,15
IK 02	0,2
IK 03	0,35
IK 04	0,5
IK 05	0,7
IK 06	1
IK 07	2
IK 08	5
IK 09	10
IK 10	20

- **Beispiel:**
  Schlagprüfung mit Freifallhammer
- Auftreffende Energie:
  $W = m \cdot g \cdot h$
- Weitere Prüfgeräte:
  Pendelhammer und Federhammer
  (DIN EN 60068-2-2: 2008-05, Teil 62 und 63)

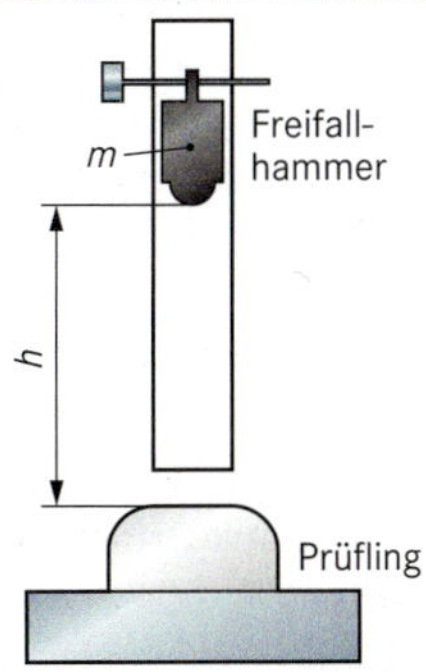

Motoren

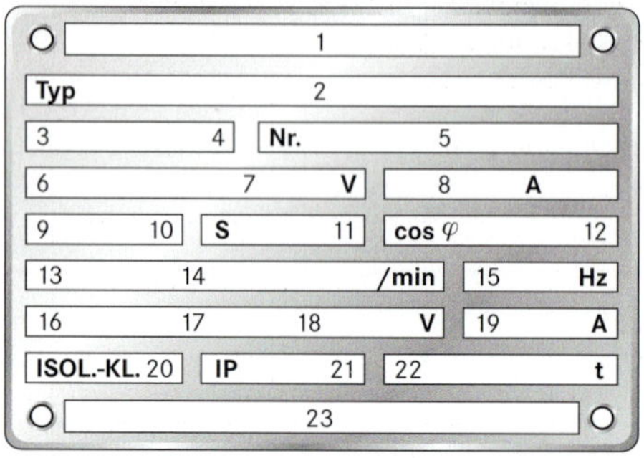

1 Name des Herstellers
2 Maschinentyp, ergänzt durch Bauform und -größe
3 Stromart
4 Arbeitsweise z. B. Motor, Generator
5 Fertigungsnummer
6 Kennzeichnung der Schaltart der Wicklung
7 Bemessungsspannung
8 Bemessungsstromstärke
9 Bemessungsleistung[1]
10 Einheit der Leistung
11 Betriebsart
12 Leistungsfaktor
13 Drehrichtung
14 Drehzahl
15 Bemessungsfrequenz
16 „Err" (Erreger) bei Gleichstrom- und Synchronmaschinen, „Lfr" (Läufer) bei Asynchronmaschinen
17 Schaltart der Läuferwicklung
18 Erregerspannung (bei Gleichstrom- und Synchronmaschinen), Läuferspannung (bei Schleifringläufermotoren)
19 Erregerstromstärke (bei Gleichstrom- und Synchronmaschinen), Läuferstromspannung (bei Schleifringläufermotoren)
20 Isolierstoffklasse
21 Schutzart
22 Masse
23 VDE-Nr., evt. zusätzliche Vermerke

Beispiel: Drehstrom-Asynchronmotor

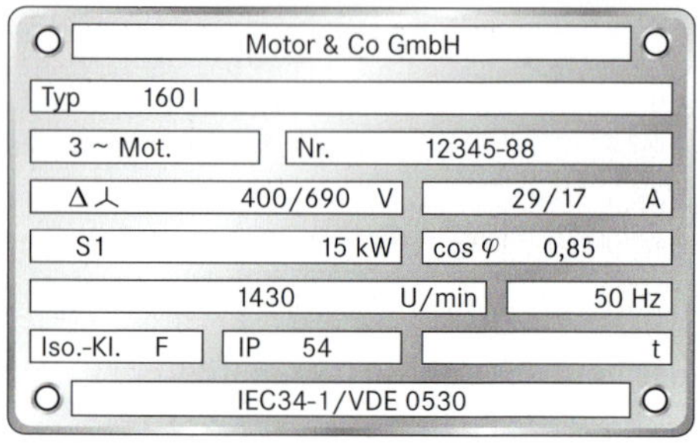

- **Schaltbilder**
  - Sternschaltung

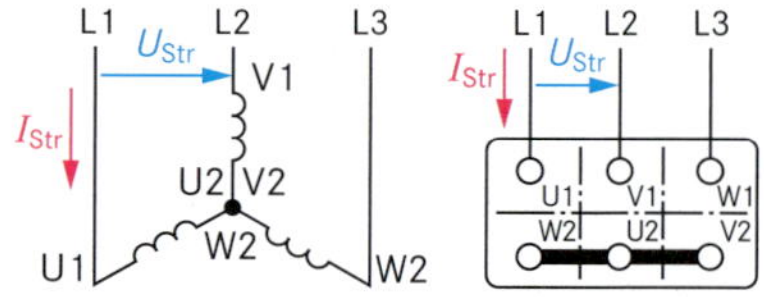

  - Dreieckschaltung

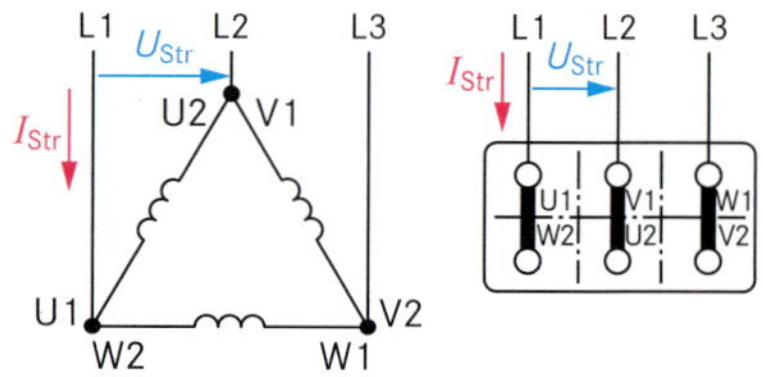

[1] Auf Motor-Typenschildern wird immer die abgegebene Bemessungsleistung, d. h. die mechanische Leistung an der Welle angegeben.

Transformatoren

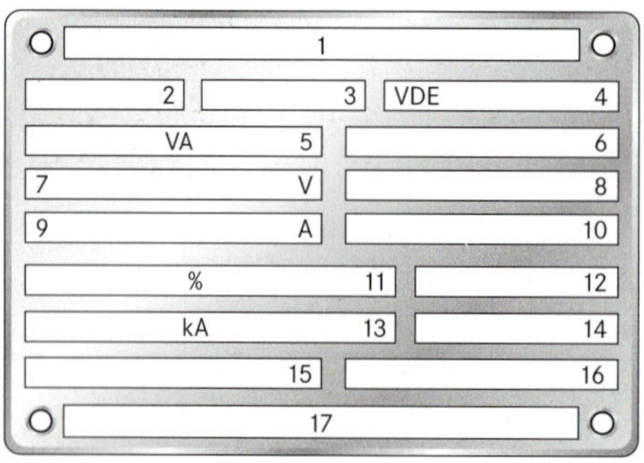

1 Name des Herstellers
2 Art des Transformators
3 Baujahr
4 VDE-Nummer
5 Scheinleistung[2]
6 Bemessungsfrequenz
7 Bemessungsspannung
8 Schaltgruppe
9 Bemessungsstromstärke
10 Isolierklasse
11 Bemessungskurzschlussspannung
12 IP-Schutzart
13 Dauerkurzschlussstromstärken
14 Gesamtgewicht (Masse)
15 Isolierklasse
16 weitere Angaben z. B. Isolierflüssigkeit
17 weitere Angaben

Beispiel: Drehstromtransformator

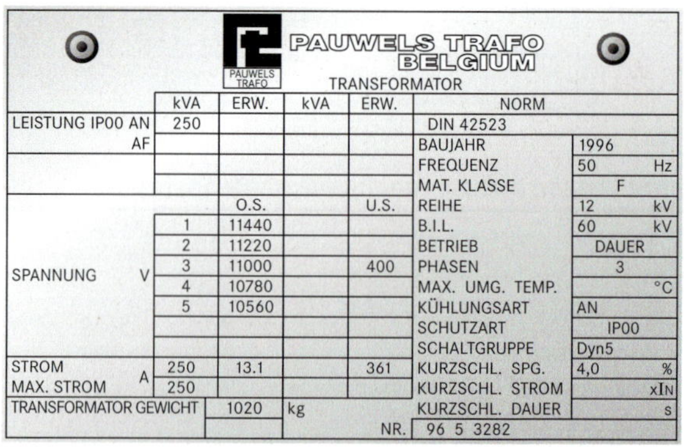

[2] Auf Transformator-Typenschildern wird immer die abgegebene Scheinleistung angegeben.

Betriebskennlinien

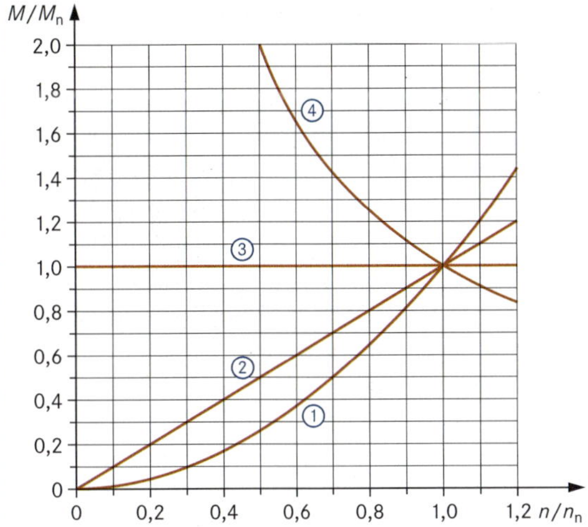

① quadratisch (Pumpen, Lüfter)

② linear (Kalender, Glättwalzen)

③ konstant (Hebezeuge, Förderer, Überwindung von Reibung)

④ reziprok (Wickler, Werkzeugmaschinen)

Losbrechmoment

Beispiel: Anlauf eines fest sitzenden Schiebers

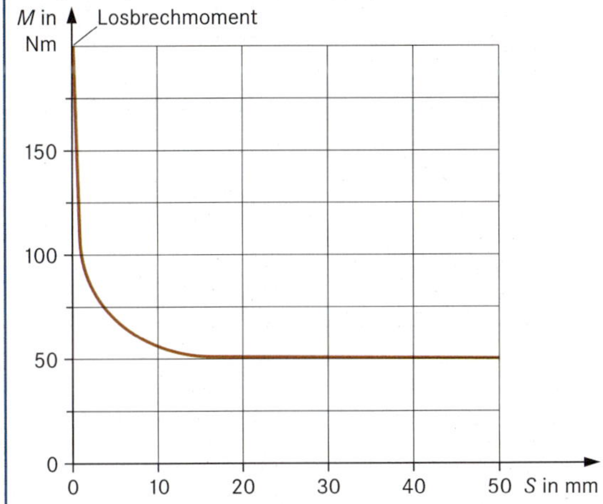

- Arbeitsmaschinen können nach längerer Standzeit festsitzen.
- Ursache sind z. B. Verharzen, Festbacken von Produkten in Pumpen, Rührwerken usw.
- Bevor die Bewegung einsetzt, ist das sogenannte Losbrechmoment zu überwinden.

Beschleunigung, Bremsen

- Die Wellen von Antriebsmaschine und Arbeitsmaschine sind über Kupplungen fest miteinander verbunden.
- Beide Maschinen haben die gleiche Drehzahl, außer bei Verwendung von Getrieben.
- Drehmoment der Arbeitsmaschine wirkt dem Drehmoment der Antriebsmaschine entgegen.
- Drehmomentendifferenz ergibt das Beschleunigungsmoment M_B und führt zu Drehzahländerung Δn.

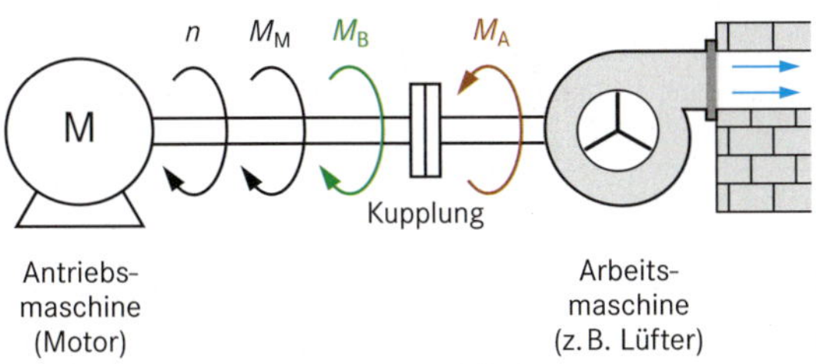

$$M_B = M_M - M_A$$

$$2\pi \cdot \Delta n = J \cdot M_B$$

J: Trägheitsmoment der rotierenden Masse (Arbeits- und Antriebsmaschine)

$M_B > 0 \rightarrow$ Beschleunigung

$M_B < 0 \rightarrow$ Bremsen

$M_B = 0 \rightarrow$ Drehzahl konstant

- Eine Asynchronmaschine beschleunigt die eine Arbeitsmaschine, welche ein konstantes Lastdrehmoment M_1 aufweist.
- Bei Drehzahl $n = 0$ ist das Motordrehmoment ⑤ größer als das Lastdrehmoment ⑥. Die Drehzahl steigt.
- Durch die steigende Drehzahl steigt das Motordrehmoment. Der Antrieb wird beschleunigt ⑦.
- Nach Überschreiten des Kippmomentes ⑧ sinkt das Motordrehmoment und durch das geringere Beschleunigungsdrehmoment verlangsamt sich der Drehzahlanstieg.
- Bei Erreichen des Arbeitspunktes A1 sind Motor- und Arbeitsdrehmoment gleich groß. Die Drehzahl bleibt konstant ⑨.

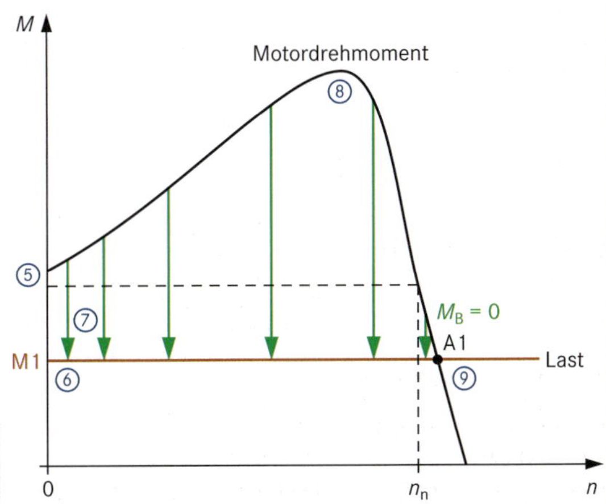

Planung

- Verfügbare Informationen sammeln:
  - Wartungsanleitung, Hersteller
  - Normen
  - Betriebserfahrungen
  - Betriebsumgebung (Temperatur, Sauberkeit, Nutzungsintensität, Laufzeiten)
  - Geeignete Wartungszeitpunkte (Betriebsstillstand)
- Wartungstätigkeiten auflisten
- Fristen ermitteln (Vorgaben, Erfahrungen, Betriebsbedingungen beachten)
- Tätigkeiten mit gleichen Fristen bündeln
- Wartungspersonal unterweisen
- Wartungstätigkeiten regelmäßig veranlassen

Fristen

Wartungszeitraum	Maschinenart	Wartungsarbeit
wöchentlich	Kommutatormaschinen	Kohlebürsten auf Abnutzung und Leichtgängigkeit, Bürstenhalter und Kommutatorzustand kontrollieren
	Gleitlagermaschinen	Ölstände prüfen
	Wälzlagermaschinen	Lagergehäuse befühlen, auf Vibration und Temperatur achten
	Schleifringläufermotoren mit Bürstenabhebevorrichtung	Schleifringklötzchen an der Kurzschlussbüchse kontrollieren
monatlich	Schleifringläufermotoren	Kohlebürsten, Schleifringe, Bürstenträger und Bürstenabhebevorrichtung prüfen
vierteljährlich	alle Maschinen	Anschlussklemmen und Bürstendruck prüfen
vierteljährlich bis halbjährlich	alle Maschinen	Wicklungen auf Zustand und Verunreinigung kontrollieren, eventuell reinigen, Isolationswiderstand der Wicklung prüfen
	Kommutatormaschinen, auch Tachodynamos	Kommutator auf Rundlauf kontrollieren
	Maschinen mit Druck- oder Spülölschmierung	Ölfilter, Ölzirkulation und Abdichtungen überprüfen
jährlich	alle Maschinen	Gründliche Reinigung der Maschinen, genaue Kontrolle der Lager, Wicklungen und Kommuntatoren
1- bis 2-jährlich ≈ 5000 h	Gleitlagermaschinen	Lager auswaschen und neu fetten[1]
1- bis 3-jährlich ≈ 15000 h	Wälzlagermaschinen ohne Fettmengenregler	Lager auswaschen und neu fetten[1]

[1] Beim Nachschmieren die Schmiervorschrift und die geforderte Fettart beachten.

Schmierstoffe

Umlaufschmieröle		Schmierfette (Mineralölbasis)	
CLP	Mineralöl	K	Wälz- und Gleitlager, Gleitlagerflächen
CLP PG	Polyglykol	G	Geschlossene Getriebe
CLP HC	Synthetische Kohlenwasserstoffe	OG	Offene Getriebe
		M	Gleitlager und Dichtungen

Kennzeichnungsbeispiel

CLP PG ①
220 ②

① Schmierstoffkennzeichnung
② Zusatzangaben (z. B. Viskositätsklasse)

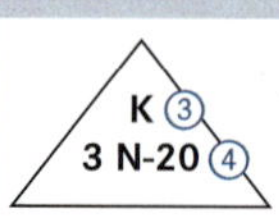

③ Schmierfettkennzeichnung
④ Zusatzangabe (z. B. Gebrauchstemperatur)

Aufbau

Kompensationswicklung[1)]

Wendepolwicklung[1)]

Ankerwicklung

Feldwicklung

[1)] Sind linksherum gewickelt, damit das Ankerquerfeld aufgehoben wird.

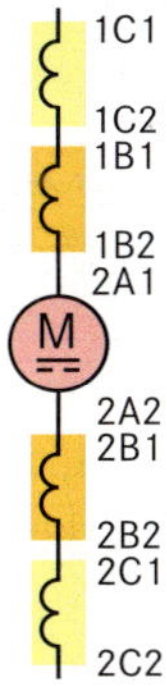

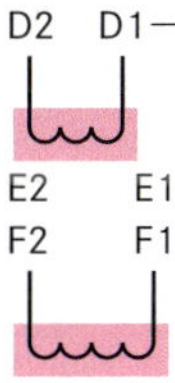

D2 D1 — Reihenschlusswicklung

E2 E1 — Nebenschlusswicklung

F2 F1 — Fremderregte Wicklung

R_A: Widerstand der Ankerwicklung

R_K: Widerstand der Kompensationswicklung

[2)] Die Erregerleistung $U_f \cdot I_f$ ist nur dann zu berücksichtigen, wenn das Feld separat erzeugt wird.

$$P_{zu} = U \cdot I_a + U_f \cdot I_f \quad ^{2)}$$

$$\eta = \frac{P}{U \cdot I + U_f \cdot I_f} \quad ^{2)}$$

$$R_i = R_A + R_W + R_K$$

R_f: Widerstand der Feldwicklung

R_W: Widerstand der Wendepolwicklung

U_f: Spannung des Erregerfeldes

I_f: Stromstärke des Erregerfeldes

Motorarten

Fremderregter Motor	Nebenschlussmotor	Reihenschlussmotor	Doppelschlussmotor
Eigenschaften			
■ Geringfügige Drehzahländerung bei Belastungsänderung ■ Drehzahlsteuerung über Ankerspannung oder Feldstrom (gilt für Fremderregter Motor und Nebenschlussmotor) ■ Ankerwicklung und Feldwicklung haben eventuell unterschiedliche Spannungen.		■ Hohes Anlaufdrehmoment ■ Drehzahl lastabhängig ■ Geht bei Leerlauf eventuell durch ■ Drehzahlsteuerung über Ankerspannung oder Feldstrom	■ Je nach Kompoundierung vorwiegend Reihenschluss- oder Nebenschlussverhalten. ■ Bei Gegenkompoundierung kommt es zur Instabilität.
Schaltungen			
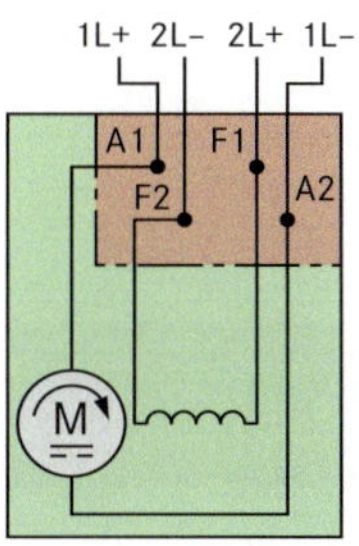	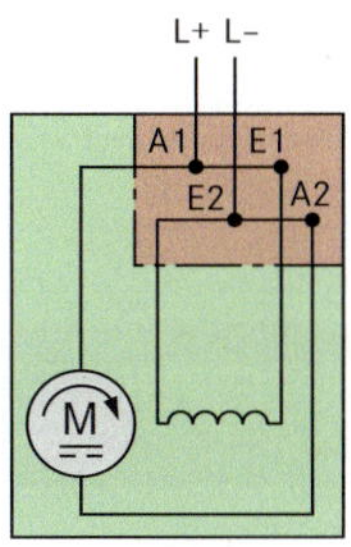	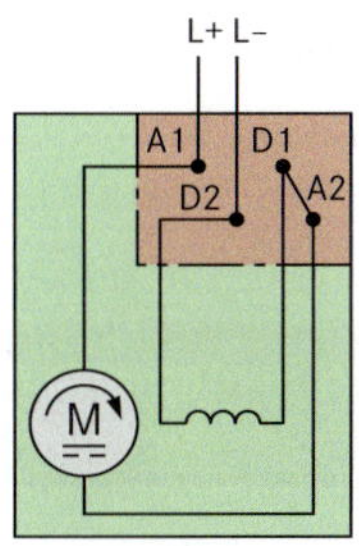	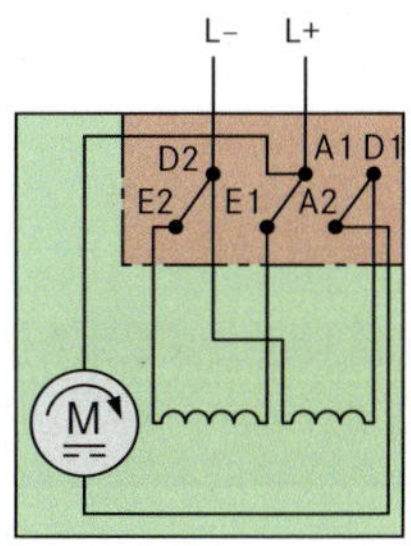
Kennlinien			
I_A: Ankerstrom $\quad I_A = \frac{U}{R_i}$	$I_A = \frac{U}{R_i} + \frac{U}{R_f}$	$I_A = \frac{U}{R_i + R_f}$	$I_A = \frac{U}{R_i + R_{f,ser}} + \frac{U}{R_{f,par}}$
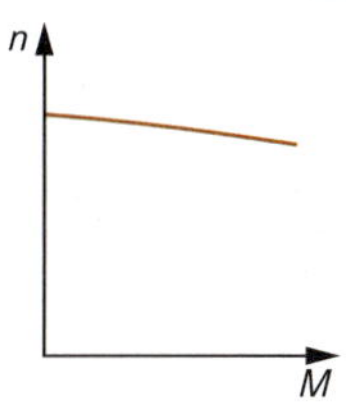	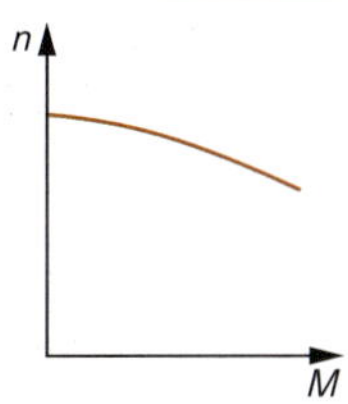	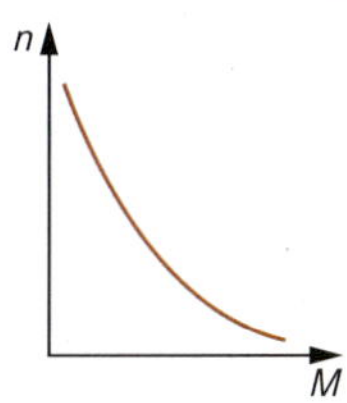	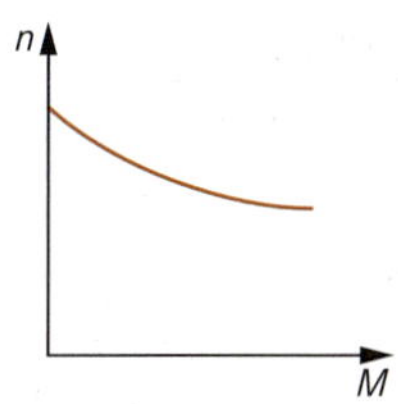
Anwendungen			
– Drehzahlsteuerung über gesteuerte Gleichrichter	– Werkzeugmaschinen – Förderanlagen	– Elektrische Fahrzeuge – Hebezeuge – Anlasser im Kraftfahrzeug	– Werkzeugmaschinen – Antrieb von Schwungmassen z. B. Pressen, Stanzen, Scheren – Walzwerkantriebe

Motorarten

Drehstrommotor an Wechselspannung	Kondensatormotor	Spaltpolmotor	Universalmotor
Eigenschaften			
■ Nebenschlussverhalten ■ schlechter Wirkungsgrad	■ Nebenschlussverhalten ■ mit C_A hohes Anlaufdrehmoment	■ Nebenschlussverhalten ■ einfache Bauweise ■ schlechter Wirkungsgrad	■ Reihenschlussverhalten
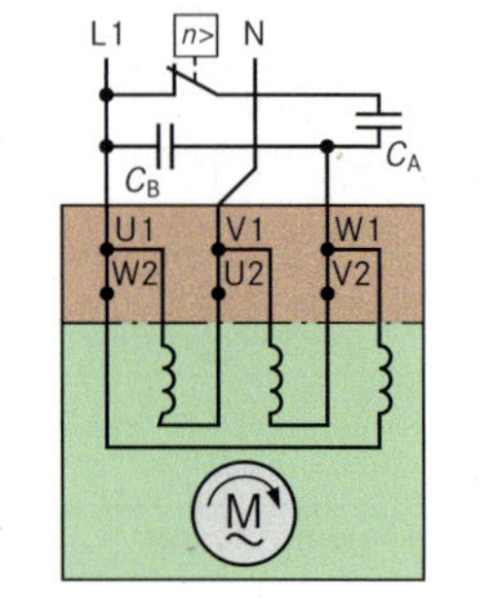	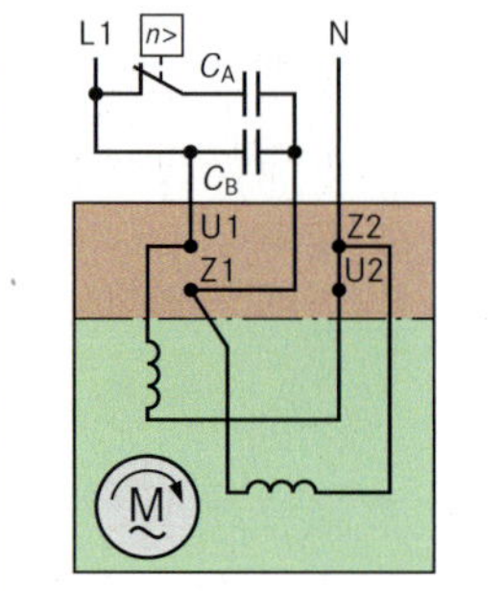	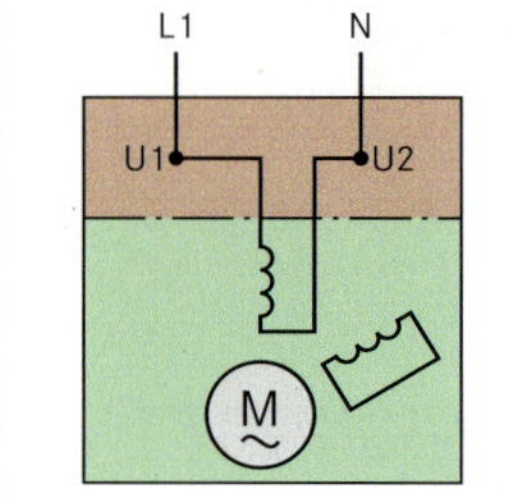	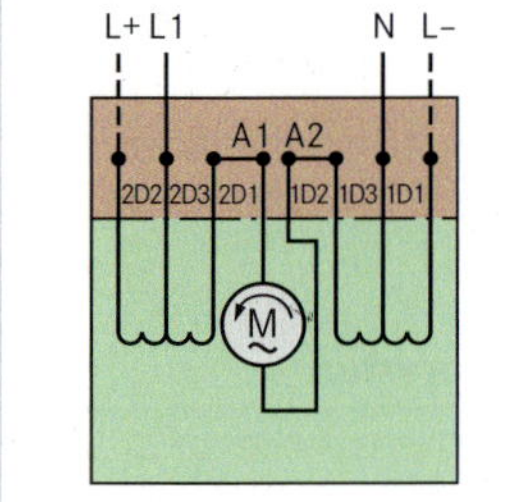
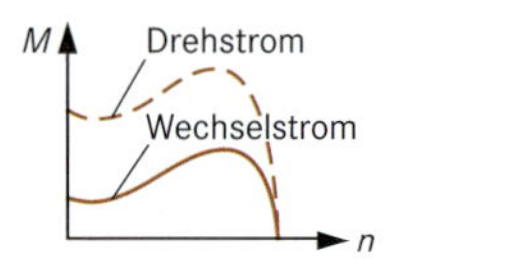 $U = 230\ \text{V} \quad C_B = 70\ \frac{\mu F}{kW} \cdot P$ $U = 400\ \text{V} \quad C_B = 20\ \frac{\mu F}{kW} \cdot P$ $C_A = 2 \cdot C_B$	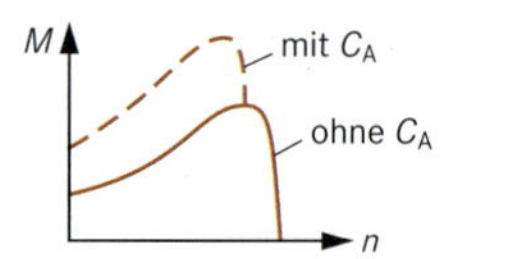 $Q_{CB} = \frac{1\ \text{kvar}}{\text{kW}} \cdot P$ $C_A = 3 \cdot C_B$	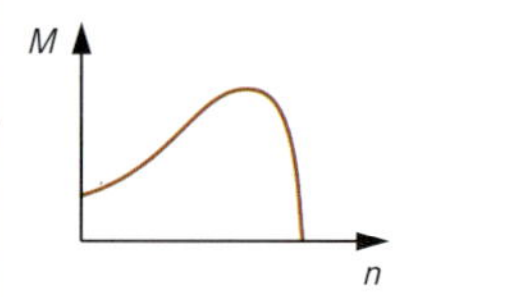	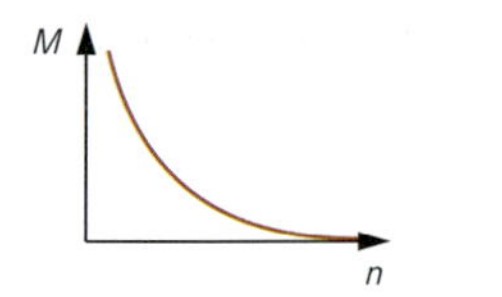
Anwendungen			
Baumaschinen	Haushaltsgeräte (z. B. Waschmaschinen)	Haushaltsgeräte mit kleiner Leistung	Haushaltsgeräte, Elektrowerkzeuge

Bemessungsspannungen und Prüfspannungen für Maschinen
Rated Voltages and Test Voltages for Machines

DIN EN 60034-1: 2005-04; DIN 40030: 1993-09

Bemessungsspannungen

Gleichspannungen für stromrichtergespeiste Motoren				
Netzanschluss einphasig		dreiphasig		
Netzspannung in V				
260	400	400	500	690
160 180	280 310	420 470	520 600	720 810
empfohlene Erregerspannungen in V				
200	310	310		

Prüfspannungen

Maschinenart		Effektivwerte
$P \leq 1$ kW bzw. 1 kVA oder $U_n < 100$ V		$2 \cdot U_n + 500$ V U_n: Bemessungsspannung
$P < 10$ MW bzw. 10 MVA		$2 \cdot U_n + 1000$ V
$P \geq 10$ MW bzw. 10 MVA	$U_n \leq 24$ kV	$2 \cdot U_n + 1000$ V
	$U_n > 24$ kV	nach Vereinbarung
Fremderregte Erregerwicklung Gleichstrommaschinen		$2 \cdot U_f + 1000\ \text{V} \geq 1500$ V U_f: Spannung des Erregerfelds
Erregerwicklung von Synchronmaschinen	$U_f \leq 500$ V $U_f > 500$ V	$10 \cdot U_n$ mind. 1500 V 4000 V + 2 U_f
Läuferwicklung von Schleifringläufer-Motoren		$2 \cdot U_r + 1000\ \text{V} \geq 1500$ V U_r: Spannung der Läuferwicklung
Erregermaschinen		$2 \cdot U_n + 1000\ \text{V} \geq 1500$ V
Maschinensätze und Geräte		Entsprechend der Art der verwendeten Maschinen und Geräte

Kurzschlussläufer-Motor

- **Eigenschaften**
  - robust
  - wartungsarm
  - kompakt
  - schlechtes Anlaufverhalten
  - Drehzahlsteuerung über Umrichter
  - Nebenschlussverhalten

- **Schaltungen**

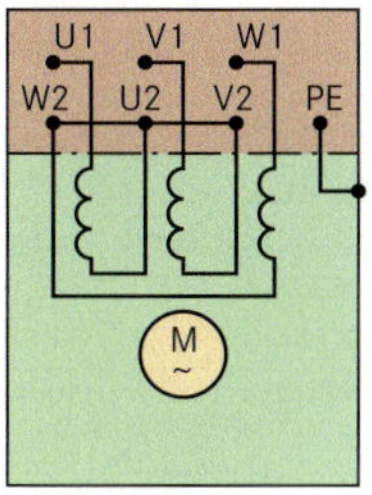

Sternschaltung

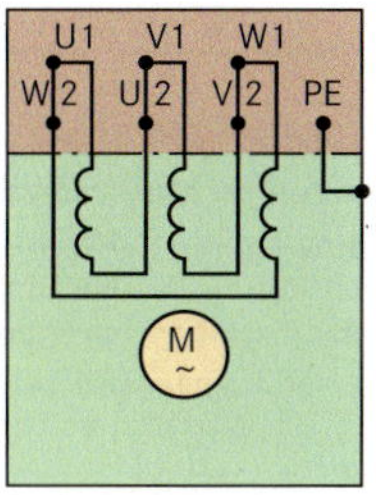

Dreieckschaltung

- **Hochlaufkennlinien**

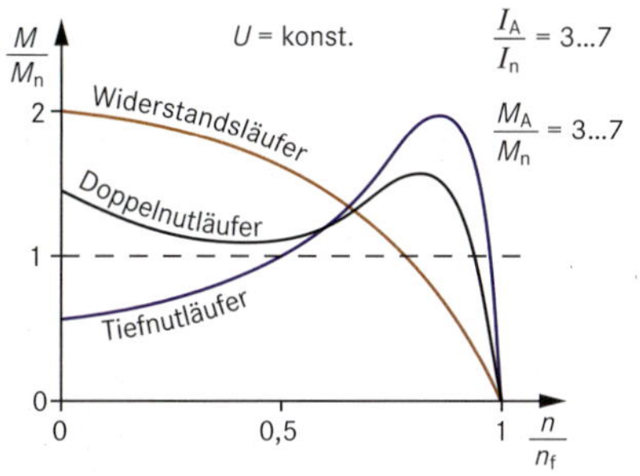

Schleifringläufer-Motor

- **Eigenschaften**
  - relativ wartungsarm
  - guter Anlauf
  - Drehzahlsteuerung durch einen Widerstand im Läuferkreis möglich
  - Nebenschlussverhalten

- **Schaltungen**

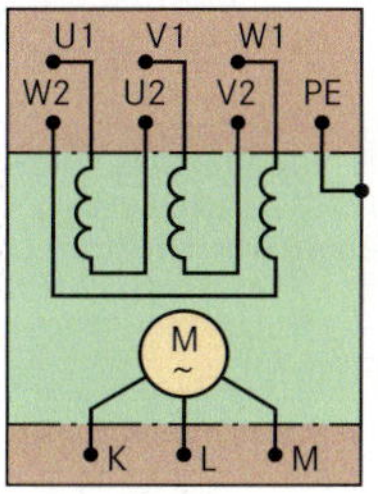

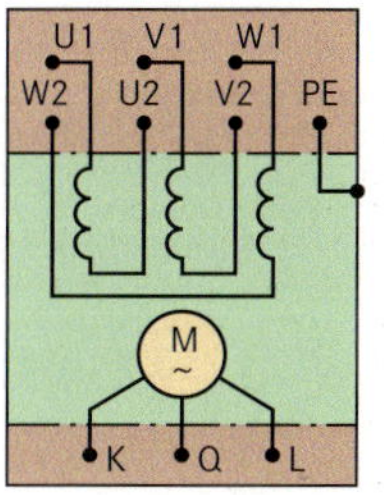

dreiphasige Läuferwicklung zweiphasige

- **Hochlaufkennlinien**

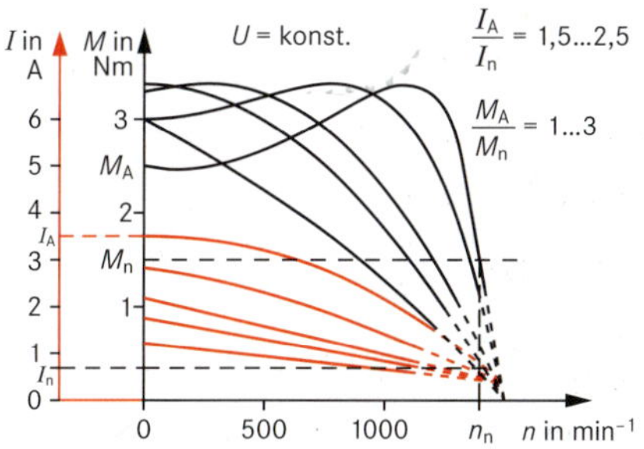

- Anwendungen für Kurzschlussläufer-Motor
  - Werkzeugmaschinen
  - kleine Hebezeuge
  - Verarbeitungsmaschinen
  - landwirtschaftliche Maschinen

- Anwendungen für Schleifringläufer-Motor
  - große Werkzeugmaschinen
  - Hebezeuge
  - Schweranlauf
  - Maschinen mit großen Schwungmassen

I_A: Anlaufstromstärke

I_n: Bemessungsstromstärke

M_A: Anlaufdrehmoment

M_n: Bemessungsdrehmoment

Betriebskenngrößen und Kennlinien

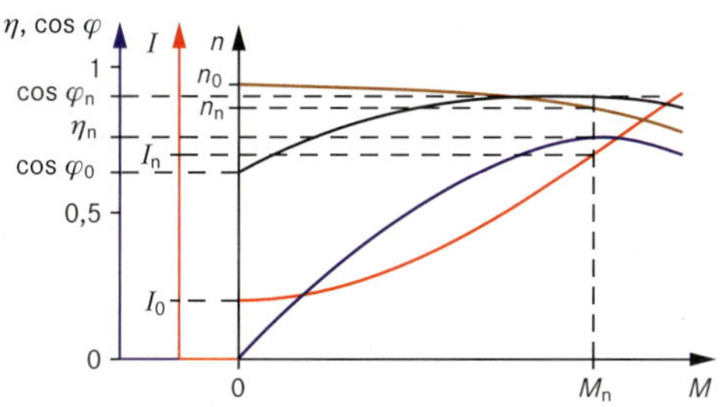

Belastungskennlinien

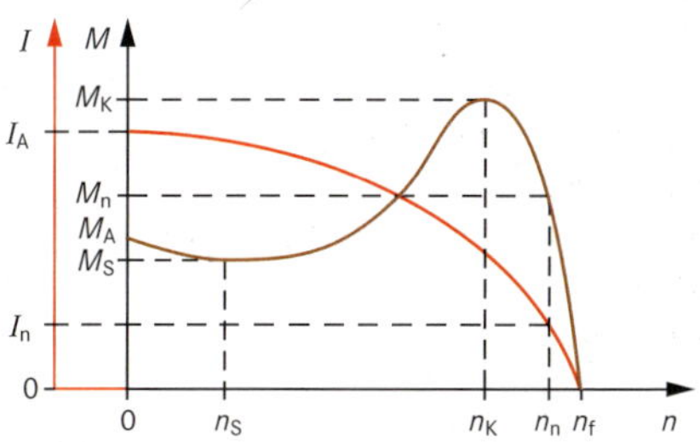

Hochlaufkennlinien

$$n_f = \frac{f}{p}$$

$$s = \frac{n_f - n}{n_f}$$

$$P_{zu} = U \cdot I \cdot \sqrt{3} \cdot \cos\varphi$$

$$n_s = n_f - n$$

$$s_{\%} = \frac{n_f - n}{n_f} \cdot 100\ \%$$

$$\eta = \frac{P_{ab}}{P_{zu}}$$

n_f: Drehzahl des Erregerfelds
n: Drehzahl des Ankers
n_S: Schlupfdrehzahl
s: Schlupf in min^{-1}
$s_{\%}$: Schlupf in Prozent von n

Fehler am Motor

Fehlermöglichkeit

- Körperschluss → Gefahr für Mensch und Tier → Schutzmaßnahmen nach DIN VDE 0100
- Überlast → Gefahr für Motor → **Motorschutzgerät**
- Überlast → Gefahr für Zuleitung → Schutz durch Sicherungen, Leitungsschutz-Schalter o. ä.
- Kurzschluss → Gefahr für Zuleitung und Wicklungen → Schutz durch Sicherungen, Leitungsschutz-Schalter o. ä.

Anforderungen

Motoren müssen bei Bemessungsspannung und -frequenz die 1,6-fache Bemessungsstromstärke 15 s lang aushalten.
→ **Motorschutz**

Anforderungen an Motorschutzgeräte:

- Belastbarkeit: dauernd mit I_n (Bemessungsstromstärke)
- Überwachung: alle Strompfade
- Einstellstromstärke: veränderbar
- Thermischer Aufbau: wie bei Motor

Verfahren

Schutzart	Schaltungen	Besonderheiten
Motorschutzschalter	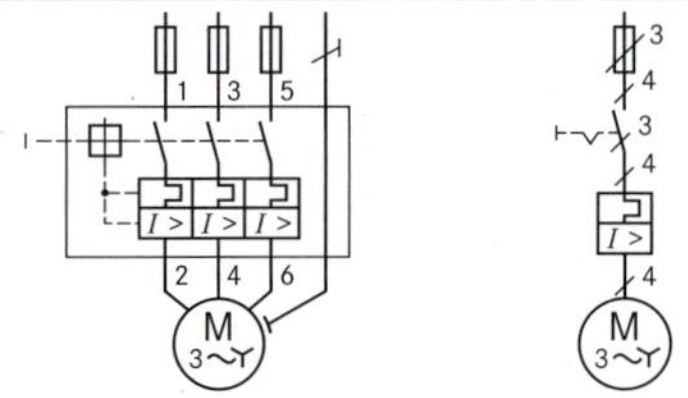	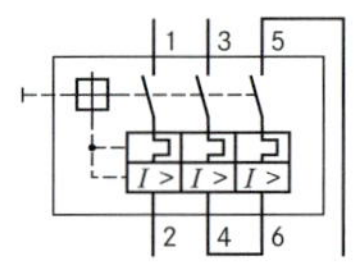 zweipolige Belastung 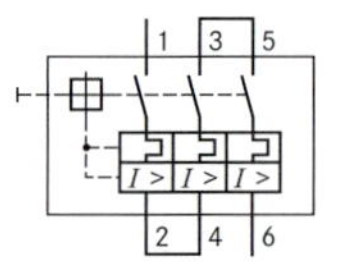 einpolige Belastung
Motorschutzrelais	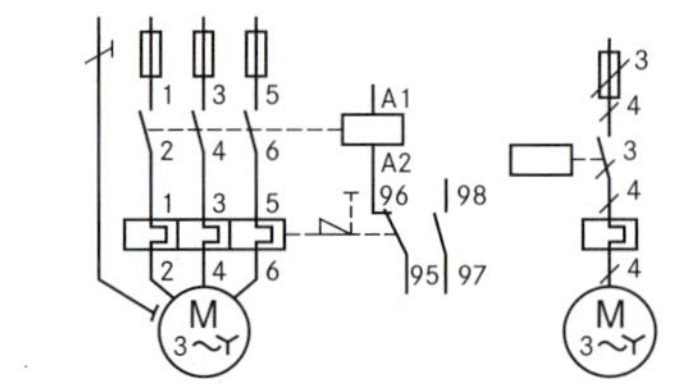	Motorschutzrelais haben eine mechanische Wiedereinschaltsperre, sonst würde nach dem Erkalten der Bimetalle das Relais wieder selbsttätig einschalten. Die Sperre wird durch eine Entsperrungstaste wieder aufgehoben.
Thermischer Motorschutz (Motorvollschutz)	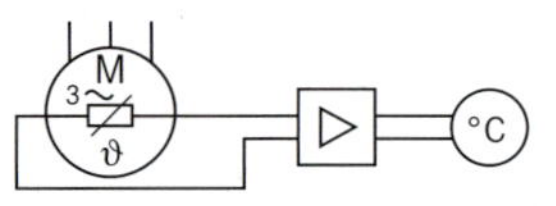	**Widerstandsthermometer** Dienen zum Überwachen der Wicklungs- und Lagertemperaturen
	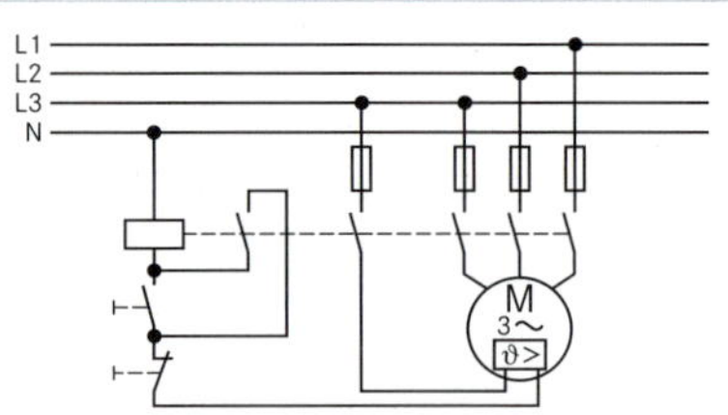	**Thermostat** Die Bimetall-Temperatursensoren mit Öffner oder Schließer sind in die Wicklung eingebaut. Diese schalten das Motorschütz.
	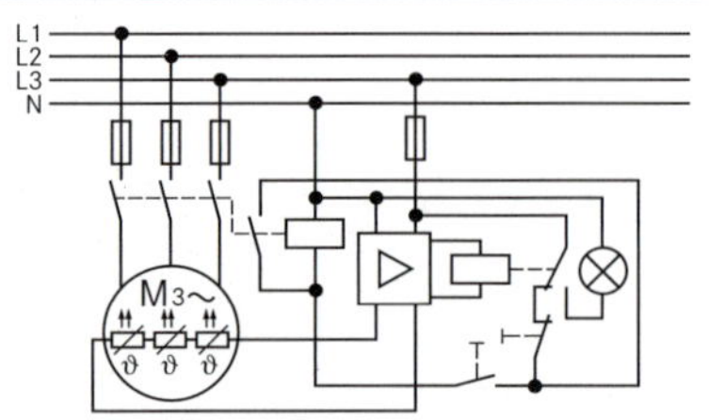	**Thermistor-Motorschutz** Die Halbleiter-Temperatursensoren, die in der Motorwicklung eingebaut sind, wirken auf das Auslösegerät ein. Dieses schaltet dann das Motorschütz.

Bedingungen zum Anlassen

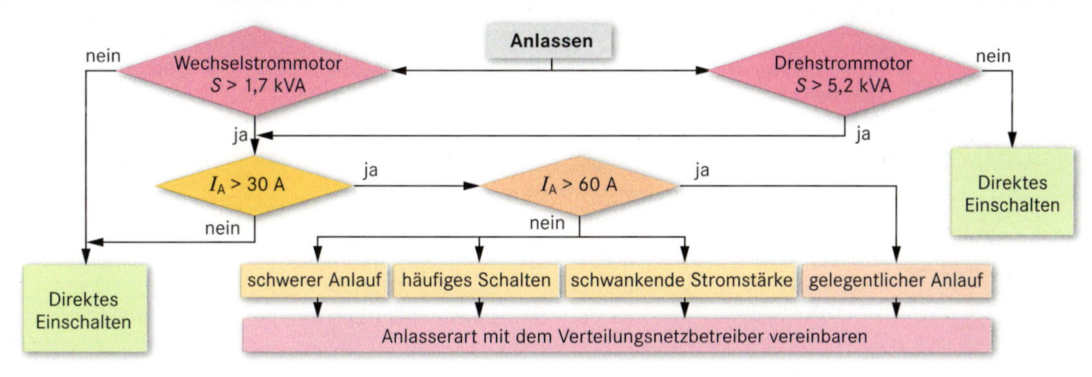

Anlassverfahren für Drehstrommotoren

Motorarten	Anwendungen	Anlassarten	Schaltungen	Eigenschaften
Kurzschluss-läufermotor	Normaler Anlauf	Stern-Dreieck-Schaltung	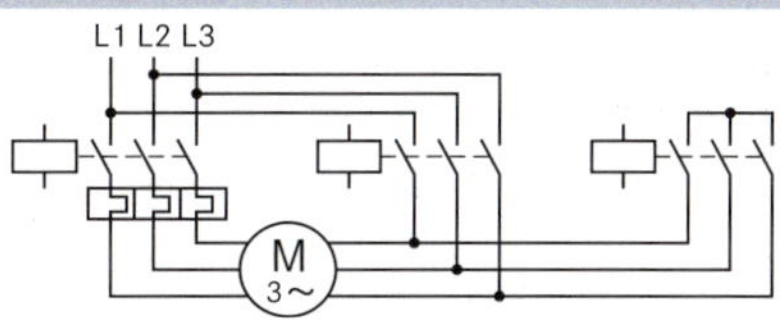	$I_{AY} = \frac{1}{3} \cdot I_{A\Delta}$ $M_{AY} = \frac{1}{3} \cdot M_{A\Delta}$ Einstellstromstärke $I_e = 0{,}58 \cdot I_n$
	Überlanger Anlauf		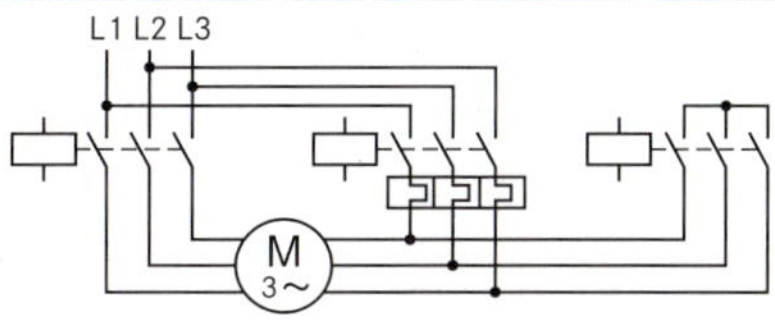	I_{AY}: Anlaufstromstärke bei Sternschaltung $I_{A\Delta}$: Anlaufstrom stärke bei Dreieckschaltung
	Schwerer Anlauf		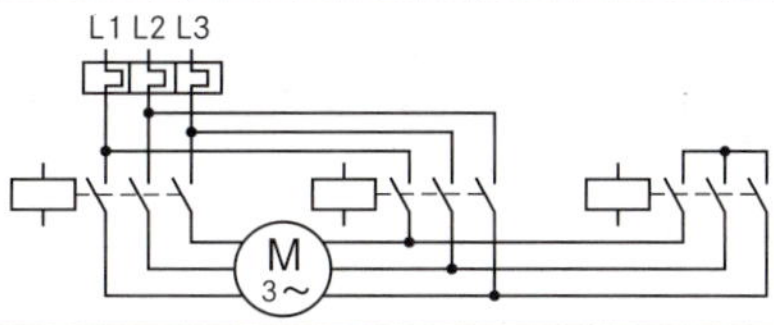	$I_{AY} = \frac{1}{3} \cdot I_{A\Delta}$ $M_{AY} = \frac{1}{3} \cdot M_{A\Delta}$ Einstellstromstärke $I_e = I_n$
	Hochspannungs-motoren	Anlasstrans-formator	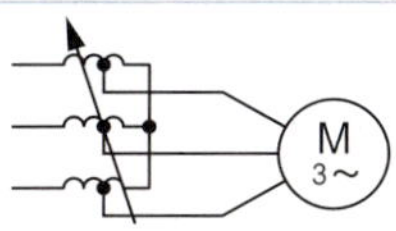	$I_A \sim U$ $M_A \sim U^2$ relativ teuer
	Füllanlagen, Textilindustrie, Verpackungs-anlagen, Automatisierung	Sanftanlauf	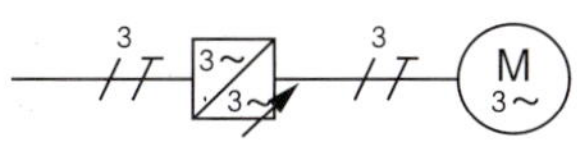	I_A bzw. M_A werden elektronisch durch Umrichter einge-stellt.
	Maschinen mit hohem Anlauf-drehmoment, z. B. Aufzug	Frequenz-umformer	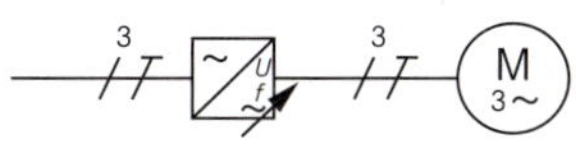	U und f werden elek-tronisch gesteuert
Schleifring-läufermotor	Große Werkzeug-maschinen, Pumpen, Hebezeuge	Läuferanlasser	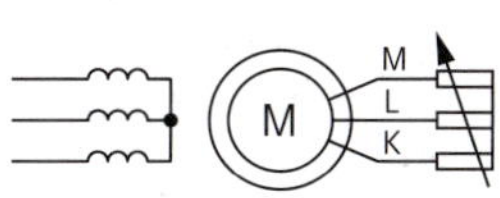	- Niedrige Anlauf-stromstärke - Hohes Anlauf-drehmoment - Drehzahlsteue-rung mit den Widerständen möglich

Arten

Anlassart	Direktstart	Stern-Dreieck Start	Sanftanlauf	Frequenzumrichter
Merkmale	■ Starke Beschleunigung bei hoher Anlaufstromstärke ■ Hohe mechanische Belastung ■ Hochlaufzeit: – Normalanlauf 0,2 s ... 5 s – Schweranlauf 5 s ... 30 s	■ Anlauf mit reduzierter Stromstärke und Drehmoment ■ Stromstärke- und Drehmomentspitze beim Umschalten ■ Hochlaufzeit: – Normalanlauf 2 s ... 15 s – Schweranlauf 15 s ... 60 s	■ Einstellbare Anlaufcharakteristik ■ Gesteuerter Auslauf möglich ■ Hochlaufzeit: – Normalanlauf 0,5 s ... 10 s – Schweranlauf 10 s ... 60 s	■ Hohes Drehmoment bei geringer Stromstärke ■ Anlaufcharakteristik einstellbar ■ Hochlaufzeit: – Normalanlauf 0,5 s ... 10 s – Schweranlauf 5 s ... 60 s
Spannungen	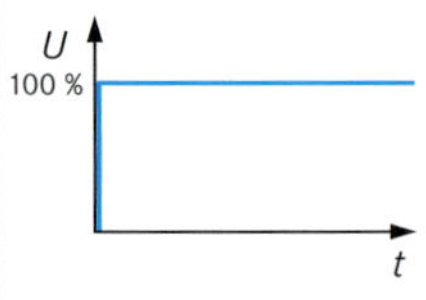	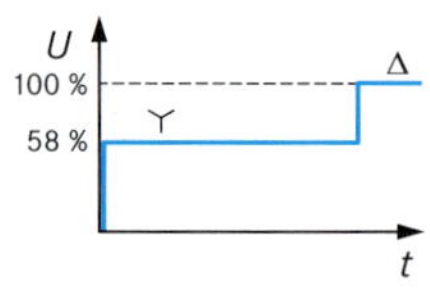	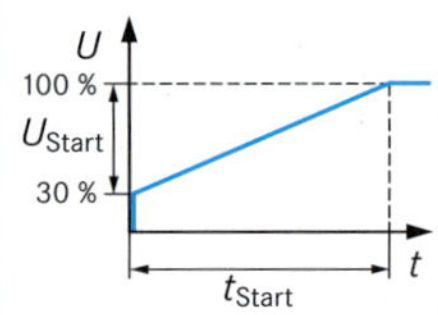	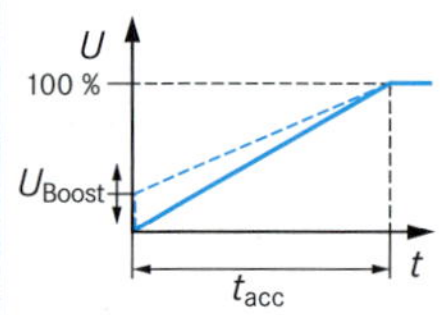
	U: Motorspannung	t_{Start}: Startzeit	t_{acc}: Hochlaufzeit	[1] U_{Boost}: Spannungsanhebung
Stromstärken	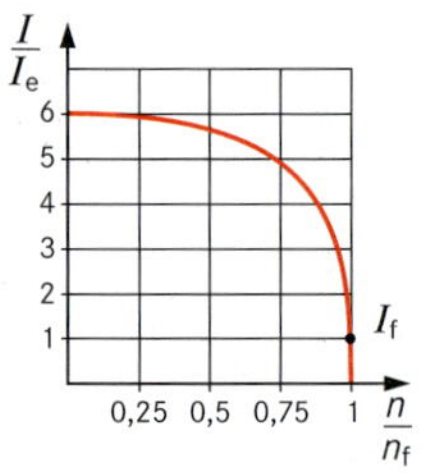	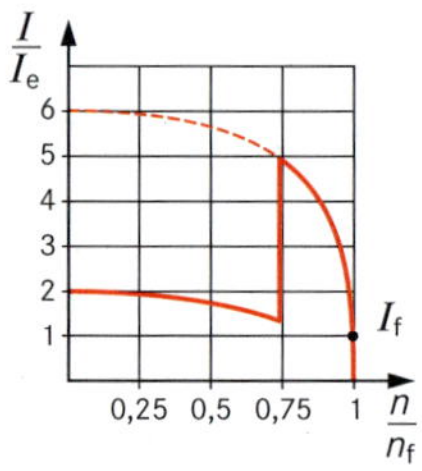	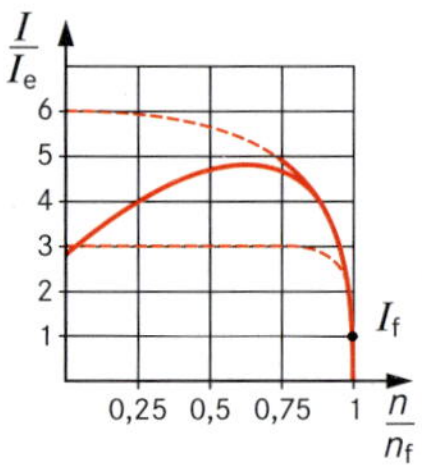	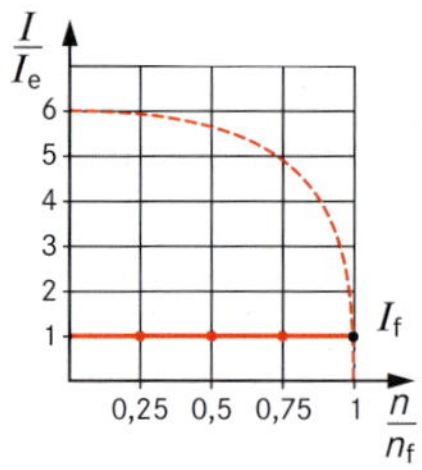
Relative Anlaufstromstärken	$I_A = I_{AD} = 4 \cdot I_e \ldots 8 \cdot I_e$ (motorabhängig)	$I_A = 0{,}33 \cdot I_{AD}$ ($I_A = 1{,}3 \cdot I_e \ldots 2{,}7 \cdot I_e$)	$I_A = k \cdot I_{AD}$ (typ. $2 \cdot I_e \ldots 6 \cdot I_e$)	$I_A \leq 1 \cdot I_e \ldots 2 \cdot I_e$ (einstellbar)
	I_A: Motoranlaufstromstärke I_e: Bemessungsstromstärke des Motors		I_{AD}: Motoranlaufstromstärke bei Direkteinschaltung k: Spannungsreduktionsfaktor	
Drehmomente	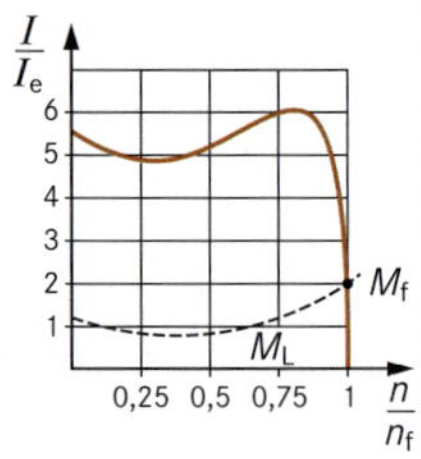	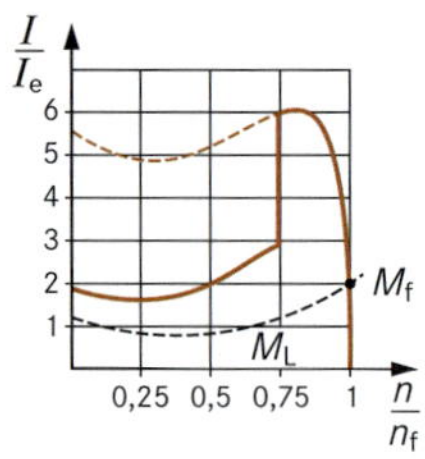	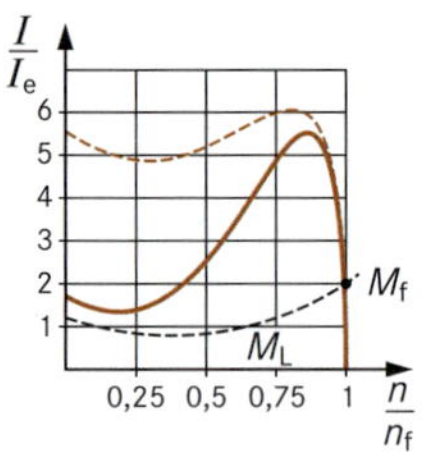	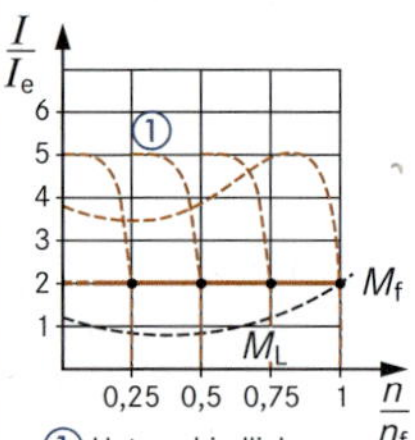① Unterschiedliche Frequenzen
Relative Anlaufdrehmomente	$M_{AD} = 1{,}5 \cdot M_e \ldots 3 \cdot M_e$ (motorabhängig)	$M_A = 0{,}33 \cdot$ MAD ($M_A = 0{,}5 \cdot M_e \ldots 1{,}0 \cdot M_e$)	$M_A = k^2 \cdot M_{AD}$	$M_A \sim 0{,}1 \cdot M_{AD}$ ($M \sim U/f$, einstellbares Drehmoment)
	M_{AD}: Anlaufdrehmoment bei Direkteinschaltung M_A: Anlaufdrehmoment	k: Spannungsreduktionsfaktor		M_e: Bemessungsdrehmoment M_L: Lastdrehmoment
Anwendungen	Antriebe an starren Netzen, die hohe Anlaufstromstärken (Anlaufmomente) zulassen.	Antriebe, die erst nach dem Hochlauf belastet werden bei begrenzter Leistungsfähigkeit des Netzes.	Antriebe, die einen sanften Drehmomentverlauf oder Stromreduzierung erfordern.	Antriebe, die einen geführten Sanftanlauf und eine stufenlose Drehzahlverstellung erfordern.

$M_e = \frac{P}{2 \cdot \pi \cdot n_{ns}}$

Anwendung

- Ersatz für konventionelle Anlassverfahren (Direktanlauf, Stern-Dreieck-Anlauf)
- Verminderung von hohen Anlaufstromstärken, Strom-/Drehmomentspitzen
- Funktionsprinzip der
- Kostengünstiger als Frequenzumformer

Anlaufverhalten

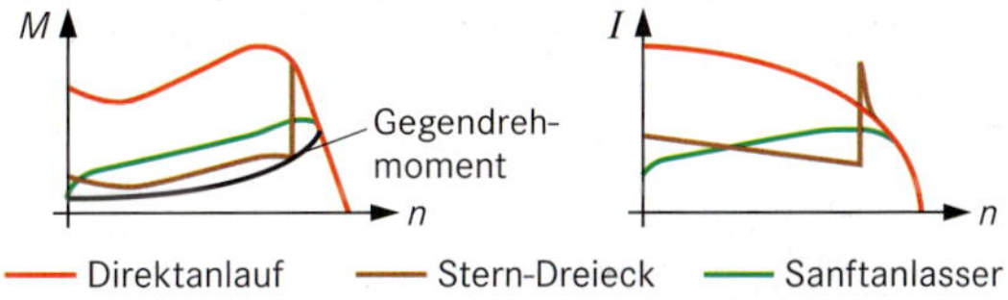

Schaltungsvarianten

Sparschaltung

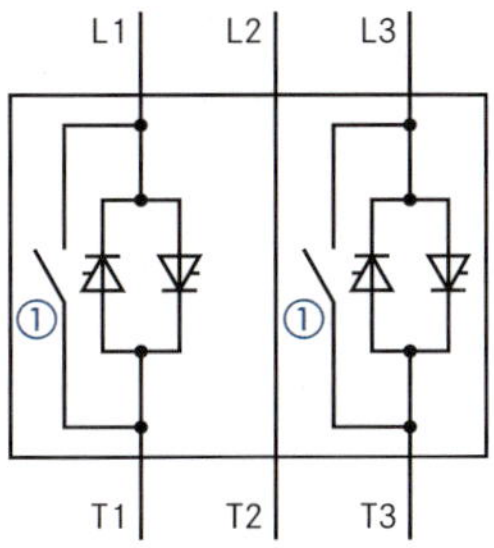

- **Vorteile:**
  - Günstiger als Vollbrücken
- **Nachteile:**
  - Unsymmetrie zwischen Phasenstömen möglich
  - Gleichstromanteil im Motorstrom möglich
  - Erhöhte Geräusche und Verluste beim Anlauf

Vollbrücke

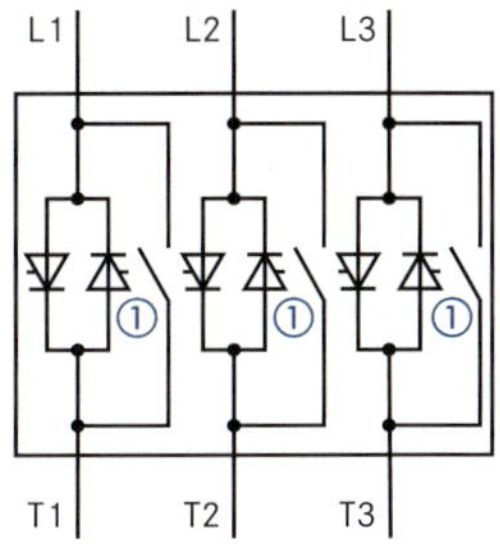

- **Vorteile:**
  - Symmetrischer Betrieb
- **Nachteile:**
  - Teurer als Sparschaltung

Kontakte des Bypass-Schütz ① werden geschlossen, wenn der Anlauf abgeschlossen ist.
→ Vermeidung der Verluste in Halbleitern. Nicht bei allen Sanftanlassern integriert.

Anschlussvarianten

Standardschaltung

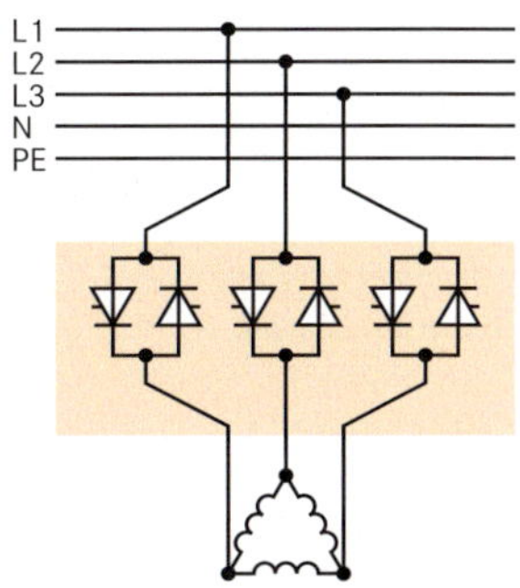

Vorteile:
- Geringer Verdrahtungsaufwand
- Bremsbetrieb möglich

Nachteile:
- Sanftanlasser muss auf Motorbemessungsstromstärke ausgelegt sein.

$I_{rG} = I_{rM}$

I_{rG}: Bemessungsstromstärke, Sanftanlasser
I_{rM}: Bemessungsstromstärke, Motor

$\sqrt{3}$-Schaltung

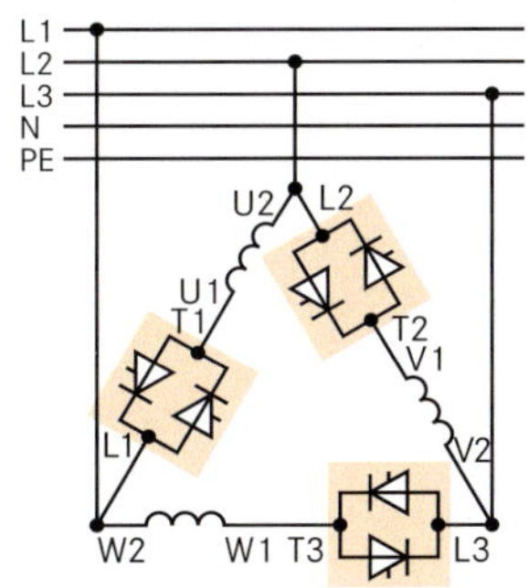

Vorteile:
- Sanftanlasser muss nur auf ca. 58 % der Motorbemessungsstromstärke ausgelegt sein.

$I_{rG} = 58\,\% \cdot I_{rM}$

Nachteile:
- Erhöhter Verdrahtungsaufwand
- Kein Bremsbetrieb möglich

Regelgrößen

Regelgrößen können durch Sanftanlasser begrenzt werden bzw. über eine parametrierbare Rampe ohne Sprung verändert werden.

Spannung	Stromstärke	Wirkleistung (Drehmoment)
▪ Einfachste Variante (häufig nur als Steuerung nicht als Regelung ausgeführt) ▪ Spannung wird über Veränderung des Zündwinkels langsam gesteigert.	▪ Strombegrenzung auf Maximalwert möglich ▪ Anwendung wenn Anlaufstromstärken wegen Netzrückwirkungen oder TAB-Anforderungen begrenzt werden müssen.	▪ Drehmoment kann begrenzt bzw. langsam geändert werden. ▪ Einsatz bei empfindlicher Mechanik

Option als Zusatzfunktionen

- Integrierter Motor-Überlastschutz
- Kompensation von Gleichstromanteilen
- Programmierbare Grenzwerte und Rampen *U*, *I*, *M*
- Feldbusanbindung

Aufbau

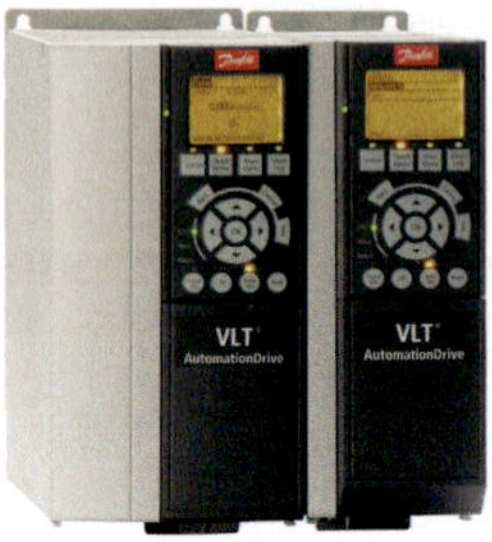

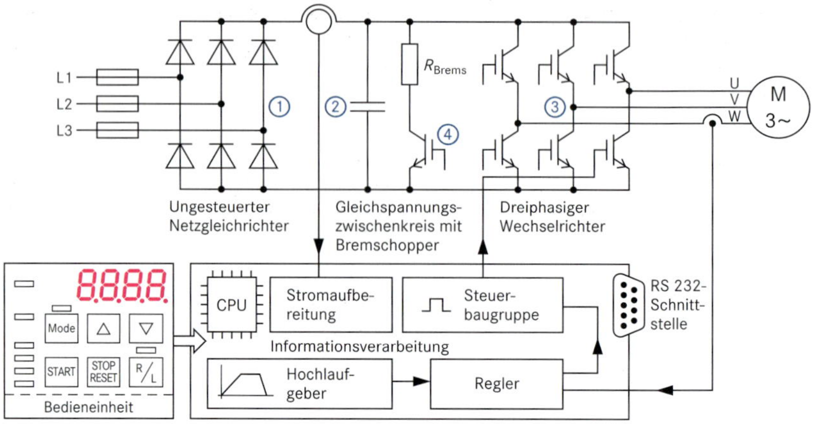

Funktion

- Eingangsgleichrichter ① erzeugt Gleichspannung
- Gleichspannung wird vom Zwischenkreiskondensator ② geglättet.
- Wechselrichter ③ erzeugt Wechselspannung mit variabler Spannung und Frequenz.
- Steuerung erzeugt Transistor-Steuersignale, führt Steuerungsaufgaben (Drehzahl, Drehzahlrampen, ...) und Regelaufgaben (Drehzahl-/Drehmoment, Strom) aus.
- Bei Bremsvorgängen kann die Zwischenkreisenergie nicht in das Netz gespeist werden. Überschüssige Energie aus dem Zwischenkreis wird über einen Bremschopper im Bremswiderstand ④ in Wärme umgesetzt.
- Alternativ werden zusätzliche Wechselrichter eingesetzt, die die Zwischenkreisenergie in das speisende Netz zurückführen.

Wechselrichterprinzip

Beispiel	Eigenschaften
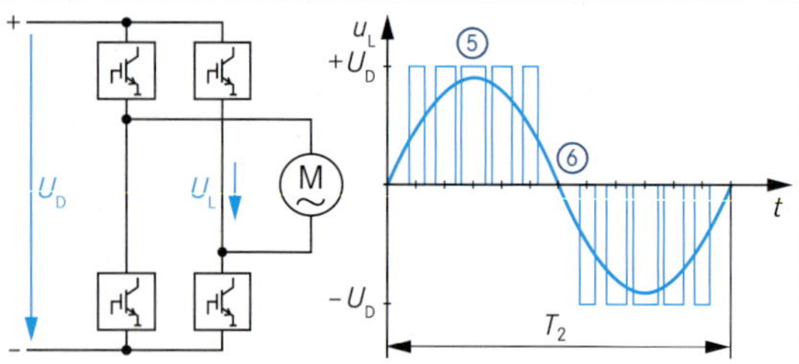	- Jede Phase wird wechselweise auf $+U_D$ oder $-U_D$ geschaltet. - U-Umrichter: Eingeprägte Spannung am Eingang - I-Umrichter: Eingeprägter Strom am Eingang - Rechteckförmige Strom-/Spannungsverläufe am Ausgang ⑤ - Bei hoher Schaltfrequenz Glättung durch Lastinduktivitäten und -kapazitäten ⑥ - Der Lastfluss ist in beiden Richtungen möglich. - Bei Antriebsanwendung ist 4-Quadrantenantrieb möglich.

Merkmale

- Bei niedrigen Frequenzen sinkt der Blindwiderstand X_L des Motors. Um die Bemessungsstromstärke nicht zu überschreiten, wird bei $f < 50$ Hz die Ausgangsspannung abgesenkt.

  Es muss $\frac{U}{f}$ = konstant eingehalten werden.
- Motorkennlinie ist frequenzabhängig ⑦, ⑧, ⑨.
- Durch Frequenzsteuerung kann eine Last mit konstantem Drehmoment beschleunigt werden.
- Bei Schweranlauf steht das maximale Motordrehmoment bereits im Stillstand zur Verfügung.
- Frequenzen können über f_N (z. B. $f > 50$ Hz) steigen, Motoreignung ist dann zu prüfen.
- Bei Fehlern im Zwischenkreis können Gleichfehlerströme entstehen. Bei Betrieb über RCD sind RCDs vom Typ B erforderlich.

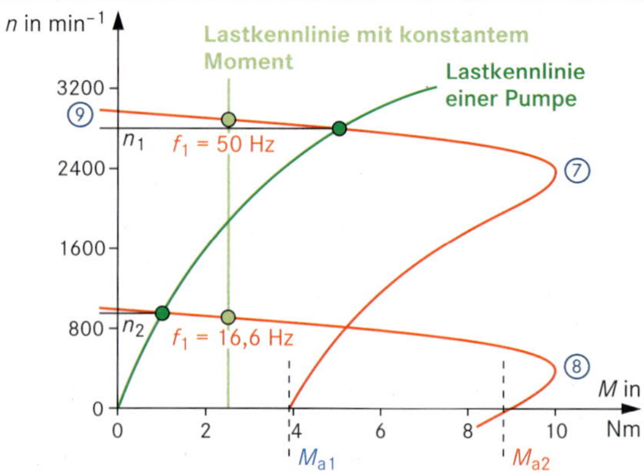

Auswahlkriterien

- Netzspannung (230 V, 400 V, 500 V, 1- oder 3-phasig)
- Eingangsgleichrichter (B6-, B12-Brücke)
- Leistungsbereich
  - Motorleistung
  - Reserveleistung für Beschleunigungsvorgänge
  - Universal-Frequenzumrichter für mehrere Motorgrößen
- Schutzart
- Installation
  - Wand-, Schrank-, Hutschienenmontage
  - Schraub-/Steckklemmen
  - Steckbare Anschlüsse
- Kommunikationsschnittstellen
  - Feldbustyp,
  - Parametrierschnittstelle (RS 485, USB, ...),
  - I/O-Schnittstellen, Digital (Relais, TTL, ...), Analog
  - Drehgeber, Resolver
- EMV-Anforderungen
  - Klasse A1, A2 (Industrie)
  - Klasse B (Haushalt)
  - EMV-Eingangsfilter (gegebenenfalls schaltbar)
  - maximale Leitungslänge
  - Schirmungsanforderungen
- Zusatzbaugruppen, z. B.
  - Eingangsfilter
  - Ausgangsfilter
  - Bremswiderstand
  - Netzrückspeiseeinrichtung
- Zusatzfunktionen, z. B.
  - integrierte Reglerfunktion
  - Drehzahlgeber entbehrlich
  - sichere Stopp-Funktion für Performance Level bzw. SIL-Betrachtung
  - Thermistorauswertung (gegebenfalls mit EX-Zulassung)
  - externe Steuerspannung

Montage

Die Hersteller geben spezielle Vorgaben zur Montage.

Beispiel:

- Montageort:
  - Abstand zu Nachbargeräten und Wand (Wärmeabfuhr, Luftstrom)
  - Untergrund (z. B. Metallplatte)
  - Platz für Öffnung von Abdeckungen usw.
- Anschluss:
  - Verwendung geschirmter Motor- und Steuerleitungen
  - Schirmanschluss (Schirmanschlussklemmen ①, ② und großflächige Erdungsschiene ③ verwenden)
  - bei Leitungsunterbrechung z. B. durch Schalter HF-durchgängige Schirmverbindung sicherstellen
  - Leistungs- und Steuerleitung getrennt verlegen (auch innerhalb von FU-Gehäusen)
  - Mindestquerschnitte und Maximallängen beachten

Beispiel: Montage in Schaltschrank

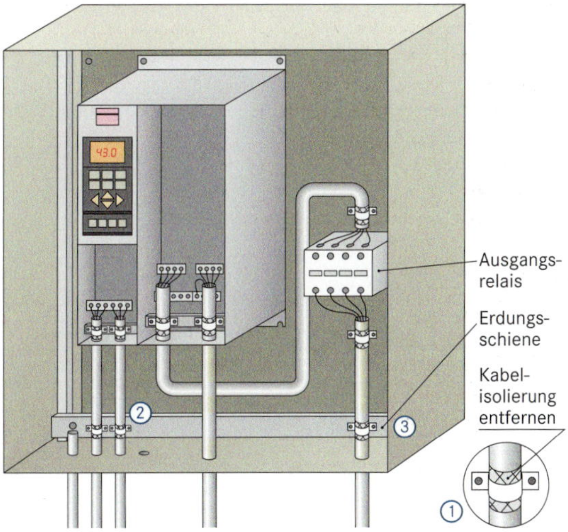

Inbetriebnahme

1. Prüfung nach DIN VDE 0100-600
2. EMV-Filter bei IT-Netzen trennen
3. Spannungsversorgung einschalten
4. Gegebenenfalls Taktfrequenz an Sinusfilter anpassen[1)]
5. Grundkonfiguration für I/O-Schnittstellen, Busadresse vornehmen
6. Motordaten eingeben (Bemessungsleistung, -spannung, -frequenz, -strom, -drehzahl)[1)]
7. Automatische Motoridentifikation
   Frequenzumrichter speist Motor mit unterschiedlichen Frequenzen und ermittelt das elektrische Ersatzschaltbild.
8. Im Handbetrieb, Drehrichtungstest durchführen
9. Weiter Parameter setzen
10. Funktionstest aller genutzten Funktionen
11. Inbetriebnahmeprotokoll erstellen und Parametersatz sichern

Parameter (Auswahl):
- Motorart
- Min-/Max-Drehzahl
- Rampenzeit (auf/ab)
- Stromgrenze
- Momentengrenze
- Regelverfahren
- Drehmomentverhalten der Last
- Busadresse
- Baudrate

Funktion der Digitaleingänge, z. B.:
- Start/Stopp
- Drehrichtung
- Drehzahl auf/ab

Achtung:
Inbetriebnahme kann mit Last erfolgen. Mögliche Personengefährdung bzw. Schäden an Lastmaschinen vermeiden.

1) optional, wenn die jeweilige Funktion benötigt wird/vorhanden ist.

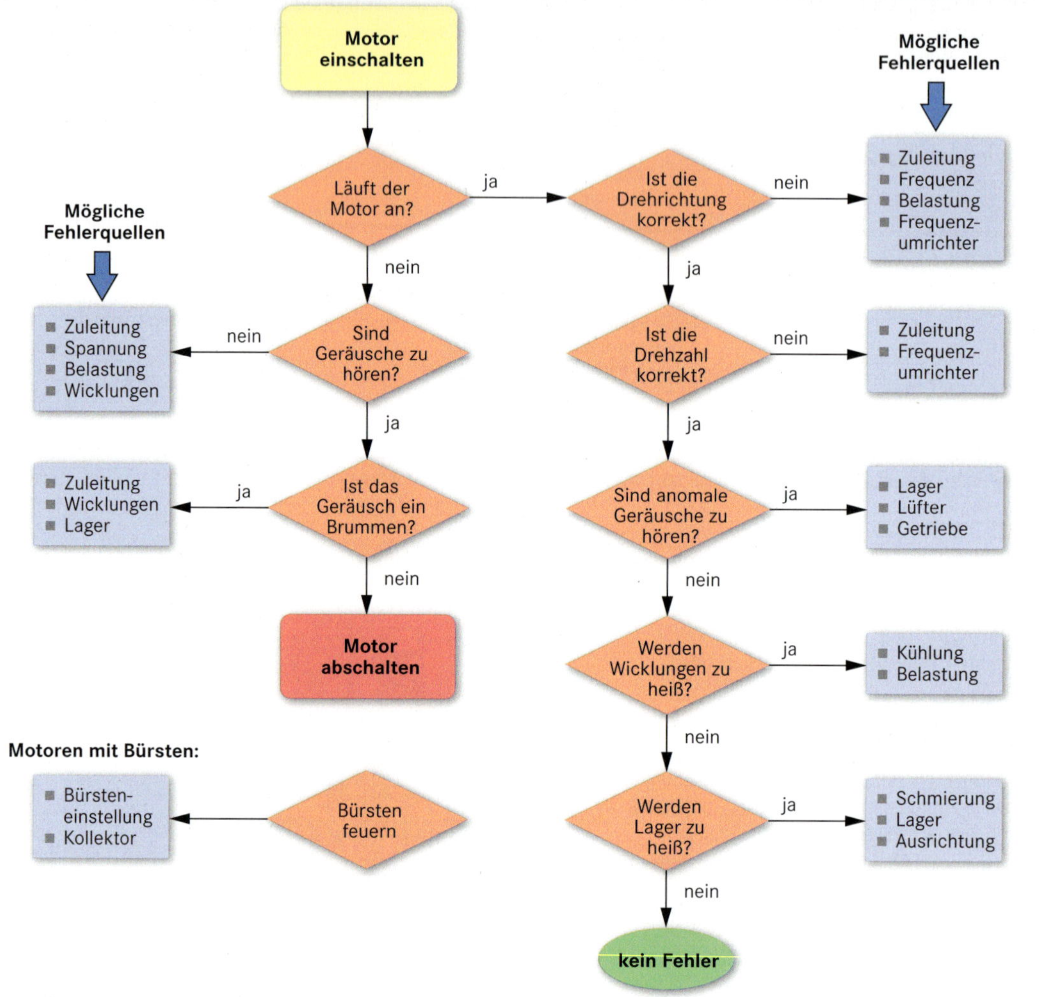

Häufigkeiten von Fehler bei Motoren (Untersuchung aus dem Jahr 2004)

Institute of Electrical and Electronics Engineers (IEEE)[1)]

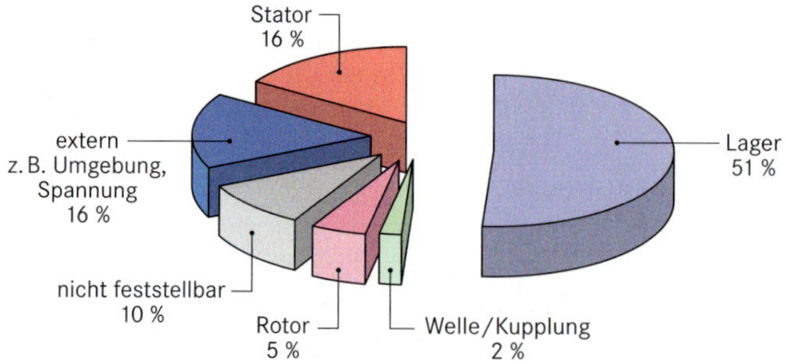

[1)] Die Organisation ist ein internationaler Zusammenschluss von Beschäftigten im Bereich der Elektrotechnik und Informatik.

Bremsarten	Maschinenarten	Schaltungen/Abbildungen	Eigenschaften	Anwendungen
Mechanische Bremsung	Bremslüfter ①	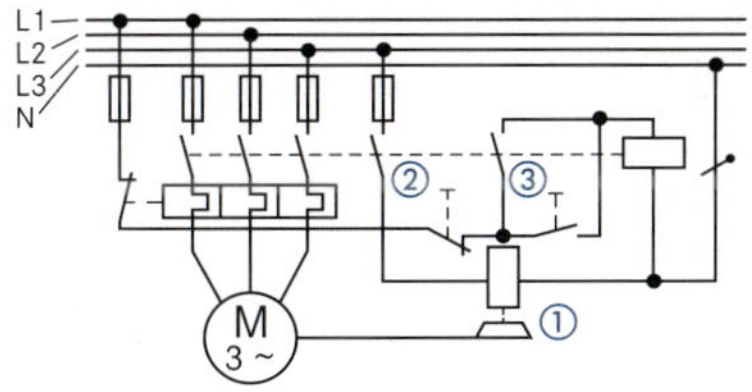	Bremsen können an allen Motoren angebaut werden. Motor wird durch Bremsung thermisch nicht beansprucht.	Werkzeugmaschinen mit kleiner bis mittlerer Leistung
	Bremsmotoren	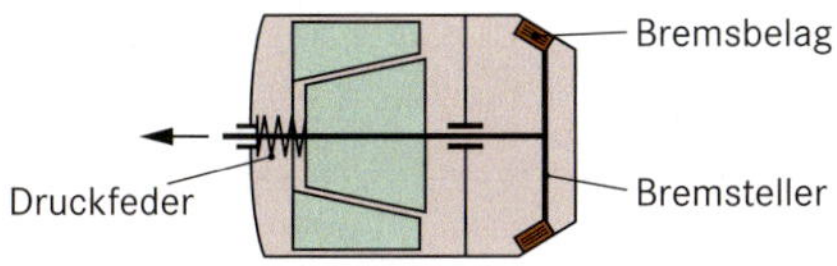	Motor wird durch Bremsung thermisch nicht beansprucht, hohe Schalthäufigkeit.	Werkzeugmaschinen zum Bohren, Fräsen, Hebezeuge
Gegenstrombremsung	Wechsel- und Drehstrommotoren Gleichstrommotoren	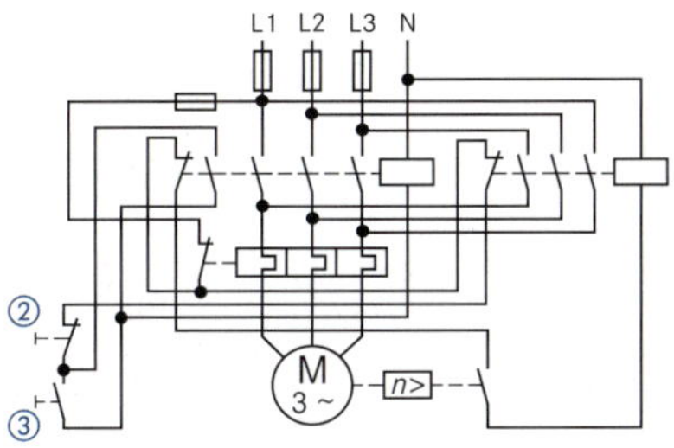	Hohe thermische Beanspruchung, große Kräfte an der Befestigung, einfach, unkompliziert, hohe Motorströme, keine Haltbremsung[1], feinfühlig	Hebezeuge, Tippbetrieb
Nutzbremsung	Wechsel- und Drehstrommotoren Gleichstrommotoren	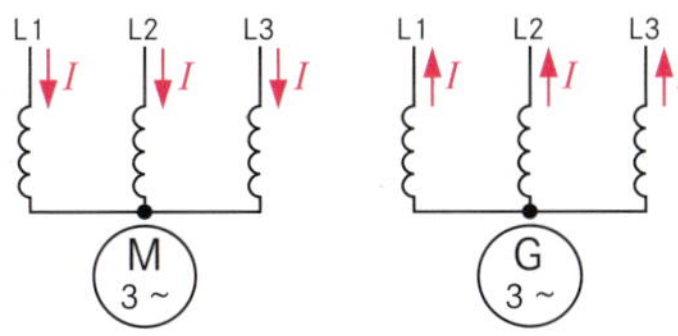 Motorbetrieb $n < n_f$ Bremsbetrieb $n > n_f$	Keine Haltbremsung[1]	Bahnen bei Talfahrten als Zusatzbremse
Widerstandsbremsung	Gleichstrommotoren	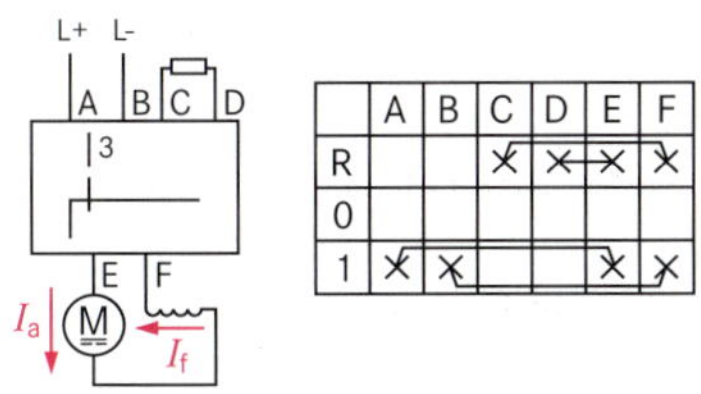	Motor arbeitet als Generator mit angeschlossenen Widerständen, keine Haltbremsung[1].	- Fahrzeuge (Nachlaufbremse) - Hebezeuge (Senkbremsung)
Gleichstrombremsung	Wechsel- und Drehstrommotoren	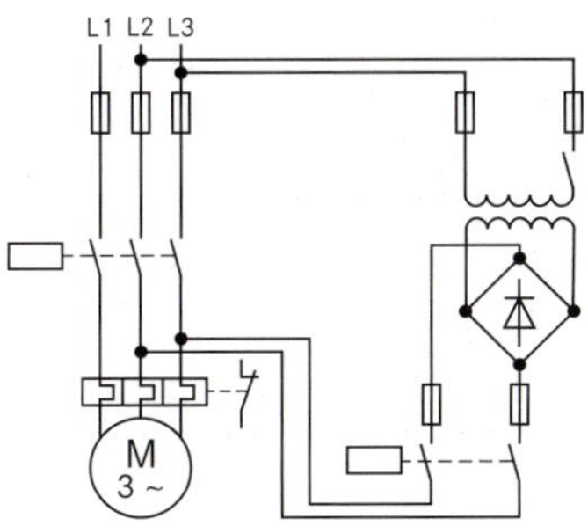	Hohe thermische Beanspruchung, keine Haltbremsung[1]	- Hebezeuge - Bahnen

[1] Haltbremsung: Bremsen bis Stillstand ② Manuelles Bremsen ③ Manuelles Lösen der Bremse

Bezeichnungssystem

- Die Bauformen und Aufstellungsarten werden durch **IM-Codes** (**I**nternational **M**ounting) klassifiziert.

Code I (alphanummerische Bezeichnung)	**Code II** (nummerische Bezeichnung)
Maschinen mit Lagerschild – Lager und nur einem Wellenende Grundzeichen IM ①②	Dieser Code deckt einen größeren Bereich der Maschinen ab und beinhaltet auch Maschinen nach Code I. Grundzeichen IM ①②③④
① B: Mit Lagerschildern und horizontaler Welle V: Mit Lagerschildern und vertikaler Welle ② Angabe über Lagerung, Befestigung und Art des Wellenendes **Beispiele:** IM B3 Fußbefestigung, waagrechte Lage, zwei Lagerschilde, mit Füßen IM V5 Fußbefestigung, senkrechte Lage, mit Füßen, zwei Lagerschilde, Wandbefestigung	① 1: Fußanbau, Schildlager 2: Fuß- und Flanschanbau, Schildlager 3: Schildlager, Flanschanbau (am Lagerschild) 4: wie 3, Flansch am Gehäuse 5: ohne Lager 6: Schildlager und Stehlager 7: nur Stehlager 8: vertikal (nicht durch 1 bis 4 abgedeckt) 9: besondere Aufstellung ② Art der Befestigung und Lagerung (z. B. 6) ③ Lage des Wellenendes und der Befestigung (z. B. 3) ④ Art des Wellenendes (z. B. 1)

Arten

Motoren mit Füßen Code		Motoren mit Flansch und Durchgangslöchern Code		Motoren mit Flansch und Gewindebohrungen Code	
I IM B3 II IM 1001	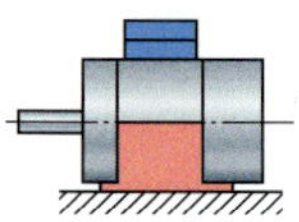	I IM B5 II IM 3001	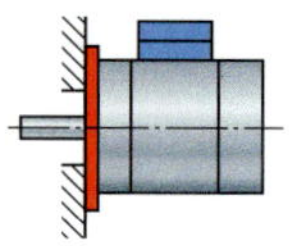	I IM B14 II IM 3601	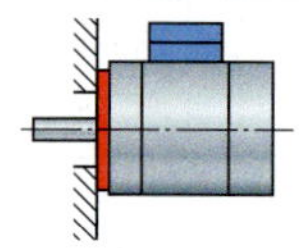
I IM V5 II IM 1011	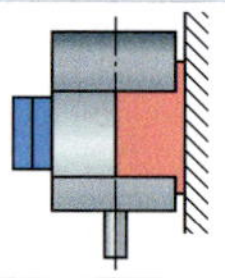	I IM V1 II IM 3011	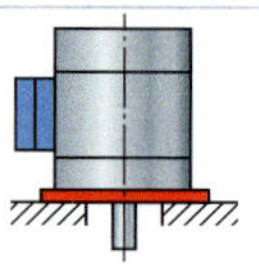	I IM V18 II IM 3611	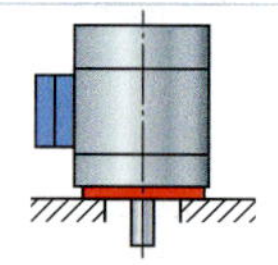
I IM V6 II IM 1031	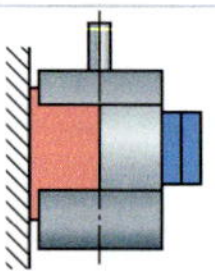	I IM V3 II IM 3031	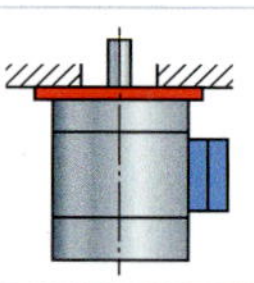	I IM V19 II IM 3631	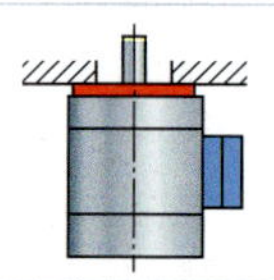
I IM B6 II IM 1051	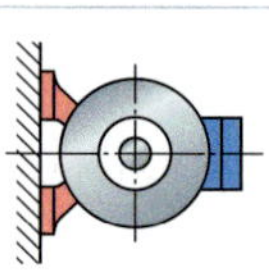	I IM B35 II IM 2001	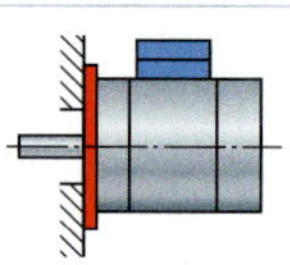	I IM B34 II IM 2101	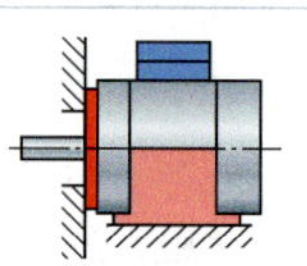
I IM B7 II IM 1061	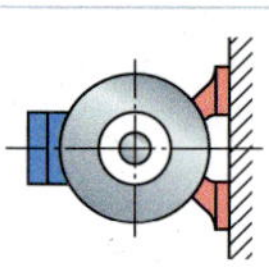	I IM V15 II IM 2011	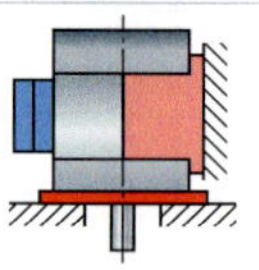	I IM V15 II IM 2111	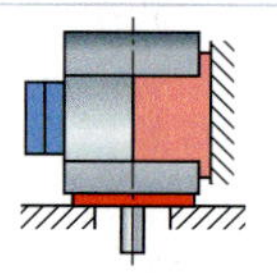
I IM B8 II IM 1071	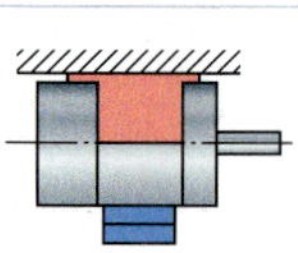	I IM V36 II IM 2031	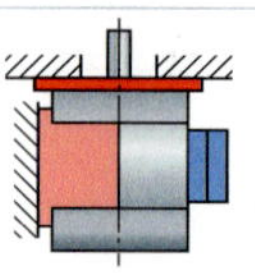	I IM V36 II IM 2131	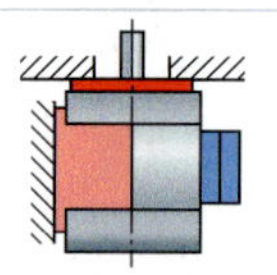

Kennzeichnungen: Fuß, Klemmenkasten, Flansch

S1: Dauerbetrieb

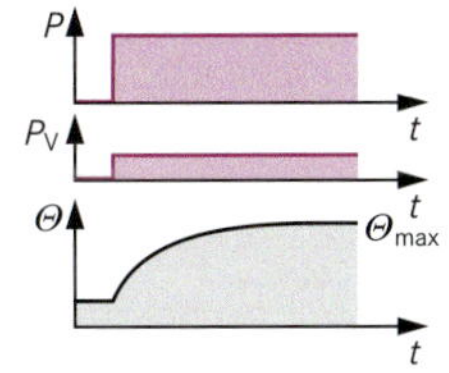

S2: Kurzzeitbetrieb

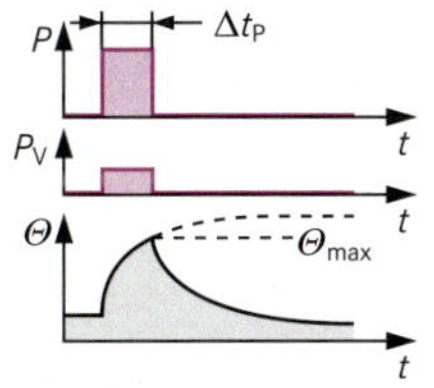

S3: Periodischer Aussetzbetrieb ohne Einfluss des Anlaufvorganges

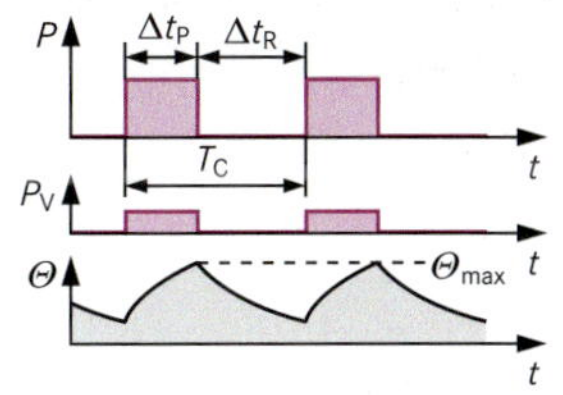

T_C: Spieldauer

Δt_p: Betriebszeit mit konstanter Belastung

Δt_R: Stillstandszeit

$$t_r = \frac{\Delta t_P}{T_C}$$

S4: Periodischer Aussetzbereich mit Einfluss des Anlaufvorganges

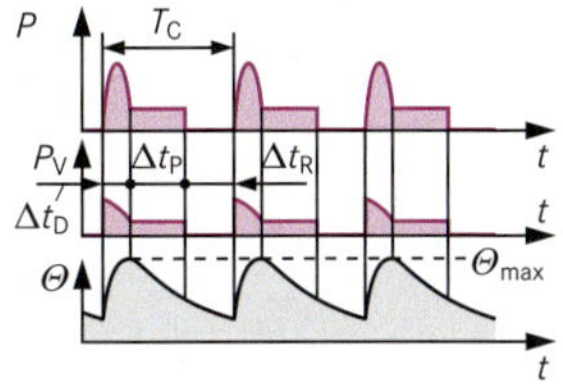

Δt_D: Anlaufzeit

$$t_r = \frac{\Delta t_D + \Delta t_P}{T_C}$$

S5: Wie S4, zusätzlich mit Einfluss elektrischen Bremsens

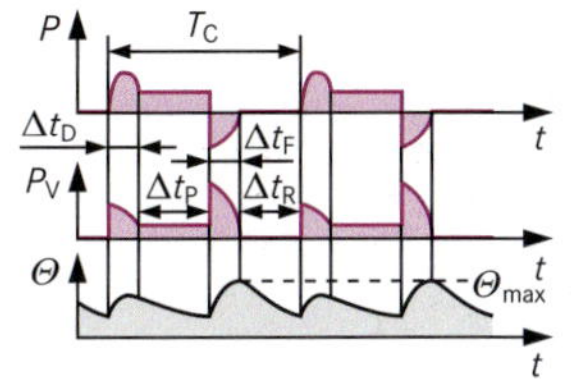

Δt_F: Zeit mit elektrischer Bremsung

$$t_r = \frac{\Delta t_D + \Delta t_P + \Delta t_F}{T_C}$$

S6: Ununterbrochener periodischer Betrieb mit Aussetzbelastung

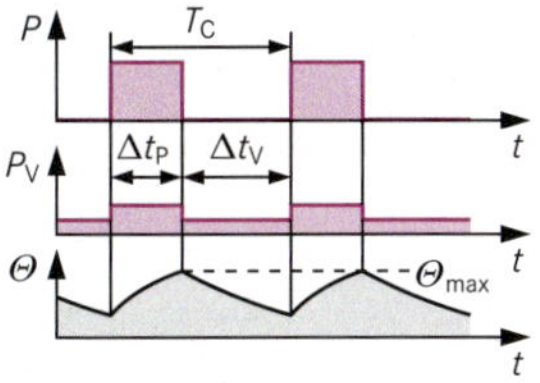

$$t_r = \frac{\Delta t_P}{T_C}$$

S7: Ununterbrochener periodischer Betrieb mit Anlauf und elektrischer Bremsung

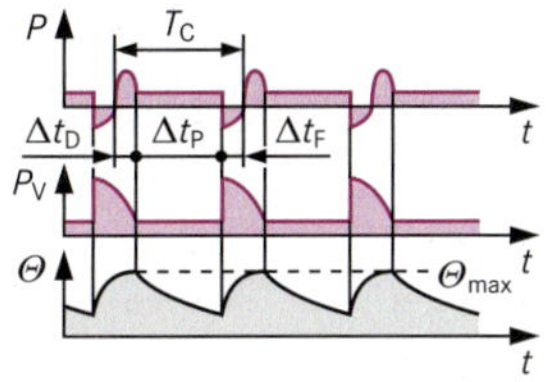

$t_r = 1$

S8: Ununterbrochener periodischer Betrieb mit periodischer Drehzahländerung

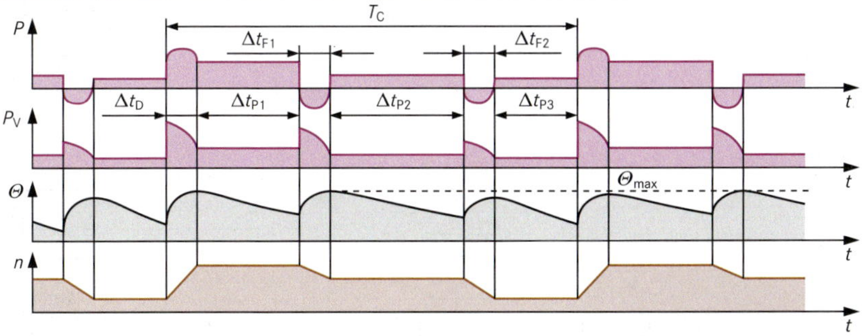

$$t_{r1} = \frac{\Delta t_D + \Delta t_{P1}}{T_C}$$

$$t_{r2} = \frac{\Delta t_{F1} + \Delta t_{P2}}{T_C}$$

$$t_{r3} = \frac{\Delta t_{F2} + \Delta t_{P3}}{T_C}$$

S9: Betrieb mit nichtperiodischer Last- und Drehzahländerung

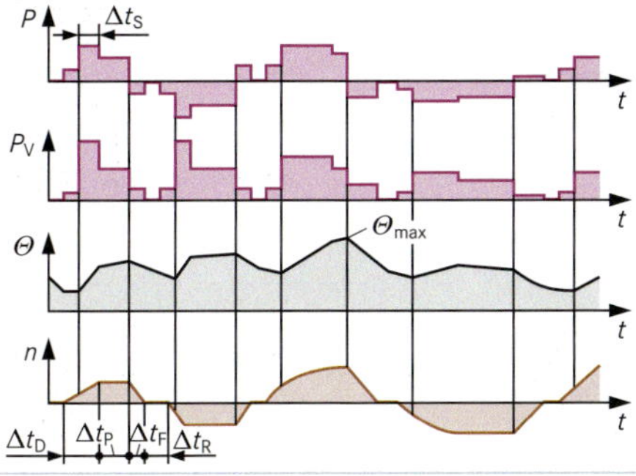

S10: Betrieb mit einzelnen konstanten Belastungen

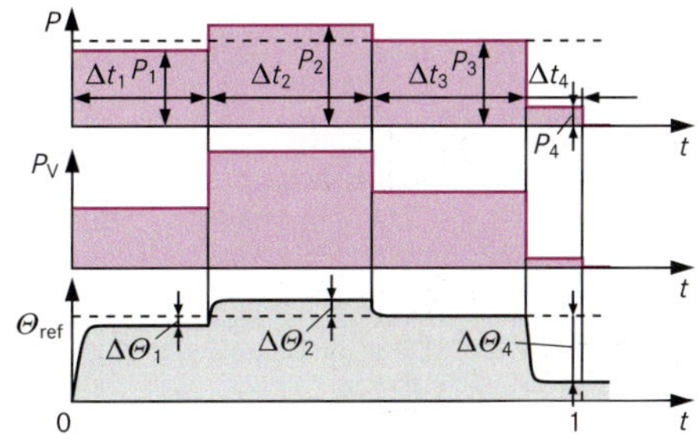

t_r: relative Einschaltdauer P_V: Verlustleistung Θ: Maschinentemperatur

Wechselstrommotoren

Motoren mit Betriebskondensator 230 V/50 Hz, n_f = 3000 min^{-1} bzw. n_f = 1500 min^{-1}

Baugröße	P_n in kW	n_n in min^{-1}	I_n in A	cos φ	$\frac{I_A}{I_n}$	$\frac{M_A}{M_n}$	C_B in µF	U_C in V	m in kg
63	0,120	2800	1,2	0,9	3,0	0,6	4	400	5
71	0,3	2760	2,4	0,98	3,0	0,45	10	400	7
71	0,5	2790	3,6	0,95	3,5	0,46	12	400	8
80	0,9	2800	6,2	0,95	4,0	0,35	20	400	11
90S	1,1	2740	7,4	0,97	3,4	0,38	30	400	14
90L	1,7	2700	11	0,97	3,5	0,35	40	400	17
63	0,12	1390	1,3	0,98	2	0,54	5	400	5
63	0,18	1390	1,85	0,86	2,8	0,51	6	400	5
71	0,3	1380	3	0,92	2,6	0,52	12	400	8
80	0,55	1380	4,2	0,91	3,3	0,64	16	400	11
90S	0,9	1370	6,0	0,97	3,3	0,38	30	400	14
90L	1,25	1380	8,5	0,95	3,8	0,42	40	400	17

Drehstrom-Käfigläufermotoren

■ n_f = 3000 min^{-1}

Baugröße	P_n in kW	n_n in min^{-1}	I_n bei 400 V in A	M_n in Nm	η in %	cos φ	$\frac{I_A}{I_n}$	$\frac{M_A}{M_n}$	$\frac{M_K}{M_n}$	m in kg
63	0,25	2765	0,68	0,86	66	0,81	4,3	2,3	2,3	4,1
71	0,55	2800	1,3	1,9	71	0,85	4,9	2,3	2,3	6,6
80	0,75	2850	1,7	2,5	74	0,84	6,0	2,4	2,3	8,2
80	1,1	2850	2,6	3,7	77	0,85	6,1	2,4	2,3	9,9
90S	1,5	2860	3,4	5,0	77	0,82	6,2	2,5	2,5	12,9
90L	2,2	2860	4,6	7,4	82	0,85	6,8	2,8	2,8	15,7
100L	3	2895	6,1	9,8	83	0,86	7,2	2,4	2,6	21
112M	4	2895	7,8	13	84	0,88	7,6	2,4	2,8	25
132S	5,5	2925	10,6	18	85	0,88	7,0	2,2	2,8	43
132S	7,5	2930	14,2	25	87	0,88	7,7	2,5	3,0	50
160M	11	2935	21,5	36	88	0,84	6,5	2,1	2,6	71
160M	15	2940	29	49	90	0,85	7,1	2,3	2,8	82
160L	18,5	2940	34,2	60	91	0,86	7,6	2,5	2,9	99
180M	22	2940	39	71	91,5	0,89	6,9	2,5	3,0	165

■ n_f = 1500 min^{-1}

Baugröße	P_n in kW	n_n in min^{-1}	I_n bei 400 V in A	M_n in Nm	η in %	cos φ	$\frac{I_A}{I_n}$	$\frac{M_A}{M_n}$	$\frac{M_K}{M_n}$	m in kg
71	0,25	1325	0,75	1,8	62	0,78	3,2	1,7	1,7	4,8
80	0,55	1400	1,4	3,7	71	0,80	4,7	2,3	2,4	8,0
80	0,75	1400	1,8	5,1	74	0,80	5,0	2,5	2,6	9,4
90S	1,1	1410	2,6	7,5	75	0,81	5,0	2,1	2,5	12,3
90L	1,5	1405	3,5	10	75	0,82	4,9	2,2	2,6	15,6
100L	2,2	1415	4,9	15	79	0,82	6,0	2,2	2,6	22
100L	3	1415	6,4	20	81	0,83	6,2	2,7	3,0	24
112M	4	1435	8,7	27	83	0,80	7,0	2,9	3,0	29
132S	5,5	1450	11,1	36	84	0,85	7,0	2,2	2,8	39
132M	7,5	1450	14,8	49	86	0,85	7,6	2,4	3,3	53
160M	11	1460	22	72	88	0,84	7,6	2,4	3,0	74
160L	15	1460	29	98	89	0,85	7,7	2,2	2,9	90
180M	18,5	1455	35	121	90,5	0,84	6,2	2,6	2,5	165
180L	22	1455	41	144	91,2	0,85	6,4	2,6	2,5	180

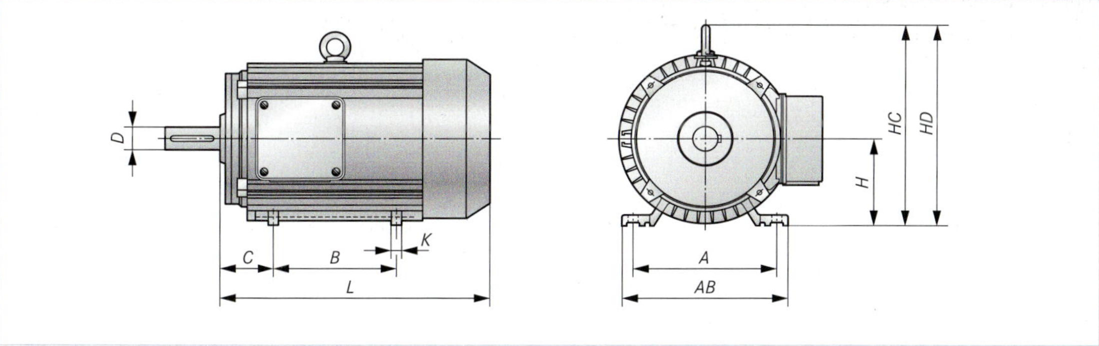

Angaben für Maschinen mit Füßen

Baugröße	*A* in mm	*AB* in mm	*H* in mm	*B* in mm	*C* in mm	*D* in mm	*L* in mm	Bolzen
56M	90	112	56	71	36	9	174	M5
63M	100	128	63	80	40	11	210	M6
71M	112	138	71	90	45	14	224	
80M	125	157	80	100	50	19	256	
90S	140	175	90		56	24	286	M8
90L				125			298	
100L	160	198	100	140	63	28	342	M10
112M	190	227	112		70		372	
132S	216	262	132		89	38	406	
132M				178			440	
160M	254	320	160	210	108	42	542	M12
160L				254			562	
180M	279	355	180	241	121	48	602	
180L				279			632	
200M	318	395	200	267	133	55	680	M16
200L				305				
225S	356	435	225	286	149	60	764	
225M				311				
250S	406	490	250		168	65	874	M20
250M				349				
280S	457	550	280	368	190	75	984	
280M				419			1036	
315S	508	635	315	406	216	80	1050	M24
315M				457			1100	

Vergleich aktuelle und bisherige Bemaßung

DIN EN 50347	*A*	*AB*	*B*	*C*	*D*	*H*	*K*	*L*
DIN 42673-1[1)]	*b*	*XA* + *XB*	*a*	w_1	*d*	*h*	*s*	*Y*

[1)] zurückgezogen 2003-09

Bemessungsleistungen in kW

Baugröße	3000 min^{-1}	1500 min^{-1}	1000 min^{-1}	750 min^{-1}	Baugröße	3000 min^{-1}	1500 min^{-1}	1000 min^{-1}	750 min^{-1}
56M	0,09/0,12	0,06/0,09	–	–	180M	22	18,5	–	–
63M	0,18/0,25	0,12/0,18	–	–	180L		22	15	11
71M	0,37/0,55	0,25/0,37	–	–	200M	30	–	18,5	–
80M	0,75/1,1	0,55/0,75	0,37/0,55	–	200L	37	30	22	15
90S	1,5	1,1	0,75	–	225S	–	37	–	18,5
90L	2,2	1,5	1,1	–	225M	45	45	30	22
100L	3	2,2/3	1,5	0,75/1,1	250S				–
112M	4	4	2,2	1,5	250M	55	55	37	30
132S	5,5/7,5	5,5	3	2,2	280S	75	75	45	37
132M	–	7,5	4/5,5	3	280M	90	90	55	45
160M	11/15	11	7,5	4/5,5	315S	110	110	75	55
160L	18,5	15	11	7,5	315M	132	132	90	75

Umwandlungsarten der elektrischen Energie

Die Umwandlung elektrischer Energie ermöglicht einen Energiefluss zwischen Systemen mit unterschiedlicher Stromart.

Gleichrichten: Umwandeln von Wechselstrom in Gleichstrom. Energiefluss vom Wechsel- zum Gleichstromsystem

Gleichstromumrichten: Umwandeln von Gleichstrom gegebener Spannung und Polarität in Gleichstrom anderer Spannung und/oder Polarität.

Wechselstromumrichten: Umwandeln von Wechselstrom gegebener Spannung, Frequenz und Phasenzahl in Wechselstrom anderer Spannung und/oder Frequenz und/oder Phasenzahl.

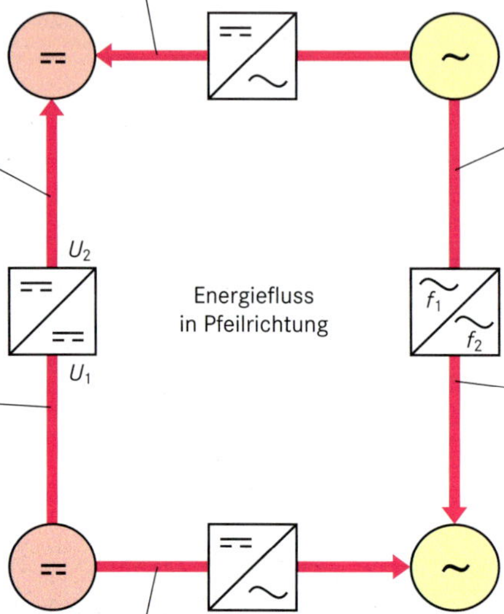

Gleichstromstellen: Gleichstromumrichten ohne Wechselspannungszwischenkreis.

Wechselstromstellen: Wechselstromumrichten mit Verstellung der Ausgangswechselspannung bei Vorgabe der Eingangswechselspannung. Die Grundschwingungen von Eingangs- und Ausgangsfrequenz sind gleich.

Wechselrichten: Umwandeln von Gleichstrom in Wechselstrom. Energiefluss vom Gleich- zum Wechselstromsystem

Anwendungen

Art	Gleichrichter	Wechselrichter	Gleichstromsteller
Netzgeführte Stromrichter ■ ungesteuert	Gleichspannung nur von Netzspannung und Last abhängig	–	–
Netzgeführte Stromrichter ■ gesteuert	Gleichspannung kann in der Höhe verstellt werden.	Nur bei eingeprägtem Gleichstrom möglich	–
Selbstgeführte Stromrichter	Gleichspannung/-strom in Höhe und Polarität einstellbar	Gleichspannung/-stromstärke in Höhe und Polarität einstellbar	Je nach Anforderung sind nur Teile einer vollständigen Brückenschaltung erforderlich.

Wechselstromsteller

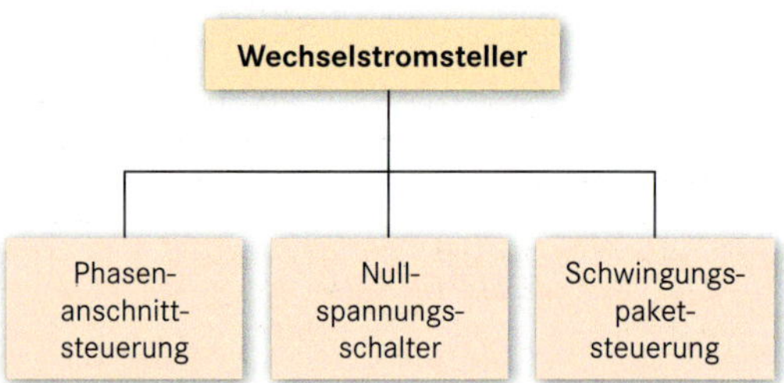

Wechselstromumrichter

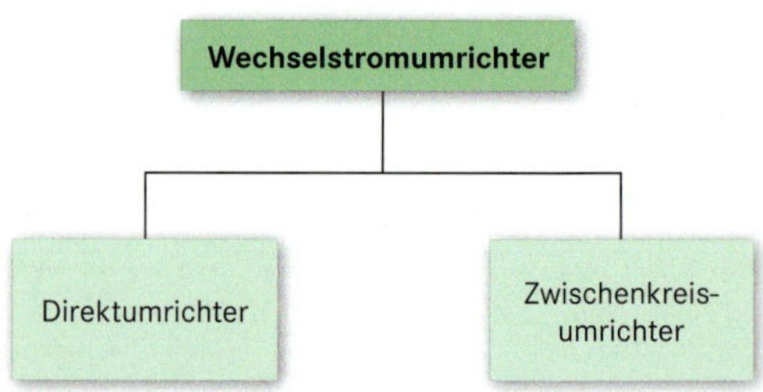

Gleichstromsteller
D.C. Chopper Converter

- Gleichstromsteller (Chopper) sind periodisch arbeitende Gleichstromschalter.
- Beide Gleichstromseiten sind galvanisch miteinander verbunden.
- Der Einsatz erfolgt zunehmend in Stromrichtern für 1- und 4-Quadrantenbetrieb.
- Wegen geringer Totzeit sind Gleichstromsteller ideale Stellglieder bei Servoantrieben.

Tiefsetzsteller

Bei gegebener fester Eingangsgleichspannung U_d ist eine verminderte variable Ausgangsgleichspannung U_L verlustarm lieferbar.

Beispiel: Einpulsiger Tiefsetzsteller E1C F

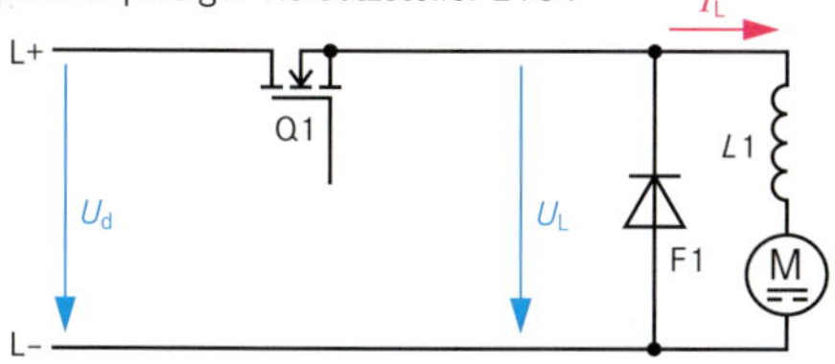

Ausführung des Stellgliedes Q1 bei Schaltleistungen
≤ 10 kVA: MOFSET
≤ 150 kVA: IGBT
≤ 12 MVA: GTO, Thyristoren

Hochsetzsteller

Einsatz von Induktivitäten als Energiespeicher ermöglichen eine Ausgangsgleichspannung U_L, die höher ist als die Eingangsspannung U_d.

Beispiel: Parallelschaltung zweier Hochsetzsteller

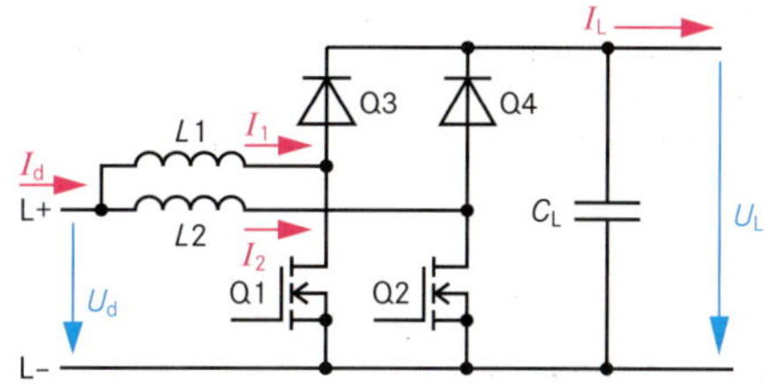

Eine versetzte Ansteuerung von Q1 und Q2 um 180° reduziert die Welligkeit von I_d.

Steuerarten von Gleichstromstellern
Control Modes of D.C. Chopper Converters

Bezeichnung	Spannungs- und Stromverlauf	Eigenschaften	Anwendungen
Pulsbreitensteuerung	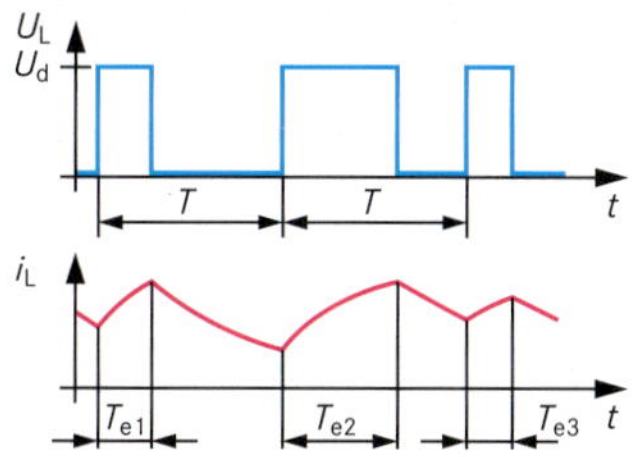	- Konstante Periodendauer T - Variable Einschaltdauer T_e - Konstantes Verhältnis von – Lastkreiszeitkonstante $\tau = \frac{L}{R}$ und – Periodendauer T	- Speisung von Fahrmotoren in Elektrofahrzeugen - Einsatz in Anlagen, bei denen veränderliche Frequenzen zu Störungen führen - Spannungsregler für bürstenlose Drehstromgeneratoren
Pulsfolgesteuerung	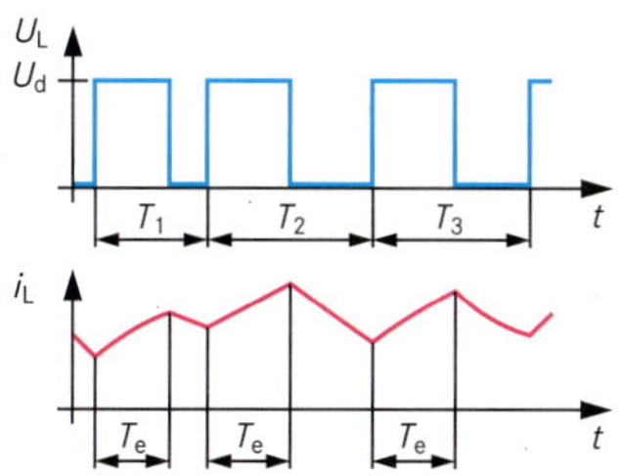	- Variable Periodendauer T - Konstante Einschaltdauer T_e - Kommutierungsverluste erreichen Maximalwert erst bei höchster Aussteuerung.	- Einfache Schaltkreise mit geringen Anforderungen an die Stromwelligkeit - Speisung von Gleichstrommaschinen im Anker- und Feldstellbereich - Regulierung eines Widerstandes (gepulster Widerstand)
Zweipunkt-Regelung	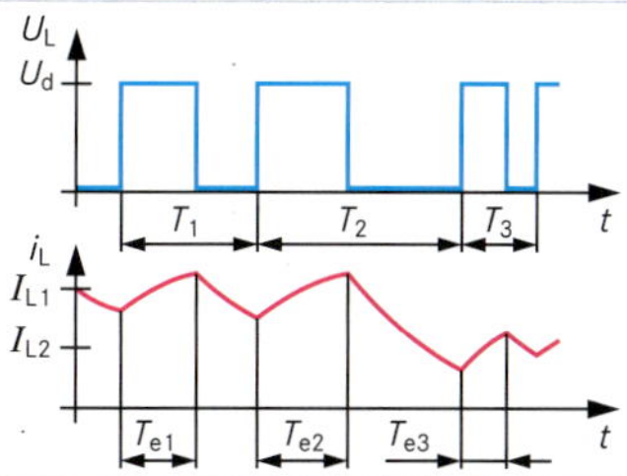	- Zweipunkt-Regelung nur möglich, wenn im Lastkreis ein Energiespeicher vorhanden ist. - Variable Periodendauer T und variable Einschaltdauer T_e	- Drehzahl- und stromgeregelte Antriebe mit zulässiger Restwelligkeit des Laststromes

Ungesteuerte Stromrichter

- Leitfähigkeit der Dioden nur von Eingangsspannung und Laststrom abhängig
- Halbleiter werden nicht angesteuert.
- Nur eine Leistungsrichtung möglich (Gleichrichter)

Bezeichnung	Schaltung	Spannungsverlauf	Eigenschaften
Einpuls-Mittelpunkt-Schaltung M1U	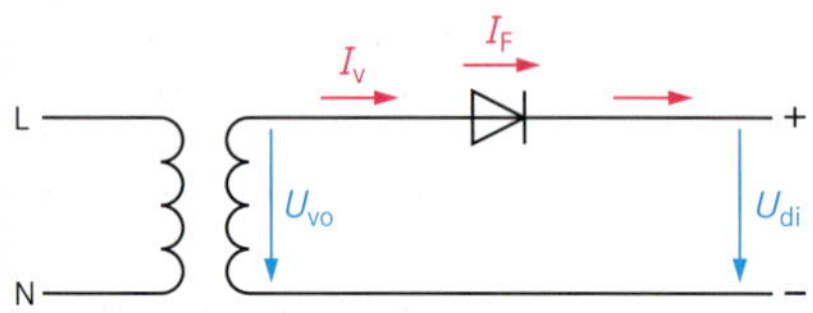	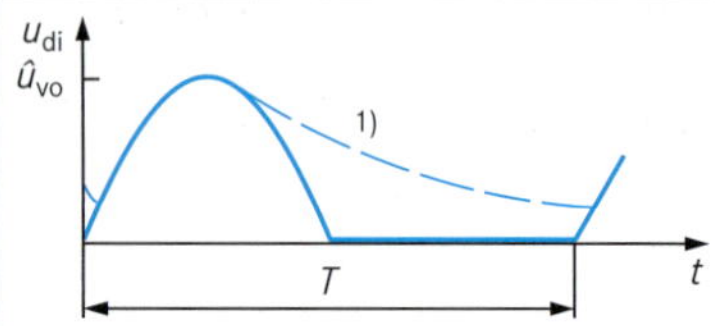	große Spannungswelligkeit $w_u = 1{,}21$ $\frac{U_{di}}{U_{vo}} = 0{,}45$
Zweipuls-Brücken-Schaltung B2U	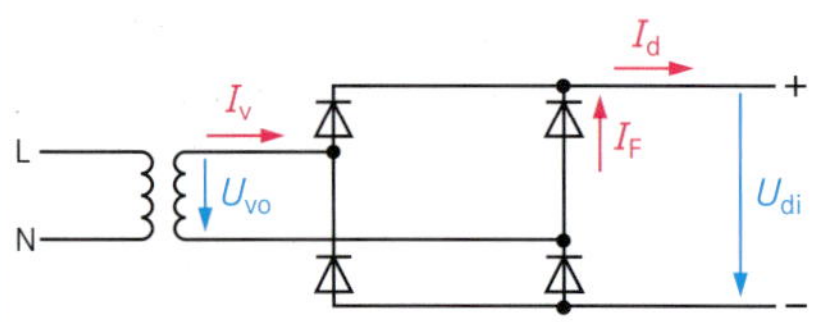	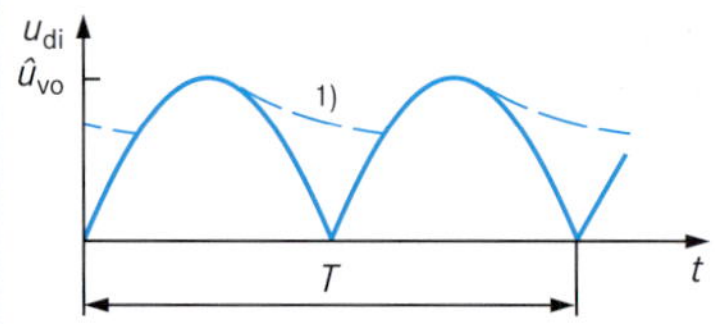	geringste Spannungswelligkeit bei zweiphasigem Anschluss $w_u = 0{,}48$ $\frac{U_{di}}{U_{vo}} = 0{,}9$
Sechspuls-Brücken-Schaltung B6U	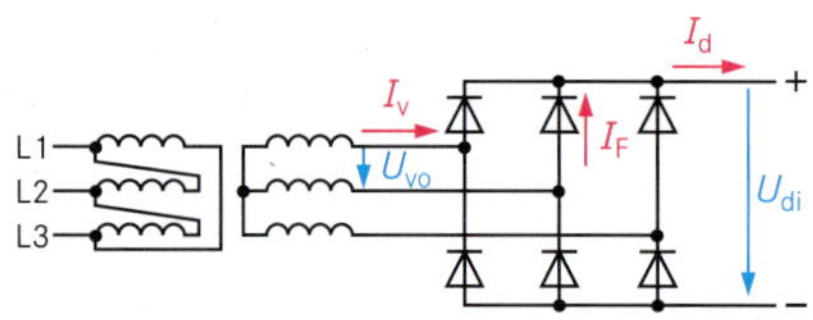	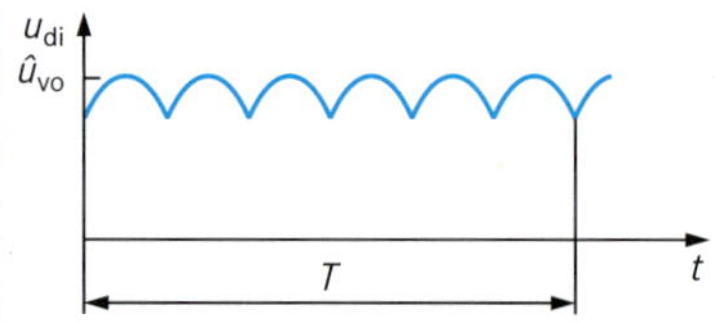	kleine Spannungswelligkeit $w_u = 0{,}04$ $\frac{U_{di}}{U_{vo}} = 1{,}35$

[1] Spannungsverlauf mit Glättungskondensator w_u: Spannungswelligkeit $w_u = \frac{U_{d,AC}}{U_{d,DC}}$

Vollgesteuerte Stromrichter

- Halbleiter werden durch einen Zündimpuls in den leitenden Zustand gebracht.
- Strom kommutiert und verlischt bei Nulldurchgang.
- Nur eine Gleichstromrichtung möglich
- Zwei Leistungsflussrichtungen möglich

Zweipulsbrückenschaltung B2C	Sechspulsbrückenschaltung B6C
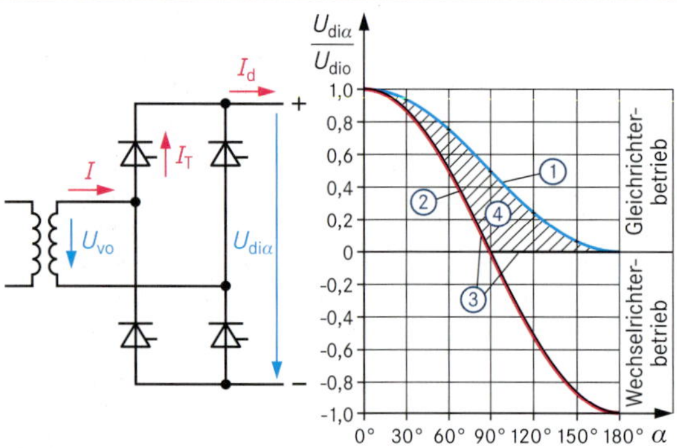	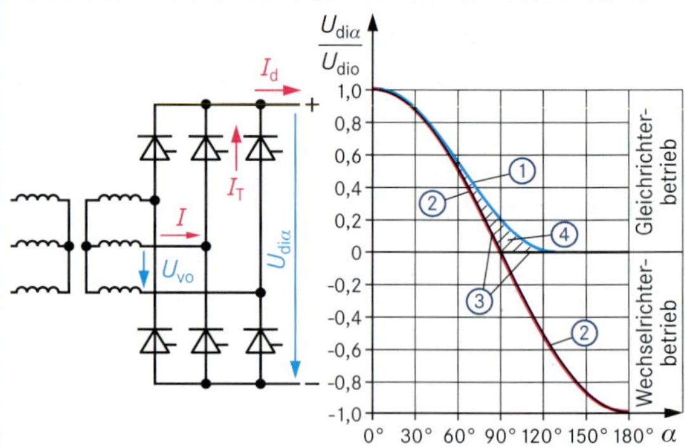

α = 60° Gleichrichter	α = 120° Wechselrichter	α = 60° Gleichrichter	α = 120° Wechselrichter
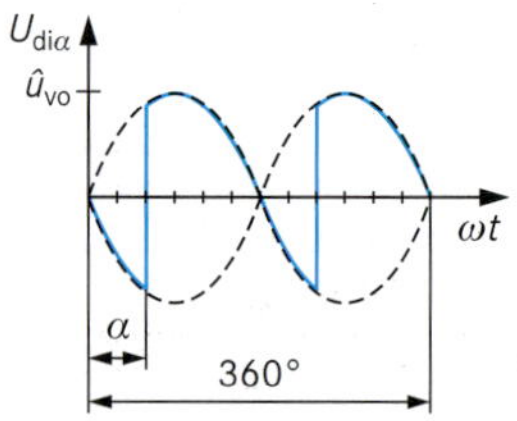	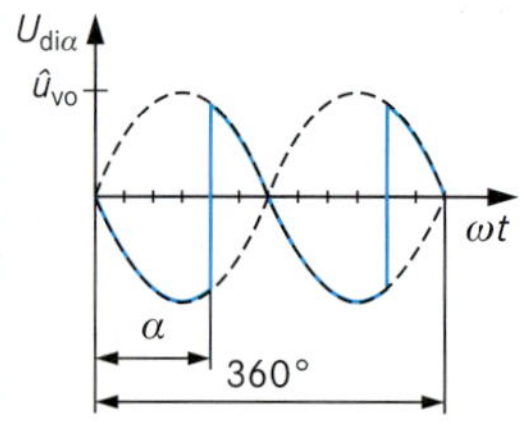	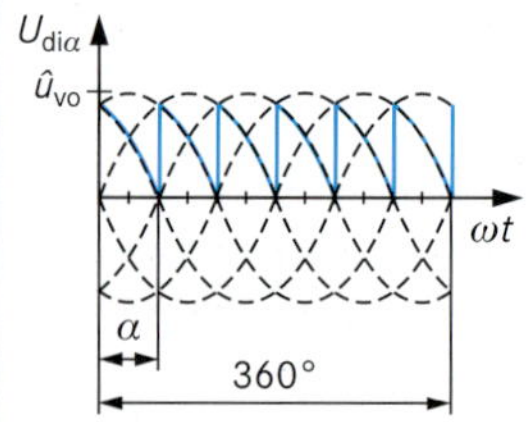	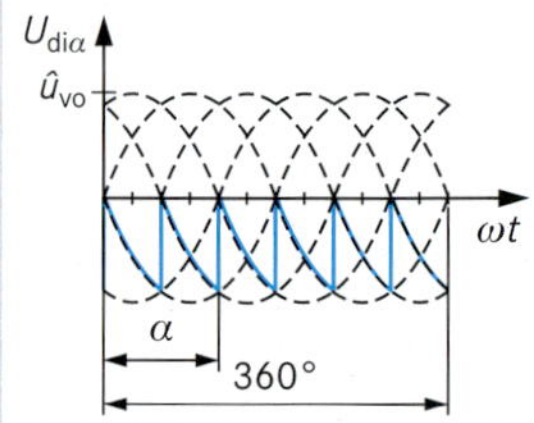

① Widerstandslast ② aktive Last bei nichtlückendem Strom
③ induktive Last ④ Stellbereich bei ohmsch-induktiver Last

Betriebsdiagramm von Stromrichterantrieben

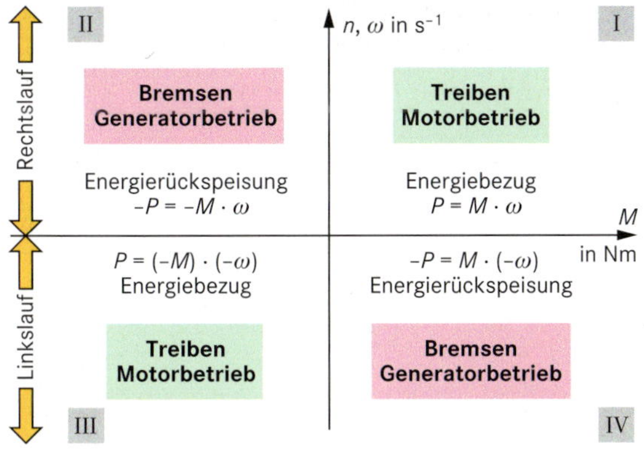

- Die Betriebsarten von Stromrichterantrieben bilden ein Vierquadrantenfeld.
- **Einquadrantenantrieb**:
  - Nur für Treiben, also je nach Drehrichtung I. oder III. Quadrant.
  - Definition gilt auch für Bremsbetrieb, wenn Energie nicht dem Netz, sondern z. B. einem Bremswiderstand zugeführt wird.
- **Zweiquadrantenantrieb**:
  Bei Rechtslauf mit Treiben und Nutzbremsen
- **Vierquadrantenantrieb**:
  Rechts- und Linkslauf, Treiben und Nutzbremsen

Drehmoment-Drehzahl-Kennlinien von Arbeitsmaschinen

$M \sim \frac{1}{n}$ P = konstant	M = konstant $P \sim n$	$M \sim n$ $P \sim n^2$	$M \sim n^2$ $P \sim n^3$
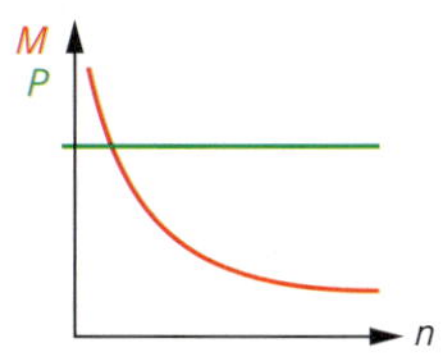	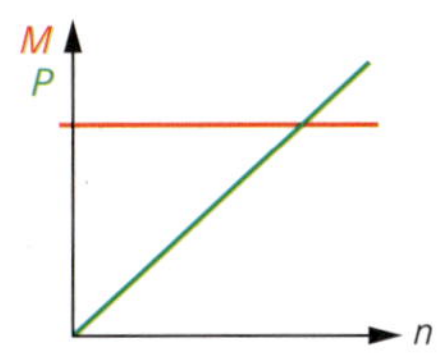	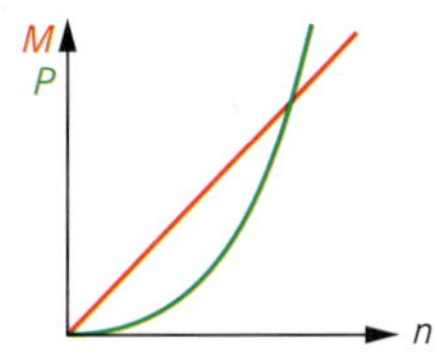	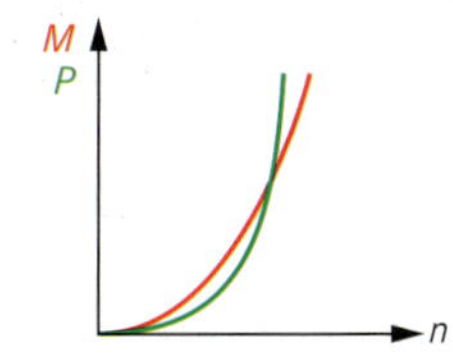
Wickler, Drehmaschinen, Mühlen, Rührwerke, Prüfstände	Kolbenpumpen, Walzwerke, Hebezeuge, Transportbänder	Kalander (Kleinwalzwerk) mit viskoser Reibung, Wirbelstrombremsen	Zentrifugalpumpen, Lüfter, Gebläse, Zentrifugen

Elektronische Gleichstromantriebe

- Fremderregter Gleichstrommotor ist eine häufig verwendete Antriebsmaschine.
- Drehzahlsteuerung erfolgt üblicherweise durch Veränderung der Ankerspannung U_a.
- Eine Spannungsversorgung ist über netzgeführte Stromrichter bzw. über Steller (Chopper) mit Gleichspannungszwischenkreis möglich.

Kennlinien im Ankerstellbereich

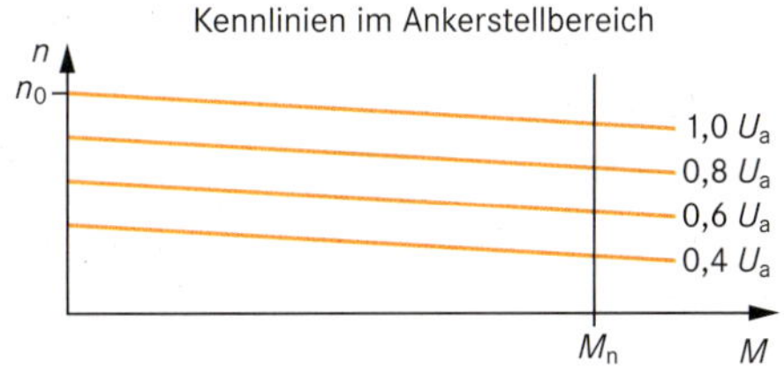

Elektronische Drehstromantriebe

- Drehstrom-Asynchronmotor mit Käfigläufer ist die häufigste Antriebsmaschine, da besonders wartungsarm.
- Kontinuierliche und verlustarme Drehzahlveränderung durch variable Frequenz und Spannung.
- Versorgung überwiegend durch Umrichter mit Spannungszwischenkreis, da diese Einzelantrieb und Antriebsverbund ermöglichen.

Kennlinien bei Umrichterspeisung

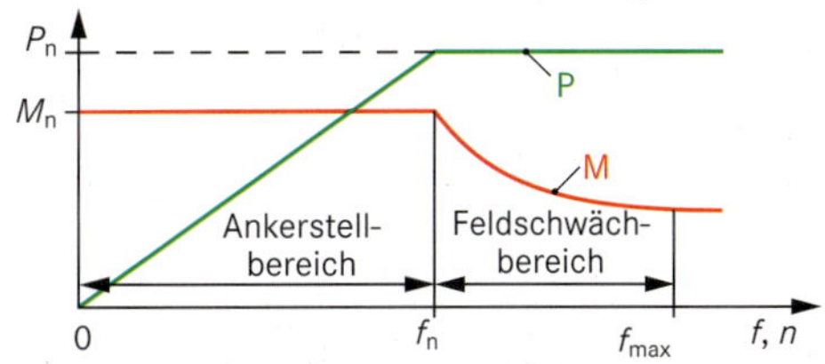

$U \sim f$ M = konst.
$P \sim f$ Φ = konst.

U = konst. $M \sim 1/f$
P = konst. $\Phi \sim 1/f$

Bezeichnung	Drehstromsteller	Gepulster Läuferwiderstand	Untersynchrone Stromrichterkaskade	Direktumrichter
Schaltung	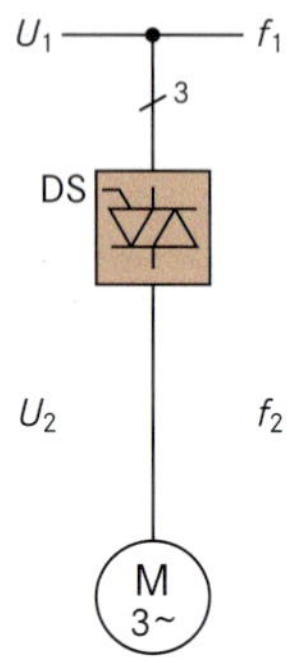	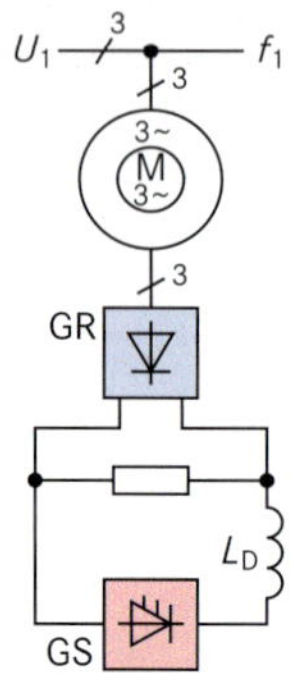	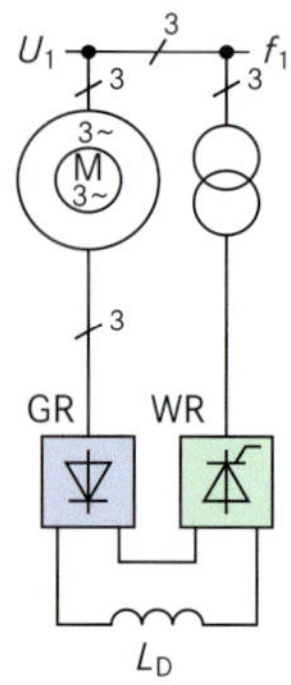	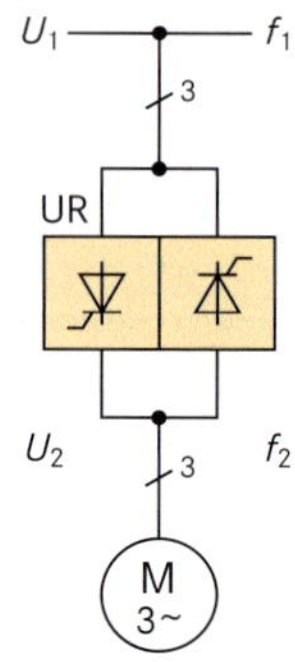
Eigenschaften	Reduzierte Ständerspannung senkt magnetischen Fluss. Größerer Schlupf erzeugt höheren Läuferstrom, für ein konstantes Moment bei niedrigerer Drehzahl.	Beeinflussung des Läuferwiderstandes durch pulsgesteuerten Widerstand. Schlupfleistung wird im Läuferkreis in Wärme umgesetzt.	Schlupfleistung wird über Stromrichterkaskade ins Drehstromnetz zurückgeführt.	Vollgesteuerte Umkehrstromrichter erzeugen Wechselspannung und -strom Ständerfrequenz $f_2 \leq 0{,}5\ f_1$
Anwendung	Lüfter- und Kreiselpumpenantriebe bis ca. 10 kW	Schleifringläuferantriebe bis ca. 20 kW	Verlustarme Schleifringläuferantriebe bis MW-Bereich, z. B. Pumpen- und Lüfterantriebe	Versorgung von Reisezügen mit Diesellokomotive, Rohrmühlenantrieb im MW-Bereich
Bezeichnung	**Umrichter mit Spannungszwischenkreis**	**Umrichter mit Stromzwischenkreis**	**Stromrichtermotor**	**Pulsumrichter**
Schaltung	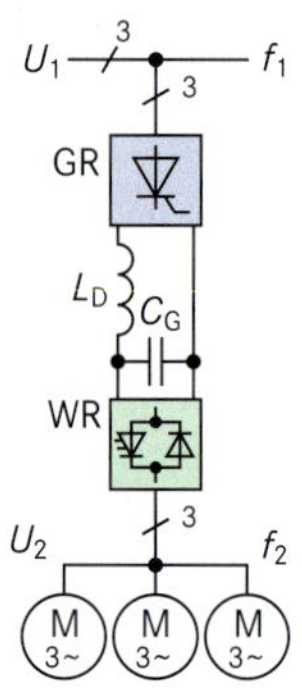	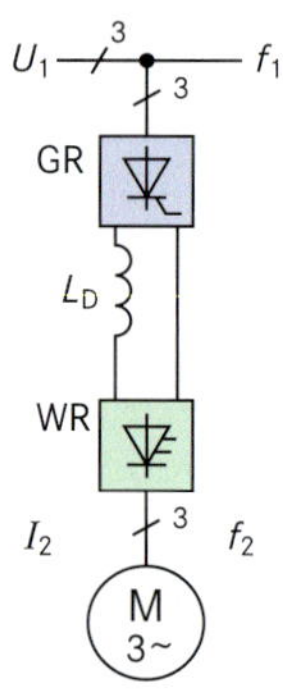	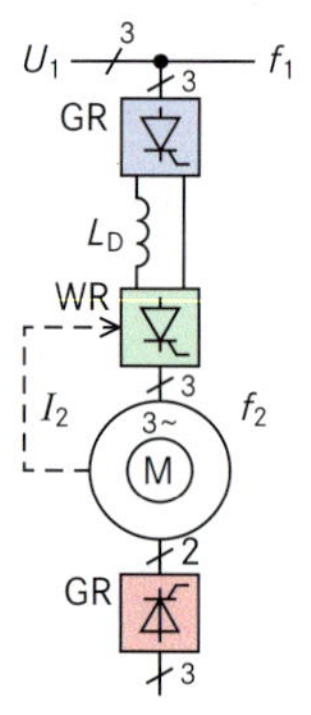	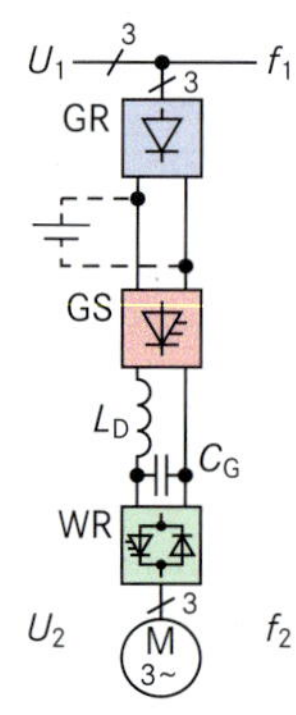
Eigenschaften	Lastspannung wird durch Spannungszwischenkreis eingeprägt. Netz wird durch Steuerblindleistung belastet.	Geringerer Stromrichteraufwand. Bedingt durch eingeprägten Strom nur Speisung von dauernd eingeschalteten Einzellasten möglich.	Eingeprägter Strom versorgt Synchronmaschine. Polradstellung taktet Maschinenstromrichter, kein Kippen bei Laststößen.	Ungesteuerter Netzstromrichter verhindert Steuerblindleistung. Gepulste Ausgangsspannung ist oberschwingungsarm.
Anwendung	Gruppenantriebe mit hoher Gleichlaufanforderung bis $f_2 \leq 600$ Hz	Einmotorantriebe bis 1 MW im Drehzahlstellbereich von 1: 20	Antriebe bis MW-Bereich; kleine Antriebe z. B. in Tonbandgeräten, Plattenspielern	Konst. Zwischenkreissp. kann durch Gleichsp.-Netz gestützt werden; bis 10 kW Transistor-Pulsumrichter

GR: Gleichrichter, gesteuert oder ungesteuert; WR: Wechselrichter, selbst- oder netzgeführt;
GS: Gleichstromsteller; UR: Direktumrichter; DS: Drehstromsteller

	Phasenanschnittsteuerung	Nullspannungsschalter	Schwingungspaketsteuerung
Beschreibung	Netzspannung wird erst bei Erreichen des Steuerwinkels α zugeschaltet. Dadurch wird der Spannungseffektivwert zwischen 0 und 100 % eingestellt.	Unabhängig vom Zeitpunkt des Steuersignals erfolgt die Einschaltung beim nächsten Spannungsnulldurchgang über der Schaltstrecke.	Einschaltvorgang des Schalters erfolgt so, dass immer eine komplette Spannungsschwingung die Last versorgt.
Anwendung	▪ Einsatz im Dimmer ▪ Stellglied für Anker-/Erregerkreis von Gleichstrommotoren ▪ Zwischenkreiseinspeisung bei Frequenzumformern ▪ Hochspannungs-Gleichstrom-übertragung	▪ Elektronisches Lastrelais ▪ Beliebige Lasten ▪ Vermeidung von Ausgleichsvorgängen	▪ Heizungs-/Temperaturregelung z. B. bei Schmelz- und Trockenöfen, Elektroheizungen, Lötkolben usw.
Schaltverhalten	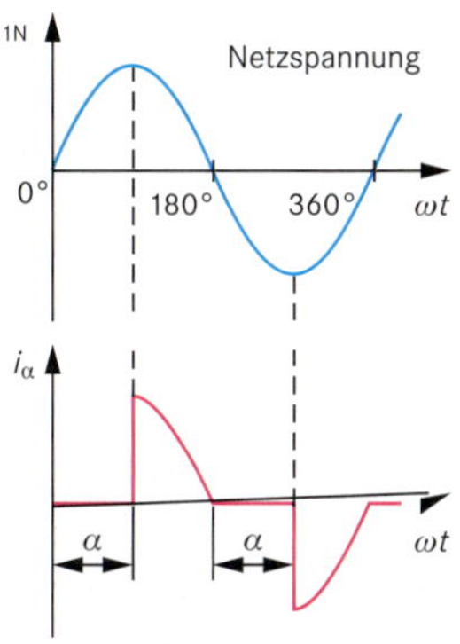 Laststrom bei α = 90°	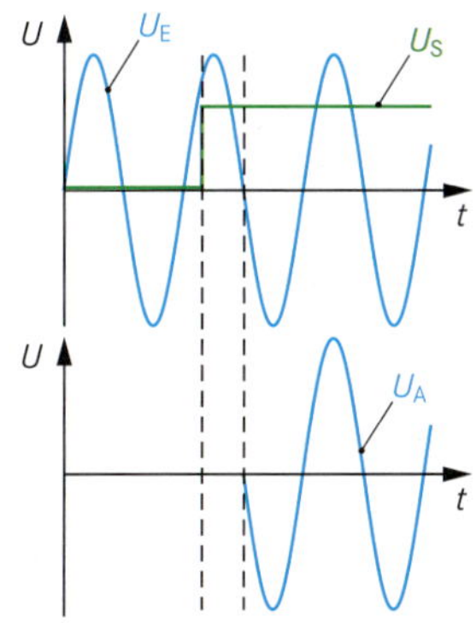 U_S = Steuerspannung	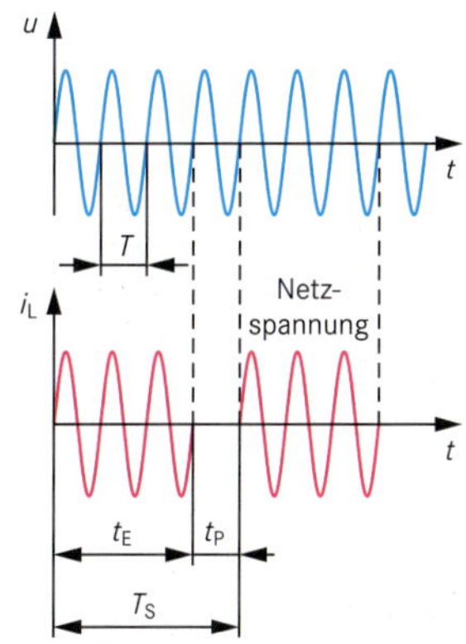
Eigenschaften	▪ Verursacht Stromoberschwingungen und Steuerblindleistung ▪ Verbraucher mit hoher Leistung nur mit Sondergenehmigung des VNB zu betreiben ▪ Nach TAB 2007 max. 1,7 kW Glühlampenleistung pro Außenleiter; bei induktivem Vorschaltgerät bzw. Motoren max. 3,4 kVA	▪ Prellfreies Schalten möglich ▪ Ausschaltung nach natürlichem Stromnulldurchgang ▪ Geringe Funkstörung und Netzrückwirkungen ▪ Hohe Schaltgeschwindigkeit ▪ Geräuscharmes Schalten	▪ Keine Stromoberschwingungen, keine Steuerblindleistung ▪ Verursacht Flicker (optisch wahrnehmbare Beleuchtungsstärkeschwankung) durch schnelle Änderung der Netzspannung ▪ Maximale Anschlussleistung beschränkt; abhängig von Schalthäufigkeit und Netzform
Beispiele	W1C-Schaltung mit Triac als Dimmer 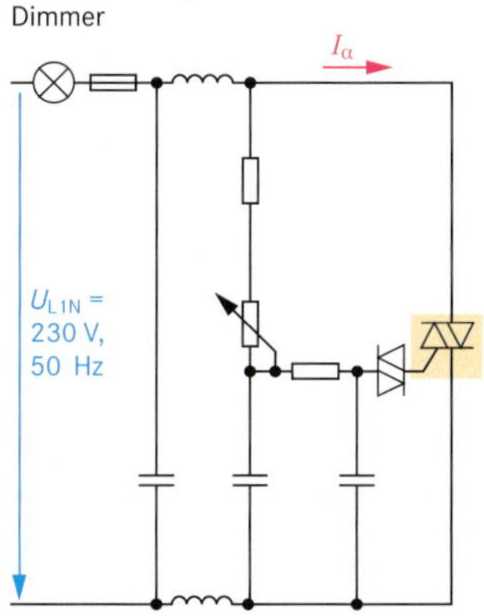	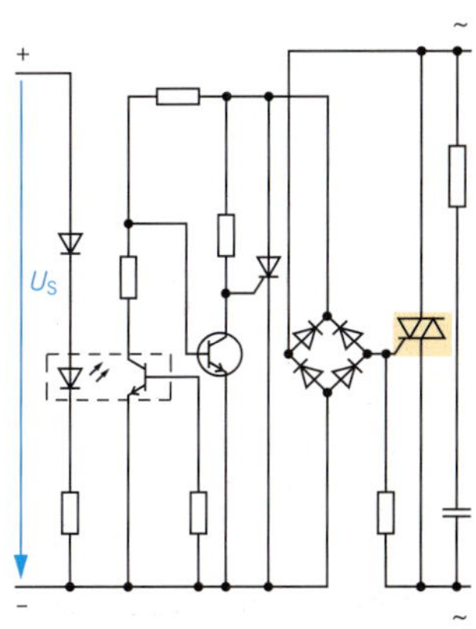	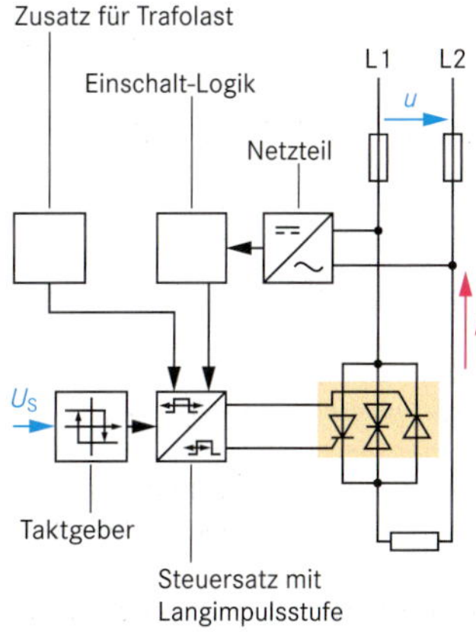

MEPS-Richtlinie

- **MEPS** (**M**inimum **E**nergy **P**erformance **S**tandard, Mindestanforderung an Energieeffizienz) legt verpflichtend Wirkungsgrade für bestimmte Elektromotoren fest.
- Einführung erfolgt stufenweise bis 2017.
- Einstufung erfolgt mit **IE**-Codes (**I**nternational **E**fficiency) IE1 bis IE3.
- Bisheriges System der Effizienzklassen EFF1/EFF2 wird ersetzt.
- EU Richtlinie 2005/32/EG: Öko-Design-Anforderungen beschreiben minimale Wirkungsgrade für bestimmte Motoren.

Einführung

	Leistung	MEPS	MEPS alternative
Seit 16. 06. 2011	0,75 kW ... 375 kW	IE2: High Efficiency	-
Ab 01. 01. 2015	0,75 kW ... 7,5 kW	IE2: High Efficiency	-
	7,5 kW ... 375 kW	IE3: Premium Efficiency	IE2 + Umrichter
Ab 01. 01. 2017	0,75 kW ... 375 kW	IE3: Premium Efficiency	IE2 + Umrichter
IE1: Standard Efficiency		IE4: Super Premium Efficiency (noch nicht definiert)	

Geltungsbereich

- Die Richtlinie gilt für Asynchronmotoren mit folgenden Eigenschaften:
  - 2-, 4- oder 6-polig
  - eintourig
  - dreiphasig
  - P_n = 0,75 kW ... 375 kW und
  - U_r < 1000 V
- Ausgenommen sind:
  - Tauchmotoren
  - Vollständig in Produkte integrierte Motoren (Pumpe, Lüfter) für Aufstellungshöhen über 1000 m ü NN
  - Umgebungstemperaturen ≥ 40 °C oder ≤ -15 °C
  - Explosionsgeschützte Motoren
  - Bremsmotoren

Wirkungsgrade

- EU-Richtlinie beschreibt und fordert die drei Klassen IE1 bis IE3
- Motornorm beschreibt bis zu IE4

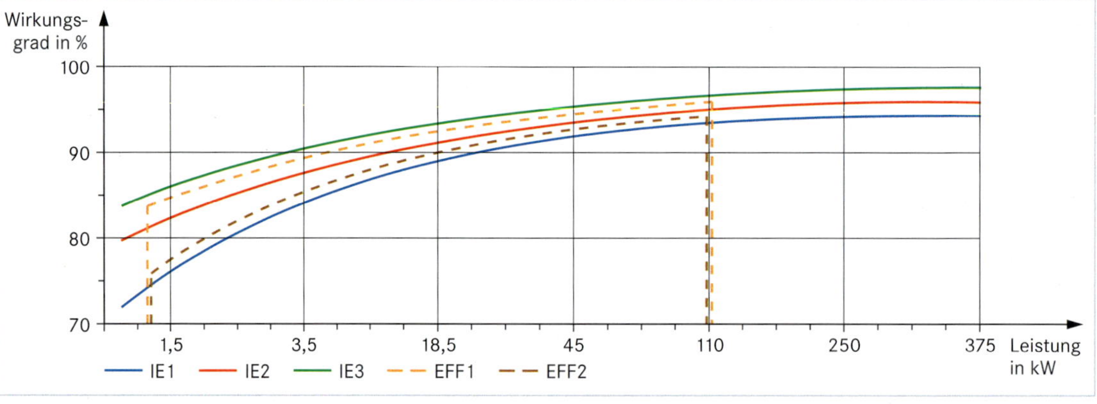

Kennzeichnung

- Niedrigster Wirkungsgrad bei 100 %, 75 % und 50 % der Bemessungslast
- Wirkungsgradklasse (IE2 oder IE3)
- Herstellungsjahr

Beispiel (Typenschildauszug):

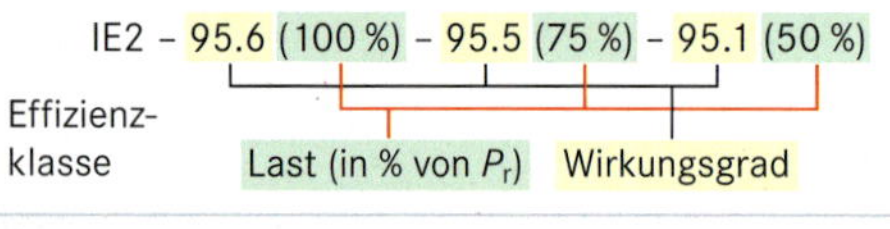

Gegenüberstellung

IEC 60034-30	EFF-Klassen
IE1 (Standard Efficiency)	vergleichbar EFF2
IE2 (High Efficiency)	vergleichbar EFF1
IE3 (Premium Efficiency)	ca. 15 % ... 20 % besser als IE2

Kommunikationstechnik

9

Empfangs- und Verteilanlagen

Tele- und Internetkommunikation

Überwachungstechnik

Breitbandkabelnetz

- Breitbandkabelnetze (BK-Netze) sind in der Regel Hausverteilanlagen bis zu einer Frequenz von 862 MHz mit einem Rückkanal in Baumtopologie.
- Anbieterseite:
  CMTS (**C**able **M**odem **T**ermination **S**ystem)
  Diese Einheit befindet sich in der Regel an oder in der Nähe der Kopfstelle und ist für die bidirektionale Datenübertragung im Hin- und Rückkanal verantwortlich. Sie arbeitet wie eine Vermittlungsstelle.
- Jede CMTS besitzt nur eine bestimmte Anzahl von Modulatoren für die Hinkanäle und eine entsprechende Zahl von Demodulatoren für die Rückkanäle. Deshalb kann nur eine begrenzte Teilnehmerzahl angeschlossen werden (z. B. 5000 bis 10000).
- Bei großen Kabelnetzen werden Teilnetze (Cluster) gebildet.
- Die Up- und Downstreamdaten liegen in unterschiedlichen Frequenzbändern.
  - Downstream: Kanäle oberhalb 450 MHz, Quadraturamplitudenmodulation (QAM)
  - Upstream (Rückkanal): 10 MHz bis 65 MHz, Quadraturphasenumtastung (QPSK)
- Auf der Teilnehmerseite befindet sich das Kabelmodem.

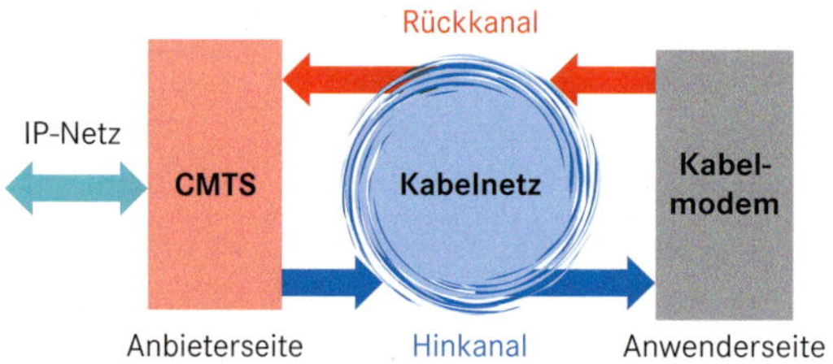

- Für das Zusammenwirken zwischen CMTS und Kabelmodem wird der **DOCSIS**-Standard (**D**ata **O**ver **C**able **S**ervice **I**nterface **S**pecification) verwendet. Mit DOCSIS werden Kabelinternet und -telefonie realisisert (Voice over Cable, Variante von IP-Telefonie).
- Die DOCSIS-Komponente **MAC** (**M**edia **A**ccess **C**ontrol) steuert folgende Funktionen:
  - Konfiguration des Kabelmodems
  - Aktivierung und Deaktivierung der Dienste
  - Verschlüsselung (Data Encryption Standard)
- DOCSIS 3.0:
  - Hinkanal max. 200 Mbit/s bei Bündelung von vier Kanälen
  - Rückkanal max. 120 Mbit/s

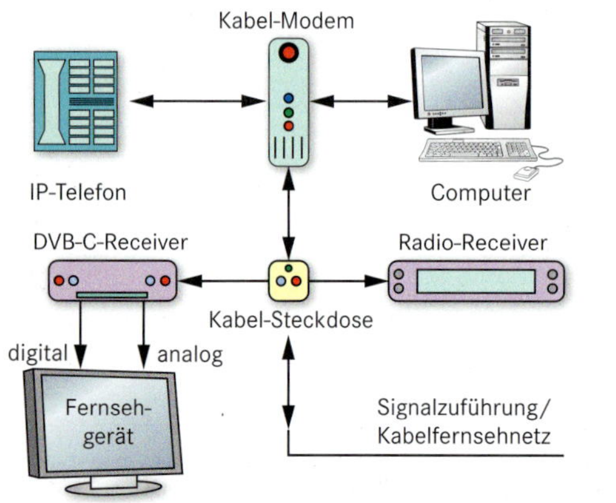

Kabelmodem

- Das Kabelmodem ist ein Gerät, mit dem Daten im Breitbandkabelnetz übertragen werden. Es befindet sich zwischen dem Kabelanschluss und dem Router bzw. PC.
- Ein Splitter zur Frequenztrennung ist nicht erforderlich.
- Die Verbindung mit dem Netz erfolgt über Ethernet oder die USB-Schnittstelle.
- Der Netzwerkanschluss für den PC wird nicht benötigt.

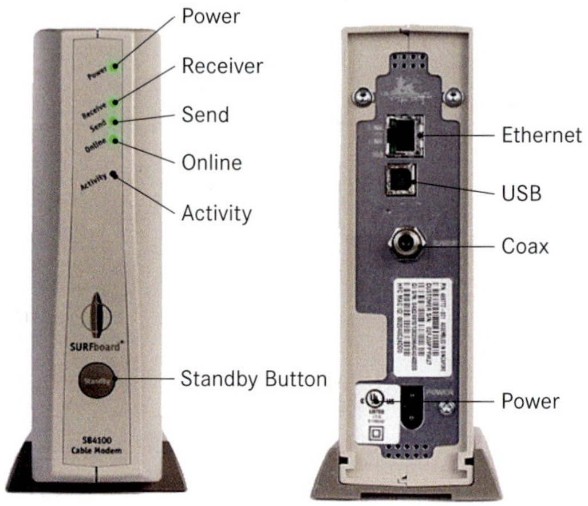

TK-Netz

- Breitbandige, zuverlässige und verzögerungsarme IP-basierte Zugänge (ADSL, VDSL, Glasfasern) sind für die Übertragung erforderlich.
- Leistungsfähige Datenreduktionen werden angewendet (z. B. MPEG-4, AVC).

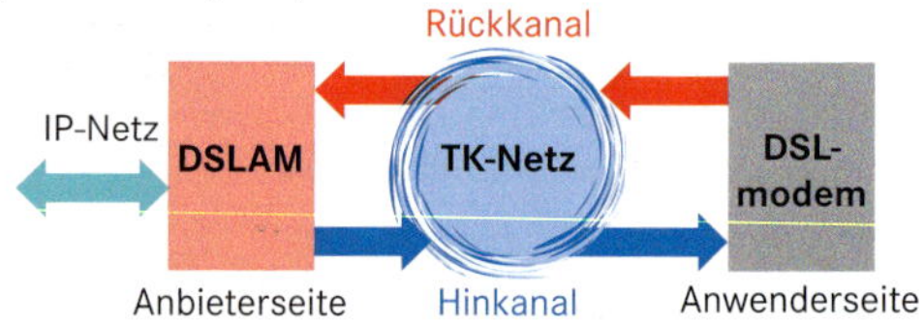

DSLAM:
Digital **S**ubscriber
Line **A**ccess **M**ultiplexer

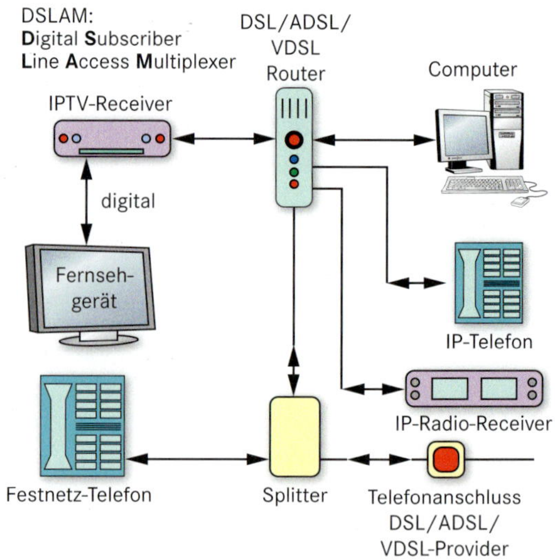

Dämpfungs- und Übertragungsfaktoren

Schaltung

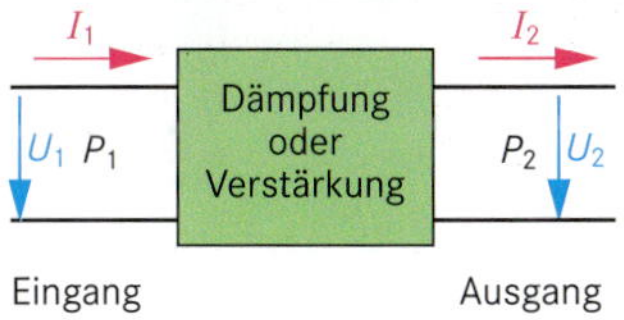

Dämpfungsfaktor D		Übertragungsfaktor, Verstärkungsfaktor T	
Stromdämpfungsfaktor	$D_I = \frac{I_1}{I_2}$	Stromübertragungsfaktor	$T_I = \frac{I_2}{I_1}$
Spannungsdämpfungsfaktor	$D_U = \frac{U_1}{U_2}$	Spannungsübertragungsfaktor	$T_U = \frac{U_2}{U_1}$
Leistungsdämpfungsfaktor	$D_P = \frac{P_1}{P_2}$	Leistungsübertragungsfaktor	$T_P = \frac{P_2}{P_1}$

Dämpfungs- und Übertragungsmaße

Schaltung (Einzelglied)

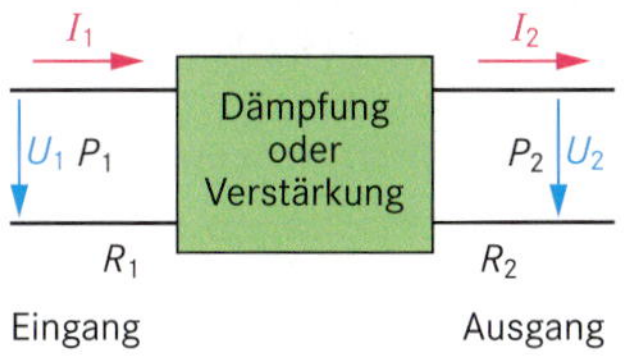

Dämpfungsmaß a

Leistungsdämpfungsmaß

$$a_p = \lg \frac{P_1}{P_2}\ \text{B}$$ B: Bel

$$a_p = 10 \cdot \lg \frac{P_1}{P_2}\ \text{dB}$$ dB: dezi Bel

Spannungsdämpfungsmaß

$$a_u = 20 \cdot \lg \frac{U_1}{U_2}\ \text{dB}$$ $R_1 = R_2$

Stromdämpfungsmaß

$$a_i = 20 \cdot \lg \frac{I_1}{I_2}\ \text{dB}$$ $R_1 = R_2$

Übertragungsmaß, Verstärkungsmaß $-a$

Leistungsübertragungsmaß

$$-a_p = 10 \cdot \lg \frac{P_2}{P_1}\ \text{dB}$$

Spannungsübertragungsmaß

$$-a_u = 20 \cdot \lg \frac{U_2}{U_1}\ \text{dB}$$ $R_1 = R_2$

Stromübertragungsmaß

$$-a_i = 20 \cdot \lg \frac{I_2}{I_1}\ \text{dB}$$ $R_1 = R_2$

Zusammenhang zwischen Dämpfungsfaktoren und Dämpfungsmaßen

Dämpfungsmaß in dB	a	0	1	3	6	10	20	30	40
Leistungsdämpfungsfaktor	D_p	0	1,26	2	4	10	100	1000	10000
Spannungsdämpfungsfaktor	D_u	1	1,12	1,41	2	3,16	10	31,6	100

Absoluter Pegel L_{abs}

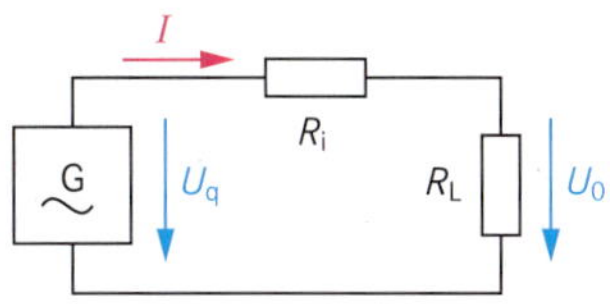

Der Pegel 0 dB liegt bei der Leistung P_0 = 1 mW oder der Spannung U_0 = 775 mV vor (I = 1,29 mA).

P_0: Bezugsleistung
U_0: Bezugsspannung

$$L_{Pabs} = 10 \lg \frac{P}{P_0}\ \text{dBm}$$

$$L_{Uabs} = 20 \lg \frac{U}{U_0}\ \text{dBu}$$

$R_L = 600\ \Omega$

Pegelplanbeispiel

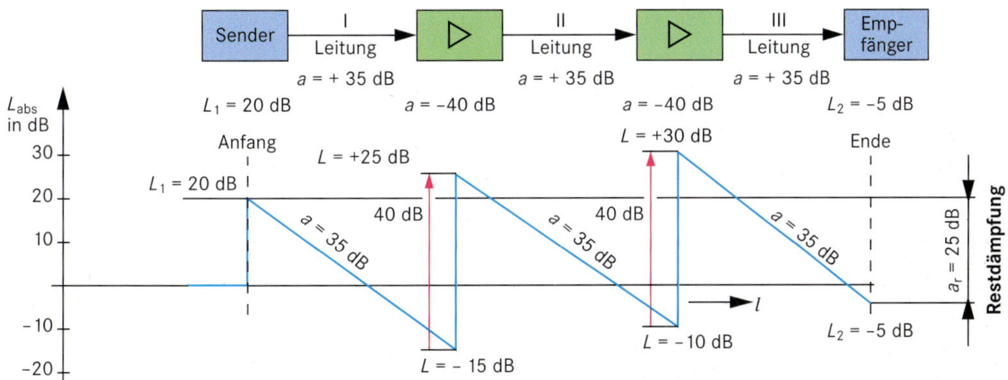

Restdämpfung

$$a_r = L_1 - L_2$$

a_r = 20 dB – (–5 dB) = 25 dB
oder als Summe aller Dämpfungsmaße:
a_r = 35 dB + (–40 dB) + 35 dB + (–40 dB) + 35 dB = 25 dB

DVB

- **DVB: D**igital **V**ideo **B**roadcasting (Digitaler Fernsehempfang)
- **DVB-T** (**DVB T**errestrial)
  - Drahtlose Ausbreitung über terrestrische Sender
  - 4 bis 32 Mbit/s, Bandbreite 7 MHz bzw. 8 MHz
  - Modulation QPSK und QAM-16, QAM-64
- **DVB-C** (**DVB C**able)
  - Ausbreitung über Kabelnetze
  - Hyperbandkanäle S21 bis S41
  - Datenrate bis 51 Mbit/s, Bandbreite 8 MHz
  - Modulation QAM-64, QAM-256
- **DVB-C2**
  - Effektivere Datenreduktion durch MPEG-4 (H.264), dadurch Steigerung der Übertragungskapazität
  - Neue Dienste wie z.B. Video on Demand, interaktive Angebote
- **DVB-S** (**DVB S**atellite)
  - Drahtlose Ausbreitung über Satelliten
  - Transponder zwischen 26 MHz und 54 MHz
  - Modulation QPSK, Datenrate bis 65 Mbit/s
- **DVB-S2**
  - Andere Modulationsverfahren als bei DVB-S (z.B. PSK, APSK)
  - Datenübertragungsrate um ca. 30 % höher als bei DVB-S

HDTV

- **HDTV: H**igh **D**efinition **Tele**vision (hochauflösendes Fernsehen)
- Größere Bildauflösung (s. Tabelle rechts) im Vergleich zum analogen PAL-Fernsehen
- Bildformat 16:9 (Kinoformat), PAL-Fernsehen 4:3
- Verbesserte Tonübertragung (Dolby Digital 5.1 oder Dolby Digital Plus)
- Die Datenraten betragen bis zu 25 Mbit/s. Der Bandbreitenbedarf steigt dadurch auf das Vierfache gegenüber SDTV.
- Datenreduktion (Codecs) mit MPEG-2, MPEG-4, H.264/AVC
- Bei der Abtastung der Bildvorlage werden folgende Verfahren angewendet:
  - **Vollbildverfahren** (Kennzeichnung: **p**)
    Jede Zeile wird nacheinander abgetastet (**progressive scan**).
  - **Zeilensprungverfahren** (Kennzeichnung: **i**)
    Das Bild wird in zwei Teilbilder zerlegt, wobei beim ersten Halbbild die geraden Zeilen und beim zweiten Halbbild die ungeraden Zeilen abgetastet und übertragen werden (**interlaced**).

HDTV Standards

HD ready 1080p

- Auflösung: 1.920 x 1.080 Bildpunkte
- Analoge Eingänge **YUV** (Y: Helligkeit und Farbdifferenzsignale; U: Rot; V: Blau). Signale werden direkt über Cinch-Verbindung weitergegeben (seit 2007).
- Digitale Eingänge mit
  - **HDMI** (**H**igh **D**efinition **M**ultimedia **I**nterface)
  - oder **DVI** (**D**igital **V**isual **I**nterface), rein digitales Signal, bis zu 4,9 Gbit/s und
  - mit Kopierschutz **HDCP** (**H**igh Bandwidth **D**igital **C**ontent **P**rotection).
- **Overscan** (Bereich an den äußeren Rändern eines Videobildes) ist im Setup-Menü abschaltbar.
- **Auflösungen**, die über YUV unterstützt werden müssen:
  - 720p (1.280 x 720 Pixel progressiv) und
  - 1080i (1.920 x 1.080 interlaced) mit 50 Hz und 60 Hz
- **Auflösungen**, die über HDMI oder DVI unterstützt werden müssen:
  - 720p (1.280 x 720 Pixel progressive[1])
  - 1080i (1.920 x 1.080 interlaced[2]) mit 50 Hz und 60 Hz
  - 1080p (1.920 x 1.080 progressive) mit 50 Hz und 60 Hz
  - 1080p/24 Hz (24p) (1.920 x 1.080 progressive)

1) Progressive Scan: Vollbildverfahren
2) Interlaced: Zeilensprungverfahren

HDTV 1080p

- Es gelten die gleichen Bedingungen wie beim Logo „HD ready 1080p".
- Zusätzlich muss das Gerät direkt HDTV-Signale über DVB-C, DVB-S und DVB-S2 verarbeiten können und in 720p/1080i an das Display weiterleiten können.
- Die Decodierung von MPEG-2 und MPEG-4/AVC muss unterstützt werden.

Vergleich

Merkmale	PAL	720p	1080i
Auflösung	786 x 576	1.280 x 720	1.920 x 1.080
Pixel gesamt	442.368	921.600	2.073.600
Pixel/s	11.059.200	46.080.000	51.840.000
Bildaufbau	Halbbild (interlaced)	Vollbild (progressive)	Halbbild (interlaced)
Bildfrequenz	50 Hz	50 Hz	50 Hz
Bildformat	4:3	16:9	16:9

TV-Standards

Qualität	**LDTV** **L**ow **D**efinition **Te**levision VHS-Qualität	**SDTV** **S**tandard **D**efinition **T**elevision PAL-Qualität	**EDTV** **E**nhanced **D**efinition **T**elevision Studioqualität	**HDTV** **H**igh **D**efinition **T**elevision – Hochauflösendes Fernsehen
Auflösung in Pixel x Pixel	376 x 282	640 x 480	704 x 480	1920 x 1080
Datenrate in Mbit/s	1,5	4 ... 6	8	24 ... 30

Elektromagnetischer Frequenz- und Wellenlängenbereich

$c = \lambda \cdot f$

c: Ausbreitungsgeschwindigkeit der elektromagnetischen Welle
c = 299792,5 km/s
λ: Wellenlänge
f: Frequenz

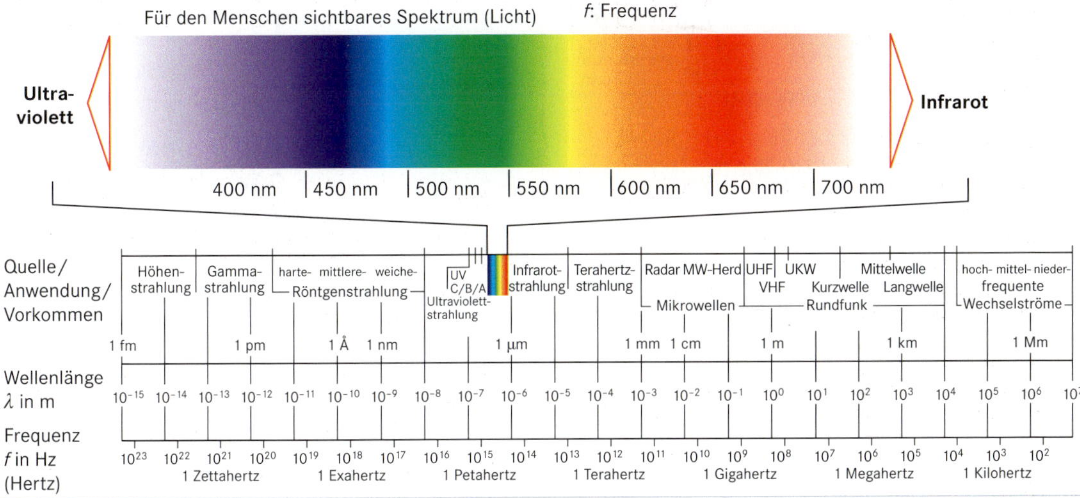

Frequenzbänder von Mobilfunksystemen

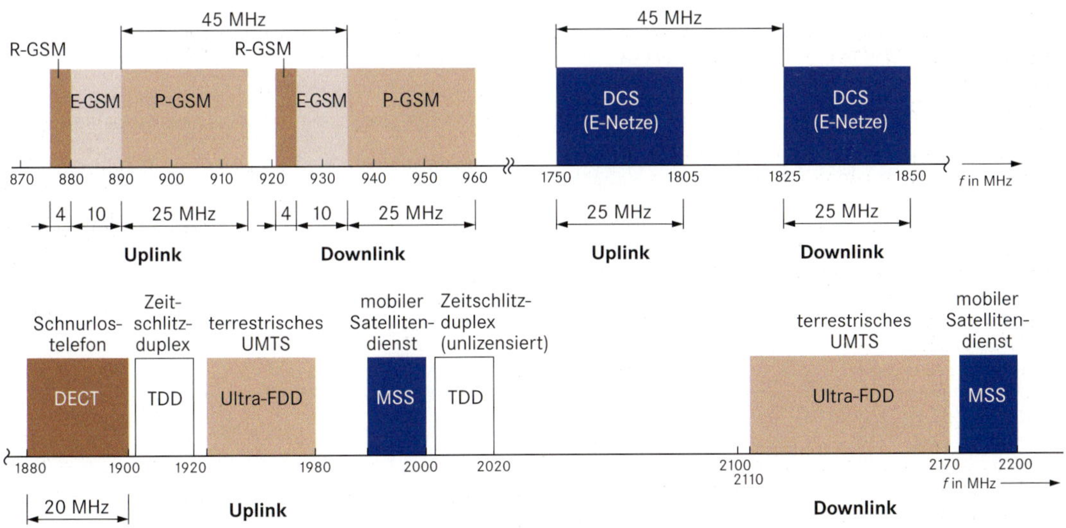

GSM: **G**lobal **S**ystem for **M**obile Communication (Mobilfunksystem)
R-GSM: **R**ail (Eisenbahn) **GSM**
E-GSM: **E**xtended (erweitert) **GSM**
P-GSM: **P**ublic (öffentlich) **GSM**
DCS: **D**igital **C**ommunication **S**ystems (GSM-System im E-Netz)
DECT: **D**igital **E**nhanced **C**ordless **T**elephone (schnurlose Telekommunikation)

TDD: **T**ime **D**ivison **D**uplex (Zeitmultiplex-Zugriff mit zeitgesteuertem Duplexbetrieb)
Ultra-FDD: **U**ltra **F**requency **D**ivision **D**uplexing (Verfahren im Verkehrsfunk)
MSS: **M**obile **S**atellite **S**ervice (Versorgung ländlicher Gebiete mit Internet, Fernsehen und Radio)
UMTS: **U**niversal **M**obile **T**elecommunications **S**ystem

Arten von Dipolen

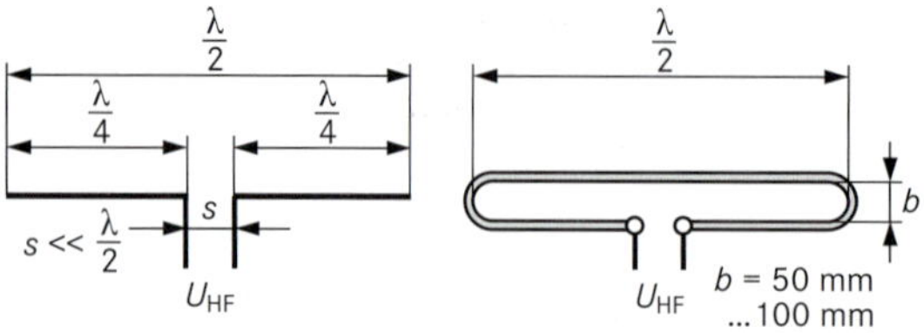

a) gestreckter Dipol
b) Faltdipol

(Halbwellendipol mit $l = \frac{\lambda}{2}$)

$Z = 75\ \Omega$ — $Z = 300\ \Omega$

Gewinn 0 dB — Vor-Rück-Verhältnis 1 : 1 (0 dB)

Arten einer Yagi-Antenne

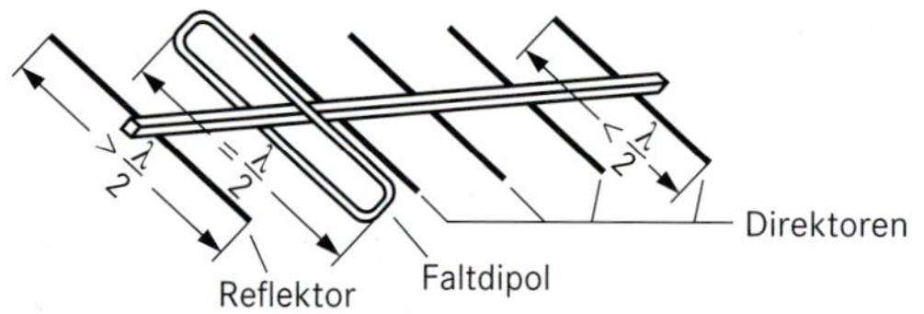

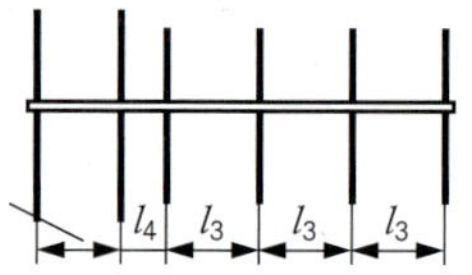

$l_1 = 0{,}25\ \lambda$
$l_2 = 0{,}15\ \lambda$
$l_3 = 0{,}1\ \lambda$
$l_4 < 0{,}1\ \lambda$

Mehrelement-Antennen

Antennen	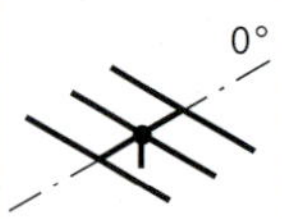	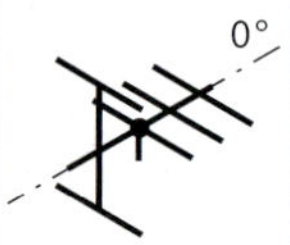	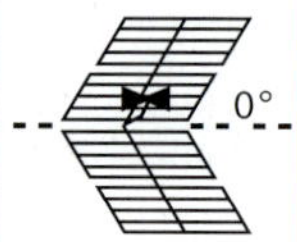
	3-Element-antenne mit gestrecktem Dipol	5-Element-Richtantenne	Winkel-Reflektor mit V-Dipol Band IV + V
Richtcharakteristik	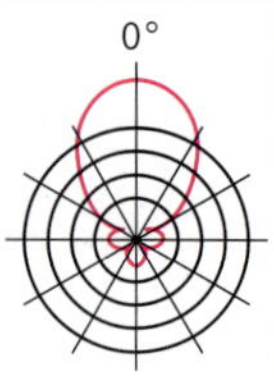	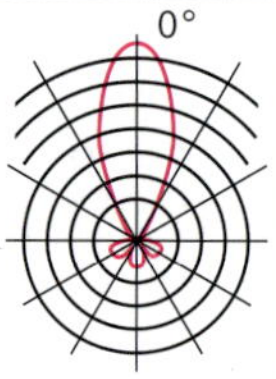	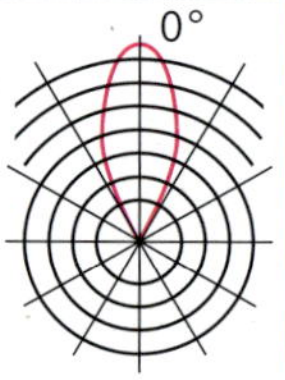
Gewinnmaß	5 dB	7 dB	12 dB (bei 470 MHz)
Vor-Rückverhältnis	5,6:1 (15 dB)	8:1 (18 dB)	30,6:1 (30 dB)
Öffnungswinkel horizontal	70°	65°	40°
Öffnungswinkel vertikal	110°	80°	27°

Montage

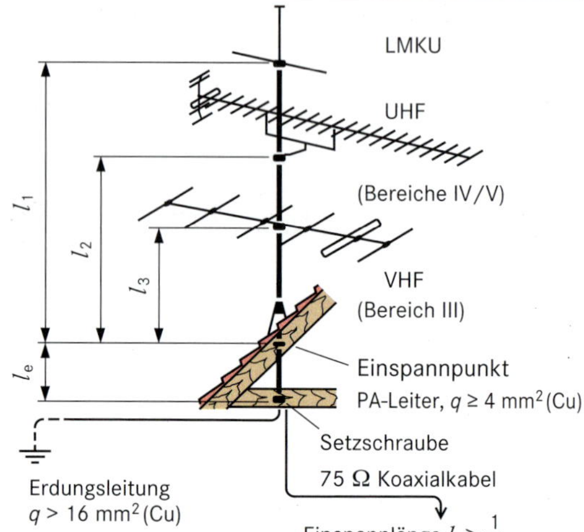

Einspannlänge $l_e \geq \frac{1}{6}$ in m der Gesamtlänge des Antennenrohres

Antennenanlagen (Kenngrößen)

Verteiler 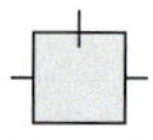	Verteilungsdämpfungsmaß a_V = 4 dB bis 13 dB
Abzweiger 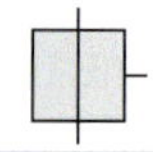	Abzweigdämpfungsmaß a_A = 10 dB bis 50 dB Durchgangsdämpfungsmaß a_D = 0,5 dB bis 2 dB
Durchgangsdose 	Anschlussdämpfungsmaß a_A = 11 dB bis 14 dB Durchgangsdämpfungsmaß a_D = 1 dB bis 2 dB
Enddosen 	Anschlussdämpfungsmaß a_A = 11 dB bis 14 dB für Einzelanlagen a_A = 0 dB
Bandpässe und **Bandsperren** 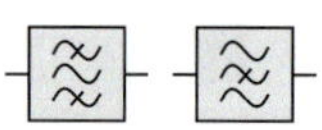	Sperrdämpfungsmaß a_{sp} = 15 dB bis 28 dB a_D = 0,5 dB bis 2 dB
Antennenweiche 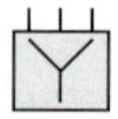	für Bereichsweiche a_D = 1 dB für Kanalweiche a_D = 2 dB

Zulässiger Betriebspegel
Störstrahlunsleistung $4 \cdot 10^{-9}$ W
bzw. Störpegel 55 dBμV
(je max. Werte für elektronische Bauteile)

Beispiel: Schirmungsmaß 35 dBμV (gemessener Wert)
Zulässiger Betriebspegel: Schirmungsmaß + Störpegel
Zulässiger Betriebspegel: 35 dBμV + 55 dBμV = 90 dBμV

Komponenten

① Offset-Parabolantenne
② Speisesystem/-systeme
③ DiSEqC Umschaltmatrizen
④ Weichen
⑤ Terrestrische Antennen
⑥ Antennensteckdosen
⑦ Sat-ZF-Verstärker
⑧ Umsetzer/Matrix
⑨ Umschaltmatrix
⑩ 5-fach Verbinder
⑪ Einschleuseweiche

Einzelanlagen

Zwei Satelliten-Empfang (Multifeed-Empfang), Twin-Betrieb, 2 Teilnehmer

- Zwei Satelliten-Empfang
- Zwei Polarisationen, horizontal und vertikal
- Low-/Highband
- Analog und digital
- Terrestrisches Signal
- DiSEqC, 8xSat-ZF

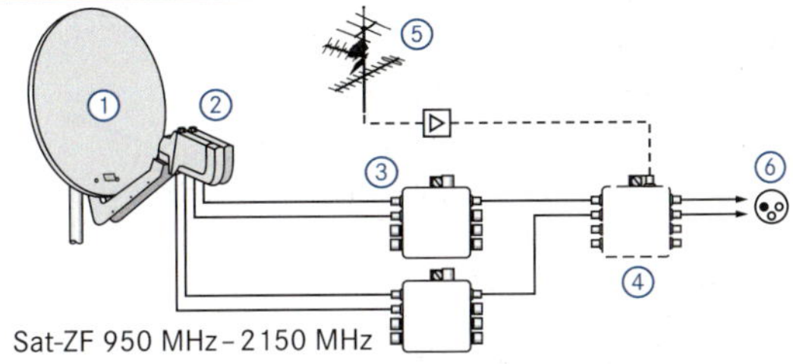

Ein Satelliten-Empfang, Erweiterung für 4 Anschlüsse

- Ein Satelliten-Empfang
- Zwei Polarisationen, horizontal und vertikal: 14 V/18 V
- Low-/Highband: 0/22 kHz
- Analog und digital
- Terrestrisches Signal
- Vier Anschlüsse (auf Acht erweiterbar)

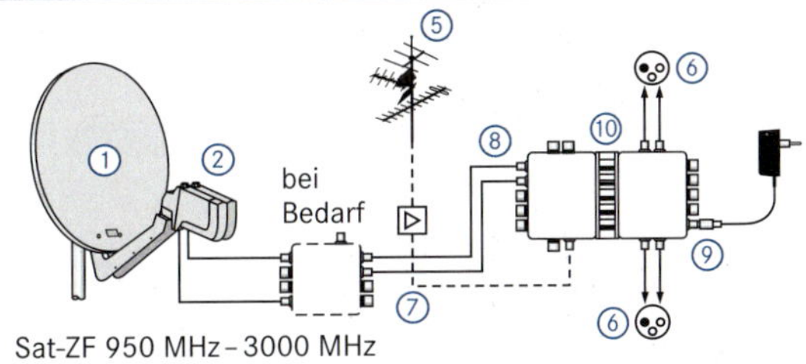

Gemeinschaftsantennenanlagen

2xSat-ZF, 8 Teilnehmer

- Ein Satelliten-Empfang
- Zwei Polaisationen, horizontal und vertikal: 14 V/18 V
- Lowband
- Terrestrisches Signal
- Erweiterbar

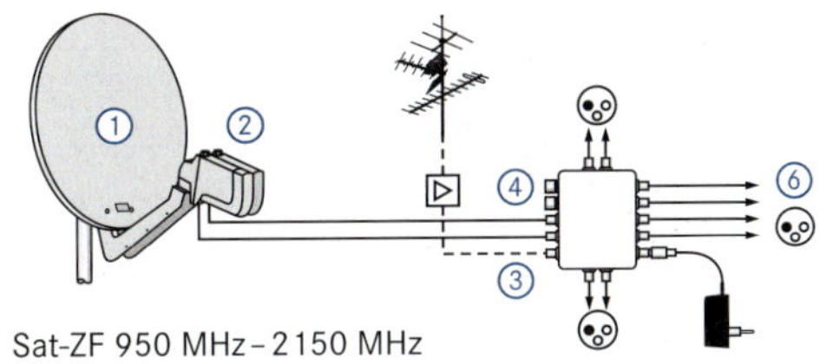

4xSat-ZF, Multifeed, 20 Teilnehmer

- Zwei Satelliten-Empfang
  Satellit A: 0 kHz
  Satellit B: 22 kHz
- Zwei Polarisationen, horizontal und vertikal: 14 V/18 V
- Lowband
- Terrestrisches Signal

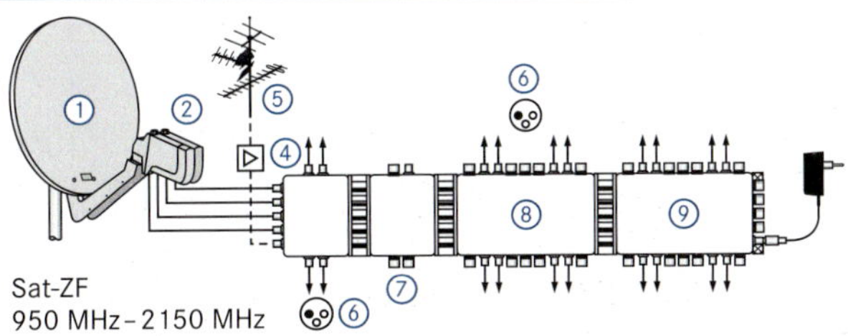

8xSat-ZF, 4 Teilnehmer

- Zwei Satelliten-Empfang
- Zwei Polarisationen, horizontal und vertikal
- Analog und digital
- Low- und Highband
- Terrestrisches Signal
- DiSEqC: 8xSat-ZF

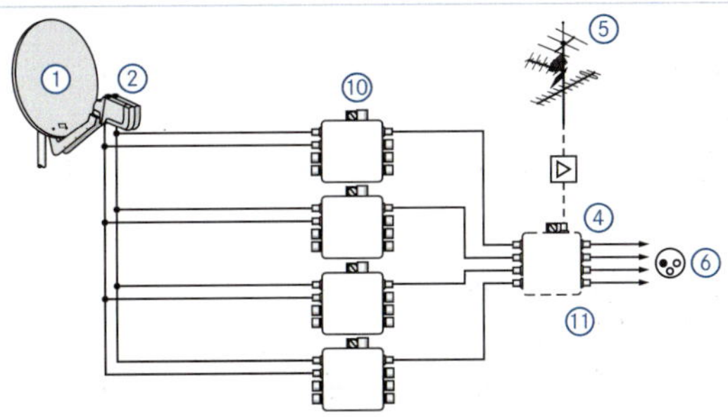

Einstellungen der Antenne und Satellitenstandorte

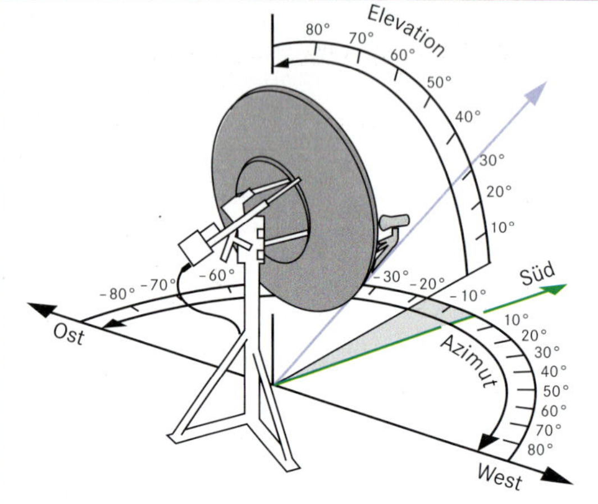

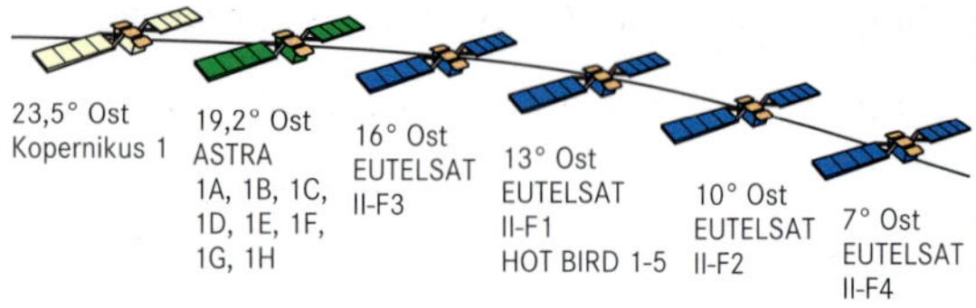

- **LNB** (**L**ow **N**oise **B**lock Converter)
  Er empfängt das Satelliten-Signal (10,7 GHz bis 12,75 GHz) und verstärkt es rauscharm. Anschließend erfolgt eine Umwandlung in ein ZF-Signal (Zwischenfrequenz) von 0,95 GHz bis 1,7 GHz.
- **Azimut**
  Der Winkel der Himmelsrichtung, aus der das Signal empfangen wird, erfolgt in Grad.
- **Elevation**
  Der Winkel zwischen dem theoretischen Horizont und dem Satelliten (Erhebungswinkel), erfolgt in Grad.

- Polationswinkel

Montageschritte

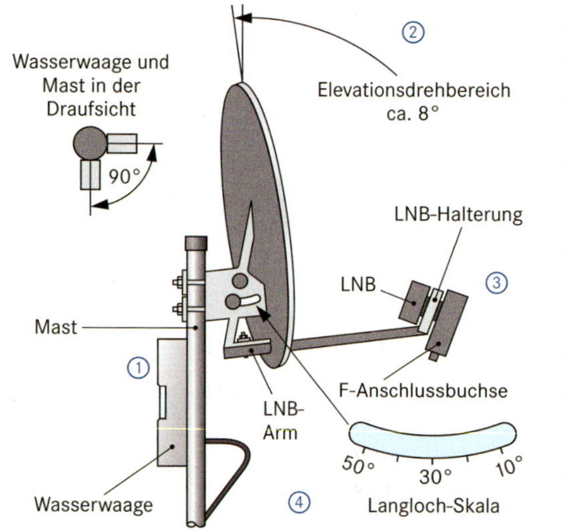

1. Geeigneten Standort wählen („freie Sicht" zum Satelliten).
2. Mast mit Wasserwaage absolut senkrecht montieren ①.
3. Voreinstellung des Elevationswinkels ②, Wert aus Tabelle für den jeweiligen Standort entnehmen.
4. Mit dem Kompass die Südrichtung ③ festlegen.
5. Receiver mit Fernseh-Gerät verbinden und Empfang mit Testbild überprüfen (evtl. akustischen Satelliten-Finder einsetzen).
6. Testbild abschalten und Receiver auf Kanal 1 (in der Regel ARD) einstellen.
7. Azimut für den zu empfangenden Satelliten einstellen ④ (aus Tabelle).
8. Feinabgleich der Antennenrichtung mit Fernseh-Bild bzw. Messgerät.

Beispiel für die Einstellungen auf die Astra-Stelliten (19,2 ° Ost) für den Standort Braunschweig.

Azimut: 10,7 °
Elevation: 29,7 °

Montage der F-Stecker

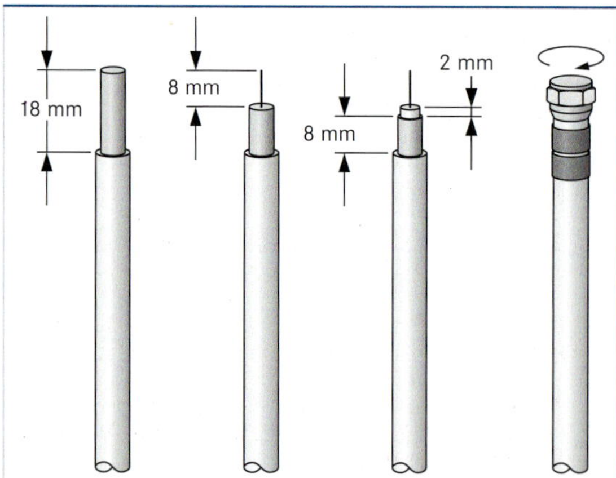

Koaxialkabel-Montage und Steckdose

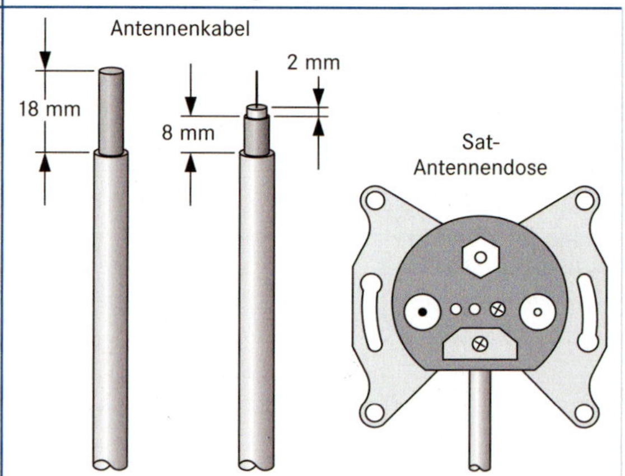

Vorschriften

- DIN EN 50083-10 und DIN EN 50083-1/A1 (VDE 0855-1 und VDE 0855-300)
  Kabelnetze für Fernsehsignale, Tonsignale und interaktive Dienste
  (Leitfaden für Potenzialausgleich in vernetzten Systemen)
  Teil 1: Sicherheitsanforderungen
- DIN EN 60728-1-1: 2010-12 (VDE 0855-1)
  Kabelnetze und Antennen für Fernsehsignale, Tonsignale und interaktive Dienste
  Teil 11: Sicherheitsanforderungen (Einzelempfangsanlagen, z. B. Satellitenantenne), Verteilanlagen (z. B. Gemeinschaftsantennenanlagen), Großgemeinschaftsantennenanlagen, Satelliten-Gemeinschaftsantennenanlagen, Breitbandkabel mit allen Netzebenen bis zum Signaleingang des Empfängers
- DIN EN 62305-1: 2011-10 (VDE 0185-305-1: 2011-10)
  Blitzschutznorm

Antennenbereiche

- **Geschützter Bereich**
  Die Erdung kann entfallen, wenn
  - die Antenne mehr als 2 m unterhalb der Dacheindeckung oder Dachkante liegt und weniger als 1,5 m vom Gebäude herausragt
  - oder wenn sich die Antenne innerhalb des Gebäudes befindet.

  Metallene Teile (z. B. Leitungsabschirmungen) sollten mit dem Potenzialausgleich verbunden werden ①.

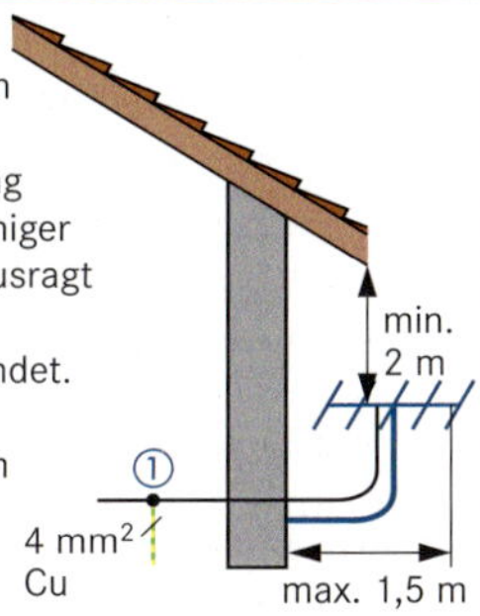

- **Außenbereich**
  - Bei Gebäuden mit einer Blitzschutzanlage muss die Antennenanlage in das Blitzschutzkonzept einbezogen werden.
  - Bei Gebäuden ohne Blitzschutzanlage sind der Mast ② und Kabelabschirmungen ③ zu erden (Erdungsleitungen s. Tabelle rechte Spalte).
  - Kabelabschirmungen und alle metallenen Teile der Antennenanlage (Gehäuse von Verteilern, Multischalter usw.) sind über einen Potenzialausgleichsleiter (≥ 4 mm²) mit dem Schutzpotenzialausgleich des Gebäudes zu verbinden (Haupterdungsschiene ④).

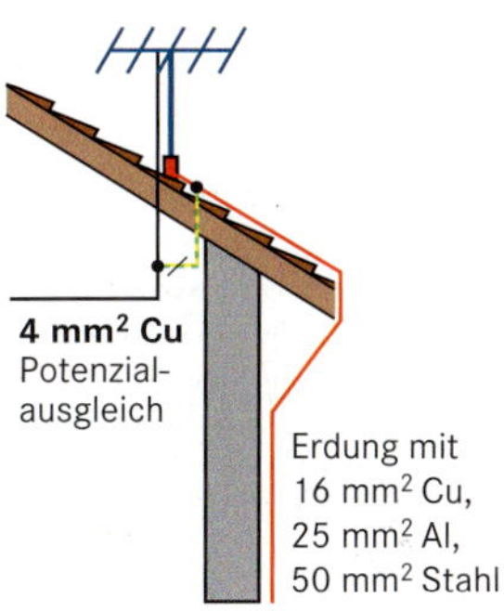

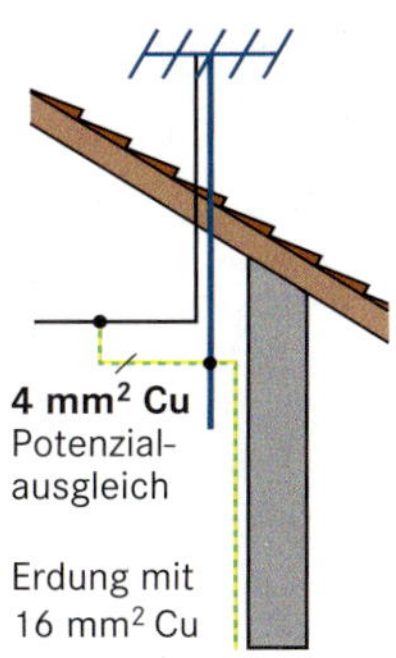

Beispiel

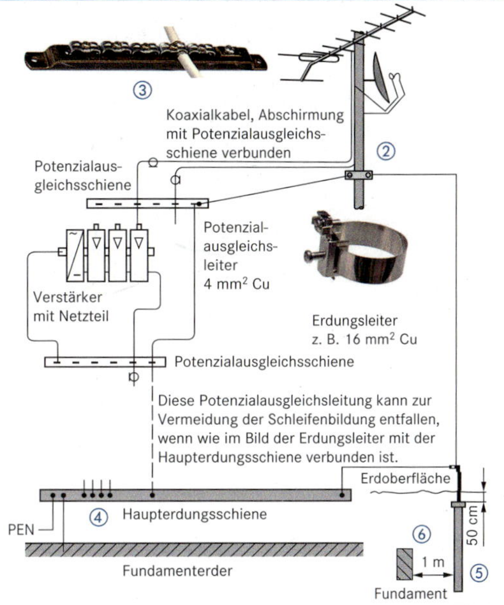

Erdungs- und Schutzpotenzialausgleichsleiter

Material	Querschnitt	Durchmesser	Beschaffenheit
Erdungsleiter			
Kupfer[1]	≥ 16 mm²	≥ 4,6 mm	blank oder isoliert
Aluminium[2]	≥ 25 mm²	≥ 5,7 mm	
Aluminium	≥ 50 mm²	≥ 8,0 mm	Knet-Legierung
Stahldraht Stahlband	– 2,5 x 20 mm	≥ 8,0 mm	verzinkt verzinkt
Schutzpotenzialausgleichsleiter			
Kupfer[3]	mind. 4 mm²	2,3 mm	blank oder isoliert

Beispiele: [1] H 07 V-U, H 07 V-R (NYA); [2] NAYY, NYM
[3] H07 V-U (NYA)

Erdungsanlage

- **Mindestquerschnitte der Erder**
  - Kupfer: 50 mm²
  - Stahl: 80 mm², bevorzugt verzinkter Bandstahl (30 x 3,5 mm), Kreuzerder ⑤ (50 x 50 x 3 mm) oder Tiefenerder (20 mm)
- **Aufbau** (Beispiele)
  - Ein Erder von mindestens 2,5 m Länge wird vertikal oder schräg im Erdreich verlegt; Abstand vom Fundament 1 m ⑥.
  - Zwei Erder von mindestens 1,5 m Länge werden in 3 m Abstand senkrecht im Erdreich verlegt; Abstand vom Fundament 1,5 m.
  - Zwei Erder von mindestens 2,5 m Länge werden horizontal mit einem Winkel von 60°, 0,5 m tief und mindestens 1 m vom Fundament entfernt verlegt.

Frequenzen und ihre Umsetzung

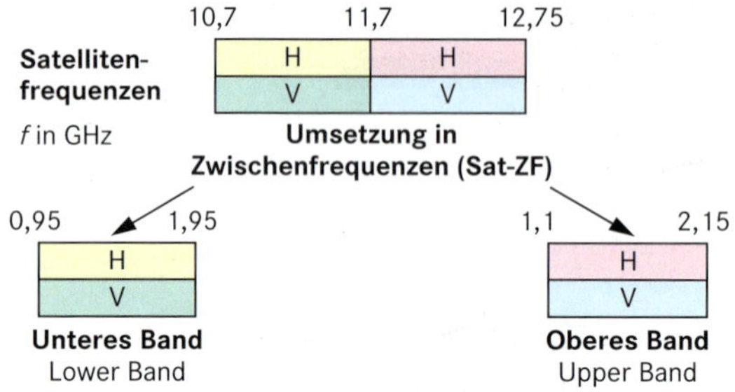

Die Umsetzung erfolgt im LNB mit Hilfe eines Oszillators.

LNB: **L**ow **N**oise **B**lock Converter; Empfangskopf (Empfangskonverter)

H: Horizontal polarisierte Wellen

V: Vertikal polarisierte Wellen

Umschaltmöglichkeiten

Prinzip der Umschaltung

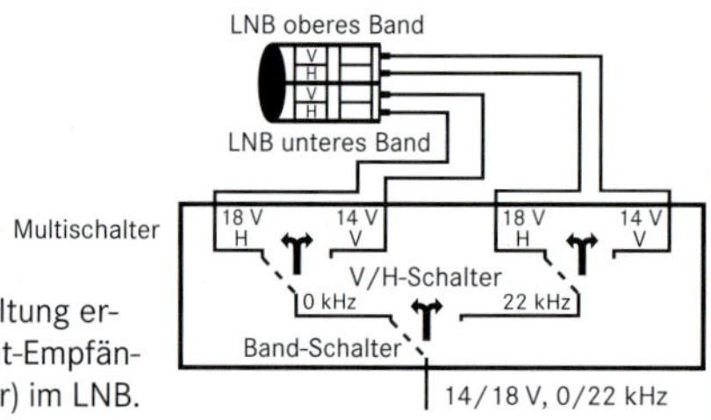

- Die Umschaltung erfolgt vom Sat-Empfänger (Receiver) im LNB.
- Verwendet werden Gleichspannungen (14 V und 18 V) und/oder Wechselspannungen (22 kHz).
- Die Wechselspannung wird der Gleichspannung überlagert.
- Die Zuführung erfolgt über die Koaxialkabel.

U in V	*f* in kHz	Polarisation	Band
14	0	~~H~~ V	unteres
14	22	~~H~~ V	oberes
18	0	~~V~~ H	unteres
18	22	~~V~~ H	oberes

LNB

- **Single-LNB**
  - Zwei interne Umschalter für Bänder und Polarisation
  - Ein Ausgang für die Sat-ZF ⇒ Es kann jeweils nur ein Band eingespeist werden.
- **Twin-LNB**
  - Zwei Single-LNBs werden zu einer Funktionseinheit zusammengeschaltet.
  - Zwei Sat-ZF Ausgänge mit Umschaltmöglichkeit für Bänder und Polarisation.
- **Dual-Output-LNB**
  - Zwei Umschalter im LNB
  - Zwei Sat-ZF Ausgänge mit Umschaltmöglichkeit für Bänder und Polarisation.
- **Quattro-LNB, Universal-LNB**
  - Jedes Band mit jeder Polarisation steht an getrennten Ausgängen zur Verfügung.
  - Vier Sat-ZF Ausgänge

Multischalter für vier Teilnehmer

Multischalter werden eingesetzt, wenn mehrere Teilnehmer auf eine Sat-Antenne zugreifen.

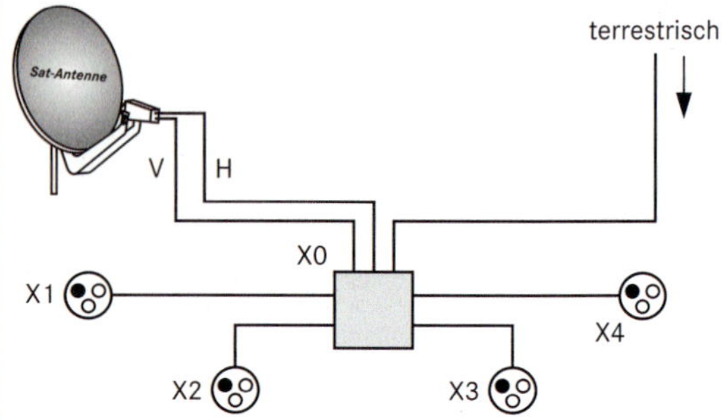

X0: Vierfach Multischalter

Übersichtsschaltplan

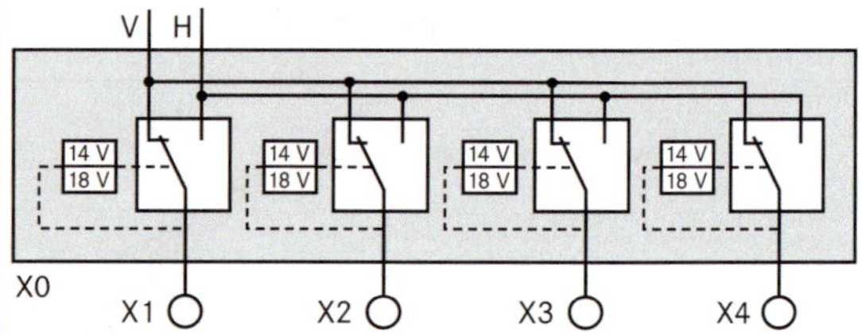

DiSEqC

DiSEqC

- **Di**gital **S**atellite **Eq**uipment **C**ontrol (sprich: Disäck)
- Digitales Steuerungsverfahren für Satelliteneinrichtungen
- 0- und 1-Zustände werden durch getastetes 22-kHz-Signal erzeugt (0,6 V Spitze-Spitze).

Bitstruktur:

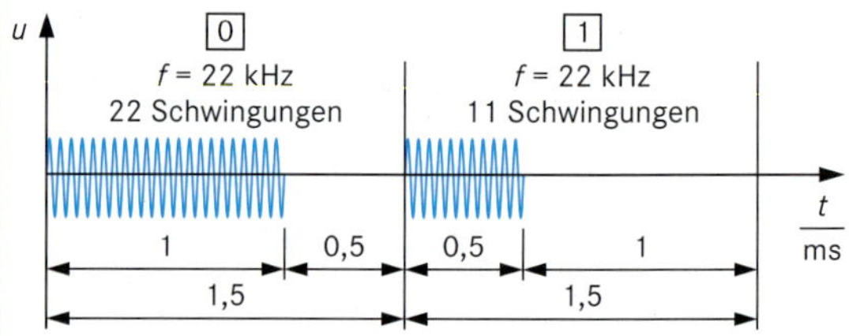

Logo:

DiSEqC 2.0

Versionen:

1.0 1.1 1.2
2.0 2.1 2.2

Erste Ziffer: Art der Kommunikation

1: Übertragung von Befehlen vom analogen oder digitalen Empfänger zur Funktionseinheit (unidirektional)

2: Bidirektionale Kommunikation zwischen analogem oder digitalem Empfänger und der Funktionseinheit

Zweite Ziffer: Umfang der Kommunikation

0: Schaltvorgänge für vier Satelliten, jeweils beide Bänder, Polarisation und weitere Optionen

1: Wie Ziffer 0, zusätzliche Befehle über eine Leitung

2: Wie Ziffer 0 und 1, zusätzliche Befehle für eine drehbare Satellitenantenne

Anschlussbeispiele für Receiver
Connection Examples for Receivers

Analoger Empfang

- Analog-Receiver
- TV-Gerät ohne Scart-Anschluss
- Videorecorder
- Decoder für Pay-TV
- HiFi-Anlage

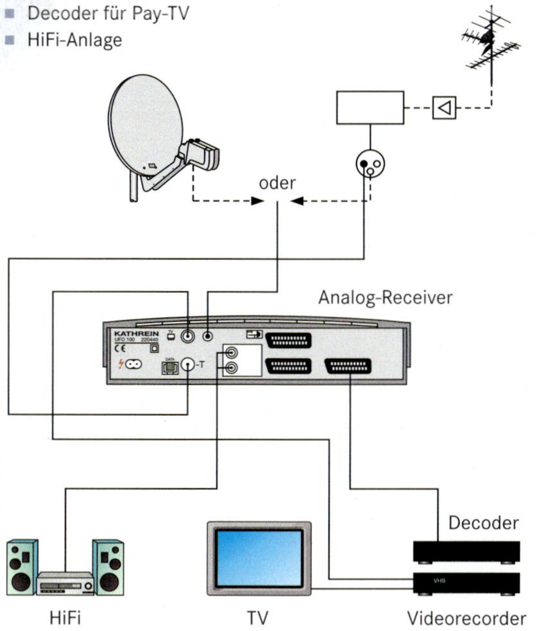

- Twin-Receiver
- TV-Gerät mit Scart-Anschluss
- Videorecorder
- Decoder für Pay-TV
- HiFi-Anlage

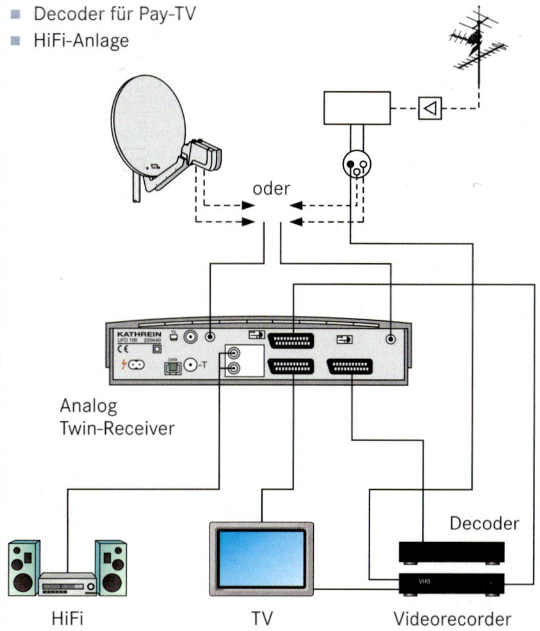

Digitaler Empfang

- DVB-Receiver (Digital Video Broadcasting)
- Analog-Receiver mit ADR-Empfangsteil
- TV-Gerät mit Scart-Anschluss
- Videorecorder
- Decoder für Pay-TV
- HiFi-Anlage

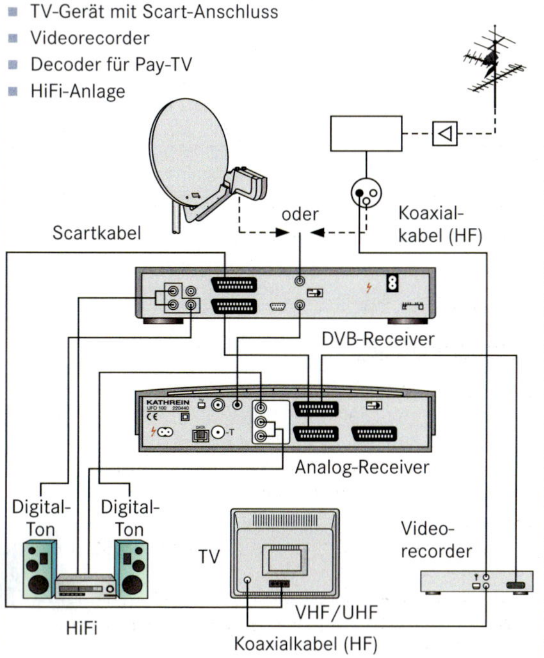

- DVB-Receiver mit Anschluss von TV-Gerät
- TV-Gerät mit Scart-Anschluss
- Videorecorder
- HiFi-Anlage

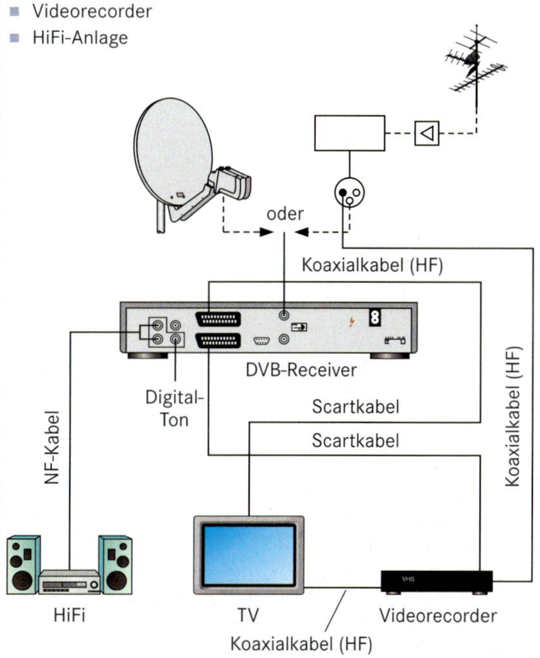

Merkmale

- Das System dient zur Verteilung von
  - digitalen Satelliten-Zwischenfrequenzen (ZF-Signalen), einschließlich HDTV, und
  - terrestrischen Signalen über nur **ein** Kabel (Stammleitung) an **mehrere** Teilnehmer (Empfänger).
- Es überträgt das **komplette Programmangebot** von einem oder zwei Satelliten.
- Die Receiver sind ausgrüstet mit
  - **unabhängiger Wahlmöglichkeit** zwischen **Hor**izontal-/**Ver**tikal-, **Low**-/**High**-Band, Satellitenposition und Transponder und
  - **fester Teilnehmerfrequenz**.
- Umschaltung und Transponderwahl erfolgen im Speisesystem (Einkabel-Quattro-LNB) bzw. in der Einkabelmatrix.
- Die Transponderwahl und Umsetzung auf die Teilnehm[illegible] frequenz erfolgt über spezielle Tunerbausteine (**SCR**: [illegible] lite **C**hannel **R**outer)
- **Vorteil**: Reduzierter Verkabelungsaufwand bei Neubau. Um[illegible] rüstung (z. B. Kabelanschluss) und Erweiterung, da nur **ein Stammkabel** (**keine Sternverbindung**) erforderlich ist.
- **Nachteil**: Receiver müssen spezielle DiSEqC-Befehle aussenden können und sind nicht kompatibel zu anderen Anlagentechniken.

Transportkanalzuordnung

LNB-Sat-ZF-Ebene

Beispiele: Receiver 1 empfängt Transponder 38
Receiver 2 und 3 empfangen Transponder 56

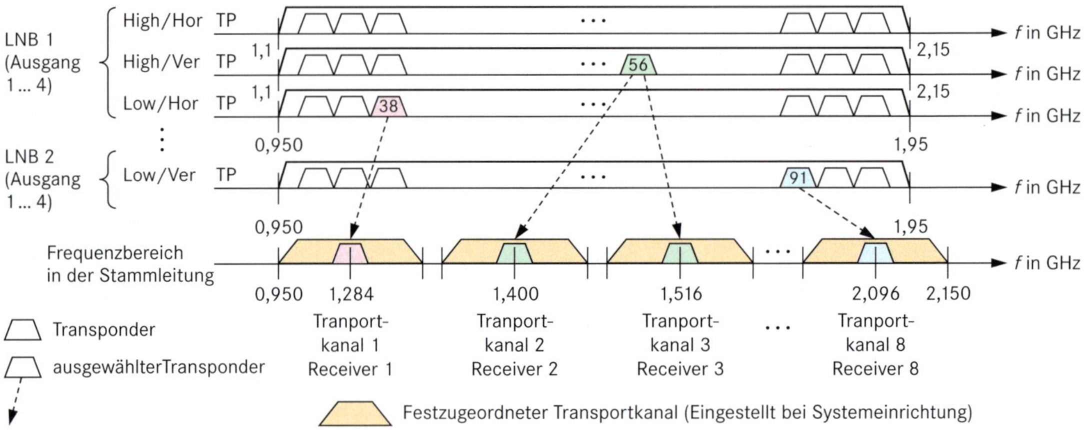

Beispiel

- Zwei Satellitenpositionen (z. B. Astra und Türksat)
- Jeweils zwei Polarisationen (H/V), Low- und High-Band

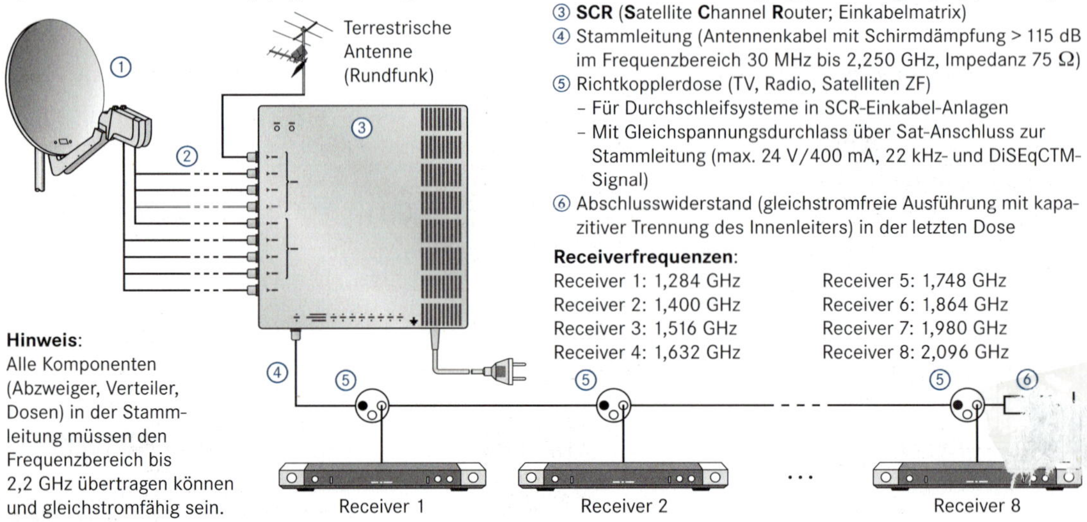

Hinweis:
Alle Komponenten (Abzweiger, Verteiler, Dosen) in der Stammleitung müssen den Frequenzbereich bis 2,2 GHz übertragen können und gleichstromfähig sein.

① Zwei Quattro LNBs
② Acht Satelliten ZF-Eingänge, ein Analogeingang (Antenne)
③ **SCR** (**S**atellite **C**hannel **R**outer; Einkabelmatrix)
④ Stammleitung (Antennenkabel mit Schirmdämpfung > 115 dB im Frequenzbereich 30 MHz bis 2,250 GHz, Impedanz 75 Ω)
⑤ Richtkopplerdose (TV, Radio, Satelliten ZF)
- Für Durchschleifsysteme in SCR-Einkabel-Anlagen
- Mit Gleichspannungsdurchlass über Sat-Anschluss zur Stammleitung (max. 24 V/400 mA, 22 kHz- und DiSEqCTM-Signal)

⑥ Abschlusswiderstand (gleichstromfreie Ausführung mit kapazitiver Trennung des Innenleiters) in der letzten Dose

Receiverfrequenzen:

Receiver 1: 1,284 GHz	Receiver 5: 1,748 GHz
Receiver 2: 1,400 GHz	Receiver 6: 1,864 GHz
Receiver 3: 1,516 GHz	Receiver 7: 1,980 GHz
Receiver 4: 1,632 GHz	Receiver 8: 2,096 GHz

Verwendung

Verwendung		Innenverlegung					Außen-verlegung	Erdkabel
Koaxialkabel Impedanz 75 Ω	Signalader – Dielektrikum – Folienschirm – Geflecht – Kunststoffmantel –							
Innenleiter	Ø in mm	0,75 Cu	0,4 Staku	1,13 Cu	0,75 Cu	1,13 Cu	1,63 Cu	1,1 Cu
Isolation	Ø in mm	3,2 Cell-PE	2,65 PE	4,8 Cell-PE	4,8 PE	4,8 Cell-PE	7,2 Cell-PE	7,25 PE
Außenleiter	Ø in mm	3,8 Al + CuSn[1]	3,3 Al + CuSn[1]	5,3 Al + CuSn[1]	5,5 Al + CuSn[1]	5,3 Al + CuSn[1]	7,9 Al + CuSn[1]	7,5 Cu
Außenmantel	Ø in mm	5,0 PVC weiß	4,1 PVC weiß	6,8 PVC weiß	6,8 PVC weiß	6,8 PE schwarz	10,4 PE schwarz	10,2 PE schwarz
Kupferanteil	in kg/km	10,6	3,6	14,0	8,3	30,0	42,0	41,0
Biegeradius	in mm	≥ 25	≥ 30	≥ 35	≥ 35	≥ 35	≥ 50	≥ 110
Dämpfung in dB/100 m bei 20 °C	5 MHz	2	4	1	3	1	1	1
	50 MHz	7	10	4	6	4	3	4
	100 MHz	9	15	6	9	6	4	5
	450 MHz	18	32	13	19	12	9	12
	1000 MHz	28	48	21	29	19	14	19
	2050 MHz	40	72	31	43	28	21	30
	3000 MHz	50	88	39	53	36	28	–
Gleichstromwiderstand in Ω/km		≤ 90	≤ 375	≤ 45	≤ 100	≤ 30	≤ 20	≤ 25,5
Schirmungsmaß in dB	47 MHz – 108 MHz	≥ 70	≥ 70	≥ 75	≥ 70	≥ 90	≥ 90	≥ 90
	108 MHz – 470 MHz	≥ 75	≥ 75	≥ 75	≥ 75			
	1000 MHz – 2400 MHz	≥ 65	≥ 65	≥ 65	≥ 65			

[1] Folie beidseitig mit Aluminium beschichtet und verzinntes Kupfergeflecht
[2] **IEC: I**nternational **E**lectrotechnical **C**ommission

F-Stecker

schraubbar	crimpbar
	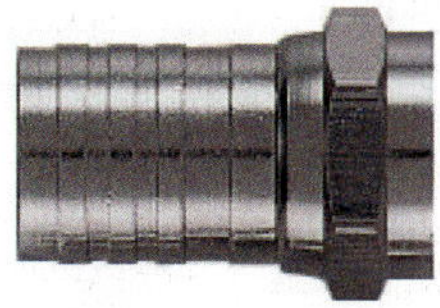
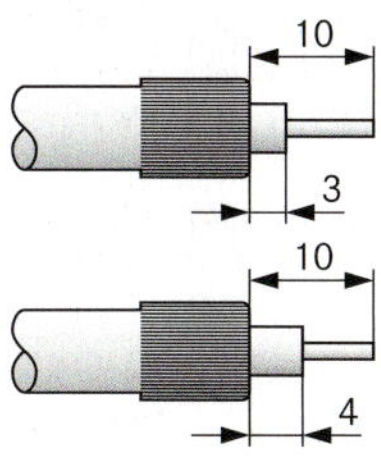	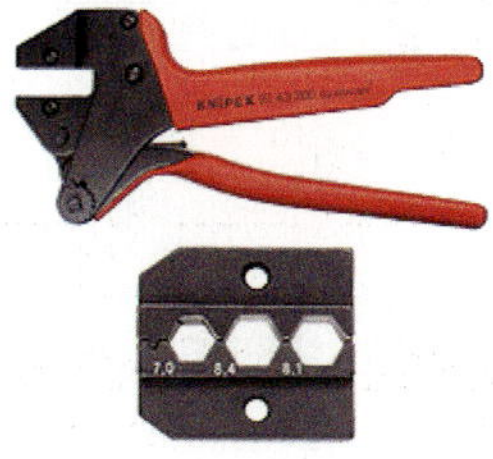

IEC-Stecker[2]

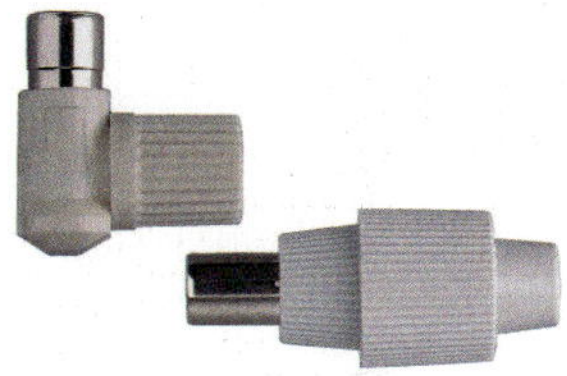

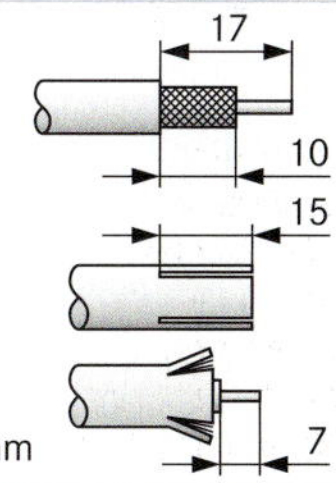

Maße in mm

BK-Rundfunk-Übertragung

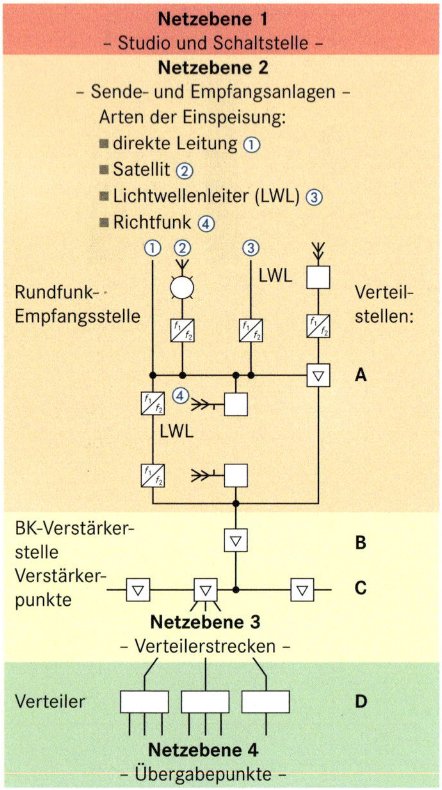

Einspeisung in das Hausnetz

■ **Systemarten**

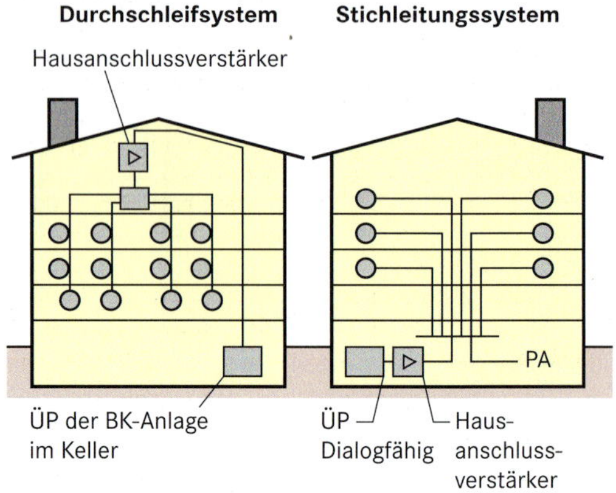

PA: Potenzialausgleich

■ **Nutzsignalpegel an Steckdosen**

Art der Signale	Grenzwerte in dBμV	
	BK-Anl.	konv. Anl.
Tonsignale:		
■ UKW-FM – Mono bzw. Stereo –	56 bis 80	50 bis 80
■ Digitaler Tonrundfunk	56 bis 80	–
■ MW-LW	40 bis 80	40 bis 94
FS-Signale:		
■ FI	60 bis 84	52 bis 84
■ USB		–
■ FIII		54 bis 84
■ OSB		–
■ ESB		–
■ FIV/V		57 bis 84

Kanalraster des BK-Netzes

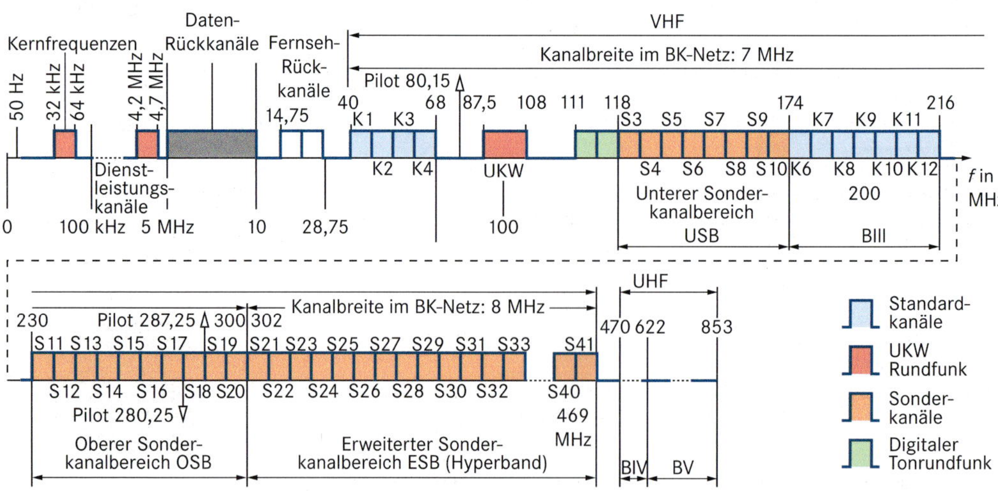

Merkmale

- Triple Play (dreifach Spiel) ist eine Marketingbezeichnung. Man versteht darunter die **Dreifachnutzung** eines Medienanschlusses für die audio und visuelle Übertragung (Fernsehen und Radio), Internet und Telefonie. Wenn das Angebot zusätzlich den Mobilfunk enthält, spricht man von Quadruple Play (vierfaches Spiel).
- Für die Dreifachnutzung sind für die Übertragung mindestend folgende Datenraten erforderlich:
  - Fernsehen 2 - 3 Mbit/s bei Empfang eines Programms
  - Internet 2 Mbit/s
  - Telefonie 64 kbit/s
- Triple Play lässt sich grundsätzlich im Kabelnetz, im Telekommunikationsnetz und im Mobilfunknetz realisieren.
- **Breitbandkabelnetz** (BK-Netz)

- **Telekommunikationsnetz**

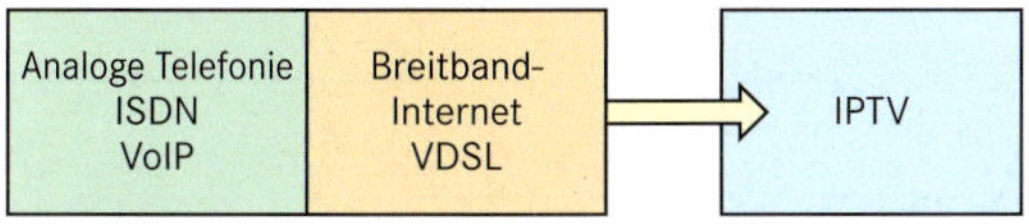

- **Mobilfunknetz**

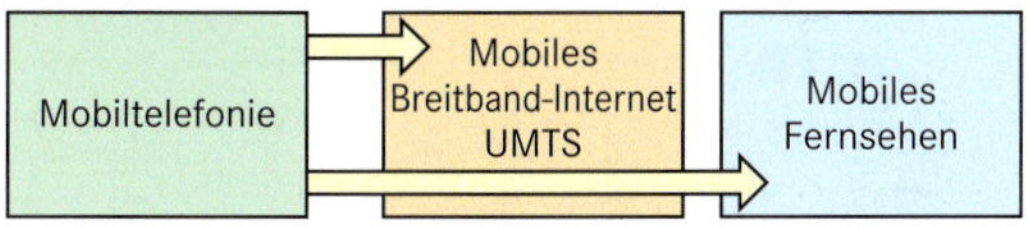

Anforderungen an Wohneinheiten (Multimedia)

- Wohneinheiten sind Wohnungen in Ein- und Mehrfamilienhäusern sowie Gebäude mit gemischter Nutzung (z. B. Arztpraxen, Hotels, Seniorenwohnheime).
- In der DIN EN 50173-12 werden nach Verwendung und Erfordernis drei Gruppen von Netzanwendungen festgelegt.
- **IuK**: **I**nformations- **u**nd **K**ommunikationsanschluss, basierend auf symmetrischer Kupferverkabelung (bzw. **ICT**: **I**nformation and **C**ommunications **T**echnologies)
  - Sternstruktur
  - Paarweise verdrillte Kupferkabel, mindestens Cat. 5 ungeschirmt oder geschirmt
  - 1 x RJ45 (EN 60603-7) Netzwerkanschluss, tauglich für Gigabit Ethernet
  - Mindestens ein Anschluss pro Raum (pro 10 m^2)
- **RuK**: **R**undfunk- **u**nd **K**ommunikationsanschluss, basierend auf koaxialer Kupferverkabelung (bzw. **BCT**: **B**roadcast and **C**ommunications **T**echnologies)
  - Sternstruktur
  - Kabel BCT-C (75 Ω Koaxialkabel, 3 GHz, max. 100 m); BCT-S (symmetrisches Multimediakabel, 1 GHz, max. 50 m) oder LWL max. 100 m
  - Mindestens ein Anschluss pro Raum (pro 10 m^2)
- **SRKG**: **S**teuerung, **R**egelung und **K**ommunikation in **G**ebäuden (bzw. **CCCB**: **C**ontrol/**C**ommand **C**ommunication in **B**uildings)
  - Audio, Radio, TV, Gebäudeautomation
  - Keine konkrete Netzstruktur vorgegeben (z. B. Bus, Abzweigung)

Elemente einer strukturierten Heimverkabelung

- Funktion der Wohneinheitenverteiler (WV)
  - Versorgung jeder einzelnen Wohnung
  - Aufnahme der Verkabelung
  - Schnittstelle zwischen der internen Wohnungsverkabelung und der externen Netzzugangsverkabelung
- Multimediakabel
- Anschlussdose (**PVD-Unit**: **P**icture **V**oice **D**ata Unit)
  MATO: **M**ulti-**A**pplication **T**elecommunication **O**utlett
  Sie wird im deutschsprachigen Raum auch als **TARA** (**Te**lekommunikations**a**nschluss, **R**undfunk**a**nschluss) bezeichnet.
- Beispiel für eine Multimediadose
  - Zwei Kabel: Koaxialkabel und Twisted-Pair-Kabel, Cat. 5 gesplittet
  - 5 Dienste: Fast Ethernet LAN, ISDN- bzw. Analog-Telefon, IPTV, Radio, Kabelmodem (CATV) bzw. SAT-Empfang

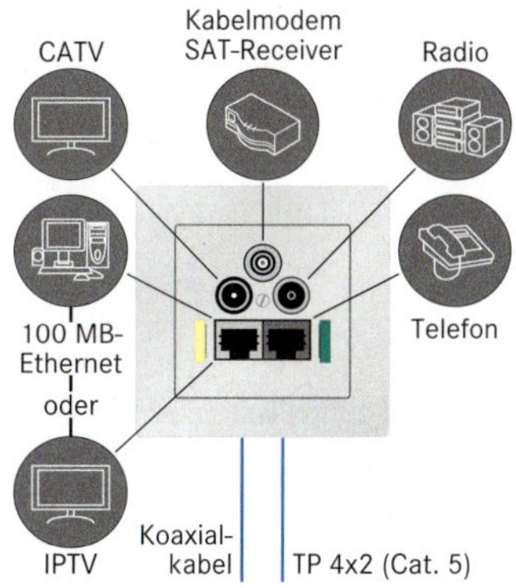

Versorgungsbeispiele

- **Versorgung über die TK-Leitung**

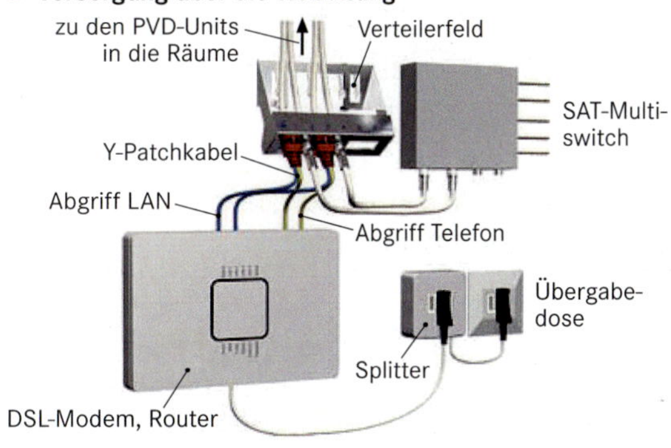

- **Versorgung über das Breitbandkabelnetz**

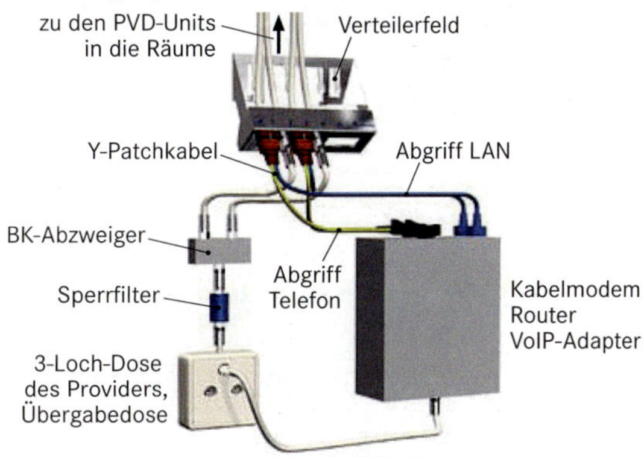

Merkmale

- **El**ektroakustische **A**nlagen (**ELA**) sind fest installiert und dienen der Weitergabe von Informationen (vorwiegend Sprache, Signale) oder werden zur Übertragung von Hintergrundmusik verwendet.
- Wesentliche Kriterien für die Auswahl der Komponenten sind Verständlichkeit, Reichweite und Betriebssicherheit (z. B. Redundanzen vorsehen, mehrere Lautsprecherkreise, Notstromversorgung, USV).
- Anwendungsbereiche sind vorwiegend größere Räume, öffentliche Gebäude, Bahnhöfe, Kaufhäuser, Sportstätten usw.
- Für die Lautsprechersysteme wird die 100 V-Technik verwendet.
- Elektroakustische Anlagen besitzen in der Regel nur einen Tonkanal (Mono-Betrieb) für Sprechstellen bzw. andere Tonquellen.
- Steuereingänge für Signalisierungen (z. B. Alarmierung) können vorgesehen sein.
- Die Audio- und Steuersignale können digital mit Kommunikationsnetzen (z. B. LAN, WAN) übertragen werden.
  Beispiel:
  EtherSound (lizenzpflichtig): **AoE** (**A**udio **o**ver **E**thernet)
  - 64 synchronisierte Kanäle
  - Pulscodemodulation, Abtastfrequenz 48 kHz, Auflösung 24 Bit
  - Twisted-Pair-Kabel Cat 5 oder Cat 6 oder LWL

Verstärkerleistungen

- **Geschlosse Räume**

Raum	**Fläche** in m²	**Geräuschpegel** mittel	niedrig
		ca. Leistung in W	
Büro	30	5 - 8	2 - 4
Verkaufsraum	50	10 - 20	3 - 5
Konferenzraum	100	20 - 30	10 - 20
Turnhalle	200	20 - 30	10 - 20
Theater	500	100 - 120	50 - 60
Werkshalle	1000	40 - 50	10 - 20

- **Freiflächen**

Freifläche	**Fläche** in m²	**Geräuschpegel** hoch	niedrig
		ca. Leistung in W	
Tennisplatz	700	40 - 50	10 - 20
Schulhof	1500	50 - 80	10 - 20
Industriehof	3000	100 - 200	20 - 30
Fußballplatz	15000	400 - 500	80 - 150

- Verstärker- und Sprechstellensystem, 5 Lautsprecherlinien

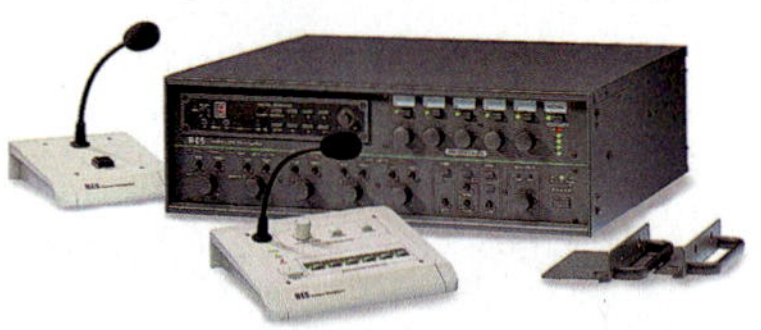

Beispiel für eine kleine Sportanlage

- Lautsprecher und Geräteanordnung

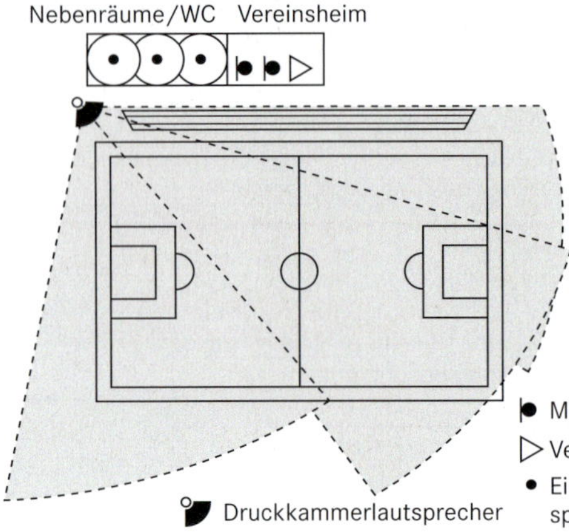

- Anlagenschema

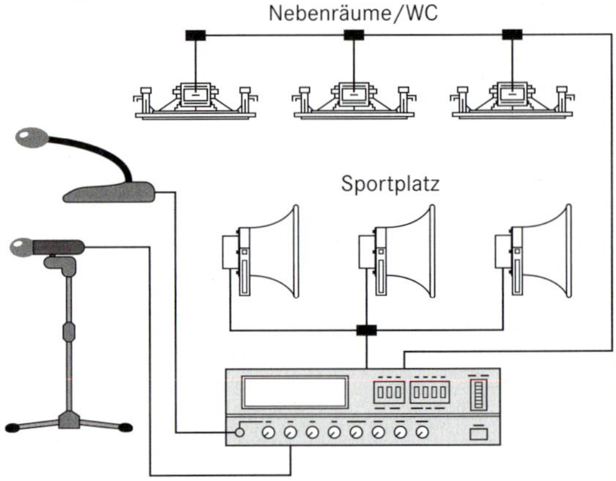

- Geräte:
  1 x Handmikrofon, 1 x Tischmikrofon, 1 x Mikrofonstativ, 1 x Kleinzentrale, 1 x CD-Tunermodul, 3 x Einbaulautsprecher, 3 x Druckkammerlautsprecher

Druckkammerlautsprecher, Hornlautsprecher

- Es handelt sich um Kalottenlautsprecher mit einem vorgesetzten Exponentialtrichter.
- Der Wirkungsgrad ist bei hohen und mittleren Frequenzen sehr hoch.
- Die Kalotte presst die Luft in eine geschlossene Kammer und erhöht dadurch die Geschwindigkeit der Luftteilchen (Geschwindigkeitstransformation).

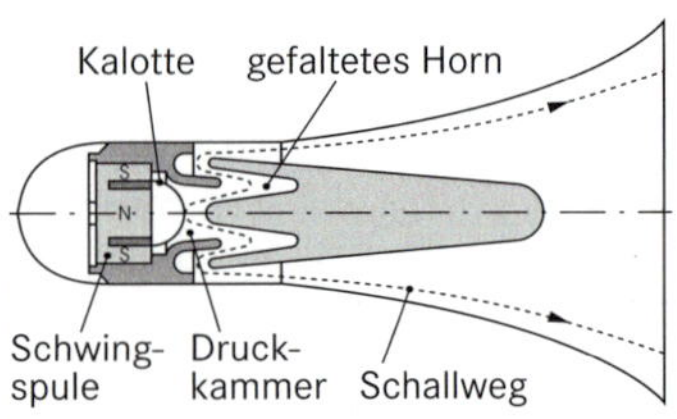

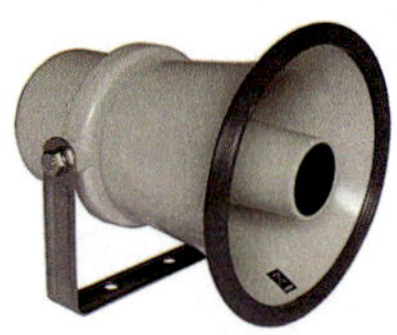

10 W, 100 V, 115 dB, 350 Hz - 6000 Hz

Netzhierarchie

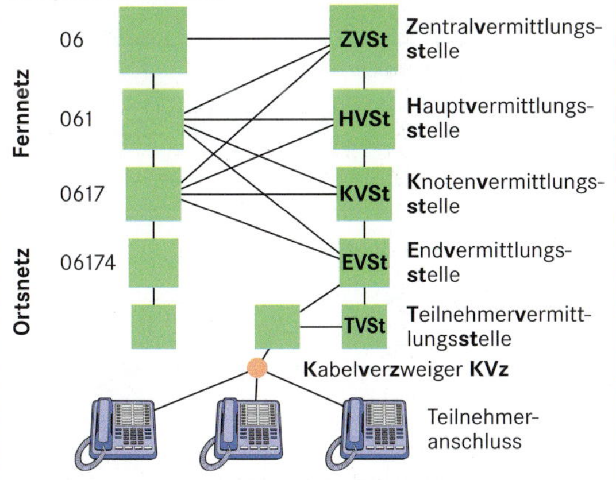

Analoges Telefon (Fernsprechapparat)

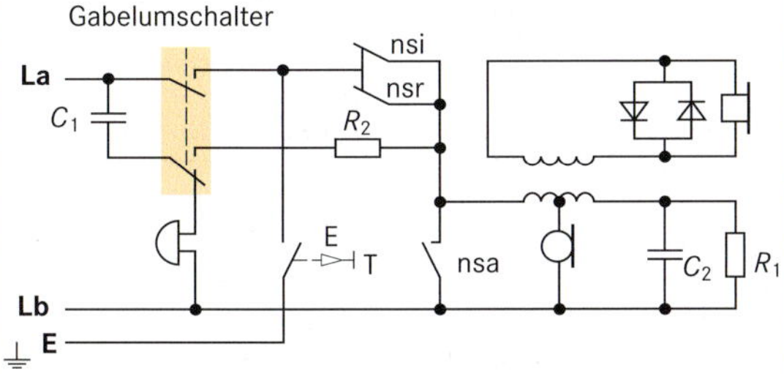

- **Gabelumschalter:**
  Einleiten oder Aufheben der Verbindung
- **Kontakt nsr:**
  Der **N**ummern**s**chalter-**R**uhekontakt überbrückt die letzten zwei Impulse.
- **Kontakt nsa:**
  Der **N**ummern**s**chalter-**A**rbeitskontakt überbrückt beim Betätigen der Wähleinrichtung den Hör-/Sprechkreis.
- **Kontakt nsi:**
  Durch den **N**ummern**s**chalter-**I**mpulskontakt werden Wählimpuse beim Rücklauf der aufgezogenen Scheibe erzeugt.

Wählablauf für die Ziffer 4 (IWV)

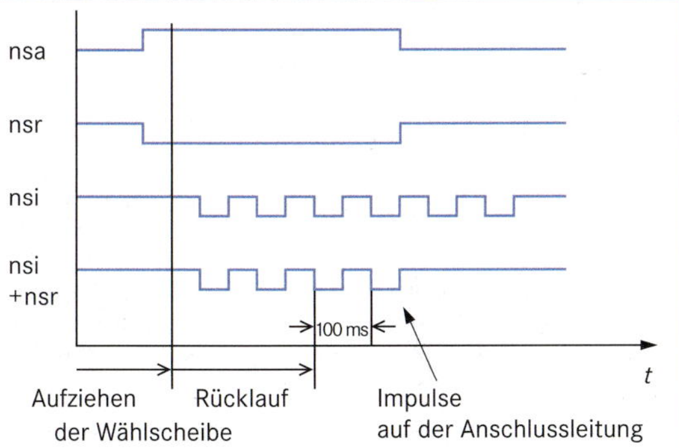

Netzknotenaufbau

- **Vermittlungseinrichtung:**
  Auf- und Abbau von Verbindungen, Erfassen von Gebühren
- **Endeinrichtungen:**
  Fernsprechapparate, Anrufbeantworter, Fax-Geräte
- **Wählverfahren:**
  Impuls**w**ahl**v**erfahren (**IWV**)
  Mehr**f**requenz**w**ahl (**MFW**)
- **Übertragungseinrichtungen:**
  Leitungen (Kupfer, Glasfaser) zwischen den Endeinrichtungen und der jeweiligen Vermittlung, Richtfunkstrecken oder Funkstrecken über Satelliten
- **Bandbreite:** 300 Hz bis 3,4 kHz

Mehrfrequenzwahl (MFW)

Durch Betätigen der Ziffern wird mindestens 40 ms lang ein niederfrequentes Tonsignal (Mischung aus zwei Frequenzen) erzeugt.

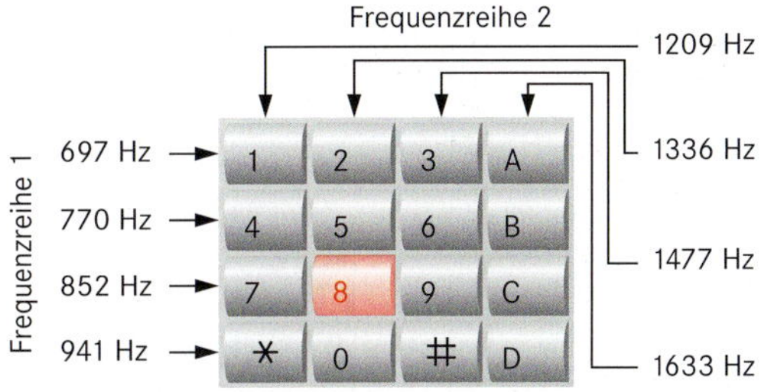

Spannungen und Stromstärken

- Speisespannung im öffentlichen Netz:
  Gleichspannung 60 V, Minuspol an La
- Gleichspannung bei abgehobenem Hörer am Endgerät
  10 V bis 20 V
- Gleichstrom (Schleifenstrom): 25 mA bis 40 mA
  Rufwechselspannung: 50 V bis 90 V (Spitze-Spitze-Wert bis 200 V), f = 25 Hz ± 8 %, Impulsdauer 1 s, Impulspausen 4 s bis 5 s
  Sie wird unterbrochen, wenn der angerufene Teilnehmer abhebt oder der Verbindungsaufbau abgebrochen wird.
- Zählimpulse: 16 kHz

Signaltöne

t_D: Zeit für den Dauerton; t_P: Zeit für die Pause

- **Wählton**
  Dauerton von 425 Hz; Vermittlungsstelle kann die Rufnummer aufnehmen
- **Rufton**
  Impulston von 425 Hz (t_D = 1s; t_P = 4 s); Verbindungsweg wird vorbereitet, Anschluss wird angerufen
- **Besetztton**
  Impulston von 425 Hz (t_D = 150 ms; t_P = 425 ms); Verbindung kommt nicht zustande
- **Aufschalteton**
  Impulston von 425 Hz (t_{D1}= 125 ms; t_{P1}= 150 ms; t_{D2} = 125 ms; t_{P2} = 425 ms, usw.); Netzbetreiber hat sich aufgeschaltet

TAE

TAE:
- Steckdose zum Anschluss analoger Endgeräte an das **TK**-Netz (**Tele**k**ommunikations-Netz).
- Es dürfen nur vom **BZT** zugelassene Geräte angeschlossen werden (**B**undesamt für **Z**ulassung in der **T**elekommunikation).

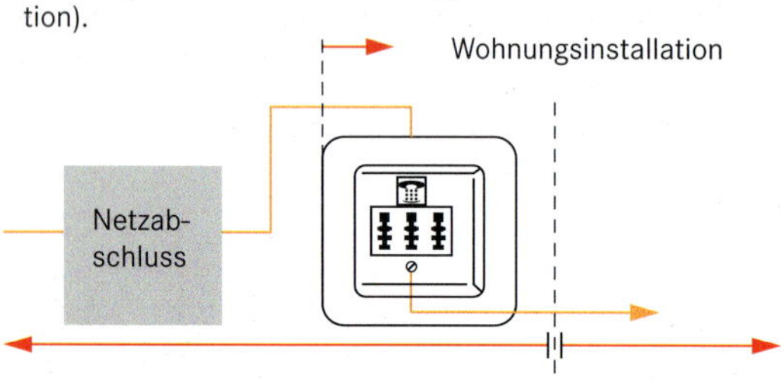

Zuständig: Telekom
Zuständig: Netzbetreiber oder zugelassener Personenkreis

TAE 3 x 6 NFN

Mechanische Codierung:

- **N: N**icht-Fernsprechbetrieb, z. B. Anrufbeantworter, Fax, Modem
- **F: F**ernsprechbetrieb, z. B. Telefon, TK-Anlage

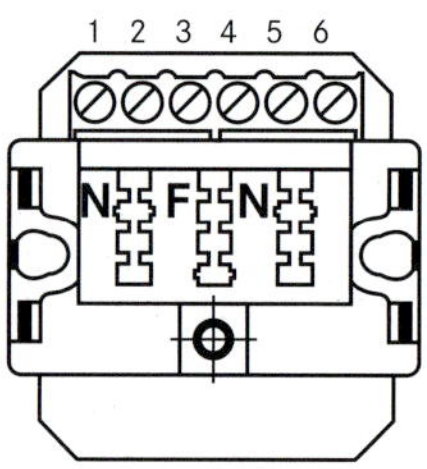

Innenschaltung der TAE 3 x 6 NFN

Durch die Stecker werden in der Dose Schalter betätigt (Schaltbuchsen), die den Signalfluss unterbrechen.

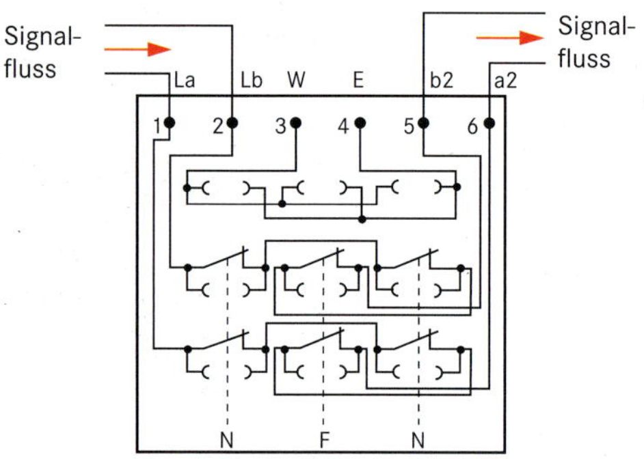

Kontakte der TAE-Stecker

Kontakt	Bedeutung der Anschlüsse	Farbe DIN 47100
1	La, a-Ader, Signalleitung	weiß (ws)
2	Lb, b-Ader, Signalleitung	braun (br)
3	W, Tonrufzweitgerät	grün (gn)
4	E, Erde, Nebenstelle	gelb (ge)
5	b2, b-Ader, Weiterführung	grau (gr)
6	a2, a-Ader, Weiterführung	rosa (rs)

TAE-Stecker

F-Codierung

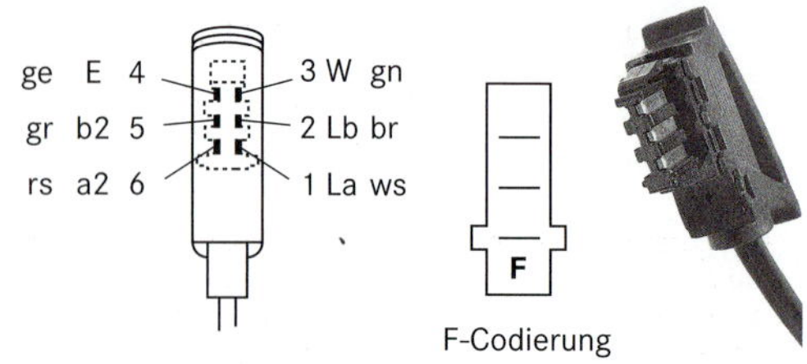

N-Codierung

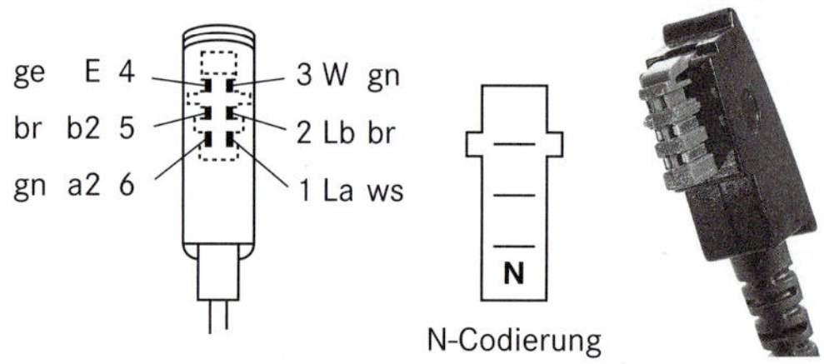

Western-Steckverbindung

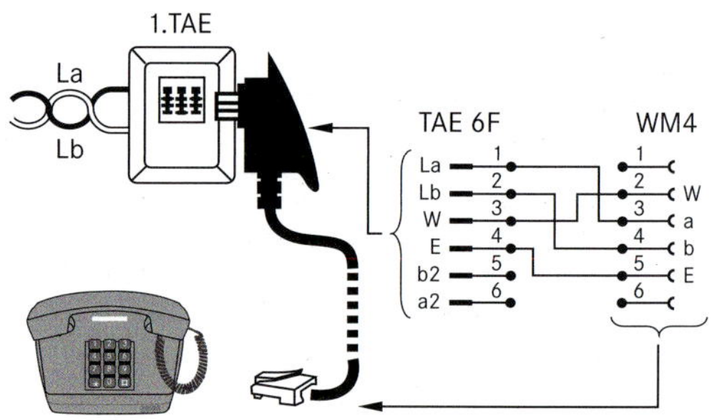

Telefonkabel (Sternvierer)

Ringcodierung bei einem Sternvierer (Farbe: Rot)
1. Paar: 1a, a-Ader, ohne Ring
1b, b-Ader, ein Ring
2. Paar: 2a, a-Ader, zwei Ringe mit großen Intervallen
2b, b-Ader, zwei Ringe mit kleinen Intervallen

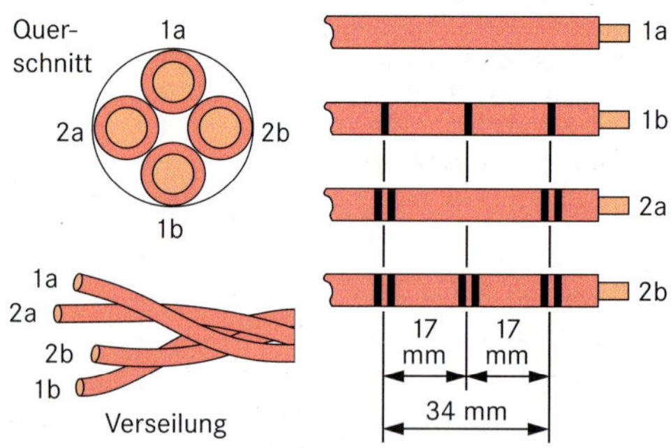

ISDN-Anschlussarten

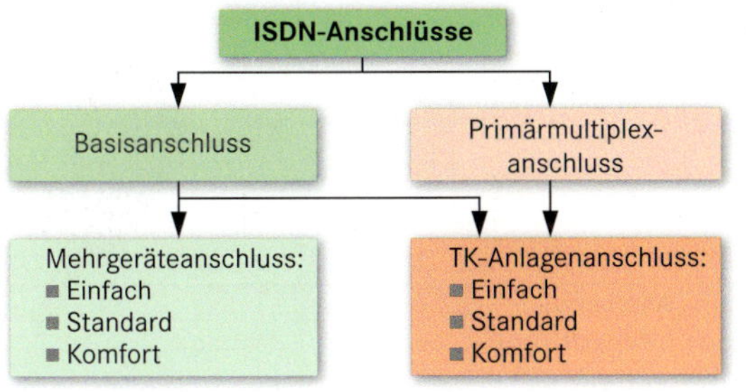

Schnittstelle für Basisanschluss

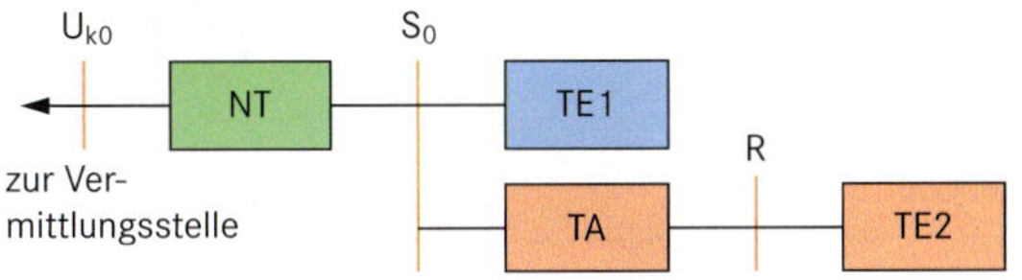

NT: Netzabschluss (Network Terminator)
TE1: ISDN-Endgerät
TA: Endgeräteanpassung (Terminaladapter)
TE2: Nicht-ISDN-Endgerät (z. B. analoges Telefon)
R, S, U: Schnittstellen

Basisanschluss (BaAs)

NTBA: Network **T**ermination for ISDN **B**asic **A**ccess (Netzabschlussgerät für den ISDN-Basisanschluss)

- U_{k0}: Netzseitige ISDN-Schnittstelle
- S_0: Kundenseitige ISDN-Schnittstelle
- B1, B2: Nutzkanäle mit jeweils 64 kbit/s
- D: Steuer- und Zeichengabekanal mit 16 kbit/s (DSS1-Protokoll)

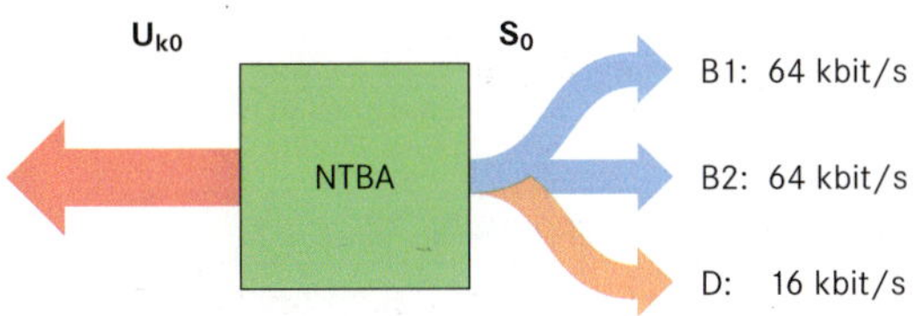

Primärmultiplexanschluss

NTPMA: Network **T**ermination for ISDN-**Prim**ary Rate **A**ccess

- U_{2M}: Netzseitige ISDN-Schnittstelle
- S_{2M}: Kundenseitige ISDN-Schnittstelle
- Synchronisationskanal mit 64 kbit/s
- B1 bis B15: Nutzkanäle mit jeweils 64 kbit/s
- B16 bis B30: Nutzkanäle mit jeweils 64 kbit/s
- D-Kanal: 64 kbit/s (DSS1-Protokoll)

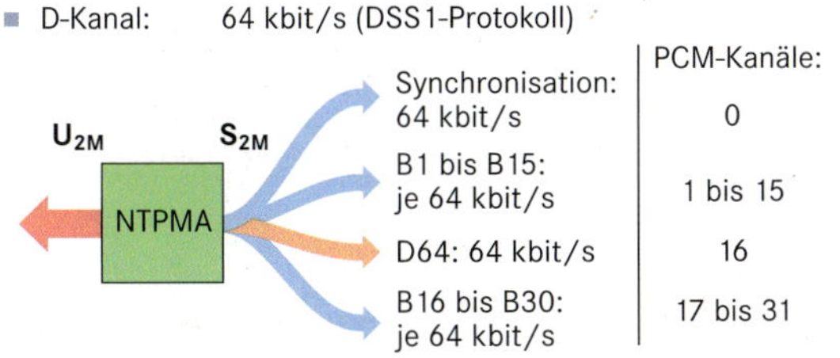

Mehrgeräteanschluss

- Bis zu zwölf Anschlusssteckdosen (IEA) können installiert werden.
- Acht ISDN-Endgeräte oder eine TK-Anlage können gleichzeitig eingesteckt/angeschlossen sein (maximal vier Telefone).
- Drei Rufnummern (**Mehrfachnummern, MSN: M**ultiple **S**ubscriber **N**umber) stehen zur Verfügung. Sieben weitere können beantragt werden.
- Entfernung vom NTBA zur letzten Dose: ≤ 180 m

Beispiel:

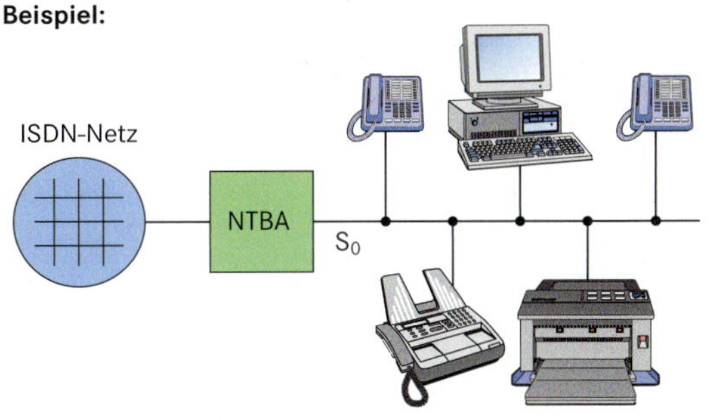

Anlagenanschluss

- Anschluss einer TK-Anlage:
  - Eine Durchwahl zu jedem Teilnehmer der Nebenstelle ist möglich.
  - Entfernung vom NTBA zur letzten Dose: ≤ 1 km
  - Keine Einschränkung der Zahl der anzuschließenden Telefone
  - Kostenlose interne Gespräche
  - Mehrere Basiskanäle sind möglich

Beispiel:

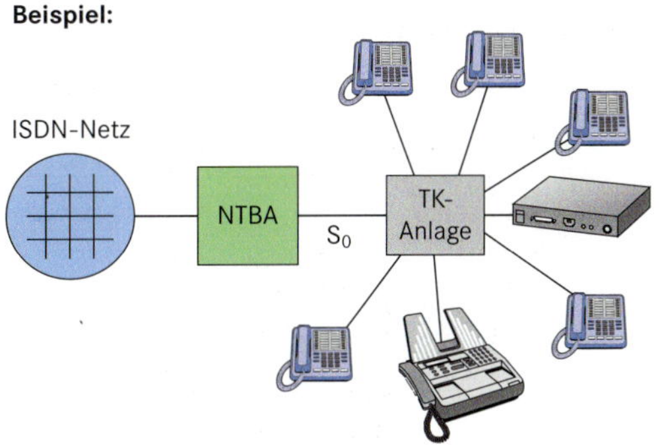

Anschluss analoger Endgeräte

Analoge Endgeräte können über a/b-Terminal-Adapter angeschlossen werden. In TK-Anlagen sind a/b-Adapter mitunter integriert.

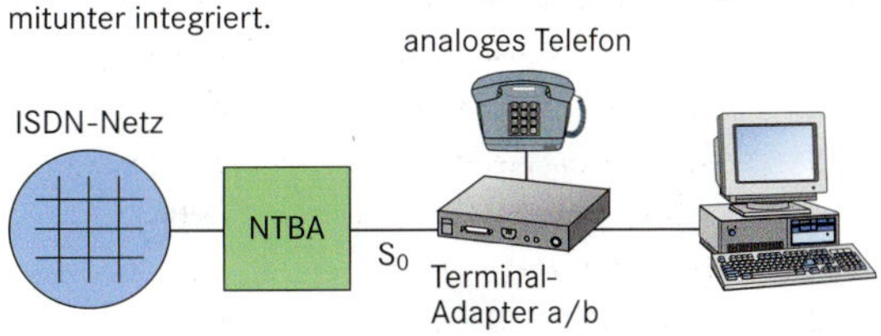

NTBA

NTBA: Network **T**ermination for ISDN **B**asic **A**ccess (Netzabschlussgerät für den ISDN-Basisanschluss)
Mit ihm erfolgt die Umsetzung der 2-Draht-Leitung in eine hausinterne 4-Draht-Leitung (S_0-Schnittstelle).

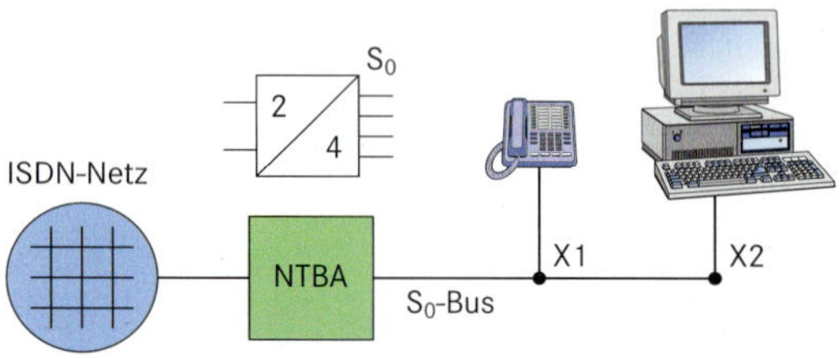

ISDN-Anschlusseinheit IAE

Beispiel: IAE 8 (4) (8-polig, 4 Buchsenkanäle)

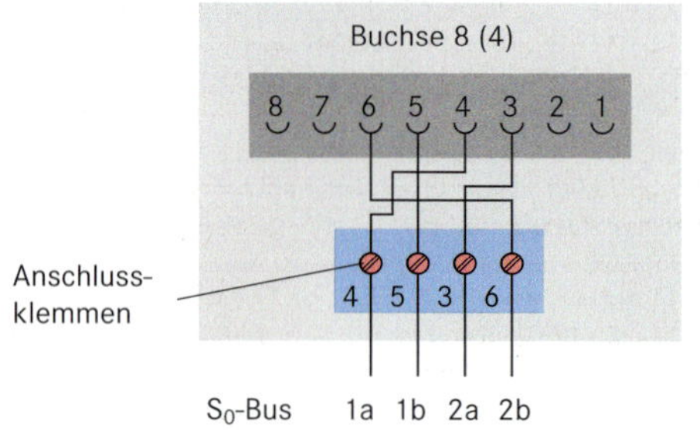

S_0-Bus

- Für die Leitungsverlegung vom NTBA muss die Busstruktur eingehalten werden (s. Abb. unten).
- Leitungen:
  - 1a und 1b (Sendeleitungen)
  - 2a und 2b (Empfangsleitungen)
- Die Anschlussdosen werden mit **IAE** (**I**SDN-**A**nschluss**e**inheiten) bezeichnet.
- Zwölf IAEs sind möglich, acht ISDN-Endgeräte können gleichzeitig angeschlossen sein, zwei können gleichzeitig betrieben werden.
- Die Leitung in der letzten IAE muss mit zwei Widerständen von 100 Ω ± 5 % abgeschlossen werden.
- Die Anschlussleitung für ein Gerät darf 10 m nicht überschreiten.
- Die Gesamtlänge des Busses darf 180 m nicht überschreiten (hängt vom Leitungstyp ab).

Universal-Anschlusseinheit UAE

UAE: Universal **A**nschluss**e**inheit

Beispiel: UAE 8 (4)
(8-polig, 4 Buchsenkontakte)

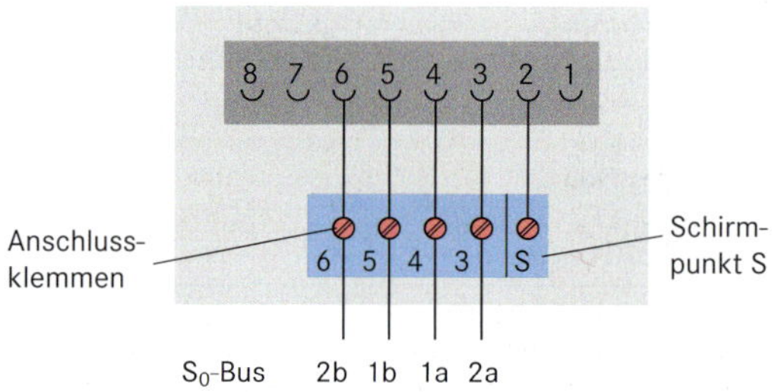

Bus-Strukturen

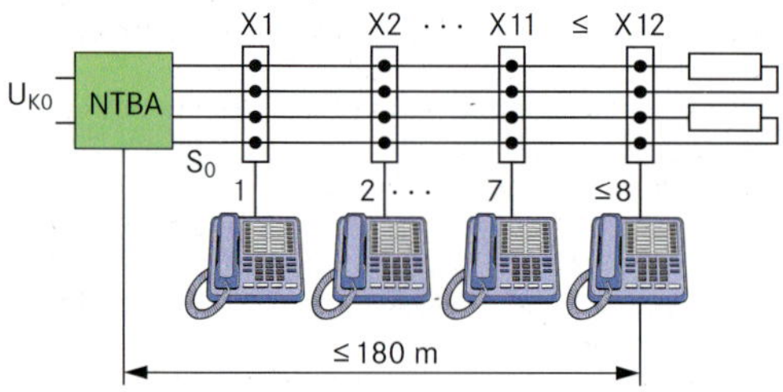

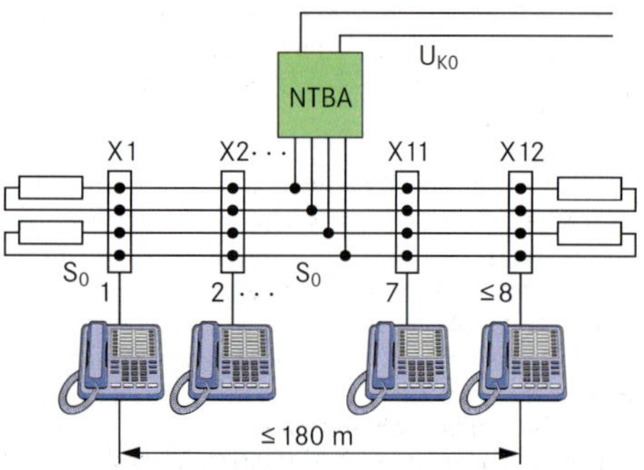

Western-Steckverbinder

- Sie wurden von der US-Telefongesellschaft Western Bell entwickelt.
- Die Steckerform entspricht einem 8-poligen Stecker, wie sie für ISDN-Geräte zum Anschluss an die IAE bzw. UAE verwendet werden.
- Andere Bezeichnung: RJ45.
- Verwendet werden auch Stecker mit 4 (IAE-Stecker) oder 6 Kontakten.
- Vierpolige Stecker werden auch für Telefonhörer verwendet.

Belegung der Buchsenkontakte

Klemmen-Nummer	4	5	3	6
ISDN-Anschluss	1a	1b	2a	2b
Analoger Anschluss	a	b	E	W

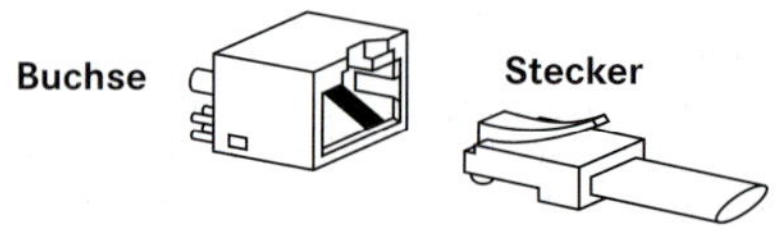

Buchsen-Formen

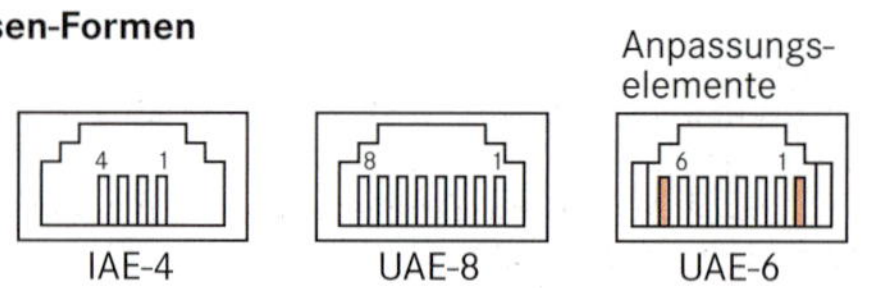

Aufbau und Funktion

- Internet: **Inter**connected **net**work
- Weltumspannendes Netzwerk von Computern durch den Zusammenschluss voneinander unabhängiger internationaler, nationaler, regionaler und lokaler Subnetze
- Nichtkommerzielle Einrichtung
- Keine zentrale Verwaltung oder Koordinierung
- Wesentliche Verwendung: Austausch von Daten über **Internetdienste** (WWW, E-Mail, usw.)
- Einheitliche Netzwerktopologie
- Die Beschreibung der Technik und Funktionen erfolgt durch die **RFC**s (**R**equest **f**or **C**omments) der **IETF** (**I**nternet **E**ngineering **T**ask **F**orce).
- Einheitliches Übertragungsprotokoll (**TCP/IP**, **T**ransmission **C**ontrol **P**rotocol/**I**nternet **P**rotocol)

Browser (Web-Browser)

- Es handelt sich um Anwendungsprogramme zum „Blättern" und Recherchieren im WWW. Die einzelnen und auf verschiedenen Wegen gesendeten Datenpakete (Text, Bild, Ton usw.) werden beim Empfänger entsprechend den übertragenen Vorschriften zusammengesetzt.
- Beispiele: Microsoft Internet Explorer, Firefox, Opera

- Die Seiten sind in der Regel Hypertext-Seiten, da die Informationen durch Querverweise (**Links**) verbunden sind.
- Begonnen werden die Seiten in der Regel mit der Leitseite (Homepage) des jeweiligen Anbieters.

URL

- **URL: U**niform **R**esource **L**ocater
- Über die URL ist ein Dokument im Internet eindeutig identifizierbar (Internetadresse).
- Beispiel: http://www.westermann.de/buecher.html
  - **http://**
    Die Identifizierung und Lokalisierung erfolgt über das verwendete Netzwerkprotokoll, z. B. **HTTP** (**H**yper **T**ext **T**ransfer **P**rotocol als Beschreibungssprache im WWW zur Formatierung von Seiten, Kennzeichnung http://) oder FTP.
    Lässt man den Dienst und die Zeichen :// weg, ergänzen die Browser den Dienst.
  - **www.westermann.de**
    Es handelt sich um den Namen des Servers, auf dem sich das Dokument befindet.
    An Stelle des Namens könnte auch die IP-Adresse stehen.
  - **/buecher**
    Hierdurch wird das Verzeichnis gekennzeichnet, in dem sich die gewünschte Datei auf dem Server befindet. Es können mehrere Verzeichnisnamen angegeben werden (Verzeichnisstruktur .../.../...).
  - **.php**
    Es handelt sich um ein Protokoll zum gesicherten Multicasting.
    Die Empfänger können Datenpakete erneut anfordern, wenn Datenpakete fehlen.

Internetdienste

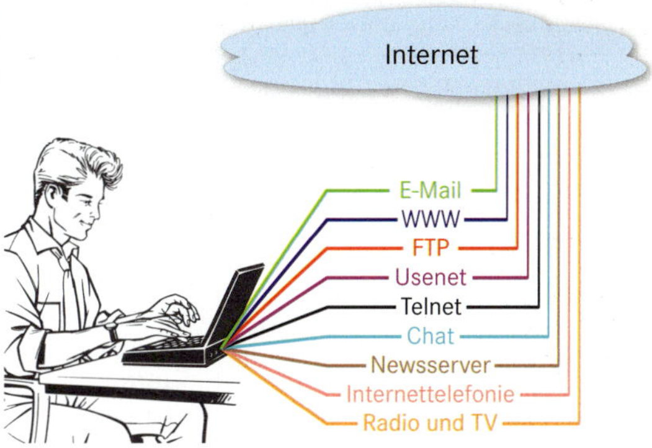

- **E-Mail** (**E**lectronic **M**ail)
  - Elektronisches Versenden oder Empfangen von Nachrichten, die gespeichert, ausgedruckt oder sofort beantwortet werden können.
  - Alle Teilnehmer besitzen eine elektronische Postadresse. Beispiel: Schulservice@westermann.de
- **WWW** (**W**orld-**W**ide-**W**eb)
  - Multimediale Benutzeroberfläche des Internets, deren Angebote und Informationen aufgerufen, gespeichert oder ausgedruckt werden können.
  - Die Informationen können umfassen: Texte, Bilder, grafische Symbole, Ton- und Videosequenzen.
- Dateiverwaltung mit **FTP** (**F**ile-**T**ransfer-**P**rotokoll)
  - Abkürzung für ein Verfahren zur Verwaltung von Dateien und Ordnern sowie zum Datentransfer
  - Mit FTP können aus dem weltweiten Softwarepool des Internets Dateien direkt ausgetauscht werden.
  - Hochschulen und größere Firmen bieten entsprechende Software über ihre FTP-Server an.
- **Usenet** (**Use**rs **Net**work)
  - Im Internet finden sich Gruppen (**Diskussionsforen**) zum Gedanken- und Meinungsaustausch zusammen.
  - In diesen Diskussionsforen stellen Teilnehmer ihre Nachricht für alle anderen als elektronische Post zur Verfügung („schwarzes Brett").
- **Telnet** (**Tele**communication **Net**work)
  - Netzwerkprotokoll, mit dem man sich bei einem beliebigen Host (Gastgeber, Hauptcomputer) einwählen kann, um dort Programme abzuarbeiten, Datenbanken zu nutzen usw.
  - Der eigene PC arbeitet dann wie ein Terminal (Fernbedienung, Fernanzeige) des Gastgeber-Computers.
- **Chat** (engl.: plaudern, sich unterhalten)
  - Schriftliche Kommunikation in Echtzeit mit beliebig vielen Nutzern
- **Newsserver**
  - Es handelt sich um Computer, auf deren Festplatten Nachrichten gespeichert sind und abgerufen werden können oder
  - um die entsprechende Software.
- **Internettelefonie**
  - **VoIP** (**Vo**ice over **IP**), Telefonie über das Internet
- **Radio und Fernsehen**
  - Live-Übertragung (**Livestream**)
  - Übertragung auf Abruf (**Video-on-Demand**)

Online-Provider

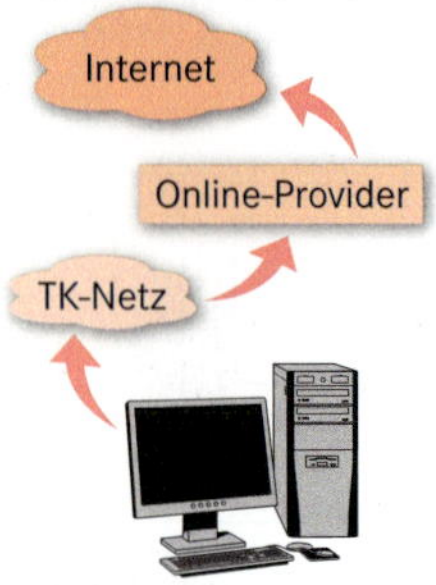

- **Software**
  - Browser
  - E-Mail-Client
  - Anwendungen
  - ...

- Die Einwahl erfolgt über Online-Provider. Sie stellen teilweise zusätzlich ausgewählte Inhalte (Contents) zur Verfügung.
- Online Provider (Beispiele): T-Online, Kabel Deutschland, Vodafone, Strato, CompuServe
- Die Verbindung wird über einen DSL Zugang, ein Modem oder eine ISDN Karte hergestellt; über Leitungen oder per Funk.
- Bei jeder Verbindung wird vom Provider dem Nutzer eine IP-Adresse zugeteilt.

Internet Service Provider (ISP)

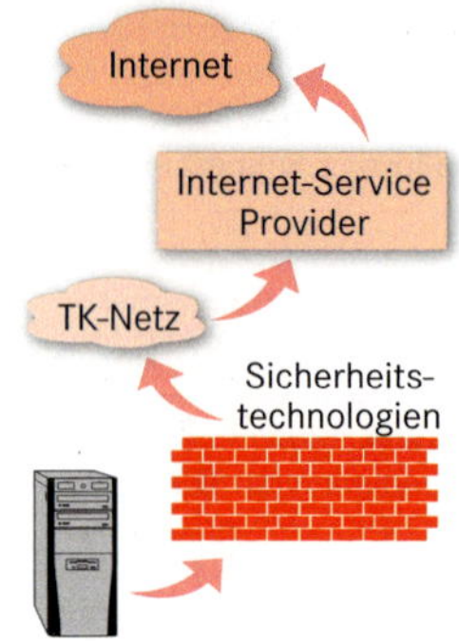

- **Anbieter**
  UUnet, Xlink, Deutsche Telekom, ECRC

Internet Service Provider bieten gegen Entgelt verschiedene Leistungen zusätzlich an, z. B. über

- **Hosting-Provider**
  Registrierung von Domains, Vermietung von Webservern
- **Access-Provider**
  (Zugang) Bereitstellung von Wählverbindungen, Breitbandzugängen, Standleitungen
- **Content-Provider**
  (Inhalt) Bereitstellung ausgewählter Inhalte

Internetprotokoll TCP/IP

- **IP:** **I**nternet **P**rotocol
  Das Protokoll besitzt folgende Merkmale und Funktionen (Auswahl):
  - Adressierung der Daten und deren Fragmentierung
  - Datenaustausch vom Sender zum Empfänger (Routing)
  - Mit dem Protokoll erfolgt keine Absicherung der Übertragung, verbindungslos und unzuverlässig (keine Zustellgarantie).
  - IPv4: 32 Bit-Adressen; IPv6: 128 Bit-Adressen
- **TCP:** **T**ransmission **C**ontrol **P**rotocol
  - Das Protokoll baut auf IP auf.
  - Es sorgt beim Empfänger für die Einsortierung der Pakete in die richtige Reihenfolge.
  - Die Kommunikation ist durch Bestätigung des Paket-Empfangs sicher.
  - Übertragungsfehler werden automatisch korrigiert.
  - Die Übertragung erfolgt verbindungsorientiert, ist zuverlässig (Zustellgarantie).
- **IP-Adresse**
  - Aufbau: 4 Byte = 32 Bit (2^{32} = 4 294 967 296 mögliche Adressen)
  - Vereinfachung: Umwandlung der Bytes in Dezimalzahlen, die durch Punkte voneinander getrennt sind.
  - Beispiel: 10110011 11000001 10011010 00001011
    179.193.154.11

Netzeinteilung

- Um den Adressbereich effizient zu nutzen, erfolgte ursprünglich eine Aufteilung in **Netzwerkadresse** und PC-(Host) Adresse. Die ersten Bits des IPv4-Adressraums wurden zur Kennzeichnung von Netzklassen (A, B, C) verwendet.
- Die feste Klassenzuordnung wurde durch **CIDR** (**C**lassless **I**nter**d**omain **R**outing) aufgehoben.
  Die Kennzeichnung erfolgt nach einem Schrägstrich unter Angabe der Anzahl der gesendeten Bits (1-Bits) in der Netzmaske.
  Beispiel:
  IP-Adresse (Dezimal) mit Suffix — 172.17.0.0/24 — Suffix: gibt Anzahl (hier 24) der 1-Bits in der Netzmaske an
  Die Angabe 24 bedeutet: 24 Bit der Netzmaske sind auf 1 gesetzt (Binär: 11111111.11111111.11111111.00000000)
  Suffix: Angestecktes, Nachsilbe

Domain

- Eine Domain ist ein Begriff, Name, ... für eine IP-Adresse. Sie fungiert somit als eine menschliche „Gedächtnishilfe" für die IP-Adressen.
- Eine Domain darf im Internet nur einmal vorkommen. Die Vergabe und Zuteilung erfolgt über das **NIC** (**N**etwork **I**nformation **C**enter). Für deutsche Domains (.de) ist das **„DENIC"** als zentrale Registrierungsstelle zuständig.
- Das System wird als **Domain Name System** (**DNS**) bezeichnet. Es ist hierarchisch aufgebaut.

Top Level Domain (TLD), z. B. de

Second Level Domain
z. B. ...tu-darmstadt
...westermann

- **Top Level Domains** (Beispiele)

ccTLDs (country code)		**gTLDs (generic)**	
at	Österreich	biz	business
ch	Schweiz	com	commercial
de	Deutschland	edu	education
fr	Frankreich	net	network
us	USA	org	organisation

Bandbreite

Die Geschwindigkeit, mit der die Daten einer Internetverbindung übertragen werden, wird häufig als Bandbreite bezeichnet. Sie wird in Baud oder bit/s (Bit pro Sekunde) angegeben.

Zugang über	Bandbreite
analoges Modem	bis 56 kbit/s
ISDN	64 kbit/s
ISDN zwei Kanäle	128 kbit/s
ISDN Primärmultiplexanschluss	2 Mbit/s
ADSL	1 Mbit/s, 2 Mbit/s, ...
ADSL 2+	bis 25 Mbit/s
VDSL	bis 52 Mbit/s

Begriffe und Merkmale

- Die Begriffe DSL und ADSL werden häufig synonym verwendet. Auf dieser Seite werden asymmetrische Übertragungsverfahren (ADSL) besprochen.
- **ADSL-Prinzip** (**A**symmetric **D**igital **S**ubscriber **L**ine)

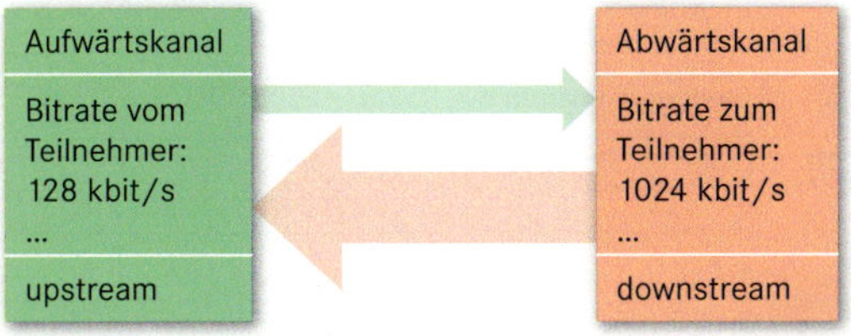

- **POTS**
  Plain **O**ld **T**elephone **S**ervice: Analoger Bereich der Telekommunikation (300 Hz bis 3,4 kHz)
- **BBAE, Splitter** ①
  Die **Breit**b**and**a**nschluss**e**inheit wird zur Trennung der Signale (POTS, ISDN, ADSL) verwendet.

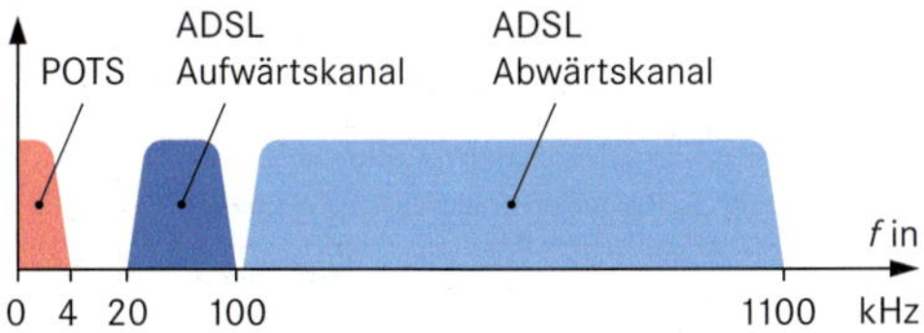

- **Upstream-Kanal**
  - Aufwärtskanal vom Teilnehmer aus
  - bei ADSL von 20 kHz bis 100 kHz
- **Downstream-Kanal**
  - Abwärtskanal zum Teilnehmer
  - bei ADSL von 100 kHz bis 1,1 MHz
- **NTBBA** ②
  Netzwerk**t**erminationspunkt **B**reit**b**and**a**nschluss: ADSL-Modem zur bidirektionalen Verarbeitung der ADSL-Signale. Die Verbindung zum PC erfolgt über RJ45 Steckverbinder und Netzwerkanschluss.
- **ISDN-NTBA** ③
  Weiterleitung der ISDN-Signale zur TK-Anlage
- **Datenraten**

Datenrate in kbit/s	ADSL 1000	ADSL 2000	ADSL 3000	ADSL 2 6000
Downstream	1024	2084	3072	6016
Upstream	128	193	384	576

- **Theoretische Datenraten**
  Die tatsächlich erreichte Datenrate hängt von der Leitungsdämpfung, der Entfernung des Nutzers bis zum DSL-Multiplexer (**DSLAM**) und vom Übersprechen zwischen den Leitungen ab.

ADSL	ADSL 2	ADSL 2+	VDSL
8 Mbit/s	12 Mbit/s	25 Mbit/s	52 Mbit/s

- **ADSL 2+**
  - Der Frequenzbereich wurde gegenüber ADSL 2 auf 2,2 MHz erweitert.
  - Es stehen dadurch doppelt so viele Multiträger zur Verfügung.
  - Die erreichbare Datenrate beträgt 25 Mbit/s.

Anschlussbeispiele

PC mit Ethernet-Karte

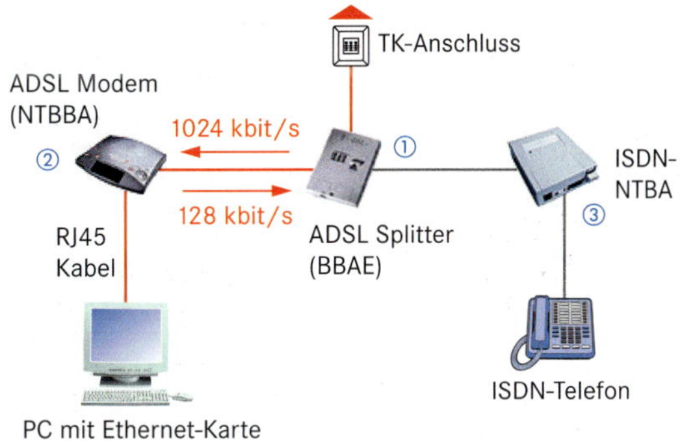

Anschluss über einen Hub

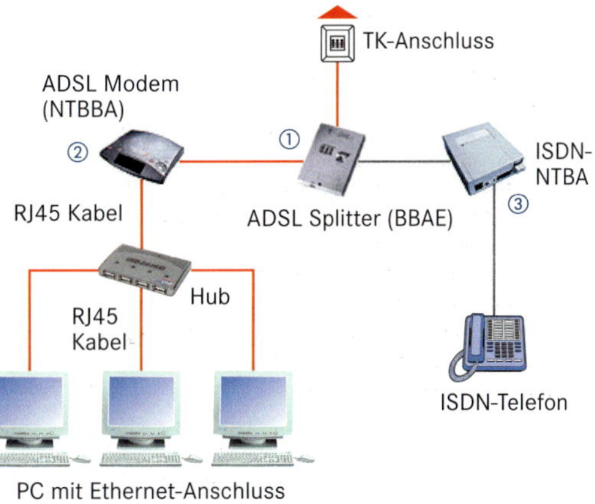

- Der Hub verbindet mehrere PCs mit individuellen Zugangsdaten über einen ADSL-Anschluss mit dem Internet.
- Die PCs stellen eigenständig und unabhängig voneinander ihre Verbindung her.

Anschluss über einen Router

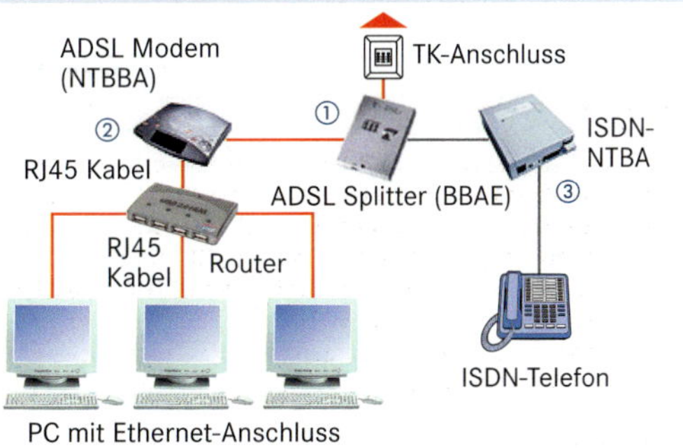

- Der Router verbindet über einen gemeinsamen ADSL-Zugang mehrere PCs mit dem Internet.
- Er übernimmt auf Anforderung eines PC die Einwahl.
- Er sorgt für die Verteilung der Datenströme zwischen den einzelnen PCs.
- Alle PCs verwenden dieselben Zugangsdaten.

Merkmale

- VDSL-Techniken werden besonders in hybriden Netzen (Glasfaser-/Kupferkabelnetzen) für Datenraten bis 100 Mbit/s bei Downstream (Downlink) und Upstream (Uplink) eingesetzt.
- Die Datenrate von 100 Mbit/s ist ein theoretischer Wert ①. Die tatsächliche Datenrate hängt von der Entfernung sowie von der Länge und Qualität der Kupferleitung vom Kabelverzweiger ② bis zum Teilnehmeranschluss ab.

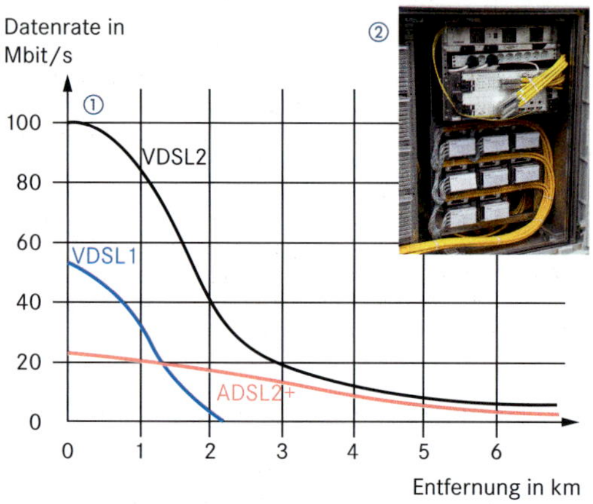

- Das schnelle VDSL-Übertragunsverfahren wird auch als Breitband-Internet bezeichnet und bei **Triple Play** eingesetzt (gemeinsames Angebot von Internet, Telefonie (VoIP) und Fernsehen (IPTV)).
- VDSL1 hat sich in Deutschland nicht durchgesetzt. Es ist nicht kompatibel zu VDSL2.
- VDSL2 reicht bis zum Frequenzbereich von 30 MHz, ist zu ADSL, ADSL2 und ADSL2+ abwärtskompatibel und kann mit symmetrischer oder asymmetrischer Übertragung arbeiten.
- Die symmetrische Übertragung wird vor allem von Unternehmen genutzt, die nicht nur Informationen aus dem Internet beziehen, sondern auch als Informationsanbieter agieren.

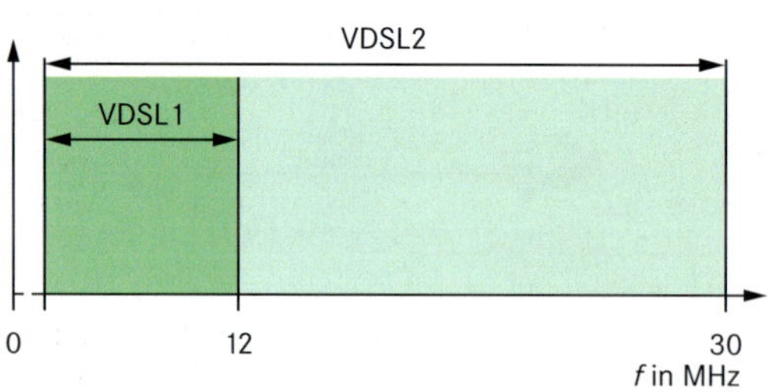

- VDSL2 ermöglicht garantierte Datenraten (**QoS: Q**uality **o**f **S**ervice).
- Das Netz wird vorwiegend in Baumstruktur aufgebaut. Die DSL-Vermittlungsstelle (**DSLAM: D**igital **S**ubscriber **L**ine **A**ccess **M**ultiplexer) befindet sich nicht in der Ortsvermittlungsstelle, sondern in den Kabelverzweigern (KVz, Ortsverteiler), z. B. am Straßenrand (FTTC).
- Ein DSLAM kann ca. 100 Haushalte versorgen.

VDSL-Profile und Frequenzen

- In den Profilen sind u. a. die Grenzfrequenz, der Trägerabstand und die Signalstärke definiert.
- Der Netzbetreiber legt sein jeweiliges Profil fest.
- Zusätzlich zum Profil gibt es einen Frequenzbandplan, in dem die gemeinsame Nutzung der Frequenzen mit POTS, ISDN, ADSL ... festgelegt ist.

Profil	Bandbreite in MHz	Anzahl der genutzten Frequenzen ③	Frequenzabstand in kHz ④	Übertragungspegel in dBm[2]	Max. Datenrate[1]
8a	8,832	2047	4,3125	+ 17,5	50
8b	8,832	2047	4,3125	+ 20,5	50
8c	8,5	1971	4,3125	+ 11,5	50
8d	8,832	2047	4,3125	+ 14,5	50
12a	12	2782	4,3125	+ 14,5	68
12b	12	2782	4,3125	+ 14,5	68
17a	17,6604	4096	4,3125	+ 14,5	100
30a	30	3478	8,625	+ 14,5	200

[1] symmetrisch [2] dB Milliwatt

- Die Modulation erfolgt mit **DMT** (**D**iscrete **M**ultitone **T**ransmission, **QAM: Q**uadratur**a**mplituden**m**odulation). Dabei wird der genutzte Frequenzbereich in bis zu 4096 Träger unterteilt ③. Die Bandbreite beträgt 4,3125 bzw. 8,625 kHz ④.
- Der gesamte Frequenzbereich wird in unterschiedliche Downstream- und Upstream-Bereiche aufgeteilt ⑤.
- In Deutschland wird der Frequenzbereich bis mindestens 138 kHz für POTS (analoges Telefon) und ISDN ausgeblendet, um gegenseitige Störungen zu vermeiden.

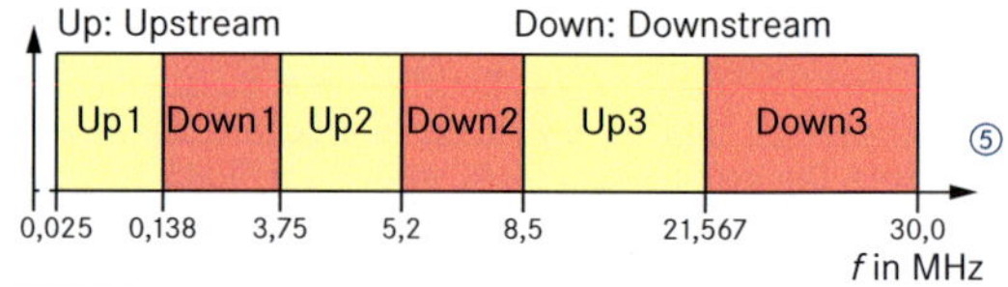

Netzarchitekturen

- **FTTN** (**F**iber-**t**o-**t**he-**n**ode, node: Knoten)
  Das Glasfaserkabel ist weit entfernt vom Endkunden, bis zu mehreren Kilometern.
- **FTTC** (**F**iber-**t**o-**t**he-**c**abinet, cabinet: Schrank)
  Das Glasfaserkabel endet in einer Straße (am Bürgersteig), typischerweise 300 m von dem Standort des Kunden. Die endgültige Anschlussleitung ist aus Kupfer (städtischer Bereich ⑥).
- **FTTP** (**F**iber-**t**o-**t**he-**p**remises, premises: Gelände)
  Glasfaserkabel reicht bis zum Gelände
- **FTTB** (**F**iber-**t**o-**t**he-**b**uilding, building: Gebäude)
  Glasfaserkabel reicht bis zur Grenze des Gebäudes
- **FTTH** (**F**iber-**t**o-**t**he-**h**ome, home: Wohnraum)
  Glasfaserkabel reicht bis zur Grenze des Wohnraums ⑦

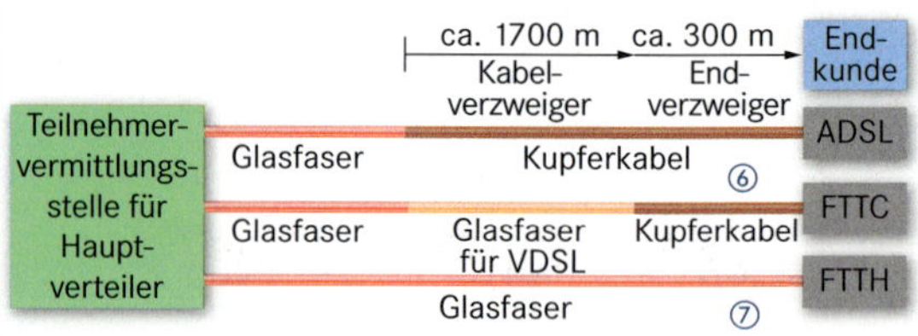

Merkmale

- **WLAN** (**W**ireless **LAN**: drahtloses LAN) sind lokale Netzwerke, die auf Funkbasis arbeiten.
- Endgeräte werden mit Funkeinrichtungen ausgerüstet.
- Der Zugang zu ortsfestem LAN erfolgt über Zugangspunkte (**AP**: **A**ccess **P**oint).
- Wireless LAN sind spezifiziert nach **IEEE 802.11**, dem **DECT**-Standard oder nach **HIPER** LAN (**Hi**gh **Per**formance LAN) oder **WPAN** (**W**ireless **P**ersonal **A**rea **N**etwork: drahtloses persönliches Netzwerk).
- WLAN-Funktionen sind auf OSI-Schicht 1 und 2 geregelt.
- Gegen **externe Störungen** sind Maßnahmen im Funkkanal und in den Kommunikationsprotokollen realisiert.
- Die **Reichweiten** dieser Netzwerke sind durch HF-Leistungsbeschränkungen begrenzt.
- Bedingt durch die Übertragung der Daten über eine Luftschnittstelle sind besondere **Schutzmaßnahmen** gegen Abhören (z. B. hochwertige Verschlüsselung) vorzusehen.
- **Vorteile** von WLAN-Einrichtungen sind u. a.
  - weltweite Standardisierung,
  - lizenzfreier Betrieb,
  - große Flexibilität (anpassbar z. B. an Baulichkeiten) und
  - einfache Administration in den Endgeräten.

IEEE 802.11

- In WLAN nach IEEE 802.11 sind eine Reihe von Einzelspezifikationen enthalten, die unterschiedliche Anforderungen abdecken.
- Als Grundlage sind folgende Architekturelemente spezifiziert:
  - **BSS** (**B**asic **S**ervice **S**et: Basis-Dienstelement) ist das grundlegende Architekturelement.
  - **STA** (**Sta**tion: Station) ist das Mitglied eines BSS.
  - **IBSS** (**I**ndependent **BSS**: unabhängiges BSS) ist ein BSS, in dem die Kommunikation der STA direkt untereinander erfolgt.
  - **DS** (**D**istribution **S**ystem: Verteilungssystem) ist das Element zur Verbindung mehrerer BSS untereinander oder der Zugang zum Festnetz.
  - **AP** (**A**ccess **P**oint: Zugangspunkt) ist der Zugang zum DS; nutzt das Wireless Medium (WM) sowie das Distributed System Medium (DSM).
  - **ESS** (**E**xtended **S**ervice **S**et: erweiterte Dienstelemente) ist die Zusammenschaltung mehrerer BSS über DS.
  - **Portal** realisiert den Übergang zu einem anderen LAN.
- Grundsätzlich wird bei IEEE 802.11 das CSMA/CA-Verfahren angewendet (Kollisionsvermeidung).

IEEE 802.11 Standards

Standard	Inhalt
802.11	1 Mbit/s und 2 Mbit/s im 2,4 GHz Band
802.11a	54 Mbit/s im 5 GHz Band
802.11b	11 Mbit/s im 2,4 GHz Band
802.11c	Wireless Bridging
802.11d	Regionsspezifische Anpassungen
802.11e	Quality of Service und Streaming-Erweiterung für IEEE 802.11a/g/h
802.11g	54 Mbit/s im 2,4 GHz Band
802.11h	54 Mbit/s im 5 GHz Band mit Frequency Selection (DFS) und Transmit Power Control (TPC)
802.11i	Authentifizierung und Verschlüsselung für IEEE 802.11a/g/h

Standard	Inhalt
802.11k	Funkressourcenverwaltung
802.11n	bis 600 Mbit/s im 2,4 GHz und 5 GHz Band
802.11p	Drahtloser Zugang für Fahrzeugeinsatz
802.11r	Schneller Zellenwechsel
802.11s	Erweiterte Dienste vermaschter Netze
802.11t	Leistungsvorhersage, Testmethoden
802.11u	Vernetzung mit nicht 802 Netzwerken
802.11v	Netzwerk-Management
802.11w	Geschützte Managementrahmen
802.11z	Erweiterung für Direktverbindungsaufbau

Buchstaben: l, o, q und x sind nicht verwendet, um Verwechselungen zu vermeiden

Betriebsarten

Ad hoc-Mode (IBSS)

Infrastructure-Mode

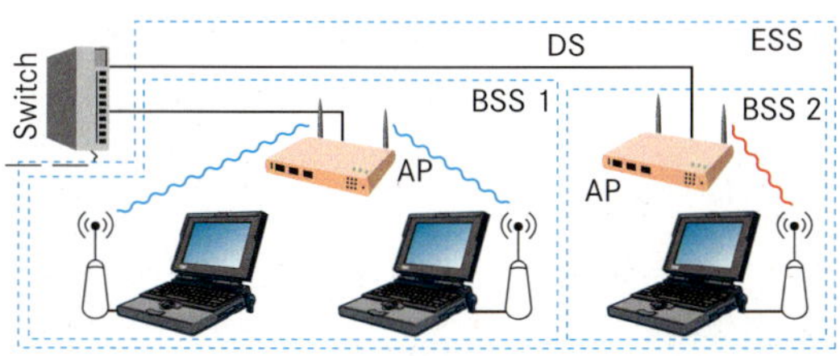

Typische Daten (Europa)

Bezeichnung	802.11a/h	802.11b	802.11g	802.11n
Frequenzbereich in GHz laut Bundesnetzagentur	5,150 ... 5,725	2,40 ... 2,4835	2,40 ... 2,4835	2,40 ... 2,4835 5,150 ... 5,725
Datenrate brutto (Mbit/s)	54	11	54	bis 600
Codierung	OFDM	DSSS CCK	OFDM CCK DSSS	OFDM CCK DSSS
Kanäle (max.) (in Europa)	19	13	13	13[1)] 19[2)]
ohne Überlappung	19	3	3	13[1)] 19[2)]

[1)] im 2,4 GHz Band [2)] im 5 GHz Band

OFDM: **O**rthogonal **F**requency **D**ivision **M**ultiplex
CCK: **C**omplementary **C**ode **K**eying
DSSS: **D**irect **S**equence **S**pread **S**pectrum

Merkmale

- WLANs werden aufgebaut als
  - **Punkt-zu-Punkt Verbindung** (Richtfunkverbindung)

  oder
  - **Punkt-zu-Mehrpunkt Verbindung** (Bereichsabdeckung).
- Die einzusetzende WLAN-Technik wird bestimmt durch
  - die **Leistungsanforderungen** (z. B. Datendurchsatz, Anzahl der Teilnehmer, Funk-Abdeckungsbereich)

  und
  - den **Installationsort** (z. B. Büroraum, Fabrikationshalle).
- **Funknetzplanung**
  dient zur Ermittlung der optimalen Installationsstandorte für WLAN **AP**s (**A**ccess **P**oint: Zugangspunkt)
- **Übertragungsraten** (Beispiele):

IEEE	Frequenzband in GHz	Übertragungsrate in Mbit/s		Reichweite im Gebäude in m
802.11g	2,4	54[1]	20[2]	35[3]
802.11n	2,4 und 5,4	600[1]	250[2]	70[3]

[1] Brutto [2] Netto [3] Abhängig z. B. von Wandmaterial

Verbindungsarten

Punkt-zu-Punkt Verbindung

Beispiel: Gebäudevernetztung mit Richtfunkverbindung

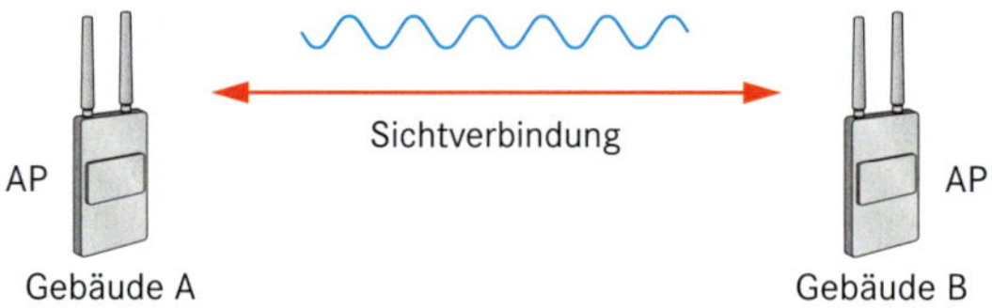

Anforderung:

Sichtverbindung (keine störenden Hindernisse im Übertragungsweg) zwischen den APs (gegebenenfalls erhöhte Aufstellung am Mast)

Punkt-zu-Mehrpunkt Verbindung

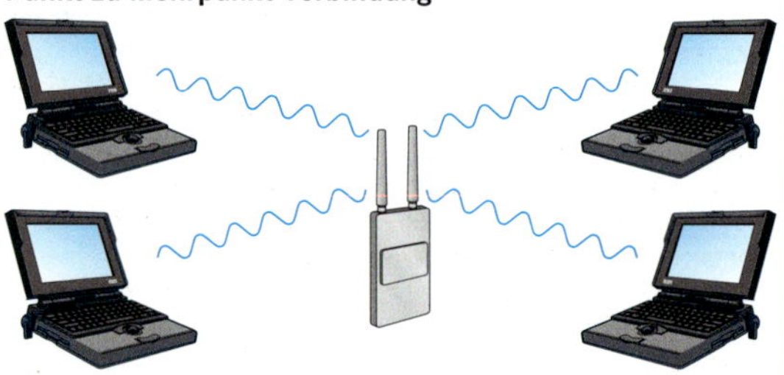

Gleichmäßige Flächenausleuchtung mit zentral angeordnetem AP (z. B. unter der Decke)

Antennencharakteristiken

Rundstrahlantenne (Rundumausleuchtung)

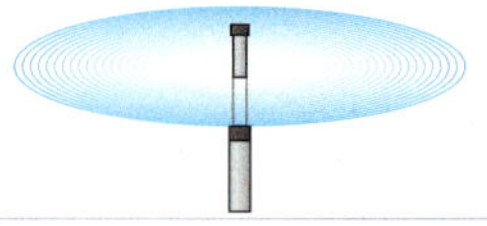

- Abstrahlwinkel: 360° horizontal und vertikal — Kugelform
- Reichweite: 100 m

Richtantenne (Punkt-zu-Punkt Verbindung)

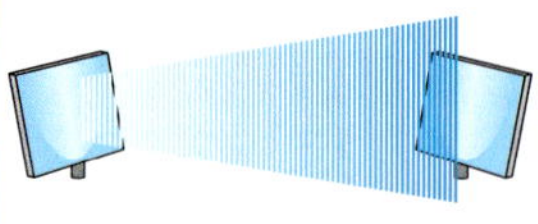

- Abstrahlwinkel: 9° horizontal und vertikal
- Reichweite:
  Bei 6 Mbit/s 19 km
  Bei 54 Mbit/s 2,8 km

Sektorantenne (Bereichsausleuchtung)

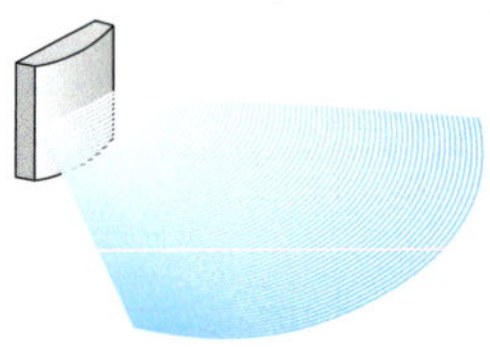

- Abstrahlwinkel: 80° horizontal und vertikal
- Reichweite: 100 m

Anmerkung:
- Reichweiten sind Richtwerte, die von den Ausbreitungsbedingungen (z. B. Umgebungstemperaturen) und der zulässigen Einspeiseleistung in die Antenne abhängig sind.

Bürovernetzung (Beispiel)

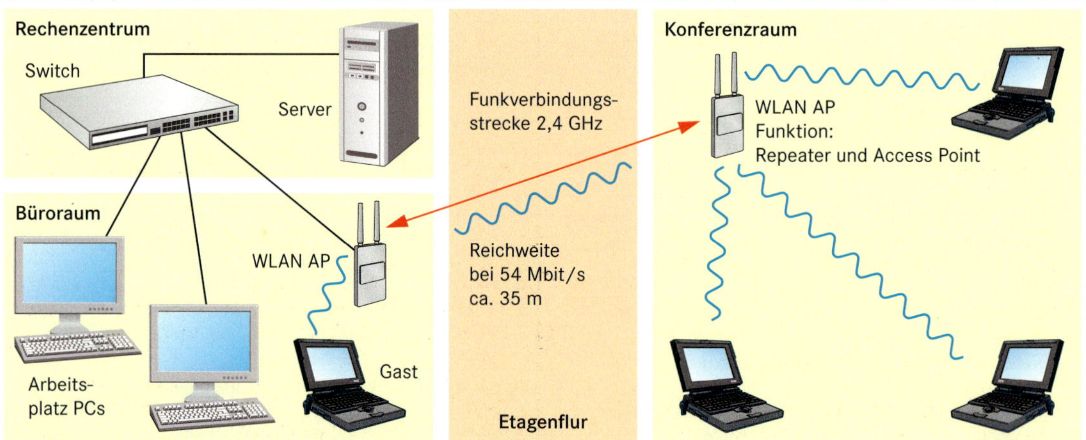

Bestimmungen und Vorschriften

- DIN VDE 0833: 2009-09
  Gefahrenanlagen für Brand, Einbruch und Überfall

Gefahrenmeldeanlagen (GMA)
Sie sind Fernmeldeanlagen, die Gefahren für Leben und Sachwerte melden. Dazu gehören auch die
- Erfassung von Störungen in der Anlage und
- Überwachung der Übertragungswege.

Brandmeldeanlagen (BMA)

Einbruch- (EMA) und Überfallmeldeanlagen (ÜMA)

- **V**erband **d**er **S**chadensversicherer (**VdS**)
  - Prinzip, Aufbau, Installation und Betrieb von GMA
  - Unterschieden werden dabei die Sicherheitsklassen A, B und C.
- Unfallverhütungsvorschriften
- Polizei-Richtlinien, Landeskriminalamt
- Bundesamt für Sicherheit in der Informationstechnik (BSI)
- EX-Schutz
- Baurecht

Brandmeldeanlage

- Aufgabe: Brand und Feuer sollen frühzeitig erkannt und gemeldet werden. Die automatischen bzw. nichtautomatischen Sensoren sind ständig aktiv und mit der Zentrale verbunden.
- Eine zusätzliche Löschanlage kann ggf. durch die BMA ausgelöst werden.
- Energieversorgung:
  - Wechselspannungsnetz mit separatem und rot gekennzeichneten Leitungsschutz-Schalter
  - Unterbrechungsfreie Stromversorgung bei Netzausfall (Akkumulatoren)
  - Der Ausfall einer der beiden Energiequellen muss akustisch und optisch signalisiert werden.
- Die in der Peripherie angeschlossenen Geräte müssen mit einem eigenen Leitungsnetz betrieben werden.
- Die Leitungen sind in der Regel rot gekennzeichnet.
- Bei Verlegung von Brandmeldeleitungen mit anderen Leitungen müssen diese besonders gekennzeichnet werden.

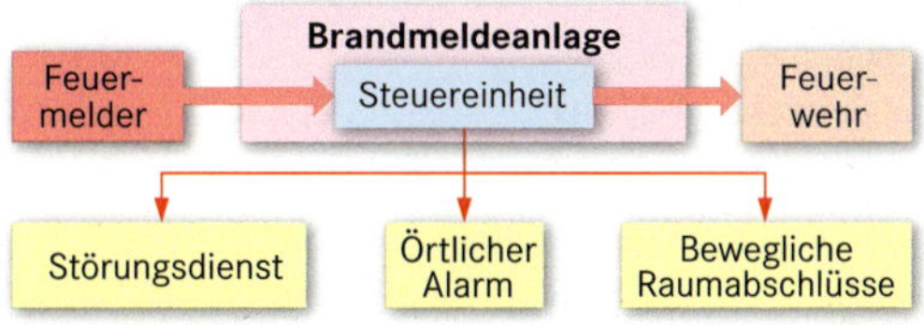

Gefahrenmeldeanlage

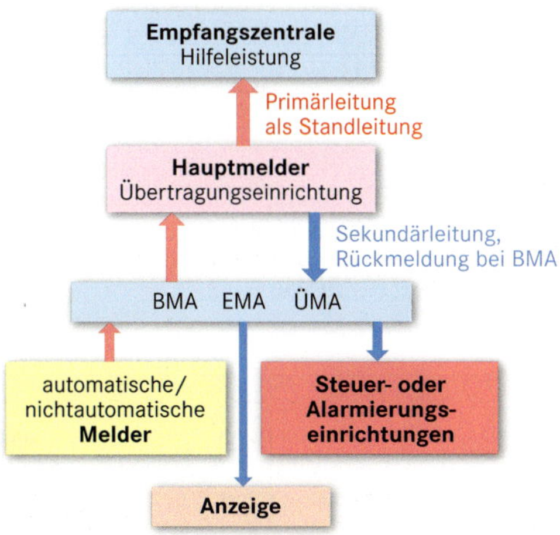

- **Primärleitungen:**
  Eine Leitung, die ständig auf Unterbrechung und Kurzschluss überwacht wird.
- **Sekundärleitung:**
  Eine nicht überwachte Leitung, die als Signal- und Meldeleitung verwendet wird.
- **Scharfschaltung:**
  Über einen mechanischen oder automatischen Schlüsselschalter wird die Anlage in Alarmbereitschaft geschaltet.
- **Stiller Alarm:**
  Alarmauslösung erfolgt ohne optische oder akustische Signalisierung bei der örtlichen Meldeanlage.

Einbruchmeldeanlage

- Aufgabe:
  Automtische Überwachung von Gegenständen auf Diebstahl oder Flächen bzw. Räumen auf unbefugtes Eindringen.
- Sensoren in Meldegruppen sind ständig aktiv oder werden über eine Scharfstellung ein- bzw. ausgeschaltet.
- Die Ergebnisse der Sensorüberwachung werden ausgewertet, signalisiert oder weitergeleitet.
- Zugängliche Türen und die Deckel der Anlage müssen im scharf geschalteten Zustand gegen Sabotage überwacht werden.

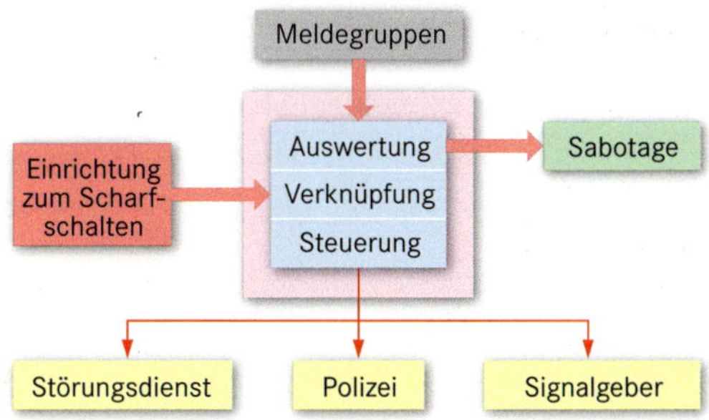

Überfallmeldeanlage

- In der Regel ist sie Bestandteil einer Einbruchmeldeanlage und dient dem direkten Hilferuf von Personen bei einem Überfall.
- Die Anlage hat die Aufgabe, die Meldung von einem Alarmauslöser bzw. Überfallmelder auszuwerten und weiterzuleiten, in der Regel an die Polizei.

Einbruchmelder

- **Kontaktüberwachung**
  - **M**agnet**k**ontakte (**MK**)
  - Schließblechkontakte
  - Elektromechanische Kontakte
  - Übergangskontakte
- **Flächenüberwachung**
  - Vibrationskontakte
  - Folien (aus Metallstreifen)
  - Alarmdrahttapeten, Bespannungen und Kunststoff-Folien mit Alarmdrahteinlage
  - Alarmglas
  - Fadenzugkontakte
  - Passive **G**lasbruch**m**elder (**GM**)
  - Aktive Glasbruchmelder
  - Körperschallmelder
- **Feldmäßige Überwachung**
  - Kapazitive Feldänderungsmelder
- **Streckenüberwachung**
  - Lichtschranken
- **Räumliche Überwachung**
  - Bewegungsmelder
  - Mikrowellen-Bewegungsmelder
  - Ultraschall-Bewegungsmelder
  - Infrarot-Bewegungsmelder

Melder mit 4-Leiter-Anschluss

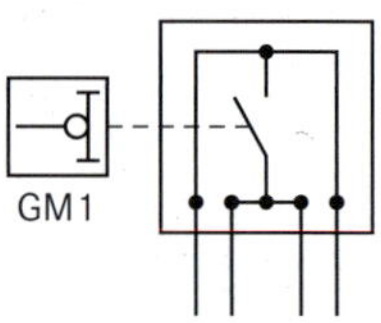

Vorteil: Höhere Sabotagesicherheit durch Einbindung der zusätzlichen Anschlüsse in die Meldelinien

Melder mit Betriebsspannung

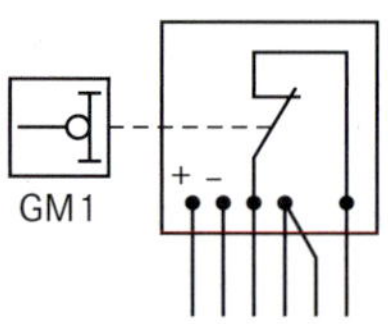

Elektronischer Glasbruchmelder in 4-Leiter-Technik

Meldelinien

Ruhestromprinzip mit Magnetkontakten

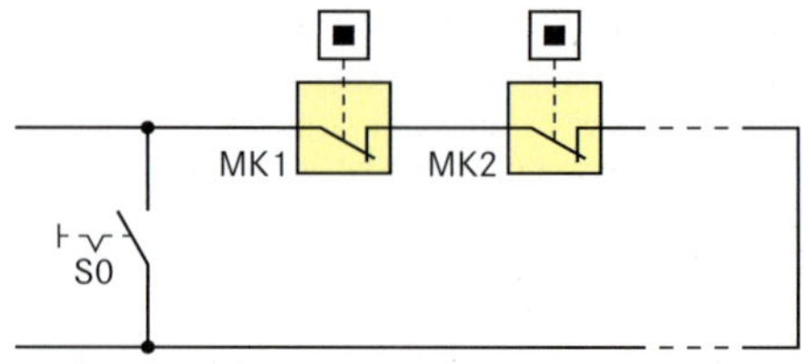

Nachteil:
Sabotagemöglichkeit durch Überbrückung der Melder

Arbeitsstromprinzip mit Glasbruchmeldern

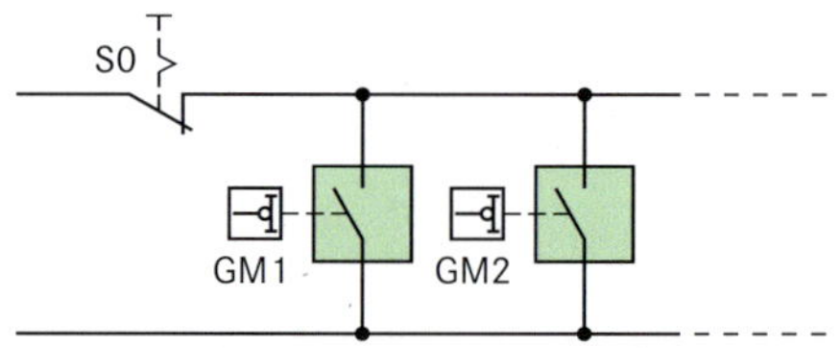

Nachteil:
Sabotagemöglichkeit durch Unterbrechung am Melder

Differenzialprinzip

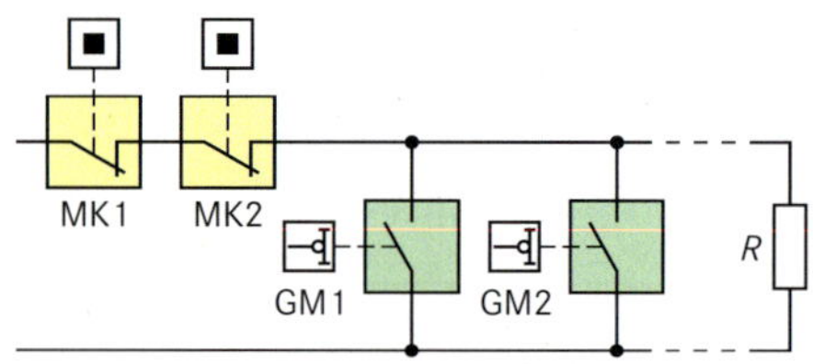

Ein oder mehrere Widerstände werden in die Meldelinie eingefügt. Der Widerstandswert wird von der Zentrale (Brückenschaltung) ständig überwacht.

Symbole für Einbruchmeldeanalgen (EMA)

Symbol	Bezeichnung	Symbol	Bezeichnung	Symbol	Bezeichnung	Symbol	Bezeichnung
	Magnetkontakt **MK**		Flächenschutz **FÜ**		Schließblechkontakt **SK**	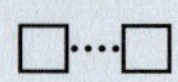	Lichtschranke **LS**
	Öffnungskontakt **ÖK**		Alarmglas **ADG**	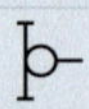	Glasbruchmelder, passiv **GMp**	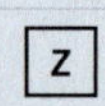	Zentrale **Z**
	Vibrationskontakt **VK**		Druckmelder **DM**	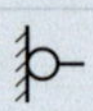	Körperschallmelder **KM**		Verteiler **V**
	Pendelkontakt **PK**	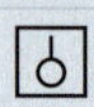	Bildermelder **BM**		Überfallmelder **ÜM**		Optischer Signalgeber **SO**
	Fadenzugkontakt **FK**		Schalteinricht. mit materiellem Informationsmerkmalträger **SM**	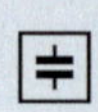	Feldänderungsmelder **FM**	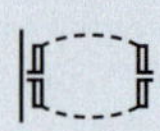	Hochfrequenzschranke **HFS**
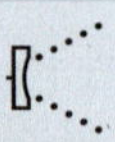	Ultraschall-Bewegungsmelder **UM**		Infrarot-Bewegungsmelder **IM**		Mikrowellen-Bewegungsmelder **MM**		Mikrowellenschranke **MS**

Begriffe

- **Alarmschleife**
  Eine Stromkreisunterbrechung oder eine definierte Widerstandsänderung führt zu einer Meldung.
- **AWAG**
  Automatisches **W**ähl- und **A**nsage**g**erät (Telefonwählgerät, bei dem die Information durch Sprache übertragen wird)
- **Blockschloss**
  Ein Schloss für das Scharf- bzw. Unscharfschalten von Einbruchmeldeanlagen mit gleichzeitiger mechanischer Ver- bzw. Entriegelung sowie mit Möglichkeiten der Sperrung des Zu- bzw. Aufschließvorganges
- **Klassifizierung**
  Einteilung der Einbruchmeldeanlagen in Klassen (A: einfacher Schutz; B: mittlerer Schutz; C: erhöhter Schutz)
- **Sabotagemeldung**
  Meldung des Ansprechens von Sabotagemeldern (z. B. Deckelkontakt)
- **Scharfschalten**
  Durchschalten der Einbruchmeldeanlage oder von Teilen der Anlage zu den Alarmierungseinrichtungen (z. B. Melder).
- **Schließblechkontakt**
  Am Schließblech angeordnete Einrichtung (z. B. Kontakt, Sensor), der bei der Verriegelung des Schlosses durch den Riegel betätigt wird.
- **Überfallmeldeanlage (ÜMA)**
  Eine Anlage, die Personen zum direkten Hilferuf bei Überfällen dient.
- **Unscharfschalten**
  Rücknahme der Durchschaltung der Einbruchmeldeanlage oder von Teilen der Anlage zu den Alarmierungseinrichtungen

Beispiel für Melder im Fensterbereich

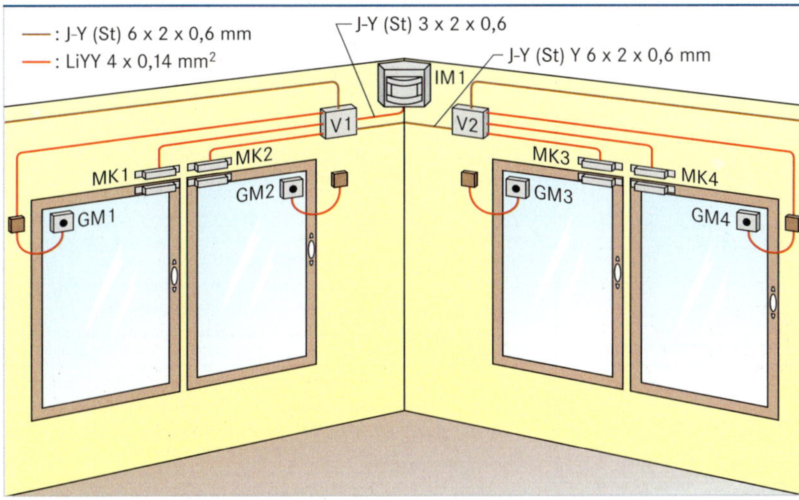

Leitung LiYY

0,14 mm² x Aderzahl	Durchmesser in mm
2 x 2	4,9
3 x 2	5,0
4 x 2	5,4
5 x 2	5,9
6 x 2	6,3

Flexible PVC Signalleitung für den Anschluss von Geräten und Bauteilen

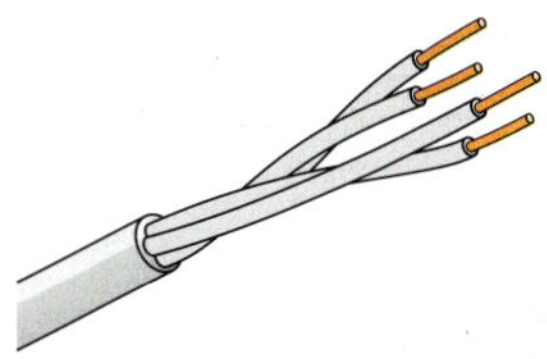

Beispiel für Melder an Türen

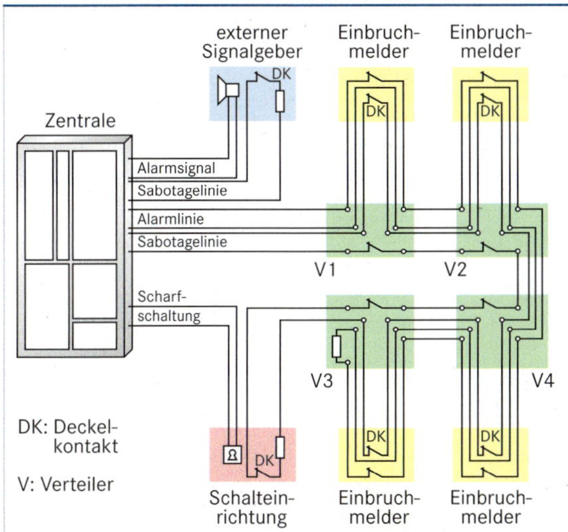

Stromlaufplan einer Einbruchmeldeanlage

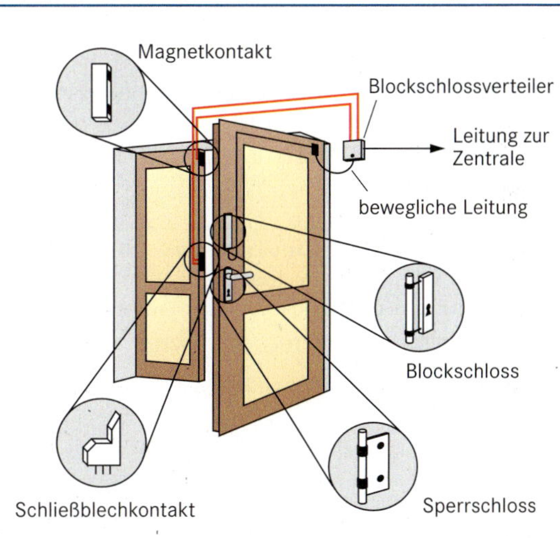

Überwachungsanlage

- Für Videoüberwachungsanlagen wird der Begriff **CCTV-** Überwachungsanlage (**C**losed **C**ircuit **Tele**vision) verwendet. Es handelt sich um eine **geschlossene Fernsehanlage**.
- Bei der Auswahl der Übertragungsart der Signale sollen die in der Quelle (Videokamera) erzeugten Signale möglichst verlustarm an den Empfänger (Monitor) übertragen werden.
- Eine CCTV-Überwachungsanlage lässt sich in folgende Funktionsgruppen einteilen:

Funktionsgruppe	Komponenten
Aufnahme	■ Videokamera - Schwenk-/Neigekopf - Objektiv (Teleobjektiv, Weitwinkelobjektiv) - Tageslicht-/Infrarotkamera ■ Schutzgehäuse ■ Beleuchtung
↓ Übertragung	■ Signale für Bilder, Töne und Steuerung ■ Signalarten: analog, digital ■ Medium: Leitung, drahtlos ■ Netz: privat, öffentlich
↓ Verarbeitung	■ Aufzeichnungsgerät ■ Verteilung
↓ Darstellung	■ Monitor ■ Bediengerät ■ Drucker

CCD-Kamera und Anforderungen

- **CCD: Ch**arge **C**oupled **D**evice (Halbleitersensor, der mit Ladungsverschiebungen arbeitet)
- Konstante optische und elektrische Eigenschaften
- Keine Schäden durch Überbelichtung und Einbrennen
- Keine Beeinflussung durch elektrische oder magnetische Felder
- Stoß- und vibrationsfest
- Genormte Anschlüsse (Objektiv, Videoausgang)
- Bild wird in horizontale und vertikale Bildelemente zerlegt (Pixel) und zeilenweise ausgelesen.
- Anzahl der Pixel ist ein Maß für die Qualität der Bildauflösung.
- Bildauflösungsbereiche in Horizontallinien bei
  - 220 bis 400 Linien: Einsatz für nahen und mittleren Aufnahmebereich, Standardübertragung (2 bis 25 m)
  - 400 bis 500 Linien: Für eine sehr gute Erkennbarkeit
  - > 500 Linien: Für den professionellen Einsatz.
- Frequenzbereich bei 400 Linien etwa 5 MHz
- Sensorformate der Kameras (in Zoll): $^1/_2$"-, $^1/_3$"-, $^1/_4$"- Format
- Kameratypen und Ausgangssignale
  - Analoge Kamera mit FBAS-Signal (Farb-Bild-Austast-Synchronsignal), S- und/oder Composite-Ausgang
  - Digitale Kamera mit analogem und/oder digitalem Ausgang (Datenreduktion, z. B. MPEG); IP

Datenübertragung

Übertragungsarten

- leitungsgebunden
  - analog
    - Koaxialkabel
    - Zweidrahtleitung
  - digital
    - Öffentliche Netze
      - Modem
      - ISDN
      - Internet
    - Private Netze (LAN)
- drahtlos
  - analog
    - Infrarot
    - Funk
    - Mikrowellen
  - digital
    - Mobilfunk
      - GSM
      - GPRS
      - UMTS
      - ...

- **Koaxialkabel**
  Die Dämpfung hängt vom Leitungstyp und der Länge ab.
  - Bis 3 dB ist keine Beeinträchtigung wahrnehmbar.
  - Bei > 6 dB werden feine Strukturen weniger gut erkannt.
  - Bei größeren Strecken ist ein Verstärker erforderlich.
- **Zweidrahtleitung** (verdrillte Kupferleitung)
  - Das unsymmetrische Videosignal muss in ein symmetrisches Videosignal umgewandelt werden.
  - „Zweidraht-Sender“ und „Zweidraht-Empfänger“ sind erforderlich.
- **Lichtwellenleiter**
  Vorteile gegenüber Kupferleitungen:
  - Abhörsicher und störstrahlungsfrei, geringes Gewicht, große Reichweite (ca. 15 km ohne Verstärker)
  - Unempfindlich gegenüber elektrischen und magnetischen Störfeldern

  Nachteil gegenüber Kupferleitungen:
  - Höhere Kosten durch Leitungspreis und aufwändigere Anschlusstechnik als bei der Zweidrahtleitung
- **Funkübertragung**
  - Frequenz 2,4 GHz; 4 Kanäle
  - Zulässig ist nur eine geringe Sendeleistung.
  - Die Reichweite beträgt innerhalb von Gebäuden ca. 50 m, außerhalb ca. 300 m.

Rechtlicher Rahmen

- Unterscheidung:
  - **Öffentlich zugänglicher Raum**, z. B. Plätze, Straßen, Tiefgaragen, Kauf- und Warenhäuser
  - **Privater Raum** (nicht öffentlicher Raum), z. B. private Wohnungen, Grundstücke, Büros, Werkhallen
- Grundgesetz (Artikel 2, Abs. 1 in Verbindung mit Artikel 1, Abs. 1)
- Recht auf Privatheit (Artikel 8 der Grundrechte-Charta der EU)
- Europäische Datenschutzrichtlinie
- Rechte des Betroffenen (Bundesdatenschutzgesetz § 6b)
- Bürgerliches Gesetzbuch (§ 1004: Beseitigungs- und Überlassungsanspruch)
- Arbeitsrecht

Analoges CCTV

- Der Anschluss der Kameras und Geräte erfolgt mit Koaxialkabeln (Abschlusswiderstand 75 Ω).
- Zur Bilddarstellung kann ein Multiplexer verwendet werden ①, so dass auf dem Bildschirm (CCTV-Monitor) vier Bilder erscheinen ②.
- Die Aufzeichnung erfolgt mit einem Video-Recorder ③.
- Nachteile:
  - Kein Fernzugriff und keine Fernverwaltung
  - Bildspeicherung erfolgt auf Videokassetten
  - Begrenzte Reichweite durch Leitungsdämpfung

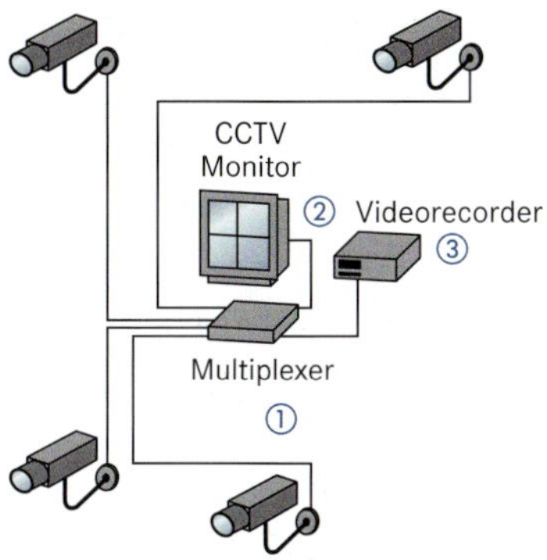

Signalverarbeitung

- Die Geräte (Aufzeichnungsgerät, Monitor, Steuerung, ...) sind in der Regel in der **Überwachungszentrale** untergebracht.
- Bei der Signalwiedergabe werden im Wesentlichen folgende Funktionen unterschieden:
  - Umschalten
  - Darstellen in Quadranten (Quads)
  - Multiplexen
  - Aufzeichnen (zeit- oder ereignisgesteuert)
- Umschalten
  - **Manueller Modus**: Die Kamera kann direkt gewählt und das Bild dann einzeln angezeigt werden.
  - **Automatischer Modus**: Das Bild jeder Kamera wird in einer bestimmten Reihenfolge für einen kurzen Zeitabschnitt angezeigt bzw. aufgenommen.

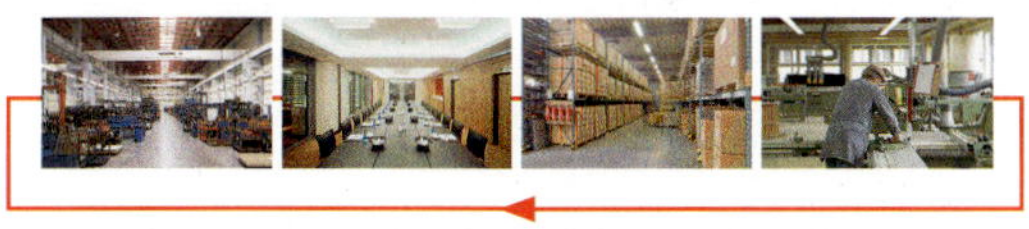

- **Quads**
  Mit diesen Umschaltern können gleichzeitig mehrere Bilder von unterschiedlichen Kameras auf einem geteilten Bildschirm angezeigt werden. Jedes Bildschirmviertel kann für die volle Bildschirmanzeige einzeln oder in einer Reihenfolge genutzt werden (mit Umschaltfunktion).

IP-CCTV

- Die Übertragung kann mit UTP-Netzwerkkabeln (Unshielded Twisted Pair) erfolgen. Eine gleichzeitige Übertragung von verschiedenen Kameras (IP-Adresse) ist möglich.
- Ein vorhandenes IP-Netz (auch WLAN) kann genutzt werden.
- Dem System können weitere Netzwerk-Kameras hinzugefügt werden.
- Das Betrachten (mit Standard-Browser), Aufzeichnen und Verwalten von Live-Bildern ist mit Netzwerk-PCs möglich, an einem beliebigen Ort, auch über das Internet.
- Die Bilder können auf einer Festplatte aufgezeichnet werden (Suchlauf, einfaches Speichern ohne Verschlechterung der Bildqualität ist möglich). Aus Sicherheitsgründen kann sich die Festplatte an einem entfernten Ort befinden.
- Die Bildqualität ist nicht wie bei der analogen Übertragung von der Leitungslänge abhängig.
- Probleme: Datensicherheit, Datenschutz

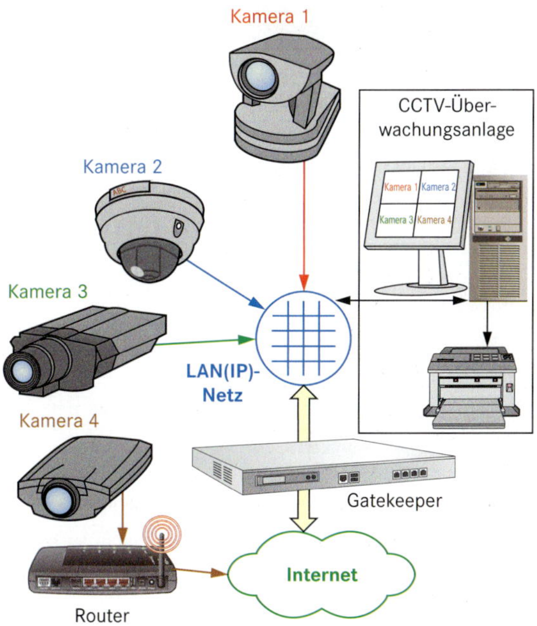

Multiplexing

- Beim Multiplexing können gleichzeitig Bilder von einer bis zu 16 Kameras auf dem Anzeigegerät abgebildet werden. Die Bilder können im Vollbild-, Quad- oder im geteilten Anzeigemodus mit bis zu 16 Teilen (Splits) dargestellt werden.
- Der Multiplexer kann zur Bildaufzeichnung an einen Videorecorder angeschlossen werden.
- Alle Kamerabilder können gleichzeitig in voller Größe aufgezeichnet werden.
- Die Aufnahme wird durch das Umschalten des Anzeigemodus nicht beeinflusst. Auch während des Abspielens können alle Anzeigemodi, also Vollbild, Quad oder Split, nachträglich ausgewählt werden.
- Multiplexer sind in der Anschaffung teurer als Quads und besitzen eine geringfügig niedrigere Auflösung.

Prinzip

Eingabeeinheit (EE)
- PIN-Eingabegerät
- Chipkartenleser
- ...

→ **Daten** →

Zutrittskontroll-zentrale (ZKZ)
(Auswerteeinheit)

→ **Schaltbefehl** →

Sperrelement (SpE)
- Türöffner
- Schleuse
- ...

Liest die **I**dentifikations**m**erkmale (**IM**) und sendet sie zur Zutrittskontrollzentrale

Prüft die Zugangsberechtigung (Wer-Wann-Wo?), protokolliert die Daten und erteilt bzw. verweigert die Freigabe

Führt den Schaltbefehl nach bestätigter Identifikation aus

Eingabeeinheit

- Zur Identifikation der Person stehen folgende Sensoren (**IME**: **I**dentifikations**m**erkmal-**E**rfassungseinheit) zur Verfügung:
  - **Aktive Sensoren** besitzen in der Regel eine eigene Spannungsversorgung. Die Daten werden entweder berührungslos (z. B. Funk) oder kontaktbehaftet (iButton) gelesen.
  - **Passive Sensoren** werden ebenfalls berührungslos (RFID-Technik, z. B. Armbanduhr) und kontaktbehaftet (z. B. Magnetstreifen, Chipkarte, PIN) gelesen.
  - Bei den **biometrischen Sensoren** werden bestimmte unveränderliche, gut erfassbare und einzigartige Identifikationsmerkmale direkt am Menschen gemessen (z. B. Fingerabdruck, Iriserkennung). Dieses Verfahren gilt als besonders sicher.

Anforderungen

Klasse	Definition nach DIN EN 50133-1
0	Keine Identifikation über ein Merkmal (z. B. Taster, Kontakt)
1	Geistiges Identifikationsmerkmal (z. B. PIN)
2	Identifikationsmittel (z. B. Chipkarte) oder biometrisches Identifikationsmerkmal
3	Kombination aus Klasse 1 und 2
Klasse	Einbruch- und Gefahrenmeldeanlagen (VdS 2358)
A	- **Einfacher Schutz** gegen Überwindungsversuche und mittlere Verfügbarkeit - Keine individuelle Zuordnung des Benutzers zu Identifikationsmerkmalen der Person
B	- **Mittlerer Schutz** gegen Überwindungsversuche und hohe Verfügbarkeit - Individuelle Zuordnung des Benutzers zu Identifikationsmerkmalen der Person ist vorhanden. - Zutrittsmöglichkeiten werden auf den geschlossenen Zustand überwacht.
C	- **Hoher Schutz** gegen Überwindungsversuche und hohe Verfügbarkeit - Es wird zusätzlich der ausschließliche Zutritt für berechtigte Personen ermöglicht.

- Bei zu schützenden Anlagen im IT-Bereich sind zusätzlich die Vorgaben des **BSI** (**B**undesamt für **S**icherheit in der **I**nformationstechnik) zu beachten.

Zugangsberechtigung und Zonen

- **Zugangsberechtigung** wird mit Hilfe von **Zugangsebenen** (ZE) geregelt. Jede Anlage muss über eine der folgenden Ebenen verfügen:

ZE	Definition des Zugangs
1	Jedermann
2	Betreiber der Anlage
3	Errichter und Instandhalter [1]
4	Hersteller [1]

[1] Diese Ebenen sind nur zugänglich, wenn im Vorfeld eine Autorisierung auf der Ebene 2 erfolgt.

- Der unberechtigte Zugang zur Ebene 3 und 4 muss zu einer Sabotagemeldung führen.
- Für den Benutzer muss eine Zutrittsberechtigung erkennbar sein.
- Optische und akustische Meldung bei Sabotage:
  - Speicherung der optischen Meldung
  - Zurücksetzung nur von Benutzern der Ebene 2
- Zutritt zu Sicherungsbereichen kann über bestimmte Zeiten (**Zeitzonen**) bzw. Bereiche (**Raumzonen**) erfolgen.
- Zugangskontrollsysteme müssen auf Anforderung zusätzliche Kontrollen durchführen, z. B.
  - Doppelbenutzungskontrolle,
  - Personenzählung oder
  - Durchgangskontrolle.
- **Flucht- und Rettungswege** müssen bei Gefahr und Störung durch geeignete Maßnahmen begehbar sein.

Haustechnik

10

Arten

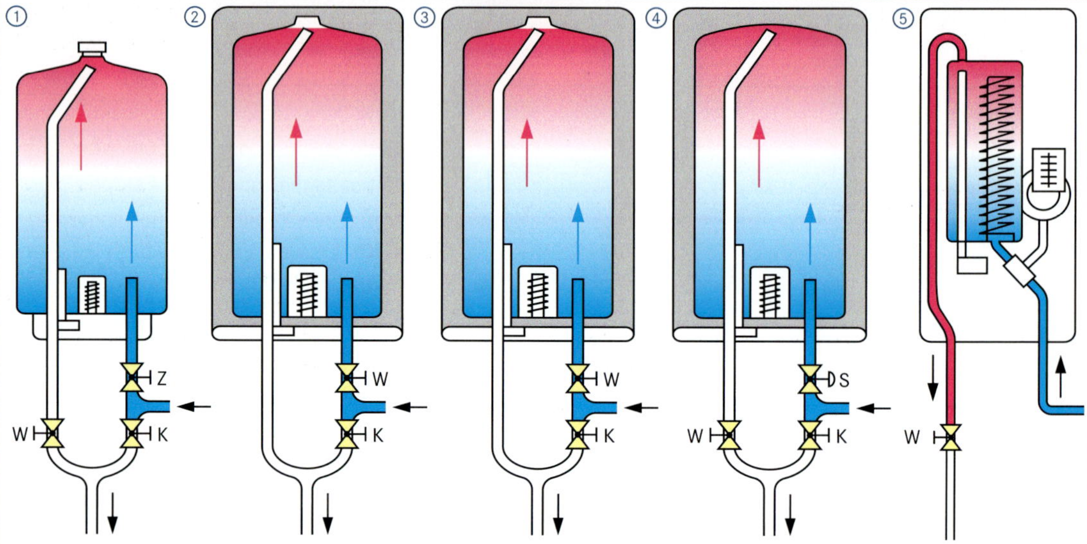

Ventile: Z: Zulauf K: Kaltwasser W: Warmwasser S: Sicherheitsarmatur

Bezeichnung	① **Kochendwassergerät**	② **Boiler**	③ **Speicher** drucklos	④ **Speicher** druckfest	⑤ **Durchlauferhitzer**
Einsatz	dezentral	dezentral	dezentral	zentral	dezentral
Inhalt	5 l	bis 80 l	bis 80 l	bis 100 l	
Innenbehälter	Kunststoff, Glas	Kupfer	Kunststoff,	Kupfer, emaillierter Stahl mit Schutzanode	
Leistungen	2 kW	4 kW, 6 kW	2 kW, 4 kW, 6 kW	9 kW, 18 kW	2 kW,18 kW, 21 kW, 24 kW, 27 kW
Arbeitsweise	1. Wasser einlassen 2. Heizung ein 3. Wasser erreicht Temperatur 4. Thermostat schaltet Heizung aus 5. Wasser entnehmen 6. Behälter leer	1. Wasser im Behälter 2. Heizung ein 3. Wasser erreicht Temperatur 4. Thermostat schaltet Heizung aus 5. Kaltwasser-Zulauf drückt warmes Wasser heraus	1. Wasser im Behälter 2. Thermostat schaltet Heizung ein 3. Wasser erreicht Temperatur 4. Thermostat schaltet Heizung aus 5. Wassertemperatur sinkt 6. Thermostat schaltet Heizung wieder ein 7. Kaltwasser-Zulauf drückt warmes Wasser heraus		1. Warmwasserventil offen 2. Heizung schaltet ein (hydraulisch oder elektronisch) 3. Wasser wird während des Durchflusses erwärmt 4. Warmwasserventil geschlossen 5. Heizung aus 6. Kein Wasserdurchfluss mehr
Temperatur	... 100 °C	... 85 °C	35 °C, 65 °C, 85 °C		... 85 °C
Warmwasser	Nach Einschalten in begrenzter Menge	Nach Einschalten in begrenzter Menge	Ständig in begrenzter Menge		Ständig in unbegrenzter Menge

Warmwasserbedarf im Haushalt

Bedarfsart	Heißgetränk (8 Tassen)	Geschirrspülgang	Wischeimer	Händewaschen	Kopfwäsche	Duschbad	Wannenbad
Menge in l	1	10 ... 15	10	2 ... 5	10 ... 15	30 ... 50	120 ... 180
Temperatur	100 °C	50 °C	50 °C	37 °C	37 °C	37 °C	40 °C

Anschlussmöglichkeiten

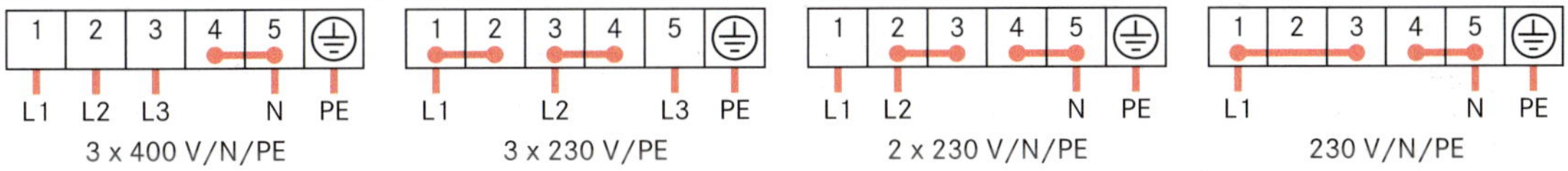

Kochplatten

Plattenart	**Normalkochplatte**	**Blitzkochplatte**	**Automatikkochplatte**
Bestandteile	3 Heizleiter	1 Heizleiter und Überhitzungsschutz	1 Heizleiter und Regeleinrichtung
Schalter	7-Takt-Schalter 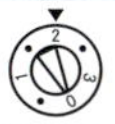	Mehr-Takt-Schalter 	Energieregler oder Temperaturregler 
Funktion	Leistung nach eingestellter Stufe	Aufheizen mit voller Leistung, Weitergaren mit reduzierter Leistung	Aufheizen mit voller Leistung, Weitergaren mit geregelter Leistung
Kennlinienbeispiele (z. B. für 50 %)	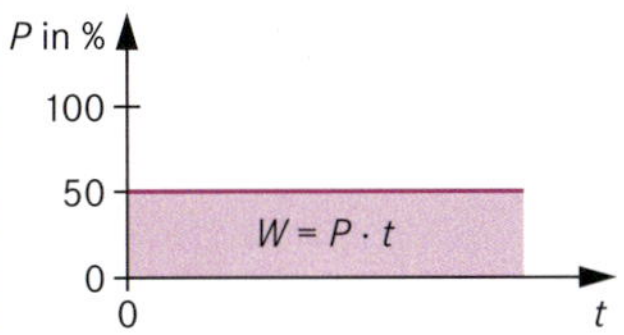	Schaltzeitpunkt temperaturabhängig 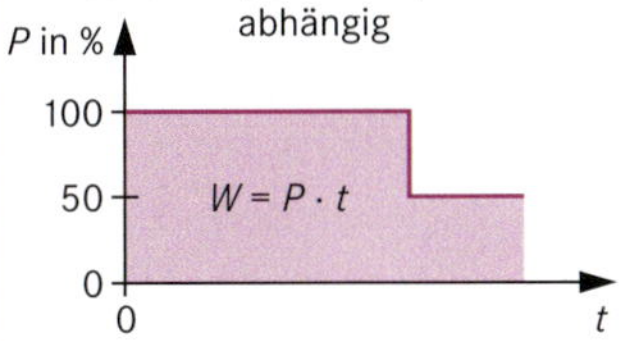	Schaltzeitpunkte durch Regelung vorgegeben 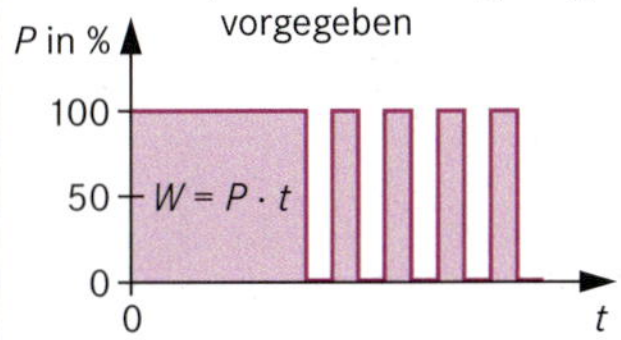

7-Takt-Schalter

Schaltstufen / Heizleiterschaltungen

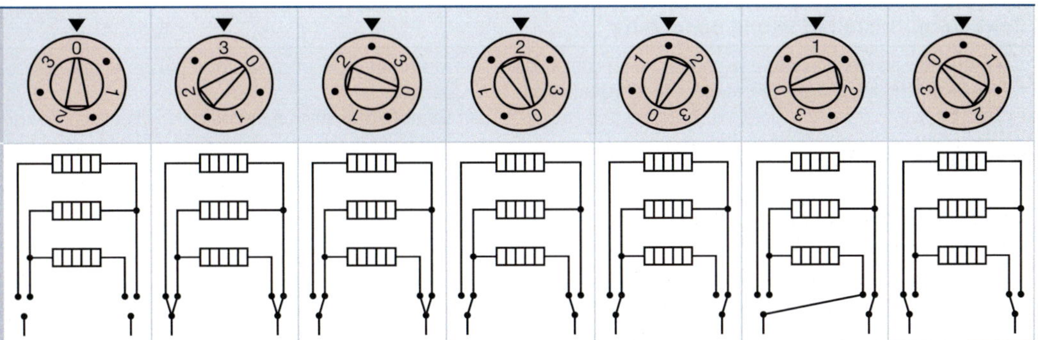

Normalkochplatte						
Durchmesser	Bemessungsleistung	Beispiele für Leistungsstufen				
14,5 cm 18 cm 22 cm	1000 W 1500 W 2000 W	750 W 1150 W 1400 W	500 W 850 W 950 W	250 W 300 W 450 W	165 W 220 W 305 W	100 W 135 W 200 W

Kochzonen

- Bemessungsleistung nicht genormt
- Keine Unterscheidung zwischen Normal- und Blitzkochplatte
- Erweiterung der Heizfläche durch Zweikreis-Kochzonen
- Heizelemente: Strahlungsheizer, Halogenstrahler, Kombination davon, Induktionsspulen (HF-Magnetfelder)

Backofen

Ausstattung	Ober- und Unterhitze	Umluft	Grill
Bestandteile	je 1 Heizer an Decke und Boden	1 Heizer und 1 Ventilator	Rohrstrahler, u. U. Drehspieß mit Motor
Schalter	Wahlschalter, Temperaturwähler	Temperaturwähler	Wahlschalter
Wärmeübertragung	Strahlung und natürliche Konvektion	erzwungene Konvektion	Strahlung

Pyrolytische Selbstreinigung: ϑ > 500 °C durch Zusatzheizung (P = 3 kW) erfordert verstärkte Isolierung und Türverriegelung.

Mikrowellengerät
Microwave Oven

Wirkungsweise

1. Magnetron ① erzeugt elektromagnetische Schwingungen (f = 2,45 GHz).
2. Antenne ② und Hohlleiter ③ leiten Schwingungen in den Garraum.
3. Reflektor ④ verteilt die Schwingungen.
4. Wassermoleküle besitzen elektrische Dipole, die sich nach den Wellen ausrichten.
5. Die Wassermoleküle schwingen.
6. Lebensmittel werden schnell erwärmt.

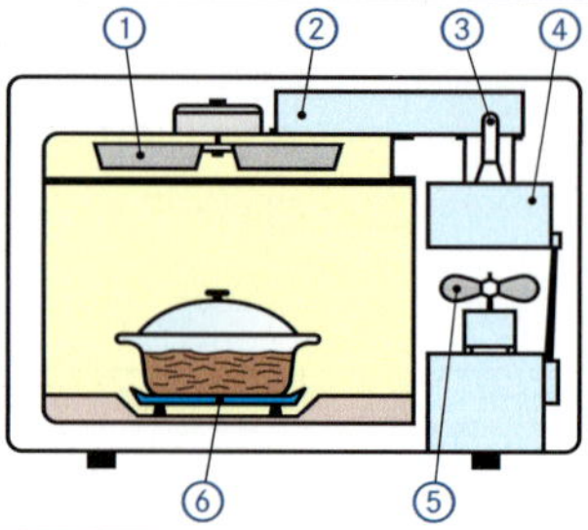

① drehender Reflektor
② Antenne (Koppelstift)
③ Hohlleiter
④ Magnetron (2,45 GHz)
⑤ Kühlgebläse
⑥ Drehteller

Erwärmungsfaktor

Erwärmungsfaktor ist das Produkt aus **Permittivitätszahl ε_r** und **Verlustwinkel tan δ**.
Permittivitätszahl und Verlustwinkel sind Größen des elektrischen Feldes. Sie sind für die Molekülbewegung wesentlich.

Beispiele

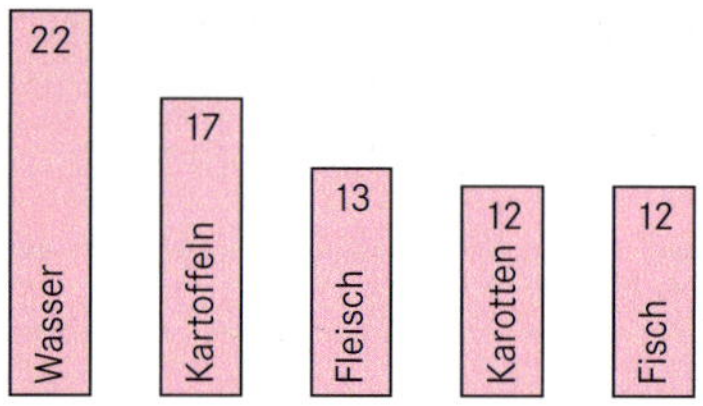

Auswirkungen

- Bei großen Erwärmumgsfaktoren wird viel Energie in den Außenschichten absorbiert.
- Die Temperatur ist außen wesentlich höher als im Inneren des Garguts.

Temperaturabhängigkeit bei Wasser

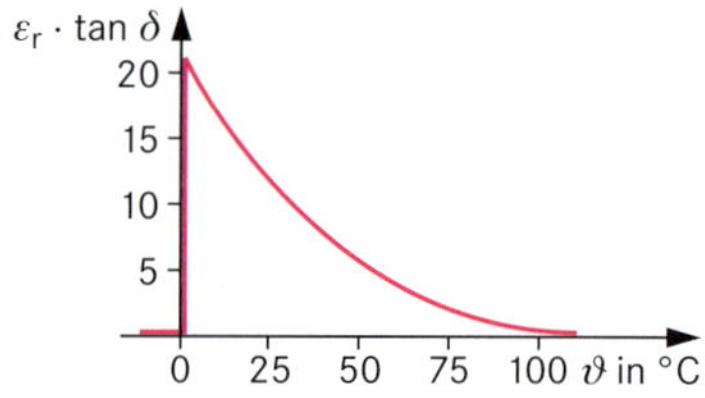

Hinweise zur Installation und Benutzung

- Eigener Stromkreis (Absichern mit Leitungsschutz-Schalter der Charakteristik C wegen eventueller hoher Anlaufstromstärken)
- Bei Einbau auf Wärmeabfuhr achten.
- Unterschiedliche Temperaturen im Gargut → Wärmeaustausch nötig → intermittierende Leistung sowie Ruhen und Rühren des Gargutes.
- **Achtung!** Heißes Wasser kocht bei Bewegung des Gefäßes nach!
- **Geeignete** Gefäße: Glas, Porzellan, Steinzeug, Bratfolie, Kunststoffe, Pappe, Gefrierbeutel (Achtung! Wärmebeständigkeit)
- **Ungeeignete** Gefäße: Metall, Geschirr mit Metallauflage (Achtung! Funken)

Sicherheitsmaßnahmen

- Tür hat mindestens eine mechanische und eine elektrische Verriegelung
- Lochbleche in der Tür und λ/4-Kammern im Türrahmen verhindern Leckstrahlung
- Zugelassene Leckstrahlung bei Belastung in 5 cm Entfernung: 5 mW/cm²

Anschlusswerte
Connected Loads

Backofen	... 6,6 kW	Haartrockner	... 1,8 kW	Rasierer	... 15 W
Bügeleisen	... 2,7 kW	Heizkissen	... 80 W	Sauna	... 18 kW
Bügelmaschine	... 3,5 kW	Kaffeevollautomat	... 2,3 kW	Schnellkocher	... 3 kW
Dunstabzugshaube	... 500 W	Kochendwassergerät	... 2 kW	Solarium	... 10 kW
Durchlauferhitzer	... 27 kW	Kochmulde	... 18 kW	Speicherheizgerät	... 18 kW
Elektroherd	... 14 kW	Küchenmaschine	... 1,6 kW	Staubsauger	... 2,5 kW
Fernsehgerät	... 200 W	Kühlschrank	... 250 W	Toaster	... 1,7 kW
Fritteuse	... 2,7 kW	Mikrowellengerät	... 1,9 kW	Warmwasserspeicher	... 6 kW
Gefriergerät	... 200 W	Nähmaschine	... 100 W	Wäschetrockner	... 3,5 kW
Geschirrspüler	... 3,4 kW	Personalcomputer	... 300 W	Waschmaschine	... 2,3 kW

Arbeitsweise

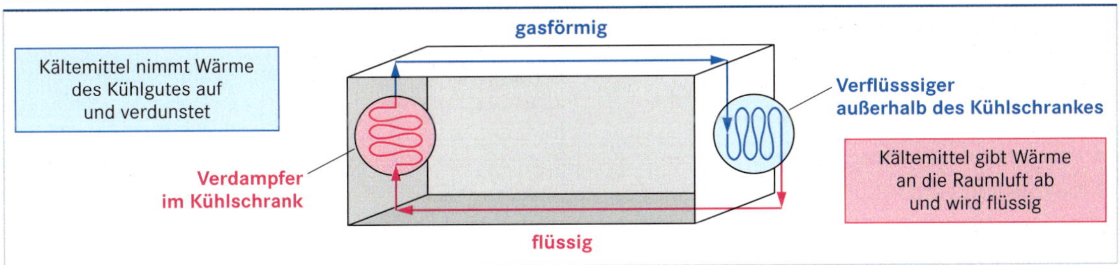

Arten

Typ	Kompressor	Absorber
Prinzip	Gasförmiges Kältemittel wird angesaugt und komprimiert. Flüssiges Kältemittel gibt Wärme außerhalb des Gehäuses ab.	Heizgerät transportiert gasförmiges Kältemittel durch Temperaturerhöhung nach außen.
Vorteile	Billiger, einfacher Aufbau, höheres Nutzinhalt-Leistungs-Verhältnis	Leiser Betrieb, unterschiedliche Energiequellen: Gas, Petroleum, Elektrizität (auch Kleinspannung)
Anwendungen	Kühlschränke, Gefriergeräte in Haushalt und Gewerbe	Hotelzimmer, Büro, Camping, Orte ohne elektrisches Netz
Entsorgung	FCKW als **Kältemittel** (seit 01.01.95) verboten. Absaugen und aufbereiten. Es entsteht Fluss- und Salzsäure.	**Kältemittel** Ammoniak ist ungiftig. Chromathaltige Lösungen im Kältekreislauf, spezielle Entsorgung notwendig
	Achtung! Typenschild enthält Kältemittel-Bezeichnung! **Wärmedämmung** enthält FCKW (seit 01.01.95, Pentan oder Vakuum-Paneele) ⇒ zermahlen ⇒ FCKW wird freigesetzt ⇒ auffangen ⇒ aufbereiten ⇒ Fluss- und Salzsäure Der Händler ist zur Rücknahme des Kühlschranks verpflichtet.	

Hinweise

- Eigener Stromkreis ist sinnvoll.
- Nicht an gemeinsame RCD anschließen.
- Bei Einbaugeräten für ausreichende Wärmeabfuhr sorgen.
- Lebensmittel richtig lagern.

Mögliche Störungen

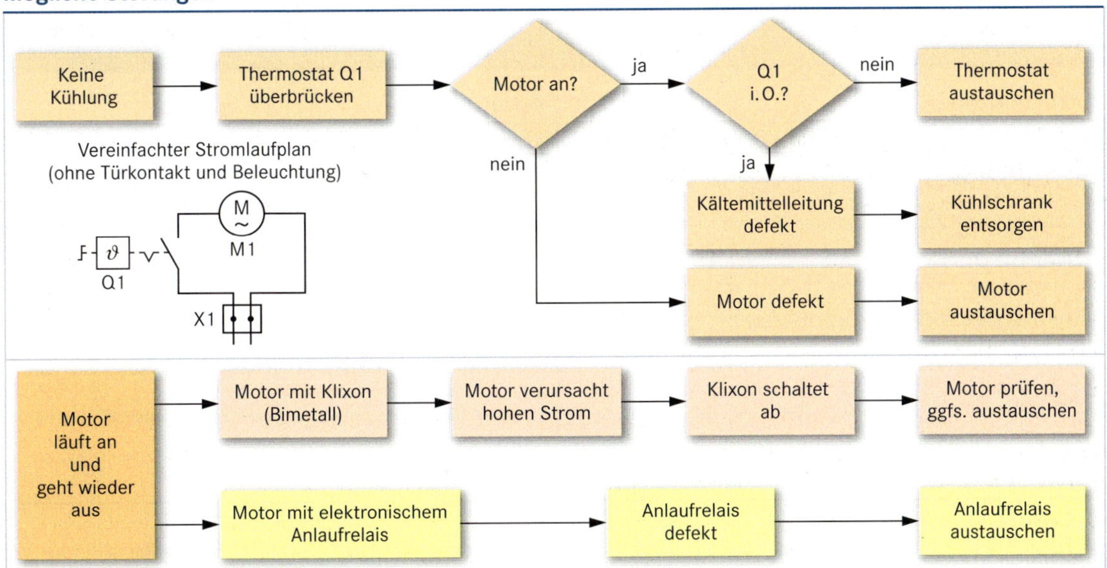

Waschmaschine
Washing Machine

Wirkungsweise

1. Wasser mit Waschmittel läuft zu.
2. Lauge (Flotte) mit Wäsche wird erhitzt.
3. Trommel (mit Rippen) bewegt Wäsche reversierend (Rechts-/Linksdrehung).
4. Wäsche fällt herunter (Waschvorgang).
5. Lauge wird abgesaugt.
6. Trommel schleudert mit hoher Drehzahl die Feuchtigkeit aus der Wäsche.

Der Ablauf wird mit Mikroprozessor in Abhängigkeit von den Werten der Sensoren (z. B. Temperatur) geregelt.

Komponenten

- Trommel mit Motor
- Heizung
- Wasserventile
- Niveauwächter
- Thermostate
- Ventile für Waschmittel und Weichspüler
- Ablaufpumpe mit Flusensieb

Abhängigkeiten

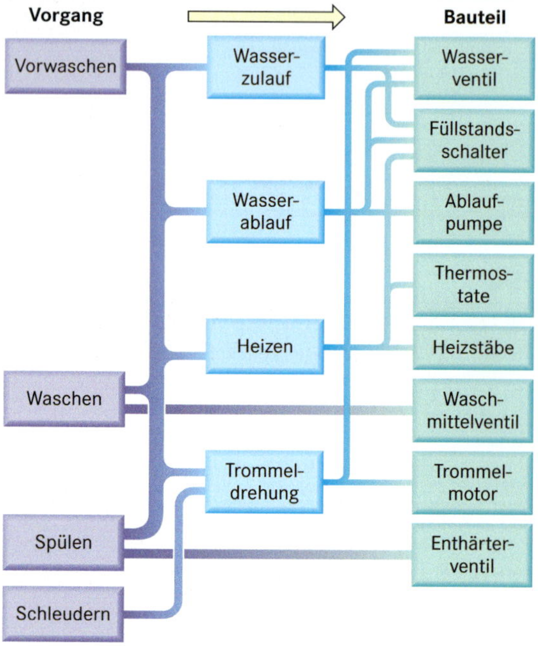

Installation und Aufstellung

- Nach Aufstellung Transportsicherung entfernen.
- Eigener Stromkreis notwendig.
- Wasserdruck von 30 kPa ... 1 MPa nötig.
- Wasseranschluss mit druckfestem Schlauch (Wasserstoppfunktion)
- Lotrechte Aufstellung notwendig.
- Anschluss an Warmwasser möglich. Betriebsanleitung beachten.
- Wasserablaufschlauch kann in Spülbecken gehängt werden, da Pumpe Laugen etwa 1 m hoch pumpt.

Wäschetrockner
Dryer

Wirkungsweise

1. Raumluft wird angesaugt und erwärmt.
2. Erwärmte Luft wird durch Wäsche geblasen.
3. Wäsche wird durch reversierende Trommel gelockert.
4. Feuchte Luft wird abgekühlt.

Der Ablauf wird mit Mikroprozessor zeit- oder feuchtigkeitsabhängig geregelt.

Arten

- **Ablufttrockner**
  Feuchte Luft wird entweder in den Raum oder ins Freie geleitet.
- **Kondensationstrockner mit Luftkühlung**
  - Feuchte Luft wird an gekühltem Kondensator vorbeigeführt.
  - Feuchtigkeit kondensiert zu Wasser.
  - Wasser wird entweder in einem Behälter geasmmelt oder direkt abgeleitet.
- **Kondensationstrockner mit Wasserkühlung**
  - Feuchte Luft wird durch Leitungswasser gekühlt. Hierfür ist Wasserzulauf notwendig.
  - Solche Geräte werden nur gewerblich eingesetzt.

Installation

- Eigener Stromkreis notwendig.
- Für ausreichende **Luftzufuhr** in den Raum sorgen.
- Luftwiderstand der Abluftrohre beachten.
- Feuchtigkeit der Abluft kondensiert u. U. im Raum.

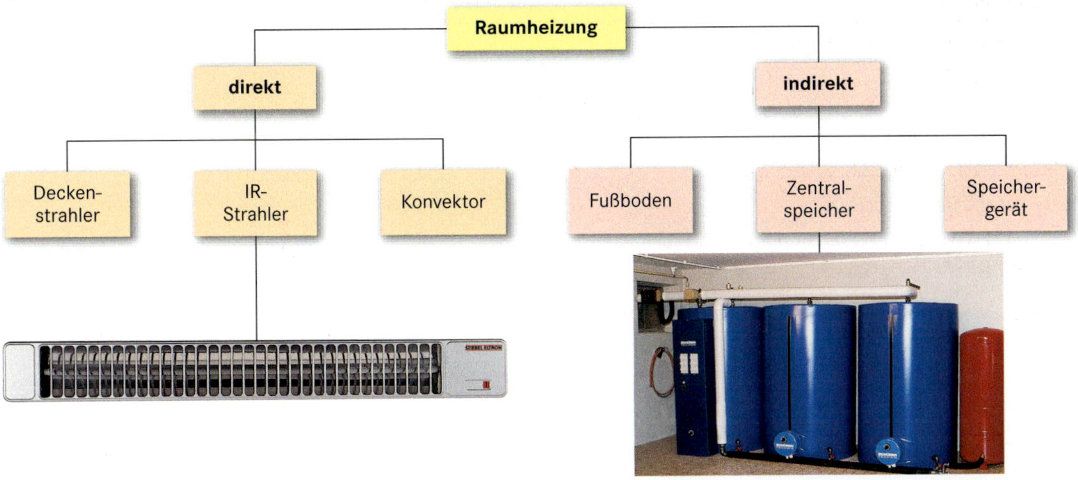

Bezeichnung	Deckenstrahlungsheizung	IR-Strahler	Konvektor	Fußbodenheizung	Zentralspeicher	Nachtspeichergerät
Technik	Strahler werden an der gesamten Decke verlegt.	Strahler erwärmen durch IR-Strahlung feste Gegenstände.	Heizer mit Ventilatoren	Heizleiter im Estrich verlegt. Estrich dient als Speicher.	Wärme wird zentral in Wasser oder Keramik gespeichert.	Wärme wird in einzelnen Geräten gespeichert und dann abgegeben.
Vorteile	Gleichmäßige Erwärmung	Einfacher Einbau	Kleiner Platzbedarf	Gleichmäßige Erwärmung	Nutzung des Niedertarifs	Nutzung des Niedertarifs
Nachteile	Hoher Energieeinsatz	Verbrennungsgefahr	Hoher Energieeinsatz	Lange Anheizzeit	Großer Wasserspeicher	Asbest in alten Geräten
Einsatz	Wohnräume	WC, Bad	WC, Bad, Zusatzheizung	Wohnräume	Einfamilienhäuser	Alle Räume

Nachtspeicherheizung

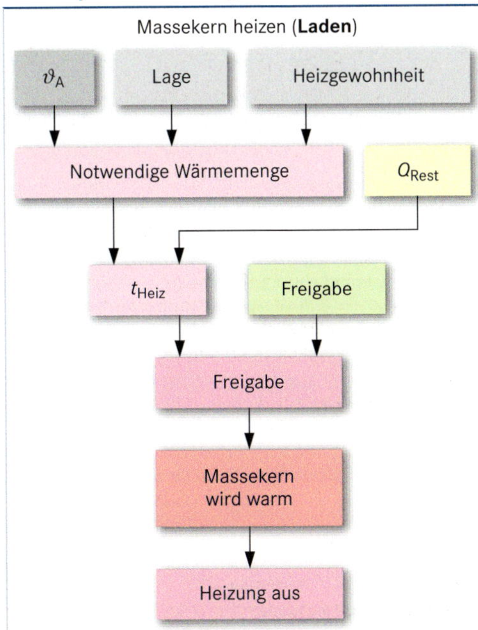

ϑ_A: Außentemperatur

Q_{Rest}: Restwärmemenge des Massekerns

t_{Heiz}: Heizdauer

ϑ_{Raum}: Raumtemperatur

Lage: Lage des Hauses

Freigabe: Uhr oder Rundsteuerimpuls betätigt Lastschütz

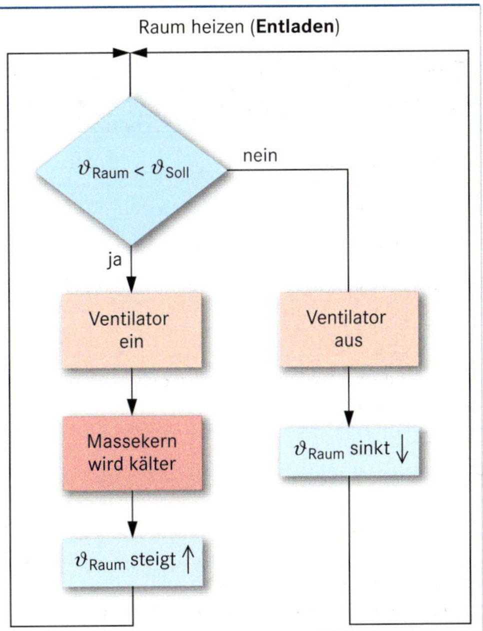

Behaglichkeit

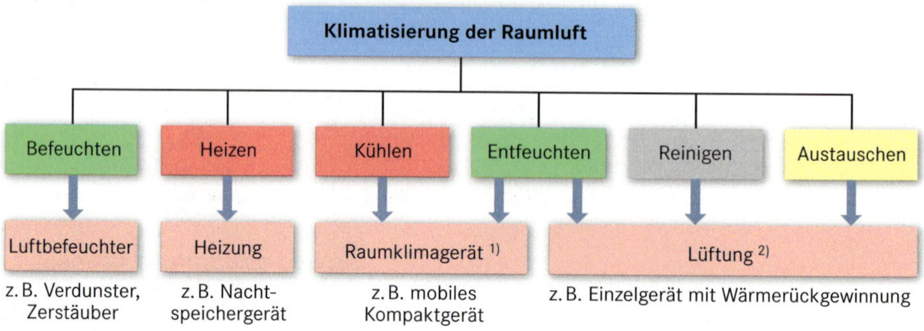

[1] Diese Bezeichnung ist irreführend, da diese Geräte nicht „Klimatisieren", sondern nur Kühlen bzw. Entfeuchten.
[2] In Lüftungsgeräten können Geräte eingebaut sein, die die Zuluft erhitzen.

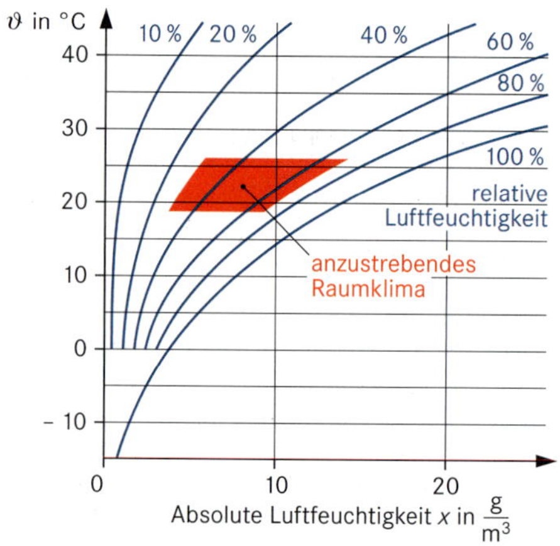

Einflussgrößen:

- **Gleichmäßige Temperatur**
  Im gesamten Raum soll die Temperatur möglichst gleich hoch sein.
- **Empfundene Temperatur**
  liegt ungefähr im Mittel zwischen Raumtemperatur und Gebäudewand-Temperatur.
- **Luftströmung**
  Werte über 0,2 m/s werden als unangenehmer „Zug" empfunden.
- **Relative Luftfeuchtigkeit**
  ist das Verhältnis des vorhandenen Wasserdampfes in der Luft zum maximal speicherbaren Wasserdampf. Je höher die Temperatur der Luft ist, desto größer ist die speicherbare Wassermenge.
- **Absolute Luftfeuchtigkeit**
  ist der vorhandene Wasserdampf in g bezogen auf das Luftvolumen in m³.

Raumlüftung

- **Belastungen:**
  - Stoffwechselprodukte des Menschen z. B. H_2O, CO_2, Ausdünstung
  - Tätigkeiten des Menschen z. B. H_2O, Geruch (Kochen)
  - Baumaterialien, Möbel, Teppiche u. ä. z. B. Schadstoffe
  - Textilien z. B. Staub, Keime
  - Verbrennungen z. B. Tabakrauch
  - Maschinentätigkeit z. B. Geruch
- **Folgen:**
  - Unwohlsein durch CO_2-Konzentration
  - Schimmel durch Wasserniederschlag

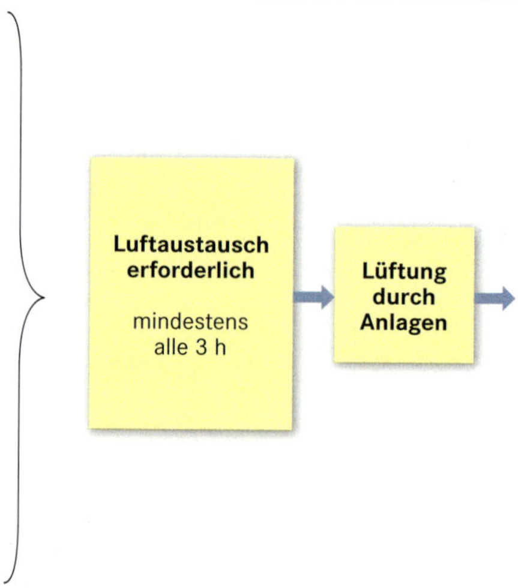

- **Vorteile mechanischer Belüftungsanlagen:**
  - Energieeinsparung durch Wärmerückgewinnung
  - Dämpfung der Außengeräusche
  - Reinigung der Raumluft
  - Reinigung der angesaugten Außenluft
  - Verringerung der Luftströmung

Prinzip

① Ventilator für Fortluft

②⑦ Wärmeaustauscher

③ Ventilator für Zuluft

④ Filter für Zuluft

⑤ Luftkanäle

⑥ Filter für Abluft

⑧ Trennwände

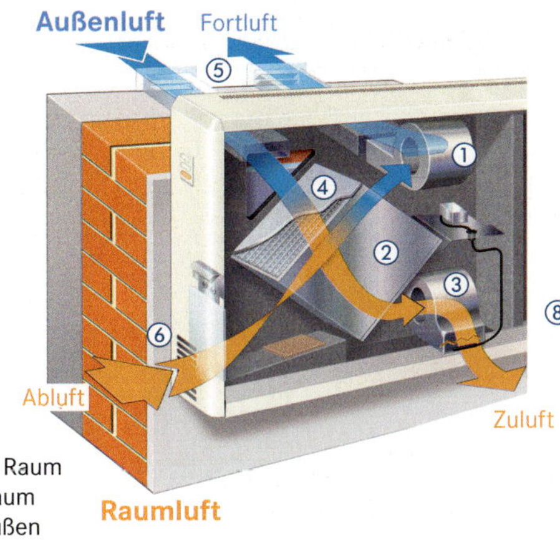

Begriffe
Abluft: abgeführte Luft aus dem Raum
Zuluft: zugeführte Luft in den Raum
Fortluft: fortgeführte Luft nach außen

Kreuzstrom-Wärmeaustauscher

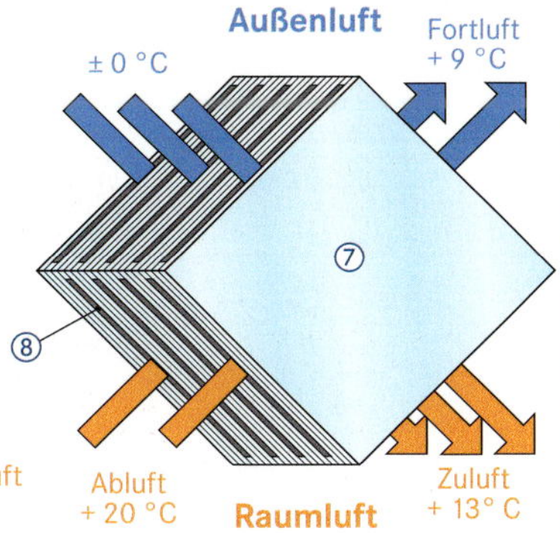

Die hier angegebenen Temperaturen sind Richtwerte

Komponenten

- **Ein-/Auslässe**
  müssen so platziert werden, dass die Frischluft gut verteilt wird. Sie können an der Decke oder im oberen Wandteil sitzen, für Zuluft auch im Boden.

- **Kanäle/Rohre**
  sollen glatte Innenflächen haben.
  Flexible Rohre besitzen große Strömungswiderstände.
  Zum Vermeiden von Geräuschübertragungen sind Schalldämpfer eingebaut.

- **Filter**
  werden als Faser-, Kohle- oder Elektrofilter eingebaut.
  Sie erhöhen den Luftwiderstand.

  Wirkungsgrade:
  Grobfilter (G1 ... G4) 65 % ... 90 %,
  Feinfilter (F5 ... F9) 60 % ... 95 %.

  Wartung:
  3 ... 6 Monate

- **Ventilatoren**
  müssen leise und energiesparend sein.
  Es werden 0,5 W Leistung je m³ beförderte Luft benötigt.
  Die eingesetzte Ventilatorenergie verhält sich zur gewonnenen Wärmeenergie etwa wie 1 : 5.
  Wartung: 1... 2 Jahre

- **Wärmeaustauscher**
  übertragen die Wärmeenergie der Abluft in die Zuluft.

  Bei den **Rekuperatoren** (Wärmeaustauscher) werden die beiden Luftströme durch getrennte Kammern geführt. Der Wärmeaustausch erfolgt dabei über die Trennwände ⑧. **Kreuzstrom-Wärmeaustauscher** werden dabei am häufigsten eingesetzt. Sie haben eine Rückwärmezahl (Temperaturdifferenz der Zuluft und der Außenluft geteilt durch die Differenz der Abluft und der Außenluft) von 65 %. Beim **Gegenstrom-Verfahren** werden bis zu 80 % erreicht.

  Regenerative Wärmeaustauscher arbeiten mit Speichermedien.
  Wartung: 1... 2 Jahre

Arten

Einzelraumlüftung		Zentrale Gebäudelüftung	
ohne	mit	ohne	mit
Wärmerückgewinnung		Wärmerückgewinnung	
■ Schalldämmlüfter mit Ventilator z. B. Fensterbankgerät	■ Kompaktgerät für – Außenmontage, – Innenmontage oder – Wanddurchlass	■ Ventilator saugt Raumluft ab. ■ Entstandener Unterdruck saugt Außenluft über Durchlässe in die Räume.	■ Ventilator führt Abluft durch Wärmeaustauscher und/oder Wärmepumpe. ■ Zuluft wird erwärmt. ■ Energienutzung für Warmwasserversorgung möglich.
Anwendung bei ■ starkem Außenlärm ■ starker Emission im Raum ■ hoher Feuchtigkeit im Raum		**Anwendung** in ■ Wohnhäusern ■ Wohnungen in Mehrfamilienhäusern ■ Werkstätten, Maschinenhallen	

Arten

Mobile Geräte	Kompaktgeräte	Splitgeräte
freie Aufstellung	fester Einbau	modularer Aufbau

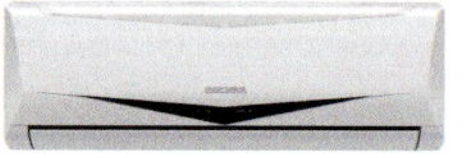

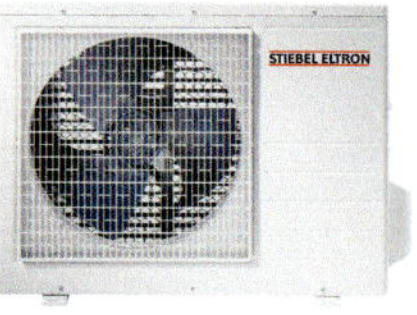

Begriffe

- **RLT-Anlage**:
  Raumlufttechnische Anlage (Lüftungsanlage)
- **Gleichdrucklüftung**:
  Zu- und Abluftvolumenströme sind gleich groß
- **Überdrucklüftung**:
  Zuluftvolumenstrom größer als Abluftvolumenstrom
- **Unterdrucklüftung**:
  Zuluftvolumenstrom kleiner als Abluftvolumenstrom
- **Zu- und Abluftbetrieb**:
  Vollständiger Austausch der Raumluft
- **Umluftbetrieb**:
  Raumluft wird abgesaugt, gereinigt und wieder zugeführt
- **Mischluftbetrieb**:
  Kombination von Zu- und Umluftbetrieb
- **Relative Luftfeuchtigkeit**:
  Verhältnis des Wasserdampfanteils zur Sättigungsmenge
- **Taupunkt**:
  Zustand, bei dem die Luft kein Wasser mehr aufnimmt
- **Luftwechselzahl β**:
  Luftvolumenwechsel in h^{-1}
- **Luftrate**:
  Luftvolumenwechsel bezogen auf Personenzahl
- **Maximale Arbeitsplatz-Konzentration (MAK)**:
  Höchstzulässige Konzentration von Schadstoffen

Anforderungen

Rel. Luftfeuchtigkeit in Wohnungen: ~50 %				Luftwechselzahl β				Maximale Arbeitsplatz-Konzentration		
Raumtemperatur	0 °C	20 °C	30 °C	Wohnung < 50 m^2	Wohnung < 80 m^2	Büro	Werkstatt	Kohlendioxid CO_2	Kohlenmonoxid CO	Stickstoffdioxid NO_2
Sättigungsmenge	4,84 g/m^3	17,3 g/m^3	30,4 g/m^3	0,8 h^{-1}	0,5 h^{-1}	4–8 h^{-1}	3–7 h^{-1}	0,5 %	0,003 %	0,0005 %

Installation

Außengeräte

- Festen Untergrund wählen.
- Abstände um das Gerät und insbesondere vor den Ansaugöffnungen einhalten.
- Staub und agressive Luft darf nicht angesaugt werden.
- Ausblasrichtung und Hauptwindrichtung sollen übereinstimmen.
- Geräusche dürfen Nachbarn nicht stören.
- Ausreichende Luftzufuhr muss gewährleistet sein (z. B. bei Nebenräumen).
- Sonneneinstrahlung vermeiden.

Innengeräte

- Tragfähigkeit der Installationswand prüfen.
- Gerät in 2/3 Wandhöhe oder an der Decke montieren.
- Großen Abstand zu Fremdwärmequellen einhalten.
- Geräte nicht hinter Möbeln oder Gardinen montieren.
- Auf gleichmäßige Raumkühlung achten.
- Auf ausreichenden Platz für Wartung achten.
- Kondensatleitung verlegen.

Kühlmittel

- Schutzmaßnahmen beim Arbeiten mit Kältemitteln einhalten.
- Kältemittel nicht verschmutzen.
- Kältemittelleitungen möglichst kurz halten.
- Rohrdurchmesser *d* einhalten.
- Biegeradien sollen mindestens 3,5 *d* sein.
- Kältemittelleitungen mit Schellen oder in Installationskanal verlegen.
- Kältemittelleitungen müssen wärmegedämmt sein.

Wärmekreislauf

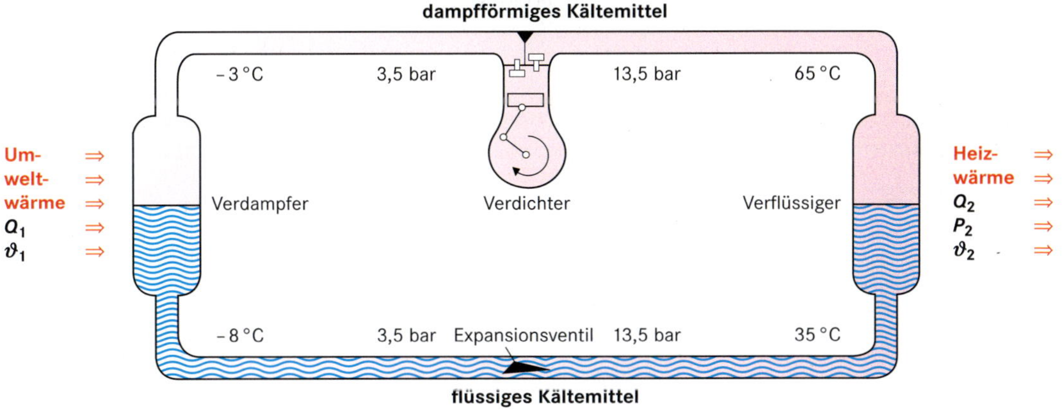

Leistungszahl ε

Beispiel: $\varepsilon = \frac{P_2}{P_{el}}$

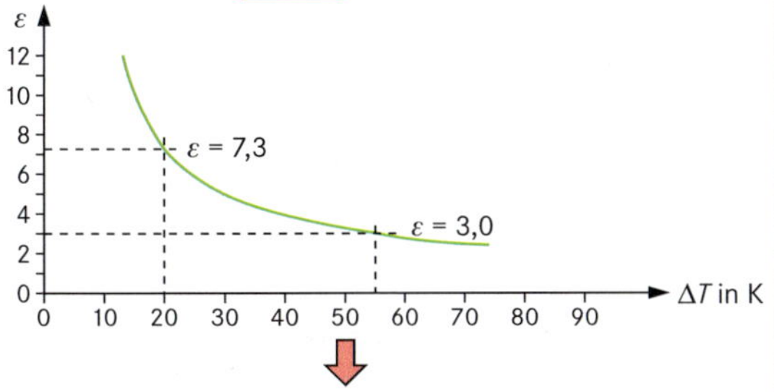

1. Möglichst hohe Umgebungstemperatur, z. B. bei Erdwärme ≈ 10 °C
2. Niedrige Vorlauftemperatur der Heizung, z. B. bei Fußbodenheizung ≈ 45 °C

Jahresarbeitszahl β

Beispiel: $\beta = \frac{Q_2}{W_{el}}$

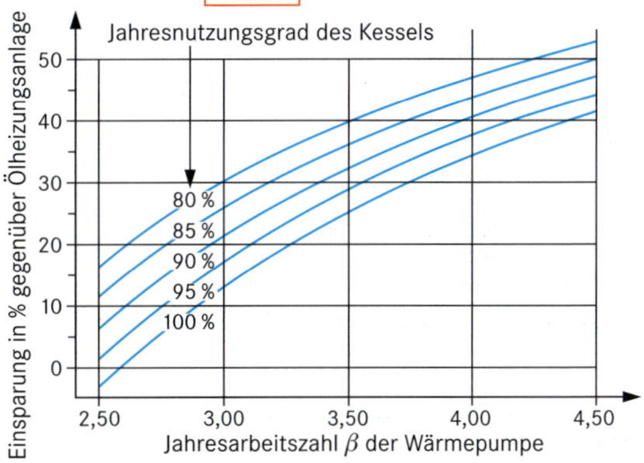

Betriebsarten

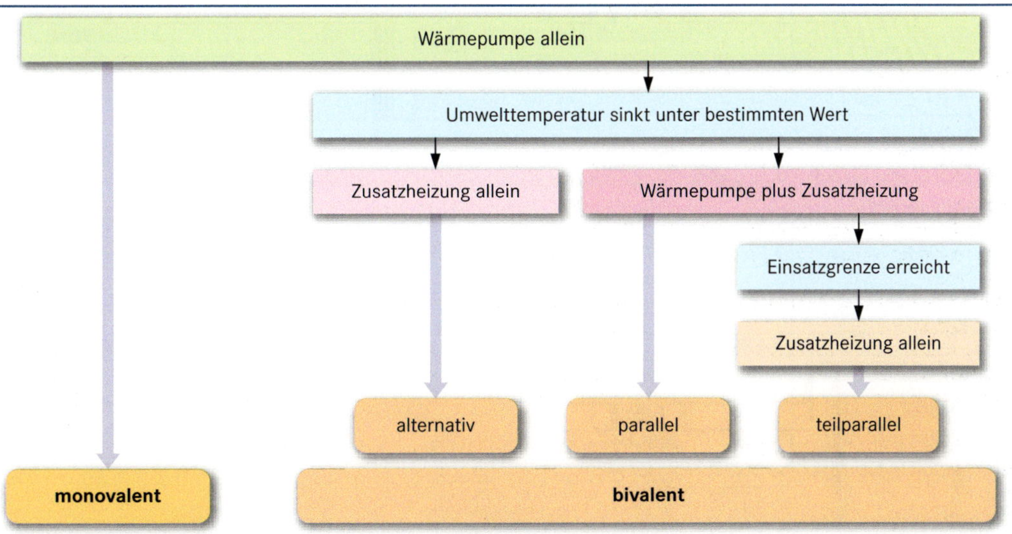

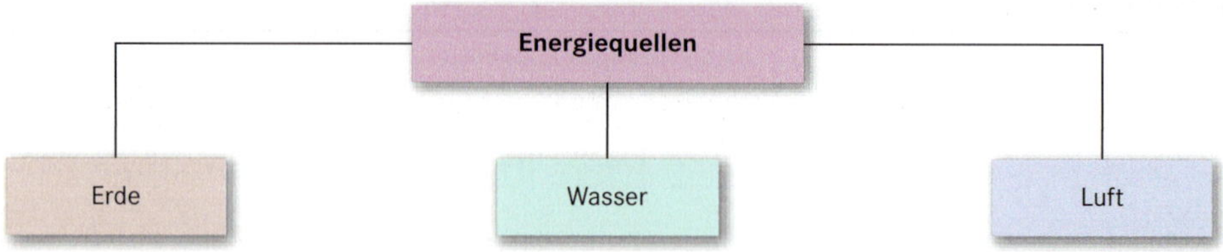

	Erdkollektor	Erdwärme-Sonden	Grundwasser	Umgebungsluft
Arbeitsweise	① 1. Sole (Umwälzpumpe) wird durch horizontale Kunststoffrohre gepumpt. 2. Wärme wird im Verdampfer abgegeben. 3. Sole zurückgepumpt	② 1. Sole durch senkrechte Kunststoffrohre (30 bis 100 m tief) pumpen 2. Wärme wird im Verdampfer abgegeben. 3. Sole zurückgepumpt	③ 1. Wasser absaugen (Saugbrunnen) 2. Wärme wird im Verdampfer abgegeben. 3. Wasser wieder zuführen (Schluckbrunnen)	④ 1. Aufstellung im Freien und im Haus (Außenwand) 2. Ventilator saugt Luft durch Verdampfer. 3. Abgekühlte Luft wird ausgeblasen.
Probleme	▪ Große Grundstücksfläche erforderlich (≈ 250 m^2/8 kW)	▪ Wasserrechtliche Erlaubnis nötig ▪ Erfahrene Brunnenbauer erforderlich	▪ Wasserrechtliche Erlaubnis notwendig ▪ Grundwasserschwankungen ▪ Schluckbrunnen kann sich zusetzen (veroken)	▪ Geräusche durch Ventilator und Luftstrom ▪ Probleme bei starken Temperaturschwankungen
Verwendung	▪ Neubauten ▪ Große Grundstücke ▪ Wenig beschattet	▪ Neubauten ▪ Kleine Grundstücke	▪ Selten ▪ Neubauten ▪ Altbauten	▪ Häufig ▪ Altbauten ▪ Verdampfer auch für innere Warmluft

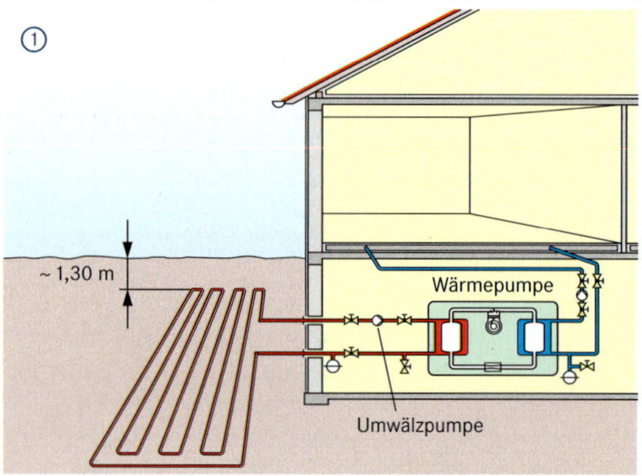

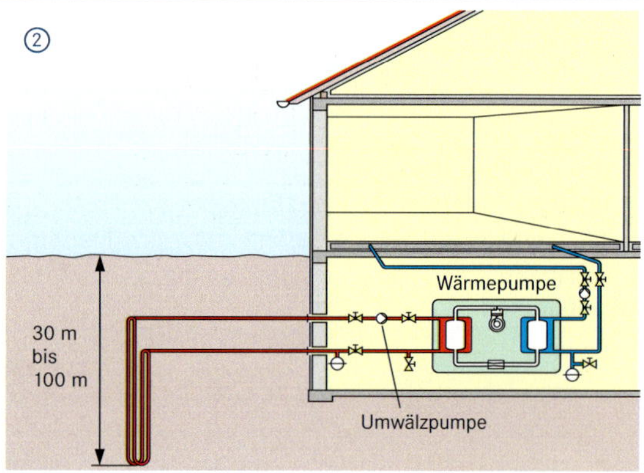

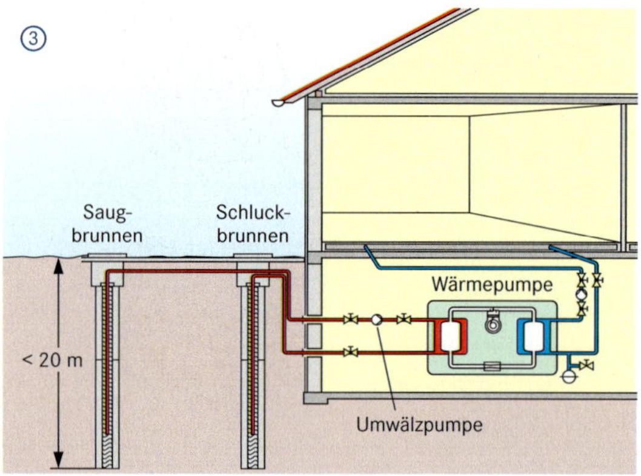

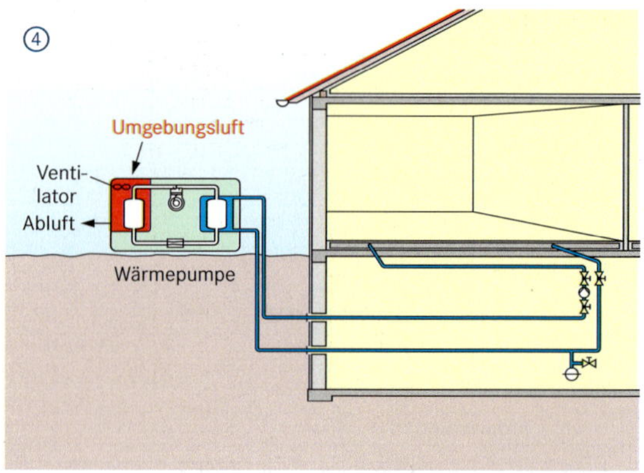

Anschlusskomponenten

Geräteverbindung ⟷ Leitung ⟷ Netzanschluss

Geräteverbindung

Festanschluss

Leitungseinführung
- Tülle, Verschraubung

Knickschutz
- Tülle

Zugentlastung
- Klemmung
- Verschraubung

Steckanschluss

Schutzklasse (I, II)

Spannungsfestigkeit

Stifttemperatur
- kalt (max. 70 °C) Kaltgeräte ohne Wärmequelle
- warm (max. 120 °C)
- heiß (max. 155 °C)
- Heißgeräte mit innerer Wärmequelle (z. B. Waffeleisen)

Stromstärke
(0,2 A; 2,5 A; 6 A; 10 A; 16 A)

Anschluss der Leitung
- Löten, Klemmen, Stecken
- wiederanschließbar/ nicht wiederverschließbar

Befestigung der Steckvorrichtung
- Schrauben, Schnappen

Geräteverbindung		Netzanschluss	
Steckanschlüsse	DIN EN 60320-1: 2008-05	Steckanschlüsse	DIN VDE 0620-1: 2010-02
■ I_r = 0,2 A ■ ϑ_{max} = 70 °C ■ Schutzklasse II	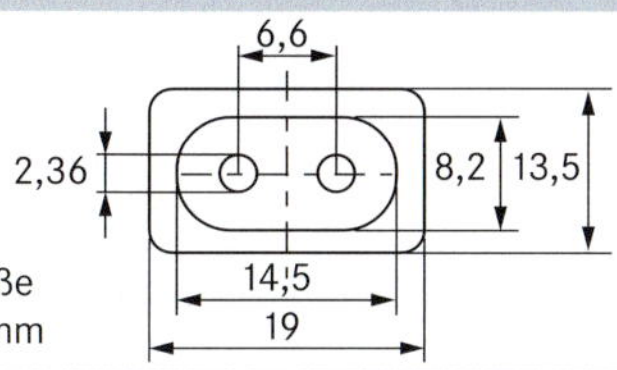 Maße in mm	■ Stecker sollten europäisch vereinheitlicht werden. ■ Diese Vorhaben war nicht erfolgreich. Als Ergebniss wurden verschiedene europäische Steckverbinder festgelegt (CEE-System). ■ CEE[1]: Commission on the Rules for the Approval of the Electrical Equipment (Europäische Behörde für die Regelung der Zulassung elektrischer Ausrüstungen)	
■ I_r = 2,5 A ■ ϑ_{max} = 70 °C ■ Schutzklasse II	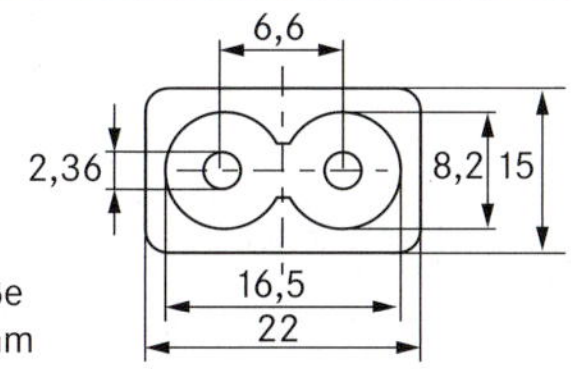 Maße in mm	Eurostecker: ■ I_{max} = 2,5 A ■ Schutzklasse II ■ Typ: CEE 7/16	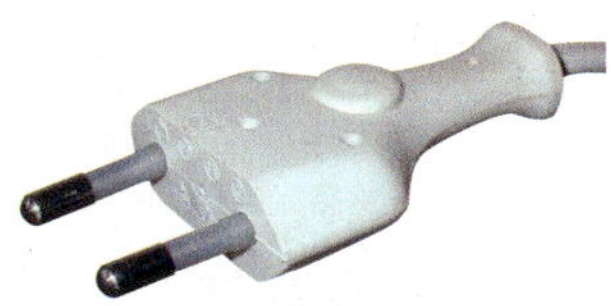
■ I_r = 2,5 A ■ ϑ_{max} = 70 °C ■ Schutzklasse I	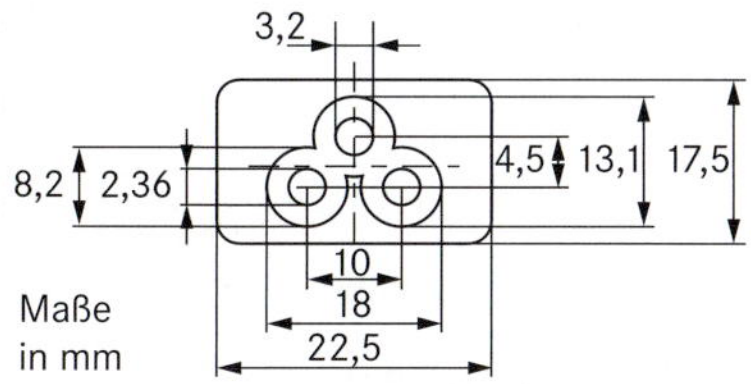 Maße in mm	Konturenstecker: ■ I_{max} = 10 A ■ Schutzklasse II ■ ohne Schutzleiter ■ Typ CEE 7/17	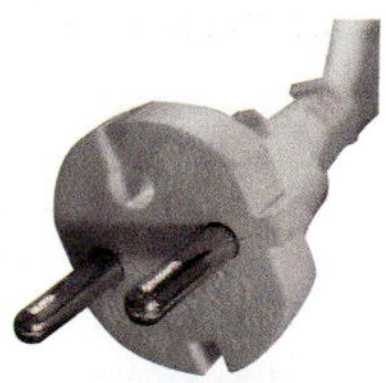
■ I_r = 16 A ■ ϑ_{max} = 155 °C ■ Schutzklasse I	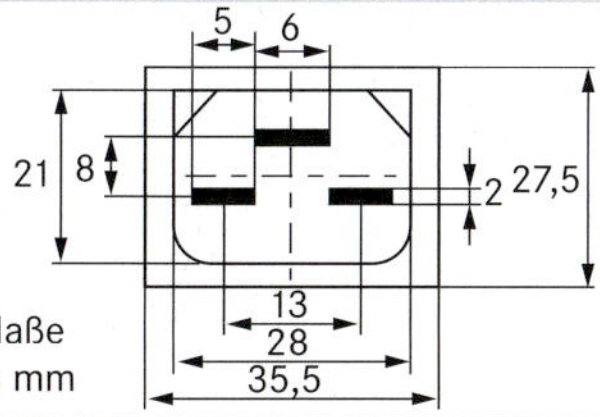 Maße in mm	Schutzkontaktstecker: ■ I_{max} = 16 A ■ Schutzklasse I ■ Typ: CEE 7/4	

[1] CEE: Communauté Economique Européene

Unterscheidungsmerkmale

- Steckverbinder werden nach folgenden Merkmalen unterschieden:
  - Bemessungsspannung
  - Bemessungsstromstärke
  - Frequenz
  - Schutzart
  - Kontaktanzahl
  - Lage des Schutzkontaktes
  - Klemm- bzw. Schraubanschlüsse

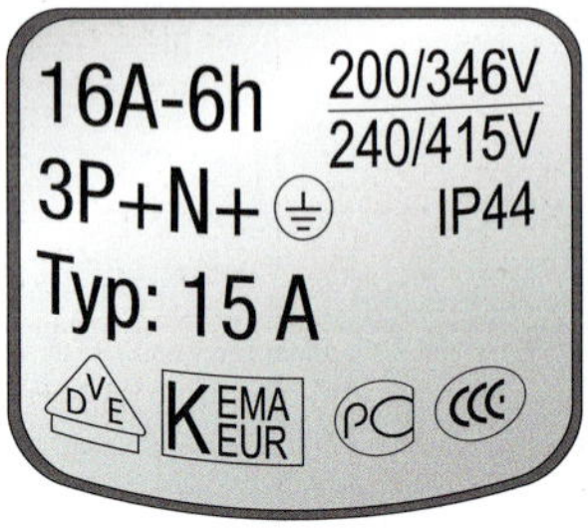

Gehäusekennfarben

Kennfarbe	Bemessungsspannung
lila	20 V ... 25 V
weiß	40 V ... 50 V
gelb	100 V ... 130 V
blau	200 V ... 250 V
rot	380 V ... 480 V
schwarz	500 V ... 690 V
grün	für Stecker und Buchsen mit einer Frequenz größer 60 Hz bis maximal 500 Hz
grau	für Sonderfälle, bei denen eine passende Farbzuordnung fehlt

Position des Schutzleiterkontaktes

- Durch die Lage des Schutzleiterkontaktes wird sichergestellt, dass nur der Stecker eines bestimmten Typs in die Steckdose desselben Typs passt.
- Die Angabe erfolgt in Form einer Uhrzeit (z. B. 6 h), d. h. der Schutzleiterkontakt befindet sich an der 6-Uhr-Position auf einem Ziffernblatt.
- Diese Festlegung in Verbindung mit der Farbe und den elektrischen Betriebswerten verhindern eine Verwechslung der Stecksysteme.

Beispiel: Steckdosenvorderseite

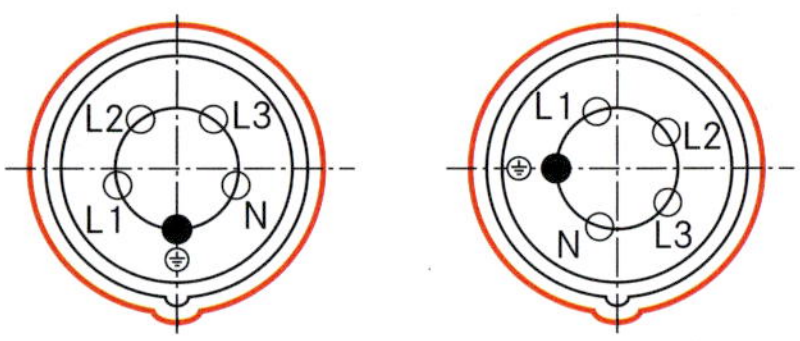

Lage des Schutzleiterkontaktes	Anzahl der Kontakte		
	2P + PE	3P + PE	3P + N + PE
1 h	[1]	[1]	[1]
2 h	> 50 V; 16/32 A 300 ... 500 Hz	> 50 V; 16/32 A 300 ... 500 Hz	> 50 V; 16/32 A 300 ... 500 Hz
3 h	> 50 ... 250 V	380 V, 16 A/32 A, 50 Hz 440 V, 16 A/32 A, 60 Hz	220/380 V, 16 A/32 A, 50 Hz 250/440 V, 16 A/32 A, 60 Hz
4 h	100 ... 130 V, 50/60 Hz	100 ... 130 V, 50/60 Hz	57/100 ... 75 V / 130 V, 50/60 Hz
5 h	[1]	600 ... 690 V, 50/60 Hz	347/600 ... 400 V/690 V, 50/60 Hz
6 h	200 ... 250 V, 50 ... 60 Hz	380 ... 415 V, 50/60 Hz	200/346 ... 240V/415V, 50/60 Hz
7 h	480 ... 500 V, 50 ... 60 Hz	480 ... 500 V, 50/60 Hz	277/480 ... 288 V/500 V, 50/60 Hz
8 h	> 250 V	[1]	[1]
9 h	380 ... 415 V, 50 ... 60 Hz	200 ... 250 V, 50/60 Hz	120/208 ... 144 V/250 V, 50/60 Hz
10 h	[1]	> 50 V, 16/32 A; 100 ... 300 Hz	[1]
11 h	[1]	440 ... 460 V, 60 Hz	250/400 ... 265 V/460 V, 60 Hz
12 h	Ausgang eines Trenntransformators U > 50 V	[1]	[1]

[1] Lage des Schutzleiterkontaktes ist nicht genormt (frei für Sonderanwendungen).

- Steckverbinder für Bemessungsspannungen ≤ 50 V besitzen keinen Schutzleiterkontakt. Zur Unterscheidung hat der Steckverbinder eine Hilfsnase. Hier entspricht die Hilfsnase der Uhrzeitstellung (z. B. 12 h).

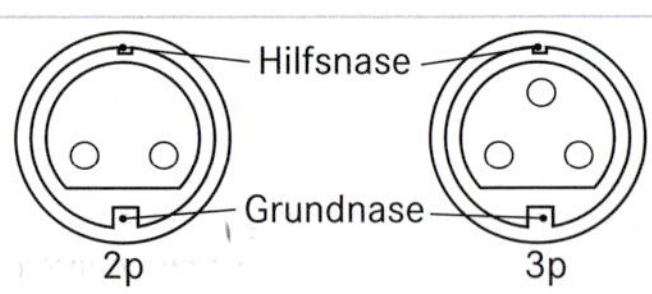

Begriffe

Elektronen = Photonen abgabe

Lichtstrom Φ
Gesamte Lichtstrahlung einer Lichtquelle

Einheit: lm (Lumen)

in einer gewissen Zeit

Lichtstärkeverteilungskurven
Darstellung der Lichtstärke von Leuchten in Polardiagrammen (bezogen auf 1000 lm)

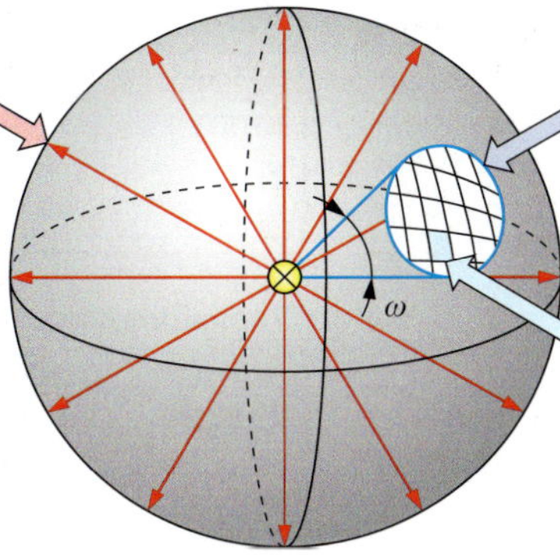

Lichtstärke I
Lichtstrahlung in eine Richtung

$I = \frac{\Phi}{\omega}$ ω: Raumwinkel

Einheit: cd (Candela) Kegelform

Leuchtdichte L
Lichtstärke bezogen auf eine Fläche

$L = \frac{I}{A}$ Blendung

Einheit: $\frac{\text{cd}}{\text{m}^2}$

Beleuchtungsstärke E

- Auftreffender Lichtstrom Φ bezogen auf die beleuchtete Fläche A

$E = \frac{\Phi}{A}$

- Beleuchtungsstärke eines Punktes ist die Lichtstärke I bezogen auf das Quadrat der Entfernung r von der Lichtquelle

$E = \frac{I}{r^2}$

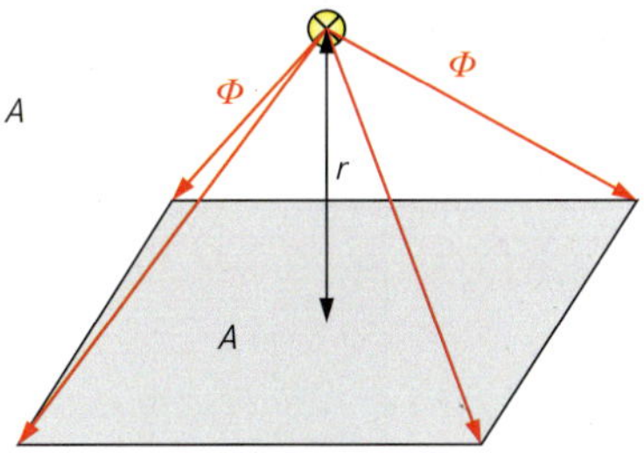

Einheit: lx (Lux)

$1 \text{ lx} = 1 \frac{\text{lm}}{\text{m}^2}$

Mittlere Beleuchtungsstärke $\bar{E}$
Mittelwert der Beleuchtungsstärke E bezogen auf eine Fläche

Bemessungs-Beleuchtungsstärke E_n
Vorgeschriebene Beleuchtungsstärke für bestimmte Tätigkeiten oder Raumarten

Absorbtionsgrad α
Verhältnis des vom Material aufgenommenen Lichtstroms Φ_a zum auftreffenden Lichtstrom Φ

$\alpha = \frac{\Phi_a}{\Phi}$

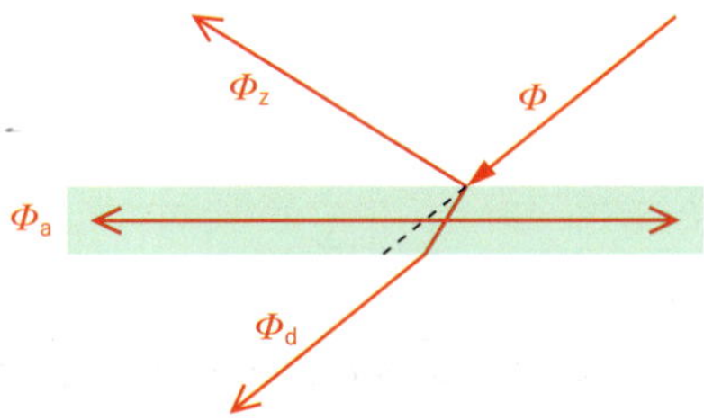

Reflexionsgrad ϱ

$\varrho = \frac{\Phi_z}{\Phi}$ Φ_z: zurückgeworfener Lichtstrom

Transmissionsgrad τ

$\tau = \frac{\Phi_d}{\Phi}$ Φ_d: durchgehender Lichtstrom

Wirkungsgrade

Lichtausbeute η	Leuchten-Betriebswirkungsgrad η_{LB}	Raumwirkungsgrad η_R	Beleuchtungswirkungsgrad η_B
$\eta = \frac{\Phi}{P}$ P: Lampenleistung Lumen pro Watt	$\eta_{LB} = \frac{\Phi_{Le}}{\Phi_{La} \cdot p}$ Φ_{Le}: Leuchten-Lichtstrom Φ_{La}: Lampen-Lichtstrom p : Planungsfaktor	η_R hängt von den Farben und den Wandoberflächen des Raumes ab.	$\eta_B = \eta_{LB} \cdot \eta_R$

Beleuchtungsgüte

Beleuchtungsstärke	Lichtrichtung	Schatten	Blendung	Lichtfarbe
Möglichst geringe Unterschiede von E im Raum	Arbeitsplatz-Licht: Möglichst von links bzw. rechts oben	Weiche Schatten → großflächige Leuchten	Leuchtdichte-Unterschied von < 100 : 1	Lichtfarbe bestimmt wesentlich die Farbe der Gegenstände.

Anforderungen

- **Bemessungs-Beleuchtungsstärke E_n** für Räume bzw. Tätigkeiten festgelegt in DIN EN 12464-1
- **Mittlere Beleuchtungsstärke** $\bar{E} > 0{,}8 \cdot E_n$
- **Tatsächliche Beleuchtungsstärke** $E > 0{,}6 \cdot E_n$ an allen Punkten im Raum
- **Wartungsfaktor F_w** ist das Verhältnis der Beleuchtungsstärke nach dem Wartungsintervall zur Beleuchtungsstärke am Anfang. Dadurch wird die Alterung und die Verschmutzung berücksichtigt.
- **Reflexionsgrad ϱ** so wählen, dass $L_{Arbeitsfeld} \leq L_{Umgebung}$

Minderung von E	Wartungsfaktor F_w
normal	0,8
erhöht	0,6
stark	0,5

Berechnung der Leuchten-Anzahl

Wirkungsgrad-Methode

Mittlere Beleuchtungsstärke $\bar{E}$ festlegen
Tätigkeit bzw. Raumart → $\bar{E}$

↓

Raumfläche A berechnen
$A = a \cdot b$
a : Breite des Raumes
b : Länge des Raumes

↓

Raumindex k berechnen
h : Höhe der Leuchte über der Arbeitsfläche
$$k = \frac{A}{(a+b) \cdot h}$$

↓

Reflexionsgrade ϱ bestimmen
siehe Tabelle

↓

Leuchtenart festlegen

↓

Raumwirkungsgrad η_R bestimmen
Reflexionsgrade → Firmenunterlagen

↓

Betriebswirkungsgrad η_{LB} bestimmen
Reflexionsgrade → Firmenunterlagen

↓

Beleuchtungswirkungsgrad η_B berechnen
$\eta_B = \eta_{LB} \cdot \eta_R$

↓

Wartungsfaktor F_w festlegen
Verminderung von $E \rightarrow F_w$

↓

Gesamt-Lichtstrom Φ berechnen
$$\Phi = \frac{\bar{E} \cdot A}{\eta_B \cdot F_w}$$

↓

Leuchten-Anzahl n berechnen
Φ_{Le} : Lichtstrom einer Leuchte aus Firmenunterlagen
$$n = \frac{\Phi}{\Phi_{Le}}$$

Reflexionsgrade

Farbe bzw. Material	ϱ in %
weiß	70 ... 80
hellgelb	55 ... 65
hellgrün rosa	45 ... 50
himmelblau hellgrau	40 ... 45
beige olivgrün	25 ... 35
orange mittelgau	20 ... 25
dunkelgrün dunkelgrau dunkelrot	10 ... 15
dunkelgrau	10 ... 15
schwarz	4
Silberspiegel	80 ... 90
Lack, weiß, Aluminium, eloxiert	80 ... 85
Emaille, weiß	75 ... 85
Aluminium, poliert	65 ... 75
Zeichenkarton	70 ... 75
Marmor, weiß Chrom, poliert	60 ... 70

Material	ϱ in %
Stahl, poliert	55 ... 65
Schallschluckdecke, weiß	50 ... 65
Aluminium, matt	55 ... 60
Ahorn Birke	50 ... 60
Messing, poliert	60
Beton, hell	30 ... 50
Mörtel, hell	35 ... 55
Sandstein, hell	30 ... 40
Ziegel, hell	30 ... 40
Eiche, hell	30 ... 40
Mörtel, dunkel	20 ... 30
Ziegel, dunkel Sandstein, dunkel Granit Beton, dunkel	15 ... 25
Nussbaum	15 ... 20
Teerdecke	8 ... 15
Klarglas	6 ... 10
Samt, schwarz	2 ... 4

Hinweis:
Leuchtenhersteller bieten Programme zur Berechnung der Leuchtenanzahl an. Nach Eingabe der Daten, z. B. Beleuchtungsstärke und Raumgeometrie wird neben der Anzahl der Leuchten auch die Lichtstärkeverteilung ermittelt.

$\eta_B = \eta_{LB} \cdot \eta_R$ | η_R=Raumwirk | η_{LB}= Leuchten Wirk

$n = \frac{P \cdot E_n \cdot A}{z \cdot \Phi_{LP} \cdot \eta_B}$ P=1 | E_n=Nennbeleuchtung | A= Grundfläche Raum
z=Lampen Pro Leuchte | Φ_{LP} =Lichtstrom Lampe

Erläuterung:
Die Diagramme stellen die Leistung in mW pro jeweils 10 nm Wellenlänge dar, wobei sich auf den Lichtstrom von 1000 lm bezogen wurde.
Bildhöhe ≙ 200 mW

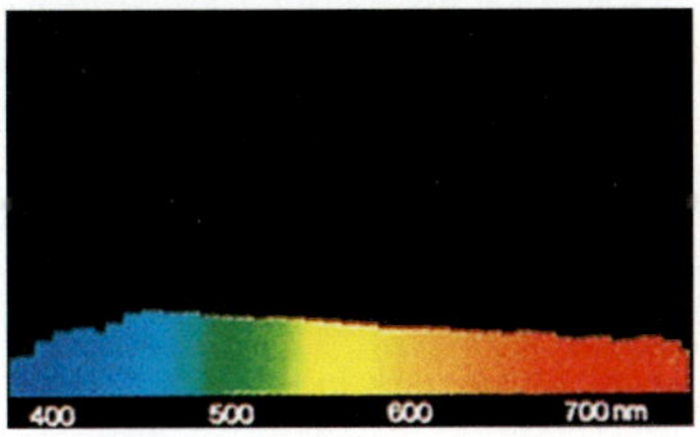

Tageslicht

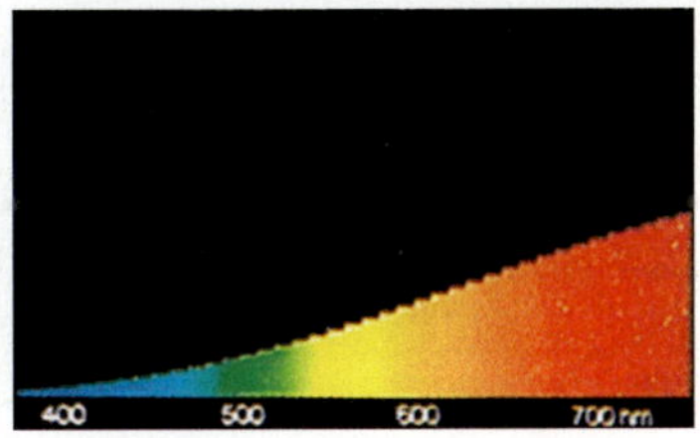

Glühlampen

Standard-Leuchtstofflampen

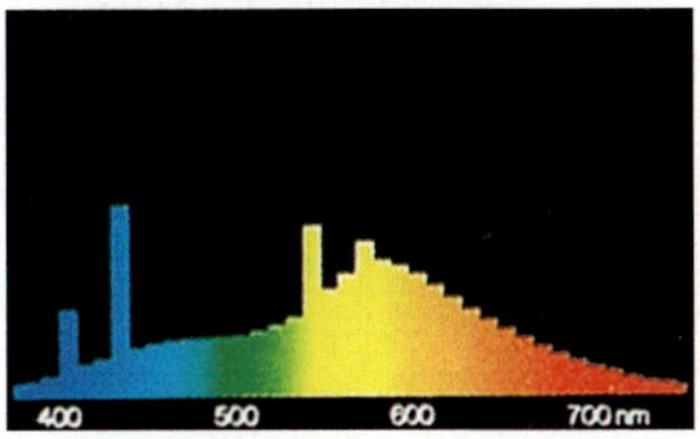

Farbe: Universal-Weiß

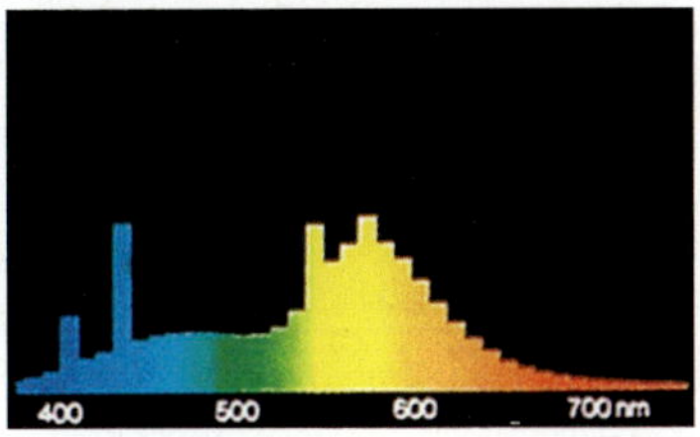

Farbe: Hellweiß

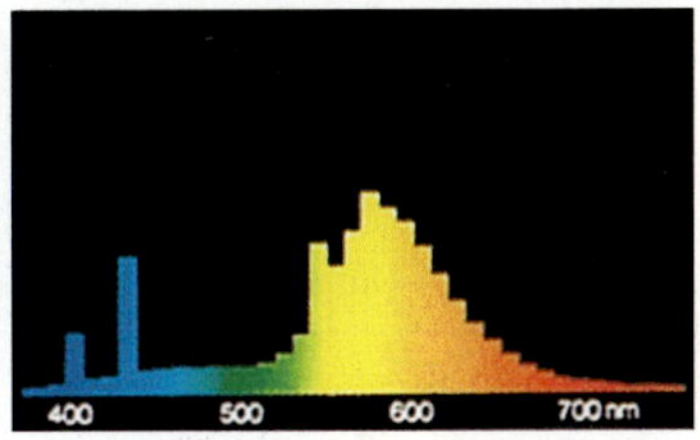

Farbe: Warmton

Dreibanden-Leuchtstofflampen

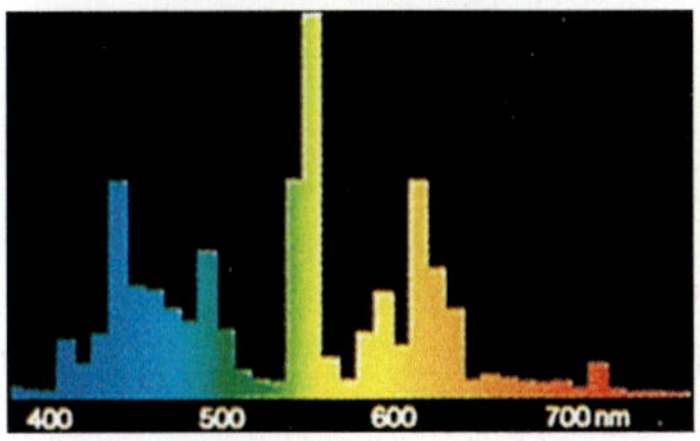

Farbe: Tageslicht

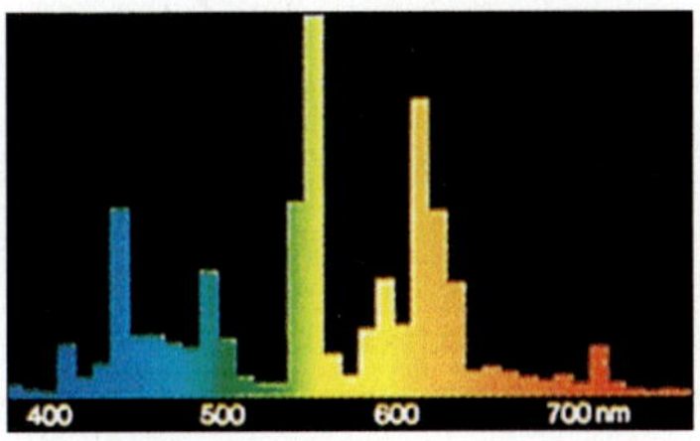

Farbe: Weiß

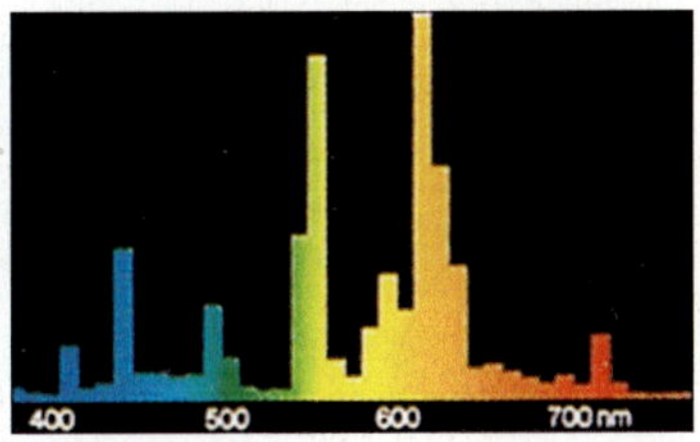

Farbe: Warmton

Halogen-Metalldampflampen

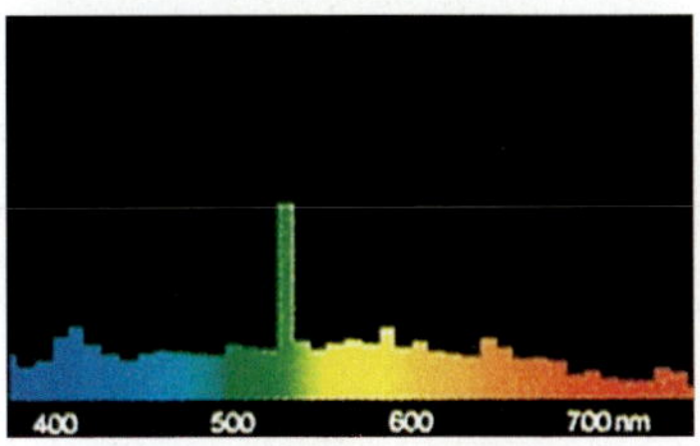

Quecksilberdampf-Hochdrucklampen

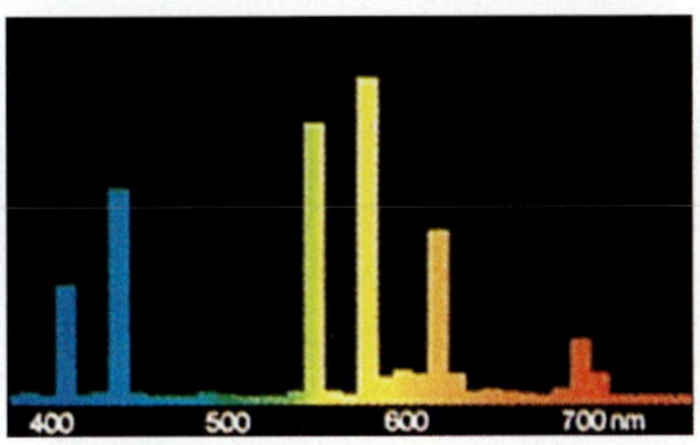

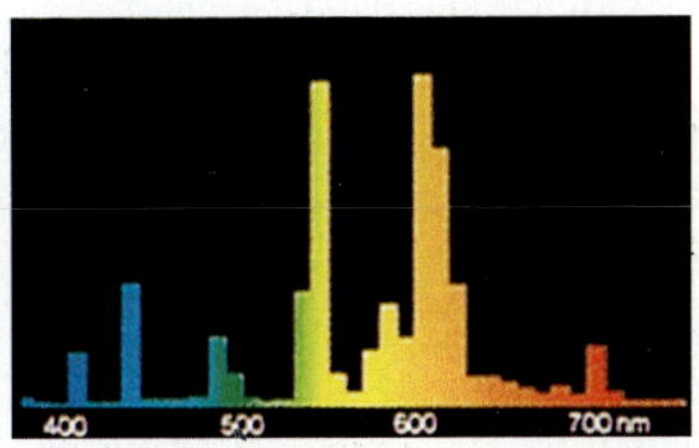

Farbe: Interna ®

Natriumdampflampen

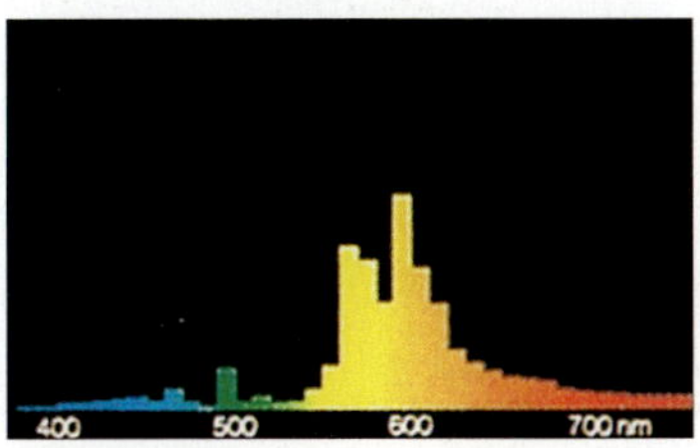

Hochdrucklampen

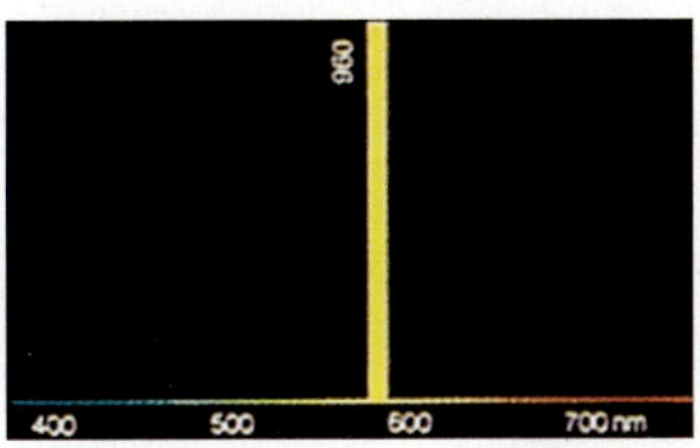

Niederdrucklampen

Mischlichtlampen

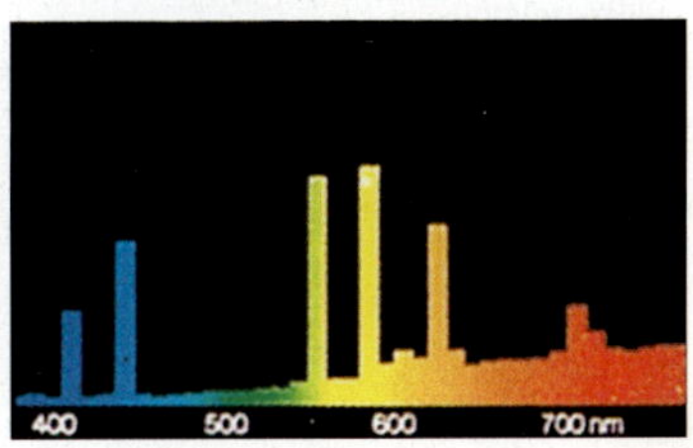

Lichtstärkeverteilungskurven (LVK) (bei 1000 lm)		Reflexionsgrade								
	Decke	0,8				0,5				0,3
	Wände	0,5		0,3		0,5		0,3		0,3
	Boden	0,3	0,1	0,3	0,1	0,3	0,1	0,3	0,1	0,1
direkt: stark gerichtet A1	Raumindex *k*	Raumwirkungsgrad η_R in %								
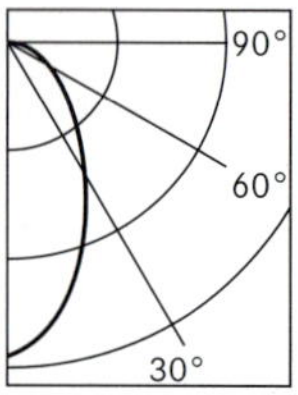	0,6	61	58	54	52	59	57	53	51	51
	1,0	80	75	73	69	76	73	70	68	67
	1,5	95	86	88	82	90	84	84	80	79
	2,0	102	91	96	87	95	89	91	86	84
	3,0	111	97	106	95	103	95	99	92	91
	5,0	119	102	115	100	109	98	106	97	96
direkt: tiefstrahlend A2	Raumindex *k*	Raumwirkungsgrad η_R in %								
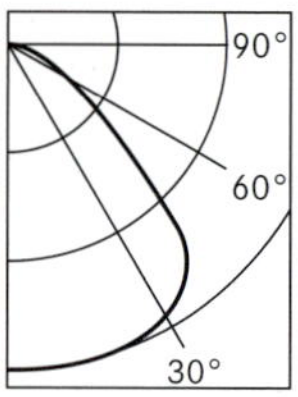	0,6	52	49	43	42	49	48	42	41	41
	1,0	73	67	64	60	69	65	61	59	58
	1,5	89	81	81	75	83	78	77	73	72
	2,0	97	86	89	81	90	83	84	79	78
	3,0	107	94	101	90	99	91	94	88	86
	5,0	116	100	111	97	106	96	102	94	93
vorwiegend direkt: breitstrahlend B3	Raumindex *k*	Raumwirkungsgrad η_R in %								
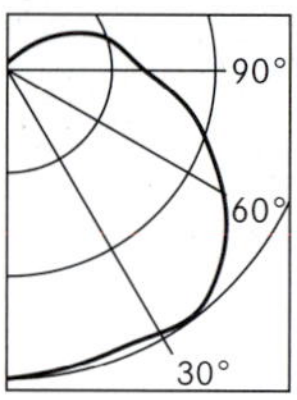	0,6	41	39	31	30	37	35	29	28	27
	1,0	59	55	49	46	52	50	44	43	41
	1,5	74	67	64	60	66	61	58	55	52
	2,0	83	74	73	67	73	68	66	62	59
	3,0	95	83	87	77	83	76	77	71	68
	5,0	105	91	99	86	91	83	87	80	76
gleichförmig: allseitig strahlend C4	Raumindex *k*	Raumwirkungsgrad η_R in %								
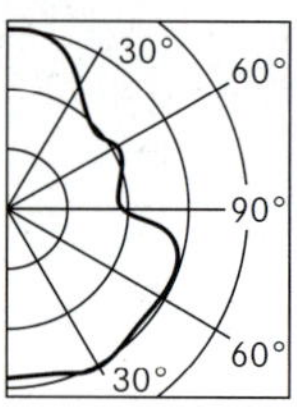	0,6	36	34	27	26	29	28	23	22	19
	1,0	52	48	43	40	41	39	35	33	29
	1,5	65	59	56	52	52	49	45	43	38
	2,0	74	66	65	59	58	54	52	49	43
	3,0	84	74	77	68	66	61	61	57	50
	5,0	94	81	88	77	74	67	70	64	56
indirekt: hochstrahlend E2	Raumindex *k*	Raumwirkungsgrad η_R in %[1]								
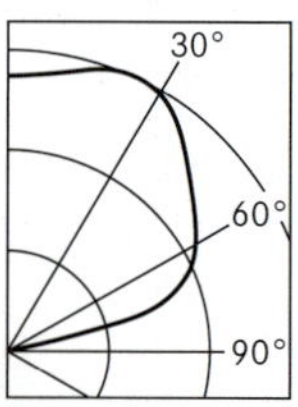	0,6	15	15	9	10	11	12	6	8	5
	1,0	28	27	20	19	18	19	13	13	8
	1,5	41	39	31	30	26	25	20	19	13
	2,0	51	48	41	40	32	30	26	25	16
	3,0	65	58	55	52	39	37	34	32	20
	5,0	77	68	70	63	45	43	42	39	24

Beispiele für Leuchten		
Darstellung	Erläuterung	η_{LB} in %
	Spiegelraster, engstrahlend	60
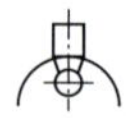	Spiegelreflektor, einlampig	80
	Rundreflektor	75
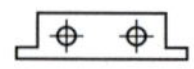	Wanne, prismatisch	65
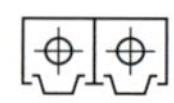	Paneele, prismatisch	45
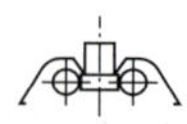	Spiegelreflektor, mehrlampig	75
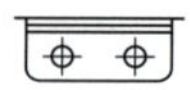	Wanne, opalisiertes Glas	50
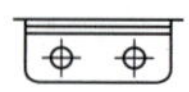	Wanne, prismatisches Glas	65
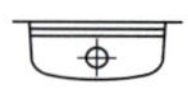	Glasleuchte	70
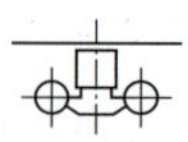	freistrahlend	90
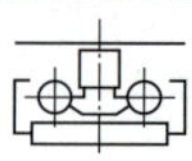	Lamellenraster	82
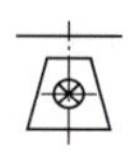	Opalglas	80
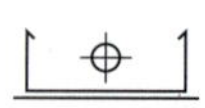	Kehle, breit, weiß	70
	Kehle, schmal, weiß	50

[1] Bei Hohlkehle in Wandanordnung: $0{,}6 \cdot \eta_R$

Lichttechnische Gütemerkmale

- **Ziel der Beleuchtung** ist u. a., dass die Mitarbeiter
  - keinen **Gefahren** ausgesetzt werden,
  - ihre **Arbeitsaufgabe** erfüllen können,
  - keine **Ermüdung** erleiden,
  - keine gesundheitlichen **Schaden** erleiden,
  - ihr **Wohlbefinden** steigern und
  - visuell **kommunizieren** können.

- **Anforderungen:**
  - Ausreichende **Beleuchtungsstärke**
  - Gleichmäßige **Leuchtdichteverteilung**
  - Vermeidung von **Blendungen, Reflexionen** und **Schatten**
  - Angemessene **Farbwiedergabe**
  - Ausschließen von **Flimmern**
  - Berücksichtigen von **Tageslicht**

Arbeitsstätten-Bereiche

Die Anforderungen an die Beleuchtung in den verschiedenen Bereichen innerhalb der Arbeitsstätte sind unterschiedlich. Es werden deshalb je nach Anforderung mehrere Konzepte für die Beleuchtungsplanung unterschieden.

- **Arbeitsfläche** ①:
  Fläche in Arbeitshöhe ②, wo die Arbeitsaufgabe erfüllt wird
- **Teil der Arbeitsfläche** ③:
  Fläche, auf der eine höhere Beleuchtungsstärke notwendig ist
- **Benutzerfläche** ④:
  Bewegungsbereich des Mitarbeiters um die Arbeitsfläche
- **Arbeitsbereich**:
  Arbeitsfläche und Benutzerfläche ① ④
- **Umgebungsbereich** ⑤:
  An die Benutzerfläche anschließende Fläche
- **Sonstige Bereiche**:
  Flächen ohne Arbeitsplätze, z. B. Wege, Lagerflächen

Beleuchtungsstärken

Räume bzw. Tätigkeiten	Wartungswerte[1] der Beleuchtungsstärken in lx			
	nach DIN EN 12464-1	nach BGR 131[2]		
	Bewertungsfläche	Arbeitsbereich	Teilfläche ③	Umgebungsbereich ⑤
Büro	500	500	–	500
CAD	500	500	–	500
Elektronik	1500	500	1500	300
Endkontrolle	1000	500	1000	300
Gravieren	750	500	750	300
Holzbearbeitung	500	500	–	500
Justieren	1500	500	1500	300
Karosseriebau	500	500	–	500
Kasse	500	500	–	500
Labor	500	500	–	500
Prüfen	1500	500	1500	300
Untersuchung	1000	500	1000	300

[1] Diese Beleuchtungsstärken dürfen trotz Alterung und Verschmutzung von Leuchten nicht unterschritten werden.
[2] Berufsgenossenschaftliche Regel 131 „Natürliche und künstliche Beleuchtung von Arbeitsstätten“

Einteilung

Beispiel:

B 3 1

Kennbuchstabe für Lichtstromverteilung → B
2. Kennziffer: Lichtstrom-Anteil gegen Decke → 1
1. Kennziffer: Lichtstrom-Anteil auf Nutzebene → 3

Einbauleuchte
geeignet zur Montage auf normal entflammbarem Baustoff, z. B. in Möbeln

Kennbuchstabe	Beleuchtungsart	Lichtstrom-Anteil bezogen auf Horizontale	
		unten Φ_u	oben Φ_o
A	direkt	0,9 ... 1	0 ... 0,1
B	vorwiegend direkt	0,6 ... 0,9	0,1 ... 0,4
C	direkt-indirekt	0,4 ... 0,6	0,4 ... 0,6
D	vorwiegend indirekt	0,1 ... 0,4	0,6 ... 0,9
E	indirekt	0 ... 0,1	0,9 ... 1

Kennziffer	Anteil des auftreffenden Lichtstroms auf	
	Nutzebene bezogen auf Φ_u	Decke bezogen auf Φ_o
1	0 ... 0,3	0 ... 0,5
2	0,3 ... 0,4	0,5 ... 0,7
3	0,4 ... 0,5	0,7 ... 0,9
4	0,5 ... 0,6	0,9 ... 1
5	0,6 ... 0,7	
6	0,7 ... 1	

Kennzeichnung

- Hersteller
- Typ bzw. Nummer
- Bemessungsspannung
- Bemessungsfrequenz
- Bemessungsleistung (ohne Vorschaltgerät)
- Schutzart
- Schutzklasse
- Brandsicherheit
- Sonderanforderungen
- Funkentstörung
- Montageart (Leuchten in Möbeln)

Kennzeichnung der Brandsicherheit

bis 12.04.2012	EN 60598-1: 2008	
	keine	**Anbauleuchten** geeignet zur Montage auf normal entflammbarem Baustoff
 oder Warnhinweis		**nicht** geeignet zur Montage auf normal entflammbarem Baustoff
 Zusätzlich Warnhinweis		**Einbauleuchten** geeignet zur Montage auf normal entflammbarem Baustoff. Leuchte darf nicht mit Wärmedämmung bedeckt werden.
 oder Warnhinweis		**nicht** geeignet zur Montage auf normal entflammbarem Baustoff
	keine	geeignet zur Montage auf normal entflammbarem Baustoff. Leuchte darf mit Wärmedämmung bedeckt werden.

Kennzeichnung der Montageart in Möbeln

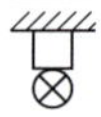	an Decke
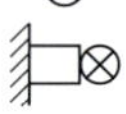	waagerecht an Wand
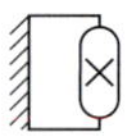	senkrecht an Wand
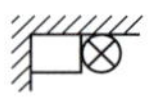	Ecke waagerecht, Lampe seitlich
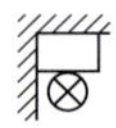	Ecke waagerecht, Lampe unterhalb
	auf Boden
	in U-Profil
	nicht zur Montage an der Decke geeignet

Kennzeichnung der Sonderanforderungen

	Leuchten für rauhe Betriebsstätten
	Leuchten für explosionsgefährdete Betriebsstätten
T	Leuchten für erhöhte Umgebungstemperatur
	ballwurfsicher nach VDE Mit Öffnungen > 60 mm: für Tennis nicht geeignet

Kennzeichnung der Vorschaltgeräte

Kennzeichnung von Wicklungstemperaturen

Beispiel: t_w 90/55/125

90 °C	Grenztemperatur
55 °C	Übertemperatur im Normalfall
125 °C	Übertemperatur im anomalen Betriebsfall
(F)	flammsicher
(FP)	flamm- und platzsicher

ILCO-System

- Lampen werden nach dem Internationalen Lampenbezeichnungssytem **ILCOS** (**I**nternational **L**amp **Co**ding **S**ystem) bezeichnet.
- Für die meisten Bezeichnungen reicht die kurze Version ILCOS L aus. Sie besteht nur aus dem **Buchstabenblock**. Die Standardversion ILCOS D beinhaltet alle Bezeichnungselemente.

Bestandteile

Beispiel für eine Glühlampe: **I A A / F - 40 - 220/230 – E27 - 60**

1. Buchstabe: Lichterzeugung
2. Buchstabe: Lampenart
3. Buchstabe: Kolbenform
4. Buchstabe: Lichtfarbe

(I A A / F → Buchstaben 1.–4.)

- 60: Maße, z. B. Kolbendurchmesser
- E27: Sockel
- 220/230: Bemessungsspannung
- 40: elektrische Leistung

- **Legende:** Glühlampe mit Kolbendurchmesser > 45 mm, Hauptreiheform, mattiert, 40 W, 220 V ... 230 V, Edinsongewinde 27 mm, Kolbendurchmesser 60 mm
- **Farben** (z. B. F für mattiert) und **technische Einzelheiten** (z. B. S für stoßfest) können zum Buchstabenblock hinzu gesetzt werden. Sie werden durch Schrägstriche (/) vom übrigen Block getrennt.

Für alle Lampenkategorien sind Kennbuchstaben für **Unterarten** in umfangreichen Tabellen festgelegt.

Beispiele: Leuchtstofflampe, zweiseitig gesockelt .... FS
Quecksilber-Hochdrucklampe mit Ellipsoidkolben .... QE

Lichterzeugung

Kennbuchstabe	D	F	H	I	L	M	S	Q	X
Lampenkategorie	LED-Modul	Leuchtstofflampe	Halogenlampe	Glühlampe	Natrium-Niederdrucklampe	Halogen-Metalldampflampe	Natrium-Hochdrucklampe	Quecksilber-Hochdrucklampe	Lampe für spezielle Zwecke

Kolbenformen

Hauptreiheform	Kerzenform	Kerzenform, konisch	Zweirohrform	Ellipsoidform	Kugelform	Linienform
A 	B 	C 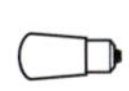	D 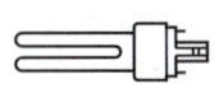	E 	G 	L 
Pilzform	**Tropfenform**	**Vierrohrform**	**Reflektorform**	**Birnenform**	**Röhrenform**	**U-Form**
M 	P 	Q 	R 	S 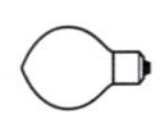	T 	U 

Fassungen (Sockelformen)

Maße in mm

Glühlampen		Halogenlampen						
		Niedervolt-Lampen				Hochvolt-Lampen		
B 22 d 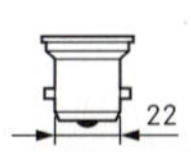	**E 14** 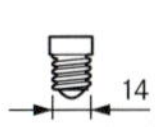	**G 4** 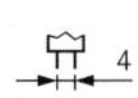	**GU 4** 	**GY 6,35** 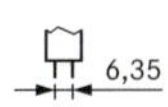	**G 53** 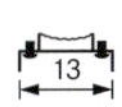	**BA 15 d** 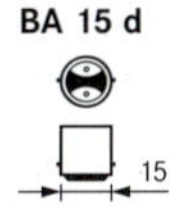	**R7 s-7** 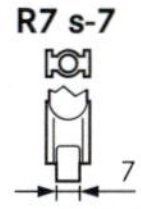	**Fa 4** 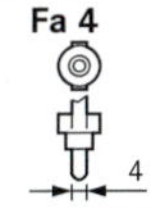

Kompakt-Leuchtstofflampen				
2 G 7 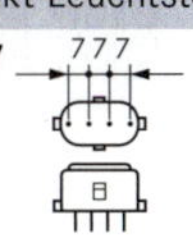	**G 24 q-1** 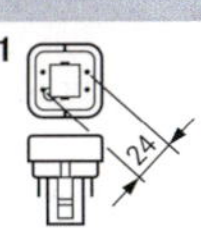	**GX 24 q-3** 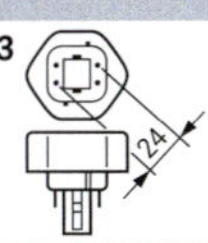	**2 G 10** 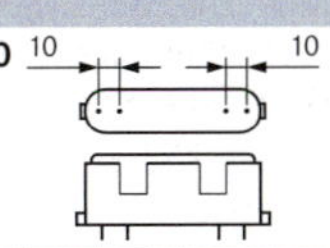	**2 G 11** 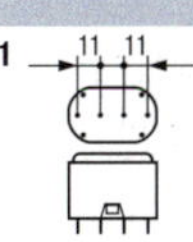

Standard-Glühlampen

Leistung in W	25	40	60	75	100	150	200	300	500	1000
Lichtstrom in lm	230	430	730	960	1380	2220	3150	5000	8400	18800
Länge in mm	105					118	160	189	240	274
Sockel	E 27					E 27 E 40	E 40			

Standard-Leuchtstofflampen

Leistung in W	Länge in mm	Lichtstrom in lm		
		Universalweiß	Hellweiß	Warmton
20	590	1050	1200	1200
40	1200	2500	3200	3200
65	1500	4000	5100	5100

Dreibanden-Leuchtstofflampen

Leistung in W	Länge in mm	Lichtstrom in lm		
		Tageslicht	Weiß	Warmton
18	590	1300	1450	1450
36	1200	3250	3450	3450
58	1500	5200	5400	5400

Kompakt-Leuchtstofflampen (mit eingebautem Vorschaltgerät)

Ringform (Sockel: E 27)				Runde Form (Prismatic) (Sockel: E 27)				U-Form (Sockel: G 23, E 27)			
Leistung in W	Lichtstrom in lm	Durchmesser in mm	Höhe in mm	Leistung in W	Lichtstrom in lm	Durchmesser in mm	Höhe in mm	Leistung in W	Lichtstrom in lm	Höhe in mm	Breite in mm
				9	400	64	153	9	400	122	38
18	1000	165	100	13	600	64	163	11	600	138	38
24	1450	216	100	18	900	64	173	15	900	158	38
32	2000	216	100	25	1200	64	183	20	1200	190	38

Quecksilber-Hochdrucklampen

Leistung in W	50	80	125	250	400	700	1000
Lichtstrom in lm	1800	3800	6300	13000	22000	40000	58000
Länge in mm	130	156	170	226	290	330	390
Sockel	E 27			E 40			

Mischlichtlampen

Leistung in W	160	250	500	1000
Lichtstrom in lm	3100	5600	14000	32500
Länge in mm	177	226	275	315
Sockel	E 27	E 40		

Natrium-Hochdrucklampen

Leistung in W	Lichtstrom in lm		Länge in mm	
	Ellipsoidform	Röhrenform	Ellipsoidform	Röhrenform
70	5600	6500	156	156
100	9500	10000	186	211
150	15500	17000	226	211
250	25000	25500	226	257
400	47000	48000	290	285
1000	120000	130000	400	400
Brennstellung: beliebig Sockel E 40				

Halogenlampen

Leistung in W	Lichtstrom in lm	Länge in mm	Sockel	Brennstellung
75	5000	114	R73	p45
150	11250	132	R7s	p45
250	20000	163	Fc2	p45
360	25000	206	Fc2	p45
1000	90000	260	Fc2	p45
2000	170000	490	E40	p60
3500	300000	490	E40	p60

Natrium-Niederdrucklampen

Leistung in W	18	35	55	90	135	180
Lichtstrom in lm	1800	4800	8000	13500	22500	33000
Länge in mm	216	310	425	528	775	1120
Sockel	h150	h110	h110	p20	p20	p20

Brennstellungen

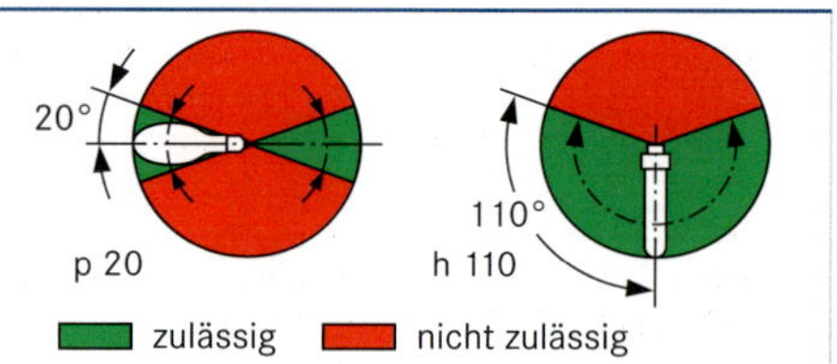

Merkmale

- Im Rahmen der **Ökodesign-Richtlinie** (Richtlinie 2009/125/EG u. a. für Leuchtmittel) wird die Steigerung der Energieeffizienz vorgeschrieben.
- Als alternative Leuchtmittel werden vermehrt Leuchtdioden (LED) und Organische Leuchtdioden (OLED) in unterschiedlichen Anwendungsbereichen (u. a. Allgemein-, Architektur-, Sicherheitsbeleuchtung) eingesetzt.
- LEDs bestehen aus Halbleitermaterialien, die, je nach Zusammensetzung, unterschiedliche Farben in einem engen Spektrum (nahezu monochrom) erzeugen.
- Die **Farbart** wird definiert durch die Koordinaten (Farbort) im Farbdiagramm (C.I.E. Norm-Farbtafel).
- Für die farbigen LEDs geben die Hersteller entweder die zu einer bestimmten Farbe gehörende **Wellenlänge** (z. B. 525 nm für Echt-Grün) oder die entsprechenden x- und y-Koordinaten (z. B. x = 0,15; y = 0,82) an.

Wirkungsgrad

Lichtausbeute

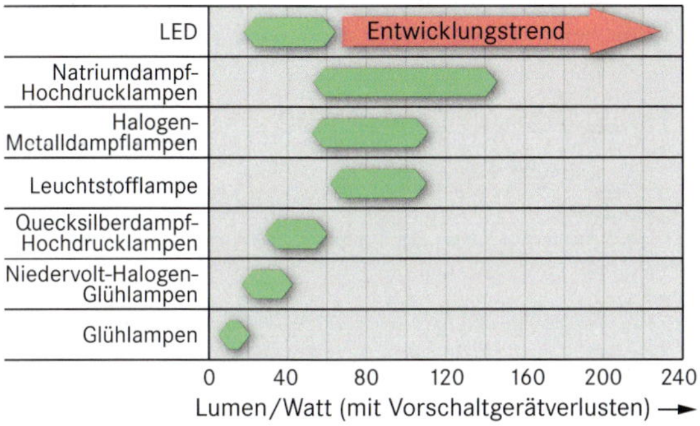

Leistungsbilanz in %	Glühlampe	LED
Sichtbares Licht	8	15 bis 25
Infrarotstrahlung	73	0
UV-Strahlung	0	0
Wärmeabgabe	19	75 bis 85

Die angegebenen Werte sind Orientierungswerte (Stand von 2010).

Entwicklungstrend: Erhöhung des Lichtstroms und Reduzierung der Wärmeabgabe bei LEDs

LED-Spektren

- Die Farberzeugung bei farbigen LEDs erfolgt durch die Anwendung bestimmter Halbleitermaterialien.
- Die Farbtemperatur wird dabei in **Kelvin** angegeben.
- Die Einstufung z. B. der Farbstreuung, die durch Fertigungstoleranzen entsteht, erfolgt in Klassen (**Binning**: Angabe in den Datenblättern der Hersteller).

Halbleitermaterialien

Farbe	Material	Abkürzung
Rot	Aluminium-Galliumarsenid	AlGaAs
Rot, Orange,	Aluminium Indium Gallium Phosphid	AlInGaP
Gelb	Galliumarsenid Phosphid	GaAsP
Grün, Blau	Indium Gallium Nitrid	InGaN

- Bei den **weißen LEDs** (unbunt) erfolgt die Lichterzeugung entweder durch **additive Mischung** der drei Primärfarben rot, grün und blau auf drei getrennten Chips oder durch blaue LEDs, die mit einem gelben Leuchtstoff (**Fluoreszenzfarbstoff**) überzogen werden.
- Weiße LEDs sind in unterschiedlichen **Weißtönen** (ähnlich wie Leuchtstofflampen) verfügbar.

Spektren farbiger und weißer LEDs

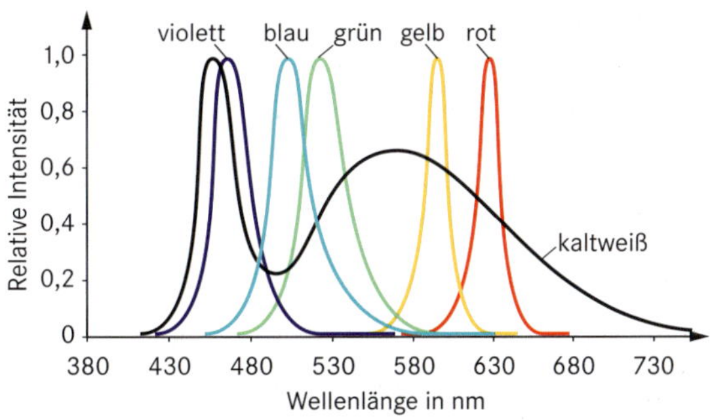

Farbtemperatur verschiedener Weißtöne

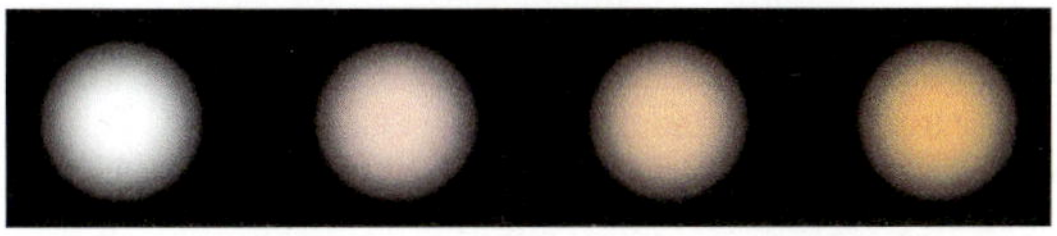

6500 K 4700 K 3300 K 2700 K

Wechselspannungs-LED

- Sie wird direkt an 230 V Wechselspannung betrieben
  - mit Vorwiderständen ① zur Strombegrenzung und
  - mit interner Reihenschaltung mehrerer LED-Chips (Stränge antiparallel geschaltet, Ausnutzung beider Halbschwingungen).
- Daten für Beispiel (Gesamtmodul): 580 Lumen/3000 K/40 mA/cos φ = 0,93

Beispiel:

LED-Straßenbeleuchtung

- Die elektrischen und optischen Werte sind abhängig von den verwendeten LEDs und der jeweiligen konstruktiven Ausgestaltung (Linsenform, Lichtführung).
- Vorteile gegenüber herkömmlichen Leuchten:
  - geringere elektrische Anschlussleistung,
  - höhere Lebensdauer, geringere Erwärmung,
  - kein Streulicht nach oben und
  - keine Insektenfalle, da keine UV- bzw. IR-Strahlung ausgesendet wird.

Beispiel:

T8-Form

- Die LED-Röhrenbauform
  - ist **bauformkompatibel** zur Leuchtstofflampe,
  - benötigt weniger elektrische Energie,
  - hat eine höhere Lebensdauer,
  - erzeugt kein Flackern (sofort startklar) und
  - keine IR-/UV-Strahlung.

	T8-Form	
	Leuchtstofflampe	LED-Lampe
Lichtstrom in Lumen	1350	1600
Betriebsspannung in V	230	230
Bemessungs-leistung in W	18 (Leistungsaufnahme ohne EVG)	18
cos φ	> 0,9 (mit EVG)	> 0,9
Lebensdauer in h	24 000	50 000

- Vorteil: **Direkte Abstrahlung** nach unten durch gerichtete Strahlungsabgabe der eingesetzten LED ergibt höhere Beleuchtungsstärke (Lichtstrom pro Flächeneinheit).
- Nachteil: keine allseitige Lichtabstrahlung

Beispiel:

LED-Röhre Schaltung

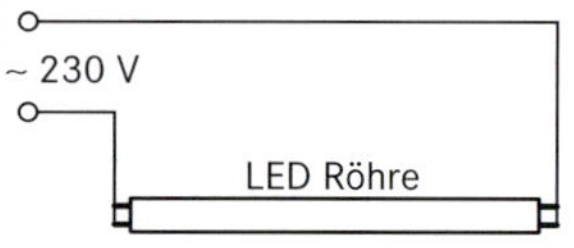

Hinweis:
Bei Einbau in vorhandene Leuchten sind folgende Umbaumaßnahmen erforderlich:
- Vorschaltgerät ausbauen oder überbrücken,
- Starter entfernen,
- ggf. vorhandenen Kondensator entfernen bzw. überbrücken

Strahler

- Aufgebaut aus **Einzelchips auf Trägerplatine** (Ansteuereinrichtung im Lampenkörper eingebaut).
- Verfügbar in gängigen Weiß- und Farbtönen.
- Daten:
  - 570 bis 600 Lumen
  - 230 V AC
  - cos φ = 0,6
  - typische Anschlussleistung 20 W
- Ersatz für 75 W Glühlampe bzw. 26 Watt Leuchtstofflampe
- Anwendung als Effektbeleuchtung (Verkaufsräume/ Architekturbeleuchtung); in der Regel dimmbar
- Geeignet für Innen- und Außeneinsatz

Beispiel:

LED-Trägermodul für Farbton kaltweiß

LED-Ansteuerung

- Bedingt durch die **steile Durchlasskurve** der LED ist die elektrische Ansteuerung vorzugsweise durch einen geregelten **Konstantstrom** zu realisieren.
- Auf eine **ausreichende Wärmeabfuhr** in Form einer Kühlung mittels geeigneter **Kühlkörper** ist zu achten. Dadurch wird die **thermische Überlastung** verhindert.

Beispiel:

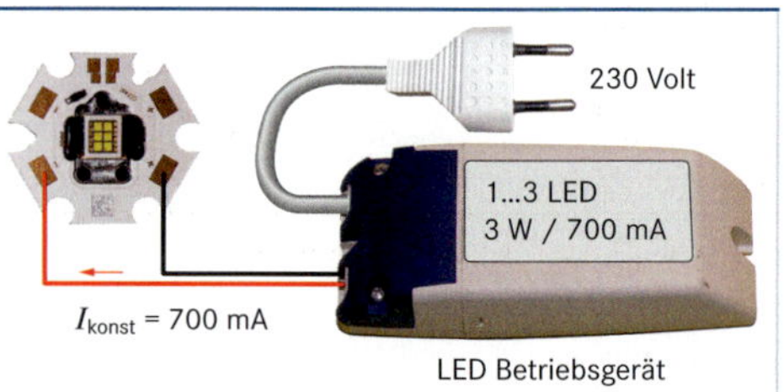

Ausphasung von Leuchtmitteln

- Die **ErP**-Richtlinie (**E**nergy **r**elated **P**roducts, 2009/125/EG) legt Anforderungen für eine umweltgerechte Gestaltung von energie-betriebenen Produkten fest.
- Auf der Grundlage dieser Richtlinie sind die Zeitpunkte festgelegt worden, bis wann bestimmte Leuchtmittel letztmalig in Verkehr gebracht werden dürfen (genannt „**Ausphasung**").

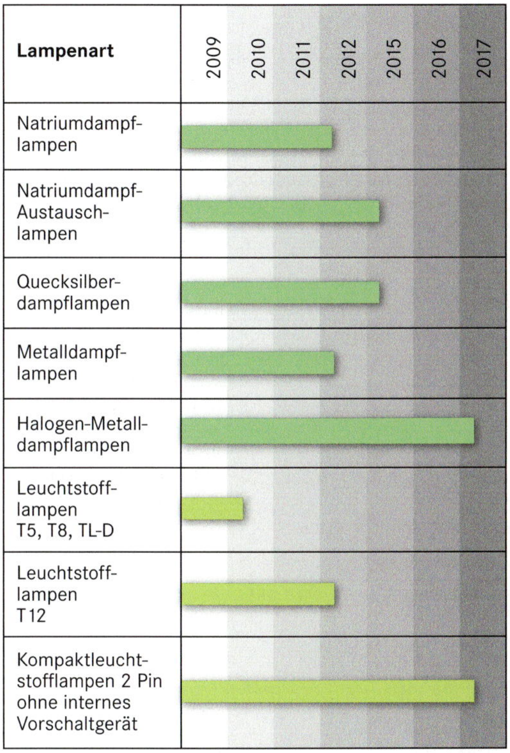

Ausphasung endet jeweils Ende März

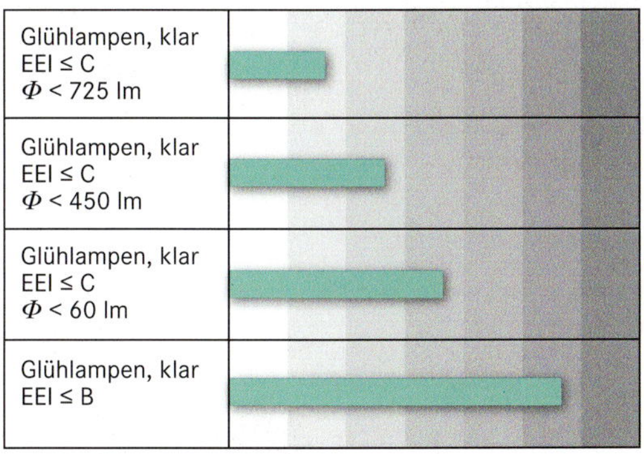

Ausphasung endet jeweils Ende August
EEI: **E**nergie-**E**ffizienz**i**ndex

Beispiele für Sparlampen

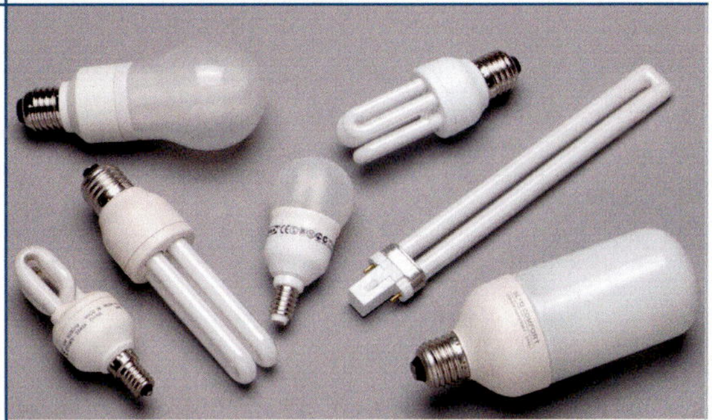

Auswahlkriterien
- Lampenform
- Sockel
- Lichtstrom
- Lichtfarbe
- Farbwiedergabe-Index R_a
- Einschaltverhalten
- Schaltfestigkeit
- Lebensdauer
- Dimmbarkeit
- Effizienzklasse
- Preis

Lichtfarbe	warmweiß	neutralweiß	tageslichtweiß
Farbtemperatur[1]	≤ 3300 K	4000 K	≥ 5000 K
Farbwiedergabe	$R_a \geq 60$	$R_a \geq 80$	$R_a \geq 90$
Farbnummer[2]	633	840	950
Einsatz	Wohnräume	Arbeitsplätze	wenn Farben wichtig, z. B. Verkaufsauslagen

[1] Je höher die Farbtemperatur desto weißer ist das Licht
[2] Beispiel für Farbnummer:

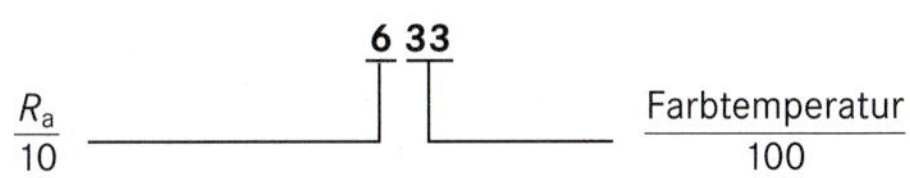

Energielabel

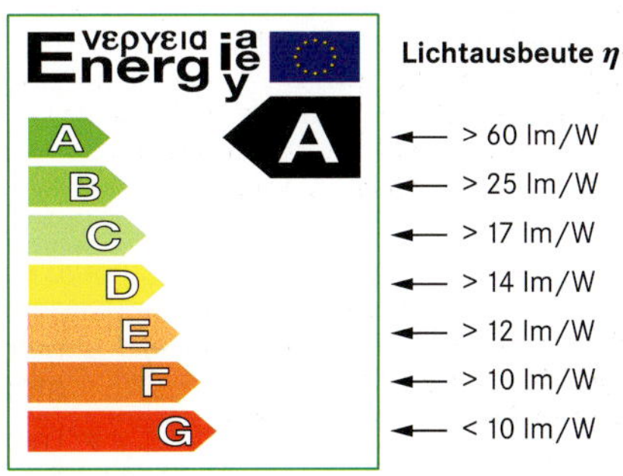

Φ: Lichtstrom

P: elektrische Leistung

$$\eta = \frac{\Phi}{P}$$

Halogenlampen

- **Anwendungen**:
  - Möbeleinbauleuchte
  - Tischleuchte
  - Deckenleuchte
  - Beleuchtungsanlagen in privaten und geschäftlichen Räumen
- **Eigenschaften**:
  - Hohe Lichtstärke
  - Hohe Glanzeffekte bei beleuchteten Objekten
  - Kleine Abmessungen
  - Große Lampenvielfalt
  - Hohe Lichtausbeute, z. B. für Lichtstrom von 960 lm; Halogenlampe 50 W (Glühlampe 75 W)
  - Gleichbleibende Helligkeit
  - Quarzglas mit UV-absorbierender Wirkung
- **Verkürzung der Betriebsdauer**: Überspannung von 10 % erzeugt Temperaturerhöhung und Empfindlichkeit gegen Erschütterungen.
- **Einschaltstromstärke** abhängig von der Art des Transformators, bei elektronischen Transformatoren gering
- **Dimmen**: Bei konventionellem Transformator mit Phasenanschnittdimmer, bei elektronischem Transformator mit Phasenanschnitt- oder Phasenabschnittdimmer
- **Wärmegedämmte Decke**: Ca. 15 % ... 66 % der Wärme wird in Richtung Steckverbindung abgegeben.
- Bei **Einsetzen** der Halogenlampe den Glaskolben nicht berühren!
- **Brandgefahr**: Spezielle Einbaudosen verwenden und Transformatoren auf nicht brennbarem Material montieren.

Lampentypen	Eigenschaften	Sockel	U_n in V	P in W	Φ in lm
Maße in mm 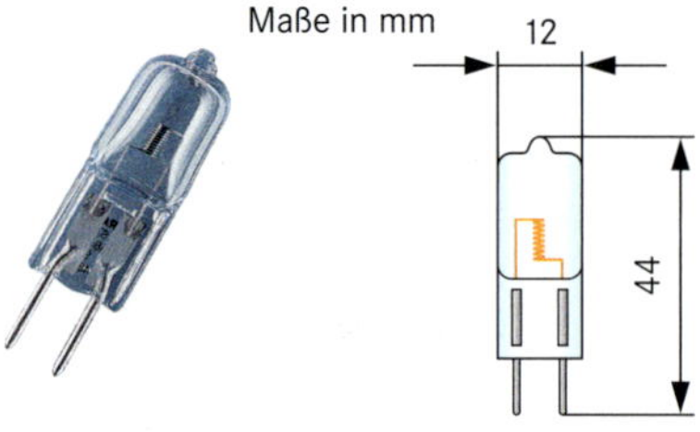	■ Betrieb ohne Schutzabdeckung möglich ■ Lebensdauer bis ca. 400 Betriebsstunden	G4 GY6,35	6 12	5 10 20 35 50 75 90	60 130 320 600 930 1450 1800
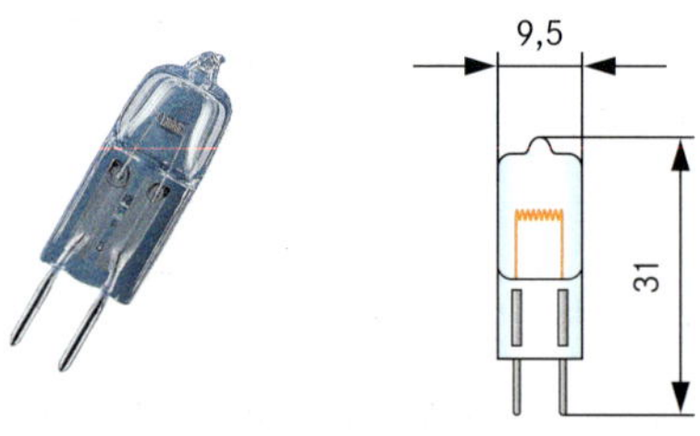	■ Optimale Lichtlenkung durch Axialwendung ■ Sockelstifte mit Korrosionsschutz und sicherem Kontakt bei hohen Temperaturen ■ Pyrolyseeignung, da zulässige Umgebungstemperatur 460 °C ■ Hohe Lichtausbeute	G4	12	5 10 20	60 140 320
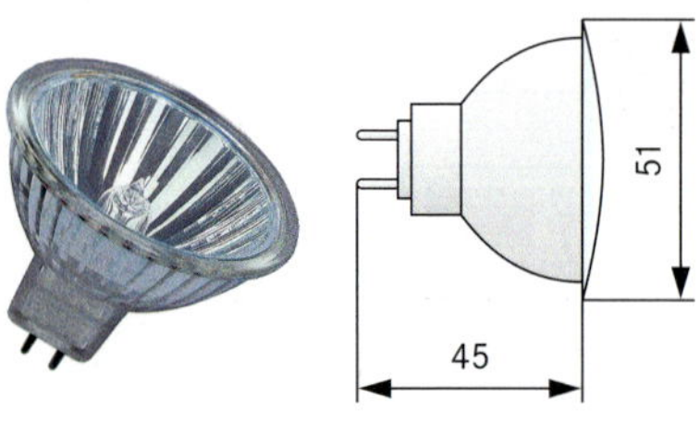	■ UV-STOPP-Glas als Schutz vor schädlicher UV-Strahlung ■ Klare Abdeckscheibe, deshalb Betrieb in offenen Leuchten ■ Lebensdauer bis ca. 4000 Betriebsstunden	Gu5,3	12	20 35 50	1)
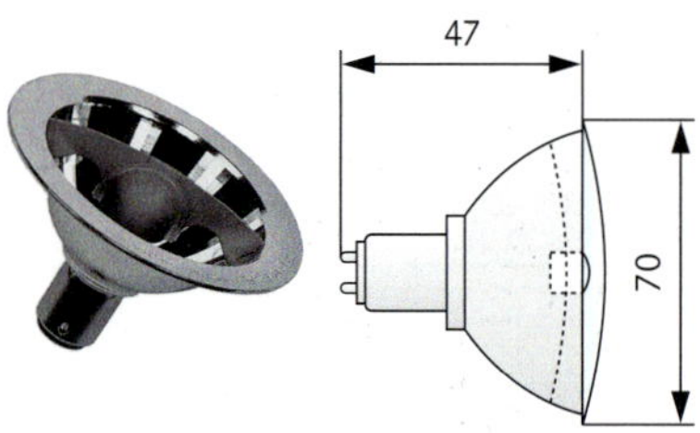	■ Gleichmäßige Lichtverteilung durch Reflektorwirkung ■ UV-Unterdrückung durch UV-STOPP-Glas ■ Freibrennender Betrieb ohne Schutzabdeckung möglich	BA15d	12	20 50	1)

1) Lichtstärke und Strahlwinkel, siehe Herstellerangaben

Systembauteile

- **Transformator** (kurzschlussfester Sicherheitstransformator oder elektronischer Transformator) z. B. für 230 V/12 V verwenden ①.
  Bemessungsleistung/Bemessungsstromstärke:
  35 VA/0,16 A; 70 VA/0,33 A; 105 VA/0,49 A;
  150 VA/0,71 A
  Maximale Umgebungstemperatur:
  50 °C bzw. 65 °C je nach Typ
- **Befestigungselemente** für Decken- und Wand-Befestigung
- **Trägerelemente**: Seile, Stangen und Stromschienen für Strahler und Leuchten
- **Verbindungselemente** für Träger und Verbindung der Strahler und Leuchten über Steckadapter
- **Einspeiseelemente** für End- und Mitteleinspeisung
- **Montage** horizontal oder vertikal, meist an zwei Befestigungspunkten

Auswahl und Installation des Transformators

- Elektronischer Transformator mit Symbol, Überlastschutz durch Feinsicherung auf der Primärseite, lastunabhängige Sekundärspannung, Verwendung ab Lampenleistung von 50 W

- Belastung des Transformators mit Bemessungslast, z. B. bis 35 VA → 3 x 10 W oder 1 x 10 W + 1 x 20 W; 50 VA → 5 x 10 W oder 1 x 10 W + 2 x 20 W; 60 VA → 6 x 10 W oder 3 x 20 W
- Nähe zum Einspeisepunkt ≤ 1 m
- Verlegung auf Holz oder anderen entflammbaren Stoffen

Kennzeichen:

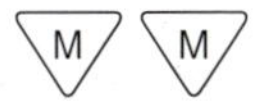

Sicherheitsabstände		
Bauform	zur Decke in mm	zur Wand in mm
Sicherheitstransformator	20	100
Elektronischer Transformator	10	20

Leitungen

- Auswahl nach DIN VDE 0298-4 bzw. DIN VDE 0100-430, z. B. NYM 3 · 1,5 mm² oder 3 · 2,5 mm² je nach Länge der Zuleitung von der Verteilerdose zu den NV-Leuchten
- Maximaler Spannungsfall 4 % (empfohlener Wert nach DIN VDE 0100-520)

Maximale Leitungslängen

Sternförmige Verlegung, angenommener Spannungsfall 4 %, 12 V

P in V	I in A	Abstand vom Transformator				
		1 m	2,5 m	5 m	10 m	15 m
		Leiterquerschnitt in mm²				
20	1,7	1,5	1,5	1,5	1,5	2,5
50	4,2	1,5	1,5	2,5	4,0	–
100	8,3	1,5	2,5	4,0	–	–
150	12,5	1,5	2,5	–	–	–

NV-Lampen

- Halogen-Glühlampe mit und ohne Reflektor
- Kaltlichtspiegel-Reflektorlampe
- LED-Lampen
- NV-Lampen mit Steck- und Schraubsockel

Arten der Stromzuführung

- Leitung, z. B. NYM
- NV-Stangen- oder Seilsystem
- NV-Stromschiene
- NV-Metallband

Dimmen

- Dimmer nach der Scheinleistung des Transformators bemessen.
- Phasenabschnittdimmer auf der Eingangsseite des Transformators anschließen.

Symbol:

Schaltungen

- Ringförmige Verlegung

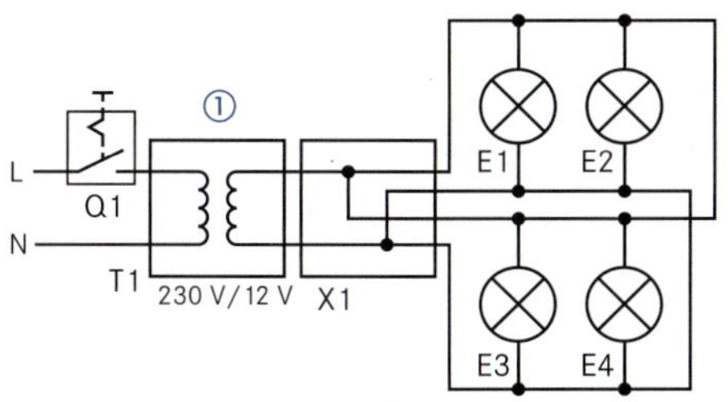

- Sternförmige Verlegung

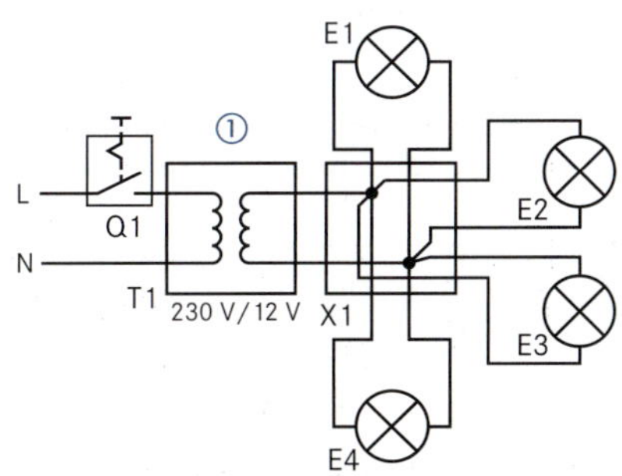

Arten

- **Sicherheitsbeleuchtung für**
  - Rettungswege zum gefahrlosen Verlassen von Räumen oder Bereichen, z. B. Tiefgarage
  - Erkennen von Hindernissen, z. B. Treppen
  - Anti-Panik-Beleuchtung (Mindest-Grundbeleuchtungsstärke 0,5 lx), z. B. im Kino
  - Arbeitsplätze mit besonderer Gefährdung, z. B. Erkennen von Bauteilen (Messgeräte, rotierende Maschinen), sichere Beendigung des Arbeitsvorgangs
- **Ersatzbeleuchtung für**
  - Unterbrechungsfreie Fortsetzung der Arbeit, z. B. in Operationssälen (Umschaltzeit $t \leq 0{,}5$ s)

Schaltung zur Sicherheitsbeleuchtung

- Energieversorgung über
  - Versorgungsnetz oder
  - Akkumulator bei Netzausfall

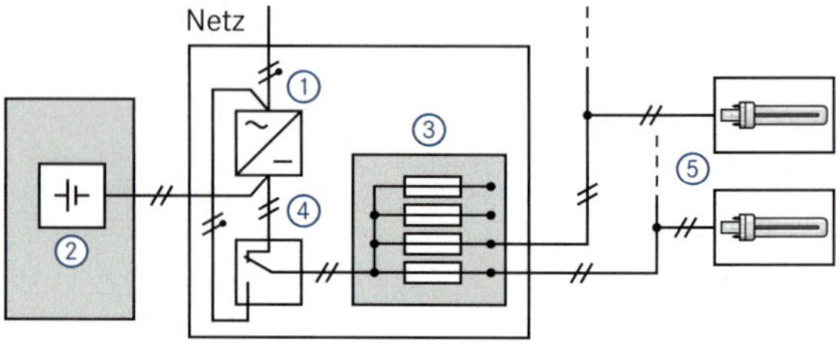

Bauelemente:
① Lade- und Steuergerät
② Batterie
③ Stromkreisverteilung
④ Umschalter von Netz- auf Batteriebetrieb
⑤ Kompakt-Leuchtstofflampen

Ersatzstromquellen

Batteriesysteme	Notstromaggregat	Besonders gesichertes Netz
Einzelbatterie	Ersatzstrom-aggreat	Zwei unabhängige Einspeisungen
Gruppen- oder Zentralbatterie mit Netzvorrangsschaltung[1]	Schnell- oder Sofortbereitschafts-aggregat	

[1] Bei Ausfall der Energieversorgung im Gebäudeteil erfolgt Versorgung der Sicherheitsbeleuchtung in Bereitschaftsschaltung aus allgemeiner Stromversorgung („Vorrang zur Versorgung aus Batterie").

Ersatzstromaggregat (stationär oder nicht stationär)

Einsatz/Start	Einschaltzeit t in s	Eigenschaft/Anwendung
normal	≤ 15	Einzel- oder Gesamtversorgung in Krankenhäusern und Kaufhäusern
schnell	≤ 1	Dieselgenerator ständig in Betrieb für Flughafen- und Tunnelbeleuchtung
sofort	0	Dieselgenerator treibt Synchrongenerator für Telekom- und Computeranlage in Betrieben.

Besondere Bestimmungen

Anlagen Größen	Versammlungsstätten, Geschäftshäuser, Gaststätten	Hotels, Hochhäuser, Schulen	Bühnen, Szenenflächen	Rettungswege in Arbeitsstätten	Geschlossene Großgaragen	Arbeitsplätze mit besonderer Gefährdung
Beleuchtungsstärke E_{min} in lx	1	1	3	1	1	10 % von E_n, mindestens 15
Umschaltzeit t in s	1	15	1	15	15	0,5
Betriebsdauer der Ersatzquelle t in h	3	3	3	1	3	mindestens 1/60[3]
Dauerschaltung für Rettungszeichen-Bel.	ja	ja	ja	nein	ja	nein
Dauerschaltung für Rettungswege-Bel.	ja[2]	nein	nein	nein	nein	nein

[2] Nur für Rettungswege außerhalb von Versammlungsstätten [3] Dauer der Gefährdung

Vorschriften

Eigenschaften	Einzelbatterie	Gruppenbatterie	Zentralbatterie
Leuchtenzahl	≤ 2 Leuchten	≤ 20 Leuchten	> 2 Leuchten
Batteriegröße	keine Begrenzung	900 W	keine Begrenzung
Batterieart	wartungsfrei	wartungsfrei und ortsfest	offen und ortsfest
Aufstellungsort	nahe der Leuchte	gesonderter Betriebsraum	
Umschaltung	automatisch, wenn Netzspannung für $t \leq 0{,}5$ s auf 85 % von U_n sinkt		
Funktionsprüfung	wöchentlich	täglich	
Betriebsdauerprüfung	jährlich, Betriebsdauertest außerhalb der Betriebsarbeitszeit		

Planung

- **Akkumulatoren**:
  Wartung und Aufladung laut DIN VDE 0108-100
- **Beleuchtungsstärken**:
  Mindestwerte zur sicheren Führung von Personen zum nächstliegenden Ausgang
  - $E \geq 1$ lx waagerecht an jeder Stelle des Weges in $h = 0{,}2$ m
  - $E \geq 5$ lx in der Mitte des Weges
- **Schutzart**:
  Auswahl je nach Eigenschaften des Raumes, z. B.
  - Innenbereich ohne Staubentwicklung IP40
  - Innenbereich mit Staubentwicklung oder Feuchtigkeit und in Außenbereichen IP65
- **Position der Leuchten**:
  Notbeleuchtung muss folgende Voraussetzungen erfüllen:
  - Ausreichende Signalisierung der Fluchtwege sichern,
  - gefährliche Bereiche wie z. B. Höhenunterschiede und Hindernisse sichtbar machen,
  - Beleuchtung so dimensionieren, dass im Notfall Panik vermieden wird und
  - Arbeitsbereiche, in denen eine Fortsetzung des Arbeitsprozesses erforderlich ist, mit ausreichender Sicherheitsbeleuchtung ausstatten (vgl. Werte der Tabelle aus „Besondere Bestimmungen").
- **Anzahl der Leuchten** (DIN 5035-5)

Beispiel: Werkstatt

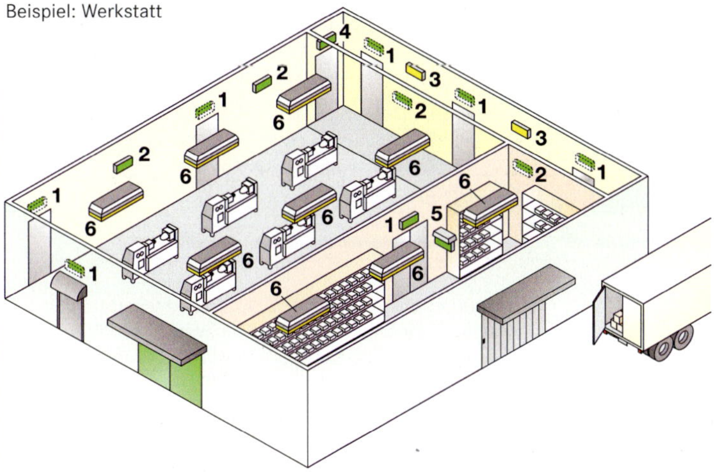

Angaben zu den Leuchten		
Hinweisbeleuchtung	Position	Anzahl
	1	7
	2	4
	4	1
	5	1
Sicherheitsbeleuchtung		
	3	2
Ersatzbeleuchtung		
	6	9

Installation

- **Voraussetzungen**:
  - Gefahrloses Verlassen des Raumes oder eines Gebäudes, wenn Allgemeinbeleuchtung ausfällt.
  - Schutz von Personen und Arbeitsabläufen, damit geeignete Abschaltmaßnahmen, z. B. bei rotierenden Maschinen bzw. zur Beendigung des Arbeitsvorganges, getroffen werden können.
  - Ausbruch von Panik verhindern, sodass Personen sicher einen Rettungsweg finden.
  - Anforderungen an Funktionserhalt beachten.
- **Installationsstellen**:

  Rettungszeichenleuchten (RZL)
  - bei jeder Richtungsänderung eines Weges,
  - im Abstand $a \geq 2$ m vor jeder Niveauänderung,
  - bei Kreuzungen von Fluren und Gängen,
  - außerhalb und im Abstand $a \geq 2$ m nahe des letzten Ausgangs ① und
  - bei jeder Ausgangstür, die im Notfall benutzt werden muss.

  Sicherheitsleuchten (SL)
  bei Rettungszeichen und Notausgängen ② im Abstand
  - $a \geq 2$ m über dem Fußboden ③,
  - $a \geq 2$ m, um Treppenstufen direkt zu beleuchten ④,
  - $a \geq 2$ m vor einer Erste-Hilfe-Station ⑤ und
  - $a \geq 2$ m vor einer Einrichtung zur Brandbekämpfung oder deren Meldestation ⑥.

Beispiele: Positionen für die Sicherheitsbeleuchtung

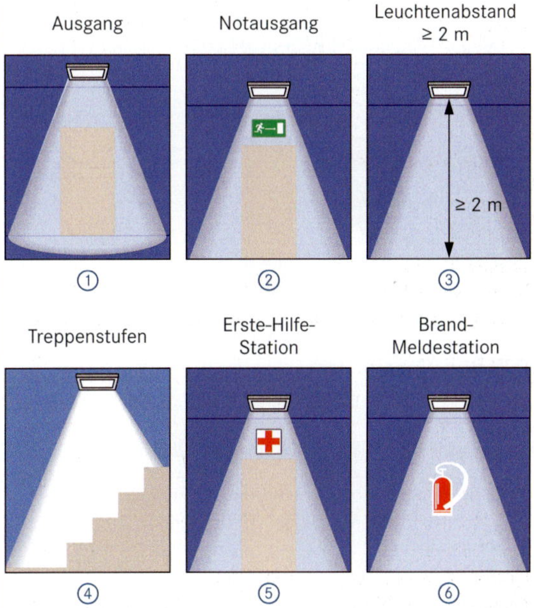

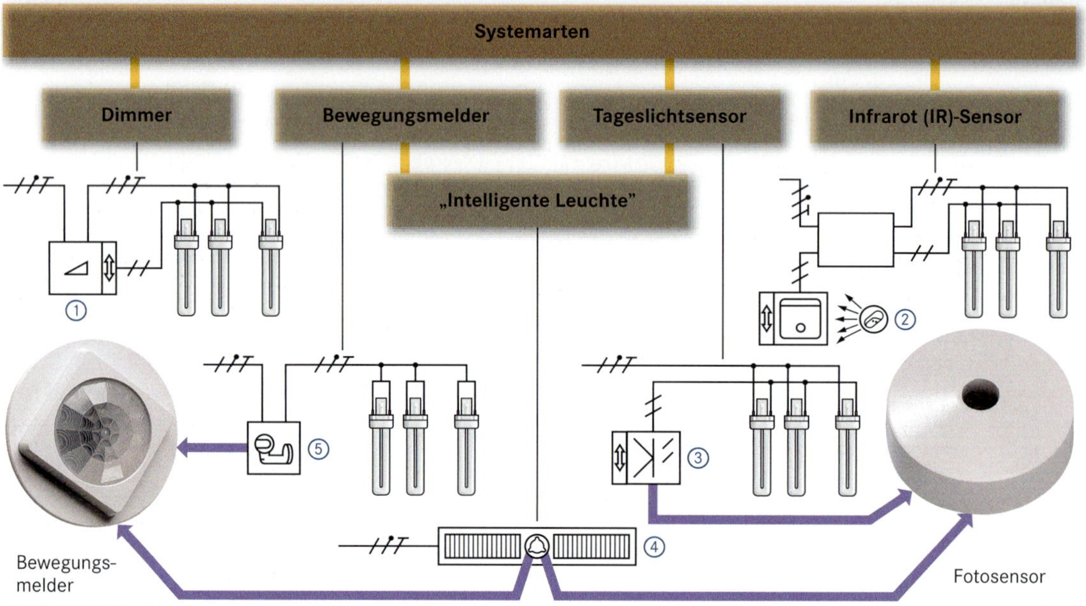

Funktionen:

- Dimmen der Beleuchtungsstärke manuell ①
- Dimmen mit Hilfe einer Fernbedienung ②
- Steuerung durch Sensor mit Abschaltverzögerung je nach Tageslichtintensität ③
- Steuerung durch Sensor je nach Tageslichtintensität mit gleichzeitiger Steuerung der Beleuchtungsstärke ④
- Steuerung der Beleuchtungsstärke durch Sensoren je nach Anwesenheit ⑤

Beispiel

Digitales Lichtsteuersystem mit DALI-Schnittstelle (**D**igital **A**dressable **L**ighting **I**nterface)

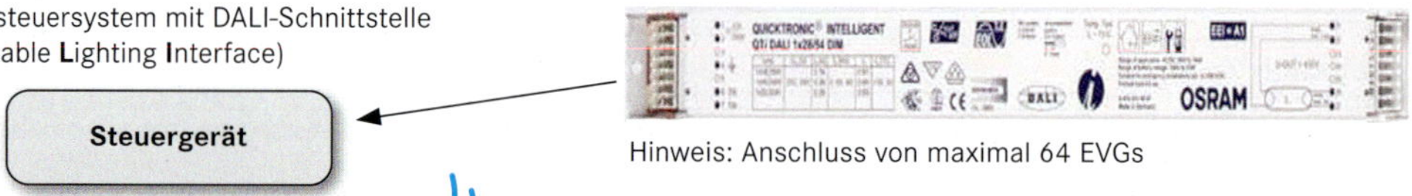

Hinweis: Anschluss von maximal 64 EVGs

⑥ Menügeführtes Programmiergerät
⑦ Minibedienung
⑧ Komfortbedienung
⑨ Wandbedieneinheit (2-, 3-, 8-fach)
⑩ Licht- und Bewegungssensor
⑪ Lichtsensor

- **Systemeigenschaften**:
  - Gruppenweise Lichtregelung und bewegungsabhängige Aktivierung von Lichtsystemen über Funk
  - Tageslichtabhängige Lichtregelung möglich
  - Kommunikation zwischen Zentrale (Steuergerät) und Komponenten des Lichtsteuersystems über Funk
  - Steuerfunktionen zwischen Zentrale und EVGs über Leitung
  - Einstellungen des Systems bleiben auch nach längerem Netzausfall erhalten
  - Anschluss von Leuchten über DALI-EVGs mit DIMM-Funktion (1 % ... 100 %)
  - Keine separarten Leitungen für die DALI-Schnittstelle, Verwendung der zwei nicht benötigten Adern von NYM 5 x 1,5 mm^2 möglich
  - Verwendung von Funkkomponenten ermöglichen schnelle Systemänderungen und Nachrüstungen ohne zusätzlichen Leitungsaufwand

Vorschaltgeräte

Arten

Konventionelle Vorschaltgeräte **KVG** [1]	Verlustarme Vorschaltgeräte **VVG** [2]	Elektronische Vorschaltgeräte **EVG**
▪ Betriebsfrequenz: $f = 50$ Hz ▪ Induktive Geräte mit jeweiliger Zündung bei Nulldurchgängen ▪ Spule mit Eisenkern → Leistungsverlust P_V durch R_{Sp} (Wirkwiderstand der Spule)	▪ Spule mit legiertem Eisenkern → Verkleinerung des Leistungsverlust P_V	▪ Betriebsfrequenz: $f \approx 25$ kHz ▪ Abschaltung defekter Röhren ▪ Einfaches Dimmen möglich ▪ Keine neue Zündung bei Nulldurchgängen, da das Gas ionisiert bleibt → verlustarmer und flackerfreier Betrieb

[1] Darf bei Neuinstallationen nicht mehr verwendet werden.
[2] Sind noch im Einsatz, bei Neuinstallationen nicht mehr verwendet.

Grundschaltungen

VVG mit elektronischem Starter und Drossel

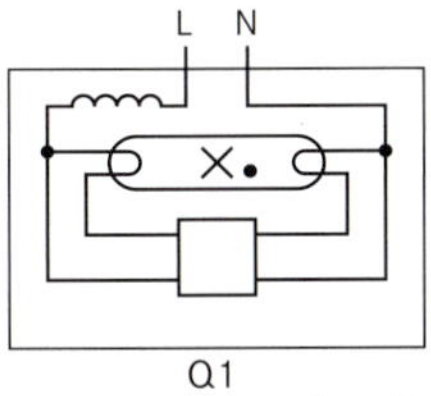

Q1: Elektronischer Starter

C1: Kondensator 0,1 µF

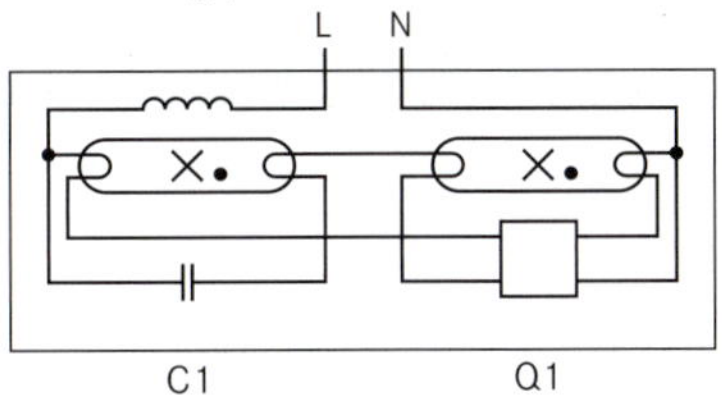

EVG

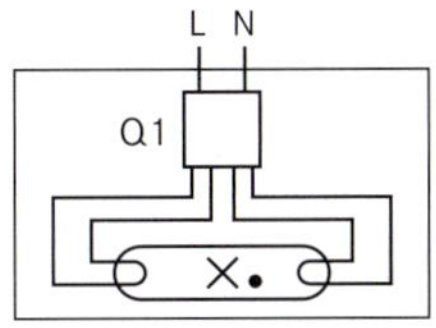

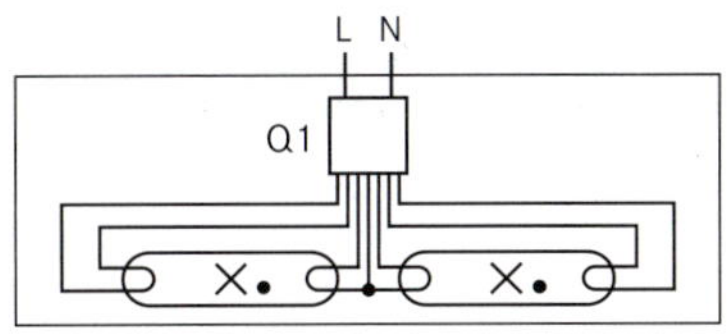

Q1: EVG

Bestandteile:
- Filter gegen HF-Störungen
- Gleichrichter mit Kondensator
- Wechselrichter (25 ... 40 kHz)
- Abschaltautomatik

Vorteile:
- $\cos \varphi = 1$, keine Kompensation erforderlich
- Gleichstrom- und Wechselstrom-Betrieb möglich
- Dimmen möglich
- Abschaltung bei defekten Lampen

Lampen mit Vorschaltgeräten – Bestimmungen nach EG-Verordnung 245/2009

- **Einteilung der Vorschaltgeräte:**
  - 7 Klassen nach EEI (Energie-Effizienz-Index)
  - Dimmbare Vorschaltgeräte: A1 (auch A1 BAT [3])
  - Nicht dimmbare Vorschaltgeräte: A2 (auch A2 BAT), A3, B1, B2, C, D (Vorschaltgeräte der Klassen C und D: laut EU-Richtl. 2000/55/EG nicht mehr im Verkauf)
- **Zuordnung der VVGs und EVGs:**
  - Verlustarme induktive Vorschaltgeräte (VVG) in den Klassen B1 und B2
  - Elektronische Vorschaltgeräte (EVG) in den Klassen A1, A1 BAT, A2, A2 BAT, A3

[3] **BAT: B**est **A**vailable **T**echnology (Beste verfügbare Technik)

- **Regelung laut Verordnung**, nach der ab 2011 u. a. für nicht dimmbare Vorschaltgeräte gilt:
  - Bedingung muss mindestens den EEI von B2 erfüllen, z. B. darf bei einer 58 W-Leuchtstofflampe mit Vorschaltgerät die höchstzulässige Leistung (Systemleistung) $P \leq 67$ W sein.
- **Energielabel** für alle Lampen, die mit einem Vorschaltgerät betrieben werden:
  - Leuchtstofflampen und Lampen des Typs z. B. HQL, HQI (Gasentladungslampen)
  - Klassen (Reihenfolge nach Effizienz): A1, A1 BAT, A2, A2 BAT, A3, B1, B2

Ab **Mitte 2010** ist der Aufdruck des Labels auf der Verpackung für alle Hersteller in der EU verpflichtend.

Wirkungsgrad von Leuchtstofflampen (Auswahl)

Nicht dimmbare elektronische Vorschaltgeräte (Auswahl)

Lampentyp	Bemessungsleistung in W	Wirkungsgrad des Vorschaltgerätes $P_{Lampe}/P_{Eingang}$				
		A2 BAT	A2	A3	B1	B2
T8	36	87,7 %	84,2 %	70,0 %	84,1 %	80,4 %
T8	58	93,0 %	90,9 %	84,7 %	86,1 %	82,2 %

Typenschild – Ausschnitt

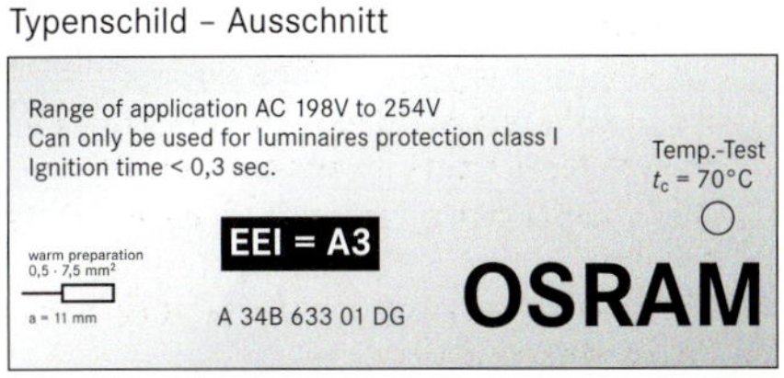

Lampenarten

- Natrium-Niederdrucklampen
- Quecksilber-Hochdrucklampen

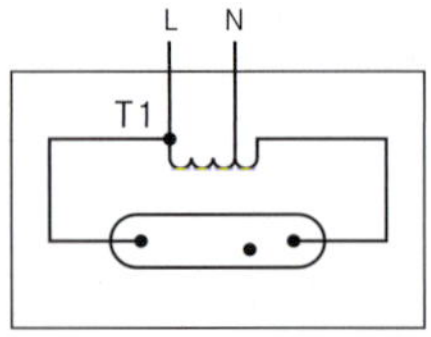

T1: Streufeldtransformator

- Halogenlampen
- Natrium-Niederdruck-lampen (stabförmig)

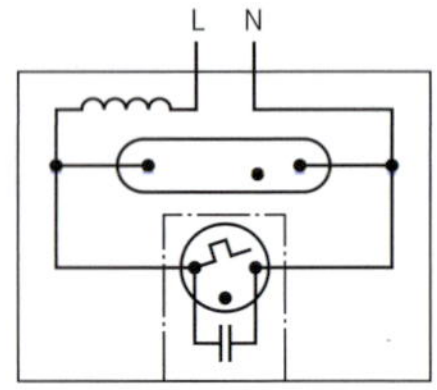

Schaltungen mit elektronischen Zündgeräten

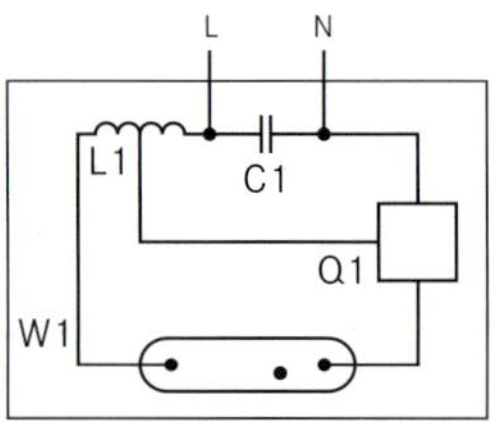

Vorschaltgerät in der Leuchte

C1 : Rückschluss-Kondensator für HF
Q1 : Impulsgenerator (Zündgerät)
L1 : Vorschaltgerät
L2 : Dämpfungsdrossel
W1: HF-Zündleitung

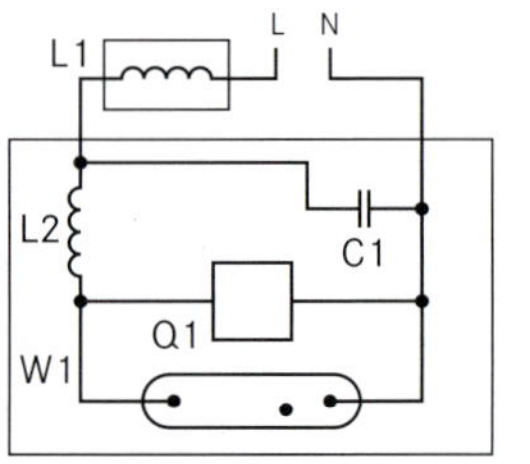

Vorschaltgerät außerhalb der Leuchte

Vorschaltgeräte für Leuchtstofflampen
Controllers for Fluorescent Lamps

Einphasiger Betrieb mit Potenziometer

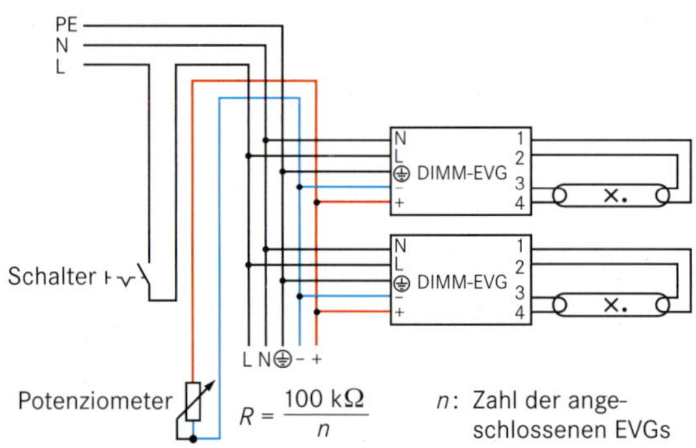

$R = \frac{100\ \text{k}\Omega}{n}$ n: Zahl der angeschlossenen EVGs

Hinweis: Potenziometer so anschließen, dass bei Rechtsanschlag das volle Beleuchtungsniveau erreicht wird.

Dreiphasiger Betrieb mit Schütz und Dimmer

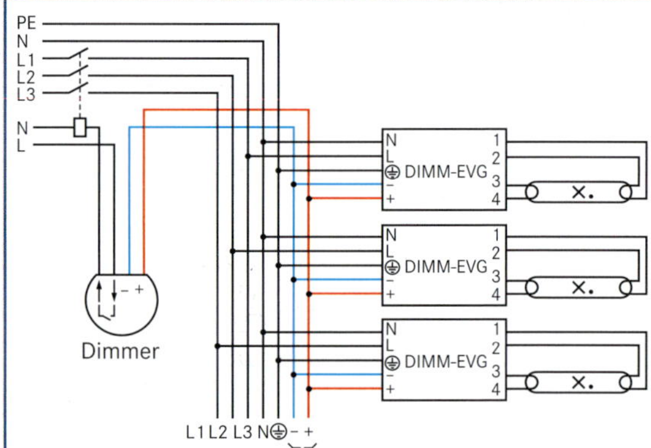

Maximal 50 DIMM-EVG

Steuerung mit DIMM-EVG

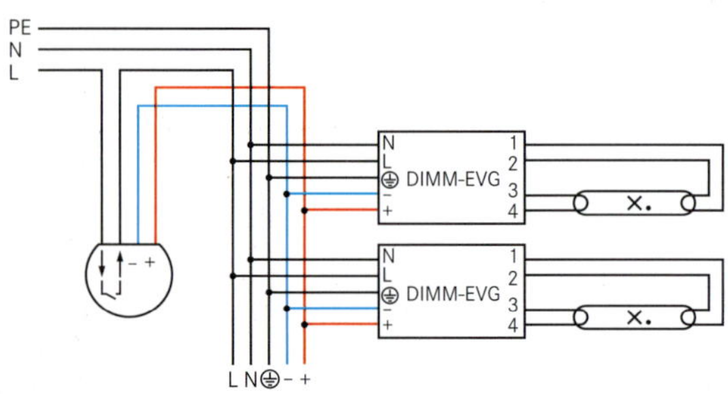

Maximale Anzahl von schaltbaren EVGs abhängig von der

- Belastbarkeit der Leitungsschutz-Schalter und
- Belastbarkeit des Schützes.

(Herstellerangaben beachten)

Anschluss:

- EVG muss geerdet sein.
- Beim Anschließen des EVG mindestens 5 cm Abstand zum Ende der Leuchtstofflampe einhalten.

Ausschaltung

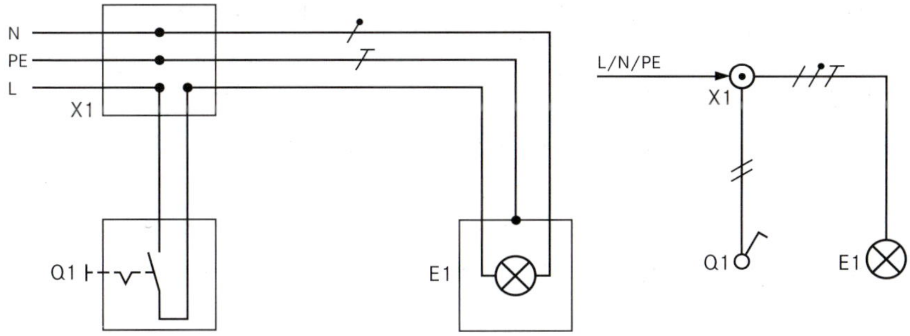

Ausschaltung mit Kontrolllampe

Kontrolllampe ①
leuchtet bei
- eingeschalteter Leuchte E1
- ausgeschalteter Leuchte E1, wenn sie parallel zum Ausschalter Q1 liegt.

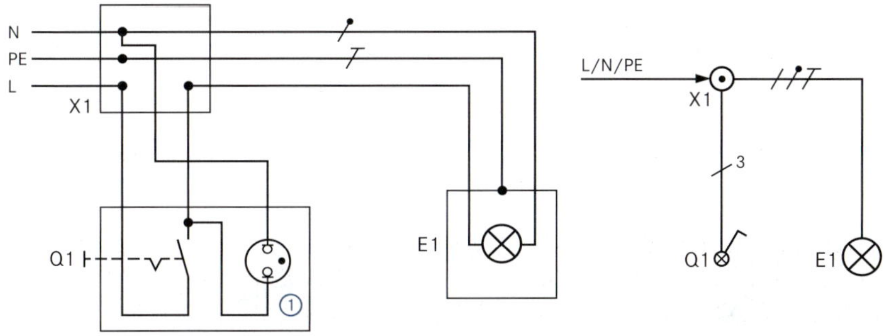

Serienschaltung

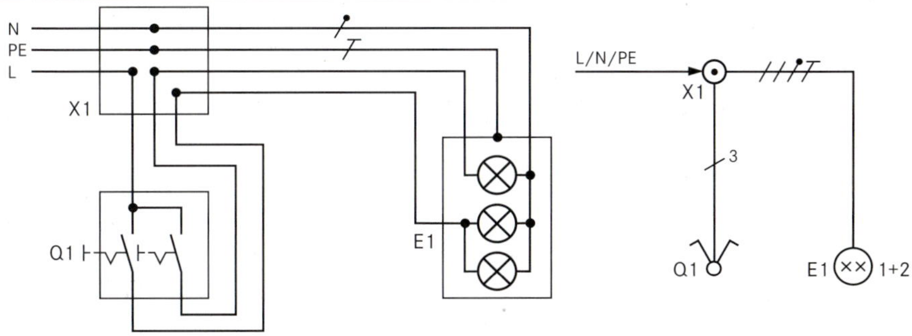

Gruppenschaltung

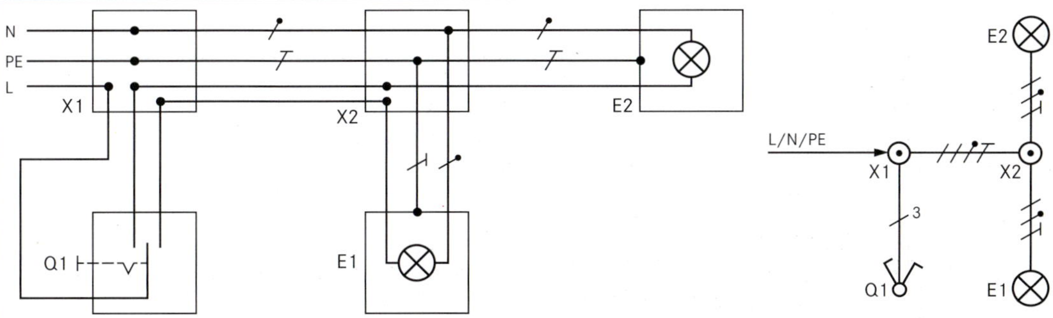

Hinweis: PE-Klemme in Schaltern mit verstärkter Isolierung vorhanden.

Wechselschaltung

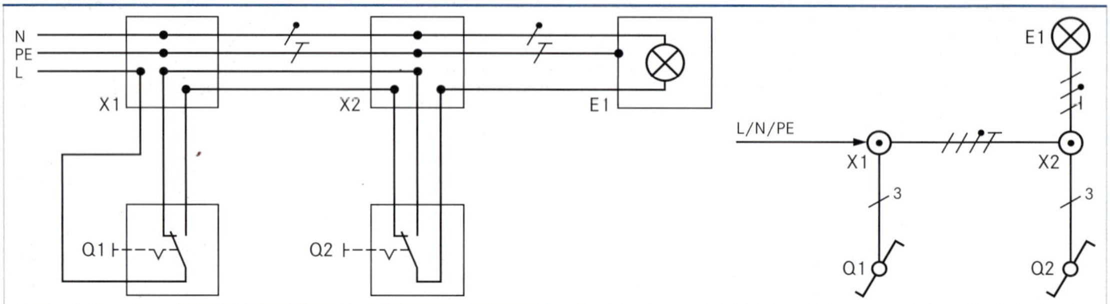

Wechselschaltung mit Kontrolllampen

Kontrolllampen leuchten bei ausgeschalteter Leuchte (Orientierungslicht).

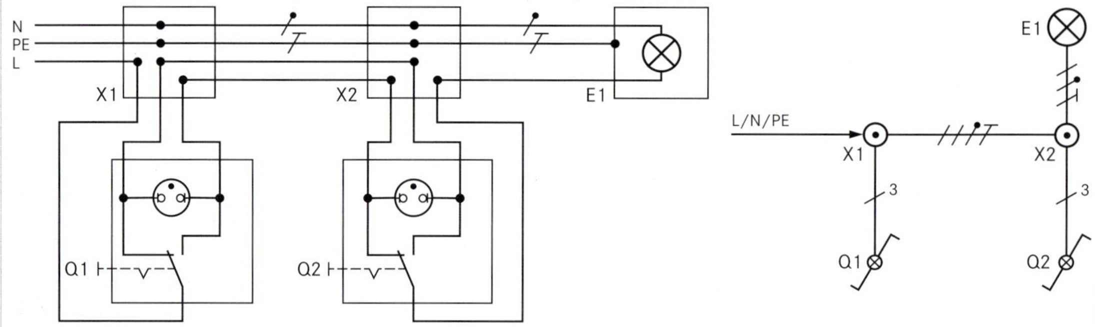

Sparwechselschaltung mit Schutzkontaktsteckdose

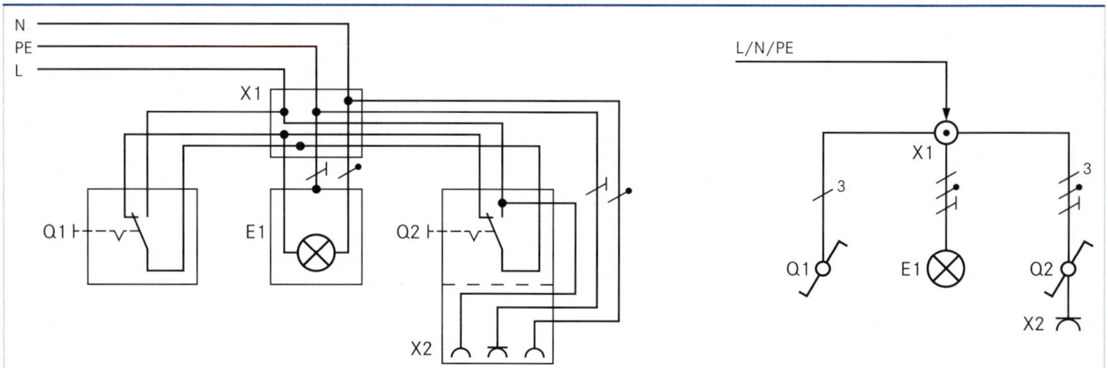

Kreuzschaltung

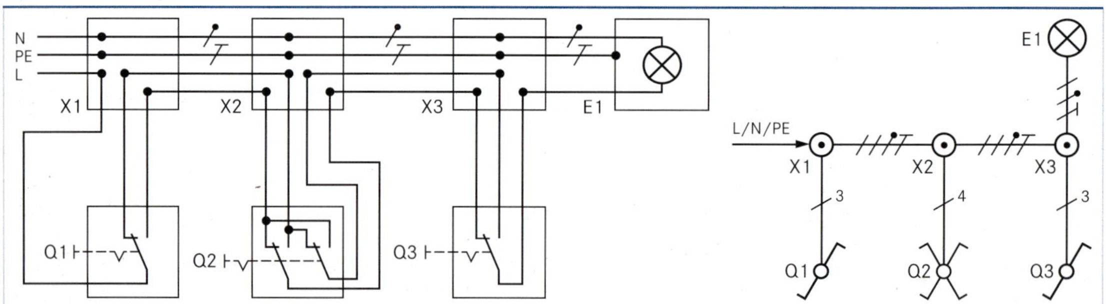

Stromstoßschaltung mit beleuchteten Tastern

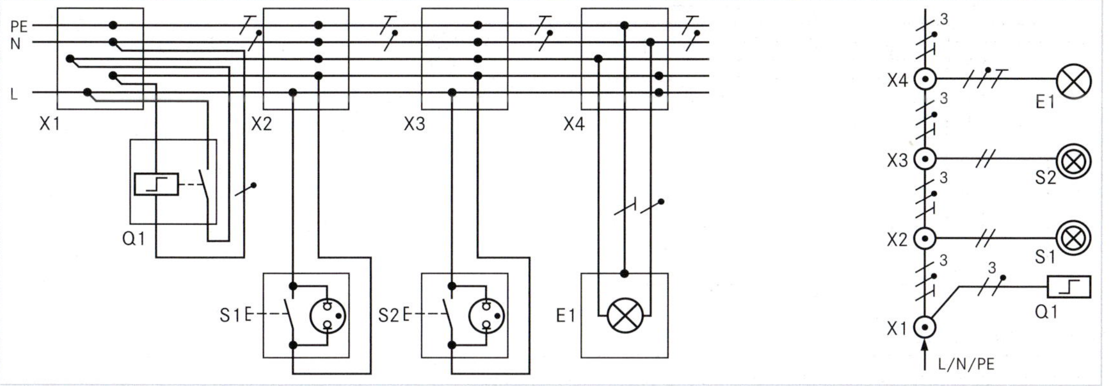

Glimmlampen

- Bei geräuscharmen Stromstoßschaltern parallel zu den Tastern (maximal 30 Glimmlampen mit 1 mA) oder **Ansteuerung** von geeigneten Stromstoßschaltern auch mit Kleinspannung möglich.
- In Tastern an L- und N-Leiter anschließen, um optimale Leuchtkraft und sichere Funktion zu erzielen.

Treppenhausschaltung mit Zeitschalter (nicht nachschaltbar, d.h. Schalten erst nach Ablauf der Einstellzeit)

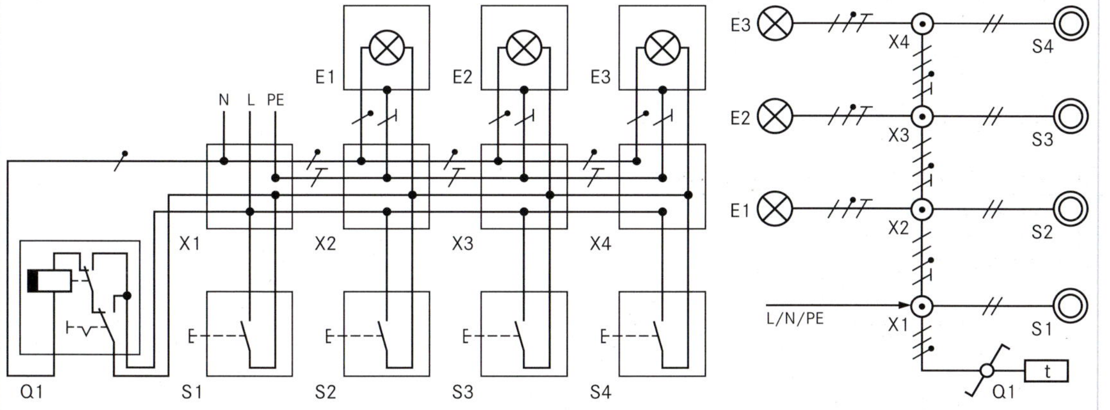

Treppenhausschaltung mit Zeitschalter (nachschaltbar, d.h. Schalten schon während der Einstellzeit)

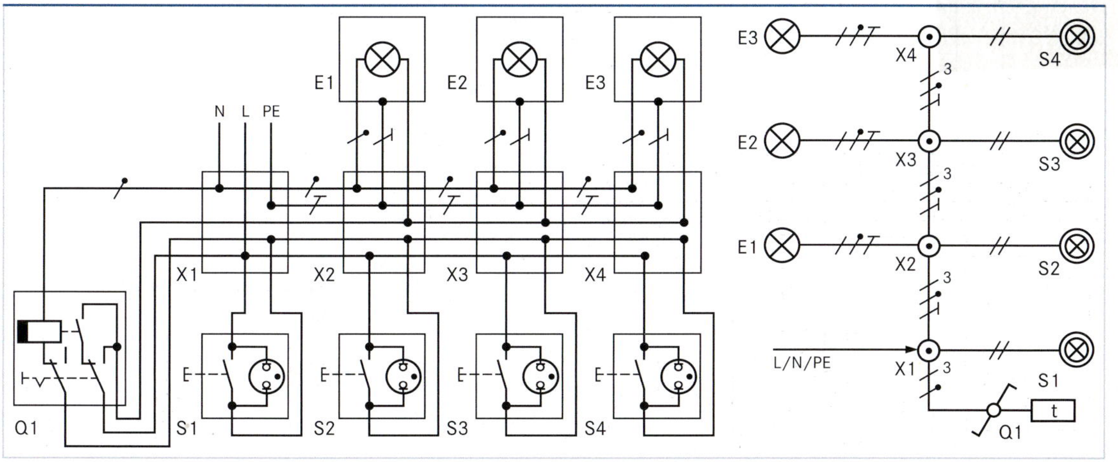

Ausschaltung mit Tastdimmer

Einstellung mit **Einstellschalter** am Tastdimmer, z. B. **Memory-Funktion** (Lichtwertspeicherung)

- Kurzer Tastendruck: Beim Einschalten wird die vor dem Ausschalten eingestellte Helligkeit wieder hergestellt.
- Langer Tastendruck: Licht wird gedimmt.

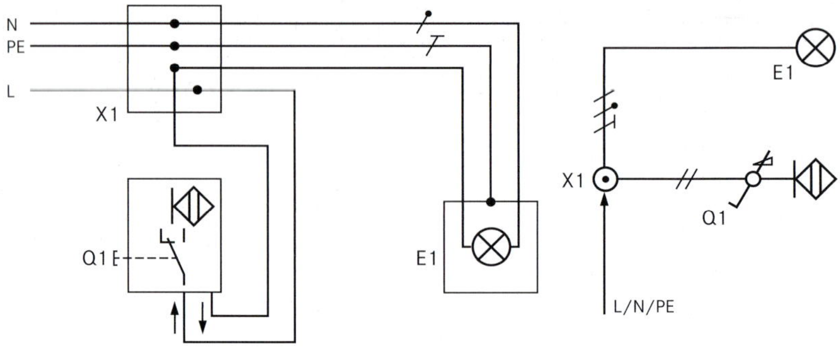

Wechselschaltung mit Tastdimmer

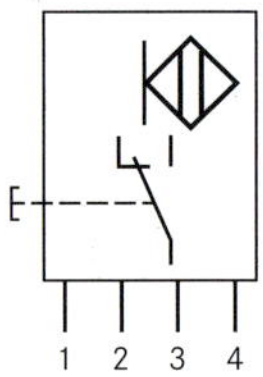

1: } Tastdimmer
2: } Nebenstellen
3: Leuchte E1
4: Beleuchtung: Tastdimmer der Nebenstellen

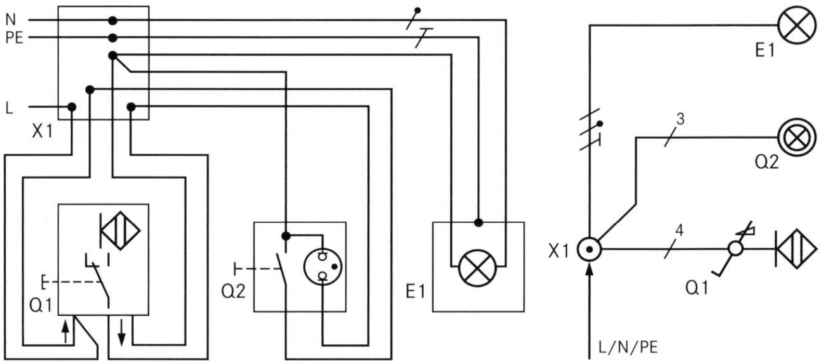

Schaltung mit Funkdimmer

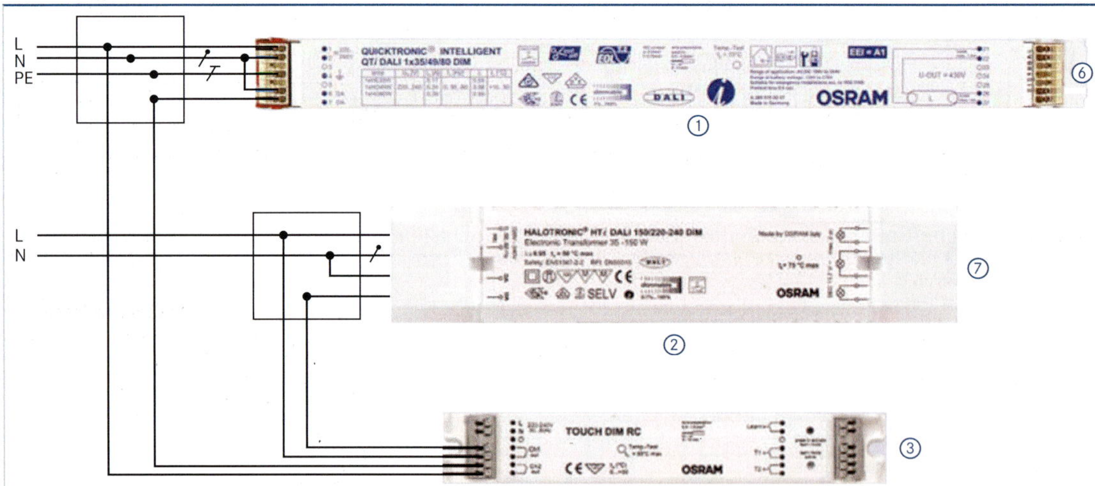

①: EVG (dimmbar 1 % ... 100 %)
②: DALI-DIM (dimmbar 0,2 % ... 100 %)
③: Funkempfänger
④: Funktaster
⑤: Funkfernbedienung
⑥: Anschluss für Leuchtstofflampen
⑦: Anschluss für Halogenlampen

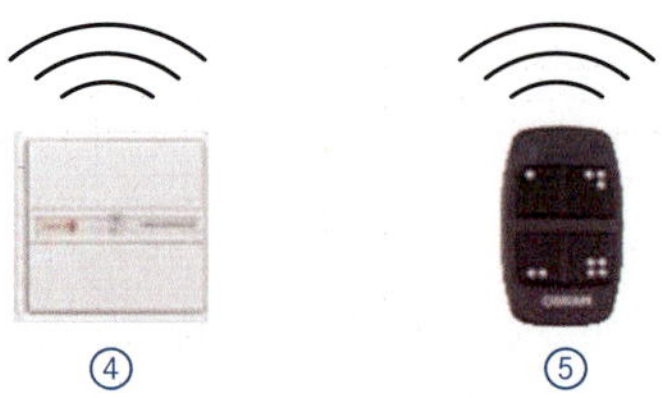

Wechselschaltung mit Sensorschalter und Sensor

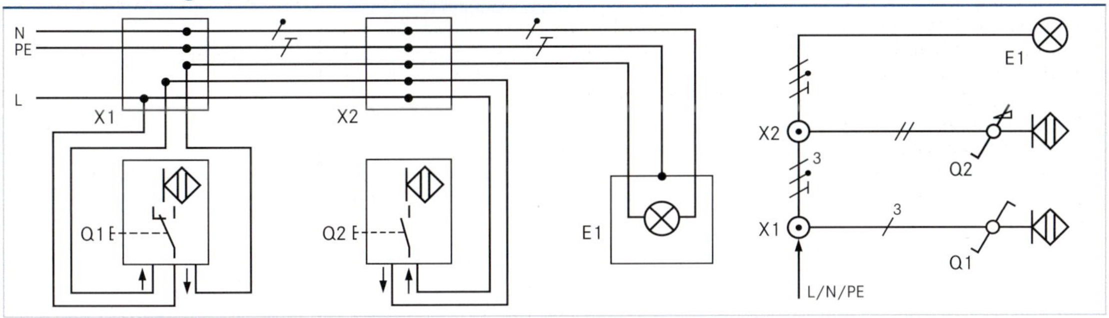

Stromstoßschaltung mit Sensortastern

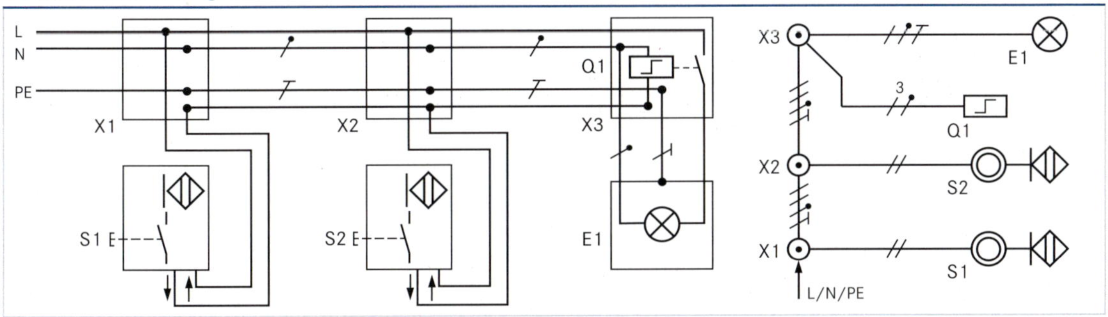

Licht- und Bewegungssensor

Hinweis:
Sensor ① und Schalter Q1 an dieselbe Phase anschließen.

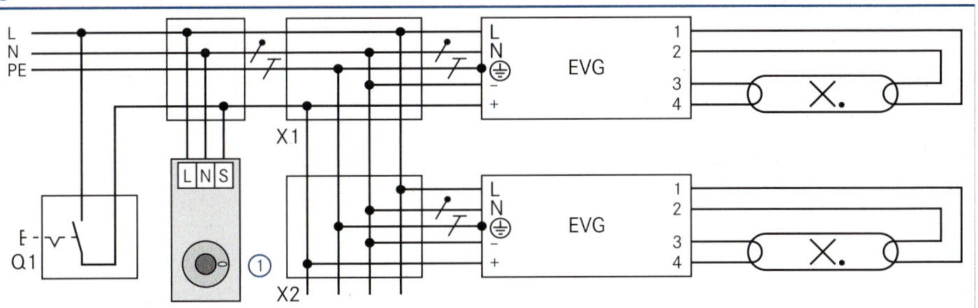

Funk-Sensor

- Ansteuerung durch Funksensor

– mit zusätzlichem Schalter

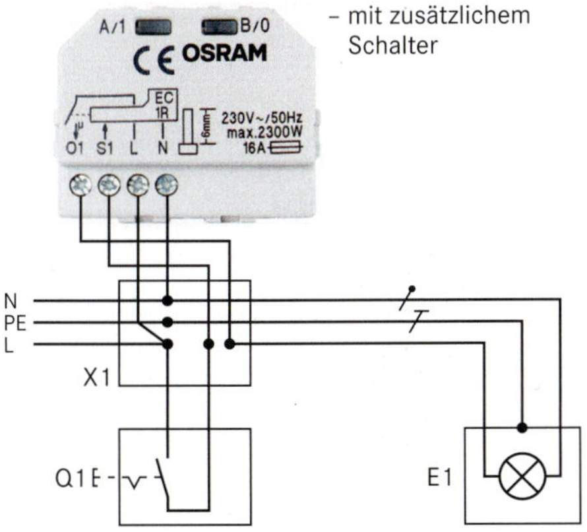

– mit zusätzlichen Wechselschaltern

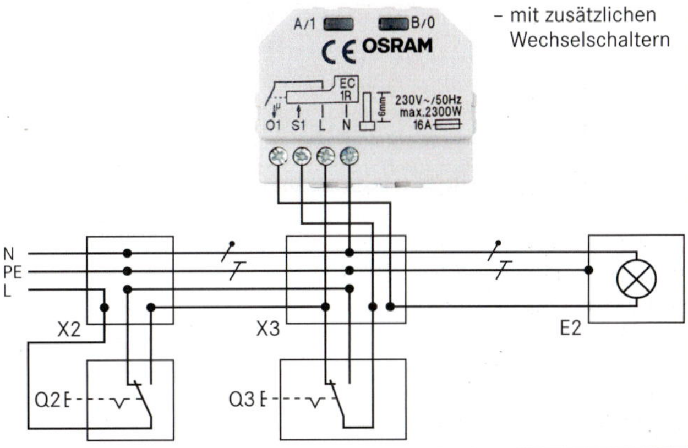

Hauskommunikationsanlagen

- Klingelanlage
  - ohne Türöffner
  - mit Türöffner
- Sprechanlage
  - Wechselsprechen
  - Gegensprechen
- Sprechanlage mit Bildübertragung
- Sprechanlage mit integrierter Telefonanlage

Anforderungen

- Installation einer **Klingelanlage** in jeder Wohnung (DIN 18015-2)
- Anlage über separaten Stromkreis absichern
- Bei mehr als zwei Wohnungen in einem Gebäude ist zusätzlich eine **Türöffneranlage** in Verbindung mit einer **mithörgesperrten Türsprechanlage** (Wechsel- oder Gegensprechanlage) vorzusehen.
- Optional ist auch die Installation einer Sprechanlage mit integrierter **Bildübertragung** möglich.
- Das Klingeltableau muss bei Dunkelheit ausreichend beleuchtet sein. Sofern bei Dunkelheit keine ständige Beleuchtung vorgesehen ist, muss die Beleuchtung im Bedarfsfall automatisch einschalten.

Technische Realisierungen

1+n Technik

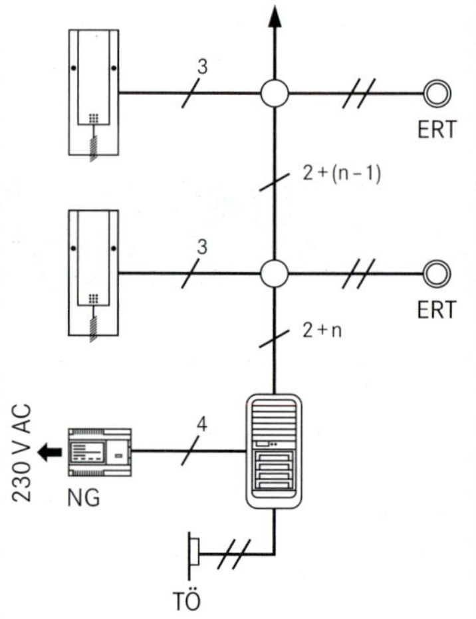

- Funktionen:
  - Türruf,
  - Etagenruftaste (ERT),
  - Türöffnung (TÖ),
  - Sprechverbindung,
  - Licht schalten
- Adernsparendes System, da neben einer gemeinsamen Ader nur jeweils eine zusätzliche Ader (Rufader) von der Türstation zum Haustelefon führt.
- Durch zusätzliche Geräte sind weitere Funktionen möglich, z. B. internes Sprechen, Etagen-Türstation.
- Zusätzliche Erweiterung zur Bildübertragung ist möglich.
- Bei der Leitungsverlegung sind die max. Leitungslängen der Hersteller zu beachten.

Mehrdrahttechnik

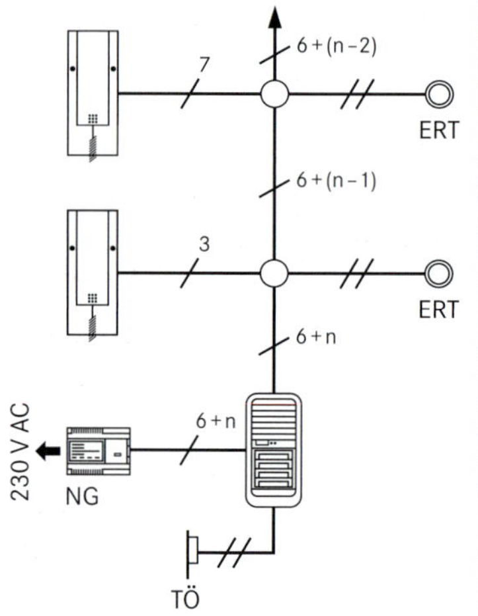

- Funktionen:
  - Türruf,
  - Etagenruftaste (ERT),
  - Türöffnung (TÖ),
  - Sprechverbindung
- Mehrere Adern führen von der Türstation zu den Haustelefonen.
- Die Anzahl der Adern ist vom Funktionsumfang abhängig, z. B. mithörgesperrt.
- Durch zusätzliche Geräte sind weitere Funktionen möglich, z. B. Türumschaltung (mehrere Türen), Codeschloss, usw.

Bustechnik

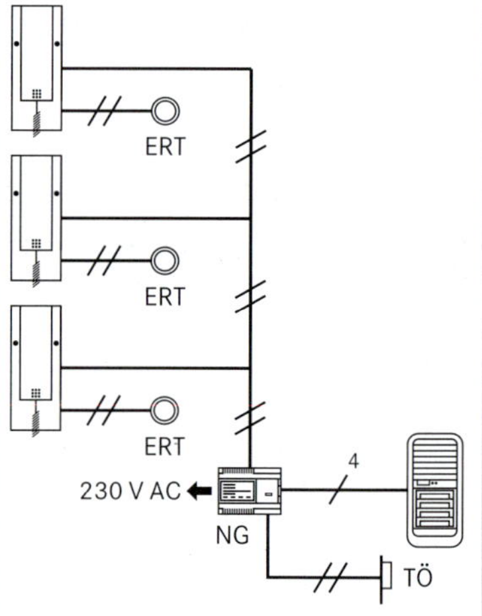

- Funktionen:
  - Türruf,
  - Etagenruftaste (ERT),
  - Türöffnung (TÖ),
  - Sprechverbindung
- Geringer Installationsaufwand durch den Einsatz eines 2-Draht-Busses zur Kommunikation zwischen den Geräten
- In größeren Anlagen Erweiterung der Struktur durch mehrere Haupt- und Etagenbuslinien
- Zusätzliche Erweiterung zur Bildübertragung ist möglich
- Bei der Leitungsverlegung (Linienanzahl) sind die Herstellerangaben zu beachten.

Betriebsmittel:
- Netzgerät
- Haustelefone
- Türstation
- Türöffner

Video-Tür-Überwachungsanlagen
Video Door Intercom Systems

Merkmale

- Übertragung der Bilddaten erfolgt entweder über ein Busnetz oder eine separat verlegte Leitung (Koaxialkabel oder 2-Draht-Busleitung).
- Buslinien zur Videoübertragung müssen mit **Abschlusswiderständen** versehen werden.
- Auswahl und Montageposition des Kameramoduls ist ausschlaggebend für die Bildqualität.
- Kamera nicht an Orten mit folgenden Bedingungen montieren:
  - Direkte Sonneneinstrahlung ①
  - Direktes Gegenlicht ②
  - Vor Hintergründen mit hoher Helligkeit (z. B. Leuchten oder reflektierende Hauswände)

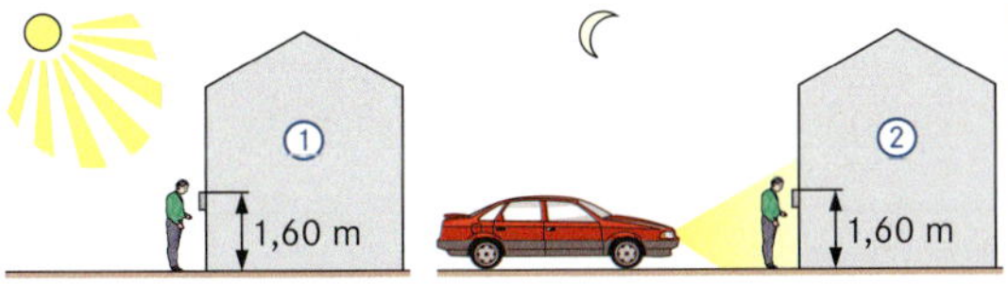

- **Kamerablickwinkel** lässt sich über das Haustelefon in Grenzen manuell einstellen.
- **Brennweite** des Kameraobjektives beeinflusst den zu betrachtenden Abstand und die Breite des Objektes:
  - Brennweite 3,8 mm: bei 2 m Abstand ⟶ Breite = 3,5 m
  - Brennweite 8 mm: bei 2 m Abstand ⟶ Breite = 1,0 m

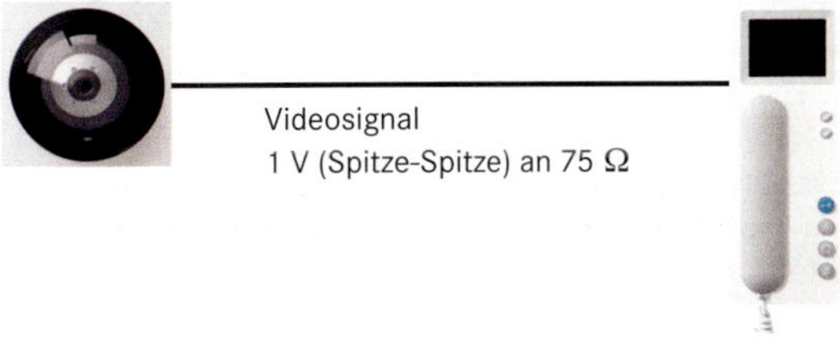

Kameradaten	
Bildsensor	CCD 725 x 582 Bildpunkte
Farbsystem	PAL
Blickwinkel	60° vertikal 80° horizontal
Verstellbereich	30° vertikal 30° horizontal
Spannungsversorgung	20 V ... 30 V DC
Stromstärke	maximal 120 mA
Temperaturbereich	-20 °C ... +40 °C
Funktionen	- autom. Tag-/Nachtumschaltung - integrierte Heizung

PIR – Passiv-IR-Bewegungsmelder
PIR – Passive-IR-Motion Detector

Auswahlkriterien

- Erfassungsbereich:
  - Reichweite, z. B. 12 m
  - Erfassungswinkel, z. B. 120°, 360°
- Montageort:
  - Innen- bzw. Außenbereich
  - Wand bzw. Decke (Auf-/Unterputz)
  - Integriert in Leuchte
- Schaltleistung, z. B. Glühlampe max. 2000 W
- Funktionsumfang:
  - Fernbedienung
  - Unterschiedliche Programme wählbar, z. B. Dimmen der Beleuchtung bei Dämmerung
  - Steuersignale per Funk übertragen
- Aufbau eines Melders:

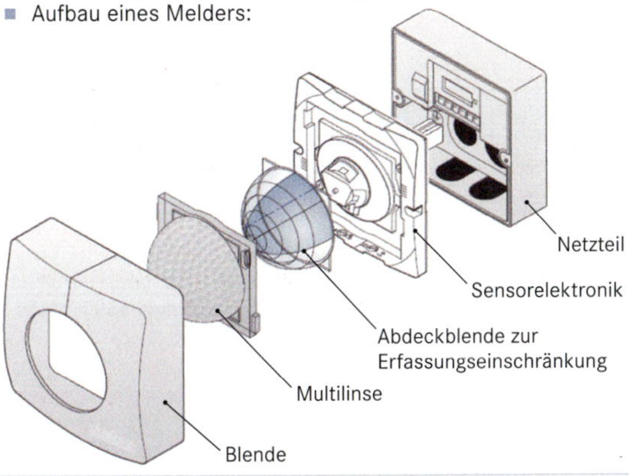

Schaltungen

- Wählbarer Hand- und Automatikbetrieb

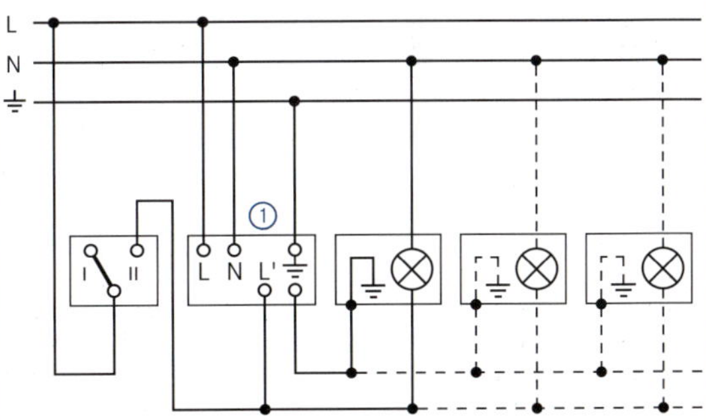

- Parallelschaltung von mehreren Sensoren

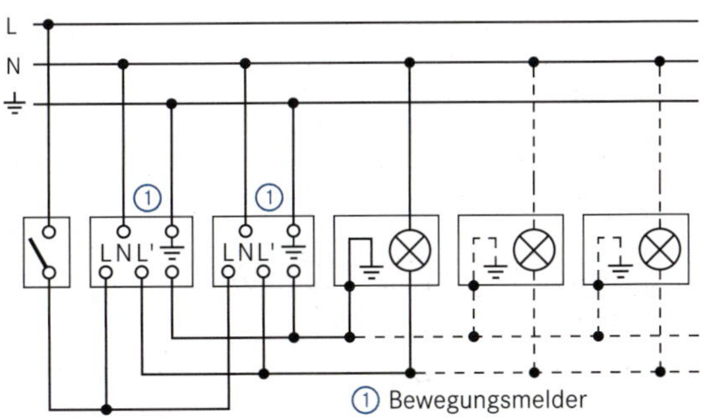

① Bewegungsmelder

Gesetzliche Anforderungen

- Rufanlagen (häufig auch als Lichtrufanlage bezeichnet) dienen zum Herbeirufen bzw. Suchen von Personen und geben Informationen weiter.
- Sie werden eingesetzt, wo eine Gefahr für den Rufenden bzw. Dritte besteht, z. B. in
  - Krankenhäusern,
  - Alten- und Seniorenheimen,
  - Pflegeheimen,
  - Forensischen Kliniken oder
  - Justizvollzugsanstalten.

Merkmale

- Jedes Bett verfügt über einen **roten Ruftaster**.
- Der Ruf wird in unmittelbarer Nähe des Rufenden **optisch bestätigt** und in alle Zimmer, in denen sich Hilfe leistende Personen aufhalten, akustisch **nachgesendet**.
- Aufenthalt des Personals in einem Raum muss über die **Anwesenheitstaste** bestätigt werden.
- Ruffunktion muss **uneingeschränkte Priorität** vor allen anderen Diensten haben.
- Die Hilfe leistende Person muss über den Ruftaster zusätzliche Hilfe rufen können (Notruf).
- Eine Leuchte vor jedem Raum zeigt mindestend den Ruf (rot) und die Anwesenheit (grün) an.
- Rufauslösung erfolgt innerhalb einer Sekunde und muss das Personal in fünf Sekunden erreichen.

Installation

- Eine Rufanlage muss über ein eigenständiges und unabhängiges **Leitungs- und Übertragungsnetz** verfügen und unabhängig von Fremdgewerken funktionieren.
- Geräte der Rufanlage dürfen Funktionen der
  - Fernmelde- (Telefon),
  - Medien- (Rundfunk, Fernsehen) und
  - Gebäudetechnik (Lichtsteuerung)

  mit übernehmen.
- Energieversorgung der Anlage:
  - ≤ 30 V AC bzw. 60 V DC
  - über Notstromversorgung gepuffert
- Montagehöhen von Betriebsmitteln:
  - Ruf- und Abstelltaster: 0,7 m ... 1,5 m
  - Bedienelemente für Rollstuhlfahrer: 0,85 m
  - Bedienelemente mit Display: 1,5 m ... 1,8 m
  - Medizinische Versorgungseinheiten: 1,6 m ... 1,8 m
  - Signalleuchten: 1,5 m ... 2,2 m
- Ruftaster mit Zugschnur müssen so lang sein, dass sie auch von am Boden liegenden Personen betätigt werden können.
- Zentrale Steuereinheiten nur in trockenen Räumen jedoch nicht im Patientenzimmer montieren.

Pflegezimmer:

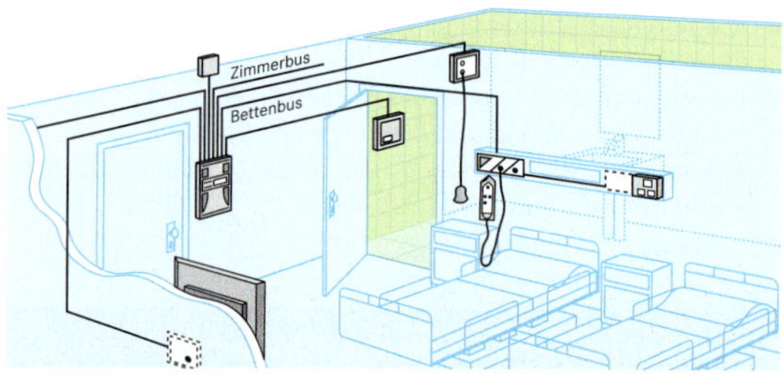

Stationsbad:

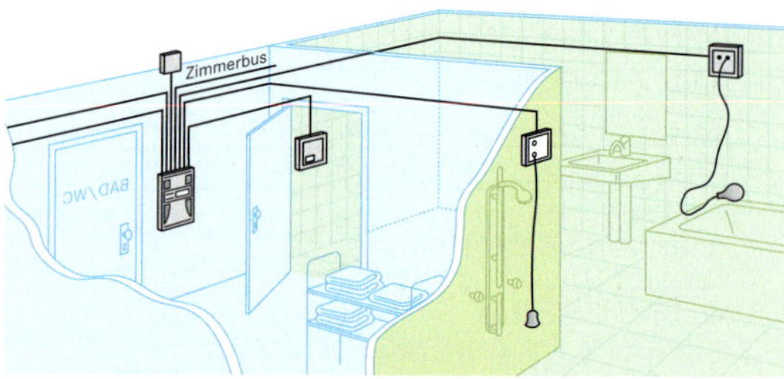

Rufauslösung

- Die sichere Rufauslösung muss jederzeit und ohne Anstrengung gewährleistet sein, z. B. über
  - Ruf- ① bzw. Zugtaster ②,
  - Pneumatische Drucktaster ③,
  - Bettensensor ④ und
  - akustischen Sensor ⑤.

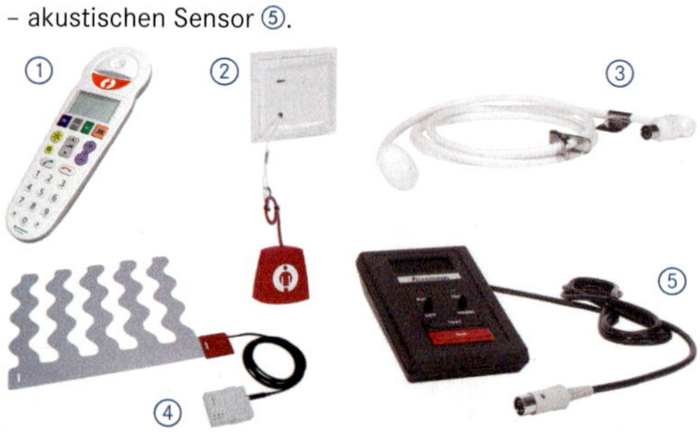

Inbetriebnahme und Instandsetzung

- Vor Inbetriebnahme muss von einer Fachkraft für Rufanlagen eine **Abnahmeprüfung** (DIN VDE 0834-1) durchgeführt werden.
- Bei größeren Anlagen empfiehlt sich eine Abnahme in Teilschritten.
- Der Errichter muss mit Hilfe der Herstellerunterlagen eine **ausführliche Dokumentation** erstellen.
- Der **Betreiber der Anlage** muss insbesondere das Pflegepersonal über die Funktion und den Betrieb der Anlage informieren und schulen.
- **Funktionsstörungen** müssen unverzüglich dem Betreiber gemeldet werden. Diese müssen im Betriebsbuch der Anlage dokumentiert und durch Fachkräfte umgehend instand gesetzt werden.
- **Inspektionsintervalle**:
  - 4 x jährlich: Ruftaster, Signalleuchten, Energieversorgung
  - 1 x jährlich: Geräte zur Auslösung, Anzeige, Abfrage und Abstellung von Rufen

Betrieb und Umfeld

11

Organisation und Abläufe

Arbeitssicherheit

Anmeldung eines handwerklichen Gewerbes

Handwerkskammer	Gewerbeamt
▪ Die Handwerkskammer hat ein Verzeichnis zu führen, in dem die selbstständigen Handwerker eingetragen sind (Handwerksrolle). ▪ Für Handwerksbetriebe besteht die Pflichtmitgliedschaft. ▪ In die Handwerksrolle können auch Absolventen deutscher Hochschulen eingetragen werden, wenn eine entsprechende Gesellenprüfung oder drei Jahre Fachpraxis vorliegen.	▪ Laut Gewerbeordnung muss der selbstständige Betrieb eines bestehenden Gewerbes der zuständigen Gemeinde angezeigt werden (Gewerbeamt/Gemeindeamt). ▪ Gewerbeamt gibt Mitteilung über Gewerbeanzeige u.a. weiter an: - Finanzamt - Handwerkskammer - Staatliches Amt für Arbeitsschutz und Sicherheitstechnik - Berufsgenossenschaft - AOK, Arbeitsamt

Meldepflicht bei Gewerbeanmeldung

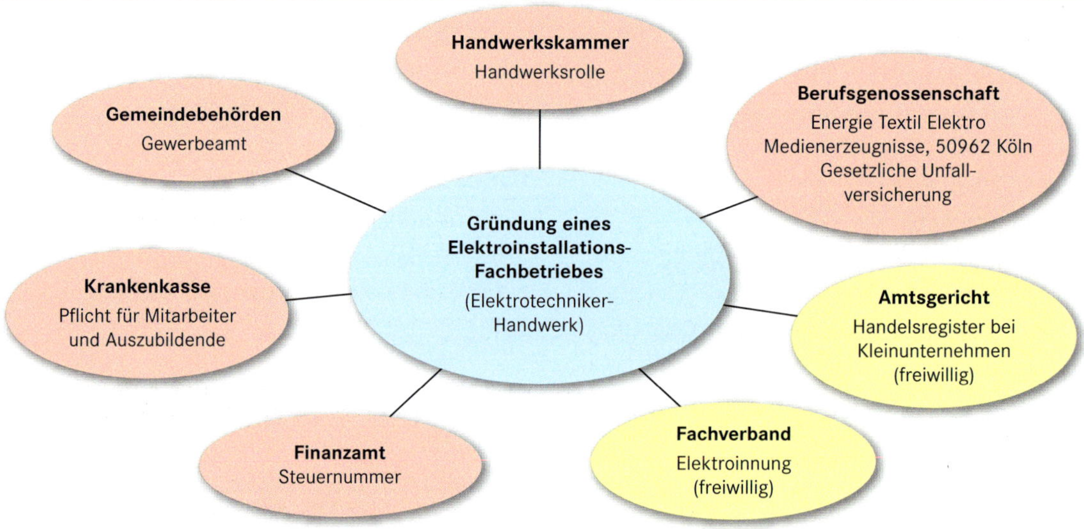

HWO – Handwerksordnung

- Die Handwerksordnung legt fest, dass selbstständige Gewerbeausübung an den großen Befähigungsnachweis (Meisterprüfung) gekoppelt ist.
- Handwerker können in verwandtem Handwerk ohne zusätzliche Mesiterprüfung tätig sein.
- Die HWO von 1998 legt 94 Vollhandwerke fest, darunter drei elektrotechnische.
- Für Ausübungsberufe können mehrere Ausbildungsordnungen (Ausbildungsberufe) erlassen werden.
- §5 und §7a der HWO ermöglichen Arbeiten in anderen Gewerken, falls sie technisch oder fachlich mit dem eigenen Gewerk zusammenhängen oder dieses wirtschaftlich ergänzen.

Handwerkliche Elektroberufe

Ausübungsberuf (Meisterprüfung)	Elektromaschinenbauer	⟷ verwandte Ausübungsberufe	Elektrotechniker	⟷ verwandte Ausübungsberufe	Informationstechniker
Ausbildungsberuf (Gesellenprüfung)	Elektroniker/-in für Maschinen- und Antriebstechnik		▪ Elektroniker/-in mit den Fachrichtungen - Energie- und Gebäudetechnik - Automatisierungstechnik - Informations- und Telekommunikationstechnik ▪ Systemelektroniker/-in		Informationselektroniker/-in mit den Schwerpunkten - Bürosystemtechnik - Geräte- und Systemtechnik

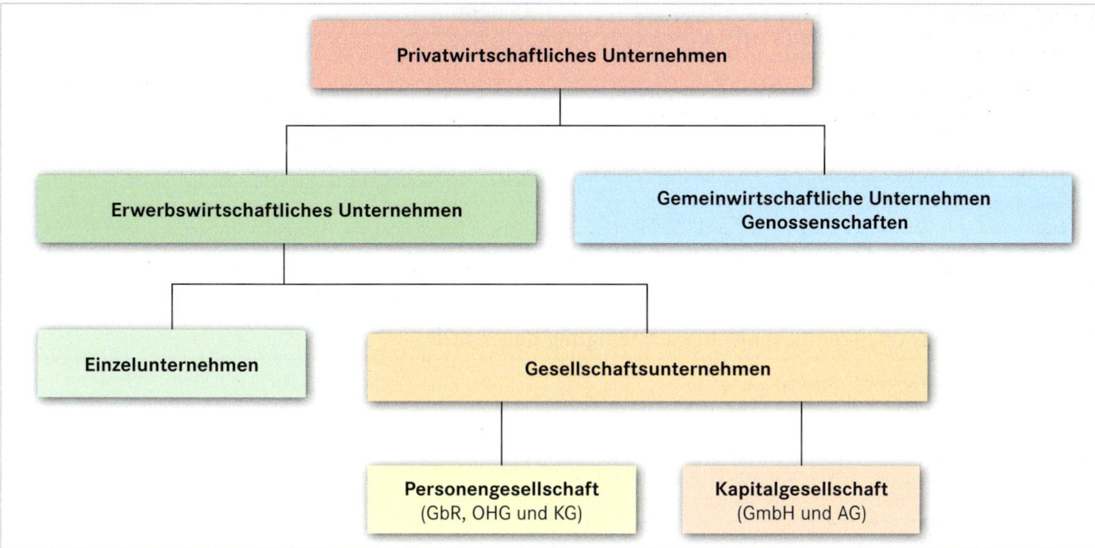

Unternehmen/Unternehmung

Marktwirtschaftliche Einheit mit
- selbstständiger Wirtschaftsplanbestimmung und
- Verfolgung des erwerbswirtschaftlichen Prinzips (Gewinnmaximierung) bei eigenem Risiko.

Ein Unternehmen kann aus mehreren Betrieben bestehen.

Betrieb

- Örtlich begrenzte Wirtschaftseinheit zur Erstellung von Sachgütern und Dienstleistungen.
- Durch Kombination der Produktionsfaktoren werden die Leistungen unter Beachtung des Wirtschaftlichkeitsprinzips erstellt und vertrieben.

Rechtsform einer Unternehmung

Die Rechtsform legt die Unternehmensstruktur mit externer und interner Wirksamkeit fest.

- **Extern** werden die Rechtsbeziehungen zwischen der Unternehmung mit außenstehenden Personen, anderen Unternehmen und dem Staat festgelegt.
- **Intern** werden durch die Rechtsform u. a. die Rechte und Pflichten der einzelnen Gesellschafter zueinander festgelegt.
- Im Rahmen der inneren Organisation wird durch die Rechtsform u. a. die Leitungsbefugnis vorgegeben.

Eigenschaften

Rechtsform	Gründung/Führung	Merkmale
Einzelunternehmung	▪ Einzelne Person gründet und leitet das Unternehmen. ▪ Eigentümer ist voll verantwortlich und haftet mit seinem Gesamtvermögen.	▪ Kein Eintrag ins Handelsregister. ▪ Kein Mindestkapital erforderlich.
Gesellschaft bürgerlichen Rechts (**GbR**) auch BGB-Gesellschaft	▪ Mindestens zwei Gesellschafter gründen und leiten die GbR. ▪ Bei gemeinsamen Gesellschaftsvermögen besteht gemeinsame Haftung.	▪ Kein Eintrag ins Handelsregister, daher kein offizieller Firmenname. ▪ Es reicht ein formfreier Gesellschaftsvertrag ohne Vorgabe von Mindestkapital.
Gesellschaft mit begrenzter Haftung (**GmbH**)	▪ Gesellschafter legen im Gesellschaftsvertrag die Höhe des Stammkapitals (mindestens 25.000 €) und die Geschäftsführer fest. Grundsätzlich genügt ein Gesellschafter. ▪ Die Haftung ist auf das Gesellschaftsvermögen beschränkt. Von diesem ist die Kreditwürdigkeit abhängig. ▪ Anteil eines Gesellschafters, auch Stammkapital beträgt mindestens 250 €.	▪ Gesellschaftsvertrag (auch Satzung) muss notariell beurkundet werden. ▪ Die Eintragung ins Handelsregister ist vorgeschrieben. Dadurch wird die GmbH zur juristischen Person. ▪ Pro Geschäftsjahr sind eine Bilanz sowie eine Gewinn- und Verlustrechnung zu erstellen.

AGB – Allgemeine Geschäftsbedingungen
General Standard Terms and Conditions

Merkmale

- Eine AGB wird von einer Vertragspartei einseitig aufgestellt, ohne dass vorher die einzelnen Punkte im Einzelnen zwischen den Vertragsparteien ausgehandelt worden sind.
- AGBs können von einzelnen Wirtschaftsbereichen bzw. Unternehmen aufgestellt werden (z. B. Groß- und Einzelhandel, Transportunternehmen, Banken).

Ausführung:
Oft in klein gedruckter Form auf der Rückseite von Angeboten bzw. Verträgen

Absichten

- Vereinfachung von Massenverträgen durch vorformulierte Verkaufsbedingungen, Pflichten usw.
- Risikobegrenzung für den Verkäufer durch Einschränkung von Vertragspflichten

Vereinbarungsbeispiele:
Liefer- und Zahlungsbedingungen, Zahlungsweise, Erfüllungsort, Gerichtsstand, Lieferzeit, Eigentumsvorbehalt, Gewährleistungsansprüche bei Mängeln, Verpackungs- und Beförderungskosten.

Schutz gegenüber unangemessener Benachteiligung durch AGB

- Verkäufer muss auf AGB hinweisen.
- AGB müssen für die Käufer leicht erreichbar und gut lesbar sein.
- Käufer muss den AGB zustimmen. Erst dann wird der Kauf rechtsverbindlich.
- Persönliche Absprachen haben Vorrang (auch mündliche Absprachen). Problem: Beweis unter Umständen schwierig
- Ausschluss oder Einschränkung von Reklamationsrechten sowie Haftung bei grobem Verschulden ist verboten.
- Verbot von Preiserhöhungen innerhalb der ersten vier Monate. Danach sind begründete Erhöhungen möglich.
- Rücktritt bzw. das Recht auf Schadenersatz bei zu später Lieferung darf nicht ausgeschlossen werden.

Überlassung von Eigentum
Passage of Ownership

Überlassen

Leihen	Mieten	Pachten	Leasen
einer Sache zum unentgeltlichen Gebrauch (z. B. Bücher aus einer Bücherei)	einer Sache gegen Zahlung eines vereinbarten Mietpreises (z. B. Mietvertrag für eine Wohnung)	von Sachen und Rechten, einschließlich der Nutznießung, gegen Zahlung eines Pachtzinses (z.B. Pachtvertrag für eine Weide)	von Sachen durch Vermietung oder Verpachtung (Übernahme möglich)

Leasing

Merkmale:
Nutzung von Investitionsgütern (z. B. Maschinen, Fahrzeuge) ohne Kauf (Mieten).
Gegen Zahlung von festgelegten Raten stellt der Leasinggeber dem Leasingnehmer die gewünschten Investitionsgüter zur beliebigen Nutzung zur Verfügung.
Während der gesamten Mietzeit sind die Investitionsgüter Eigentum des Leasinggebers.

Arten des Leasings:
- Beim **direkten Leasing** ist der Hersteller oder eine dafür speziell eingerichtete Gesellschaft der Leasinggeber.
- Beim **indirekten Leasing** ist ein vom Hersteller unabhängiges Unternehmen der Leasinggeber.

Vorgang beim indirekten Leasing

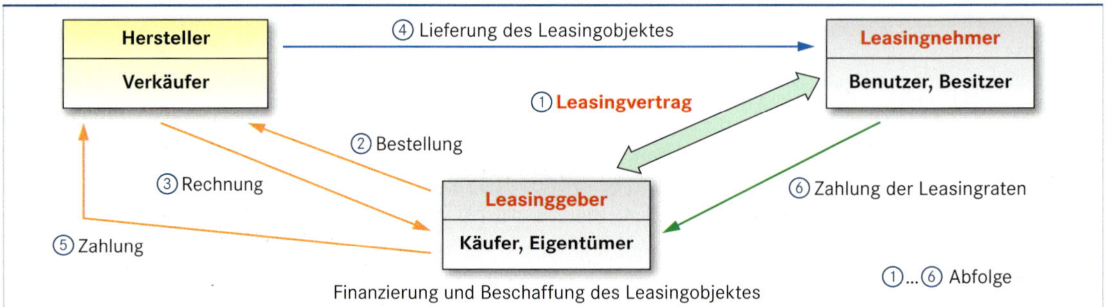

Mehrseitige Rechtsgeschäfte (Verträge)

Sie werden rechtswirksam durch

- mindestens **zwei** übereinstimmende Willenserklärungen (Antrag und Annahme).

Beispiele für Vertragsarten:

- Darlehensvertrag
- Dienstvertrag
- Kaufvertrag
- Leihvertrag
- Mietvertrag
- Pachtvertrag
- Reisevertrag
- Schenkung
- Tauschvertrag
- Werklieferungsvertrag
- Arbeitsvertrag
- Ausbildungsvertrag

Einseitige Rechtsgeschäfte (Verträge)

Sie werden rechtswirksam durch

- die Willenserklärung einer Person.

Empfangsbestätigung erforderlich	**Empfangsbestätigung nicht erforderlich**
Rechtsgeschäft	
wird erst wirksam, wenn sie der anderen Person zugeht. **Beispiele**: - Kündigung - Mahnung	wird gültig, ohne dass sie einer anderen Person zugeht. **Beispiel**: - Testament

Nichtigkeit von Rechtsgeschäften

Ein Rechtsgeschäft ist von Anfang an ungültig bei einer **Willenserklärung**

- von Geschäftsunfähigen,
- von beschränkt Geschäftsfähigen gegen den Willen des gesetzlichen Vertreters,
- die bei Störung der Geistesfähigkeit abgegeben wurde,
- die gegenüber einer anderen Person, mit deren Einverständnis nur zum Schein (Scheinvertrag) abgegeben wurde,
- die nicht ernst gemeint war,
- die nicht in der vorgeschriebenen Form abgeschlossen wurde,
- die gegen Gesetze verstößt und
- die gegen gute Sitten verstößt.

Anfechtung von Rechtsgeschäften

Rechtsgeschäfte können im Nachhinein durch Anfechtung ungültig werden.

Sie sind jedoch bis zur Klärung gültig!

Anfechtungsgründe bei:

- Irrtum
  - in Erklärungen (z. B. Mengenbestellung),
  - über die Eigenschaften einer Person oder Sache und
  - bei der Übermittlung (z. B. falsche Weitergabe).
- Drohungen zur Abgabe einer Willenserklärung.
- Arglistiger Täuschung (z. B. gebrauchter PKW wird als unfallfrei angegeben, obwohl dieses nicht zutrifft)

Möglichkeiten der Entstehung von Kaufverträgen

Antrag (1. Willenserklärung)

Annahme (2. Willenserklärung)

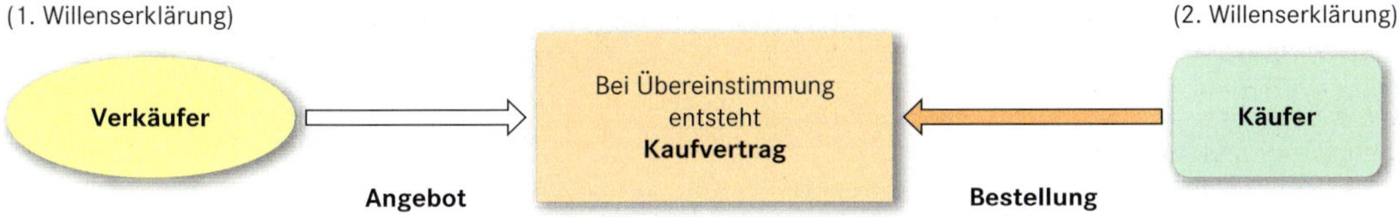

Käufer macht Angebot.

Käufer nimmt Angebot durch Bestellung an.

Antrag (1. Willenserklärung)

Annahme (2. Willenserklärung)

Bestellungsannahme oder sofortige Lieferung

Antrag geht vom Käufer aus, ohne dass ein Angebot vorliegt.

Verkäufer nimmt Antrag an (Auftragsbestätigung) oder liefert sofort.

Merkmale

- Die Organisationsformen in Firmen und Unternehmen haben sich in der Vergangenheit entwickelt von der
  - Funktions-Organisation über die
  - Ablauf-Organisation zur
  - **Geschäftsprozess-Organisation.**
- Diese heute überwiegend angewendete Form einer Unternehmens-Organisation ist u. a. entstanden durch
  - zunehmenden Konkurrenzdruck,
  - Internationalisierung des Handels,
  - kurze Produktlebenszyklen und
  - Kostenoptimierung.
- Vorteile (Ziele) dieser **Prozessorientierung** sind u. a.
  - strikte Kundenorientierung,
  - funktionsüberschreitende Verkettung wertschöpfender Aktivitäten,
  - Flexibilität in der Reaktion auf Kundenanforderungen,
  - Kostentransparenz und
  - wenige definierte Schnittstellen im Durchlauf.
- Der Begriff Prozess beschreibt dabei alle Aktivitäten
  - die inhaltlich abgeschlossen und
  - zeitlich und sachlogisch aufeinander folgend ein betriebswirtschaftliches Objekt bearbeiten.
- In der Regel binden Geschäftsprozesse auch die Aktivitäten von Zulieferern, Kunden und ggf. von Konkurrenten mit ein.
- Grundsätzlich gibt es drei Prozesstypen:
  - Kernprozesse
  - Supportprozesse (unterstützende Prozesse)
  - Managementprozesse
- **Kernprozesse**
  - haben direkten Bezug zum Produkt oder der Dienstleistung,
  - tragen zur direkten Wertschöpfung des Unternehmens bei und
  - werden vom externen Kunden direkt wahrgenommen.
- **Supportprozesse**
  - sind für den Ablauf der Kernprozesse notwendig,
  - werden vom externen Kunden nicht direkt wahrgenommen und
  - bringen keine direkte Wertschöpfung.
- **Managementprozesse**
  - steuern und koordinieren die Supportprozesse und
  - sorgen insgesamt für das Zusammenspiel aller Teilprozesse.
- Grundsätzlich erzeugen die in einem Prozess verbundenen Aktivitäten das für einen externen Kunden das gewünschte Resultat entsteht.
- Beispiele für Geschäftsprozesse sind u. a.:
  - Bearbeitung eines Kundenauftrages
  - Abwicklung einer Reklamation
  - Durchführung einer Entwicklung

Beispiel

Beispiele:

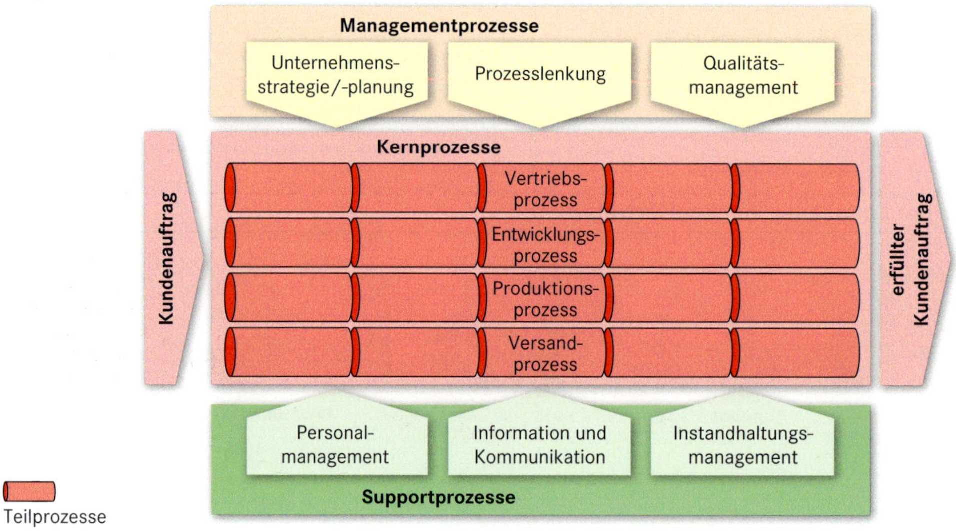

Geschäftsprozessmodelle

- Geschäftsprozessmodelle sind in der Regel unternehmensspezifisch zu modellieren.
- Grundlage für die Modellierung ist dabei immer die Definition der **Kernleistung** eines Unternehmens.
- Große Unternehmen mit mehreren Geschäftseinheiten verwenden in der Regel standardisierte Modelle.
- Die durchgängige Prozesslandschaft ermöglicht damit einen effizienten Leistungsaustausch.

Grundsätze der Werbung

A I D A

Attention
Aufmerksamkeit erzielen durch Werbebotschaft.

Beispiele:
- Blickfang
- Farbgestaltung
- Schlagzeile

Interest
Interesse wecken, Werbebotschaft soll im Gedächtnis bleiben.

Beispiele:
- Positives Gesamtbild
- Imageaufbau durch Wiedererkennung

Desire
Kaufwunsch auslösen.

Beispiele:
- Vorteile der Ware herausstellen
- Proben, Informationen aushändigen
- Befristetes Angbot

Action
Ware wird gekauft.

Beispiele:
- Bestellschein
- Zugabe

Werbemittel

= Werbebotschaft

- **Innerhalb** des Unternehmens:
  - Schaufensterdekoration
  - Warenpräsentation (z. B. Anordnung, Beleuchtung) im Verkaufsraum
  - Fachkompetente Beratung und Information
  - Verpackung
- **Außerhalb** des Unternehmens
  - Anzeige
  - Plakat
  - Zeitungsbeilage

Werbeträger

= Transportmittel

- **Innerhalb** des Unternehmens:
  - Verkaufsraum
  - Schaufenster
- **Außerhalb** des Unternehmens:
  - Hauswand
  - Fahrzeug
  - Zeitungen
  - Leuchtmittel
  - Brief
  - Kundenkontakt (z. B. telefonische Erinnerung)

Fragen zur Planung und Durchführung

Werbeziel – **Was** soll erreicht werden?

Werbeetat – **Wieviel** Mittel stehen zur Verfügung?

Zielgruppe (Streukreis) – **Wer** soll angesprochen werden?

Streugebiet – **Wo** soll geworben werden?

Werbemittel, Werbeträger – **Womit** soll geworben werden?

$$\text{Werbeerfolg} = \frac{\text{Umsatzsteigerung}}{\text{Kosten für die Werbung}}$$

Gestaltung der Werbemittel – **Wie** können die Ziele umgesetzt werden?

Streuzeit – **Wann** soll geworben werden?

Kundengespräch
Customer Conversation

Ablauf

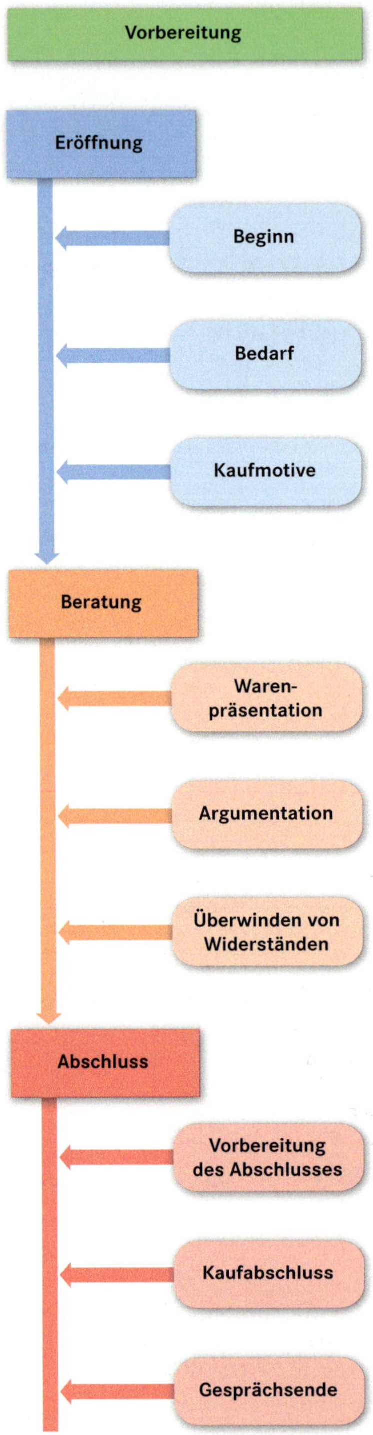

Erläuterungen

Vorbereitung
- Intensive Auseinandersetzung mit dem Gesprächsziel und dem möglichen Kunden
- Gesprächsstrategie entwickeln

Beginn
- Kunden zur Kenntnis nehmen (Blickkontakt)
- Kontakt aufnehmen, ihn positiv ansprechen
- Beratung anbieten
- Fachkundige Erstinformationen

Bedarf
- Offene Fragen zum Bedarf stellen
- Offene Fragen zum Nutzen stellen
- Präzisierung der Wünsche vornehmen
- Keine peinlichen oder indiskreten Fragen stellen
- Fragen nach Preisvorstellungen noch vermeiden

Kaufmotive
- Aufmerksam zuhören, Verständnisfragen stellen
- Kaufmotive erforschen
- Kaufmotive rationaler und emotionaler Art unterscheiden
- Argumente kundenorientiert und motivationsfördernd einbringen

Warenpräsentation (evtl. Originale oder Modelle)
- Präsentation dem Auffassungsvermögen des Kunden anpassen
- Auswahl und Vergleich ermöglichen
- Unterstützende Materialien (Prospekte usw.) zur Veranschaulichung einsetzen
- Vielfältige Sinne ansprechen
- Beginn mit mittlerer Preisklasse

Argumentation
- Preis-Nutzen-Relation herausstellen
- Entscheidungshilfen vorbereiten
- Kenntnisse über Produkte gezielt einsetzen

Überwinden von Widerständen
- Argumente des Kunden wahrnehmen
- Argumentationsketten aufbauen (Behauptung mit Begründung)
- Qualitätsbestimmende Merkmale und Eigenschaften hervorheben
- Nutzungsargumente betonen
- Zusatzangebote, Serviceleistungen hervorheben

Vorbereitung des Abschlusses
- Einwände beachten und eventuell entkräften
- Dem Kunden die Entscheidung überlassen

Kaufabschluss
- Zügige Abwicklung
- Kaufentscheidung positiv herausstellen
- Zufriedenheit artikulieren

Gesprächsende
- Dank aussprechen und Verabschiedung
- Wunsch für weitere Besuche zum Ausdruck bringen

Visualisierung und Präsentation
Visualization and Presentation

Begriffe

- Durch eine **Visualisierung** werden abstrakte Daten, Sachverhalte, Zusammenhänge usw. veranschaulicht, indem man sie in einer optisch erfassbaren Form darstellt.
- Die **Präsentation** ist eine zielgerichtete Darstellung von Informationen, die sich an bestimmte Adressaten richtet.

Visualisierungsregeln

- Zuhörer müssen alle Materialien gut sehen und Texte gut lesen können, eventuell Sitzordnung ändern.
  Die Materialien sind dabei zielgerichtet einzusetzen.
- Die Wirkung der Materialien immer bedenken (z. B. Pausen zum Betrachten einplanen)
- Texte übersichtlich und gut lesbar gestalten (Größe, Form, Farbe, Druckbuchstaben). Weniger ist oft mehr!
- Die „innere Ordnung" muss durch Überschriften und Textanordnung deutlich werden.
- Dramaturgie lässt sich durch eine geeignete Reihenfolge der Elemente herstellen.
- Eine Verknüpfung verbaler Aussagen mit bildhaften Darstellungen stets herstellen.
- Blickkontakt während des Medieneinsatzes suchen und verlagern.
- Wenn Medien nicht mehr benötigt werden, sollten diese entfernt werden.

Visualisierung durch MindMap

- Ein MindMap ist eine bildhafte Darstellung von Gedankengängen (**bildhafte Gedankenstütze**).
- Es handelt sich dabei um eine grafische Strukturierung von Sachverhalten, Zusammenhängen, Ideen und Denkprozessen (als Überblick).
- MindMaps sind vielseitig verwendbar und fördern die Kreativität.
- MindMaps lassen sich einzeln oder durch Gruppen erstellen.
- Eine „innere Ordnung" lässt sich verdeutlichen:
  Vom Abstrakten zum Konkreten, vom Allgemeinen zum Speziellen.
- Vieles erscheint durch sie auf einem „Blick", nichts geht „verloren".
- Der Aufwand in der Herstellung ist gering.

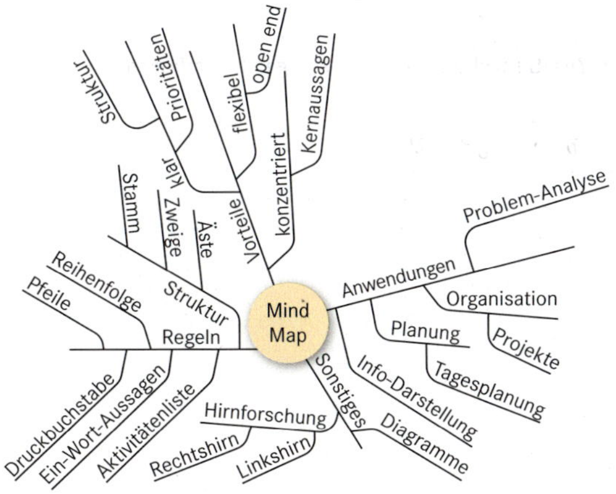

Vorbereitung einer Präsentation

1. Informationen über die **Adressaten** einholen.
2. **Ziele** bzw. Absichten formulieren.
3. Besonderheiten des Raumes beachten.
4. Ideen, Informationen, Materialien zum Thema sammeln.
5. Materialien im Hinblick auf das Ziel auswählen.
6. Materialien sortieren, z. B. nach Kernaussagen, Hintergrundinformationen.
7. Gewichtungen der Materialien vornehmen.
8. Strukturen (Elemente und ihre Beziehungen) entwickeln.
9. Methoden und Medien für die Präsentation auswählen.
10. Informationen aufbereiten (Visualisierungen einplanen).
11. Präsentationsmanuskript erstellen.
12. Abfolge „durchspielen", z. B. Probelauf.

Präsentationsregeln

- „**Roten Faden**" einhalten.
- Zusammenspiel zwischen verbalen Aussagen und Visualisierungen einhalten.
- **Dramaturgie** und **Dynamik** durch Sprache und geeignete Medien herstellen.
- **Sprechpausen** einhalten um
  - „richtig" zu atmen,
  - eigene Gedanken neu zu ordnen,
  - Denkpausen für Zuhörer zu erzeugen sowie
  - Aufmerksamkeit und Spannung herzustellen.
- Medien nacheinander (z. B. durch Aufdecken) präsentieren (**Abfolge**).
- Möglichst verschiedene **menschliche Sinne** über unterschiedliche Medien ansprechen.
- **Haltung** und **Körpersprache** sinnvoll einsetzen.
  - Stehend:
    Leicht geöffnete Füße auf gleicher Höhe, Gewicht gleichmäßig verlagern, nicht schaukeln oder wippen, mit Händen und Armen ruhig die Visualisierung unterstützen
  - Sitzend:
    Aufrechte Haltung, Arme und Hände ruhig halten, nicht mit Gegenständen „spielen".
- Nicht zum Medium, sondern zu den Zuhörern sprechen (volle Konzentration).
- Vor dem Einsatz der technischen Hilfsmittel: Funktionen prüfen und Umgang üben!

Präsentationshilfsmittel

- Metaplanwand und -karten, Nadeln, Stifte, ...
- Flipchart mit Papier, Stifte, ...
- Schreibtafel mit Kreide, Karten, Plakate, Klebeband, ...
- Overhead-Projektor mit Folien, Stifte, Tuch zum Löschen, ...
- PC, Software, Daten-/Video-Projektor mit Leinwand, Laserpointer, ...
- Whiteboards, Activeboards
- Akustische Wiedergabegeräte

Beispiel

Elektro-Müller GmbH
Hauptstraße 87
65432 Höhlendorf

Tel. 012 34/5 67 89
Fax 012 34/9 87 65
mail: info@*emailadresse*

Elektro-Müller

Industrie-Services GmbH
Peter Meier
Postfach 3456

76573 Talbach

Ihre Anfrage vom 15. Juli 2011 Höhlendorf, 17. Juli 2011

Sehr geehrter Herr Meier,

wir danken Ihnen herzlich für Ihr Interesse an unseren Leistungen. Gemäß Ihren Wünschen im Schreiben vom 15. Juli 2011 unterbreiten wir Ihnen folgendes Angebot.

Pos.	Menge ①	Bezeichnung ①	Einzel-preis ②	Gesamt-preis ②
1	2 Std.	Ausmessen des Gebäudes, Aufnahme und Dokumentation der Maße	37,50 €	75,00 €
2	5 m	Montage doppelzügiger Stahlblech-Brüstungskanäle	30,00 €	150,00 €
3	3 Stck.	Lieferung, Montage Pendelleuchte Typ Leuchtwunder mit EVG	600,00 €	1800,00 €
4	1 Stck.	Kleinteile, divers	50,00 €	50,00 €
5	1 Stck.	Prüfung, Abnahme und Dokumentation	200,00 €	200,00 €

Summe (netto) **2275,00 €**
zuzüglich der zum Zeitpunkt der Bestellung gültigen Mehrwertsteuer

Dieses Angebot ist bindend für 8 Wochen ab Angebotsdatum ③. Die Allgemeinen Geschäftsbedingungen (AGB) ④ sind Grundlage dieses Angebotes. Erfüllungsort und Gerichtsstand ist 65432 Höhlendorf ⑤.

Wir hoffen, dass Ihnen unser Angebot zusagt und freuen uns auf eine gute Zusammenarbeit.

Mit freundlichen Grüßen

Müller

Arbeitnehmer ~~Fürsorge~~ Sorgfalts | Gehorsams | Treue | Arbeitsleistung
Arbeitgeber Fürsorge | Vergütungs | Arbeitszeugnis | Beschäftigung

Angebotsbestandteile:

① Angabe über Ware und Preis bzw. Leistung und Umfang
② Einzel- und Gesamtpreis netto/brutto (ggf. Rabatt)
③ Bindungsfrist (ohne Angabe ist das Angebot bindend, ggf. Zusatz freibleibend/nicht bindend verwenden)
④ Zahlungs-/Lieferbedingungen (ggf. Verweis auf AGB)
⑤ Angabe von Erfüllungsort und Gerichtsstand
Verpackungs-/Beförderungskosten (nur bei Liefervertrag)

Auftragsvergabe
Award of Contract

Investitionsentscheidung → **Ausschreibung** → **Angebotsauswertung** → **Vergabe**

Investitionsentscheidung: Entscheidung zum Bau einer Anlage/eines Gebäudes, ggf. Beauftragung eines Planungsbüros zur Erstellung von Leistungsbeschreibungen.

Ausschreibung: Aufforderung zur Abgabe eines Angebotes.

Angebotsauswertung: Nach angemessener Frist Auswertung der Angebote nach Leistungen, Erfahrung und Preis.

Vergabe: Vergabe nach VOB bei (Teil-)Finanzierung durch öffentliche Mittel, sonst freie Vergabe nach BGB (freiwillig VOB-Vereinbarungen möglich).

öffentliche Ausschreibung
- Veröffentlichung
- unbeschränkte Anzahl von Angeboten

beschränkte Ausschreibung
- beschränkte Anzahl von Angeboten

freie Ausschreibung
- kein förmliches Verfahren
- willkürliche Vergabe möglich

Bürgerliches Gesetzbuch (BGB)	Verdingungsordnung für Bauleistungen (VOB)
■ Buch 1 legt Rechtsbegriffe fest (z. B. Rechtsgeschäfte, Verträge, ...). ■ Vertragsinhalte können zwischen den Vertragspartnern frei vereinbart werden (Vertragsfreiheit). ■ Allgemeine Geschäftsbedingungen (AGB) besitzen nur Gültigkeit, wenn der Kunde/Bauherr damit einverstanden ist. ■ Werklieferungsvertrag – Errichtung der Anlage durch eine Elektrofachkraft mit Materialien, die sie selbst liefert. – Unternehmer hat bestelltes Werk ordnungsgemäß herzustellen und an den Besteller (Bauherrn) zu übergeben. – Besteller muss das ordnungsgemäß hergestellte Werk abnehmen und den vereinbarten Werklohn bezahlen.	■ Die allgemein gehaltenen BGB-Bestimmungen über den Werkvertrag kommen immer zur Anwendung, sofern die Vertragspartner nichts anderes vereinbart haben. ■ Bei Bauaufträgen ist üblicherweise die vom DIN herausgegebene VOB Vertragsgrundlage der Bauverträge. ■ Verdingung ist die Vergabe von Aufträgen von Privatleuten oder der öffentlichen Hand aufgrund einer öffentlichen oder beschränkten Ausschreibung. ■ Bauleistungen sind Arbeiten jeder Art, die Gebäude/Anlagen entstehen lassen, instandhalten, ändern oder beseitigen. ■ VOB gibt eine verschuldensunabhängige Gewährleistungspflicht vor. Im Falle eines Schadenersatzes gelten Haftungsbegrenzungen.

Marktanteil nach Auftraggebern

Öffentlicher Bereich

u. a. Kommunen, Ämter von Bund und Ländern

Privater Bereich

im Wesentlichen Privathaushalte

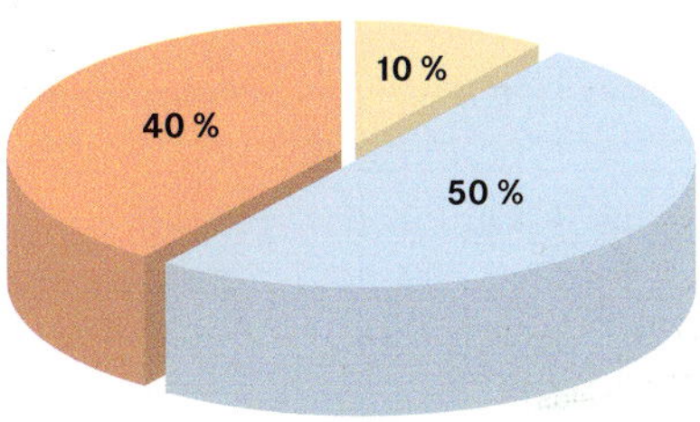

Gewerblicher Sektor

Industrie, Handel, Banken, Versicherungen

Grundsätze

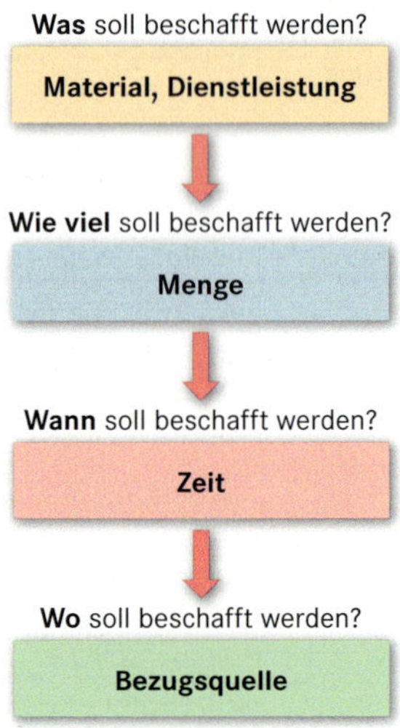

Anfrage

Form

Es ist keine bestimmte Form vorgeschrieben, z. B.
- mündlich, telefonisch
- schriftlich (Brief, Fax, E-Mail)

Rechtliche Bedeutung

Sie ist stets unverbindlich, eine Kaufverpflichtung besteht nicht.

Unterscheidung

- **Allgemein** gehaltene Anfrage
  Beispiele:
  Warenprobe, Muster, Katalog, Preisliste
- **Bestimmt** gehaltene Anfrage
  Beispiele:
  Artikelnummer, Beschaffenheit, Lieferzeit, Zahlungsbedingung, Lieferbedingung

Aufbau einer bestimmt gehaltenen Anfrage

1. Grund
2. Gewünschte Ware
3. Erforderliche Menge
4. Preis, Lieferungs- und Zahlungsbedingungen
5. Gewünschter Liefertermin

Angebotsvergleich

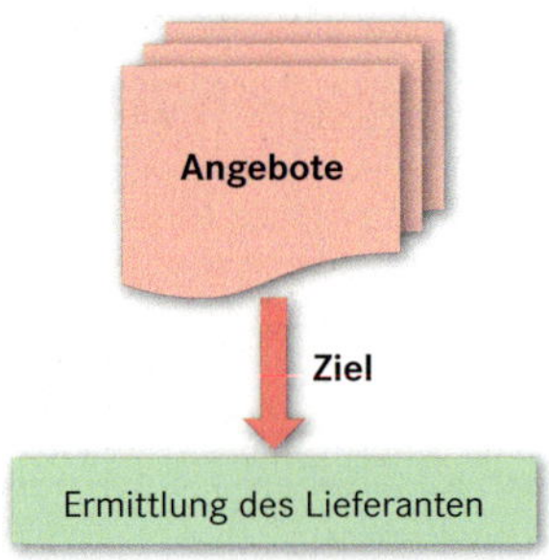

Beschaffungskreislauf

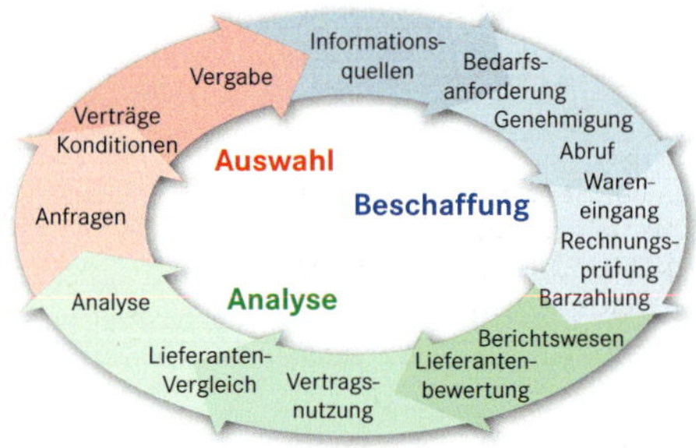

Entscheidungen

quantitativ	qualitativ
▪ Listenpreis	▪ Warenqualität
▪ Liefermenge	▪ Zuverlässigkeit des Lieferanten
▪ Lieferzeit	▪ Verhalten bei Reklamationen
▪ Lieferrabatt	▪ Kulanz
▪ Lieferskonto	▪ Kundendienst, Service
▪ Zahlungsziel	▪ ...
▪ Bezugskosten – Verpackungskosten – Transportkosten – ...	
↓ Ziel	↓ Ziel
Möglichst günstiger Einstandspreis	Möglichst „reibungslose" Beschaffung

Beschaffung und Lager

Lager als „Gelenkstelle"

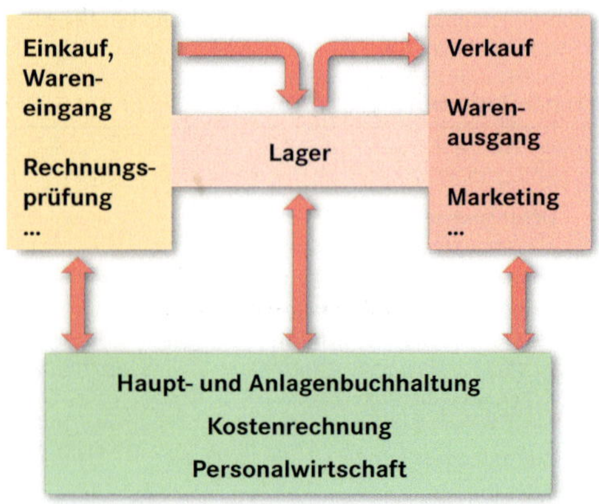

Preisangaben

Grundsatz:
Preiswahrheit und Preisklarheit

Was muss angegeben werden?

- Gesetzlich vorgeschrieben (Verordnung zur Regelung der Preisangaben) sind:
  - **Verkaufspreis** einschließlich Umsatzsteuer
  - **Verkaufseinheit** (z. B. Stück, m, kg)
  - **Grundpreis** bei Fertigpackungen (z. B. €/kg)
  - Handelsübliche **Warenbezeichnung**
- Sinnvolle freiwillige Angaben (Beispiele):
  - Eingangsdatum
  - Lieferantennummer
  - Artikel- und Lagernummer

Wo muss die Angabe erfolgen?

- Verkaufsraum:
  - Preisschilder, Etiketten, ...
  - Beschriftung auf Ware
  - Preise auf Muster
- Dienstleistung und Handwerk:
  - Preisschilder
  - Preislisten
- Versandhandel:
  - Preisverzeichnis
  - an Abbildungen bzw. Beschreibungen
  - in Anmerkungen

Wie muss sie angebracht sein?

- Grundsätze:
  - gute Erkennbarkeit
  - gute Lesbarkeit
  - klare Zuordnung von Preis und Ware

Überwachung der Preisangabenverordnung durch:
Gewerbeaufsichtsamt

Bei Verstößen:
Bußgeld

Maßnahmen zur Preisgestaltung (Preispolitik)

Misch- oder Ausgleichskalkulation

- **Prinzip**:
  Die Artikel eines Sortiments werden aufgrund der Marktsituation (Konkurrenz, Kundenverhalten) mit unterschiedlichen Gewinnspannen kalkuliert.
- **Ausgleichsnehmer**
  sind Waren, die nicht zur Erwirtschaftung eines angemessenen Gewinns ausreichen (z. B. Waren mit großer Preistransparenz).
- **Ausgleichsträger**
  sind Waren mit hohen Gewinnspannen (z. B. hochwertige Waren) zum Ausgleich der Ausgleichsnehmer.

Sonderveranstaltungen

- Schlussverkäufe
- Räumungsverkäufe
- Jubiläumsverkäufe

Preisnachlass

- Mengenrabatt (Abnahme größerer Mengen)
- Wiederverkäuferrabatt (für Händler und Produktionsbetriebe)
- Treuerabatt (für langjährige Kunden)
- Personalrabatt (für Betriebsangehörige)
- Jubiläumsrabatt
- Skonto (bei vorzeitiger Zahlung)
- Bonus (bei Überschreitung von Mindestumsätzen)

Preisdifferenzierung

- **Prinzip**:
  Gleiche Ware bzw. Dienstleistungen werden zu unterschiedlichen Preisen angeboten.
- **Ziel**:
  Anpassung an die jeweiligen Marktgegebenheiten.
- **Formen**:
  - räumlich
  - personell
  - zeitlich
  - mengenmäßig

Sonderangebote

- **Funktion**:
  - Räumung von Lagerbeständen
  - Beschleunigter Verkauf von „Ladenhütern"
  - Werbung

Absatzfördernd sind:

Konditionsgewährung

Zahlungsbedingungen
z. B. Teilzahlung

Lieferungsbedingungen
- kostenfreie Lieferung
- Übernahme des Transportrisikos

Kundendienstleistungen
- Aufstellung von Geräten
- Einweisung
- Garantie
- Umtausch

Kulanz
- Entgegenkommen z. B. bei kleinen Mängeln

Merkmale

Prinzipien einer soliden Betriebsführung sind:

- einwandfreie Wertarbeit,
- tragbare und angemessene Preisgestaltung,
- Kostenrechnung und Kalkulation (Teilgebiete des betrieblichen Rechnungswesens),
- Ermittlung der Selbstkosten und
- marktgerechte Preisgestaltung bei Leistungs- oder Produktionseinheiten.

Zuschlagskalkulation

Sie eignet sich besonders für Betriebe mit unterschiedlichen Produkten bzw. Leistungen (z. B. Montagebetrieb).
Dabei werden die gesamten Jahreskosten auf die Kundenleistungen bzw. das Produkt umgelegt und aufgeteilt nach:

- **Einzelkosten**
  Diese zeichnen sich durch Auftragsnähe aus. Sie sind direkt verrechenbar (Material, Lohn).
- **Gemeinkosten**
  Sie haben keinen unmittelbaren Auftragsbezug und können nur indirekt (aus Betriebsabrechnungen; BAB) ermittelt werden.
- **Zuschlagsätze**
  Sie sind Prozentsätze, mit denen die Gemeinkosten anteilig auf die Einzelkosten pro Auftrag umgelegt werden.

Beispiel:

	100,00 €	Materialkosten
+	5,00 €	5 % Materialgemeinkosten
=	105,00 €	**Materialgesamtkosten**
+	500,00 €	Arbeitslohn
+	35,00 €	7 % Lohngemeinkosten
+	150,00 €	Produktionssonderkosten
=	790,00 €	**Herstellungskosten**
+	23,70 €	3 % Zuschlag für Verwaltung und Vertrieb
=	813,70 €	**Selbstkosten**
+	40,69 €	5 % Zuschlag für Gewinn und Wagnis
=	854,39 €	**Nettopreis des Angebotes**
+	162,33 €	19 % Umsatzsteuer
=	**1016,72 €**	**Bruttopreis des Angebotes**

Kostenrechnungsarten

Vollkostenrechnung

- Alle Kosten werden dem Produkt bzw. der Leistung (auch Kostenträger) zugerechnet.
- Die Genauigkeit der Kalkulation ist umso besser, je differenzierter die Zuschlagsätze der einzelnen Kalkulationen sind.
- Nachteil: Durch Ermittlung der Zuschlagsätze aus dem zurückliegenden Geschäftsjahr werden laufende Veränderungen der betrieblichen Gegebenheiten nicht erfasst. Dennoch ist die Vollkostenrechnung im Handwerk noch dominierend.

Teilkostenrechnung

- Die Mängel der Vollkostenrechnung werden vermieden, indem man dem Produkt oder Auftrag nur die variablen Kosten anlastet.
- **Variable Kosten** steigen oder sinken mit der Veränderung der Auftragslage linear, progressiv oder degressiv.
- **Fixe Kosten** sind unabhängig vom Beschaffungsgrad. Der Fixkostenanteil ist dann am geringsten, wenn der Betrieb maximal ausgelastet ist.

Deckungsbeitragsrechnung

- **Deckungsbeitrag** ist bei der Teilkostenrechnung die Differenz von Auftragserlös und variablen Kosten.
- **Gewinn** entsteht dann, wenn im Abrechnungszeitraum die Deckungsbeiträge höher sind als die Fixkosten.
- **Konkurrenzsituation** erfordert die Kenntnis der unteren Kosten- und Preisgrenze.
- **Kalkulatorischer Ausgleich** liegt dann vor, wenn Aufträge mit relativ hohem Deckungsbeitrag solche ausgleichen, bei denen nur ein geringer Teil der Fixkosten gedeckt wird.

Beispiel:

Auftrag	Erlös	variable Kosten	Deckungsbeitrag (D)	fixe Kosten (F)	Gewinn (=D–F)
1	9 500,00 €	6 500,00 €	3 000,00 €	–	–
2	11 500,00 €	7 500,00 €	4 000,00 €	–	–
3	6 000,00 €	4 500,00 €	1 500,00 €	–	–
4	8 500,00 €	6 000,00 €	2 500,00 €	–	– ①
Summe	35 500,00 €	24 500,00 €	11 000,00 €	11 100,00 €	**–100,00 €**
⋮	⋮	⋮	⋮	⋮	⋮
5	10 000,00 €	9 000,00 €	1 000,00 €	–	– ②
Summe	45 500,00 €	33 500,00 €	12 000,00 €	11 100,00 €	**900,00 €**

Aufträge 1 ... 4 ergeben Verlust ①.
Ausführung des 5. Auftrages führt zum Gewinn ②.

Rechnungsstellung
Issuing an Invoice

Merkmale

- Die Rechnung ist eine gegliederte Aufstellung über eine Geldforderung (Entgelt für eine erbrachte Montage, Reparatur, Warenlieferung, ...)
- Die an den Kunden weiterzugebende Umsatzsteuer ist als Verbindlichkeit an das Finanzamt zu erfassen.
- Rechnungsstellung ist durch EU-Richtlinien harmonisiert und wird von allen Steuerbehörden der EU-Länder anerkannt.
- Eine **Teilrechnung** wird für Leistungen gestellt, die in vertraglich festgelegter Zeit erbracht wurden.
- Die **Schlussrechnung** erfolgt nach Fertigstellung aller Leistungen gemäß Werk-/Liefervertrag.

Rechnungsangaben

empfohlene, freiwillige Angaben

- Bestellangaben des Kunden
- Zahlungsziel
- Bei Privatkunden: Hinweis auf automatischen Eintritt des Verzugs nach 30 Tagen
- Information über Skonti bzw. „zahlbar ohne Abzug"
- Aufbewahrungsfrist für Kunden (12 Jahre)
- Aufbewahrungsfrist für Rechnungssteller (10 Jahre)

Pflicht-Angaben

Rechnungsbetrag ≤ 100 EUR (Kleinbetragsrechnung)

- Name und Anschrift des Lieferanten
- Ausstellungsdatum
- Menge und Bezeichnung der gelieferten Gegenstände oder Art und Umfang der erbrachten Leistung
- Bruttobetrag für Lieferung oder Leistung
- Angewandter Steuersatz mit Steuerbetrag bzw. Hinweis auf Steuerbefreiung

Rechnungsbetrag > 100 EUR

- Angaben wie bei Kleinbetragsrechnung
- Name und Anschrift des Kunden
- Steuernummer oder Umsatzsteueridentifikationsnummer (Ust-ID-Nr)
- Eindeutige, fortlaufende Rechnungsnummer
- Nettobetrag für Lieferung oder Leistung
- Zeitpunkt der Lieferung oder Leistung

Mahnverfahren
Dunning Procedure

Außergerichtlich

Zeit	Vorgang
Leistungserbringung	Dem Schuldner ist eine angemessene Frist zur Leistungserfüllung zu gewähren.
Fristende	Es tritt **Verzug** ein.
+ 30 Tage	30 Tage nach Fälligkeit und Rechnungseingang tritt automatisch Verzug ein (auch ohne Mahnung). Privatkunden müssen in der Rechnung auf den Sachverhalt hingewiesen werden.
+ 2 Jahre	Geldforderungen aus einem Werkvertrag verjähren 2 Jahre nach der Abnahme. Eine **Verjährung** des Anspruchs wird durch eine Mahnung **nicht** ausgedehnt.

- **Mahnung** (Zahlungserinnerung genannt) ist die bestimmte und eindeutige Mitteilung an den Schuldner, die ausstehende Leistung (Zahlung) zu erbringen.
- Verzug tritt immer dann ein, wenn ein Schuldner seine Leistung (z. B. Zahlung) nicht wie vereinbart erbringt. Dies betrifft den Umfang und den Zeitpunkt der Leistung.
- Tritt der Verzug erst durch die Mahnung auf, können dem Schuldner die entstandenen Kosten für die Mahnung **nicht** berechnet werden.

Gerichtlich

Mahnverfahren sind zur vereinfachten Durchsetzung von Geldforderungen juristisch geregelt. Die Vollstreckung einer Geldforderung wird ohne Klageerhebung möglich.

Mahnbescheid
wird nach formeller Prüfung des Gläubigerantrages vom Gericht erlassen und an den Gläubiger zugestellt.

- Gläubiger **zahlt**
- Gläubiger **zahlt nicht**
  Nach 2 Wochen kann ein Vollstreckungsbescheid beantragt werden.
  Im Anschluss kommt es zur Zwangsvollstreckung (Pfändung/Zwangsversteigerung).
- Gläubiger erhebt **Widerspruch**
  Es kommt zu einer Verhandlung vor Gericht mit anschließendem Urteil. Im Anschluss kommt es nach Antrag und bei entsprechendem Urteil zur Zwangsvollstreckung.
  Bei Streitwerten über 5000 EUR besteht bei Klageerhebung vor dem Landgericht eine Anwaltspflicht.

Nicht-Rechtzeitig-Lieferung	⇒	Lieferungsverzug	⇒	Rechte des Käufers
Nicht-Rechtzeitig-Zahlung	⇒	Zahlungsverzug	⇒	Rechte des Gläubigers

Nicht-Rechtzeitig-Leistung
(Schuldnerverzug)

Schuldrecht im BGB vom 1. Januar 2002

Nicht-Rechtzeitig-Lieferung
(Lieferungsverzug)

Nicht-Rechtzeitig-Zahlung
(Zahlungsverzug)

Käufer — Käufer bzw. Gläubiger — Gläubiger

Maßnahmen

Beide Rechte können **gleichzeitig** in Anspruch genommen werden.

Lieferung/ Zahlung und ggf. **Schadenersatz** verlangen
§ 286 BGB

Schadenersatz
an Stelle von Leistung verlangen
§ 281 BGB

Rücktritt
vom Vertrag
§ 323 BGB

Voraussetzungen

Lieferung/Zahlung und ggf. Schadenersatz:

- Fälligkeit
- Verschulden
- **Mahnung** ist nicht erforderlich, wenn
  - Verkäufer die Lieferung verweigert,
  - Liefertermin/Zahlungstermin kalendermäßig bestimmt ist,
  - 30 Tage nach Rechnungszugang vergangen sind bzw.
  - der Schuldner die Zahlung verweigert.

Schadenersatz:

- Fälligkeit
- Verschulden
- Angemessene Nachfrist ist entbehrlich, wenn
  - Verkäufer die Lieferung verweigert,
  - Schuldner die Zahlung verweigert.

Es besteht Anspruch auf Ersatz vergeblicher Aufwendungen (§ 284 BGB)

Beispiele:
Vertragskosten, Verzugszinsen

Rücktritt:

- Fälligkeit
- Angemessene Nachfrist ist entbehrlich, wenn
  - Verkäufer die Lieferung verweigert,
  - Schuldner die Zahlung verweigert bzw.
  - Liefertermin/Zahlungstermin kalendermäßig bestimmt (Fixgeschäft) ist, Zweckkauf.

Mängelarten

Falsche Lieferung	
Menge Quantitätsmangel, zu viel bzw. zu wenig geliefert.	**Art** Gattungsmangel, andere Ware geliefert als bestellt.
Sach- oder Qualitätsmangel	
Beschaffenheit Die Ware ist beschädigt, verdorben, ...	**Güte** Die zugesicherte Eigenschaft fehlt.

Erkennbarkeit

Offener Mangel
– sofort erkennbar

Verdeckter Mangel
– nicht sofort erkennbar,
– stellt sich später heraus

Arglistig verschwiegener Mangel
– vom Verkäufer bewusst verschwiegen

Gewährleistung

- Die Gewährleistung ist ein **gesetzlich verankertes Recht** (24 Monate für bewegliche, 36 für unbewegliche Sachen), vom Vertragspartner (Übergeber) ein Einstehen für Mängel an der Sache zu fordern.
- Eine Gewährleistung kann nicht durch AGB beschränkt werden.
- Der Übergeber (z. B. Verkäufer) trägt innerhalb der ersten sechs Monate ab Übergabe die Beweislast dafür, dass die Mängel nicht schon bei Übergabe vorhanden waren.
- Gewährleistung gilt nicht bei Verschleiß und Abnutzung.

Garantie

- Die Garantie ist ein **vertraglich eingeräumtes Versprechen**
  - in der Regel des Herstellers (und nicht des Vertragspartners)
  - für Mängel, die an einer Sache während der Garantiezeit auftreten, entsprechend der Garantieerklärung einzustehen.
- Mängel werden während der festgelegten Garantiezeit behoben.
- Garantieleistungen können, müssen aber nicht kostenlos sein.

Rechte des Käufers bei mangelhafter Lieferung

Bedingung: Mangel wurde rechtzeitig gemeldet.

Vorrangig: Nacherfüllung (§ 439 BGB)

Nachbesserung ← **Wahlrecht des Käufers** → **Neulieferung**

Zusätzlicher Anspruch besteht, wenn ein Verschulden vorliegt.

Schadenersatz neben der Leistung

Nachrangig
In der Regel erst nach dem erfolglosen Ablauf einer zur Nacherfüllung gesetzten Frist.

Rücktritt vom Vertrag (Wandlung)	**Minderung des Kaufpreises**	**Schadenersatz statt Leistung**	**Ersatz vergeblicher Aufwendungen**
§ 440, 323, 326 BGB	§ 441 BGB	§ 280, 281, 440 BGB	§ 284 BGB
Gilt nicht bei geringfügigen Mängeln		Gilt nicht bei geringfügigen Mängeln	

Voraussetzungen

Eine angemessene Nachfrist ist entbehrlich, wenn
- der Verkäufer die Nacherfüllung verweigert,
- zwei Nacherfüllungsversuche fehlgeschlagen sind und
- für Verkäufer bzw. Käufer Nacherfüllung unzumutbar ist.

Eine angemessene Nachfrist ist entbehrlich, wenn
- der Verkäufer die Nacherfüllung verweigert,
- zwei Nacherfüllungsversuche fehlgeschlagen sind und
- für Verkäufer Nacherfüllung unzumutbar ist.

Lastenheft

Definition

- Das Lastenheft enthält alle Forderungen des Auftraggebers (Kunden) an die Lieferungen und/oder Leistungen eines Auftragnehmers.
- Die Forderungen sind aus Anwendersicht einschließlich aller Randbedingungen zu beschreiben. Diese sollten quantifizierbar und prüfbar sein.
- Im Lastenheft wird definiert, was für eine Aufgabe vorliegt und wofür diese zu lösen ist.

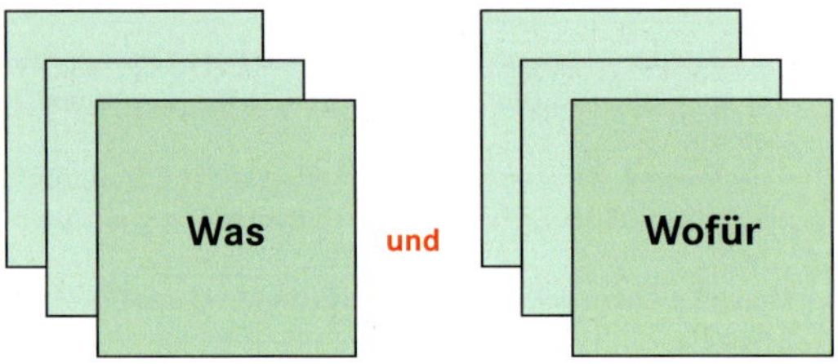

Pflichtenheft

Definition

- Das Pflichtenheft enthält das vom Auftragnehmer erarbeitete Realisierungsvorhaben auf der Grundlage des Lastenheftes.
- Das Pflichtenheft enthält als Anlage das Lastenheft.
- Im Pflichtenheft werden die Anwendervorgaben detailliert und in einer Erweiterung die Realisierungsforderungen unter Berücksichtigung konkreter Lösungsansätze beschrieben.
- Im Pflichtenheft wird definiert, wie und womit die Forderungen zu realisieren sind.

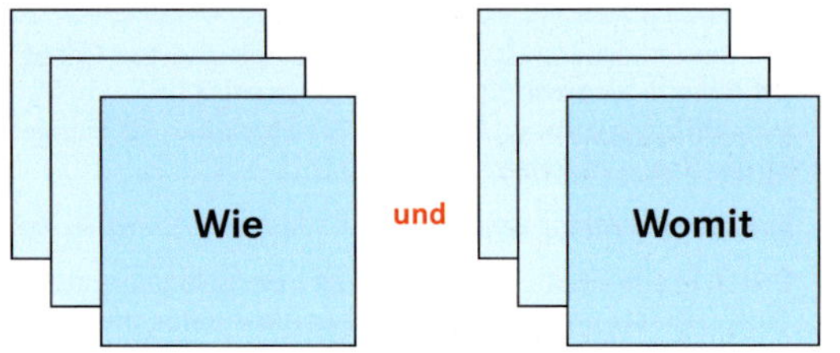

Voraussetzungen für die Erstellung

- Guten Kontakt zwischen allen Beteiligten herstellen
- Wesentliche Anforderungen durch Markt-, Kunden- und Umfeldanalyse ermitteln

Funktion

- „Roter Faden" während des Ablaufs der Entwicklung, Produktion, ...

Durchführung

- Keine allgemeingültigen Vorgaben
- Umfang und Inhalt ist stark von der Zielsetzung abhängig. Beispiele: Ermittlung der
  - Anforderungsträger
  - Produktfaktoren aus Kundensicht
  - Kaufentscheidende Faktoren
  - Anforderungen aus dem Umfeld
  - Anforderungen aus dem Unternehmen
  - Anforderungen des Vertriebs
  - Anforderungen von Lieferanten und von Kooperationspartnern
  - Produktionsprofile

Vorteile

- Einheitliche Vorgabe für alle am Entwicklungsprozess Beteiligten
- Weniger Missverständnisse und Versäumnisse durch eine systematische Dokumentation
- Rechtsverbindliche Festlegungen

Nachteile

- Hoher Aufwand
- Individuelle Erstellung (keine Standardisierung)
- Statische Problemlösungsstruktur

Einsatzbereiche

- Dokumentation der Anforderungen als Abschluss der Planung eines Produktes bzw. einer Dienstleistung
- Prinzipiell für alle Produkte bzw. Dienstleistungen einsetzbar

Wesentliche Bestandteile

Beispiele:

- Name des Prozesses, Projektes, Vorhabens, ...
- Verfasser des Pflichtenheftes
- Version
- Ablage der Datei, Dokumentation
- Ziele
  Beschreibung, Nutzen für den Auftraggeber (Kunden), aktuelle Situation (z. B. bisheriges System)
- Anforderungen
  - **Vollständigkeit**
    Alle Details der Anforderungen sind zu definieren. Es sollten so wenig wie möglich Aspekte als selbstverständlich eingeschätzt werden.
  - **Eindeutigkeit**
    Damit keine Missverständnisse entstehen, sind die Anforderungen möglichst mit einfachen Worten zu definieren.
  - **Testbarkeit**
    Alle Anforderungen müssen überprüfbar sein. Dieses ist eine Voraussetzung für die Abnahme durch den Auftraggeber.
- Schnittstellen
  (Verbindungen zu anderen Systemen, Projekten usw.)
- Randbedingungen
- Service- und Wartungshinweise
  (Kontaktadressen)
- Unterschriften
  (Projektauftraggeber/Projektleiter/...)

Projektphasen

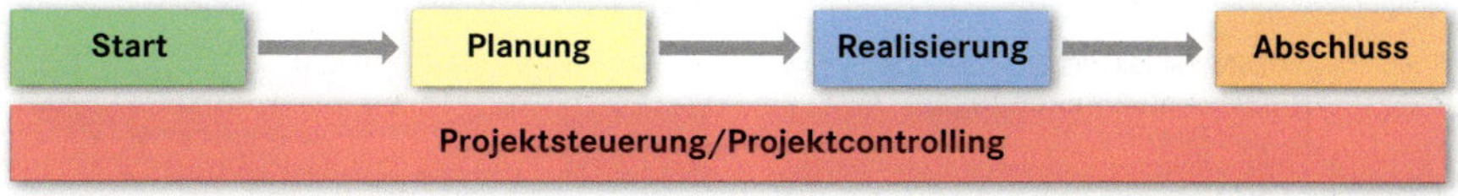

Projektstart

Frage: Was soll gemacht werden?

- Ziele für das Projekt festlegen (Abstimmung mit Auftraggeber und Projektteam)
- Ziele schriftlich fixieren und bestätigen lassen.
- Mehrere Lösungsmöglichkeiten analysieren.
- Die umzusetzende Lösung festlegen.

Anforderungen an Projektziele:

- Leitlinie für Messgröße aller Aktivitäten im Projekt
- Akzeptierbar für alle Beteiligten
- Messbar, überprüfbar
- Abnahmekriterien für Projektende
- Widerspruchsfrei
- Realistisch und machbar
- Möglichst Ziele vorgeben – keine Lösungen

Planung

Frage: Wie, wann und was soll gemacht werden?

- Inhaltliche und terminliche Struktur erstellen
- Zwischenziele (Meilensteine) festlegen
- Kostenrahmen festlegen
- Projektverantwortlichkeiten definieren
- Arbeitspakete und Aufgaben mit Verantwortung vergeben

Realisierung

- Organisation erstellen (Kompetenzen und Stellen zuweisen, Arbeitsumgebung bereitstellen, ...)
- Personalbetreuung (Personalauswahl, Fortbildung, Verantwortung, Entlohnung)
- Führung (Abstimmungen im Projektteam zwischen allen Beteiligten, Konfliktmanagement, ...)

Abschluss

- Abnahmetests durchführen, Dokumentation an den Auftraggeber übergeben
- Produktdokumentation prüfen
- Projektziele und Ergebnisse vergleichen
- Projektteam mit allen Ressourcen auflösen oder in neue/andere Projekte überführen
- Projektabschluss feiern

Review durchführen:

- Abschlusskalkulation erstellen
- Analyse des Projektablaufs (Stärken/Schwächen in Projektentwicklung, Projektmanagement, Projektleitung, ...)
- Verbesserungspotenzial ermitteln und dokumentieren
- Ergebnisse der Projektanalyse dokumentieren

Projektsteuerung/-controlling

- Haupttätigkeit der Projektleitung gegebenenfalls mit Kontrollteams
- Aufgabe für Verantwortliche von Teilaufgaben
- Ständige Kontrolle von Soll- und Ist-Zuständen (Kosten, Projektfortschritt, Qualität, Dokumentation, ...)
- Korrekturmaßnahmen veranlassen
- Nutzung von Analysemethoden: z. B. Projektstatusanalyse (Termine), Kostentrend-Analyse, Meilenstein-Trendanalyse)
- Änderungsmanagement

Terminverfolgung:

- z. B. mit Projektstrukturplan aus der Planung
- Kritischer Pfad (Ablauf mit kürzester zeitlicher Reihenfolge) ist besonders intensiv zu überwachen.

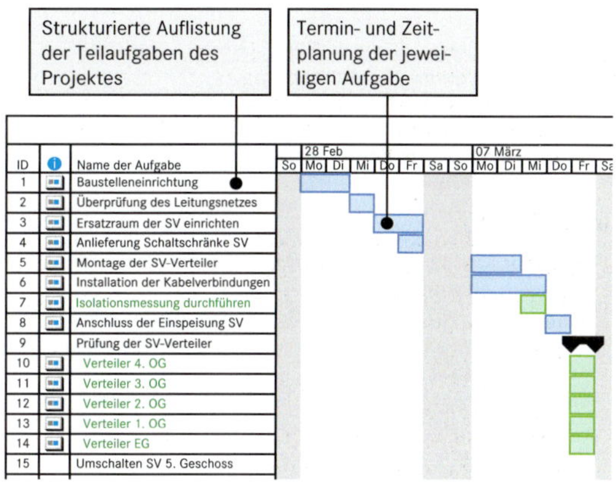

Meilenstein-Trendanalyse:

- Geplante Meilensteintermine eintragen
- Im Projektverlauf korrigierte Meilensteintermine eintragen
- Ergebnis: gerade Linien → Termin OK
  steigende Linien → Termin verzögert
  fallende Linien → Termin vorgezogen

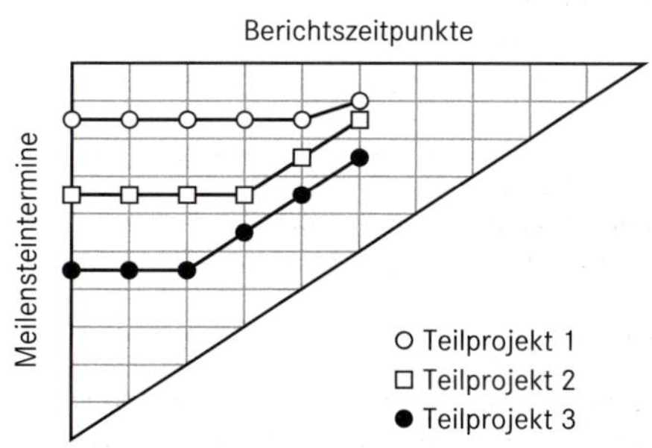

Normenübersicht

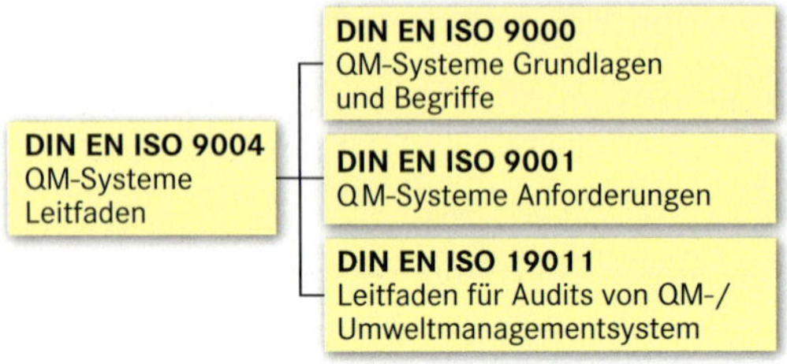

Ergänzende Vorschriften z. B. durch Automobilkonzerne (Quality System Requirements QS-9000, VDA) oder Medizinalanwendungen (DIN EN 46001 ff.)

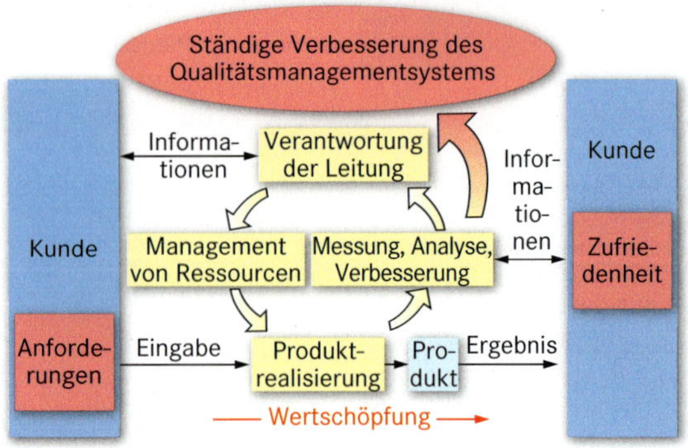

Ziele

- Kundenorientierung (Produkt, Service, Termine, Preis)
- Verringern von Fehlerkosten, Produkthaftungsrisiken
- Verbesserung der Wettbewerbsfähigkeit (Kostendruck, Innovationszyklen, Globalisierung)
- Erreichen von Unternehmenszielen (Qualität, Wirtschaftlichkeit, Image, ...)
- Auflagenerfüllung (Sicherheitsvorschriften, Normen, Umweltverordnung, Produkthaftung, ...)

Ansätze

- Kundenerfordernisse und -erwartungen ermitteln.
- Qualitätspolitik und -ziele festlegen.
- Verantwortlichkeiten und Prozesse für QM-Ziele festlegen.
- Ressourcen zum Erreichen der QM-Ziele ermitteln und bereitstellen.
- Strategien zur Vermeidung von Fehlern sowie Beseitigung von Fehlerursachen festlegen.
- Prozesse zur ständigen Verbesserung des QM-Systems

Prozesse

- **Verantwortung der Leitung:**
  Geschäftsführung ist für die Umsetzung der Qualitätspolitik verantwortlich. (Erstellung eines QM-Handbuches mit Verfahrens-, Arbeits- und Prüfanweisungen; interne Audits[1])
- **Ressourcenmanagement:**
  Planung von materiellen und personellen Ressourcen (Aus- und Weiterbildung).
- **Kundenkontakt:**
  Verträge mit eindeutig definierten Kundenwünschen und erfüllbaren Zielen abschließen.
- **Beschaffung:**
  Qualität eingekaufter Materialien und Dienstleistungen sicherstellen.
- **Leistungserbringung:** Planung und Sicherstellung einer ordnungsgemäßen Leistung.
- **Messung, Analyse, Verbesserung:**
  Kundenzufriedenheit erfragen, Kritik aufnehmen, prüfen und in Verbesserung des QM einbinden.
- **Dokumentation:**
  Handlungsanweisungen schriftlich dokumentieren; Aufzeichnungen nachträglich nicht ändern, um sie als Nachweisdokumente verwenden zu können.
- **Kennzeichnung:**
  Um Fehlerquellen ermitteln zu können, ist eine Kennzeichnung von Produkten, Unterlagen und Aufzeichnungen erforderlich.
- **Lenkung fehlerhafter Produkte:**
  Regeln zur Fehlererkennung, -erfassung und -beurteilung festlegen; Weiterverwendung fehlerhafter Produkte verhindern.

[1] englisch audit = Revision; lat. audire = hören

Zertifizierung

- Nachweis über eingeführte und systematisch praktizierte Qualitätsmanagementsysteme
- Wettbewerbsvorteil durch QM-Nachweis
- Zertifizierung durch akkreditierte Stelle (TÜV, ZDH-Zert, ...)

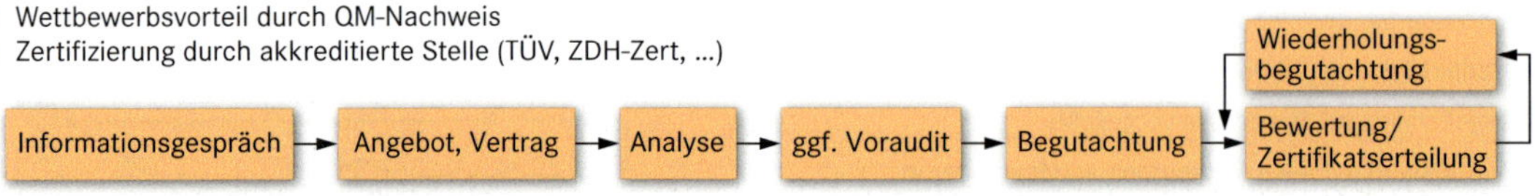

1. Im Informationsgespräch wird vorab über Ablauf, Kosten, ... der Zertifizierung informiert.
2. Nach Angebotserstellung wird die Zertifizierungsstelle vertraglich mit der Betreuung beauftragt. Die Analyse erfolgt durch einen Auditor, der das Unternehmen durch den Prozess begleitet. Erarbeitung eines QM-Handbuches.
3. Bewertung des QM-Handbuches und Überprüfung der Praktikabilität gemäß ISO 9001 in einem optionalen Voraudit.
4. Verbesserung des QM-Handbuches, interne Audits mit abschließender Auditierung (Begutachtung) durch die Zertifizierungsstelle.
5. Bewertung des Audits und bei Erfolg Ausstellung des QM-Zertifikates.
6. Wiederholungsaudit, um Gültigkeit des Zertifikates zu verlängern.

- **Richtlinie** für die Werkstattausrüstung für Betriebe des Elektrotechniker-Handwerks (Bundes-Installateurausschuss im ZVEH)
- Zusätzliche **Empfehlungen** des ZVEH für fachgerechte Messgeräte, Literatur und Sicherheitseinrichtungen

Grundsatz:
Art und Umfang der Werkstattausrüstung richtet sich nach dem Tätigkeitsbereich des Betriebes und der Anzahl der Beschäftigten.

Überprüfung:
Vor Eintrag in das „Installateur-Verzeichnis" beim zuständigen VNB werden die Arbeitsräume vom Bezirks-Installateurausschuss überprüft.

Werkzeuge

- Grundausstattung für fachgerechte Durchführung aller vorkommenden Arbeiten.
- Einige Landes-Installateurausschüsse empfehlen bestimmte Werkzeuge.

Fachliteratur

- Auswahlordner für das Elektrotechniker-Handwerk (VDE-Vorschriften)
- Normen für das Handwerk (DIN-Taschenbuch)
- AVBEltV
- TAB des VNB
- Unfallverhütungsvorschriften
- BGVA 1 und 3
- Grundsätze der Zusammenarbeit von VNB und Elektroinstallateuren
- Formularvordrucke zur Prüfung elektrischer Anlagen, Prüfprotokolle u.ä.

Einrichtungen

Prüfplatz nach DIN VDE 0104:
Festeingebaute Messgeräte zum Prüfen elektrischer Betriebsmittel, insbesondere zum Messen von

- Betriebsspannung,
- Betriebsstromstärke,
- Ableitstromstärke,
- Isolationswiderstand und
- Schutzleiterwiderstand.

Schutzvorrichtungen

- Matte zur Standortisolierung
- Isolierende Abdeckungen für stromführende Teile (Berührungsschutz)
- NH-Sicherungsaufsteckgriff
- Persönliche Schutzausrüstung (Sicherheitsschuhe, Schutzhelm, Schutzbrille, Gesichtsschutz)

Mess- und Prüfgeräte

- Spannungsprüfer (VDE 0682-401)
- Spannungs- und Strommesser (VDE 0411-1)
- Gerät zum Messen des Isolations- und Schleifenwiderstandes (VDE 0413-2 ... 4)
- Prüfgerät für RCD- und Schutzeinrichtungen (VDE 0413-6)
- Drehfeld-Richtungsanzeiger (VDE 0413-7)
- Messgerät zur sicherheitstechnischen Prüfung und Prüfung elektrischer Geräte (VDE 0404-1, -2)
- Erdungsmessgerät (VDE 0413-5)
- Durchgangsprüfgerät (VDE 0403)
- Beleuchtungsstärkemessgerät
- Leitungssuchgerät

Arbeitsstättenverordnung

Die Einhaltung der Verordnung wird vom Gewerbeaufsichtsamt überwacht.

Arbeitsraum (Mindestgrößen)	Waschraum	Umkleideraum	Toilette
▪ Fläche: 8 m^2 ▪ Höhe: 2,50 m ▪ Volumen: 12 m^3 ▪ Bewegungsfläche: 1,50 m^2	▪ Frauen und Männer getrennt ▪ Mindest-Fläche: 4 m^2 ▪ Mindest-Höhe: 2,30 m ▪ Freie Bodenfläche pro Waschgelegenheit: 0,7 m · 0,7 m	▪ Frauen und Männer getrennt ▪ Räumlich vom Waschraum getrennt ▪ Unmittelbarer Zugang vom Waschraum	▪ In der Nähe des Arbeitsplatzes ▪ Handwaschbecken ▪ > 5 Arbeitnehmern verschiedenen Geschlechts ⇒ getrennte Toilettenräume

▪ Der Gesetzgeber regelt mit der BetrSichV die - Sicherheit und den Gesundheitsschutz bei der Bereitstellung von Arbeitsmitteln und deren Benutzung, - Sicherheit beim Betrieb überwachungsbedürftiger Anlagen, - Organisation des betrieblichen Arbeitsschutzes.	▪ Die BetrSichV gilt für die - Bereitstellung von sicheren Arbeitsmitteln durch den Arbeitgeber und - Benutzung durch Beschäftigte
Abschnitt 1 - Allgemeine Vorschriften	**Abschnitt 2 - Gemeinsame Vorschriften für Arbeitsmittel**
§1 Anwendungsbereich §2 Begriffsbestimmung ▪ **Arbeitsmittel (AM)** sind Werkzeuge, Geräte, Maschinen oder Anlagen. ▪ **Überwachungsbedürftige Anlagen** sind - Dampfkessel-, Druckbehälter-, Füllanlagen, Rohrleitungen - Aufzugsanlagen, - Anlagen in explosionsgefährdeten Bereichen, - Lageranlagen, Füllstellen, Tankstellen, Entleerstellen für entzündliche, leicht- oder hochentzündliche Stoffe	§3 Gefährdungsbeurteilung - Gefährdungsbeurteilung mit Festlegung von Art, Umfang und Fristen erforderlicher Prüfung für alle Arbeitsmittel. §4 Anforderung an Bereitstellung/Benutzung von Arbeitsmitteln §5 Explosionsgefährdete Bereiche §6 Explosionsschutzdokument §7 Anforderungen an die Beschaffenheit von Arbeitsmitteln §8 Sonstige Schutzmaßnahmen §9 Unterrichtung und Unterweisung §10 Prüfung der Arbeitsmittel - Prüfen von Arbeitsmitteln vor Inbetriebnahme, wenn die Sicherheit von den Montagebedingungen abhängt. - Prüfen von Arbeitsmitteln, wenn diese schädigenden Einflüssen unterliegen oder instand gesetzt wurden. §11 Aufzeichnungen
Abschnitt 3 - Besondere Vorschriften für überwachungsbedürftige Anlagen	**Abschnitt 4 - Gemeinsame Vorschriften, Schlussvorschriften**
§12 Betrieb §13 Erlaubnisvorbehalt §14 Prüfung vor Inbetriebnahme §15 Wiederkehrende Prüfungen ... §21 Zugelassene Überwachungsstellen §22 Aufsichtsbehörden	§24 Ausschuss für Betriebssicherheit §25 Ordnungswidrigkeiten - Unterlassung (vorsätzlich/fahrlässig) von Prüfpflichten ist eine Ordnungswidrigkeit. §26 Straftaten - Bei Auftreten einer Gefährdung durch unterlassene Prüfungen oder beharrliches Unterlassen dieser liegt eine Straftat vor!
Anhänge	
Anhang 1: Mindestvorschriften für Arbeitsmittel → Hieraus können verschiedene Nachrüstpflichten entstehen (z. B. Nullspannungsschalter bei Maschinen). Anhang 2: Mindestvorschriften ... bei der Benutzung von AM	Anhang 3: Zoneneinteilung explosionsgefährdeter Bereiche Anhang 4: Mindestvorschriften zur Verbesserung der Sicherheit/Gesundheitsschutzes der Beschäftigten, die durch explosionsfähige Atmosphäre gefährdet werden können.

Technische Regel zur Betriebssicherheit (TRBS)

Bedeutung	
▪ TRBSen konkretisieren die Anforderungen der BetrSichV. ▪ Sie geben den Stand der Technik und arbeitswissenschaftliche Erkenntnisse für die Bereitstellung und Benutzung von Arbeitsmitteln wieder.	▪ Veröffentlichung unter www.baua.de ▪ Bei Einhaltung der genannten Maßnahmen kann der Arbeitgeber von der Einhaltung der Vorschriften der BetrSichV ausgehen (juristisch: Vermutungswirkung).
Gefährdungsbeurteilung (TRBS 1111)	**Befähigte Personen (TRBS 1203)**
▪ Der Arbeitgeber muss mögliche Gefahren ermitteln und bewerten. Hieraus muss die Auswahl geeigneter Arbeitsmittel, sowie Festlegung von Maßnahmen zur sicheren Benutzung erfolgen. ▪ Informationen (rechtliche Grundlagen, Herstellerinformationen, Erfahrungen der Beschäftigten, ...) sind zu berücksichtigen. ▪ Gefährdungen sind z. B. - mechanische, elektrische Gefährdungen und - Absturz von Personen, Lasten, Materialien. ▪ Maßnahmen sind festzulegen und umzusetzen, z. B. - zur Vermeidung der Gefährdung, - Schutz durch technische Maßnahmen, - Personen von Gefahrenbereich fern halten sowie Schulen und Unterweisen. ▪ Die Wirksamkeit der festgelegten Maßnahmen ist zu überprüfen, indem festgestellt wird, ob die Maßnahmen geeignet sind und ob sich keine neuen Gefährdungen ergeben.	▪ Prüfungen von Arbeitsmitteln dürfen nur von dazu befähigten Personen durchgeführt werden. ▪ Befähigte Personen unterliegen bei der Prüfung keinen fachlichen Weisungen und dürfen wegen ihrer Tätigkeit nicht benachteiligt werden. ▪ Allgemeine Anforderungen an die befähigte Person: Berufsausbildung, Berufserfahrung, zeitnahe berufliche Tätigkeit ▪ Spezielle Anforderungen bei elektrischen Prüfungen: - elektrotechnische Berufsausbildung - mindestens einjährige Erfahrung mit Errichtung, Zusammenbau oder Instandsetzung elektrischer Arbeitsmittel/Anlagen - relevante technische Regeln müssen verfügbar sein, Kenntnisse sind zu aktualisieren. ▪ Für Prüfungen bei Druck- und Explosionsgefahren bestehen weitere, spezielle Anforderungen.

Kreislaufwirtschafts- und Abfallgesetz

- Prinzip:
  Vermeidung vor Verwerten und vor Beseitigen von Abfall.
- Umsetzung:
  - Einsatz schadstoffarmer Produkte
  - Entwicklung langlebiger, abfallarmer Produkte
  - betriebsinterne Kreislaufführung von Stoffen
- Anforderungen gelten für Bereiche im Betrieb und auf Baustellen.
- Getrennthaltungspflicht:
  Trennung von
  - Abfällen zur Verwertung und
  - Abfällen zur Beseitigung.
- Nach Gewerbeabfallverordnung mindestens getrennt zu halten und zu entsorgen:
  - Papier/Pappe, Glas, Kunststoffe, Metalle, biologisch abbaubare Abfälle
- Je nach Abfallkategorie bestehen unterschiedliche Pflichten zur Dokumentation (z. B. Entsorgungsnachweis).
- Einstufung in gefährlich/nicht gefährlich über Abfallverzeichnungsverordnung.

Abfallkategorien

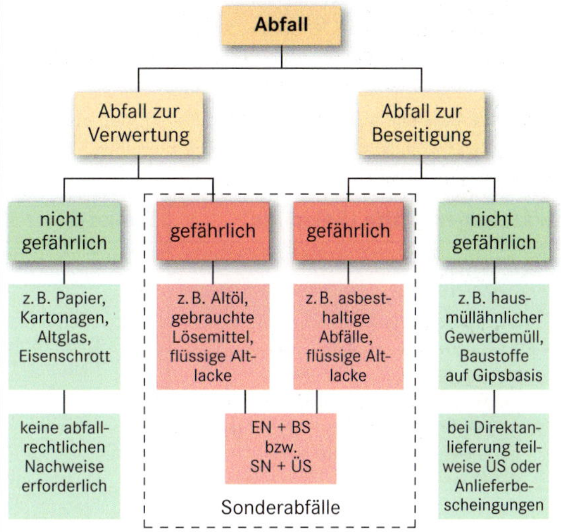

EN: Entsorgungsnachweis
SN: Sammelentsorgungsnachweis
BS: Begleitschein
ÜS: Übernahmeschein

Abfallgruppen (Auswahl)

Gruppe	Abfall	Gruppe	Abfall
15 ...	Verpackungsabfall, Wischtücher, Schutzkleider (nicht mit gefährlichen Stoffen verunreinigt.	17 02	Holz, Glas und Kunststoff (nicht mit gefährlichen Stoffen verunreinigt)
16 02	Abfälle aus elektrischen Geräten	17 04	Metalle (einschließlich Legierungen)
16 02 09	Transformatoren und Kondensatoren mit PCB	17 04 01 17 04 02	Kupfer, Bronze, Messing Aluminium
16 02 11	Gebrauchte Geräte, die teil-/vollhalogenierte Fluorchlorkohlenwasserstoffe enthalten	17 04 09	Metallabfälle, die durch gefährliche Stoffe verunreinigt sind
16 06	Batterien und Akkumulatoren	17 04 10	Kabel, die Öl, Kohlenteer oder andere gefährliche Stoffe enthalten
16 06 01	Bleibatterien	17 09 ...	Sonstige Bau- und Abbruchabfälle
16 06 02	Ni-Cd-Batterien	20 ...	Siedlungsabfälle (Hausmüll)
Obergruppe, Einstufung erst bei Untergruppen möglich		ungefährlich	gefährlich

Elektro- und Elektronikgerätegesetz

- Das Gesetz beschränkt die Verwendung bestimmter gefährlicher Stoffe in Elektro- und Elektronikgeräten.
- Regelt den Umgang mit Elektro- und Elektronikalt-/schrottgeräten

Elektro- und Elektronikalt-/schrottgeräte

Alle Hersteller von Elektro- und Elektronikgeräten in Deutschland müssen die Rücknahme und Entsorgung der Geräte sicherstellen, die nach dem 13.8.2005 in Verkehr gebracht wurden.

Kennzeichnung

Elektro- und Elektronikgeräte müssen für die getrennte Sammlung mit einem sichtbaren, erkennbaren und dauerhaften Symbol gekennzeichnet sein (durchgestrichener Abfallbehälter).

Einteilung von Geräten erfolgt in Gruppen

- Große Haushaltsgeräte (Backofen, Kühlschrank)
- Kleine Haushaltsgeräte (Staubsauger, Toaster)
- Informations- und Kommunikationsgeräte
- Geräte der Unterhaltungselektronik
- Leuchtmittel
- Elektrowerkzeuge
- Spiel-/Freizeitgeräte (Videospielkonsole)
- Überwachungsgeräte (Rauchmelder)
- Ausgabesysteme (Getränke-/Geldautomat)

Gefahrstoffverordnung
Hazardous Substance Regulation

- Die Gefahrstoffverordnung (**GefStoffV**) dient dem Schutz vor gefährlichen Stoffen und ist im Arbeitsschutz verankert.
- Bei der Beurteilung der Gefährdung werden die physikalisch-chemischen und toxischen Eigenschaften sowie besondere Eigenschaften im Zusammenhang mit bestimmten Tätigkeiten unabhängig voneinander betrachtet.
- Um die Gefahren beim Arbeiten mit Gefahrstoffen abschätzen zu können, werden sie gekennzeichnet und in vier Schutzstufen eingeteilt:
  1: Mindestmaßnahmen
  2: Standardschutzstufe für Tätigkeiten mit Gefahrstoffen
  3: Zusätzliche Anwendung bei Arbeiten mit giftigen und sehr giftigen Stoffen
  4: Zusätzliche Anwendung bei Arbeiten mit krebserzeugenden, erbgutverändernden und fruchtbarkeitsschädigenden Stoffen

Kennzeichnung gefährlicher Stoffe (Beispiele)

Gefahrenbezeichnung; Gefahrensymbol	Kennbuchstabe; Hinweise auf besondere Gefahren
Sehr giftig 	**T +** (T: toxic) R26 R27 R28 R39
Reizend 	**Xi** (X: für Andreaskreuz i: irritating) R26 R37 R38 R41 R43
Explosionsgefährlich 	**E** (E: explosive) R2 R3
Hochentzündlich 	**F +** (F: flammable) R12
Ätzend 	**C** (C: corrosive) R34 R35
Umweltgefährlich 	**N** (N: nocious) R54 R55 R56
Brandfördernd 	**O** (O: oxidizing) R8 R9 R11

Hinweise auf besondere Gefahren Risiko-Sätze (R-Sätze)

R1	In trockenem Zustand explosionsgefährlich
R2	Durch Schlag, Reibung, Feuer oder andere Zündquellen explosionsgefährlich
R3	Durch Schlag, Reibung, Feuer oder andere Zündquellen besonders explosionsgefährlich
R4	Bildet hochempfindliche explosionsgefährliche Metallverbindungen
R5	Beim Erwärmen explosionsfähig
R6	Mit und ohne Luft explosionsfähig
R7	Kann Brand verursachen
R8	Feuergefahr bei Berührung mit brennbaren Stoffen
R9	Explosionsgefahr bei Mischung mit brennbaren Stoffen
R10	Entzündlich
R11	Leichtentzündlich
R12	Hochentzündlich
R13	Hochentzündliches Flüssiggas
R14	Reagiert heftig mit Wasser
R15	Reagiert mit Wasser unter Bildung leichtentzündlicher Gase
R16	Explosionsgefährlich in Mischung mit brandfördernden Stoffen
R17	Selbstentzündlich an der Luft
R18	Bei Gebrauch Bildung explosionsfähiger/leichtentzündlicher Dampf-Luftgemische möglich
R19	Kann explosionsfähige Peroxide bilden
R20	Gesundheitsschädlich beim Einatmen
R21	Gesundheitsschädlich bei Berührung mit der Haut
R22	Gesundheitsschädlich beim Verschlucken
R23	Giftig beim Einatmen
R24	Giftig bei Berührung mit der Haut
R25	Giftig beim Verschlucken
R26	Sehr giftig beim Einatmen
R27	Sehr giftig bei Berührung mit der Haut
R28	Sehr giftig beim Verschlucken
R29	Entwickelt bei Berührung mit Wasser giftige Gase
R30	Kann bei Gebrauch leicht entzündlich werden
R31	Entwickelt bei Berührung mit Säure giftige Gase
R32	Entwickelt bei Berührung mit Säure sehr giftige Gase
R33	Gefahr kumulativer Wirkungen
R34	Verursacht Verätzungen
R35	Verursacht schwere Verätzungen
R36	Reizt die Augen
R37	Reizt die Atmungsorgane
R38	Reizt die Haut
R39	Ernste Gefahr irreversiblen Schadens
R40	Irreversibler Schaden möglich
R41	Gefahr ernster Augenschäden
R42	Sensibilisierung durch Einatmen möglich
R43	Sensibilisierung durch Hautkontakt möglich
R44	Explosionsgefahr bei Erhitzung unter Einschluss
R45	Kann Krebs erzeugen
R46	Kann vererbbare Schäden verursachen
R47	Kann Missbildungen verursachen
R48	Gefahr ernster Gesundheitsschäden bei längerer Exposition

Hinweise

- **GHS**: **G**lobally **H**armonised **S**ystem of Classification and Labelling of Chemicals
- Die GHS-Verordnung wird auch als **CLP**-Verordnung (**C**lassification, **L**abelling and **P**acking) bezeichnet.
- Die Verordnung ist am 20.01.2009 in der EU in Kraft getreten und löst schrittweise bestehende Verordnungen ab.
- Zwischen der CLP-Verordnung und der REACH-Verordnung (s. unten) gibt es Berührungspunkte. Die REACH-Verordnung gilt in erster Linie für Stoffe und Stoffgemische. Die von ihr aufgestellten Pflichten sind in weiten Teilen an Mengenschwellen gebunden. Demgegenüber unterliegen alle Chemikalien vor dem Inverkehrbringen generell der Einstufungs- und Kennzeichnungspflicht nach GHS.

Gefahrenpiktogramme

Bedeutung	Piktogramm	Kodierung
Explosive, selbstzersetzliche Stoffe		GHS01
Entzündbare Gase, Flüssigkeiten, Feststoffe		GHS02
Entzündbare Aerosole, Flüssigkeiten		GHS03
Gase unter Druck		GHS04
Stoffe und Gemische gegenüber Metallen korrosiv		GHS05
Akute Toxität Kategorie 1, 2, 3		GHS06
Akute Toxität Kategorie 4		GHS07
Gesundheitsgefahr		GHS08
Umweltgefahr		GHS09

Übergangsfristen

- Hinsichtlich der Übergangszeiten orientiert sich die CLP-Verordnung weitgehend an den Fristen zur Umsetzung der REACH-Verordnung.

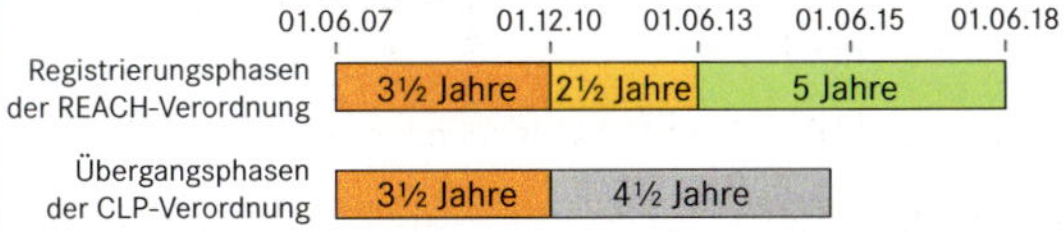

Gefahrenklassen

- Gefahrenklassen werden in Gefahrenkategorien unterteilt.
- Um den Schweregrad der einzelnen Gefährdungen zu erkennen, werden Gefahrenpiktogramme, Signalwörter und Gefahrenhinweise angegeben.

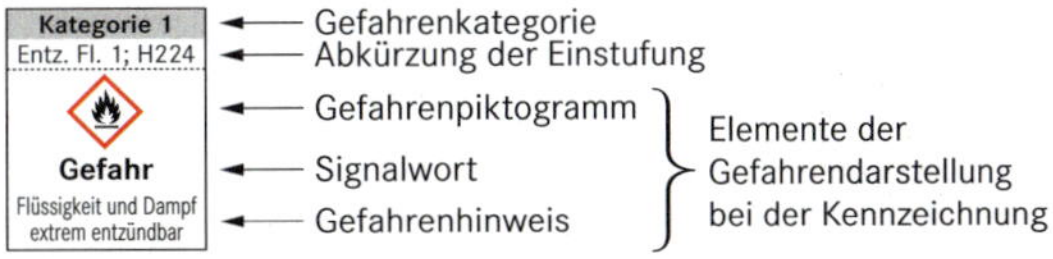

Gefahrenhinweise

Es handelt sich um einen standardisierten Text, der die Art und gegebenenfalls den Schweregrad der Gefährdung beschreibt. Gefahrenhinweise sind mit den R-Sätzen nach Gefahrstoffverordnung vergleichbar. Beispiel:

H | 3 | 01
- 01 → laufende Nummer
- 3 → Gruppierung 2 = Allgemein, 3 = Gesundheitsgefahren, 4 = Umweltgefahren
- H → steht für Gefahrenhinweis (**H**azard Statement)

Sicherheitshinweise

Sicherheitshinweise beschreiben in standardisierter Form die empfohlenen Maßnahmen zur Begrenzung oder Vermeidung schädlicher Wirkungen. Sie sind mit den Sätzen der Gefahrstoffverordnung vergleichbar. Beispiel:

P | 1 | 02
- 02 → laufende Nummer
- 1 → Gruppierung 1 = Allgemein, 2 = Vorsorgemaßnahmen, 3 = Empfehlungen, 4 = Lagerhinweise, 5 = Entsorgung
- P → steht für Sicherheitshinweis (**P**recautionary Statement)

REACH-Verordnung
REACH Regulation

- EU-Chemikalienverordnung für die Registrierung, Bewertung, Zulassung und Beschränkung von Chemikalien (am 01.06.2007 in Kraft getreten)
- **REACH: R**egistration, **E**valuation, **A**uthorisation and Restriction of **Ch**emicals
- Grundsatz: Eigenverantwortlichkeit der Industrie
- Innerhalb der EU dürfen danach nur solche chemischen Stoffe in den Verkehr gebracht werden, die vorher registriert worden sind.
- Die Vorregistrierung erfolgt durch die Europäische Agentur für chemische Stoffe in Helsinki (**EACH: E**uropean **C**hemicals **A**gency). Sie dient der Bildung von Foren für Hersteller und Importeure von gleichen Stoffen.
- Die Vorregistrierung ist der eigentlichen Registrierung vorgeschaltet.
- Die Registrierung umfasst
  - die Einstufung und Kennzeichnung,
  - Informationen zur Herstellung und Verwendung,
  - Leitlinien für die sichere Verwendung des Stoffes usw.
- Für die Kommunikation in einer Lieferkette dient das Sicherheitsblatt (Registrierungsnummer, Beschränkung der Verwendung, usw.).

Elektrotechnisches Personal

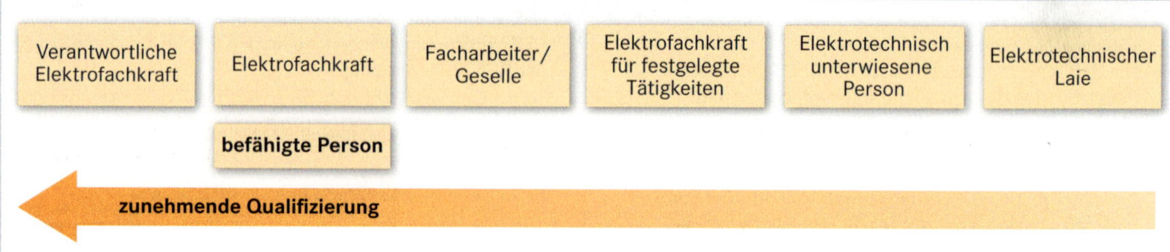

Bezeichnung	Merkmale	Regelung	Tätigkeiten
Elektrofachkraft (**EFK**) KG	■ fachliche Ausbildung, Kenntnisse und Erfahrungen, sowie Kenntnis der einschlägigen Normen, zur Beurteilung der übertragenen Arbeiten sowie möglicher Gefahren	BGV A3, DIN VDE 0105-100, DIN VDE 1000-10	Planung; Einrichtung; Inbetriebnahme; Prüfung und Instandsetzung; Fehler suchen; Messwerte erfassen und beurteilen; Reparaturen durchführen
Elektrofachkraft für festgelegte Tätigkeiten (**EFKffT**) OHG/GbR	■ fachliche Ausbildung in Theorie und Praxis ■ Kenntnisse und Erfahrungen über die bei der festgelegten Tätigkeit zu beachtenden Bestimmungen ■ erkennt und beurteilt mögliche Gefahren bei den Arbeiten	Durchführungsanweisung zur BGV A3	Gleichartige, sich wiederholende elektrotechnische Arbeiten an Betriebsmitteln, die in einer Arbeitsanweisung festgelegt sind, z. B. Anschluss eines Elektroherdes bei der Küchenmontage
Verantwortliche Elektrofachkraft (**vEFK**) GmbH	■ Elektrofachkraft, die eine vom Unternehmer übertragene Fach- und Aufsichtsverantwortung für die im Unternehmen tätigen Fachkräfte sowie für bestimmte Betriebs- und Anlagenteile übernimmt ■ ist vom Vorgesetzten weisungsfrei	DIN VDE 1000-10	Erstellen von Arbeitsanweisungen; Unterweisung und Belehrung von Mitarbeitern; Organisation der Prüfung elektrischer Maschinen, Anlagen und Betriebsmittel
Befähigte Person (**bP**) AG	■ verfügt auf Grund der Berufsausbildung, der Berufserfahrung und der zeitnahen beruflichen Tätigkeit über die erforderlichen Fachkenntnisse zur Prüfung der Arbeitsmittel	BetrSichV TRBS 1203	Prüfungen von Arbeitsmitteln (z. B. Geräte, Maschinen)
Elektrotechnisch unterwiesene Person (**EuP**) Krank	■ wird von einer Elektrofachkraft über die ihr übertragenen Aufgaben und die möglichen Gefahren bei unsachgemäßem Verhalten unterrichtet ■ wird über die erforderlichen Schutzeinrichtungen und -maßnahmen belehrt ■ arbeitet stets unter Leitung und Aufsicht einer EFK	DIN VDE 0105-100, DIN VDE 1000-10, BG Merkblatt M 37	Auswechseln von Schaltern und Steckdosen; Arbeiten in der Nähe unter Spannung stehender Teile (z. B. Auswechseln von Sicherungseinsätzen, Betätigen von Motorschutzschaltern, Sichtkontrollen bei geöffneten Verteilungen)
Elektrotechnischer Laie (**L**) Pflege	■ ist weder Elektrofachkraft noch elektrotechnisch unterwiesene Person	DIN VDE 0105-100, BG Merkblatt M 36	Ein-/ausschalten; Funktionssicherheit feststellen; Glühlampen auswechseln; Schraubsicherungen einsetzen
Anlagenverantwortlicher Arbeitslos	■ muss EFK sein ■ besitzt Weisungsbefugnis auf Führungsebene ■ trägt die unmittelbare Verantwortung für die betreffende Starkstromanlage	DIN VDE 0105-100	Vorbereitung der Arbeitsstelle (z. B. Schalthandlungen, Sicherheitsmaßnahmen); Einweisung in die Anlage; Pflicht zur Sicherheitsüberwachung
Arbeitsverantwortlicher rente Unfall	■ ist in der Regel EFK ■ besitzt Kenntnis der anzuwendenden Normen und erkennt mögliche Gefahren ■ hat Weisungsbefugnis im Rahmen der Arbeiten ■ Benennung eines Arbeitsverantwortlichen erfolgt mündlich und ist bei mehreren tätigen Personen an einer Arbeitsstätte erforderlich. ■ beurteilt durchzuführende Arbeiten	DIN VDE 0105-100	Koordinierung der durchzuführenden Arbeiten sowie Maßnahmen der Arbeitssicherheit unter Einhaltung der relevanten Vorschriften; aufgabenbezogene Unterweisung der Mitarbeiter; Freigabe der Arbeiten an die ausführenden Mitarbeiter

Gefährdung bei Elektroinstallationsarbeiten

- Umgang mit elektrischen Betriebsmitteln
- Arbeiten in gefährdeten Bereichen (z. B. große Höhe)
- Äußere Umwelteinwirkungen und Maschinen (z. B. beim Schleifen)
- Art der Baustelleneinrichtung (z. B. Erste-Hilfe Material)

Gesetzliche Regelung im Arbeitsschutzgesetz (**ArbSchG**) und in der Betriebssicherheitsverordnung (**BetrSichV**) zur

- Regelung der grundlegenden Pflichten des Arbeitgebers,
- Festlegung der Pflichten und Rechte des Arbeitnehmers und
- Überwachung des Arbeitsschutzes durch die zuständigen Behörden und/oder Berufsgenossenschaften (**BGV**).

Pflichten des Arbeitgebers

- Elektrische Anlagen und Betriebsmittel
  - nach den elektrotechnischen Regeln betreiben,
  - nur von einer Elektrofachkraft bzw. unter deren Aufsicht errichten, ändern und instandhalten,
  - auf einen ordnungsgemäßen Zustand prüfen und
  - Mängel unverzüglich beseitigen.
- Erforderliche persönliche Schutzkleidung dem Arbeitnehmer zur Verfügung stellen.
- Sicherheitsrelevante Arbeitsgeräte (z. B. Leitern) in ausreichender Anzahl und technisch einwandfreiem Zustand zur Verfügung stellen.

Pflichten des Arbeitnehmers

- Sicherheitstechnische Bestimmungen am Arbeitsplatz einhalten und Anweisungen befolgen.
- Vor Arbeitsbeginn alle sicherheitsrelevanten Arbeitsgeräte und Hilfsmittel überprüfen.
- Elektrotechnische Bestimmungen einhalten.
- Bei Übertragung der Unternehmerpflichten an die Elektrofachkraft (BGV A1, § 13) deren Einhaltung kontrollieren. Die Übertragung muss schriftlich bestätigt werden.
- Persönliche Schutzausrüstung tragen.

Betriebliches Sicherheitspersonal

Personal	Fachkraft für Arbeitssicherheit (FAS)	Sicherheitsbeauftragter (Sibe)	Betrieblicher Ersthelfer	Brandschutzbeauftragter (BSB)
Merkmale	■ Spezielle Ausbildung durch die Berufsgenossenschaft ■ Keine Weisungsbefugnis ■ Schriftliche Bestellung durch den Arbeitgeber	■ Ist Mitarbeiter des Betriebes ■ Regelmäßige inner- und außerbetriebliche Aus- und Fortbildung ■ Keine Weisungsbefugnis ■ Bestellung durch den Unternehmer	■ Müssen im Betrieb anwesend sein ■ Ausbildung durch ermächtigte Stellen (z. B. DRK) erforderlich ■ Regelmäßige Fortbildung alle zwei Jahre	■ Erkennt und beurteilt Gefahren frühzeitig ■ Besitzt persönliche und fachliche Eignung ■ Keine Weisungsbefugnis ■ Schriftliche Bestellung durch den Arbeitgeber
Aufgaben	■ Ermittelt Unfallrisiken, Gesundheitsgefahren und Sicherheitsrisiken ■ Unterstützt den Arbeitgeber beim Arbeitsschutz	■ Vermeidung von arbeitsbedingten Gesundheitsverfahren im Arbeitsbereich ■ Einwirkung auf Mitarbeiter ■ Mängelfeststellung	■ Versorgung verletzter und erkrankter Personen bis zum Eintreffen professioneller Helfer	■ Unterstützt das Unternehmen im Bereich des vorbeugenden Brandschutzes, z. B. Erstellen eines Brandschutzkonzeptes
Anzahl	■ Arbeitszeit abhängig von der Anzahl der Mitarbeiter und der Gefährdung ■ Beschäftigte < 50: Betreuung in Form von jährlichen Begehungen ■ Beschäftigte > 50: Präventionszeit pro Jahr ist in § 82a Arbeitnehmerschutzgesetz geregelt	■ Mindestzahl ist abhängig von der jeweilig geltenden BGV A1 der Berufsgenossenschaft: – Anzahl Beschäftigte – Gefahrenklasse ■ Beispiel: Elektrobetrieb Gefahrenklasse < 8: 21 ... 100: 1 Sibe 101 ... 200: 2 Sibe 201 ... 350: 3 Sibe	■ Ein Ersthelfer bei 2 bis 20 anwesenden Versicherten (Beschäftigte) ■ Mehr als 20 Versicherte: – 5 % der anwesenden Versicherten (Verwaltung und Handel) – 10 % der anwesenden Versicherten (sonstige Betriebe)	■ Keine allgemeine Pflicht zur Bestellung eines Brandschutzbeauftragten ■ In bestimmten Unternehmen vorgeschrieben, z. B. in Krankenhäusern, Industriebetrieben

Merkmale

- **PSA** (**P**ersönliche **S**chutz**a**usrüstung)
  - Arbeitsmittel, die vom Arbeitgeber bereitgestellt werden.
  - Dienen zur Verminderung von Gefährdungen bei Arbeiten in elektrischen Anlagen (z. B. Instandhaltung TRBS 1112)
  - Anwendung bei Arbeiten **in der Nähe von** bzw. **an unter Spannung stehender Anlagen**.
  - **Kennzeichnung** des zulässigen Anwendungsbereichs, z. B. Eignung für **A**rbeiten **u**nter **S**pannung (**AuS**).
  - **Prüfung** vor jeder Benutzung auf augenfällige Mängel (äußere erkennbare Schäden) durch den Anwender.
  - Beachtung der Prüffristen für Wiederholungsprüfung (siehe BGV A3).

Arten (Auswahl)

Elektrisch isoliertes Handwerkzeug	DIN EN 60900 VDE 0682-201
NH-Sicherungsaufsteckgriff	DIN 57680-4 VDE 0680-4
Elektrisch isolierende Handschuhe	DIN EN 60903 VDE 0682-311
Elektrisch isolierende Schuhe	DIN EN 50321 VDE 0682-331
Elektrisch isolierende Matte	DIN EN 61111 VDE 0682-512
Elektrisch isolierende Abdecktücher	DIN EN 61112 VDE 0682-511
Elektrisch isolierender Arbeitsschutzhelm	DIN EN 50365 VDE 0682-321

Isolierende Handschuhe

- Dienen zum Schutz der Hände gegen gefährliche Körperdurchströmung.
- Sind eingeteilt in Klassen:

Klasseneinteilung (Auszug)				
Klasse	00	0	1	2
Maximale Gebrauchsspannung[1)] in V	500	1000	7500	17000
Prüfspannung in V	2500	5000	10000	20000
Kategorie[2)]	AZC	AZC	AZC	RC
Materialdicke in mm	0,5	1,0	1,5	2,3

[1)] Maximale Gebrauchsspannung ≥ Bemessungsspannung des Netzes. Bei mehrphasigen Netzen: Spannung zwischen den Außenleitern

[2)] Kategoriekennzeichnung: Beständigkeit gegen Säure: A, Ozon: Z, Öl: H, Tiefe Temperaturen (− 25 °C): R: Sammelkennzeichnung (Zusammenfassung) für A+Z+H

Kennzeichnung:

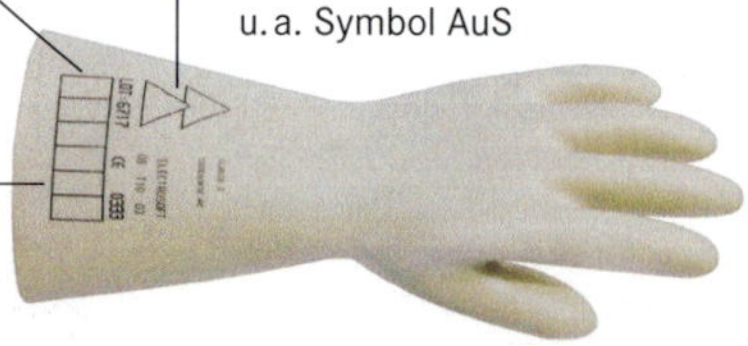

Prüffristen (Wiederholungsprüfung)		
Klassen	grundsätzlich	zeitlich
Klasse 00 und 0	vor Benutzung	keine
Klasse 1 und höher	vor Benutzung	6 Monate

Kennzeichnung

Beispiel: Schraubendreher

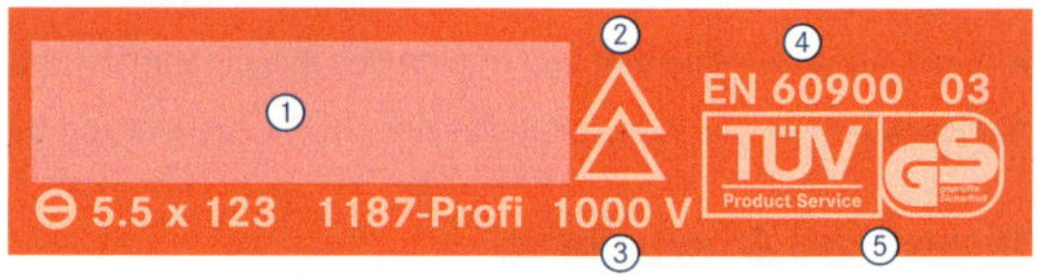

① Herstellername
② Symbol für Eignung zum **Arbeiten unter Spannung** (bis 1000 V AC) ③
④ Internationale Norm, die u. a. den Aufbau von isolierten Werkzeugen beschreibt
⑤ Kennzeichen für technische Arbeitsmittel nach Geräte- und Produktsicherheitsgesetz

NH-Sicherungsaufsteckgriff

- Anwendung:
  Einsetzen oder Herausnehmen von NH-Sicherungseinsätzen

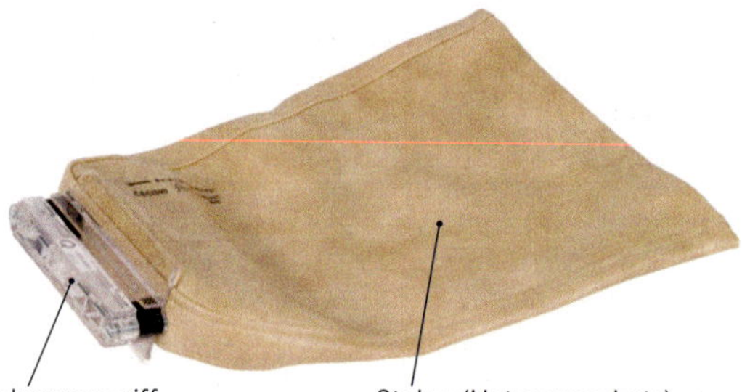

Arbeitsschutzhelm

- Anwendung:
  - Kopfschutz bei z. B. herabfallenden Gegenständen
  - Mit **Gesichtsschutzschirm**, wenn bei Schalthandlungen mit einem Störlichtbogen zu rechnen ist.

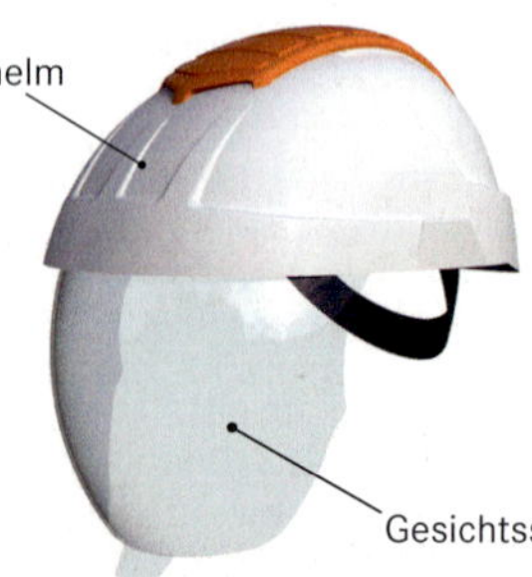

Begriff

Analyse der
- Aufgabenstellung,
- Arbeitsumwelt und
- Mensch-Maschine-Interaktion

mit dem **Ziel**:

- **Verbesserung** der Leistungsfähigkeit und
- **Minderung** der auf den Menschen wirkenden Belastungen.

Mensch-Maschine-Struktur

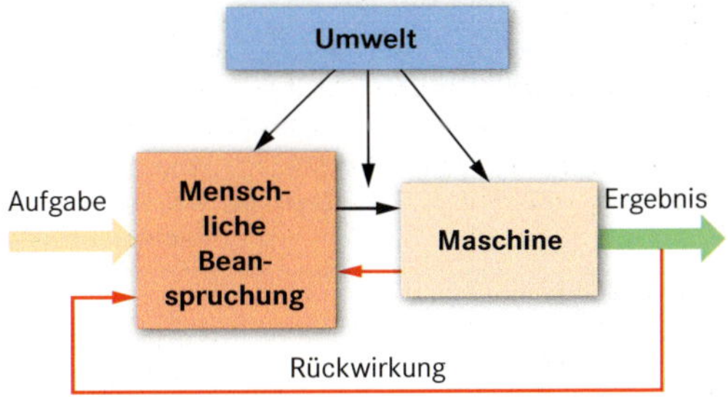

Greifbereich

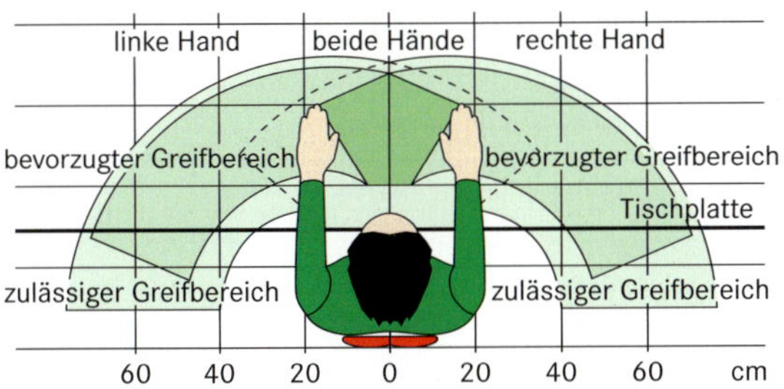

Sehraum

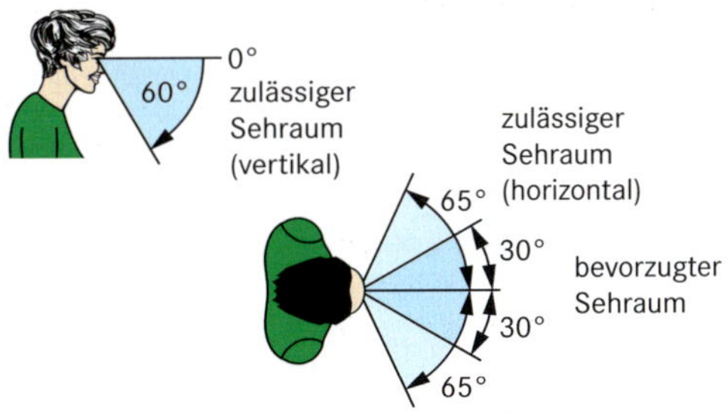

Bildschirmarbeitsplätze

Bestimmungen

- Verordnung über Sicherheit und Gesundheitsschutz bei der Arbeit an Bildschirmgeräten (Bildschirmarbeitsverordnung: **BildscharbV**)
- Arbeitsstätten-Richtlinien (ASR) zur Arbeitsstättenverordnung (ArbStättV)
- Unfallverhütungsvorschriften (UVV)
- Bildschirm- und Büroarbeitsplätze (BGI 650)
  - 7.1 Grundsätzliche Anforderungen an die Gestaltung von Bildschirm- und Büroarbeitsplätzen
  - 7.2 Bildschirm, Tastatur und sonstige Eingabemittel
  - 7.3 sonstige Arbeitsmittel

Checkliste

- Bildschirmgerät (Zeichengröße, flimmerfrei, ...)
- Tastatur (neigbar, Druckpunkt, ...)
- Arbeitsfläche (Größe, Beinfreiheit, ...)
- Arbeitsstuhl (Verstellbarkeit, Rückenabstützung, ...)
- Fußstütze (Größe, Verstellbarkeit, ...)
- Vorlagenhalter (Stabilität, Größe, ...)
- Beleuchtung (Blendfreiheit, flimmerfrei, ...)
- Lärm (Geräuschentwicklung der Geräte, ...)
- Wärme (Einstellbare Heizung, ...)
- Software (Hilfe, Korrektur, Geschwindigkeit, ...)

Stuhl und Arbeitsfläche

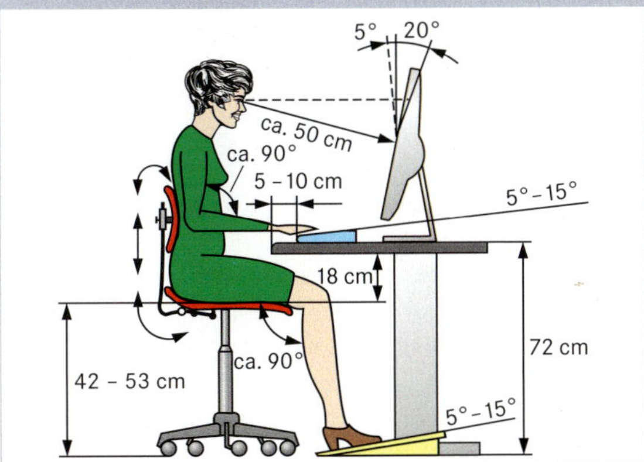

Blendungsabgrenzung

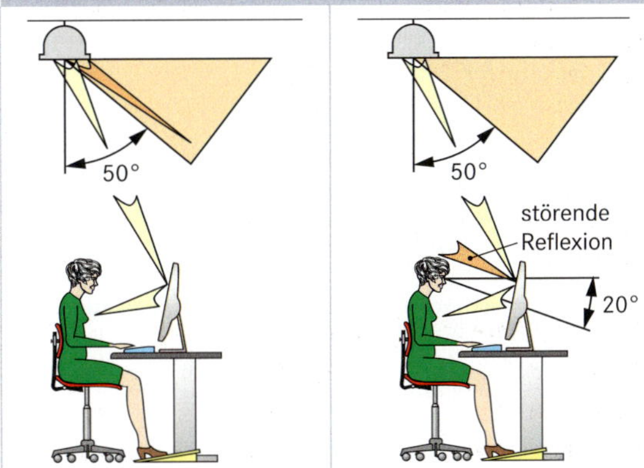

Planvolle Arbeitsorganisation

- **Ziele ergonomischer[1] Arbeitsorganisation**
  - Arbeitsprozesse an menschliche Bedürfnisse anpassen
  - Individueller Gesundheitsschutz
  - Humane Arbeitsplatzgestaltung

- **Gefahren nichtergonomischer[1] Arbeitsorganisation**
  - Körperliche Beschwerden
  - Gefährdung des Sehvermögens, Hörvermögens, ...
  - Psychische Belastungen

[1] Ergonomie = Wissenschaft von der menschlichen Arbeit

Regeln

- **Vermeidung von psychischen Beanspruchungen**
  Abbau von
  - Monotonie
  - sinnlosen Wiederholungen
  - sinnentleerter Arbeit
  - hohem Arbeitstempo und Arbeitsverdichtung
  - Informationsüberflutung
  - sozialer Isolation
  - Lärmbelästigung

- **Vermeidung von einseitiger Arbeit** durch
  - Mischarbeit (abwechslungsreiche Arbeit) und
  - Pausen.

- **Arbeit soll**
  - ausführbar,
  - erträglich,
  - zumutbar und
  - persönlichkeitsfördernd sein.

- **Beachtung der Leistungskurve**

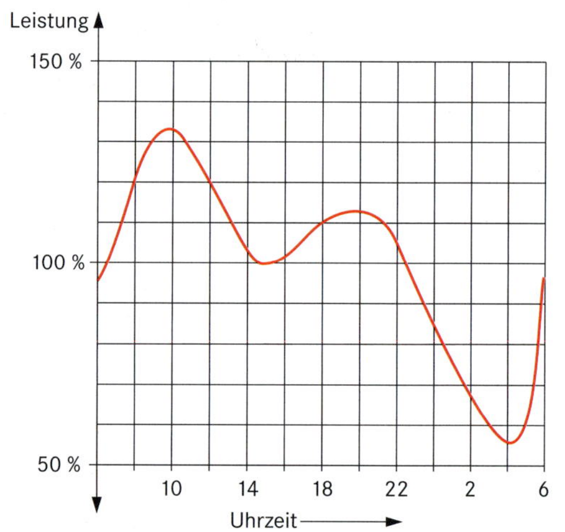

- **Aktivitätsplanung (60:40 Regel)**

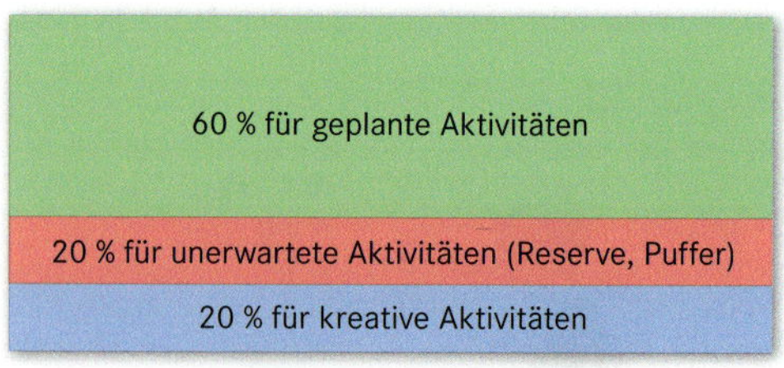

- **Bewertung der Aufgaben nach Wichtigkeit**
  - Äußerst wichtig
    → Ich tue es selbst und delegiere nicht!
  - Durchschnittlich wichtig
    → Ich versuche es fallweise zu delegieren!
  - Weniger wichtig, unwichtig
    → Ich delegiere, verkürze den Aufwand oder streiche das Vorhaben!

Anforderungen für Aufstiegshilfen

Bezeichnung	Tritt ①	Sprossen-/Stufenanlegeleiter ②	Schiebeleiter ohne Seilzug ③	Sprossen-/Stufenstehleiter ④	Stufenstehleiter ⑤	Mehrzweckleiter ⑥
Eigenschaften	Bis 1 m Höhe mit einer zug- bzw. druckfesten Verbindung; obere Fläche zum Betreten geeignet	Leiter ohne eigene Abstützung; wird zur Benutzung angelegt; mit Sprossen oder Stufen	Zwei- oder mehrteilige Sprossenanlegeleiter; obere Leiterteile von Hand ausschiebbar	Zweischenklige freistehende Leiter; einseitig oder beidseitig besteigbar; mit Sprossen oder Stufen	Mit Plattform und Haltevorrichtung; einseitig oder beidseitig besteigbar; mit Sprossen oder Stufen	Stehleiter mit aufgesetzter Schiebeleiter
Spreizsicherung erforderlich (z. B. Gurt)	–	–	–	ja	ja	ja
Benutzerinformation erforderlich	ja	ja	ja	ja	ja	ja
Hinweise	Schenkel fest miteinander verbunden; kein Verschieben beim Betreten	Anlegewinkel: α = 65° ... 75° lichte Weite: min. 280 mm Sprossen-/Stufen-Abstand: 250 mm ... 300 mm	Länge von Sprosse zu Sprosse verstellbar; nur an sicheren Stützpunkten anlegen	Leiterschenkel durch Gelenke verbunden; Sicherung gegen Auseinandergleiten	Leiterschenkel durch Gelenke verbunden; Sicherung gegen Auseinandergleiten; waagerechte Lage der Stufen in Gebrauchsstellung	Verwendung als Schiebeleiter, Stehleiter oder Stehleiter mit aufgesetzter Schiebeleiter

Umgang mit Leitern und Gerüsten

- **Benutzungshinweise**:
  - Die Leiter nach Art und Höhe auswählen.
  - Beim Aufstellen die Standsicherheit beachten.
  - Bei einer Anlegeleiter den Aufstellwinkel von 65° bis 75° kontrollieren.
  - Das Leiterende muss mindestens 1 m über die Austrittstelle hinausragen.
  - Bei einer Stehleiter die Spreizsicherung spannen.
  - Eine Stehleiter nicht als Anlegeleiter verwenden.
  - Leitern nicht hinter Türen aufstellen.
  - Keine Arbeiten weit vom seitlichen Rand der Leiter ausführen (Kippgefahr).
  - Leiter nach Möglichkeit durch eine zweite Person sichern.
- **Prüfung und Instandhaltung**:
  - Der Unternehmer sorgt für den ordnungsgemäßen Zustand sowie die regelmäßig wiederkehrende Prüfung.
  - Die Prüfung wird an der Leiter durch eine Prüfplakette dokumentiert.
  - Bei der Prüfung sollte insbesondere auf folgende Punkte geachtet werden:
    Beschädigung, Verformung bzw. Verschleiß, ordnungsgemäße Funktion der Verbindungsstelle und fehlende Bauteile
  - Kleinere Instandsetzungsarbeiten (z. B. Austausch der Leiterfüße, Austausch von geschraubten Sprossen) können auch von sachkundigem Personal vorgenommen werden.

Beurteilung der Arbeitsbedingungen beim Heben und Tragen von Lasten

1. Lastwichtung

Wirksame Last für Frauen	Wirksame Last für Männer	Lastwichtung
< 5 kg	< 10 kg	1
5 kg ... 10 kg	10 kg ... 20 kg	2 ①
10 kg ... 15 kg	20 kg ... 30 kg	4
15 kg ... 25 kg	30 kg ... 40 kg	7
> 25 kg	> 40 kg	25

2. Ausführungswichtung

Ausführungsbedingungen	Wichtung
gute ergonomische Bedingungen (z. B. ausreichend Platz)	0
Bewegungsfreiheit eingeschränkt (z. B. geringe Arbeitshöhe und -fläche)	1 ②
Bewegungsfreiheit stark eingeschränkt	2

3. Haltungswichtung

Lastposition und Körperhaltung		Haltungswichtung
	▪ Oberkörper aufrecht und nicht verdreht ▪ Last am Körper	1
	▪ geringe Vorneigung oder Verdrehung des Körpers ▪ Last am Körper bzw. körpernah	2
	▪ tiefes Beugen oder weites Vorneigen ▪ Last körperfern oder über Schulterhöhe	4 ③
	▪ weites Vorneigen mit gleichzeitigem Verdrehen des Oberkörpers ▪ Last körperfern ▪ hocken oder knien	8

4. Zeitwichtung

Tragen (> 5 m)		Halten (> 5 s)		Hebe- oder Umsetzvorgänge	
Gesamtweg pro Arbeitstag	Zeitwichtung	Gesamtdauer pro Arbeitstag	Zeitwichtung	Anzahl pro Arbeitstag	Zeitwichtung
< 300 m	1	< 5 min	1	< 10	1
300 m ... 1 km	2	5 min ... 15 min	2	10 ... 40	2
1 km ... 4 km	4	15 min ... 1 h	4	40 ... 200	4
4 km ... 8 km	6	1 h ... 2 h	6	200 ... 500	6 ④
8 km ... 16 km	8	2 h ... 4 h	8	500 ... 1000	8
> 16 km	10	> 4 h	10	> 1000	10

5. Bewertung

Beispiel: Umsetzen von 300 Leuchten (12 kg) in 1,50 m Höhe

	2 ①	Lastwichtung
+	1 ②	Ausführungswichtung
+	4 ③	Haltungswichtung
=	7	× 6 ④ Zeitwichtung = 42 Punktwert →

Punktwert	Beschreibung
< 10	geringe Belastung
10 ... 25	erhöhte Belastung
25 ... 50	wesentlich erhöhte Belastung
> 50	hohe Belastung

Der tätigkeitsbezogene Punktwert gibt Aufschluss über die jeweilige Belastung.
Bei einem Punktwert > 10 sind Maßnahmen (Gewichtsverminderung, geringe zeitliche Belastung) erforderlich.

[1] Verordnung über Sicherheit und Gesundheitsschutz bei der manuellen Handhabung von Lasten bei der Arbeit

Technische Dokumentation und Formeln

12

Schaltzeichen

Formeln

Normen

- Normen sind anerkannte und veröffentlichte Regeln zur Lösung von Sachverhalten.
- Durch Einbeziehung in Rechts-/Verwaltungsvorschriften oder Privatwirtschaftliche Verträge können diese verbindlich werden.
- Normen werden in festgelegten Verfahren verabschiedet.
- Internationale Normung dient dem Abbau von Handelshemmnissen.
- Internationale Normen werden europäischen Normungsgremien zur Übernahme vorgeschlagen.
- EU-Normen sind durch EWG-Vertrag auch für Deutschland bindend und entsprechen DIN-Normen.

Elektro- und informationstechnische Normungsgremien

International	Europäisch	National
■ **IEC** **I**nternational **E**lectrotechnical **C**omission, Genf - Wird gebildet aus Mitgliedern nationaler Normungsgremien (z. B. DKE). - Erstellt Standards als Basis für nationale Normung oder internationale Verträge. - www.iec.ch	■ **CENELEC** **C**omité **E**uropéen de **N**ormalisation **Elec**trotechnique, Brüssel - Mitglieder sind nationale Normungsinstitute der EU (z. B. DKE) - Erstellt Standards für die Umsetzung in nationale europäische Normen. - www.cenelec.org	■ **DKE** **D**eutsche **K**ommission **E**lektrotechnik Elektronik Informationstechnik im DIN und VDE - Ist ein Organ von DIN und VDE (Träger) - Erstellt nationale Normen und vertritt Deutschland in europäischen und internationalen Gremien. - www.dke.de

VDE-Vorschriftenwerk

- Wird vom DKE erarbeitet und herausgegeben.
- Die Bezeichnung von VDE-Vorschriften ist gegliedert nach Herausgeber (VDE, DIN VDE), Gruppe (0–8), Unternummerierung der Gruppen und Teilen.

Kennzeichnungsbeispiel

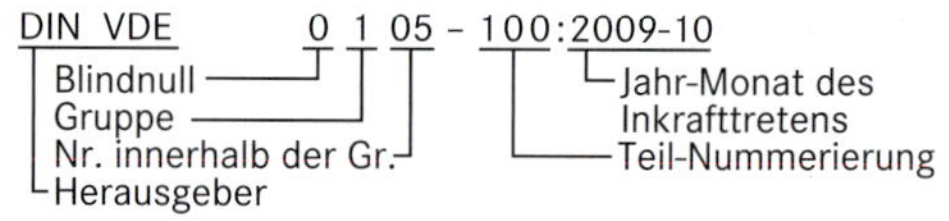

Gruppen des VDE-Vorschriftenwerkes

0 Allgemeines 1 Starkstromanlagen 2 Starkstromleitungen und -kabel	3 Isolierstoffe 4 Messung und Prüfung 5 Maschinen, Transformatoren, Umformer	6 Installationsmaterial, Schaltgeräte, 7 Hochspannungsgeräte 8 Verbrauchsgeräte, Fernmelde- und Rundfunkanlagen

Auswahl wichtiger VDE-Vorschriften

VDE 0100	Bestimmungen für das Errichten von Starkstromanlagen bis 1000 V
VDE 0105	Betrieb von elektrischen Anlagen
VDE 0185	Blitzschutz
VDE 0800	Fernmeldetechnik
VDE 0805	Einrichtungen der Informationstechnik
VDE 0808	Signalübertragung auf elektrischen Niederspannungsnetzen im Frequenzbereich von 3 kHz bis 148,5 kHz
VDE 0820	Geräteschutzsicherungen
VDE 0824	Elektrische Systemtechnik für Heim und Gebäude
VDE 0830	Alarm-/ Einbruchmeldeanlagen
VDE 0838 VDE 0834 VDE 0847	Elektromagnetische Verträglichkeit
VDE 0887	Koaxialkabel für Kabelverteilanlagen
VDE 0888	Lichtwellenleiterkabel

Kartesisches Koordinatensystem

Bezeichnungen

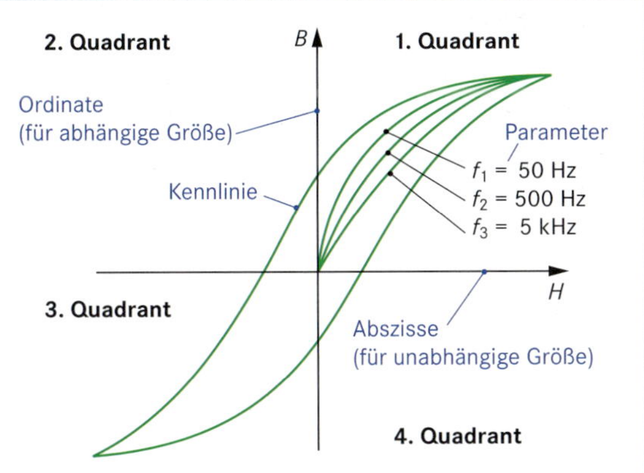

Achsenbeschriftung

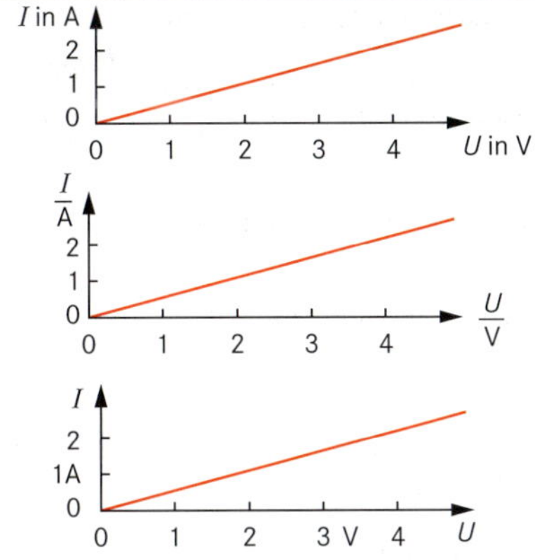

Normierte Achse

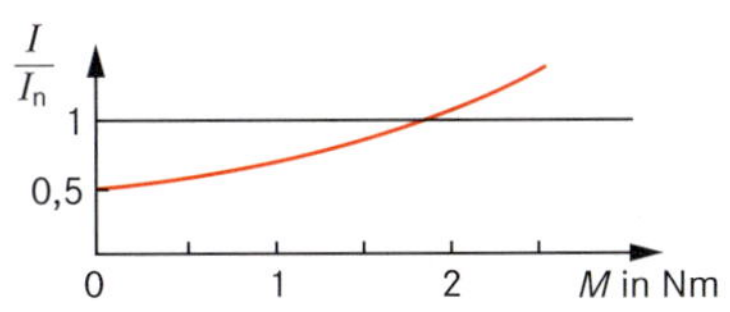

$\frac{I}{I_n}$: Stromstärke I bezogen auf Bemessungsstromstärke I_n

Linienbreiten

Kennlinie	:	Achse	:	Gitternetz
1	:	0,5	:	0,25

Beispiel: 0,7 mm : 0,35 mm : 0,2 mm

Unterbrochene Achsen

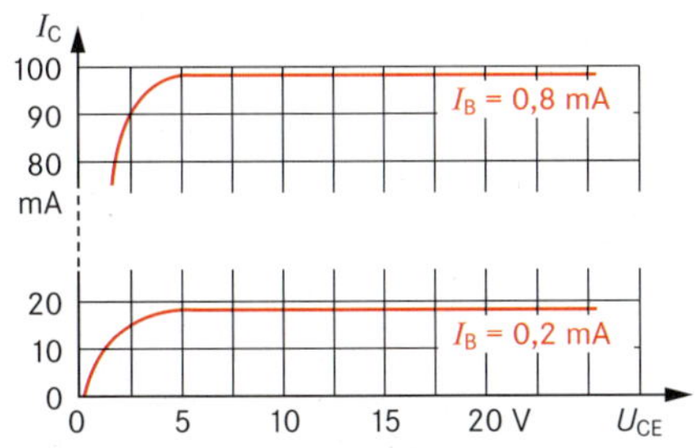

(dekadisch) logarithmische Teilung

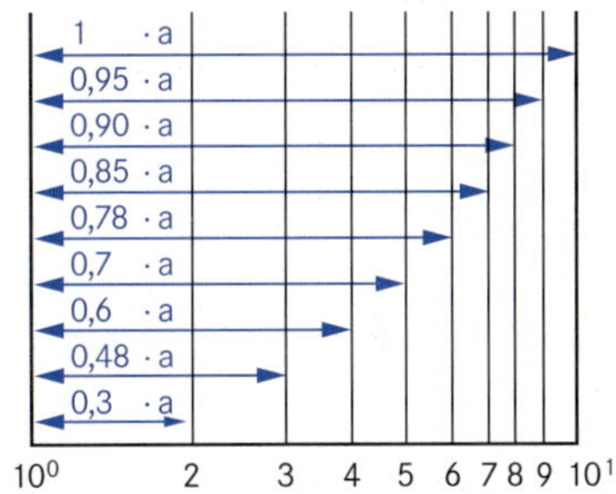

Polarkoordinaten

- Darstellung von Größen in Abhängigkeit von Winkeln und Abstand vom Pol

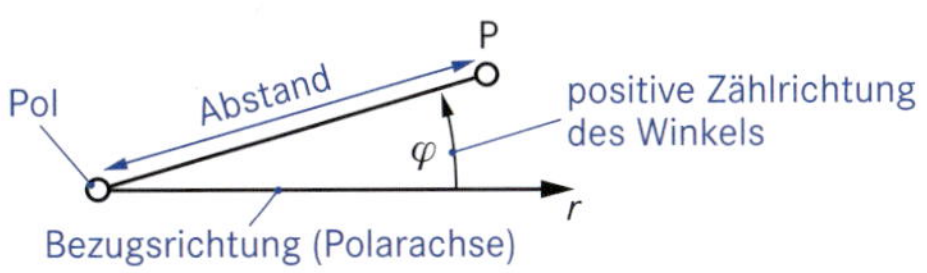

- Anwendungen:
  Richtcharakteristiken, Lichtstärkeverteilungskurven (LVK)

Beispiel: LVK einer Reflektorlampe 60 W/80°

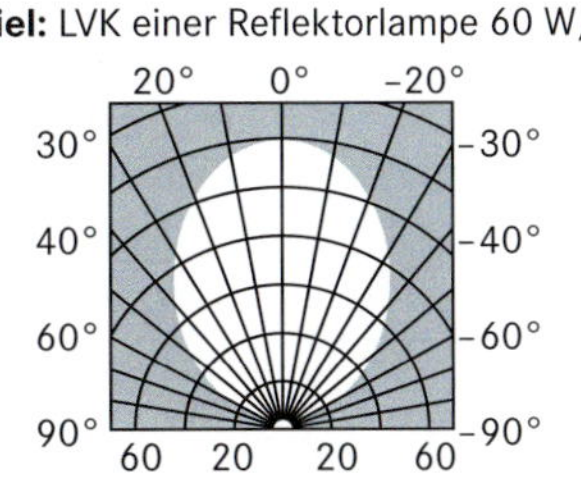

$\frac{\text{cd}}{1000\ \text{lm}}$

Netztafeln

Lösen von Aufgaben der Typen

- $y = \frac{x}{a}$ **Beispiel:** $I = \frac{U}{R}$
- $y = \frac{a}{x}$ **Beispiel:** $I = \frac{P}{U}$

Ablesebeispiele:

- $R = 500\ \Omega$;
  $U = 20\ \text{V} \rightarrow I = 40\ \text{mA}$
- $P = 0{,}9\ \text{W}$;
  $U = 30\ \text{V} \rightarrow I = 30\ \text{mA}$

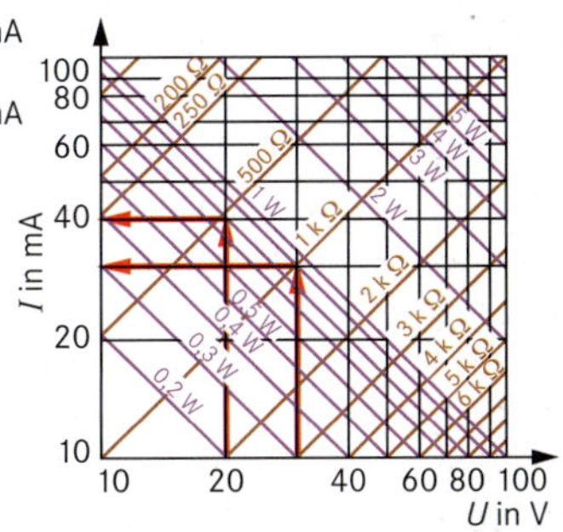

Blattformate

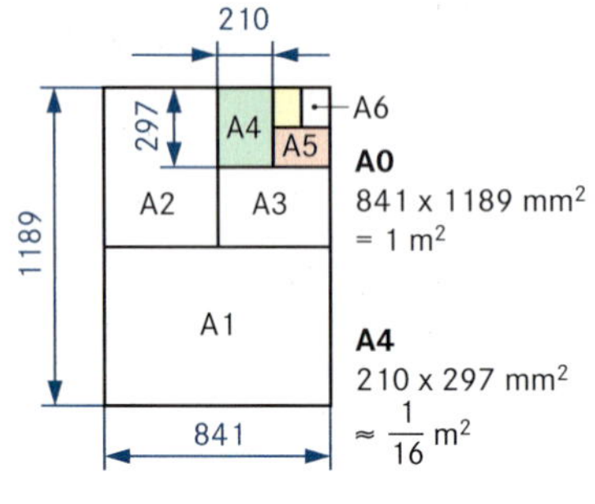

Maße in mm

Schriftfeld

EN ISO 7200: 2004-05

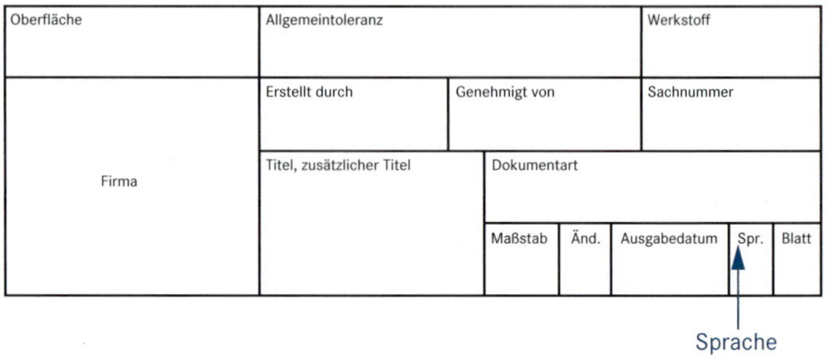

Darstellungsarten

Dimetrische Projektion

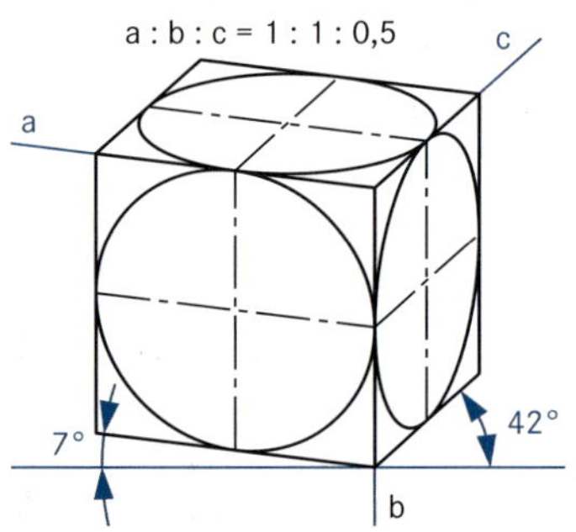

Drei Ansichten

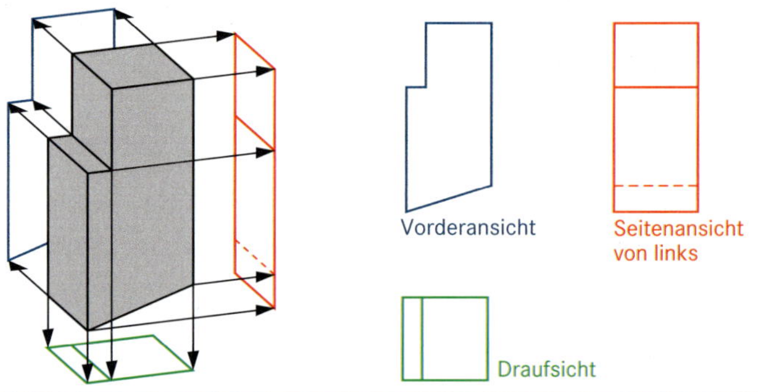

Linien

Linienart	Volllinie		Strichlinie		Strichpunktlinie		Freihandlinie	Zickzacklinie	Strich-Zweipunktlinie
	breit	schmal	breit	schmal	breit	schmal	schmal	schmal	schmal
Kennbuchstabe	A	B	E	F	J	G	C	D	K
Linienbreiten in mm	1 0,7 0,5	0,5 0,35 0,25	1 0,7 0,5	0,5 0,35 0,25	1 0,7 0,5	0,5 0,35 0,25	0,5 0,35 0,25	0,5 0,35 0,25	0,5 0,35 0,25
Anwendungsbeispiele	sichtbare Körperkanten ②, Gewindebegrenzung ⑤	Maßlinie ③, Maßhilfslinie ⑧, Schraffur ④, Gewindelinie ⑥	Kennzeichnung von Oberflächenbehandlung ⑩	verdeckte Körperkanten ⑨	Schnittverlauf ⑪	Mittellinie ⑬	Bruchlinie ⑦	Bruchlinie (alternativ zu C)	angrenzende Teile ①, Grenzstellung beweglicher Teile ⑫

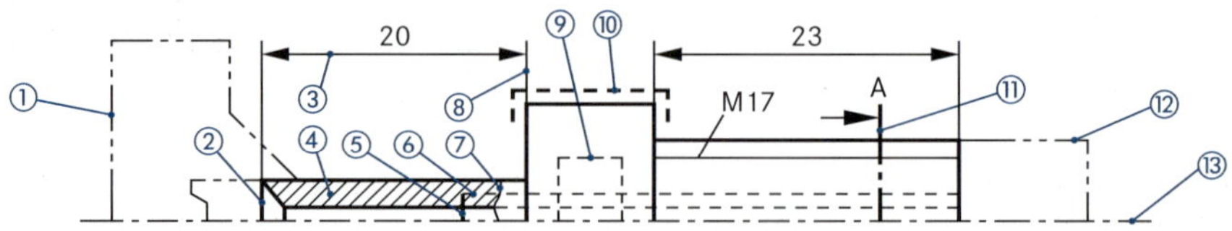

Bemaßungen

Regeln

- Keine Doppelbemaßung
- Keine Bemaßung an verdeckten Kanten
- Maß in der Ansicht, in der es am deutlichsten zu sehen ist
- Maßzahlen von unten oder von rechts lesbar
- Maßlinien sollen sich nicht kreuzen
- Keine Maße im markierten Bereich

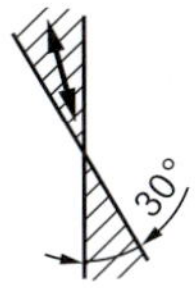

Begriffe

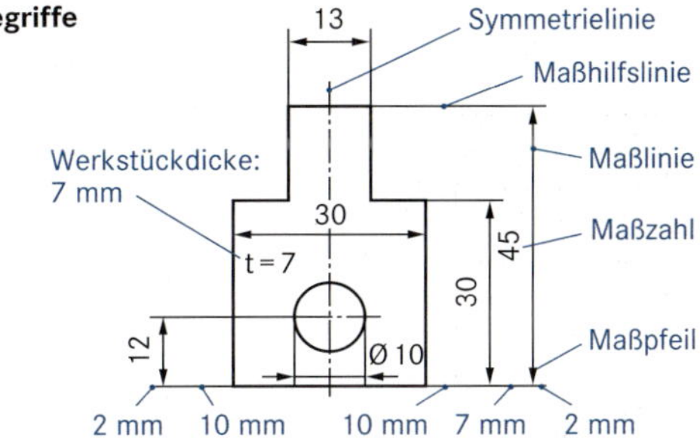

Bohrungen

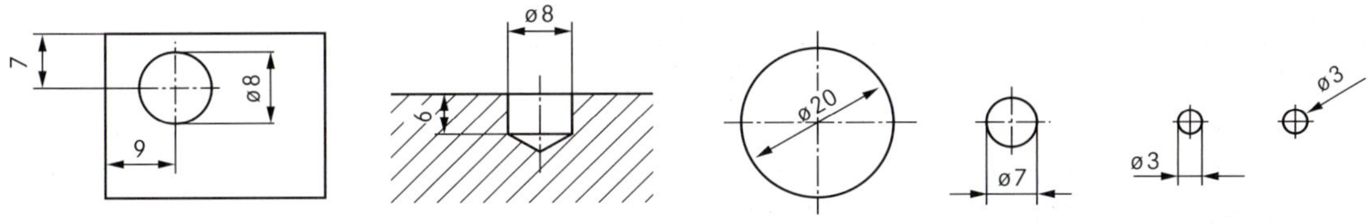

Gewinde

Sechskant-Schraube

Vereinfachte Darstellung (ohne Fasen)

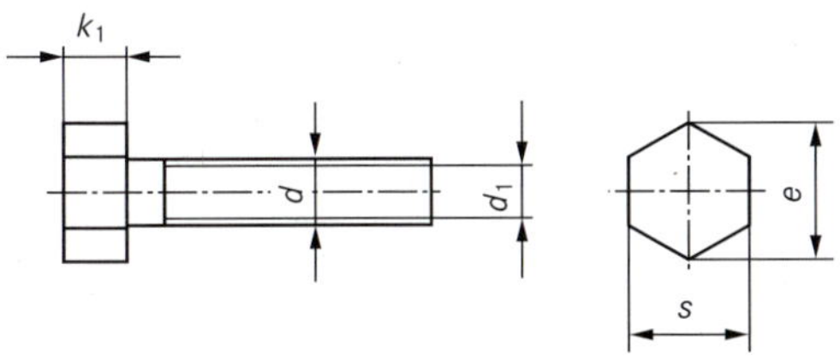

Richtwerte zum Zeichnen:

Eckmaß	$e = 2 \cdot d$	$d_1 = 0{,}8 \cdot d$
Schlüsselweite	$s = 1{,}7 \cdot d$	$k_1 = 0{,}7 \cdot d$

Innengewinde

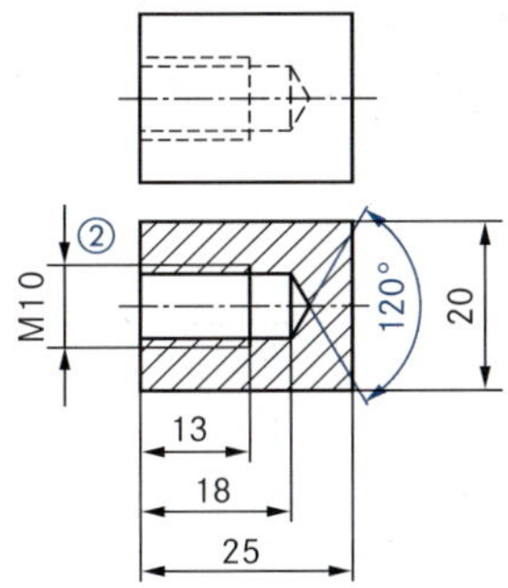

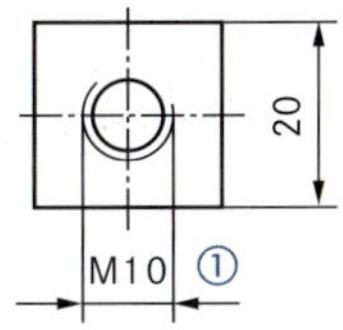

Darstellungsarten:
entweder ①
oder ②

Schnitte

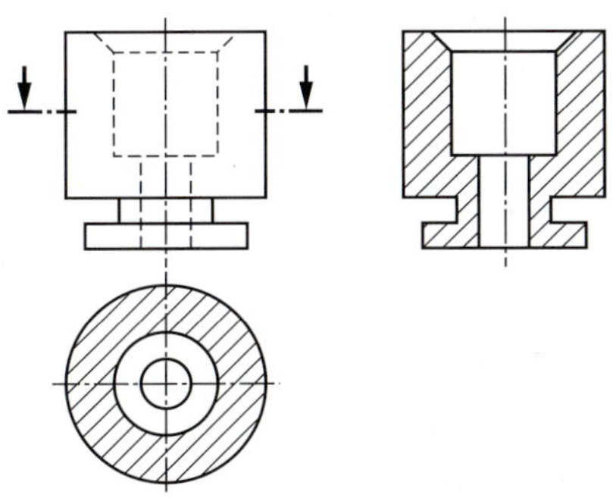

In Schnittdarstellungen werden keine verdeckten Körperkanten eingezeichnet.

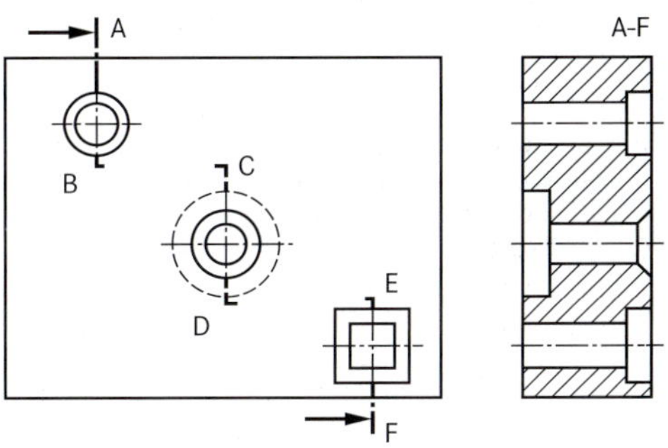

Normteile (s. o.) werden im Schnitt als Ansicht gezeichnet.

Beispiel: Grundriss einer Wohnung

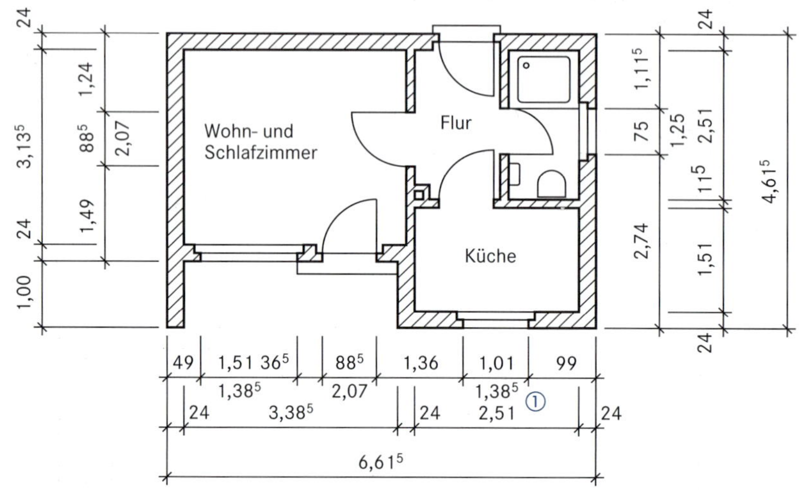

Hinweise:

- Maße werden üblicherweise in cm und m angegeben.
- Höhen von Fenstern und Türen werden direkt unter der Maßlinie angegeben ①.
- Öffnungsart von Fenstern wird im Grundriss nicht angegeben.
- Durchlässe können als Bruch bemaßt werden (Breite/Höhe).

Öffnungsarten

Flügelart	Türen im Grundriss	Türen und Fenster in der Ansicht	Flügelart	Türen im Grundriss	Türen und Fenster in der Ansicht
Drehflügel	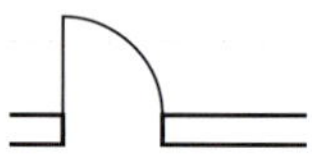	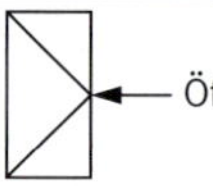	Schwingflügel		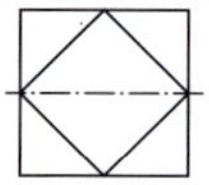
Kippflügel		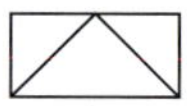	Schiebeflügel	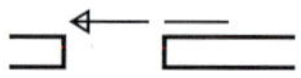	
Klappflügel			Hebe-Schiebeflügel		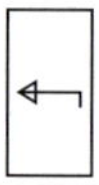
Dreh-Kippflügel			Drehtür	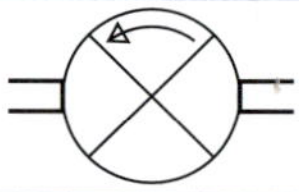	
Hebe-Drehflügel	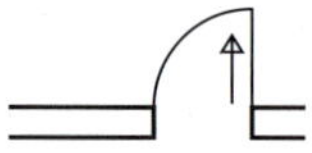		Falltür		

Treppen im Grundriss

Einläufige Treppe mit Zwischenpodest	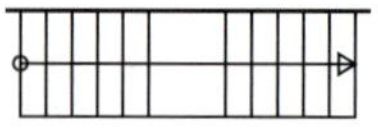
Zweiläufige Treppe	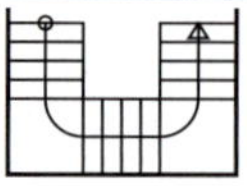
Treppenlauf horizontal geschnitten	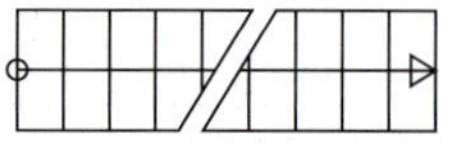

Schächte im Grundriss

Schornsteine	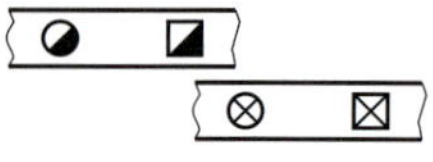
Aufzug	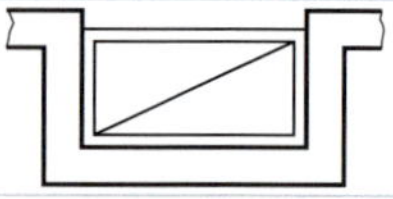
Lüftung	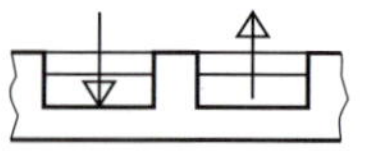

Anwendungsart: funktionsbezogen

- Betriebsmittel und Leitungen sind mit allen Anschlüssen und Klemmen dargestellt.

Darstellungsart: mehrpolig

- Alle Adern sind dargestellt.

Zusammenhängende Darstellung — Abb. A

- Schaltzeichen werden als Einheit dargestellt.

Beispiel:
Q1 ①

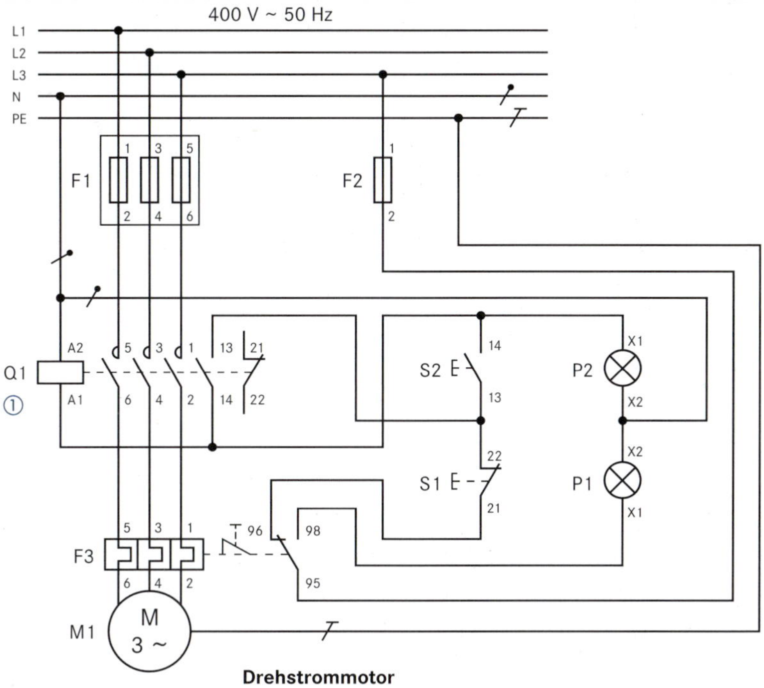

Drehstrommotor

Aufgelöste Darstellung — Abb. B

- Schaltzeichen werden in Teile aufgelöst dargestellt, um den Schaltplan übersichtlich zu gestalten.

Beispiel:
Q1 ②③④

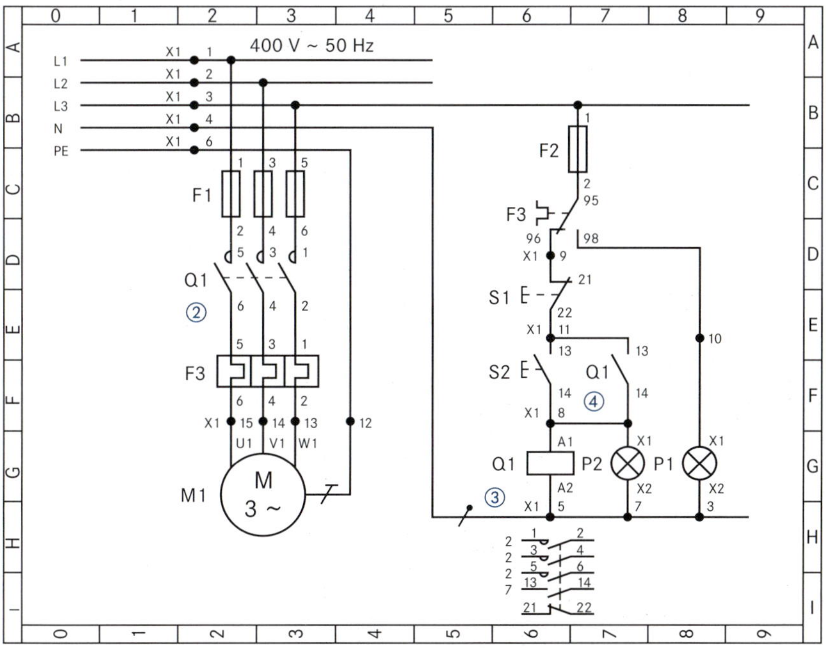

Drehstrommotor

Anwendungsart: funktionsbezogen

Darstellungsart: einpolig zusammenhängend

- Die wichtigsten Betriebsmittel und deren Verbindungen sind dargestellt.

Abb. C

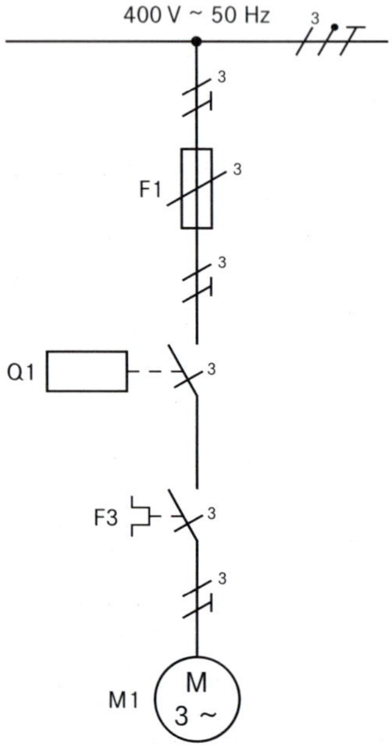

Drehstrommotor

Abb. D

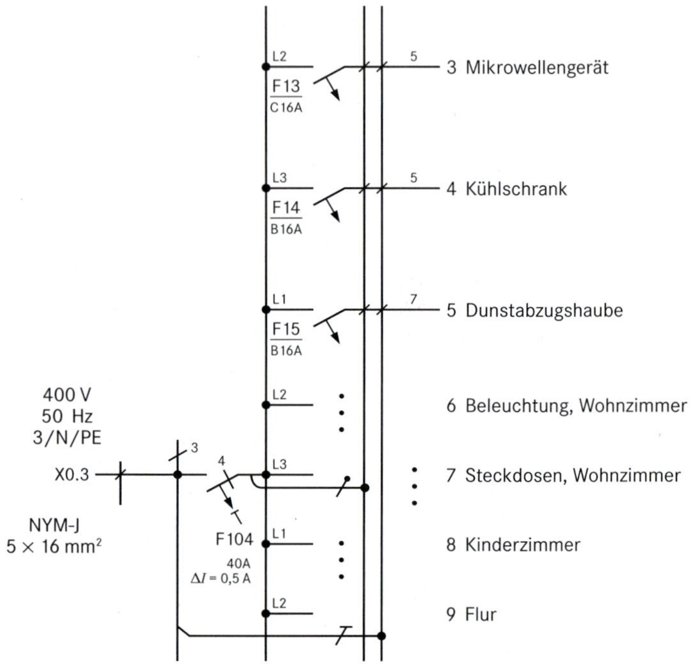

Stromkreisverteiler

Netzwerkkarte

Abb. E

- Gebäude und Leitungen sind in einer Karte lagerichtig dargestellt.

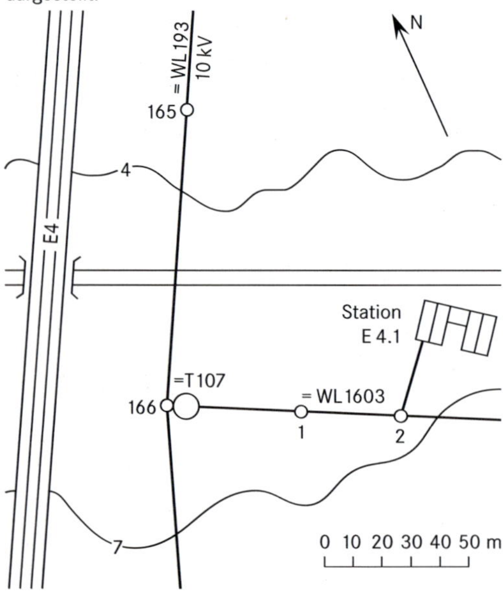

Hochspannungs-Freileitung

Blockschaltplan

Abb. F

- Funktionseinheiten der Betriebsmittel sind als Blocksymbole dargestellt.

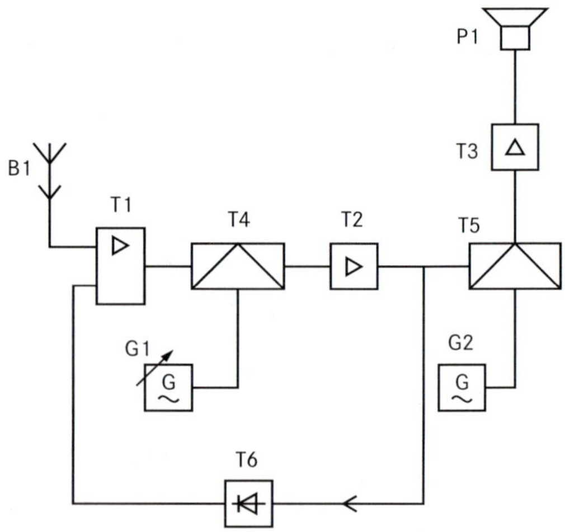

Funkempfänger

Logik-Funktionsschaltplan — Abb. G

- Verhalten von Steuerungs- und Regelungssystemen ist beschrieben.

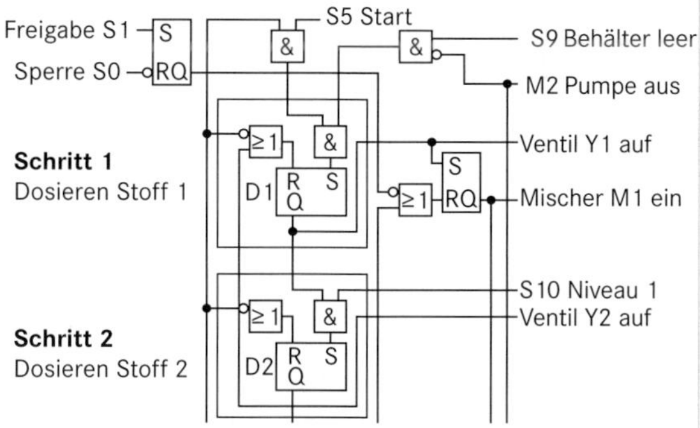

Mischanlage

Ablaufdiagramm — Abb. J

- Verhalten der Anlage ist in Abhängigkeit von Schritten beschrieben.

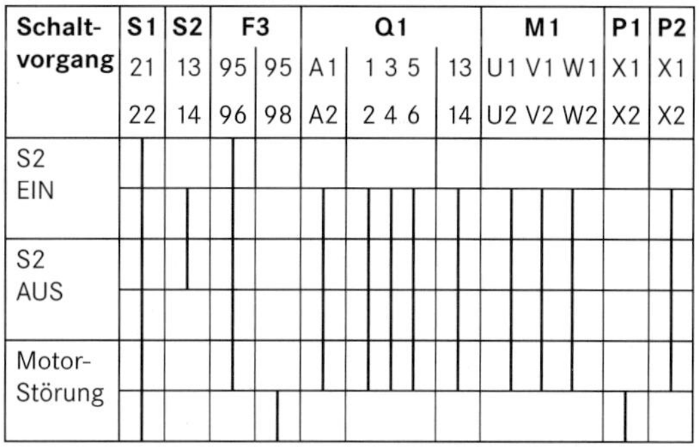

Drehstrommotor

Anschluss-Funktionsschaltplan — Abb. H

- Anschlusspunkte und die interne Funktion der Einheit sind dargestellt.

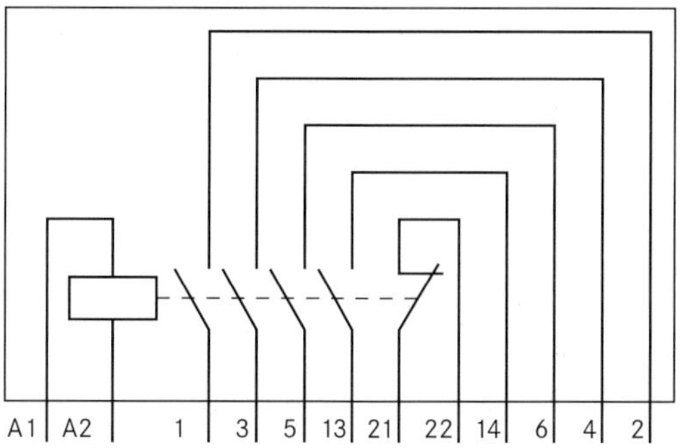

Hauptschütz Q1

Zeitablaufdiagramm — Abb. K

- Verhalten der Anlage ist in Abhängigkeit von der Zeit dargestellt.

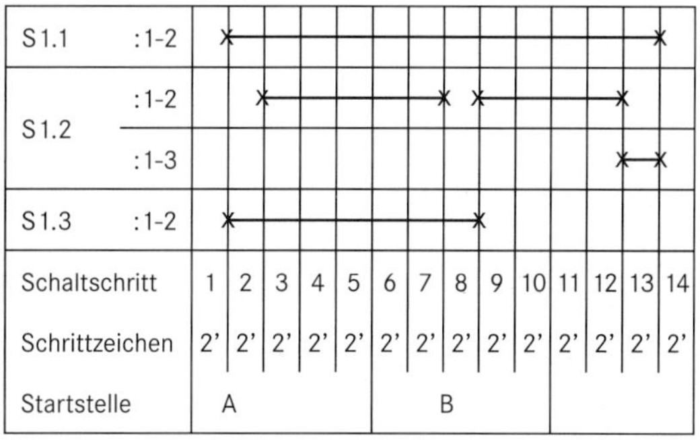

Schaltwerk einer Waschmaschine

Funktionsschaltplan — Abb. I

- Arbeitsweise der Anlage ist mit Hilfe von informationstechnischen Symbolen erläutert ohne Angabe der technischen Realisierung.

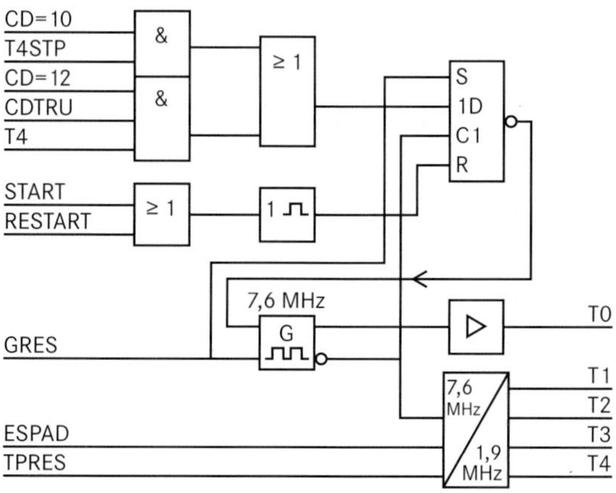

Taktgeber

Funktionsplan — Abb. L

- Verhalten von Steuerungs- bzw. Regelungssystemen ist mit Hilfe von Schritten beschrieben ohne Angabe der technischen Realisierung.

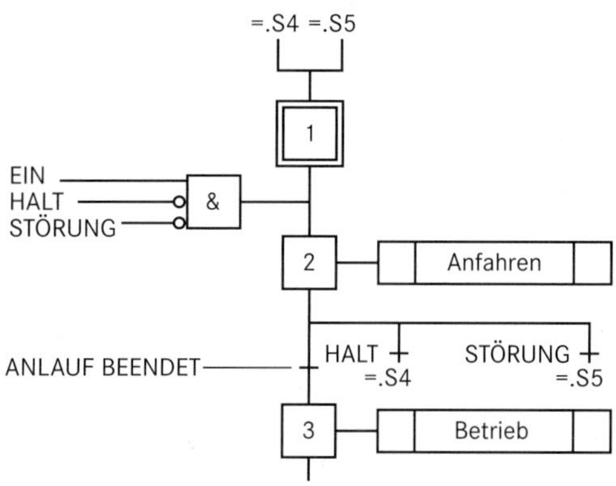

Motorsteuerung

Anwendungsart: verbindungsbezogen | Darstellungsart: mehrpolig

Geräteverdrahtungsplan — Abb. M

- Verdrahtung in einem Gerät ist mit allen Betriebsmitteln und deren Klemmen dargestellt.

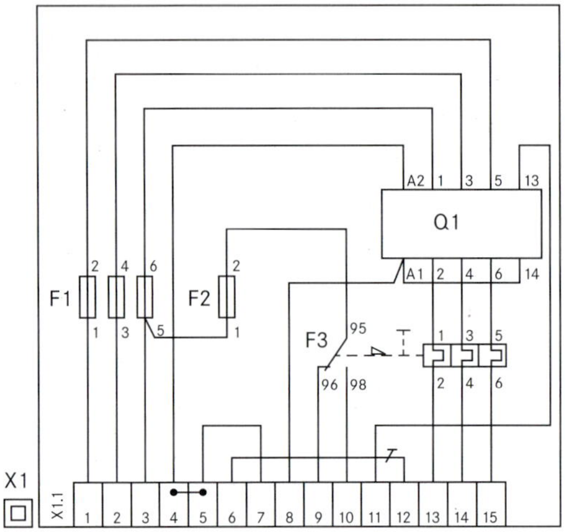

Schaltschrank X1
(hierzu auch Abbildung A)

Anschlussplan — Abb. O

- Verbindungen der Klemmen von der Baueinheit nach innen und außen sind dargestellt.

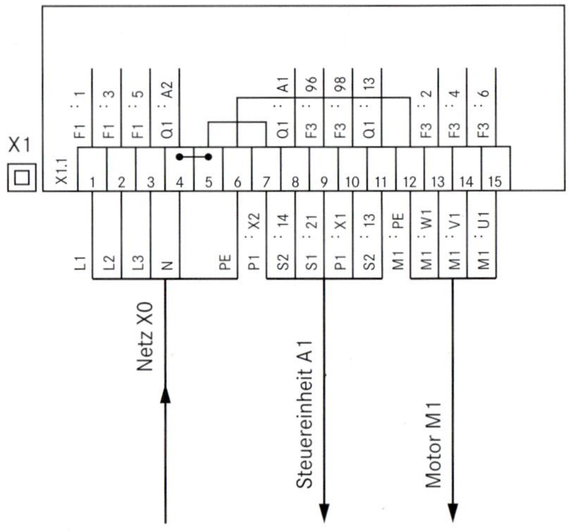

Schaltschrank X1
(hierzu auch Abbildung A)

Verbindungsplan — Abb. N

- Verbindungen zwischen den Klemmen der Baueinheiten sind dargestellt.

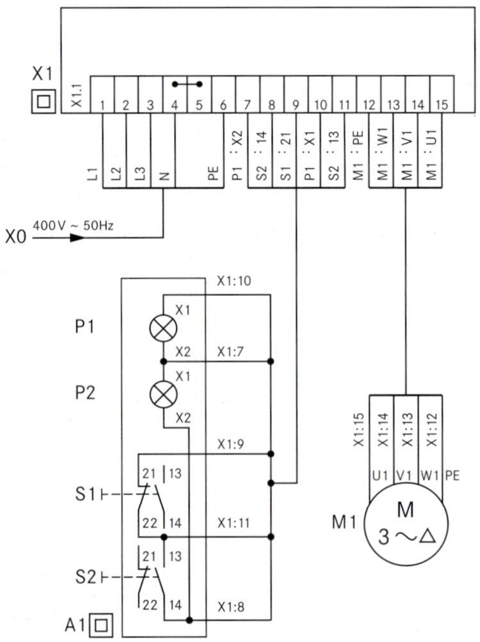

Schaltschrank X1
(hierzu auch Abbildung A)

Anschlusstabelle — Abb. P

- Verbindungen der Klemmen einer Baueinheit nach innen und außen sind dargestellt.

Klemmleiste: X1.1

Kabel		Ziel				Ziel		Kabel	
Nr.	Ader	Klemme	Betriebs-mittel	Lasche	Klemme	Betriebs-mittel	Klemme	Nr.	Ader
		1	F1		1	X0	L1	1	1
		3	F1		2	X0	L2	1	2
		5	F1		3	X0	L3	1	3
		A2	Q1		4	X0	N	1	4
		7	X1.1		5				
		12	X1.1		6	X0	PE	1	5
		5	X1.1		7	P1	2	1	6
		A1	Q1		8	S2	14	1	7
		96	F3		9	S1	21	1	8
		98	F3		10	P1	1	1	9
		13	Q1		11	S2	13	1	10
		6	X1.1		12	M1	PE	2	gnge
		2	F3		13	M1	W1	2	1
		4	F3		14	M1	V1	2	2
		6	F3		15	M1	U1	2	3

Schaltschrank X1
(hierzu auch Abbildung A)

Kabelplan — Abb. Q

Anwendungsart: verbindungsbezogen
Darstellungsart: einpolig

- Kabelführungen sind mit den Aderbelegungen dargestellt.

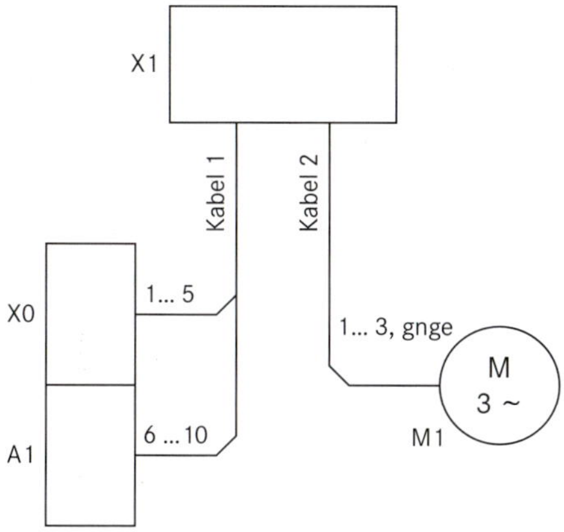

Drehstrommotor
(hierzu auch Abbildung A)

Anordnungsplan — Abb. S

Anwendungsart: ortsbezogen
Darstellungsart: zusammenhängend

- Betriebsmittel sind als geometrische Figuren lagerichtig dargestellt.

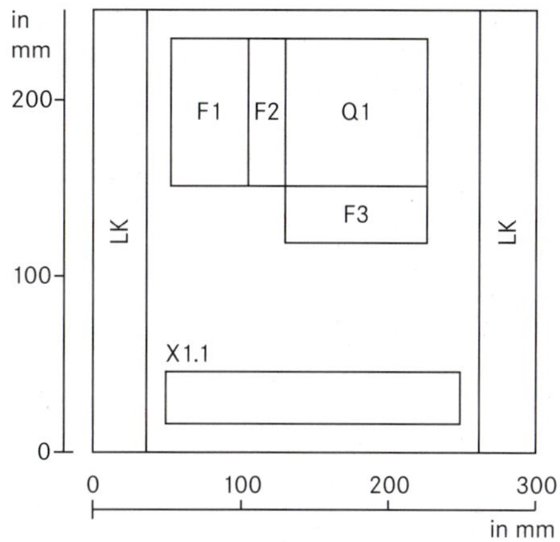

Schaltschrank X1
(hierzu auch Abbildung A)

Installationsplan — Abb. R

Anwendungsart: ortsbezogen

- Betriebsmittel sind in Grundrissen lagerichtig dargestellt, dabei werden die betreffenden Stromkreise ① angegeben.

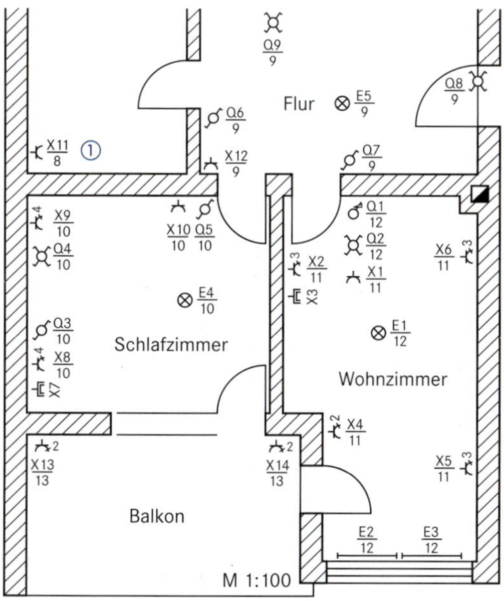

Wohnungsinstallation

Installationsschaltplan — Abb. T

Darstellungsart: einpolig zusammenhängend

- Leitungsführung zwischen Betriebsmitteln ist zusätzlich dargestellt.

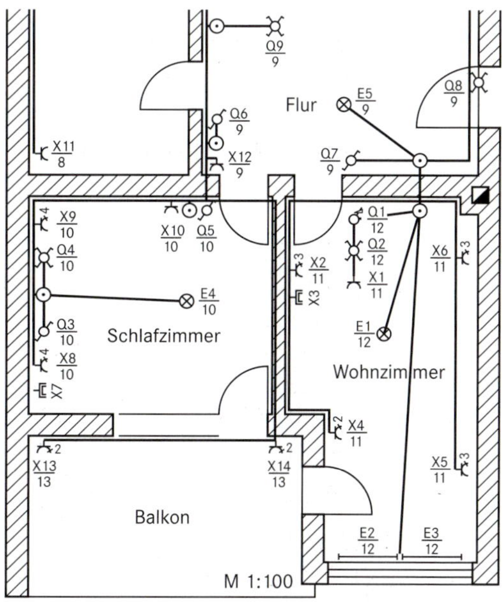

Wohnungsinstallation

Kontaktplan (KOP)

- Arbeitsweise der Anlage wird mit stromlaufplanähnlichen Symbolen erläutert ohne Angabe der technischen Realisierung.

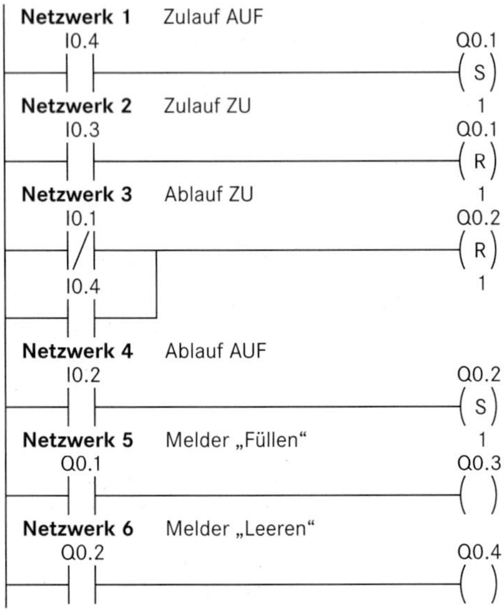

Behältersteuerung

Funktionsbaustein (FBS)

- Arbeitsweise der Anlage wird mit Funktionsbausteinen erläutert ohne Angabe der technischen Realisierung.

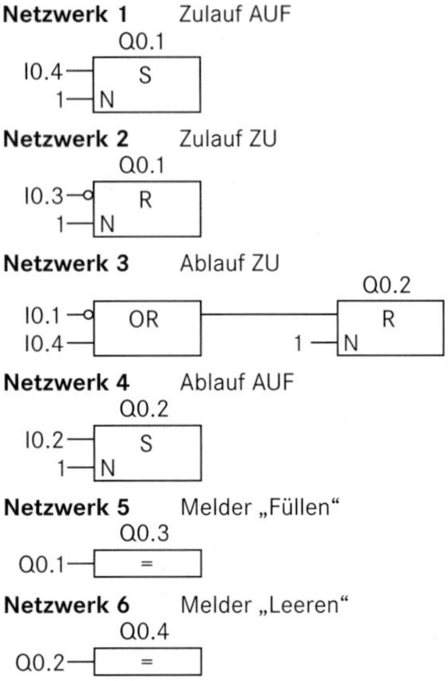

Behältersteuerung

Flussdiagramm

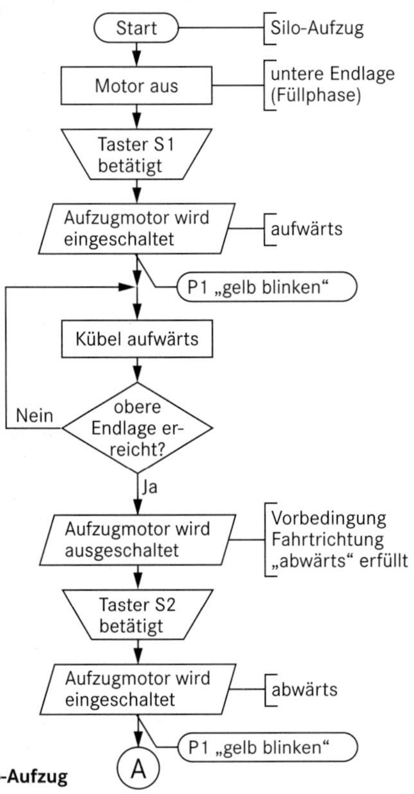

Silo-Aufzug

Bildzeichen für Flussdiagramme

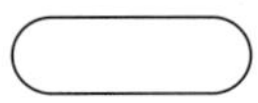	Optische oder akustische Anzeige eines Zustandes, z. B. „P1 blinken“
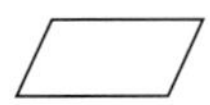	Eingabe oder Ausgabe, z. B. „Motor 2 wird eingeschaltet“
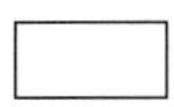	Operation, Anzeige eines Zustandes, z. B. „Motor 2 läuft“
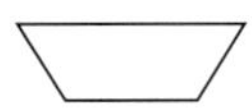	Operation von Hand, z. B. „Taster 1 betätigt“
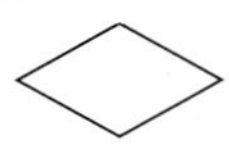	Bedingung (Verzweigung), z. B. „obere Endlage erreicht?“
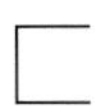	Kommentar (Bemerkung), z. B. „untere Endlage“
	Übergangsstelle oder Abbruch als Hilfe, z. B. um Linienkreuzungen zu vermeiden
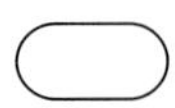	Grenzstelle, z. B. „Start“
	Ablauflinienverzweigung
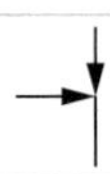	Ablauflinienzusammenführung

Strukturierung

- Zur Kennzeichnung der elektrischen Betriebsmittel werden diese in eine Struktur eingebunden.
- Mit Hilfe dieser Struktur ist die Information über das System und dessen Dokumente organisiert, eine Navigation im System ist möglich und **Referenzkennzeichen** können gebildet werden.
- Die Strukturierung erfolgt in Form eines hierarchischen Baumes:
  - **Produktionsbezogen** (Vorzeichen: **-**)
    Die Struktur gibt den mechanischen und technischen Aufbau des Systems wieder.
  - **Funktionsbezogen** (Vorzeichen: **=**)
    Die Objekte werden entsprechend der Funktion unabhängig von der Realisierung beschrieben.
  - **Ortsbezogen** (Vorzeichen: **+**)
    Die räumliche Anordnung der Objekte (Platz, Raum, Gebäude, Gelände, usw.) wird dargestellt.
- Alle Objekte eines Systems sollten mindestens nach dem Produktaspekt strukturiert werden.
- Vorgehensweise zur Strukturierung:
  1. Abgrenzung und Benennung der Objekte
  2. Strukturierungsprinzip festlegen (z. B. produktbezogen)
  3. Teilobjekte bestimmen (z. B. Schaltfeld 1)
  4. Unterteilung der Teilobjekte (z. B. Leistungsschalter)
  5. Klassifizierung und Kennzeichnung (z. B. -Q01 -QA1)

Referenzkennzeichen

Beispiel: Produktionsbezogene Struktur mit Referenzkennzeichen einer Umspannstation

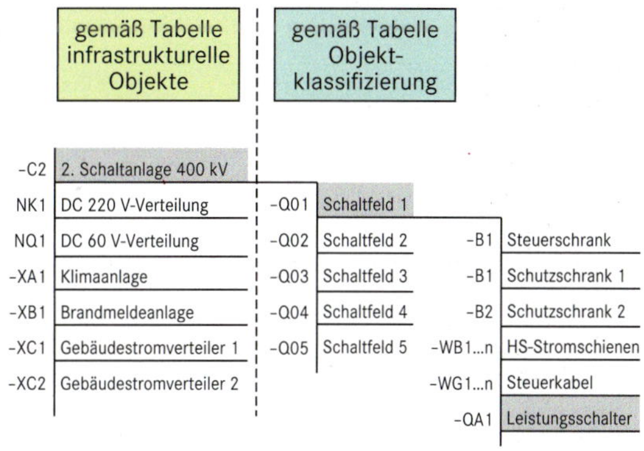

- Das Referenzkennzeichen eines Objektes besteht aus dem Vorzeichen (–, =, +), einem Kennbuchstaben für die betreffende Klasse bzw. Unterklasse und einer Nummer zur eindeutigen Identifizierung.

  Beispiel: -QA1 Leistungsschalter 1
  -Q01 -QA1 Leistungsschalter 1 im Schaltfeld 1

Klassen für infrastrukturelle Objekte

Objekte	Kennbuchstabe	Beschreibung	Beispiele
... für gemeinsame Aufgaben	A	Objekte, die mehreren Infrastrukturklassen zugeordnet werden	Fernwirkanlage, zentrale Leittechnikanlage
... für Hauptprozesseinrichtungen	B ... U	Die Buchstaben B bis U sind in der nebenstehenden Tabelle aufgeführt.	400/230 V Energieverteilung
... die nicht dem Hauptprozess zuzuordnen sind	V	Objekte für die Lagerung von Materialien	Fertigwarenlager, Mülllager, Rohmateriallager
	W	Objekte mit administrativen oder sozialen Aufgaben	Büro, Garage, Kantine
	X	Objekte mit Hilfsaufgaben neben dem Hauptprozess	Alarmanlage, Brandschutzanlage, Beleuchtungseinrichtung, Elektroenergieverteilung, Gasversorgung, Klimaanlage, Wasserversorgung
	Y	Objekte mit Informations- oder Kommunikationsaufgaben	Antennenanlage, Computernetzwerk, Lautsprecheranlage, Telefonanlage
	Z	Objekte zur Unterbringung technischer Anlagen	Fabrikgelände, Gebäude, Straße, Zaun

Energieverteilstation	
Buchstabe	Spannung
B	> 420 kV
C	400 kV ... ≤ 420 kV
D	230 kV ... < 400 kV
E	110 kV ... < 230 kV
F	60 kV ... < 110 kV
G	45 kV ... < 60 kV
H	30 kV ... < 45 kV
J	20 kV ... < 30 kV
K	10 kV ... < 20 kV
L	6 kV ... < 10 kV
M	1 kV ... < 6 kV
N	< 1 kV
P	Schutzpotenzialausgleich
T	Anlagen zum Umspannen

Kennzeichnung von elektrischen Betriebsmitteln (Objekte)

Designation of Electrical Equipment (Objects)

DIN EN 81346-2: 2010-05

Kennbuchstaben zur Objektklassifizierung

Kennbuchstabe	Hauptaufgabe/-zweck	Beispiele
A	Hauptaufgabe lässt sich nicht eindeutig bestimmen	Schaltschrank, Sensorbildschirm
B	Umwandeln einer physikalischen Größe in ein Signal zur Weiterverarbeitung	Bewegungsmelder, Fotozelle, Fühler, Messrelais, Messwiderstand, Rauchmelder
C	Speichern von Energie bzw. Information	Festplatte, Kondensator, Pufferbatterie, RAM, Speicher
E	Kühlen, Heizen, Beleuchten, Strahlen	Boiler, Heizung, Lampe, Laser, Leuchte, Mikrowellengerät
F	Direktes Schützen von Personen oder Einrichtungen	Leitungsschutz-Schalter, Überspannungsableiter, RCD, Sicherung, SH-Schalter
G	Erzeugen von Energie, Materialfluss oder Signalen	Batterie, Brennstoffzelle, Dynamo, Generator, Lüfter, Solarzelle, Ventil
K	Verarbeiten von Signalen oder Informationen	Binärbaustein, Frequenzfilter, Hilfsschütz, Regler, Schaltrelais, Transistor, Zeitrelais
M	Bereitstellen von mechanischer Energie zu Antriebszwecken	Elektromotor, Stellantrieb
P	Darstellen von Informationen	Ampere- bzw. Voltmeter, Drucker, Klingel, Lautsprecher, LED, Uhr, Zähler
Q	Schalten und Variieren von Energie-, Signal- und Materialfluss	Leistungsschalter, Motoranlasser, Leistungstransistor, Schütz, Stromstoßschalter, Thyristor, Trennschalter
R	Begrenzen oder Stabilisieren von Energie-, Informations- oder Materialfluss	Begrenzer, Diode, Drosselspule, Widerstand
S	Umwandeln manueller Betätigung in Signale	Steuerschalter, Tastschalter, Tastatur, Wahlschalter
T	Umwandeln von Energie bzw. Signalen unter Beibehaltung von Energieart bzw. Informationsgehalt	Antenne, Frequenzwandler, Gleichrichter, Ladegerät, Netzgerät, Transformator, Verstärker, Wandler, Wechselrichter
U	Halten von Objekten in einer definierten Lage	Isolator, Kabelpritsche, Mast, Montageschiene
V	Verarbeiten oder Behandeln von Material oder Produkten	Abscheider, Filter
W	Leiten oder Führen von Energie oder Signalen	Bussystem, Kabel, Leiter, Lichtwellenleiter, Sammelschiene
X	Verbinden	Klemme, Klemmleiste, Steckdose, Stecker, Verbindungsdose

Unterklassen

- Zur eindeutigen Beschreibung können weiterhin **Unterklassen** gebildet werden, die ebenfalls durch Kennbuchstaben gekennzeichnet werden.
- Die Unterklassen müssen von Anwendern festgelegt und dokumentiert werden, wobei die Buchstaben I und O wegen der Verwechslungsgefahr mit den Ziffern 1 und 0 nicht benutzt werden sollen.

Beispiel:
Ist für einen Leistungstransformator die Klassenbezeichnung T nicht ausreichend, kann zusätzlich die Unterklasse A (Leistung transformieren) eingeführt werden.

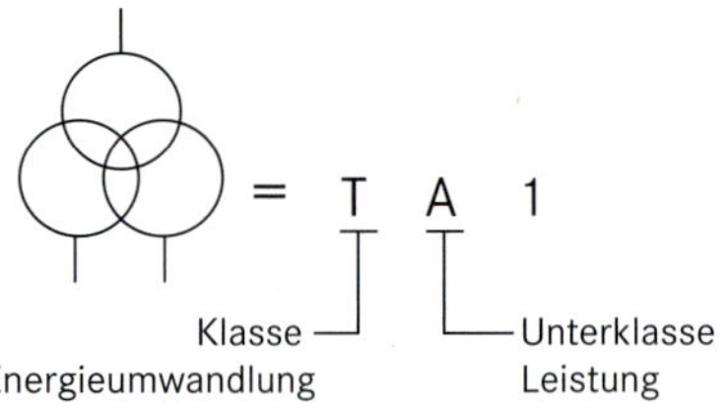

Die nachfolgende Tabelle zeigt beispielhafte Unterklassen.

Buchstaben	Beispiele
Unterklassen B (Auszug)	
BA	Messrelais (Spannung), Schutzrelais (Spannung)
BC	Messrelais (Stromstärke), Schutzrelais (Stromstärke)
BG	Bewegungsmelder, Näherungsschalter
Unterklassen F (Auszug)	
FA	Überspannungsableiter
FB	Fehlerstrom-Schutzschalter
FC	Sicherung, LS-Schalter
Unterklassen R (Auszug)	
RA	Diode, Widerstand
RB	Glättungskondensator
RF	Filter, Tiefpass
Unterklassen T (Auszug)	
TA	DC/DC-Wandler, Transformator
TB	Wechselrichter, Gleichrichter
TF	Verstärker, Messumformer

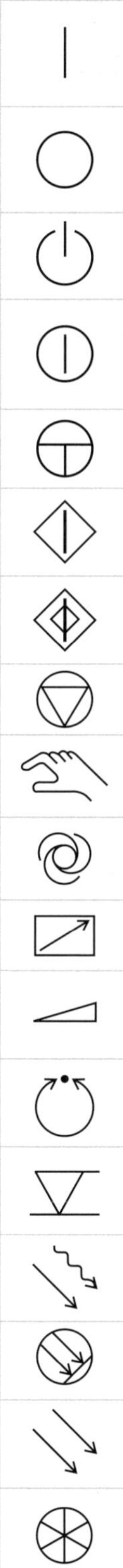

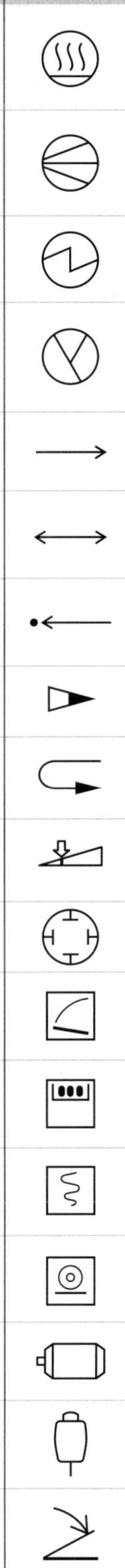

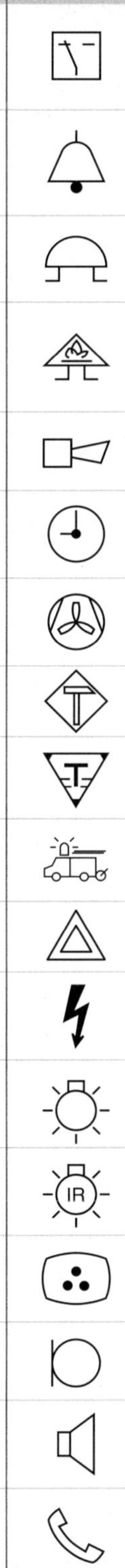

Bildzeichen	Benennung	Bildzeichen	Benennung	Bildzeichen	Benennung	Bildzeichen	Benennung
	Ein On		Wärmeenergie		Umschalteinrichtung		Aufnahme einer Information auf Informationsträger
	Aus Off		Pneumatische Energie		Akustisches Signal, Klingel		Wiedergabe einer Information von Informationsträger
	Vorbereiten		Elektrische Energie		Akustisches Signal, Wecker		Impulsmarkierung
	Ein-/Ausstellend		Hydraulische Energie		Feuer-Alarm mit Sirene		Löschen einer Information vom Informationsträger
	Ein-/Austastend		Bewegung in Pfeilrichtung		Akustisches Signal, Hupe		Tonabnehmer
	Start, Ingangsetzung		Bewegung in beiden Richtungen		Uhr, Zeitgeber, Zeitschalter		Lesekopf für Bildplatten
	Schnellstart		Wirkung auf einen Bezugspunkt zu		Ventilator		Monofon
	Stopp, Anhalten der Bewegung		Langsamer Lauf		Rauer Betrieb		Stereofon
	Handbetätigung		Kurzwiederholung		Zulässige Übertemperatur		Ton (Schall)
	Automatischer Ablauf		Einstellen		Notruf, Feuerwehr		Ohrhörer, Hörkapsel
	Fernbedienung		Oszilloskop		Warnblinkanlage		Hauptwaschen
	Verändern einer Größe		Messwertanzeiger, analog		Gefährliche elektrische Spannung		Waschen mit 95 °C Maximaltemperatur
	Regeln		Messwertanzeiger, digital		Lampe, Beleuchtung, Licht		Spülen
	Höhenstand; Niveau		Grafisches Aufzeichnungsgerät, Schreiber		Bestrahlung, infrarot		Wasserstand (hoch)
	Strahlung, allgemein		Drucker		Farbfernseher		Spezialbehandlung
	Lichtstrahlung		Elektrische Maschine		Mikrofon		Schleudern
	Lichtmessung		Handschalter		Lautsprecher		Normal verschmutztes Geschirr
	Mechanische Energie		Fußschalter		Telefon, Telefon-Adapter		Trocknen oder Wärmen

Symbolelemente

Symbol	Bedeutung
Form 1 Form 2 Form 3	Betriebsmittel, Komponente, Funktionseinheit, Funktion
Form 1 Form 2	Hülle, Gehäuse, Kolben, Kessel
	Begrenzungslinie einer Gruppe zusammengehöriger Objekte
	Schirm, Abschirmung
Arten von Strömen und Spannungen	
	Gleichstrom
~ 50 Hz	Wechselstrom, 50 Hz
3N ~ 400/230 V 50 Hz	Dreiphasen-Vierleitersystem
	Wechselstrom
	Niedrige Frequenzen
	Mittlere Frequenzen
	Hohe Frequenzen
	Gleichgerichteter Strom mit Wechselstromanteil
Erde, Masse, Äquipotenzial	
	Erde
	Schutzerde
	Masse Gehäuse

Kennzeichen

Symbol	Bedeutung
Wirkungen von Abhängigkeiten	
	Thermische Wirkung
	Elektromagnetische Wirkung
	Verzögerung
Wirkungsrichtung	
	Übertragung, Energiefluss, Signalfluss, in einer Richtung (simplex)
Veränderbarkeit	
	allgemein, nicht inhärent
	nicht inhärent, nicht linear
	inhärent
	trimmbar
5	nicht inhärent, 5stufig
Mechanische Stellteile	
Form 1 Form 2	Wirkverbindung, allgemein. Mechanische, pneumatische und hydraulische Wirkverbindung
	Verzögerte Wirkung
	Selbsttätiger Rückgang
	Raste, nichtselbsttätiger Rückgang
	Raste, eingerastet
	Sperre, nicht verklinkt
	Getriebe

Symbol	Bedeutung
	Blockiereinrichtung
	Kupplung, gelöst
M	Elektromotor mit eingelegter Bremse
Antriebsarten	
	Schaltschloss, Auslöseeinrichtung
	Betätigung durch Pedal
	Handantrieb, allgemein
	Betätigung durch Ziehen
	Betätigung durch Drehen
	Betätigung durch Drücken
	Betätigung durch Annähern
	Betätigung durch Berühren
	Notdrucktaster
	Betätigung durch Kurbel
	Betätigung durch Schlüssel
	Betätigung durch Rolle
	Betätigung durch Nocken
	Betätigung durch elektromagnetischen Antrieb
M	Betätigung durch Motor
	Kraftantrieb, allgemein
Strahlungen	
	nicht ionisierend, elektromagnetisch

Passive Bauelemente
Passive Components

DIN EN 60617-4: 1997-08

	Widerstand allgemein, Dämpfungsglied
	Heizelement
	Widerstand mit Anzapfungen
	Nebenschlusswiderstand, Shunt
	Widerstand, veränderbar, allgemein
	Widerstand, spannungsabhängig, Varistor
	Widerstand mit Schleifkontakt, Potenziometer
	Widerstand, einstellbar, mit Schleifkontakt
	Kondensator, allgemein
	Kondensator, gepolt, Elektrolyt-Kondensator
	Kondensator mit Voreinstellung
	Kondensator, veränderbar
	Kondensator, gepolt, spannungsabhängig, Halbleiter-Kondensator
	Induktivität, Spule, Wicklung, Drossel
	bevorzugte Form
	frühere Form
	Induktivität mit Magnetkern
	Induktivität mit Luftspalt im Magnetkern
	Induktivität mit festen Anzapfungen
	Induktivität mit bewegbarem Kontakt, stufig veränderbar
	Koaxiale Drossel mit Magnetkern
	Magnetkern
	Magnetkern mit einer Wicklung
	Piezoelektrischer Kristall mit zwei Elektroden

Halbleiter
Semiconductors

DIN EN 60617-5: 1997-08

Halbleiterdioden	
	Halbleiterdiode, allgemein
	Leuchtdiode, allgemein
	Kapazitätsdiode, Varactor
	Durchbruch-Diode, Z-Diode
Transistoren	
	PNP-Transistor
	NPN-Transistor
	NPN-Transistor mit zwei Basisanschlüssen
	Sperrschicht-Feldeffekt-Transistor (JFET) mit N-Kanal
	Sperrschicht-Feldeffekt-Transistor (JFET) mit P-Kanal
	Isolierschicht-Feldeffekt-Transistor (IGFET), Anreicherungstyp

Transistoren	
	Isolierschicht-Feldeffekt-Transistor (IGFET), Anreicherungstyp, Substratanschluss herausgeführt
	Isolierschicht-Feldeffekt-Transistor (IGFET), Substrat intern mit Source verbunden
	Isolierschicht-Feldeffekt-Transistor (IGFET), Verarmungstyp
	Insulated Gate Bipolar Transistor (IGBT)
Thyristoren	
	Thyristordiode rückwärts sperrend
	Thyristordiode, rückwärts leitend
	Thyristordiode, bidirektional, Diac
	Thyristortriode, Thyristor
	Thyristortriode, rückwärts sperrend, Anode gesteuert (N-Gate)
	Thyristortriode, rückwärts sperrend, Kathode gesteuert (P-Gate)

Thyristoren	
	Abschalt-Thyristortriode
	Abschalt-Thyristortriode, Anode gesteuert (N-Gate)
	Thyristortetrode, rückwärts sperrend
	Thyristortriode, bidirektional, Triac
	Thyristortriode, rückwärts leitend
	Thyristortriode, rückwärts leitend, Anode gesteuert (N-Gate)
Licht- und magnetfeldempfindliche Bauelemente	
	Diode, lichtempfindlich, Photodiode
	Widerstand, lichtempfindlich Photowiderstand
	Photoelement, Photozelle
	Optokoppler, Leuchtdiode und Phototransistor
	Hall-Generator

Leiter	
	Leiter, Gruppe von Leitern, Leitung, Kabel, Stromweg, Übertragungsweg (z. B. für Mikrowellen)
Form 1 Form 2 (3)	Einpolige Darstellung, drei Leiter, Anzahl der Leiter durch kleine Striche oder durch einen Strich mit einer Zahl angezeigt
==110 V 2 × 120 mm² Al	Oberhalb der Linie: Spannungsart, Netzart, Frequenz und Spannung
3N ~ 50 Hz 400 V 3 × 120 mm² + 1 × 50 mm² Cu	Unterhalb der Linie: Anzahl der Leiter, Multiplikationskreuz, Querschnitt der einzelnen Leiter und Leitermaterial durch sein chemisches Zeichen angeben
	Leiter, bewegbar
	Leiter, geschirmt
	Leiter, verdrillt, zwei Leiter dargestellt
	Leiter in einem Kabel, drei Leiter dargestellt
	Leiter, koaxial
	Koaxiale Leitung auf Anschlussstellen geführt
	Leiter, koaxial, geschirmt
Bus, Datenleitung	
	Bus, unidirektional, Signalflussrichtung von links nach rechts
	Bus, Signalfluss in beiden Richtungen

Kennzeichen für Leiter	
	Neutralleiter (N) Mittelleiter (M)
	Schutzleiter (PE)
	Neutralleiter mit Schutzfunktion (PEN)
	Drei Leiter, ein Neutralleiter, ein Schutzleiter
	Leitung auf Putz
	im Putz
	unter Putz
Leitungen, Kabel	
	Leitung im Erdreich, Erdkabel
	Leitung im Gewässer, Seekabel
	Leitung, oberirdisch, Freileitung
	Kabelkanal Trasse, Elektro-Installationsrohr
	Erdkabel mit Verbindungsstelle
	Abschottung in einem gas- oder ölisolierten Kabel
Verbinder	
	Buchse, Pol einer Steckdose
	Stecker, Pol eines Steckers
	Buchse und Stecker, Steckverbindung
	Steckverbinder, mit Kennzeichnung des Schutzleiteranschlusses

Verbinder	
	Steckverbindung, vielpolig allpolige Darstellung
3	einpolige Darstellung
	Steckverbinder, festes Teil
	Steckverbinder, bewegliches Teil
	Steckverbindung, zwei Buchsen durch einen Stecker verbunden
	Steckverbindung mit Adapter
Form 1 Form 2	Trennstelle, Lasche, geschlossen
	Trennstelle, Lasche, offen
Anschlüsse und Leiterverbindungen	
	Verbindung von Leitern
	Anschluss (z. B. Klemme)
	Klemmenleiste
1 2 3 4 5 6	Reihenklemmen, mit Anschlussbezeichnung und Funktion
Form 1 Form 2	Abzweig von Leitern
Form 1 Form 2	Doppelabzweig von Leitern
	Leiter-Verbindungsstück-Spleiß

Kennzeichen

Kennzeichen	
	Schütz-Funktion
×	Leistungsschalter-Funktion
—	Trennschalter-Funktion
	Lasttrennschalter-Funktion
■	Selbsttätige Ausschaltung
	Endschalter-Funktion
◁	Funktion „selbsttätiger Rückgang“
○	Funktion „nichtselbsttätiger Rückgang“

Symbolelemente

Symbolelemente			
Form 1 Form 2	Schließer, Schaltfunktion, allgemein Schalter		Wischer mit Kontaktgabe bei Betätigung
	Öffner		Voreilender Schließer
	Wechsler mit Unterbrechung		Nacheilender Schließer
	Wechsler mit Mittelstellung „Aus“		Nacheilender Öffner
Form 1 Form 2	Wechsler ohne Unterbrechung, Folgeumschaltglied		Schließer, anzugverzögert abfallverzögert
	Zwillingsschließer		Öffner, anzugverzögert abfallverzögert

Elektroinstallation
Electrical Installation
DIN EN 60617-11: 1997-08

Schalter

Schalter			
	Schalter, allgemein		Zeitrelais
	Schalter mit Kontrollleuchte		Stromstoßschalter
	Ausschalter, einpolig		Stromstoßrelais
	Zeitschalter, einpolig		Schaltuhr
	Ausschalter, zweipolig,		Schlüsselschalter, Wächtermelder
	Serienschalter, einpolig		Dämmerungsschalter
	Wechselschalter, einpolig		
	Kreuzschalter, Zwischenschalter		
	Dimmer		
	Schalter mit Zugschnur		
	Taster		
	Taster mit Leuchte		

Geräte für Installation

Geräte für Installation	
	Leitung, nach oben führend
○	Dose, allgemein; Leerdose, allgemein
⊙	Anschlussdose Verbindungsdose
	Hausanschlusskasten, allgemein dargestellt mit Leitung
	Verteiler, dargestellt mit fünf Anschlüssen

Steckdosen

Steckdosen	
Form 1 Form 2	Mehrfachsteckdose, dargestellt als Dreifachsteckdose
	Schutzkontaktsteckdose
	Steckdose mit Abdeckung
	Steckdose mit verriegeltem Schalter
	Steckdose mit Trenntrafo, z. B. für Rasierapparat
3/N/PE	Schutzkontaktsteckdose, dargestellt für Drehstrom, 5-polig
TP	Fernmeldesteckdose, allgemein TP: Telefon M: Mikrofon Lautsprecher FM: UKW-Rundfunk TV: Fernsehen TX: Telex

Leuchten	
	Leuchte, allgemein
	Leuchtenauslass, dargestellt mit Leitung
	Leuchtenauslass auf Putz
	Leuchte für Leuchtstofflampe, Leuchte mit drei Leuchtstofflampen, Leuchte mit fünf Leuchtstofflampen
	Leuchte mit Schalter
	Sicherheitsleuchte, Notleuchte mit getrenntem Stromkreis, Rettungszeichenleuchte
	Scheinwerfer, allgemein
	Punktleuchte
	Flutlichtleuchte
	Leuchte für Entladungslampe
	Vorschaltgerät für Entladungslampen

Verschiedenes	
	Heißwassergerät, dargestellt mit Leitung
	Ventilator, dargestellt mit Leitung
	Zeiterfassungsgerät
	Türöffner
	Wechselsprechstelle, Haus- oder Torsprechstelle, Gegensprechstelle

Elektro-Haushaltsgeräte	
	Heißwasserspeicher
	Durchlauferhitzer
	Infrarotgrill
	Futterdämpfer
	Waschmaschine
	Wäschetrockner
	Geschirrspülmaschine
	Händetrockner, Haartrockner
	Speicherheizgerät
	Infrarotstrahler
	Klimagerät
	Kühlgerät Tiefkühlgerät
	Gefriergerät
	Elektrogerät, allgemein
	Küchenmaschine
	Elektroherd, allgemein
	Mikrowellengerät
	Backofen
	Wärmeplatte
	Fritteuse

Ton- und Fernseh-Rundfunk	
	Abzweigdose, allgemein
	Stichdose
	Durchschleifdose
	Antenne, allgemein
	Antenne, Polarisation zirkular
	Antenne, Azimut variabel
	Richtantenne, Azimut fest; Polarisation vertikal, horizontales Strahlungsdiagramm
	Dipolantenne
	Faltdipolantenne, Schleifendipolantenne
	Funkstelle, allgemein
	Parabolantenne, dargestellt mit Rechteck-Hohlleiterzuleitung

Aufzeichnungs- und Wiedergabegeräte	
	Hörer, allgemein
	Mikrofon, allgemein
	Handapparat
	Lautsprecher, allgemein
	Lautsprecher/ Mikrofon

Gefahrenmelde-, Melde-Signaleinrichtungen

Symbol	Bedeutung
	Kennzeichen: Hilferuf (z. B. an Polizei); Differenzialprinzip
	Uhr, allgemein Nebenuhr
	Passierschloss für Schaltwege in Sicherheitsanlagen
	Lichtsender, Gleichlichtsender
	Lichtempfänger mit Hell-Schaltung und Kontaktausgang
	Lichtschranke ■ Lichtsender mit Wechsellicht ■ Lichtempfänger in Dunkelschaltung mit Kontaktausgang
	Leuchtmelder mit Glimmlampe
	Melder mit Fühleinrichtung, z. B. für Blinde
	Temperaturmelder
	Rauchmelder, selbsttätig, lichtabhängiges Prinzip
	Erschütterungsmelder, Tresorpendel
	Ruhestromschleife, als Brandfühler
	Polizeimelder, mit Sperrung und mit Fernsprecher
	Brandmelder
	Brandmelder, Polizeimelder, Laufwerk mit Sperrung, Polizeimelder mit Sperrung
	Leuchte, allgemein Leuchtmelder, allgemein
Neben dem Schaltzeichen darf die Farbe nach DIN IEC 757 angegeben werden: RD rot, BU blau, GN grün, YE gelb, WH weiß	
	Leuchtmelder, blinkend
	Sichtmelder, elektromechanisch, Schauzeichen, Fallklappe
	Horn, Hupe
	Wecker, Klingel
	Gong, Einschlagwecker
	Sirene
	Schnarre, Summer

Fernsprecher

Symbol	Bedeutung
	Fernsprecher, allgemein

Grafische Symbole für KNX
Graphical Symbols for KNX

Basis und Systemkomponenten

Symbol	Bedeutung
	Busankoppler BA
	Linienkoppler LK
	Bereichskoppler BK
	Datenschnittstelle, Schnittstelle RS232
	Externe Schnittstelle, Gateway, GAT
	Verbinder

Aktoren

Symbol	Bedeutung
	Aktor, allgemein
	Aktor, allgemein mit Zeitverzögerung
	Anzeigetableau, Anzeigeeinheit
	Schaltaktor, potenzialfrei
	Jalousieaktor, Jalousieschalter
	Dimmaktor, Schalt-/Dimmaktor

Sensoren

Symbol	Bedeutung
	Analogsensor, Analogeingang
	Tastsensor, Taster
	Dimmsensor, Dimmtaster
	Steuertastsensor, Steuertaster
	Temperatursensor
	Zeitsensor, Uhr
	Binärsensor, Binäreingang, Binäreingabe
	IR-Sender
	IR-Decoder
	Zeitwertschalter, Zeitschaltuhr
	Bewegungsmelder, PIR: Passiv Infrarot
	Helligkeitssensor

Schalter – Schaltgeräte

Symbol	Bedeutung
	Schließer mit selbsttätigem Rückgang
	Schließer mit nicht selbsttätigem Rückgang
	Öffner mit selbsttätigem Rückgang
	Grenzschalter, Endschalter (Schließer)
	Grenzschalter, Endschalter, mechanische Betätigung in beiden Richtungen
	Öffner mit selbsttätiger thermischer Betätigung (Thermokontakt, z. B. Bimetall)
	Gasentladungsröhre mit Thermokontakt, Starter für Leuchtstofflampe
	Schütz mit selbsttätiger Auslösung
	Schütz (Öffner)
	Leistungsschalter
	Trennschalter, Leerschalter
	Lasttrennschalter
	Erdungsschalter, allgemein
	Handbetätigter Schalter
	Taster, Betätigung durch Drücken
	Berührungsempfindlicher Schalter
	Näherungsempfindlicher Schalter
	Schwimmerschalter
	Motorschutzschalter, dreipolig, mit thermischer und magnetischer Auslösung
	Fehlerstrom-Schutzschalter, vierpolig
	Leitungsschutz-Schalter
	Schließer, betätigt dargestellt
	Öffner betätigt dargestellt
	Pilz-Notdrucktaster mit zwangsläufiger Betätigung und Selbsthaltung des Öffners

Elektromagnetische Antriebe

Symbol	Bedeutung
Form 1 Form 2	Elektromechanischer Antrieb, Relaisspule
	Elektromechanischer Antrieb mit Rückfallverzögerung
	Elektromechanischer Antrieb mit Ansprechverzögerung
	Elektromechanischer Antrieb mit Ansprech- und Rückfallverzögerung
	Elektromechanischer Antrieb eines Stützrelais
	Elektromechanischer Antrieb eines polarisierten Relais
	Elektromechanischer Antrieb eines Thermorelais
	Fortschaltrelais, Stromstoßrelais
	Antrieb eines elektronischen Relais
	Tonfrequenz-Rundsteuerrelais

Stellschalter

Symbol	Bedeutung
	Tastschalter mit Schließer, handbetätigt
	Stellschalter mit Schließer, handbetätigt (**Ausschalter**)
	Stellschalter mit drei Schaltstellungen, Zweiwegschließer, handbetätigt, (**Gruppenschalter**)
	Stellschalter mit zwei Betätigungsstücken, handbetätigt (**Serienschalter**)
	Stellschalter mit zwei Schaltstellungen, Umschaltglied, Wechsler, handbetätigt (**Wechselschalter**)
	Kreuzschalter

Schutzeinrichtungen	
	Sicherung, allgemein
	Sicherung, die breite Seite kennzeichnet den netzseitigen Anschluss
	Sicherung mit mechanischer Auslösemeldung (Schlagbolzensicherung)
	Sicherung mit Meldekontakt und drei Anschlüssen
	Sicherungsschalter
	Dreipoliger Schalter mit selbsttätiger Auslösung durch den Schlagbolzen jeder einzelnen Sicherung
	Sicherungstrennschalter
	Sicherungs-Lasttrennschalter
D II / 10 A	Schraubsicherung, dargestellt 10 A, Typ D II, dreipolig
00 / 25A	Niederspannungs-Hochleistungssicherung (NH), dargestellt 25 A, Größe 00
* S	Selektiver Hauptleitungsschutz-Schalter
	Blitzstromableiter
	Funkenstrecke
	Überspannungsableiter
	Überspannungsableiter in einer Gasentladungsröhre

Aufzeichnende Messgeräte	
*	Messgerät, anzeigend, allgemein
V	Spannungsmessgerät
A	Strommessgerät, Amperemeter
W	Leistungsmessgerät, Wattmeter
var	Blindleistungsmessgerät
cos φ	Leistungsfaktormessgerät
Hz	Frequenzmessgerät
n	Drehzahlmessgerät
	Galvanometer
	Synchronoskop
φ	Phasenwinkelmessgerät
	Oszilloskop
V U_d	Differenzialspannungs-, Gleichspannungsmessgerät
A $I \sin\varphi$	Blindstrommessgerät
Ω	Widerstandsmessgerät
Θ	Thermometer, Pyrometer
	Messwerk mit Spannungspfad
	Messwerk mit Strompfad
	Messwerk zur Summen- oder Differenzbildung
	Messwerk zur Produktbildung
	Messwerk zur Quotientenbildung
	Kreuzzeigerinstrument

Zähler	
h	Betriebsstundenzähler
Ah	Amperestundenzähler
Wh	Wattstundenzähler, Elektrizitätszähler
Wh	Mehrtarif-Wattstundenzähler, Zweitarifzähler dargestellt
Wh $P>$	Wattstundenzähler, der nur zählt, wenn ein vorgegebener Wert überschritten wird
Wh	Wattstundenzähler mit Übertragungseinrichtung
varh	Blindverbrauchszähler
0	Impulszähler mit elektrischer Rückstellung auf Null

Messrelais	
$m<3$	Phasenausfallrelais in einem Dreiphasensystem
$U = 0$	Nullspannungsrelais
$I >$	Überstromrelais, verzögert
	Näherungsempfindliche Einrichtung, kapazitiv, reagiert auf Näherung eines Festkörpers

Kennzeichnung der Schaltungsart	
|	Eine Wicklung
|||	Drei getrennte Wicklungen
|||3~	Drei getrennte Wicklungen, Dreiphasen-System
△	Dreieckschaltung
Y	Sternschaltung
	Sternschaltung, Neutralleiter herausgeführt
Maschinenarten	
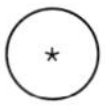	Maschine, allgemein. An die Stelle des Sterns (*) muss eines der folgenden Kennzeichen eingetragen werden: C: Umformer G: Generator GS: Synchrongenerator M: Motor MG: Als Generator oder als Motor nutzbare Maschine MS: Synchronmotor

Maschinenarten			
	Wechselstrom-Reihenschlussmotor, einphasig		Synchronmotor, einphasig
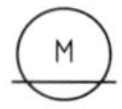	Linearmotor	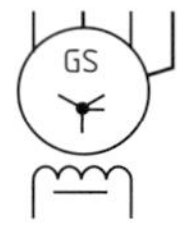	Drehstrom-Synchrongenerator, Sternschaltung, Neutralleiter herausgeführt
	Schrittmotor	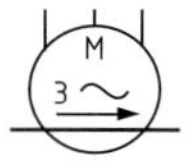	Drehstrom-Linearmotor, Bewegung in nur einer Richtung
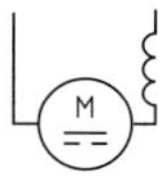	Gleichstrom-Reihenschlussmotor	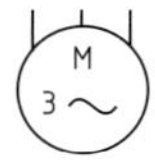	Drehstrom-Asynchronmotor mit Käfigläufer
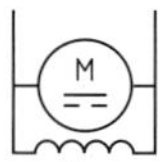	Gleichstrom-Nebenschlussmotor	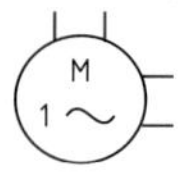	Asynchronmotor, einphasig, mit Käfigläufer, Enden für eine Anlaufwicklung herausgeführt
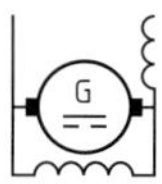	Gleichstrom-Doppelschlussgenerator, mit Anschlüssen und Bürsten		
	Drehstrom-Reihenschlussmotor	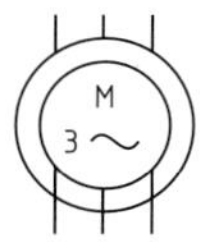	Drehstrom-Asynchronmotor mit Schleifringläufer

Transformatoren und Drosseln					
Form 1	Form 2		Form 1	Form 2	
	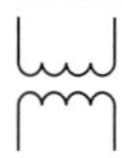 	Transformator mit zwei Wicklungen, Spannungswandler Kennzeichnung gleicher Phasenlagen, gleichzeitig eintretende Ströme erzeugen Magnetflüsse in gleicher Richtung		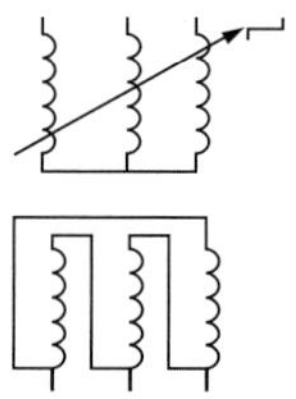	Drehstromtransformator mit Last-Stufenschalter, Stern/Dreieck-schaltung
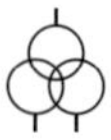		Transformator mit drei Wicklungen		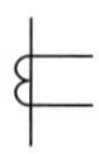	Stromwandler, Impulstransformator
	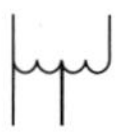	Spartransformator			Einphasentransformator mit zwei Wicklungen und Schirm
		Spartransformator, einphasig			Transformator mit Mittenanzapfung an einer Wicklung
	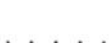	Drossel	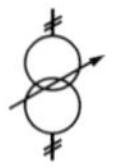	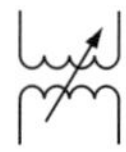	Transformator mit veränderbarer Kopplung

Symbol	Bezeichnung
	Gleichstromumrichter
	Gleichrichter
	Gleichrichter in Brückenschaltung
	Wechselrichter
	Gleichrichter/Wechselrichter (umschaltbar)
	Wechselstromumrichter
U const	Spannungskonstanthalter
	Primärzelle, Primärelement, Akkumulator
G	Generator, allgemein
	Heizquelle, allgemein
	Verbrennungs-Heizquelle
G	Fotoelektrischer Generator

Nachrichtentechnik
Communication Engineering

DIN EN 60617–9, -10: 1997-08

Symbol	Bezeichnung
Signalgeneratoren	
G 500 Hz	Sinusgenerator, 500 Hz
G 500 Hz	Sägezahngenerator, 500 Hz
G	Pulsgenerator
Verstärker	
Form 1, Form 2	Verstärker, allgemein
	Verstärker, von außen veränderbar
	Verstärker mit Umgehung (Bypass)
Umformer	
f_1 / f_2	Frequenzumsetzer, Umsetzung von f_1 nach f_2
f / $\frac{f}{n}$	Frequenzteiler

Symbol	Bezeichnung
Vierpole	
	Filter, allgemein
	Tiefpass
	Hochpass
	Bandpass
	Bandsperre
A	Dämpfungsglied, fest eingestellt
A	Dämpfungsglied, veränderbar
	Vorverzerrer Preemphase
	Nachentzerrer, Dreemphase
φ	Phasenschieber
	Entzerrer, allgemein
A	Amplituden-Entzerrer, Equalizer
	Zerhacker, elektronisch
	Begrenzer
	Mischer
Modulatoren	
a, b, c	Modulator allgemein, Demodululator allgemein a: Signaleingang b: Signalausgang c: Eingang der Trägerwelle (optional)
2^7, G	Pulscodemodulator, (7-Bit-Binärcode)

Fernsprecher

	Fernsprecher mit Lautsprecher
	Fernsprecher für Zentralbatteriebetrieb
	Fernsprecher mit Verstärker
	Fernsprecher mit Tastwahlblock
	Münzfernsprecher
	Fernsprecher ohne Speisung, Fernsprecher, batterielos
	Fernsprecher für zwei oder mehr Amtsleitungen oder Nebenstellenleitungen

Sende- und Empfangsgeräte

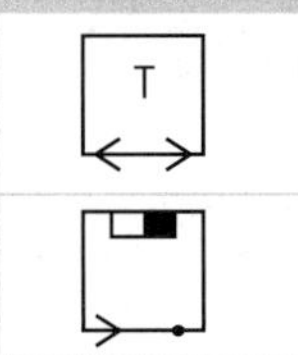

	Telegrafen Sende- und Empfangsgerät, halbduplex
	Faksimile-Empfangsgerät (Faxgerät)

Übertragungseinrichtungen

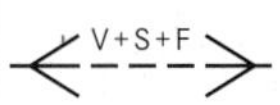

	Funkstrecke, auf der Fernsehen (Bild und Ton) und Fernsprechen übertragen werden
F	Fernsprechen
T	Telegrafie und Datenübertragung
V	Bildübertragung (Fernsehen)
S	Tonübertragung (Fernsehrundfunk und Tonrundfunk)

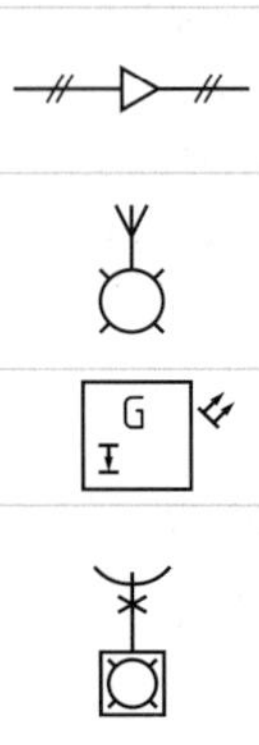

	Zweidrahtverbindung, Verstärkung in einer Richtung
	Weltraumfunkstelle, aktiv Fernmeldesatellit
	Laser als Generator
	Erdfunkstelle zur Bahnverfolgung einer Weltraumfunkstelle, mit Parabolantenne

Kennzeichen

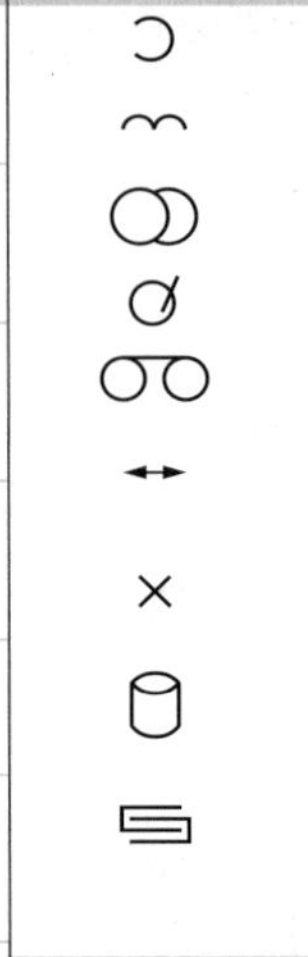

	Magnetischer Typ
	Tauchspulen- oder Bändchentyp
	Stereo
	Platte
	Band, Film
	Aufnehmen und Wiedergeben
	Löschen
	Zylinder, Walze Trommel
	Oberflächenwelle (SAW)

Aufzeichnungs- und Wiedergabegeräte

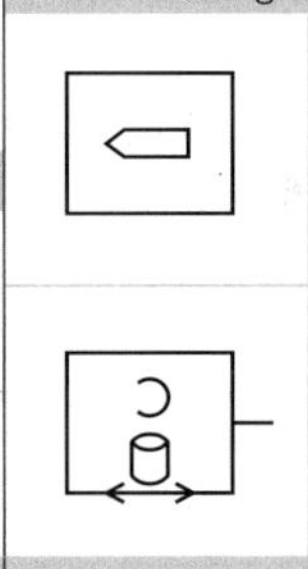

	Aufzeichnungsgerät, Wiedergabegerät, allgemein
	Aufzeichnungs-/Wiedergabegerät mit Magnettrommelspeicher

Mikrowellentechnik

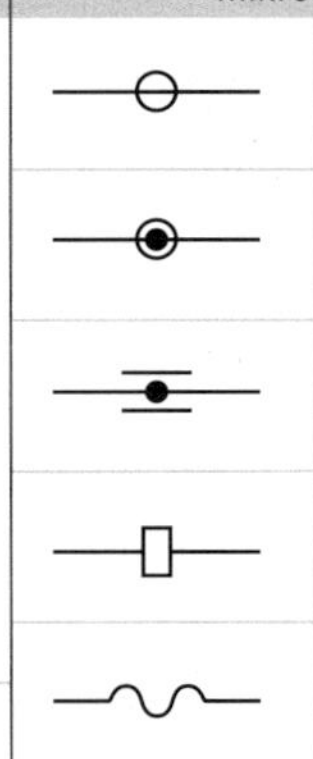

	Rund-Hohlleiter
	Koaxial-Hohlleiter
	Streifenleiter, mit drei Leitern
	Rechteck-Hohlleiter
	Hohlleiter, flexibel

Pulsmodulation

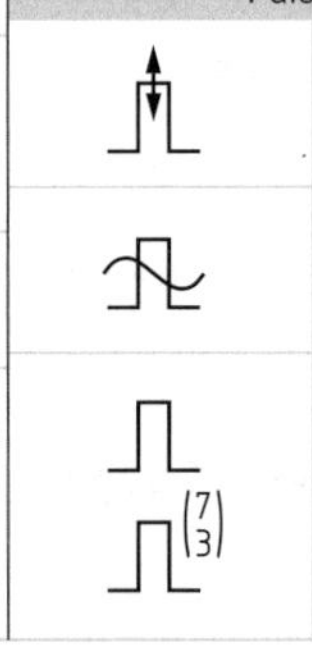

	Pulsamplitudenmodulation (PAM)
	Pulsfrequenzmodulation (PFM)
	Pulscodemodulation (PCM)
	PCM 3-aus-7-Code

Aufzeichnungs- und Wiedergabegeräte

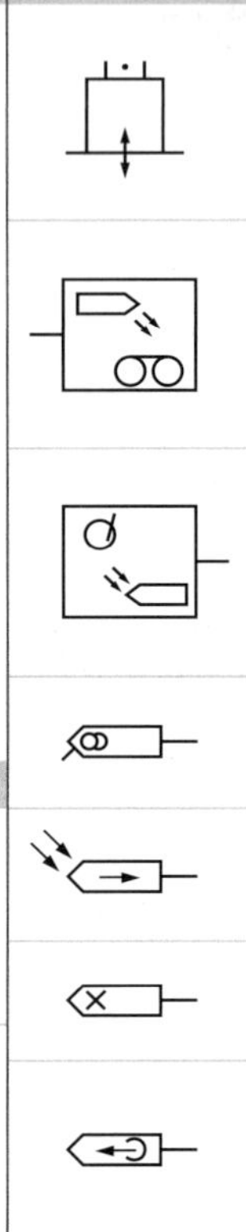

	Ultraschall-Sender/-Empfänger Hydrophon
	Opto-elektronisches Aufzeichnungsgerät
	Wiedergabegerät mit Lichtabtastung, Compact-Disk-Gerät
	Tonabnehmer, stereofon
	Wiedergabekopf, lichtempfindlich, monofon
	Löschkopf
	Aufnahmekopf (Schreibkopf), magnetisch, monofon

Lichtwellenleiter

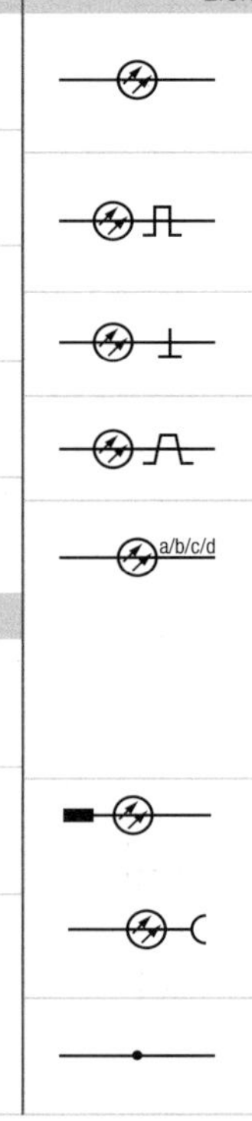

	Lichtwellenleiter (LWL) allgemein, Lichtwellenleiterkabel allgemein
	Lichtwellenleiter für Mehrmoden-Stufenprofil
	Lichtwellenleiter für Einmoden-Stufenprofil
	Lichtwellenleiter für Gradientenprofil
	Lichtwellenleiter mit Dimensionierungsangaben a = Kern b = Mantel c = 1. Beschichtung d = 2. Beschichtung
	Stecker für Lichtwellenleiter
	Buchse für Lichtwellenleiter
	Lichtwellenleiterverbindung, fest

Symbolaufbau

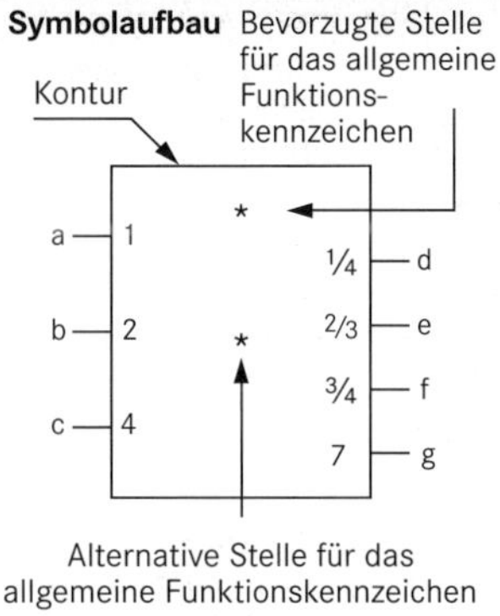

Konturen

Symbol	Bedeutung
	Element-Kontur als Quadrat dargestellt
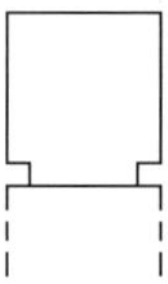	Steuerblock-Kontur
	Ausgangsblock-Kontur

Anordnung mehrerer Elemente

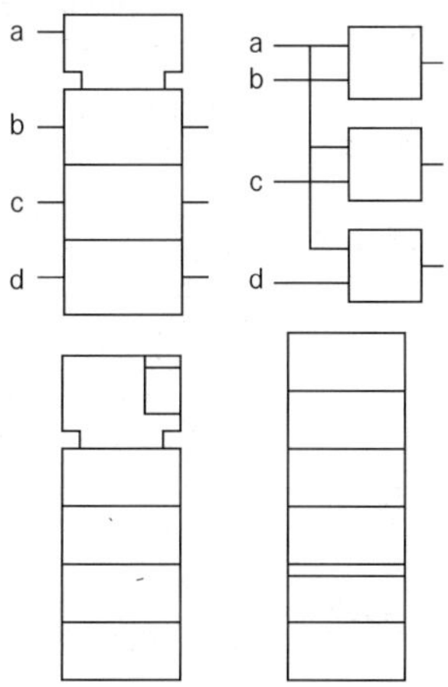

Kennzeichen an Eingängen, Ausgängen und anderen Verbindungen

Symbol	Bedeutung
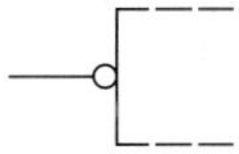	Negation Eingang
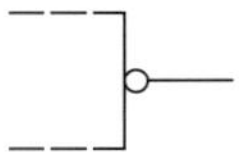	Ausgang
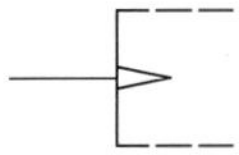	Dynamischer Eingang
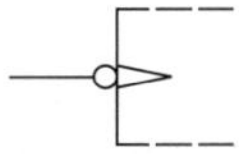	Dynamischer Eingang mit Negation
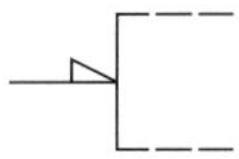	Polaritätsindikator, Eingang
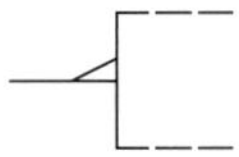	Polaritätsindikator, Ausgang Signalflussrichtung von rechts nach links
Beispiel: 	vom externen 1-Zustand zum externen 0-Zustand

Kennzeichen innerhalb der Kontur

Symbol	Bedeutung
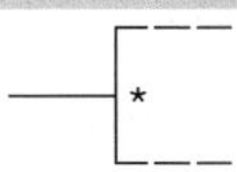	Eingang
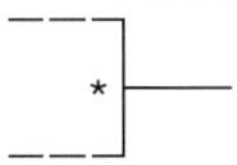	Ausgang

* muss ersetzt werden durch nachfolgende Schaltzeichen

Symbol	Bedeutung
	Retardiert
	Schwellwert, Hysterese
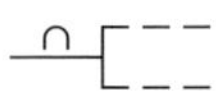	Analoger Eingang
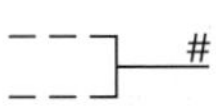	Digitaler Ausgang

Kombinatorische Elemente

Symbol	Bedeutung
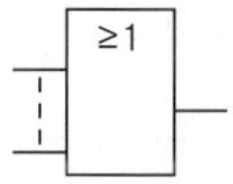	ODER-Element, allgemein
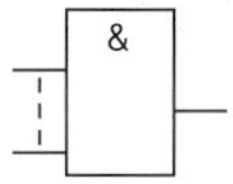	UND-Element, allgemein
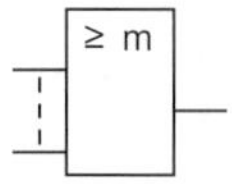	Schwellwert-Element, allgemein
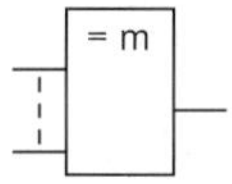	(m aus n)-Element, allgemein
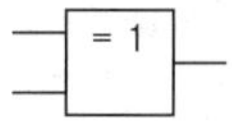	Exklusiv-ODER Element, Antivalenz-Element, allgemein
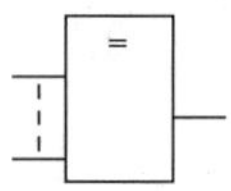	Äquivalenz-Element, allgemein
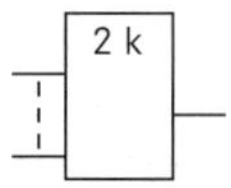	GERADE-Element, PARITÄTS-Element, allgemein
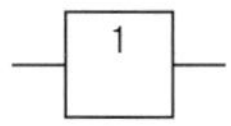	Buffer ohne besondere Verstärkung am Ausgang, allgemein
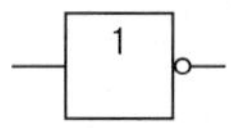	NICHT-Element, Inverter (in einem Schaltplan mit einheitlicher Logik-Vereinbarung)
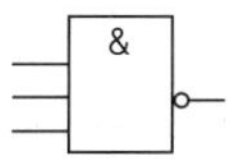	UND mit negiertem Ausgang, NAND
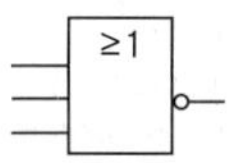	ODER mit negiertem Ausgang, NOR

Bistabile Elemente

Symbol	Benennung
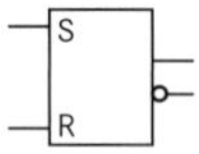	RS-Flipflop
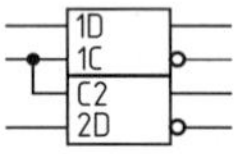	D-Flipflop, einzustandsgesteuert, zweifach
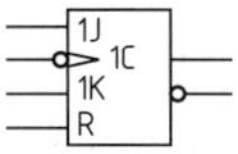	JK-Flipflop, einflankengesteuert
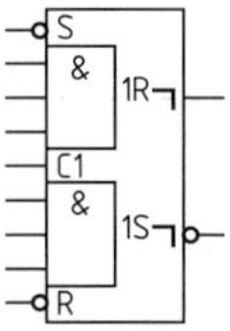	RS-Flipflop, zweizustandsgesteuert

Spezielle Schalteigenschaften bistabiler Elemente

Symbol	Benennung
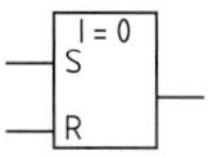	RS-bistabiles-Element mit dem Anfangszustand 0
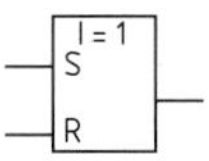	RS-bistabiles-Element mit dem Anfangszustand 1
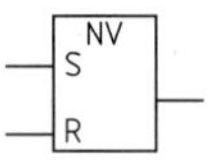	RS-bistabiles-Element, nullspannungsgesichert

Monostabile Elemente

Symbol	Benennung
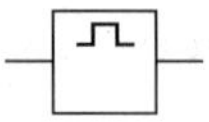	Monostabiles Element, nachtriggerbar
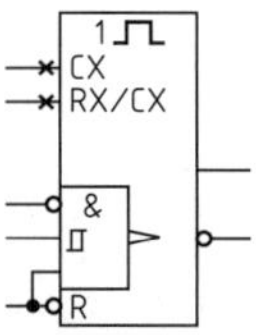	Monostabiles Element, nicht nachtriggerbar

Astabile Elemente

Symbol	Benennung
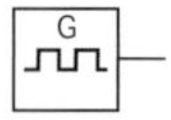	Astabiles Element, z. B. Taktgenerator
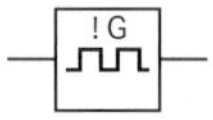	Gesteuertes astabiles Element, synchron gestartet

Elemente mit Hysterese

Symbol	Benennung
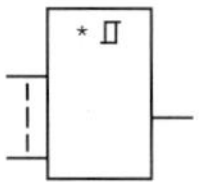	Element mit Hysterese, allgemein

Codierer, Code-Umsetzer

Symbol	Benennung
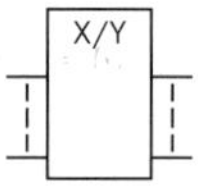	Codierer, Code-Umsetzer, allgemein

Speicher

Symbol	Benennung
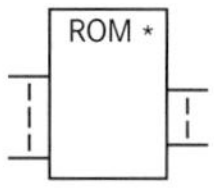	Nur-Lese-Speicher, allgemein
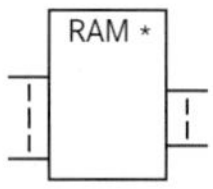	Schreib-Lese-Speicher, allgemein
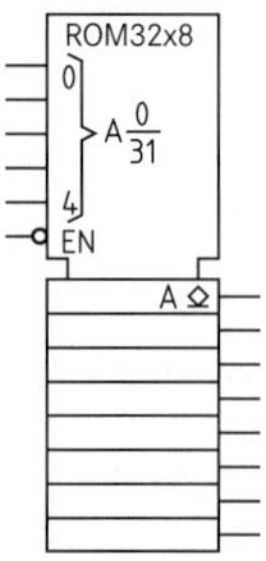	Nur-Lese-Speicher, 32 x 8 Bit

Digitale Verzögerungselemente

Symbol	Benennung
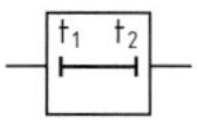	Verzögerungselement mit Angabe der Verzögerungszeiten

Schieberegister und Zähler

Symbol	Benennung
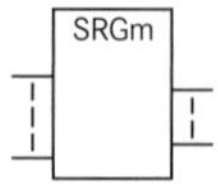	Schieberegister, allgemein
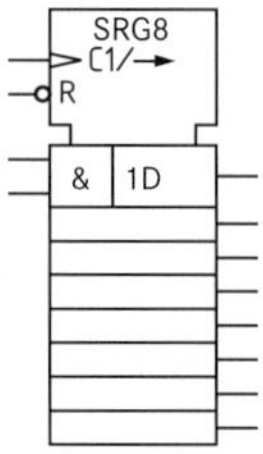	Schieberegister, 8 Bit, mit paralleler Ausgabe

Arithmetische Elemente

Symbol	Benennung
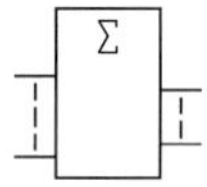	Addierer, allgemein
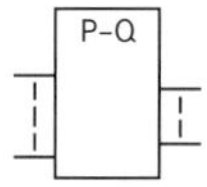	Subtrahierer, allgemein
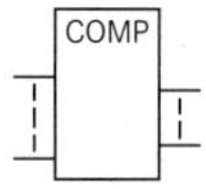	Zahlenkomparator, allgemein

Verstärker

Symbol	Benennung
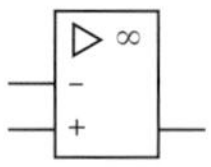	Operationsverstärker

Vergleicher (Komparator)

Symbol	Benennung
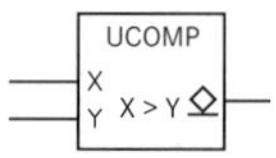	Spannungsvergleicher
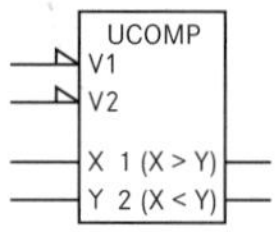	Spannungsvergleicher

Operation	Regeln und Gesetze		
Addieren $a + b = c$ **Subtrahieren** $a - b = c$	**Kommutativgesetz:** $a + b = b + a$ **Assoziativgesetz:** $(a + b) + c = a + (b + c)$	**Vorzeichenregeln:** $a + (-b) = a - b$; $a - (-b) = a + b$; $a - (b + c) = a - b - c$; $a - (b - c) = a - b + c$	
Multiplizieren $a \cdot b = c$ **Dividieren** $a : b = c$	**Kommutativgesetz:** $a \cdot b = b \cdot a$ **Assoziativgesetz:** $a \cdot (b \cdot c) = (a \cdot b) \cdot c$	**Distributivgesetz:** $a \cdot (b + c) = ab + ac$; $(a + b) \cdot (c + d) = ac + ad + bc + bd$; ← Ausklammern; Ausmultiplizieren →	**Vorzeichenregeln:** $(+a) \cdot (+b) = ab$; $(-a) \cdot (+b) = -ab$; $(+a) \cdot (-b) = -ab$; $(-a) \cdot (-b) = ab$
	Klammerregeln: $-(a + b - c) = -a - b + c$; $+(a + b - c) = a + b - c$	**Dividieren:** $\frac{a}{b} : \frac{c}{d} = \frac{a \cdot d}{b \cdot c}$	**Multiplizieren:** $\frac{a}{b} \cdot \frac{c}{d} = \frac{a \cdot c}{b \cdot d}$

Operation					
Potenzieren $a^n = c$	$a^n \cdot a^m = a^{n+m}$	$a^n \cdot b^n = (a \cdot b)^n$	$\frac{a^n}{b^n} = \left(\frac{a}{b}\right)^n$	$\frac{a^n}{a^m} = a^{n-m}$	$(a^n)^m = a^{n \cdot m}$
Radizieren $\sqrt{a} = c$	$\sqrt[n]{ab} = \sqrt[n]{a} \cdot \sqrt[n]{b}$	$\sqrt[n]{\frac{a}{b}} = \frac{\sqrt[n]{a}}{\sqrt[n]{b}}$	$\sqrt[n]{b^m} = b^{\frac{m}{n}}$	$\sqrt[m]{\sqrt[n]{b}} = \sqrt[m \cdot n]{b}$	$\frac{1}{\sqrt[n]{a^m}} = a^{-\frac{m}{n}}$

Potenzen

Zehner	Binär	Hexadezimal
$10^0 = 1$	$2^0 = 1$	$16^0 = 1$
$10^1 = 10$	$2^1 = 2$	$16^1 = 16$
$10^2 = 100$	$2^2 = 4$	$16^2 = 256$
$10^3 = 1000$	$2^3 = 8$	$16^3 = 4096$
$10^{-1} = 1/10$	$2^{-1} = 1/2$	$16^{-1} = 1/16$
$10^{-2} = 1/100$	$2^{-2} = 1/4$	$16^{-2} = 1/256$
$10^{-3} = 1/1000$	$2^{-3} = 1/8$	$16^{-3} = 1/4096$

Logarithmieren

Multiplizieren	Potenzieren
$\log (c \cdot d) = \log c + \log d$	$\log c^n = n \cdot \log c$
Dividieren	**Radizieren**
$\log \frac{c}{d} = \log c - \log d$	$\log \sqrt[m]{c} = \frac{1}{m} \log c$

Dreieck

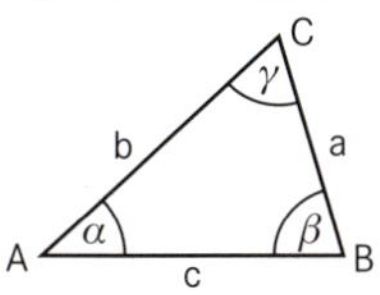

$\alpha + \beta + \gamma = 180°$

$A = \frac{g \cdot h}{2}$

Umfang:
$U = a + b + c$

Sinussatz: $\frac{\sin \alpha}{a} = \frac{\sin \beta}{b} = \frac{\sin \gamma}{c}$

Kosinussatz:
$a^2 = b^2 + c^2 - 2\,bc \cdot \cos \alpha$
$b^2 = a^2 + c^2 - 2\,ac \cdot \cos \beta$
$c^2 = a^2 + b^2 - 2\,ab \cdot \cos \gamma$

Komplexe Zahlen

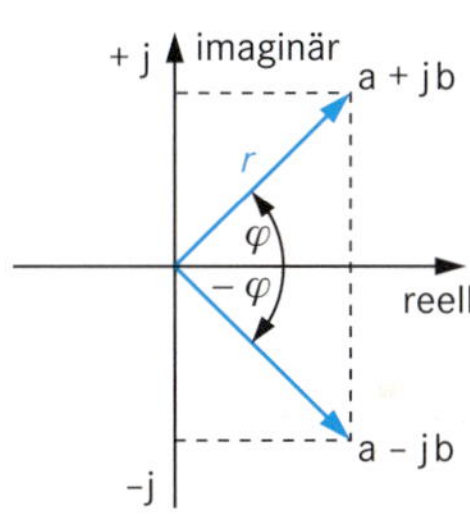

$z = a + jb$

$a = r \cdot \cos\varphi$

$b = r \cdot \sin \varphi$

$z = r\,(\cos \varphi + j \cdot \sin\varphi)$

$z = r \cdot e^{j\varphi}$

$r = \sqrt{a^2 + b^2}$

$j = \sqrt{-1}$

Trigonometrie

Einheitskreis

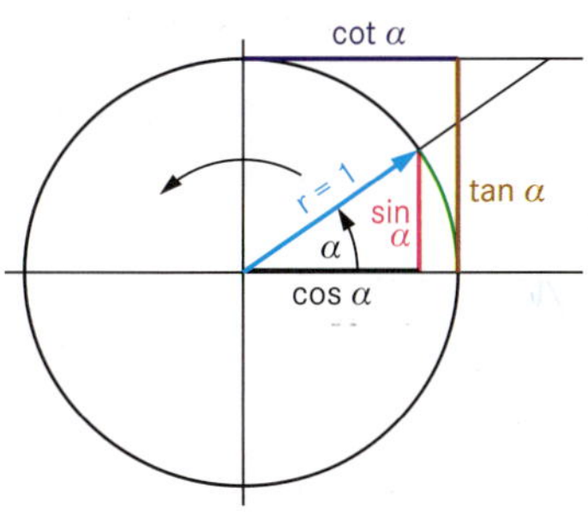

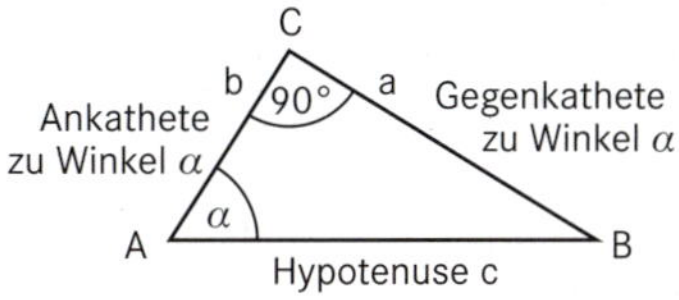

Satz des Pythagoras
$c^2 = a^2 + b^2$

Grad- und Bogenmaß

$\frac{\alpha_G}{\alpha_B} = \frac{360°}{2 \cdot \pi} = \frac{57{,}3°}{1\ \text{rad}}$

α_G: Winkel im Gradmaß
α_B: Winkel im Bogenmaß

Winkelfunktionen:

$\sin \alpha = \frac{a}{c}$ $\tan \alpha = \frac{a}{b}$

$\cos \alpha = \frac{b}{c}$ $\cot \alpha = \frac{b}{a}$

$\sin(-\alpha) = -\sin \alpha$
$\cos(-\alpha) = \cos \alpha$
$\tan(-\alpha) = -\tan \alpha$
$\cot(-\alpha) = -\cot \alpha$

Zusammenhang

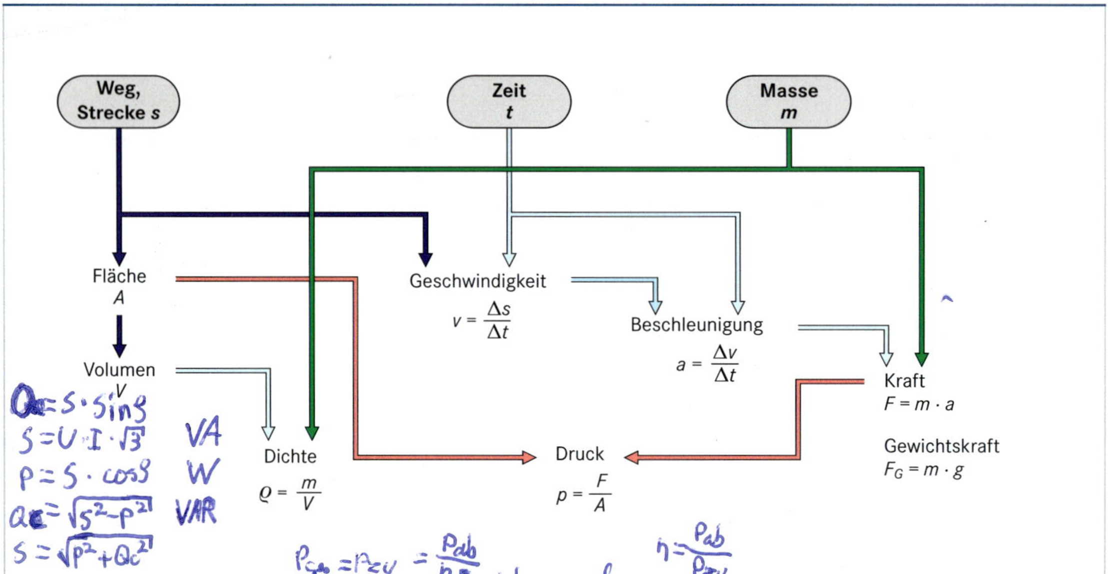

Geradlinig gleichmäßige Beschleunigung		
Kraft	$F = m \cdot a$	
Geschwindigkeit	$v = a \cdot t$	$v = \sqrt{2 \cdot s \cdot a}$
Beschleunigung	$a = \frac{v}{t}$	$a = \frac{2 \cdot s}{t^2}$
Wegstrecke	$s = \frac{a \cdot t^2}{2}$	
Arbeit und Kraft		
Allgemein	$W = F \cdot s$	
Hubarbeit	$W = F_G \cdot s$	$W = m \cdot g \cdot s$
Federspannarbeit	$W = \frac{F_F \cdot s}{2}$	
Beschleunigungsarbeit	$W = \frac{m \cdot v^2}{2}$	
Reibungsarbeit	$W = F_R \cdot s$	
Reibung	$F_R = \mu \cdot F_N$	
Schiefe Ebene	$F_H = \frac{F_G \cdot h}{l}$	
Leistung und Wirkungsgrad		
Leistung	$P = \frac{W}{t}$	$P = F \cdot v$
Wirkungsgrad	$\eta = \frac{W_{ab}}{W_{zu}}$ $W_V = W_{zu} - W_{ab}$ $P_V = P_{zu} - P_{ab}$	$\eta = \frac{P_{ab}}{P_{zu}}$
Gesamtwirkungsgrad	$\eta_{ges} = \eta_1 \cdot \eta_2 \cdot ... \cdot \eta_n$	
Antriebe		
Riemenantrieb	$d_1 \cdot n_1 = d_2 \cdot n_2$	
Zahnradantrieb	$z_1 \cdot n_1 = z_2 \cdot n_2$	
Schneckenantrieb	$z_1 \cdot n_1 = z_2 \cdot n_2$	

Gleichförmige Kreisbewegung			
Kraft	$F = m \cdot \omega^2 \cdot r$	$F = m \cdot \frac{v^2}{r}$	
Geschwindigkeit	$v = d \cdot \pi \cdot n$	$v = \frac{2 \cdot \pi \cdot r}{T}$	
Beschleunigung	$a_r = \frac{v^2}{r}$		
Winkelgeschwindigkeit	$\omega = 2 \cdot \pi \cdot f$	$f = \frac{1}{T}$	$n = \frac{1}{T}$
Energie			
Energieerhaltung	$E = W$		
Potenzielle Energie	$E_P = m \cdot g \cdot s$		
Spannenergie	$E_S = \frac{F_F \cdot s}{2}$		
Kinetische Energie	$E_K = \frac{m \cdot v^2}{2}$		
Drehmoment			
Drehmoment	$M = F \cdot r$		
Hebel	$F_1 \cdot s_1 = F_2 \cdot s_2$		
Feste Rolle	$F_1 = F_2$		
Lose Rolle	$F_1 = \frac{F_2}{2}$		
Flaschenzug	$F_1 = \frac{F_2}{n}$	n: Anzahl der Rollen	
Leistung und Drehmoment	$P = 2 \cdot \pi \cdot n \cdot M$ n: Drehzahl		
Hydraulik			
Hydrostatischer Druck	$p = \varrho \cdot g \cdot h$		
Hydraulische Anlagen	$\frac{F_1}{A_1} = \frac{F_2}{A_2}$		

Zusammenhang

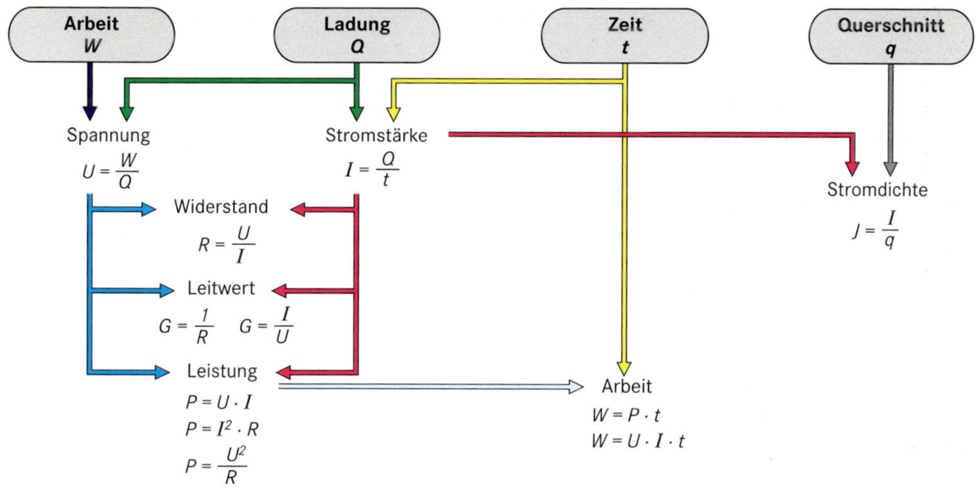

Elektrischer Stromkreis

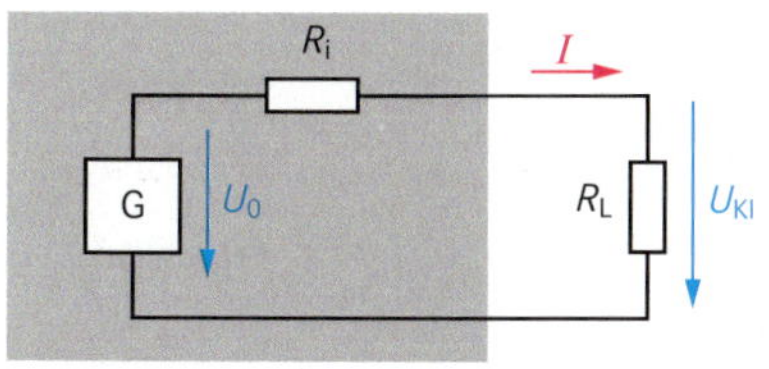

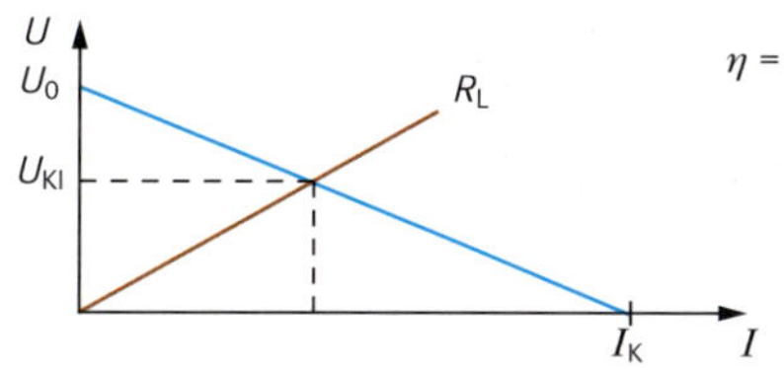

Wirkungsgrad

$$\eta = \frac{1}{1 + \frac{R_i}{R_L}}$$

Fälle	Belastungswiderstand R_L	Stromstärke I	Klemmenspannung U_{Kl}	abgegebene Leistung P_L	Wirkungsgrad η
Leerlauf	$R_L = \infty$	$I = 0$	$U_{Kl} = U_0$	$P_L = 0$	$\eta = 0$
Belastung	$0 < R_L < \infty$	$I = \frac{U_0}{R_i + R_L}$	$U_{Kl} = U_0 - I \cdot R_i$	$P_L = \frac{U_0^2 \cdot R_L}{(R_i + R_L)^2}$	$\eta = \frac{R_L}{R_i + R_L}$
Anpassung	$R_L = R_i$	$I = \frac{I_K}{2}$	$U_{Kl} = \frac{U_0}{2}$	$P_L = \frac{U_0^2}{4 \cdot R_i}$	$\eta = \frac{1}{2}$
Kurzschluss	$R_L = 0$	$I = I_K = \frac{U_0}{R_i}$	$U_{Kl} = 0$	$P_L = 0$	$\eta = 0$

Elektrischer Widerstand

Ohmsches Gesetz	Differentieller Widerstand	Leiterwiderstand	Widerstand und Temperatur
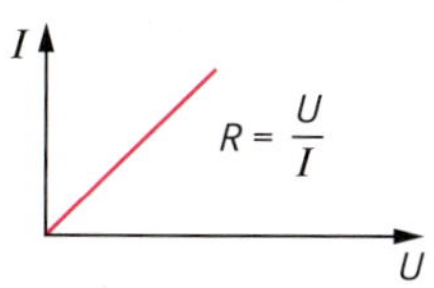	$r = \frac{\Delta U}{\Delta I}$ 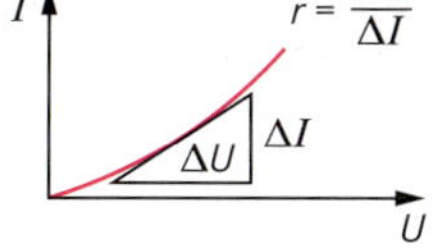	$R = \frac{\varrho \cdot l}{q}$ $\varkappa = \frac{1}{\varrho}$ $R = \frac{l}{\varkappa \cdot q}$ Querschnittsfläche des Leiters: $q = \frac{d^2 \cdot \pi}{4}$	$R_\vartheta = R_{20} + \Delta R$ $\Delta R = R_{20} \cdot \alpha \cdot \Delta\vartheta$ $R_\vartheta = R_{20}\,(1 + \alpha \cdot \Delta\vartheta + \beta \cdot \Delta\vartheta^2)$

Stromverzweigung
(Erstes Kirchhoffsches Gesetz)

$\Sigma I = 0$

Parallelschaltung

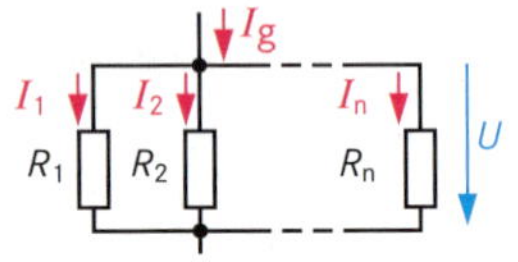

$U = U_1 = U_2 = \ldots = U_n$

$I_g = I_1 + I_2 + \ldots + I_n$

$\frac{1}{R_g} = \frac{1}{R_1} + \frac{1}{R_2} + \ldots + \frac{1}{R_n}$ $\quad G_g = G_1 + G_2 + \ldots + G_n$

$\frac{I_1}{I_2} = \frac{R_2}{R_1}$ $\quad \frac{I_1}{I_n} = \frac{R_n}{R_1}$ $\quad \frac{I_1}{I_g} = \frac{R_g}{R_1} \ldots$

$P_g = P_1 + P_2 + \ldots + P_n$

$P_1 = U \cdot I_1$ $\quad P_2 = U \cdot I_2$ $\quad P_g = U \cdot I_g \ldots$

Maschenregel
(Zweites Kirchhoffsches Gesetz)

$\Sigma U = 0$

Reihenschaltung

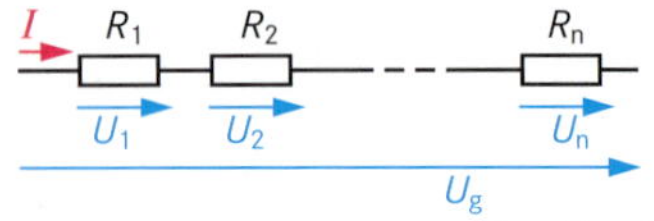

$U_g = U_1 + U_2 + \ldots + U_n$

$I = I_1 = I_2 = \ldots = I_n$

$R_g = R_1 + R_2 + \ldots + R_n$

$\frac{U_1}{U_2} = \frac{R_1}{R_2}$ $\quad \frac{U_1}{U_n} = \frac{R_1}{R_n}$ $\quad \frac{U_1}{U_g} = \frac{R_1}{R_g} \ldots$

$P_g = P_1 + P_2 + \ldots + P_n$

$P_1 = U_1 \cdot I$ $\quad P_2 = U_2 \cdot I$ $\quad P_g = U_g \cdot I \ldots$

Messbereichserweiterung

Strommessung	Spannungsmessung
$n = \frac{I}{I_M}$ $\quad R_p = \frac{R_i}{(n-1)}$	$n = \frac{U}{U_M}$ $\quad R_v = (n-1) \cdot R_i$

Gruppenschaltung

Beispiel:

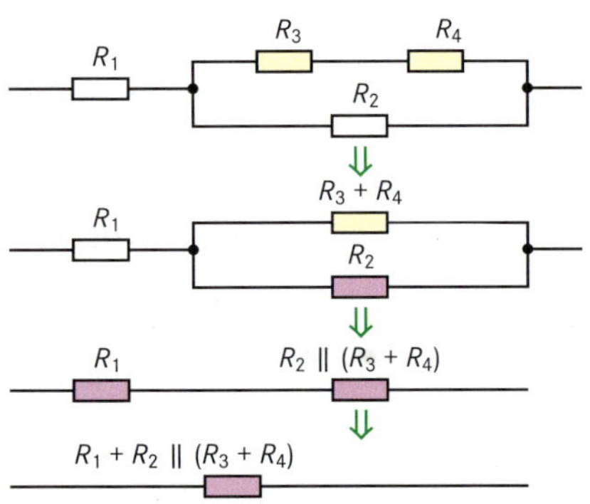

Stern-Dreieck-Umwandlung

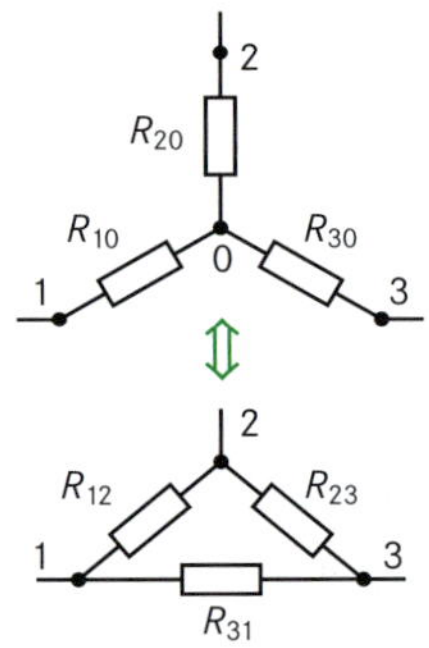

$R_{10} = \frac{R_{12} \cdot R_{31}}{R_{12} + R_{23} + R_{31}}$

$R_{20} = \frac{R_{12} \cdot R_{23}}{R_{12} + R_{23} + R_{31}}$

$R_{30} = \frac{R_{23} \cdot R_{31}}{R_{12} + R_{23} + R_{31}}$

$R_{12} = \frac{R_{10} \cdot R_{20}}{R_{30}} + R_{10} + R_{20}$

$R_{23} = \frac{R_{20} \cdot R_{30}}{R_{10}} + R_{20} + R_{30}$

$R_{31} = \frac{R_{10} \cdot R_{30}}{R_{20}} + R_{10} + R_{30}$

Spannungsteiler

unbelastet

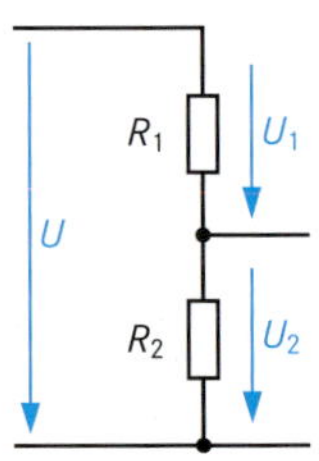

$\frac{U_2}{U} = \frac{R_2}{R_1 + R_2}$

belastet

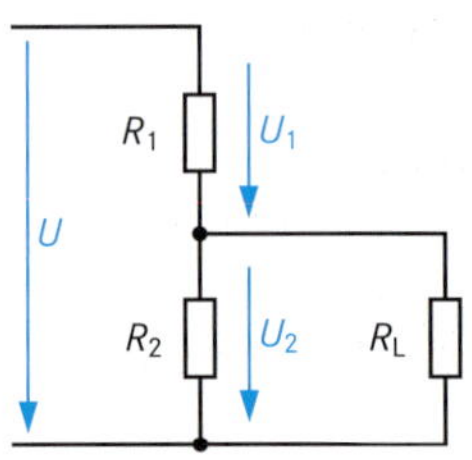

$\frac{U_2}{U} = \frac{R_2 \cdot R_L}{R_1 (R_2 + R_L) + R_2 \cdot R_L}$

Brückenschaltung

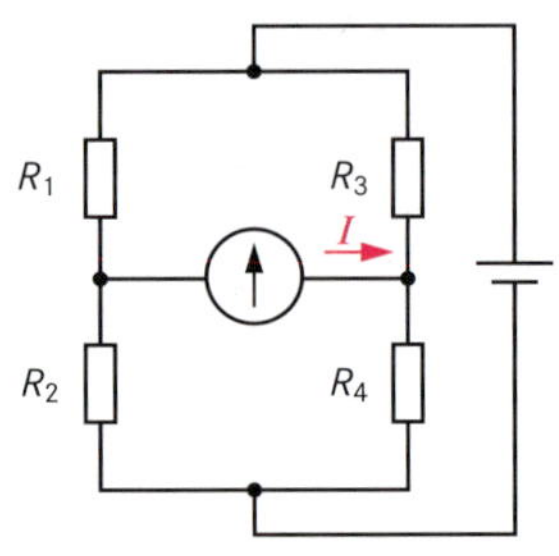

Abgleichbedingung:

$\frac{R_1}{R_2} = \frac{R_3}{R_4}$

$\Downarrow$

$I = 0$

Elektrisches Feld

Elektrische Feldstärke	$E = \frac{F}{Q}$	$E = \frac{U}{d}$
Elektrische Flussdichte	$D = \frac{Q}{A}$	
Verknüpfung	$D = \varepsilon \cdot E$	$\varepsilon = \varepsilon_0 \cdot \varepsilon_r$
Kraft zwischen Ladungen	$F = \frac{Q_1 \cdot Q_2}{4\pi \cdot \varepsilon \cdot l^2}$	

Kondensator, Kapazität

Kapazität	$C = \frac{Q}{U}$ $\varepsilon = \varepsilon_0 \cdot \varepsilon_r$	$C = \frac{\varepsilon \cdot A}{d}$
Elektrische Feldkonstante	$\varepsilon_0 = 8{,}86 \cdot 10^{-12}\ \frac{As}{Vm}$	
Stromstärke	$I_c = C \cdot \frac{\Delta U}{\Delta t}$	
Elektrische Energie	$W_{el} = \frac{1}{2} \cdot C \cdot U^2$	

Schaltungen mit Kondensatoren

Parallelschaltung	Reihenschaltung
$Q_g = Q_1 + Q_2 + \ldots + Q_n$	$Q_g = Q_1 = Q_2 = \ldots = Q_n$
$U = U_1 = U_2 = \ldots = U_n$	$U_g = U_1 + U_2 + \ldots + U_n$
$C_g = C_1 + C_2 + \ldots + C_n$	$\frac{1}{C_g} = \frac{1}{C_1} + \frac{1}{C_2} + \ldots + \frac{1}{C_n}$

RC-Schaltung

Zeitkonstante	$\tau = R \cdot C$
Einschaltvorgang (Aufladung)	Ausschaltvorgang (Entladung)
$u_C = U \cdot (1 - e^{-\frac{t}{\tau}})$	$u_C = U \cdot e^{-\frac{t}{\tau}}$
$i_C = \frac{U}{R} \cdot e^{-\frac{t}{\tau}}$	$i_C = -\frac{U}{R} \cdot e^{-\frac{t}{\tau}}$
Tiefpass/Hochpass	$f_g = \frac{1}{2\pi \cdot R \cdot C}$

Strom und Magnetfeld

Leiter im Magnetfeld	
Kraftwirkung	$F = B \cdot I \cdot l \cdot z$
Induktionsspannung	$U = B \cdot l \cdot v \cdot z$
Spule im Magnetfeld	
Drehmoment	$M = \frac{F \cdot a \cdot \sin\alpha}{2}$
Kraftwirkung	$F = 2 \cdot N \cdot B \cdot l \cdot I$
Induktionsspannung	$U = N \cdot \frac{\Delta\Phi}{\Delta t}$

Magnetisches Feld

Magnetische Feldstärke	$H = \frac{\Theta}{l}$	$\Theta = I \cdot N$ Magn. Durchflutung
Magnetische Flussdichte	$B = \frac{\Phi}{A}$	
Verknüpfung	$B = \mu \cdot H$	$\mu = \mu_0 \cdot \mu_r$
Kraft zwischen stromdurchflossenen Leitern	$F = \frac{\mu_0 \cdot I_1 \cdot I_2 \cdot l}{2\pi \cdot a}$	
Tragkraft von Magneten	$F = \frac{B^2 \cdot A}{2\mu_0}$	

Spule, Induktivität

Induktivität	$L = \frac{\mu \cdot N^2 \cdot A}{l}$ $\mu = \mu_0 \cdot \mu_r$	$L = A_L \cdot N^2$
Magnetische Feldkonstante	$\mu_0 = 1{,}257 \cdot 10^{-12}\ \frac{Vs}{Am}$	
Spannung	$U_L = L \cdot \frac{\Delta I}{\Delta t}$	
Magnetische Energie	$W_{mag} = \frac{1}{2} \cdot L \cdot I^2$	

Schaltungen mit Spulen

Parallelschaltung	Reihenschaltung
$I_g = I_1 + I_2 + \ldots + I_n$	$I = I_1 = I_2 = \ldots = I_n$
$U_g = U_1 = U_2 = \ldots = U_n$	$U_g = U_1 + U_2 + \ldots + U_n$
$\frac{1}{L_g} = \frac{1}{L_1} + \frac{1}{L_2} + \ldots + \frac{1}{L_n}$	$L_g = L_1 + L_2 + \ldots + L_n$

RL-Schaltung

Zeitkonstante	$\tau = \frac{L}{R}$
Einschaltvorgang	Ausschaltvorgang
$u_L = U \cdot e^{-\frac{t}{\tau}}$	$u_L = -U \cdot e^{-\frac{t}{\tau}}$
$i_L = \frac{U}{R} \cdot (1 - e^{-\frac{t}{\tau}})$	$i_L = \frac{U}{R} \cdot e^{-\frac{t}{\tau}}$
Tiefpass/Hochpass	$f_g = \frac{R}{2\pi \cdot L}$

Magnetischer Kreis

Magnetischer Widerstand	$R_m = \frac{\Theta}{\Phi}$
Magnetischer Leitwert	$\Lambda = \frac{1}{R_m}$
Magnetischer Gesamtwiderstand	$R_m = R_{m1} + R_{m2} + \ldots + R_{mn}$
Magnetische Gesamtdurchflutung	$\Theta_g = \Theta_1 + \Theta_2 + \ldots + \Theta_n$

Sinusform

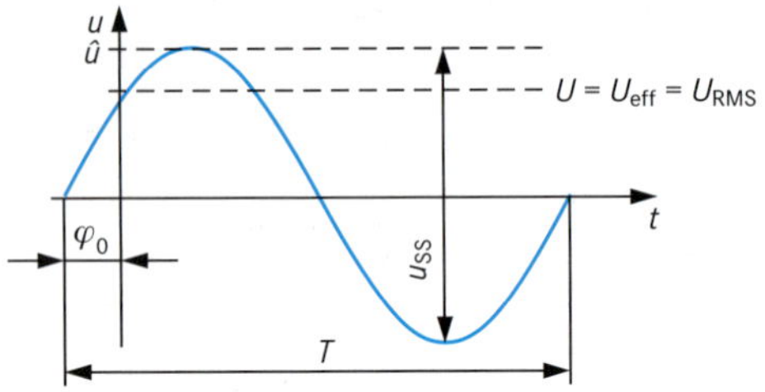

$u = \hat{u} \cdot \sin(\omega \cdot t + \varphi_0)$

$\omega = 2\pi \cdot f$ $\quad f = \frac{1}{T}$ $\quad \frac{\alpha_B}{\alpha_G} = \frac{2\pi}{360°}$

$U = \frac{\hat{u}}{\sqrt{2}}$ $\quad I = \frac{\hat{\imath}}{\sqrt{2}}$ $\quad u_{ss} = 2 \cdot \hat{u}$, $i_{ss} = 2 \cdot \hat{\imath}$

$U = \frac{u_{ss}}{2 \cdot \sqrt{2}}$ $\quad I = \frac{i_{ss}}{2 \cdot \sqrt{2}}$

eff: Effektivwert
RMS: Root Mean Square

Rechteckform

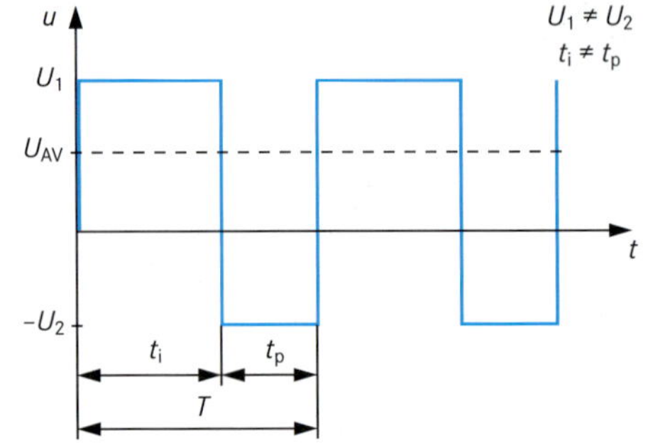

$g = \frac{t_i}{T}$ $\quad T = t_i + t_p$

$U_{AV} = \frac{U_1 \cdot t_i + U_2 \cdot t_p}{T}$ $\quad f = \frac{1}{T}$ $\quad$ AV: Average

Addition phasenverschobener Spannungen

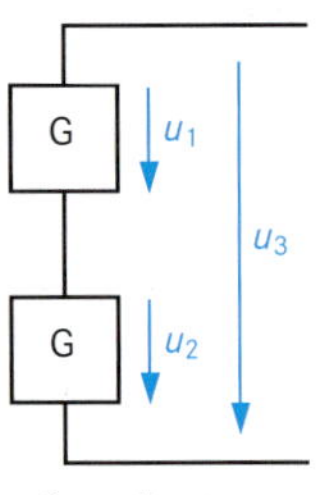

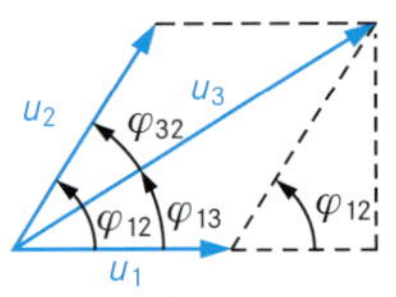

$\tan \varphi_{13} = \frac{u_1 \cdot \tan \varphi_{12}}{u_2 + u_1 \cdot \cos \varphi_{12}}$

$u_3^2 = u_1^2 + u_2^2 - 2 \cdot u_1 \cdot u_2 \cdot \cos(180° - \varphi_{12})$

Impulsform

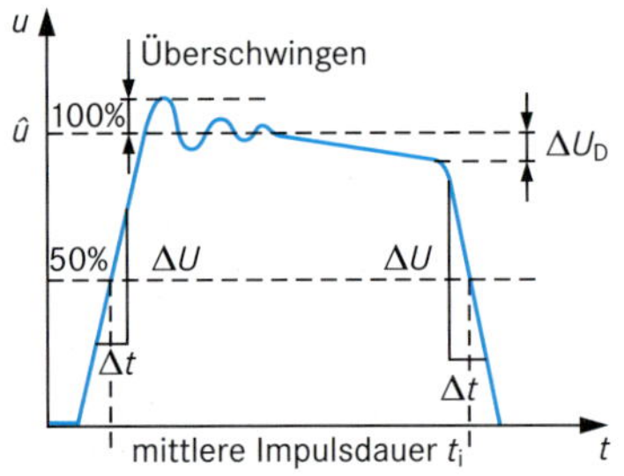

$D = \frac{\Delta U_D}{\hat{u}}$

$S = \frac{\Delta U}{\Delta t}$

Gleichgerichtete sinusförmige Spannung

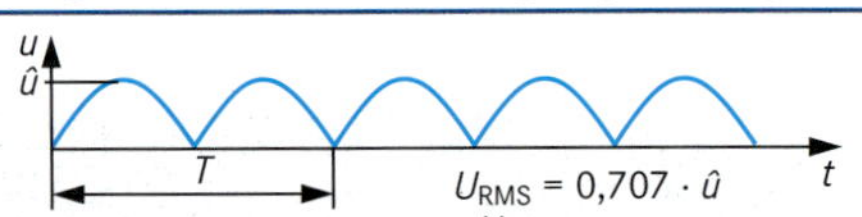

$U_{RMS} = 0{,}707 \cdot \hat{u}$
$U_{AV} = 0{,}637 \cdot \hat{u}$

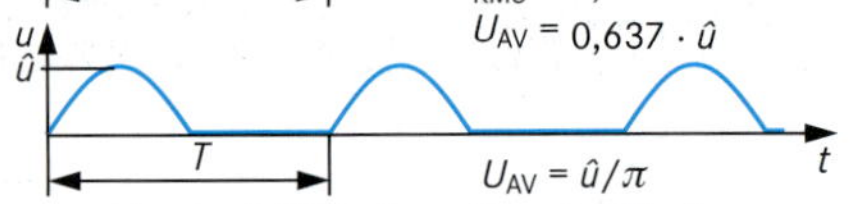

$U_{AV} = \hat{u}/\pi$

$U_{RMS} = 0{,}353 \cdot \hat{u}$ $\quad U_{AV} = 0{,}318 \cdot \hat{u}$

Impulsverformung

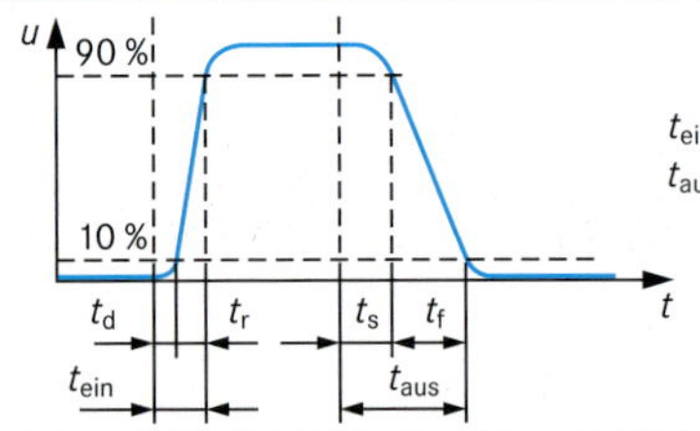

$t_{ein} = t_d + t_r$
$t_{aus} = t_s + t_f$

Stern- und Dreieckschaltung, symmetrische Belastung
Star-Delta Circuit, Symmetrical Load

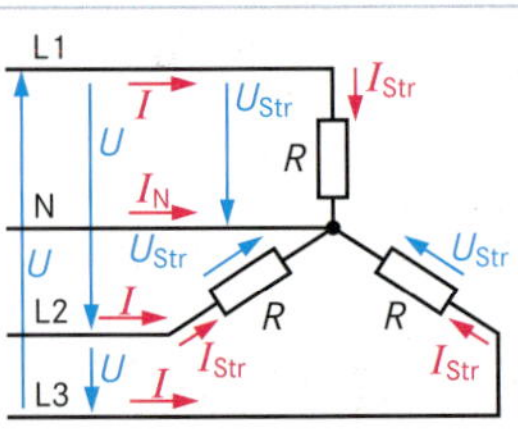

$U_{str} = \frac{U}{\sqrt{3}}$

$I = I_{Str}$

$S = \sqrt{3} \cdot U \cdot I$

$S = \sqrt{P^2 + Q^2}$

$P = \sqrt{3} \cdot U \cdot I \cdot \cos \varphi$

$Q = \sqrt{3} \cdot U \cdot I \cdot \sin \varphi$

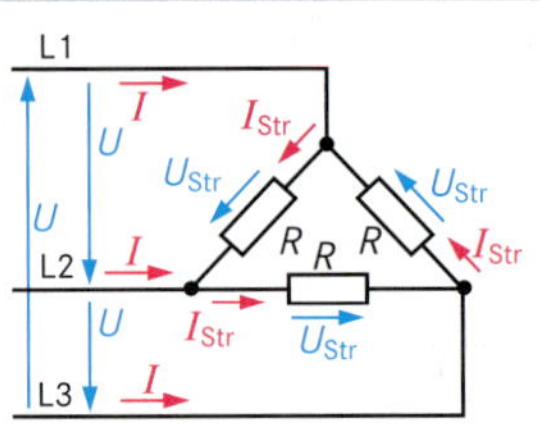

$U = U_{Str}$

$I = \sqrt{3} \cdot I_{Str}$

$S = \sqrt{3} \cdot U \cdot I$

$S = \sqrt{P^2 + Q^2}$

$P = \sqrt{3} \cdot U \cdot I \cdot \cos \varphi$

$Q = \sqrt{3} \cdot U \cdot I \cdot \sin \varphi$

RC- und RL-Schaltungen
RC- and RL-Circuits

Kapazitiver Blindwiderstand

$X_C = \frac{1}{2\pi \cdot f \cdot C}$ $\omega = 2\pi \cdot f$

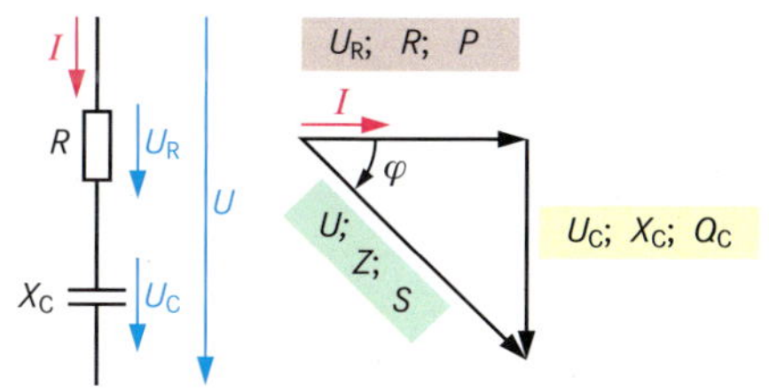

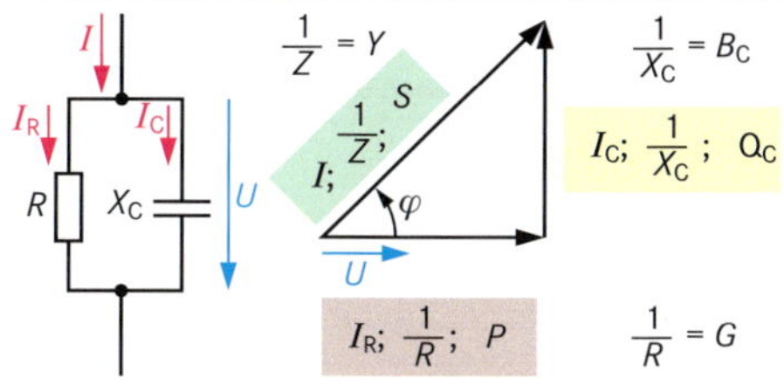

Induktiver Blindwiderstand

$X_L = 2\pi \cdot f \cdot L$ $\omega = 2\pi \cdot f$

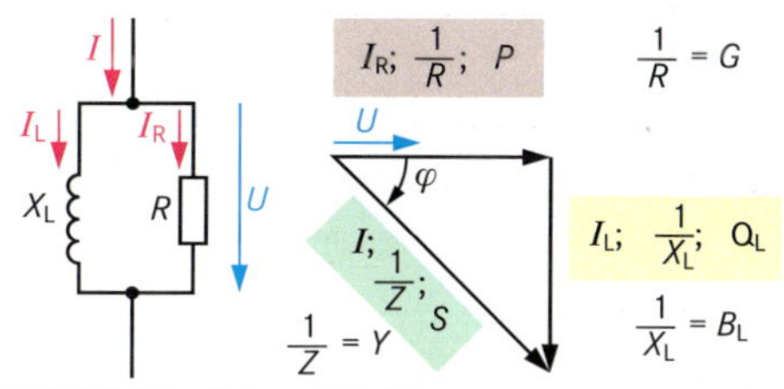

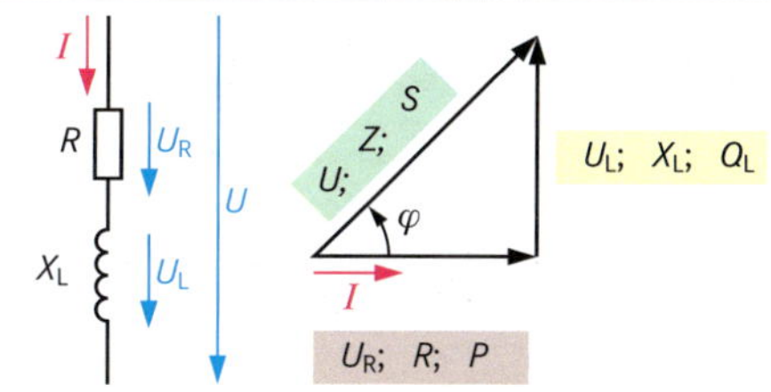

$\tan \varphi = \frac{\text{Gegenkathete}}{\text{Ankathete}}$ $\cot \varphi = \frac{\text{Ankathete}}{\text{Gegenkathete}}$ $\sin \varphi = \frac{\text{Gegenkathete}}{\text{Hypotenuse}}$

$\cos \varphi = \frac{\text{Ankathete}}{\text{Hypotenuse}}$ $(\text{Hypotenuse})^2 = (\text{Ankathete})^2 + (\text{Gegenkathete})^2$

Spannungen		Stromstärken		Leistungen	
Kapazitive Blindspannung	$U_C = I_C \cdot X_C$	Kapazitiver Blindstrom	$I_C = \frac{U_C}{X_C}$	Kapazitive Blindleistung	$Q_C = U_C \cdot I_C$
Induktive Blindspannung	$U_L = I_L \cdot X_L$	Induktiver Blindstrom	$I_L = \frac{U_L}{X_L}$	Induktive Blindleistung	$Q_L = U_L \cdot I_L$
Wirkspannung	$U_R = I_R \cdot R$	Wirkstrom	$I_R = \frac{U_R}{R}$	Wirkleistung	$P = U_R \cdot I_R$
Gesamtspannung	$U = I \cdot Z$	Gesamtstrom	$I = \frac{U}{Z}$	Scheinleistung	$S = U \cdot I$

RCL-Schaltungen
RCL-Circuits

Reihenschaltung

$U_L > U_C$	$X_L > X_C$	$Q_L > Q_C$

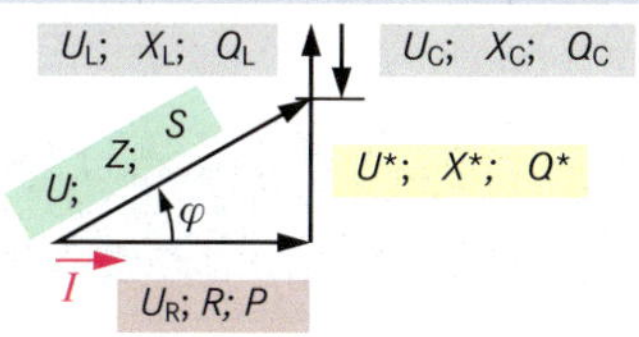

$U_L < U_C$	$X_L < X_C$	$Q_L < Q_C$

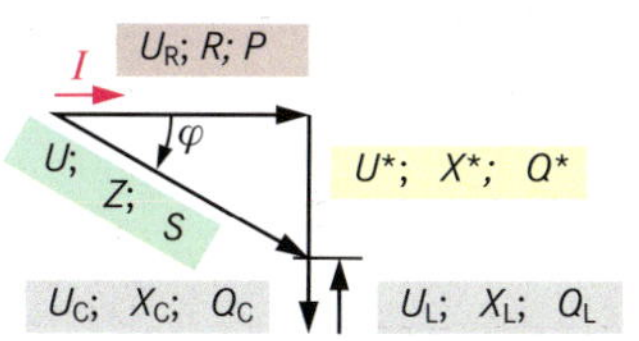

Parallelschaltung

$I_C > I_L$	$X_C < X_L$	$Q_C > Q_L$

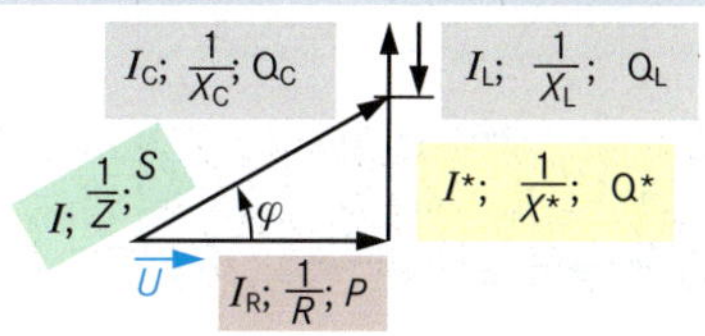

$I_C > I_L$	$X_C < X_L$	$Q_C > Q_L$

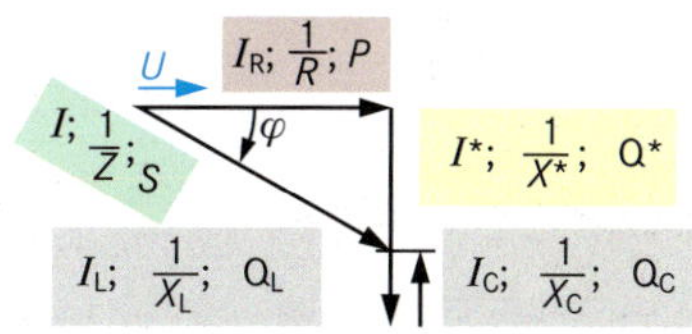

Bipolare Transistoren

NPN

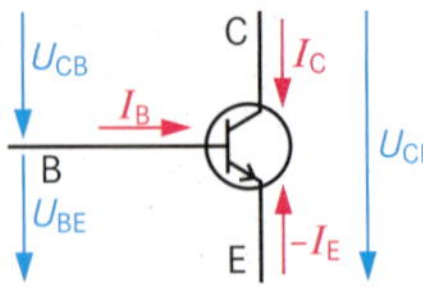

$\Sigma I = 0 \qquad I_E = I_C + I_B$

$B = \dfrac{I_C}{I_B}$

$P_v = U_{CE} \cdot I_C + U_{BE} \cdot I_B$

$\Sigma U = 0$

$U_{CE} = U_{BE} + U_{CB}$

Bei PNP: Umkehrung der Vorzeichen I und U

Wechselstromkenngrößen:

$r_{BE} = \dfrac{\Delta U_{BE}}{\Delta I_B} \qquad r_{CE} = \dfrac{U_{CE}}{I_C} \qquad \beta = \dfrac{\Delta I_C}{\Delta I_B}$

Unipolare Transistoren (FET)

Sperrschicht FET, N-Kanal | **Isolierschicht FET, N-Kanal-MOS-FET**

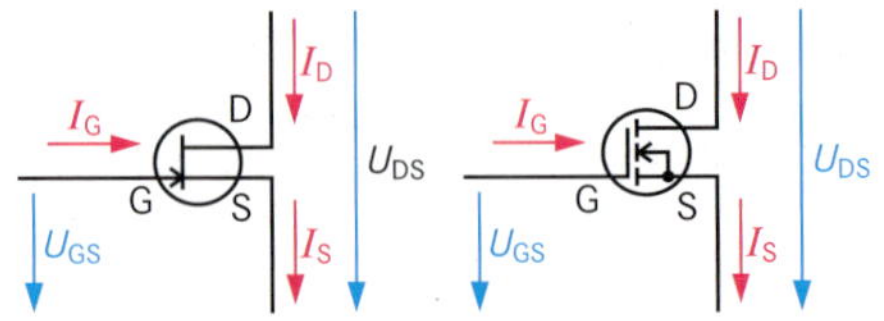

$I_G = 0 \qquad I_D = I_S \qquad S = \dfrac{\Delta I_D}{\Delta U_{GS}} \qquad r_{DS} = \dfrac{\Delta U_{DS}}{\Delta I_D}$

Emitterschaltung mit Vorwiderstand

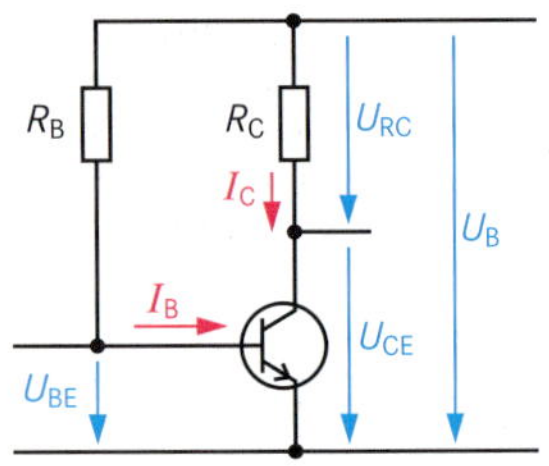

$U_B = U_{RC} + U_{CE}$

$R_B = \dfrac{U_B - U_{BE}}{I_B}$

$R_C = \dfrac{U_B - U_{CE}}{I_C}$

$r_e = R_B \,||\, r_{BE}$

$r_a = R_C \,||\, r_{CE}$

Sourceschaltung mit Sourcewiderstand

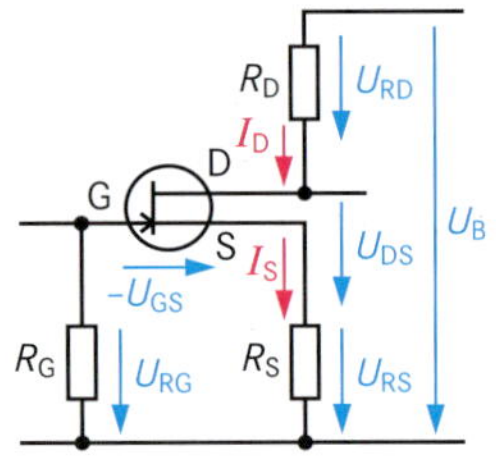

$U_B = U_{RD} + U_{DS} + U_{RS}$

$U_{RS} = -U_{GS}$

$R_D = \dfrac{U_B - U_{DS} - U_{RS}}{I_D}$

$R_S = \dfrac{U_{RS}}{I_S}$

$r_e = R_G \,||\, r_{GS}$

$r_a = R_D \,||\, r_{DS}$

Emitterschaltung mit Basisspannungsteiler

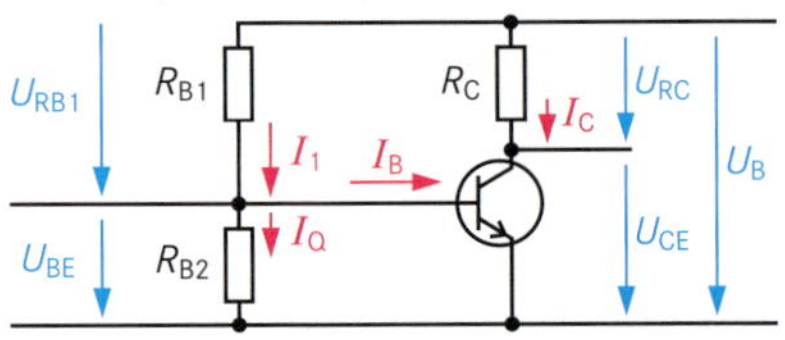

$I_1 = I_B + I_Q \qquad I_C = B \cdot I_B \qquad m = \dfrac{I_Q}{I_B}$

$U_{RB1} = I_1 \cdot R_{B1} \qquad R_{B1} = \dfrac{U_B - U_{BE}}{I_1}$

$U_{CE} = U_B - I_C \cdot R_C \qquad R_{B2} = \dfrac{U_B - U_{RB1}}{I_Q}$

$U_{RC} = I_C \cdot R_C$

$r_e = r_{BE} \,||\, R_{B1} \,||\, R_{B2} \qquad r_a = R_C \,||\, r_{CE}$

Sourceschaltung mit Basisspannungsteiler

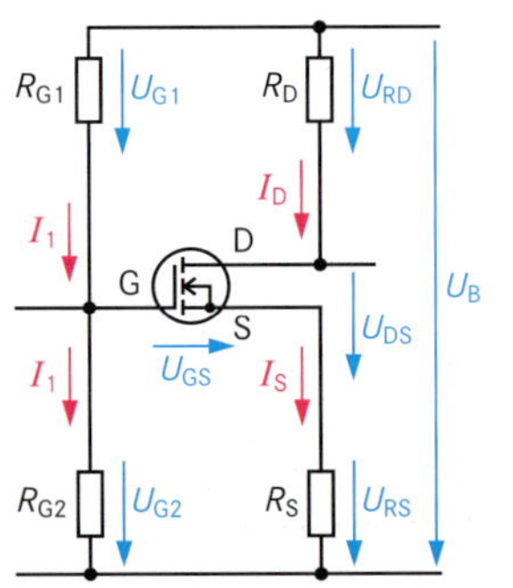

$U_{G2} = U_{GS} + U_{RS}$

$R_S = \dfrac{U_{RS}}{I_S}$

$R_{G1} = \dfrac{U_B - U_{G2}}{I_1}$

$R_{G2} = \dfrac{U_{RS} + U_{GS}}{I_1}$

$U_{G2} = U_{GS} + U_{RS}$

$r_e = R_{G1} \,||\, R_{G2}$

$r_a = R_D$

Emitterschaltung mit Stromgegenkopplung

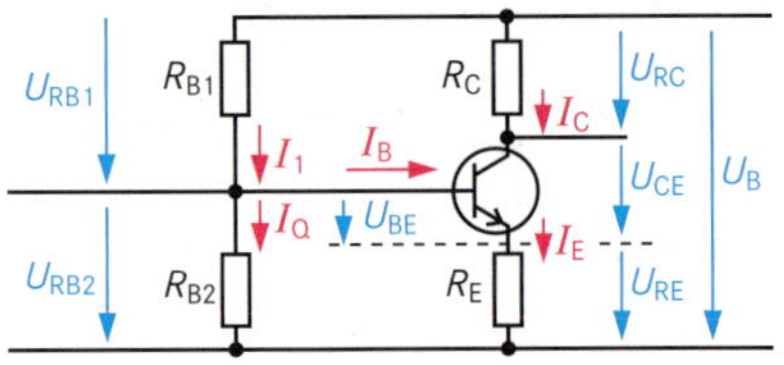

$U_{RB1} = U_B - U_{RB2} \qquad R_{B1} = \dfrac{U_{RB1}}{I_1} \qquad R_E = \dfrac{U_{RE}}{I_E}$

$U_{RB2} = U_{BE} + U_{RE} \qquad R_{B2} = \dfrac{U_{RB2}}{I_Q} \qquad R_C = \dfrac{U_{RC}}{I_C}$

$U_{RE} = U_B - U_{RC} - U_{CE} \qquad U_{RC} = U_B - U_{CE} - U_{RE}$

$r_e = (r_{BE} + \beta \cdot R_E) \,||\, R_{B1} \,||\, R_{B2} \qquad r_a = R_C \,||\, r_{CE}$

Dual-Gate-MOS-FET mit Spannungsteiler

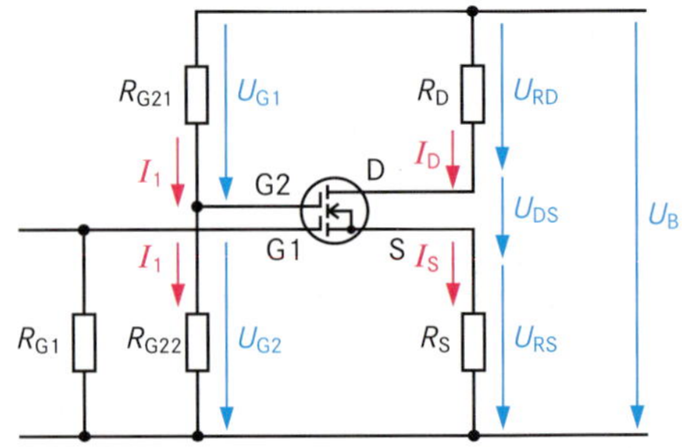

$U_{G1} = -U_{RS} \qquad U_{GS2} = U_{G2} - U_{RS}$

$U_{G2} = I_1 \cdot R_{G22} \qquad U_{G2} = U_B - I_1 \cdot R_{G21}$

Formelzeichen

U	Klemmenspannung
U_B	Bürstenspannung
U_i	induzierte Gegenspannung (Motor)
U_a	Spannung an der Ankerwicklung
U_f	Spannung an der Feldwicklung
M	Drehmoment
M_A	Anlaufdrehmoment
$\cos\varphi$	Leistungsfaktor
η	Wirkungsgrad
I	Stromstärke Motor bzw. Generator
I_n	Bemessungsstromstärke
I_0	Leerlaufstromstärke
I_A	Anlaufstromstärke

I_f	Stromstärke in der Feldwicklung
I_a	Stromstärke in der Ankerwicklung
P	Leistung (Wirk)
P_{ab}	abgegebene Leistung
P_{zu}	zugeführte Leistung
P_v	Verlustleistung
P_{vFe}	Eisenverlustleistung
P_{vCu}	Wicklungsverlustleistung
P_f	Feldleistung
S	Scheinleistung
Q_C	kapazitive Blindleistung
Q_{CB}	kapazitive Blindleistung des Betriebskondensators
C_A	Kapazität des Anlaufkondensators
C_B	Kap. Betriebskondensator
F	Kraft

R_i	Innenwiderstand
R_a	Widerstand der Ankerwicklung
R_W	Widerstand der Wendepolwicklung
R_K	Widerstand der Kompensationswicklung
R_f	Widerstand der Feldwicklung
R_{fser}	Widerstand der Reihenschlusswicklung
R_{fpar}	Widerstand der Nebenschlusswicklung
R_{Cu}	Wicklungswiderstand
R_{Fe}	Ersatzwiderstand für Eisenverluste

n	Läuferdrehzahl, Umdrehungsfrequenz
n_f	Drehfelddrehzahl
n_n	Bemessungsdrehzahl
n_s	Schlupfdrehzahl
n_S	Synchrone Drehzahl
n_0	Leerlaufdrehzahl
s	Schlupf
$s_{\%}$	Schlupf in %
f	Netzfrequenz
f_s	Frequenz, Ständerspannung
f_r	Frequenz, Läuferspannung
f_z	Schrittfrequenz
α	Schrittwinkel
m	Strangzahl
z	Zähnezahl, Schrittzahl
i	Übersetzung
p	Polpaarzahl

Mechanische Größen

Drehmoment	$M = F \cdot s$ (s: Hebelarm)
Mechanische Leistung an der Welle	$P = 2 \cdot \pi \cdot n \cdot M$ $P = \frac{n \cdot M}{9549}$ P in kW, M in Nm, n in $\frac{1}{\text{min}}$
Drehzahl, Umdrehungsfrequenz	$[n] = \frac{1}{s}$; $[n] = \frac{1}{\text{min}}$ $\frac{1}{s} = s^{-1}$; $\frac{1}{\text{min}} = \text{min}^{-1}$

Übersetzung

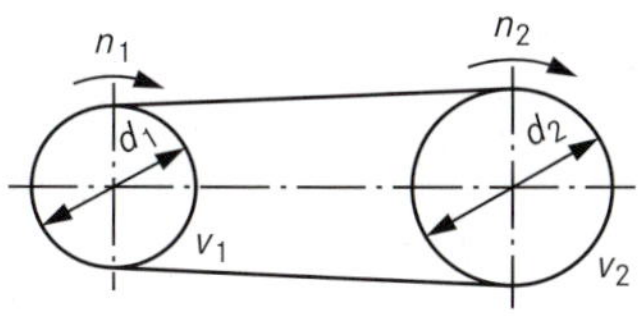

Übersetzung Riementrieb	$i = \frac{n_1}{n_2}$ $i = \frac{d_2}{d_1}$
Übersetzung Zahnradtrieb	$i = \frac{n_1}{n_2}$ $i = \frac{z_2}{z_1}$
Drehmoment	$\frac{n_1}{n_2} = \frac{M_2}{M_1}$
Umfangsgeschwindigkeit	$v = n \cdot 2 \cdot \pi \cdot r$ $v = n \cdot d \cdot \pi$

Gleichstrommotor (fremderregt)

Netzspannung	$U = U_i + U_B + I_A \cdot R_i$
Innenwiderstand	$R_i = R_a + R_W + R_K$
Zugeführte Leistung	$P_{zu} = U \cdot I_a + U_f \cdot I_f$
Abgegebene Leistung	$P_{ab} = P_{zu} - P_v$

Drehstrom-Asynchronmotor

Abgegebene Leistung	$P_{ab} = U \cdot I \cdot \sqrt{3} \cdot \cos\varphi \cdot \eta$
Schlupf	$s = \frac{n_f - n}{n_f}$ $s_{\%} = \frac{n_f - n}{n_f} \cdot 100\,\%$
Schlupfdrehzahl	$n_s = n_f - n$
Läuferfrequenz	$f_r = s \cdot f$
Drehfelddrehzahl	$n_f = \frac{f}{p}$

Synchronmaschine (Motor, Generator)

Synchrone Drehzahl	$n_S = \frac{f}{p}$
Abgegebene Leistung	$P_{ab} = U \cdot I \cdot \sqrt{3} \cdot \cos\varphi \cdot \eta$
Feldleistung	$P_f = U_f \cdot I_f$

Kondensatormotor

Kapazitive Blindleistung	$Q_C = U^2 \cdot \omega \cdot C$ Q_{CB} = 1 kvar pro kW Motorleistung
Kapazitäten	$C_A = 3 \cdot C_B$
Abgegebene Leistung	$P_{ab} = U \cdot I \cdot \cos\varphi \cdot \eta$

Drehstrommotor an Wechselspannung

Netzspannung in V	230	400
C_B in µF pro kW Motorleistung	70	20
Kapazitäten	$C_A = 2 \cdot C_B$	

Schrittmotor

Schrittwinkel	$\alpha = \frac{360°}{z}$ $\alpha = \frac{360°}{2 \cdot m \cdot p}$
Drehzahl	$n = \frac{f_z}{z}$

Spannungs- und Stromübersetzung

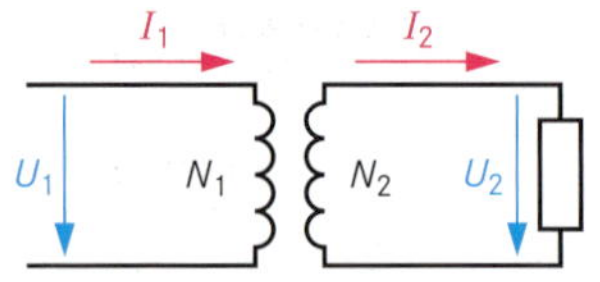

Primärspannung	U_1	$\frac{N_1}{N_2} = \frac{U_1}{U_2}$
Sekundärspannung	U_2	
Primärwindungszahl	N_1	$\frac{N_1}{N_2} = \frac{I_2}{I_1}$
Sekundärwindungszahl	N_2	
Windungszahl pro Volt	N^*	$[N^*] = \frac{1}{\text{V}}$
Primärstromstärke	I_1	
Sekundärstromstärke	I_2	$ü = \frac{U_1}{U_2}$
Übersetzungsverhältnis	$ü$	
Primärscheinleistung	S_1	$S_1 = U_1 \cdot I_1$
Sekundärscheinleistung	S_2	$S_2 = U_2 \cdot I_2$
Scheinwiderstand primär	Z_1	
Scheinwiderstand sekundär	Z_2	

Leistung und Wirkungsgrad

Eingangswirkleistung	P_1	$P_1 = U_1 \cdot I_1 \cdot \cos \varphi_1$
Ausgangswirkleistung	P_2	$P_1 = P_2 + P_{vFe} + P_{vCu}$
Eisenverluste	P_{vFe} W_{Fe}	$P_2 = U_2 \cdot I_2 \cdot \cos \varphi_2$
Kupferverluste	P_{vCu} W_{Cu}	$P_{vCu} = R_{Cu} \cdot I_2$
Wirkungsgrad	η	$\eta = \frac{P_2}{P_1}$
Jahreswirkungsgrad	η_a	$\eta_a = \frac{W_{ab}}{W_{ab} + W_{Fe} + W_{Cu}}$
Einschaltdauer	t_E	
Belastungsdauer	t_B	$W_{ab} = U_2 \cdot I_2 \cdot \cos \varphi_2 \cdot t_B$
Bei Drehstromtransformatoren müssen die Leistungen noch mit dem Faktor $\sqrt{3}$ multipliziert werden.		$W_{Fe} = P_{vFe} \cdot t_E$ $W_{Cu} = P_{vCu} \cdot t_B$

Spartransformator

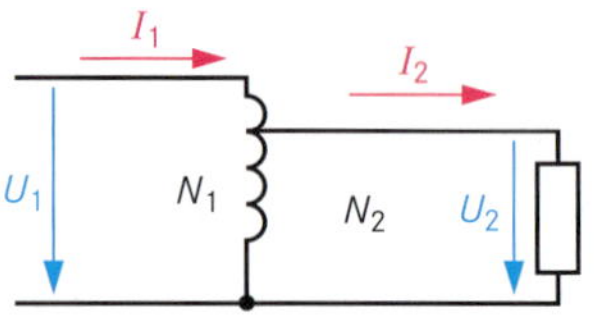

Bauleistung		S_B	
Durchgangsleistung		S_D	$S_D = S_2$
$U_1 > U_2$	$S_B = S_D \cdot \left(1 - \frac{U_2}{U_1}\right)$	$U_1 < U_2$	$S_B = S_D \cdot \left(1 - \frac{U_1}{U_2}\right)$

Widerstandsübersetzung

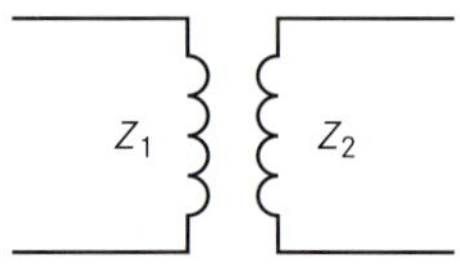

Scheinwiderstand primär	Z_1	$Z_1 = \frac{U_1}{I_1}$	$Z_2 = \frac{U_2}{I_2}$
Scheinwiderstand sekundär	Z_2		

$$\frac{Z_1}{Z_2} = \frac{U_1 \cdot I_2}{U_2 \cdot I_1} \qquad \frac{Z_1}{Z_2} = \frac{N_1^2}{N_2^2} \qquad ü = \sqrt{\frac{Z_1}{Z_2}}$$

Kurzschlussgrößen

Kurzschlussspannung	U_k	in V
Relative Kurzschlussspannung	u_k	in %
Dauerkurzschlussstromstärke	I_{kd}	in A

$$u_k = \frac{U_k \cdot 100\,\%}{U_1} \qquad I_{kd} = \frac{100\,\% \cdot I_2}{u_k}$$

Elektrowärme
Electroheat

Energiewandler

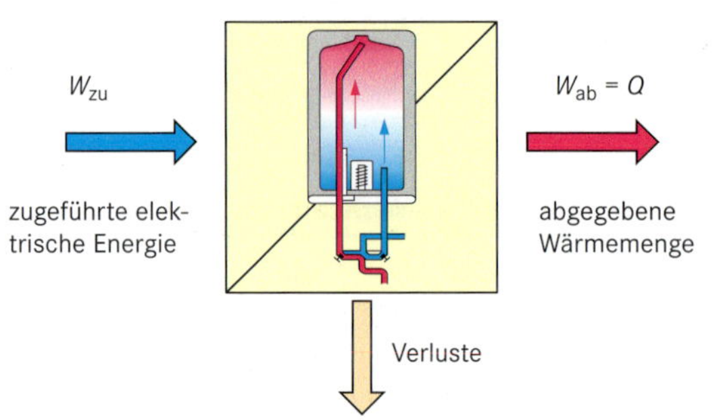

Zugeführte elektrische Energie	$W_{zu} = P \cdot t$
Abgegebene Wärmemenge	$Q = m \cdot c \cdot \Delta\vartheta$
Wärmewirkungsgrad	$\eta_{th} = \frac{W_{ab}}{W_{zu}}$

Größe und Einheiten

Größe	Einheit
Celsius-Temperatur ϑ	°C
Thermodynamische Temperatur T	K (Kelvin)
Wärmemenge Q	J (Joule)
Masse m	kg
Spezifische Wärmekapazität c	$\frac{\text{J}}{\text{kg} \cdot \text{K}}$

Temperaturskalen

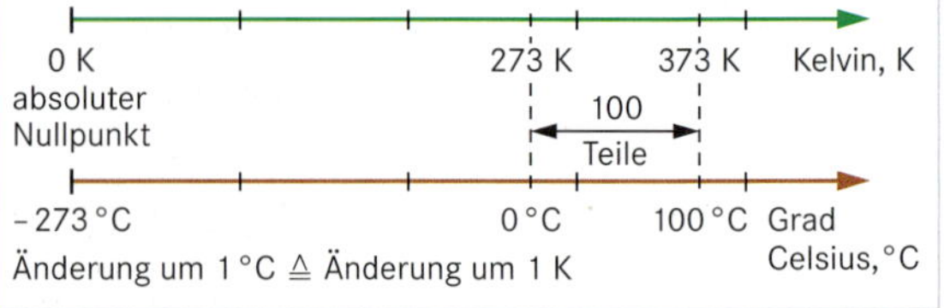

Die fettgedruckten Begriffe entsprechen den Seitenüberschriften

Symbole

A

B

E

I

M

T

U

Y

Z

ABB STOTZ -KONTAKT GmbH, Heidelberg: 88 (alle), 106.1;

A Eberle GmbH & Co KG, Nürnberg: 185 (beide);

audio Network distribution GmbH & Co. KG, Wuppertal: 156 (alle);

BEHA-AMPROBE GmbH, Glottertal: 219.2, 219.4;

Dätwyler Kabel + Systeme GmbH, Lahnstein: 102 (alle), 103 (alle);

Danfoss GmbH, Offenbach: 258.1;

Deckermedia GbR, Vechelde: 205.1;

DEHN + SÖHNE GmbH + Co KG, Neumarkt: 84.1, 167.4, 186 (alle), 235.1;

DIAS Infrared GmbH, Dresden: 219.3;

Diehl Stiftung & Co KG, Nürnberg: 209.2;

Druwe & Polastri Fotostudio, Cremlingen: 50 (alle), 132.1;

Dzeia, Dr. Michael, Darmstadt: 66.3, 95 (alle);

Eaton GmbH, A-Wien: 138 (beide);

ELEKTRA Tailfingen Schaltgeräte GmbH & Co KG, Albstadt: 83.1;

Elektrolux Hausgeräte Vertriebs GmbH, Nürnberg: 209.1;

Eltako GmbH, Fellbach: 136.1;

ENHA GmbH, Nonnweiler: 372.3;

fischerwerke - Artur Fischer GmbH & Co KG, Waldachtal: 112/113 (alle);

Flamro Brandschutz-Systeme GmbH, Leiningen: 102.3;

FLUKE Deutschland GmbH, Kassel: 200.1;

FRÄNKISCHE ROHRWERKE Gebr. Kirchner GmbH & Co KG, Königsberg: 76 (alle);

F-Tronic Winfried Fuchs GmbH, Saarbrücken: 75.2, 75.3;

Fujitsi General GmbH, Düsseldorf: 314.2;

GEZE GmbH, Leonberg: 304.2;

Gossen Metrawatt GMBH (GMC-Instruments Deutschland), Nürnberg: 194.1, 200.2, 215.1;

Hager Vertriebsgesellschaft mbH & Co KG, Blieskastel: 69.1, 77.1, 82 (beide), 86.1, 87.1, 211 (alle);

Hauff-Technik GmbH & Co KG, Herbrechtingen/Bolheim: 66.4, 66.6, 66.7;

Hekatron Vertriebs GmbH, Sulzburg: 137.1;

Helukabel GmbH, Hemmingen/Stuttgart: 60 (alle), 61 (alle), 63.1, 63.4;

Hilti Deutschland GmbH, Kaufering: 111 (alle);

Hübscher, Heinrich, Lüneburg: 288 (beide);

Hymer Leichtmetallbau, Wangen: 375.375.1-5;

iGuzzini illuminanzione Deutschland GmbH, Planegg: 328.1;

ismet AG, Villingen-Schwenningen: 178.1;

KAISER GmbH & Co KG, Schalksmühle: 75.4-6, 78 (alle), 79 (alle), 105.3;

KATHREIN-Werke KG, Rosenheim: 285.1-9, 285.12, 285.13;

Klaue, Jürgen, Roxheim: 67.1;

KNIPEX-Werk C. Gustav Putsch KG, Wuppertal: 70/71 (alle), 157.2, 285.10, 285.11;

Krehbiel, Michael: 119.2;

Kreuzburg, Armin, Braunschweig: 137.2;

Krutec SoftCon GmbH, Weyhe: 304.1;

Langmatz GmbH, Garmisch-Partenkirchen: 66.5;

Luxerna LED Lighting GmbH, Kleve: 328.2;

Marley Deutschland GmbH, Wunstorf: 69.2, 69.4;

Möhle, Roland, Hamburg: 144.8;

Moeller GmbH, Bonn: 119.1, 120.1, 124.1, 134 (alle);

Nexans Deutschland GmbH, Mönchengladbach: 63.3;

Novar GmbH a Honeywell Company, Neuss: 344 (alle);

OBO Bettermann GmbH & Co KG, Menden: 68.3;

OSRAM AG, München: 303 (alle), 330 (alle), 334.1, 340 (alle), 341 (beide);

Petersen, Sebastian, Helmstedt: 64.1, 74 (alle), 75.1, 105.1, 105.2, 219.1, 327.1, 328.3-7, 372.1, 372.2;

PHOENIX CONTACT Gmbh & Co KG, Blomberg: 122.1, 123.1;

Prechtel, Dag, Bremen: 144.1-7, 9-11;

Robert Bosch GmbH, Stuttgart: 217.1;

Schletter GmbH, Kirchdorf/Haag i. OB: 167.1-3;

Schürer GmbH, Kirchheim/Teck: 311.2;

SebaKMT Seba Dynatronic Mess- und Ortungstechnik GmbH, Baunach: 218 (alle);

SFC Energy AG, Brunnthal-Nord: 164.1;

SIEMENS AG, Nürnberg: 229.1, 244.1;

S. Siedle & Söhne Telefon- und Telegrafenwerke OHG, Furtwangen: 343 (beide);

STIEBEL ELTRON GmbH Co KG, Holzminden: 81.1, 311.1, 314.1, 314.3;

suki.international GmbH, Landscheid: 109 (alle);

Tegen, Hans, Hambühren: 329.1;

TYCO Electronics Raychem GmbH, Energy Division, Ottobrunn: 65 (alle);

UGA-SYSTEM-TECHNIK GmbH & Co KG, Herbrechtingen: 66.1, 66.2;

VIEGA GmbH, Attendorn: 114.1, 114.3;

WAGO Kontakttechnik GmbH & Co KG, Minden: 72 (alle);

Wikipedia.org: 114.5, 154.1;

Zimmermann Bustechnologie, Tuttlingen: 243 (beide);

Hinweis:
Für den Fall, dass berechtigte Ansprüche von Rechteinhabern unbeabsichtigt nicht berücksichtigt wurden, sichert der Verlag die Vergütung im Rahmen der üblichen Vereinbarungen zu.